통계학

이론과 데이터

권혁무 · 김명수 · 윤원영
차명수 · 장중순 · 류문찬 지음

청문각

머리말

최근 우리나라에서 '4차 산업혁명'이라는 키워드는 경제나 정치뿐만 아니라 사회의 모든 분야에서 가장 빈번하게 접할 수 있는 용어이다. 이것은 각종 센서, 통신, 컴퓨터 및 소프트웨어 기술의 발전에 힘입어 방대한 양의 정보를 수집하여 신속히 분석하고 처리하는 능력이 과거와는 비교할 수 없을 정도로 향상되어 산업사회의 각 분야에서 상상조차 할 수 없었던 일들이 혁명적으로 실현되고 있기 때문일 것이다. 이러한 변화의 이면에는 인공지능, 데이터사이언스, 데이터 애널리틱스 등 방대한 양의 데이터를 과학적으로 분석하여 결론을 도출하는 방법에 대한 지식 체계들이 큰 역할을 하고 있다.

4차 산업혁명을 추동하는 핵심 분야에서 사용되는 많은 기법들은 본질적으로 통계학의 이론적인 체계에 기초하고 있다. 대부분의 기법은 대용량 데이터를 효과적으로 처리하기 위해 컴퓨터의 연산능력과 잘 짜인 알고리즘을 활용하지만 근본적으로는 통계 이론에 뿌리를 두고 있는 것이다. 그럼에도 오늘날의 많은 통계교육이 이론적인 개념과 원리를 등한시하고 소프트웨어 사용법 위주로 이루어지고 있어서 분석 방법이 잘못되거나 분석 결과를 잘못 해석할 우려가 크다. 저자들은 과거 컴퓨터에 의한 결과는 항상 올바르고 정확할 것이라는 잘못된 환상이 주었던 교훈을 이 시점에서 통계 교육에 비추어볼 필요가 있다는데 인식을 같이 하고 적절한 교재의 출판을 기획하게 되었다. 이 책은 통계 이론에 충실한 저서《통계학의 이론과 응용》(배도선, 이낙영, 권혁무, 장중순, 차명수, 윤원영, 김명수, 이민구 공저)을 기본으로 현대적인 요구사항을 반영하여 저작되었다. 먼저 이론적인 강점을 살리면서 계산을 위한 간단한 R 프로그램들을 추가하여 차후 컴퓨터를 이용한 대용량 데이터의 처리에 도움이 되도록 하였다. 또한 모집단의 참 모습을 파악하기 위한 모형의 설정과 데이터 분석 부분을 보완하였다. 전체 이론적인 체계로 보아서는 기존저서를 보다 쉽게 정리한 개정판으로 볼 수 있다.

이 책의 장과 절은 기존저서의 전개 방식을 보다 쉽게 바꾸고 컴퓨터를 활용한 데이터분석의 필요성을 감안하여 부분부분 적절하게 보완하는 형식으로 구성되어 있다. 1장 서론에서는 통계학의 본질적인 목표가 데이터분석을 통해 모집단의 참 모습을 파악하는 데 있음을 이해하는 데 초점을 맞춘다. 또한 책의 앞부분인 2장에서 자료의 정리와 요약에 관해 소개함으로써 데이터분석에 보다 쉽고 친숙하게 접근할 수 있도록 한다. 3장부터 7장까지는 통계적 방법의 토대가 되는 확률과 분포를 다룬다. 8장과 9장은 통계적 추론의 기본적인 이론을 소개하고 10장과 11장에서는 가장 널리 응용되는 데이터의 구조모형으로 회귀모형과 분산분석모형에 대해 기술한다. 12장에서는 모수적 추론을 위해 가정된 데이터의 분포모형이 적합한지 확인하는 방법을 소개하고 13장에서는 분포모형을 가정하지 않고 데이터를 분석하는 비모수적 방법에 대해 서술한다. 이 책은 기본에 충실하겠다는 저자들의 의도가 반영되어 전공분야에 따라서는 다소 어려울 수도 있다. 그러나 내용을 적절하게 선별하여 한 학기 내지 두 학기에 걸친 교재로 사용하는 데는 큰 어려움이 없을 것으로 생각한다. 이 경우 학습주제 선택에 참고할 수 있도록 비교적 어렵거나 생략이 가능한 절은 *표를 하였다.

아무쪼록 이 책이 통계학을 제대로 학습하고자 하는 독자들에게 많은 도움이 되고 학생들에게는 좋은 교재이자 현장의 통계 관련 실무자들에게는 올바른 방법을 제시해주는 길잡이가 되었으면 한다. 저자들의 노력에도 불구하고 남아 있을 부족한 점에 대해서는 독자들의 적극적인 비평과 의견을 토대로 개정할 기회가 있기를 기대해본다.

이 책을 준비하는 동안 많은 도움을 주셨던 은사 배도선 교수님의 건강을 기원하며 깊은 감사의 마음을 드린다. 그리고 KAIST 응용통계연구실 동문들에게도 고마움을 전한다. 또한, 이 책이 새로운 모습으로 거듭날 수 있도록 편집에 노고를 아끼지 않았던 교문사 직원 여러분들과 류 원식 대표님께 감사드린다.

2020. 3.
저자 일동

차례

CHAPTER

01

서 론

우리는 일상생활에서 통계와 관련된 여러 가지 수치들을 접하고 있다. 이러한 수치들은 자연현상에 대한 관찰이나, 자연과학·의학·공학 분야에서의 실험, 사회경제 현상에 대한 조사, 산업현장에서의 생산 활동 등을 통하여 얻은 자료(data)를 바탕으로 구해진 값들이다. 예를 들어 연간 강수량이나 지진 발생횟수, 새로운 질병치료약의 치유율, 단위면적당 수확량, 유아사망률, 정당의 지지율, 경제성장률, 생산제품의 불량률이나 신뢰도 등은 수집된 자료를 통계적 방법으로 정리하여 얻어진 수치들이다. 이러한 수치들은 국가적인 정책이나 기업의 생산 및 판매계획 수립뿐 아니라 개인의 사회생활에도 이용될 수 있으며 자연과학, 의학, 공학이나 인문사회과학 등의 학문적 발전에도 중요한 역할을 한다.

최근 들어 정보기술의 발전으로 데이터의 수집에 소요되는 인적, 물적 자원과 시간이 대폭 절감되면서 많은 분야에서 방대한 자료를 접할 수 있게 되었다. 한편 컴퓨터와 소프트웨어의 발전된 기술에 힘입어 대용량 데이터의 처리와 분석이 가능해지면서 빅 데이터, 데이터 사이언스, 머신러닝 등이 핫이슈로 부각되고 있다. 통계적 이론과 분석방법은 이러한 데이터 처리기술의 기초를 제공한다.

이 장에서는 통계학의 의미와 역할 및 그 적용분야에 대해서 간략히 살펴보기로 한다. 또한 통계학에서 가장 기본이 되는 개념인 모집단과 표본을 설명하고, 통계적 방법을 적용할 때의 유의점 및 통계적 추론의 개략적인 과정과 확률론과의 관계에 대해서도 알아본다.

1.1 통계학이란

통계학은 불확실성이 내재된 자연이나 사회적 현상을 관찰하여 얻어진 데이터를 분석하여 현상을 지배하는 숨겨진 법칙이나 진실을 밝혀내는 학문이라 할 수 있다. 통계적 방법은 거의 모든 일상생활과 모든 학문분야에서 사용되고 있으며 특히 자연과학이나 공학 혹은 경제학 등 사회과학분야의 연구자들은 연구결과를 객관화하기 위한 수단으로 이용하고 있다.

현대사회에서는 주관적 추측이나 직관적 판단을 배제하고 관찰이나 실험 또는 조사를 통하여 얻은 자료를 토대로 의사결정을 하는 예를 많이 접하게 된다. 자연과학에서는 자연의 법칙들을 알아내기 위하여, 산업에서는 생산되고 있는 제품의 성능을 정확히 파악하기 위하여, 의약분야에서는 새로 개발한 약의 효능을 알아보기 위하여, 사회과학과 경제학에서는 사회현상과 경제상태를 파악하기 위하여, 경영분야에서는 제품에 대한 소비자들의 선호도를 알아내기 위하여 자료를 수집하고 분석한다. 통계적 방법이 자연과학, 공학, 인문사회과학에 모두 이용되고 중요성이 강조되고 있는 이유는 과학성에 있다. 통계적 방법은 막연한 추측이나 판단을 허용하지 않고 자료의 수집과 정리 그리고 분석 및 결과 도출에 이르기까지 과학적이고 객관적인 관점을 견지하도록 요구한다. 즉, 연구목적에 필요한 자료와 정보를 결과의 정확성, 자료수집의 수월성, 소요되는 비용 등을 고려하여 연구대상을 잘 대표할 수 있도록 수집하고, 수집된 자료를 과학적인 방법으로 분석 및 해석하는 방법을 제시해 주는 것이 바로 **통계학**(statistics)이다.

통계학의 정의는 학자에 따라 다르게 표현되기도 한다. 예를 들면 통계학은 『많은 양의 수치자료를 수집하여 정리하고 요약 및 해석하는 방법을 다루는 과학의 한 분야』, 『관심의 대상과 관련된 자료를 수집하여 정리 혹은 요약하고, 이들 자료에 포함된 정보를 토대로 불확실한 상황에 대해 과학적 판단을 내릴 수 있도록 그 방법을 제시해 주는 학문』 등과 같이 정의한다. 통계학에 대한 정의가 학자에 따라 조금씩 다르기는 하지만, 통계적 방법은 자료를 수집·분석하고 해석하는데 중요한 역할을 담당한다는 데에는 이견이 없다. 통계학의 응용분야를 적용대상별로 공업통계, 농업통계, 경영통계, 의학통계 등으로 분류할 수는 있으나, 적용대상만 다를 뿐 그 방법이 본질적으로 다른 것은 아니다. 즉 통계학의 여러 이론과 기법이 적용되는 대상과 예가 다르고, 학문분야의 성격에 따라 통계이론이나 기법 중에서 특정 부분을 더 중요하게 다룰 수는 있으나, 어느 학문분야에 적용되든지 통계학의 기본적인 이론과 기법에는 본질적으로 차이가 없다.

통계학은 크게 기술통계학과 추론통계학으로 구분할 수 있다. 측정 자료들은 조사자에게 중요한 정보이긴 하나, 자료가 많을 때에는 전반적인 내용을 파악하기가 쉽지 않다. 따라서 그림이나 표, 또는 몇 개의 수치로 자료를 요약해 놓으면 자료집합의 특징을 쉽게 알아 볼 수 있다. 이와 같이 수집된 자료를 정리하여 자료의 전반적인 특성을 파악할 수 있도록 하는 방법을 다루는 분야를 **기술통계학**(descriptive statistics)이라 한다. 반면에 **추론통계학**(inferential statistics)은 불확실성이 내포된 상황에서 주어진 자료에 포함되어 있는 정보를 분석하여 미지의 특성을 파악하거나 미래의 현상을 예측하는 데 도움을 주는 분야로서 1.3절에서 보다 자세히 설명한다. 자료로부터 얻어지는 정보를 근거로 미지의 특성에 대한 판단을 내리거나 미래에 일어날 현상에 대한 예측을 하는 결과들이 항상 맞는 것은 아니다. 이와 같이 필연적으로 개입되는 불확실성(uncertainty)의 정도를 추론통계학에서는 확률이라는 객관적인 척도를 사용하여 표현한다. 따라서 추론통계학의 이론과 기법들은 확률론(probability theory)을 바탕으로 하고 있다.

1.2 모집단과 표본

통계적 분석의 대상이 되는 집단이 있다고 할 때 전체를 모두 조사하여 정보를 수집하는 것은 시간이나 비용의 측면에서 어려운 경우가 많다. 따라서 대개의 경우 일부에 대해서만 자료를 수집하여 분석하고 그 결과를 전체에 적용하여 의사결정을 하게 된다. 다음은 이와 같은 의사결정과정의 몇 가지 예이다.

- 기상청에서는 눈이나 비가 올 가능성을 예보하고 있다. 이를 위해서는 눈이나 비가 오는데 영향을 미치는 것들이 무엇인지를 파악하고, 이에 대한 과거의 자료를 조사하고 분석한 후, 이를 바탕으로 주말에 눈이나 비가 올 가능성이 얼마인지를 예측한다.
- 생산제품의 품질을 관리하기 위해서는 제품의 품질이 만족스러운지 또는 공정이 안정되어 있는지를 조사하여야 하고, 이를 위해서는 생산되는 제품 모두를 검사하는 것이 이상적이다. 그러나 검사에 드는 시간과 비용을 고려할 때 제품 모두를 검사하는 것은 비현실적이어서 제품 중 일부만을 조사하고 이 자료를 분석하여 전체 제품의 품질이나 공정이 만족스러운지를 판단한다.

- 제약회사의 연구진이 새로운 간염백신을 개발하였다면 임상실험을 통하여 새로 개발된 약이 종래의 약보다 더 효과적인지를 확인해 볼 필요가 있다. 이 경우 환자를 두 그룹으로 나누어 두 종류의 약을 각 그룹의 환자에게 투약하고, 그 결과를 분석하여 약의 효과를 비교한다.
- 단위면적당 생산량이 높은 새로운 품종을 개발하는 일은 농학자에게는 큰 관심사일 것이다. 간단한 예로, 새로 개발된 두 종류의 품종에 대해 특정한 기후조건에서의 적응력과 생산량을 비교하기 위해서 두 품종의 종자를 여러 지역에서 재배하여 각각에 대한 수확량을 조사하고 그 결과를 비교 분석한다.
- 대통령 선거를 앞두고 각 정당의 후보에 대한 국민의 지지도가 어느 정도인지를 알아보기 위하여 전체의 유권자 중 일부를 뽑아 여론조사를 하게 된다. 이를 위해서는 먼저 전체 유권자의 성향과 지역별, 계층별 지지율을 파악할 수 있도록 전체의 유권자 중 몇 명을 어떻게 뽑느냐하는 것을 결정해야 한다. 또한 조사한 내용을 정리 및 요약하고, 이로부터 각 당 후보의 지지도를 추측하게 된다.

이와 같이 통계적 방법은 실험이나 조사 혹은 관찰을 통해 얻어진 자료를 기초로 우리가 관심을 갖고 있는 현상이나 집단의 특성을 설명하거나 불확실한 사실에 대해 과학적 판단을 내리는데 이용된다. 여기서 관심 있는 특성을 수치로 나타낸 연구대상 전체의 수치적 자료 집합을 **모집단**(population)이라 한다. 연구대상은 같더라도 관심 있는 특성이 무엇이냐에 따라 모집단이 서로 다를 수 있다. 예를 들어 우리나라의 전체 초등학교 1년생을 연구 대상으로 하여 평균 키를 알고 싶은 경우에는 우리나라 전체 초등학교 1년생들의 키가 모집단이 되는 반면, 평균 체중을 알고 싶은 경우에는 우리나라 전체 초등학교 1년생들의 체중이 모집단이 될 것이다. 모집단을 이루고 있는 원소의 개수가 유한한 경우 **유한모집단**(finite population)이라 하고, 무한한 경우 **무한모집단**(infinite population)이라 한다. 모집단의 정의에서 유의해야 할 점은 모집단이 꼭 실존하는 개체들의 집합이어야 하는 것은 아니라는 것이다. 예로서 관심의 대상이 이미 과거에 생산된 제품뿐 아니라 현재 생산중인 제품, 앞으로 생산될 제품들까지도 포함된다면 미래에 생산될 제품이 실제로 존재하는 것은 아니므로, 이 경우에 모집단은 추상적인 것이 된다.

그런데 모집단을 구성하는 원소들을 모두 관측하는 것은 시간과 비용이 많이 소요될 뿐만 아니라, 상황에 따라서는 아예 불가능할 수도 있다. 따라서 대부분의 경우 모집단의 일부분만을 관찰하여 전체의 특성을 파악할 수밖에 없다. 예를 들면, 어떤 선거에서 특정 후보의 지지율을 미리 알고 싶을 때, 유권자를 모두 조사한다는 것은 시간적으로나 경제적으로나 어려우므로 유권자 중의 일부를 뽑아 지지율을 파악하는 것이 바람직할 것이다. 유권자 중 일부만을 뽑아 얻은 지지율은 불확실성을 내포하고 있어서 완벽한 정보는 되지 못하지만 통계적 방법을 이용하면 불확실성의 정도를 확률적으로 파악할 수 있기 때문에 전체 유권자의 성향을 분석하는데 큰 도움이 된다. 이와 같이 모집단으로부터 뽑은 부분집합을 **표본** 또는 **샘플**(sample)이라 하고, 모집단으로부터 표본을 뽑는 것을 **표본추출** 또는 **샘플링**(sampling)이라 한다.

모집단의 특성을 나타내는 양적인 측도를 **모수**(parameter)라 하며, 모수는 주어진 모집단의 특징을 나타내는 고유한 상수이다. 반면에 표본의 특성을 나타내는 양적인 측도를 **통계량**(statistic)이라 한다. 예를 들면, 대통령 선거에서 각 후보에 대한 국민의 지지도가 어느 정도인지를 알고자 할 때, 전체 유권자의 A후보에 대한 지지율은 하나의 모수이고, 유권자 중에서 2,000명을 표본으로 뽑아 조사를 했을 경우 그 중 A후보를 지지하는 유권자의 비율은 하나의 통계량이 된다. 표본을 뽑을 때는 표본 그 자체에 관심이 있는 것이 아니라 모집단의 여러 가지 특성에 관심이 있는 것이다. 따라서 표본이 모집단의 특성을 잘 나타낼 수 있도록 표본을 뽑아야 한다.

모집단을 구성하는 원소의 속성을 수학적으로 분석하고자 할 때 말이나 글로만 풀어서 전개하기는 매우 어렵기 때문에 통계학에서는 여러 가지 기호와 변수를 도입한다. 예를 들어서 한국 대학생들의 키에 관심을 가지고 있다고 할 때 한국 대학생의 키를 변수 X(혹은 Y, Z 등)로 표기하기로 약속하여 쓰게 된다. 그런데 X는 한국대학생 개개인의 키 중 어느 값이든 취할 수 있으며 실제 측정하기 전까지는 어떤 값을 가질지 알 수 없다. 이와 같이 모집단의 개별 구성원소의 어느 값이든 가질 수 있는 변수를 **확률변수**(random variable)라 부르는데 이에 대해서는 4장에서 자세하게 설명하기로 한다. 만약 한국 대학생 한 명의 키를 실제로 측정하여 특정 수치 값을 얻었다면 이것은 X가 가질 수 있는 하나의 값이 관측된 것이다. 이와 같이 관측된 확률변수의 값은 하나의 수치로 확정된 상태로 더 이상 다른 값을 가질 가능성이 없으므로 확률변수 X와 구별하여 소문자 x로 표기한다. 만약 한국대학생 전체의 키를 측정하여 평균과 분산을 구했다면 이들은 모수에 해당되는 값으로 **모평균**(population mean) 및 **모분산**(population variance)이라 불리는데 곧 확률변수 X의 평균 및 분산으로 보통 μ와 σ^2으로 표기한다.

키뿐만 아니라 우리가 자주 접하는 학업 성적, 버스의 도착시간, 물체의 색깔 등 수많은 속성들은 확률변수로 정의하여 분석할 수 있다. 확률변수 X로 대변되는 모집단으로부터 n개의 표본을 뽑았을 때, X가 취할 가능성이 있는 모든 값들 중에서 n개가 뽑혀진 것으로 생각하여 X_1, X_2 $\cdots$, X_n으로 나타낸다. 이들의 평균과 분산은 모평균 및 모분산과 구분하여 **표본평균**(sample mean)과 **표본분산**(sample variance)으로 부른다. 우리가 접하는 수치적인 자료는 이러한 표본을 측정하여 얻어지는 것이다. 모집단으로부터 표본을 추출하고 측정하여 수치적 자료가 얻어지는 과정을 도시하면 [그림 1.1]과 같다.

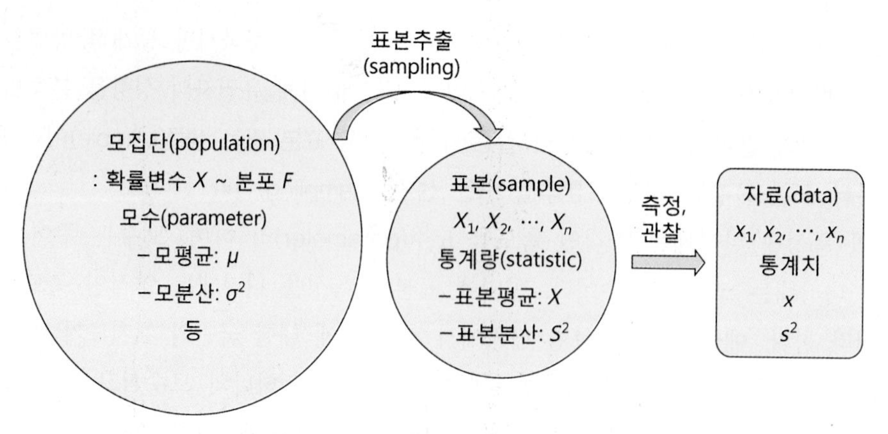

[그림 1.1] **모집단과 표본 및 자료**

일상생활에서 우리가 많이 접하는 변수는 질적변수와 양적변수로 나뉜다. **질적변수**(qualitative variable)는 양을 나타내는 숫자가 아닌 기호나 문자로써 나타낼 수 있고, **양적변수**(quantitative variable)는 수량, 즉 숫자의 크기로 나타낼 수 있다. 물체의 색, 동전의 앞면 또는 뒷면, 혈액형 등은 질적변수에 속하는데 이러한 질적변수도 숫자로 바꾸어 사용하면 편리할 때가 많다. 즉, 동전 하나를 던졌을 때 앞면이 나오면 1, 뒷면이 나오면 0이라는 값을 대응시켜 주면 양적변수로 바뀐다. 또한 시험 성적을 점수로 나타내면 양적변수가 되고, 등급 A, B, C, D로 나타내면 질적변수가 된다.

양적변수는 다시 연속변수와 이산변수로 나눌 수 있다. 변수가 어떤 실수 구간 내의 모든 수치를 가질 수 있는 경우 **연속변수**(continuous variable)라 하며, 무게, 길이, 시간 등이 이에 속한다. 이에 반하여 모든 변수가 주어진 구간 내에서 하나, 둘, 셋하고 셀 수 있는 수치만을 가질 때 **이산변수**(discrete variable)라고 한다. 사람의 수, 불량품의 개수, 한 시간 동안 걸려오는 전화통화 건수 등을 나타내는 변수들은 이산변수이다. 이에 따라 확률변수도 연속변수와 이산변수로 구분된다.

1.3 확률론과 통계적 추론

주어진 정보를 토대로 미지의 현상에 대한 추측을 하거나, 어떤 현상에 대한 새로운 주장이 옳은지를 판단해야 할 때, 분석 대상인 현상을 적절한 모집단으로 정의한 후, 표본을 뽑아 얻어진 정보를 이용하여 추측 혹은 판단을 하게 된다. 그런데 모집단은 대개 하나 이상의 모수에 의해 특징 지어지므로 이와 같은 통계적 추론은 모수에 대한 추론이 대부분이다. 예를 들어 어느 기업에서 다음 달 생산에 투입할 원료의 구입여부를 결정하기 위해서는 그 원료의 불량률에 대해 알면 도움이 될 것이다. 또 공사기간이 10여 년이 되는 원자력발전소의 건설여부를 결정하기 위해서는 10년 후의 전력수요가 얼마나 될지를 예측할 수 있어야 하며, 새로운 약을 개발한 제약회사에서는 그 약의 치유율이 종래의 약들보다 좋은지 여부를 알아내야 한다. 주식투자자들은 향후의 주가지수가 상승할 것인지 또는 하락할 것인지를 예측할 수 있어야 한다. 이와 같은 예에서 불량률, 전력수요, 치유율, 주가지수 등은 미지의 모수이다. 이러한 예들은 합리적인 의사결정을 위해서는 반드시 그 상황에 맞는 모수를 선택하여 이에 대한 추론을 해야 한다는 것을 보여주고 있다. 모수에 대한 추론은 크게 추정과 가설검정으로 나눌 수 있는데, 모수의 **추정**(estimation)이란 모수의 값이 얼마인지 또는 어떤 범위 내에 들어 있는지를 추측하는 것이며, **가설검정**(test of hypotheses)은 모집단의 상태, 즉 모수의 값의 범위를 규정하는 가설들을 세우고, 이들 중 어떤 가설이 참인지를 판단하는 것이다. 추정이든 가설검정이든 표본의 결과로부터 모집단의 상태에 대해 추론하는 것이다.

이미 알고 있는 모집단으로부터 표본을 취할 경우 어떤 특정 결과가 나타날 확률이나 기댓값을 구하는 것은 확률론의 영역에 속한다. 예를 들어서 “항아리에 검은 구슬 5개, 흰 구슬 5개가 들어 있다. 여기서 구슬을 3개 뽑는다면 검은 구슬만 3개가 뽑힐 확률은 얼마인가?”와 같은 질문에 대한 답을 구하는 것은 확률론에서 취급하는 문제이다. 이 경우 우리는 항아리 속의 구슬의 구성비율 즉, 모집단의 특성을 알고 있다. 이와 같이 확률론은 모집단의 특성이 알려져 있는 상태에서 표본을 취할 경우 어떤 특정한 결과가 발생할 확률이나 기댓값 등에 관하여 연구한다. 반면에 통계적 추론에서는 모집단으로부터 표본을 추출하여 관찰한 후 이를 근거로 거꾸로 모집단의 성격에 대하여 알아내고자 한다. “항아리에 검은 구슬과 흰 구슬이 합쳐서 10개 있다. 여기서 구슬을 3개 뽑았더니 검은 구슬만 3개가 나왔다. 이 결과를 볼 때 항아리에는 검은 구슬과 흰 구슬이 반반씩 섞여 있다고 할 수 있는가?”와 같은 질문은 통계적 추론의 영역에 속한 문제이다.

확률론에서 다루는 질문과 통계적 추론에서 다루는 질문은 서로 역함수적인 관계에 있다고 할 수 있다. 전술한 예에서 통계적 추론의 질문은 “항아리 속에 검은 구슬과 흰 구슬이 실제로 반반씩 섞여 있다면 위에서 얻은 결과(즉 검은 구슬만 3개 나온 것)가 흔히 일어날 수 있는 것인가?”로 다시 표현할 수 있고 이에 대한 답을 얻기 위해서는 “검은 구슬 5개와 흰 구슬 5개가 섞여있는 항아리에서 구슬 3개를 뽑을 때 검은 구슬만 3개가 나올 확률은 얼마인가?”라는 질문에 대한 답이 필요하다. 이와 같이 표본으로부터 얻은 정보를 이용하여 미지의 모집단에 대해 판단하거나 추정하는 통계적 추론의 과정은 확률론에 바탕을 두고 있다.

확률론이나 통계적 추론이나 궁극적인 관심사는 모집단에 관련된다고 할 수 있다. 확률론에서는 모집단을 하나의 확률변수로 나타내고 확률분포로 모형화하여 모집단의 특성에 대해 설명한다. 모집단의 특성을 확률변수 X의 분포로 모형화한 다음 X가 특정 값 x를 가질 확률을 구한다거나 X로부터 크기 n의 표본 $X_1, X_2, \cdots, X_n$을 얻었을 때 표본의 평균 $\overline{X}$가 특정 값 $\overline{x}$를 가질 확률이 얼마인지 구하는 것은 확률론의 영역에 속한 문제이다. 예를 들어 어느 선거에서 후보 A의 지지율이 50%일 때 1000명의 유권자를 조사한다면 400명 이상이 이 후보를 지지할 확률은 얼마인가 등의 물음은 확률론에서 취급하는 문제이다.

반면 통계적 추론에서는 모집단으로부터 얻어진 크기 n인 표본 $X_1, X_2, \cdots, X_n$의 관측 값 $x_1, x_2, \cdots, x_n$을 토대로 모집단의 특성에 대해 설명한다. 모평균 μ 혹은 모분산 σ^2의 값이 얼마인지 모르는 상황에서는 표본 평균의 관측값 $\overline{x}$ 혹은 표본분산의 관측값 s^2으로 미루어 짐작할 수밖에 없을 것이다. 이와 같이 표본에서 얻어지는 통계량을 이용하여 모수 값에 대해 추측하거나 그렇다고 믿어온 사실에 대해 검증을 하는 것은 통계적 추론 과정이다.

확률론은 모집단에 대해 필요한 정보를 모두 알고 있다는 전제하에 확률이나 기댓값, 표준편차 등을 구하는 문제에 관련되므로 알고 있는 정보를 충분히 활용하여 답을 내면 된다. 그러나 통계적 추론에서는 주어진 데이터를 토대로 모집단의 특성을 보다 정확하게 파악하기 위해서는 모집단의 구조를 먼저 고려해야 한다. 모집단의 전체 구성요소가 모두 비슷한 성격으로 동질적인 속성을 갖고 있을 경우는 구조를 생각하지 않아도 될 것이다. 그러나 연령별, 지역별 정치성향이 다른 우리나라 유권자들의 특정 후보 지지율을 조사하는 경우와 같이 모집단이 이질적인 여러 개의 하위 집단으로 구성되어 있다면 반드시 그 구조를 고려하여 분석해야 한다. 표본을 취하거나 실험을 하는 등 능동적으로 자료를 수집하는 경우에는 당연히 모집단의 이질적인 요소를 고려하여 자료수집계획을 세워야 할 것이다. 수동적으로 단순히 관측함으로써 데이터가 얻어지는 경우에도 모집단의 어느 하위 집단으로부터 관측된 데이터인지 감안하여 분석하는 것이 낫다.

그런데 모집단으로부터 표본을 취하여 얻어진 데이터를 구조적으로 분석하고자 할 때 이질적인 요인도 변수로 하여 데이터를 수집해야만 분석이 가능하다. 예를 들어 어느 대학 학생들의 건강관리를 위해 체중에 대해 관심이 있다고 하자. 이 대학 학생들의 체중은 성별, 인종, 신장 등 여러 가지 요소에 영향을 받을 것이다. 이 경우 표본으로 뽑혀진 학생의 체중을 측정할 때 성별이나 인종 및 신장에 대한 자료도 함께 수집하면 보다 정밀한 분석을 하는데 도움이 될 것이다. [그림 1.2]는 예로서 모집단이 이질적인 세 개의 하위집단으로 구성되어 있을 경우 수치적 자료가 얻어지는 과정을 도시하고 있다. 이 예에서는 이질적인 요인을 취할 수 있는 값이 1,

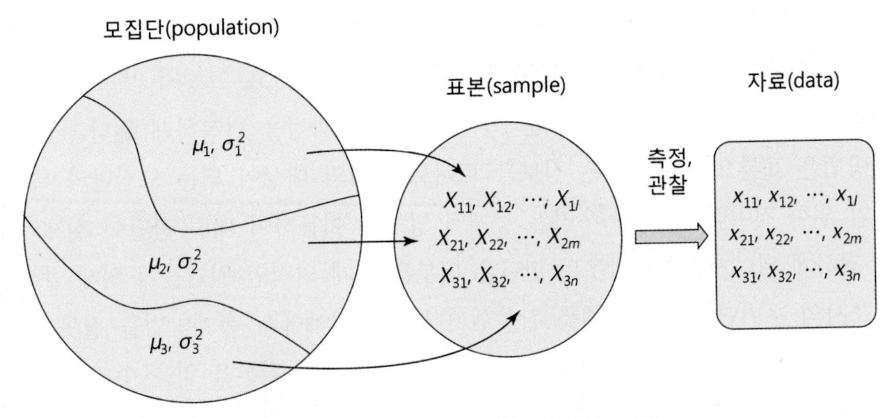

[그림 1.2] **이질적인 모집단과 표본 및 자료**

2, 3인 하나의 질적변수로 정의하여 자료를 나타내고 있다. 그림에서 $X_{11}, X_{12}, \cdots, X_{1l}$은 질적변수의 값이 1인 집단으로부터 뽑힌 l개의 표본, $x_{11}, x_{12}, \cdots, x_{1l}$은 그 관측 값을 나타낸다.

실제로 접하는 많은 현실 문제들에서는 모집단의 구성이 [그림 1.2]에서 예시한 것보다 훨씬 더 많은 요인들이 복잡하게 얽혀 있을 경우가 흔하다. 이와 같이 여러 가지 요인의 영향이 개입된 모집단으로부터 얻어진 자료를 분석할 때, 우리는 요인 변수와 반응 변수(관심의 대상인 변수) 사이의 관계를 고려하여 적절하다고 생각되는 모형을 설정하여 분석하게 된다. 이 경우 데이터의 구조를 나타내는 모형이 얼마나 적합한가에 따라 의미 있는 분석 결과를 얻을 수도 있고 그렇지 못할 수도 있다. 따라서 통계적인 분석을 통해 의미 있는 정보를 얻으려면 표본을 취하여 자료를 얻는 과정뿐만 아니라 올바른 모형 설정과 분석 방법의 적용도 중요하다고 하겠다.

1.4 통계적 방법의 적용단계

통계적 추론의 절차는 모집단의 모수가 어떠한 값 또는 상태를 취하고 있는지를 표본을 통하여 판단하는 과정으로, 많은 경우에 자연과학이나 사회과학에서의 과학적 연구와 동일한 절차를 취한다. 과학적 연구에서는 자연 또는 사회의 현상을 면밀히 관찰하여 어떤 이론을 정립한 다음 그 이론이 실제로 타당한지를 알아보기 위해 실험이나 조사를 통하여 실제 자연 또는 사회현상들을 관찰하고, 이 결과들이 정립된 이론과 배치되는지 여부를 조사한다. 만일 관찰된 현상들이 이론에서 예측한 바대로 나타나면 그 이론은 사실로 받아들여지고, 그렇지 않으면 더욱 많은 관찰과 실험을 통하여 수정, 보완된 새로운 이론을 세우는 과정을 반복하게 된다.

통계적 방법은 표본으로부터 얻은 정보를 토대로 관심의 대상이 되는 모집단의 특성에 대해 판단을 하기 위한 것이다. 그러나 우리는 통계적 방법을 이용하여 내린 판단이 실제와 다른 경우를 가끔 접하게 된다. 이러한 잘못된 판단은 대부분 통계 외적인 원인들에 의해 발생한다. 즉, 실험이나 조사의 초기단계에서 설계를 잘못했거나, 분석단계에서 통계방법을 잘못 적용하였거나, 분석결과를 잘못 해석하는 경우에는 사실과는 다른 잘못된 결론을 얻을 수 있다. 특히, 모집단 전체를 조사하지 않고 표본을 추출하였을 경우 표본 특성은 모집단을 전부 조사하여 얻은 특성과는 차이가 있을 수 있다. 그 차이를 오차(error)라고 한다. 모집단의 일부인 표본만의 결과에 의해서 모집단의 특성을 파악하기 때문에 이러한 오차는 거의 피할 수 없는 것이다.

오차는 크게 표본오차와 비표본오차로 나눌 수 있다. **표본오차**(sampling error)는 표본추출방법과 관련된 오차로, 우연오차와 편의로 나눌 수 있다. 우연오차는 여러 가지 통제 불가능한 요인으로 인해 우연히(by chance) 발생한다. **우연오차**(random error)는 표본의 크기를 증가시킴으로써 오차들 간의 상쇄효과로 인해 그 크기를 줄일 수 있다. 이를테면 표본의 크기를 모집단의 크기에 가깝게 하면 이 오차는 거의 없어진다. 그러나 이렇게 할 경우 표본추출비용이 커지게 되므로, 오차로 인한 비용과 표본추출비용을 감안하여 적절한 표본의 크기를 결정한다. 반면에 **편의**(偏倚; bias)는 표본의 크기를 늘려도 줄어들지 않는 오차로, 표본 추출에 고의적이거나 또는 무의식적인 편견이 개입될 때 생긴다. 예컨대 제조공정의 여러 라인들 중 특정한 하나의 라인에서만 표본을 뽑았거나, 특정 시간대에 생산한 제품 중에서만 뽑을 때 등이 여기에 해당될 수 있다. 편의는 표본추출방법의 교정으로 줄일 수가 있다. 통계학에서는 편의를 줄이기 위해 기본적으로 무작위추출을 전제로 하고 있으며 자주 사용되는 무작위 표본추출의 방법들을 간략하게 살펴보면 다음과 같다.

- 단순 무작위추출법(simple random sampling): 모집단의 모든 구성원소가 뽑힐 가능성이 모두 동일하도록 뽑는 방법으로서 철저하게 기회균등의 원칙에 입각한 표본추출방법이라 할 수 있다. 예로서 어떤 모임에서의 행운권 추첨이나 복권 추첨 등에서 사용하는 방식을 들 수 있다.
- 2단계 추출법(two-stage sampling): 모집단이 여러 하위집단으로 구분할 수 있을 때, 1단계로 먼저 하위집단을 무작위로 선택하고 2단계로 선택된 각 하위집단에서 무작위 추출하는 방식이다. 예를 들에 트럭에 실린 사과 100상자 중에서 50개의 사과를 뽑을 때, 먼저

10개의 상자를 랜덤하게 선택한 다음 선택된 각 상자로부터 사과 5개씩 무작위로 뽑는다면 2단계 추출법에 해당한다. 3단계 이상의 다단계추출법도 있을 수 있으며 추출 요령은 동일하다.

- 층별 추출법(stratified sampling): 2단계 추출법에서 1단계는 모든 하위집단을 다 선택하고 2단계에서 각 하위집단으로부터 무작위 추출하는 방식으로 보통 하위 집단들의 성격이 서로 다를 때 많이 사용한다. 예를 들어 우리나라에서 대선 후보의 지지율을 조사하고자 할 때, 유권자들을 정치적 성향이 다른 여러 집단으로 나누어 각 집단마다 유권자들을 무작위 추출하여 조사하고 전체적으로 종합하여 지지율을 추정한다면 층별 추출법을 적용한 것이다.
- 집락 추출법(cluster sampling): 2단계 추출법에서 2단계 추출에서는 선택된 하위집단의 구성원소 전체를 추출하는 방식으로 모든 하위집단들의 성격이 유사할 때 많이 사용한다. 예를 들어 우리나라 국민의 연령별 인구 구성비를 조사하고자 몇 개 행정구역을 무작위로 선택한 다음 각 행정구역 거주민을 대상으로 전수 조사했다면 집락 추출법을 적용한 것이다.
- 계통 추출법(systematic sampling): 제품이 연속적으로 생산되어 나오는 제조 공정에서 10개마다 제품을 검사한다든가 어느 교차로에서 한 시간마다 교통량을 조사하는 경우와 같이 시간 혹은 공간적으로 일정 간격마다 표본을 추출하는 방식이다. 보통 모집단이 개념적으로는 정의되지만 특정 시점에서 모집단의 모든 구성원소가 확정될 수 없을 경우에 많이 사용된다.

이밖에도 여러 가지 변형된 형식의 표본추출법이 있으나 더 이상의 설명은 생략한다. 한편, **비표본오차**(nonsampling error)는 측정오차가 대부분으로 관측(측정)방법의 부정확으로 인한 오차가 이에 해당된다. 즉 측정계기의 부정확, 측정기술의 부족 등으로 인한 오차이다. 이와 같은 오차는 표본의 크기를 늘린다거나 표본추출방법을 적절하게 설계한다 하여도 줄어들지 않는다.

통계적 방법을 적용할 때 오차를 줄이면서 올바른 판단을 내리기 위해서 다음과 같은 단계를 따른다.

(1) **문제의 올바른 파악**: 통계적 방법을 적용하기 위해서는 먼저 알아보고자 하는 문제를 정확하고 완전히 이해하여야 한다. 문제를 제대로 파악하지 못하면 아무리 좋은 자료수집과 분석과정을 거친다 하더라도 올바른 판단을 내릴 수 없다. 이를 위해서 우선 관심의 대상

이 되는 모집단이 무엇인지를 명확히 설정하여야 한다.

(2) **표본추출과 자료수집**: 편의나 비표본오차가 발생하지 않도록 표본의 추출방법과 자료의 측정방법을 적절히 설계하는 것이 무엇보다도 중요하다. 표본이 뽑히면 표본에 속한 개체들에 관한 자료를 얻는다. 자료를 얻는 방법으로는 실험과 조사가 있다. **실험**(experiment)은 환경을 통제하거나 바꾸어 가면서 그 효과를 관측하는 방법이다. 제조공정에서 공정의 조건을 여러 가지로 바꾸어 가면서 생산량을 측정한다든가 실험용 쥐를 이용하여 약물의 효과를 알아보기 위해 약물의 투여량을 바꾸어 가면서 반응을 관찰한다든가 하는 것들이 실험에 속한다. 반면에 **조사**(survey)는 환경을 통제하지 않으면서 현재 있는 상황 그대로를 파악하는 것으로 표본에 속한 개체들에 대하여 그 값을 알아본다.

(3) **수집된 자료의 정리**: 실험이나 조사를 하면 대부분의 경우 많은 양의 자료들을 얻게 되는데 이 자료들을 그냥 나열하여 놓으면 자료들이 가지고 있는 정보를 쉽게 파악할 수 없다. 따라서 기술통계학을 이용하여 그림이나 도표로 자료를 정리하거나 몇 개의 수치에 의해 자료의 전반적인 특성을 나타내도록 한다.

(4) **모집단에 대한 판단**: 수집된 자료를 이용하여 통계적인 분석을 실시하고 모집단에 대한 판단을 내린다.

1.5 책의 구성

본 교재 2장에서는 자료의 수집, 정리, 요약 등에 관한 기술통계학 부분을 먼저 다룬다. 다음으로 통계적 추론을 위해 필요한 확률 및 분포 이론을 전반부에서 소개한다. 통계적 추론 및 기타 통계적 분석방법은 후반부로 배치한다. 또한 그래픽 분석기법이지만 확률분포의 모형 검토에 관련된 경험적 분포함수, 확률지, Q-Q 플롯 등은 내용의 일관성을 살려 2장에 포함시키지 않고 12장 적합도검정에 포함시켜 기술한다.

3장부터 7장까지는 확률 및 분포이론에 관한 내용으로 3장에서는 집합이론을 바탕으로 표본공간과 사건, 확률 등을 설명하고, 4장에서는 확률변수와 함께 분포함수, 확률함수 및 확률밀도함수 그리고 확률변수의 특성을 대표할 수 있는 여러 값들을 소개한다. 5장에서는 실제 문제를 해결하는 데 자주 이용되는 대표적인 몇 가지 분포를, 6장에서는 다변량 확률변수의 결합분포와 주변분포를 설명하고, 7장에서는 확률변수들의 함수의 분포를 구하는 방법과 통계량 및 표본분포에 대해 기술한다.

8장 이후는 추론통계학에 관련된 내용으로 8, 9장에서는 통계적 추정과 가설검정의 이론과 응용에 대해 서술한다. 특히 앞서 다룬 확률이론을 바탕으로 추정과 가설검정의 개념을 설명하는 데 역점을 두었고, 구간추정과 가설검정의 관계를 설명한다. 10장부터 13장까지는 통계 응용 분야에서 자주 이용되고 있는 구체적인 통계분석방법에 대한 내용으로 10장에서는 변수들 간의 관계를 모형화하고 조사하는 방법인 상관 및 회귀분석을 설명한다. 11장에서는 여러 모집단의 비교나 실험 데이터의 분석에서 많이 사용되는 분산분석법을 소개한다. 12장에서는 가설검정이나 회귀분석, 분산분석 등에서 가정되는 정규분포의 적합성이나 여타의 분포 적용의 타당성을 검토하는 방법에 대해 기술한다. 13장에서는 특정 분포를 가정하기 어려울 경우의 분석방법인 비모수적 방법을 설명한다.

각 장은 주제별로 나누어진 여러 개의 절로 구성되어 있고, 각 절마다 주제에 대한 개념의 설명과 함께 많은 예제와 연습문제를 제시하여 주제에 대한 이해를 돕고 배운 분석방법에 대한 응용력을 키울 수 있는 문제를 배치한다. 연습문제 중 수준이 높은 문제에는 별표(*)를 달았고, 홀수 번 문제에 대한 정답을 부록에 실었다. 그리고 각 장의 내용 중에서 주제가 어렵거나 책의 흐름상 생략해도 되는 절이나 소절은 별표(*)로 표시한다.

통계적 방법을 현실문제에 응용하려면 많은 자료를 수집·정리하고 이를 분석해야 하기 때문에 컴퓨터의 활용은 필수적이라고 할 수 있다. 이러한 목적으로 많은 통계분석용 소프트웨어 패키지들이 개발되어 활용되고 있다. 여기서는 누구든 무료로 다운받아 쉽게 사용할 수 있는 R 프로그램을 기본으로 계산할 수 있도록 한다.

본 교재의 장 구성은 다음과 같다.

1장 서론
2장 자료의 정리와 요약
3장 확률
4장 확률변수와 분포
5장 여러 가지 분포
6장 다변량 확률변수
7장 표본분포
8장 추정
9장 가설검정
10장 회귀분석
11장 분산분석
12장 적합도검정
13장 비모수적 추론

CHAPTER

02

자료의 정리와 요약

자연현상 관찰, 자연과학·공학 실험, 또는 사회·경제현상 조사를 통해 우리는 여러 가지 자료(data)를 얻게 된다. 이러한 자료는 통계적 분석의 기본 소재이기 때문에 자료의 수집과 정리가 올바르게 이루어지지 않으면 통계적 분석을 통한 결론은 쓸모가 없게 된다. 특히, 자료에 나타난 개개의 측정값이 중요한 정보이지만, 자료의 양이 방대하면 이것의 전반적인 내용을 파악하는 것이 쉽지 않을 뿐 아니라 의사결정에 이용하기도 어려울 것이다. 자료를 사용목적에 맞도록 적절하게 정리·요약해 놓으면 방대한 자료집합의 특징을 쉽게 알아볼 수 있을 뿐만 아니라 일일이 열거하는 수고도 덜 수 있다. 자료들을 요약하여 나타내는 과정을 **기술통계**(descriptive statistics)라고 하는데 크게 수치적인 방법과 그래프를 이용한 방법으로 나누어 볼 수 있다.

이 장에서는 수집된 자료를 정리하기 위한 여러 가지 방법과 통계적인 성질 및 의미에 대해 다룬다. 먼저 자료를 하나의 수치로 요약하여 나타낼 수 있는 위치 및 산포의 척도에 대해 배우고, 그래프를 이용한 방법인 히스토그램, 상자그림 등에 대해 배운다. 실제 응용에서는 보통 통계분석용 소프트웨어를 이용하여 자료를 정리·요약한다.

2.1 위치척도

위치척도(measure of location)는 주어진 자료가 어떤 값을 중심으로 분포되어 있는지를 나타내는 척도이다. 위치척도로 가장 널리 사용되는 것으로는 **평균**(mean)과 **중앙값**(median)이 있다.

정의 2.1 |

관측된 n개의 자료 $x_1, \cdots, x_n$이 주어졌을 때

$$\overline{x} = \frac{1}{n}\sum_{i=1}^{n} x_i$$

를 자료의 평균이라 한다.

정의 2.2 |

관측된 n개의 자료 $x_1, \cdots, x_n$을 크기순으로 늘어놓은 것을 $x_{(1)} \leq \cdots \leq x_{(n)}$이라 할 때, 자료의 중앙값은

$$\tilde{x} = \begin{cases} x_{\left(\frac{n+1}{2}\right)}, & n\text{이 홀수일 때} \\ \left(x_{\left(\frac{n}{2}\right)} + x_{\left(\frac{n}{2}+1\right)}\right)/2, & n\text{이 짝수일 때} \end{cases}$$

이다.

예제 2.1 10가구가 살고 있는 어떤 마을의 1년 소득을 조사한 자료(단위 : 만 원)가 다음과 같다. 자료의 평균과 중앙값을 구해보자.

950 1,050 10,310 760 1,470 1,530 1,170 1,240 1,090 1,020

• **풀이** 이 마을의 연간 소득을 대표할 수 있는 대푯값으로 평균을 사용한다면

$$\overline{x} = \frac{1}{10}(950 + \cdots + 1,020) = 2,059$$

이다. 중앙값을 구하기 위하여 자료를 크기순으로 정렬하면

760 950 1,020 1,050 1,090 1,170 1,240 1,470 1,530 10,310

이고, $n=10$이므로 중앙값은

$$\tilde{x}=\frac{1}{2}\{x_{(5)}+x_{6)}\}=\frac{1}{2}(1,090+1,170)=1,130$$

이다. ■

[R에 의한 계산]

```
> x <- c(950,1050,10310,760,1470,1530,1170,1240,1090,1020)
> mean(x)
[1] 2059
> median(x)
[1] 1130
```

[예제 2.1]에서 두 개의 대푯값 중 어느 것이 좋을까? 우선 평균을 살펴보면 10가구 중 9가구의 연소득이 평균인 2,059만 원에 훨씬 못 미치는 것을 알 수 있다. 즉, 연소득이 평균을 초과하는 가구가 단지 하나에 불과하므로, 10가구의 연소득 자료를 대표하는 값으로는 적절치 못하다는 것을 알 수 있다. 이는 한 가구의 소득이 다른 9가구의 소득보다 월등히 크기 때문에 나타나는 현상인데, 이와 같이 다른 대부분의 자료와 상당히 다른 관측값을 **이상값(outlier)**이라 한다. 만약 예제의 자료에서 이상값(세 번째 가구의 소득)을 제외하고 평균과 중앙값을 구해보면

$$\bar{x}=\frac{1}{9}(950+\cdots+1,020)=1,142$$

$$\tilde{x}=1,090$$

이 되어, 중앙값은 별로 큰 차이가 없으나 평균은 크게 변했음을 알 수 있다. 실제로 평균은 이상값에 크게 영향을 받으나 중앙값은 크게 영향을 받지 않으므로 이상값이 존재하는 경우에는 중앙값이 평균에 비해 자료의 대푯값으로 더 큰 의미를 갖는다.

개인의 수입이나 저축정도, 집의 건평 수, 회사의 1년 매출액 등과 같이 경제에 관계된 자료에서는 이상값이 존재하거나 자료의 형태가 비대칭인 경우가 많이 나타나므로 중앙값을 대푯값으로 사용하는 경우가 많다. 그러나 평균은 중앙값보다 수학적인 처리가 쉽고 통계적으로 좋은

성질을 많이 갖고 있기 때문에 모집단의 추론에 사용되는 통계량은 대부분의 경우 표본의 평균이며, 특히 자료의 형태가 어느 정도 대칭이거나 자료의 수가 많은 경우에는 평균을 사용한다.

자료를 이등분하는 값이 중앙값이란 개념을 확대하여 자료를 100등분하는 값을 생각할 수 있다.

정의 2.3 |

자료 중 $100p\%$의 관측값이 특정 값 이하인 경우 그 값을 자료의 **$100p$ 백분위수**(p th percentile)라 한다.

이제 n개의 관측자료 $x_{(1)} \le \cdots \le x_{(n)}$이 있을 때, 자료의 $100p$백분위수 $\widetilde{x_p}$를 구하는 방법을 살펴보자.

$0 < p < 1$인 p값에 대하여

$$[(n+1)p] = i$$
$$d = (n+1)p - [(n+1)p], \ 0 \le d < 1$$

라 하면 $(n+1)p = i + d$가 된다. 여기서 $[a]$는 a보다 작거나 같은 가장 큰 정수를 나타낸다. $1 \le i < n$에 대하여 $\widetilde{x_p}$는 $x_{(i)}$와 $x_{(i+1)}$의 가중평균

$$\begin{aligned}\widetilde{x_p} &= (1-d)x_{(i)} + dx_{(i+1)} \\ &= x_{(i)} + d(x_{(i+1)} - x_{(i)}) \qquad (2.1)\end{aligned}$$

가 된다. $i = 0$ 또는 $i = n$인 경우에 $\widetilde{x_p}$는 존재하지 않는다.

$p = 0.5$일 경우는 $\widetilde{x_p}$는 중앙값이 될 것이므로 50백분위수는 중앙값과 일치하게 될 것이다. 즉, 식 (2.1)에서 n이 짝수일 때는 $(n+1) \times 0.5 = \frac{n}{2} + 0.5$로 $i = \frac{n}{2}$이 정수이고, $d = 0.5$이므로

$$\widetilde{x_{0.5}} = 0.5x_{(n/2)} + 0.5x_{(n/2+1)} = \frac{x_{(n/2)} + x_{(n/2+1)}}{2}$$

이다. 또한, n이 홀수일 때는 $(n+1) \times 0.5 = \frac{n+1}{2}$로 $i = \frac{n+1}{2}$이 정수이고, $d = 0$이므로

$$\widetilde{x_{0.5}} = x_{\left(\frac{n+1}{2}\right)}$$

이다. 따라서 $p = 0.5$일 때, $\widetilde{x_p}$는 [정의 2.2]의 중앙값 $\tilde{x}$와 일치한다.

백분위수 중에서도 자주 사용되는 25백분위수를 **제1사분위수**(first quartile), 50백분위수를 **제2사분위수**(second quartile), 75백분위수를 **제3사분위수**(third quartile)라고 하며, 각각 Q_1, Q_2, Q_3로 표시한다. Q_2는 당연히 자료의 중앙값이 된다.

예제 2.2 [예제 2.1]의 자료에서 10백분위수, 제1사분위수 Q_1, 제3사분위수 Q_3를 구해보자.

• **풀이** $(n+1)p = 11 \times 0.1 = 1.1$이고, 따라서

$$\widetilde{x_{0.1}} = 0.9x_{(1)} + 0.1x_{(2)} = 0.9 \times 760 + 0.1 \times 950 = 779$$

이다. Q_1은 25백분위수이므로 $(n+1)p = 11 \times 0.25 = 2.75$이고, 따라서

$$Q_1 = 0.25 \times x_{(2)} + 0.75x_{(3)} = 0.25 \times 950 + 0.75 \times 1{,}020 = 1{,}002.5$$

이다. 또한 Q_3는 75백분위수이므로 $(n+1)p = 11 \times 0.75 = 8.25$이고, 따라서

$$Q_3 = 0.75 \times x_{(8)} + 0.25x_{(9)} = 0.75 \times 1{,}470 + 0.25 \times 1{,}530 = 1{,}485$$

이다. ■

R에 의한 계산

```
> p <- c(0.1,0.25,0.50,0.75)
> quantile(x,p,type=6)
   10%     25%     50%     75%
 779.0  1002.5  1130.0  1485.0
```

주) "type=6"는 이 책에서 설명된 분위수 계산 방식을 의미하며 다른 방식도 있음.

평균이 이상값에 크게 영향을 받는 단점을 완화시키기 위한 한 가지 방법으로 자료 중 양쪽 끝에 있는 값을 제거하고 평균을 구하며, 이를 **절사평균**(trimmed mean)이라 한다. 절사평균은 평균과 중앙값의 성질을 모두 갖춘 이상값에 둔감한 위치척도로 다음과 같이 정의된다.

정의 2.4 |

자료를 크기순으로 나열하고 자료의 아래쪽 $100\alpha\%$와 위쪽 $100\alpha\%$를 버린 나머지 자료들의 평균

$$\overline{x_\alpha} = \frac{x_{([n\alpha]+1)} + \cdots + x_{(n-[n\alpha])}}{n - 2[n\alpha]}$$

을 $100\alpha\%$ 절사평균이라 한다.

예제 2.3 [예제 2.1]의 자료에서 15% 절사평균을 구해보자.

• 풀이 $n=10$ 이므로 $[n\alpha]=[1.5]=1$이 되어 자료의 최솟값 710과 최댓값 10,310을 제외한 나머지의 평균

$$\overline{x}_{0.15} = \frac{1}{8}(950 + 1{,}020 + 1{,}050 + 1{,}090 + 1{,}170 + 1{,}240 + 1{,}470 + 1{,}530) = 1{,}190$$

이 15% 절사평균이 된다. $\alpha = 0.2$로 하면 $[n\alpha] = 2$가 되어

$$\overline{x}_{0.2} = \frac{1}{6}(1{,}020 + 1{,}050 + 1{,}090 + 1{,}170 + 1{,}240 + 1{,}470) = 1{,}173$$

이 20% 절사평균이 된다. 여기서 구한 절사평균과 [예제 2.1]의 평균을 비교해보면 절사평균은 이상값에 크게 영향을 받지 않음을 알 수 있다. ■

[R에 의한 계산]

```
> mean(x,trim=0.15)
[1] 1190
> mean(x,trim=0.20)
[1] 1173.333
```

자료의 대푯값으로 평균, 중앙값과 함께 널리 사용되는 최빈값이 있다. 최빈값(mode)은 가장 빈도가 높은 자료의 값으로 정의되며, 특정한 상황에서는 평균이나 중앙값보다 중심위치로 더 적절할 수도 있다. 예컨대 기성복 생산회사에서 키, 목둘레 등의 중심위치를 정할 때 평균이나 중앙값보다는 최빈값에 기초하여 정하는 것이 합리적일 것이다. 최빈값은 이산형 자료의 경우

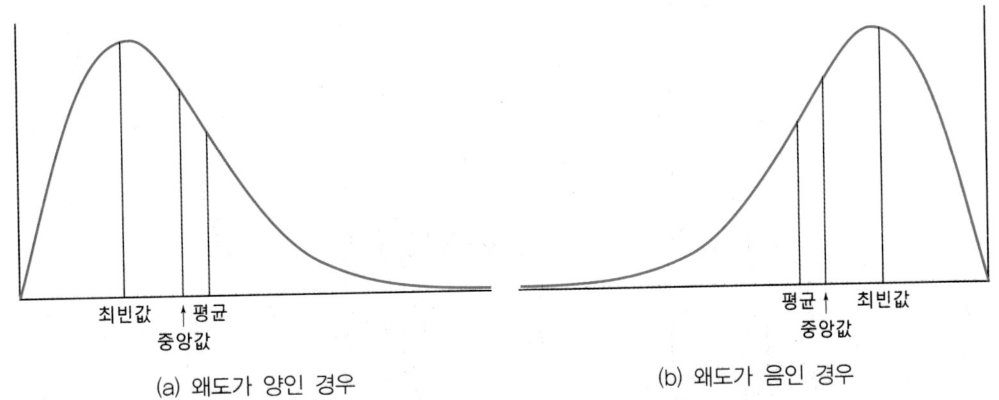

[그림 2.1] **비대칭분포에서 평균, 중앙값, 최빈값의 상대적 위치**

자료의 빈도수를 세어 어렵지 않게 구할 수 있으나, 연속형 자료의 경우 자료의 빈도수를 얻기 힘드므로 일반적으로 뒤에서 소개될 히스토그램 등을 이용하여 구하게 된다.

최빈값을 실제로 계산하는 것은 다른 위치척도에 비해 상당히 번거로우나 분포의 특성을 나타내는 데 널리 사용되고 있으므로, 여기서는 최빈값과 평균, 중앙값과의 관계만을 설명한다.

최빈값은 평균, 중앙값과 더불어 자료의 분포 형태를 나타낸다. 만약 자료의 분포가 대칭인 경우에는 평균, 중앙값, 최빈값이 일치한다. 또한, 분포의 오른쪽 꼬리가 더 길어 **왜도가 양인**(positively skewed) 경우에는 [그림 2.1] (a)와 같이 '최빈값 < 중앙값 < 평균'의 부등식이 성립하고, 반대로 왼쪽꼬리가 더 길어 **왜도가 음인**(negatively skewed) 경우에는 [그림 2.1] (b)와 같이 '평균 < 중앙값 < 최빈값'의 부등식이 성립한다.

연습문제 2.1

1. 중앙값과 최빈값이 중심위치 척도로 적당한 예를 본문에 있는 것 이외에 더 들어 보아라.

2. 다음 자료는 무작위로 뽑은 13명의 초등학교 1학년 학생들의 가슴둘레(단위: 인치(inch))를 측정한 값이다.

30, 28, 24, 22, 20, 24, 34, 22, 24, 30, 15, 36, 37

이 자료로부터 평균, 중앙값과 최빈값을 구하고 이를 비교하라.

3. 다음 자료는 뇌막염 환자 10명의 체온을 기록한 것이다.(단위 : ℃)

40.0, 40.4, 38.7, 42.2, 39.9, 38.2, 40.1, 37.8, 39.1, 38.6

이 자료로 평균, 중앙값, 그리고 10% 절사평균을 구하고 이를 비교하라.

4. 다음 자료는 성인남자 10명의 수축혈압을 기록한 것이다.

118.6, 127.4, 138.4, 130.0, 113.7, 122.0, 108.3, 131.5, 133.2, 121.2

(a) 평균, 중앙값, 그리고 10%와 20% 절사평균을 구하고 이들을 비교하라.
(b) 두 번째 사람의 수축혈압이 실제는 128.4이었다면 중앙값은 어떻게 되는가?

5. 다음은 자판기에서 채워지는 1회용 커피의 중량(단위 : g)을 측정한 자료이다.

106.7	92.5	99.4	93.3	99.2	95.1	104.6	97.7	109.8	102.9
87.6	99.7	96.0	100.3	102.5	103.8	101.2	106.9	103.9	104.1
108.0	103.6	91.9	100.7	96.3					

(a) 평균, 중앙값, 그리고 10% 절사평균을 구하고 이를 비교하라.
(b) 제1사분위수와 제2사분위수를 구하라.

6. 어느 자동차 정비소에서 고객들의 자동차 엔진오일 교환 간격(단위 : 월)을 알아보기 위해 무작위로 뽑은 자동차 20대의 서비스기록을 조사한 결과 다음과 같은 자료를 얻었다.

4	18	5	3	12	22	6	8	12	16
10	6	18	12	7	12	24	12	6	9

(a) 평균, 중앙값, 최빈값, 그리고 15% 절사평균을 구하고 이들을 비교하라.
(b) 20백분위수와 80백분위수를 구하라.

7. 다음은 어떤 교과목의 중간시험 성적이다.

15	40	40	75	40	60	70	65	50	80
35	78	30	20	73	35	55	65	25	30
40	20	45	50	60	10	20	65	27	45
10	30	55	55	35	70	60	60	25	90

(a) 평균, 중앙값, 최빈값, 그리고 10% 절사평균을 구하고 이를 비교하라.
(b) 15백분위수와 85백분위수를 구하라.

8. 다음 자료는 대학생 45명의 1분당 맥박수를 측정한 것이다.

91	80	92	62	88	87	91	81	79	94
90	88	81	68	70	81	90	92	97	79
84	94	87	83	79	67	90	83	82	80
79	94	70	74	82	92	84	75	80	91
68	88	90	80	90					

(a) 평균, 중앙값, 최빈값, 그리고 5% 절사평균을 구하고 이를 비교하라.

(b) 10백분위수와 90백분위수를 구하라.

9. 한 도시 고속화 도로에서 평일 오후 3시부터 7시 사이에 측정된 대기 중 납 농도(단위 : $\mu g/m^3$)는 다음과 같다.

6.2	6.4	7.6	8.0	7.6	6.5	10.9	5.9	7.2	6.0
8.1	8.3	25.1	7.8	9.9	7.2	5.3	7.9	8.4	6.1
9.5	6.0	5.0	8.1	6.1	4.9	8.3	5.4	6.0	8.7
6.4	9.2	6.9	6.8	5.0	8.5	6.0	6.3	5.2	5.9
6.7	6.4	6.5	6.2	10.6	8.6	3.9	15.1		

(a) 평균, 중앙값, 그리고 10% 절사평균을 구하고 이를 비교하라.

(b) 15백분위수와 85백분위수를 구하라.

10. 다음 자료는 어떤 회사에서 50일 간의 결근자 수를 기록한 것이다.

45	37	21	55	29	20	26	39	52	35
32	22	41	26	35	48	55	47	38	27
42	32	37	46	47	41	36	31	47	49
23	12	29	33	26	35	16	57	48	43
17	38	22	40	45	24	32	48	35	53

(a) 평균, 중앙값, 최빈값, 그리고 10% 절사평균을 구하고 이를 비교하라.

(b) 20백분위수와 80백분위수를 구하라.

11. 어느 공정에서 가공된 금속판의 무게(단위: g)를 조사한 자료가 다음과 같다.

22.4	25.4	24.4	24.9	23.5	23.0	23.9	23.7	21.4	24.9
23.9	22.7	23.2	23.3	22.8	20.7	23.3	22.1	21.8	22.5
25.5	26.8	23.2	23.7	21.0	25.9	21.2	22.1	24.5	24.4
20.5	20.3	24.1	24.3	21.7					

(a) 평균, 중앙값, 그리고 10% 및 20% 절사평균을 구하고 이를 비교하라.

(b) 제1사분위수와 제3사분위수를 구하라.

12. n 개의 자료 $x_1, x_2, \cdots, x_n$ 이 있을 때,

(a) 각 x_i 에 $y_i = x_i + c$ 가 되도록 상수 c 를 더한다면, x_i 들의 평균과 중앙값에 비해 y_i 의 평균과 중앙값은 어떻게 달라지는가?

(b) (a)에서 $y_i = cx_i$ 가 되도록 상수 c 를 곱한다면 어떻게 되는가?

13*. n 개의 자료 $x_1, \cdots, x_n$ 의 중심위치 척도로 **기하평균**(geometric mean)이 있다. 기하평균은

$$G = \sqrt[n]{x_1 \cdots x_n}$$

로 정의되며, 변화율에 대한 평균을 계산하는 데 주로 사용한다. 예를 들어 어느 벤처회사의 매출액이 첫 해에는 2억 원, 둘째 해에는 4억 원, 셋째 해에는 6억 원이라고 하면 첫째 해에서 셋째 해까지의 성장률은 200%이고 이의 평균은 100%가 된다. 그러나 직관적으로 실제 성장률은 100%보다 작음을 알 수 있다. 이를 기하평균을 이용하여 계산하면

$$G = \sqrt[2]{(2.0)(1.5)} = 1.732$$

가 되므로, 매년 평균 73.2%의 성장률을 보였다고 할 수 있다.
다음 값들의 기하평균을 구하라.

(a) 1, 3, 9

(b) 4, 4, 4, 4

(c) 1, 10, 100, 1,000, 10,000

14*. 어떤 학생이 세 상점에서 각각 1,000원씩을 썼는데, 첫 번째 가게에서는 개당 200원짜리 연필을 사고, 두 번째에서는 개당 250원짜리를, 세 번째에서는 개당 500원짜리를 구입하였다고 하자. 이때 그 학생이 구입한 연필의 평균가격을 구하라.

힌트 평균 가격은 (총 지급금액)/(총 개수)가 될 것이므로 다음 식으로 정의되는 **조화평균**(harmonic mean)이 됨을 확인할 수 있다.

$$H = \frac{n}{1/x_1 + \cdots + 1/x_n}$$

15*. x_t가 시간 t 에서의 관측값을 나타낸다면 n 개의 자료 $x_1, \cdots, x_n$ 은 **시계열자료**(time series data)가 된다. $\hat{x}_t = \alpha x_t + (1-\alpha)\hat{x}_{t-1}$라 하고 다음 물음에 답하라. 단, $\hat{x_1} = x_1$이고 α 는 0과 1 사이의 상수이다.

(a) x_t 를 t 날의 한 하수처리공장의 배출물의 온도(단위 : ℃)라고 하자. 이때 아래의 자료로 t 날에 대한 배출물의 온도 그래프를 그려라.

8.3	12.2	11.6	10.0	7.8	7.8	8.3
10.0	10.6	10.0	7.8	11.1	10.0	10.0

(b) $\alpha = 0.1$ 일 때 $\hat{x}_t$를 계산하라. $\alpha = 0.5$ 일 때 $\hat{x}_t$를 계산하라. 또한 두 경우에 대하여 $(t, \hat{x}_t)$의 그래프를 그려 비교하라.

(c) $\hat{x}_t$ 를 계산하는 식의 오른쪽의 $\hat{x}_{t-1}$를 $\alpha x_{t-1} + (1-\alpha)\hat{x}_{t-2}$로 바꾸어 정리하라. 그리고 다시 $\hat{x}_{t-2}$를 x_{t-2}와 $\hat{x}_{t-3}$로 정리하라. 이를 x_1 이 나타날 때까지 반복하라. k 가 증가함에 따라 x_{t-k}의 값은 어떻게 달라지는가?

(d) t 가 크다면 $\hat{x}_t$ 는 x_1에 얼마나 영향을 받는가?

2.2 산포척도와 상자그림

자료를 수치적으로 정리 요약할 경우 중심위치만으로는 자료의 분포를 충분히 파악할 수가 없다. 예를 들어 (가)회사와 (나)회사에서 생산하는 전구의 수명에 관한 분포가 [그림 2.2]와 같다고 하자. 전구의 평균수명은 (가)회사가 (나)회사보다 높으나, (가)회사에서 생산하는 전구는 균질성에 있어서 (나)회사보다 떨어진다. 어느 회사 제품이 더 우수한지에 대해서는 견해가 서로 다를 수가 있으나, 단지 평균이 높다는 사실 하나만 가지고 품질의 우열을 비교하기는 곤란하다는 것을 알 수 있다. 이와 같이 어떤 자료를 분석하기 위해서는 그 자료의 중심위치 외에도 자료가 중심위치에서부터 흩어져 있는 정도도 아울러 파악해야 한다.

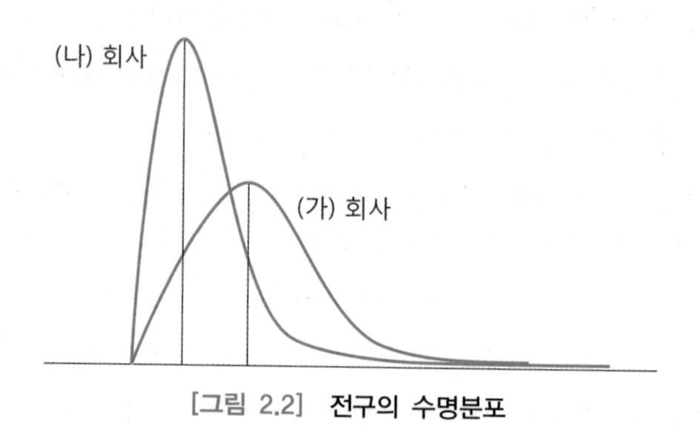

[그림 2.2] **전구의 수명분포**

2.2.1 산포척도

산포척도(measure of dispersion)란 자료가 중심위치에서 얼마나 떨어져 있는지를 나타내는 척도로, 위치척도와 함께 분포의 특성을 나타내는 데 널리 사용된다. 여기서는 산포의 척도로 범위, 표준편차, 분산 및 사분위범위를 소개한다.

정의 2.5 |

관측된 n 개의 자료 $x_1, \cdots, x_n$을 크기순으로 늘어놓은 것을 $x_{(1)} \leq \cdots \leq x_{(n)}$이라 할 때, 범위(range)는 자료 중 가장 큰 값과 가장 작은 값의 차이

$$R = x_{(n)} - x_{(1)}$$

이다.

범위는 구하기가 매우 쉽고, 또한 자료의 크기가 5 이하로 크지 않을 때는 산포에 대한 좋은 추정값이 되기 때문에 품질관리 등 분야에서 많이 이용되어 왔다. 범위보다 더 좋은 산포의 척도로서 가장 널리 사용되는 것은 분산과 표준편차이다.

정의 2.6 |

관측된 n 개의 자료 $x_1, \cdots, x_n$이 주어졌을 때 자료의 분산은

$$s^2 = \frac{1}{n-1} \sum_{i=1}^{n} (x_i - \overline{x})^2$$

이고, 표준편차는 $s = \sqrt{s^2}$ 이다.

자료의 분산을 계산할 때는

$$\sum_{i=1}^{n} (x_i - \overline{x})^2 = \sum_{i=1}^{n} x_i^2 - n\overline{x}^2 = \sum_{i=1}^{n} x_i^2 - \frac{\left(\sum_{i=1}^{n} x_i\right)^2}{n}$$

을 이용하여

$$s^2 = \frac{1}{n-1}\left(\sum_{i=1}^{n} x_i^2 - \frac{\left(\sum_{i=1}^{n} x_i\right)^2}{n}\right) \tag{2.2}$$

을 사용하는 것이 편리하다.

예제 2.4 [예제 2.1]의 자료에 대해 범위와 표준편차를 구해보자.

• **풀이** 자료의 최댓값이 10,310이고 최솟값이 760이므로 범위는 9,550이다. 또한 자료의 분산은 $\sum_{i=1}^{10} x_i = 20,590$, $\sum_{i=1}^{10} x_i^2 = 118,515,500$이므로 $s^2 = \frac{1}{9}\left(118,515,500 - \frac{(20,590)^2}{10}\right) = 8,457,854$이고, 표준편차 $s = 2,908$이다. ■

[R에 의한 계산]

```
> var(x); sd(x)
[1] 8457854
[1] 2908.239
```

[예제 2.4]에서 이상값으로 여겨지는 10,310을 제외하면 범위와 표준편차는 각각 770과 244가 되어, 범위와 표준편차 모두 이상값에 매우 민감하다는 것을 알 수 있다. 범위와 표준편차에 비해서 이상값의 영향을 덜 받는 산포척도로는 사분위범위와 사분위편차가 있다.

정의 2.7 |

사분위범위(interquartile range; IQR)는 제3사분위수와 제1사분위수의 차이

$$IQR = Q_3 - Q_1$$

으로 정의되며, 자료 중에서 가운데 50% 자료값의 범위를 나타낸다. 또한 사분위편차(quartile deviation)는 사분위범위를 2로 나누어준

$$Q = \frac{Q_3 - Q_1}{2}$$

으로 정의된다.

예제 2.5 [예제 2.1]의 자료에 대해 사분위범위와 사분위편차를 구해보자.

• **풀이** [예제 2.2]에서 $Q_1 = 1{,}002.5$이고 $Q_3 = 1{,}485$이므로 사분위범위는 $IQR = 482.5$이고, 사분위편차는

$$Q = \frac{IQR}{2} = 241.25$$

이다. ■

[R에 의한 계산]

```
> IQR(x,type=6)
[1] 482.5
```

위에서 살펴본 산포척도 중 범위는 계산이 간편하다는 장점이 있고, 사분위범위는 이상값에 둔감할 뿐 아니라 자연스럽고 해석이 쉽다는 장점을 가지고 있다. 그러나 범위와 사분위범위는 개개의 자료의 크기가 반영되는 것이 아니고 자료 중 일부(예를 들어 범위에는 자료 중 제일 큰 것과 제일 작은 것)만 사용하기 때문에 표준편차에 비해 효율이 낮아서 널리 사용되지는 않는다.

산포의 크기를 상대적으로 비교하는 데는 $v = s / \bar{x}$ 로 정의되는 **변동계수**(coefficient of variation)가 사용된다. 변동계수는 자료 고유의 단위에 의존하지 않게 되어, 여러 종류의 자료들이 단위가 다르거나 단위는 같지만 평균 차이가 클 때 자료의 산포를 비교하는 데 유용하게 쓰인다.

2.2.2 상자그림

상자그림(box plot)은 자료의 중심위치, 산포, 분포의 대칭성 또는 치우침에 대한 정보 및 이상값의 존재 유무에 관한 정보를 제공한다. 특히, 분포의 꼬리에 관한 정보, 즉 이상값이 존재하는지 여부를 파악하는 데 효과적인 도구로, **상자-수염 그림**(box-whisker plot)이라고 부르기도 한다.

[그림 2.3]은 일반적인 상자그림의 예를 보여준다. 상자그림은 사분위수와 사분위수 범위를 이용해 다음과 같이 쉽게 그릴 수 있다. 먼저 1사분위수(Q_1)와 3사분위수(Q_3)를 잇는 상자를 그리고, 상자 안에 중앙값($\tilde{x}$)에 해당하는 위치에 선을 긋는다. 여기서 상자의 길이(IQR)는 전

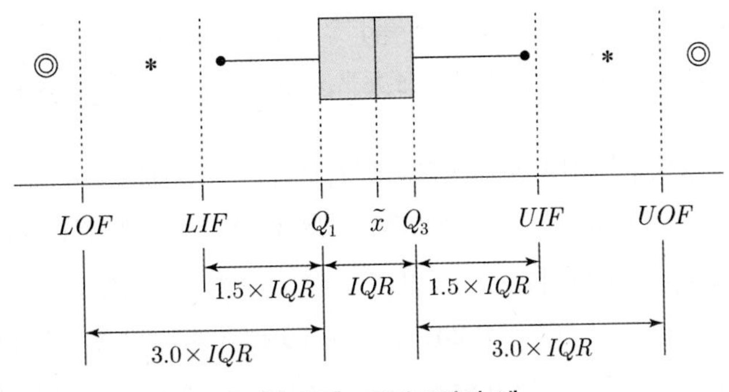

[그림 2.3] 상자그림의 예

체 자료 중 가운데 50%의 산포를 나타낸다. 중앙값은 자료의 중심위치로 분포의 대칭성 또는 치우침을 나타낸다. 즉, 중앙값이 상자의 중앙에 위치하면 분포의 중심부분이 대칭성을 갖고, 그렇지 않으면 한쪽으로 치우친다고 볼 수 있다.

다음으로 이상값의 유무를 확인하기 위한 **내부울타리**(inner fence; IF)와 **외부울타리**(outer fence; OF)를 계산한다. 내부울타리는 하(下)내부울타리(lower inner fence; LIF)와 상(上)내부울타리(upper inner fence; UIF)가 있고, 외부울타리도 하(下)외부울타리(lower outer fence; LOF)와 상(上)외부울타리(upper outer fence; UOF)가 있으며, 각각 다음과 같이 계산한다.

$$\text{LIF} = Q_1 - 1.5 \times \text{IQR};\ \text{UIF} = Q_3 + 1.5 \times \text{IQR}$$

$$\text{LOF} = Q_1 - 3.0 \times \text{IQR};\ \text{UOF} = Q_1 + 3.0 \times \text{IQR}$$

상자의 양끝에서 내부울타리 안에 있으면서 내부울타리에 가장 가까운 값을 **인접값**(adjacent value)이라 한다. 상자끝에서 인접값까지 선으로 연결한다. 이 선을 **수염**(whisker)이라고 부르는데 분포의 꼬리길이를 의미한다.

마지막으로, 자료 중에서 내부울타리와 외부울타리 사이에 있는 값을 *로 표시하고, 외부울타리 바깥에 있는 값을 ◎으로 표시하면 상자그림이 완성된다. 여기서 내부울타리와 외부울타리 사이에 있는 값을 **이상값**(outlier)이라 부르고, 외부울타리 바깥에 있는 값을 **극단이상값**(extreme outlier)이라 부른다.

예제 2.6 [표 2.1]은 어떤 공정에서 생산되는 금속판의 두께를 측정한 자료이다. 이 자료를 이용하여 상자그림을 그려보자.

[표 2.1] **금속판의 두께(단위: mm)**

5.36	5.59	5.64	5.69	5.56	5.49	5.52	5.48	5.66	5.42
5.35	5.37	5.32	5.54	5.42	5.24	5.44	5.25	5.33	5.22
5.45	5.39	5.32	5.11	5.47	5.27	5.40	5.40	5.41	5.51
5.29	5.41	5.12	5.48	5.39	5.26	5.47	5.41	5.34	5.58
5.54	5.55	5.73	5.52	5.76	5.17	5.35	5.46	5.88	5.62

• **풀이** $n=50$이므로 중앙값, 제1사분위수 및 제3사분위수의 위치는 각각 $(50+1)\times 0.5 = 25.5$, $(50+1)\times 0.25 = 12.75$, $(50+1)\times 0.75 = 38.25$이다. [표 2.1]의 자료를 크기순으로 배열하면 $x_{(25)} = x_{(26)} = 5.42$이므로 중앙값은 $\tilde{x} = 5.42$이다. 그리고 $x_{(12)} = 5.33$, $x_{(13)} = 5.34$이므로, 제1사분위수는 $Q_1 = 0.25\,x_{(12)} + 0.75\,x_{(13)} = 5.3375 \approx 5.34$, $x_{(38)} = x_{(39)} = 5.54$이므로 $Q_3 = 0.75\,x_{(38)} + 0.25\,x_{(39)} = 5.54$이다. 따라서 사분위범위는 $IQR = Q_3 -$

중앙값	$\tilde{x}$	5.42	
제1사분위수	Q1	5.34	
제3사분위수	Q3	5.54	
사분위범위	IQR	0.20	
내부울타리	IF	5.04	5.84
(이상값)		–	5.88
인접값		5.11	5.76
외부울타리	OF	4.74	6.14
(극단이상값)		–	–

[그림 2.4] **상자그림을 위한 통계량**

$Q_1 = 5.54 - 5.34 = 0.20$이 된다.

한편, 내부울타리는 $5.34 - 1.5 \times 0.20 = 5.04$와 $5.54 + 1.5 \times 0.2 = 5.84$이고, 외부울타리는 $5.34 - 3 \times 0.20 = 4.74$와 $5.54 + 3 \times 0.20 = 6.14$이다. 따라서 인접값은 5.11과 5.76임을 알 수 있고, 5.84와 6.14 사이에 있는 5.88은 이상값이며, 극단이상값은 존재하지 않는다. 이상을 요약한 것이 [그림 2.4]이고 이를 토대로 상자그림을 그리면 [그림 2.5]가 된다. ■

[그림 2.5]를 보면 알 수 있듯이 상자그림에서 이상값의 존재 여부를 바로 파악할 수 있고, 분포의 중심은 상자 안의 중앙값의 위치로 표시되며, 분포의 중심에서의 산포는 상자의 길이로 나타나게 된다. 또한 상자 속의 중앙값의 위치에 따라 분포의 대칭성을 파악할 수 있다. [그림 2.5]와 같이 중앙값의 위치가 상자의 왼쪽에 치우쳐 있으면 오른쪽 꼬리가 긴 분포임을 알 수 있다. 그리고 수염의 길이는 분포의 꼬리가 얼마나 펼쳐져 있는지를 알 수 있게 해준다.

실제로 상자그림을 그릴 경우 자료를 크기순으로 나열하여 사분위수를 구하는 것이 번거로울 수도 있다. 이 경우에는 다음 절에서 소개될 줄기-잎 그림을 이용하면 쉽게 구할 수 있다.

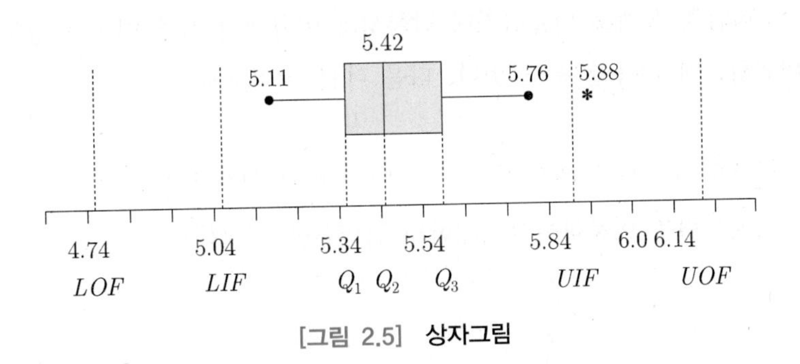

[그림 2.5] **상자그림**

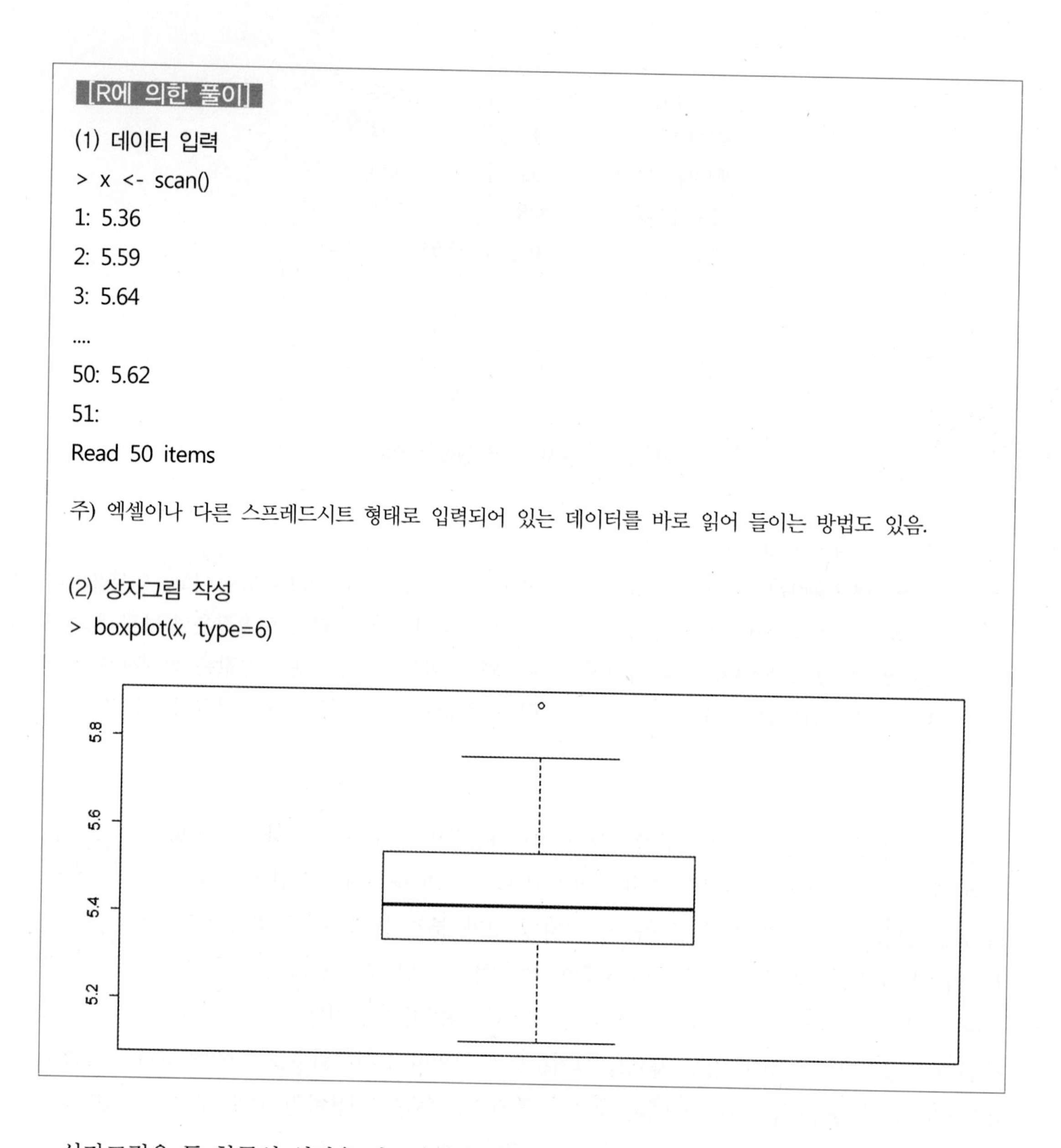

[R에 의한 풀이]

(1) 데이터 입력

```
> x <- scan()
1: 5.36
2: 5.59
3: 5.64
....
50: 5.62
51:
Read 50 items
```

주) 엑셀이나 다른 스프레드시트 형태로 입력되어 있는 데이터를 바로 읽어 들이는 방법도 있음.

(2) 상자그림 작성

```
> boxplot(x, type=6)
```

상자그림은 두 학급의 성적을 비교하거나 남학생과 여학생의 키를 비교할 경우와 같이 둘 이상의 집단을 비교하는데 사용할 수도 있다. 다음 예를 살펴보자.

예제 2.7 다음은 A, B 두 대학에서 각각 12개 학과 학생들을 대상으로 흡연율을 조사한 것이다. 상자그림을 이용하여 두 대학의 흡연율을 비교해보자.

A 대학	0.59	0.59	0.45	0.52	0.65	0.47	0.50	0.57	0.54	0.45	0.48	0.15
B 대학	0.69	0.52	0.55	0.55	0.46	0.25	0.59	0.46	0.41	0.51	0.44	0.47

• **풀이** 계산 및 작성 과정은 생략하고 R프로그램을 이용하여 작성하여 비교해보면 두 대학의 흡연율에 그다지 큰 차이가 없는 것으로 보인다. ■

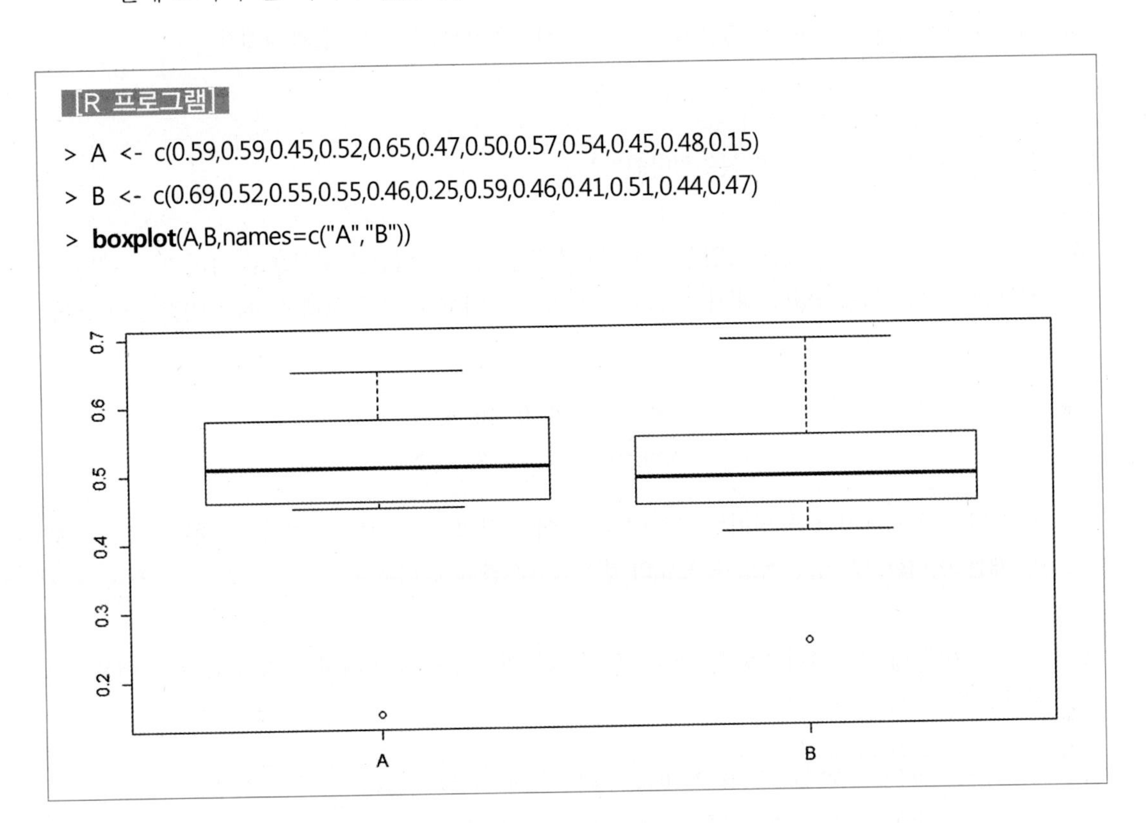

[R 프로그램]

```
> A <- c(0.59,0.59,0.45,0.52,0.65,0.47,0.50,0.57,0.54,0.45,0.48,0.15)
> B <- c(0.69,0.52,0.55,0.55,0.46,0.25,0.59,0.46,0.41,0.51,0.44,0.47)
> boxplot(A,B,names=c("A","B"))
```

연습문제 2.2

1. 산화작용 때문에 발생하는 티타늄-크롬 합금 속의 이산화탄소의 양은 다음과 같다.

   6.4, 5.9, 6.1, 5.8, 6.6, 6.0

   위 자료로 범위, 분산, 표준편차, 사분위편차를 구하라.

2. 강낭콩의 각 잎에 들어있는 단백질의 양(단위: mg/g)은 다음과 같다.

11.7, 16.1, 14.0, 6.3, 5.1, 4.9, 9.6, 8.3, 6.8

위 자료로 범위, 분산, 표준편차, 사분위편차를 구하라.

3. 자료 5개의 평균을 구하고, 평균으로부터 각 자료의 편차를 구한 결과 4개가

0.3 0.9 1.0 1.3

이었다면 나머지 하나의 편차는 얼마인가?

4. 어떤 가구 회사의 나무제품 작업장에서 6월 중 7일 간의 작업일을 표본으로 하여 매일 매일 기계고장 횟수를 기록하였다. 회사는 노후화된 기계 중에서 10대를 교체한 후, 8월달에도 이러한 절차가 반복하였다. 그 자료는 다음과 같다.

6월: 8, 3, 0, 0, 10, 4, 9
8월: 0, 3, 4, 11, 3, 3, 2

고장 나는 횟수의 변동을 범위로 추정했을 때 어느 달의 변동폭이 더 큰가? 표준편차로 추정했을 때는 어떠한가? 어느 척도가 자료의 변동을 더 잘 나타내는가?

5. 다음은 어떤 대학의 24개 학과를 대상으로 학생들의 흡연율을 조사한 결과이다. 이를 이용하여 상자그림을 그려라.

0.59	0.59	0.45	0.52	0.65	0.47	0.50	0.57	0.54	0.45	0.48	0.15
0.69	0.52	0.55	0.55	0.46	0.25	0.59	0.46	0.41	0.51	0.44	0.47

6. 다음은 자판기에서 채워지는 1회용 커피의 중량(단위: g)을 측정한 자료이다.

106.7	92.5	99.4	93.3	99.2	95.1	104.6	97.7	109.8	102.9
87.6	99.7	96.0	100.3	102.5	103.8	101.2	106.9	103.9	104.1
108.0	103.6	91.9	100.7	96.3					

(a) 범위, 분산, 표준편차와 사분위범위, 그리고 사분위편차를 구하라.
(b) 상자그림을 그려라.

7. 다음은 어떤 교과목의 중간시험 성적이다.

15	40	40	75	40	60	70	65	50	80
35	78	30	20	73	35	55	65	25	30
40	20	45	50	60	10	20	65	27	45
10	30	55	55	35	70	60	60	25	90

(a) 범위, 분산, 표준편차와 사분위범위, 그리고 사분위편차를 구하라.
(b) 상자그림을 그려라.

8. 다음 자료는 대학생 45명의 1분당 맥박수를 측정한 것이다.

91	80	92	62	88	87	91	81	79	94
90	88	81	68	70	81	90	92	97	79
84	94	87	83	79	67	90	83	82	80
79	94	70	74	82	92	84	75	80	91
68	88	90	80	90					

(a) 범위, 분산, 표준편차와 사분위범위, 그리고 사분위편차를 구하라.
(b) 상자그림을 그려라.

9. 한 도시 고속화 도로에서 평일 오후 3시부터 7시 사이에 측정된 대기 중 납 농도(단위: $\mu g/m^3$)는 다음과 같다.

6.2	6.4	7.6	8.0	7.6	6.5	10.9	5.9	7.2	6.0
8.1	8.3	25.1	7.8	9.9	7.2	5.3	7.9	8.4	6.1
9.5	6.0	5.0	8.1	6.1	4.9	8.3	5.4	6.0	8.7
6.4	9.2	6.9	6.8	5.0	8.5	6.0	6.3	5.2	5.9
6.7	6.4	6.5	6.2	10.6	8.6	3.9	15.1		

(a) 범위, 분산, 표준편차와 사분위범위, 그리고 사분위편차를 구하라.
(b) 상자그림을 그려라.

10. 다음 자료는 어떤 회사에서 50일 간의 결근자 수를 기록한 것이다.

45	37	21	55	29	20	26	39	52	35
32	22	41	26	35	48	55	47	38	27
42	32	37	46	47	41	36	31	47	49
23	12	29	33	26	35	16	57	48	43
17	38	22	40	45	24	32	48	35	53

(a) 범위, 분산, 표준편차와 사분위범위, 그리고 사분위편차를 구하라.

(b) 상자그림을 그려라.

11. 어느 공정에서 가공된 금속판의 무게(단위: g)를 조사한 자료가 다음과 같다.

22.4	25.4	24.4	24.9	23.5	23.0	23.9	23.7	21.4	24.9
23.9	22.7	23.2	23.3	22.8	20.7	23.3	22.1	21.8	22.5
25.5	26.8	23.2	23.7	21.0	25.9	21.2	22.1	24.5	24.4
20.5	20.3	24.1	24.3	21.7					

(a) 범위, 분산, 표준편차와 사분위범위, 그리고 사분위편차를 구하라.

(b) 상자그림을 그려라.

12. 다음은 어떤 전자회사 대리점의 월별 매출액을 나타낸 자료이다. 상자그림을 사용하여 대리점별 매출액을 비교하라. 매출액의 중앙값이 제일 큰 대리점은 어느 곳인가? 매출액의 범위와 사분위범위가 제일 큰 대리점은 각각 어느 곳인가?

(단위: 백만 원)

대리점 \ 월	1	2	3	4	5	6	7	8	9
수원	12	21	9	18	19	10	13	38	13
청주	19	17	12	12	31	23	28	17	19
춘천	41	32	17	14	16	22	31	19	33
전주	25	31	41	24	40	17	28	35	9
마산	9	11	23	22	13	17	25	22	11

13. n개의 자료 $x_1, x_2, \cdots, x_n$이 있을 때

(a) 각 x_i에 $y_i = x_i + c$가 되도록 상수 c를 더한다면, x_i들의 분산과 표준편차에 비해 y_i의 분산과 표준편차는 어떻게 달라지는가?

(b) (a)에서 $y_i = cx_i$가 되도록 상수 c를 곱한다면 어떻게 될 것인가?

14. 연습문제 #13에서 (a)와 (b)의 경우 변동계수는 어떻게 되는가?

15*. n개의 자료 $x_1, \cdots, x_n$으로부터 구한 평균과 분산을 $\overline{x}_n$과 s_n^2이라 하고, $n+1$번째 자료 x_{n+1}를 하나 더 얻어 $n+1$개의 자료로부터 구한 평균과 분산을 $\overline{x}_{n+1}$과 s_{n+1}^2이라고 하자.

(a) $\overline{x}_{n+1}$을 $\overline{x}_n$과 x_{n+1}의 함수로 나타내라.

(b) s_{n+1}^2을 $\overline{x}_n$, x_{n+1} 및 s_n^2의 함수로 나타내라.

(c) 다음 데이터의 평균과 분산을 구하여라.

6.4, 5.9, 6.1, 5.8, 6.6, 6.0

(d) 문항 (c)에서 새로운 자료 6.2가 추가된 경우 (a)와 (b)의 결과를 이용하여 평균과 분산을 구하라.

2.3 도표를 이용한 자료 정리

앞에서 살펴본 중심위치나 산포도 등은 자료 분석에 있어서 주관적인 판단이 개입되지 않도록 하나의 수치로 자료의 특징을 잘 나타내주지만, 변동의 패턴을 시각적으로 표현해주지 못한다는 단점이 있다. 이러한 단점을 보완하기 위해 자료를 분석할 때 도표에 의한 방법이 수치적 분석과 함께 보완적으로 널리 쓰이고 있다. 이는 도표가 주는 시각적인 효과에 의해서 전문가가 아니라도 쉽게 이해할 수 있고, 많은 경우 한눈에 자료의 전체적인 특성을 파악하기 쉽기 때문이다. 여기서는 먼저 쉽게 적용할 수 있는 도수분포표, 히스토그램과 산점도 등에 대해 배운다.

2.3.1 도수분포표와 히스토그램

혈액형, 자녀의 수, 하루의 교통사건 수 또는 제조공정에서의 불량품 수 등과 같이 자료의 형태가 이산형 또는 계수형인 경우에, 각 자료값이 나타나는 빈도를 셀 수 있다. 이때 자료의 빈도를 **도수**(frequency)라 하고, 도수를 전체 자료의 숫자로 나눈 것을 **상대도수**(relative frequency)라고 한다. 각 자료값의 도수 또는 상대도수를 나열해 놓은 것을 **도수분포**(frequency distribution), 이를 도표화한 것을 **도수분포표**(frequency table)라 하고, 도수분포표를 막대그래프로 표시한 것을 **히스토그램**(histogram)이라 한다.

예제 2.8 [표 2.2]의 통계학 성적 데이터를 이용하여 학점별 도수분포표와 히스토그램을 작성해 보자.

[표 2.2] **통계학 성적표**

번호	성별	중간시험	기말시험	평균	학점	번호	성별	중간시험	기말시험	평균	학점
1	남	81	72	76.5	C	11	여	88	93	90.5	A
2	남	82	57	69.5	D	12	남	86	83	84.5	B
3	남	88	87	87.5	B	13	남	74	78	76.0	C
4	여	77	86	81.5	B	14	남	55	51	53.0	F
5	남	90	73	81.5	B	15	남	77	90	83.5	B
6	여	68	78	73.0	C	16	남	76	77	76.5	C
7	여	85	79	82.0	B	17	여	61	87	74.0	C
8	여	95	98	96.5	A	18	여	68	75	71.5	C
9	남	60	64	62.0	D	19	여	85	83	84.0	B
10	여	83	70	76.5	C	20	남	88	82	85.0	B

• **풀이** [표 2.2]에서 학점별로 학생이 몇 명 있는지를 나타내는 도수분포표는 [표 2.3]과 같다. 이 도수분포표에는 상대도수도 함께 표현되어 있으며, 상대도수는 해당 계급의 도수가 총 도수에서 차지하는 비율을 나타낸다.

[표 2.3] **통계학 학점에 대한 도수분포표**

학점	도수(학생수)	상대도수
A	2	0.10
B	8	0.40
C	7	0.35
D	2	0.10
F	1	0.05

■

[표 2.3]의 도수분포표에 대한 히스토그램은 다음과 같다.

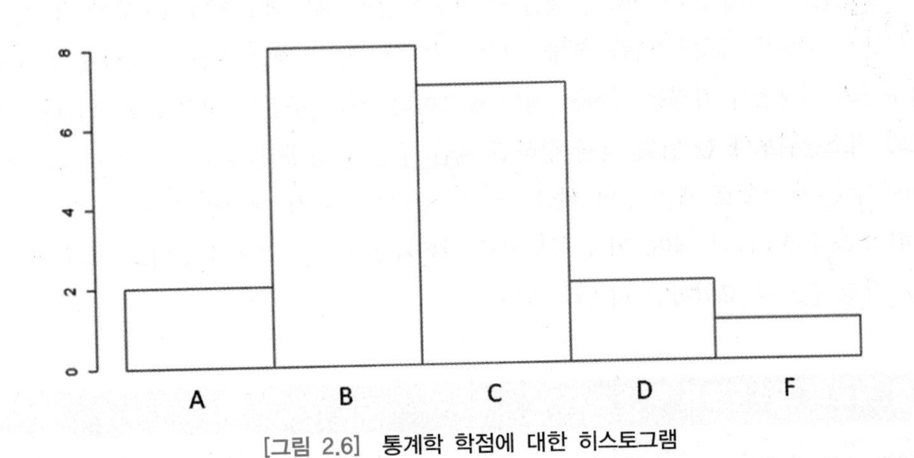

[그림 2.6] **통계학 학점에 대한 히스토그램**

한편 연속형 또는 계량형 자료의 경우에는 자료값이 무한히 많고 똑같은 측정값이 2개 이상 있을 가능성이 드물기 때문에, 각 자료값에 해당되는 도수를 세는 것이 의미가 없게 된다. 이러한 경우에는 유사한 자료값을 집단화하여 몇 개의 계급(class)으로 나누어 각각의 계급에 들어가는 자료의 개수나 비율로 도수분포표를 얻을 수 있다. 이때, 계급의 수를 너무 크게 하면 우리가 얻고자 하는 전반적인 자료의 윤곽을 파악하기가 힘들고, 계급의 수를 너무 작게 하면 그림이 모호하게 되어버린다. 계급의 수는 연구의 목적이나 작성자의 취향에 따라 달리 결정되겠으나, 자료의 수에 따라 [표 2.4]와 같이 정하는 것이 적당하다.

[표 2.4] **계급 수의 결정**

자료의 수	50 이하	50 – 100	100 – 250	250 이상
계급의 수	5 – 7	6 – 10	7 – 12	10 – 20

계급과 계급값

수치형 자료의 경우에 자료를 정리하기 위하여 정해진 기준에 따라 나눈 구간이나 하나의 이산형 값을 계급이라 하고, 범주형 데이터의 경우에는 하나의 범주를 계급이라 한다. 여기서 각 계급을 대표하는 값이 있을 때는 이를 계급값이라 한다. 따라서 단일 데이터 값 또는 범주를 계급으로 할 때는 계급값이 단일 변수값 또는 범주 그 자체를 의미하나, 구간으로 설정된 경우에는 보통 그 구간의 상한과 하한의 평균값이 계급값이 된다.

계급 수가 결정되면 자료의 범위를 계급 수로 나누어 계급의 폭을 정하고, 계급의 구간을 근사적으로 결정한다. 이때 모든 자료가 계급 구간에 포함되도록 (계급 수)×(계급의 폭)이 자료의 범위보다 크게 되도록 계급의 폭을 정해야 하고, 특정 자료가 계급 구간의 경계에 놓이지 않도록 계급구간의 시작점과 끝점을 정하는 것이 중요하다. 계급 구간의 시작점과 끝점의 유효숫자를 자료의 최소단위보다 한 단위 낮게 정하면 계급 구간의 경계에 자료가 놓이지 않도록 할 수 있다. 이와 같은 방법으로 계급 수와 계급 구간을 결정한 후, 각 계급에 속하는 자료의 수를 세어 정리하면 도수분포표가 되며, 이를 그림으로 나타내면 히스토그램이 된다. 연속형 자료의 도수분포표 작성 순서를 요약하면 다음과 같다.

연속형 자료의 도수분포표 작성 순서

1. 계급의 수를 정한다. ([표 2.4] 참조)
2. 자료의 범위(=최댓값 – 최솟값)를 계급의 수로 나누어 계급 폭을 구한다. 계급의 폭은 모든 데이터를 포함할 수 있도록 자료의 범위보다 넓게 설정하며, 자료의 최소단위와 같게 올림한다.
3. 첫 번째 계급 구간의 시작점은 (최솟값 – u/2)로 정하고 계급의 폭 간격으로 계급 구간을 설정한다. 여기서 u는 자료의 최소 단위이다. 계급 구간의 시작점과 끝점을 자료의 최소단위보다 작게 정함으로써 데이터와 계급의 경계 값이 같게 되는 것을 피할 수 있다.
4. 각 계급에 속하는 자료의 수를 세어 도수를 구한다.

예제 2.9 [표 2.1]의 금속판 두께 자료로 도수분포표와 히스토그램을 만들어보자.

• **풀이** 먼저 [표 2.1]의 자료에서 범위는 $5.88-5.11=0.77$이다. 따라서 계급의 수를 5로 하면 $0.77/5=0.154$이므로 계급의 구간폭은 0.15나 0.16이 될 것이며, 계급의 수를 8로 한다면 $0.77/8=0.096$이 되어 계급의 구간폭을 0.10으로 정하면 적당할 것이다. 또한 각 구간의 경계점은 자료의 분류가 명확하도록 소수점 이하 3자리수가 되도록 한다. 계급의 수를 8로 하는 경우 각 계급에 속하는 자료의 수를 세어 정리하면 [표 2.5]의 도수분포표를 얻을 수 있고, 이 표로부터 히스토그램을 만들면 [그림 2.7]이 된다. R 프로그램을 이용할 경우 함수 hist(x,nclass=8)를 실행하면 같은 모양의 히스토그램이 작성된다. ■

[표 2.5] **금속판의 두께의 도수분포표**

계급 번호	계급 구간	중간점	도수	상대도수
1	5.095 ~ 5.195	5.145	3	0.06
2	5.195 ~ 5.295	5.245	6	0.12
3	5.295 ~ 5.395	5.345	10	0.20
4	5.395 ~ 5.495	5.545	15	0.30
5	5.495 ~ 5.595	5.645	9	0.18
6	5.595 ~ 5.695	5.745	4	0.08
7	5.695 ~ 5.795	5.845	2	0.04
8	5.795 ~ 5.895	5.945	1	0.02

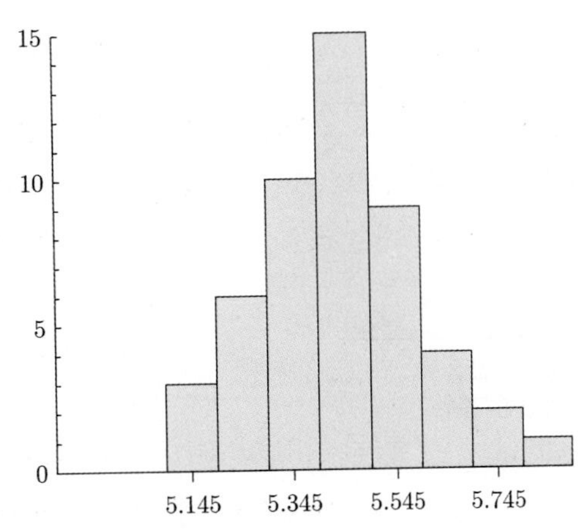

[그림 2.7] **[표 2.1] 자료의 히스토그램**

도수분포표에는 도수분포가 간직하고 있는 정보가 잘 요약되어 있으나, 히스토그램을 사용하면 도수분포의 상황을 좀 더 쉽게 알아볼 수 있다. 즉, 히스토그램으로 자료를 정리하면 자료의 위치뿐 아니라, 산포 등 변동의 패턴을 파악하기가 쉬워진다. [그림 2.8]에는 얻어진 자료를 히스토그램을 만들었을 때 자주 나타날 수 있는 예와 이에 대한 해석이 나와 있다.

자료의 분포를 표현하기 위한 다른 방법으로는 **줄기-잎 그림**(stem-and-leaf display)이 있다. 줄기-잎 그림을 그리기 위해서는 먼저 자료의 **줄기**(stem)부분을 선택해야 한다. 줄기부분을 제외한 나머지 부분을 **잎**(leaf)이라고 부른다. 줄기와 잎을 정한 다음, 먼저 줄기값을 크기순으로 세로로 나열한 뒤, 각 줄기에 해당되는 각 자료의 잎의 값을 해당 줄기값의 오른쪽에 가로로 적는다. 마지막으로 줄기값과 잎의 값을 구분하기 위해 줄기와 잎 사이에 수직선을 그어준다.

줄기-잎 그림은 앞에서 다룬 히스토그램에 비해 다음과 같은 두 가지 장점을 가지고 있다. 첫째, 줄기-잎 그림에서는 원래의 자료가 그대로 보존되어 있기 때문에 자료에 담겨있는 정보가 유실되지 않는다는 점이다. 둘째, 줄기-잎 그림에는 자료가 크기순으로 나열되어 있기 때문에 이를 이용하면 특정 위치에 있는 값(예컨대 중앙값이나 백분위수 등)을 쉽게 구할 수 있다.

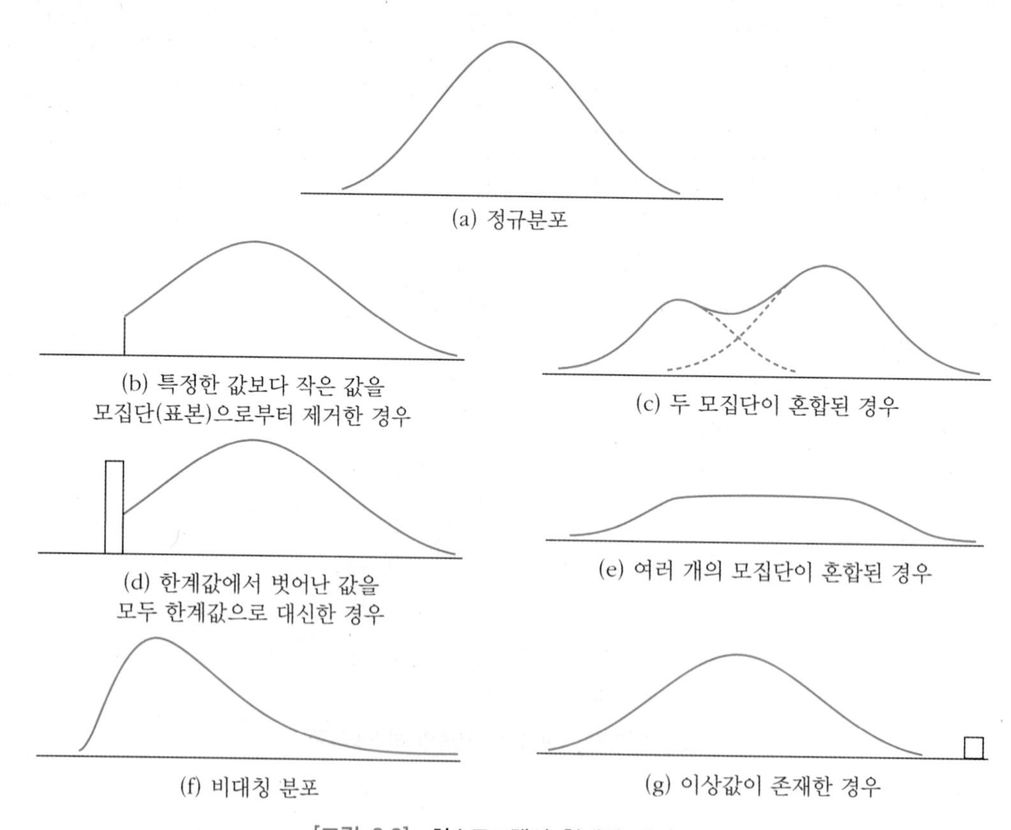

[그림 2.8] **히스토그램의 형태와 해석**

그러나 자료가 아주 많으면 제한된 공간에 많은 자료를 모두 나타내는 것이 어려우므로 줄기-잎 그림보다는 앞에서 설명한 히스토그램을 사용하는 것이 더 편리할 것이다.

예제 2.10 [표 2.1]의 금속판 두께로 줄기-잎 그림을 그려보자.

• **풀이** 소수 첫째자릿수까지를 줄기로 정하고 소수 둘째자릿수를 잎으로 하는 줄기-잎 그림을 그려보면 [그림 2.9]와 같다. 이를 보면 전체적인 윤곽은 히스토그램과 비슷함을 알 수 있다. 즉, 각 줄기는 히스토그램의 구간을, 잎의 수는 도수를 나타낸다. R 프로그램을 이용할 경우 함수 stem(x)를 실행하면 같은 그림이 얻어진다. ■

줄기	잎
5.1	1 2 7
5.2	2 4 5 6 7 9
5.3	2 2 3 4 5 5 6 7 9 9
5.4	0 0 1 1 1 2 2 4 5 6 7 7 8 8 9
5.5	1 2 2 4 4 5 6 8 9
5.6	2 4 6 9
5.7	3 6
5.8	8

[그림 2.9] **금속판의 두께의 줄기-잎 그림**

2.3.2 산점도

앞에서 소개한 상자 그림, 히스토그램, 줄기-잎 그림 등은 하나의 변수에 대한 그림이었으나, **산점도**(scatter diagram)는 두 변수 간의 관계를 탐구하는 기법으로 x, y좌표에 변수쌍을 타점하여 작성하는 그림이다. [그림 2.10]은 실제로 자주 보게 되는 전형적인 산점도의 몇 가지 예를 보여주고 있다.

산점도는 두 변수 간의 관계에 대한 전반적인 윤곽을 그림을 통해 보여준다. 그러나 그 관계의 정도가 구체적으로 어느 만큼인지는 알기가 어렵다. 두 변수 간의 관계를 수량화하는 데는 일반적으로 상관계수가 많이 쓰인다.

크기가 n인 자료의 쌍 $(x_1, y_1), \cdots, (x_n, y_n)$이 있다고 하자. x의 분산을 s_x^2, y의 분산을 s_y^2라 하고, 두 자료의 공분산을 s_{xy}라 하면

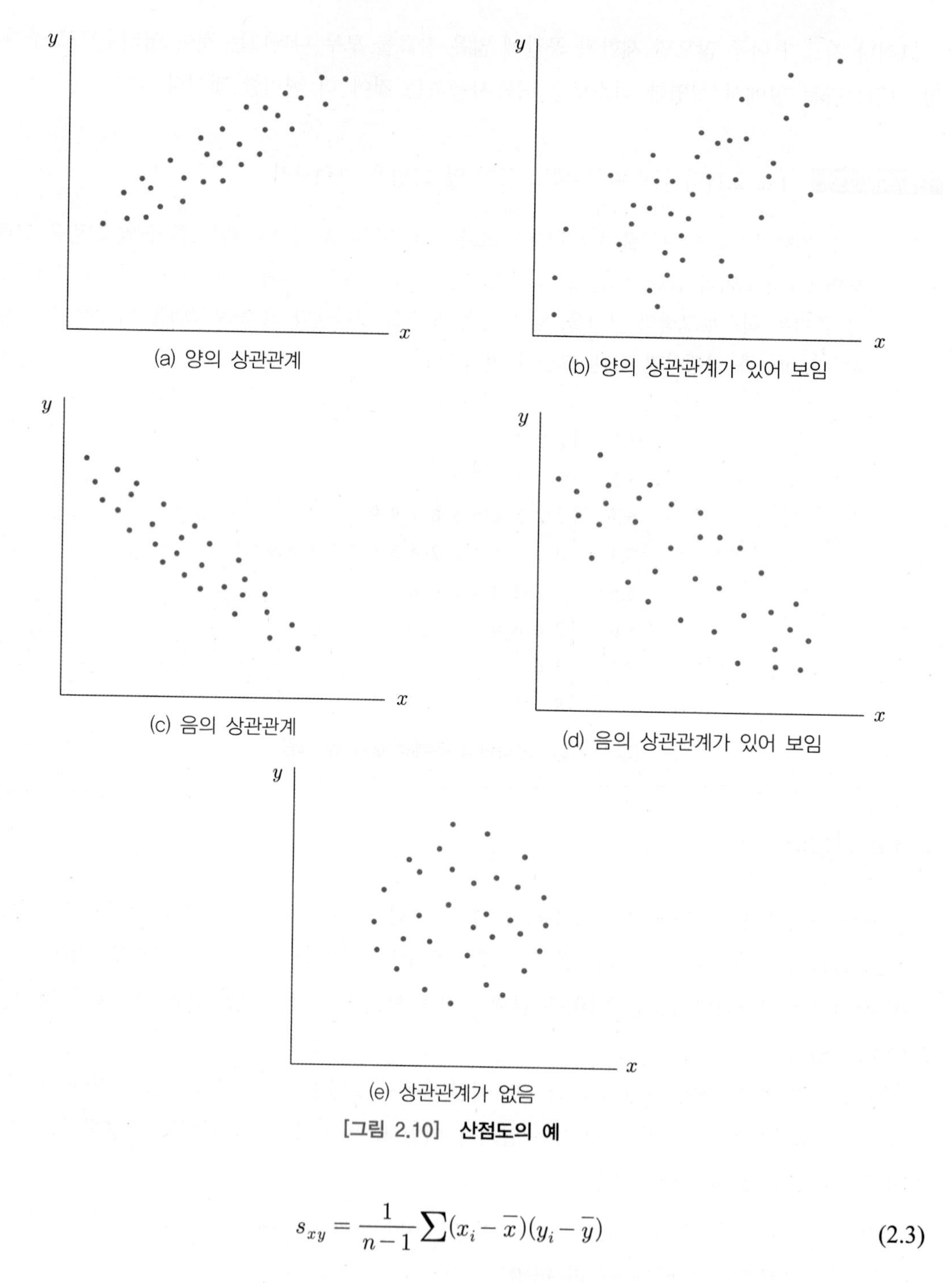

[그림 2.10] 산점도의 예

$$s_{xy} = \frac{1}{n-1} \sum (x_i - \bar{x})(y_i - \bar{y}) \tag{2.3}$$

가 된다. 자료 $(x,\ y)$의 상관계수(correlation coefficient) r은

$$r = \frac{s_{xy}}{s_x s_y} = \frac{\frac{1}{n-1}\sum_i (x_i - \overline{x})(y_i - \overline{y})}{\sqrt{\frac{1}{n-1}\sum_{i=1}^{n}(x_i - \overline{x})^2}\sqrt{\frac{1}{n-1}\sum_{i=1}^{n}(y_i - \overline{y})^2}}$$

$$= \frac{\sum_i^n x_i y_i - \frac{\left(\sum x_i\right)\left(\sum y_i\right)}{n}}{\sqrt{\sum_i^n x_i^2 - \frac{\left(\sum x_i\right)^2}{n}}\sqrt{\sum_i^n y_i^2 - \frac{\left(\sum y_i\right)^2}{n}}} \tag{2.4}$$

이 된다.

예제 2.11 다음의 자료로 상관계수를 구해보자.

x	-2	-1	0	1	2
y	0	2	4	2	0

• **풀이** $\sum_{i=1}^{5} x_i y_i = 0$, $\sum x_i = 0$, $\sum y_i = 8$이 된다. 따라서 $s_{xy} = 0$이므로 상관계수 $r = 0$이 된다. 그러나 이 자료를 산점도로 그려보면 [그림 2.11]과 같이 두 변수 사이에 어떤 관계가 있음을 알 수 있다. ■

[R에 의한 계산]

```
> x <- c(-2,-1,0,1,2)
> y <- c(0,2,4,2,0)
> cor(x,y)
[1] 0
```

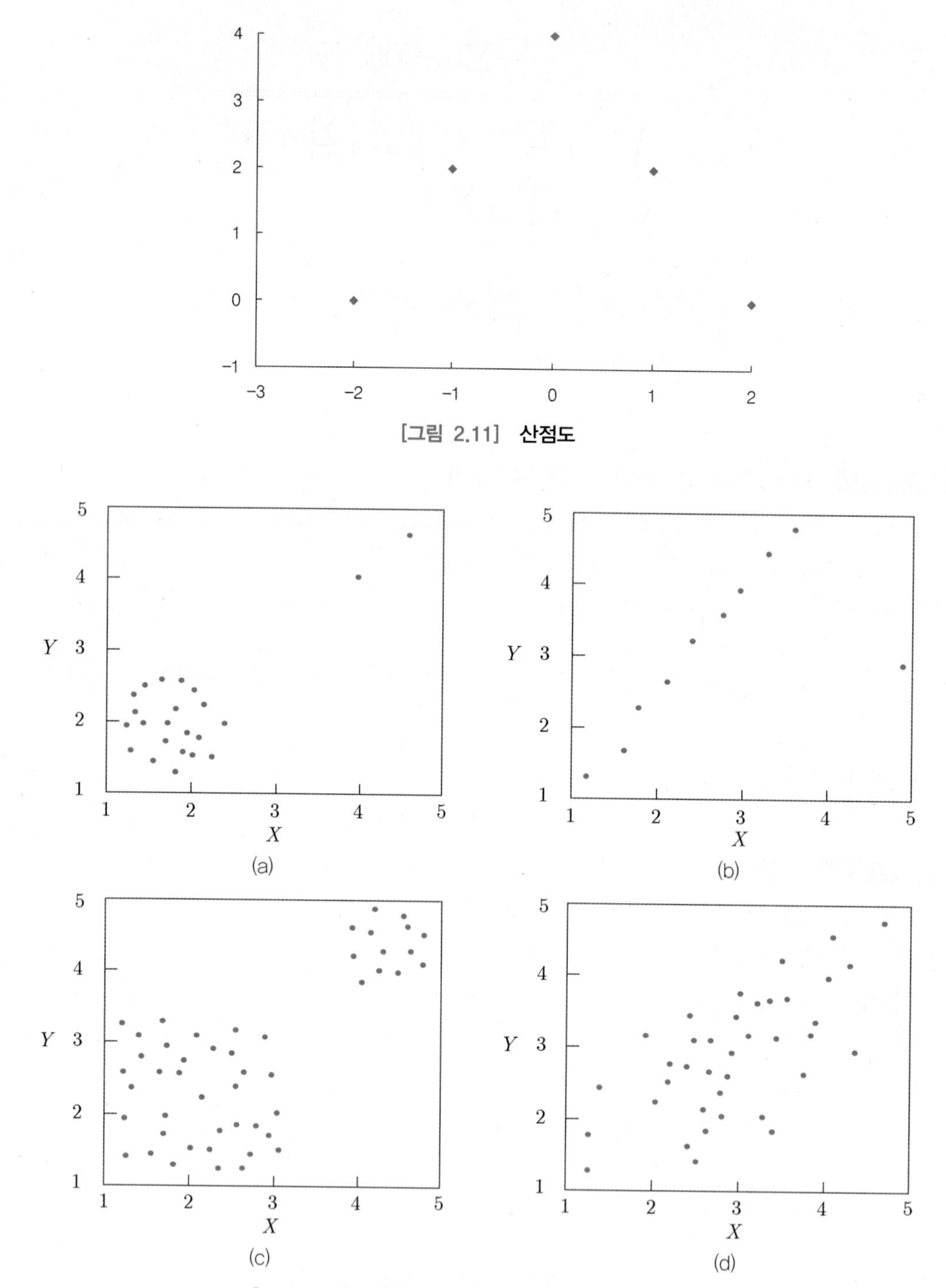

[그림 2.11] **산점도**

[그림 2.12] **같은 상관계수를 가지는 네 가지 산점도**

상관계수를 이용하면 두 변수 간의 관계를 수량화하여 나타낼 수 있으나 [예제 2.11]과 같이 상관계수만으로는 두 변수의 관계를 충분히 파악하지 못한다. 예를 들어 [그림 2.12]의 네 가지 산점도의 경우 상관계수를 구하면 모두 0.70이지만, 두 변수 간의 상관관계가 이 네 가지 경우 모두 같다고 할 수 없듯이, 상관계수만으로는 두 변수 간의 상관관계를 확실하게 알 수 없다. 따라서 두 변수 간의 상관관계를 알고자 할 때, 항상 산점도를 그려보는 습관을 가져야 한다.

예제 2.12 다음은 어느 공장의 생산라인에서 로트크기에 따른 투입공수를 조사한 결과이다. 이 자료로 R 프로그램을 사용하여 산점도를 그려보자.

로트크기	30	20	60	80	40	50	60	30	70	60
투입공수	73	50	128	170	87	108	135	69	148	132

• 풀이

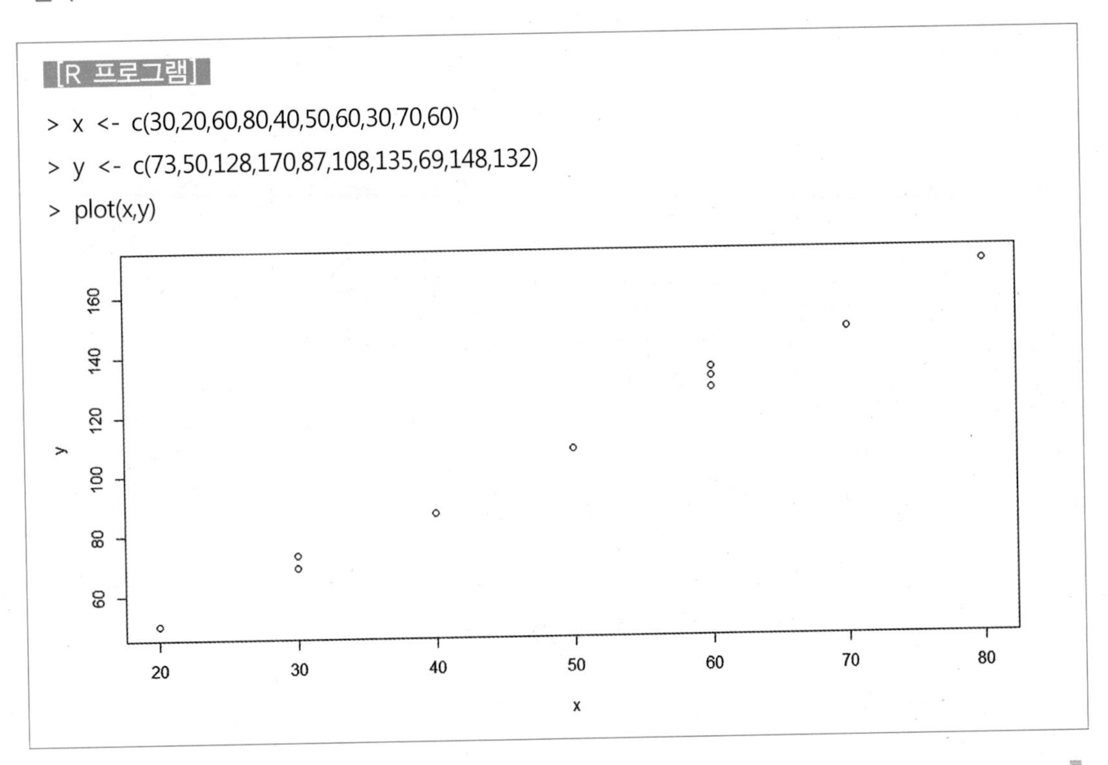
[R 프로그램]

```
> x <- c(30,20,60,80,40,50,60,30,70,60)
> y <- c(73,50,128,170,87,108,135,69,148,132)
> plot(x,y)
```

2.3.3 기타 그래프

자료를 시각적으로 표현할 수 있는 많은 그래프들이 있지만 여기에서는 기본적인 원그래프(pie chart), 파레토 그래프 및 시계열 그래프를 소개한다.

(1) 원그래프

원그래프(Pie chart)는 데이터를 빈도에 따라 구분하여 전체에 대한 특정항목의 비율을 원호의 형태로 작성하여 시각적으로 보여준다. 원그래프는 면적그래프의 일종으로, 각 부분의 비율은 파이 조각 모양으로 나타나기 때문에 파이도표라고도 한다. [그림 2.13]은 어느 회사의 해외법인별 매출액의 비중을 원그래프로 작성한 것이다. 연도별 매출액을 나란히 그림으로써 해외법인별 중요도의 변화, 즉, 어느 지역의 시장이 성장하고 있는지 판단해볼 수 있다. 포르투갈 현지법인 매출액이 약 5배 가까이 증가한 것으로 미루어 유럽시장이 10년 전에 비해 괄목할만한 성장을 했음을 알 수 있고 남미 시장은 오히려 축소되었다는 것을 알 수 있다.

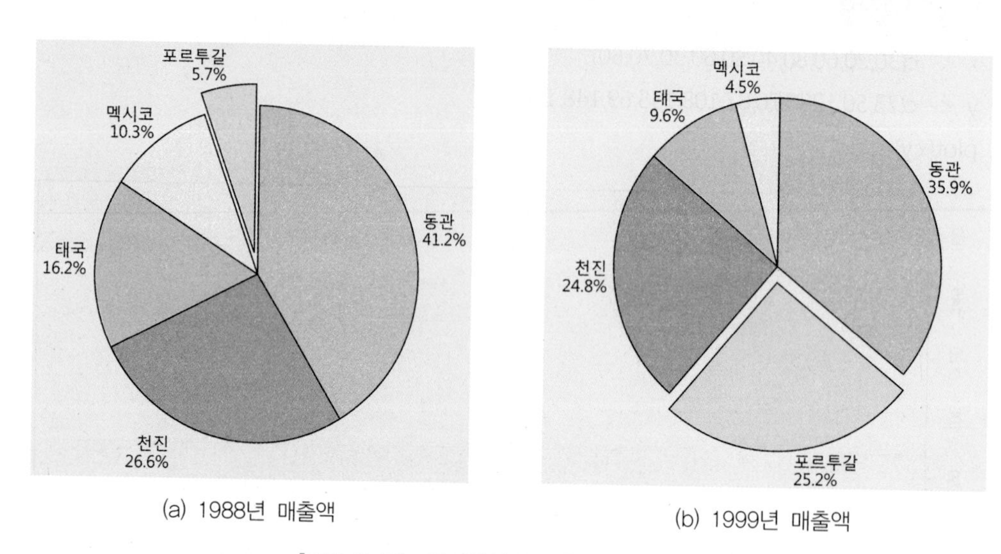

[그림 2.13] 해외법인별 매출액 원그래프

(2) 파레토 그래프

어떤 휴대폰 A/S 서비스 센터에 수리 요청된 휴대폰의 고장 항목별 건수를 집계한 결과, 버튼고장 20건, 충전접촉 50건, 카메라기능 22건, 화질문제 30건, touch문제 75건, 기타 5건이 있었다고 하자. 만약, 고장 항목별로 단순 비교하고자 한다면 [그림 2.14]와 같이 막대그래프로 그릴 수 있다.

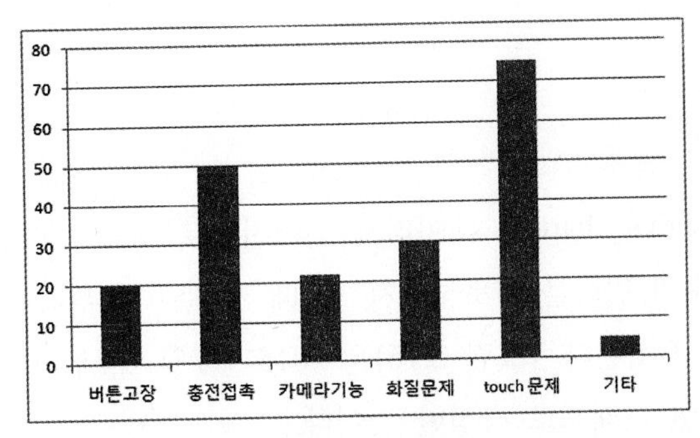

[그림 2.14] **휴대폰 고장항목별 막대그래프**

[그림 2.14]는 단순비교만 해 줄 뿐으로 어떤 항목이 어느 정도 중요한지 나타내 주지는 않는다. 그런데 이와 같이 고장 문제를 분석할 경우에는 어느 항목이 얼마나 중요하게 처리되어야 할지 알 수 있도록 해주는 그림이 더 유용할 것이다. 항목별 비교뿐만 아니라 중요도까지 나타내어 줄 수 있는 그래프로 파레토 그래프(Pareto graph)가 있다. 즉, 어떤 사건 혹은 현상의 발생횟수나 출현횟수 등을 조사하여 얻어진 데이터의 경우 가장 중요한 사건이나 현상을 시각적으로 파악하고 그 심각도를 한 눈에 판단할 수 있도록 작성된 그림이 파레토 그래프이다.

파레토 그림은 막대그래프와 꺾은선 그래프의 혼합된 형태로서 가장 중요한 사건 혹은 현상에 맨 앞에 오도록 막대그래프를 그리고 누적비율을 꺾은선으로 연결하여 작성한다. [그림 2.15]는 앞에서 예를 든 휴대폰 서비스센터의 A/S요청 유형별로 파레토그림을 작성한 것이다. 그림으로부터 touch문제와 충전접촉 문제가 전체 A/S요청 유형의 50% 이상 점유하고 있음을

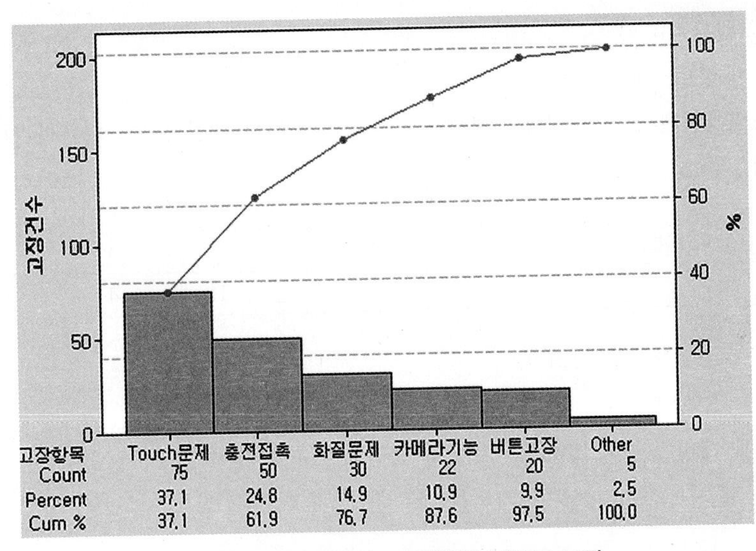

[그림 2.15] **휴대폰 고장항목별 파레토 그림**

한 눈에 알 수 있다.

(3) 시계열 그래프

시계열 그래프(Time series chart)는 데이터가 얻어진 시간순으로 타점하여 연결한 그림으로 시간의 흐름에 따른 변수의 변화를 검토하고자 할 때 사용된다. 우리자 자주 접하는 주가지수 차트도 시계열 그래프로 작성된다. [그림 2.16]은 2015년 7월 1일부터 10월 초까지 H자동차의 주식가격을 일별로 시계열 그래프로 작성한 것이다.

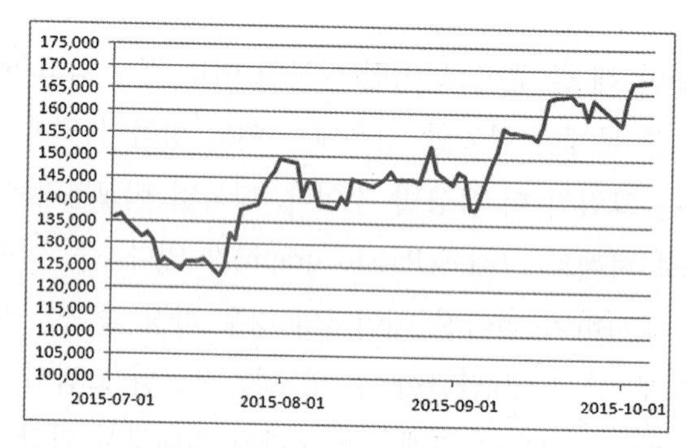

[그림 2.16] H자동차 주가 추이 시계열 그래프

연습문제 2.3

1. 새로운 조립라인에서 매일 생산된 불량품의 수를 30일 동안 기록하여 다음과 같은 도수분포표를 얻었다.

일일 불량품의 개수	0	1	2	3	4	5	6
도수	2	4	5	10	4	3	2

이 자료로 히스토그램을 그려라.

2. 어느 자동차 정비소에서 고객들의 자동차 엔진오일 교환 간격(단위: 월)을 알아보기 위해 무작위로 뽑은 자동차 20대의 서비스기록을 조사한 결과 다음과 같은 자료를 얻었다. 줄기-잎 그림을 그려라.

4	18	5	3	12	22	6	8	12	16
10	6	18	12	7	12	24	12	6	9

3. 다음은 자판기에서 채워지는 1회용 커피의 중량(단위: g)을 측정한 자료이다. 히스토그램과 줄기-잎 그림을 그려라.

106.7	92.5	99.4	93.3	99.2	95.1	104.6	97.7	109.8	102.9
87.6	99.7	96.0	100.3	102.5	103.8	101.2	106.9	103.9	104.1
108.0	103.6	91.9	100.7	96.3					

4. 다음 자료는 대학생 45명의 1분당 맥박수를 측정한 것이다. 히스토그램과 줄기-잎 그림을 그려라.

91	80	92	62	88	87	91	81	79	94
90	88	81	68	70	81	90	92	97	79
84	94	87	83	79	67	90	83	82	80
79	94	70	74	82	92	84	75	80	91
68	88	90	80	90					

5. 한 도시 고속화 도로에서 평일 오후 3시부터 7시 사이에 측정된 대기 중 납 농도(단위: $\mu g/m^3$)는 다음과 같다. 히스토그램과 줄기-잎 그림을 그려라.

6.2	6.4	7.6	8.0	7.6	6.5	10.9	5.9	7.2	6.0
8.1	8.3	25.1	7.8	9.9	7.2	5.3	7.9	8.4	6.1
9.5	6.0	5.0	8.1	6.1	4.9	8.3	5.4	6.0	8.7
6.4	9.2	6.9	6.8	5.0	8.5	6.0	6.3	5.2	5.9
6.7	6.4	6.5	6.2	10.6	8.6	3.9	15.1		

6. 다음 자료는 어떤 회사에서 50일 간의 결근자 수를 기록한 것이다. 히스토그램과 줄기-잎 그림을 그려라.

45	37	21	55	29	20	26	39	52	35
32	22	41	26	35	48	55	47	38	27
42	32	37	46	47	41	36	31	47	49
23	12	29	33	26	35	16	57	48	43
17	38	22	40	45	24	32	48	35	53

7. 어느 공정에서 가공된 금속판의 무게(단위: g)를 조사한 자료가 다음과 같다. 히스토그램과 줄기-잎 그림을 그려라.

22.4	25.4	24.4	24.9	23.5	23.0	23.9	23.7	21.4	24.9
23.9	22.7	23.2	23.3	22.8	20.7	23.3	22.1	21.8	22.5
25.5	26.8	23.2	23.7	21.0	25.9	21.2	22.1	24.5	24.4
20.5	20.3	24.1	24.3	21.7					

8. (a) 다음은 어떤 교과목의 중간시험 성적이다. 히스토그램과 줄기-잎 그림을 그려라.

15	40	40	75	40	60	70	65	50	80
35	78	30	20	73	35	55	65	25	30
40	20	45	50	60	10	20	65	27	45
10	30	55	55	35	70	60	60	25	90

(b) (a)의 결과와 연습문제 #2.1.7과 연습문제 #2.2.7의 결과들을 종합하여 적절하다고 생각되는 기준에 따라 학점 A, B, C, D, F를 매기고 그 결과를 히스토그램으로 나타내라.

9. 다음은 한 볼링 선수의 30번의 시합자료이다. 줄기를 18, 19, 20…으로 하여 줄기-잎 그림을 그려라. 또 히스토그램을 그리고 분포의 형태를 말하라.

220	189	214	229	237	229	253	195	218	231
270	223	249	260	239	257	259	299	231	261
220	232	230	290	269	274	254	253	232	268

10. 다음은 한 고등학교 2학년 학생들 50명의 몸무게를 측정한 자료이다.

62.3	59.1	60.9	64.9	47.2	65.0	94.6	69.3	49.5	65.8
66.3	69.0	35.5	65.2	56.0	58.2	27.1	61.8	37.0	45.9
47.3	91.3	33.8	42.3	78.8	71.7	56.3	74.5	44.6	31.7

줄기-잎 그림과 히스토그램을 그려라.

11. 새로 개발된 시약의 반응속도를 알아보기 위해 40개의 비커에 반응액을 담은 뒤 20개의 비커에는 기존에 사용하던 시약을 투여하고 나머지 20개의 비커에는 새로 개발된 시약을 투여한 뒤 각각의 비커로부터 반응시간을 얻었다. (단위: 초)

기존의 시약: 22 23 38 31 26 20 22 29 40 21 20 25 19 20 15 31 16
23 28 33

새로 개발된 시약: 13 19 12 9 9 2 12 58 18 6 9 13 7 19 3 11 16 20 2 19

기존의 시약과 새로 개발된 시약에 대해 줄기-잎 그림을 그려라. 단, 동일한 줄기를 사용하여 기존의 시약은 줄기의 오른쪽에 잎이 달리도록 그리고, 새로 개발된 시약은 줄기의 왼쪽에 잎이 달리도록 그리고 비교하라. 이와 같은 줄기-잎 그림을 마주 댄(back-to-back) 줄기-잎 그림이라 부르며 두 자료의 분포를 비교할 때 유용하게 쓰인다.

12. 어떤 전자부품을 공급하는 두 협력회사의 제품의 내열성을 비교하기 위해 두 회사 제품을 각각 20개씩 표본으로 뽑아 온도를 70℃로 올린 상태에서 고장 나기까지의 시간(단위: 분)을 관찰한 결과 다음과 같은 자료를 얻었다.

A	B
42 41 43 39 45	48 32 44 49 50
47 46 38 37 42	46 45 49 40 45
37 38 44 44 40	50 47 49 45 46
41 41 42 45 48	51 47 45 46 55

(a) 마주 댄 줄기-잎 그림을 그려라.
(b) 상자그림을 각각 그리고 (a)의 결과와 함께 분석하라.

13. 다음은 대전지방의 지난 30년간의 3월달 강우량(단위: cm)에 관한 자료이다.

3.37	1.95	1.89	0.96	0.47	2.48	1.18	3.00	0.52	2.05
0.81	1.20	1.87	0.59	2.20	1.43	0.90	0.81	2.81	1.51
0.77	1.35	4.75	1.20	1.74	3.09	0.32	2.10	1.31	1.62

(a) 평균, 중앙값, 그리고 10% 절사평균을 구하고 이들을 비교하라.
(b) 범위, 분산, 표준편차, 그리고 사분위편차를 구하라.
(c) 적절한 줄기-잎 그림을 그려라.
(d) 상자그림을 그리고 이상값이 있는지를 확인하라.

14. 다음은 생후 1개월 된 실험용 흰 쥐 40마리의 무게(단위: 그램)이다.

118	120	106	118	120	108	114	116	112	110
122	122	112	106	102	106	104	120	110	118
110	112	94	110	124	124	116	116	84	120
108	110	112	108	118	112	112	98	128	116

(a) 평균, 중앙값, 최빈값, 그리고 15% 절사평균을 구하고 이들을 비교하라.

(b) 범위, 분산, 표준편차와 그리고 사분위편차를 구하라.

(c) 적절한 줄기-잎 그림을 그려라.

(d) 상자그림을 그리고 이상값이 있는지를 확인하라.

15. 다음은 한 교과목의 과제물 성적(x)과 시험성적(y)의 자료이다.

x	68	97	80	87	45	55	97	92	63	74	88	49	58	96	39	89	85	99	75
y	40	35	73	50	15	65	50	70	25	60	42	20	25	40	10	58	20	60	20

(a) 산점도를 그려라.

(b) 각 변수에 대하여 평균, 분산, 표준편차를 구하고 두 변수 사이의 상관계수를 구하라.

16. 다음은 어떤 사무실에서 20일 동안 하루 난방용으로 소비된 석유의 양(단위 : l)과 사무실의 평균온도(단위: ℃)를 나타낸 자료들이다.

관측일	1	2	3	4	5	6	7	8	9	10
석유의 양	11.14	8.83	11.27	10.50	14.19	12.98	9.82	12.09	11.58	10.24
사무실의 평균 온도	17.8	18.2	17.9	18.4	16.9	17.1	18.2	17.8	17.5	17.4

관측일	11	12	13	14	15	16	17	18	19	20
석유의 양	13.88	14.51	11.57	12.94	10.88	8.36	10.73	10.11	13.13	10.40
사무실의 평균온도	16.8	17.2	17.0	17.4	18.3	18.3	18.2	18.2	16.9	17.8

(a) 위의 자료로 산점도를 그려라.

(b) 석유의 소비량과 사무실의 평균온도의 상관계수를 구하라.

CHAPTER

03

확 률

확률은 불확실한 현상을 설명하거나 예측하는데 이용된다. 예를 들어 동전을 한 번 던질 경우, 앞면이 나올 것인지 뒷면이 나올 것인지 그 결과를 확실하게 예측할 수 없다. 또 주사위를 던지는 경우에도 그 결과는 불확실하다. 확률은 이렇게 불확실성을 내포한 어떤 현상이 발생할 가능성을 말한다.

확률이 필요한 이유는 자연현상이나 사회현상을 설명하는 이론을 정립하거나 또는 의사결정을 위해서이다. 물리학이나 화학 등 많은 학문에서 자연현상을 확률을 이용하여 설명하고 있다. 또한 불확실성이 예상되는 경우에는 확률을 알아야 의사결정을 할 수 있다. 예를 들어 비올 확률을 알아야 우산을 가져갈 것인지 결정할 수 있으며, 주가가 올라갈 것인지를 알아야 투자에 대한 결정을 할 수 있다. 이와 같이 확률은 우리의 생활의 많은 부분에서 활용되고 있다.

확률은 객관적 확률과 주관적 확률로 나눌 수 있다. 객관적 확률은 모든 사람이 동일하게 인식될 수 있는 반면, 주관적 확률은 의사결정자가 주관적으로 인지하는 확률을 말한다. 이 책에서는 객관적 확률만을 다룬다.

객관적 확률은 다시 경험적 확률과 수학적 확률로 나눌 수 있다. 경험적 확률은 과거에 경험하였던 특정 사건의 발생비율인 상대빈도를 그 사건의 발생 확률로 보는 것인데, 확률의 해석은 일반적으로 경험적 확률에 따른다. 이 장에서는 먼저 경험적 확률과 수학적 확률을 설명하고,

이후 확률계산에 필요한 여러 가지 셈법과 조건부 확률, 독립사건에 대해서 알아보고자 한다.

3.1 경험적 확률

확률은 불확실한 현상이나 결과의 발생가능성을 나타내는 척도이다. 우리는 생활에서 결과가 어떻게 될지 모르는 상황을 많이 경험하게 된다. 예를 들어 야구 경기에서 어떤 타자가 타석에 들어서 안타를 칠 것인지 치지 못할 것인지는 불확실하다. 또 생산라인에서 만들어진 한 제품이 불량품일 것인가 혹은 오늘 비가 올 것인가 하는 것도 100% 확실하지는 않다. 선거에서 특정 후보의 당선 여부나, 복권 당첨 여부, 교통사고의 발생 여부, 특정 질병의 감염여부도 불확실하다.

이러한 불확실한 현상이나 결과의 발생가능성은 상대빈도를 기반으로 평가되어 왔다. 예를 들어 야구에서 안타를 칠 가능성은 타율로 추정하는데, 타율이 3할이라는 것은 1,000번 공을 쳤을 때 300번의 안타를 쳤다는 상대빈도이다. 이를 이용하여 타자가 이번 타석에서도 안타를 칠 가능성은 30%로 예측하게 된다. 다른 예를 들면 오늘과 동일한 기상 상황이었던 날 100일 중 비가 온 경우는 35일이었다면 '오늘 비올 확률은 35%'라고 평가한다. 이와 같이 불확실성의 정도를 과거에 경험하였던 현상들 중에서 특정 현상이 몇 번이나 발생하였는가의 상대빈도로써 평가하고, 이를 기반으로 미래에 그 현상이 발생할 확률을 추정하거나 예측하는 것을 경험적 확률이라고 한다.

확률론에서는 확률을 정의하기 위하여 동전이나 주사위 던지기, 윷놀이와 같이 그 결과를 미리 알 수는 없으나 나올 수 있는 모든 경우는 알려져 있고, 이론적으로는 무수히 반복할 수 있는 현상을 대상으로 하고 있다. 이러한 속성을 지닌 자연 또는 사회현상에 대한 실험을 **확률실험**(random experiment)이라 한다.

정의 3.1 | 경험적 확률(Empirical Probability)

어떤 확률실험을 반복하여 시행하는 경우 특정 결과 A가 발생할 확률을 $P(A)$라고 하면

$$P(A) = \lim_{N \to \infty} \frac{n(A)}{N}$$

이다. 여기서 N은 확률실험의 반복 횟수이며, $n(A)$는 전체 반복 횟수 중 A가 발생한 횟수이다.

확률의 의미는 경험적 확률 즉 상대빈도로 이해하는 것이 알기 쉽다. 즉 안타를 칠 확률이 3할이라는 것은 '앞으로 공을 무한히 친다면 그 중 30%는 안타를 칠 것이다'라는 의미이며, 불량률이 1%라는 것은 '해당 제품을 무한개를 검사하면 그 중 1%는 불량이 나올 것이다'라는 의미로 해석하면 상식적인 의미와 부합하여 알기 쉽다. 물론 현실적으로는 무한 번 실험을 반복하는 것은 어려우므로, 충분히 큰 반복 횟수, 예를 들어 공을 1,000번 친다면 그중 300번은 안타를 칠 것이라거나, 10,000개의 제품을 검사하면 그 중 100개 정도는 불량이 나올 것이라고 해석하게 된다.

확률의 역사

확률은 오래 전부터 다루어진 것으로 생각되지만, 수학적으로 확률을 다룬 것은 17세기 프랑스인 드 멜레가 주사위 문제와 분배 문제를 파스칼에게 제기하면서부터라고 한다. 드 멜레의 분배 문제는 다음과 같다.

"실력이 서로 비슷한 A, B 두 사람이 32피스톨(옛날의 스페인 금화)씩을 걸고 게임을 하고 있다. 게임을 연속하여 먼저 세 판을 이기는 사람이 64피스톨을 전부 갖기로 했다. 지금 A가 2판, B가 1판을 이긴 상황에서 부득이 게임을 중지하게 되었다면, 64피스톨을 어떻게 분배하는 것이 가장 합리적일까?"

연습문제 3.1

1. 생활에서 불확실한 사건의 예를 들고, 그들의 발생가능성을 평가하거나 추정하는 지표는 어떤 것이 있는지 열거하라.

2. 자연적인 돌연변이의 확률은 10^{-6}이라고 한다. 이의 의미는 무엇인가?

3. 다음 각 서술들이 경험적 확률에 입각한 것인지 생각해보자.
   (a) “기업 공개로 상장된 주식이 상장 첫날 목표가를 상회할 가능성은 25%이다.”
   (b) “통계학 과목을 수강하고 있는 A군의 생일이 오늘일 확률은 1/365이다.”
   (c) “내일 비가 올 확률은 90%이다.”
   (d) “4번 타자인 B선수가 이번에 안타를 칠 확률은 3할이다.”

4. 드 멜레의 분배문제에 대한 합리적인 답은 얼마인가?

3.2 표본공간과 사건

모든 확률은 경험적 확률로 해석하여야 한다고 하였지만, 경험적 확률을 구하는 것은 실험을 무한히 반복하여야 한다는 전제 때문에 현실적으로는 불가능하거나 매우 어렵다. 지금부터는 확률을 수학적으로 계산하는 방법에 대하여 알아본다.

이를 위해 확률실험의 결과를 나타내는 표본공간과 사건에 대한 이해가 필요하다. 먼저 표본공간은 어떤 확률실험에서 발생가능한 모든 결과의 집합을 나타낸 것이다. 예를 들어 동전을 던지는 실험을 생각해보자. 동전의 앞면을 H, 뒷면을 T로 나타낸다면, 동전을 던지기 전에는 H나 T 중 어느 면이 나올지 미리 알 수 없지만, 가능한 모든 결과의 집합은 {H, T}로 알 수 있다. 이때 집합 {H.T}를 동전던지기실험의 표본공간이라고 한다.

정의 3.2 |

확률실험에서 일어날 수 있는 모든 결과의 집합을 표본공간(sample space)이라 하고 S로 표기한다. 표본공간 S의 원소를 표본점(sample point)이라 한다.

예제 3.1 다음 확률실험에서 표본공간을 구해보자.

(a) 주사위 한 번 던지기

(b) 동전 두 번 던지기

(c) TV의 수명

(d) 인공위성의 공간속도

(e) 경부고속도로에서 하루 동안 발생하는 교통사고의 수

• **풀이** (a) $S=\{1,\ 2,\ 3,\ 4,\ 5,\ 6\}$

(b) $S=\{HH,\ HT,\ TH,\ TT\}$

(c) $S=\{t\,;\,t\geq 0\}$

(d) $S=\{(V_X,\ V_Y,\ V_Z)\,;\,0<V_X,\ V_Y,\ V_Z<\infty\}$

(e) $S=\{0,\ 1,\ 2,\ \cdots\}$

과 같다. ■

위의 예에서도 알 수 있듯이 표본공간은 확률실험에 따라 달라지며, 표본점의 수는 유한(finite)할 수도 있고 무한(infinite)할 수도 있다. 표본점의 수가 무한할 경우에도 표본점의 수를 자연수와 일대일 대응시켜 셀 수 있는(countable) 표본공간도 있고, 셀 수 없는(uncountable) 표본공간도 있다. 또, 각 표본점이 나올 가능성이 모두 같은 표본공간이 있는가 하면 그렇지 않은 표본공간도 있다. 즉, 확률실험의 종류, 목적, 또는 속성에 따라 무수히 많은 표본공간이 있을 수 있으므로, 표본공간을 합리적으로 정하는 것이 올바른 분석의 기초가 된다. [예제 3.1] (a)의 주사위 던지기에서도 만약 관심사가 홀수 눈이 나오느냐 또는 짝수 눈이 나오느냐 이면 $S=\{$홀수, 짝수$\}$라 정할 수도 있다.

확률실험이 끝나면 실험에서 나올 수 있는 모든 가능한 결과의 집합, 즉 표본공간의 한 원소인 표본점이 나온다. 대개의 경우, 실험의 목적은 나올 표본점 자체보다 그 표본점이 우리가 관심을 가진 특정 속성을 갖고 있는지 또는 없는지를 관찰하는 데 있다. 예로 동전을 연속해서 두 번 던질 경우, 앞면 H와 뒷면 T가 나오는 순서까지 고려된 각 표본점 HH, HT, TH, TT보다 앞면이 몇 번 나왔는지에 더 관심이 있을 때가 많다. 이때, 앞면이 0번, 1번, 2번 나올 경우를 집합으로 표시하면, 각각 $\{TT\}$, $\{HT, TH\}$, $\{HH\}$와 같이 되는데, 이들은 모두 표본공간 $S=\{HH, HT, TH, TT\}$의 부분집합으로 사건(event)이라 한다.

정의 3.3 |

표본공간의 부분집합을 사건이라 하고 확률실험 결과, 어떤 사건에 속한 표본점이 나왔으면 그 사건이 일어났다고 한다.

예제 3.2 주사위를 한 번 던질 때 표본공간과 눈 1이 나올 사건 및 홀수 눈이 나올 사건을 집합기호로 나타내 보자.

• **풀이** 표본공간은 $S=\{1, 2, 3, 4, 5, 6\}$이고 눈 1이 나올 사건은 $A=\{1\}$, 홀수 눈이 나올 사건은 $B=\{1, 3, 5\}$이다. A와 B는 각각 하나의 표본점과 세 표본점으로 구성된 사건으로 S의 부분집합이다. 또, 실제로 주사위를 던져 3의 눈이 나왔으면 사건 B가 일어났다고 한다. ■

표본공간과 사건을 집합으로 나타낼 수 있으므로 사건에 관한 각종 정의와 연산에 집합의 정의와 연산법칙이 그대로 적용된다. [예제 3.2]에서 짝수의 눈이 나올 사건을 집합으로 표시해 보면 $\{2, 4, 6\}$인데, 이는 S의 부분집합이지만 B에는 속하지 않는 표본점들의 모임이 된다. 어떤 사건에 속하지 않은 표본점들의 집합은 다음에 정의되는 사건의 여집합으로 나타낼 수 있다. 어떤 원소 a가 집합 A에 속할 경우 $a \in A$, 그렇지 않을 경우 $a \not\in A$라 표시하기로 하자.

정의 3.4 |

A를 표본공간 S에서 정의되는 사건이라 하면, 집합

$$A^c = \{x \in S\,;\, x \not\in A\}$$

를 A의 여사건이라 한다.

예제 3.3 [예제 3.2]에서 A^c와 B^c는 각각 1의 눈이 나오지 않을 사건과 짝수 눈이 나올 사건으로, $A^c = \{2,\ 3,\ 4,\ 5,\ 6\}$과 $B^c = \{2,\ 4,\ 6\}$이다. ■

사건은 표본공간의 부분집합이므로 표본공간상의 여러 사건들은 다음에 정의되는 합집합, 교집합, 차집합 등과 같은 집합의 연산을 통하여 새로운 사건으로 합성되기도 한다.

정의 3.5 |

표본공간 S의 두 사건 A와 B의 합집합, 교집합, 차집합은 각각 $A \cup B$, $A \cap B$, $A - B$로 나타내며 다음과 같이 정의된다.

i) $A \cup B = \{x \in S\,;\, x \in A$ 또는 $x \in B\}$
ii) $A \cap B = \{x \in S\,;\, x \in A,\ x \in B\}$
iii) $A - B = \{x \in S\,;\, x \in A,\ x \not\in B\}$

예제 3.4 [예제 3.2]에서 $A \cup B = \{1,\ 3,\ 5\}$, $A \cap B = \{1\}$, $A - B = \phi$, $B - A = \{3,\ 5\}$이다. 여기서, ϕ는 그 사건에 속하는 표본점이 하나도 없는 공집합을 나타낸다. ■

표본공간과 사건들 사이의 관계를 내는 데는 흔히 벤다이어그램(Venn diagram)이 사용된다. [그림 3.1]은 [정의 3.4]와 [정의 3.5]를 벤다이어그램으로 낸 것으로 사각형은 표본공간 S를, 회색 영역은 해당 사건을 나타낸다.

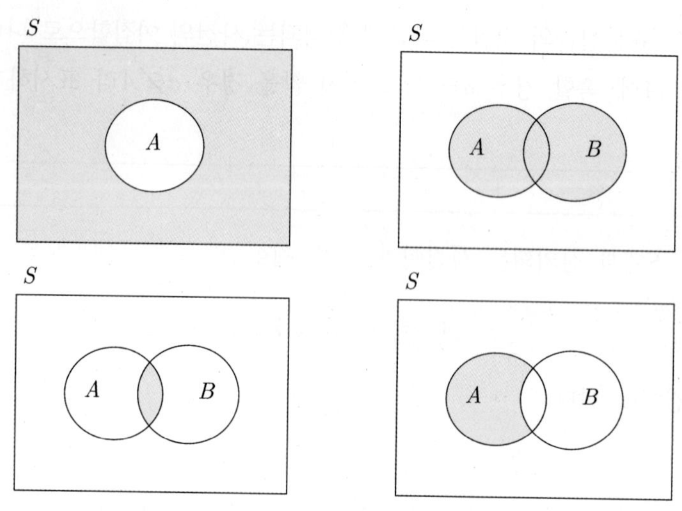

[그림 3.1] **벤다이어그램**

확률실험에서 두 사건이 동시에 일어날 수 없는 경우도 있다. 예를 들어 주사위 던지기에서 A를 홀수의 눈이 나올 사건, B를 짝수의 눈이 나올 사건이라고 하면, A와 B는 동시에 일어나지 않으므로 이들은 **상호배반**(mutually exclusive)이라 한다.

정의 3.6 |

동시에 일어날 수 없는 두 사건 A와 B를 상호배반사건이라 한다. 즉, $A \cap B = \phi$이면 두 사건 A와 B는 상호배반이다.

예제 3.5 동전을 두 번 던지는 확률실험에서 같은 면이 나오는 사건을 A, 다른 면이 나오는 사건을 B라 할 때, $A = \{HH, TT\}$, $B = \{HT, TH\}$로 $A \cap B = \phi$이므로 A와 B는 상호배반이다. ■

사건에 대한 다음의 연산법칙들은 복잡한 확률을 계산하는 데 유용하게 사용된다.

정리 3.1 | 사건에 대한 연산법칙

i) 교환법칙

① $A \cup B = B \cup A$　　② $A \cap B = B \cap A$

ii) 결합법칙

① $A\cup(B\cup C)=(A\cup B)\cup C$

② $A\cap(B\cap C)=(A\cap B)\cap C$

iii) 분배법칙

① $A\cap(B\cup C)=(A\cap B)\cup(A\cap C)$

② $A\cup(B\cap C)=(A\cup B)\cap(A\cup C)$

iv) 드모르간(DeMorgan)의 법칙

① $(A\cup B)^c=A^c\cap B^c$

② $(A\cap B)^c=A^c\cup B^c$

연습문제 3.2

1. 주사위를 두 번 던지는 실험에서
   (a) 표본공간을 구하라.
   (b) 두 눈의 합이 짝수일 사건 A를 표본점들의 집합으로 나타내라.
   (c) 두 눈이 모두 짝수일 사건 B를 표본점들의 집합으로 나타내라.
   (d) $A\subset B$인지 $B\subset A$인지 밝혀라.
   (e) $A\cap B^c$를 표본점들의 집합으로 나타내고, 이것이 어떤 사건인지를 설명하라.
   (f) 두 눈의 차이가 1일 사건을 C라 할 때, A와 C가 서로 배반인지를 밝혀라.

2. 주부 세 사람을 뽑아 각각 A, B, C의 세 백화점 중 하나를 자유로이 선택하여 쇼핑하도록 하였다.
   (a) 표본공간을 구하라.
   (b) 세 사람 모두 A 백화점을 선택할 사건은?
   (c) 두 사람은 A, 나머지 한 사람은 B 백화점을 선택할 사건은?
   (d) 적어도 한 사람이 C 백화점을 선택할 사건은?

3. 두 부품으로 조립된 제품의 각 부품을 검사하여 정상일 경우, 비정상이지만 수리 가능할 경우, 고장 나서 못 쓸 경우의 세 가지 경우로 분류한다고 할 때, 다음 사건을 표본점들의 집합으로 나타내라.
   (a) 표본공간
   (b) 제품이 정상적일 사건
   (c) 제품이 비정상이지만 수리 가능할 사건
   (d) 제품을 못 쓰게 될 사건

4. 컴퓨터 기억장치의 수명을 관찰하고자 할 때 적절한 표본공간을 정하라. 다음 사건을 집합기호로 나타내라.
   (a) 수명이 1년 미만일 사건
   (b) 수명이 10년 이상일 사건

5. 두 사건 A와 B에 대하여 다음이 성립함을 보여라.
   (a) $(A \cap B) \subset A$, $(A \cap B) \subset B$
   (b) $A \subset (A \cup B)$, $B \subset (A \cup B)$
   (c) $A - B = A \cap B^c = A - (A \cap B)$
   (d) $A \cap (B - A) = \phi$
   (e) $A \cup B = A \cup (B - A) = (A - B) \cup B$

6. 세 사건 A, B, C가 있을 때, 다음 사건을 집합의 연산기호를 이용하여 표시하라.
   (a) A만 일어날 사건
   (b) A와 C는 일어나고 B는 일어나지 않을 사건
   (c) A, B, C 중 하나만 일어날 사건
   (d) A, B, C 중 2 이상이 일어날 사건
   (e) A, B, C 중 어느 것도 일어나지 않을 사건

7. 주머니 안에 붉은 공, 흰 공, 파란 공이 각각 한 개씩 들어 있다. 주머니 안에서 첫 번째 공을 꺼내어 확인하고 되돌려 넣은 후 두 번째 공을 꺼낸다고 할 때 이 실험의 표본공간을 표본점들의 집합으로 나타내라. 첫 번째 공을 되돌려 넣지 않고 두 번째 공을 꺼낼 경우의 표본공간을 표본점들의 집합으로 나타내라.

8. 세 개의 발전소 건설을 시공하고 있는 회사가 이들 공사를 계약기간 내에 마칠 사건을 A_1, A_2,

A_3라 하자.

(a) 하나 이상의 발전소

(b) 모든 발전소

(c) 오직 1번 발전소

(d) 오직 하나의 발전소

(e) 1번 발전소 또는 다른 두 발전소

가 계약기간 내에 공사를 마칠 사건을 A_1, A_2, A_3와 집합의 연산기호를 이용하여 나타내고, 벤다이어그램으로 해당 영역을 표시하라.

9. 그림의 A위치에서 I의 위치로 가고자 하는데 직선을 따라서 오직 북쪽(위) 또는 동쪽(오른쪽)으로만 가야하고, 선택이 필요한 교차로에서는 동전을 던져 가야할 방향을 결정한다고 하자. 실험 결과가 여행도중 거쳐 가는 장소로 이루어진다고 할 때,

(a) 표본공간을 표본점들의 집합으로 나타내라.

(b) 동전을 세 번 던져야 하는 사건을 표본점들의 집합으로 나타내라.

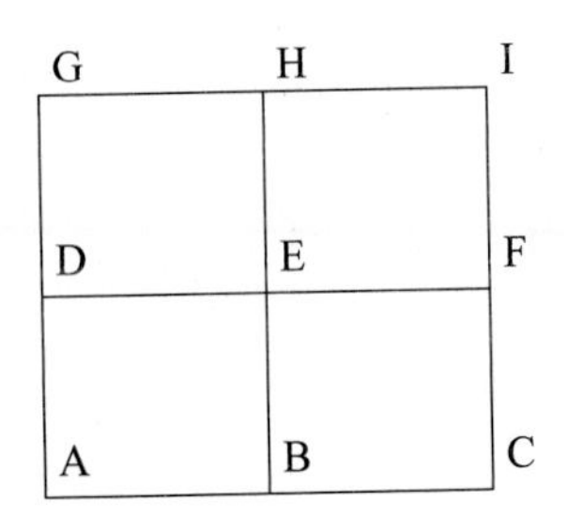

10. 하루 중 어떤 학생이 일어나는 시점과 잠자리에 드는 시점을 각각 t_1, t_2라 하자. $0 < t_1 < t_2 < 24$라 하고 다음을 직교좌표상에 그려라.

(a) 표본공간

(b) 9시에 일어나 있을 사건 A

(c) 잠자는 시간이 깨어 있는 시간보다 더 길 사건 B

(d) $A^c \cap B$

11. 사람의 혈액형은 혈액에 항원(antigen) A, B, Rh가 있느냐 없느냐에 따라 다음과 같이 분류된다. 항원 A, B 둘 다 있으면 AB형, A만 있으면 A형, B만 있으면 B형, 둘 다 없으면 O형이 되고, 항원 Rh가 있으면 $+$, 없으면 $-$가 된다.

(a) 혈액형에 따른 사람의 집합 A$+$, A$-$, B$+$, B$-$, AB$+$, AB$-$, O$+$, O$-$를 벤다이어그램으

로 나타내라.

(b) 100명의 혈액에 각 항원이 있는지를 검사한 결과가 다음과 같을 때, 8가지 혈액형을 가진 사람들은 각각 몇 명인가? A, B, AB, O형은 각각 몇 명인가?

A	43	A, Rh	36
B	24	B, Rh	18
Rh	82	A, B, Rh	6
A, B	8		

3.3 수학적 확률

수학적 확률은 하나의 확률실험에 대하여 표본공간 상에 정의된다. 즉 확률은 표본공간에 속한 사건에 대하여 정의하게 된다. 그러나 수학적 확률도 상대빈도의 경험적 확률로 해석되므로, 수학적 확률이 어떻게 정의되든 현실성을 반영하여 올바르게 정의되었다면 상대빈도의 다음 속성들과 모순되지 않아야 한다.

1. 어떤 경우에도 상대빈도는 1 이하로 확실하게 일어날 사건의 상대빈도는 1이 된다.
2. 상대빈도는 음수가 될 수 없다.
3. 동시에 일어날 수 없는 두 사건 중 하나가 일어날 상대빈도는 각각의 상대빈도를 합한 것과 같다.

콜모고로프는 이와 같은 상대빈도의 속성을 감안하여 확률을 수학적으로 정의함으로써 확률론의 기초를 마련하였다.

정의 3.7 | 확률공리(Axioms of Probability)

표본공간 S의 모든 사건(부분집합)들의 모임을 정의구역으로 하는 함수 P가 다음의 세 공리, 즉

i) $P(S)=1$

ii) $P(A) \geq 0,\ A \subset S$

iii) $A \cap B = \phi$이면, $P(A \cup B) = P(A) + P(B)$

를 만족할 때, 함수 P를 확률(probability)이라 하고, $P(A)$를 사건 A의 확률이라 한다.

예제 3.6 주사위 던지기에서 표본공간 상에 확률공리를 만족하는 함수를 2개 이상 정의할 수도 있음을 보여라.

• **풀이** 표본공간 $S=\{1, 2, 3, 4, 5, 6\}$상에 함수 P_1과 P_2를

$$P_1(A) = (A\text{에 속한 원소의 개수})/6, \quad A \subset S$$
$$P_2(A) = (A\text{에 속한 원소들의 합})/21, \quad A \subset S$$

와 같이 정의하면, P_1과 P_2 모두 [정의 3.7]의 확률공리를 만족한다. ■

위의 예에서 살펴 본 바와 같이 확률공리를 충족하는 함수는 많이 있을 수 있다. 즉 확률공리는 수학적으로 정의된 확률이 충족시켜야 하는 요건을 나타낸 것이지, 어떤 사건의 확률을 얼마로 평가할 것인가 하는 구체적인 방법을 제공하지는 않는다. 따라서 어떤 확률실험에서 확률을 구하려면 객관적으로 이해될 수 있으면서도 현실에 적용가능한 방법이 필요하게 된다. 여기서 현실적으로 적용가능하다는 것은 구해진 확률이 경험적 확률로써 해석이 될 수 있어야 함을 의미한다.

이와 같은 함수를 구하려면 균등표본공간의 개념이 필요하다. 균등표본공간이란 확률실험의 각 표본점의 발생가능성이 동일한(equally likely) 경우를 말한다. 현실적으로는 동일한 가능성을 논리적으로 밝히기 어려운 경우가 많아, 동일하다고 가정하거나 모델링하는 경우가 많이 있다. 예를 들어 동전을 던지는 경우 동전이 찌그러지지 않고 균형이 잡혀 있다면 앞면이나 뒷면이 나올 가능성은 동일하다고 가정할 수 있을 것이며, 주사위의 경우에도 바르게 만들어졌다면 {1, 2, 3, 4, 5, 6}의 표본점의 발생가능성이 동일하다고 할 수 있다. 만일 바르게 만들어진 동전 2개를 던진 경우 $S_1 = \{HH, HT, TH, TT\}$으로 구하면 균등표본공간이지만, 앞면의 출현횟수를 기준으로 $S_2 = \{0, 1, 2\}$와 같이 표시하면 균등표본공간이 아니라는 것을 알 수 있다.

정의 3.8 |

각 표본점이 나올 가능성이 동일한 표본공간을 균등표본공간이라 한다.

어떤 확률실험이 균등표본공간을 갖는다면 사건 A의 수학적 확률 P(A)는 다음과 같이 정의할 수 있다.

정의 3.9 |

S를 어떤 확률실험의 균등표본공간이라 할 때, 사건 A가 발생할 확률은

$$P(A) = \frac{m(A)}{m(S)}$$

로 정의한다. 여기서 $m(\cdot)$는 집합의 측도(measure)이다.

위의 확률정의에서 측도 $m(\cdot)$은 표본공간에 따라 다르게 정의될 수 있다. 만일 S가 유한한

표본점들로 구성된 경우에는 표본점의 수를 세는 계수형(count) 측도가 사용된다. 즉

$$P(A)=\frac{n(A)}{n(S)} \quad A\subset S \tag{3.1}$$

로 정의되며 여기서 $n(A)$는 사건 A에 속한 표본점의 수를 나타낸다.

동전을 한 번 던지는 실험의 경우 $S=\{\mathrm{H},\ \mathrm{T}\}$는 유한한 균등표본공간이므로, $P(\{\mathrm{H}\})=P(\{\mathrm{T}\})=1/2$와 같이 구할 수 있다. 또, [예제 3.6]에서는 P_1이 [정의 3.9]의 확률에 적합한 함수이다.

예제 3.7 올바르게 만들어진 동전을 세 번 던졌을 때, 그 중에서 두 번 앞면이 나올 확률을 구해보자.

• **풀이** 표본공간은 $S=\{HHH,\ HHT,\ HTH,\ HTT,\ THH,\ THT,\ TTH,\ TTT\}$이고, 동전이 바르게 만들어졌으므로 S는 균등표본공간이 된다. 앞면이 두 번 나올 사건을 A라 하면 $A=\{HHT,\ HTH,\ THH\}$이므로 $P(A)=\frac{n(A)}{n(S)}=\frac{3}{8}$이 된다. ■

표본공간 S가 연속적인 값들로 구성되면 길이, 면적, 부피 등의 계량형 측도들이 사용된다.

예제 3.8 [0, 1] 사이의 난수(random number)를 뽑는 실험에서 1/3보다 작은 난수가 나올 확률을 구해보자.

• **풀이** 난수는 발생가능성이 동일한 수를 말한다. 따라서 표본공간 $S=\{[0,\ 1]\}$는 균등표본공간이며, 이런 경우에는 길이를 측도로 한다. 따라서 1/3보다 작은 난수가 나올 사건을 A라고 하면

$$P(A)=\frac{l(A)}{l(S)}=\frac{1/3}{1}=\frac{1}{3}$$

로 구할 수 있다. 단 여기서 $l(\cdot)$은 집합의 길이를 구하는 척도이다. ■

수학적 확률을 균등표본공간에 정의하였고 하나의 동전 던지기에서는 표본공간 S={H, T}가 균등표본공간임을 전제로 P({H})=P({T})=1/2로 구하였다. 그런데 표본점 H와 T가 발생가능성이 동일하면, 이 실험을 무한히 반복할 경우 전체 실험의 반은 H가, 반은 T가 나올 것이 예상되므로 경험적 확률도 각각 1/2이 된다. 결국 균등표본공간의 경우 수학적 확률은 경험적 확률과 같아진다.

그러나 균등표본공간이 아니라면 [정의 3.9] 혹은 식 (3.1)에 의한 확률 계산은 올바르지 못하게 된다. 예를 들어 빨간 공 4개와 흰 공 1개가 든 두 개의 주머니에서 각각 하나의 공을 꺼내는 확률실험에서 둘 다 빨간 공일 사건 A의 확률을 구한다고 하자. 이 실험에서 빨간 공을 R, 흰 공을 W로 나타내어 만약 표본공간을 $S=\{RR, RW, WR, WW\}$과 같이 설정한다면 둘 다 빨간 공일 확률은 $P(A)=n(A)/n(S)=1/4$과 같이 될 것이다. 그러나 둘 다 빨간 공일 가능성이 둘 다 흰 공일 가능성보다 훨씬 더 높으므로 직관적으로 생각해 보아도 이 답은 틀린 답임이 명백하다. 따라서 [정의 3.9] 혹은 식 (3.1)에 의해 확률을 계산하고자 할 경우, 설정된 표본공간이 균등표본공간인지를 반드시 점검해 본 후 계산해야 한다.

예제 3.9 부주의로 모양과 색깔이 똑같은 감기약과 두통약을 각 두 알씩 한 병에 넣게 되었다. 갑과 을이 차례로 한 알씩 꺼낸다면 갑이 감기약, 을이 두통약을 꺼내게 될 확률을 다음과 같은 방법으로 구하였다. 어느 방법이 옳은가?

- **풀이 1** 감기약을 c, 두통약을 h로 나타낸다면 표본공간은 $S=\{cc, ch, hc, hh\}$이고, 갑이 감기약을, 을이 두통약을 꺼낼 사상 $A=\{ch\}$이므로 $P(A)=n(A)/n(S)=1/4$이다.

- **풀이 2** 병 속의 약 네 알을 1, 2, 3, 4라 하면, 실험은 갑이 꺼낸 약과 을이 꺼낸 약을 순서대로 관측하는 것으로 표본공간 $S=\{(1,2), (1,3), (1,4), (2,1), (2,3), (2,4), (3,1), (3,2), (3,4), (4,1), (4,2), (4,3)\}$이고, 1, 2를 감기약, 3, 4를 두통약이라 한다면 $A=\{(1,3), (1,4), (2,3), (2,4)\}$이므로 $P(A)=n(A)/n(S)=4/12=1/3$이다.

(풀이 1)에서의 표본공간의 구성원소인 cc는 (1,2)와 (2,1)로, ch는 (1,3), (1,4), (2,3), (2,4)로, hc는 (3,1), (3,2), (4,1), (4,2)로, hh는 (3,4)와 (4,3)으로 각각 더 세분할 수 있음을 알 수 있다. 따라서 cc와 hh에는 2/12의 확률을 각각 할당하고 ch와 hc에는 각각 4/12의 확률을 배분하는 것이 타당하게 되므로 $P(A)=1/3$이다. ■

연습문제 3.3

1. 표본공간 $S=\{a, b, c\}$인 어떤 확률실험에서, 다음 값을 가지는 함수 P는 확률인가?

$$P(\{a, b\})=2/3, \quad P(\{a, c\})=1/3, \quad P(\{b, c\})=1/3$$

2. 실력이 대등한 4명(a, b, c, d)이 토너먼트로 어떤 경기를 하는데 a와 b, c와 d가 경기를 해서 이기는 사람들이 결승을 하게 되고, 비기는 일은 없다고 하자.
   (a) 표본공간을 표본점들의 집합으로 나타내라.
   (b) d가 우승할 확률은 얼마인가?

3. 6명의 회원 a, b, c, d, e, f 중에서 3명을 무작위로 뽑아 위원회를 만든다고 할 때, 표본공간을 표본점들의 집합으로 나타내고 다음을 구하라.
   (a) a가 뽑힐 확률
   (b) a와 b가 뽑힐 확률
   (c) a 또는 b가 뽑힐 확률
   (d) a와 b 중 하나만 뽑힐 확률

4. 네 개의 윷가락을 던지는 실험에서
   (a) 표본공간을 표본점들의 집합으로 나타내라.
   (b) 윷가락의 앞과 뒤가 나올 확률이 같다고 할 때, 걸이 나올 확률을 구하라.

5. 어느 학생이 여행 중 가방을 철도역 라커룸에 보관하고 잠근 다음 비밀번호 네 자리를 입력하였다. 나중에 돌아와 보니 비밀번호 네 자리 중 0이 하나만 들어간다는 것만 생각이 나고 나머지 숫자와 각 숫자의 위치는 기억이 나지 않는다고 하자. 나머지 숫자를 무작위로 정하여 입력할 때 잠금장치를 열고 가방을 꺼낼 수 있을 확률을 구하라.

6. 주사위를 두 번 던지는 실험에서 다음을 구하라.
   (a) 두 눈의 합이 7일 확률
   (b) 두 눈의 합이 짝수일 확률
   (c) 두 눈이 모두 짝수일 확률
   (d) 두 눈의 차이가 1일 확률
   (e) 처음에 나오는 눈을 a, 나중에 나오는 눈을 b라 할 때 방정식 $ax=b$의 해가 정수일 확률

7. 어느 바둑 대회에서 실력이 대등한 두 프로 바둑 기사가 5전 3선승으로 우승자를 가리는 결승전에서 만났다.
   (a) 시합 결과에 대한 표본공간을 표본점들의 집합으로 나타내라.
   (b) 첫 번째 판에서 진 기사가 우승할 확률은 얼마인가?

8. 붉은 공 3개, 흰 공 2개, 파란 공 1개가 들어 있는 주머니와 붉은 공 1개, 흰 공 2개, 파란 공 3개가 들어 있는 주머니가 있다.

(a) 각 주머니에서 무작위로 공을 한 개씩 뽑을 때,

i) 이 실험의 표본공간을 표본점들의 집합으로 나타내라.

ii) 뽑힌 두 공의 색깔이 같을 확률을 구하라.

iii) 뽑힌 두 공이 모두 붉은색일 확률이 두 공 모두 흰색일 확률보다 큰가?

(b) 두 주머니의 공을 모두 하나의 주머니에 섞어 넣은 후 무작위로 두개를 뽑는다고 할 때, (a)의 각 문제를 풀어라.

9. 한 면이 나올 확률이 그 면의 눈금 수에 비례하도록 특수 제작된 주사위가 있을 때,

(a) 각 표본점이 나올 확률을 구하라.

(b) 짝수 눈이 나올 확률은 얼마인가?

10. 표본공간이 $S=\{1,\ 2,\ 3,\ \cdots\}$일 때,

(a) S는 균등표본공간이 될 수 있는가?

(b) S상에 정의된 다음 함수가 확률이 됨을 보여라.

$$P(\{k\})=(1/2)^k,\quad k=1,\ 2,\ 3,\ \cdots$$

11. 표본공간이 실수 전체의 집합과 같은, 즉 $S=\boldsymbol{R}$인 확률실험에서 확률 P를 정의할 때,

(a) $r<s$이면, $P((-\infty,\ r])\le P((-\infty,\ s])$임을 보여라.

(b) $P((r,\ s])$를 $P((-\infty,\ r])$와 $P((-\infty,\ s])$의 식으로 나타내라.

3.4 표본점의 셈법

표본공간 S가 유한하다고 하더라도 만약 S가 상당히 크면 S의 원소인 표본점을 일일이 열거한 후 그 수를 헤아려 확률을 구하는 것은 매우 번거롭고 비효율적이다. 표본공간 S가 균등표본공간일 때에는 표본공간 S와 관심의 대상인 사건 A에 포함된 원소의 수 $n(S)$와 $n(A)$를 쉽게 구할 수 있는 적절한 셈법이 있으면 편리할 것이다. 여기서는 유한표본공간의 표본점을 쉽게 셀 수 있는 방법에 대해 알아본다.

이러한 셈법은 우리의 의사결정의 경우의 수를 구하는 것이다. 예를 들어 서울에서 부산으로 여행을 하는 경우 승용차, 고속버스, KTX, 비행기로 가는 방법 중 하나를 선택하려고 한다면 그 경우의 수가 4가지라는 것은 자명하다. 주사위를 하나 던지는 경우에도 나타나는 경우의 수는 {1, 2, 3, 4, 5, 6}의 숫자 중에서 하나를 택하는 의사결정 방법의 수이다.

이러한 셈법은 합의 법칙과 곱의 법칙에 바탕을 두고 있다.

정리 3.2 | 합의 법칙

선택할 수 있는 k개의 대안들이 서로 배반인 의사결정문제에서의 가능한 경우의 수는 k개이다. 여기서 서로 배반이란 하나의 대안을 선택하면 다른 대안은 선택할 수 없는 경우이다.

예제 3.10 30명의 학급에서 한 명을 뽑아 반장을 시키고자 한다. 이때 가능한 경우의 수는 몇 가지인가?

• **풀이** 30가지이다. 왜냐하면 반장은 한명만 가능하므로, 어떤 학생이 반장으로 선정되면 다른 학생은 불가능하기 때문에, 합의 법칙을 적용할 수 있다. ■

합의 법칙은 한 번의 의사결정에 적용되는 법칙이다. 그런데 의사결정이 여러 번 일어나는 경우는 어떻게 될까? 예를 들어 [예제 3.10]에서 2명을 뽑아 한 명은 반장, 한 명은 부반장을 시키는 경우를 생각해보자. 이 경우에는 의사결정이 2회 일어나게 된다. 첫 번째 의사결정은 반장을 뽑는 것이고, 두 번째 의사결정은 부반장을 뽑는 것이다. 그런데 첫 번째 의사결정과 두 번째 의사결정이 서로 독립적으로 영향을 주지 않는다면, 의사결정 경우의 수는 첫 번째 의사결정의 경우의 수 30가지와 두 번째 의사결정의 경우의 수 29가지를 곱하게 된다. 여기서 각각의 단계에서의 의사결정의 수는 합의 법칙이 이용된 것이고, 첫 번째 의사결정의 각 경우마다 두 번째 의사결정이 독립적으로 이루어져야 하므로, 전체 경우의 수는 곱하기를 한 것이다. 이를 곱의 법칙이라고 한다.

정리 3.3 | 곱의 법칙

확률실험을 k번 독립적으로 행할 때, 각 실험에서 나올 수 있는 표본점의 수가 각각 n_1, n_2, $\cdots$, n_k이면 k번의 전체 실험에서 나올 수 있는 가능한 모든 표본점의 수는 $n_1 \times n_2 \times \cdots \times n_k$이다.

예제 3.11 주사위와 동전을 각각 한 번 던질 경우, 가능한 모든 표본점의 수는 얼마인가?

• **풀이** 표본공간은 $S = \{(x, y)\ ;\ x = 1, 2, \cdots, 6,\ y = T, H\}$이고, 가능한 모든 표본점의 수는 $n(S) = 6 \times 2 = 12$이다. ■

예제 3.12 하나의 주사위를 두 번 던지는 경우 가능한 모든 표본점의 수는 얼마인가?

• **풀이** 곱의 법칙에 의해 $6 \times 6 = 36$이다. ■

다음으로 덧셈법칙과 곱셈법칙을 기초로 표본점을 셈하는 데 널리 이용되는 여러 가지 셈법에 대해 알아보자.

3.4.1 순열

확률실험의 결과 나오는 표본점은 보통 일련의 기호 묶음으로 나타낼 수 있는데, 일련의 기호를 나열하는 방법의 수를 알면 표본점의 수를 쉽게 셈할 수 있다. 이와 같이 특정 순서로 배열된 일련의 기호들의 묶음을 **순열**(permutation)이라 한다. 그렇다면 서로 다른 n개의 기호를 한 줄로 나열하는 경우의 수는 몇 가지일까? 먼저 한 줄로 나열된 n개의 자리가 있다고 생각하자. 그러면 첫 번째 자리에 들어갈 수 있는 기호의 수는 합의 법칙에 의해 n개이고, 두 번째 자리에 들어갈 수 있는 기호의 수는 첫 번째 자리에 들어간 기호를 제외한 $(n-1)$개이다. 이같이 반복하면 각 자리에 들어갈 수 있는 기호의 수는 n, $(n-1)$, $(n-2)$, $\cdots$, 2, 1이 된다. 따라서 곱의 법칙에 의해 n개의 기호를 일렬로 나열하는 방법 수는 $n(n-1)(n-2)\cdots 2 \cdot 1 = n!$이 된다.

같은 방식으로 n개의 서로 다른 기호 중에서 r개를 뽑아 한 줄로 나열하는 방법 수는 $n(n-1)\cdots(n-r+1)$임을 알 수 있다.

정리 3.4 | 순열

서로 다른 n개의 기호 중에서 r개를 뽑아 한 줄로 나열하는 순열의 수는

$$nPr = n(n-1)\cdots(n-r+1) = \frac{n!}{(n-r)!}$$

이고, 특히 $r=n$일 때는 $n!$이 된다.

예제 3.13 실력이 비슷한 5명의 육상선수가 달리기 시합을 할 때, 나올 수 있는 모든 경우의 수와 3등까지만 기록에 남긴다면 기록에 나타날 수 있는 모든 경우의 수를 구해보자.

• **풀이** 가능한 모든 경우의 수는

$$S = \{(x_1,\ x_2,\ x_3,\ x_4,\ x_5)\ ;\ x_i\text{는 } i\text{등인 선수 } i=1,\ 2,\ \cdots,\ 5\}$$

로부터 $n(S)=5!$이며, 3등까지 기록에 나타날 수 있는 모든 경우의 수는 ${}_5P_3 = 60$이다.

■

3.4.2 조합

앞에서 설명한 순열에서는 기호들의 배열순서가 의미가 있었으나, 기호들의 배열순서는 별로 중요하지 않을 경우도 있다. 순서에 상관없이 뽑은 기호들의 묶음을 조합(combination)이라 한다. 여기서는 순서를 따지지 않고 서로 다른 n개의 기호 중 r개를 뽑는 조합의 수 $\binom{n}{r}$를 구해보자. 우선, 서로 다른 n개의 기호 중 r개를 뽑아 한 줄로 나열하는 순열의 수는 곱셈법칙을 적용하면 (n개의 기호 중 r개를 뽑는 방법 수)×(뽑힌 r개의 기호를 한 줄로 나열하는 방법 수)이다. 따라서

$$nPr = \binom{n}{r} \times r!$$

이므로

$$\binom{n}{r} = \frac{nPr}{r!} = \frac{n!}{r!(n-r)!}$$

이다.

정리 3.5 | 조합

서로 다른 n개의 기호 중에서 r개를 뽑는 조합의 수는

$$\binom{n}{r} = \frac{n!}{r!(n-r)!} = \frac{n(n-1)\cdots(n-r+1)}{r!}$$

이다.

예제 3.14 흰 돌 다섯 개, 검은 돌 세 개가 들어 있는 바둑통에서 바둑돌 두 개를 꺼낼 때, 전체 경우의 수 및 둘 다 검은 돌일 경우의 수를 구해보자.

• **풀이** 전체 경우의 수는 $n(S) = \binom{8}{2} = 28$이고, 둘 다 검은 돌일 경우의 수는 $n(A) = \binom{3}{2} = 3$이다. ■

예제 3.15 [예제 3.13]에서 5명 중 갑이 포함되어 있을 때, 갑이 입상(3등 이내)할 확률을 구해보자.

• **풀이** 5명 중 3명을 뽑는 전체 조합의 수는 $\binom{5}{3} = 10$이고 입상한 3명 중 갑이 포함될 조합의 수는 $\binom{4}{2} = 6$이므로 갑이 입상할 확률은 $6/10 = 3/5$이다. ■

조합은 표본추출과 관련되는 경우가 많다. 즉 조합은 n개의 개체 중에서 r개의 표본을 뽑는 방법의 수이다. 즉 조합은 n개의 개체를 두 개의 그룹으로 나누어 첫 번째 그룹을 뽑힌 것으로, 두 번째 그룹은 뽑히지 않은 것으로 하는 경우의 수를 나타낸다. 따라서 n개중 r개를 뽑는 방법은 n개는 $n-r$개를 뽑는 방법의 수와 동일하다. 또한 표본 중에는 특정한 개체가 포함될 수도 있고, 그렇지 않을 수도 있기 때문에 다음의 정리가 성립된다.

정리 3.6 |

조합과 관련하여 다음 등식이 성립한다.

i) $\binom{n}{r}=\binom{n}{n-r}$

ii) $\binom{n-1}{r-1}+\binom{n-1}{r}=\binom{n}{r}$

3.4.3 같은 것이 있는 경우의 순열

n개의 기호를 한 줄로 나열하는 경우의 수를 구할 때, 만약 똑같은 기호가 여러 개 있을 경우에는 같은 기호들끼리 자리바꿈하더라도 동일한 순열이므로 $n!$을 같은 기호들끼리 자리바꿈 할 수 있는 수만큼 나누어 주어야 한다. 예로 세 기호 (a, b, b)를 한 줄로 나열하는 방법의 수는 $3!=6$가지가 아니라 (a, b, b), (b, a, b), (b, b, a)의 세 가지인데 이것은 $3!$을 두 개의 같은 기호가 자리바꿈하는 수 $2!$로 나누어 준 수 $3!/2!=3$과 같다.

정리 3.7 | 같은 것이 있는 경우의 순열

서로 다른 k개의 기호가 각각 $n_1, n_2, \cdots, n_k$개 있을 때, 이들을 모두 한 줄로 나열하는 순열의 수는 다음과 같다.

$$\binom{n}{n_1, n_2, \cdots, n_k}=\frac{n!}{n_1!n_2!\cdots n_k!}$$

단, $n=n_1+n_2+\cdots+n_k$

예제 3.16 Mississippi에 나오는 모든 글자를 배열하여 만들 수 있는 단어의 수와 첫 글자가 M, 마지막 글자가 i인 단어의 수를 구해보자.

• **풀이** 모든 글자를 배열하는 방법 수는

$$n(S)=\frac{11!}{1!4!4!2!}=19{,}250$$

이고, 첫 글자가 M, 마지막 글자가 i인 단어의 수는, 4개의 i 중 하나는 마지막에 배치되어

야만 하므로,

$$n(A) = \frac{9!}{3!4!2!} = 1{,}260$$

이다. ■

같은 것이 있는 순열은 위의 예제에서처럼 개체들이 동일한 경우도 있지만, 동일하지 않다고 하더라도 관심의 대상이 일렬로 배열하는 것이 아니라 단지 뽑는 경우의 수만에 한정된 경우라 할 수 있다. 따라서 n개중 r개를 뽑는 조합도 r개의 동일한 개체와 $n-r$개의 동일한 개체가 있는 경우에 해당한다고 할 수 있다.

정리 3.8 | 다항정리

다항식 $(x_1 + \cdots + x_k)^n$의 전개에서 $x_1^{n_1} x_2^{n_2} \cdots x_k^{n_k}$ 항의 계수는

$$\binom{n}{n_1,\ n_2,\ \cdots,\ n_k} = \frac{n!}{n_1! n_2! \cdots n_k!}$$

이다.

예를 들어 $(x+y+z)^{10}$의 전개에서 $x^2 y^3 x^5$의 계수는 $\frac{10!}{2!3!5!} = 2{,}520$이 된다. 이런 의미에서 이것을 **다항계수**(multinomial coefficient)라 부른다. 또한 [정리 3.5]의 조합의 수 $\binom{n}{r} = \frac{n!}{r!(n-r)!}$은 다항계수에서 $k=2$인 경우여서 이를 **이항계수**(binomial coefficient)라 부른다.

복원추출과 비복원추출

상자 속에 1부터 10까지 번호가 매겨진 공이 10개 들어 있다고 하자. 이 상자로부터 공 하나를 꺼낼 때, 표본점의 수는 10이 된다. 다음에 공 하나를 더 꺼낼 때의 표본점의 수는 먼저 꺼낸 공을 다시 상자에 넣었을 경우에는 전과 같이 10이지만, 그렇지 않을 경우에는 먼저 꺼낸 공을 제외한 9가 된다. 따라서 전체 표본점의 수는 곱셈법칙으로부터 전자의 경우 100이 되며 후자의 경우 90이 된다. 여기서 먼저 꺼낸 공을 상자에 되돌려 넣은 후에 다음 공을 꺼내는 것을 복원추출(sampling with replacement), 되돌려 넣지 않고 다음 공을 꺼내는 것을 비복원추출(sampling without replacement)이라 한다. 표본추출과 관련된 실험에서는 표본점의 수를 셈할 때 복원추출

이냐 비복원추출이냐에 따라 다르다는 점에 유의하여야 한다. 그러나 현실적으로는 복원추출은 많이 사용되지 않는다.

연습문제 3.4

1. 중복 허용 여부와 순서 고려 여부에 따른 4가지 경우에 대하여 세 글자 a, b, c에서 두 글자를 뽑는 방법의 수를 구하고, 가능한 결과를 나열하라.

2. 남자 4명과 여자 2명을 무작위로 한 줄로 세울 때,
   (a) 양쪽 끝에 여자가 있을 확률을 구하라.
   (b) 여자 2명이 이웃하게 될 확률을 구하라.

3. 말 9마리가 1, 2, 3등까지 상이 있는 경마에 참가했다. 단, 상을 타지 못하는 말의 등수에는 관심이 없다고 한다.
   (a) 가능한 모든 경우의 수는 얼마나 되는가?
   (b) 특정한 말이 1등을 할 확률은 얼마인가?
   (c) 특정한 말이 상을 타지 못하게 될 확률은 얼마인가?

4. 지원자 다섯 명을 성적에 따라 1등에서 5등까지 등수를 매겼다. 이 중 셋을 무작위로 뽑는다면, 셋 중 등수가 제일 높은 사람이 원래의 다섯 사람 중 2등일 확률을 구하라.

5. 30와트 전구 2개, 60와트 전구 3개, 100와트 전구 4개가 들어 있는 상자에서 전구 세 개를 꺼낼 때,
   (a) 가능한 모든 경우의 수는 얼마인가?
   (b) 각기 다른 종류의 전구가 하나씩 뽑힐 확률은 얼마인가?
   (c) 세 개 모두 같은 종류의 전구일 확률은 얼마인가?

6. 자동차 번호는 광역자치단체 별로 '68 소 7272'과 같이 숫자 2자리 – 한글 한자 – 숫자 네 자리로 구성된다. 단, 한글은 자음 14개 (ㄱ, ㄴ, ⋯, ㅎ) 모음 6개(ㅏ, ㅓ, ㅗ, ㅜ, ㅡ, ㅣ)를 쓰되 받

침은 없는 것으로 한다. 자동차 번호는 몇 개가 가능한가?

7. 다음 식이 성립함을 보여라.

(a) $\binom{n}{r} = \left(\frac{n}{r}\right)\binom{n-1}{r-1}$

(b) $\binom{n}{r} = \left(\frac{n}{n-r}\right)\binom{n-1}{r}$

(c) $\binom{n}{r} = \left(\frac{n-r+1}{r}\right)\binom{n}{r-1}$

(d) $\binom{n}{r} = \left(\frac{r+1}{n-r}\right)\binom{n}{r+1}$

(e) $\binom{n-1}{r} = \left(\frac{r+1}{n}\right)\binom{n}{r+1}$

8. (a) $(x+y)^{12}$의 전개에서 x^7y^5의 계수는 얼마인가?

(b) $(x+y+z)^{12}$의 전개에서 $x^4y^5z^3$의 계수는 얼마인가?

9. 초능력이 있다고 주장하는 사람이 그 증거로 "한 면이 붉은색인 카드 4장과 검은색인 카드 4장을 섞어서 덮어놓으면 적어도 6개 이상의 색깔을 맞힐 수 있다"고 주장한다. 이 사람이 특별한 능력이 없이 무작위로 판단한다면 8장 중 6장을 맞힐 확률은 얼마인가?

10. 어느 회사에서 3개의 건설공사를 4개의 업체에 하청을 주려고 하는데 각 공사의 하청업체는 무작위로 선정한다고 한다. 어느 한 업체가 2개의 공사를 하청 받을 확률은 얼마인가?

11. 어느 동네에 TV 수리센터가 3곳 있다. 이 동네에서 TV 4대가 고장 났다고 할 때, 다음을 구하라. 단, TV가 고장 나면 같은 동네의 수리센터에서만 수리하고, 수리하지 않는 경우는 없다고 한다.

(a) 수리센터를 선택하는 가능한 모든 경우의 수

(b) 정확히 2곳의 수리센터만이 수리의뢰를 받게 될 확률

12. 인터넷뱅킹에서는 보안을 위해 비밀번호를 3번 연속으로 잘못 입력하였을 경우 원하는 작업을 할 수 없게 된다. 한 고객이 계좌 비밀번호 4자리 중 2자리에 0 아닌 숫자가 있다는 것만 기억한다면 자신이 원하는 작업을 할 수 있을 확률은 얼마인가?

13. 한 상자에 500원짜리 동전 3개와 100원짜리 동전 5개가 들어 있다. 한 번에 한 개씩 3개의 동전을 꺼낼 때, 그 합이 700원이 될 확률은 얼마인지 다음 각 경우에 대하여 답하라. 단, 한 번 꺼낸 동전은 다시 넣지 않는다.

(a) 각 동전이 뽑힐 확률은 종류에 상관없이 같을 경우

(b) 500원짜리가 100원짜리보다 뽑힐 가능성이 두 배일 때

14. $A = \{1,\ 2,\ 3\}$, $B = \{4,\ 5,\ 6,\ 7\}$일 때, 함수 $f: A \to B$ 중 다음 조건을 만족하는 경우의 수를 각각 구하라.
   (a) $i \neq j$이면 $f(i) \neq f(j)$
   (b) $i < j$이면 $f(i) < f(j)$
   (c) $i < j$이면 $f(i) \leq f(j)$

15. 양의 수 6개와 음의 수 10개 중 4개를 무작위로 뽑아 곱할 때 음의 수가 될 확률은 얼마인가?

16. 방정식 $x + y + z + u = 10$에서
   (a) 각 문자가 음이 아닌 정수를 가지는 경우의 수는 얼마인가?
   (b) 각 문자가 양의 정수를 가지는 경우의 수는 얼마인가?

17. 상자에서 제품 5개를 꺼낼 때, 그 중에 불량품이 하나 섞여 있을 확률을 다음 각 경우에 대해 구하라.
   (a) 상자 속에 양품 9개와 불량품 1개가 있을 경우
   (b) 상자 속에 양품 90개와 불량품 10개가 있을 경우
   (c) 상자 속에 양품 900개와 불량품 100개가 있을 경우
   (d) 상자 속에 양품 9개와 불량품 1개가 있고 복원추출의 경우

18. 52장으로 된 트럼프 카드 한 벌에서 무작위로 5장을 뽑을 때 나올 수 있는 포커(poker) 패의 수는 $\binom{52}{5} = 2{,}598{,}960$이다. 이들을 다음과 같이 구분하여 각각 그 수를 구하라.

   1. royal flush: 같은 무늬의 10, J, Q, K, A
   2. straight flush: 무늬가 같고 7, 8, 9, 10, J처럼 숫자가 연결된 것
   3. four of a kind: 7, 7, 7, 7, J처럼 같은 수 4장, 다른 수 1장
   4. full house: Q, Q, Q, 4, 4처럼 같은 수의 카드가 각각 3장, 2장
   5. flush: 무늬가 모두 같은 것
   6. straight: 무늬에 관계없이 7, 8, 9, 10, J처럼 숫자가 연결된 것
   7. three of a kind: 8, 8, 8, 4, Q처럼 같은 수 3장, 서로 다른 수 각 1장
   8. two pairs: 5, 5, J, J, 9처럼 같은 수 2장씩 2쌍, 다른 수 1장
   9. one pair: 8, 8, 2, 7, K처럼 같은 수 2장, 서로 다른 수 각 1장

10. no pair: 위의 어느 경우도 아닌 것

19. 다음 등식이 성립함을 보여라.

(a) $\sum_{r=0}^{n} \binom{n}{r} = 2^n$

(b) $\sum_{r=0}^{n} (-1)^r \binom{n}{r} = 0$

(c) $\sum_{r=0}^{k} \binom{m}{r}\binom{n}{k-r} = \binom{m+n}{k}$

(d) $\sum_{r=0}^{n} \binom{n}{r}^2 = \binom{2n}{n}$

3.5 확률에 관한 법칙

어떤 사건에 대한 확률은, 표본공간상의 모든 표본점의 수와 그 사건에 포함된 표본점의 수를 세어 봄으로써 구할 수 있음을 3.3절과 3.4절에서 살펴보았다. 만약, 간단한 몇몇 사건에 대한 확률을 쉽게 알 수 있는 상태에서 복잡한 사건이 일어날 확률을 구하고자 한다면, 복잡한 사건을 간단한 사건으로 분해하여 계산하는 것이 편할 것이다. 이 절에서는 확률공리로부터 유도되는 확률에 관한 몇 가지 법칙들을 살펴보고 이를 이용하여 관심 있는 사건이 일어날 확률을 쉽게 계산할 수 있는 방법을 소개한다.

먼저 표본공간의 정의상 확률실험이 행해지면 반드시 표본점 중 어느 하나가 나올 것이며 아무것도 나오지 않을 경우란 있을 수 없으므로, 다음 정리가 성립함을 알 수 있다.

정리 3.9 |

$$P(\phi)=0$$

• **증명** $A=A\cup\phi$이고 $\phi\cap A=\phi$이므로 확률공리 iii)을 적용하면,

$$P(A)=P(A\cup\phi)=P(A)+P(\phi)$$

이고, $P(\phi)=P(A)-P(A)=0$이다. ■

동전을 두 번 던져 앞면이 적어도 한 번 이상 나올 확률을 구하고자 할 때, 앞면이 한 번 나올 확률과 두 번 나올 확률을 따로 구하여 합하는 것보다 한 번도 나오지 않을 확률을 구하고 1에서 그 값을 빼는 것이 수월할 것이다. 이와 같이 어떤 사건이 일어날 확률을 직접 구하는 것보다, 다음 정리를 이용하여 일어나지 않을 확률을 먼저 구한 후 1에서 그 값을 빼는 것이 훨씬 더 편리할 때가 있다.

정리 3.10 | 여사건의 확률

$$P(A)=1-P(A^c)$$

• **증명** $A\cup A^c=S$, $A\cap A^c=\phi$이므로, 확률공리 i)과 iii)으로부터

$$P(S) = P(A \cup A^c) = P(A) + P(A^c) = 1$$

이고, 따라서 $P(A) = 1 - P(A^c)$이다. ■

예제 3.17 어느 모임에 r명이 참석했다. 사람들의 생일이 1년 중 고르게 분포되어 있다면, 즉 무작위로 뽑은 사람의 생일이 특정일일 확률이 1/365라면, 이들 중 생일이 같은 사람들이 있을 확률은 얼마나 될까?

• 풀이 적어도 둘 이상의 생일이 같을 사건을 A라 하면 A^c는 r명의 생일이 모두 다를 사건이다. r명의 생일로 가능한 모든 경우의 수는 365^r이고, A^c의 경우의 수는 ${}_{365}P_r = 365 \times 364 \times \cdots \times (365 - r + 1)$이므로

$$P(A^c) = \frac{365 \times 364 \times \cdots \times (365 - r + 1)}{365^r}$$

이고,

$$P(A) = 1 - \frac{365 \times 364 \times \cdots \times (365 - r + 1)}{365^r}$$

이다. r의 여러 값에 대한 $P(A)$를 구해보면

r	10	20	22	23	30	40	50	60
$P(A)$	0.129	0.411	0.476	0.507	0.706	0.891	0.970	0.994

로 모임에 23명만 있어도 생일이 같은 사람들이 있을 확률은 1/2이 넘고, 50명 정도 있으면 거의 틀림없이 생일이 같은 사람들이 있게 된다. ■

다음의 정리는 그 자체보다도 확률에 관한 다른 결과들을 유도하는데 유용하게 쓰인다.

정리 3.11 |

임의의 두 사건 A와 B에 대하여 다음의 식이 성립한다.

i) $P(B) = P(A \cap B) + P(A^c \cap B)$

ii) $P(B - A) = P(B) - P(A \cap B)$

• 증명 i) [정리 3.1]의 분배법칙에 의해

$$(A \cap B) \cup (A^c \cap B) = (A \cup A^c) \cap B = S \cap B = B$$

이고

$$(A \cap B) \cap (A^c \cap B) = (A \cap A^c) \cap B = \phi \cap B = \phi$$

이므로 이들은 상호배반이다. 따라서 확률공리 iii)에 의해

$$P(A \cap B) + P(A^c \cap B) = P(B)$$

ii) $B - A = A^c \cap B$이므로 i)을 이용하면

$$P(B - A) = P(A^c \cap B) = P(B) - P(A \cap B)$$

■

주사위를 던져서 2 이하의 눈이 나올 사건을 A, 3 이하의 눈이 나올 사건을 B라 하면, 직관적으로 A가 일어날 확률보다 B가 일어날 확률이 더 클 것이라고 판단할 수 있다. 즉, $A = \{1, 2\}$, $B = \{1, 2, 3\}$으로 B에는 A에 속한 표본점인 1과 2 이외에 3이 더 있으므로, 표본점 3이 일어날 확률이 아무리 작더라도 B가 일어날 확률이 A가 일어날 확률보다 작게 되지는 않을 것이다. 이로부터 다음 정리가 성립함을 유추할 수 있다.

정리 3.12 |

$A \subset B$이면 다음의 식이 성립한다.

i) $P(B - A) = P(B) - P(A)$

ii) $P(A) \le P(B)$

• 증명 i) $A \subset B$이면 $A \cap B = A$이므로 [정리 3.11]에 의해

$$P(B - A) = P(B) - P(A)$$

ii) 또한 $P(B - A) \ge 0$이므로 $P(B) \ge P(A)$ ■

두 개의 부품으로 구성되어 있고, 두 부품 중 어느 하나라도 고장이 나면 못 쓰게 되는 전자제품이 있다고 하자. 이 제품이 못 쓰게 될 확률을 어떻게 구할 것인가? 첫 번째 부품이 고장

날 사건을 A, 두 번째 부품이 고장 날 사건을 B라 할 때, 사건 A 또는 B가 일어나면 이 전자 제품을 못 쓰게 되므로, 결국 이 제품을 못 쓰게 될 확률은 $P(A \cup B)$로 나타낼 수 있다. 제품의 고장현상보다는 개개 부품의 고장현상을 분석하기 쉬우므로, 보통 $P(A \cup B)$보다는 $P(A)$, $P(B)$ 및 $P(A \cap B)$를 더 쉽게 구할 수 있고, 이 경우 $P(A \cup B)$은 다음의 법칙을 써서 구할 수 있다.

정리 3.13 | 확률의 덧셈법칙

$$P(A \cup B) = P(A) + P(B) - P(A \cap B)$$

• **증명** $A \cup B = A \cup (B-A)$, $A \cap (B-A) = \phi$이므로, 확률공리 iii) 및 [정리 3.11]를 이용하면

$$\begin{aligned} P(A \cup B) &= P(A \cup (B-A)) = P(A) + P(B-A) \\ &= P(A) + P(B) - P(A \cap B) \end{aligned}$$

이다. ■

예제 3.18 두 개의 부품을 조립하여 만드는 제품이 있다. 부품 a의 불량률은 0.1, 부품 b의 불량률은 0.08이고 두 부품이 모두 불량일 확률은 0.008이라 할 때, 조립과정에서 새로운 불량이 발생하지 않는다면 이 제품의 불량률은 얼마인가?

• **풀이** $P(A \cup B) = P(A) + P(B) - P(A \cap B) = 0.1 + 0.08 - 0.008 = 0.172$. ■

확률의 덧셈법칙을 세 개의 사건으로 확장하면

$$\begin{aligned} P(A \cup B \cup C) = P(A) + P(B) + P(C) - P(A \cap B) - P(A \cap C) - P(B \cap C) \\ + P(A \cap B \cap C) \end{aligned} \quad (3.2)$$

이 되고, 보다 일반적으로 식

$$\begin{aligned} P(A_1 \cup \cdots \cup A_n) = \sum_{k=1}^{n} P(A_i) - \sum_{i<j}^{n} P(A_i \cap A_j) + \sum_{i<j<k}^{n} P(A_i \cap A_j \cap A_k) - \cdots \\ + (-1)^{n+1} P(A_1 \cap \cdots \cap A_n) \end{aligned} \quad (3.3)$$

이 성립한다. 식 (3.3)에서 모든 사건들이 서로 배반이면 다음 정리와 같이 간단하게 되는데, 이것이 다름 아닌 확률공리 iii)임을 알 수 있다.

예제 3.19 어린 아이에게 붉은색, 녹색, 회색 공을 각각 붉은 상자, 녹색 상자, 회색 상자에 넣도록 가르쳤다. 이 아이가 실제로는 색맹이어서 이들 색깔을 구분하지 못하고 무작위로 공을 하나씩 상자에 넣는다면 색깔이 하나도 일치하지 않을 확률과 하나만 일치할 확률은 얼마나 되는지 알아보자.

• **풀이** A_1, A_2, A_3을 각각 붉은 상자에 붉은 공, 녹색 상자에 녹색 공, 회색 상자에 회색 공이 들어가게 될 사건이라 하자. 공이 들어가는 모든 경우의 수는 $3!=6$이고 어느 특정 상자에 같은 색깔의 공이 들어갈 확률은

$$P(A_1)=P(A_2)=P(A_3)=1/3$$

이며 비슷한 방법으로

$$P(A_1\cap A_2)=P(A_1\cap A_3)=P(A_2\cap A_3)=P(A_1\cap A_2\cap A_3)=1/6$$

이다. 먼저 첫 번째 물음에서 색상이 하나도 일치하지 않을 사건을 B라 하면 $B^c=A_1\cup A_2\cup A_3$이므로 식 (3.3)으로부터

$$\begin{aligned}P(B)&=1-P(A_1\cup A_2\cup A_3)\\&=1-[P(A_1)+P(A_2)+P(A_3)-P(A_1\cap A_2)\\&\quad -P(A_1\cap A_3)-P(A_2\cap A_3)+P(A_1\cap A_2\cap A_3)]\\&=1-[3(1/3)-3(1/6)+(1/6)]\\&=1/3\end{aligned}$$

이다.

다음으로 하나의 색깔만 일치할 사건을 C라 하면

$$C=(A_1\cap A_2^c\cap A_3^c)\cup(A_1^c\cap A_2\cap A_3^c)\cup(A_1^c\cap A_2^c\cap A_3)$$

이고, 이들은 서로 배반사건이다. 그런데

$$A_1=(A_1\cap(A_2\cup A_3)^c)\cup(A_1\cap(A_2\cup A_3))=(A_1\cap(A_2^c\cap A_3^c))\cup(A_1\cap(A_2\cup A_3))$$

이고 $(A_1\cap(A_2^c\cap A_3^c))\cap(A_1\cap(A_2\cup A_3))=\varnothing$ 이다. 따라서

$$\begin{aligned}P(A_1\cap A_2^c\cap A_3^c)&=P(A_1)-P(A_1\cap(A_2\cup A_3))\\&=P(A_1)-P((A_1\cap A_2)\cup(A_1\cap A_3))\end{aligned}$$

$$= P(A_1) - P(A_1 \cap A_2) - P(A_1 \cap A_3) + P(A_1 \cap A_2 \cap A_3)$$

가 됨을 알 수 있다. 같은 방법으로

$$P(A_1^c \cap A_2 \cap A_3^c) = P(A_2) - P(A_1 \cap A_2) - P(A_2 \cap A_3) + P(A_1 \cap A_2 \cap A_3)$$
$$P(A_1^c \cap A_2^c \cap A_3) = P(A_3) - P(A_1 \cap A_3) - P(A_2 \cap A_3) + P(A_1 \cap A_2 \cap A_3)$$

을 얻는다. 이들 세 확률을 더하면

$$\begin{aligned} P(C) &= P(A_1) + P(A_2) + P(A_3) - 2[P(A_1 \cap A_2) + P(A_1 \cap A_3) + P(A_2 \cap A_3)] \\ &\quad + 3P(A_1 \cap A_2 \cap A_3) \\ &= 3 \times \frac{1}{3} - 2\left(3 \times \frac{1}{6}\right) + 3 \times \frac{1}{6} = \frac{1}{2} \end{aligned}$$

이다. ■

정리 3.14 | 배반사건에 대한 확률의 덧셈법칙

A_1, A_2, $\cdots$이 상호배반사건일 때,

$$P\left(\bigcup_i A_i\right) = \sum_i P(A_i)$$

이다.

지금까지 확률을 구하는 데 도움이 되는 몇 가지 정리들을 소개하였다. 그러나 우리가 관심을 가지고 있는 사건이 일어날 확률을 공식에 바로 대입하여 구할 수 있는 경우는 실제로 그리 흔하지 않다. 중요한 것은 우리가 알고 있는 정리들을 활용할 수 있도록 관심의 대상이 되는 사건을 적절히 분석하는 능력이다. 이러한 능력은 단순히 소개된 정리들을 이해하는 것만으로 생기는 것이 아니므로 다양한 문제를 분석해 보는 연습이 필요하다.

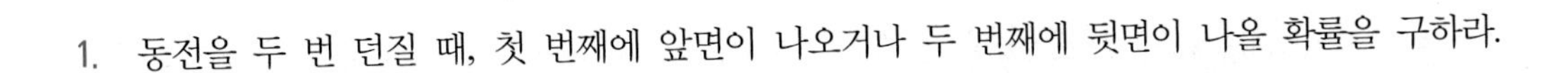

연습문제 3.5

1. 동전을 두 번 던질 때, 첫 번째에 앞면이 나오거나 두 번째에 뒷면이 나올 확률을 구하라.

2. $P(A)=\frac{1}{2}$, $P(B)=\frac{1}{3}$, $P(A\cap B)=\frac{1}{4}$일 때 다음 확률을 구하라.

   (a) $P(A\cup B)$ (b) $P(A^c\cup B)$

   (c) $P(A^c\cap B)$ (d) $P(A\cap B^c)$

   (e) $P(A^c\cap B^c)$ (f) $P(A^c\cup B^c)$

3. $P(A^c\cap B)=0.1$, $P(A\cap B^c)=0.4$, $P[(A\cap B)^c]=0.6$일 때, 다음 확률을 구하라.

   (a) $P(A)$ (b) $P(B)$

   (c) $P(A\cup B)$ (d) $P(A^c\cup B)$

4. 절삭작업을 하는 어느 공정에서 한 달간의 생산기록을 검토하여 불량 원인을 조사한 결과 재료의 불량에 의해 불량품이 생산된 경우가 3%이었고 작업자의 실수에 의해 불량품이 생산된 경우가 4%이었다. 한 달간 생산한 제품 중 불량품의 비율이 5%이었을 때, 재료의 불량과 작업자의 실수가 모두 포함된 불량품의 비율은 얼마인가?

5. 2002 한·일 월드컵 4강 경기인 한국 대 독일의 경기에 대한 방송사별 시청률을 조사한 결과 A 채널 37.0%, B 채널 14.4%, C 채널 12.3%, D 채널 5.4%로 나타났다. 그 시간에 축구 경기를 보지 않은 시청 가구의 비율은 얼마인가?

6. 다음은 가구 수가 10만인 도시에서 A, B, C 세 종류의 신문구독비율에 대한 자료이다.

   A: 10% A, B: 8%

   A, B, C: 1% B: 30%

   A, C: 2% C: 5%

   B, C: 4%

   (a) 신문을 구독하지 않는 가구의 비율은 얼마인가?
   (b) 오직 한 종류의 신문만을 구독하는 가구의 비율은 얼마인가?
   (c) 두 종류 이상의 신문을 구독하는 가구의 비율은 얼마인가?

(d) A와 C는 조간신문이고, B는 석간신문이다. 한 종류 이상의 조간신문과 함께 석간신문을 구독하는 가구의 비율은 얼마인가?

7. 다음은 어느 대학의 1학년을 대상으로 세 교양과목 A, B, C의 수강 여부를 조사한 결과이다.

A: 15%	A, B: 8%
A, B, C: 2%	B: 34%
A, C: 3%	C: 7%
B, C: 5%	

(a) 오직 한 과목만을 수강한 학생의 비율은 얼마인가?
(b) 두 과목 이상을 수강한 학생의 비율은 얼마인가?
(c) A와 C는 제2외국어 과목이고, B는 영어 과목이다. 하나 이상의 제2외국어 과목과 함께 영어 과목을 수강한 학생의 비율은 얼마인가?

8. 상자에 들어있는 제품 10개 중 3개가 불량품이다. 이 상자로부터 무작위로 제품 2개를 뽑아 검사한 후, 불량품이 발견되면 양품으로 교체하여 다시 상자 속에 넣는다고 한다. 검사가 끝난 후에, 상자 속에 불량품이 1개, 2개, 3개 남아있을 확률을 각각 구하라.

9. 제품 100개로 구성된 로트에서 4개를 무작위로 뽑아 검사해서 그 중 불량품이 하나도 없어야 합격으로 판정한다.
(a) 불량품 5개가 있는 로트가 합격할 확률을 구하라.
(b) 불량품 1개가 있는 로트가 불합격할 확률을 구하라.
(c) 제품을 8개 뽑아 검사한다면 (a)와 (b)의 확률은 각각 얼마가 되는가?

10. 3쌍의 부부가 극장에서 6개의 좌석으로 된 한 줄에 앉게 되었다. 그들이 무작위로 좌석에 앉는다면, 김씨 부부가 왼쪽 끝의 두 좌석에 앉게 될 확률은 얼마인가? 김씨 부부가 서로 이웃하여 앉게 될 확률은 얼마인가? 적어도 한 명의 부인이 그의 남편과 이웃하여 앉게 될 확률은 얼마인가?

11. 공 12개를 상자 20개에 무작위로 넣을 때, 두 개 이상의 공이 든 상자가 하나도 없을 확률을 구하라.

12. 한 잡지사에서 구독자를 대상으로 성별, 혼인, 교육수준 등에 대하여 조사하였다. 구독자 1,000

명 중 395명이 남성이고, 492명이 기혼자이며, 586명이 대학을 졸업하였다. 또한 211명의 남성이 대학을 졸업하였고, 기혼자 중 221명이 대학을 졸업하고, 118명의 남성이 기혼자이다. 기혼 남성 92명은 대학을 졸업하였다. 이 조사 내용이 맞는다고 할 수 있는가?

13. 한 자동차의 선택사양 중 가장 인기 있는 품목은 자동변속기(A), 자동제동장치(B), 에어백(C)이다. 만약 모든 구매자 중 70%가 A를, 80%가 B를, 75%가 C를, 85%가 A 또는 B를, 90%가 A 또는 C를, 95%가 B 또는 C를 그리고 98%가 A 또는 B 또는 C를 원한다고 할 때 다음 사건의 확률을 구하라.
(a) 구매자가 세 가지 선택사양 중 적어도 하나 이상을 선택하는 사건
(b) 구매자가 세 가지 선택사양 중 어느 것도 선택하지 않는 사건
(c) 구매자가 오직 에어백만을 선택하는 사건
(d) 구매자가 선택사양 중 오직 하나만을 선택하는 사건

14. 바르게 만들어진 주사위를 두 번 던질 때, 사건 A_k와 B를

A_k=나온 눈의 합이 k일 사건, $k=2, 3, \cdots, 12$
B=두 눈이 서로 다를 사건

이라 할 때, 다음을 구하라.
(a) $P(A_k)$와 $P(B)$
(b) $P(A_k \cap B)$와 $P(A_k \cup B)$
(c) $P(A_k \cap B^c)$와 $P(A_k \cup B^c)$
(d) $\sum_{k=2}^{12} P(A_k \cap B)$

15. 1부터 200까지의 정수 중에서 무작위로 뽑은 수가
(a) 6이나 8로 나누어질 확률을 구하라.
(b) 6이나 8이나 10으로 나누어질 확률을 구하라.

16. 두 사건 A와 B의 확률은 각각 $P(A)=0.4$, $P(B)=0.7$이다. $P(A \cap B)$의 최댓값과 최솟값을 결정하고 그때의 조건을 구하라.

17. 손님 4명이 식당에서 모자를 벗어 한곳에 걸어 두었다. 각 손님이 떠날 때 무작위로 모자를 가져간다고 하면 모든 손님이 자기의 모자를 찾아가지 못할 확률은 얼마인가? 손님이 n명일 경우는 어떻게 되는가?

18. 다음 부등식이 성립함을 보여라.

(a) $P(A \cap B) \geq P(A) + P(B) - 1$

(b) $P(A \cap B) \geq 1 - P(A^c) - P(B^c)$

(c) $P(A \cap B \cap C) \geq 1 - P(A^c) - P(B^c) - P(C^c)$

19. 다음 부등식이 성립함을 보여라.

$$P(A \cap B) \leq P(A) \leq P(A \cup B) \leq P(A) + P(B)$$

20. 식 (3.2)와 (3.3)이 성립함을 보여라.

21. Bonferroni의 부등식

$$P\left(\bigcap_{i=1}^{n} A_i\right) \geq \sum_{i=1}^{n} P(A_i) - (n-1)$$

이 성립함을 보여라.

3.6 조건부 확률과 곱셈법칙

어떤 사건이 일어날 확률이 다른 사건이 일어났다는 사실에 의해 영향을 받을 때가 있다. 예로 흰 공 두 개와 검은 공 한 개가 들어 있는 주머니로부터 공을 하나씩 두 개 꺼낼 때, A를 두 번째에 검은 공이 나올 사건, B를 처음에 흰 공이 나올 사건이라 하자. 편의상 흰 공을 1, 2라 하고 검은 공을 3이라 하면 표본공간 $S=\{(1, 2), (1, 3), (2, 1), (2, 3), (3, 1), (3, 2)\}$이고 $A=\{(1, 3), (2, 3)\}$로 $P(A)=1/3$이다. 그러나 사건 B가 먼저 일어났으면, 주머니에 남은 공은 흰 공 하나, 검은 공 하나이므로 이때 사건 A가 일어날 확률은 1/2이 된다. 즉, 사건 B가 일어남으로 인해 사건 A가 일어날 확률이 1/3로부터 1/2로 증가하게 된 것이다. 이와 같이 사건 B가 이미 일어났다는 조건하에서 A가 일어날 확률은 단순히 A가 일어날 확률과는 다르게 되므로, 전자를 후자와 구별하여 **조건부 확률**(conditional probability)이라 한다.

정의 3.10 |

사건 B가 일어났다는 조건하에 사건 A가 일어날 조건부 확률 $P(A \mid B)$는

$$P(A \mid B)=\frac{P(A \cap B)}{P(B)} \quad \text{단, } P(B)>0$$

로 정의한다.

예제 3.20 주사위를 하나 던지는 실험에서 홀수가 나왔다는 정보를 미리 알게 되었다. 이때 1의 눈이 나올 확률은 얼마일까?

• **풀이** 1의 눈이 나올 사건을 A, 홀수가 나올 사건을 B라 하자. 그러면 구하는 확률은 B가 먼저 발생하였을 때 A가 발생할 조건부 확률이다. 즉

$$P(A \mid B)=\frac{P(A \cap B)}{P(B)}=\frac{P(A)}{P(B)}=\frac{1/6}{3/6}=\frac{1}{3}$$

이다. ■

위의 예에서 보는 바와 같이 B사건이 먼저 발생하였다면 A사건이 발생하는 경우는 $A \cap B$에 속한 표본점이 발생하는 경우이다. 따라서 유한한 균등표본의 경우에 조건부 확률은

$$P(A \mid B) = \frac{n(A \cap B)}{n(B)}$$

로 생각할 수 있다. 이 식에서 분모분자를 각각 $n(S)$로 나누면 [정의 3.10]의 조건부확률을 구할 수 있다.

조건부 확률의 정의를 이용하여 다음과 같은 법칙을 쉽게 유도할 수 있다.

정리 3.15 | 확률의 곱셈법칙

두 사건 A, B에 대해 다음 관계가 성립한다.

$$\begin{aligned} P(A \cap B) &= P(A \mid B)P(B) \\ &= P(B \mid A)P(A) \end{aligned}$$

확률의 곱셈법칙은 $P(B)$와 $P(A \mid B)$, 또는 $P(A)$와 $P(B \mid A)$를 쉽게 구할 수 있을 때, 이를 이용하여 $P(A \cap B)$를 구하는데 편리하게 이용된다.

예제 3.21 양품 5개와 불량품 3개가 섞여 있는 상자에서 제품 두 개를 하나씩 무작위로 꺼낼 때 둘 다 불량품일 확률을 구해보자.

• **풀이** 먼저, 첫 번째 불량품을 꺼낼 사건을 A, 두 번째 불량품을 꺼낼 사건을 B라 한다면, $P(A) = 3/8$, $P(B|A) = 2/7$임은 쉽게 알 수 있다. 따라서 둘 다 불량품을 꺼낼 확률 $P(A \cap B) = P(A)P(B|A) = (3/8)(2/7) = 3/28$이다. ■

예제 3.22 어떤 제품을 검사하는 데 검사원이 착오로 양품을 불량품으로, 불량품을 양품으로 잘못 분류할 확률이 각각 0.02, 0.01이라 한다. 실제 불량률이 5%일 때, 검사에 제출된 한 제품이 불량으로 판정될 확률을 구해보자.

• **풀이** 어떤 제품이 실제로 불량일 사건을 A, 검사원이 불량으로 판정할 사건을 D라 하고, 알려진 사실을 정리하면

$$\begin{aligned} &P(A) = 0.05,\ P(A^c) = 1 - P(A) = 0.95, \\ &P(D|A^c) = 0.02, \\ &P(D^c|A) = 0.01,\ P(D|A) = 1 - P(D^c|A) = 0.99 \end{aligned}$$

이다. 관심사건 D는 상호배반인 두 사건 $A \cap D$와 $A^c \cap D$를 합성하여

$$D = (A \cap D) \cup (A^c \cap D)$$

과 같이 나타낼 수 있으므로 확률의 덧셈법칙 및 곱셈법칙을 이용하면

$$\begin{aligned} P(D) &= P(A \cap D) + P(A^c \cap D) = P(A)P(D \mid A) + P(A^c)P(D \mid A^c) \\ &= (0.05)(0.99) + (0.95)(0.02) = 0.0685 \end{aligned}$$

가 된다. ■

확률의 덧셈법칙과 마찬가지로 확률의 곱셈법칙도 세 개 이상의 사건으로 확장할 수 있다. 곱셈법칙을 세 사건으로 확장하면,

$$\begin{aligned} P(A \cap B \cap C) &= P((A \cap B) \cap C) = P(A \cap B)P(C \mid A \cap B) \\ &= P(A)P(B \mid A)P(C \mid A \cap B) \end{aligned} \tag{3.4}$$

이 되고, 보다 일반적으로

$$P(A_1 \cap \cdots \cap A_n) = P(A_1)P(A_2 \mid A_1)P(A_3 \mid A_1 \cap A_2) \cdots P(A_n \mid A_1 \cap \cdots \cap A_{n-1}) \tag{3.5}$$

이 성립한다.

심프슨의 모순(Simpson's Paradox)

확률을 평가할 때 [정의 3.9]와 같이 구하는 것이 일반적이다. 그러나 경우에 따라서는 조건부 확률이 더 의미가 있을 수도 있다. 다음의 예를 살펴보자.

병원 A와 B에서 어떤 질병을 치료한 사례가 다음과 같다.

병원	증상	사망	완치	완치율
A	중증	135	126	48.2%
	경증	13	46	78.0%
	계	148	172	53.8%
B	중증	11	5	31.3%
	경증	166	260	61.0%
	계	177	265	60.0%

병원 전체의 입장에서 완치율은 $P(A)=0.538<P(B)=0.6$으로 B 병원이 우수한 것으로 보이지만, 중증인 조건이나 경증인 경우의 조건부 완치율을 비교해 보면 A 병원이 우수함을 알 수 있다.

이와 같이 전체 입장에서 구한 확률이 부분 범주(sub-category) 입장에서 구한 조건부 확률이 다르게 되는 모순을 심프슨의 모순이라고 한다. 실제 버클리 대학원에서는 여학생의 합격생 비율이 남학생보다 적다는 불평등 소송이 있었지만, 각 대학별 합격률에서는 오히려 여학생이 유리하거나 유사한 것으로 나타난 경우가 있었다.

연습문제 3.6

1. 어떤 모임의 참석자 20명 중 여자는 5명이다. 한 명씩 차례로 3명을 무작위하게 뽑을 때 세 명이 모두 여자일 확률은 얼마인가?

2. 상자 속에 1, 2, 3, 4의 숫자가 쓰인 네 개의 공이 들어 있다. 이 상자에서 공 두 개를 하나씩 꺼낸다고 하자. A를 두 공의 숫자의 합이 5일 사건, B_i를 둘 중 먼저 꺼낸 공의 숫자가 i일 사건이라 할 때, 다음의 경우에 $P(A|B_i)$와 $P(B_i|A)$를 구하라.
   (a) 비복원 추출
   (b) 복원 추출

3. 16개 팀이 토너먼트로 어떤 경기를 하는데 비기는 경우는 없다고 한다. 특정 팀이 1차전에서 이길 확률은 0.8이고, 2차전, 3차전, 결승전에 진출했을 경우에 이길 확률은 각각 0.7, 0.6, 0.5라 한다.
   (a) 이 팀이 우승할 확률은 얼마인가?
   (b) 이 팀이 2차전, 3차전에서 탈락할 확률은 각각 얼마인가?

4. 상자 I에 들어있는 전구 20개 중 4개는 불량품이고, 상자 II에 들어있는 전구 3개 중 1개는 불량품이다. 주사위를 던져 눈 1 또는 2가 나오면 상자 I에서, 눈 3, 4, 5 또는 6이 나오면 상자 II에서 전구를 하나 무작위로 꺼낸다고 할 때, 꺼낸 전구가 불량품일 확률을 구하라.

5. 동전 한 개를 앞면이 나올 때까지 던지기로 한다. 처음 두 번 모두 앞면이 나오지 않았다면, 정확히 다섯 번을 던지게 될 확률은 얼마인가?

6. 어제 비가 왔다면 오늘 비가 올 확률은 α이고, 어제 비가 오지 않았다면 오늘 비가 올 확률은 $1-\beta$이다.
   (a) 오늘 비 올 확률이 p라면, 내일 비 올 확률은 얼마인가?
   (b) 오늘 비 올 확률이 p라면, 모레 비 올 확률은 얼마인가?

7. 제품 10개 속에 불량품 3개가 섞여 있다. 불량품이 모두 발견될 때까지 하나씩 뽑아 검사할 때, 다음을 구하라.
   (a) 실제로 일어 날 수 있는 경우의 수
   (b) 세 개를 검사하게 될 확률
   (c) 네 개를 검사하게 될 확률
   (d) 다섯 개 이상을 검사하게 될 확률

8. 1에서 n까지의 정수 중에서 두 수를 무작위로 뽑을 때 k보다 작은 것과 큰 것이 하나씩 나올 확률을 구하라. 단 $1 < k < n$이다.

9. [예제 3.22]에서 이 검사원이 불량률 10%라고 판정했다면 실제 불량률 $P(A)$는 얼마인가?

10. 사건 A, B, C에 대한 확률

$$P(A)=0.75, \quad P(B \mid A)=0.9, \quad P(B \mid A^c)=0.8, \quad P(C \mid A\cap B)=0.8,$$
$$P(C \mid A\cap B^c)=0.6, \quad P(C \mid A^c\cap B)=0.7, \quad P(C \mid A^c\cap B^c)=0.3$$

    이 주어졌을 때, $P(A\cap B\cap C)$, $P(B\cap C)$, $P(C)$, $P(A \mid B\cap C)$를 구하라.

11. 동일한 범죄를 저지른 3명의 죄수(A, B, C) 중에서 추석을 전후하여 2명만을 사면하게 되었다. 이 소식을 들은 A는 자기가 풀려날 확률이 2/3라고 생각했다. 그러나 확실한 정보를 얻기 위해 친분이 있는 교도관에게 자기 이외에 풀려나는 죄수가 누군지 한 명만 가르쳐 달라고 부탁했다. 그 교도관이 B라고 대답하자, A는 자기가 풀려날 확률이 1/2로 줄었다고 판단했다. 이 판단이 맞는가? 설명하라.

12. 두 개의 바구니 A와 B속에 모양은 같으나 색깔이 다른 공들이 들어 있다. A에는 붉은 공이 2개 흰 공이 1개 들어 있고, B에는 붉은 공이 101개 흰 공이 100개 들어 있다. 두 바구니 중 하나를 무작위로 택해서 공 2개를 차례로 꺼내 그 색깔을 보고 공을 꺼낸 바구니가 A인지 B인지를 맞추는 게임을 한다고 하자. 단 첫 번째 공을 꺼내 그 색깔을 확인한 다음 두 번째 공을 꺼내기 전에 첫 번째 공을 그 바구니에 다시 넣을 수도 있고 넣지 않을 수도 있다.

(a) 첫 번째 꺼낸 공을 다시 바구니에 넣은 후 두 번째를 택하는 것이 좋은지 아니면 첫 번째 공을 다시 넣지 않고 두 번째 공을 택하는 것이 좋은지를 판정하라.

(b) (a)의 판정에 따른 절차에 의해 게임을 한다고 할 때, 뽑은 공 2개의 색깔에 따라 필요한 확률 계산을 하여 공을 꺼낸 바구니가 A인지 B인지를 판정하고 아래 표의 A 또는 B란에 표시하라.

뽑은 결과	확률 계산		판정
	바구니 A	바구니 B	
RR			A, B
RW			A, B
WR			A, B
WW			A, B

13. $P(A \mid E) \geq P(B \mid E)$, $P(A \mid E^c) \geq P(B \mid E^c)$이면, $P(A) \geq P(B)$임을 보여라.

14. $A_1, \cdots, A_k$가 표본공간 S의 분할이라 할 때, $P(A_1|B) < P(A_1)$이면, 적어도 하나 이상의 i에 대하여 $P(A_i|B) > P(A_i)$이 성립함을 보여라. 단, $P(B) > 0$이다.

15. 다음 부등식이 성립함을 보여라.

$$P\left(\bigcup_{i=1}^{n} A_i\right) \leq \sum_{i=1}^{n} P(A_i)$$

16. 다음 부등식이 성립함을 보여라.

(a) $A \subset B$이고 $P(C) > 0$이면 $P(A|C) \leq P(B|C)$

(b) $P(A) > 0$, $P(B) > 0$이고 $P(A|B) > P(A)$이면 $P(B|A) > P(B)$

17. 다음 식이 성립함을 보여라.

(a) $P(A^c|B) = 1 - P(A|B)$

(b) $P(A|B^c) = \dfrac{P(A) - P(A \cap B)}{1 - P(B)}$

(c) $P(A \cup B|C) = P(A|C) + P(B|C) - P(A \cap B|C)$

18. 함수 P가 표본공간 S에서 정의되는 확률일 때, $P(H) > 0$인 S의 부분집합 H에서 정의되는 함수 $P_h(A) = P(A|H)$, $A \subset S$가 확률공리 셋을 모두 만족함을 보여라.

19. 식 (3.5)가 성립함을 보여라.

3.7 독립사건

앞 절에서 한 사건이 일어났다는 사실이 다른 사건이 일어날 확률에 영향을 미치는 경우를 다루었다. 그러나 어떤 두 사건이, 같은 확률실험을 바탕으로 하는 같은 표본공간상에 정의된 것이라 할지라도, 서로 영향을 주지 않을 경우도 얼마든지 있을 수 있다. 예로, 윷놀이에서 처음 윷가락을 던져 윷이 나올 사건을 A, 두 번째로 윷가락을 던져 윷이 나올 사건을 B라 하자. 처음 윷가락을 던져서 윷이 나왔다고 해서 다음번에 또 윷이 나올 확률이 커지거나 작아지는 것은 아니다. 이와 같이 서로 어떠한 영향도 받지 않는 두 사건을 확률적으로 독립이라 한다. 다시 말해서 두 사건 A와 B가 **독립(independent)**이라는 것은 어느 한 사건이 일어났다는 사실이 다른 사건이 일어날 확률에 전혀 영향을 미치지 못함을 의미한다.

정의 3.11 |

다음 세 조건 중 어느 하나라도 만족하면 두 사건 A와 B는 서로 독립이라 한다.

i) $P(A \mid B) = P(A)$

ii) $P(B \mid A) = P(B)$

iii) $P(A \cap B) = P(A)P(B)$

실제로 [정의 3.11]의 세 조건 중 하나만 만족되면, 나머지는 자동적으로 만족된다. 예로 조건 i)이 성립한다면, 곱셈법칙에 의하여

$$P(A \cap B) = P(A \mid B)P(B) = P(A)P(B)$$

가 되어 조건 iii)이 성립하고, 또한

$$P(A)P(B) = P(A \cap B) = P(B \mid A)P(A)$$

이 되어 결국 조건 ii)도 성립하게 되는 것이다.

반대로 조건 iii)이 성립한다면

$$P(A)P(B) = P(A \cap B) = P(A \mid B)P(B) = P(B \mid A)P(A)$$

가 되어 조건 i)과 ii)가 성립한다. 따라서 이 세 조건은 표현은 다르나 실제는 같은 의미를

갖는 것으로 사건 A와 B의 독립성을 정의하는데 셋 중 어느 하나를 써도 무방하다.

예제 3.23 동전을 두 번 던지는 확률실험에서

A: 두 시행에서 나오는 면이 같을 사건
B: 첫 번째 시행에서 앞면이 나올 사건
C: 두 시행에서 나오는 면이 다를 사건

이 서로 독립인지 밝혀보자.

• **풀이** 먼저, 표본공간과 각 사건을 기호로 나타내면,

$$S=\{HH,\ HT,\ TH,\ TT\},\ A=\{HH,\ TT\},\ B=\{HH,\ HT\},\ C=\{HT,\ TH\}$$

이므로,

$$P(A)=P(B)=P(C)=1/2$$

이다. 한편,

$$P(A\cap B)=P(\{HH\})=1/4,\ P(B\cap C)=P(\{HT\})=1/4,$$
$$P(A\cap C)=P(\phi)=0$$

이다. 따라서

$P(A\cap B)=P(A)P(B)$이므로 A와 B는 서로 독립,
$P(B\cap C)=P(B)P(C)$이므로 B와 C는 서로 독립,
$P(A\cap C)\neq P(A)P(C)$이므로 A와 C는 독립이 아니다. ■

언뜻 생각하기에 상호배반인 두 사건은 서로 독립이 될 것이라고 생각하기 쉬우나 사실은 그렇지 않다. 즉, 사건 A가 일어나면 사건 B는 일어나지 않는다면 사건 B는 분명히 사건 A에 영향을 받고 있는 것이다.

정리 3.16 |

$P(A)>0,\ P(B)>0$인 두 사건 A와 B가 상호배반이면, A와 B는 독립이 될 수 없다.

• **증명** A와 B가 상호배반이면 $P(A\cap B)=P(\phi)=0$이고, 서로 독립이면 $P(A\cap B)=P(A)P(B)$

>0이다. 따라서 상호배반이면서 독립일 수는 없다. ■

서로 독립인 두 사건이 있듯이 서로 독립인 세 사건도 있을 수 있고, 보다 일반적으로 서로 독립인 n개의 사건이 있을 수 있다. 세 사건 A, B, C가 서로 독립이기 위해서는 세 사건이 함께 일어날 확률이 각각이 일어날 확률들의 곱이 되어야 함은 물론이고, 임의의 두 사건이 함께 일어날 확률이 각각 일어날 확률들의 곱이 되어야 한다.

정의 3.12 |

다음 조건을 모두 만족하는 세 사건 A, B, C를 서로 독립이라 한다.

i) $P(A \cap B) = P(A)P(B)$

ii) $P(A \cap C) = P(A)P(C)$

iii) $P(B \cap C) = P(B)P(C)$

iv) $P(A \cap B \cap C) = P(A)P(B)P(C)$

예제 3.24 동전을 세 번 던지는 실험에서 첫 번째, 두 번째, 세 번째에 앞면이 나올 사건을 각각 A, B, C라 할 때, 이들은 서로 독립인가?

• **풀이** 표본공간은

$$S = \{HHH,\ HHT,\ HTH,\ THH,\ HTT,\ THT,\ TTH,\ TTT\}$$

이고 사건 A, B, C는 각각

$$A = \{HHH,\ HHT,\ HTH,\ HTT\},$$
$$B = \{HHH,\ HHT,\ THH,\ THT\}$$
$$C = \{HHH,\ HTH,\ THH,\ TTH\}$$

로, $P(A) = P(B) = P(C) = 1/2$이다. 또한,

$$A \cap B = \{HHH,\ HHT\}, \quad A \cap C = \{HHH,\ HTH\},$$
$$B \cap C = \{HHH,\ THH\}, \quad A \cap B \cap C = \{HHH\}$$

로,

$$P(A \cap B) = 1/4 = (1/2)(1/2) = P(A)P(B),$$

$$P(A\cap C)=1/4=(1/2)(1/2)=P(A)P(B),$$
$$P(B\cap C)=1/4=(1/2)(1/2)=P(B)P(C),$$
$$P(A\cap B\cap C)=1/8=(1/2)(1/2)(1/2)=P(A)P(B)P(C)$$

이므로 이들 세 사건은 서로 독립이다. ■

여기서 주의할 점은 세 사건이 함께 일어날 확률이 각 사건이 일어날 확률의 곱과 같으면 세 사건이 서로 독립이 될 것으로 생각하기 쉬우나 그렇게 단순하지는 않다는 사실이다. 세 사건이 서로 독립이라면, 그 셋 중 임의로 택한 두 사건도 당연히 독립이 된다. 그러나 세 사건이 같이 일어날 확률이 각 사건이 일어날 확률들의 곱과 같다고 하여, 임의로 택한 두 사건이 함께 일어날 확률이 각 사건이 일어날 확률들의 곱과 반드시 같은 것은 아니다.

예제 3.25 세 사건이 함께 일어날 확률이 각 사건이 일어날 확률의 곱과 같으면서 독립이 아닌 예를 들어보자.

• **풀이** 표본공간 $S=\{1, 2, 3, 4\}$의 각 표본점이 나올 확률이 각각 $p_1=1/\sqrt{2}-1/4$, $p_2=1/4$, $p_3=3/4-1/\sqrt{2}$, $p_4=1/4$라 하고, 사건 $A=\{1, 3\}$, $B=\{2, 3\}$, $C=\{3, 4\}$라 하면

$$\begin{aligned}P(A\cap B\cap C)&=P(\{3\})=3/4-1/\sqrt{2}=(1/2)(1-1/\sqrt{2})(1-1/\sqrt{2})\\&=(p_1+p_3)(p_2+p_3)(p_3+p_4)=P(A)P(B)P(C)\end{aligned}$$

이 성립한다. 그러나

$$P(A\cap B)=3/4-1/\sqrt{2}\neq(1/2)(1-1/\sqrt{2})=P(A)P(B)$$

이므로 A, B, C는 서로 독립이 아니다. ■

경우에 따라서는 임의의 두 사건은 서로 독립이지만 전체적으로는 독립이 되지 않을 수도 있다. 이것은 **쌍독립**(pairwise independent)이라 하는 것으로 모든 사건들이 서로 독립이라는 것보다는 약한 의미를 갖는다.

예제 3.26 동전을 두 번 던지는 실험에서 사건 A, B, C를

A: 첫 번째 시행에서 앞면이 나올 사건
B: 두 번째 시행에서 앞면이 나올 사건

C: 두 시행에서 나오는 면이 같을 사건

라 하면, 쌍독립이 됨을 확인해보자.

• 풀이 $A=\{HH, HT\}$, $B=\{HH, TH\}$, $C=\{HH, TT\}$로부터 $A\cap B=A\cap C=B\cap C=A\cap B\cap C=\{HH\}$이므로 A, B, C는 [정의 3.12]의 조건 i), ii), iii)은 만족하지만 iv)를 만족하지 못하기 때문에 쌍독립인 사건들이다. ■

주사위를 던져서 홀수 눈이 나올 사건 $A=\{1 \cdots, 5\}$와 5 이상의 눈이 나올 사건 $B=\{5, 6\}$는 서로 독립임을 확인할 수 있다. 이와 같이 한 확률실험에서도 서로 독립인 사건을 찾아낼 수 있으며 그 교집합의 확률은 각각의 확률을 곱한 것과 같음은 앞에서 살펴본 바와 같다. 마찬가지로 n번의 확률실험을 서로 독립적으로 시행하였을 때, 사건 $A=\{(x_1, x_2, \cdots, x_n) ; x_i\in A_i, i=1, 2, \cdots, n\}$의 확률은

$$P(A)=P(A_1)P(A_2)\cdots P(A_n)$$

이 된다.

예제 3.27 사지선다형 시험문제를 풀고 있는 한 학생이 시험 문제 중 세 개의 답은 전혀 모른다고 하자. 이 학생이 추측에 의하여 이 세 문제의 답을 적는다면, 이들 중 적어도 한 문제의 답을 맞힐 확률을 구해보자.

• 풀이 먼저 관심 사건을 A라 할 때, A는 세 문제 중 적어도 한 문제를 맞추는 사건이다. 또, 관련된 다른 사건을

$$B_i: \text{답을 모르고 있는 } i\text{번째 문제를 틀리는 사건}, \ i=1, 2, 3,$$

이라 정의하면, $A^c=B_1\cap B_2\cap B_3$임을 알 수 있다. 따라서

$$P(A)=1-P(A^c)=1-P(B_1\cap B_2\cap B_3)$$

이고, 여기에 서로 독립인 사건에 대한 곱셈법칙을 적용하면

$$P(B_1\cap B_2\cap B_3)=P(B_1)P(B_2)P(B_3)=\left(\frac{3}{4}\right)\left(\frac{3}{4}\right)\left(\frac{3}{4}\right)$$

가 된다. 따라서 $P(A)=1-\left(\frac{3}{4}\right)^3=0.578$이다. ■

예제 3.28 갑은 여름방학 동안에 운전면허시험을 치를 계획을 세우고 있다. 시험에 떨어질 경우에도 응시원서를 제출한 후 시험을 치를 때까지 대기기간이 있으므로 방학동안 최대 세 번까지밖에 응시할 수 없을 것으로 생각된다. 매 응시 때마다 합격확률이 1/5이고, 합격여부는 매 번 독립적으로 결정된다면, 갑이 방학동안 운전면허를 취득할 확률은 얼마인지 알아보자.

• **풀이** A_1, A_2, A_3를 각각 첫 시험, 둘째 시험, 셋째 시험에 합격할 사건으로 서로 독립이라 하자. 그러면 방학동안 운전면허를 취득할 사건을 B라 하면

$$B = A_1 \cup A_2 \cup A_3$$

이다. 그런데 A_1, A_2, A_3가 서로 독립이면 A_1^c, A_2^c, A_3^c도 서로 독립임을 보일 수 있다(연습문제 #14). 따라서

$$\begin{aligned} P(B) &= 1 - P(B^c) = 1 - P(A_1^c \cap A_2^c \cap A_3^c) = 1 - P(A_1^c) \cdot P(A_2^c) \cdot P(A_3^c) \\ &= 1 - \left(\frac{4}{5}\right)^3 = 0.488 \end{aligned}$$

이다. ■

위의 예들에서 보는 바와 같이 사건의 독립성은 물리적으로 예측되는 경우도 있지만, 그렇지 못한 경우도 많이 있다. 그럼에도 많은 경우 독립성을 가정하는 이유는 분석의 편의성 때문이다. 통계학에서 표본을 추출하여 정보를 수집하고 의사결정을 하고자 할 경우 분석을 위해서는 $P(A_1 \cap A_2 \cap \cdots \cap A_n)$을 구해야 한다. 여기서 A_i는 i번째 표본의 사건을 나타낸다. 만일 이 사건들이 독립이 아니라면 $P(A_1 \cap A_2 \cap \cdots \cap A_n)$는 식 (3.5)의 곱셈법칙을 사용하여 구하여야 하는데 이는 불가능하거나 매우 어렵고 번거로운 절차를 거쳐야 한다. 따라서 사건들이 독립이라고 가정하고 문제를 접근하는 경우가 많이 있다.

도박사의 오류

서로 독립적으로 일어나는 확률적 사건이 서로 영향을 미칠 것이라는 착각에서 기인한 논리적 오류이다. 특히 도박사들이 앞에서 일어난 사건과 그 뒤에 일어날 사건이 서로 독립되어 있다는 확률 이론의 가정을 받아들이지 않기 때문에 많이 발생하게 되어 '도박사의 오류'라고 한다.

예를 들어 동전을 10번 던졌더니 모두 앞면이 나왔다고 하자. 그러면 11번째로 동전을 던졌을

때 앞면이 나올 확률은 전에 무엇이 나왔는가와는 상관없이 (서로 독립)여전히 1/2 이지만, 내기를 거는 경우에는 전에 무엇이 나왔는지에 상관이 있어 뒷면이 나올 것처럼 자신도 모르게 착각하게 된다. 사실 동전을 10번 던져서 '앞앞앞앞앞앞앞앞앞앞' 나올 확률과 것과 앞뒤앞뒤앞뒤앞뒤앞뒤'가 나올 확률은 서로 같다.

1913년 8월 18일 모나코 몬테카를로의 카지노에서는 한 룰렛 게임에서 20 번이나 계속 검은색에 구슬이 떨어지는 일이 벌어졌다. 이제는 붉은 색이 나올 때가 됐다고 확신한 게이머들은 승리를 예감하며 붉은색에 돈을 어마어마하게 걸었다. 그런데 21번째 구슬은 다시 검은색 위로 떨어졌다. 그러자 더 많은 사람들이 몰려 이번엔 진짜 붉은색이 나올 걸로 예상하고 있는 돈을 다 걸었다. 그러나 이번에도 영락없이 구슬은 검은색위로 떨어졌다. 그렇게 게임은 이어지고 또 이어졌다. 결국 27번째에 가서야 붉은색에 구슬이 멈추었다. 그러나 이미 때가 늦어 게이머 모두가 수백만 불을 검은 색에 걸고 난 뒤였다. 그들은 거의 모두 파산하고 말았다. 몬테카를로에서 실제로 일어난 이 믿을 수 없는 광경 덕분에 '몬테카를로의 오류(Monte Carlo Fallacy)'라는 말이 생겨났다.

– Wikipedia –

연습문제 3.7

1. 주사위를 두 번 던져 나오는 눈의 합이 7일 사건을 A, 첫 번째 나오는 눈이 4일 사건을 B, 두 번째 나오는 눈이 3일 사건을 C라 할 때 다음 사건들이 서로 독립인지를 밝혀라.
   (a) A와 B
   (b) A와 C
   (c) B와 C
   (d) A와 B와 C

2. 상자 속에 1, 2, 3, 4의 숫자가 쓰인 네 개의 공이 있다. C를 숫자가 1인 공이 첫 번째로 나올 사건, D를 숫자가 1인 공이 두 번째로 나올 사건이라 할 때, 다음의 경우에 $P(C)$와 $P(D)$를 구하고 C와 D가 서로 독립인지 밝혀라.
   (a) 비복원추출
   (b) 복원추출

3. 영수는 이번 학기에 건강이 나빠 시험 준비를 충분히 하지 못했다. 한 과목이라도 F를 받으면 졸업을 할 수 없게 된다고 할 때, 영수가 이번 학기에 수강 신청한 과목 중 전공과목 하나와 교

양과목 하나에서 F를 받을 확률이 각각 0.65, 0.60이고, 그 밖의 과목은 모두 무사하리라고 생각된다. 영수가 졸업할 수 있을 확률이 0.12라고 하면, F를 받을 가능성이 있다고 예상되는 두 과목의 성적이 서로 독립이라고 할 수 있는가?

4. 이번에 대학을 졸업하는 김 군은 A사와 B사에 입사원서를 제출하였다. A사의 경쟁률이 4:1이었고 B사의 경쟁률이 5:1이었다. 두 회사에 입사원서를 제출한 지원자의 능력이 모두 비슷하다고 할 때 김 군이 적어도 한 회사에 취직이 될 확률은 얼마인가? 이때 필요한 가정은 무엇인가?

5. 어느 골동품 수집상에 진품 여부를 검사하는 감정사 2명이 있다. 두 감정사의 감정 능력은 서로 비슷해서 진품을 모조품이라고 감정할 확률이 모두 0.05이고, 모조품을 진품이 아니라고 제대로 감정할 확률은 모두 0.90이라 한다. 이 두 명의 감정사에게 골동품 한 점을 감정시킬 때, 다음을 구하라.
   (a) 감정시킨 골동품이 진품일 때, 두 감정사 모두 맞게 감정할 확률
   (b) 감정시킨 골동품이 진품일 때, 두 감정사의 의견이 다를 확률
   (c) 감정시킨 골동품이 모조품일 때, 두 감정사 모두 맞게 감정할 확률
   (d) 감정시킨 골동품이 모조품일 때, 적어도 한 감정사가 모조품이라고 감정할 확률

6. 부품 세 개로 구성된 제품에서 각 부품이 1년 이상 고장 나지 않을 확률은 모두 0.9이고, 각 부품의 고장여부는 다른 부품에 영향을 주지 않는다. 다음 각 경우에 제품을 1년 이상 사용할 수 있을 확률을 구하라.
   (a) 세 부품 중 어느 하나만 고장 나도 제품을 사용하지 못할 경우
   (b) 세 부품 중 고장 개수가 하나 이하이면 제품을 사용할 수 있을 경우
   (c) 세 부품 중 고장 나지 않은 것이 하나라도 있으면 제품을 사용할 수 있을 경우

7. 어느 도시에 호텔 다섯 개가 있다. 세 사람이 호텔에 투숙하려는데, 그들이 모두 다른 호텔에 들게 될 확률은 얼마인가? 또, 이때 필요한 가정은 무엇인가?

8. 어떤 거짓말 탐지기는 진실을 말하고 있음에도 거짓이라고 잘못 탐지할 확률이 0.10이고, 거짓을 말할 때 거짓이라고 탐지할 확률이 0.95라 한다. 용의자 두 명 모두 무죄를 주장하고 있으나 그 중 한 사람이 범인일 때,
   (a) 두 용의자 모두를 유죄로 판정할 확률은 얼마인가?
   (b) 두 용의자 모두에 대해 바르게 판정할 확률은 얼마인가?
   (c) 두 용의자 모두에 대해 틀리게 판정할 확률은 얼마인가?

(d) 둘 중 어느 한 사람 또는 둘 모두에 대해서 유죄라고 판정할 확률은 얼마인가?

9. 다음 표는 무작위로 뽑은 성인 남성 1,000명을 조사하여 흡연여부와 음주여부에 따라 정리한 것이다. A를 흡연할 사건, B를 음주할 사건이라 할 때, A와 B는 서로 독립인가?

	마심	안 마심
흡 연	415	124
비흡연	95	366

10. 어느 법원의 단독부는 담당판사가 혼자서 판결을 하는데 옳은 판결을 할 확률은 p이다. 반면 합의부는 3명의 판사로 구성되는데, 판결은 과반수 이상의 찬성으로 이루어진다고 한다. 3명 중 2명은 서로 독립해서 사건을 판단하는데, 옳은 판단을 할 확률은 각각 p이고, 세 번째 판사는 매번 동전을 던져 그 결과를 보고 판단을 한다고 한다. 어느 재판부가 옳은 판결을 할 확률이 더 높은가?

11. 부품 A와 B는 병렬로, 부품 C와 D는 직렬로 연결되어 있는 그림과 같은 체계(system)에서 각각의 부품들이 서로 독립적으로 작동하고, 작동될 확률이 0.9일 때 체계가 제대로 기능을 수행할 확률을 구하라.

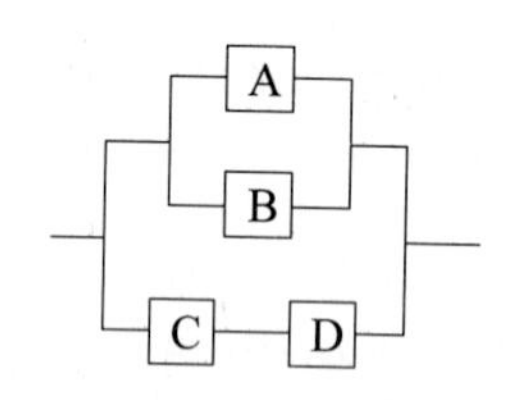

12. 어느 항공사는 서울에서 부산, 제주, 광주로 가는 오전 10시 출발 항공편이 있다. A, B, C를 각각 부산행, 제주행, 광주행 항공편이 만 원일 사건이라 하자. $P(A) = 0.6$, $P(B) = 0.5$, $P(C) = 0.4$이고 세 사건은 독립이라 할 때,

(a) 세 편의 항공기가 만 원일 확률을 구하라.

(b) 부산행 항공편만이 만 원일 확률을 구하라.

13. 대전시의 인구 중 1%가 특정 병에 대한 보균자이다. 이 병에 대한 진단검사는 보균자에 대해서는 90%가 양성반응을, 비보균자에 대해서는 5%가 양성반응을 보인다. 무작위로 뽑은 한 사람으로부터 두 개의 혈액표본을 얻어 이 검사를 독립적으로 실시하고자 한다.

(a) 두 검사가 동일한 결과를 낼 확률은 얼마인가?

(b) 두 검사의 결과가 모두 양성일 경우, 선택된 사람이 보균자일 확률은 얼마인가?

14. 사건 A와 B가 서로 독립일 때 다음의 두 사건이 서로 독립임을 보여라.

(a) A와 B^c

(b) A^c와 B^c

15. 다음의 경우에 사건 A와 B는 서로 독립일 수 있는가?

(a) $A \subset B$이고 $P(A) > 0$, $P(B) > 0$

(b) $P(A \cap B) = P(A \cap B^c)$

16. 다음의 경우에 사건 A와 B가 서로 독립임을 보여라.

(a) $P(A|B) = P(A|B^c)$

(b) $P(A) = 1$이고 B는 임의의 사건

17. 사건 A와 B가 독립이고 B와 C가 독립이면 A와 C도 독립인가?

18. 사건 $A_1, \cdots, A_n$이 서로 독립이고

$$P(A_k) = \frac{1}{k+1}, \quad k = 1, \cdots, n$$

일 때, 이들 사건 중 하나도 일어나지 않을 확률은 얼마인가?

3.8 전확률의 법칙과 베이즈 정리

우리가 관심을 가지는 사건이 일어날 확률을 구하고자 하는 경우, 일정 기준에 따라 그 사건을 분할함으로써 보다 쉽게 원하는 확률을 계산할 수 있을 때가 많다. [예제 3.22]에서 검사원이 불량으로 판정할 사건 D를 실제로 제품이 불량이냐 아니냐에 따라 상호배반인 두 사건 $A \cap D$와 $A^c \cap D$로 나누어 그 확률을 $P(D) = P(A \cap D) + P(A^c \cap D)$로 구했다.

여기서 주목해야 할 사실이 두 가지 있다. 첫째는 A와 A^c가 상호배반이라는 것이고, 둘째는 그들의 합집합이 표본공간 S가 된다는 점이다. 이 두 조건이 충족됨으로써 $A \cap D$와 $A^c \cap D$는 상호배반이 되고 그 합집합이 관심사건 D가 되며, $P(D)$는 $P(A \cap D)$와 $P(A^c \cap D)$의 합으로 구할 수 있다. 여기서 A와 A^c를 표본공간 S의 **분할**(partition)이라고 하는데 일반적으로 정의하면 다음과 같다.

정의 3.13 |

다음 두 조건을 만족하는 사건 $E_1, E_2, \cdots, E_k$를 표본공간 S의 분할이라 한다.

i) $\bigcup_{i=1}^{k} E_i = S$

ii) $E_i \cap E_j = \phi,\ i \neq j$

이와 같은 정의는 물리적인 분할의 의미와도 상통한다. 예를 들어 피자 한 판을 여덟 조각으로 나누었다면 각 조각은 상호배반이며 합치면 전체인 한 판이 되므로 이들 여덟 조각의 피자는 전체 피자 한판을 분할한 것이다.

예제 3.29 동전을 세 번 던질 때 모두 같은 면이 나올 사건 E_1, 앞면이 두 번 나올 사건 E_2, 앞면이 한 번 나올 사건 E_3는 분할인가?

• 풀이 $S = \{HHH, HHT, HTH, THH, HTT, THT, TTH, TTT\}$, $E_1 = \{HHH, TTT\}$, $E_2 = \{HHT, HTH, THH\}$, $E_3 = \{HTT, THT, TTH\}$이므로 $E_1 \cup E_2 \cup E_3 = S$, $E_1 \cap E_2 = \phi$, $E_1 \cap E_3 = \phi$, $E_2 \cap E_3 = \phi$이 성립한다. 따라서 E_1, E_2, E_3는 S의 분할이다. ■

표본공간의 분할이 이루어지면 그에 따라 우리가 관심을 가지는 사건의 분할도 이루어질 수 있다. 즉, E_1, E_2, $\cdots$, E_k가 표본공간 S의 분할이라면 사건 $A\cap E_1$, $A\cap E_2$, $\cdots$, $A\cap E_k$는 사건 A의 분할이 된다. 당연히 이들은 서로 배반사건들이고 전체의 합집합은 A가 되므로 다음 정리가 성립함을 알 수 있다.

정리 3.17 | 전확률의 법칙

E_1, E_2, $\cdots$, E_k가 표본공간 S의 분할일 때,

$$P(A)=\sum_{i=1}^{k}P(E_i)P(A\mid E_i)$$

이 된다.

• **증명** $A=A\cap S=A\cap\left(\cup_{i=1}^{k}E_i\right)=\cup_{i=1}^{k}(A\cap E_i)$,

$$(A\cap E_i)\cap(A\cap E_j)=A\cap(E_i\cap E_j)=A\cap\phi=\phi,\ i\neq j,$$

이므로

$$P(A)=P\left(\cup_{i=1}^{k}(A\cap E_i)\right)=\sum_{i=1}^{k}P(A\cap E_i)$$
$$=\sum_{i=1}^{k}P(E_i)P(A\mid E_i)$$

■

예제 3.30 계산기를 생산하는 회사에서 부품인 전자회로를 갑, 을, 병으로부터 각각 전체 물량의 30%, 50%, 20%를 공급받고 있다. 과거 경험에 의하면 갑, 을, 병이 공급한 부품의 불량률이 각각 1%, 3%, 4%라 한다. 공급받는 전기회로 부품의 불량률을 구해보자.

• **풀이** 부품이 갑, 을, 병에서 공급받은 사건을 각각 E_1, E_2, E_3, 부품이 불량일 사건을 D라 하자. E_1, E_2, E_3는 상호배반이고 표본공간 S의 분할이다. 따라서

$$P(D)=P(E_1)P(D\mid E_1)+P(E_2)P(D\mid E_2)+P(E_3)P(D\mid E_3)$$
$$=0.3\times0.01+0.5\times0.03+0.2\times0.04=0.026$$

이다.

■

주어진 상황을 확률적으로 분석하고 판단하는 데에는, 앞으로 어떤 일이 일어날 것인지에 대한 개연적인 예측을 하는 것이 중요할 때도 있고, 앞으로의 의사결정을 위해 이미 발생한 결과의 원인을 찾아보는 것이 중요할 때도 있다. 예를 들어 어떤 사고가 발생했을 때, 그 사고의 발생 원인을 알면 다음의 사고예방에 도움이 될 것이다. 확률적인 관점에서 이러한 상황에 도움을 줄 수 있는 것이 바로 다음에 소개하는 베이즈 정리이다.

정리 3.18 | 베이즈(Bayes) 정리

$E_1, E_2, \cdots, E_k$가 표본공간 S의 분할일 때,

$$P(E_j \mid A) = \frac{P(E_j)P(A \mid E_j)}{\sum_{i=1}^{k} P(E_i)P(A \mid E_i)}, \quad A \subset S$$

• 증명

$$P(E_j \mid A) = \frac{P(A \cap E_j)}{P(A)} = \frac{P(E_j)P(A \mid E_j)}{P(A)} = \frac{P(E_j)P(A \mid E_j)}{\sum_{i=1}^{k} P(E_i)P(A \mid E_i)}$$

■

예제 3.31 [예제 3.30]에서 부품을 하나 검사한 결과 불량품이었을 때, 이 불량품을 누가 공급했을 가능성이 가장 큰가?

• 풀이 불량 부품이 각 납품업자로부터 공급되었을 확률 $P(E_i \mid D)$는 다음 계산표에 나타난 바와 같으므로 이 불량품을 을이 공급했을 가능성이 가장 크다.

E_i	$P(E_i)$	$P(D \mid E_i)$	$P(E_i)P(D \mid E_i)$	$P(E_i \mid D)$
E_1	0.3	0.01	0.003	3/26
E_2	0.5	0.03	0.015	15/26
E_3	0.2	0.04	0.008	8/26
합계	1.0		0.026	1.0

■

예제 3.32 [예제 3.31]에서 부품을 두 개 검사한 결과 둘 다 불량품이었을 때, 그것을 모두 갑이 공급하였을 확률을 구해보자.

• **풀이** 문제에서 엄밀한 확률을 구하려면 첫 번째 부품 검사결과 불량일 사건을 D_1, 두 번째 부품의 검사결과 불량일 사건을 D_2라 하고 $P(E_i \mid D_1 \cap D_2)$를 계산해야 한다. 그러나 각 납품업자가 부품을 대량으로 생산한다면 각 부품의 검사 결과는 서로 독립이라 생각할 수 있으며 $P(D_1 \cap D_2 \mid E_i)$는 $P(D_1 \mid E_i)$와 $P(D_2 \mid E_i)$를 곱한 값과 거의 같을 것이므로, 이 경우에는 다음 표와 같이 처음 구한 $P(E_i \mid D)$를 $P(E_i)$로 하여 다시 베이즈 정리를 적용하여 계산하면 된다.

E_i	$P(E_i)$	$P(D \mid E_i)$	$P(E_i)P(D \mid E_i)$	$P(E_i \mid D)$
E_1	3/26	0.01	3/26×0.01	3/80
E_2	15/26	0.03	15/26×0.03	45/80
E_3	8/26	0.04	8/26×0.04	32/80
합계	1.0		80/2600	1.0

■

연습문제 3.8

1. 같은 제품을 생산하는 세 대의 기계가 있고, 각 기계에서 나오는 제품의 불량률은 1%, 2%, 6%이다. 또 각 기계의 일일 생산량이 100개이면 매일 생산되는 제품의 불량률은 얼마인가? 만약 무작위로 제품 하나를 뽑아 검사한 결과 그것이 불량품이었다면 그 제품이 세 번째 기계에서 생산되었을 확률은 얼마인가?

2. 갑, 을 두 협력업체로부터 부품을 공급받아 제품을 생산하는 회사는 공급받은 부품을 모두 모아 하나의 창고에 구별 없이 저장해두고 필요할 때마다 꺼내 검사한 후 사용한다. 과거 경험상 갑과 을이 공급한 부품의 불량률은 각각 5%, 9%이고, 갑은 을의 4배에 해당하는 물량을 공급하고 있다. 검사원이 창고의 부품을 하나 검사한 결과 불량품이었다면, 이것이 갑으로부터 공급되었을 확률은 얼마인가?

3. 어느 학생이 4지 선다형 시험을 보는데 각 문제에 대한 답을 알고 있을 확률이 0.8이고, 답을 모를 경우에는 추측하여 답을 쓴다고 한다. 정답을 모르고 추측할 경우에 맞는 답을 고를 확률이 0.25라 할 때, 만약 이 학생이 정답을 맞혔다면 실제로 그 답을 알고 있었을 확률은 얼마인가?

4. 서울역에서 기차를 이용하는 승객 중 30%, 60%, 10%가 각각 새마을, 무궁화, 통일호를 이용한다고 한다. 새마을 탑승객 중 60%, 무궁화 탑승객 중 20%, 통일호 탑승객 중 10%가 업무상의 이유로 여행을 한다고 한다. 서울역에서 기차를 이용하는 승객이
   (a) 업무상의 이유로 여행할 확률은 얼마인가?
   (b) 업무상의 이유로 통일호를 이용할 확률은 얼마인가?
   (c) 업무상의 이유로 새마을호를 이용할 확률은 얼마인가?

5. 발전소에서 윤활유를 공급하는 유압펌프시스템은 동일한 2대의 펌프 #1, #2로 구성되어 있다. 펌프 한 대가 고장 나더라도 시스템은 작동하지만 나머지 펌프에 부하가 많이 걸려 고장확률이 커진다. 펌프시스템의 기대수명 이전에 펌프 한 대가 고장 날 확률이 0.07, 두 대 모두 고장 날 확률이 0.01일 때,
   (a) 펌프 #1이 펌프시스템의 기대수명 이전에 고장 날 확률을 구하라.
   (b) 펌프 #1이 고장 난 경우 나머지 펌프도 기대수명 이전에 고장 날 확률을 구하라.

6. 승용차 소유자 중 40%가 소형차를, 55%가 중형차를, 5%가 대형차를 각각 갖고 있다. 이들이 주유소를 방문하여 각각 40%, 30%, 60%의 비율로 연료를 가득 채운다고 한다. 주유소에서 연료를 가득 채워줄 것을 요구한 고객이 대형차를 소유하고 있을 확률을 구하라.

7. 어떤 거짓말 탐지기는 진실을 말하고 있음에도 거짓이라고 잘못 탐지할 확률이 0.10이고, 거짓을 말할 때 거짓이라고 탐지할 확률이 0.95라 한다. 특정 주제에 대해서 대부분은 거짓말을 할 이유가 없어 99%가 진실을 말한다고 한다. 어떤 사람이 이 거짓말 탐지기에서 거짓말을 하고 있다는 반응이 나왔다면, 이 탐지기가 틀리고 이 사람이 진실을 말하고 있을 확률은 얼마인가?

8. 1, 2, 3, 4, 5라 번호를 붙인 5개의 상자가 있다. 상자 i에는 i개의 흰 공과 $(5-i)$개의 검은 공이 들어 있다. 무작위로 하나의 상자를 택하여 그 속에서 두 개의 공을 꺼낸다고 하자.
   (a) 꺼낸 두 공 모두가 흰 공일 확률은 얼마인가?
   (b) 꺼낸 두 공이 모두 흰 공일 때, 상자 3이 선택되었을 확률은 얼마인가?

9. 대전 시민들 중 30%는 A당, 50%는 B당, 20%는 C당을 각각 지지한다고 한다. 지난 국회의원 선거에서 A당, B당, C당을 지지하는 시민들 중 65%, 82%, 50%가 각각 투표에 참여했다고 한다. 만약 무작위로 뽑은 사람이 지난 선거에서 투표에 참여하지 않았다면 그가 A당을 지지하는 사람일 확률은 얼마인가?

10. 어느 공정에서는 제품을 생산하기 전에 장비를 제대로 정비했을 경우, 생산되는 제품 중 50%가 고급품, 나머지 50%가 중급품이라고 한다. 그러나 장비가 잘못 정비되었을 경우 25%가 고급품, 나머지 75%는 중급품이 생산된다. 과거의 경험으로 보아 장비가 잘못 정비될 확률은 0.1이라고 한다.
   (a) 이 공정으로부터 생산된 제품 중 5개를 무작위로 뽑아 검사하였더니 그 중 4개가 고급품이고 한 개가 중급품이었다. 장비가 제대로 정비되었을 확률은 얼마인가?
   (b) 위 (a)에 추가하여 같은 시기에 생산된 제품을 하나 더 무작위로 뽑아 검사하였더니 중급품이었다. 장비가 제대로 정비되었을 확률은 얼마인가?

11. 볼트를 생산하는 공장에서 기계 A와 B가 각각 생산하는 제품의 5%와 3%가 불량품이라 한다. 기계 A와 B가 각각 전체의 40%와 60%를 생산한다면 무작위로 뽑은 볼트 하나가 불량품일 때, 그것이 기계 A에서 만들어졌을 확률은 얼마인가?

12. 갑은 7개의 열쇠를 가지고 있으나, 그 중 어느 하나가 금고에 맞는 열쇠라는 사실만을 알고 있기 때문에 맞는 열쇠를 찾기 위해서 차례로 하나씩 골라서 금고를 열어보기로 하였다.
   (a) 처음 시도에서 맞는 열쇠를 찾을 확률은 얼마인가?
   (b) 두 번째 시도에서 맞는 열쇠를 찾을 확률은 얼마인가?
   (c) 세 번까지밖에 시도할 수 없다고 할 때, 맞는 열쇠를 찾을 확률은 얼마인가?

13. 상자 속에 불량품 두 개와 양품 네 개가 들어 있다. 상자에서 차례대로 하나씩 꺼내 검사할 때,
   (a) 네 번째 검사에서 마지막 불량품이 발견될 확률은 얼마인가?
   (b) 두 불량품을 모두 발견할 때까지 제품을 검사하는 개수가 네 개 이하일 확률은 얼마인가?
   (c) 처음 두개까지의 검사에서 하나의 불량품이 발견 되었을 때, 남은 불량품이 세 번째 또는 네 번째 검사에서 발견될 확률은 얼마인가?

14. 한 전자대리점에서는 3종류의 TV를 판매하고 있다. 종류 1은 50%, 종류 2는 30%, 종류 3은 20%가 각각 판매되었다. 각 제품의 보증기간은 1년이고, 종류별로 보증기간 이내에 고장이 나는 제품의 비율은 각각 15%, 10%, 7%인 것이 알려져 있을 때,
   (a) 무작위로 뽑은 TV가 보증기간 이내에 고장 날 확률을 구하라.
   (b) 보증기간에 수리의뢰를 받은 TV가 종류 1, 2, 3일 확률을 각각 구하라.

15. 결핵이 있는지를 진단하기 위한 X-선 가슴 촬영의 신뢰도는 다음과 같다. 결핵이 있는 사람들 중 90%는 X-선 사진에 결핵이 있다고 나타나고, 결핵이 없는 사람들 중 99%는 X-선 사진에 결

핵이 없다고 나타난다. 결핵이 있는 사람의 비율이 0.1%인 집단에서 한 명을 무작위로 뽑아 X-선 촬영을 했더니 결핵이 있다고 나타났다. 이 사람이 결핵환자일 확률은 얼마인가?

16. 신생아 1,000명당 1명의 꼴로 기형아가 출산된다고 한다. 임신중 기형아 여부를 알 수 있는 검사를 통해 실제 기형아의 경우 검사에서 99%가 기형아라고 판단하고, 기형아가 아닌 경우 검사에서 2%가 기형아라고 판단한다. 무작위로 뽑은 한 임산부를 검사한 결과 기형아라고 판단되었을 때 신생아가 실제 기형아일 확률을 구하라.

17. 자동차 보험회사는 운전자들을 우수, 보통, 열등으로 분류한다. 현재 보험에 가입한 운전자 중 30%가 우수, 50%가 보통, 20%가 열등으로 분류되어 있다. 어느 해 운전자가 한 건 이상의 사고를 낼 확률은 각각 0.1, 0.3, 0.5로 나타났다. 이 보험회사에 가입한 운전자가 한 건의 교통사고를 냈다면, 그 운전자가 실제로 우수로 분류된 운전자일 확률은 얼마인가? 보통으로 분류된 운전자일 확률은 얼마인가?

18. [예제 3.32]의 풀이방식의 타당성을 밝혀라. 또, 불량이 계속 나왔을 경우 그것이 모두 갑에서 나왔을 확률은 어떤 값으로 접근하는가?

19. 다음의 관계가 성립함을 보여라.

(a) $P(A|C) > P(B|C)$이고 $P(A|C^c) > P(B|C^c)$이면 $P(A) > P(B)$

(b) $P(A|B) = P(A|B\cap C)P(C|B) + P(A|B\cap C^c)P(C^c|B)$

CHAPTER

04

확률변수와 분포

어떤 사고로 인해 고객이 사망할 경우 1억 원, 영구적 장애를 입었을 경우 5,000만 원을 지급하는 보험 상품의 연간 보험료는 얼마로 책정해야 할까? 이에 대한 답을 얻기 위해서 보험 가입자당 보험금이 얼마나 지급되는지를 알아야 한다. 이와 같은 문제의 해결에 확률변수, 확률분포, 기댓값 등의 개념이 도움이 된다. 여기서 보험금은 확률변수가 되며 사망으로 보험금 1억 원이 지급될 확률과 영구장애로 5천만 원이 지급될 확률은 확률변수(보험금)의 분포를 구성한다. 또한 보험 가입자당 평균적으로 지급되는 보험금은 확률변수의 기댓값이 된다.

이 장에서는 확률변수와 함께 분포함수, 확률함수 또는 확률밀도함수, 적률생성함수, 그리고 기댓값이나 분산 등 확률변수의 특성을 대표할 수 있는 여러 값들을 소개한다. 확률변수는 그 속성에 따라 이산형, 연속형, 혼합형 등으로 분류할 수 있으나 여기서는 이산형과 연속형 위주로 설명한다.

4.1 확률변수

앞의 보험금 문제를 확률실험으로 묘사하면 표본공간은 S = {사망, 영구적 장애, 무사고}가 될 것이다. 또 우리가 관심을 갖고 있는 보험금 X(단위: 천만 원)가 취할 수 있는 값의 집합은 $R_X = \{0, 5, 10\}$으로서 사망에 대응되는 X는 1억 원, 영구적 장애에 대응되는 X는 5천만 원, 그리고 무사고에 대응되는 X는 0원이다. 이와 같이 표본공간 S의 원소인 표본점에 X의 값을 대응시켜 보면, X가 함수의 요건을 모두 충족함을 알 수 있다. 이와 같은 사실을 보편화하여 확률변수를 정의할 수 있다.

정의 4.1 |

표본공간상에 정의된 실수값을 갖는 함수(real-valued function)를 확률변수(random variable)라 한다.

예를 들어 동전을 세 번 던졌을 때 몇 번이나 앞면이 나올 것인지에 관심이 있다고 하자. 앞면이 나올 횟수 X가 가질 수 있는 값들의 집합을 R_X라 하고, 표본공간의 각 표본점과 R_X의 원소와의 관계를 살펴보면 [그림 4.1]과 같다. [그림 4.1]에서 표본점 TTT는 0에, TTH, THT, HTT는 1에, HHT, HTH, THH는 2에, 그리고 HHH는 3에 각각 대응됨으로써 X는 정의역(domain)이 $S = \{TTT, TTH, THT, HTT, THH, HTH, HHT, HHH\}$, 치역(range)이 $R_X = \{0, 1, 2, 3\}$인 함수임을 알 수 있다. 즉,X는 정의역이 표본공간이고 치역이 실수값들의 집합인 함수인 셈이다. 따라서 X는 확률변수이다.

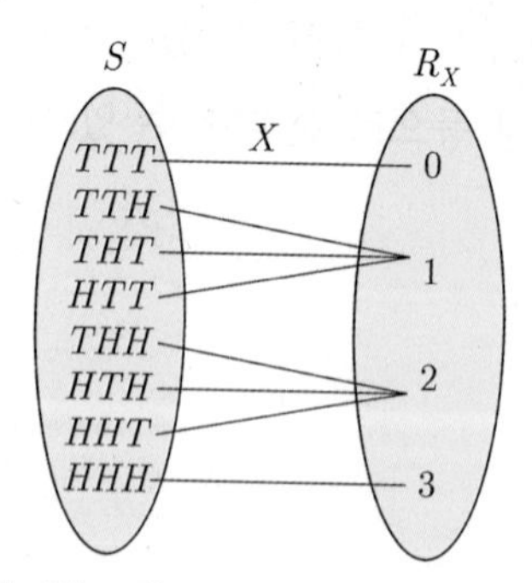

[그림 4.1] **표본공간과 확률변수**

확률변수도 일종의 함수임을 감안한다면 ω를 표본공간 S의 원소라 할 때 $X(\omega)$, $Y(\omega)$, $Z(\omega)$과 같이 표기해야 하지만 보통은 ω를 생략하여 단순히 영문 대문자 X, Y, Z로 표기하고, 그 관측값은 영문 소문자 x, y, z로 나타낸다. 이 책에서도 부득이한 경우가 아니면 이 관례를 따르기로 한다.

예제 4.1 동전을 두 번 던지는 실험에서 X를 앞면과 뒷면이 나올 횟수의 차이라고 할 때, X가 확률변수가 됨을 확인해보자.

• **풀이** 표본공간을 구하면 $S=\{\text{TT, TH, HT, HH}\}$이고 $X(\text{TT})=-2$, $X(\text{TH})=X(\text{HT})=0$, $X(\text{HH})=2$로서 X는 정의역을 표본공간 S, 치역을 $R_X=\{-2, 0, 2\}$로 하는 함수이므로 확률변수이다. ■

[예제 4.1]에서 Y를 앞면이 나올 횟수라 하면 Y는 정의역을 표본공간 S, 치역을 $R_Y=\{0, 1, 2\}$로 하는 함수이므로 확률변수임을 알 수 있다. 이와 같이 하나의 표본공간에 대해서도 확률변수를 여러 가지로 정의할 수 있다. 그러면 확률실험에 대한 표본공간이 주어져 있을 때, 확률변수를 어떻게 정의하는 것이 좋은가? 이 물음에 대한 답을 주는 특별한 규칙은 없고, 우리가 분석하고자 하는 사항이나 관심사에 따라 다르게 정의할 수밖에 없다.

예제 4.2 다음의 각각에 대하여 확률변수를 적절히 정의해 보자.

(1) 제조공정을 관리하기 위해 매일 100개의 제품을 검사하여 불량률의 변화를 관찰하는 경우

(2) 어느 회사에서 전화 회선 증설계획을 세우기 위해 현재의 전화 이용 빈도를 조사할 경우

(3) 일주일에 한 번씩 가솔린을 공급받는 주유소에서 저장탱크의 용량을 결정하고자 할 경우

• **풀이** (1) X=제조 공정으로부터 무작위, 즉 랜덤(random)하게 뽑은 100개의 제품 중에 포함된 불량품 수

(2) X=통화가 가장 빈번할 때의 단위 시간당 통화횟수

(3) X=가솔린의 주간 판매량 ■

경우에 따라서는 확률변수 X 자체보다도 X의 함수에 관심이 있을 수 있다. 예를 들어 어느

제품의 월간 판매량을 확률변수 X로 정의했을 때, 판매량 그 자체보다는 판매이익에 더 관심을 가질 수 있다. X의 함수로 표현될 수 있는 판매이익 Y도 확률변수인가? 이에 대한 답은 "Y도 확률변수"이다. 확률변수를 좀 더 엄밀하게 정의하여 이 사실을 확인할 수도 있으나 이 책의 수준을 고려하여 구체적인 설명은 생략하고 간단한 예제를 통하여 살펴보자.

예제 4.3 갑과 을 두 사람이 각각 동전을 하나씩 던져서 앞면과 뒷면이 나오는 횟수의 차이만큼 천 원 단위로 주고받는 게임을 하는데, 모두 뒷면이 나오면 갑이 을에게 2천 원을 주고, 모두 앞면이 나오면 갑이 을로부터 2천 원을 받으며, 앞면과 뒷면이 나오면 주고받는 돈이 없다고 하자. 갑은 앞면이 뒷면에 비해 얼마나 더 많이 나올 것인가에 관심을 가질 것이므로 확률변수 X를 앞면과 뒷면이 나올 횟수의 차이라고 정의한다면 그 취할 수 있는 값은 [예제 4.1]과 같게 될 것이다. 갑이 이 게임에서 받게 될 금액 $Y=1000X$는 확률변수인가?

• **풀이** 먼저 Y가 취할 수 있는 값의 집합 $R_Y=\{-2000,\ 0,\ 2000\}$는 분명히 실수의 부분집합이다. 또, $Y(TT)=-2000$, $Y(TH)=Y(HT)=0$, $Y(HH)=2000$으로 표본공간 $S=\{TT,\ TH,\ HT,\ HH\}$상에 정의된 함수임을 알 수 있다. 따라서 Y는 확률변수이다. ■

측정오차와 실측치(관측치)

온도를 측정하는 것과 같이 물리량을 측정하는 경우에는 항상 계측기를 사용하게 된다. 계측기를 이용할 때 피할 수 없이 발생하는 측정오차(measurement error)는 일반적으로 연속형 확률변수이다. 따라서 물리량의 참값을 μ, 측정오차를 ϵ라 할 때 실측치(관측값) X는

$$X=\mu+\epsilon$$

로 나타낼 수 있으므로 확률변수가 된다.

연습문제 4.1

1. 다음 각 경우에 대하여 확률변수를 적절히 정의하라.
   (a) 어느 도시의 일일 교통사고의 수를 조사하는 경우
   (b) 서울-부산 간 고속철도의 여객운송계획을 세우기 위해 철도이용승객을 조사하는 경우
   (c) 프로야구 선수들 중 홈런왕을 결정하고자 하는 경우

2. 다음에서 X가 확률변수인지 확인하라.
   (a) 어느 교환대에 들어온 단위 시간당 전화 신청횟수 X
   (b) 과녁을 향해 활을 쏘는 경기에서 과녁의 중심점으로부터 화살이 맞은 점까지의 거리 X

3. 두 개의 주사위를 던질 때 나오는 눈을 각각 a, b라 하고 함수 X를 다음과 같이 정의할 때, X는 확률변수인가?

$$X(a,\ b) = a + b \quad (a,\ b) \in S$$

4. 1부터 10까지의 숫자가 각각 하나씩 적힌 10장의 카드 중 무작위로 2장을 뽑는 실험에서 두 수의 합을 확률변수 X라 할 때, R_X를 구하라.

5. 주사위를 두 번 던져 나온 눈의 수를 기록하는 실험을 한다. 확률변수 X를 두 수의 합, 확률변수 Y를 두 수의 차이라고 정의하면, R_X와 R_Y는 무엇인가?

6. 동전을 n번 던져 앞면이 나오는 횟수와 뒷면이 나오는 횟수의 차이를 확률변수 X라 할 때, R_X를 구하라.

7. 어느 백화점에서 내놓은 고객 사은품에는 불량품이 10% 있었다. 사은품 3개를 받은 한 고객이 갖고 있을 불량품의 개수를 확률변수 X라고 할 때, R_X를 구하라.

8. 3개의 동전을 한꺼번에 던져 나오는 앞면의 개수를 확률변수 X라 할 때,
   (a) R_X를 구하고, 이에 대응되는 표본공간 S를 집합기호로 나타내라.
   (b) $\{X \le 2.75\}$에 대응하는 사건은?
   (c) $\{0.5 \le X \le 1.72\}$에 대응하는 사건은?

9. 흰 공 3개, 빨간 공 2개, 파란 공 3개가 들어있는 상자에서 두 개의 공을 뽑아 흰 공 하나당 100원을 받고 파란 공 하나당 100원을 주는 게임에서 받는 상금을 확률변수 X라 할 때, R_X와 $X=0$일 확률을 구하라.

4.2 분포함수

관심이 있는 현상을 보다 간편하게 분석하기 위해서는 확률변수의 특성을 알거나 추측할 수 있어야 한다. 확률변수의 특성을 말해주는 함수로 분포함수, 확률함수(또는 확률밀도함수), 적률생성함수 등이 있는데, 이 절에서는 분포함수에 대해 설명한다.

확률변수가 특정 값 또는 특정 범위 내의 값을 취하게 될 확률에 대해 생각해 보자. [그림 4.2]에서 보는 바와 같이 확률변수 X가 취할 수 있는 값의 영역 R_X의 부분집합에는 반드시 표본공간 S의 어떤 부분집합 즉, 사건이 대응된다. 따라서 확률변수가 특정 범위의 값을 갖게 될 확률은 그 범위에 대응되는 사건의 확률을 계산함으로써 구할 수 있다.

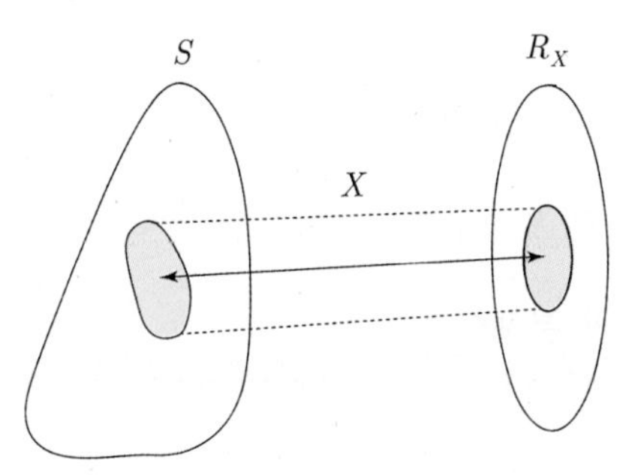

[그림 4.2] **확률변수의 값과 사건**

예제 4.4 확률변수 X를 동전을 두 번 던져 앞면이 나오는 횟수로 정의할 때, $X=0$, $X=1$, $X=2$일 확률을 구해보자.

• 풀이 $X=0$, $X=1$, $X=2$에 대응되는 사건은 각각 $\{TT\}$, $\{TH, HT\}$, $\{HH\}$이므로,

$$P(X=0)=P(\{TT\})=1/4,$$
$$P(X=1)=P(\{TH, HT\})=1/2,$$
$$P(X=2)=P(\{HH\})=1/4$$

이다. ■

[예제 4.4]와 같이 확률변수 X가 특정값을 갖게 될 확률을 계산할 때마다 그에 대응되는 사건을 찾아야 한다면, 확률변수를 정의하는 의미가 없어질 것이다. 만약, X의 확률적 특성을 말해줄 수 있는 함수를 정의할 수 있고, 이 함수를 이용하여 X가 특정값을 갖게 될 확률을 계산

할 수 있다면 구태여 X가 갖는 값에 대응되는 사건을 일일이 표본공간에서 찾을 필요가 없을 것이다. 이와 같은 함수를 정의하기 위해 X가 특정 값 x이하의 값을 갖게 될 확률을 $P(X \leq x)$라 표기하기로 하자. 그런데, x 이하의 값들로 구성된 R_X의 부분집합에 대응되는 표본공간 S의 사건은 $\{w : X(w) \leq x\}$이므로,

$$P(X \leq x) = P(\{w : X(w) \leq x\})$$

로, $P(X \leq x)$는 x의 함수가 된다. 만약 x의 모든 값에 대해 함수 $P(X \leq x)$의 값을 안다면, 확률변수 X와 관련된 확률을 계산할 수 있을 것이다. 여기서 X의 확률적 특성을 말해주는 함수 $P(X \leq x)$를 X의 **분포함수**(distribution function)라 한다.

정의 4.2 |

X가 표본공간 S상에 정의된 확률변수일 때,

$$F(x) = P(X \leq x) = P(\{w : X(w) \leq x\}), \quad x \in \boldsymbol{R}$$

로 정의되는 함수 F를 X의 분포함수라 한다.

예제 4.5 [예제 4.4]에서 X의 분포함수를 구해보자.

• 풀이

$$\begin{aligned} F(x) = P(X \leq x) = P(\phi) &= 0, & x < 0, \\ = P(\{TT\}) &= 1/4, & 0 \leq x < 1, \\ = P(\{TT,\ TH,\ HT\}) &= 3/4, & 1 \leq x < 2, \\ = P(S) &= 1, & 2 \leq x \end{aligned}$$

이다. ■

[예제 4.5]의 분포함수를 그림으로 나타내면 [그림 4.3]과 같이 **계단함수**(step function)가 됨을 알 수 있다.

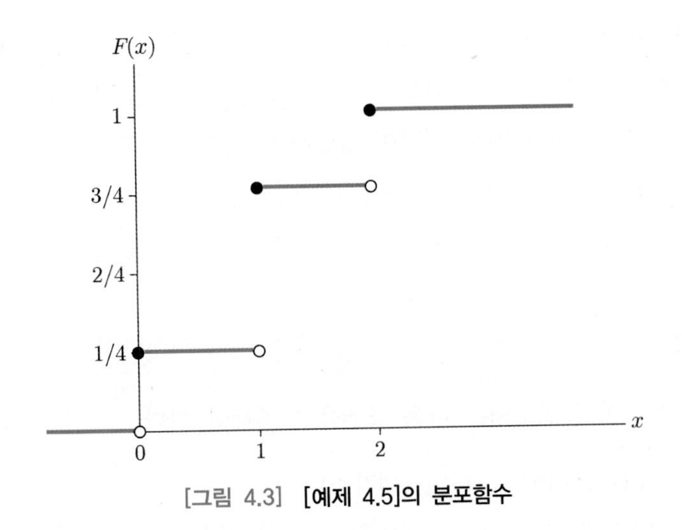

[그림 4.3] [예제 4.5]의 분포함수

확률변수의 속성에 따라 분포함수는 연속함수일 수도 있고 불연속함수일 수도 있다. 또, 분포함수가 불연속일 경우에도 항상 [그림 4.3]과 같은 계단 모양이 되는 것은 아니다. [그림 4.4]는 여러 가지 유형의 분포함수들을 나타내고 있는데, 이들은 다음과 같은 세 가지 공통된 특성을 가지고 있다.

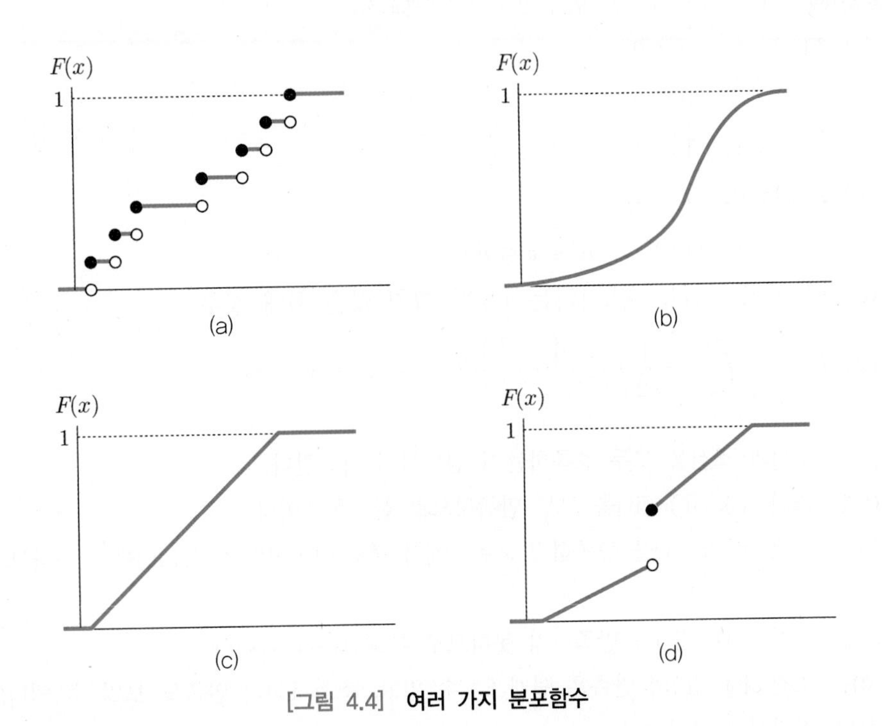

[그림 4.4] 여러 가지 분포함수

첫째, 분포함수는 비감소함수이다. 즉, $a<b$이면, $\{w:X(w)\le a\}\subset\{w:X(w)\le b\}$이므로, [정리 3.12]로부터 $F(a)\le F(b)$이 성립함을 알 수 있다. 둘째, 분포함수는 임의의 점 x에서 우측으로부터 연속이다. 즉, $\lim_{h\to+0}F(x+h)=F(x)$이 성립한다. 셋째, $\{w:X(w)\le-\infty\}=\phi$, $\{w:X(w)\le+\infty\}=S$이므로, $F(-\infty)=0$, $F(+\infty)=1$이 성립한다.

이와 같은 공통점을 요약하여 분포함수로서 갖추어야 할 조건을 정리하면 다음과 같다.

정리 4.1 |

함수 F가 분포함수이기 위해서는 다음 조건을 만족해야 한다.

i) $a<b$이면 $F(a)\le F(b)$ (비감소)

ii) $\lim_{h\to+0}F(a+h)=F(a)$ (우측으로부터 연속)

iii) $F(-\infty)=0,\ F(+\infty)=1$

단, a, b는 임의의 실수

예제 4.6 다음 함수가 분포함수인지 확인해보자.

(a) $F(x)=0,\quad x<0,$

$\quad\quad =x,\quad 0\le x<1,$

$\quad\quad =1,\quad 1\le x$

(b) $F(x)=0,\quad x<1,$

$\quad\quad =1-(1/2)^n,\quad n\le x<n+1,\ n=1,\ 2,\ \cdots$

(c) $F(x)=x-[x]$, 단, $[x]$는 x보다 크지 않은 최대 정수

(d) $F(x)=\int_{-\infty}^{x}\frac{1}{\sqrt{2\pi}}\exp\left[-\frac{t^2}{2}\right]dt,\quad -\infty<x<\infty$

• **풀이** [정리 4.1]의 조건을 모두 충족하는지 검토하여 확인한다.

(a)는 조건 i), ii), iii)을 모두 만족하므로 분포함수이다.

(b)는 조건 i)과 iii)을 충족하고 $x=n$에서 불연속이지만 조건 (ii)를 만족하므로 분포함수이다.

(c)는 조건 i)과 iii)을 만족하지 못하므로 분포함수가 아니다.

(d)는 조건 i), ii)의 만족은 쉽게 알 수 있고, 조건 iii)의 만족도 보일 수 있다(연습문제 #15). 따라서 분포함수이다. ■

분포함수의 가장 기본적인 용도는 확률변수가 특정 값을 취하게 될 확률을 구하는 데 있다. 어떤 확률변수든지 그 분포함수가 주어지면 다음 정리를 이용하여 그 확률변수가 특정 값 또는 특정 범위 안의 값을 가질 확률을 바로 구할 수 있다.

정리 4.2 |

확률변수 X의 분포함수를 F라 할 때, $a < b$인 임의의 두 실수 a, b에 대해 다음이 성립한다.

i) $P(a < X \leq b) = F(b) - F(a)$

ii) $P(X = a) = F(a) - F(a-)$

단, $F(a-) = \lim_{h \to +0} F(a-h)$

• **증명** i) 두 사건 A와 B를

$$A = \{w : X(w) \leq a\}, \quad B = \{w : a < X(w) \leq b\}$$

라 하면 $A \cap B = \phi$이므로, $P(A \cup B) = P(A) + P(B)$이다.

따라서

$$\begin{aligned} P(a < X \leq b) &= P(B) = P(A \cup B) - P(A) \\ &= F(b) - F(a) \end{aligned}$$

ii) $$\begin{aligned} P(X = a) &= \lim_{h \to +0} P(a-h < X \leq a) = \lim_{h \to +0} [P(X \leq a) - P(X \leq a-h)] \\ &= \lim_{h \to +0} [F(a) - F(a-h)] = F(a) - \lim_{h \to +0} F(a-h) \\ &= F(a) - F(a-) \end{aligned}$$ ■

분포함수를 이용하여 확률을 계산하는 방법을 다음 예를 통하여 살펴보자.

예제 4.7 다음 분포함수로부터 $P(1 < X \leq 2)$를 구해보자.

(a) $$\begin{aligned} F(x) &= 0, & x < 0, \\ &= x/2, & 0 \leq x < 2, \\ &= 1, & 2 \leq x \end{aligned}$$

(b) $F(x) = 0, \qquad x < 1$

$\quad = 1 - (1/2)^n, \quad n \le x < n+1, \ n = 1, 2, \cdots$

• **풀이** (a) $P(1 < X \le 2) = F(2) - F(1) = 1 - 1/2 = 1/2.$

(b) $P(1 < X \le 2) = F(2) - F(1) = (1 - 0.5^2) - (1 - 0.5^1) = 0.25.$ ■

[정리 4.2]의 ii)에서 $F(a) - F(a-)$는 함수 F의 점 $x = a$에서의 도약(jump)의 크기이므로, 확률변수 X가 특정 값 a를 갖게 될 확률 $P(X = a)$는 분포함수의 점 $x = a$에서의 도약의 크기를 나타낸다고 할 수 있다.

연습문제 4.2

1. 다음 함수는 분포함수인가?

(a) $F(x) = \begin{cases} 0, & x < 0 \\ x, & 0 \le x < 1/2 \\ 1, & 1/2 \le x \end{cases}$

(b) $F(x) = (1/\pi)\tan^{-1}(x), \quad -\infty < x < \infty$

(c) $F(x) = \begin{cases} 0, & x < 1 \\ 1 - (1/x), & x \ge 1 \end{cases}$

(d) $F(x) = \begin{cases} 0, & x < 0 \\ 1 - e^{-x}, & x \ge 0 \end{cases}$

2. 확률변수 X는 오직 $-2, 0, 1, 4$의 값만 가질 수 있고 각각의 확률값이 $P(X = -2) = 0.4$, $P(X = 0) = 0.1$, $P(X = 1) = 0.3$, $P(X = 4) = 0.2$일 때 분포함수의 그림을 그려라.

3. 확률변수 X의 분포함수가

$$F(x) = \begin{cases} 0, & x < 0 \\ \dfrac{x}{8}, & 0 \le x < 2 \\ \dfrac{x^2}{16}, & 2 \le x < 4 \\ 1, & 4 \le x \end{cases}$$

일 때,

(a) $F(x)$의 그림을 그려라.

(b) $P(X \geq 1.5)$를 구하라.

4. X의 분포함수가

$$F(x) = \begin{cases} 0, & x < -1 \\ \dfrac{x+2}{4}, & -1 \leq x < 1 \\ 1, & 1 \leq x \end{cases}$$

일 때 $F(x)$의 그림을 그리고 다음을 구하라.

(a) $P(-1/2 < X < 3/2)$

(b) $P(X = i),\ i = -1,\ 0,\ 1$

(c) $P(2 < X \leq 3)$

5. 소형가전제품 보증수리센터에서 고객 불만 한 건을 처리하는데 걸리는 시간(단위: 시간) X의 분포함수가

$$F(x) = \begin{cases} 0, & x < 0 \\ 1 - e^{-2x}, & x \geq 0 \end{cases}$$

일 때,

(a) $P(X < 2)$와 $P(X \leq 2)$를 구하고 값을 비교하라.

(b) 임의의 실수 값 X에 대해 $P(X = x) = 0$임을 보여라.

6. 두 개의 주사위를 던지는 실험에서 다음과 같이 정의된 확률변수의 분포함수를 구하라.

(a) 두 숫자의 합

(b) 두 숫자 중 같거나 큰 수

7. 동전을 네 번 던지는 실험을 할 때 다음 확률변수들의 분포함수를 구하라.

(a) 뒷면이 처음 나오기 전까지 앞면이 나오는 횟수

(b) 뒷면이 처음 나오고 난 후 앞면이 나오는 횟수

(c) 앞면의 수에서 뒷면의 수를 뺀 수

(d) 앞면의 수에 뒷면의 수를 곱한 수

8. 남자 6명과 여자 4명 중에서 무작위로 3명을 뽑는 경우, 뽑힌 3명 중 남자의 수를 X라 할 때 X의 분포함수를 구하라.

9. 부품 5개 중에 불량품이 2개 들어있다. 검사원이 부품을 하나씩 검사하여 불량품 2개를 모두 가려낼 때까지 계속한다. 검사한 부품의 수 X의 분포함수를 구하라.

10. 두 개의 출입구 I, II를 가진 어느 빌딩에 세 사람이 무작위로 들어왔다. 출입구 I를 통해 들어온 사람의 수를 X라 할 때, X의 분포함수를 구하라.

11. 어느 건널목에 있는 신호등은 보행자를 기준으로 초록색이 1분, 빨간색이 3분 동안 켜진다고 한다. 어떤 사람이 이 건널목에 도착하여 기다리는 시간을 X라 할 때, X의 분포함수를 구하라.

12. $P(X \geq a)$를 확률변수 X의 분포함수로 나타내라.

13. 확률변수 X의 분포함수가

$$F(x) = \begin{cases} 0, & x < -2 \\ -\dfrac{x^2}{32} + \dfrac{x}{4} + \dfrac{5}{8}, & -2 \leq x < 2 \\ 1, & x > 2 \end{cases}$$

일 때 다음을 구하라.

(a) $Y = |X|$일 때, $P(Y \leq 1)$

(b) $Z = X^2$일 때, $P(Z \leq 1/4)$

14. F를 확률변수 X의 분포함수라 할 때, $aX + b$의 분포함수를 구하라. 단 $a \neq 0$이고, a, b는 상수이다.

15. [예제 4.6]에서 $F(\infty) = \int_{-\infty}^{\infty} \frac{1}{\sqrt{2\pi}} \exp\left[-\frac{t^2}{2}\right] dt = 1$임을 보여라.

4.3 이산형 분포

확률변수는 그 확률변수가 어떤 값을 가질 수 있는가에 따라 이산형 확률변수와 연속형 확률변수로 나뉜다. 제품 한 상자에 들어 있는 불량품의 수나 옷감 10 m^2에 있는 결점의 수와 같이 확률변수가 유한하거나 무한하지만 셀 수 있는 값을 갖는 경우를 **이산형 확률변수**(discrete random variable)라 한다.

정의 4.3 |

확률변수 X가 가질 수 있는 값의 수가 유한하거나, 무한하지만 셀 수 있을 때, X를 이산형 확률변수라 한다.

예제 4.8 동전을 n번 던져 앞면이 나오는 횟수를 X는 이산형 확률변수인가?

• **풀이** X가 가질 수 있는 값의 집합은 $R_X = \{0,\ 1,\ 2,\ \cdots,\ n\}$으로 그 원소의 개수가 유한하므로 X는 이산형 확률변수이다. ■

예제 4.9 어느 사무실에 하루 동안 걸려오는 전화의 횟수를 X는 이산형 확률변수인가?

• **풀이** $R_X = \{0,\ 1,\ 2,\ \cdots\}$로 그 원소의 수를 셀 수 있으므로 X는 이산형 확률변수이다. ■

확률변수 X가 이산형일 때, 모든 $x \in R_X$에 대해 $P(X = x)$를 안다면 X와 관련된 확률을 모두 구할 수 있다. 이때 $P(X = x)$는 R_X상에 정의된 x의 함수이므로 이를 $p(x)$라 표기하고, X의 **확률함수**(probability function; pf)라 부른다. 책에 따라서는 확률함수를 **확률질량함수**(probability mass function; pmf)라고도 부른다.

정의 4.4 |

X가 이산형 확률변수일 때,

$$p(x) = \begin{cases} P(X = x), & x \in R_X \\ 0, & x \notin R_X \end{cases}$$

로 정의되는 함수 $p(x)$를 X의 확률함수라 한다.

X가 이산형 확률변수이면 $x \notin R_X$인 x에 대해서는 $P(X=x)=0$이므로 확률함수 $p(x)$를 표시할 때 $x \notin R_X$인 부분은 생략하고

$$p(x)=P(X=x), \quad x \in R_X$$

라 표시하기로 한다. 또한 분포함수 $F(x)=P(X \le x)=\sum_{k \le x} p(k)$는 [그림 4.3]이나 [그림 4.4]의 (a)와 같은 계단함수가 된다. 또한, 확률함수는 다음 예에서와 같이 분포함수로부터 유도할 수 있다.

예제 4.10 [예제 4.5]에서 확률변수 X의 확률함수 $p(x)$를 구해보자.

• **풀이** X가 가질 수 있는 값의 집합 R_X를 구하면 $R_X=\{0, 1, 2\}$이고, X의 확률함수를 구하면 [정리 4.2]의 ii)로부터

$$\begin{aligned} p(0) &= P(X=0)=F(0)-F(0-)=1/4, \\ p(1) &= P(X=1)=F(1)-F(1-)=3/4-1/4=1/2, \\ p(2) &= P(X=2)=F(2)-F(2-)=1-3/4=1/4 \end{aligned}$$

이 된다. ■

이산형 확률변수 X의 확률함수는 [예제 4.10]과 같이 분포함수로부터 구할 수도 있으나, 분포함수보다 확률함수가 구하기도 쉽고 쓰기도 더 편해서 확률함수가 주로 쓰인다. 확률함수는 $x \in R_X$에 대응되는 사건 $A_x \subset S$를 찾고 $p(x)=P(A_x)$를 구하면 된다.

예제 4.11 주사위를 두 개 던져 나오는 눈의 합을 X라고 하자. 이때 $R_X=\{2, 3, 4, 5, 6, 7, 8, 9, 10, 11, 12\}$이다. 확률변수 X가 취하는 값의 집합 R_X의 각 원소에 대응되는 사건 A_x의 확률로부터 $p(x)$를 구해보자.

• **풀이** 주사위 2개에서 나오는 눈을 {첫 번째 눈, 두 번째 눈}으로 표시하면

$$P(X=2)=P(\{1,1\})=\frac{1}{6}\times\frac{1}{6}=\frac{1}{36}$$

$$P(X=3)=P\{1,2\})+P(\{0,1\})=\frac{2}{36}$$

$$P(X=4)=P(\{1,3\})+P(\{2,2\})+P(\{3,1\})=\frac{3}{36}$$

$$P(X=5)=P(\{1,4\})+P(\{2,3\})+P(\{3,2\})+P(\{4,1\})=\frac{4}{36}$$

$$P(X=6)=P(\{1,5\})+P(\{2,4\})+P(\{3,3\})+P(\{4,2\})+P(\{5,1\})=\frac{5}{36}$$

$$P(X=7)=P(\{1,6\})+P(\{2,5\})+P(\{3,4\})+P(\{4,3\})+P(\{5,2\})+P(\{6,1\})=\frac{6}{36}$$

$$P(X=8)=P(\{2,6\})+P(\{3,5\})+P(\{4,4\})+P(\{5,3\})+P(\{6,2\})=\frac{5}{36}$$

$$P(X=9)=P(\{3,6\})+P(\{4,5\})+P(\{5,4\})+P(\{6,3\})=\frac{4}{36}$$

$$P(X=10)=P(\{4,6\})+P(\{5,5\})+P(\{6,4\})=\frac{3}{36}$$

$$P(X=11)=P\{5,6\})+P(\{6,5\})=\frac{2}{36}$$

$$P(X=12)=P(\{6,6\})=\frac{1}{36}$$

이 된다는 것을 확인할 수 있다. 따라서 X의 확률함수는 다음과 같이 표로써 정리할 수 있다.

x	2	3	4	5	6	7	8	9	10	11	12	합
$p(x)$	$\frac{1}{36}$	$\frac{2}{36}$	$\frac{3}{36}$	$\frac{4}{36}$	$\frac{5}{36}$	$\frac{6}{36}$	$\frac{5}{36}$	$\frac{4}{36}$	$\frac{3}{36}$	$\frac{2}{36}$	$\frac{1}{36}$	1

이를 함수 형태로 나타내면 다음과 같다.

$$p(x)=\begin{cases}\dfrac{x-1}{36}, & 2\le x\le 7\\ \dfrac{13-x}{36}, & 8\le x\le 12\\ 0, & \text{기타}\end{cases}$$

■

확률변수 X의 영역 R_X상에 정의된 함수라 하여 반드시 확률함수가 되는 것은 아니다. 그러면, 이러한 함수가 확률함수인지 아닌지를 어떻게 확인할 수 있을까? X가 이산형 확률변수일 때,

$$p(x) = P(X = x) = P(A_x) \geq 0, \ x \in R_X$$

이고,

$$\sum_{x \in R_X} p(x) = \sum_{x \in R_X} P(A_x) = P\left(\bigcup_{x \in R_X} A_x\right) = P(S) = 1$$

이다. 따라서 다음 정리가 성립함을 알 수 있다.

정리 4.3 |

함수 $p(x)$가 이산형 확률변수의 확률함수가 되기 위해서는 다음 조건을 만족해야 한다.

i) $p(x) \geq 0$, x는 임의의 실수

ii) $\sum_{x \in R_X} p(x) = 1$

예제 4.12 [예제 4.10]의 함수 $p(x)$는 확률함수인지 확인해보자.

• **풀이** i) $p(x) \geq 0, \quad x = 0, 1, 2$

ii) $\sum_{x \in R_X} p(x) = 1/4 + 1/2 + 1/4 = 1$

로 [정리 4.3]의 조건을 모두 만족하므로 확률함수이다. ■

R_X의 원소가 적을 경우에는 별 어려움이 없이 $p(x)$가 [정리 4.3]의 조건을 만족하는지를 확인할 수 있다. 그러나 R_X의 원소가 많거나 무한할 경우에는 각 원소에 따른 확률의 합을 구하는 데 어려움이 있게 된다. 다음의 등식들을 알고 있으면 확률의 합을 구하는데 매우 편리하다.

양의 정수 n에 대하여

$$\sum_{x=1}^{n} x = \frac{n(n+1)}{2}, \tag{4.1a}$$

$$\sum_{x=1}^{n} x^2 = \frac{n(n+1)(2n+1)}{6}, \tag{4.1b}$$

$$\sum_{x=1}^{n} x^3 = \frac{n^2(n+1)^2}{4}, \tag{4.1c}$$

$$\sum_{x=1}^{n} x^4 = \frac{n(n+1)(2n+1)(3n^2+3n-1)}{30} \tag{4.1d}$$

예제 4.13 (a) 함수 $p(x) = cx,\ x = 1,\ \cdots,\ 10$이 확률함수가 되기 위한 상수 c의 값을 구하라.

(b) x가 1부터 시작되는 양의 정수로서 함수

$$p(x) = \frac{x^2}{140}, \quad x \in R_X$$

가 확률함수일 때, R_X를 구하라.

• **풀이** (a) 확률함수의 조건을 만족시키려면 상수 c의 값은 식 (4.1a)를 이용하여 $c = 1/55$이 되어야 함을 알 수 있다.

(b) 식 (4.1b)를 이용하면 $\sum_{i=1}^{7} x^2 = 140$이므로

$$R_X = \{1,\ 2,\ 3,\ 4,\ 5,\ 6,\ 7\}$$

일 때, 확률함수의 조건을 만족시킨다는 것을 알 수 있다. ■

두 실수 $a,\ b$와 양의 정수 n에 대하여

$$(a+b)^n = \sum_{k=0}^{n} \binom{n}{k} a^k b^{n-k} \tag{4.2a}$$

가 성립하는데, 이를 **이항정리**(binomial theorem)라 한다. 식 (4.2a)에서 a와 b에 1을 대입하거나 b에만 1을 대입하면 다음과 같은 식을 얻을 수 있다.

$$\sum_{k=0}^{n} \binom{n}{k} = 2^n, \tag{4.2b}$$

$$\sum_{k=0}^{n} \binom{n}{k} a^k = (a+1)^n \tag{4.2c}$$

예제 4.14 (a) 다음 함수가 확률함수가 되기 위한 상수 c의 값을 구하라.

$$p(x) = c\binom{10}{x}2^x, \quad x = 0, 1, \cdots, 10.$$

(b) 함수

$$p(x) = \frac{\binom{M}{x}\binom{N-M}{n-x}}{\binom{N}{n}}, \quad x = 0, 1, \cdots, n$$

가 확률함수임을 보여라.

• 풀이 (a) 식 (4.2c)를 이용하여 구하면, $c = 3^{-10}$이다.

(b) 먼저 $a > b$이면 $\binom{b}{a} = 0$이므로, $N > n$이라 할 때, 모든 $x = 0, 1, \cdots, n$에 대하여 $p(x) \geq 0$이 성립한다. 또한 $(a+1)^N = (a+1)^M(a+1)^{N-M}$의 양변을 식 (4.2c)와 같이 전개하여 a^n의 계수를 비교하면 식

$$\binom{N}{n} = \sum_{x=0}^{n}\binom{M}{x}\binom{N-M}{n-x} \tag{4.3}$$

이 성립함을 알 수 있다. 따라서 $\sum_{x=0}^{n} p(x) = 1$이 된다. ■

함수 g가 a를 포함하는 닫힌 구간(closed interval) I에서 모든 차수의 도함수가 존재하고 연속이면, $t \in I$에 대하여 $g(t)$는 테일러급수

$$g(t) = g(a) + g'(a)(t-a) + \frac{g''(a)}{2!}(t-a)^2 + \cdots + \frac{g^{(n)}(a)}{n!}(t-a)^n + \cdots \tag{4.4a}$$

로 전개할 수 있다. 예를 들어 식 (4.4a)에서 $g(t) = e^t$, $a = 0$이라 하면

$$e^t = 1 + t + \frac{t^2}{2!} + \frac{t^3}{3!} + \cdots = \sum_{x=0}^{\infty}\frac{t^x}{x!} \tag{4.4b}$$

를 얻을 수 있다.

예제 4.15 다음 함수가 확률함수의 조건을 만족시키려면 상수 c의 값은 얼마인가?

$$p(x) = c\frac{2^x}{x!}, \quad x = 0,\ 1,\ 2,\ \cdots$$

• 풀이 식 (4.4b)로부터 $c = e^{-2}$이 되어야 한다. ■

마지막으로 기하급수에 대해 살펴보자. $0 < a < 1$이라 할 때,

$$1 + a + a^2 + a^3 + a^4 + \cdots = \frac{1}{1-a} \tag{4.5a}$$

임은 잘 알려진 사실이다. 이제 양변을 a에 대하여 k번 반복하여 미분하면,

$$k! + \frac{(k+1)!}{1!}a + \frac{(k+2)!}{2!}a^2 + \cdots = \frac{k!}{(1-a)^{k+1}} \tag{4.5b}$$

임을 알 수 있고, 이를 정리하여 다음 관계식을 얻는다.

$$\sum_{x=0}^{\infty}\binom{k+x}{k}a^x = (1-a)^{-(k+1)} \tag{4.5c}$$

예제 4.16 다음 함수가 확률함수의 조건 ii)를 충족하는가?

$$p(x) = (2/3)(1/3)^{x-1}, \quad x = 1,\ 2,\ \cdots$$

• 풀이 식 (4.5a)로부터

$$\sum_{x=1}^{\infty} p(x) = \frac{2}{3}\sum_{x=1}^{\infty}\left(\frac{1}{3}\right)^{x-1} = \frac{2}{3}\cdot\frac{1}{1-1/3} = 1$$

이다. ■

예제 4.17 다음 함수가 확률함수의 조건 ii)를 충족하는지 확인해보자.

$$p(x) = \binom{2+x}{2}(1/3)^3(2/3)^x, \quad x = 0,\ 1,\ \cdots$$

• 풀이 식 (4.5c)로부터

$$\sum_{x=0}^{\infty} p(x) = \left(\frac{1}{3}\right)^3 \sum_{x=0}^{\infty} \binom{2+x}{2} \left(\frac{2}{3}\right)^x = \left(\frac{1}{3}\right)^3 \left(1-\frac{2}{3}\right)^{-(2+1)} = \left(\frac{1}{3}\right)^3 \left(\frac{1}{3}\right)^{-3} = 1$$

이다. ■

확률함수를 이용하여 확률변수 X가 특정 범위의 값을 갖게 될 확률을 구하고자 할 때는 원하는 범위에 속한 확률들을 더하면 된다. 즉, 집합 A는 실수집합 $\boldsymbol{R}$의 부분집합이고, 함수 $p(x)$를 이산형 확률변수 X의 확률함수라 할 때,

$$P(X \in A) = \sum_{x \in A} p(x)$$

이다.

예제 4.18 [예제 4.16]의 확률함수를 이용하여 $P(1 < X \leq 4)$를 구하라.

• **풀이** $P(1 < X \leq 4) = p(2) + p(3) + p(4) = 2/9 + 2/27 + 2/81 = 26/81$이다. ■

연습문제 4.3

1. 다음 함수가 확률함수가 되기 위한 상수 c를 구하라.
   (a) $p(x) = cx,\quad x = 1, 2, 3, 4, 5$
   (b) $p(x) = c(1/4)^x,\quad x = 1, 2, 3, \cdots$
   (c) $p(x) = c(x+1)^2,\quad x = 0, 1, 2, 3$
   (d) $p(x) = c(2/3)^x,\quad x = 1, 2, 3, \cdots$

2. 확률변수 X의 확률함수가

$$p(x) = \frac{c\lambda^x}{x!},\quad x = 0, 1, 2, \cdots, \quad \lambda > 0$$

   일 때 $P(X=0)$과 $P(X>2)$를 구하라.

3. 확률변수 X의 분포함수가

$$F(x) = \begin{cases} 0, & x > 0 \\ 1/2, & 0 \le x < 1 \\ 3/5, & 1 \le x < 2 \\ 4/5, & 2 \le x < 3 \\ 9/10, & 3 \le x < 3.5 \\ 1, & x \ge 3.5 \end{cases}$$

일 때 X의 확률함수를 구하라.

4. 대형 컴퓨터를 생산하는 한 회사의 하루 매출량의 분포는 다음과 같다고 한다.

판매량	0	1	2	3
확률	0.5	0.2	0.2	0.1

(a) X를 이틀 동안의 판매량이라고 할 때, X의 확률함수를 구하라.

(b) 이틀 동안에 적어도 한 대 이상 판매할 확률을 구하라.

5. 이산형 확률변수 X의 영역은 $R_X = \{0,\ 1,\ 2,\ \cdots\}$이고 분포함수는 $F(x)$라 한다. X의 확률함수 $p(x) = P(X = x)$는

$$p(x) = \begin{cases} F(0), & x = 0 \\ F(x) - F(x-1), & x = 1,\ 2,\ \cdots \end{cases}$$

임을 보여라.

6. 1, 2, 3, 4, 5의 숫자가 표시된 공 5개가 상자 속에 들어있다. 무작위로 공 2개를 꺼낼 때,

(a) 두 숫자 중 큰 것의 확률함수를 구하라.

(b) 두 숫자의 합의 확률함수를 구하라.

7. 통계학을 수강한 10명의 학생 중 2명은 A학점, 4명은 B학점, 2명은 C학점, 2명은 D학점을 받았다. A, B, C, D의 환산점수가 각각 4, 3, 2, 1이라 한다. 수강생 중 무작위로 2명을 뽑아 그 평균점수를 X라 할 때, R_X와 X의 확률함수를 구하라.

8. 상자 A에는 빨간 공과 흰 공이 각각 5개씩 들어있고, B에는 각각 3개, 7개씩 들어 있다. 두 상자로부터 무작위로 공을 하나씩 뽑아 바꾸어 넣기를 2번 되풀이한 후, 상자 A 속에 들어있는 빨간 공의 수를 확률변수 X라 할 때, X의 확률함수를 구하라.

9. 불량품이 2개, 양품이 8개 들어 있는 상자가 있다.
   (a) 이 상자로부터 제품 5개를 뽑아 검사할 때, 불량품의 수 X의 확률함수를 구하라.
   (b) 무작위로 하나씩 뽑아 다섯 개까지 검사하되, 불량품이 발견되는 즉시 검사를 중단한다고 할 때, 검사한 개수 X의 확률함수를 구하라.

10. A와 B가 번갈아 가며 자유투를 던져서 한 명이라도 성공할 때까지 경기를 계속하기로 하였다. A가 성공할 확률은 p_1이고 B가 성공할 확률은 p_2이며 A가 먼저 던지기로 하였다. 각자의 자유투 성공여부는 서로 독립이라고 할 때,
    (a) 총 시행 횟수 X의 확률함수를 구하라.
    (b) A가 이길 확률은 얼마인가?

11. 통계수업이 끝난 후 교실에 4권의 교과서가 남아있는 것을 발견하였다. 다음날 수업시간에 책을 잃어버렸다는 4명의 학생에게 똑같이 나눠주었다. 자기 책을 받은 사람의 수를 X라고 할 때 X의 확률함수를 구하라.

12. 주사위를 한 번 던져서 1 또는 6의 눈이 나오면 상금을 받는 게임에서 고객이 상금을 받을 때까지 계속해서 주사위를 던진다고 하자. 주사위를 던진 횟수를 확률변수 X라 할 때, R_X와 X의 확률함수를 구하라.

13. 평면좌표의 원점을 출발하여 한 단계마다 x축 또는 y축의 양의 방향으로 1만큼씩 이동하는 점이 있다. x축 방향으로 이동하는 확률이 p, y축 방향으로 이동하는 확률은 $(1-p)$이다. 점 (4, 4)에 도달할 확률이 점 (5, 3)에 도달할 확률의 16배일 때, p값을 구하라.

14. 비행기의 엔진이 비행 중 고장 날 확률은 $(1-p)$이고, 각 엔진의 고장은 서로 독립적으로 발생한다고 한다. 과반수 이상의 엔진이 제대로 기능을 수행할 때만 비행이 가능하다고 한다면, 5개의 엔진을 장착한 비행기가 3개의 엔진을 장착한 비행기보다 우수하다고 판정하게 될 p의 값을 구하라.

15. 1부터 10까지의 정수 중 4개를 무작위로 뽑는다고 하자. 두 번째로 작은 수를 X라 할 때 X의

확률함수를 구하라.

16. 주사위를 두 번 던져서 나온 두 눈을 a와 b라 하자.
    (a) $X = \max(a,\ b)$의 확률함수를 구하라.
    (b) $Y = \min(a,\ b)$의 확률함수를 구하라.
    (c) $Z = |a - b|$의 확률함수를 구하라.

17. 다음 함수가 확률함수가 되기 위한 상수 c가 존재하지 않음을 보여라.

$$p(x) = \frac{c}{x}, \quad x = 1,\ 2,\ 3,\ \cdots$$

4.4 연속형 분포

앞 절에서는 불량품의 수나 기계의 고장횟수 등과 같이 확률변수가 가질 수 있는 값을 셀 수 있는 이산형 확률변수를 다루었으나, 기계의 수명이나 제품의 무게·길이 등과 같이 가질 수 있는 값이 셀 수 없이 많은 확률변수도 있다. 이러한 확률변수를 **연속형 확률변수**(continuous random variable)라 부른다. 연속형 확률변수를 좀 더 엄밀하게 정의하면 다음과 같다.

정의 4.5 |

확률변수 X의 분포함수 F가 연속함수이고, 임의의 실수 x에 대해

$$F(x) = \int_{-\infty}^{x} f(t)dt,$$

를 만족하는 비음(nonnegative)의 함수 f가 존재할 때, X를 연속형 확률변수라 하고 f를 X의 확률밀도함수(probability density function; pdf)라 한다.

4.2절의 [그림 4.4]에서 (b)와 (c)는 연속형 확률변수의 분포함수를 나타내고 있다.

예제 4.19 다음 연속형 확률변수의 분포함수로부터 확률밀도함수를 구해보자.

(a)
$$\begin{aligned} F(x) &= 0, & x < 0, \\ &= x, & 0 \le x < 1, \\ &= 1, & 1 \le x \end{aligned}$$

(b)
$$\begin{aligned} F(x) &= 0, & x < 0, \\ &= 1 - e^{-x}, & 0 \le x \end{aligned}$$

(c) $$F(x) = \int_{-\infty}^{x} \frac{1}{\sqrt{2\pi}} \exp\left[-\frac{t^2}{2}\right] dt, \quad -\infty < x < \infty$$

풀이 (a) $0 < x < 1$ 구간에서만 $F(x) = \int_0^x 1dt$이므로 $f(x) = \begin{cases} 1, & 0 < x < 1 \\ 0, & \text{기타} \end{cases}$이다.

(b) $0 < x < \infty$ 구간에서만 $F(x) = \int_0^x e^{-t}dt$이므로 $f(x) = \begin{cases} e^{-x}, & 0 < x \\ 0, & \text{기타} \end{cases}$이다.

(c) $f(x) = \frac{1}{\sqrt{2\pi}} \exp\left[-\frac{x^2}{2}\right], \ -\infty < x < \infty$ 이다. ■

확률밀도함수는 [정의 4.5]를 이용하여 분포함수로부터 구할 수 있다. 즉, 임의의 점 x에서 함수 F가 미분 가능하면, X의 확률밀도함수는

$$f(x) = dF(x)/dx \tag{4.6}$$

가 된다.

예제 4.20 [예제 4.19]의 각 분포함수를 미분하여 확률밀도함수를 구해보자.

• **풀이** 분포함수를 미분하여 구하여도 [예제 4.19]와 같은 결과를 얻는다. ■

함수 $f(x)$가 연속형 확률변수 X의 확률밀도함수이면 임의의 실수 x에 대해서 $f(x) \geq 0$이고, 분포함수를 F라 할 때 $F(\infty) = 1$이므로 $\int_{-\infty}^{\infty} f(x)dx = 1$이 성립함을 알 수 있다.

정리 4.4 |

함수 $f(x)$가 연속형 확률변수의 확률밀도함수가 되기 위해서는 다음 조건을 만족해야 한다.

i) $f(x) \geq 0, \ x \in R$

ii) $\int_{-\infty}^{\infty} f(x)dx = 1$

예제 4.21 함수

$$f(x) = \begin{cases} \frac{3}{2}x - \frac{3}{4}x^2, & 0 < x < 2, \\ 0, & \text{기타} \end{cases}$$

가 확률밀도함수인지를 알아보자.

• **풀이** $f(x) = \frac{3}{4} - \frac{3}{4}(x-1)^2$이므로 $0 < x < 2$에서 $f(x) > 0$이다. 또한

$$\int_0^2 \left(\frac{3}{2}x - \frac{3}{4}x^2\right)dx = \left[\frac{3}{4}x^2 - \frac{1}{4}x^3\right]_0^2 = 1$$

이므로 $f(x)$는 확률밀도함수이다. ■

주어진 함수가 복잡한 형태일 때, 확률밀도함수로의 조건을 만족하는지를 확인하기 위해서는 자주 이용되는 적분 공식들을 알고 있으면 편리할 때가 많다. 여기서는 감마함수에 대해서만 소개한다.

$$\Gamma(a) = \int_0^\infty x^{a-1}e^{-x}dx, \ \ a > 0 \tag{4.7}$$

라 정의되는 a의 함수 $\Gamma(a)$를 **감마함수**(gamma function)라 부르는데, 이와 관련된 다음의 등식들은 자주 이용되므로 기억해 둘 필요가 있다.

i) $\Gamma(a) = (a-1)\Gamma(a-1)$ (4.8a)

ii) a가 정수이면, $\Gamma(a) = (a-1)!$ (4.8b)

iii) $\Gamma(1/2) = \sqrt{\pi}$ (4.8c)

iv) $\int_0^\infty x^{a-1}e^{-x/b}dx = \Gamma(a)b^a$ (4.8d)

예제 4.22 [예제 4.20]의 $f(x)$가 확률밀도함수의 조건을 만족함을 확인해보자.

• **풀이** [정리 4.4]의 i)은 생략하고 ii)의 성립만 보이면 다음과 같다.

(a) $\int_0^1 1dx = 1$

(b) $\int_0^\infty e^{-x}dx = \Gamma(1) = 1$

(c) 다음 식으로부터 $f(x)$를 전 구간에 걸쳐 적분하면 1이 됨을 알 수 있다.

$$\int_{-\infty}^\infty \exp\left[-\frac{1}{2}x^2\right]dx = 2\int_0^\infty \exp\left[-\frac{1}{2}x^2\right]dx = 2\int_0^\infty e^{-y/2}\left(\frac{1}{2}y^{-1/2}\right)dy$$

$$= \int_0^\infty y^{1/2-1}e^{-y/2}dy = \Gamma(1/2)(2)^{1/2}$$

$$= \sqrt{2\pi}$$

■

예제 4.23 다음 함수들이 확률밀도함수가 되도록 상수 c를 정해보자.

(a) $f(x)=\begin{cases} cx^n, & 0<x<1 \\ 0, & \text{기타} \end{cases}$

(b) $f(x)=\begin{cases} ce^{-2x}, & x>0 \\ 0, & \text{기타} \end{cases}$

(c) $f(x)=\begin{cases} c(2x+3)^2, & 0<x<1 \\ 0, & \text{기타} \end{cases}$

(d) $f(x)=\begin{cases} cx^2e^{-x/2}, & x>0 \\ 0, & \text{기타} \end{cases}$

• 풀이 (a) $\int_0^1 f(x)dx = c\left[\frac{x^{n+1}}{n+1}\right]_0^1 = \frac{c}{n+1} = 1$이므로 $c=n+1$이다.

(b) 식 (4.8d)로부터

$$\int_0^\infty f(x)dx = c\int_0^\infty e^{-2x}dx = c\int_0^\infty x^{1-1}e^{-2x}dx = c\Gamma(1)\left(\frac{1}{2}\right)^1 = \frac{c}{2} = 1$$

이므로 $c=2$이다.

(c) $\int_0^1 f(x)dx = c\left[\frac{(2x+3)^3}{2\cdot 3}\right]_0^1 = \frac{49\cdot c}{3} = 1$이므로 $c=\frac{3}{49}$이다.

(d) 식 (4.8d)로부터

$$\int_0^\infty f(x)dx = c\int_0^\infty x^2e^{-x/2}dx = c\int_0^\infty x^{3-1}e^{-x/2}dx = c\Gamma(3)2^3 = 16c = 1$$

이므로 $c=\frac{1}{16}$이다. ■

A가 실수 전체의 집합 $\boldsymbol{R}$의 부분집합이고 $f(x)$를 연속형 확률변수 X의 확률밀도함수라 할 때, $P(X\in A)$는 다음 식으로 구한다.

$$P(X\in A) = \int_A f(x)dx \tag{4.9}$$

예를 들어 $A=[a,\ b]$이면 $P(a\le X\le b) = \int_a^b f(x)dx$가 되고, $b=a$라 하면 $P(X=a) = \int_a^a f(x)dx = 0$이 된다. 즉, 연속형 확률변수가 특정 값을 취할 확률은 항상 0이 되고 이로부터

$P(a \le X \le b) = P(a \le X < b) = P(a < X \le b) = P(a < X < b) = \int_a^b f(x)dx$ 임을 알 수 있다.

예제 4.24 확률변수 X의 확률밀도함수가

$$f(x) = \begin{cases} e^{-x}, & x > 0 \\ 0, & 기타 \end{cases}$$

일 때, $P(X < 1)$과 $P(X = 3)$을 각각 구해보자.

• **풀이** $P(X < 1) = \int_0^1 e^{-x}dx = [-e^{-x}]_0^1 = 1 - e^{-1}$

$P(X = 3) = \int_3^3 e^{-x}dx = [-e^{-x}]_3^3 = e^{-3} - e^{-3} = 0$ ■

예제 4.25 [예제 4.19]의 (a)의 분포함수에 대응하는 확률밀도함수는 다음과 같이 나타낼 수도 있음을 설명하라.

$$f(x) = \begin{cases} 1, & 0 < x < 1 \\ 0, & 기타 \end{cases}$$

• **풀이** 함수 $f(x)$의 적분범위를 $0 \le x < 1$ 대신 $0 < x \le 1$, 또는 $0 \le x \le 1$, 또는 $0 < x < 1$로 하여도 결과는 모두 같다. 따라서 확률밀도함수 $f(x)$를 정의할 때 경계점에서의 $f(x)$값을 모두 0으로 처리해도 무방하다. ■

확률밀도함수의 현실적 의미

연속형 확률변수의 확률적 성질도 역시 표본공간에 정의된 확률로부터 유도될 수 있다. 그러나 모든 확률은 상대빈도의 개념으로 평가되고 해석됨을 감안하면, 연속형 확률변수는 가질 수 있는 값들을 구하여 상대빈도로 분석함으로써 확률적 성질을 확인할 수 있다.

다음은 어떤 기업에서 생산된 동일한 전자부품을 100개, 500개, 1,000개, 5,000개, 10,000개, 100,000개 검사하여 값들의 상대빈도인 백분율로 히스토그램을 각각 그린 것이다. 아래 그림에서 보는 바와 같이 검사한 부품의 수가 많아질수록 히스토그램은 점점 곡선의 형태를 나타나게 된다.

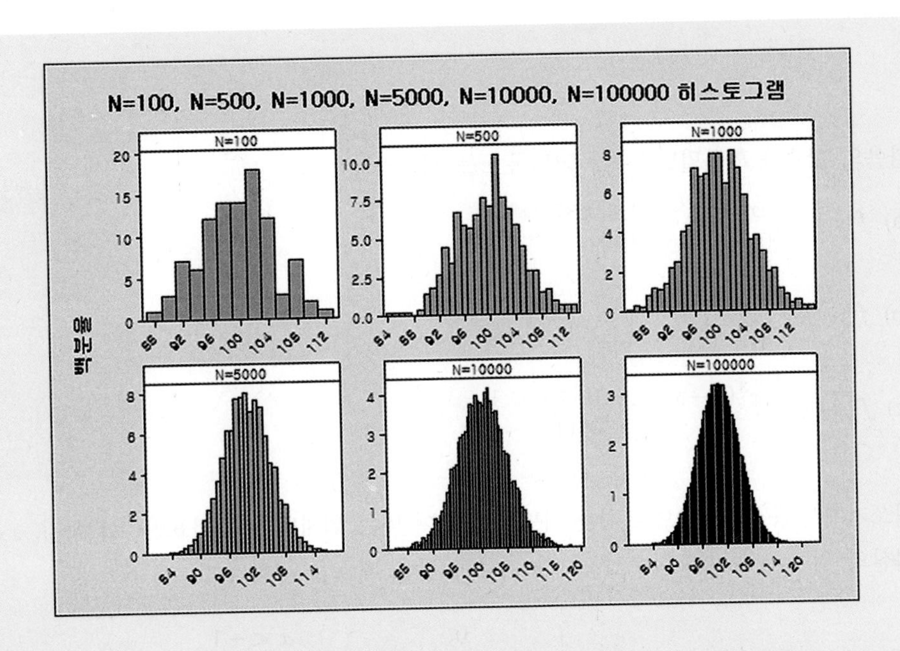

만약, 부품 수를 증가시켜 백만 개를 검사한 경우의 히스토그램을 그려보면 아래 그림과 같이 히스토그램의 각 구간 길이는 거의 0이 되고 거의 완벽한 연속곡선의 형태가 된다. 이 경우 그림에서 굵은 선으로 표시된 연속곡선의 함수가 확률밀도함수이다.

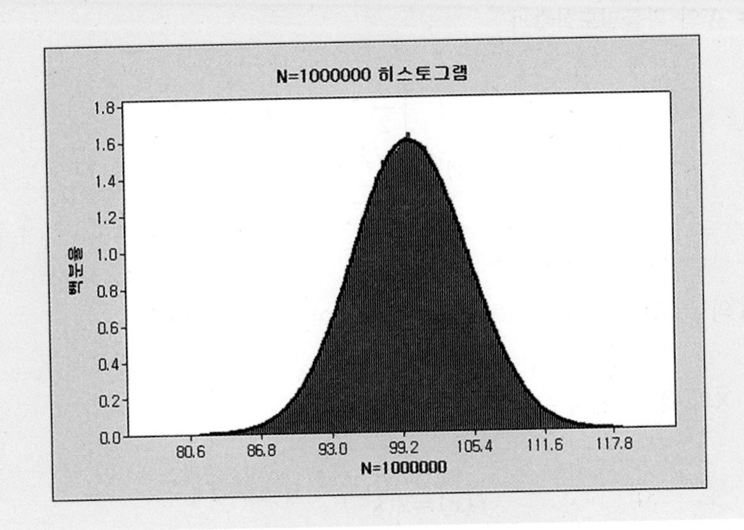

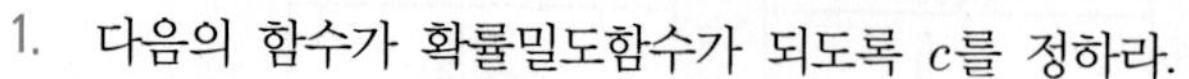

연습문제 4.4

1. 다음의 함수가 확률밀도함수가 되도록 c를 정하라.

(a) $f(x)=\begin{cases} cx^2e^{-x}, & 0<x<\infty \\ 0, & \text{기타} \end{cases}$

(b) $f(x)=\begin{cases} 0.2, & -1<x<0 \\ 0.2+cx, & 0<x<1 \\ 0, & \text{기타} \end{cases}$

(c) $f(x)=\begin{cases} cx^3(1-x)^2, & 0<x<1 \\ 0, & \text{기타} \end{cases}$

2. 활쏘기에서 중심점을 0으로 하는 과녁에 화살이 맞는 위치의 x축 좌표만 고려하자. x축에서의 화살의 위치 X의 분포함수 $F(x)$가 다음과 같을 때 c를 구하라.

$$F(x)=\begin{cases} 0, & x<-1 \\ 1/2+c\left(x-\dfrac{x^3}{3}\right), & -1\le x<1 \\ 1, & 1\le x \end{cases}$$

3. 확률변수 X의 확률밀도함수가

$$f(x)=\begin{cases} \dfrac{\theta}{2}, & 0<x<1 \\ 1/2, & 1<x<2 \\ \dfrac{1-\theta}{2}, & 2<x<3 \\ 0, & \text{기타} \end{cases}$$

일 때, X의 분포함수를 구하라. 단, $0<\theta<1$이다.

4. 확률변수 X의 확률밀도함수가

$$f(x)=\begin{cases} \dfrac{1}{8}x, & 0<x<4 \\ 0, & \text{기타} \end{cases}$$

일 때,

(a) $P(X\le t)=1/4$를 만족하는 t를 구하라.

(b) $P(2\le X\le 3)$을 구하라.

(c) Y가 X로부터 가장 가까운 정수일 때, Y의 확률밀도함수를 구하라.

5. 어느 주유소는 1주일에 한 번 휘발유를 탱크에 보충하고 있다. 이 주유소의 주당 휘발유 수요량 X(단위: 10,000리터)는 다음과 같은 확률밀도함수를 갖는다고 한다.

$$f(x)=\begin{cases}2(1-x), & 0<x<1\\ 0, & \text{기타}\end{cases}$$

주유소 주간 수요를 충족시키지 못하게 될 확률을 0.01로 하려면 휘발유탱크의 용량을 얼마로 해야 하는가?

6. 확률변수 X의 분포함수가

$$F(x)=\begin{cases}e^{x-3}, & x<3\\ 1, & x\ge 3\end{cases}$$

일 때, X의 확률밀도함수를 구하고 그 그림을 그려라.

7. 어떤 전자부품의 수명 X(단위: 100시간)의 분포함수가

$$F(x)=\begin{cases}0, & x<0\\ 1-e^{-x^2}, & x\ge 0\end{cases}$$

일 때,

(a) X의 확률밀도함수 $f(x)$를 구하라.

(b) 이 부품이 적어도 150 시간 이상 작동할 확률은 얼마인가?

8. 확률변수 X의 확률밀도함수가

$$f(x)=\begin{cases}x, & 0<x<1\\ 1, & 1<x<3/2\\ 0, & \text{기타}\end{cases}$$

일 때,

(a) X의 분포함수를 구하라.

(b) $P\left(\frac{1}{2}<X<\frac{5}{4}\right)$를 구하라.

9. 확률변수 X의 확률밀도함수가

$$f(x)=\begin{cases}\dfrac{2}{\pi(1+x^2)}, & -1<x<1\\ 0, & \text{기타}\end{cases}$$

일 때, X의 분포함수와 확률 $P(0<X<1/2)$를 구하라.

10. 미로 속에 넣은 쥐가 출구로 나올 때까지 걸리는 시간을 X라 할 때, X의 확률밀도함수는 다음과 같다.

$$f(x)=\begin{cases}\dfrac{a}{x^2}, & x>a\\ 0, & \text{기타}\end{cases}$$

단, a는 쥐가 미로를 나오는 데 걸리는 시간의 최솟값이다.

(a) $f(x)$가 확률밀도함수임을 보여라.

(b) X의 분포함수를 구하라.

(c) $P(X>a+b)$의 값을 구하라. 단 $b>0$는 상수이다.

11. 다음 각각의 확률밀도함수에 대해서 $P(|X|<1)$과 $P(X^2<9)$를 구하라.

(a) $f(x)=\begin{cases}x^2/18, & -3<x<3\\ 0, & \text{기타}\end{cases}$

(b) $f(x)=\begin{cases}(x+2)/18, & -2<x<4\\ 0, & \text{기타}\end{cases}$

12. 확률변수 X의 확률밀도함수가

$$f(x)=\begin{cases}x, & 0<x<1\\ 2-x, & 1<x<2\\ 0, & \text{기타}\end{cases}$$

일 때,

(a) X의 분포함수를 구하라.

(b) $P(0.7<X<1.3)$을 구하라.

(c) $P(1-a<X<1+a)=0.9$가 되도록 a를 정하라.

13. 확률변수 X의 확률밀도함수가

$$f(x)=\begin{cases}1/3, & -1<x<2\\ 0, & \text{기타}\end{cases}$$

일 때,

(a) $Y = X^2$의 확률밀도함수를 구하라.

(b) $Y = |X|$의 확률밀도함수를 구하라.

14. 다음 함수가 확률밀도함수가 되기 위한 상수 c가 존재하지 않음을 보여라.

$$f(x) = \begin{cases} \dfrac{c}{x}, & 0 < x < 1 \\ 0, & \text{기타} \end{cases}$$

15. 식 (4.8a), (4.8b), (4.8c), (4.8d)가 성립함을 보여라.

4.5 분포의 특성

일반적으로 확률변수는 우리가 관심을 가진 모집단의 속성을 나타내는 변수이다. 분포함수, 확률함수 또는 확률밀도함수 등의 함수들은 모집단을 설명하기 위한 모형으로 볼 수 있다. 이들 함수 속에 포함되어 분포의 특성을 규정짓는 상수는 모집단의 특성도 결정하게 되는데 이를 **모수**(parameter)라고 부른다. 이 절에서는 분포의 모수 중에서 가장 많이 쓰이는 기댓값, 분산 등을 정의하고 그들의 성질에 대해 알아본다.

먼저 분포의 중심위치를 나타내는 측도로 가장 많이 사용되는 **기댓값**(expected value) 또는 **평균**(mean)을 정의하자.

정의 4.6 |

확률변수 X의 기댓값 또는 평균 $E(X)$는 다음과 같이 정의된다.

$$E(X)=\begin{cases}\sum_{x\in R_X} xp(x), & X\text{가 이산형일 때}\\ \int_{-\infty}^{\infty} xf(x)dx, & X\text{가 연속형일 때}\end{cases}$$

기댓값에 대한 위의 정의는 그 기댓값이 존재할 경우에만 의미를 갖는다. 여기서 X의 기댓값 $E(X)$가 존재한다는 것은 $E|X|<\infty$의 조건이 만족됨을 말한다. 앞으로 기댓값에 대해 서술할 때, 별도의 언급이 없는 경우에는 이 존재 조건이 만족되는 것으로 간주하기로 한다.

예제 4.26 (a) 확률변수 X의 확률함수가 다음과 같을 때 기댓값을 구하라.

$$p(x)=\binom{2}{x}(1/2)^2,\ \ x=0,\ 1,\ 2$$

(b) 확률변수 X의 확률밀도함수가 다음과 같을 때 기댓값을 구하라.

$$f(x)=\begin{cases}2e^{-2x}, & x>0\\ 0, & \text{기타}\end{cases}$$

• 풀이 (a) $E(X)=0(1/4)+1(2/4)+2(1/4)=1.$

(b) 식 (4.8d)를 이용하면

$$E(X)=\int_{0}^{\infty} x(2e^{-2x})dx = 2\int_{0}^{\infty} x^{2-1}e^{-2x}dx = 2\Gamma(2)\left(\frac{1}{2}\right)^{2} = \frac{1}{2}$$

이다. ■

$h(X)$를 확률변수 X의 함수라 하고 그 기댓값이 존재할 때, $h(X)$의 기댓값은 다음과 같이 구한다.

$$E[h(X)]=\begin{cases} \sum_{x \in R_X} h(x)p(x), & X\text{가 이산형일 때} \\ \int_{-\infty}^{\infty} h(x)f(x)dx, & X\text{가 연속형일 때} \end{cases} \tag{4.10}$$

예제 4.27 [예제 4.26]에서 $E(X^2)$을 구하라.

• **풀이** (a) $E(X^2)=0^2(1/4)+1^2(2/4)+2^2(1/4)=3/2$,

(b) $E(X^2)=\int_{0}^{\infty} x^2(2e^{-2x})dx = 2\int_{0}^{\infty} x^{3-1}e^{-2x}dx = 2\Gamma(3)\left(\frac{1}{2}\right)^{3} = \frac{1}{2}$

이다. ■

확률변수 X와 임의의 상수 c에 대해서 다음의 결과가 성립함을 기댓값의 정의를 이용하여 쉽게 보일 수 있다.

i) $E(c)=c$ (4.11a)

ii) $E[ch(X)]=cE[h(X)]$ (4.11b)

iii) $E[h(X)+g(X)]=E[h(X)]+E[g(X)]$ (4.11c)

예제 4.28 $E(X)=1/2$, $E(X^2)=1/3$일 때, $E(2X^2-3X+4)$를 구해보자.

• **풀이** $E(2X^2-3X+4)=2E(X^2)-3E(X)+4=2(1/3)-3(1/2)+4=19/6$

이다. ■

기댓값과 함께 널리 이용되는 것으로 **분산**(variance)과 **표준편차**(standard deviation)가 있다. 기댓값이 분포의 중심위치에 대한 측도라고 한다면, 분산이나 표준편차는 산포, 즉 분포의 퍼진 정도에 대한 측도라고 할 수 있다.

정의 4.7 |

확률변수 X의 분산 $V(X)$와 표준편차 $SD(X)$는 다음과 같이 정의된다.

i) $V(X)=E[\{X-E(X)\}^2]$

ii) $SD(X)=[V(X)]^{1/2}$

확률변수 X의 평균과 분산을 때로는 μ_X, σ_X^2으로, 혼동의 염려가 없을 때는 μ, σ^2으로 표기하기도 하는데, 이 책에서도 이 관례를 따르기로 한다. 확률변수 X의 분산을 보다 쉽게 구하기 위해 다음 관계식을 이용하기도 한다.

$$\begin{aligned}\sigma^2 &= E[(\mathrm{X}-\mu)^2]=E[X^2-2X\mu+\mu^2]\\ &= E(X^2)-\mu^2\end{aligned} \tag{4.12a}$$

이와 같은 성질은 확률변수 X의 함수 $h(X)$의 분산에 대해서도 성립한다. 즉, $h(X)$의 분산과 관련하여 다음 식이 성립함을 보일 수 있다.

$$\begin{aligned}V[h(X)] &= E[\{h(X)-E[h(X)]\}^2]\\ &= E\{[h(X)]^2\}-\{E[h(X)]\}^2\end{aligned} \tag{4.12b}$$

예제 4.29 [예제 4.26]에서 σ^2을 구해보자.

• **풀이** (a) [예제 4.27] (a)로부터 $E(X^2)=3/2$이므로

$$\sigma^2=E(X^2)-\mu^2=3/2-1^2=1/2,$$

(b) [예제 4.27] (b)로부터 $E(X^2)=1/2$이므로

$$\sigma^2=E(X^2)-\mu^2=1/2-(1/2)^2=1/4$$

이다. ■

확률변수 X의 분산이나 표준편차를 알고 있으면, X의 선형식 $aX+b$의 분산과 표준편차를 좀 더 쉽게 구할 수 있다. 즉, 확률변수 X 및 상수 a와 b에 대해

$$\begin{aligned} V(aX+b) &= E\{(aX+b)-E(aX+b)\}^2 = E[aX+b-aE(X)-b]^2 \\ &= a^2E[\{X-\mu\}^2] = a^2\sigma^2, \end{aligned} \tag{4.13a}$$

$$SD(aX+b) = |a|\sigma. \tag{4.13b}$$

예제 4.30 [예제 4.29] (b)에서 $V(2X-4)$를 구해보자.

• **풀이** $V(X)=\dfrac{1}{4}$이므로

$$V(2X-4) = 2^2 \cdot V(X) = 4 \cdot (1/4) = 1$$

이다. ■

분포의 중심위치를 나타내는 대푯값으로 평균 외에도 최빈값이나 중앙값도 있다. 분포의 모양이 좌우 대칭이 아니고 어느 한쪽의 꼬리가 긴 경우에는 평균 대신 최빈값이나 중앙값이 대푯값으로 더 적절할 수도 있다.

정의 4.8 |

확률변수 X의 확률함수 $p(x)$ 또는 확률밀도함수 $f(x)$를 최대로 하는 x값을 X의 최빈값(mode)이라 한다.

예제 4.31 확률밀도함수가 다음과 같을 때 최빈값을 구해보자.

(a) $f(x) = \dfrac{1}{(2\pi)^{1/2}} \exp\left[-\dfrac{(x-3)^2}{2}\right], \quad -\infty < x < \infty$

(b) $f(x) = \begin{cases} 2xe^{-x^2}, & 0 < x < \infty \\ 0, & \text{기타} \end{cases}$

• **풀이** (a) $x=3$일 때 $f(x)$가 최대이므로 최빈값은 3이다.

(b) 최빈값은 $f(x)$의 일차도함수가 0이 되는 점 $x=\dfrac{1}{\sqrt{2}}$ 또는 $x=-\dfrac{1}{\sqrt{2}}$ 중 $x>0$이고 이차도함수가 0보다 작은 점 $x=\dfrac{1}{\sqrt{2}}$이다. ■

[예제 4.31] (a)에서 확률밀도함수 $f(x)$는 모든 x값에 대해 $f(-x+3) = f(x+3)$임을 확인할 수 있다. 일반적으로, 확률변수 X의 확률함수 $p(\cdot)$ 또는 확률밀도함수 $f(\cdot)$가 임의의 x에 대해

$$\begin{aligned} p(-x+m) &= p(x+m), \quad \text{이산형일 때} \\ f(-x+m) &= f(x+m), \quad \text{연속형일 때} \end{aligned} \tag{4.14}$$

를 만족하면 X의 분포가 m을 중심으로 대칭(symmetric)이라 한다. m을 중심으로 대칭인 확률변수의 기댓값이 존재한다면 $E(X)$는 분포의 중심값인 m이 된다. 앞의 예에서 평균은 대칭의 중심값인 3이 됨을 알 수 있다.

정의 4.9 |

i) 다음 부등식을 모두 만족하는 a를 확률변수 X의 p분위수(p^{th} quantile) 또는 $100p$백분위수($100p^{th}$ percentile)라 한다. 단 $0 < p < 1$이다.

$$P(X \le a) \ge p$$
$$P(X \ge a) \ge 1-p$$

ii) X가 연속형이고, 그 분포함수를 F라 할 때, a는 다음 등식을 만족하게 된다.

$$F(a) = p$$

특히, $p = 1/2$일 때, a를 중앙값(median)이라 한다.

또, 확률변수 X의 상위 p분위수 또는 상위 $100p$백분위수 x_p는

$$F(x_p) = 1 - p \tag{4.15}$$

와 같이 정의되는데, [그림 4.5]에서 보는 바와 같이 분포의 오른쪽 꼬리 확률이 p인 점을 나타낸다. 상위 p 분위수는 앞서 소개한 평균, 표준편차 등과 함께 널리 응용되고 있다. 예로 수명이 10년인 냉장고를 하나 산다고 할 때, 우리는 그 냉장고의 평균수명이 10년이기를 기대하는 것이 아니라, 아주 특별한 경우를 제외하고는 예외 없이 10년 이상 사용할 수 있기를 기대하는 것이다. 이때 냉장고 설계자는 제조될 냉장고의 평균수명을 고려하는 것보다 냉장고의 99%가 제 기능을 수행하는 시점(1%의 냉장고가 고장 나는 시점), 즉, 냉장고 수명의 상위 99 백분위수

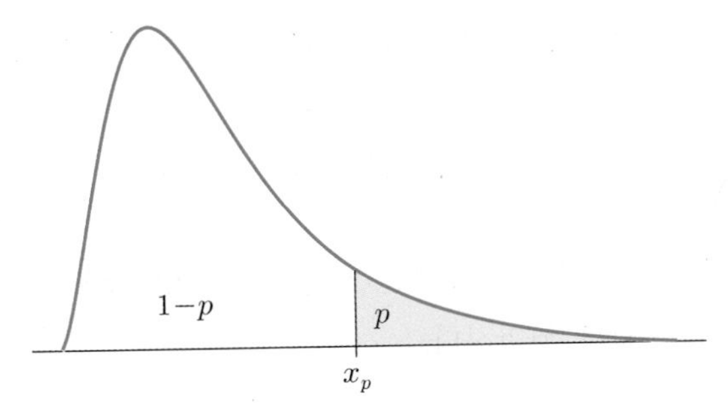

[그림 4.5] **상위 p분위수**

를 고려하는 것이 좋을 것이다.

예제 4.32 어느 전자 부품의 수명 X(단위: 10년)의 확률밀도함수가

$$f(x)=\begin{cases}\frac{1}{2}e^{-x/2}, & x>0\\ 0, & \text{기타}\end{cases}$$

라 하자. 수명의 평균과 중앙값을 구하고 평균수명 이상 사용할 수 있을 확률을 계산하라.

• **풀이**

$$E(X)=\int_0^\infty x\left(\frac{1}{2}e^{-x/2}\right)dx=\frac{1}{2}\int_0^\infty x^{2-1}e^{-x/2}dx=\frac{1}{2}\Gamma(2)(2^2)=2$$

이므로 평균 수명은 20년이고, $F(x)=1-e^{-x/2}=1/2$로부터 $x_{0.5}=2\ln 2=1.386$이므로 중앙값은 13.86년이다. 또, 부품이 평균수명인 20년 이상 사용할 확률을 구하면

$$P(X>2)=1-F(2)=e^{-1}=0.368$$

이다. ■

중심위치나 산포 이외에 왜도와 첨도가 분포의 중요한 특성으로 취급될 경우도 있다. **왜도**(skewness)란 분포가 어느 한 쪽으로 치우친 정도를 나타내는 것으로

$$\alpha_3=\frac{E[(X-\mu)^3]}{\sigma^3} \tag{4.16}$$

로 정의된다. 왜도의 값은 분포가 대칭일 때 0이 되며, 분포가 최빈값을 중심으로 좌우대칭이 아니고 오른쪽 꼬리부분이 더 길면 양의 값을, 반대로 왼쪽 꼬리부분이 더 길면 음의 값을 가진

다. 한편, **첨도**(kurtosis)는 확률 분포의 모양이 뾰족한 정도를 나타내는 것으로,

$$\alpha_4 = \frac{E[(X-\mu)^4]}{\sigma^4} \tag{4.17}$$

로 정의된다. 이후에 소개될 정규분포와 비교할 때, 첨도의 값이 3보다 크면 정규분포보다 뾰족하고, 3보다 작으면 정규분포보다 완만하다.

예제 4.33 확률밀도함수가 다음과 같은 분포에서 왜도와 첨도를 구해보자.

(a) $f(x) = \begin{cases} x/2, & 0 < x < 2 \\ 0, & \text{기타} \end{cases}$

(b) $f(x) = \begin{cases} x, & 0 < x < 1 \\ 2-x, & 1 \le x < 2 \\ 0, & \text{기타} \end{cases}$

• **풀이** (a) 왼쪽 꼬리부분이 긴 분포로 왜도$= -\dfrac{4\sqrt{2}}{5} = -1.13$이고, 첨도$= \dfrac{12}{5} = 2.40$이다.

(b) $x = 1$을 중심으로 대칭인 분포로 왜도$= 0$, 첨도$= \dfrac{12}{5} = 2.40$이다. ■

기댓값과 평균

기댓값은 모집단의 모든 개체들의 평균이라 할 수 있다. 예를 들어 동전 2개를 던지는 실험에서 X를 앞면이 나온 횟수라고 하면, X의 확률질량함수는 [예제 4.26]에서와 같이 구해진다. 만일 이 실험을 4억 번 정도 반복하면 그 중 $X=0$인 경우가 대략 1억 번, $X=1$인 경우가 2억 번, $X=2$인 경우가 1억 번 정도 될 것이라는 것이 경험적 확률법칙이다. 따라서 이들 데이터의 평균을 구하면

$$\text{평균} = \frac{0\times 1\text{억 번} + 1\times 2\text{억 번} + 2\times 1\text{억 번}}{4\text{억 번}} \simeq 0\times\frac{1}{4} + 1\times\frac{2}{4} + 2\times\frac{1}{4} = E(X)$$

이 성립한다. 이런 의미에서 기댓값을 모집단의 평균이라고 한다.

평균 및 표준편차와 의사결정

많은 의사결정 문제에서 판단의 기준으로 기댓값을 활용하는 경우가 많이 있다. 그런데 기댓값은 경험적 확률과 마찬가지로 실험을 무한히 반복하거나 무한 크기의 모집단 전체를 조사하여 구한 평균이라는 점을 이해하여야 한다. 다음의 예를 통해 알아보자.

만일 당신이 어떤 회사에 다니고 있는데, 보너스를 주는 대안이 2가지가 있다고 한다: 대안 A: 400만 원을 준다. 대안 B: 동전을 던져 H(앞면)가 나오면 1,000만 원을, T(뒷면)가 나오면 보너스를 주지 않는다.

위와 같은 경우에서 당신은 어떤 보너스 대안을 선택할 것인가? 기댓값을 구해보면 대안 A는 400만 원, B는 500만 원이다. 여기서 B의 평균이 500만 원이라는 것은 앞으로 보너스를 반복해서 (이론적으로는 무한 번) 받았을 때, 그 평균이 500만 원이라는 것이다. 따라서 만일 한번만이 보너스를 받을 수 있다면 대안 B는 산포(표준편차 값의 크기로 평가되며 이를 투자론에서는 위험 (risk)이라고 함)가 크게 되어 평균에만 의존하여 의사결정을 하는 것은 바람직하지 않을 수도 있다. 사실 대안 A를 택하는 사람이 의외로 많이 있다. 의심스러운 생각이 들면 만 원을 억 원으로 바꾸어 보라.

연습문제 4.5

1. 확률변수 X의 확률함수가 $p(x)=\frac{1}{N},\ x=1,\ 2,\ \cdots,\ N$일 때 $E(X)$와 $V(X)$를 구하라.

2. 확률변수 X의 확률함수 $p(x)$는 $x=-1,\ 0,\ 1$에서만 양의 값을 가질 때 다음을 구하라.
   (a) $p(0)=1/2$일 때 $E(X^2)$
   (b) $p(0)=1/2$이고 $E(X)=1/6$일 때, $p(-1)$과 $p(1)$

3. 확률변수 X의 확률함수가 $p(x)=1/6,\ x=1,\ 2,\ 3,\ 4,\ 5,\ 6$일 때, 다음을 구하라.
   (a) $E(X)$
   (b) $E[(2X+5)^2]$
   (c) $E\ [(X-E(X))^2]$

4. 확률함수

$$p(x) = \begin{cases} cx, & x = 1,\ 2,\ 3,\ 4,\ 5,\ 6 \\ 0, & \text{기타} \end{cases}$$

를 갖는 분포의 중앙값을 구하라.

5. 확률(밀도)함수가 다음과 같을 때, 각 분포의 평균, 분산, 최빈값, 왜도, 첨도를 구하라.

(a) $p(x) = \left(\frac{1}{2}\right)^x,\ \ x = 1,\ 2,\ 3,\ \ldots,$

(b) $f(x) = \begin{cases} \frac{3}{4}(1-x^2), & -1 < x < 1 \\ 0, & \text{기타} \end{cases}$

(c) $f(x) = \begin{cases} \left(\frac{1}{2}\right)x^2 e^{-x}, & 0 < x < \infty, \\ 0, & \text{기타} \end{cases}$

6. 8개의 단어로 이루어진 영어문장 “THE GIRL PUT ON HER BEAUTIFUL RED HAT.”에서 한 단어를 무작위로 뽑을 때 확률변수 X가 뽑혀진 단어의 글자 수라고 한다면 $E(X)$의 값은?

7. 길이가 1 m인 막대기를 무작위로 잘라서 둘로 나눈다고 하자.

(a) 긴 부분이 짧은 부분의 2배 이상이 될 확률은 얼마인가?

(b) 긴 부분의 길이의 기댓값을 구하라.

8. 어떤 물체가 직선상의 원점에서 1단위씩 이동한다. 왼쪽으로 이동할 확률이 p, 오른쪽으로 이동할 확률이 $1-p$라고 할 때 n번 이동 후 물체의 위치의 기댓값을 구하라.

9. 한 반에 남학생 10명과 여학생 15명이 있다. 무작위로 8명을 비복원으로 뽑아 나온 남학생의 수를 X, 여학생의 수를 Y라 할 때 $E(X-Y)$를 구하라.

10. n명의 사람이 모자를 벗어 한 곳에 모아두고 각자가 무작위로 모자를 집었을 때 자기 모자를 집는 사람 수를 X라 하자. X의 확률함수와 기댓값을 구하라.

11. 확률밀도함수

$$f(x) = \begin{cases} 4x^3, & 0 < x < 1 \\ 0, & \text{기타} \end{cases}$$

를 갖는 분포의 평균, 분산, 중앙값, 최빈값, 20백분위수, 왜도, 첨도를 구하라.

12. 확률변수 X는 확률함수

$$p(x) = \begin{cases} p, & x = -1,\ 1 \\ 1 - 2p, & x = 0 \\ 0, & \text{기타} \end{cases}$$

를 갖는다. $0 < p < 1/2$일 때, 첨도를 p의 함수로 나타내고, $p = 1/3,\ p = 1/5,\ p = 1/10,\ p = 1/100$일 때 첨도를 구하라. p가 감소함에 따라 첨도는 어떻게 변하는가?

13. 연속형 확률변수 X의 확률밀도함수가 $x = c$에 관하여 대칭이고 X의 평균이 존재하면 $E(X) = c$임을 보여라.

14. 어떤 제품의 수명 X의 확률밀도함수가

$$f(x) = \begin{cases} \dfrac{1}{\theta} e^{-\frac{x}{\theta}}, & x > 0 \\ 0, & \text{기타} \end{cases}$$

일 때, $P(X > E(X))$를 구하라. 단, 여기서 $\theta > 0$는 상수이다.

15. 다음의 함수가 확률밀도함수임을 보이고, 중앙값을 구하라.

$$f(x) = \begin{cases} \dfrac{x(2\alpha + x)}{\alpha(\alpha + x)^2}, & 0 < x < \alpha \\ \dfrac{\alpha^2(\alpha + 2x)}{x^2(\alpha + x)^2}, & x > \alpha \\ 0, & \text{기타} \end{cases}$$

16. 확률변수 X의 확률밀도함수가

$$f(x) = \begin{cases} \dfrac{1}{\beta}\left(1 - \dfrac{|x - \alpha|}{\beta}\right), & \alpha - \beta < x < \alpha + \beta \\ 0, & \text{기타} \end{cases}$$

단, $-\infty < \alpha < \infty,\ \beta > 0$일 때,

(a) X의 분포함수를 구하라.

(b) X의 평균, 분산, $100p$백분위수를 구하라.

17. 확률변수 X의 확률밀도함수가

$$f(x) = \begin{cases} k\dfrac{1}{\beta}\left(1-\left(\dfrac{x-\alpha}{\beta}\right)^2\right), & \alpha-\beta < x < \alpha+\beta \\ 0, & \text{기타} \end{cases}$$

단, $-\infty < \alpha < \infty$, $\beta > 0$일 때,

(a) $f(x)$가 확률밀도함수가 되도록 k를 정하라.

(b) $E(|x-\alpha|)$를 구하라.

(c) X의 평균, 분산, 중앙값을 구하라.

18. μ와 σ^2이 확률변수 X의 기댓값과 분산이고 c는 주어진 상수일 때, 식

$$E[(X-c)^2] = \sigma^2 + (\mu - c)^2$$

이 성립함을 보여라. 이 식으로부터 $c = \mu$일 때 $E[(X-c)^2]$가 최소가 됨을 알 수 있다.

19. 확률변수 X_1과 X_2의 확률밀도함수가 각각 $f_1(x)$와 $f_2(x)$, 평균이 각각 μ_1과 μ_2, 분산이 각각 σ_1^2과 σ_2^2일 때,

(a) $f(x) = \alpha f_1(x) + (1-\alpha) f_2(x), \quad 0 < \alpha < 1$

가 확률밀도함수임을 보여라.

(b) 확률변수 X의 확률밀도함수가 $f(x)$이면

$$E(X) = \alpha\mu_1 + (1-\alpha)\mu_2$$
$$V(X) = \alpha\sigma_1^2 + (1-\alpha)\sigma_2^2 + \alpha(1-\alpha)(\mu_1 - \mu_2)^2$$

이 됨을 보여라.

20. 확률변수 X의 분포함수가 $F(x)$이고 확률밀도함수가 $f(x)$일 때

$$P(X \le x \mid a \le X \le b) = \frac{F(x) - F(a)}{F(b) - F(a)}, \quad a \le x \le b$$

이다.

(a) 함수

$$G(x) = \begin{cases} 0, & x < a \\ \dfrac{F(x) - F(a)}{F(b) - F(a)}, & a \leq x < b \\ 1, & b \leq x \end{cases}$$

와 함수

$$g(x) = \begin{cases} \dfrac{f(x)}{F(b) - F(a)}, & a < x < b \\ 0, & \text{기타} \end{cases}$$

는 각각 분포함수와 확률밀도함수의 조건을 만족시킴을 보여라. 이 분포를 X가 a와 b에서 절단된 분포(truncated distribution)라 한다.

(b) $E(X \mid a \leq X \leq b) = \dfrac{1}{F(b) - F(a)} \displaystyle\int_a^b x f(x) dx$가 됨을 보여라.

(c) 어느 전자부품의 수명(단위: 100시간) X의 확률밀도함수가

$$f(x) = \begin{cases} \dfrac{1}{3} e^{-\frac{x}{3}}, & x > 0 \\ 0, & \text{기타} \end{cases}$$

일 때, 지금까지 100시간을 사용한 부품은 앞으로 평균해서 몇 시간을 더 쓸 수 있는가?

21. X가 비음의 연속형 확률변수일 때 다음 관계가 성립함을 보여라.

$$E(X) = \int_0^\infty [1 - F(x)] dx$$

22*. X를 확률밀도함수 $f(x)$를 갖는 연속형 확률변수라 하자. m이 확률변수 X의 유일한 중앙값이라 하면, 임의의 실수 b에 대하여

$$E(|X - b|) = E(|X - m|) + 2 \int_m^b (b - x) f(x) dx$$

임을 보여라. b가 어떤 값을 가질 때 $E(|X - b|)$가 최소가 되는가?

4.6 적률생성함수

두 확률변수 X와 Y의 기댓값과 분산이 각각 같으면서도 분포함수는 서로 다른 확률변수들이 얼마든지 존재한다. 그러나 모든 양의 정수 k에 대해 $E(X^k)=E(Y^k)$이면, X와 Y는 완전히 동일한 분포를 따른다는 사실이 알려져 있다. $E(X^k)$를 **적률**(moment about origin)이라고 하는데 이 절에서는 적률의 개념과 구하는 방법 및 활용에 대해 다룬다.

정의 4.10 |

확률변수 X의 k차 적률 μ_k는 다음과 같이 정의된다.

$$\mu_k = E(X^k), \quad k = 1,\ 2,\ 3,\ \cdots$$

확률(밀도)함수를 이용하여 적률을 구하려면 대개 복잡한 계산과정을 거쳐야 되는 경우가 많다. 다음에 소개할 **적률생성함수**(moment generating function; mgf)는 적률을 구하는 것뿐 아니라 확률변수의 분포를 식별하거나 여러 가지 이론적 결과를 쉽게 유도하는데 매우 유용하다.

정의 4.11 |

확률변수 X의 적률생성함수 $M(t)$는 다음과 같이 정의된다.

$$M(t) = E(e^{tX})$$

[정의 4.11]에서 t의 값이 0을 포함하는 작은 열린 구간(open interval) 내에서 $E(e^{tX})$가 존재할 경우에 한하여 $M(t)$가 정의되는 것으로 한다. $M(t)$를 테일러급수로 전개하면,

$$\begin{aligned} M(t) &= E(e^{tX}) \\ &= E\left[1 + tX + \frac{(tX)^2}{2!} + \frac{(tX)^3}{3!} + \cdots\right] \\ &= 1 + tE(X) + \frac{t^2}{2!}E(X^2) + \frac{t^3}{3!}E(X^3) + \cdots \end{aligned}$$

$$= 1 + t\mu_1 + \frac{t^2}{2!}\mu_2 + \frac{t^3}{3!}\mu_3 + \cdots$$

이므로, 적률생성함수를 이용하여 X의 k차 적률을 다음과 같이 구할 수 있다.

$$\left[\frac{d^{(k)}M(t)}{dt^k}\right]_{t=0} = \mu_k \tag{4.18}$$

예제 4.34 확률변수 X의 확률밀도함수가

$$f(x) = \begin{cases} \frac{1}{\theta}e^{-\frac{x}{\theta}}, & x > 0 \\ 0, & \text{기타} \end{cases} \quad (\theta > 0\text{는 상수})$$

일 때, X의 평균 및 분산을 (a) 정의에 의해, (b) 적률생성함수를 이용하여 각각 구해 보자.

• **풀이** (a) 정의에 의할 경우

$$E[X] = \int_0^{\infty} x\frac{1}{\theta}e^{-\frac{x}{\theta}}dx = \frac{1}{\theta}\int_0^{\infty} x^{2-1}e^{-\frac{x}{\theta}}dx = \frac{1}{\theta}\Gamma(2)\theta^2 = \theta$$

이고, 같은 방법으로

$$E[X^2] = 2\theta^2$$

을 얻고, 따라서 $V(X) = \theta^2$이다.

(b) 적률생성함수를 이용할 경우

$$M(t) = \int_0^{\infty} e^{tx}\frac{1}{\theta}e^{-\frac{x}{\theta}}dx = \frac{1}{\theta}\int_0^{\infty} e^{-\left(\frac{1}{\theta}-t\right)x}dx = \frac{1}{\theta}\Gamma(1)\left(\frac{1}{\frac{1}{\theta}-t}\right) = \frac{1}{1-\theta t}$$

이고, 식 (4.18)을 이용하면

$$E(X) = \left[\frac{dM(t)}{dt}\right]_{t=0} = \left.\frac{\theta}{(1-\theta t)^2}\right|_{t=0} = \theta,$$

$$E(X^2) = \left[\frac{d^2M(t)}{dt^2}\right]_{t=0} = \left.\frac{2\theta^2}{(1-\theta t)^3}\right|_{t=0} = 2\theta^2$$

이다. 따라서 $V(X) = \theta^2$이다. ■

X의 선형식 $aX+b$의 적률생성함수도 다음의 정리를 이용하여 쉽게 구할 수 있다.

정리 4.5 |

확률변수 X의 적률생성함수가 $M(t)$일 때, 확률변수 $aX+b$의 적률생성함수는

$$M_{aX+b}(t)=e^{bt}M(at)$$

가 된다. 단, 여기서 a와 b는 상수이다.

• **증명**

$$M_{aX+b}(t)=E\left[e^{t(aX+b)}\right]=E\left[e^{atX}e^{bt}\right]$$
$$=e^{bt}E\left[e^{atX}\right]=e^{bt}M(at)$$

■

적률생성함수와 분포함수 사이에는 1:1 대응관계가 있어 특정분포에 대응되는 적률생성함수는 오직 하나밖에 없다. 즉, 서로 다른 분포를 따르는 확률변수들이 같은 적률생성함수를 가질 수가 없다. 또한 두 확률변수 X와 Y의 적률생성함수가 같다면 X와 Y는 같은 확률분포를 따르게 된다. 그러므로 확률변수 X의 적률생성함수가 우리가 알고 있는 분포의 적률생성함수와 같으면 X는 그 분포를 따른다고 할 수 있다. 결과적으로 적률생성함수는 μ_k를 쉽게 구하는데 쓰일 뿐 아니라 두 확률분포의 동일성을 확인하는데도 이용된다.

예제 4.35 적률생성함수가 다음과 같은 확률변수 X의 확률밀도함수를 구하라.

$$M(t)=\frac{3}{3-t}$$

• **풀이**

$$M(t)=\frac{3}{3-t}=\frac{1}{1-\left(\frac{1}{3}t\right)}$$

이므로 이것은 [예제 4.34]에서 $\theta=\frac{1}{3}$인 경우가 된다. 따라서 X의 확률밀도함수는

$$f(x)=\begin{cases}3e^{-3x}, & x>0\\ 0, & \text{기타}\end{cases}$$

이다.

■

X가 이산형 확률변수일 때는 **확률생성함수**(probability generating function; pgf)가 많이 쓰인다. 책에 따라서는 확률생성함수를 **계승적률생성함수**(factorial moment generating function)라 부르기도 한다. X의 확률생성함수 $G(t)$는

$$G(t) = E(t^X) \tag{4.19}$$

로 정의된다. 확률생성함수는 그 이름에서 알 수 있듯이 X의 계승적률 $E[X(X-1)\cdots(X-r+1)]$를 구할 때와 X의 확률함수 $p(x)$를 구할 때 주로 쓰인다.

$G(t)$를 k번 미분한 후 $t=1$이라 놓으면

$$G^{(k)}(1) = \left[\frac{d^{(k)}G(t)}{dt^k}\right]_{t=1} = E[X(X-1)\cdots(X-k+1)] \tag{4.20}$$

의 관계가 성립함을 알 수 있다. 따라서 $G(t)$를 알면 식 (4.20)을 이용하여 적률 $E(X)$, $E[X(X-1)]$, $E[X(X-1)(X-2)]$등을 구할 수 있다.

예제 4.36 확률변수 X의 확률함수가

$$p(x) = (2/3)(1/3)^{x-1}, \quad x = 1, 2, 3, \cdots$$

일 때, X의 평균과 분산을 (a) 정의에 의해, (b) 확률생성함수를 이용하여 각각 구해보자.

• **풀이** (a) 정의에 의할 경우

식 (4.5c)에서 $k=1$로 놓아 얻은 식 $\sum_{x=1}^{\infty} xa^{x-1} = \frac{1}{(1-a)^2}$을 이용하면

$$E(X) = \sum_{x=1}^{\infty} x(2/3)(1/3)^{x-1} = \frac{2/3}{(1-1/3)^2} = 3/2$$

이고, 식 (4.5c)에서 $k=2$로 놓아 얻은 식 $\sum_{x=2}^{\infty} x(x-1)a^{x-2} = \frac{2}{(1-a)^3}$을 이용하면

$$\begin{aligned} E[X(X-1)] &= \sum_{x=2}^{\infty} x(x-1)\left(\frac{2}{3}\right)\left(\frac{1}{3}\right)^{x-1} \\ &= \left(\frac{2}{3}\right)\left(\frac{1}{3}\right)\sum_{x=2}^{\infty} x(x-1)\left(\frac{1}{3}\right)^{x-2} \end{aligned}$$

$$= \left(\frac{2}{3}\right)\left(\frac{1}{3}\right)\frac{2}{(1-1/3)^3}$$
$$= \frac{3}{2}$$

이므로

$$V(X) = E[X(X-1)] + E(X) - [E(X)]^2 = \frac{3}{2} + \frac{3}{2} - \left(\frac{3}{2}\right)^2 = \frac{3}{4}$$

이다.

(b) 확률생성함수에 의할 경우

식 (4.5a)를 이용하면

$$G(t) = \sum_{x=1}^{\infty} t^x (2/3)(1/3)^{x-1} = t(2/3)\sum_{x=1}^{\infty}(t/3)^{x-1} = \frac{2t}{3-t}, \quad t < 3$$

이고,

$$G^{(1)}(t) = \frac{6}{(3-t)^2}, \quad G^{(2)}(t) = \frac{12}{(3-t)^3}$$

이므로,

$$G^{(1)}(1) = E(X) = 3/2, \quad G^{(2)}(1) = E[X(X-1)] = 3/2$$

이다. 따라서 $V(X) = 3/4$이다. ■

아울러, 확률함수를 구할 때도 확률생성함수 $G(t)$가 이용된다.
$R_X = \{0,\ 1,\ 2,\ \cdots\}$이면

$$G(t) = \sum_{x=0}^{\infty} t^x p(x)$$
$$= p(0) + tp(1) + t^2 p(2) + t^3 P(3) + \cdots$$

이므로, $G(t)$를 k번 미분한 후 $t=0$이라 놓으면

$$\frac{G^{(k)}(0)}{k!} = \left[\frac{d^{(k)}G(t)}{dt^k}\right]_{t=0} \Big/ k! = p(k), \quad k = 0,\ 1,\ 2,\ \cdots \tag{4.21}$$

의 관계가 성립함을 알 수 있다. 따라서 $G(t)$를 알면 식 (4.21)를 이용하여 확률함수 $p(x)$를 구할 수 있다.

예제 4.37 확률생성함수가 다음과 같은 확률변수 X의 확률함수를 구하라.

$$G(t) = \{1/3 + 2t/3\}^3$$

• **풀이**

$$G(0) = (1/3)^3,$$
$$G^{(1)}(0) = 3(1/3)^2(2/3),$$
$$G^{(2)}(0) = 3 \cdot 2(1/3)(2/3)^2,$$
$$G^{(3)}(0) = 3!(2/3)^3$$

이므로 X의 확률함수는 다음과 같다.

x	0	1	2	3	계
$p(x)$	$(1/3)^3$	$3(1/3)^2(2/3)$	$3(1/3)(2/3)^2$	$(2/3)^3$	1

■

확률생성함수는 적률생성함수에서 e^t 대신 t를 대입한 것으로, 만약 두 함수가 모두 존재한다면 서로 유일하게 대응됨을 알 수 있다. 한편, 확률생성함수로부터 확률함수를 이끌어낼 수 있으므로, 이론적으로는 적률생성함수로부터 확률(밀도)함수를 산출할 수 있음을 짐작할 수 있다. 특히, 적률생성함수나 확률생성함수는 만약 존재한다면, 각 확률변수마다 하나씩 밖에 존재하지 않는다. 다시 말해서, 적률생성함수 혹은 확률생성함수가 동일한 두 확률변수는 동일한 분포를 따른다.

함수변환

수학에서는 라플라스 변환이나 z-변환 등이 미적분방정식을 해결하는데 활용된다. 사실 적률생성함수는 라플라스 변환과 동일한 것이며, 확률생성함수는 z-변환과 같다. 이 두 변환은 항상 존재한다고는 할 수 없어 푸리에변환이 개발되었는데, 확률론에서는 이를 분포함수의 특성함수(characteristic function)이라 한다. 이들 변환이 주어진 함수를 특성화시키는 것처럼, 적률생성함수, 확률생성함수, 특성함수 모두 분포함수를 특성화시킨다. 즉 존재하면 원래 함수와 1:1 대응이 된다.

연습문제 4.6

1. 다음 확률함수를 갖는 분포의 적률생성함수를 구하라.

   (a) $p(x) = \binom{5}{x}\left(\frac{1}{3}\right)^x\left(\frac{2}{3}\right)^{5-x}, \quad x = 0,\ 1,\ \cdots,\ 5$

   (b) $p(x) = \frac{e^{-2}2^x}{x!}, \quad x = 0,\ 1,\ 2,\ \cdots$

2. 적률생성함수가 다음과 같은 분포의 평균과 분산을 구하라.

   (a) $M(t) = \frac{1}{4}(3e^t + e^{-t}), \quad -\infty < t < \infty$

   (b) $M(t) = \frac{pe^t}{1-qe^t}, \quad$ 단 $q = 1-p$

3. 확률변수 X의 적률생성함수가 다음과 같을 때 X의 분포를 구하라.

   (a) $M(t) = \left(\frac{1}{6}\right)e^t + \left(\frac{2}{6}\right)e^{2t} + \left(\frac{3}{6}\right)e^{3t}, \quad -\infty < t < \infty$

   (b) $M(t) = \frac{1}{6}(4 + e^t + e^{-t}), \quad -\infty < t < \infty$

4. 확률변수 X의 확률밀도함수가

$$f(x) = \begin{cases} cx(1-x), & 0 < x < 1 \\ 0, & \text{기타} \end{cases}$$

   일 때,

   (a) c를 구하라.

   (b) $P(0.4 \le X \le 1)$를 구하라.

   (c) 적률생성함수, 평균 및 분산을 구하라.

5. 확률변수 X의 확률밀도함수가

$$f(x) = \begin{cases} ce^{-\alpha x}(1-e^{-\alpha x}), & 0 < x < \infty \\ 0, & \text{기타} \end{cases}$$

   단, $\alpha > 0$는 상수일 때,

(a) c를 정하라.

(b) 분포함수 $F(x)$를 구하라.

(c) $P(X>1)$을 구하라.

(d) 적률생성함수, 평균 및 분산을 구하라.

6. 적률생성함수가

$$M(t)=(1-t)^{-3}, \quad t<1$$

인 분포의 적률 μ_k를 구하라.

7. 확률변수 X의 확률밀도함수가

$$f(x)=\begin{cases} \dfrac{1}{b-a}, & a<x<b \\ 0, & \text{기타} \end{cases}$$

일 때, X의 적률생성함수를 구하라.

8. 확률변수 X의 확률밀도함수가

$$f(x)=\begin{cases} 1, & 0<x<1 \\ 0, & \text{기타} \end{cases}$$

일 때,

(a) X의 적률생성함수를 구하라.

(b) (a)의 결과를 이용하여 $Y=(b-a)X+a$의 적률생성함수를 구하라. Y는 어떤 분포를 따르는가?

9. 확률변수 X의 평균과 분산이 각각 μ, σ^2이고 적률생성함수가 $M(t)$라 하자. 확률변수 Y의 적률생성함수가

$$M_Y(t)=e^{c[M(t)-1]}, \quad -\infty<t<\infty$$

일 때, Y의 평균과 분산을 X의 평균과 분산으로 나타내라. 단, 여기서 c는 상수이다.

10. 확률변수 X의 확률함수가

$$p(x) = \binom{n}{x} p^x (1-p)^{n-x}, \quad x = 0,\ 1,\ 2,\ \cdots,\ n$$

일 때,

(a) X의 확률생성함수를 구하고 이를 이용하여 $E(X)$를 구하라.

(b) $E[X(X-1)]$을 구하고 이로부터 $V(X)$를 구하라.

11. 다음의 확률생성함수를 갖는 확률변수 X의 분포를 구하라.

(a) $G(t) = \dfrac{p}{1-tq}$, $|t| < 1$, 단 $q = 1-p$

(b) $G(t) = e^{-\lambda(1-t)}$, $|t| \le 1$

12. 확률변수 X의 확률밀도함수가

$$f(x) = \begin{cases} e^x, & -\infty < x < 0 \\ 0, & \text{기타} \end{cases}$$

일 때,

(a) X의 적률생성함수를 구하라.

(b) X의 평균과 분산을 구하라.

(c) $E(e^{2X})$를 구하라.

13. 앞면이 나올 때까지 계속하여 동전을 던지는 실험에서 동전을 던진 횟수를 확률변수 X라 할 때, X의 확률생성함수를 구하고, 이를 이용하여 평균과 분산을 구하라.

14. $E(aX+b) = aE(X)+b$이고 $V(aX+b) = a^2 V(X)$임을 보여라.

15. 확률변수 X의 평균이 μ, 분산이 σ^2이고 적률생성함수가 $M(t)$일 때 $Z = \dfrac{X-\mu}{\sigma}$의 적률생성함수를 이들의 함수로 나타내고 이를 이용하여 Z의 평균과 분산을 구하라.

16. 확률변수 X의 분산이 존재하면, 부등식 $E(X^2) \ge [E(X)]^2$이 성립함을 보여라.

17. 평균이 μ이고 분산이 σ^2인 확률변수 X의 4차 적률이 존재할 때 부등식

$$E\ [(X-\mu)^4] \ge \sigma^4$$

이 성립함을 보여라.

18. $M(t)$가 확률변수 X의 적률생성함수일 때 $C(t)=\ln M(t)$라 하면 $M(t)$보다 $C(t)$를 미분하기가 더 쉬운 경우가 많다. $C(t)$의 테일러급수 전개에서 $\frac{t^r}{r!}$의 계수 k_r을 X의 r차 **누가적률**(cumulant)이라 부르고 식

$$k_r = C^{(k)}(0), \quad r=1,\ 2,\ \cdots$$

로 구한다. 여기서 $C^{(k)}(0)$는 $C(t)$를 t로 k번 미분해서 $t=0$로 놓은 것이다.

(a) $k_1=\mu_1$, $k_2=\sigma^2$가 됨을 보여라.

(b) 연습문제 #4.6.1(b)의 확률함수를 갖는 분포의 평균과 분산을 구하라.

19. $\mu_k' = E[(X-\mu)^k]$을 확률변수 X의 중심적률이라고 한다. μ_k와 μ_k' 사이에는 다음과 같은 관계가 있음을 보여라.

(a) $\mu_k' = \mu_k - \binom{k}{1}\mu_{k-1}\mu + \binom{k}{2}\mu_{k-2}\mu^2 + \cdots + (-1)^k\mu^k$

(b) $\mu_k = \mu_k' + \binom{k}{1}\mu_{k-1}'\mu + \binom{k}{2}\mu_{k-2}'\mu^2 + \cdots + \mu^k$

20*. X의 적률생성함수를 $M(t)$, $-h<t<h$라고 할 때 다음 부등식이 성립함을 보여라.

(a) $P(X \geq a) \leq e^{-at}M(t)$, $0<t<h$

(b) $P(X \leq a) \leq e^{-at}M(t)$, $-h<t<0$

4.7 확률부등식

확률변수의 분포를 모르더라도 기댓값이나 분산을 알면 우리가 알고자 하는 확률이 대략 어느 범위에 있는지 알 수 있다. 다음 정리는 확률변수의 분포를 모를 경우, 확률에 대한 대략적인 판단을 하고자 할 때 이용될 수 있다.

정리 4.6 |

확률변수 X의 비음(nonnegative)의 함수 $h(X)$의 기댓값 $E[h(X)]$이 존재하면, 임의의 $\epsilon > 0$에 대해 다음의 부등식이 성립한다.

$$P[h(X) \geq \epsilon] \leq \frac{E[h(X)]}{\epsilon}$$

• **증명** X가 연속형 확률변수일 때, $A = \{x \,;\, h(x) \geq \epsilon\}$라 두면,

$$\begin{aligned} E[h(X)] &= \int_{-\infty}^{\infty} h(x)f(x)dx = \int_{A} h(x)f(x)dx + \int_{A^c} h(x)f(x)dx \\ &\geq \int_{A} h(x)f(x)dx \geq \int_{A} \epsilon f(x)dx \\ &= \epsilon \int_{A} f(x)dx = \epsilon P(A) = \epsilon P[h(X) \geq \epsilon] \end{aligned}$$

이므로 주어진 부등식이 성립한다. X가 이산형 확률변수일 경우도 비슷한 방법으로 증명할 수 있다. ■

[정리 4.6]에서 양의 실수 r과 k에 대하여 $h(X) = |X|^r$, $\epsilon = k^r$라 하면

$$P[|X| \geq k] \leq \frac{E|X|^r}{k^r} \tag{4.22}$$

이 성립하는데, 이를 **마코브(Markov) 부등식**이라 한다. 특히, $h(X) = (X-\mu)^2$, $\epsilon = k^2\sigma^2$라 두면 부등식

$$P\{\ |X-\mu| \geq k\sigma\} = P\{(X-\mu)^2 \geq k^2\sigma^2\} \leq \frac{E(X-\mu)^2}{k^2\sigma^2} = \frac{1}{k^2}$$

이 얻어진다. 이를 이용하면 다음과 같이 체비세프 부등식이 얻어진다.

정리 4.7 | 체비세프(Chebyshev) 부등식

> $\mu = E(X)$, $\sigma = SD(X)$이라 할 때,
>
> $$P[|X-\mu| < k\sigma] \geq 1 - \frac{1}{k^2}$$
>
> 이 성립한다.

예제 4.38 분포를 모르는 어떤 확률변수의 평균이 10, 표준편차가 2라고 할 때, $P[6 < X < 14]$가 얼마 정도 되는지 알아보자.

• **풀이**

$$P[6 < X < 14] = P[\,|X-10| < 2 \cdot 2] \geq 1 - 1/2^2 = 3/4,$$

즉 $P[6 < X < 14] \geq 3/4$가 된다. 만일 표준편차가 2가 아니고 1이라면

$$P[6 < X < 14] = P[\,|X-10| < 4 \cdot 1] \geq 1 - 1/4^2 = 15/16,$$

즉 $P[6 < X < 14] \geq 15/16$가 됨을 알 수 있다. ■

예제 4.39 확률변수 X의 밀도함수가 다음과 같을 때, $P(0 < X < 30)$의 값을 다음 방법으로 각각 계산하여 비교하라.

$$f(x) = \begin{cases} \frac{1}{10} e^{-\frac{x}{10}}, & x > 0 \\ 0, & \text{기타} \end{cases}$$

(a) 체비세프 부등식 이용

(b) 확률밀도함수를 적분

• **풀이** (a) 이 분포의 평균과 표준편차는 $\mu = \sigma = 10$이 된다. 따라서 체비세프 부등식을 이용하면

$$P(0 < X < 30) = P(-10 < X < 30) = P(|X-10| < 2 \times 10) \geq 0.75$$

에 의해 0.75 이상이라는 것만을 알 수 있을 뿐이다.

(b) 확률밀도함수를 적분하여 정확한 확률값을 구하면

$$P(0 < X < 30) = \int_0^{30} \frac{1}{10} e^{-\frac{x}{10}} dx = 1 - e^{-3} = 0.9502$$

이다.

따라서 체비세프 부등식으로 구한 "0.75 이상"이라는 것이 틀리지는 않았지만 정확도가 떨어짐을 알 수 있다. 체비세프 부등식은 분포에 상관없이 성립하는 부등식으로 확률밀도함수를 적분하여 정확하게 계산한 확률값보다 정확도가 떨어질 수밖에 없다. ■

연습문제 4.7

1. X가 평균 8, 분산 9인 확률변수일 때, 체비세프 부등식을 이용하여
   (a) 확률 $P(3 < X < 13)$의 하한을 구하라.
   (b) $P(|X-8| \geq c) \leq 0.09$를 만족하는 c를 구하라.

2. 확률변수 X에 대해 $E(X) = 10$, $P(X \leq 7) = 0.2$, $P(X \geq 13) = 0.3$이 성립할 때, $V(X)$의 하한을 구하라.

3. 동전을 세 번 던졌을 때 나오는 앞면의 수를 확률변수 X라 하자.
   (a) X의 확률함수를 구하라.
   (b) X의 평균과 분산을 구하라.
   (c) X가 평균을 중심으로 한 단위 표준편차 안에 들어올 확률을 구하라. 두 단위 표준편차 안에 들어올 확률을 구하여라. 그리고 체비세프 부등식의 결과와 비교하라.

4. 갑 전자회사 제품인 라디오 1,000대당 보증기간 내에 고장 나서 무상수리되는 수 X의 평균과 분산은 보증수리 기록으로부터 각각 100과 90인 것으로 나타났다. 체비세프 부등식을 이용하여 $P(a \leq X \leq b) \geq 0.95$가 되는 a와 b를 구하라.

5. 확률변수 X의 확률밀도함수가

$$f(x) = \begin{cases} 1, & 0 < x < 1 \\ 0, & \text{기타} \end{cases}$$

일 때 $P\{|X-\mu|<2\sigma\}$를 구하고 체비세프 부등식에서 구한 확률의 범위와 비교하라.

6. 확률변수 X의 확률밀도함수가

$$f(x)=\begin{cases}|1-x|, & 0<x<2 \\ 0, & \text{기타}\end{cases}$$

일 때,

(a) 확률밀도함수의 그림을 그리고, X의 평균과 표준편차를 구하라.

(b) $P[|X-\mu|\le 2\sigma]$을 구하고 체비세프 부등식의 결과와 비교하라.

7. 확률변수 X의 확률함수는 다음과 같다.

$$p(x)=\begin{cases}\dfrac{1}{8}, & x=-1,\ 1 \\ \dfrac{3}{4}, & x=0\end{cases}$$

(a) 이 확률함수로부터 $P(|X-\mu|<2\sigma)$를 구하고 이 값이 $k=2$일 때의 체비세프 부등식의 하한과 일치함을 보여라. 이 결과가 의미하는 것이 무엇인가?

(b) (a)의 결과를 일반화하여 조건

$$P(|Y-\mu_Y|<k\sigma_Y)=1-\frac{1}{k^2}$$

를 만족하는 확률변수 Y의 확률함수를 찾아라.

8. 음료수를 채우는 작업에서 채워지는 음료수 양의 평균은 μ(단위: ml)이다. 생산자는 실제 채워지는 음료수의 양 X와 μ의 차이가 10 ml 이내가 되기를 원한다. 생산된 음료수 중 적어도 75%가 이 구간에 속하도록 하는 최대 표준편차 σ를 구하라.

9. 웨이퍼 표면의 실리콘을 제거하는 에칭작업을 수행하는 기존 기계의 월평균 고장시간(단위: 시간) X의 확률밀도함수는 다음과 같다.

$$f(x)=\begin{cases}\dfrac{1}{16}x^2e^{-\frac{x}{2}}, & x>0 \\ 0, & \text{기타}\end{cases}$$

새로 구입한 저가기계의 한 달 동안 고장시간이 21시간이었다면 기존 기계보다 성능이 떨어진다고 할 수 있는가?

10. 확률변수 X의 확률밀도함수가

$$f(x) = \begin{cases} \dfrac{x^k e^{-x}}{k!}, & x > 0 \\ 0, & \text{기타} \end{cases}$$

일 때, 확률부등식

$$P(0 < X < 2(k+1)) \geq \frac{k}{k+1}$$

이 성립함을 보여라. 단, 여기서 k는 양의 정수이다.

4.8* 혼합형 분포

지금까지 우리는 이산형과 연속형 분포를 주로 다루어왔으나, 이 둘이 혼합된 형태의 분포를 따르는 확률변수도 있다. 확률변수 X가 **혼합형분포함수**(mixed distribution function) $F(x)$를 따르면, $F(x)$는

$$F(x) = \alpha F_d(x) + (1-\alpha)F_c(x) \tag{4.23}$$

와 같은 형태로 분해하여 표현할 수 있다. 여기서 $F_d(x)$와 $F_c(x)$는 각각 이산형과 연속형 분포함수이고, $\alpha(0 < \alpha < 1)$는 이산형 부분의 확률의 합이고, $1-\alpha$는 연속형 부분의 확률의 합이다.

예제 4.40 불량률이 5%인 전구를 불이 켜지는지 검사하지 않고 구입했다고 하자. 구입할 당시에 불량이 아닌 전구의 수명의 확률밀도함수는

$$f(x) = \begin{cases} e^{-x}, & x > 0 \\ 0, & \text{기타} \end{cases}$$

라 하고 전구수명 X의 분포함수를 구해보자.

• **풀이** 구입할 당시에 불량인 전구의 수명은 항상 0이므로 그 분포함수는

$$F_d(x) = \begin{cases} 0, & x < 0 \\ 1, & x \geq 0 \end{cases}$$

이고 구입할 당시에 불량이 아닌 전구의 수명의 분포함수는

$$F_c(x) = 1 - e^{-x}, \quad x \geq 0$$

이다. 또, 구입할 당시에 전구의 5%가 불량이고 나머지는 불량이 아니므로 검사하지 않고 구입한 전구의 수명 X의 분포함수는

$$\begin{aligned} F(x) &= (0.05)F_d(x) + (0.95)F_c(x) \\ &= \begin{cases} 0, & x < 0 \\ 1 - 0.95e^{-x}, & x \geq 0 \end{cases} \end{aligned}$$

와 같게 되고 이를 그림으로 나타내면 [그림 4.6]과 같게 된다. ■

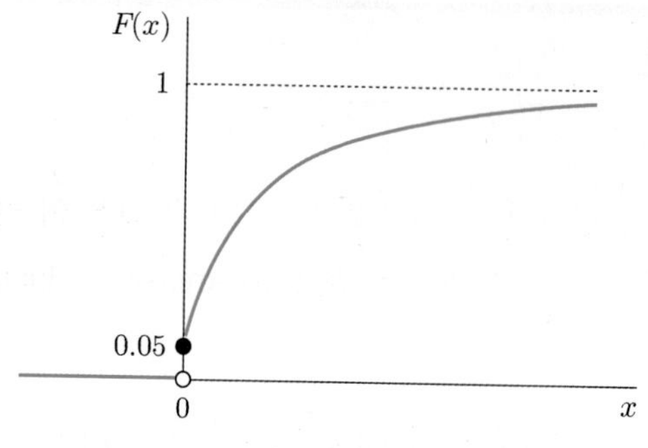

[그림 4.6] **[예제 4.40]의 분포함수**

[그림 4.6]에서 알 수 있듯이 혼합형 확률변수의 분포함수는 몇 개의 특정한 점에서만 불연속이고 다른 모든 점에서 연속이지만 계단함수의 형태를 띠는 것은 아니다. 제4.2절의 [그림 4.4]에서 (d)는 혼합형 확률변수의 분포함수이다.

확률변수 X가 혼합형 분포 (4.23)을 따를 때, X의 함수 $h(X)$의 기댓값은

$$E[h(X)] = \alpha E[h(X_d)] + (1-\alpha)E[h(X_c)] \tag{4.24}$$

가 됨을 알 수 있다. 여기서 X_d와 X_c는 각각 분포함수 $F_d(\cdot)$와 $F_c(\cdot)$를 따르는 확률변수이다.

예제 4.41 동전 던지기와 원반 돌리기로 진행하는 게임이 있다. 이 게임의 진행방식은 먼저 동전을 던져 앞면이 나오면 2천 원을 받고 뒷면이 나오면 0부터 1사이의 정밀한 눈금이 매겨진 원반을 돌려서 멈추는 점에 해당하는 만큼의 금액을 천 원 단위로 받는다. 게임 참여자가 받게 되는 돈 X(단위: 천 원)의 분포를 구하고 평균과 분산을 계산해 보자.

• **풀이** $R_X = [0, 1] \cup \{2\}$ 이다. 이산형 분포함수 $F_d(x)$와 연속형 분포함수 $F_c(x)$를 구하면 각각

$$F_d(x) = \begin{cases} 0, & x < 2, \\ 1, & x \geq 2, \end{cases}$$

$$F_c(x) = \begin{cases} 0, & x < 0 \\ x, & 0 \leq x < 1 \\ 1, & 1 \leq x \end{cases}$$

이다. X의 분포함수는 $F(x) = \frac{1}{2}F_d(x) + \frac{1}{2}F_c(x)$이므로

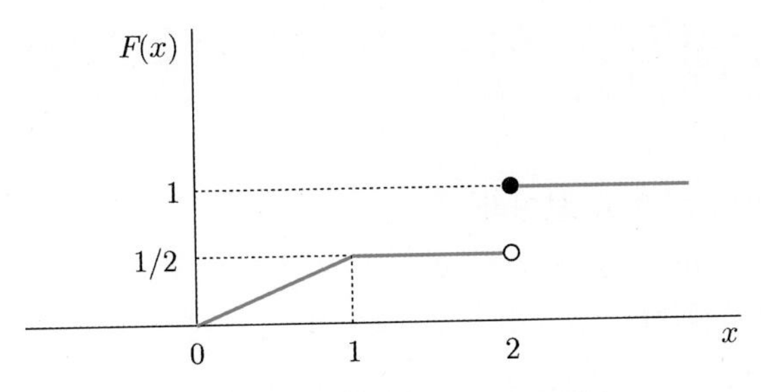

[그림 4.7] [예제 4.41]의 분포함수

$$F(x) = \begin{cases} 0, & x < 0, \\ x/2, & 0 \le x < 1, \\ 1/2, & 1 \le x < 2, \\ 1, & 2 \le x, \end{cases}$$

이고, 이를 그림으로 나타내면 [그림 4.7]과 같다.
따라서 X의 평균은

$$\mu = \frac{1}{2} \times 2 + \frac{1}{2} \int_0^1 x dx = \frac{5}{4}$$

이고,

$$E(X^2) = \frac{1}{2} \times 2^2 + \frac{1}{2} \int_0^1 x^2 dx = \frac{13}{6}$$

로부터 분산은

$$\sigma^2 = E(X^2) - \mu^2 = \frac{29}{48}$$

이다. ■

연습문제 4.8

1. 다음 함수가 확률밀도함수임을 보여라.

(a) $f_1(x) = \begin{cases} e^{-x}, & 0 < x < \infty \\ 0, & \text{기타} \end{cases}$

(b) $f_2(x) = \begin{cases} 2e^{-2x}, & 0 < x < \infty \\ 0, & \text{기타} \end{cases}$

(c) $f_3(x) = (\theta+1)f_1(x) - \theta f_2(x),\ 0 < \theta < 1$

2. 전화국에서 관찰한 시외전화의 통화시간(단위: 분)을 확률변수 X라 하면, $P(X=3)=0.25$, $P(X=6)=0.15$이고 X의 다른 값에 대해서는 아래와 같은 연속형 확률밀도함수를 가진다.

$$f(x) = \begin{cases} \frac{1}{9}xe^{-\frac{x}{3}}, & x > 0 \\ 0, & \text{기타} \end{cases}$$

시외전화의 평균통화시간을 구하라.

3. 어떤 전자부품은 장착하고 나면 바로 고장 날 확률이 1/4이라고 한다. 바로 고장 나지 않는다면 그 수명시간(단위: 100시간)의 확률밀도함수는 다음과 같다.

$$f(x) = \begin{cases} \frac{1}{2}e^{-\frac{x}{2}}, & x > 0 \\ 0, & \text{기타} \end{cases}$$

(a) X의 분포함수와 $P(X>4)$를 구하라.
(b) X의 평균과 분산을 구하라.

4. 어떤 부품의 수명시간(단위: 100시간) X의 확률밀도함수는 다음과 같다.

$$f(x) = \begin{cases} \frac{1}{3}e^{-\frac{x}{3}}, & x > 0 \\ 0, & \text{기타} \end{cases}$$

단, 이 부품이 고장 나거나 그 수명이 600시간을 넘으면 교체하게 된다.
(a) 이 부품이 사용되는 시간을 확률변수 Y라 할 때, Y의 분포함수를 구하라.
(b) 이 부품은 평균 몇 시간이나 사용되는가?

5. 확률변수 X의 분포함수가

$$F(x)=\begin{cases}0, & x<0\\ x^2+1/4, & 0\le x<1/2\\ x, & 1/2\le x<1\\ 1, & x\ge 1\end{cases}$$

일 때,

(a) $F_c(x)$, $F_d(x)$를 각각 연속형과 이산형 분포함수라 할 때 $F(x)$를 $aF_c(x)+bF_d(x)$의 꼴로 표현하라.

(b) $P(1/4<X<3/4)$와 $P(1/4<X<1/2)$를 구하라.

6. f와 g가 확률밀도함수일 때 $\alpha f+(1-\alpha)g$, $0\le\alpha\le 1$가 확률밀도함수임을 보여라.

7. 연습문제 #6에서 정의된 확률밀도함수 $\alpha f+(1-\alpha)g$를 갖는 확률변수의

(a) 평균과 분산을 각각 f와 g의 평균과 분산을 이용하여 나타내라.

(b) 적률생성함수를 f와 g의 적률생성함수를 이용하여 나타내라.

8. 확률변수 X의 분포함수는 다음과 같다.

$$F(x)=pH(x)+(1-p)G(x)$$

단, 여기서 p는 $0<p<1$인 상수이고

$$H(x)=\begin{cases}0, & x<0\\ x, & 0\le x<1\\ 1, & x\ge 1\end{cases},\quad G(x)=\begin{cases}0, & x<0\\ \dfrac{1}{2}x, & 0\le x<2\\ 1, & x\ge 2\end{cases}$$

(a) $p=1/2$일 때 $F(x)$를 그림으로 나타내라.

(b) X의 확률밀도함수를 구하라.

CHAPTER

05 여러 가지 분포

4장에서 일반적인 확률분포에 대해 학습하였는데 그 종류는 이론적으로 무한히 많을 수 있다. 이 장에서는 경영학을 포함한 사회과학이나 공학, 의학, 생명과학 등에서 널리 활용되고 있는 확률분포를 소개한다. 개념 이해가 비교적 쉬운 이산형 확률분포를 먼저 소개하고 다음으로 연속형 확률분포를 설명한다.

5.1 이산형 균일분포

확률변수 X가 가질 수 있는 값의 집합 R_X가 N 개의 점 $x_1, \cdots, x_N$으로 구성되어 있고 이들 점들이 동일한 확률값

$$P(X=x_i)=p(x_i)=\frac{1}{N},\ i=1,\ \cdots,\ N$$

을 가질 때, 확률변수 X는 **이산형 균일분포(discrete uniform distribution)**를 따른다고 한다.

특히, $R_X = \{1, 2, \cdots, N\}$이라면 X의 확률함수는

$$p(x) = \frac{1}{N}, \ x = 1, \cdots, N \tag{5.1}$$

이 된다. 이때 X의 기댓값은

$$E(X) = \frac{1}{N}\sum_{x=1}^{N} x = \frac{N+1}{2} \tag{5.2}$$

이고, 분산은

$$V(X) = \frac{1}{N}\sum_{x=1}^{N} x^2 - \left(\frac{N+1}{2}\right)^2 = \frac{(N^2-1)}{12} \tag{5.3}$$

이다.

예제 5.1 주사위를 한 번 던져 나오는 눈을 X라 할 때, X의 확률함수, 기댓값 및 분산을 구해보자.

• **풀이** 먼저, $R_X = \{1, 2, 3, 4, 5, 6\}$이고, 확률함수는

$$p(x) = 1/6, \quad x = 1, \cdots, 6$$

이다. 따라서

$$E(X) = \frac{6+1}{2} = \frac{7}{2},$$

$$V(X) = \frac{(6^2-1)}{12} = \frac{35}{12}$$

이다. ■

이산형 균일분포는 균등표본공간 S를 구성하는 유한한 수의 표본점과 S상에 정의된 확률변수의 실현값이 1: 1 대응이 될 경우에 이용된다.

예제 5.2 동전과 주사위를 함께 던져 동전의 앞면이 나오면 주사위 눈의 수만큼 돈(단위: 100원)을 받고, 동전의 뒷면이 나오면 주사위 눈의 수만큼 돈을 주는 게임을 한다고 할 때, 게임 참여자가 받게 될 금액 X의 확률함수를 구해보자.

• **풀이** 먼저 표본공간 S와 R_X를 구하면

$$S=\{(y_1,\ y_2):y_1=H,\ T;\ y_2=1,\ 2,\ \cdots,\ 6\},$$
$$R_X=\{\pm 1,\ \pm 2,\ \pm 3,\ \pm 4,\ \pm 5,\ \pm 6\}$$

으로 각각의 구성원소가 서로 1:1 대응을 하고 있으므로, 확률함수는

$$p(x)=1/12,\quad x=\pm 1,\ \pm 2,\ \cdots,\ \pm 6$$

이 된다. ■

연습문제 5.1

1. 갑과 을이 가위바위보를 할 때, X를 갑이 이기면 $+1$, 비기면 0, 지면 -1을 취하는 확률변수라 하자. X의 확률함수를 구하라.

2. 10명의 지원자 중에서 무작위로 1명을 채용하는 경우, 지원자 번호를 1부터 10까지라고 할 때, 채용되는 지원자 번호의 평균과 분산을 구하라.

3. 1부터 12까지의 숫자가 쓰여 있는 카드 중에서 한 장을 뽑는 게임에서 3의 배수가 나오면 300원을 받고 5의 배수가 나오면 500원을 받는다. 그 밖의 카드를 뽑을 경우 100원을 주기로 하였다. 게임 참여자가 받게 될 금액의 기댓값을 구하라.

4. 한 가전제품 대리점의 하루 TV 판매량은 최하 5대에서 최고 10대 사이에서 균일분포를 따른다고 한다.
   (a) 하루 TV 판매량이 7대 이상일 확률을 구하라.
   (b) 하루 TV 판매량의 기댓값과 분산을 구하라.

5. $\{1, 2, \cdots, 10^3\}$ 중에서 하나의 정수를 뽑을 때,

(a) 뽑힌 정수가 3, 5, 7, 15, 105로 나누어떨어질 확률은 각각 얼마인가?

(b) 10^3을 10^k로 대체할 경우 (a)의 각각의 확률을 구하라. $k \to \infty$이면, 이 확률은 어떻게 되는가?

6. 주사위를 세 번 던져서 나온 눈금의 최댓값을 M이라 할 때,

(a) M의 확률함수를 구하라.

(b) M이 홀수일 확률을 구하라.

7. 1부터 N까지 번호가 적힌 표가 들어있는 상자에서 n개의 표를 복원으로 뽑아 이 중 가장 큰 번호를 확률변수 X라 할 때, $P(X=k)$와 $E(X)$를 구하라.

8. 1부터 N까지의 번호가 적힌 공이 들어있는 상자에서 n개를 차례로 뽑아 나온 숫자를 확률변수 $X_1, X_2, \cdots, X_n$이라 하자. 이렇게 얻어진 확률변수들의 총합을 $S_n = \Sigma_{i=1}^{n} X_n$라 할 때, $E(S_n)$을 구하라.

9. 식 (5.1)의 확률함수를 가진 분포에서

(a) 적률생성함수 또는 확률함수를 이용하여 $E(X^3)$과 $E(X^4)$을 각각 구하라.

(b) 왜도와 첨도를 구하라.

5.2 베르누이 시행과 이항분포

가장 간단한 확률실험은 실험결과 나올 수 있는 표본점의 수가 둘 뿐인 실험이다. 동전을 던지거나 운전면허 시험을 보는 경우 나타날 수 있는 결과의 집합, 즉, 표본공간은 각각 {H, T}, {합격, 불합격}으로 표본점이 둘밖에 없다. 이와 같이 나올 수 있는 결과가 둘 뿐인 확률실험을 **베르누이 실험**(Bernoulli experiment)이라 하고, 동일한 베르누이 실험을 독립적으로 반복할 때 이를 **베르누이 시행**(Bernoulli trial)이라 한다. 요컨대, 베르누이 시행은 다음의 세 조건이 충족되는 상황에서 반복하여 시행하는 실험이다:

i) 각 시행의 결과는 상호배타적인 두 사건 중의 하나이다. 그 중 한 결과를 성공(success), 다른 한 결과는 실패(failure)라고 부른다. 관심의 대상이 되는 사건을 보통 성공으로 부른다.

ii) 각 시행은 독립적(independent)이다. 즉, 각 시행의 결과는 다른 시행의 결과에 영향을 미치지 않는다.

iii) 각 시행에서의 성공 확률은 동일하다(identical).

나올 수 있는 결과가 여러 가지인 경우라 하더라도 어떤 기준에 의해 두 부류로 나누어 베르누이 실험으로 간주할 수도 있다. 만약 주사위를 던질 경우, 나올 눈이 짝수인지 홀수인지에 관심이 있다면 표본공간을 {1, 2, 3, 4, 5, 6}으로 하지 않고 {짝수, 홀수}와 같이 나타내어 베르누이 실험으로 볼 수도 있다.

편의상 베르누이 실험의 표본공간을 $S=\{s, f\}$로 표기하고, s는 성공, f는 실패를 나타낸다고 하자. 표본공간 S상에 확률변수 X를,

$$X(\omega)=\begin{cases}1, & \omega=s\\ 0, & \omega=f\end{cases}$$

와 같이 정의하고, 성공의 확률을 $P(X=1)=p$라 하면 X의 확률함수는

$$p(x)=p^x(1-p)^{1-x}, \quad x=0,\ 1 \tag{5.4}$$

임을 알 수 있다. 이때 확률변수 X는 모수가 p인 **베르누이 분포**(Bernoulli distribution)를 따른다고 한다.

$q=1-p$라 할 때, 베르누이 분포의 적률생성함수, 평균 및 분산은 다음과 같다.

$$M(t) = q + pe^t, \tag{5.5}$$
$$E(X) = p, \tag{5.6}$$
$$V(X) = pq. \tag{5.7}$$

예제 5.3 동전을 한 번 던져 앞면이 나오면 $X=1$, 뒷면이 나오면 $X=0$이라 할 때 X의 확률함수, 적률생성함수, 기댓값, 분산을 구해보자.

• **풀이** $p = 1/2$이므로

$$p(x) = \left(\frac{1}{2}\right)^x \left(1-\frac{1}{2}\right)^{1-x} = \frac{1}{2}, \quad x = 0,\ 1,$$
$$M(t) = \left(\frac{1}{2}\right)(1+e^t),$$
$$E(X) = \frac{1}{2},$$
$$V(X) = \frac{1}{2}\left(1-\frac{1}{2}\right) = \frac{1}{4}$$

이다. ■

이제 n회의 베르누이 시행에서 성공횟수 X의 확률분포가 어떻게 되는지 알아보자. X의 확률함수를 구하기 위해 우선 특정 순서에 따라 s가 x번, f가 $(n-x)$번 나올 확률을 구하면 $p^x(1-p)^{n-x}$이다. 또한 n회의 시행 중에서 s가 x번 f가 $(n-x)$번 나오는 모든 배열의 수는 $\binom{n}{x}$이므로, X의 확률함수는

$$p(x) = \binom{n}{x} p^x (1-p)^{n-x}, \quad x = 0,\ 1,\ \cdots,\ n \tag{5.8}$$

이 된다. 이때 X를 모수가 n과 p인 **이항분포(binomial distribution)**를 따른다고 하고 $X \sim b(n,\ p)$로 표기한다.

식 (5.8)의 $p(x)$가 확률함수의 조건을 만족하는지를 알아보자. 우선 $p(x) \geq 0$임은 쉽게 알 수 있고, 식 (4.2a)의 이항정리를 이용하면

$$\sum_{x=0}^{n} p(x) = \sum_{x=0}^{n} \binom{n}{x} p^x (1-p)^{n-x} = \{p + (1-p)\}^n = 1$$

이 되므로, $p(x)$는 확률함수이다.

정리 5.1 |

$X \sim b(n,\ p)$일 때

$$E(X) = np,$$
$$V(X) = np(1-p),$$
$$M(t) = [pe^t + q]^n.$$

여기서, n은 베르누이 시행횟수이고, p는 각 시행의 성공확률이다.

• **증명**

$$\begin{aligned} E(X) &= \sum_{x=0}^{n} xp(x) = \sum_{x=0}^{n} x\binom{n}{x}p^x q^{n-x}, \quad q = 1-p \\ &= np\sum_{x=1}^{n}\binom{n-1}{x-1}p^{x-1}q^{(n-1)-(x-1)} \\ &= np\sum_{y=0}^{n-1}\binom{n-1}{y}p^y q^{n-1-y} \\ &= np\sum_{y=0}^{n-1}p_Y(y), \quad (\because\ Y \sim b(n-1,\ p)) \\ &= np \end{aligned}$$

$$\begin{aligned} E[X(X-1)] &= \sum_{x=0}^{n} x(x-1)p(x) = \sum_{x=0}^{n} x(x-1)\binom{n}{x}p^x q^{n-x} \\ &= n(n-1)p^2\sum_{x=2}^{n}\binom{n-2}{x-2}p^{x-2}q^{(n-2)-(x-2)} \\ &= n(n-1)p^2\sum_{z=0}^{n-2}\binom{n-2}{z}p^z q^{n-2-z} \\ &= n(n-1)p^2\sum_{z=0}^{n-2}p_Z(z), \quad (\because\ Z \sim b(n-2,\ p)) \\ &= n(n-1)p^2 \end{aligned}$$

따라서

$$\begin{aligned} V(X) &= E[X(X-1)] + E(X) - [E(X)]^2 \\ &= n(n-1)p^2 + np - n^2p^2 \\ &= npq \end{aligned}$$

X의 적률생성함수는 식 (4.2a)를 이용하면

$$M(t) = \sum_{x=0}^{n} e^{tx} p(x) = \sum_{x=0}^{n} e^{tx} \binom{n}{x} p^x q^{n-x}$$
$$= \sum_{x=0}^{n} \binom{n}{x} (pe^t)^x q^{n-x}$$
$$= [pe^t + q]^n$$

이다. ■

예제 5.4 어떤 과목을 수강하는 학생들이 사지선다형 10문항으로 구성된 시험을 치른다고 한다. 배점은 문항당 10점이고 총점이 40점 미만이면 낙제로 처리한다.

(a) 각 문항을 맞으면 10점, 틀리면 0점으로 처리한다면, 이 과목에 대한 지식이 전혀 없는 학생이 낙제를 면할 확률은 얼마나 될까?

(b) 이 과목에 지식이 전혀 없는 학생이 받게 될 점수의 기댓값은?

(c) 틀린 문항에 대한 감점제도를 도입하여 지식이 전혀 없는 학생이 받게 될 점수의 기댓값이 0이 되도록 채점규칙을 정해보자.

(d) 앞의 채점규칙을 따를 경우, 이 과목에 대해 지식이 전혀 없는 학생이 낙제를 면할 확률은 얼마인가?

• 풀이 (a) X를 맞는 문항수라 하면 $X \sim b(10,\ 1/4)$이고, U를 점수라 하면 $U = 10X$이다. 따라서 낙제를 면할 확률은

$$P(U \geq 40) = P(10X \geq 40) = P(X \geq 4) = 1 - P(X \leq 3)$$
$$= 1 - \sum_{x=0}^{3} \binom{10}{x} \left(\frac{1}{4}\right)^x \left(\frac{3}{4}\right)^{10-x} = 0.2241$$

이다.

(b) 기대점수는

$$E(U) = E(10X) = 10E(X) = 10\left(10 \cdot \frac{1}{4}\right) = 25$$

이다.

(c) 틀린 문항에 대하여 a만큼 감점하면 총점은 $U = 10X - a(10 - X)$이고

$$E(U) = E[10X - a(10 - X)] = 10E(X) - 10a + aE(X)$$

$$= 10(2.5) - 10a + a(2.5) = (-7.5)a + 25$$
$$= 0$$

이므로 $a = 10/3$, 즉 맞는 문항에 대해 10점 가산하고 틀린 문항에 대해 10/3점을 감점한다.

(d) $P(U \geq 40) = P\left\{10X - \frac{10}{3}(10 - X) \geq 40\right\} = P(X \geq 5.5)$

$$= P(X \geq 6) = 0.0197$$

이다. ■

이항분포의 누적확률은 $P(X \leq k) = \sum_{x=0}^{k} p(x) = \sum_{x=0}^{k} \binom{n}{x} p^x (1-p)^{n-x}$과 같이 계산한다. 상황에 따라서는 X가 이항분포 $b(n, p)$를 따르면 $Y = n - X$는 이항분포 $b(n, q)$, $q = 1 - p$를 따른다는 사실을 이용하여 원하는 확률을 구할 수 있다. 즉,

$$\begin{aligned} P(X \leq k|p) &= P(n - X \geq n - k|p) \\ &= P(Y \geq n - k|q) \\ &= 1 - P(Y \leq n - k - 1|q) \end{aligned} \tag{5.9}$$

와 같이 변형하여 $P(X \leq k)$를 구할 수 있다. 예를 들어, 10개의 제품 중 양품이 7개 이상일 확률을 구하고자 할 때, 불량품이 3개 이하일 확률과 동일하므로 어느 쪽이든 간편한 쪽을 선택하여 계산하면 된다.

예제 5.5 X의 분포가 $b(10,\ 0.2)$일 경우와 $b(8,\ 0.7)$일 경우에 대하여 $P(2 \leq X \leq 4)$을 각각 구해보자.

• **풀이** $X \sim b(10,\ 0.2)$일 경우

$$P(2 \leq X \leq 4) = P(X \leq 4) - P(X \leq 1) = 0.9672 - 0.3758 = 0.5914$$

이고, $X \sim b(8,\ 0.7)$일 경우는 $Y = 8 - X \sim b(8,\ 0.3)$이므로

$$\begin{aligned} P(2 \leq X \leq 4) &= P(X \leq 4) - P(X \leq 1) = P(Y \geq 4) - P(Y \geq 7) \\ &= \{1 - P(Y \leq 3)\} - \{1 - P(Y \leq 6)\} \\ &= P(Y \leq 6) - P(Y \leq 3) \\ &= 0.9987 - 0.8059 = 0.1928 \end{aligned}$$

이다. ■

[R에 의한 계산]

```
> pbinom(4,10,0.2)-pbinom(1,10,0.2)
[1] 0.5913969
> pbinom(4,8,0.7)-pbinom(1,8,0.7)
[1] 0.192814
> pbinom(6,8,0.3)-pbinom(3,8,0.3)
[1] 0.192814
```

이항분포는 베르누이 시행에서 성공확률 p에 대한 해석을 하는 데에도 응용될 수 있다. 예를 들어, 공정으로부터 샘플링한 제품들 중에 포함된 불량품의 수를 셈으로써 공정 불량률이 얼마인지 추측해볼 수 있다.

예제 5.6 불량률이 5%로 알려진 공정으로부터 제품 10개를 무작위로 뽑아서 검사한다고 하자. 10개 중 불량품이 세 개 이상 포함될 확률을 구하고, 실제 검사결과 세 개의 불량품이 발견되었다면 이 결과를 어떻게 해석할 것인지에 대해 생각해보자.

• **풀이** 불량률이 5%라면, 불량품 수 X는 $b(10,\ 0.05)$를 따르고

$$P(X \geq 3) = 1 - P(X \leq 2) = 1 - 0.9885 = 0.0115$$

로, 10개 중 불량품이 3개 이상 포함될 확률은 약 1%에 불과하다. 따라서 실제 검사한 결과 10개 중 불량품이 3개 이상 나오는 것은 공정이 정상이라면 100번에 한 번 꼴로 아주 드물게 일어날 수 있는 현상이다. 따라서 3개 이상의 불량품이 발견되었을 경우에는 불량률이 5%보다 커졌다고 판단하게 된다. ■

이항분포의 모양은 [그림 5.1]에서 보는 바와 같이 $p = 1/2$일 때는 $x = n/2$를 중심으로 좌우대칭이 되고, $p < 1/2$일 때는 오른쪽 꼬리부분이 더 길게 나타나며, $p > 1/2$일 때는 반대로 왼쪽 꼬리부분이 더 길게 나타난다.

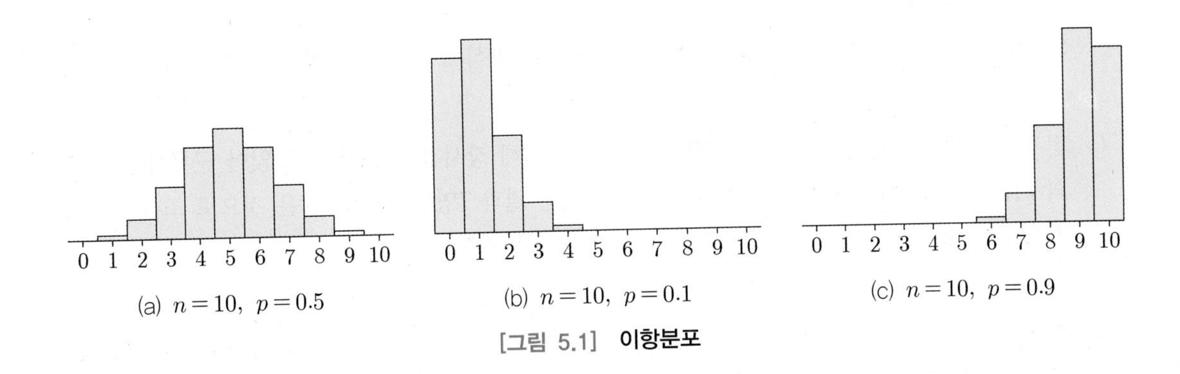

(a) $n=10,\ p=0.5$　(b) $n=10,\ p=0.1$　(c) $n=10,\ p=0.9$

[그림 5.1] **이항분포**

연습문제 5.2

1. 동전 다섯 개를 던질 때 앞면이 나오는 개수에 대한 확률함수를 구하라.

2. X와 Y를 각각 $b(2,\ p)$와 $b(4,\ p)$를 따르는 확률변수라 하자. $P(X \geq 1) = 5/9$일 때 $P(Y \geq 2)$을 구하라.

3. 어느 야구 선수의 타율이 3할이라고 하자. 이 선수가 한 경기에서 5번 타석에 들어설 때, 다음을 구하라.
   (a) 안타를 두 개 칠 확률
   (b) 안타를 적어도 한 개 이상 칠 확률
   (c) 안타를 두 개 이하 칠 확률

4. [예제 5.4]에서 문항수가 20문항일 경우와 5문항일 경우에 대해 (a), (b), (c), (d)를 풀고 그 결과를 비교하라.

5. 15개의 측정값이 있는 표가 있다. 이 가운데 14개는 끝 자릿수가 홀수이다. 만일 끝 자릿수가 홀수와 짝수일 가능성이 동일하다면 15개의 측정값 가운데 이처럼 끝 자릿수가 많아야 1개가 짝수인 확률은 얼마인가?

6. 어느 학교의 구내 식당은 양식 코너와 한식 코너를 별도로 운영하고 있다. 과거의 기록에 의하면 전체 이용 학생 중 60%가 한식 코너를 이용한다고 한다. 이 구내 식당을 이용하는 학생 중

5명을 무작위로 뽑을 때, 이 중 적어도 2명 이상이 양식 코너를 이용할 확률을 구하라.

7. 전자파가 태아의 성별에 미치는 영향을 알아보기 위해 장시간 컴퓨터 앞에 앉아 근무하는 20명의 기혼 남성을 대상으로 첫 아이의 성별을 알아본 결과 7명이 아들을 낳은 것으로 조사되었다. 전자파가 태아의 성별에 영향을 주었다고 할 수 있는가?

8. 한 항공사에서 조사한 자료에 의하면 예약한 승객의 5%가 예약된 시간에 나타나지 않는다고 한다. 이 경우에 대비하여 항공사에서는 100개의 좌석을 가진 비행기에 대해서 104개의 표를 예약해 주고 있다. 예약된 시간에 나타난 승객이 100명 이하가 되어 탑승하지 못한 승객이 한 명도 없을 확률은 얼마인가?

9. 어떤 꽃의 씨가 발아하지 않을 확률이 5%로 알려졌다. 이 씨를 한 봉지에 10개씩 포장하여 판매하는 한국종묘(주)에서는 꽃씨 10개 가운데 적어도 9개는 발아한다고 보증하고 있다. 무작위로 선정된 봉지가 이 보증정책에 위배될 확률을 구하라.

10. 어떤 공정에서 생산되는 제품이 불량품일 확률은 p이다. 제품은 로트 단위로 출하되는데 출하 전에 로트별로 n개를 무작위로 뽑아 검사하여 그 중 불량품이 c개 이하인 경우만을 합격시켜 출하한다. 단, 로트의 크기는 n에 비해 아주 크다. 다음 (a), (b)의 각각에 대해 $p = 0.05,\ 0.20,\ 0.30,\ 0.40,\ 0.50$일 때의 로트의 합격확률을 구하고, p의 변화에 따른 합격 확률의 변화를 그림으로 나타내라. 두 그림이 어떻게 다른가?

(a) $n = 5,\ c = 1$ (b) $n = 20,\ c = 4$

11. 불량률이 10%인 공정에서 생산된 제품 10개를 팔았을 때, X를 10개 중 불량품의 개수라 하자. 이때 회사가 부담하는 무상수리 비용(단위: 천 원)은 $2X^2 + 3X$이다. 기대 수리비용은 얼마인가?

12. X를 성공할 확률이 $p = 1/4$인 베르누이 실험을 n번 반복 시행해서 얻어진 성공 횟수를 X라 할 때, $P(X \geq 1) \geq 0.70$이 되는 n의 최솟값을 결정하라.

13. 확률변수 X가 이항분포 $b(n,\ p)$를 따를 때,

(a) 적률생성함수로부터 X의 평균과 분산을 구하라.

(b) 확률생성함수를 구하고 이로부터 X의 평균과 분산을 구하라.

14*. 성공확률이 p인 베르누이 실험을 n번 반복 시행해서 성공이 x_0번 나왔다고 하자.

(a) 성공확률 p가 성공비율 $\dfrac{x_0}{n}$와 같을 때 $P(X=x_0)$가 최대가 됨을 보여라.

(b) p를 모를 경우 직관적으로 p대신 성공비율 $\hat{p}=\dfrac{X}{n}$을 쓰려고 할 것이다. $\hat{p}$의 평균과 분산을 구하라. n이 커지면 $\hat{p}$의 분산은 어떻게 되는가?

15*. $x=r$이 $b(n,\ p)$인 분포의 유일한 최빈값일 때 $(n+1)p-1<r<(n+1)p$임을 보여라.

5.3 초기하분포

주머니 속에 흰 공 네 개와 검은 공 두 개가 들어 있다고 하자. 만약 하나씩 뽑아 그 색깔을 조사하고 다시 집어넣기를 3번 반복하는 확률실험에서 검은 공이 나온 횟수를 X라 한다면, 이는 베르누이 시행을 독립적으로 3번 반복하는 것으로 볼 수 있으므로, X는 이항분포를 따르게 된다. 이와 같이 추출된 공을 다시 집어넣고 다음 공을 꺼낼 경우, 즉 복원추출일 경우에는 이항분포를 이용하여 X와 관련된 확률적 분석을 할 수 있다.

그러나 꺼낸 공을 다시 집어넣지 않을 경우, 즉 비복원추출의 경우에는 X의 분포가 어떻게 될까? 이때에는 첫 번째, 두 번째 및 세 번째 추출에서 검은 공이 뽑힐 확률이 서로 다를 것이므로 이들은 동일한 베르누이 실험을 독립적으로 반복하는 베르누이 시행으로 간주할 수 없다. 그런데 우리의 관심사는 어떤 순서에 의해 세 개의 공이 뽑히는가가 아니고, 뽑혀진 세 개의 공 중에서 검은 공이 몇 개 포함되어 있을 것인가 이므로, 하나씩 비복원추출하여 세 개의 공을 꺼내는 것과 3개를 한꺼번에 꺼내는 것은 동일한 확률실험으로 볼 수 있다.

이제 이 같은 상황을 일반화하여 특정 속성을 지닌 원소 M개와 그렇지 않은 원소 $N-M$개로 구성된 크기 N인 모집단으로부터 n개를 비복원으로 뽑는 경우, n개 가운데 특정 속성을 지닌 원소의 개수 X의 확률함수를 구해보자. 표본은 모집단으로부터 무작위로 뽑는 것이므로 $\binom{N}{n}$개의 서로 다른 조합이 뽑힐 수 있고, 이들 각각이 뽑힐 확률은 $1/\binom{N}{n}$로 모두 같다. 한편, n개 중 특정 속성을 지닌 원소가 x개 포함될 경우의 수는 $\binom{M}{x}\binom{N-M}{n-x}$이므로, X의 확률함수는

$$p(x) = \frac{\binom{M}{x}\binom{N-M}{n-x}}{\binom{N}{n}}, \quad x = 0,\ 1,\ \cdots,\ n \tag{5.10}$$

이 된다. 이때 X는 모수가 $N,\ M,\ n$인 **초기하분포(hypergeometric distribution)**를 따른다고 하고 $X \sim HG(N,\ M,\ n)$으로 표기한다. 여기서 실제로는 $\max(0,\ n+M-N) \le x \le \min(M,\ n)$이 되나, $b<0$ 또는 $0<a<b$일 때 $\binom{a}{b}$를 0으로 처리하면 $p(0),\ p(1),\ \cdots,\ p(n)$ 중 이 범위를 벗어나는 x값에 대응되는 것은 자동으로 0이 되어 굳이 x의 범위를 따질 필요가 없다. 식 (5.10)의 $p(x)$가 확률함수의 조건을 만족한다는 것은 이미 [예제 4.14]에서 보인 바 있다.

초기하분포의 평균과 분산은 다음 [정리 5.2]를 이용하여 구할 수 있으며 적률생성함수는 간단한 형태로 유도되지 않아 잘 쓰이지 않는다.

정리 5.2 |

$X \sim HG(N,\ M,\ n)$일 때

$$E(X) = n\frac{M}{N},$$
$$V(X) = n\left(\frac{M}{N}\right)\left(1 - \frac{M}{N}\right)\left(\frac{N-n}{N-1}\right).$$

여기서, N은 모집단의 크기, M은 특정 속성을 가진 개체의 개수, n은 표본의 크기이고, X는 표본에 포함된 특정 속성을 가진 개체의 수이다.

• **증명** 먼저 평균을 구하면,

$$E(X) = \sum_{x=0}^{n} x\frac{\binom{M}{x}\binom{N-M}{n-x}}{\binom{N}{n}} = \sum_{x=1}^{n} M\frac{\binom{M-1}{x-1}\binom{N-M}{n-x}}{\binom{N}{n}}$$
$$= \frac{M}{\binom{N}{n}}\sum_{y=0}^{n-1}\binom{M-1}{y}\binom{N-M}{n-1-y}$$

그런데 $\sum_{x=0}^{n}\binom{M}{x}\binom{N-M}{n-x} = \binom{N}{n}$인 관계를 이용하면

$$\sum_{y=0}^{n-1}\binom{M-1}{y}\binom{N-M}{n-1-y} = \sum_{y=0}^{n-1}\binom{M-1}{y}\binom{(N-1)-(M-1)}{(n-1)-y} = \binom{N-1}{n-1}$$

이 되고, 따라서

$$E(X) = M\frac{\binom{N-1}{n-1}}{\binom{N}{n}} = n\left(\frac{M}{N}\right)$$

이다. 같은 방법으로 $E[X(X-1)] = \dfrac{n(n-1)M(M-1)}{N(N-1)}$이 됨을 보일 수 있으므로

$$V(X) = E[X(X-1)] + E(X) - \{E(X)\}^2$$
$$= n\left(\frac{M}{N}\right)\left(1 - \frac{M}{N}\right)\left(\frac{N-n}{N-1}\right)$$

을 얻는다. ■

예제 5.7 바둑통에 검은 돌 7개와 흰 돌 3개가 들어 있다. 무작위로 돌 2개를 꺼낼 때, 흰 돌이 하나 이상 나올 확률을 구해보자.

• **풀이** 꺼낸 돌 중에 포함된 흰 돌의 수를 X라 하면,

$$p(x)=\frac{\binom{3}{x}\binom{7}{2-x}}{\binom{10}{2}},\quad x=0,\ 1,\ 2$$

이고, 따라서 $P(X\geq 1)=1-p(0)=1-7/15=8/15$이다. ■

[R에 의한 계산]

```
> 1- dhyper(0,3,7,2)
[1] 0.5333333
```

초기하분포에서 $M/N=p$가 N의 크기에 상관없이 일정할 경우를 생각해보자. M/N을 p로 대체하면, X의 확률함수는

$$p(x)=\frac{\binom{Np}{x}\binom{N(1-p)}{n-x}}{\binom{N}{n}},\quad x=0,\ 1,\ \cdots,\ n \tag{5.11}$$

이다. 만일 $N\to\ \infty$이면 식 (5.11)은 $p(x)=\binom{n}{x}p^x(1-p)^{n-x}$로 수렴되어(연습문제 #17*), 이항분포 $b(n,\ p)$의 확률함수가 된다. 즉, M/N의 비가 일정하다는 조건하에 모집단의 크기가 커짐에 따라 초기하분포는 이항분포로 접근하게 된다. 한편, 초기하분포의 분산에서 M/N을 p로 대체하여 정리하면,

$$V(X)=np(1-p)\frac{N-n}{N-1} \tag{5.12}$$

로 이항분포의 분산에 $(N-n)/(N-1)$만큼 곱해져 있음을 알 수 있다. 이것을 **유한모집단수정계수**(finite population correction)라 부르는데, 그 값은 N이 커짐에 따라 1로 접근한다.

예제 5.8 $X\sim HG(100,\ 10,\ 5)$이고 $Y\sim b(5,\ 0.1)$일 때, 확률 $P(X=1)$, $P(Y=1)$을 비교해 보자.

• 풀이 $$P(X=1)=\frac{\binom{10}{1}\binom{90}{4}}{\binom{100}{5}}=0.3394,\quad P(Y=1)=\binom{5}{1}(0.1)(0.9)^4=0.3281$$

로 두 값의 차가 그리 크지 않음을 알 수 있다. 이와 같이 초기하분포에서 n/N의 값이 작아 대체로 0.1 이하가 되면 초기하분포 확률 대신 이에 해당하는 이항분포의 확률을 구해 사용해도 별 차이가 없게 된다. ■

[R을 이용한 계산]

```
> dhyper(1,10,90,5)
[1] 0.3393909
> dbinom(1,5,0.1)
[1] 0.32805
```

표본을 뽑을 때, 정해진 크기의 표본을 한꺼번에 모두 뽑을 수도 있으나, 경우에 따라서는 하나씩 차례대로 뽑되 어떤 조건이 충족될 때까지 계속할 수도 있다. 표본의 크기가 사전에 정해져 있을 경우는 하나씩 뽑더라도 초기하분포로 문제를 분석할 수 있으나, 그렇지 않을 경우에는 표본크기 자체가 문제의 핵심이 될 수도 있다. 이 경우에는 분포도 초기하분포와는 조금 달라진다.

예제 5.9 상자 속에 불량품 3개와 양품 7개가 들어 있다. 제품을 하나씩 꺼내어 검사하되 불량품들을 모두 가려낼 때까지 계속한다고 할 때, 검사 개수 X의 확률함수를 구해보자.

• 풀이 먼저, x개째 검사에서 마지막 불량품이 검출되려면, 그 이전 $(x-1)$개의 제품을 검사할 때까지 불량품 2개가 검출되어야 하는데, 그 확률은

$$\frac{\binom{3}{2}\binom{7}{x-3}}{\binom{10}{x-1}}$$

이다. 또, x개째의 검사를 하기 바로 전에 남아 있는 제품 수는 $10-(x-1)=11-x$이고, 그 중 불량품 1개가 포함되어 있으므로 x개째 검사에서 나머지 불량품 1개가 검출될 확률은 $1/(11-x)$이다. 따라서 X의 확률함수는

$$p(x) = \frac{\binom{3}{2}\binom{7}{x-3}}{\binom{10}{x-1}}\left(\frac{1}{11-x}\right) = \frac{(x-1)(x-2)}{240}, \quad x = 3,\ 4,\ \cdots,\ 10$$

이다. ■

연습문제 5.3

1. 상자에 흰 공 5개, 검은 공 2개, 푸른 공 3개가 들어있다. 이 상자로부터 비복원으로 한 번에 한 개씩 모두 3개를 꺼낼 때, 공의 색깔이 모두 다르거나 모두 같을 확률을 구하라.

2. 상자 안에 들어있는 제품 10개 중 4개가 불량이라고 알려져 있다. 이 상자에서 제품 5개를 꺼낼 때, 모두가 양품일 확률을 구하여라. 불량품 하나를 수리하는 비용이 5,000원이라 할 때, 꺼낸 제품 5개에 대한 수리비용의 평균과 분산을 구하라.

3. 한 전기제품 소매업자는 제품 10개를 한 로트 단위로 구입하고 있다. 로트에서 무작위로 3개를 뽑아서 이 중에 불량품이 하나도 없을 경우에 한해 로트 전체를 구입하기로 하였다. 만약 전체 로트 중에서 30%는 불량품이 한 개 있고, 70%는 불량품이 두 개 있다면 이 소매업자가 로트를 구입하지 않을 확률은 얼마인가?

4. 과일가게 주인은 과일도매상으로부터 한 상자에 100개씩 들어 있는 귤을 상자단위로 구매하고 있다. 과일가게 주인은 귤상자의 품질을 확인하기 위해 각 상자에서 5개의 귤을 비복원 추출하여 살펴보고, 상한 귤이 없을 경우에만 그 상자를 들여놓기로 하였다.
   (a) 상한 귤의 비율이 10%인 상자가 합격될 확률을 구하라.
   (b) 상한 귤의 비율이 3%인 상자가 불합격될 확률을 구하라.

5. 큰 상자에 검은 구슬이 40개, 붉은 구슬이 40개, 녹색 구슬이 60개, 황색 구슬이 60개가 들어있다. 10개의 구슬을 꺼낼 때, 검은 구슬이 3개 또는 4개 포함될 확률은 얼마인가?

6. 상자 안에 1,000개의 볼트가 들어 있다. 그 중에서 32%는 3 cm 길이이고, 44%는 5 cm이고, 나머지는 8 cm 길이이다. 이 상자에서 무작위로 100개의 볼트를 꺼낼 때, 8 cm 길이의 볼트가 25

개 이상 30개 미만 들어 있을 확률은 얼마인가?

7. 취업지원자 30명 중에서 신입사원 10명을 무작위로 뽑는다고 하자. 지원자 중 제일 유능한 5명 가운데서 뽑힌 수를 X라 할 때,
   (a) X의 확률함수를 구하라. 지원자 중 제일 유능한 5명이 모두 뽑힐 확률은 얼마인가?
   (b) X의 평균과 분산을 구하라.

8. 생산된 제품을 상자당 10개씩 넣어서 출하한다. 출하 전에 상자마다 무작위로 제품 4개씩을 뽑아 검사하여 불량품이 하나 이하이면 그 상자는 합격으로 판정하여 그대로 출하하고, 불량품이 두 개 이상이면 그 상자는 불합격으로 판정하여 모든 제품을 검사하여 불량품은 양품으로 바꾸어 넣은 후 출하한다. 실제로 상자 안에 불량품이 3개 들어 있다고 하자.
   (a) 상자 안에 있는 제품을 모두 검사하게 될 확률은 얼마인가?
   (b) 상자 당 평균적으로 몇 개를 검사하게 되는가?
   (c) 불량품 하나를 수리하는 데 5,000원이 든다면 무작위로 뽑아본 제품 4개에 대한 수리비용의 평균과 표준편차는 얼마인가?

9. 푸른 공 4개와 검은 공 6개가 들어있는 주머니에서 3개를 꺼낼 때, 그 중 푸른 공의 개수를 확률변수 X라 하자. 복원추출 및 비복원추출일 경우에 대하여 X의 분포, 평균, 분산을 구하고 이들을 비교하라.

10. 특정분야 전문가 25명 중 12명은 여자이다. 이 전문가 집단에서 7명을 뽑아 구성된 위원회에 여자는 단 1명뿐이었다.
    (a) 위원 선정이 무작위로 이루어졌다고 할 수 있는가?
    (b) 위원 선정이 무작위로 이루어진다면 위원회에 포함된 여자 위원 수의 평균과 분산은 각각 얼마인가?

11. 어느 지역에 사는 특정 동물의 수를 추정하는 방법은 다음과 같다. 우선 k마리를 잡아서 꼬리표를 붙인 후 다시 풀어 준다. 꼬리표를 붙인 동물이 이 지역 전체에 퍼졌을 만큼의 시간이 지났을 때 다시 n마리의 동물을 잡는다. 만약 두 기간 동안 전체 개체 수 N에 변화가 없다고 가정한다면 두 번째 사냥에서 잡힌 꼬리표가 붙은 동물의 수 X는 다음과 같은 초기하분포를 따르게 된다.

$$P(X=x)=\frac{\binom{k}{x}\binom{N-k}{n-x}}{\binom{N}{n}}$$

여기서 $P(X=x)$는 N의 함수로, $P(X=x)$를 최대로 하는 N을 이 지역 특정 동물의 총 수에 대한 추정값으로 쓰고자 한다. $k=4,\ n=3,\ x=1$일 때 N을 추정하라.

12. 1에서 N까지의 번호가 적힌 공이 N개 들어 있는 상자에서 비복원으로 n개를 뽑아 이 중 가장 큰 번호를 X라 할 때 X의 확률함수를 구하라.

13. $X \sim HG(N,\ M,\ n)$일 때,
    (a) $P(X=i-1)$을 이용하여 $P(X=i)$를 유도하라.
    (b) (a)의 결과를 이용하여 $N=10,\ M=8,\ n=5$일 때, $P(X=i),\ i=0,\ 1,\ 2,\ 3,\ 4,\ 5$를 구하라.
    (c) (a)의 방법을 기초로 하여 초기하분포의 확률값을 구하는 R 프로그램을 작성하라.
    (d) (c)의 결과를 이용하여 $N=30,\ M=20,\ n=15$일 때, $P(X \leq 10)$을 구하라.

14. 제품 100개 중 불량품이 40개 섞여 있다. 무작위로 20개를 뽑을 때 나오는 불량품의 수를 X라 하자.
    (a) $P(X=8)$을 구하라.
    (b) $P(X=8)$을 이항분포확률로 구하여 (a)의 결과와 비교하라. 이항분포로 근사화해도 될 만큼 N이 충분히 큰가?

15*. 두 갑의 성냥을 하나는 오른쪽 주머니에, 다른 하나는 왼쪽 주머니에 넣고 담배를 피울 때마다 무작위로 한쪽에서 성냥을 꺼내서 사용한다. 한쪽의 성냥갑이 비었다는 사실을 발견했을 때, 다른 한쪽의 성냥갑에는 k개가 남아 있을 확률을 구하라. 단, 성냥은 두 갑 모두 처음에 N개씩 들어있었다.

16*. 식 (5.10)의 확률함수로부터 $E[X(X-1)]=\dfrac{n(n-1)M(M-1)}{N(N-1)}$이 됨을 보여라.

17*. $N \to \infty$이면 식 (5.11)이 $p(x)=\binom{n}{x}p^x(1-p)^{n-x}$로 수렴함을 보여라.

5.4 포아송분포

우리가 일상생활에서 많이 접하게 되는 다음 상황의 공통점은 무엇일까?

- 교차로에서 1주일 동안에 일어나는 교통사고의 수
- 은행 창구에 1시간 동안 방문하는 고객의 수
- 어느 웹사이트에 1분 동안 방문한 사람의 수
- 한 필지의 옷감에 있는 흠집의 수
- 신문 한 면에 있는 오자의 수

여기서 공통점은 일정한 시간이나 공간에서 발생하는 사건('성공')의 수라는 것이다. 이 경우 사건의 발생 건수 X는 어떤 확률분포를 따를까?

어느 교차로에서 1주일 동안에 일어나는 교통사고의 수를 조사하는 경우를 생각해보자. 교통사고의 발생 횟수 X는 베르누이 시행이나 이항분포와 상당히 밀접한 관계가 있다. 먼저 1주일이라는 기간을 아주 짧은 n개의 시간 간격으로 분할하되 각각의 짧은 기간 $\frac{1}{n}$주일 동안에는 두 번 이상의 사고가 일어날 확률이 0에 가깝도록 n을 충분히 크게 하자. 그러면, 하나의 짧은 기간 동안에는 사고가 일어나지 않거나 한 번만 일어나는 두 가지 경우밖에 없으므로 각 기간 동안의 사고발생 여부는 베르누이 시행으로 볼 수 있다. 각 기간들은 서로 중첩되지 않으므로 각각의 기간 동안 사고발생 여부는 서로 영향을 주지 않는다고 하고 사고가 일어날 확률을 p라 한다면, 이러한 상황은 베르누이 시행을 n번 반복하는 것과 같다. 따라서 확률변수 X는 $b(n,\ p)$를 따르게 된다.

여기서 짧게 분할된 기간 동안 2번 이상의 사고가 일어날 확률이 0이 되도록 하자면 n이 아주 커져야 하고, 쪼갠 구간의 길이가 짧아짐에 따라 그 구간 동안에 사고가 일어날 확률 p는 아주 작게 될 것이다. 즉, np를 일정하게 유지하면서 $n \to \infty$, $p \to 0$일 경우를 생각해 보자. $np = \lambda$로 두면 $p = \lambda/n$이므로 이항분포의 확률함수는

$$
\begin{aligned}
P_n\{X = x\} &= \binom{n}{x}\left(\frac{\lambda}{n}\right)^x\left(1-\frac{\lambda}{n}\right)^{n-x} \\
&= \left\{\frac{n!}{x!(n-x)!}\right\}\left(\frac{\lambda^x}{n^x}\right)\left(1-\frac{\lambda}{n}\right)^{-x}\left(1-\frac{\lambda}{n}\right)^n
\end{aligned}
$$

$$= \frac{\lambda^x}{x!}\left(1-\frac{\lambda}{n}\right)^{-x}\left(1-\frac{\lambda}{n}\right)^n \frac{n(n-1)\cdots(n-x+1)}{n^x}$$

라 표현할 수 있다. 여기서 $n \to \infty$ 이면

$$\left(1-\frac{\lambda}{n}\right)^{-k} \to 1, \quad \left(1-\frac{\lambda}{n}\right)^n \to e^{-\lambda}, \quad \frac{n(n-1)\cdots(n-x+1)}{n^x} \to 1$$

이므로 확률함수

$$P\{X=x\} = \lim_{n\to\infty} P_n\{X=x\}$$

$$= \frac{\lambda^x}{x!}e^{-\lambda}, \quad x=0,\ 1,\ 2,\ \cdots \tag{5.13}$$

가 얻어진다. 이와 같은 확률함수를 가진 확률변수 X는 모수가 λ인 **포아송분포(Poisson distribution)**를 따른다고 하고 $X \sim Poi(\lambda)$로 표기한다. 식 (5.13)에서 $p(x) \geq 0$임을 쉽게 알 수 있고,

$$\sum_{x=0}^{\infty} p(x) = e^{-\lambda}\sum_{x=0}^{\infty}\frac{\lambda^x}{x!} = e^{-\lambda}e^{\lambda} = 1$$

이 되어 $p(x)$는 확률함수이다.

정리 5.3 |

$X \sim Poi(\lambda)$일 때

$$M(t) = \exp[\lambda(e^t - 1)]$$
$$E(X) = \lambda, \quad V(X) = \lambda$$

여기서, λ는 단위 시간(공간)에서의 평균 '성공'횟수이다.

• **증명**

$$M(t) = \sum_{x=0}^{\infty} e^{tx}p(x) = \sum_{x=0}^{\infty} e^{tx}\frac{\lambda^x}{x!}e^{-\lambda}$$

$$= e^{-\lambda}\sum_{x=0}^{\infty}\frac{(\lambda e^t)^x}{x!} = e^{-\lambda}\cdot e^{\lambda e^t}$$

$$= \exp[\lambda(e^t-1)]$$

이 되고 $M(t)$를 미분하여 X의 평균과 분산을 쉽게 구할 수 있다. ■

예제 5.10 $X \sim b(100,\ 0.02)$일 때 $P(X=0)$ 및 $P(X=1)$을 이항분포 및 포아송분포를 이용하여 계산하고 각각을 비교해 보자.

• **풀이** 먼저, 이항분포를 이용할 경우는

$$P(X=0) = 0.98^{100} = 0.133,$$
$$P(X=1) = 100 \cdot 0.02 \cdot 0.98^{99} = 0.271$$

이고, 포아송분포를 이용할 경우에는 $\lambda = np = 2.0$이고

$$P(X=0) = e^{-2} = 0.135,$$
$$P(X=1) = 2 \cdot e^{-2} = 0.271$$

로서 값의 차가 아주 작다. 이와 같이 이항분포에서 n이 크고 p가 작아 대체로 np값이 5 이하가 되면 이항분포 확률대신 평균이 np인 포아송분포로 확률을 구해도 별 차이가 없다.

■

[R에 의한 계산]

```
> dbinom(0,100,0.02);dbinom(1,100,0.02)
[1] 0.1326196
[1] 0.2706522
> dpois(0,2);dpois(1,2)
[1] 0.1353353
[1] 0.2706706
```

포아송분포는 n이 크고 p가 작을 경우, 즉 어떤 사건이 일어날 수 있는 대상의 수가 많고 각각의 대상에 대해 사건이 일어날 가능성이 적을 경우를 확률적으로 모형화할 때 많이 이용된다. 예로, 어느 지역에서 일정 기간 동안 발생한 안전사고의 수, 자살 건수 등은 대개 포아송분포를 가정할 수 있다.

예제 5.11 어느 공장에서의 안전사고는 한 달에 평균 두 번 꼴로 발생한다. 다음 달에 안전사고가 한 건도 일어나지 않을 확률을 구해보자.

• **풀이** X를 월간 안전사고 건수라 하면, $X \sim Poi(2)$이므로

$$p(x) = \frac{2^x e^{-2}}{x!}, \quad x = 0, 1, 2, \cdots$$

이고, 따라서 $P(X=0) = p(0) = e^{-2} = 0.135$이다. ■

포아송분포는 반드시 시간을 기준으로 한 사건의 발생에 대해서만 응용되는 것은 아니고, 길이, 면적, 부피 등을 기준으로 한 사건의 발생에 대해서도 응용할 수 있다. 전선의 단위길이 당 피복이 벗겨진 곳의 수라든가 완제품의 단위면적 당 도금 불량으로 인한 흠집 수 등도 대개 포아송분포를 따른다. 포아송분포를 이용하여 확률을 구하고자 할 때 직접 계산하거나 R 등 소프트웨어를 사용할 수도 있다.

예제 5.12 $X \sim Poi(2)$일 때, $P(2 \le X \le 6)$을 계산해보자.

• **풀이** 확률함수로부터 직접 계산하면 $P(2 \le X \le 6) = \sum_{x=2}^{6} \frac{e^{-2}2^x}{x!} = 0.589$이다. ■

[R에 의한 계산]

```
> ppois(6,2)-ppois(1,2)
[1] 0.5894603
```

포아송분포의 모양은 [그림 5.2]에서 보는 바와 같이 λ의 값이 0에 가까우면 $x=0$쪽으로 치우친 분포가 되고, λ의 값이 클수록 $x=\lambda$를 중심으로 대칭인 분포에 가깝게 된다.

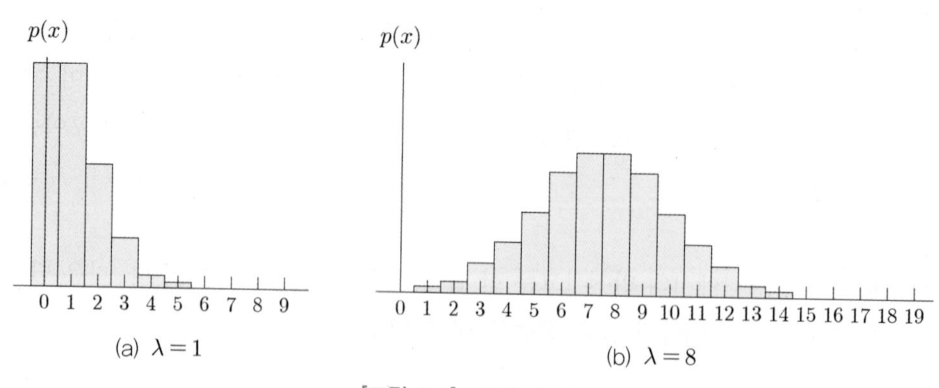

[그림 5.2] **포아송분포**

연습문제 5.4

1. 다음 각 경우에 대해 이항분포와 포아송분포를 이용하여 $P(X \leq 2)$를 계산하고 값의 차이를 비교하라.
   (a) $n = 5,\ p = 0.2$
   (b) $n = 10,\ p = 0.1$
   (c) $n = 20,\ p = 0.05$

2. 어느 학교에 IQ가 130 이상인 학생이 3% 있다. 이 학교에서 50명을 뽑아 그 중 IQ가 130 이상인 학생 수를 X라 할 때 포아송 근사화방법으로 $P(X = 2)$와 $P(X \geq 3)$을 구하라.

3. 어떤 부품의 불량률은 2%라고 한다. 1,000개가 들어 있는 부품상자를 무작위로 뽑을 때, 이 상자에 불량품이 15개 이상 들어있을 확률을 포아송 근사화방법으로 구하라.

4. 확률변수 X가 $P(X = 1) = P(X = 2)$인 포아송분포를 따를 때 $P(X = 4)$를 구하라.

5. 휴대폰을 가지고 있는 영석이는 하루에 평균 3통의 전화를 받는다고 한다. 영석이가 하루에 전화를 받는 횟수가 포아송분포를 따른다고 할 때, 3일 동안 10통 이상의 전화를 받을 확률을 구하라.

6. 당첨확률이 1/10,000인 복권을 100장 구입하였다. 아래와 같은 결과를 얻을 확률을 구하라.
   (a) 한 장 이상 당첨
   (b) 한 장 당첨
   (c) 두 장 이상 당첨

7. 어떤 도에서는 자살사건이 한 달에 100,000명당 1명의 비율로 발생한다.
   (a) 이 도 내에 있는 인구 400,000명의 도시에서 한 달 동안 8명 이상이 자살할 확률을 구하라.
   (b) 이 도시에서 8명 이상 자살한 달이 1년 중에서 두 달 이상일 확률을 구하라.

8. 종현이와 선아는 서로 암호를 정하고 종현이가 고안한 타점식 무선 송신 기구를 사용하여 통신을 하고 있다. 이때 하나의 타점이 잘못 전달될 확률이 1/1,000이라면, 1,000타점을 송신했을 때 3타점 이상이 잘못 전달될 확률을 구하라. 단, 각 타점은 독립적으로 전달된다.

9. 어떤 건빵 한 봉지에 들어있는 별사탕의 개수는 포아송분포를 따른다고 한다. 이 건빵 한 봉지

에 두 개 이상의 별사탕이 들어있을 확률이 0.99보다 크게 하고자 할 때, 별사탕 개수의 평균이 가질 수 있는 최솟값을 구하라.

10. 어느 컴퓨터 제조회사의 무상보증제도에 따르면 노트북에 장착되는 액정디스플레이(LCD)에서 불량화소가 3개 이상이 발견되면 새 제품으로 교환해 준다고 한다. 불량화소의 수가 포아송분포를 따를 때, 불량화소 때문에 노트북을 교환해 주어야 하는 확률을 10% 이하로 하기 위해서는 불량화소 수의 평균이 얼마가 되어야 하는가?

11. 2002 한·일 월드컵에서는 총 64경기에서 161골이 나와 한 경기 평균 2.52골이었다. 한 경기에서 나온 골의 수가 포아송분포를 따를 때,
    (a) 경기가 득점 없이 비길 확률을 구하라.
    (b) 전반전이 득점 없이 끝났을 때, 이 경기가 득점 없이 비길 확률을 구하라.

12. 어느 은행 환전 창구에 오는 손님의 수는 시간당 평균 5명이라 한다.
    (a) 한 시간 동안 손님이 3명 이상 올 확률과 정확히 3명이 올 확률을 구하라.
    (b) 손님 한 사람을 처리하는데 평균 10분이 걸린다면 한 시간에 오는 손님을 모두 처리하는데 평균해서 얼마나 걸리는가? 단, 손님이 대기하는 시간은 없다.
    (c) 10시 ~ 12시 사이에 손님 3명이 올 확률과 11시 ~ 12시와 1시 ~ 2시 사이에 합해서 손님 3명이 올 확률은 같은가?

13. 이산형 확률변수 X의 확률함수 $p(x) = P(X = x)$는 정수 $x = 0,\ 1,\ 2,\ \cdots$에서만 양의 값을 갖는다. $p(x) = \dfrac{4}{x}p(x-1),\ \ x = 1,\ 2,\ \cdots$의 관계가 성립할 때,
    (a) $p(0)$는 얼마가 되는가?
    (b) $p(x)$를 구하라. X의 평균과 표준편차는 각각 얼마인가?

14. $X \sim Poi(\lambda)$일 때, 식 (5.13)의 확률함수로부터 직접
    (a) $E(X) = \lambda$가 됨을 보여라.
    (b) $E[X(X-1)] = \lambda^2$이 됨을 보이고 이로부터 $V(X) = \lambda$임을 보여라.

15. $X \sim Poi(1)$일 때 $E(|X-1|) = \dfrac{2\sqrt{V(X)}}{e}$임을 보여라.

16*. X가 모수 λ인 포아송분포를 따르는 경우 i가 증가함에 따라 $P(X = i)$가 단조증가하다가 단조감소하고 i가 λ보다 크지 않은 정수에서 최댓값을 가짐을 보여라.

5.5 기하분포와 음이항분포

운전면허 시험을 치를 때 얼마나 불합격한 후에야 합격할 수 있을까? 이와 같이 베르누이 시행을 첫 번째 s(성공)가 나올 때까지 반복할 경우, 총 시행 횟수는 (실패횟수+1)이 된다. 실패횟수를 X라 하고, X의 확률함수를 구해보자. 처음 x번까지는 연속해서 f가 나오고 $(x+1)$번째에 s가 나와야 하므로 X의 확률함수 $p(x)=P(X=x)$는 $(1-p)^x$에 p를 곱하면 된다. 즉,

$$p(x)=p(1-p)^x,\ \ x=0,\ 1,\ 2,\ \cdots \tag{5.14}$$

이다. 이때 X는 모수가 p인 **기하분포(geometric distribution)**를 따른다고 하고 $X \sim Geo(p)$로 표기한다.

예제 5.13 윷놀이에서 윷 또는 모가 나오면 윷가락을 한 번 더 던질 기회가 주어지고, 윷일 경우 말을 네 구간, 모일 경우 다섯 구간을 옮길 수 있다. 갑, 을, 병, 세 사람이 윷놀이를 하는데 갑이 윷가락을 던질 순서가 되었다. 이 기회에 갑이 아홉 구간 이상 말을 움직이게 될 확률을 구해보자.

• **풀이** 우선 윷가락을 한 번 던져 윷 또는 모가 나올 확률을 구하면(윷을 던질 때 윷가락의 겉과 속이 나올 확률이 똑 같다고 가정한다) $(1/2)^4+(1/2)^4=1/8$이다. 갑이 이번 순서에 윷가락을 던져 x번 연속 윷이나 모가 나올 확률은

$$p(x)=\left(\frac{7}{8}\right)\left(\frac{1}{8}\right)^x,\quad x=0,\ 1,\ 2,\ \cdots$$

이다. 말을 아홉 구간 이상 옮길 수 있으려면 처음부터 연속 2회 이상 윷 또는 모가 나와야 하므로, 그 확률은 $P(X\ge 2)$이 된다. 따라서

$$P(X\ge 2)=1-P(X\le 1)=1-p(0)-p(1)=\frac{1}{64}$$

이다. ■

[R에 의한 계산]

```
> 1-pgeom(1,7/8)
[1] 0.015625
```

기하분포는 다른 이산형 분포에는 없는 독특한 성질을 가지고 있다. 즉, $X \sim Geo(p)$일 때, 임의의 양의 정수 a와 b에 대해

$$P(X \geq a+b | X \geq a) = P(X \geq b) \tag{5.15}$$

이 성립한다. 즉, 과거에 이미 a번 이상 실패했는데 앞으로 b번 이상 더 실패할 확률은 (처음 시작하여 앞으로) b번 이상 실패할 확률이나 똑같다. 즉, 어떤 확률변수가 기하분포를 따른다면 일정 횟수 이상 실패할 확률은 이전에 얼마나 여러 번 실패했는가에 무관하며, 이러한 성질을 **무기억성(memoryless property)**이라고 한다. 기하분포는 이산형 분포 중에서 무기억성을 가진 유일한 분포이다.

예제 5.14 어떤 사람이 운전면허 시험에서 합격할 확률이 0.2라 한다. 이 사람이 운전면허 시험에 합격하기 위해 세 번 이상 시험을 치러야 할 확률과 이미 한 번 이상 떨어졌을 경우에 세 번 이상 더 시험을 치러야 할 확률을 구해보자.

• **풀이** 여기서, 이 사람이 시험에 합격하기 위해 시험을 치러야 할 총 횟수를 $(X+1)$이라 하면 합격할 때까지 떨어진 횟수 X의 확률함수는

$$p(x) = (0.2)(0.8)^x, \quad x = 0,\ 1,\ 2,\ \cdots$$

이다. 먼저 세 번 이상 응시할 확률, 즉, 두 번 이상 시험에 떨어질 확률을 구하면

$$P(X \geq 2) = \sum_{x=2}^{\infty} (0.2)(0.8)^x = 0.8^2 = 0.64$$

이고, 이미 한 번 이상 떨어졌을 경우에 세 번 이상 더 시험을 치러야 할 확률은

$$P(X \geq 3 | X \geq 1) = \frac{P(X \geq 3,\ X \geq 1)}{P(X \geq 1)} = \frac{P(X \geq 3)}{P(X \geq 1)} = \frac{(0.8)^3}{0.8} = 0.64$$

로서 두 확률의 값이 동일하다. ■

여기서는 기하분포를 처음 성공할 때까지의 실패횟수의 확률분포로 정의하였으나, 경우에 따라서는 처음 성공할 때까지의 시행횟수(실패횟수+1)의 확률분포로 정의할 수도 있다. 이렇게 확률변수를 정의해도 식 (5.15)로 표현되는 무기억성은 성립한다. 다만, 이 책에서는 설명의 일관성을 기하기 위해 별도의 언급이 없으면 기하분포를 따르는 확률변수를 처음 성공할 때까지의 실패횟수를 의미하는 것으로 한다.

정리 5.4 |

$X \sim Geo(p)$일 때

$$M(t) = \frac{p}{1-qe^t},$$
$$E(X) = q/p,$$
$$V(X) = q/p^2.$$

여기서, p는 각 시행에서 '성공'확률이고 $q = 1-p$이다.

• **증명** 식 (4.5a)를 이용하면,

$$M(t) = \sum_{x=0}^{\infty} e^{tx} p(x) = \sum_{x=0}^{\infty} e^{tx} pq^x = p\sum_{x=0}^{\infty}(qe^t)^x = \frac{p}{1-qe^t},$$

단 $q = 1-p$

가 되고, $M(t)$를 미분하여 X의 평균과 분산을 구하면 된다. ■

예제 5.15 [예제 5.13]에서 연속적으로 윷이나 모가 나올 횟수 X의 적률생성함수, 기댓값 및 분산을 구해보자.

• **풀이** $M(t) = \frac{7/8}{1-(1/8)e^t}$, $E(X) = \frac{1/8}{7/8} = 1/7$, $V(X) = \frac{1/8}{(7/8)^2} = 8/49.$ ■

기하분포를 일반화시켜, 성공이 r번 나올 때까지 베르누이 시행을 되풀이 하는 경우를 생각해 보자. 여기서 실패횟수를 X라 한다면 총 시행 횟수는 $X+r$이 된다. 이때, X의 확률함수 $p(x) = P(X=x)$는 어떤 모양이 될까? 우선, $(x+r-1)$번의 시행에서 특정 순서에 따라 성공 $(r-1)$번과 실패 x번이 일어나고, $(x+r)$번째의 시행에서 r번째 성공이 나타날 확률을 구하면 $p^{r-1}(1-p)^x \cdot p$이고, $(x+r-1)$번 중에서 성공이$(r-1)$번 일어나는 모든 경우의 수는 $\binom{x+r-1}{r-1}$이다. 따라서 X의 확률함수는

$$p(x) = \binom{x+r-1}{r-1} p^r (1-p)^x, \quad x = 0, 1, 2, \cdots \tag{5.16}$$

이다. 이때 X는 모수가 r과 p인 **음이항분포**(negative binomial distribution)를 따른다고 하고 $X \sim NB(r, p)$로 표기한다. 식 (5.16)의 $p(x)$가 확률함수가 되기 위한 조건을 만족한다는 것은

식 (4.5c)를 이용하여 다음과 같이 확인할 수 있다.

$$\sum_{x=0}^{\infty} p(x) = p^r \sum_{x=0}^{\infty} \binom{x+r-1}{r-1} (1-p)^x = p^r \frac{1}{\{1-(1-p)\}^{(r-1)+1}} = 1$$

정리 5.5 |

$X \sim NB(r,\ p)$일 때

.

$$M(t) = \left(\frac{p}{1-qe^t}\right)^r,$$

$$E(X) = rq/p,$$

$$V(X) = rq/p^2.$$

여기서, r은 '성공'횟수, p는 각 시행에서 '성공'확률이고 $q = 1-p$이다.

• 증명

$$M(t) = \sum_{x=0}^{\infty} e^{tx} \binom{x+r-1}{r-1} p^r q^x = p^r \sum_{x=0}^{\infty} \binom{x+r-1}{r-1} (qe^t)^x$$

$$= \left(\frac{p}{1-qe^t}\right)^r$$

이 되고, $M(t)$를 미분하면 X의 평균과 분산을 구할 수 있다. ■

X가 음이항분포 $NB(r,\ p)$를 따를 때 $N = X + r$이라 정의하면, N은 성공이 r번 일어날 때까지의 총 시행횟수가 되고, 그 확률함수는 식 (5.16)으로부터

$$P(N=n) = \binom{n-1}{r-1} p^r (1-p)^{n-r}, \quad n = r,\ r+1,\ \cdots \tag{5.17}$$

이 된다. 또한 $E(N) = E(X) + r = \frac{rq}{p} + r = \frac{r}{p}$, $V(N) = V(X) = \frac{rq}{p^2}$가 됨을 알 수 있다.

다음으로 음이항분포와 이항분포의 관계에 대해 알아보자. X가 $NB(r,\ p)$를 따르고, $N = X + r$, 그리고 Y가 $b(n,\ p)$를 따른다고 하면 N과 Y사이에는

$$P(N \le n) = P(Y \ge r) \tag{5.18}$$

의 관계가 성립한다. 이는 첫 n번의 베르누이 시행에서 성공이 r번 이상 일어나는 사건과 성공을 r번 얻기 위해 최대로 n번의 시행이 필요하게 되는 사건은 같은 것이기 때문이다. 따라서

음이항분포의 누적확률은

$$P(X \le x) = P(N \le x+r) = P(Y \ge r) = 1 - P(Y \le r-1) \tag{5.19}$$

단, $Y \sim b(x+r,\ p)$이 되고 이 확률은 이항분포로부터 구할 수 있다.

예제 5.16 3번 이상의 충격이 가해지면 고장 나는 기계가 있다. 이 기계에 1년 동안 충격이 두 번 이상 가해질 가능성은 거의 없고 충격이 한 번 가해질 확률은 0.4라 한다. 이 기계를 7년 이상 고장 없이 쓸 수 있게 될 확률을 구해보자.

• **풀이** 1년에 충격이 한 번 일어나는 것을 성공, 한 번도 일어나지 않는 것을 실패라 하면 3번의 성공이 일어날 때까지의 실패횟수 X는 $NB(3,\ 0.4)$를 따르고 $N = X+3$이므로 구하는 확률은 $P(N \ge 7) = 1 - P(N \le 6)$이 된다. (5.18)에 의해 $P(N \le 6) = P(Y \ge 3)$이므로

$$P(N \ge 7) = 1 - P(N \le 6) = 1 - P(Y \ge 3) = P(Y \le 2) = 0.544$$

이다. 단, $Y \sim b(6,\ 0.4)$. ■

[R에 의한 계산]

```
> 1-pnbinom(3,3,0.4)
[1] 0.54432
> pbinom(2,3+3,0.4)
[1] 0.54432
```

연습문제 5.5

1. 동전을 다섯 번 던져서 한 번도 앞면이 나오지 않았을 때, 앞으로 세 번 이상을 더 던져야 앞면이 나올 확률을 구하라.

2. 서로 다른 구슬 m개가 들어있는 상자에서 특정한 구슬이 나올 때까지 복원으로 구슬을 하나씩 뽑는다고 할 때,

(a) 뽑는 횟수에 대한 확률함수를 구하라.

(b) 평균해서 몇 번을 뽑게 되는가?

3. 성공할 확률이 0.8인 실험을 성공이 3번 일어날 때까지 반복한다고 할 때,

(a) 평균해서 실험을 몇 번하게 되는가?

(b) 실험을 5번 이상 하게 될 확률을 구하라.

4. K 항공사의 비행기좌석 예약 전화들은 보통 65%는 통화중이다.

(a) 비행기 좌석을 예약하려고 할 때, 각각 첫 번째, 두 번째, 세 번째 시도에서 통화할 확률을 구하라.

(b) 두 사람이 따로 예약을 하려할 때, 두 사람이 합해서 4번 만에 예약을 마칠 확률을 구하라.

5. 흰 공 2개와 검은 공 3개가 들어있는 상자에서 검은 공이 처음 나올 때까지 복원으로 공을 하나씩 뽑는다고 할 때,

(a) 정확히 4번 뽑게 될 확률과 적어도 4번 뽑게 될 확률을 각각 구하라.

(b) 문제를 일반화하여 흰 공이 a개, 검은 공이 b개라 하고, 정확히 n번 뽑게 될 확률과 적어도 n번 뽑을 확률을 각각 구하라.

6. 어느 공장에서 생산되는 소형모터의 10%가 불량이라 한다. 모터를 하나씩 무작위로 뽑아 검사할 때,

(a) 첫 불량품이 세 번째 검사에서 나올 확률은 얼마인가?

(b) 두 번째 불량품이 6번 이하의 검사에서 발견될 확률은 얼마인가?

(c) 처음 두 개가 모두 양품이 나왔을 때, 앞으로 2개 이상을 더 검사해야 첫 불량품이 나올 확률을 구하라.

7. 주사위 하나를 "6"이 5번 나올 때까지 던진다고 하면, 11 ~ 12번째에 연속으로 "6"이 나오고 12번만에 끝날 확률은 얼마인가?

8. 프로야구 정규리그 1위 팀과 플레이오프 승자가 겨루는 한국시리즈는 7번의 경기 중 4번을 먼저 이기는 팀이 우승을 하게 된다. 정규리그 1위 팀이 각 게임에서 이길 확률을 0.6이라고 할 때 한국시리즈가 4, 5, 6, 7번째 경기에서 끝나게 될 확률을 각각 구하라.

9. 성공확률이 0.2인 베르누이 시행에서 Z를 성공이 처음 일어날 때까지의 시행횟수, N을 성공이

2번 일어날 때까지의 시행횟수라 하자. $P(Z \le 5)$과 $P(N \le 10)$을 구해서 비교하라.

10. 성공확률이 0.3인 베르누이 시행을 연속해서 실시할 때 5번의 실패가 일어나기 전에 3번의 성공이 먼저 일어날 확률을 구하라.

11. 확률변수 X가 기하분포 $Geo(p)$를 따를 때 확률함수로부터
    (a) $E(X)$를 구하라.
    (b) $E[X(X-1)]$를 구하고 이로부터 $V(X)$를 구하라.

12. $X \sim NB(r,\ p)$일 때, X의 확률생성함수를 구하고 이로부터 평균과 분산을 구하라.

13. X가 기하분포 $Geo(p)$를 따르는 확률변수일 때 다음 식들이 성립함을 보여라. 양의 정수 a와 b에 대하여,
    (a) $P(X \ge a) = (1-p)^a,\ \ P(X > a) = (1-p)^{a+1}$
    (b) $P(X = a+b \mid X \ge a) = P(X = b)$
    (c) $P(X \ge a+b \mid X \ge a) = P(X \ge b)$
    (d) $P(X > a+b \mid X > a) = P(X \ge b)$

14*. 성공확률이 p인 베르누이 실험을 반복 시행하여 10번째 시행에서 3번째 성공을 얻었다.
    (a) N을 성공이 3번 일어날 때까지의 총 시행 횟수라 할 때 $P(N = 10)$을 최대로 하는 p의 값을 구하라.
    (b) (a)의 결과를 일반화하여 n_0번 시행에서 r번째 성공을 얻었다면 $P(N = n_0)$를 최대로 하는 p의 값은 얼마인가? 이 결과는 어떤 의미를 갖는가?

5.6 연속형 균일분포와 베타분포

연속형 분포 중에서 가장 간단한 것은 [그림 5.3]에서 보는 바와 같이 어떤 구간 (α, β)내에서 확률밀도가 균일한 분포이다. 이와 같이 확률밀도함수가

$$f(x)=\begin{cases}\dfrac{1}{\beta-\alpha}, & \alpha<x<\beta \\ 0, & \text{기타}\end{cases} \tag{5.20}$$

인 확률변수 X는 모수가 α와 β인 **균일분포(uniform distribution)**를 따른다고 하고, $X \sim U(\alpha, \beta)$로 표기한다.

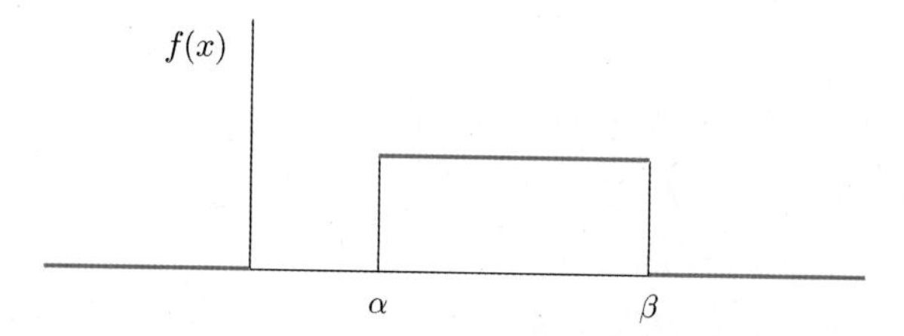

[그림 5.3] 모수가 α와 β인 균일분포

$X \sim U(\alpha, \beta)$이고 두 실수 α, β에 대해 $\alpha<a<b<\beta$이면, X가 a와 b 사이의 값을 가질 확률 $P(a<X\le b)$는 구간의 길이 $b-a$에 비례한다. 즉,

$$P(a<X\le b)=\int_a^b f(x)dx=\int_a^b \frac{1}{(\beta-\alpha)}dx=\frac{b-a}{\beta-\alpha} \tag{5.21}$$

정리 5.6 |

$X \sim U(\alpha, \beta)$일 때

$$E(X)=\frac{\alpha+\beta}{2},$$

$$V(X)=\frac{(\beta-\alpha)^2}{12}.$$

• **증명**

$$E(X) = \int_\alpha^\beta x\left(\frac{1}{\beta-\alpha}\right)dx = \frac{1}{(\beta-\alpha)}\left(\frac{x^2}{2}\Big|_\alpha^\beta\right) = \frac{\alpha+\beta}{2},$$

$$E(X^2) = \int_\alpha^\beta x^2\left(\frac{1}{\beta-\alpha}\right)dx = \frac{1}{(\beta-\alpha)}\left(\frac{x^3}{3}\Big|_\alpha^\beta\right) = \frac{\alpha^2+\alpha\beta+\beta^2}{3}$$

이므로, X의 분산은

$$V(X) = E(X^2) - [E(X)]^2 = \frac{\alpha^2+\alpha\beta+\beta^2}{3} - \frac{(\alpha+\beta)^2}{4} = \frac{(\beta-\alpha)^2}{12}.$$

■

예제 5.17 어떤 노선버스는 10분 간격으로 갑의 집 앞 정류소에 도착한다고 한다. 갑이 이 버스를 타기 위해 정류소에 나갈 때, 3분 이내에 버스를 타게 될 확률을 구해보자.

• **풀이** 버스를 기다릴 시간을 X라 하면, X의 확률밀도함수는

$$f(x) = \begin{cases} 1/10, & 0 < x < 10 \\ 0, & \text{기타} \end{cases}$$

가 될 것이므로,

$$P[X \le 3] = \int_0^3 \frac{1}{10}dx = \frac{3}{10}$$

이다.

■

균일분포 중 가장 간단한 것은 식 (5.20)에서 $\alpha=0$, $\beta=1$인 균일분포 $U(0,\ 1)$이다. 이 분포는 특히 다음의 두 정리에 의거, 다른 연속형 확률변수의 **모의**(simulation) **관측값**들을 생성하는 데 쓰인다.

정리 5.7 |

확률변수 X의 분포함수 F가 연속일 때, 확률변수 $Y=F(X)$는 균일분포 $U(0,\ 1)$을 따른다.

• **증명** 여기서는 F가 단조증가함수일 경우만을 생각하고 보다 일반적인 비감소함수일 경우는 연습문제로 돌린다. 먼저 F는 분포함수이므로 $R_Y=(0,\ 1)$이다. Y의 분포함수를 구하면,

$$F_Y(y) = P(Y \le y) = P[F(X) \le y] = P[X \le F^{-1}(y)] = F(F^{-1}(y))$$
$$= y$$

이고 양변을 미분하여 확률밀도함수를 구하면,

$$f_Y(y) = \begin{cases} 1, & 0 < y < 1 \\ 0, & \text{기타} \end{cases}$$

이므로 $Y \sim U(0,\ 1)$이다. ■

정리 5.8 |

$Y \sim U(0,\ 1)$이고 임의의 분포함수 F가 연속일 때, 확률변수 $X = F^{-1}(Y)$의 분포함수는 F이다.

• **증명** [정리 5.7]에서와 마찬가지로 F가 단조증가함수일 경우만을 생각하고 보다 일반적인 비감소함수일 경우는 연습문제로 돌린다. $Y \sim U(0,\ 1)$이라는 사실로부터

$$F_X(x) = P(X \le x) = P[F^{-1}(Y) \le x] = P[Y \le F(x)] = F(x)$$

이므로 X의 분포함수는 F임을 알 수 있다. ■

일반적으로 주어진 확률변수에 대한 모의 관측값을 그 분포로부터 바로 얻기는 어렵다. 그러나 컴퓨터를 이용하여 0과 1 사이의 난수를 발생시키는 것은 그다지 어려운 일이 아니다. 따라서 먼저 0과 1 사이의 난수를 발생시키고 이들을 주어진 분포함수의 역함수로 변환하면 주어진 확률변수에 대한 모의 관측값을 쉽게 얻을 수 있다.

예제 5.18 확률밀도함수가 다음과 같은 확률변수 X에 대한 모의 관측값들을 구해보자.

$$f(x) = \begin{cases} e^{-x}, & x > 0 \\ 0, & \text{기타} \end{cases}$$

• **풀이** X의 분포함수는

$$F(x) = \begin{cases} 0, & x < 0 \\ 1 - e^{-x}, & x \ge 0 \end{cases}$$

이므로 $x = F^{-1}(y) = -\ln(1-y)$임을 알 수 있다.

따라서 0과 1 사이에서 n개의 난수 $y_1,\ y_2,\ \cdots,\ y_n$을 먼저 발생시킨 다음 이들을

$$x_i = F^{-1}(y_i) = -\ln(1-y_i)$$

로 변환하여 얻어진 $x_1,\ x_2,\ \cdots,\ x_n$은 확률변수 X에 대한 모의 관측값들이 된다. ■

이항분포나 기하분포 등의 이산형 분포에서 p는 모수로 주어진 상수라고 생각하고 확률변수의 분포모형을 세웠다. 만약, p가 상수가 아니라 확률변수라면 어떻게 될까? 이 확률변수를 X라 하면, X는 0과 1 사이의 값을 갖게 될 것이다. 이와 같이 $R_X = (0,\ 1)$인 확률변수 중에서 널리 쓰이는 것으로 확률밀도함수

$$f(x) = \begin{cases} \dfrac{1}{B(\alpha,\ \beta)} x^{\alpha-1}(1-x)^{\beta-1}, & 0 < x < 1 \\ 0, & \text{기타} \end{cases} \tag{5.22}$$

를 갖는 것이 있다. 이때, X는 모수가 α와 β인 **베타분포**(beta distribution)를 따른다고 하고 $X \sim Be(\alpha,\ \beta)$로 표기한다. 여기서, $B(\alpha,\ \beta)$는 **베타함수**(beta function)로

$$B(\alpha,\ \beta) = \int_0^1 x^{\alpha-1}(1-x)^{\beta-1}dx, \quad (\alpha > 0,\ \beta > 0) \tag{5.23}$$

와 같이 정의되며, 이 함수와 식 (4.7)에서 정의된 감마함수 사이에 다음과 같은 식이 성립함을 알 수 있다.

$$B(\alpha,\ \beta) = \frac{\Gamma(\alpha)\Gamma(\beta)}{\Gamma(\alpha+\beta)} \tag{5.24}$$

베타분포의 모양은 모수 $\alpha,\ \beta$의 값에 따라 [그림 5.4]와 같이 여러 가지 다른 형태를 취하는데, 모수가 $\alpha = \beta = 1$이면 $U(0,\ 1)$과 일치함을 알 수 있다.

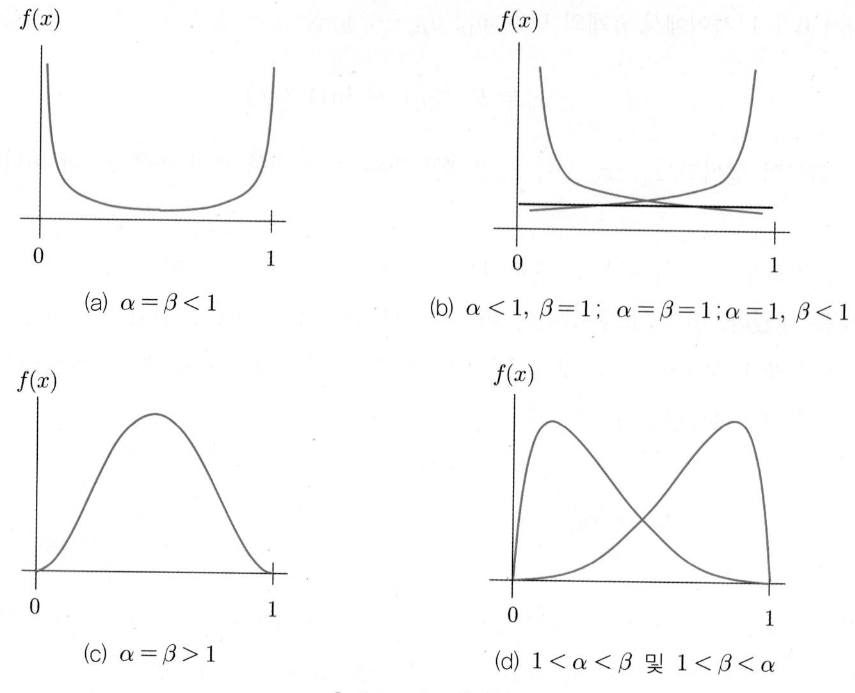

[그림 5.4] 베타분포

베타분포의 적률생성함수는 적분이 간단하게 이루어지지 않아 잘 쓰이지 않는다. 베타분포의 평균과 분산을 확률밀도함수로부터 적분공식 식 (5.23)을 이용하여 직접 구하면 [정리 5.9]와 같이 된다.

정리 5.9 |

$X\sim Be(\alpha,\ \beta)$일 때

$$E(X)=\frac{\alpha}{\alpha+\beta},$$

$$V(X)=\frac{\alpha\beta}{(\alpha+\beta)^2(\alpha+\beta+1)}.$$

베타분포는 $R_X=(0,\ 1)$이라는 사실로부터 유추할 수 있듯이, 화학제품의 순도, 기계의 가동률, 공정의 불량률 등 비율에 해당하는 값들이 일정하게 고정되어 있지 않고 확률변수의 속성을 가지고 있을 때 응용될 수 있는 분포모형이다.

예제 5.19 어느 제품을 생산하는 공정에서 불량률은 $Be(2,\ 10)$을 따른다고 한다. 이 공정의 평균불량률을 구해보자.

• **풀이** 공정의 불량률을 p라 하면,

$$E[p] = \frac{2}{2+10} = \frac{1}{6}$$

이다. ■

예제 5.20 어느 대형 할인점에서는 매주 초에 특정 제품을 공급받아 일주일 동안 판매하고 있다. 이 할인점의 관심사는 공급받은 제품이 얼마나 팔리는가, 즉 팔리는 비율이 어느 정도 인가이다. 과거 경험으로 비추어볼 때, 이 비율은 모수 $\alpha = 6,\ \beta = 3$인 베타분포를 따르는 것으로 짐작된다. 이 할인점에서 어느 특정 주간 동안에 공급받는 제품 중 80% 이상을 판매할 확률을 구해보자.

• **풀이** 먼저 X를 주간 판매비율이라 하면, 그 확률밀도함수는

$$f(x) = \begin{cases} 168x^5(1-x)^2, & 0 < x < 1 \\ 0, & \text{기타} \end{cases}$$

로서, 80% 이상 판매할 확률은 이를 적분하여

$$P(X \ge 0.8) = \int_{0.8}^{1} 168x^5(1-x)^2 dx = 168\left[\frac{x^6}{6} - \frac{2x^7}{7} + \frac{x^8}{8}\right]\Bigg|_{0.8}^{1} = 0.2031$$

이다. ■

베타분포 $Be(\alpha,\ \beta)$의 분포함수

$$F(x) = \int_0^x \frac{1}{B(\alpha,\ \beta)} u^{\alpha-1}(1-u)^{\beta-1} du, \quad 0 < x < 1$$

는 **불완전 베타함수**(incomplete beta function)라 불리는데 $\alpha,\ \beta$가 클 때는 그 값을 직접 구하기가 쉽지 않다. 따라서 $\alpha,\ \beta$가 클 때 베타분포의 확률은 (a) 불완전 베타함수표를 쓰거나 (b) 불완전 베타함수와 이항분포확률 간의 관계를 이용하여 구할 수 있다. α와 β가 정수이고 $X \sim Be(\alpha,\ \beta),\ \ Y \sim b(n,\ p),\ \ n = \alpha + \beta - 1$이라 하면 X와 Y 사이에는

$$P(X \leq p) = \int_0^p \frac{1}{B(\alpha,\ \beta)} u^{\alpha-1}(1-u)^{\beta-1} du = \sum_{y=\alpha}^{n} \binom{n}{y} p^y (1-p)^{n-y}$$
$$= P(Y \geq \alpha) \tag{5.25}$$

의 관계가 성립함을 보일 수 있다.

예제 5.21 [예제 5.20]에서 $X \sim Be(6,\ 3)$이므로 식 (5.25)로부터

$$P(X \leq 0.8) = P(Y \geq 6) = 1 - P(Y \leq 5), \quad Y \sim b(8,\ 0.8)$$

이고, 식 (5.9)를 응용하면

$$P(X \geq 0.8) = P(Y \leq 5 | p = 0.8) = 1 - P(Y \leq 2 | p = 0.2) = 1 - 0.7969 = 0.2031$$

이 되어 [예제 5.20]에서 직접 적분하여 구한 값과 같음을 알 수 있다. ■

[R에 의한 계산]

```
> 1-pbeta(0.8,6,3)
[1] 0.2030822
```

연습문제 5.6

1. 레미컨 트럭이 공장에 가서 콘크리트를 싣고 건설공사장으로 돌아오는 데 걸리는 시간은 45분에서 65분 사이에서 균일한 분포를 따른다. 공사장을 떠난 지 50분이 지난 트럭이 10분 이내에 돌아올 확률을 구하라.

2. 어떤 화학공정의 반응온도(단위: ℃) X의 확률밀도함수가

$$f(x) = \begin{cases} c, & 75 < x < 100 \\ 0, & \text{기타} \end{cases}$$

인 분포를 따를 때,

(a) c를 정하라.

(b) $75 < k < 95$인 k에 대해 $P(k < X < k+5)$를 구하라.

(c) X의 분포함수를 구하라.

3. 고공에서 행글라이더가 두 점 A, B를 잇는 직선상에 무작위로 떨어진다고 하면 B쪽보다 A쪽에 더 가까운 지점에 떨어질 확률과 A로부터의 거리가 B로부터의 거리의 네 배를 넘을 확률을 구하라.

4. $X \sim U(0,\ 5)$일 때, x의 이차방정식 $4x^2 + 4xX + X + 2 = 0$의 두 근이 모두 실근일 확률을 구하라.

5. $X \sim U(0,\ 1)$일 때 $P(a \le X \le a+b)$의 값이 오직 b의 함수로 나타남을 보여라. 단, $a \ge 0$, $b \ge 0$, $a+b \le 1$이다.

6. 길이가 1 m인 막대기를 둘로 자를 때, 한 쪽의 길이 X의 확률밀도함수가 다음과 같다.

$$f(x) = \begin{cases} cx^2(1-x)^3, & 0 < x < 1 \\ 0, & \text{기타} \end{cases}$$

(a) c를 정하고, X의 평균을 구하라.

(b) 나누어진 두 막대기의 기하평균 $\sqrt{X(1-X)}$의 평균을 구하라.

7. 반응공정을 거쳐 나온 어떤 화학약품의 배치(batch)당 불순율 X는 확률밀도함수가

$$f(x) = \begin{cases} 72x(1-x)^7, & 0 < x < 1 \\ 0, & \text{기타} \end{cases}$$

인 분포를 따른다.

(a) 평균 불순율은 얼마인가?

(b) 불순율이 30%를 초과하는 배치는 폐기처분한다면, 불순율 때문에 배치가 폐기처분될 확률은 얼마인가?

8. 어떤 지역의 여름날의 상대습도 X는 확률밀도함수가

$$f(x) = \begin{cases} cx^4(1-x)^2, & 0 < x < 1 \\ 0, & \text{기타} \end{cases}$$

인 분포를 따른다.

(a) c를 정하고 평균습도를 구하라.

(b) 상대습도가 50% 이하가 될 확률을 구하라.

9. 어떤 기계의 월간 유지보수비(단위: 백만 원) X는 확률밀도함수가

$$f(x) = \begin{cases} 495x^2(1-x)^8, & 0 < x < 1 \\ 0, & \text{기타} \end{cases}$$

인 분포를 따른다.

(a) 월간 평균유지보수비는 얼마인가?

(b) 월간 유지보수비가 예산을 초과할 확률이 0.10 이하가 되도록 하려면 월간 유지보수비 예산을 얼마 이상으로 해야 하는가?

10. 베타분포의 확률밀도함수로부터 평균과 분산을 구하라.

11*. 식 (5.25)가 성립함을 보여라.

12*. F가 비감소 함수일 경우에 $F^{-1}(y) = \min\{x \,;\, F(x) \ge y\}$라 정의하고 이를 이용하여 [정리 5.7]과 [정리 5.8]이 성립함을 보여라.

13*. 베타분포 $Be(\alpha,\ \beta)$의 최빈값을 구하라.

14*. 베타함수 $B(\alpha,\ \beta)$는 다음과 같이 정의된다.

$$B(\alpha,\ \beta) = \int_0^1 x^{\alpha-1}(1-x)^{\beta-1}dx$$

(a) $x = \sin^2\theta$로 치환하여 다음 식이 성립함을 보여라.

$$B(\alpha,\ \beta) = 2\int_0^{\pi/2} \sin^{2\alpha-1}\theta \cos^{2\beta-1}\theta d\theta$$

(b) (a)의 결과를 이용하여 다음 식이 성립함을 보여라.

$$B(\alpha,\ \beta) = \frac{\Gamma(\alpha)\Gamma(\beta)}{\Gamma(\alpha+\beta)}$$

5.7 정규분포

우리가 접하게 되는 여러 가지 분포들 중에서 가장 널리 사용되는 것이 정규분포이다. 이는 자연현상에 대한 관측자료나 자연과학·공학적 실험자료 또는 사회·경제현상에 대한 조사자료들이 정규분포의 형태에 가까운 분포를 따르는 경우가 많을 뿐 아니라, 제7.6절에서 소개될 중심극한정리에 의해 정규분포라는 가정이 정당화되는 경우가 많기 때문이다. 확률변수 X의 확률밀도함수가

$$f(x)=\frac{1}{\sqrt{2\pi}\,\sigma}\exp\left[-\frac{(x-\mu)^2}{2\sigma^2}\right],\quad -\infty<x<\infty,\ \sigma>0 \tag{5.26}$$

일 때, X는 모수가 μ와 σ^2인 **정규분포**(normal distribution)를 따른다고 하고 $X\sim N(\mu,\ \sigma^2)$으로 표기한다.

식 (5.26)의 $f(x)$를 $(-\infty,\ \infty)$의 전 구간에 걸쳐 식 (4.7d)를 이용하여 적분하면

$$\begin{aligned}\int_{-\infty}^{\infty}f(x)dx&=\int_{-\infty}^{\infty}\frac{1}{\sqrt{2\pi}\,\sigma}e^{-\frac{1}{2}\frac{(x-\mu)^2}{\sigma^2}}dx=\int_{-\infty}^{\infty}\frac{1}{\sqrt{2\pi}}e^{-\frac{z^2}{2}}dz\\&=\frac{2}{\sqrt{2\pi}}\int_0^{\infty}\exp\left[-\frac{1}{2}z^2\right]dz=\frac{2}{\sqrt{2\pi}}\int_0^{\infty}e^{-y/2}\left(\frac{1}{2}y^{-1/2}\right)dy\\&=\frac{1}{\sqrt{2\pi}}\int_0^{\infty}y^{1/2-1}e^{-y/2}dy=\frac{1}{\sqrt{2\pi}}\Gamma(1/2)\sqrt{2}\\&=\frac{1}{\sqrt{\pi}}\cdot\sqrt{\pi}=1\end{aligned}$$

가 되어 $f(x)$는 확률밀도함수의 조건을 만족함을 알 수 있다.

정리 5.10 |

$X\sim N(\mu,\ \sigma^2)$일 때

$$E(X)=\mu,$$
$$V(X)=\sigma^2,$$
$$M(t)=\exp\left[\mu t+\frac{\sigma^2t^2}{2}\right].$$

여기서 μ는 평균, σ는 표준편차이다.

• **증명** 정규분포의 적률생성함수는

$$M(t)=E(e^{tX})=\int_{-\infty}^{\infty}e^{tx}\frac{1}{\sqrt{2\pi}\,\sigma}\exp\left\{-\frac{(x-\mu)^2}{2\sigma^2}\right\}dx=\int_{-\infty}^{\infty}\frac{1}{\sqrt{2\pi}\,\sigma}e^{A}dx$$

이다. 여기서

$$\begin{aligned}A&=tx-\frac{(x-\mu)^2}{2\sigma^2}=-\frac{x^2}{2\sigma^2}+\left(\frac{\mu+\sigma^2 t}{\sigma^2}\right)x-\frac{\mu^2}{2\sigma^2}\\&=-\frac{[x^2-2(\mu+\sigma^2 t)x]}{2\sigma^2}-\frac{\mu^2}{2\sigma^2}=-\frac{(x-\mu-\sigma^2 t)^2}{2\sigma^2}+\frac{(\mu+\sigma^2 t)^2}{2\sigma^2}-\frac{\mu^2}{2\sigma^2}\\&=-\frac{(x-\mu-\sigma^2 t)^2}{2\sigma^2}+\mu t+\frac{\sigma^2 t^2}{2}\end{aligned}$$

따라서

$$M(t)=\exp\left[\mu t+\frac{\sigma^2 t^2}{2}\right]\int_{-\infty}^{\infty}\frac{1}{\sqrt{2\pi}\,\sigma}\exp\left\{-\frac{(x-\mu-\sigma^2 t)^2}{2\sigma^2}\right\}dx$$

라 표현할 수 있다. 여기서 $\frac{1}{\sqrt{2\pi}\,\sigma}\exp\left\{-\frac{(x-\mu-\sigma^2 t)^2}{2\sigma^2}\right\}$는 $N(\mu+\sigma^2 t,\ \sigma^2)$의 확률밀도함수이므로 x의 전 영역에 대해 적분하면 1이 된다. 따라서

$$M(t)=\exp\left[\mu t+\frac{\sigma^2 t^2}{2}\right]$$

이다. 기댓값과 분산은 $M(t)$를 미분하여 구할 수 있다. ■

정규분포의 형태는 [그림 5.5]와 같이 μ를 중심으로 좌우대칭이며, 전체적으로 종모양에 가깝다.

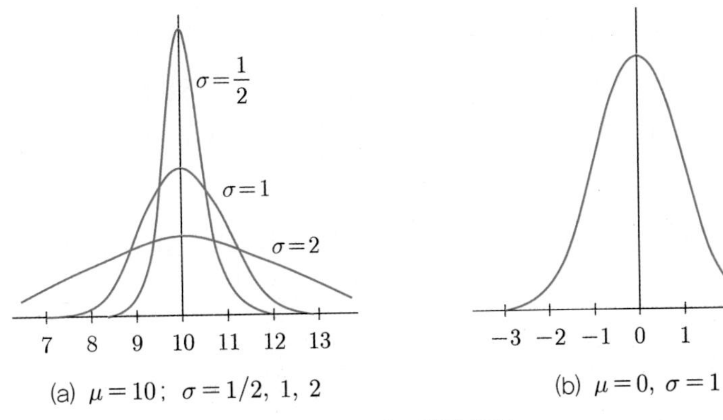

(a) $\mu=10$; $\sigma=1/2,\ 1,\ 2$ (b) $\mu=0,\ \sigma=1$

[그림 5.5] 정규분포

예제 5.22 확률변수 X의 밀도함수가 다음과 같을 때, 평균, 분산 및 적률생성함수를 구하라.

$$f(x)=\frac{1}{\sqrt{8\pi}}\exp\left[-\frac{(x-10)^2}{8}\right],\quad -\infty<x<\infty$$

• **풀이** 식 (5.26)과 비교하여 X는 평균 $E(X)=10$ 및 분산 $V(X)=4$인 정규분포를 따르고 그 적률생성함수는 $M(t)=\exp\left[10t+2t^2\right]$ 임을 알 수 있다. ■

식 (5.26)으로 주어지는 확률밀도함수는 적분하기가 어렵기 때문에 정규분포를 따르는 확률변수가 어떤 구간에 속할 확률은 수치적 방법으로 구할 수밖에 없다. 그러나 필요할 때마다 매번 수치적으로 구하는 것은 아주 번거로운 일이다. 따라서 정규분포를 대표할 수 있는 표준분포의 누적 확률표를 사전에 만들어 두고 확률을 계산할 때 X의 분포를 이 표준분포로 변환하여, 준비되어 있는 표를 사용한다면 편리할 것이다. 이와 같은 착상에서 확률변수 X를 $Z=\frac{X-\mu}{\sigma}$로 변환한 Z의 확률표를 미리 작성해두고 확률을 계산할 때마다 이 표를 이용한다. $Z=\frac{X-\mu}{\sigma}$로 중심(평균)에서 어느 방향으로 몇 배의 표준편차만큼 떨어져 있는지를 알 수 있기도 하다.

Z의 확률밀도함수를 ϕ, 그 분포함수를 Φ라 하면,

$$\Phi(z)=P(Z\le z)=P\left[\frac{X-\mu}{\sigma}<z\right]=P(X\le\mu+\sigma z)=F(\mu+\sigma z)\tag{5.27}$$

이다. 따라서 $\Phi(z)$의 양변을 z에 대하여 미분하면 Z의 확률밀도함수

$$\phi(z)=\sigma f(\mu+\sigma z)=\frac{1}{\sqrt{2\pi}}e^{-z^2/2},\ -\infty<z<\infty\tag{5.28}$$

를 얻는다. 여기서 F는 X의 분포함수이고 f는 식 (5.26)으로 주어지는 X의 확률밀도함수이다. 식 (5.26)에서 $\mu=0$, $\sigma^2=1$로 놓으면 식 (5.28)이 됨을 알 수 있다. 따라서 $Z \sim N(0,\ 1)$, 즉 Z는 평균이 0이고 분산이 1인 정규분포를 따른다. 정규분포 $N(0,\ 1)$을 **표준정규분포**(standard normal distribution)라 부른다.

$X \sim N(\mu,\ \sigma^2)$일 때, X가 a와 b 사이에 있을 확률은 부록의 표준정규분포표 값과 다음 식을 이용하여 구한다.

$$\begin{aligned} P(a < X \le b) &= P\left[\frac{a-\mu}{\sigma} < \frac{X-\mu}{\sigma} \le \frac{b-\mu}{\sigma}\right] \\ &= P\left[\frac{a-\mu}{\sigma} < Z \le \frac{b-\mu}{\sigma}\right] \\ &= \Phi\left(\frac{b-\mu}{\sigma}\right) - \Phi\left(\frac{a-\mu}{\sigma}\right) \end{aligned} \tag{5.29}$$

예제 5.23 $X \sim N(10,\ 4)$일 때, $P(11 < X \le 12)$를 구해보자.

• **풀이**

$$\begin{aligned} P(11 < X \le 12) &= P\left(\frac{11-10}{2} < \frac{X-10}{2} \le \frac{12-10}{2}\right) = P(0.5 < Z \le 1) \\ &= P(Z \le 1) - P(Z \le 0.5) = 0.8085 - 0.6587 = 0.1498 \end{aligned}$$

이다. ■

[R에 의한 계산]

```
> pnorm(12,10,2)-pnorm(11,10,2)
[1] 0.1498823
```

부록의 표준정규분포표에는 $z > 0$에 대해서만 $1-\Phi(z) = P(Z > z)$의 값이 주어져 있으나 X를 표준화하여 $P(a < X \le b)$를 계산하고자 할 때, $(a-\mu)/\sigma$ 또는$(b-\mu)/\sigma$의 값이 0보다 작을 수도 있으므로 표를 바로 이용하기 어려울 때가 있다. 이때에는 표준정규분포가 원점을 중심으로 좌우대칭이라는 사실로부터 얻어지는 다음의 관계식(단, $a > 0$)을 이용하면 편리하다.

$$\begin{aligned} &\text{i)}\ P(Z < -a) = P(Z > a), \\ &\text{ii)}\ P(|Z| > a) = 2P(Z > a), \\ &\text{iii)}\ P(|Z| \le a) = 1 - 2P(Z > a) \end{aligned} \tag{5.30}$$

예제 5.24 어느 과수원에서 수확되는 사과의 무게는 평균 200 g, 표준편차 25 g인 정규분포를 따른다고 한다. 사과 무게를 X라 하면, 이 과수원에서 수확되는 사과 중 무게가 150 g 미만인 것의 비율은 다음과 같이 구할 수 있다.

$$P[X<150]=P\left[\frac{X-200}{25}<\frac{150-200}{25}\right]=P[Z<-2.0]$$
$$=P[Z>2.0]=0.0228$$

■

정규분포는 많은 확률실험에 적절한 확률모형으로 입증되었을 뿐 아니라, 다른 분포에 대한 확률을 정규분포를 이용하여 근사계산을 할 수 있다는 점에서도 중요하다. 특히, 이항분포에서 np가 크거나, 포아송분포에서 λ가 클 경우 정규분포를 이용하면 확률을 근사적으로 쉽게 계산할 수 있다.

예제 5.25 $X\sim b(20,\ 0.4)$일 때 $P(6\le X\le 10)$을 (a) 이항분포로부터 직접 구한 값과 (b) 정규분포로 근사 계산한 값을 비교해보자.

• **풀이** (a) 이항분포로부터 직접 구할 경우: 이항분포표로부터

$$P(6\le X\le 10)=P(X\le 10)-P(X\le 5)$$
$$=0.8725-0.1256=0.7469\fallingdotseq 0.747.$$

(b) 정규분포를 이용할 경우:
$E(X)=(20)(0.4)=8,\ \ V(X)=(20)(0.4)(0.6)=4.8$이므로 정규분포를 이용하여 근사계산을 하면,

$$P(6\le X\le 10)=P\left[\frac{6-8}{\sqrt{4.8}}\le\frac{X-8}{\sqrt{4.8}}\le\frac{10-8}{\sqrt{4.8}}\right]\simeq P[-0.913\le Z\le 0.913]$$
$$=1-2P(Z>0.913)=0.6388\fallingdotseq 0.639$$

이다.

■

예제 5.26 $X\sim P(9)$일 때, $P(5<X\le 12)$을 (a) 포아송분포로부터 직접 계산한 값과 (b) 정규분포로 근사계산한 값을 비교해보자.

• **풀이** (a) 포아송분포로부터 직접 구할 경우:

$$P(5 < X \leq 12) = P(X \leq 12) - P(X \leq 5) = 0.876 - 0.116 = 0.760.$$

(b) 정규분포를 이용할 경우:

$E(X) = V(X) = 9$이므로 정규분포를 이용하여 근사계산하면,

$$\begin{aligned} P(5 < X \leq 12) &= P(6 \leq X \leq 12) \\ &= P\left[\frac{6-9}{3} \leq \frac{X-9}{3} \leq \frac{12-9}{3}\right] \simeq P[-1 \leq Z \leq 1] \\ &= 1 - 2P(Z > 1) \\ &= 0.6826 \fallingdotseq 0.683 \end{aligned}$$

이다. ■

[예제 5.25]와 [예제 5.26]에서 근사계산의 오차는 각각 0.108, 0.077로 상당히 큰 편인데, 이는 [그림 5.6]에서 보는 바와 같이 주로 적분구간의 차이에서 비롯된다. 즉, 이산형 분포의 히스토그램에서 X가 a와 b 사이에 있을 확률 $P(a \leq X \leq b)$은 실제로는 $a - 1/2$부터 $b + 1/2$까지의 빗금 친 부분이 되므로 정규분포로 근사시켜 구간 $(a,\ b)$ 사이에서 적분하는 것과는 양쪽으로 1/2 만큼씩 차이가 있기 때문이다. 따라서 n이 충분히 크지 않은 이항분포 또는 λ가 충분히 크지 않은 포아송분포를 정규분포로 근사계산을 할 경우, 적분구간을 $(a - 1/2,\ b + 1/2)$로 함으로써, 즉,

$$P(a \leq X \leq b) = P(a - 0.5 < Y < b + 0.5) \tag{5.31}$$

과 같이 계산하여 오차를 줄일 수 있다. 단, 여기서 X는 원래의 이산형 확률변수, Y는 그에 대

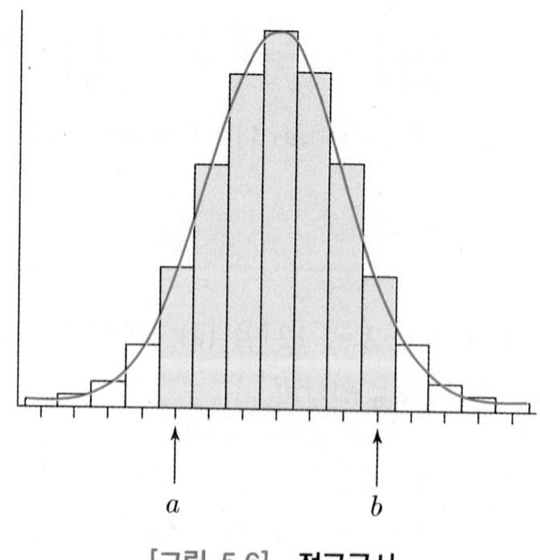

[그림 5.6] **정규근사**

응되는 정규확률변수를 의미한다. 근사계산의 오차를 줄이기 위한 이와 같은 방법을 **연속성 보정**(continuity correction)이라 한다.

예제 5.27 [예제 5.25]과 [예제 5.26]에서 연속성 보정을 하여 정규분포로 근사계산하고 결과를 비교해보자.

• **풀이** 먼저, [예제 5.25]에서

$$
\begin{aligned}
P(6 \le X \le 10) &= P(5.5 < Y < 10.5) \\
&= P\left[\frac{5.5-8}{\sqrt{4.8}} < \frac{Y-8}{\sqrt{4.8}} < \frac{10.5-8}{\sqrt{4.8}}\right] \\
&= P[-1.141 < Z < 1.141] \\
&= 1-2P[Z > 1.141] \\
&= 0.7462 \fallingdotseq 0.746
\end{aligned}
$$

이고, [예제 5.26]에서도

$$
\begin{aligned}
P(5 < X \le 12) = P(6 \le X \le 12) &= P[5.5 < Y < 12.5] \\
&= P\left[\frac{5.5-9}{3} < \frac{Y-9}{3} < \frac{12.5-9}{3}\right] \\
&= P[-1.167 < Z < 1.167] \\
&= 1-2P(Z > 1.167) \\
&= 0.7568 \fallingdotseq 0.757
\end{aligned}
$$

로 연속성보정으로 오차가 줄었음을 알 수 있다. ■

표준정규분포의 $100(1-p)$백분위수, 즉, $100p$ 상위백분위수를 보통 z_p로 표기하는데, 다음 등식이 성립함을 알아두면 편리하다(연습문제 #12).

$$z_{1-p} = -z_p, \tag{5.32a}$$

$$x_p = \mu + z_p \sigma \tag{5.32b}$$

단, 여기서 $X \sim N(\mu, \sigma^2)$이고, x_p는 $100p$ 상위백분위수를 나타낸다. [그림 5.7]은 식 (5.32a)와 (5.32b)를 그림으로 나타낸 것이다.

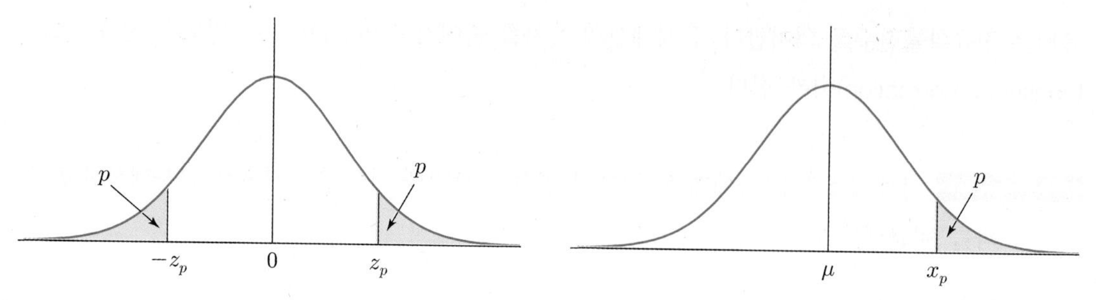

[그림 5.7] 정규분포의 $100p$ 상위백분위수

예제 5.28 2020학년도 수학능력시험에서 자연계열 성적은 평균 $\mu_1 = 250$점, 표준편차 $\sigma_1 = 50$점인 정규분포이었고, 인문계열은 평균 $\mu_2 = 258$점, 표준편차 $\sigma_2 = 40$점인 정규분포이었다고 하자. 자연계열 학생인 '구자연'과 인문계열 학생인 '김인문'의 점수가 330점으로 같을 때, 이 두 학생 중에서 누가 상대적으로 좋은 성적을 얻었는지 비교해 보자.

• **풀이** 구자연 학생의 점수를 표준화하면

$$z = \frac{330 - \mu_1}{\sigma_1} = \frac{330 - 250}{50} = 1.6$$

이고 표준정규분포표로부터 $z_{0.0548} = 1.6$이므로 이 학생은 상위 5.48%에 해당하는 성적이다. 따라서 이 학생의 백분위점수는 94.52이다. 반면에 똑같은 330점을 얻은 김인문 학생의 경우는

$$z = \frac{330 - \mu_2}{\sigma_2} = \frac{330 - 258}{40} = 1.8$$

이고 표준정규분포표로부터 $z_{0.0359} = 1.8$이므로 상위 3.59%에 해당하는 성적이고, 백분위점수는 96.41이다. 따라서 똑같은 330점이라도 상대적으로 김인문 학생이 더 잘한 것이며, 1등급을 상위 4% 이내라고 하면 김인문 학생은 1등급이지만 구자연 학생은 1등급이 안 된다. ■

다음으로 X가 정규분포 $N(\mu, \sigma^2)$을 따를 때, X의 선형함수 $Y = aX + b$는 어떤 분포를 따르는지 알아보자. 일반적으로 X의 적률생성함수가 $M(t)$일 때 Y의 적률생성함수 $M_Y(t)$는 [정리 4.5]에 의해 $M_Y(t) = e^{bt}M(at)$가 된다.

여기서는

$$M(t) = \exp\left[\mu t + \frac{\sigma^2 t^2}{2}\right]$$

이므로

$$M_Y(t) = e^{bt}\exp\left[a\mu t + \frac{a^2\sigma^2 t^2}{2}\right] = \exp\left[(a\mu + b)t + \frac{a^2\sigma^2 t^2}{2}\right]$$

이고, 이것은 정규분포의 적률생성함수이다. 따라서

$$Y = aX + b \sim N(a\mu + b,\ a^2\sigma^2)$$

이다.

예제 5.29 어떤 화학 공정의 반응온도가 섭씨로 정규분포 $N(125,\ 3^2)$를 따른다면, 화씨로 표시한 온도는 어떤 분포를 따를까?

• 풀이 섭씨로 표시한 온도를 X, 화씨로 표시한 온도를 Y라 하면

$$Y = \frac{9}{5}X + 32$$

로 정규분포를 따르고

$$\mu_Y = \frac{9}{5} \times 125 + 32 = 257,$$

$$\sigma_Y = \frac{9}{5} \times 3 = 5.4$$

이다. 즉 $Y \sim N(257,\ 5.4^2)$이다. ■

연습문제 5.7

1. $Z \sim N(0,\ 1)$일 때, 다음 확률을 구하라.

   (a) $P(0 < Z < 1.50)$
   (b) $P(-1.20 < Z \le 0)$
   (c) $P(0.42 < Z < 1.37)$
   (d) $P(-1.72 < Z < 0.55)$

(e) $P(-1.65 < Z < -0.38)$

2. 서로 독립인 확률변수 X_1, X_2, X_3가 각각 $N(0,\ 1)$, $N(2,\ 4)$, $N(-1,\ 1)$를 따른다면 이들 세 변수 중에서 정확하게 두 개가 0보다 작을 확률은 얼마인가?

3. 확률변수 X가 이항분포 $b(150,\ 0.6)$을 따를 때, $P(X \le 80)$을 정규분포를 이용하여 계산하되 연속성보정을 한 경우와 안 한 경우의 값을 구하라.

4. 어느 공장에서 만들어지는 전자부품이 불량일 확률은 0.05이다. 1,000개의 부품을 검사할 때 40개 이하의 불량품이 발견될 확률을 구하라.

5. 혈당을 측정하는 한 기기의 측정오차는 평균 0.05, 표준편차 1.5인 정규분포를 따른다. 즉, 반복되는 측정에서 혈당의 측정값과 참값의 차가 $N(0.05,\ 1.5^2)$인 정규분포를 따른다.
   (a) 측정을 반복할 때 혈당의 참값보다 큰 측정값이 나올 경우는 전체의 몇 퍼센트나 해당되는가?
   (b) 참값과의 차가 2.8 이상인 측정오차는 허용되지 않는다면, 전체의 몇 퍼센트나 허용한계를 벗어나는가?

6. 어느 공장에서 만들어지는 자동차용 금속판은 두께가 2.00 mm 이하이면 불량으로 처리된다고 한다. 이 금속판의 두께는 평균이 μ이고 표준편차 σ인 정규분포를 따른다는 것이 알려져 있다.
   (a) $\mu = 2.40$ mm이고 $\sigma = 0.25$ mm일 때, 이 공장에서 생산되는 금속판의 불량률은 얼마인가?
   (b) 기계를 조정하여 평균 μ를 우리가 정할 수 있다면, 불량률을 1% 이하로 하기 위해서는 μ를 얼마로 설정해야 하는가?
   (c) 기계를 조정하여 표준편차 σ를 우리가 정할 수 있다면, 금속판의 실제 두께와 평균 두께의 차이가 0.50 mm 이내가 될 확률이 0.90 이상이 되도록 하려면 σ를 얼마로 설정해야 하는가?

7. 과거의 기록을 조사해 본 결과에 의하면, 어떤 기계의 월간 유지 보수비는 대략 평균 45만 원 표준편차 4만 원인 정규분포를 따른다. 유지보수비 예산으로 50만 원을 설정한다면 실제 비용이 예산을 초과할 확률은 얼마인가?

8. 어떤 저항기의 저항(단위: ohm)은 정규분포 $N(\mu,\ \sigma^2)$을 따르는데 저항기 중 10%는 저항이 10.30 이상을 나타내고 5%는 9.70 이하를 나타낸다고 한다면 μ와 σ는 얼마인가?

9. 수천 개의 조명용 형광등이 있는 어느 대형건물에서는 형광등의 수명이 다 된 것을 그때마다 찾아서 새것으로 바꾸기는 매우 번거롭고 비용이 많이 들어 일정주기마다 모두 새것으로 교체하고 있다. 형광등의 수명이 평균 5,000시간, 표준편차가 350시간인 정규분포를 따른다고 할 때, 교체주기 이전에 수명이 다 된 형광등이 5% 미만이 되도록 하려면 교체주기를 몇 시간으로 해야 하는가?

10. 어느 공장에서 현재 생산되는 베어링의 직경(단위: cm)은 평균이 5.005, 표준편차가 0.020인 정규분포를 따른다. 이 베어링의 규격은 5.000 ± 0.045로 직경이 이 범위를 벗어나는 것은 불량품으로 폐기된다.
   (a) 현재 생산되는 베어링 중 몇 %나 폐기되는가?
   (b) 폐기되는 수를 최소화하려면 평균이 얼마가 되도록 기계를 조정해야 하는가? 이때는 몇 %가 폐기될까?

11. 확률변수 X가 정규분포 $N(\mu, \sigma^2)$을 따를 때 X의 확률밀도함수는
   (a) $x = \mu$에서 최댓값을 갖는다. 이 최댓값을 구하라.
   (b) $x = \mu + \sigma$와 $x = \mu - \sigma$가 변곡점이 됨을 보여라.

12. 식 (5.32a)와 (5.32b)가 성립함을 보여라.

13. 확률변수 X가 정규분포 $N(\mu, \sigma^2)$을 따를 때, 확률변수 $Z = \dfrac{X - \mu}{\sigma}$는 표준정규분포를 따른다.
   (a) Z의 적률생성함수로부터 $E(Z^3)$과 $E(Z^4)$을 구하라.
   (b) (a)의 결과를 이용하여 X의 중심적률 $\mu_3 = E(X - \mu)^3$과 $\mu_4 = E(X - \mu)^4$을 구하라.
   (c) 정규분포 $N(\mu, \sigma^2)$의 왜도 α_3과 첨도 α_4는 각각 얼마인가?

14. 확률변수 X가 정규분포 $N(\mu, \sigma^2)$을 따를 때, $Y = |X - \mu|$의 확률밀도함수를 구하라.

15. 0을 중심으로 좌우대칭인 확률변수에 대해 식 (5.30)이 성립함을 보여라.

16*. 어떤 독소의 투여량(x)에 대한 생존율($1 - F(x)$)을 분석하는 데는 다음과 같은 로지스틱분포(logistic distribution)가 사용되기도 한다.

$$F(x) = \frac{1}{1 + e^{-(x-\alpha)/\beta}}, \quad -\infty < x < \infty \quad \text{단}, \ -\infty < \alpha < \infty, \ \beta > 0$$

(a) 로지스틱분포의 평균을 구하라.

(b) 확률밀도함수가 α에 대해 대칭임을 보여라.

17*. 소프트웨어 개발단계에서 소프트웨어 결함수의 분포를 모형화하는 데 다음과 같은 **레이라이분포** (Rayleigh distribution)가 사용되기도 한다.

$$f(x) = \frac{x}{c^2} e^{-\frac{x^2}{2c^2}}, \quad 0 < x < \infty$$

(a) 이 분포의 평균과 분산을 구하라.

(b) 이 분포의 최빈값이 c임을 보이고 $F(c)$를 구하라.

5.8 지수분포와 감마분포

제5.4절에서 단위시간(1주일) 동안에 일어나는 교통사고 발생횟수는 몇 가지 기본조건 하에 포아송분포를 따른다는 사실을 확인하였다. 만약 단위시간 동안이 아니라 t시간 동안이라면 어떻게 될까?

먼저 제5.4절의 설명 속에 있는 기본조건들은 다음과 같이 정리할 수 있다:

i) 주어진 시간간격 $(0,\ t]$를 n개의 구간으로 분할할 수 있으며, 서로 중첩되지 않는 구간들에서는 사건이 서로 독립적으로 일어난다.

ii) 충분히 짧은 구간에서 사건이 2번 이상 일어날 확률은 0이다.

iii) 한 구간에서의 사건이 일어날 확률은 구간의 길이에 비례한다.

위와 같은 조건들을 모두 충족하는 확률실험 또는 현상을 **포아송과정**(Poisson process)이라 한다.

시간간격 $(0,\ t]$를 n개의 짧은 구간으로 나누면 한 구간에서 사건이 한 번 일어날 확률은 기본조건 iii)에 의해 구간의 길이 t/n과 비례상수 λ를 곱한 $\dfrac{\lambda t}{n}$가 되고 사건이 한 번도 일어나지 않을 확률은 기본조건 ii)에 의해 $1-\dfrac{\lambda t}{n}$가 된다. 따라서 기간$(0,\ t]$ 동안 사건 발생 횟수 Y는 기본조건 i)에 의해 성공확률이 $\dfrac{\lambda t}{n}$인 베르누이 시행을 n번 반복하는 실험에서의 성공횟수가 된다. 즉 $Y \sim b\left(n,\ \dfrac{\lambda t}{n}\right)$이 되고 $n \to \infty$에 따라 $Y \sim Poi(\lambda t)$가 된다. 즉,

$$P(Y=y)=\frac{e^{-\lambda t}(\lambda t)^y}{y!},\quad y=0,\ 1,\ 2,\ \cdots \tag{5.33}$$

이다.

여기서 우리의 관심사가 사건이 일어난 횟수가 아니라 첫 사건이 일어날 때까지의 경과시간 T라 하자. 그러면 t시간 동안 사건이 한 번도 일어나지 않을 사건 $\{Y=0\}$과 첫 사건이 일어날 때까지 경과한 시간이 t보다 클 사건 $\{T>t\}$는 서로 동등하므로, $P\{T>t\}=P\{Y=0\}$가 된다. 따라서 T의 분포함수는

$$\begin{aligned} F(t) &= 1-P(T>t) \\ &= 1-P(Y=0)=1-\{e^{-\lambda t}(\lambda t)^0\}/0! \\ &= 1-e^{-\lambda t},\quad t>0 \end{aligned} \tag{5.34}$$

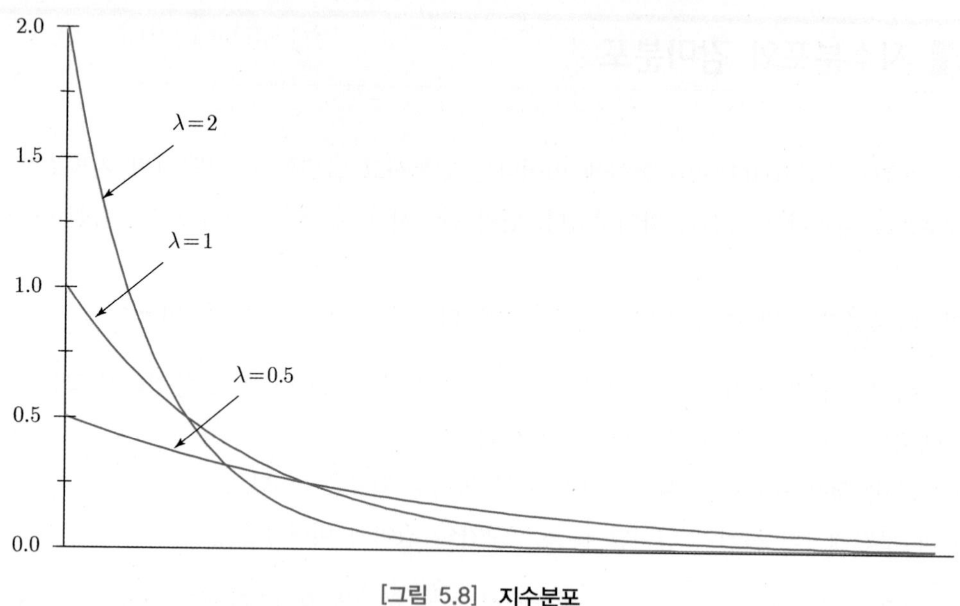

[그림 5.8] **지수분포**

가 된다. T는 연속형 확률변수이므로 식 (5.34)를 미분하여 확률밀도함수

$$f(t)=\begin{cases}\lambda e^{-\lambda t}, & t>0\\ 0, & \text{기타}\end{cases} \tag{5.35}$$

를 얻는다. 이때 확률변수 T는 **지수분포**(exponential distribution)를 따른다고 한다. T는 제품의 수명을 모형화할 때 많이 사용되는데 이 경우 λ는 고장률을 나타내고 평균수명을 구하면 $1/\lambda$이 된다.

지수분포는 평균 $\theta(=1/\lambda)$를 모수로 하여 많이 사용하므로 보통 T의 확률밀도함수를

$$f(t)=\begin{cases}\dfrac{1}{\theta}e^{-\frac{t}{\theta}}, & t>0\\ 0, & \text{기타}\end{cases} \tag{5.36}$$

으로 나타내고 $T\sim Exp(\theta)$로 표기한다. 지수분포의 확률밀도함수는 [그림 5.8]에서 보는 바와 같이 단조감소함수이다. T의 적률생성함수, 기댓값 및 분산은 다음과 같게 됨을 쉽게 보일 수 있다.

정리 5.11 |

$T \sim Exp(\theta)$일 때

$$M(t) = \frac{1}{1-\theta t},$$
$$E(T) = \theta,$$
$$V(T) = \theta^2.$$

포아송과정을 형성하는 확률실험에서 지수분포는 어떤 사건이 처음으로 일어날 때까지의 시간으로 정의되는 확률변수의 분포로, 전자부품이나 시스템의 수명을 분석하는데 널리 응용된다. 즉, 부품의 고장현상이 일종의 포아송과정을 형성한다는 가정이 크게 무리한 가정이 아닐 경우 고장 날 때까지의 경과시간 — 수리불능인 제품 또는 부품의 경우는 수명 — 이 지수분포를 따른다고 가정하는 경우가 많다. 이때, 모수 λ는 **고장률**(failure rate)을, $\theta = 1/\lambda$는 평균수명을 나타내게 된다.

예제 5.30 어느 전자제품의 수명(단위: 년)은 평균 5년인 지수분포를 따른다. 이 제품을 새로 구입했을 때 5년 이내에 고장이 나서 못쓰게 될 확률을 구해보자.

• **풀이** 제품의 수명을 T라 하면, $T \sim Exp(5)$이므로

$$P[T < 5] = F(5) = 1 - \exp[-(1/5)5] = 1 - e^{-1} \fallingdotseq 0.632$$

로 약 63%가 평균수명 이내에 고장이 나서 못 쓰게 된다. ■

지수분포는 이산형 분포인 기하분포와 마찬가지로, 연속형 분포 중에서는 유일하게 무기억성을 지니고 있다. 즉, a, b를 각각 임의의 양의 실수이고 $T \sim Exp(\theta)$라 하면,

$$\begin{aligned} P(T > a+b \mid T > a) &= \frac{P(T > a+b)}{P(T > a)} = \frac{\exp[-(a+b)/\theta]}{\exp[-a/\theta]} \\ &= \exp[-b/\theta] = P(T > b) \end{aligned} \tag{5.37}$$

이 성립한다.

예제 5.31 [예제 5.30]에서 제품을 구입하여 10년간 고장 없이 사용해 왔을 때, 앞으로 5년 이내에 고장으로 못쓰게 될 확률을 구해보면,

• **풀이**

$$\begin{aligned} P(T \le 15 | T > 10) &= 1 - P(T > 15 | T > 10) \\ &= 1 - P(T > 5) = P(T < 5) \\ &= 1 - e^{-1} \fallingdotseq 0.632 \end{aligned}$$

로 새로 구입한 제품이 5년 이내에 못 쓰게 될 확률과 같다. ■

[예제 5.30]과 [예제 5.31]에서와 같이 10년간 사용한 제품과 새로 구입한 제품의 수명이 같다는 것은 상식적으로 이해하기 어려울 수도 있다. 지수분포가 고장률이 λ로 일정하다는 가정으로부터 출발하여 유도되었기 때문에 이러한 결과가 나온 것이다. 제품 사용에 따른 마모 또는 노후화를 고려한다면, 고장률이 시점에 따라 다를 것이므로 고장률을 $\lambda(t)$와 같이 시간의 함수로 모형화하는 것이 더 타당할 수 있다. 고장률이 시점에 따라 다르다는 점을 반영한 확률모형 중 널리 쓰이는 것으로 와이블분포와 대수정규분포가 있는데, 이에 대해서는 제5.9절에서 소개한다. 한편, 제품이 제대로 만들어졌다면 설계수명 기간 동안에는 마모 또는 노후화로 인한 고장은 거의 없고, 사용시간에 무관하게 어느 시점에서든 일어날 가능성이 동일한 우발고장이 대부분일 것이다. 지수분포는 이와 같이 우발고장에 의한 제품수명을 모형화하는데 유용한 분포이다.

포아송과정에서 처음으로 사건이 발생할 때까지의 경과시간의 분포는 지수분포이다. 그렇다면 사건이 n번 일어날 때까지의 경과시간을 T라 할 때, T의 분포는 어떻게 될까? 먼저, t시간 동안에 일어나는 사건의 수 Y가 $Poi(\lambda t)$이라면, 사건이 n번 일어날 때까지의 경과시간이 t보다 길 사건 $\{T > t\}$와 t시간 이내에 사건이 n번보다 적게 일어날 사건 $\{Y < n\}$은 서로 동등하므로

$$P(T > t) = P(Y < n) = P(Y \le n-1) = \sum_{y=0}^{n-1} \frac{e^{-\lambda t}(\lambda t)^y}{y!} \tag{5.38}$$

이고, 따라서 T의 분포함수는 다음과 같다.

$$F(t) = \begin{cases} 0, & t < 0 \\ 1 - P(Y \le n-1), & t \ge 0 \end{cases} \tag{5.39}$$

$F(t)$를 t로 미분하여 T의 확률밀도함수를 구하면

$$f(t)=\begin{cases}\dfrac{\lambda^n t^{n-1}}{\Gamma(n)}e^{-\lambda t}, & t>0\\ 0, & \text{기타}\end{cases} \tag{5.40}$$

이 된다. 이때, T는 모수가 n과 λ인 **얼랑분포(Erlang distribution)**를 따른다고 한다.

예제 5.32 연간 고장률이 0.2인 어떤 제품은 두 번까지는 고장이 나더라도 수리해서 다시 쓸 수 있다고 한다. 이 제품을 10년 이상 쓸 수 있을 확률을 구해보자.

• **풀이** 이 경우는 3번째 고장이 날 때야 비로소 제품의 수명이 다하게 되는 점에 주목하자. 따라서 제품의 수명을 T라 하면, T는 모수가 3과 0.2인 $n=3,\ \lambda=0.2$인 얼랑분포를 따르게 되고, $\lambda t=0.2\times 10=2$이므로 식 (5.39)에서

$$P[T\geq 10]=1-F(10)=P(Y\leq 2)=0.677, \quad Y\sim Poi(2)$$

이 된다. ■

식 (5.40)에서 n이 정수가 아닐 수도 있는, 보다 일반적인 경우를 살펴보자. 만약, n을 α로, λ를 $1/\beta$로 대체하면 식 (5.40)은

$$f(x)=\begin{cases}\dfrac{1}{\Gamma(\alpha)\beta^\alpha}x^{\alpha-1}e^{-x/\beta}, & x>0\\ 0, & \text{기타}\end{cases} \tag{5.41}$$

가 될 것이다. 이때 확률변수 X는 모수가 α와 β인 **감마분포(gamma distribution)**를 따른다고 하고 $X\sim G(\alpha,\ \beta)$로 표기한다. 식 (5.41)의 함수 $f(x)$는 식 (4.8d)를 이용하여 구간 $(0,\ \infty)$에 대해 적분하면 1이 되어 확률밀도함수의 조건을 만족한다는 것을 쉽게 알 수 있다.

감마분포의 모양은 [그림 5.9]와 같다.

정리 5.12 |

$X\sim G(\alpha,\ \beta)$일 때

$$M(t)=\frac{1}{(1-\beta t)^\alpha},$$

$$E(X)=\alpha\beta,$$

$$V(X)=\alpha\beta^2.$$

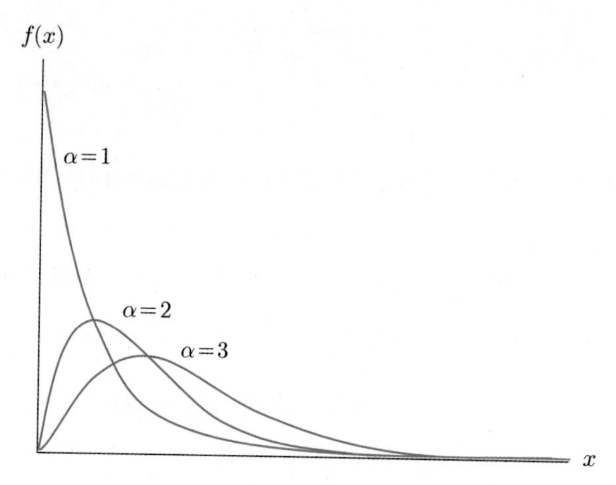

[그림 5.9] **감마분포($\beta=1$)**

• 증명

$$M(t)=E[e^{tX}]=\int_0^\infty e^{tx}\frac{1}{\Gamma(\alpha)\beta^{\alpha}}x^{\alpha-1}e^{-x/\beta}dx$$

$$=\frac{1}{\Gamma(\alpha)\beta^{\alpha}}\int_o^\infty x^{\alpha-1}\exp[-(1/\beta-t)x]\,dx$$

$$=\frac{1}{\Gamma(\alpha)\beta^{\alpha}}\Gamma(\alpha)\left(\frac{1}{1/\beta-t}\right)^{\alpha}=\frac{1}{(1-\beta t)^{\alpha}}$$

가 되고, $M(t)$를 미분하여 평균과 분산을 얻을 수 있다. ■

감마분포 $G(\alpha,\ \beta)$에서 $\beta=1$일 경우의 꼬리확률

$$P(X>u)=\frac{1}{\Gamma(\alpha)}\int_u^\infty x^{\alpha-1}e^{-x}dx \tag{5.42}$$

는 **불완전 감마함수**(incomplete gamma function)라 불리는데 α가 아주 작은 경우 외에는 그 값을 직접 구하기가 쉽지 않다. 따라서 감마분포의 확률은 (a) 불완전 감마함수표를 쓰거나, (b) 제7장에서 다룰 χ^2분포로 변환하여 χ^2분포표를 쓰거나, 또는 (c) 다음과 같은 불완전 감마함수와 포아송분포 확률 간의 관계를 이용하여 포아송분포표로부터 구할 수 있다.

$X\sim G(\alpha,\ \beta)$이고 α가 정수일 때, 식 (5.38)을 다시 쓰면

$$P(X>u)=P(Y<\alpha) \tag{5.43}$$

단, $Y\sim Poi\left(\frac{u}{\beta}\right)$

가 된다. 즉 감마분포 확률은 포아송분포표로부터 구할 수 있다.

예제 5.33 $X \sim G(3,\ 2)$일 때, 적률생성함수와 평균 및 분산 그리고 확률 $P(X > 5)$를 구해보자.

• **풀이** X의 적률생성함수, 평균 및 분산은

$$M(t) = (1-2t)^{-3}$$
$$E(X) = 3 \times 2 = 6, \quad V(X) = 3 \times 2^2 = 12$$

가 되고, $\dfrac{u}{\beta} = \dfrac{5}{2} = 2.5$이므로,

$$P(X > 5) = P(Y < 3) = P(Y \le 2) = 0.544, \quad Y \sim P(2.5)$$

를 얻는다. ■

[R에 의한 계산]

```
> 1-pgamma(5,3,1/2)
[1] 0.5438131
```

식 (5.36)과 식 (5.40)을 비교해 보면 지수분포는 감마분포 $G(\alpha,\ \beta)$에서 $\alpha = 1$인 경우임을 알 수 있다. 감마분포의 특수형태로 지수분포와 모수 α가 정수인 얼랑분포 이외에도 잘 알려진 분포 중에 χ^2분포가 있다. χ^2분포는 $\alpha = \nu/2,\ \beta = 2$이고 ν가 정수일 경우의 감마분포이다. χ^2분포는 통계적 추론에서 많이 활용되고 있어 제7장에서 구체적으로 다루기로 한다.

연습문제 5.8

1. $X \sim Exp(100)$일 때 다음을 구하라.
   (a) $P(X > 30)$
   (b) $P(X > 110)$

(c) $P(X > 110 | X > 80)$을 구하고 이 결과를 (a)의 결과와 비교하라.

2. 어떤 기계를 수리하는 데 걸리는 시간(단위: 시간)이 지수분포 $Exp(2)$를 따를 때,
   (a) 수리시간이 2시간을 초과할 확률을 구하라.
   (b) 수리를 시작한 지 1시간이 지났는데 앞으로 최소한 2시간이 더 필요할 확률은 얼마인가?

3. 어느 지역에서 일어나는 지진의 강도 분포는 과거의 기록으로 보아 지수분포 $Exp(3.2)$ 모형이 적절하다.
   (a) 다음에 일어날 지진의 강도가 2.4 ~ 4.0 사이일 확률을 구하라.
   (b) 다음에 일어날 지진 5개 중 강도 6.0 이상인 것이 적어도 하나 이상일 확률을 구하라.

4. 전화통화시간이 평균 3분인 지수분포를 따른다고 하자. 한 사람이 공중전화에 도착했을 때 누군가 이미 통화를 하고 있다면,
   (a) 5분 이상 기다리게 될 확률을 구하라.
   (b) 5 ~ 10분 동안 기다리게 될 확률을 구하라.

5. 어떤 전자부품의 수명분포로는 평균이 200시간인 지수분포가 적절하다고 한다. 이 부품 4개가 장착되어 있는 기계 중 2개 이상이 고장 나면 작동을 멈춘다고 한다. 이 기계를 연속해서 300시간 이상 사용할 수 있을 확률을 구하라.

6. 소형 자동차의 총 주행거리는 평균이 10만 km인 지수분포를 따른다고 생각된다. 중고차 시장에서 주행거리가 5만 km인 중고 소형차를 구입한다면, 최소한 5만 km를 더 달릴 수 있을 확률은 얼마인가? 또한 총 주행거리가 평균이 10만 km인 균일분포를 따른다면, 5만 km 이상을 더 달릴 수 있을 확률은 얼마인가?

7. 확률변수 X가 감마분포 $G(3, 4)$를 따를 때 $P(3.2 < X < 25.2)$를 구하라.

8. 확률변수 X의 확률밀도함수가

$$f(x) = \begin{cases} cx^4 e^{-2x}, & x > 0 \\ 0, & \text{기타} \end{cases}$$

   일 때,
   (a) c를 정하라.
   (b) X의 평균과 분산을 구하라.

(c) $P(X>2)$를 구하라.

9. 하절기 어느 지역의 일일 전력 소비량(단위: 백만 kWh) X의 분포 모델로는 감마분포 $G(4,\ 2)$가 적절하다고 한다. 이 지역에 대한 일일 전력공급능력이 최대 1,500만 kWh라고 할 때,
   (a) 하루 평균 몇 kWh나 소비되는가?
   (b) 전력부족 사태가 일어날 확률을 구하라.

10. 어떤 기계가 고장으로 인해 한 달 동안 쉬는 시간(단위: 시간) X는 확률밀도함수가

$$f(x)=\begin{cases} cx^3e^{-x/2}, & x>0 \\ 0, & \text{기타} \end{cases}$$

   인 분포를 따른다.
   (a) c를 정하라.
   (b) 기계가 한 달에 10시간 이상 쉬게 될 확률을 구하라.
   (c) 고장으로 인해 발생하는 비용(단위: 만 원)이 $C=10X+X^2$일 때, 비용의 평균과 분산을 구하라.

11. 확률변수 X가 감마분포 $G(\alpha,\ \beta)$를 따를 때 X의 확률밀도함수로부터,
   (a) $E(X^k)=\dfrac{\Gamma(\alpha+k)}{\Gamma(\alpha)}\beta^k$임을 보여라. 단 $\alpha+k>0$
   (b) (a)의 결과로부터 X의 평균과 분산을 구하라.
   (c) $E\left(\dfrac{1}{X}\right)$를 구하라.

12. $X\sim U(0,\ 1)$일 때 $Y=-2\ln X$의 분포함수를 구하라.

13. 확률변수 X는 $E(X^m)=(m+1)!2^m,\ m=1,\ 2,\ 3,\ \cdots$을 만족한다. X의 분포를 구하라.

14*. 감마분포 $G(\alpha,\ \beta)$의 최빈값을 구하라.

15*. 식 (5.39)를 t에 관해 미분하면 식 (5.40)이 됨을 보여라.

16*. $T\sim G(\alpha,\ \beta)$일 때, $h(t)=\dfrac{f(t)}{1-F(t)}$를 구하고, $\alpha\geq 1$일 때 증가함수임을 보여라.

17*. 식 (5.42)에서 정의된 불완전 감마함수와 포아송분포 확률 사이에는 다음과 같은 관계식이 성립함을 보여라. 단 $\lambda > 0$이고 α는 양의 정수이다.

$$\frac{1}{\alpha!}\int_{\lambda}^{\infty} x^{\alpha} e^{-x} dx = \sum_{x=0}^{\alpha} \frac{\lambda^{x} e^{-\lambda}}{x!}$$

18*. 어느 집단의 최저수입이 주어진 경우, 그 집단의 수입(x)에 대한 분포모형을 세울 때는 다음과 같은 **파레토분포**(Pareto distribution)가 사용되기도 한다.

$$f(x) = \frac{\theta}{x_0}\left(\frac{x_0}{x}\right)^{\theta+1}, \quad x > x_0$$

여기서 x_0는 최저수입에 해당하며 $\theta > 0$이다. 파레토분포의 평균과 분산을 구하라.

5.9* 와이블분포와 대수정규분포

제품수명 T의 분포함수와 확률밀도함수가 각각 $F(t)$와 $f(t)$일 때, t시간까지 고장 나지 않고 구간 $(t,\ t+\Delta t)$ 사이에서 고장 날 확률은 단위시간으로 환산하면

$$\frac{P(t< T\leq t+\Delta t \mid T> t)}{\Delta t} = \frac{1}{P(T> t)}\times\frac{P(t< T\leq t+\Delta t)}{\Delta t}$$
$$= \frac{1}{1-F(t)}\times\frac{F(t+\Delta t)-F(t)}{\Delta t}$$

가 된다. $\Delta t\to 0$이면

$$\frac{F(t+\Delta t)-F(t)}{\Delta t}\to F'(t)=f(t)$$

이므로, Δt가 0으로 수렴할 때는

$$\lambda(t)=\frac{f(t)}{1-F(t)} \tag{5.44}$$

가 되며, 이를 **순간고장률**(hazard function) 또는 **고장률함수**(failure rate function)라 한다. 사용시간에 따라 고장률이 일정하다면 지수분포를 적용할 수 있으나 그렇지 않다면 와이블분포와 대수정규분포 등이 적용될 수 있다. 먼저 와이블분포부터 살펴보기로 한다. 확률변수 T의 분포함수가

$$F(t)=\begin{cases}0, & t<0\\ 1-\exp\left[-\left(\dfrac{t}{\alpha}\right)^{\beta}\right], & t\geq 0\end{cases} \tag{5.45}$$

일 때, T는 모수가 α와 β인 **와이블분포**(Weibull distribution)를 따른다고 하고 $T\sim Wei(\alpha,\ \beta)$로 표기한다. 와이블분포의 확률밀도함수는 식 (5.45)를 미분하여

$$f(t)=\begin{cases}\dfrac{\beta}{\alpha}\left(\dfrac{t}{\alpha}\right)^{\beta-1}\exp\left[-\left(\dfrac{t}{\alpha}\right)^{\beta}\right], & t>0\\ 0, & \text{기타}\end{cases} \tag{5.46}$$

이 됨을 알 수 있다. 와이블분포의 고장률함수는

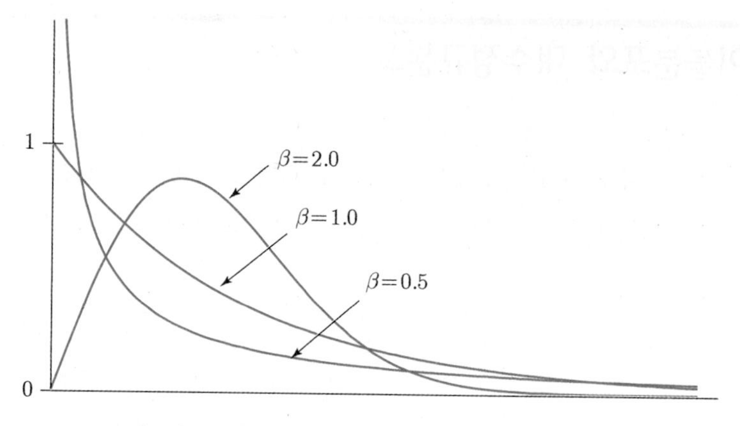

[그림 5.10] 와이블분포의 확률밀도함수($\alpha=1$)

$$\lambda(t)=\frac{\beta}{\alpha}\left(\frac{t}{\alpha}\right)^{\beta-1} \tag{5.47}$$

이 된다. 식 (5.47)로부터 $\beta=1$이면 고장률 $\lambda(t)$는 시점 t에 관계없이 $1/\alpha$로 일정하고 $T\sim Exp(\alpha)$임을 알 수 있다. $\beta<1$인 경우에는 고장률이 시간에 따라 감소하고, $\beta>1$인 경우에는 증가하는 것도 식 (5.47)을 통해 확인된다. 와이블분포의 확률밀도함수는 모수의 값에 따라 여러 가지 모양을 나타내는데, α는 주로 분포의 척도에 관계되고, β는 분포의 형상을 결정한다고 하여 이들을 각각 **척도모수**(scale parameter)와 **형상모수**(shape parameter)라 부르기도 한다. [그림 5.10]은 와이블분포의 확률밀도함수를 나타낸다.

와이블분포의 적률생성함수도 베타분포의 경우처럼 적분이 간단하게 이루어지지 않아 쓰이지 않는다. 다만 그 평균과 분산을 확률밀도함수로부터 직접 구하면 다음과 같다.

정리 5.13 |

$T\sim Wei(\alpha,\ \beta)$일 때

$$E(T)=\alpha\Gamma\left(1+\frac{1}{\beta}\right),$$

$$V(T)=\alpha^2\left[\Gamma\left(1+\frac{2}{\beta}\right)-\Gamma^2\left(1+\frac{1}{\beta}\right)\right].$$

여러 개의 부품을 조립하여 만들어진 제품의 수명은 가장 먼저 고장 나는 부품의 수명과 같게 되는 경우가 많다. 만약, 각 부품의 수명이 서로 독립이고 동일한 분포를 따른다면, 가장 먼

저 고장 나는 부품의 수명 즉 조립품의 수명은 흔히 와이블분포를 따르는 것으로 알려져 있다.

예제 5.34 어떤 제품의 수명이 $\alpha=1,\ \beta=2$인 와이블분포를 따를 때, 평균수명과 분산 및 제품이 2년 이상 고장 나지 않을 확률을 구하라.

• **풀이** 수명의 평균과 분산은 다음과 같다.

$$E(T)=\Gamma\left(1+\frac{1}{2}\right)=\frac{1}{2}\Gamma\left(\frac{1}{2}\right)=\frac{1}{2}\sqrt{\pi}=0.8862,$$

$$V(T)=\Gamma(2)-\Gamma^2\left(1+\frac{1}{2}\right)=1-\frac{\pi}{4}=0.2146.$$

제품이 2년 이상 고장 나지 않을 확률은

$$P(T>2)=1-P(T\le 2)=1-F(2)=\exp\left(-2^2\right)=0.0183.$$

■

[R에 의한 계산]

```
> 1-pweibull(2,2,1)    #pweibull(x,형상모수,척도모수)
[1] 0.01831564
```

다음으로 대수정규분포에 대해 살펴보자. $X=\ln T$가 정규분포 $N(\mu,\ \sigma^2)$를 따를 때, T의 분포함수는

$$\begin{aligned}F(t)&=P(T\le t)=P(\ln T\le \ln t)\\&=P\left(\frac{\ln T-\mu}{\sigma}\le\frac{\ln t-\mu}{\sigma}\right)=P\left(Z\le\frac{\ln t-\mu}{\sigma}\right)\\&=\Phi\left(\frac{\ln t-\mu}{\sigma}\right)\end{aligned}\tag{5.48}$$

이고, 확률밀도함수는 식 (5.51)을 미분하여

$$f(t)=\begin{cases}\dfrac{1}{\sqrt{2\pi}\,\sigma t}\exp\left\{-\dfrac{(\ln t-\mu)^2}{2\sigma^2}\right\}, & t>0\\ 0, & \text{기타}\end{cases}\tag{5.49}$$

이 됨을 알 수 있다. 이때 T는 모수가 μ와 σ인 **대수정규분포(lognormal distribution)**를 따른다고 하고, $T\sim LN(\mu,\ \sigma)$로 표기한다.

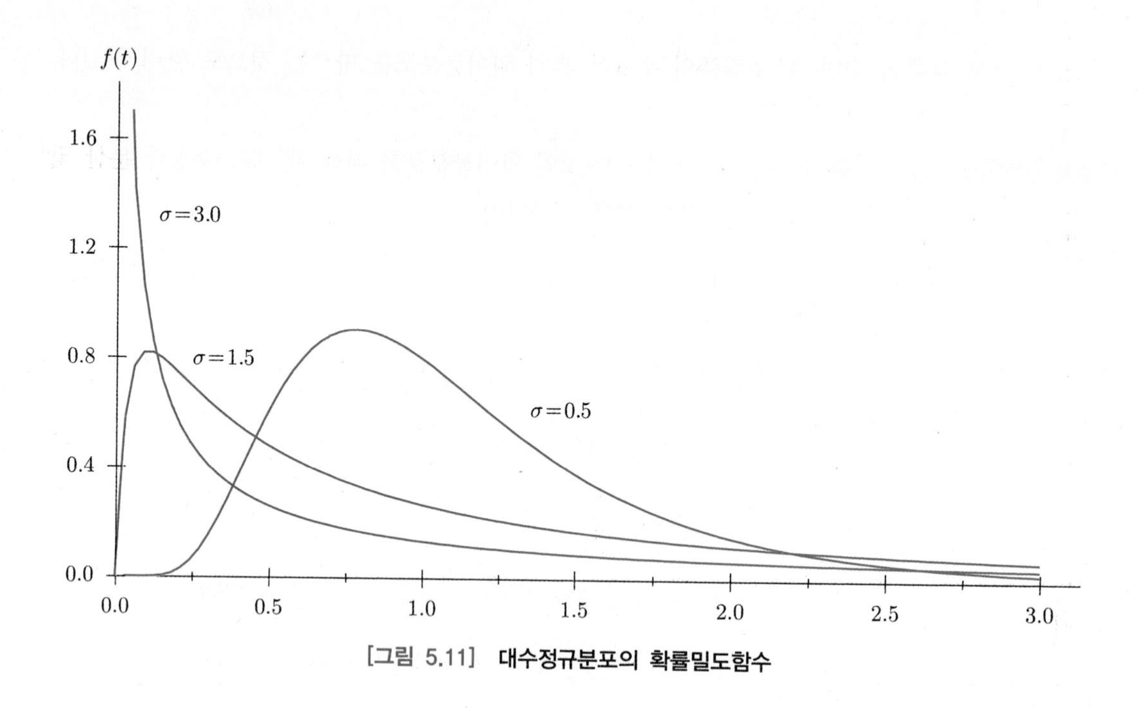

[그림 5.11] 대수정규분포의 확률밀도함수

[그림 5.11]은 대수정규분포의 확률밀도함수를 나타내며 그 모양이 와이블분포와 유사하다. T의 평균과 분산을 식 (5.49)로부터 직접 구하면 [정리 5.14]와 같다.

정리 5.14 |

$T \sim LN(\mu, \sigma)$일 때

$$E(T) = e^{\mu + \sigma^2/2},$$
$$V(T) = e^{2\mu + \sigma^2} \cdot (e^{\sigma^2} - 1).$$

예제 5.35 양초가 타는 시간은 초 속에 있는 파라핀의 양에 비례하는데, 이와 같은 소모성 제품의 수명은 대수정규분포로 잘 모형화될 수 있는 것으로 알려져 있다. 촛불의 수명이 모수 $\mu = 1$, $\sigma = 1$인 대수정규분포를 따른다고 할 때, 이 초가 한 시간 이상 탈 확률과 그 평균 및 분산을 구해보자.

• **풀이**

$$P(T \geq 1) = 1 - F(1) = 1 - \Phi(-1) = 0.8413,$$
$$E(T) = e^{1.5} = 4.482,$$

$$V(T) = e^3(e-1) = 34.513$$

이다. ■

[R에 의한 계산]

```
> 1-plnorm(1,1,1)        #plnorm(x, μ, σ)
[1] 0.8413447
```

연습문제 5.9

1. 자동차용 배터리의 수명(단위: 연)은 와이블분포 $Wei(3,\ 3)$을 따른다. 2년 사용한 배터리가 앞으로 2년 안에 고장 날 확률을 구하라.

2. 어떤 소형 기계장치의 수명(단위: 연)은 와이블분포 $Wei(5,\ 2)$를 따른다.
   (a) 이 장치가 1년의 보증기간 내에 고장 날 확률을 구하라.
   (b) 이 제품의 평균수명은 얼마인가?
   (c) 고장률함수를 구하라.

3. 비행기의 한 부품의 수명(단위: 1,000시간)이 와이블분포 $Wei(2,\ 1.5)$를 따를 때, 부품 중 10%가 고장 날 때까지의 시간을 구하라.

4. 고가의 전자장비에 들어가는 저항기의 수명(단위: 1,000시간)이 와이블분포 $Wei(4,\ 2)$를 따른다고 할 때,
   (a) 저항기의 평균수명을 구하라.
   (b) 저항기의 수명이 5,000시간을 넘을 확률을 구하라.
   (c) 저항기들 중 10%가 고장 나는 시점과 절반이 고장 나는 시점을 구하라.

5. 축전지(capacitor)의 수명분포의 모형으로는 형상모수가 $0 < \beta < 1$인 와이블분포가 적절하다고 한다. 어떤 축전지의 수명(단위: 시간)이 와이블분포 $Wei(50,\ 000,\ 0.5)$를 따른다고 할 때,
   (a) 축전지의 평균수명을 구하라.

(b) 축전지가 1년 내에 고장 날 확률을 구하라.

(c) 축전지들 중 10%가 고장 나는 시점과 절반이 고장 나는 시점을 구하라.

6. 어느 공장은 정전에 대비하여 수명(단위: 시간)이 대수정규분포 $LN(6,\ 2)$를 따르는 보조발전기를 가지고 있다.

(a) 정전이 3시간 이상 계속될 경우 공장의 가동이 멈추게 될 확률을 구하라.

(b) 보조발전기의 평균수명을 구하라.

7. 수정석을 이루고 있는 입자들이 무게(단위: 10^{-2}그램)가 대수정규분포 $LN(3,\ 2)$를 따를 때,

(a) 입자무게의 평균과 분산을 구하라.

(b) 무작위로 뽑은 입자의 무게가 평균보다 작을 확률을 구하라.

8. 어느 회사에서 생산되는 절연체의 수명(단위: 시간)은 300℃의 온도에서 대수정규분포 $LN(9.35,\ 0.242)$를 따른다는 것이 알려져 있다.

(a) 절연체 수명의 평균을 구하라.

(b) 이 회사에서 생산되는 절연체 중 20,000시간 이내에 고장 나는 제품의 비율을 구하라.

(c) 이 회사에서 생산되는 절연체 중에서 10%가 고장 나는 시점을 구하라.

9. 스테인리스 강선을 이용해 제작되는 스프링의 수명은 사용된 스테인리스 강선의 인장강도에 큰 영향을 받는다. 어느 회사에서 제조되는 지름 3 mm 스테인리스 강선의 인장강도(단위: kg/mm^2)가 대수정규분포 $LN(5,\ 0.1)$을 따른다고 할 때,

(a) 인장강도의 평균을 구하라.

(b) 이 회사에서 생산되는 스테인리스 강선 중 5% 정도가 불량품으로 처리된다고 한다. 양품의 인장강도는 최소한 어느 정도 이상이 되겠는가?

(c) 인장강도가 150kg/mm^2보다 클 확률을 구하라.

10. 어떤 입자의 반지름을 X라고 할 때 입자의 표면적 S는 $4\pi X^2$이고, 부피 V는 $\frac{4}{3}\pi X^3$이다. X가 대수정규분포 $LN(\mu,\ \sigma)$를 따를 때 S와 V의 평균과 분산을 구하라.

11. $X \sim Wei(\alpha,\ \beta)$일 때,

$$Y = \left(\frac{X}{\alpha}\right)^{\beta}$$

는 지수분포 $Exp(1)$을 따름을 보여라.

12*. 와이블분포 $Wei(\alpha,\ 2)$의 적률생성함수를 구하라.

13*. $X \sim LN(\mu,\ \sigma)$일 때, X의 평균 $E(X)$, 중앙값 m, 최빈값 M 사이에는 부등식 $M < m < E(X)$가 성립함을 보여라.

14*. 와이블분포의 평균과 분산을 유도하라.

15*. 대수정규분포의 평균과 분산을 유도하라.

16*. $T \sim Wei(\alpha,\ \beta)$일 때, $X = \ln T$의 확률밀도함수는

$$f(x) = \frac{1}{\sigma}\exp\left[\frac{x-\mu}{\sigma} - \exp\left(\frac{x-\mu}{\sigma}\right)\right], \quad -\infty < x < \infty$$

임을 보여라. 단, 여기서 $\mu = \log\alpha,\ \sigma = \frac{1}{\beta}$. 확률변수 X의 분포를 **극한값분포(extreme value distribution)**라 한다.

CHAPTER

06

다변량 확률변수

자연 현상이나 사회 현상을 수치에 의해 설명하고자 할 때 단일 변수로 나타낼 수 없는 경우도 많다. 우리가 일상적으로 사용하고 있는 스마트폰만 하더라도 외관을 결정하는 가로, 세로, 두께, 모서리 곡률 등 여러 치수 특성들뿐만 아니라 중량, 음질, 화질, 통신 속도 등 다양한 서비스 특성을 나타내는 많은 변수들로써 종합적인 품질 수준이 평가되는 것이다. 이와 같이 하나의 현상이나 사물을 묘사하기 위해 사용되는 많은 변수들은 대부분 확률변수로 정의될 수 있다. 그런데 이들 변수들은 서로 연관성을 가지고 있을 경우가 많으므로 체계적인 분석을 위해서는 개별적으로 취급하는 것보다는 묶어서 함께 취급하는 것이 효율적이다. 이처럼 둘 이상의 확률변수를 정의하여 함께 묶어 취급할 경우 **다변량 확률변수**(multivariate random variable)라 부르고 보통 **벡터**(vector)로 나타낸다.

다변량 확률변수는 독립된 단일 확률변수와 달리 벡터를 구성하고 있는 확률변수 간에 서로 의존적인 관계가 있는 경우가 많으므로 개별 확률변수의 분포를 각각 구하여 문제를 분석하면 잘못된 결론을 내릴 위험이 있다. 따라서 다변량 확률변수를 취급할 때에는 확률변수들 간의 의존적 관계를 고려한 결합분포를 구하여 분석해야 한다.

이 장에서는 다변량 확률변수의 결합분포와 벡터를 구성하는 개개의 확률변수의 주변분포, 평균과 공분산을 비롯한 특성값, 그리고 자주 이용되는 결합분포에 대해 살펴본다.

6.1 다변량 분포

어느 회사에서 생산되는 제품은 그 품질에 따라 1, 2, 3등급으로 나누어 판매되고 있다. 전체 생산된 제품 중에서 각 등급이 차지하는 비율을 알아보고자 제품 n개를 검사한다고 하자. 결과를 확률적으로 분석하기 위해 n개 중 1등급과 2등급에 속하는 제품의 수를 각각 확률변수 X와 Y로 정의한다면, 3등급에 속하는 제품의 수는 $n-X-Y$가 된다. 그런데 n개 중 1등급에 속하는 제품이 많으면 2등급과 3등급에 속하는 제품은 적을 것이므로, 두 변수 사이의 관련성을 감안하여 X와 Y를 각기 별도로 취급하는 것보다 함께 묶어서 (X, Y)로 나타내고 같이 분석하는 것이 좋을 것이다. 여기서 (X, Y)를 **2변량 확률변수(bivariate random variable)**라고 한다.

일반적으로 서로 관련이 있는 n개의 확률변수 $X_1, X_2, \cdots, X_n$이 있을 때, 이들을 같이 묶어 $\boldsymbol{X}=(X_1, X_2, \cdots, X_n)$와 같이 나타내고 이를 **$n$변량(또는 n-차원) 확률변수**라고 부른다. n변량 확률변수를 $(X_1, X_2, \cdots, X_n)$과 같이 벡터로 나타내지 않고 단순히 $X_1, X_2, \cdots, X_n$과 같이 쓰기도 하는데, 이 책에서도 편의에 따라 이와 같은 단순 표기를 병행하여 쓰기로 한다.

예제 6.1 우리가 주변에서 접할 수 있는 다변량 확률변수의 예를 찾아보자.

• **풀이** 윷가락을 10번 던져서 도, 개, 걸, 윷, 모가 나오는 횟수를 각각 X_1, X_2, X_3, X_4, X_5라 하자. $(X_1, X_2, X_3, X_4, X_5)$는 5변량 확률변수이다. ■

단일 확률변수의 분포함수와 비슷한 방식으로 2변량 확률변수의 분포함수를 정의하면 다음과 같다.

정의 6.1 |

2변량 확률변수 (X, Y)의 분포함수 F는 다음과 같이 정의된다.

$$F(x, y)=P(X \le x, Y \le y), \quad (x, y) \in R_2$$

예제 6.2 어느 고객이 은행을 방문하여 서비스를 받기 전에 기다리는 시간(대기시간) X와 서비스를 받기 시작한 후 마칠 때까지 걸리는 시간(서비스시간) Y는 각각 최대 한 시간 내에서 균일하다고 한다. (X, Y)의 분포함수를 구해보자.

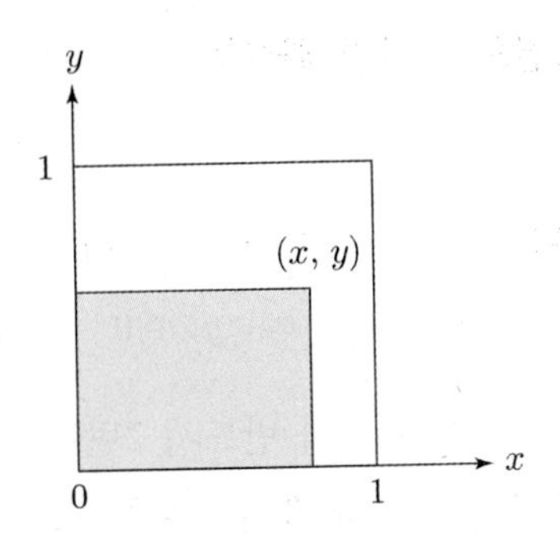

[그림 6.1] 대기시간과 서비스시간

• **풀이** 대기시간과 서비스시간이 모두 균일하다면, $P(X \leq x,\ Y \leq y)$는 [그림 6.1]에서 전체면적 중 $(x,\ y)$로 결정되는 빗금 친 부분의 면적이 차지하는 비율이 될 것이다. 따라서, $(X,\ Y)$의 분포함수는

$$F(x,\ y) = P(X \leq x,\ Y \leq y) = \begin{cases} 0, & x < 0 \text{ 혹은 } y < 0 \\ xy, & 0 \leq x < 1,\ 0 \leq y < 1 \\ x, & 0 \leq x < 1,\ 1 \leq y \\ y, & 1 \leq x,\ 0 \leq y < 1 \\ 1, & 1 \leq x,\ 1 \leq y \end{cases}$$

과 같이 얻어진다. ■

분포함수를 이용하여 $(X,\ Y)$가 특정 범위의 값을 취할 확률 $P(x_1 < X \leq x_2,\ y_1 < Y \leq y_2)$을 구해보자. 먼저 사건 $A,\ B,\ C$를 $A = \{(x,\ y) : x \leq x_2,\ y \leq y_2\}$, $B = \{(x,\ y) : x \leq x_1,\ y \leq y_2\}$, $C = \{(x,\ y) : x \leq x_2,\ y \leq y_1\}$라 둔다면 구하고자 하는 확률은 $P[A - (B \cup C)]$이 된다. 그런데 $(B \cup C) \subset A$이므로

$$\begin{aligned} P[A - (B \cup C)] &= P(A) - P(B \cup C) \\ &= P(A) - \{P(B) + P(C) - P(B \cap C)\} \\ &= P(A) - P(B) - P(C) + P(B \cap C) \end{aligned}$$

이다. 여기서 $B \cap C = \{(x,\ y) : x \leq x_1,\ y \leq y_1\}$이므로 각 항을 분포함수로 나타내면

$$P(x_1 < X \leq x_2,\ y_1 < Y \leq y_2) = F(x_2,\ y_2) - F(x_2,\ y_1) - F(x_1,\ y_2) + F(x_1,\ y_1) \tag{6.1}$$

이다.

분포함수가 충족시켜야 할 조건으로 단일 확률변수의 경우로부터 유추하여 다음 두 조건은 쉽게 얻을 수 있다.

i) $F(x, y)$는 비감소이고 우측으로부터 연속인 함수이다.

ii) $F(+\infty, +\infty)=1$, $F(x, -\infty)=F(-\infty, y)=0$

그러나 이 조건을 만족한다고 해서 함수 F가 반드시 2변량 확률변수의 분포함수가 되는 것은 아니다. 식 (6.1)의 유도과정에서 F가 이변량 확률변수의 분포함수라면 $x_1 < x_2$, $y_1 < y_2$인 임의의 (x_1, y_1), (x_2, y_2)에 대하여 $F(x_2, y_2)-F(x_2, y_1)-F(x_1, y_2)+F(x_1, y_1)$은 확률이므로 음이 될 수 없다. 그런데 이것은 조건 i), ii)에 의해 자동으로 충족되는 것이 아니다.

식 (6.1)이 음이 될 수 없다는 점을 고려하여 2변량 확률변수의 분포함수가 되기 위한 조건을 정리하면 다음과 같다.

정리 6.1 |

함수 F가 2변량 확률변수 (X, Y)의 분포함수이기 위해서는 다음 조건을 만족해야 한다.

i) $F(x, y)$는 x와 y에 대하여 비감소함수이며 우측으로부터 연속이다.

ii) $F(-\infty, y)=F(x, -\infty)=0$이고 $F(\infty, \infty)=1$이다.

iii) $x_1 < x_2$이고 $y_1 < y_2$인 임의의 (x_1, y_1), (x_2, y_2)에 대하여 부등식

$$F(x_2, y_2)-F(x_2, y_1)-F(x_1, y_2)+F(x_1, y_1) \geq 0$$

이 성립한다.

예제 6.3 함수

$$F(x, y)=\begin{cases}(1-e^{-x})(1-e^{-y}), & x \geq 0,\ y \geq 0 \\ 0, & \text{기타}\end{cases}$$

가 2변량 확률변수 (X, Y)의 분포함수인지 확인해 보자.

• **풀이** 조건 i)과 ii)는 생략하고, iii)에 대해서만 살펴보기로 한다. $x_1 < x_2$, $y_1 < y_2$이면,

$$F(x_2, y_2)-F(x_2, y_1)-F(x_1, y_2)+F(x_1, y_1)$$

$$= (1-e^{-x_2})(1-e^{-y_2}) - (1-e^{-x_2})(1-e^{-y_1}) - (1-e^{-x_1})(1-e^{-y_2})$$
$$+ (1-e^{-x_1})(1-e^{-y_1})$$
$$= (e^{-x_1}-e^{-x_2})(e^{-y_1}-e^{-y_2}) \ge 0$$

이 되어 분포함수임을 알 수 있다. ■

예제 6.4 다음 함수가 분포함수의 조건을 모두 충족하는지 확인해보자.

$$F(x,\ y) = \begin{cases} 0, & x<0 \text{ 또는 } x+y<1 \text{ 또는 } y<0 \\ 1, & \text{기타} \end{cases}$$

• **풀이** 이 함수는 분명히 두 조건 i), ii)를 만족한다. 이제 조건 iii)의 충족여부를 살펴보기 위해 $(x,\ y)=(1/3,\ 1/3),\ (1/3,\ 1),\ (1,\ 1/3),\ (1,\ 1)$에 대응되는 F의 값을 도시하면 [그림 6.2]와 같다. 그림으로부터

$$F(1,\ 1)-F(1/3,\ 1)-F(1,\ 1/3)+F(1/3,\ 1/3)=1-1-1+0=-1$$

로서 조건 iii)을 충족하지 못하므로 $F(x,\ y)$는 분포함수가 될 수 없다. ■

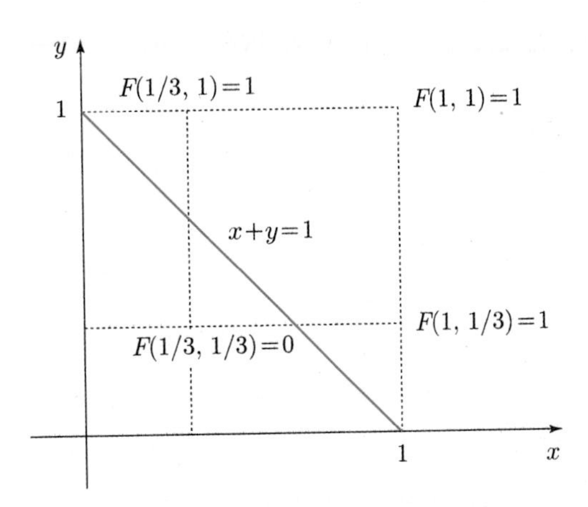

[그림 6.2] $(x,\ y)$ 경계값에 따른 함수 F의 값

2변량 확률변수보다 일반적인 n변량 확률변수 $\boldsymbol{X}=(X_1,\ X_2,\ \cdots,\ X_n)$의 분포함수 정의 및 함수 F가 $\boldsymbol{X}$의 분포함수이기 위한 조건은 생략한다. 다만, 다변량 확률변수의 분포함수를 단일 확률변수의 분포함수와 구별하여 **결합분포함수**(joint distribution function)라 부른다. 또, 결합분포 함수에서 일부 변수의 값을 ∞로 둔 함수를 나머지 변수들의 **주변분포함수**(marginal distribution function)라 한다. 가장 간단한 예로 2변량 확률변수 $(X,\ Y)$의 분포함수를 F라 할 때, 함수

$$F_X(x) = F(x,\ \infty)$$
$$F_Y(y) = F(\infty,\ y) \tag{6.2}$$

를 각각 X의 주변분포함수, Y의 주변분포함수라 한다. n이 2보다 클 경우의 n변량 확률변수의 경우는 주변분포함수라 하더라도, ∞로 놓지 않은 나머지 변수들의 결합분포함수가 된다.

여기서 식 (6.2)의 의미를 음미해보자. 먼저 $A = \{X \le x\}$, $B = \{Y < \infty\}$라 하자. 그러면, B는 표본공간 S와 같게 되므로,

$$\begin{aligned} F_X(x) &= P(X \le x) = P(A) = P(A \cap S) \\ &= P(A \cap B) = P(X \le x,\ Y < \infty) \\ &= F(x,\ \infty) \end{aligned}$$

로 $F(x,\ \infty)$는 X의 분포함수와 같게 된다는 사실을 알 수 있다.

예제 6.5 [예제 6.3]의 결합분포함수로부터 X의 주변분포함수를 구해보자.

• 풀이 결합분포함수 $F(x,\ y)$에서 $y = \infty$를 대입하면 $1 - e^{-\infty} = 1 - 0 = 1$이므로

$$F_X(x) = \begin{cases} 0, & x < 0 \\ 1 - e^{-x}, & x \ge 0 \end{cases}$$

가 된다. ■

단일 확률변수를 이산형, 연속형, 혼합형으로 분류한 것과 같은 방식으로 n변량 확률변수를 분류할 수는 없을까? 이에 대한 답은 간단하지 않다. 왜냐하면, 벡터를 구성하고 있는 개개의 확률변수의 유형이 서로 다를 수도 있기 때문이다. 여기서는 벡터를 구성하는 개개의 변수가 모두 이산형일 경우와 모두 연속형일 경우만을 취급하기로 하고, 이들을 각각 **이산형 n변량 확률변수**와 **연속형 n변량 확률변수**라 부르기로 한다. 이 책에서는 꼭 필요한 경우가 아니면 표현의 복잡성을 피하고 개념을 쉽게 이해할 수 있도록 n변량 대신 2변량 확률변수를 중심으로 확률함수와 확률밀도함수를 살펴보기로 한다.

이산형 다변량 확률변수의 경우에는 분포함수의 표현 자체가 복잡하고 쓰기도 불편하여 단일 확률변수의 경우와 마찬가지로 분포함수보다는 확률함수가 주로 쓰인다. 먼저 이산형 2변량 확률변수 $(X,\ Y)$와 그 결합확률함수를 정의하자. 이산형일 경우에는 확률함수 그 자체가 확률이

므로 (X, Y)의 확률함수는 $P[X=x, Y=y]$가 된다.

정의 6.2 |

2변량 확률변수 (X, Y)가 가질 수 있는 값의 영역 $R_{X,Y}$의 원소수가 유한하거나 셀 수 있을 때, (X, Y)를 이산형 2변량 확률변수(discrete bivariate random variable)라 부르고,

$$p(x, y) = P(X=x, Y=y), \quad (x, y) \in R_{X,Y}$$

로 정의되는 함수 $p(x, y)$를 (X, Y)의 결합확률함수(joint probability function)라 한다.

위의 정의와 유사하게 이산형 n변량 확률변수 $(X_1, \cdots, X_n)$를 정의할 수 있으며, 그 결합확률함수는 $P(X_1 = x_1, \cdots, X_n = x_n)$이 된다.

예제 6.6 동전을 두 번 던져서 나오는 앞면과 뒷면의 횟수를 각각 X와 Y라 할 때, 2변량 확률변수 (X, Y)의 확률함수를 구해보자.

• **풀이** (X, Y)가 가질 수 있는 값은 (0, 2), (1, 1), (2, 0)이고, 그 확률은

$$p(0, 2) = P(X=0, Y=2) = P(\{TT\}) = \frac{1}{4}$$

$$p(2, 0) = P(X=2, Y=0) = P(\{HH\}) = \frac{1}{4}$$

$$p(1, 1) = P(X=1, Y=1) = P(\{HT, TH\}) = \frac{1}{2}$$

이다. ■

함수 $p(x, y)$가 2변량 확률변수의 결합확률함수가 되기 위한 조건은 다음과 같음을 알 수 있다.

i) $p(x, y) \geq 0$,

ii) $\sum\sum_{(x, y) \in R_{X,Y}} p(x, y) = 1$ (6.3)

예제 6.7 주사위 두 개를 던져서 나오는 수 중에서 작은 수를 X, 큰 수를 Y라 할 때, (X, Y)의 결합확률함수를 구하고 식 (6.3)의 조건을 충족하는지 확인해보자.

• **풀이** 먼저, (X, Y)가 가질 수 있는 값의 집합을 구하면

$$R_{X,Y} = \{(x, y) : 1 \le x \le y \le 6,\ x,\ y\text{는 정수}\}$$

인데, $x = y$일 경우와 $x < y$일 경우로 나누어 $P(X = x,\ Y = y)$를 구하면,

$$P(X = x,\ Y = y) = \begin{cases} P(\{(x, y)\}) = 1/36, & 1 \le x = y \le 6 \\ P(\{(x, y), (y, x)\}) = 2/36, & 1 \le x < y \le 6 \end{cases}$$

와 같다. 따라서 (X, Y)의 결합확률함수는

$$p(x, y) = \begin{cases} 1/36, & 1 \le x = y \le 6 \\ 2/36, & 1 \le x < y \le 6 \end{cases}$$

이다. 이제 함수 $p(x, y)$가 식 (6.3)의 조건 ii)를 만족하는지 살펴보자.

$$\sum_{(x,\ y) \in R_{X,Y}} \sum p(x, y) = (1/36) \cdot 6 + (2/36) \cdot (5 + 4 + 3 + 2 + 1) = 1$$

이다. 따라서 $p(x, y)$가 결합확률함수의 조건을 만족함을 알 수 있다. ■

2변량 확률변수 (X, Y)가 구간 $A = \{(x, y) :\ a < x \le b,\ c < y \le d\}$에 속할 확률은 결합분포함수를 이용한 식 (6.1)에 의하여 구할 수도 있고, 다음 식에 의하여 구할 수도 있다.

$$P(a < X \le b,\ c < Y \le d) = \sum_{(x,\ y)} \sum_{\in A} p(x, y) \tag{6.4}$$

예제 6.8 [예제 6.7]에서 $P(3 < X \le 5,\ 3 < Y \le 6)$를 구해보자.

• **풀이** $$\begin{aligned} P(3 < X \le 5,\ 3 < Y \le 6) &= p(4, 4) + p(4, 5) + p(4, 6) + p(5, 4) + p(5, 5) + p(5, 6) \\ &= 1/36 + 2/36 + 2/36 + 0 + 1/36 + 2/36 = 2/9 \end{aligned}$$

이다. ■

[예제 6.7]에서 $(x, y) = (5, 4)$는 $R_{X,Y}$에 속하지 않으므로, $p(5, 4)$의 값은 0이 되는 것을 알 수 있다. 확률함수를 정의할 때, 그 정의역을 실수공간 전체로 해두고 확률변수가 값을 가질

수 없는 영역에 대해서는 확률함수의 값을 0으로 처리함으로써 이론 전개의 편리를 도모할 수도 있다.

2변량 확률변수 $(X,\ Y)$의 결합분포를 알고 있을 때에도, X만의 분포를 따로 알고자 할 경우가 있다. 예로 갑과 을이 게임을 하는 데, 주사위를 두 번 던져서 나오는 수 중 작은 수를 X, 큰 수를 Y라 할 때 갑의 점수는 $(6-X)$, 을의 점수는 Y로 하되 점수가 큰 쪽이 이기는 것으로 하자. 이때, 갑과 을은 각각 주사위를 던진 결과로 나오는 작은 수와 큰 수에 더 관심을 가지게 될 것이다. 여기서 $(X,\ Y)$의 결합확률함수는 [예제 6.7]의 $p(x,\ y)$와 같다. 이제 X와 Y의 확률함수를 따로 구해보자.

먼저 $P(X=3)$을 구해보면, Y가 어떤 값을 취하든 상관없이 $X=3$일 경우만 생각하면 되므로,

$$\begin{aligned} P(X=3) &= p(3,\ 3)+p(3,\ 4)+p(3,\ 5)+p(3,\ 6) \\ &= \sum_{y=3}^{6} p(3,\ y) \end{aligned}$$

이다. 보다 일반적으로 R_X와 R_Y를 각각 X와 Y가 취할 수 있는 값의 집합이라 할 때, $P(X=x)$를 구하면,

$$P(X=x) = \sum_{y \in R_Y} p(x,\ y), \quad x \in R_X \tag{6.5a}$$

이고, 마찬가지로 $P(Y=y)$를 구하면,

$$P(Y=y) = \sum_{x \in R_X} p(x,\ y), \quad y \in R_Y \tag{6.5b}$$

이다. 여기서 $P(X=x)$와 $P(Y=y)$를 각각 X와 Y의 **주변확률함수**라 하고 $p_X(x)$, $p_Y(y)$라 표기한다.

예제 6.9 [예제 6.7]에서 $(X,\ Y)$의 결합확률함수 $p(x,\ y)$와 X 및 Y의 주변확률함수 $p_X(x)$, $p_Y(y)$를 표로 나타내보자.

• **풀이** 결합분포를 표로 정리하고 주변분포를 구하면 다음과 같다.

x \ y	1	2	3	4	5	6	$p_X(x)$
1	1/36	2/36	2/36	2/36	2/36	2/36	11/36
2	0	1/36	2/36	2/36	2/36	2/36	9/36
3	0	0	1/36	2/36	2/36	2/36	7/36
4	0	0	0	1/36	2/36	2/36	5/36
5	0	0	0	0	1/36	2/36	3/36
6	0	0	0	0	0	1/36	1/36
$p_Y(y)$	1/36	3/36	5/36	7/36	9/36	11/36	1

■

예제 6.10 동전을 세 번 던질 때, X를 앞면이 나오는 횟수, Y를 앞면과 뒷면이 나오는 횟수의 차이라 하고, $p(x, y)$, $p_X(x)$ 및 $p_Y(y)$를 구해보자.

• **풀이** (X, Y)가 취할 수 있는 값을 찾아내고 그에 대응하는 확률을 구하면 다음과 같다.

x \ y	1	3	$p_X(x)$
0	0	1/8	1/8
1	3/8	0	3/8
2	3/8	0	3/8
3	0	1/8	1/8
$p_Y(y)$	6/8	2/8	1

■

개별적인 X와 Y의 분포는 2변량 확률변수 (X, Y)의 결합분포와 구분하여 주변분포라 부르는데, 각각 단일 확률변수인 X와 Y의 분포와 모든 면에서 동일하다. 또, n변량 확률변수일 경우에도 주변확률함수를 생각할 수 있으나, 표현방식이 복잡하다는 것을 제외하면 2변량일 경우와 같으므로 여기서는 별도로 설명하지 않는다.

다음으로 연속형 2변량 확률변수 (X, Y)와 그 결합확률밀도함수를 정의하자. 이 경우에는 이산형과는 달리 확률로 결합확률밀도함수를 정의할 수는 없고 결합분포함수를 이용하여 정의한다.

정의 6.3 |

2변량 확률변수 (X, Y)의 분포함수 F가 연속이고, 모든 실수 x, y에 대하여

$$F(x, y) = \int_{-\infty}^{y}\left(\int_{-\infty}^{x} f(u, v)du\right)dv$$

를 만족하는 비음의 함수 f가 존재할 때 (X, Y)를 연속형 2변량 확률변수(continuous bivariate random variable)라 하고, f를 (X, Y)의 결합확률밀도함수(joint probability density function)라 한다.

미분이 가능할 경우 결합분포함수 $F(x, y)$를 x와 y에 대하여 편미분하여 결합확률밀도함수를 구할 수 있다.

$$f(x, y) = \frac{\partial^2 F(x, y)}{\partial x \partial y} \tag{6.6}$$

예제 6.11 (X, Y)의 결합분포함수가

$$F(x, y) = \begin{cases} 0, & x < 0, y < 0 \\ \dfrac{1}{16}xy(x+y), & 0 \le x < 2, 0 \le y < 2 \\ 1, & 2 \le x, 2 \le y \end{cases}$$

일 때, 결합확률밀도함수를 구해보자.

• **풀이** 결합분포함수를 미분하면

$$f(x, y) = \begin{cases} \dfrac{\partial^2 F(x, y)}{\partial x \partial y} = \dfrac{1}{8}(x+y), & 0 < x < 2, \ 0 < y < 2 \\ 0, & \text{기타} \end{cases}$$

이다. ■

실제로는 결합분포함수가 항상 먼저 주어지고 그것을 미분하여 결합확률밀도함수를 구하게 되는 것은 아니다. 오히려 결합확률밀도함수로부터 결합분포함수를 구해야 할 경우가 더 많다. 그렇다면, 연속형 2변량 확률변수 (X, Y)의 결합확률밀도함수라 생각되는 함수가 있을 때, 이 함수가 결합확률밀도함수인지를 확인할 수 있어야 할 것이다. 이는 주어진 함수가 다음의 조건

을 만족하는지를 검토함으로써 가능하다.

i) $f(x,\ y)\ \geq\ 0,\qquad (x,\ y) \in R_2$

ii) $\int_{-\infty}^{\infty}\int_{-\infty}^{\infty} f(x,\ y)dxdy\ =\ 1$ (6.7)

예제 6.12 어떤 궁수가 과녁을 향해 활을 쏘면, 과녁의 중심을 원점으로 하는 반경 1 m의 원 안에 화살이 항상 맞는다고 한다. 화살이 원 안의 어떤 점에든 맞을 가능성이 동일하다고 할 때, 원점으로부터 화살이 맞는 점까지의 가로 거리를 X, 세로 거리를 Y라 하고 $(X,\ Y)$의 결합확률밀도함수를 구해보자.

• **풀이** 과녁의 면적은 π m²이고, 화살이 과녁의 특정지점에 맞을 가능성은 모두 동일하므로 $(X,\ Y)$의 결합확률밀도함수는 균일한 값을 가지게 되어 다음과 같이 된다.

$$f(x,\ y) = \begin{cases} \dfrac{1}{\pi}, & 0 < x^2 + y^2 < 1 \\ 0, & \text{기타} \end{cases}$$

$f(x,\ y)$는 결합확률밀도함수의 조건을 만족하는지 확인하면 먼저, 모든 $(x,\ y)$에 대하여 $f(x,\ y) \geq 0$이다. 또 $f(x,\ y)$를 $x = r\cos\theta,\ y = r\sin\theta$로 치환하여 적분하면

$$J = \begin{vmatrix} \dfrac{\partial x}{\partial r} & \dfrac{\partial x}{\partial \theta} \\ \dfrac{\partial y}{\partial r} & \dfrac{\partial y}{\partial \theta} \end{vmatrix} = \begin{vmatrix} \cos\theta & -r\sin\theta \\ \sin\theta & r\cos\theta \end{vmatrix} = r$$

이므로

$$\begin{aligned} \int_{-\infty}^{\infty}\int_{-\infty}^{\infty} f(x,\ y)dxdy &= \iint_{x^2+y^2 \leq 1} \frac{1}{\pi} dxdy \\ &= \frac{1}{\pi}\int_0^{2\pi}\int_0^1 |J|drd\theta = \frac{1}{\pi}\int_0^{2\pi}\int_0^1 rdrd\theta \\ &= \frac{1}{\pi}\int_0^{2\pi}\frac{1}{2}d\theta = 1 \end{aligned}$$

이므로 식 (6.7)의 두 조건을 모두 만족한다. ■

연속형 2변량 확률변수 $(X,\ Y)$에 관한 확률은 분포함수가 주어져 있을 경우에는 식 (6.1)

을 이용하면 되지만, 확률밀도함수가 주어져 있는 경우에는 이를 적분하여 구하여야 한다. 즉, $(X,\ Y)$가 구간 $\{(x,\ y):\ a < x \le b,\ c < y \le d\}$에 속할 확률은

$$P(a < X \le b,\ c < Y \le d) = \int_c^d \int_a^b f(x,\ y)dxdy \tag{6.8}$$

로 구한다. 이때, $\{(x,\ y):\ a < x \le b,\ c < y \le d\}$가 $R_{X,Y}$의 부분집합이 아닐 때에는 $R_{X,Y}$에 속하지 않는 $(x,\ y)$에 대응되는 $f(x,\ y)$의 값은 0이라는 사실에 유의하여 적분해야 한다.

예제 6.13 $(X,\ Y)$의 결합확률밀도함수가

$$f(x,\ y) = \begin{cases} 6x, & 0 < x < y < 1 \\ 0, & \text{기타} \end{cases}$$

일 때, $P(0 < X \le 1/2,\ 0 < Y \le 1/2)$를 구해보자.

• **풀이** x에 대한 적분구간은 $[0,\ 1/2]$이 아니라 $R_{X,Y}$를 고려하여 $[0,\ y]$이 되어야 한다. 따라서,

$$P(0 < X \le 1/2,\ 0 < Y \le 1/2) = \int_0^{1/2} \int_0^y 6xdxdy = \int_0^{1/2} 3y^2 dy = 1/8$$

이다. 만약 y에 대해 먼저 적분한다면 $[x,\ 1/2]$ 구간에서 적분한 후 x에 대해 $[0,\ 1/2]$구간에서 적분하면 된다. 즉,

$$\begin{aligned} P(0 < X \le 1/2,\ 0 < Y \le 1/2) &= \int_0^{1/2} \int_x^{1/2} 6xdydx \\ &= \int_0^{1/2} 6x(1/2 - x)dx = 1/8 \end{aligned}$$

이 된다. ■

[R을 이용한 중적분]

$\int_0^{1/2} \int_0^y 6xdxdy$을 구하기 위한 R프로그램은 다음과 같다. R소프트웨어의 구성 상 안쪽의 적분 ($\int_0^y 6xdxdy$)을 수행하기 위해 넘겨주는 y의 값이 여러 개이므로 그 개수만큼 수행한 후 결과 값을 넘겨받기 위해 c()함수를 사용하고 있음에 유의해야 한다.

```
> ff<- function(y) {
+       rs<- NULL
+       ny <- length(y)
+       f<- function(x) 6*x
+       for(i in 1:ny) rs<-c(rs, integrate(f, lower=0, upper= y[i])$value)
+       rs
+ }
> integrate(ff, 0,1/2)$value
[1] 0.125
```

이산형에서와 마찬가지로 연속형 2변량 확률변수에 대해서도, 결합분포로부터 주변확률밀도함수를 구할 수 있다. 결합분포함수가 주어져 있는 경우라면 이를 미분하여,

$$f_X(x) = \frac{dF(x,\ \infty)}{dx},$$

$$f_Y(y) = \frac{dF(\infty,\ y)}{dy} \tag{6.9}$$

를 얻고, 결합확률밀도함수가 주어져 있는 경우라면, 이를 적분하여

$$f_X(x) = \int_{-\infty}^{\infty} f(x,\ y)dy,$$

$$f_Y(y) = \int_{-\infty}^{\infty} f(x,\ y)dx \tag{6.10}$$

를 얻는다.

예제 6.14 $(X,\ Y)$의 결합확률밀도함수가 [예제 6.13]과 같을 때, X와 Y의 주변확률밀도함수를 구해보자.

• **풀이**

$$f_X(x) = \int_{-\infty}^{\infty} f(x,\ y)dy = \int_x^1 6x dy = 6x(1-x), \quad 0 < x < 1$$

$$f_Y(y) = \int_{-\infty}^{\infty} f(x,\ y)dx = \int_0^y 6x dx = 3y^2, \quad 0 < y < 1$$

이 된다. ■

연습문제 6.1

1. 2변량 확률변수$(X,\ Y)$의 결합분포함수가

$$F(x,\ y)=\begin{cases}0, & x<0, \quad y<0 \\ \dfrac{1}{16}x^2y^2, & 0\le x<2, \quad 0\le y<2 \\ 1, & 2\le x, \quad 2\le y\end{cases}$$

일 때, X와 Y의 주변분포함수들을 구하라.

2. 다음 함수가 결합확률분포함수임을 보여라.

$$F(x,\ y)=\begin{cases}0, & x<0, \quad y<0 \\ xy, & 0\le x<1, \quad 0\le y<1 \\ 1, & 1\le x, \quad 1\le y\end{cases}$$

3. 두 확률변수 X와 Y의 결합확률밀도함수가

$$f(x,\ y)=\begin{cases}8xy, & 0<y<x<1 \\ 0, & \text{기타}\end{cases}$$

일 때,

(a) 결합분포함수$F(x,\ y)$를 구하라.

(b) 주변분포함수$F_X(x)$와 $F_Y(y)$를 구하라.

4. X와 Y의 결합확률밀도함수가

$$f(x,\ y)=\begin{cases}4xy, & 0<y<x<1 \\ 6x^2, & 0<x<y<1 \\ 0, & \text{기타}\end{cases}$$

일 때,

(a) $P\left(X\le \dfrac{1}{2},\ Y\le \dfrac{1}{2}\right)$을 구하라.

(b) X와 Y의 주변확률밀도함수들을 구하라.

5. $F(x,\ y)$가 분포함수일 때 다음 함수가 결합분포함수인지를 확인하라.

(a) $F(x,\ y)=F(x)+F(y)$

(b) $F(x,\ y) = F(x)F(y)$

(c) $F(x,\ y) = \max[F(x),\ F(y)]$

(d) $F(x,\ y) = \min[F(x),\ F(y)]$

6. 2변량 확률변수 $(X,\ Y)$의 결합확률밀도함수가

$$f(x,\ y) = \begin{cases} ce^{-3x-\frac{y}{5}}, & 0 < x < \infty,\ 0 < y < \infty \\ 0, & \text{기타} \end{cases}$$

일 때, 상수 c를 정하고, 주변확률밀도함수들을 구하라.

7. 어떤 화학약품에 들어있는 두 성분의 비율 X와 Y의 결합확률밀도함수의 모델로 다음의 함수가 적합하다고 한다.

$$f(x,\ y) = \begin{cases} c, & 0 < x < 1,\ 0 < y < 1,\ x+y < 1 \\ 0, & \text{기타} \end{cases}$$

(a) 상수 c를 구하라.

(b) $P\left(0 < X < \frac{1}{2},\ 0 < Y < \frac{1}{4}\right)$를 구하라.

(c) X와 Y의 주변확률밀도함수들을 구하라.

8. 어떤 공정에서 생산되는 제품에는 두 종류의 불량이 있다. 전체 불량품의 비율 X와 첫 번째 불량원인에 의한 불량품의 비율 Y의 결합확률밀도함수의 모델로는 다음의 함수가 적합하다고 한다.

$$f(x,\ y) = \begin{cases} 6(1-x), & 0 < y < x < 1 \\ 0, & \text{기타} \end{cases}$$

(a) $P\left(X < \frac{3}{4},\ Y > \frac{1}{2}\right)$을 구하라.

(b) X와 Y의 주변확률밀도함수들을 구하라.

9. A팀과 B팀의 축구 경기에서 각 팀의 패스 성공률을 각각 X와 Y라 할 때, $(X,\ Y)$의 결합확률밀도함수의 모델로 다음의 함수가 적합하다고 한다.

$$f(x,\ y) = \begin{cases} x+y, & 0 < x < 1,\ 0 < y < 1 \\ 0, & \text{기타} \end{cases}$$

(a) $P(X \le 0.7,\ Y \le 0.7)$을 구하라.
(b) $P(X+Y \le 1.4)$을 구하라.
(c) X와 Y의 주변확률밀도함수들을 구하라.

10. 어떤 은행에 고객이 도착하여 일을 마치고 떠날 때까지의 시간(단위: 시간) X와 고객이 서비스를 받기 위해 기다리는 시간 Y의 결합확률밀도함수의 모델로 다음의 함수가 적합하다고 한다.

$$f(x,\ y) = \begin{cases} \dfrac{1}{4}e^{-x/2}, & 0 < y < x < \infty \\ 0, & \text{기타} \end{cases}$$

(a) $P(X < 4,\ Y > 2)$를 구하라.
(b) $P(X-Y > 2)$를 구하라.
(c) X와 Y의 주변확률밀도함수들을 구하라.

11. 어떤 전자제품의 조립에 쓰이는 두 부품의 수명(단위: 1,000시간)을 각각 X와 Y라 할 때, X와 Y의 결합확률밀도함수의 모델로는 다음의 함수가 적합하다고 한다.

$$f(x,\ y) = \begin{cases} \dfrac{1}{27}xe^{-\frac{x+y}{3}}, & 0 < x < \infty,\ 0 < y < \infty \\ 0, & \text{기타} \end{cases}$$

(a) X와 Y의 결합분포함수를 구하라.
(b) $P(X > 9,\ Y > 3)$을 구하라.
(c) X와 Y의 주변확률밀도함수들을 구하라.

12. 다음의 타원 안에서 무작위로 한 점을 택할 때, 이 점의 좌표 $(X,\ Y)$에 대한 결합확률밀도함수와 주변확률밀도함수들을 구하라.

$$\frac{x^2}{a^2} + \frac{y^2}{b^2} = 1$$

13. 어느 공정에서 생산되는 제품의 4%는 A형이고, 6%는 B형이고, 나머지 90%는 C형이다. 이들 제품에서 무작위로 100개를 뽑을 때, A형이 4개, B형이 6개 나머지는 C형일 확률을 구하라.

14. 동전 하나와 주사위 하나를 각각 3번 던지는 실험에서 동전의 앞면이 나오는 횟수를 X라 하고 주사위의 짝수의 눈이 나오는 횟수를 Y라 할 때,

(a) X와 Y의 결합확률함수를 구하라.
(b) X와 Y의 주변확률함수들을 구하라.

15. 동전 1개를 세 번 던지는 실험에서, 처음 두 번 중 앞면이 나오는 횟수를 X, 세 번 중 앞면이 나오는 횟수를 Y라 할 때,
(a) X와 Y의 결합확률함수를 구하라.
(b) X와 Y의 주변확률함수들을 구하라.

16. 크기가 같은 푸른 공 3개, 붉은 공 2개, 검은 공 4개가 한 주머니에 들어 있다. 이 주머니에서 무작위로 2개의 공을 꺼내는 실험에서 꺼낸 공 중에서 푸른 공의 수를 X, 붉은 공의 수를 Y라 할 때,
(a) X와 Y의 결합확률함수를 구하라.
(b) X와 Y의 주변확률함수들을 구하라.

17. 앞면이 나올 확률이 0.6과 0.4인 두 동전을 각각 독립적으로 2번씩 던질 경우, 확률이 0.6인 동전의 앞면의 수를 X라 하고 확률이 0.4인 동전의 앞면의 수를 Y라 할 때, $(X,\ Y)$의 확률함수를 구하라.

18. A당원 3명, B당원 2명, C당원 1명으로 구성된 위원회에서 2명의 대표를 무작위로 선출한다. X를 A당원 중에서 선출된 사람 수, Y를 B당원 중에서 선출된 사람 수라 할 때, $(X,\ Y)$의 결합확률함수와 X의 주변확률함수를 구하라.

19. 두 종류의 건전지 A와 B의 수명의 분포함수는 각각

$$F_A(x) = \begin{cases} 0, & x < 0 \\ 1 - e^{-\lambda x^3}, & x \geq 0 \end{cases}$$

$$F_B(y) = \begin{cases} 0, & y < 0 \\ 1 - e^{-\mu y^3}, & y \geq 0 \end{cases}$$

이다. 건전지 B의 수명이 A의 수명보다 길 확률을 구하라.

20. 두 사람이 서울역 맞이방에서 만나기로 하였다. 정확한 시간약속을 하지 않고 각자가 오후 1시부터 2시 사이에 도착하되 먼저 도착한 사람이 10분 동안 기다려주기로 하였다. 그들이 만나게 될 확률은 얼마인가?

21. X, Y, Z가 서로 독립이고 동일한 균일분포를 따를 때,

(a) X, Y, Z의 결합확률밀도함수를 구하라.

(b) 두 지역 A와 B를 연결하는 고속도로의 길이는 100 km이다. 주유소 3개를 A와 B 사이에 무작위로 세운다고 할 때, 3개의 주유소가 서로 $\frac{100}{3}$ km 이상 떨어지게 될 확률은 얼마인가?

22. 확률변수 X, Y에 대해 다음 부등식이 성립함을 보여라.

$$F_X(x)+F_Y(y)-1 \le F(x,\ y) \le \sqrt{F_X(x)F_Y(y)}$$

6.2 조건부 분포와 독립

2변량 확률변수 $(X,\ Y)$의 결합분포를 알면, X와 Y의 주변분포를 구할 수 있다는 것을 앞 절에서 배웠다. 반대로 X와 Y의 분포를 각각 알고 있다면 그로부터 $(X,\ Y)$의 결합분포를 구할 수 있을까? 다변량 확률변수를 구성하는 변수들의 개별적인 분포를 다 안다고 하더라도 특수한 경우를 제외하고는 그 결합분포를 알 수는 없다. 다음 예를 살펴보자.

예제 6.15 (a) 동전 두 개를 한 번씩 던져 첫 번째 동전에서 앞면이 나오는 횟수를 X, 두 번째 동전에서 앞면이 나오는 횟수를 Y라 할 경우와, (b) 동전을 한 번 던져 앞면이 나오는 횟수를 X, 뒷면이 나오는 횟수를 Y라 할 경우에 대하여 2변량 확률변수 $(X,\ Y)$의 결합분포와 주변분포를 각각 구해보자.

• **풀이** 다음 표에서 보는 바와 같이 주변분포는 같으나 결합분포는 다르다는 것을 알 수 있다.

(a)

x \ y	0	1	$p_X(x)$
0	1/4	1/4	1/2
1	1/4	1/4	1/2
$p_Y(y)$	1/2	1/2	1

(b)

x \ y	0	1	$p_X(x)$
0	0	1/2	1/2
1	1/2	0	1/2
$p_Y(y)$	1/2	1/2	1

■

앞의 예로부터 알 수 있듯이 개별적인 주변분포는 같으나 결합분포는 다른 2변량 확률변수가 무수히 많을 수 있으므로 각각의 주변분포는 결합분포를 유일하게 결정해주지 못한다. 즉, 2변량 확률변수 $(X,\ Y)$가 있을 때, 앞의 예에서와 같이 $P(X=1)=1/2$, $P(Y=1)=1/2$이라 하더라도 $P(X=1,\ Y=1)$의 값은 $1/4$이 될 수도 있고 0이 될 수도 있는 것이다. 3장에서 정의한 조건부 확률을 상기해보면, 사건 B가 주어졌을 때 사건 A의 조건부 확률 $P(A|B)$와 사건 A가 주어졌을 때 사건 B의 조건부 확률 $P(B\mid A)$는 각각

$$P(A|B)=\frac{P(A\cap B)}{P(B)},\quad P(B|A)=\frac{P(A\cap B)}{P(A)}$$

이고, 따라서 $P(A\cap B)=P(A|B)P(B)=P(A)P(B\mid A)$가 된다. 만약 $A=\{X=x\}$, $B=\{Y=y\}$라고 한다면

$$P(X=x,\ Y=y)=\begin{cases}P(Y=y)P(X=x|Y=y)\\P(X=x)P(Y=y|X=x)\end{cases}$$

와 같이 나타낼 수 있다. 따라서 $P(X=x,\ Y=y)$가 단순히 $P(X=x)$와 $P(Y=y)$의 곱으로 나타나지 않음을 알 수 있다. 여기서 $P(Y=y|X=x)$와 $P(X=x|Y=y)$는 조건부 확률로, 이를 이용하여 **조건부 확률함수**(conditional probability function)를 정의하면 다음과 같다.

정의 6.4 |

이산형 2변량 확률변수 $(X,\ Y)$의 결합확률함수를 $p(x,\ y)$, Y의 주변 확률함수를 $p_Y(y)$라 하자.

$$p_{X|Y}(x|y)=\frac{p(x,\ y)}{p_Y(y)}$$

를 $Y=y$가 주어졌을 때, X의 조건부 확률함수라 한다. 단, 여기서 $p_Y(y)>0$이다.

만약, 조건부 확률함수와 주변 확률함수를 쉽게 알 수 있는 경우라면, 결합 확률함수는 다음 식

$$\begin{aligned}p(x,\ y)&=p_X(x)p_{Y|X}(y|x)\\&=p_Y(y)p_{X|Y}(x|y)\end{aligned}\tag{6.11}$$

을 이용하여 구할 수 있다.

예제 6.16 서울 시내에서 하루에 발생하는 교통사고 수 N은 포아송분포 $Poi(\lambda)$를 따르며, 각 사고가 사망사고일 확률이 p라고 알려져 있다. X를 하루 동안 발생하는 사망사고의 수라 하고, $(X,\ N)$의 결합확률함수 $p(x,\ n)$과 X의 주변확률함수 $p_X(x)$를 구해보자.

• **풀이** 먼저 N의 확률함수와 $N=n$으로 주어졌을 경우 X의 조건부 확률함수는

$$P(N=n)=\frac{\lambda^n e^{-\lambda}}{n!},\qquad n=0,\ 1,\ 2,\ \cdots$$

$$P(X=x|N=n)=\binom{n}{x}p^x(1-p)^{n-x},\qquad x=0,\ 1,\ \cdots,\ n$$

이므로

$$p(x,\ n) = P(N=n)P(X=x|N=n) = \frac{(\lambda p)^x}{x!}e^{-\lambda}\frac{\{\lambda(1-p)\}^{n-x}}{(n-x)!}$$

이고

$$\begin{aligned} p_X(x) &= \sum_{n=x}^{\infty} p(x,\ n) = \frac{(\lambda p)^x}{x!}e^{-\lambda}\sum_{n=x}^{\infty}\frac{\{\lambda(1-p)\}^{n-x}}{(n-x)!} \\ &= \frac{(\lambda p)^x}{x!}e^{-\lambda p}, \quad x = 0,\ 1,\ 2,\ \cdots \end{aligned}$$

이므로 $X \sim Poi(\lambda p)$이다. ■

X와 Y가 연속형 확률변수일 경우에는 이산형일 경우와 같은 방식으로 조건부 확률밀도함수를 유도할 수는 없다. 우선 모든 y에 대하여 $P(Y=y)=0$이므로 확률 $P(X \le x|Y=y)$가 정의되지 않는다. 이제 작은 $\epsilon > 0$에 대해 $P(y-\epsilon < Y \le y+\epsilon) > 0$이라 하자. 그러면

$$\begin{aligned} P(X \le x \mid y-\epsilon < Y \le y+\epsilon) &= \frac{P(X \le x,\ y-\epsilon < Y \le y+\epsilon)}{P(y-\epsilon < Y \le y+\epsilon)} \\ &= \frac{\int_{-\infty}^{x}\int_{y-\epsilon}^{y+\epsilon} f(u,\ v)dvdu}{\int_{y-\epsilon}^{y+\epsilon} f_Y(v)dv} \end{aligned}$$

가 된다.

그런데, $\epsilon \to 0$에 따라 $\frac{1}{2\epsilon}\int_{y-\epsilon}^{y+\epsilon} f_Y(v)dv \to f_Y(y)$, $\frac{1}{2\epsilon}\int_{y-\epsilon}^{y+\epsilon} f(u,\ v)dv \to f(u,\ y)$가 된다는 사실을 이용하면

$$\lim_{\epsilon \to 0} P(X \le x|y-\epsilon < Y \le y+\epsilon) = \frac{\int_{-\infty}^{x} f(u,\ y)du}{f_Y(y)} = \int_{-\infty}^{x}\left(\frac{f(u,\ y)}{f_Y(y)}\right)du$$

가 됨을 알 수 있다. 이를 $Y=y$가 주어졌을 때 X의 조건부 분포함수 $F_{X|Y}(x|y)$라 정의하면

$$F_{X|Y}(x|y) = \int_{-\infty}^{x}\left(\frac{f(u,\ y)}{f_Y(y)}\right)du$$

가 되고, 이를 미분하여 얻는 함수를 X의 조건부 확률밀도함수(conditional probability density function)라 정의한다.

정의 6.5 |

연속형 2변량 확률변수 $(X,\ Y)$의 결합확률밀도함수를 $f(x,\ y)$, Y의 주변확률밀도함수를 $f_Y(y)$라 하자.

$$f_{X|Y}(x|y) = \frac{f(x,\ y)}{f_Y(y)}$$

를 $Y=y$가 주어졌을 때, X의 조건부 확률밀도함수라 한다. 단, 여기서 $f_Y(y)>0$이다.

따라서 결합확률밀도함수 $f(x,\ y)$는 주변확률밀도함수와 조건부 확률밀도함수의 곱

$$\begin{aligned} f(x,\ y) &= f_X(x) f_{Y|X}(y|x) \\ &= f_Y(y) f_{X|Y}(x|y) \end{aligned} \tag{6.12}$$

으로 나타낼 수 있다.

예제 6.17 연속형 2변량 확률변수 $(X,\ Y)$의 결합확률밀도함수가

(a) $f(x,\ y) = \begin{cases} e^{-x-y}, & 0<x<\infty,\ 0<y<\infty \\ 0, & \text{기타} \end{cases}$

(b) $f(x,\ y) = \begin{cases} 2, & 0<x<y<1 \\ 0, & \text{기타} \end{cases}$

일 경우, $Y=y$가 주어졌을 때 X의 조건부 확률밀도함수를 각각 구해보자.

• **풀이** (a) $f_Y(y) = \int_0^\infty e^{-x-y} dx = e^{-y},\quad 0<y<\infty$ 이므로,

$$f_{X|Y}(x|y) = \begin{cases} \dfrac{e^{-x-y}}{e^{-y}} = e^{-x}, & 0<x<\infty \\ 0, & \text{기타} \end{cases}$$

(b) $f_Y(y) = \int_0^y 2dx = 2y, \quad 0 < y < 1$이므로

$$f_{X|Y}(x|y) = \begin{cases} \frac{2}{2y} = \frac{1}{y}, & 0 < x < y \\ 0, & \text{기타} \end{cases}$$

이다. ■

[예제 6.15]의 (a)와 [예제 6.17]의 (a)와 같은 결합분포를 가질 경우, 주변분포와 조건부 분포가 같아짐을 알 수 있다. 이처럼

$$p_{X|Y}(x|y) = \frac{p(x, y)}{p_Y(y)} = p_X(x), \quad \text{이산형일 때}$$

$$f_{X|Y}(x|y) = \frac{f(x, y)}{f_Y(y)} = f_X(x), \quad \text{연속형일 때}$$

가 된다는 것은 Y가 X에 아무 영향을 주지 못한다는 것을 의미한다. 이러한 사실로부터 확률변수들의 독립성에 대해 정의할 수 있다.

정의 6.6 |

2변량 확률변수(X, Y)가 모든 $(x, y) \in R_{X, Y}$에 대하여

$$p(x, y) = p_X(x) p_Y(y), \quad \text{이산형일 때}$$

$$f(x, y) = f_X(x) f_Y(y), \quad \text{연속형일 때}$$

를 만족할 때, 확률변수 X와 Y는 서로 독립(independent)이라 한다.

X와 Y가 서로 독립이면 결합분포함수 $F(x, y)$ 역시 두 주변분포함수의 곱

$$F(x, y) = F_X(x) F_Y(y), \quad (x, y) \in R_{X, Y} \tag{6.13}$$

으로 나타남을 알 수 있다. [정의 6.6] 대신 식 (6.13)으로 X와 Y의 독립성을 정의하고 이 정의로부터 X와 Y가 독립이면 결합확률(밀도)함수가 두 주변확률(밀도)함수의 곱으로 나타남을 보일 수도 있다.

보다 일반적으로 n변량 확률변수 $(X_1, X_2, \cdots, X_n)$의 결합확률(밀도)함수를 f라 하고, $X_1, X_2, \cdots, X_n$의 주변확률(밀도)함수를 각각 $f_1, f_2, \cdots, f_n$이라 할 때, 모든 $x_1, x_2, \cdots, x_n$에 대하여

$$f(x_1, x_2, \cdots, x_n) = f_1(x_1) f_2(x_2) \cdots f_n(x_n) \tag{6.14}$$

이 성립하면, $X_1, X_2, \cdots, X_n$은 서로 독립이라 한다.

예제 6.18 2변량 확률변수 (X, Y)의 확률(밀도)함수가

(a) $p(x, y) = \dfrac{1}{n^2}, \quad x = 1, 2, \cdots, n, \ y = 1, 2, \cdots, n$

(b) $f(x, y) = \begin{cases} 4xy, & 0 < x < 1, \ 0 < y < 1 \\ 0, & \text{기타} \end{cases}$

일 경우 X와 Y는 독립인가?

• **풀이** (a) $p_X(x) = \dfrac{1}{n}, \ x = 1, \cdots, n \ ; p_Y(y) = \dfrac{1}{n}, \ y = 1, \cdots, n$으로부터 $p(x, y) = p_X(x) p_Y(y)$,

(b) $f_X(x) = 2x, \ 0 < x < 1; \ f_Y(y) = 2y, \ 0 < y < 1$로부터 $f(x, y) = f_X(x) f_Y(y)$이므로, 두 경우 모두 X와 Y는 서로 독립임을 알 수 있다. ■

두 확률변수 X, Y가 서로 독립이 되기 위한 필요조건으로, (X, Y)가 취할 수 있는 값의 영역 $R_{X,Y}$가 갖추어야 할 조건이 있다. 즉, $R_{X,Y}$를 직교좌표 상에 그렸을 때, 그 외곽에 위치한 점들을 이은 모양이 직사각형이어야 한다. 만약, 가로변이나 세로변이 각각 x축과 y축에 평행하지 않으면, X와 Y는 서로 독립이 될 수 없다. 예로 $R_{X,Y}$가 [그림 6.3]과 같은 이산형 확률변수 (X, Y)를 생각해보자. 이 그림에서 $R_{X,Y} = \{(1, 3), (1, 4), (2, 2), (2, 3), (3, 1), (3, 2)\}$로 그 외곽점들을 이은 모양이 평행사변형이다. 여기서, $(1, 1)$은 $R_{X,Y}$에 속하지 않으므로 $p(1, 1) = 0$이다. 그런데 $p_X(1) = p(1, 3) + p(1, 4) > 0, \ p_Y(1) = p(3, 1) > 0$이므로 $p_X(1) p_Y(1) > 0$이다. 따라서

$$p(1, 1) \neq p_X(1) p_Y(1)$$

이고, X와 Y는 서로 독립이 될 수 없다.

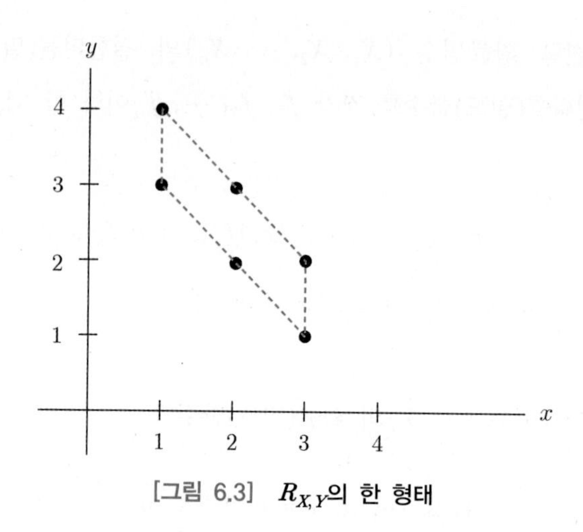

[그림 6.3] $R_{X,Y}$의 한 형태

예제 6.19 2변량 확률변수 $(X,\ Y)$의 확률(밀도)함수가

(a) $p(x,\ y) = \dfrac{2}{n(n+1)},\quad x = 1,\ 2,\ \cdots,\ n,\ y = 1,\ 2,\ \cdots,\ x$

(b) $f(x,\ y) = \begin{cases} 8xy, & 0 < x < y < 1 \\ 0, & \text{기타} \end{cases}$

일 때, X와 Y는 서로 독립인가?

• 풀이 (a) $p_X(x) = \sum_{y=1}^{x} \dfrac{2}{n(n+1)} = \dfrac{2x}{n(n+1)},\qquad x = 1,\ 2,\ \cdots,\ n$

$p_Y(y) = \sum_{x=y}^{n} \dfrac{2}{n(n+1)} = \dfrac{2(n+1-y)}{n(n+1)},\qquad y = 1,\ 2,\ \cdots,\ n$

$p(x,\ y) \neq p_X(x)p_Y(y)$

(b) $f_X(x) = \int_x^1 8xydy = 4x(1-x^2),\qquad 0 < x < 1$

$f_Y(y) = \int_0^y 8xydx = 4y^3,\qquad 0 < y < 1$

$f(x,\ y) \neq f_X(x)f_Y(y)$

이므로 두 경우 모두 X와 Y는 서로 독립이 아님을 알 수 있고, $R_{X,Y}$를 직교좌표상에 그리면 [그림 6.4]와 같이 직사각형 꼴이 아님을 알 수 있다. ■

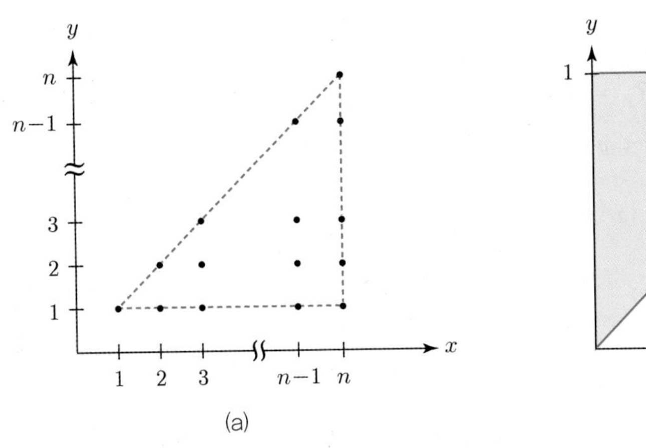

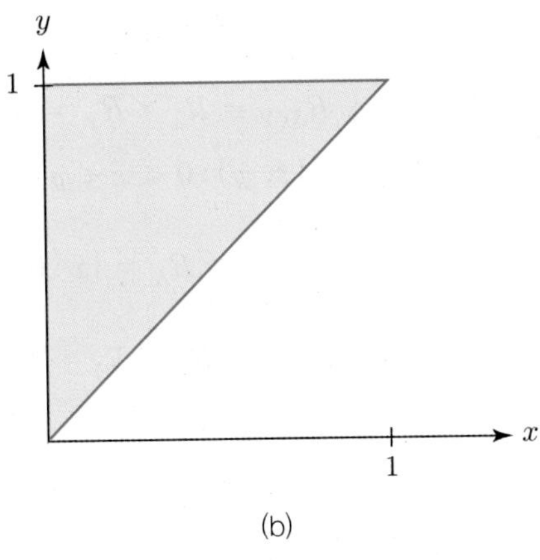

[그림 6.4] [예제 6.19]의 $R_{X,Y}$

앞의 예를 잘 음미해보면, $R_{X,Y}$가 집합 R_X와 R_Y의 곱의 형태

$$R_{X,Y} = R_X \times R_Y = \{(x,\ y) : x \in R_X,\ y \in R_Y\} \tag{6.15}$$

가 아니면 X와 Y는 서로 독립이 될 수 없다는 것을 알 수 있다. 이와 같은 사실과 [정의 6.6]을 이용하여, 확률변수 X와 Y가 서로 독립이 되기 위한 필요충분조건을 다음과 같이 정리할 수 있다.

정리 6.2 |

두 확률변수 X와 Y가 서로 독립이기 위한 필요충분조건은 다음과 같다.

i) $R_{X,Y} = R_X \times R_Y$

ii) $f(x,\ y) = g(x)h(y),\ (x,\ y) \in R_{X,Y}$

단, 여기서 $f(x,\ y)$는 $(X,\ Y)$의 결합확률(밀도)함수이고 $g(x) > 0,\ h(y) > 0$는 각각 x만의 함수, y만의 함수이다.

예제 6.20 [예제 6.19]의 2변량 확률변수 $(X,\ Y)$에 대해 [정리 6.2]를 이용하여 독립성 여부를 밝혀 보자.

• **풀이** (1) $R_{X,Y} = \{(x,\ y) : x = 1,\ 2,\ \cdots,\ n,\ y = 1,\ 2,\ \cdots,\ x\}$,

$$R_X = \{x : x = 1,\ 2,\ \cdots,\ n\},\ \ R_Y = \{y : y = 1,\ 2,\ \cdots,\ n\}$$

로부터 $R_{X,Y} \neq R_X \times R_Y = \{(x,\ y) : x = 1,\ 2,\ \cdots,\ n,\ y = 1,\ 2,\ \cdots,\ n\}$이고

(2) $R_{X,Y} = \{(x,\ y) : 0 < x < y < 1\}$,

$$R_X = \{x : 0 < x < 1\}, \quad R_Y = \{y : 0 < y < 1\}$$

로부터 $R_{X,Y} \neq R_X \times R_Y = \{(x,\ y) : 0 < x < 1,\ 0 < y < 1\}$이므로, 두 경우 모두 독립이 아니다. ■

확률변수들의 독립성은 자료의 통계적인 처리 또는 분석에 있어서 매우 중요한 위치를 차지한다. 서로 독립이라는 전제가 성립할 때의 가장 큰 장점은 각 변수들의 주변분포를 곱하여 결합분포를 구할 수 있다는 점이다. 통계적 추론에서 각종 통계량의 분포는 그 통계량을 구성하고 있는 변수들의 결합분포를 알아야 구할 수 있고, 이들이 서로 독립일 때 훨씬 더 쉽게 구할 수 있다.

연습문제 6.2

1. 2변량 확률변수 $(X,\ Y)$의 결합확률밀도함수가

$$f(x,\ y) = \begin{cases} 2e^{-(x+y)}, & 0 < x < y < \infty \\ 0, & \text{기타} \end{cases}$$

일 때,

(a) 조건부 확률밀도함수 $f_{Y|X}(y|x)$를 구하라.

(b) $P(Y < 2|X < 1)$을 구하라.

2. 확률변수 X의 조건부 확률밀도함수가

$$f_{X|Y}(x|y) = \begin{cases} c_1 x/y^2, & 0 < x < y, \quad 0 < y < 1 \\ 0, & \text{기타} \end{cases}$$

이고, Y의 주변확률밀도함수가

$$f_Y(y) = \begin{cases} c_2 y^4, & 0 < y < 1 \\ 0, & \text{기타} \end{cases}$$

일 때,

(a) 상수 c_1, c_2를 결정하라.

(b) $(X,\ Y)$의 결합확률밀도함수를 구하라.

(c) $P\left(\frac{1}{4} < X < \frac{1}{2} \middle| Y = \frac{5}{8}\right)$을 구하라.

(d) $P\left(\frac{1}{4} < X < \frac{1}{2}\right)$을 구하라.

3. 확률변수 X와 Y가 서로 독립이고, 각각 이항분포 $b(2,\ 1/3)$, $b(5,\ 1/2)$에 따를 때, $P(X = 1 | X + Y = 4)$를 구하라.

4. 2변량 확률변수 $(X,\ Y)$가 $0 < y < 1 - x^2$, $-1 < x < 1$의 영역 내에서 균일분포를 따른다.

(a) X와 Y의 주변확률밀도함수들을 구하라.

(b) $X = x$가 주어졌을 때 Y의 조건부 확률밀도함수와 $Y = y$가 주어졌을 때 X의 조건부 확률밀도함수를 구하라.

5. X와 Y의 결합확률밀도함수가 다음과 같을 때,

$$f(x,\ y) = \begin{cases} 4xy, & 0 < y < x < 1 \\ 6x^2, & 0 < x < y < 1 \\ 0, & \text{기타} \end{cases}$$

(a) $P\left(X \le \frac{1}{2} \middle| Y < \frac{1}{2}\right)$을 구하라.

(b) $P\left(X \le \frac{1}{2} \middle| Y = \frac{1}{2}\right)$을 구하라.

(c) X와 Y는 서로 독립인가?

6. 3개의 동전을 던지는 실험을 n번 반복할 때,

(a) n번 중 앞면이 나오지 않은 횟수를 X, 한 개가 앞면인 횟수를 Y, 그리고 두 개가 앞면인 횟수를 Z라 할 때, 3변량 확률변수 $(X,\ Y,\ Z)$의 결합확률함수를 구하라.

(b) Z가 주어졌을 때 $(X,\ Y)$의 조건부 확률함수를 구하라.

7. 한 벌의 카드 52장에서 뽑은 5장 중 하트 무늬 카드의 수를 X, 숫자가 '1'인 카드의 수를 Y라 할 때,

(a) (X, Y)의 결합확률함수를 구하라.

(b) Y가 주어졌을 때 X의 조건부 확률함수를 구하라.

8. 크기가 같은 푸른 공 3개, 붉은 공 2개, 검은 공 4개가 한 주머니에 들어 있다. 이 주머니에서 무작위로 2개의 공을 꺼내는 실험에서 꺼낸 공 중에서 푸른 공의 수를 X, 붉은 공의 수를 Y라 할 때,

(a) $P(X \geq 1 \mid Y \leq 1)$을 구하라.

(b) $P(X \geq 1 \mid Y = 1)$을 구하라.

(c) X와 Y는 서로 독립인가?

9. 어떤 화학약품에 들어있는 두 성분의 비율 X와 Y의 결합확률밀도함수가 다음과 같다고 한다.

$$f(x, y) = \begin{cases} 2, & 0 < x < 1, \quad 0 < y < 1, \quad x + y < 1 \\ 0, & \text{기타} \end{cases}$$

(a) $P\left(X < \frac{1}{2} \middle| Y < \frac{1}{4}\right)$을 구하라.

(b) $P\left(X < \frac{1}{2} \middle| Y = \frac{1}{4}\right)$을 구하라.

(c) X와 Y는 서로 독립인가?

10. 어떤 공정에서 생산되는 제품에는 두 종류의 불량이 있다. 전체 불량품의 비율 X와 첫 번째 불량원인에 의한 불량품의 비율 Y의 결합확률밀도함수가 다음과 같다고 한다.

$$f(x, y) = \begin{cases} 6(1-x), & 0 < y < x < 1 \\ 0, & \text{기타} \end{cases}$$

(a) $P\left(X < \frac{3}{4} \middle| Y > \frac{1}{2}\right)$을 구하라.

(b) $P\left(X < \frac{3}{4} \middle| Y = \frac{1}{2}\right)$을 구하라.

(c) X와 Y는 서로 독립인가?

11. A팀과 B팀의 축구 경기에서 각 팀의 패스 성공률을 각각 X와 Y라 할 때, (X, Y)의 결합확률밀도함수가 다음과 같다고 한다.

$$f(x, y) = \begin{cases} x+y, & 0 < x < 1, \quad 0 < y < 1 \\ 0, & \text{기타} \end{cases}$$

(a) $P(X \le 0.7 | Y \le 0.7)$을 구하라.

(b) $P(X \le 0.7 | Y = 0.7)$을 구하라.

(c) X와 Y는 서로 독립인가?

12. 어떤 은행에 고객이 도착하여 일을 마치고 떠날 때까지의 시간(단위: 시간) X와 고객이 서비스를 받기 위해 기다리는 시간 Y의 결합확률밀도함수가 다음과 같다고 한다.

$$f(x, y) = \begin{cases} \frac{1}{4}e^{-x/2}, & 0 < y < x < \infty \\ 0, & \text{기타} \end{cases}$$

(a) $P(Y > 2 | X < 4)$을 구하라.

(b) $P(Y > 2 | X = 4)$을 구하라.

(c) X와 Y는 서로 독립인가?

13. 어떤 전자제품의 조립에 쓰이는 두 부품의 수명(단위: 1,000시간)을 각각 X와 Y라 할 때, X와 Y의 결합확률밀도함수가 다음과 같다고 한다.

$$f(x, y) = \begin{cases} \frac{1}{27}xe^{-\frac{x+y}{3}}, & 0 < x < \infty, \quad 0 < y < \infty \\ 0, & \text{기타} \end{cases}$$

(a) $P(X > 9 | Y > 3)$을 구하라.

(b) $P(X > 9 | Y = 3)$을 구하라.

(c) X와 Y는 서로 독립인가?

14. 어떤 전자부품의 수명(단위: 100시간)은 지수분포 $Exp(2)$를 따른다.

(a) 두 부품의 수명 X와 Y가 서로 독립일 때, X와 Y의 결합확률밀도함수를 구하라.

(b) (a)의 두 부품 중 하나는 주 부품으로 쓰이고, 나머지는 예비 부품으로 주 부품이 고장 났을 때에 한하여 대신 쓰인다고 한다. 이 경우 $X+Y$는 두 부품의 실제 수명이 된다. $P(X+Y > 4)$을 구하라.

6.3 다변량 확률변수의 적률

평균이나 분산과 같은 적률로 확률변수의 여러 가지 특성을 설명할 수 있음은 앞서 학습한 바 있다. 이 같은 값들은 다변량 확률변수에 대해서도 유용하게 쓰일 수 있다. 우선 기댓값에 대해 살펴보면, 2변량 확률변수 $(X,\ Y)$의 함수 $h(X,\ Y)$의 기댓값은 다음과 같이 정의된다.

정의 6.7 |

2변량 확률변수 $(X,\ Y)$의 결합확률함수 또는 결합확률밀도함수가 각각 $p(x,\ y)$ 또는 $f(x,\ y)$일 때, $(X,\ Y)$의 함수 $h(X,\ Y)$의 기댓값은

$$E[h(X,\ Y)] = \begin{cases} \displaystyle\sum\sum_{(x,y)\in R_{X,Y}} h(x,\ y)p(x,\ y), & \text{이산형일 경우} \\ \displaystyle\int_{-\infty}^{\infty}\int_{-\infty}^{\infty} h(x,y)f(x,y)dxdy, & \text{연속형일 경우} \end{cases}$$

이다.

예제 6.21 [예제 6.12]에서 궁수가 활을 쏘아서 받는 점수를 1점에서 과녁의 정중앙으로부터 화살이 맞은 점까지의 거리를 빼서 계산한다고 할 때 받는 점수의 기댓값을 구해보자.

• **풀이** 과녁의 정중앙으로부터의 가로 거리와 세로 거리를 각각 $X,\ Y$라 할 때, $(X,\ Y)$의 결합밀도함수는 [예제 6.12]에 주어져 있다. 원점으로부터의 직선 거리는 $(X^2+Y^2)^{1/2}$이 되므로, 점수는 $h(X,\ Y)=1-(X^2+Y^2)^{1/2}$이 된다.
이제, 이 궁수가 받게 될 점수의 기댓값을 식으로 나타내면

$$E[h(X,\ Y)] = \int\int_{x^2+y^2\le 1} \{1-(x^2+y^2)^{1/2}\}\frac{1}{\pi}dxdy$$

이고, 여기서 $x=r\cos\theta,\ y=r\sin\theta$와 같이 극좌표로 변환하여 적분하면

$$E[h(X,\ Y)] = \int_0^{2\pi}\int_0^1 (1-r)\frac{1}{\pi}rdrd\theta = 1/3$$

이다. ■

[R에 의한 계산]

$$\iint_{x^2+y^2 \le 1} \{1-(x^2+y^2)^{1/2}\}\frac{1}{\pi}dxdy = \int_{-1}^{1}\int_{-\sqrt{1-y^2}}^{\sqrt{1-y^2}} \{1-(x^2+y^2)^{1/2}\}\frac{1}{\pi}dxdy$$

이므로 다음 R 프로그램으로 계산할 수 있다.

```
> ff<- function(y) {
+       rs<- NULL
+       ny <- length(y)
+       for(i in 1:ny) {
+          f<- function(x) (1-sqrt(x*x + y[i]*y[i]))/pi
+          rs<-c(rs,integrate(f, lower=-sqrt(1-y[i]*y[i]), upper= sqrt(1-y[i]*y[i]))$value)
+       }
+       rs
+ }
> integrate(ff, -1,1)$value
[1] 0.3333333
```

특수한 경우로서 $h(X,\ Y)=X$일 때는

$$E[h(X,\ Y)] = \begin{cases} \sum_x\sum_y xp(x,\ y) = \sum_x xp_X(x), & \text{이산형} \\ \int_x\int_y xf(x,\ y)dxdy = \int_x xf_X(x)dx, & \text{연속형} \end{cases} \quad (6.16)$$

과 같이 주변분포로부터 기댓값을 구할 수 있다.

보다 일반적으로 $p(x_1,\ \cdots,\ x_n)$과 $f(x_1,\ \cdots,\ x_n)$이 각각 $(X_1,\ \cdots,\ X_n)$의 결합확률함수와 결합확률밀도함수라 할 때, n변량 확률변수 $(X_1,\ \cdots,\ X_n)$의 함수 $h(X_1,\ \cdots,\ X_n)$의 기댓값은 다음과 같이 구한다.

$$E[h(X_1,\ \cdots,\ X_n)]$$
$$= \begin{cases} \sum\cdots\sum h(x_1,\ \cdots,\ x_n)p(x_1,\ \cdots,\ x_n), & \text{이산형일 경우} \quad (6.17a) \\ \int_{-\infty}^{\infty}\cdots\int_{-\infty}^{\infty} h(x_1,\ \cdots,\ x_n)f(x_1,\ \cdots,\ x_n)dx_1\cdots dx_n, & \text{연속형일 경우} \quad (6.17b) \end{cases}$$

또, 식 (6.16)으로부터 유추할 수 있듯이 다변량 확률변수를 구성하는 각 변수의 기댓값은 결합분포로부터 구하지 않고 주변분포로부터 구할 수도 있다.

예제 6.22 2변량 확률변수 (X, Y)의 분포가 [예제 6.9]와 같을 때, $E(X)$를 구해보자.

• **풀이** 결합분포로부터 구하면

$$\begin{aligned} E(X) &= 1(1/36)+1(2/36)+1(2/36)+1(2/36)+1(2/36)+1(2/36) \\ &\quad +2(1/36)+2(2/36)+2(2/36)+2(2/36)+2(2/36)+3(1/36) \\ &\quad +3(2/36)+3(2/36)+3(2/36)+4(1/36)+4(2/36)+4(2/36) \\ &\quad +5(1/36)+5(2/36)+6(1/36) \\ &= 91/36 \end{aligned}$$

이고, 주변분포로부터 구하면

$$\begin{aligned} E(X) &= 1(11/36)+2(9/36)+3(7/36)+4(5/36)+5(3/36)+6(1/36) \\ &= 91/36 \end{aligned}$$

로서, 두 결과가 같음을 알 수 있다. ■

단일 확률변수의 기댓값에 대해 성립하는 여러 법칙들을 n변량 확률변수의 함수에도 확장시켜 적용할 수 있다. 즉, 상수 a, b, c에 대해

$$E[ah(X, Y)+bg(X, Y)+c] = aE[h(X, Y)]+bE[g(X, Y)]+c \qquad (6.18a)$$

이 성립한다. 일반적인 경우로 확장하여 $h_1, \cdots, h_m$을 n변량 확률변수$(X_1, \cdots, X_n)$의 함수들이라 하고 $a_1, \cdots, a_m$, b를 상수라 하면

$$E\left(\sum_{i=1}^{m} a_i h_i(X_1, \cdots, X_n)+b\right) = \sum_{i=1}^{m} a_i E[h_i(X_1, \cdots, X_n)]+b \qquad (6.18b)$$

가 성립함을 쉽게 알 수 있다.

예제 6.23 확률변수 X와 Y의 결합확률밀도함수가 [예제 6.17] (b)와 같을 때, $2X+Y+1$의 기댓값을 구해보자.

• **풀이** $$E(2X+Y+1)=\int_0^1\int_0^y(2x+y+1)2dxdy=\int_0^1\left[2y^2+2(y+1)y\right]dy$$
$$=\left[\frac{4}{3}y^3+y^2\right]_0^1=\frac{7}{3}$$

그런데, $E(X)$와 $E(Y)$를 구하면 각각 1/3과 2/3이고, 이를 이용하여

$$E(2X+Y+1)=2E(X)+E(Y)+1=2\left(\frac{1}{3}\right)+\frac{2}{3}+1=\frac{7}{3}$$

로 구할 수도 있다. ■

단일확률변수일 때와 마찬가지로 n변량 확률변수의 특성을 설명할 수 있는 적률을 다음과 같이 정의할 수 있다.

정의 6.8 |

(m, n)이 비음의 정수이고, 기댓값 $E[X^mY^n]$이 존재하면 이를 2변량 확률변수 (X, Y)의 (m, n)차 적률(moment)이라 한다.
보다 일반적으로 n변량 확률변수 $(X_1, \cdots, X_n)$의 $(k_1, \cdots, k_n)$차 적률(moment)은 $E\left[X_1^{k_1}\cdots X_n^{k_n}\right]$로 정의된다.

만일 X, Y가 서로 독립이면

$$E[X^mY^n]=E[X^m]E[Y^n] \tag{6.19a}$$

이 성립한다. 일반적인 경우로서 $X_1, \cdots, X_n$이 서로 독립이면

$$E\left[X_1^{k_1}\cdots X_n^{k_n}\right]=E[X_1^{k_1}]\cdots E[X_n^{k_n}] \tag{6.19b}$$

이 성립한다.

다변량 확률변수의 적률도 기댓값의 정의로부터 직접 구하는 것보다 적률생성함수를 이용하는 것이 편리할 경우가 많다.

정의 6.9 |

2변량 확률변수 (X, Y)의 결합적률생성함수는 다음과 같이 정의된다.

$$M(t_1, t_2) = E[\exp(t_1 X + t_2 Y)]$$

마찬가지로 n변량 확률변수 $(X_1, \cdots, X_n)$의 결합적률생성함수는 다음과 같이 정의된다.

$$M(t_1, \cdots, t_n) = E[\exp(t_1 X_1 + \cdots + t_n X_n)]$$

만일 2변량 확률변수 (X, Y)의 결합적률생성함수 $M(t_1, t_2)$가 존재하면, (X, Y)의 (m, n)차 적률은 다음과 같이 구할 수 있다.

$$E(X^m Y^n) = \left. \frac{\partial^{m+n} M(t_1, t_2)}{\partial t_1^m \partial t_2^n} \right|_{t_1 = t_2 = 0} \tag{6.20}$$

만일 X와 Y가 서로 독립이면

$$\begin{aligned} M(t_1, t_2) &= E\left[e^{(t_1 X + t_2 Y)}\right] = \left(E[e^{t_1 X}]\right)\left(E[e^{t_2 Y}]\right) \\ &= M_X(t_1) \cdot M_Y(t_2) \end{aligned}$$

가 되고, 또한 $M_X(t_1) = M(t_1, 0)$, $M_Y(t_2) = M(0, t_2)$이다. 따라서 다음 정리가 성립한다.

정리 6.3 |

확률변수 X와 Y가 서로 독립이기 위한 필요충분조건은 모든 (t_1, t_2)에 대하여

$$M(t_1, t_2) = M(t_1, 0) \cdot M(0, t_2)$$

가 성립하는 것이다.

예제 6.24 2변량 확률변수 (X, Y)의 결합밀도함수가

$$f(x, y) = \begin{cases} \lambda^2 e^{-\lambda y}, & 0 < x < y < \infty \\ 0, & \text{기타} \end{cases}$$

일 때, 결합적률생성함수를 구한 다음 $E(X)$와 $E(XY)$를 구해보자. X, Y는 서로 독립인가?

• 풀이 먼저 적률생성함수는

$$\begin{aligned} M(t_1, t_2) &= E\left[e^{(t_1X+t_2Y)}\right] \\ &= \lambda^2 \int_0^\infty \int_0^y e^{(t_1x+t_2y)} e^{-\lambda y} dx dy \\ &= \lambda^2 \int_0^\infty \frac{1}{t_1}\left\{e^{t_1y}-1\right\} e^{-(\lambda-t_2)y} dy \\ &= \frac{\lambda^2}{t_1}\left\{\frac{1}{\lambda-t_1-t_2} - \frac{1}{\lambda-t_2}\right\} \\ &= \frac{\lambda^2}{(\lambda-t_1-t_2)(\lambda-t_2)}, \quad t_1+t_2<\lambda\ ,\ t_2<\lambda \end{aligned}$$

이다. 따라서

$$\frac{\partial}{\partial t_1} M(t_1, t_2) = \frac{\lambda^2}{(\lambda-t_1-t_2)^2(\lambda-t_2)},$$

$$\frac{\partial^2}{\partial t_1 \partial t_2} M(t_1, t_2) = \frac{3\lambda^2(\lambda-t_2)-\lambda^2 t_1}{(\lambda-t_1-t_2)^3(\lambda-t_2)^2}$$

이므로, 여기에 $t_1=t_2=0$을 대입하여 $E(X)$와 $E(XY)$를 구하면

$$E(X)=1/\lambda, \quad E(XY)=3/\lambda^2$$

이다. 또,

$$M(t_1, 0) = \frac{\lambda}{\lambda-t_1}, \quad M(0, t_2) = \left(\frac{\lambda}{\lambda-t_2}\right)^2$$

으로서 $M(t_1, t_2) \neq M(t_1, 0)M(0, t_2)$이므로 X, Y는 서로 독립이 아니다. ■

2변량 확률변수 (X, Y)이 저률 중에 X와 Y의 선형관계를 규명하는 척도로 공부사과 상관계수가 많이 사용된다. 먼저 공분산(covariance)에 대해 살펴보자.

정의 6.10 |

$\mu_X = E(X)$, $\mu_Y = E(Y)$라 할 때,

$$\sigma_{XY} \equiv Cov(X,\ Y) = E[(X-\mu_X)(Y-\mu_Y)]$$

를 X와 Y의 공분산이라 한다.

공분산은 X, Y가 각각 μ_X, μ_Y로부터 떨어진 거리를 서로 곱하여 평균을 취한 값임을 알 수 있다. [정의 6.10]이 내포하고 있는 의미를 생각해보기 위해 두 확률변수 X와 Y가 관측값을 취하는 양상을 X와 Y 상호간의 관계, 즉 상관관계에 따라 다음의 세 가지 경우로 나누어 생각해 보자. 즉,

i) 대체적으로 X가 큰 값($X > \mu_X$)을 가지면 Y도 큰 값($Y > \mu_Y$)을, X가 작은 값($X < \mu_X$)을 가지면 Y도 작은 값($Y < \mu_Y$)을 가질 경우(양의 상관관계)

ii) 대체적으로 X가 큰 값($X > \mu_X$)을 가지면 Y는 작은 값($Y < \mu_Y$)을, X가 작은($X < \mu_X$)값을 가지면 Y는 큰 값($Y > \mu_Y$)을 가질 경우(음의 상관관계)

iii) 서로 아무런 관계없이 값을 취할 경우

의 세 경우로 나누었을 때, i)의 경우는 $(X-\mu_X)(Y-\mu_Y) > 0$일 확률이 클 것이므로 $\sigma_{XY} > 0$이 되고, ii)의 경우는 반대로 $\sigma_{XY} < 0$이 된다. 또, iii)의 경우는 $(X-\mu_X)(Y-\mu_Y) > 0$일 확률과 $(X-\mu_X)(Y-\mu_Y) < 0$일 확률이 대략 반반으로, 공분산을 구하면 상쇄효과에 의해 0에 가까운 값을 갖게 될 것이다. 따라서 공분산이 음이냐 양이냐에 따라 두 변수의 상관관계를 어느 정도 파악할 수 있다.

공분산을 쉽게 계산하기 위해 다음 식이 많이 이용된다.

$$\begin{aligned}\sigma_{XY} &= E\{(X-\mu_X)(Y-\mu_Y)\} \\ &= E\{XY-\mu_X Y-\mu_Y X-\mu_X\mu_Y\} \\ &= E(XY)-\mu_X\mu_Y \qquad (6.21)\end{aligned}$$

예제 6.25 2변량 확률변수 $(X,\ Y)$가 다음 표의 (a) 또는 (b)와 같은 분포(단, $a < b$, $c < d$)를 따른다고 하고 X와 Y 상관관계를 살펴보자.

(a)

x \ y	c	d	$p_X(x)$
a	1/2	0	1/2
b	0	1/2	1/2
$p_Y(y)$	1/2	1/2	1

(b)

x \ y	c	d	$p_X(x)$
a	0	1/2	1/2
b	1/2	0	1/2
$p_Y(y)$	1/2	1/2	1

• **풀이** (a)의 경우, $E(XY) = ac(1/2) + bd(1/2)$이고, $\mu_X = (a+b)/2$, $\mu_Y = (c+d)/2$이므로

$$\sigma_{XY} = E(XY) - \mu_X\mu_Y = \frac{ac+bd}{2} - \frac{(a+b)(c+d)}{4} = \frac{(b-a)(d-c)}{4} > 0$$

이 된다. 같은 방법으로 (b)의 경우에는 $\sigma_{XY} < 0$임을 알 수 있다. 따라서 (a)는 두 확률변수가 양의 상관관계를, (b)는 음의 상관관계를 나타낸다. ■

공분산은 두 확률변수 사이의 관계를 어느 정도 알려줄 수 있다. 그러나 이것은 어디까지나 선형관계에 국한된 것이라는 점에 유의해야 한다. 다음 예를 음미해보자.

예제 6.26 $X \sim N(0, 1)$이라 할 때, X와 완벽한 곡선관계를 가지는 새로운 확률변수를 $Y = X^2$라 정의하고 X와 Y의 공분산을 구해보자.

• **풀이** 우선 $N(0, 1)$의 확률밀도함수 $\phi(x)$는 0을 중심으로 좌우 대칭인 **우함수**(even function)이므로 $x^{2k-1}\phi(x)$는 원점을 중심으로 대칭인 **기함수**(odd function)가 된다. 따라서 $x^{2k-1}\phi(x)$를 구간$(-\infty, \infty)$에 걸쳐 적분하면 모든 $k = 1, 2, 3, \cdots$에 대해 그 값이 0이 된다. 그러므로 X의 홀수차 적률은 모두 0이다. 따라서

$$\sigma_{XY} = E(XY) - \mu_X\mu_Y = E[X(X^2)] - 0 = E(X^3) = 0$$

로 $Y = X^2$라는 완벽한 곡선형태의 함수관계에도 불구하고 공분산은 0이 되어, 두 변수 사이에는 선형적인 관계가 없음을 나타낸다. ■

공분산에 대해 성립하는 다음의 등식들은 공분산과 관련된 여러 가지 문제에 많이 사용된다.

i) $Cov(aX+b,\ cY+d) = acCov(X,\ Y)$ (6.22a)

ii) $Cov(X,\ Y+Z) = Cov(X,\ Y) + Cov(X,\ Z)$ (6.22b)

iii) $Cov(aX+bW,\ cY+dZ) = acCov(X,\ Y) + adCov(X,\ Z)$
$+ bcCov(W,\ Y) + bdCov(W,\ Z)$ (6.22c)

예제 6.27 두 확률변수 X와 Y의 합, $X+Y$와 차, $X-Y$의 공분산을 구해보자.

• **풀이** 식 (6.22c)를 이용하면

$$\begin{aligned} Cov(X+Y,\ X-Y) &= Cov(X,\ X) - Cov(X,\ Y) + Cov(X,\ Y) - Cov(Y,\ Y) \\ &= V(X) - V(Y) \end{aligned}$$

가 된다. ■

공분산이 두 확률변수 사이의 선형적인 상관관계에 대한 정보를 제공하기는 하나, 상관관계를 나타내는 척도로 직접 이용하기에는 적합하지 않다. 왜냐 하면 공분산은 $-\infty$와 ∞ 사이의 어떤 값도 취할 수 있기 때문에 그 값을 기준으로 상관관계의 정도를 판단하기가 어렵기 때문이다. 특히, 공분산은 확률변수의 측정단위에 따라 값이 달라지므로 같은 현상을 분석하는 데도 일관된 값을 가지지 못한다. 공분산의 이와 같은 취약점을 보완한 것이 바로 **상관계수**(correlation coefficient)이다.

정의 6.11 |

두 확률변수 $X,\ Y$의 공분산을 σ_{XY}, 표준편차를 각각 $\sigma_X,\ \sigma_Y$라 할 때,

$$\rho_{XY} = \frac{\sigma_{XY}}{\sigma_X \sigma_Y}$$

를 X와 Y의 상관계수라 한다.

예제 6.28 2변량 확률변수 $(X,\ Y)$의 결합확률밀도함수가 [예제 6.24]와 같을 때, X와 Y의 공분산과 상관계수를 구해보자.

• **풀이** 먼저 [예제 6.24]의 적률생성함수를 이용하여, $\mu_X = 1/\lambda$, $\mu_Y = 2/\lambda$, $\sigma_X = 1/\lambda$, $\sigma_Y = \sqrt{2}/\lambda$, $E(XY) = 3/\lambda^2$임을 알 수 있다. 따라서

$$\sigma_{XY} = E(XY) - \mu_X \mu_Y = 1/\lambda^2$$

$$\rho_{XY} = \frac{\sigma_{XY}}{\sigma_X \sigma_Y} = \frac{1}{\sqrt{2}}$$

이다. ■

그러면 상관계수가 공분산이 지닌 취약점을 보완할 수 있는지 살펴보자. 정의로부터 상관계수는

$$\rho_{XY} = E\left[\left(\frac{X - \mu_X}{\sigma_X}\right)\left(\frac{Y - \mu_Y}{\sigma_Y}\right)\right]$$

라 표현할 수 있는데, 여기서

$$U = \frac{X - \mu_X}{\sigma_X}, \qquad V = \frac{Y - \mu_Y}{\sigma_Y}$$

라 두면, $E(U^2) = E(V^2) = 1$이 된다. 또, $(U - V)^2 \geq 0$, $(U + V)^2 \geq 0$이므로

$$E(U - V)^2 = E(U^2) + E(V^2) - 2E(UV) = 2[1 - E(UV)] \geq 0,$$
$$E(U + V)^2 = E(U^2) + E(V^2) + 2E(UV) = 2[1 + E(UV)] \geq 0$$

이다. 따라서 $-1 \leq E(UV) \leq 1$이 되고, $E(UV) = \rho_{X,Y}$이므로

$$-1 \leq \rho_{XY} \leq 1 \tag{6.23}$$

이 성립한다. 즉, 상관관계는 -1과 $+1$ 사이의 값을 갖는다.

다음으로 상관계수가 확률변수의 단위에 의존하는지 확인하기 위해, $W = aX$, $Z = bY$라 하고, W와 Z의 상관계수를 구해보자. 식 (4.13b)로부터 $\sigma_W = |a|\sigma_X$, $\sigma_Z = |b|\sigma_Y$이므로,

$$\rho_{WZ} = \frac{\sigma_{WZ}}{\sigma_W \sigma_Z} = \frac{ab\sigma_{XY}}{|a||b|\sigma_X \sigma_Y} = \frac{ab}{|a||b|}\rho_{XY}$$

이다. 따라서

$$\begin{aligned} \rho_{WZ} &= \rho_{XY}, \quad ab > 0\text{일 때}, \\ &= -\rho_{XY}, \quad ab < 0\text{일 때} \end{aligned} \tag{6.24}$$

임을 알 수 있다. 따라서 상관계수의 크기는 확률변수의 단위에 상관없이 일정하며, 앞에서 언급한 공분산의 취약점을 보완할 수 있음을 알 수 있다. 다만, 여기서 a와 b의 부호가 다르면 aX와 bY의 상관관계는 X와 Y의 상관관계와 반대로 되는 것에 유의해야 한다.

예제 6.29 [예제 6.15]의 (b)에서 X와 Y의 상관계수를 구하고, $U=3X+2$와 $V=-2Y+5$의 상관계수와 비교해보자.

• **풀이** $\sigma_{XY}=-1/4$, $\sigma_X=1/2$, $\sigma_Y=1/2$로 $\rho_{XY}=-1$, 그리고 $\rho_{UV}=1$이다. ■

앞에서 두 변수 X와 Y의 상관계수 $\rho=\rho_{XY}$가 취할 수 있는 값의 범위가 $-1 \le \rho \le 1$임을 보였다. 여기서 만약 X와 Y의 상관계수가 1이면 식 (6.23)을 유도하는 데 쓰인 식들을 이용할 경우, X와 Y 사이에는 $Y=\left(\frac{\sigma_Y}{\sigma_X}\right)X+\left(\mu_Y-\frac{\sigma_Y}{\sigma_X}\mu_X\right)$인 선형관계가 있고, 반대로 상관계수가 -1이면, X와 Y 사이에는 $Y=\left(-\frac{\sigma_Y}{\sigma_X}\right)X+\left(\mu_Y+\frac{\sigma_Y}{\sigma_X}\mu_X\right)$인 선형관계가 있음을 알 수 있다.

연습문제 6.3

1. 이산형 2변량 확률변수 (X, Y)의 결합확률함수가 다음과 같을 때 X와 Y의 상관계수를 구하라.

   (a) $p(x, y)=\frac{1}{3}, \ (x, y)=(0, 0), (1, 1), (2, 2)$

   (b) $p(x, y)=\frac{1}{3}, \ (x, y)=(0, 2), (1, 1), (2, 0)$

   (c) $p(x, y)=\frac{1}{3}, \ (x, y)=(0, 0), (1, 1), (2, 0)$

2. X와 Y의 결합확률밀도함수가 다음과 같을 때,

$$f(x, y)=\begin{cases} 4xy, & 0<y<x<1 \\ 6x^2, & 0<x<y<1 \\ 0, & \text{기타} \end{cases}$$

(a) $Cov(X,\ Y)$를 구하라.

(b) $X-Y$의 평균과 분산을 구하라.

3. $Y=aX(a \neq 0)$일 때, X와 Y의 상관계수를 구하라.

4. 확률변수 X의 확률함수가 $p_X(-1)=p_X(0)=p_X(1)=\dfrac{1}{3}$이고, $Y=-2X$일 때,

(a) X와 Y는 서로 독립이 아님을 보여라.

(b) $E(XY)$와 $E(X)E(Y)$를 구하라.

5. 확률변수 X와 Y의 결합확률밀도함수가

$$f(x,\ y)=\begin{cases}1-\alpha(1-2x)(1-2y), & 0<x<1,\ 0<y<1, \quad -1 \le \alpha \le 1 \\ 0, & \text{기타}\end{cases}$$

이고 $(X,\ Y)$에 의해 다음과 같이 이등변삼각형을 얻는다고 하자.

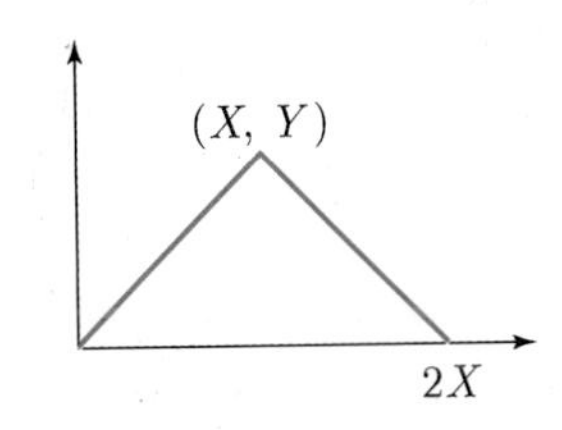

(a) 삼각형 넓이의 기댓값을 최대화하는 α값을 구하라.

(b) 삼각형이 $(0,\ 0)$, $(1,\ 0)$, $\left(0,\ \dfrac{1}{2}\right)$, $\left(1,\ \dfrac{1}{2}\right)$을 꼭지점으로 갖는 사각형의 내부에 위치할 확률을 구하라.

6. 크기가 같은 푸른 공 3개, 붉은 공 2개, 검은 공 4개가 한 주머니에 들어 있다. 이 주머니에서 무작위로 2개의 공을 꺼내는 실험에서 꺼낸 공 중에서 푸른 공의 수를 X, 붉은 공의 수를 Y라 할 때,

(a) X의 평균과 분산을 구하라.

(b) $Cov(X,\ Y)$를 구하라.

(c) 푸른 공과 붉은 공의 합 $X+Y$의 평균과 분산을 구하라.

7. 어떤 화학약품에 들어있는 두 성분의 비율 X와 Y의 결합확률밀도함수가 다음과 같다고 한다.

$$f(x,\ y)=\begin{cases}2, & 0<x<1, \quad 0<y<1, \quad x+y<1 \\ 0, & \text{기타}\end{cases}$$

(a) X의 평균과 분산을 구하라.

(b) $Cov(X,\ Y)$를 구하라.

(c) 두 성분의 비율의 합 $X+Y$의 평균과 분산을 구하라.

8. 어떤 공정에서 생산되는 제품에는 두 종류의 불량이 있다. 전체 불량품의 비율 X와 첫 번째 불량원인에 의한 불량품의 비율 Y의 결합확률밀도함수는 다음과 같다고 한다.

$$f(x,\ y) = \begin{cases} 6(1-x), & 0 < y < x < 1 \\ 0, & \text{기타} \end{cases}$$

(a) X의 평균과 분산을 구하라.

(b) $Cov(X,\ Y)$를 구하라.

(c) 두 번째 불량원인에 의한 불량품의 비율 $X-Y$의 평균과 분산을 구하라.

9. 주사위 하나를 n번 던지는 실험에서 X를 주사위의 눈이 1인 횟수, Y를 주사위의 눈이 2 또는 3인 횟수라 할 때,

(a) X와 Y의 결합확률함수를 구하라.

(b) X와 Y의 상관계수를 구하라.

10. A팀과 B팀의 축구 경기에서 각 팀의 패스 성공률을 각각 X와 Y라 할 때, $(X,\ Y)$의 결합확률밀도함수는 다음과 같다.

$$f(x,\ y) = \begin{cases} x+y, & 0 < x < 1, \quad 0 < y < 1 \\ 0, & \text{기타} \end{cases}$$

(a) X의 평균과 분산을 구하라.

(b) $Cov(X,\ Y)$를 구하라.

(c) 평균 패스성공률 $\dfrac{X+Y}{2}$의 평균과 분산을 구하라.

11. 어떤 은행에 고객이 도착하여 일을 마치고 떠날 때까지의 시간(단위: 시간) X와 고객이 서비스를 받기 위해 기다리는 시간 Y의 결합확률밀도함수는 다음과 같다.

$$f(x,\ y) = \begin{cases} \dfrac{1}{4}e^{-x/2}, & 0 < y < x < \infty \\ 0, & \text{기타} \end{cases}$$

(a) X와 Y의 결합적률생성함수를 구하라.

(b) (a)의 결과를 이용하여 $Cov(X,\ Y)$를 구하라.

(c) 고객이 실제로 서비스를 받는 시간 $X-Y$의 평균과 분산을 구하라.

12. 어떤 전자제품의 조립에 쓰이는 두 부품의 수명(단위: 1,000시간)을 각각 X와 Y라 할 때, X와 Y의 결합확률밀도함수는 다음과 같다.

$$f(x,\ y)=\begin{cases}\dfrac{1}{27}xe^{-\frac{x+y}{3}}, & 0<x<\infty, \quad 0<y<\infty \\ 0, & \text{기타}\end{cases}$$

(a) X와 Y의 결합적률생성함수를 구하라.

(b) 두 부품의 수명 비의 기댓값 $E\left(\dfrac{Y}{X}\right)$를 구하라.

13. 다음 식이 맞으면 증명하고 틀리면 반증하라.

(a) $P(X<Y)=1$이면 $E(X)<E(Y)$이다.

(b) $E(X)<E(Y)$이면 $P(X<Y)=1$이다.

(c) $E(X)<E(Y)$이면 $P(X<Y)>0$이다.

14. [정의 6.9]으로부터 구한 $(X_1,\ X_2,\ X_3)$의 결합적률생성함수로부터

(a) $M(t,\ t,\ t)$가 $X_1+X_2+X_3$의 적률생성함수임을 보여라.

(b) $M(t,\ t,\ 0)$가 X_1+X_2의 적률생성함수임을 보여라.

15. 확률변수 X와 Y에 대해서 $V(Y-aX)$를 최소로 하는 상수 a를 구하라.

16. 식 (6.22a), (6.22b), (6.22c)가 성립함을 보여라.

17. X와 Y의 상관계수 $\rho_{XY}=1$이면, $Y=\mu_Y+\left(\dfrac{\sigma_Y}{\sigma_X}\right)(X-\mu_X)$임을 보여라. 또한, $\rho_{XY}=-1$이면, $Y=\mu_Y-\left(\dfrac{\sigma_Y}{\sigma_X}\right)(X-\mu_X)$임을 보여라.

6.4 조건부 기댓값

대학수학능력시험에서 수학성적과 물리성적은 양의 상관관계를 가질 것으로 생각된다. 그렇다면, 수학성적이 80점인 사람들의 물리성적은 평균적으로 얼마나 될까? 이와 같은 물음에 답을 줄 수 있는 것이 **조건부 기댓값**(conditional expectation)이다. 조건부 기댓값은 주변확률(밀도)함수 대신 조건부 확률(밀도)함수를 사용한다는 것을 제외하면 일반적인 기댓값과 동일하게 정의된다.

정의 6.12 |

$(X,\ Y)$가 2변량 확률변수라 하자.

$$E[h(X)|\,Y=y]=\begin{cases}\displaystyle\sum_{x\in R_X} h(x)p_{X|Y}(x|y), & \text{이산형일때}\\ \displaystyle\int_{-\infty}^{\infty} h(x)f_{X|Y}(x|y)dx, & \text{연속형일때}\end{cases}$$

를 $Y=y$일 때, X의 함수 $h(X)$의 조건부 기댓값이라 한다.

예제 6.30 어떤 공장에서 시간당 발생하는 불량품의 수 N은 평균이 λ인 포아송분포를 따른다고 한다. $N=n$으로 주어졌을 때, p시간$(0<p<1)$ 동안 발생하는 불량품의 수 X의 평균 $E(X|N=n)$을 구해보자.

• **풀이** $(0,\ p]$시간과 $(p,\ 1)$시간에서 발생하는 불량품의 수는 서로 독립일 것이므로 X와 $N-X$는 각각 평균 $p\lambda$와 $(1-p)\lambda$를 가지는 독립인 포아송분포를 따르게 된다. 따라서

$$\begin{aligned}p(x,\ n)&=P(X=x,\ N=n)=P(X=x,\ N-X=n-x)\\&=\frac{(p\lambda)^x\exp(-p\lambda)}{x!}\cdot\frac{((1-p)\lambda)^{n-x}\exp(-(1-p)\lambda)}{(n-x)!}\end{aligned}$$

이고, $N=n$일 때 X의 조건부 확률함수는

$$\begin{aligned}p_{X|N}(x|n)&=\frac{p(x,\ n)}{p_N(n)}\\&=\frac{n!}{x!(n-x)!}p^x(1-p)^{n-x},\qquad x=0,\ 1,\ \cdots,\ n\end{aligned}$$

이다. 즉, $X|N=n \sim b(n,\ p)$이므로 $E(X|N=n)=np$이다. ■

다음으로, $Y=y$일 때의 X의 조건부 기댓값에 대해 살펴보자.

$E(X|Y=y)$는 y의 함수가 되는데, 특히 $E(X|Y=y)=a+by$와 같은 선형함수일 경우를 생각해보자. $(X,\ Y)$가 연속형 확률변수일 경우

$$E(X|Y=y)=\int_{-\infty}^{\infty} x\frac{f(x,\ y)}{f_Y(y)}dx=a+by$$

이므로,

$$\int_{-\infty}^{\infty} xf(x,\ y)dx=(a+by)f_Y(y)$$

가 된다. 이 식의 양변을 y에 대하여 적분하거나, 먼저 양변에 y를 곱하여 y에 대하여 적분함으로써 다음 두 식을 얻는다.

$$\int_{-\infty}^{\infty}\int_{-\infty}^{\infty} xf(x,\ y)dxdy=\int_{-\infty}^{\infty}(a+by)f_Y(y)dy,$$

$$\int_{-\infty}^{\infty}\int_{-\infty}^{\infty} xyf(x,\ y)dxdy=\int_{-\infty}^{\infty}(ay+by^2)f_Y(y)dy$$

이것을 다시 정리하면,

$$E(X)=a+bE(Y)$$

$$E(XY)=aE(Y)+bE(Y^2)$$

인 데, 이들을 μ_X, μ_Y, σ_X, σ_Y, $\rho=\rho_{XY}$를 이용하여 정리하면,

$$\mu_X=a+b\mu_Y$$

$$\mu_X\mu_Y+\rho\sigma_X\sigma_Y=a\mu_Y+b(\mu_Y^2+\sigma_Y^2)$$

이 된다. 따라서 이들을 a, b에 대해서 풀면,

$$a=\mu_X-\rho\frac{\sigma_X}{\sigma_Y}\mu_Y, \qquad b=\rho\frac{\sigma_X}{\sigma_Y}$$

이 된다. 그러므로 $E(X|Y=y)$가 y의 선형함수이면,

$$E(X|Y=y) = \mu_X + \rho\frac{\sigma_X}{\sigma_Y}(y-\mu_Y) \tag{6.25a}$$

이다. $E(Y|X=x)$에 대해서도 이와 비슷하게

$$E(Y|X=x) = \mu_Y + \rho\frac{\sigma_Y}{\sigma_X}(x-\mu_X) \tag{6.25b}$$

임을 보일 수 있다. (X, Y)가 이산형 확률변수일 경우에도 연속형일 경우와 유사한 방법으로 식 (6.25a) 및 (6.25b)의 성립을 확인할 수 있다. 여기서 주목할 만한 사실은 $E(X|Y=y)$에서 y의 계수와 $E(Y|X=x)$에서 x의 계수를 곱하면 ρ^2이 된다는 점이다.

예제 6.31 2변량 확률변수 (X, Y)의 결합확률함수가

$$p(x, y) = \frac{n!}{x!y!(n-x-y)!}p_1^x p_2^y p_3^{n-x-y}$$

단, x, y는 비음의 정수로 $0 \le x+y \le n$,

$$p_i \ge 0,\ p_1+p_2+p_3 = 1$$

일 때, 조건부 기댓값들을 구해보자.

• **풀이** 다음 절에서 살펴보겠지만 X와 Y의 주변분포는 각각 $b(n, p_1)$과 $b(n, p_2)$가 된다. 따라서 $Y=y$가 주어졌을 때 X의 조건부 확률함수는

$$\begin{aligned} p_{X|Y}(x|y) &= \frac{p(x, y)}{p_Y(y)} = \frac{(n-y)!}{x!(n-y-x)!} \cdot \frac{p_1^x(1-p_1-p_2)^{n-y-x}}{(1-p_2)^{n-y}} \\ &= \binom{n-y}{x}\left(\frac{p_1}{1-p_2}\right)^x\left(1-\frac{p_1}{1-p_2}\right)^{n-y-x} \end{aligned}$$

이다. 따라서

$$X|_{Y=y} \sim b\left(n-y,\ \frac{p_1}{1-p_2}\right)$$

이 되고, 이와 비슷하게

$$Y|_{X=x} \sim b\left(n-x,\ \frac{p_2}{1-p_1}\right)$$

이 된다. 따라서 조건부 기댓값은

$$E(X|Y=y)=(n-y)\frac{p_1}{1-p_2},$$

$$E(Y|X=x)=(n-x)\frac{p_2}{1-p_1}$$

이다. 또한 상관계수의 제곱은

$$\rho^2=\left(\frac{-p_2}{1-p_1}\right)\left(\frac{-p_1}{1-p_2}\right)=\frac{p_1p_2}{(1-p_1)(1-p_2)}$$

이다. ■

$Y=y$가 주어졌을 때 X의 조건부 기댓값 $E(X|Y=y)$는 y의 함수이고, y는 확률변수 Y가 갖는 값이므로 y를 변하는 것으로 보고 Y로 대체하면 $E(X|Y)$는 확률변수가 된다. 따라서 그 기댓값을 구해보면, 연속형일 경우

$$\begin{aligned}E[E(X|Y)]&=\int_{-\infty}^{\infty}E(X|Y=y)f_Y(y)dy=\int_{-\infty}^{\infty}\left\{\int_{-\infty}^{\infty}xf_{X|Y}(x|y)dx\right\}f_Y(y)dy\\&=\int_{-\infty}^{\infty}x\int_{-\infty}^{\infty}f(x,\ y)dydx=\int_{-\infty}^{\infty}xf_X(x)dx\\&=E(X)\end{aligned}\tag{6.26}$$

가 됨을 알 수 있다. 이산형인 경우에도 비슷한 방법으로 이러한 관계가 성립함을 확인할 수 있다.

예제 6.32 어떤 서비스 시스템에서 X_i를 i번째 고객에 대한 서비스 시간, N을 대기중인 고객수라 할 때, 대기열에 있는 모든 고객을 서비스하는 데 소요되는 시간 T_N의 기댓값을 구해보자. 단, $E(N)=\theta$, $E(X_i)=\lambda$라 한다.

• **풀이** 먼저, $T_N=X_1+X_2+\cdots+X_N$라 두자. 그런데,

$$E(T_N|N=n)=E(X_1+X_2+\cdots+X_n)=nE(X_1)=n\lambda$$

이므로,

$$E(T_N) = E[E(T_N|N)] = E[N\lambda] = E(N)\lambda = \theta\lambda$$

이다. ■

경우에 따라서는 X의 기댓값을 $f(x,\ y)$나 $f_X(x)$로부터 직접 구하는 것이 어렵거나 번거로운 반면, $f_{X|Y}(x|y)$나 $f_Y(y)$는 이미 알려져 있거나 쉽게 구할 수 있어 이를 이용하여 $E(X|Y)$를 구하고 다시 Y에 대하여 기댓값을 구하는 것이 더 쉬울 수도 있다. 식 (6.26)은 이러한 경우에 편리하게 이용된다.

$V(X)$도 직접 구하는 것보다 $E(X|Y=y)$와 $V(X|Y=y)$를 먼저 구하고 이들을 이용하여 다음 식과 같이 구하는 것이 쉬울 수도 있다.

$$V(X) = E\{V(X|Y)\} + V\{E(X|Y)\} \tag{6.27}$$

여기서 $V(X|Y=y)$는 $Y=y$가 주어졌을 때 X의 조건부 분산으로서 분산에 관한 일반식으로부터

$$V(X|Y=y) = E(X^2|Y=y) - [E(X|Y=y)]^2$$

이 됨을 알 수 있다.

연습문제 6.4

1. 확률변수 X와 Y의 결합확률함수 $p(x,\ y)$가

y \ x	2	3	4
1	1/12	1/6	0
2	1/6	0	1/3
3	1/12	1/6	0

일 때, $E(Y|X=2)$와 $V(Y|X=2)$를 구하라.

2. 다음 결합확률(밀도)함수에 대해 $E(X|Y=y)$와 $V(X|Y=y)$를 구하라.

(a) $p(x, y) = \begin{cases} \dfrac{x+2y}{18}, & x=1, 2;\ y=1, 2 \\ 0, & \text{기타} \end{cases}$

(b) $f(x, y) = \begin{cases} 1, & 0<y<2x,\ 0<x<1 \\ 0, & \text{기타} \end{cases}$

(c) $f(x, y) = \begin{cases} 21x^2y^3, & 0<x<y<1 \\ 0, & \text{기타} \end{cases}$

3. X와 Y의 결합확률밀도함수가 다음과 같을 때,

$$f(x, y) = \begin{cases} 4xy, & 0<y<x<1 \\ 6x^2, & 0<x<y<1 \\ 0, & \text{기타} \end{cases}$$

(a) $E(X|Y=y)$와 $V(X|Y=y)$를 구하라.

(b) $E\{V(X|Y)\}$와 $V\{E(X|Y)\}$를 구하고 이로부터 $V(X)$를 구하라.

4. 이산형 확률변수 X와 Y의 결합확률함수 $p(x, y)$가

y \ x	2	3	4
1	1/12	1/6	0
2	1/6	0	1/3
3	1/12	1/6	0

일 때, 다음을 구하라.

(a) $P(X=1|X+Y \le 5)$

(b) $P(X=2|Y=2)$

(c) $Cov(X, Y)$

(d) $E(X|Y=y)$와 $V(X|Y=y)$, $y=2, 3, 4$.

5. 두 확률변수 X와 Y의 결합확률함수가

$$p(x, y) = \begin{cases} c(x+y), & x=0, 1, 2, \quad y=0, 1 \\ 0, & \text{기타} \end{cases}$$

일 때,

(a) c를 정하라.

(b) $E(X|Y=y)$, $y=0,\ 1$을 구하라.

(c) $Cov(X,\ Y)$를 구하라.

(d) $X+Y$의 기댓값과 분산을 구하라.

6. 확률변수 X와 Y는 서로 독립이고 각각 이항분포 $b(n,\ p)$를 따른다. $X+Y=m$일 때, X의 기댓값과 분산을 구하라.

7. 2변량 확률변수 $(X,\ Y)$의 결합확률밀도함수가

$$f(x,\ y)=\begin{cases}1, & -x<y<x, \quad 0<x<1 \\ 0, & \text{기타}\end{cases}$$

일 때, $E(Y|X=x)$의 그래프는 직선이고 $E(X|Y=y)$의 그래프는 직선이 아님을 보여라.

8. 확률변수 X의 확률밀도함수는

$$f(x)=\begin{cases}xe^{-x}, & x>0 \\ 0, & \text{기타}\end{cases}$$

이고, $X=x$일 때, Y는 구간 $(0,\ x)$에서 균일분포를 따른다.

(a) Y의 주변확률밀도함수를 구하라. $V(Y)$는 얼마인가?

(b) $E(Y|X=x)$와 $V(Y|X=x)$를 구하라.

(c) $E\{V(X|Y)\}$와 $V\{E(X|Y)\}$를 구하고 이로부터 $V(X)$를 구하라.

9. 확률변수 X와 Y의 결합확률밀도함수가

$$f(x,\ y)=\begin{cases}8xy, & 0<y<x<1 \\ 0, & \text{기타}\end{cases}$$

일 때,

(a) 조건부확률밀도함수 $f_{X|Y}(x|y)$와 $f_{Y|X}(y|x)$를 구하라.

(b) $P\left(Y>\frac{1}{2}\middle|X=\frac{3}{4}\right)$를 구하라.

(c) $Cov(X,\ Y)$를 구하라.

(d) $X-Y$의 기댓값과 분산을 구하라.

(e) $E(X|Y=y)$를 구하고 이로부터 $E(X)$를 구하라.

10. 확률변수 X와 Y의 결합확률밀도함수가

$$f(x,\ y) = \begin{cases} 3x, & 0 < y < x < 1 \\ 0, & \text{기타} \end{cases}$$

일 때,

(a) $P\left(X \le \frac{3}{4},\ Y \le \frac{1}{2}\right)$을 구하라.

(b) 조건부확률밀도함수 $f_{X|Y}(x|y)$와 $f_{Y|X}(y|x)$를 구하라.

(c) $P\left(X \le \frac{3}{4} \middle| Y = \frac{1}{2}\right)$을 구하라.

(d) $Cov(X,\ Y)$를 구하라.

(e) $X - Y$의 기댓값과 분산을 구하라.

(f) $E(Y|X = x)$를 구하고 이로부터 $E(Y)$를 구하라.

11. X와 Y의 결합확률밀도함수가

$$f(x,\ y) = \begin{cases} \frac{6}{7}(x+y)^2, & 0 < x < 1, \quad 0 < y < 1 \\ 0, & \text{기타} \end{cases}$$

일 때,

(a) $P(X + Y \le 1)$를 구하라.

(b) 조건부확률밀도함수 $f_{Y|X}(y|x)$를 구하라.

(c) $P\left(Y < \frac{1}{2} \middle| X = \frac{1}{2}\right)$을 구하라.

(d) $Cov(X,\ Y)$를 구하라.

(e) $X + Y$의 기댓값과 분산을 구하라.

(f) $E(Y|X = x)$를 구하고 이로부터 $E(Y)$를 구하라.

12. 확률변수 X와 Y의 결합확률밀도함수가

$$f(x,\ y) = \begin{cases} 6x^2y, & 0 < x < y, \quad x + y < 2 \\ 0, & \text{기타} \end{cases}$$

일 때,

(a) $P(X + Y \le 1)$를 구하라.

(b) 조건부확률밀도함수 $f_{X|Y}(x|y)$와 $f_{Y|X}(y|x)$를 구하라.

(c) $P\left(X < \frac{1}{4} \middle| Y = \frac{3}{2}\right)$을 구하라.

(d) $Cov(X,\ Y)$를 구하라.

(e) $E(X|Y=y)$와 $V(X|Y=y)$를 구하라.

13. 두 가지 작업으로 이루어지는 어떤 공정에서 첫 번째 작업이 끝나는 시간을 X, 두 번째 작업이 끝나는 시간을 Y라 할 때, X와 Y는 각각 다음과 같은 분포를 따른다는 것이 알려져 있다.

$$f_X(x) = \begin{cases} 1, & 0 < x < 1 \\ 0, & \text{기타} \end{cases}, \quad f_{Y|X}(y|x) = \begin{cases} 1, & x < y < x+1 \\ 0, & \text{기타} \end{cases}.$$

(a) 결합확률밀도함수 $f(x,\ y)$를 구하라.

(b) $P(X < 0.75|Y < 1.5)$를 구하라.

(c) 조건부확률밀도함수 $f_{X|Y}(x|y)$를 구하라. $P(X < 0.75|Y = 1.5)$는 얼마인가?

(d) $Cov(X,\ Y)$를 구하라.

(e) $E(X|Y=y)$와 $V(X|Y=y)$를 구하라.

(f) (e)의 결과로부터 $E\{V(X|Y)\}$와 $V\{E(X|Y)\}$를 구하고, 이를 더하여 $V(X)$가 됨을 보여라.

14. 확률변수 X의 확률밀도함수는 $f(x)$, 분포함수는 $F(x)$이고, 평균과 분산은 각각 μ와 σ^2이다. $Y = \alpha + \beta X,\ -\infty < \alpha < \infty,\ \beta \neq 0$라 할 때,

(a) Y의 기댓값과 분산이 각각 0과 1이 되도록 α와 β를 정하라.

(b) X와 Y의 상관계수는 얼마인가?

(c) Y의 분포함수를 $\alpha,\ \beta,\ F$의 식으로 표현하라.

15. 확률변수 X와 Y의 결합확률함수가

$$p(x,\ y) = \binom{x}{y}\left(\frac{1}{2}\right)^x\left(\frac{x}{15}\right),\quad y = 0,\ 1,\ \cdots,\ x,\quad x = 1,\ 2,\ 3,\ 4,\ 5,$$

일 때,

(a) $E(Y)$를 구하라.

(b) $u(x) = E(Y|X=x)$를 구하라.

(c) $E(u(X))$를 구하라.

16. 1, 2, 3 숫자가 적힌 공이 세 개 들어있는 상자에서 비복원으로 2개를 꺼낼 때, 첫 번째 뽑은 공

에 적힌 숫자를 X, 뽑은 두 공에 적힌 숫자 중 큰 것을 Y라 하자.

(a) X와 Y의 결합확률함수를 구하라.

(b) $P(X=1|Y=3)$를 구하라.

(c) ρ_{XY}를 구하라.

17. 크기가 같은 푸른 공 3개, 붉은 공 2개, 검은 공 4개가 한 주머니에 들어 있다. 이 주머니에서 무작위로 2개의 공을 꺼내는 실험에서 꺼낸 공 중에서 푸른 공의 수를 X, 붉은 공의 수를 Y라 할 때,

(a) $E(X|Y=y)$를 구하라.

(b) $E(X)$를 구하라.

18. 어떤 화학약품에 들어있는 두 성분의 비율 X와 Y의 결합확률밀도함수가 다음과 같다고 한다.

$$f(x,\ y)=\begin{cases}2, & 0<x<1, \quad 0<y<1, \quad x+y<1 \\ 0, & \text{기타}\end{cases}$$

(a) $E(X|Y=y)$와 $E(Y|X=x)$를 구하라.

(b) $E(X)$와 $E(Y)$를 구하라.

19. 어떤 공정에서 생산되는 제품에는 두 종류의 불량이 있다. 전체 불량품의 비율 X와 첫 번째 불량원인에 의한 불량품의 비율 Y의 결합확률밀도함수의 모델로는 다음의 함수가 적합하다고 한다.

$$f(x,\ y)=\begin{cases}6(1-x), & 0<y<x<1 \\ 0, & \text{기타}\end{cases}$$

(a) $E(X|Y=y)$와 $E(Y|X=x)$를 구하라.

(b) $E(X)$와 $E(Y)$를 구하라.

20. A팀과 B팀의 축구 경기에서 각 팀의 패스 성공률을 각각 X와 Y라 할 때, $(X,\ Y)$의 결합확률밀도함수는 다음과 같다.

$$f(x,\ y)=\begin{cases}x+y, & 0<x<1, \quad 0<y<1 \\ 0, & \text{기타}\end{cases}$$

(a) $E(X|Y=y)$와 $V(X|Y=y)$를 구하라.

(b) $E[V(X|Y)]$와 $V[E(X|Y)]$를 구하고 이로부터 $V(X)$를 구하라.

21. 어떤 은행에 고객이 도착하여 일을 마치고 떠날 때까지의 시간(단위: 시간) X와 고객이 서비스를 받기 위해 기다리는 시간 Y의 결합확률밀도함수는 다음과 같다.

$$f(x,\ y)=\begin{cases}\dfrac{1}{4}e^{-x/2}, & 0<y<x<\infty \\ 0, & \text{기타}\end{cases}$$

(a) $E(X|Y=y)$와 $V(X|Y=y)$를 구하라.

(b) $E[V(X|Y)]$와 $V[E(X|Y)]$를 구하고 이로부터 $V(X)$를 구하라.

22*. 흰 공 N_1개, 검은 공 N_2개, 붉은 공 N_3개가 들어있는 상자에서 n개를 꺼낸다고 하자. 여기서 $N_1+N_2+N_3=N$이고 $X,\ Y,\ Z$를 각각 관측된 흰 공, 검은 공, 붉은 공의 개수라 할 때, X와 Y의 상관계수를 구하라.

23. $u(X)$와 $v(Y)$가 확률변수 X와 Y의 함수일 때,

$$E[u(X)v(Y)|X=x]=u(x)E(v(Y)|X=x)$$

임을 보여라.

24*. 식 (6.27)이 성립함을 보여라.

25*. 확률변수 X와 Y의 분산이 유한할 때,

(a) 부등식 $[E(XY)]^2 \le E(X^2)E(Y^2)$이 성립함을 보여라.

(b) ρ가 X와 Y의 상관계수일 때, (a)의 부등식을 이용하여 $\rho^2 \le 1$임을 보여라.

6.5 다항분포와 다변량 정규분포

결합확률분포 중에서 널리 응용되는 것으로는 다항분포(multinomial distribution)와 다변량 정규분포(multivariate normal distribution)가 있다. 다항분포는 이산형 다변량 확률변수의 대표적인 분포이고, 다변량 정규분포는 연속형 다변량 확률변수의 대표적인 분포인데, 먼저 다항분포를 다룬 후 다변량 정규분포를 살펴보기로 한다.

6.5.1 다항분포

베르누이 시행을 n번 반복하였을 때, 그 중 성공횟수를 X라 하면 X는 이항분포를 따른다. 베르누이 시행은 가능한 결과가 두 가지뿐인 실험을 독립적으로 반복하는 것인데, 실험의 결과가 세 가지 이상으로 나타날 경우도 있다. 예를 들어 주사위를 던질 경우는 가능한 결과가 여섯 가지이며, 윷놀이의 경우는 가능한 결과가 다섯 가지이다. 이와 같이 가능한 결과가 여러 가지인 실험을 반복 시행하였을 때, 각각의 결과가 나타나는 횟수의 분포는 다항분포로 설명할 수 있다.

이제 확률실험에서 나타날 수 있는 가능한 결과를 $E_1,\ E_2,\ \cdots,\ E_k$의 k개로 나누고, 각각이 나타날 확률을 $p_1,\ p_2,\ \cdots,\ p_k$라 하자. 이러한 실험을 독립적으로 n번 시행하여, $E_1,\ E_2,\ \cdots,\ E_k$가 각각 $X_1,\ X_2,\ \cdots,\ X_k$번 나타난다고 하고, $(X_1,\ X_2,\ \cdots,\ X_k)$의 결합확률함수 $p(x_1,\ x_2,\ \cdots,\ x_k)$를 구해보자.

먼저 n번 중에서 E_1이 x_1번, E_2가 x_2번, $\cdots$ E_k가 x_k번 일어날 모든 경우의 수는

$$\frac{n!}{x_1!x_2!\cdots x_k!},\qquad \text{단, } x_1+x_2+\cdots+x_k=n$$

이고, 특정 순서에 따라 E_1이 x_1번, E_2가 x_2번, $\cdots$ E_k가 x_k번 나타날 확률은

$$p_1^{x_1}p_2^{x_2}\cdots p_k^{x_k},\qquad \text{단, } p_1+p_2+\cdots+p_k=1$$

이므로,

$$p(x_1,\ x_2,\ \cdots,\ x_k)=\frac{n!}{x_1!x_2!\cdots x_k!}p_1^{x_1}p_2^{x_2}\cdots p_k^{x_k} \tag{6.28}$$

이 된다. 이때, $(X_1, X_2, \cdots, X_k)$는 모수 $n, p_1, p_2, \cdots, p_k$를 갖는 **다항분포(multinomial distribution)**를 따른다고 하고, $(X_1, X_2, \cdots, X_k) \sim MN_k(n;p_1, \cdots, p_k)$라 표기한다. 여기서 $X_1 + \cdots + X_k = n$, $p_1 + \cdots + p_k = 1$이 성립하여 $X_k = n - (X_1 + \cdots + X_{k-1})$, $p_k = 1 - p_1 - \cdots - p_{k-1}$라 쓸 수 있으므로, 실제로 자유롭게 변할 수 있는 확률변수는 $k-1$개다. 이 점을 반영하여 때로는 $(X_1, \cdots, X_{k-1}) \sim MN_{k-1}(n\,;p_1, \cdots, p_{k-1})$라 표기하기도 한다.

예제 6.33 어떤 생산공정이 정상적으로 가동될 때, 제품의 95%가 양품, 4%가 재가공품, 1%가 불량품이라고 한다. 검사자가 20개의 제품을 임의로 추출하였을 때 적어도 두 개의 재가공품, 또는 적어도 두 개의 불량품을 발견할 확률을 구해보자.

• **풀이** 확률변수 X, Y, Z를 각각 재가공품, 불량품 및 양품의 수라고 하면 $(X, Y, Z) \sim MN_3(20;0.04, 0.01, 0.95)$이므로,

$$\begin{aligned} P(X \geq 2 \text{ 또는 } Y \geq 2) &= 1 - P(X \leq 1,\ Y \leq 1) \\ &= 1 - p(0, 0, 20) - p(1, 0, 19) - p(0, 1, 19) - p(1, 1, 18) \\ &= 1 - \frac{20!}{0!0!20!}(0.04)^0(0.01)^0(0.95)^{20} \\ &\quad - \frac{20!}{1!0!19!}(0.04)^1(0.01)^0(0.95)^{19} \\ &\quad - \frac{20!}{0!1!19!}(0.04)^0(0.01)^1(0.95)^{19} \\ &\quad - \frac{20!}{1!1!18!}(0.04)^1(0.01)^1(0.95)^{18} \\ &= 0.204 \end{aligned}$$

이다. ■

[R에 의한 계산]

```
> p<-c(0.04,0.01,0.95)
> x00<-c(0,0,20); x10<-c(1,0,19); x01<-c(0,1,19); x11<-c(1,1,18)
> prob <- (1 - dmultinom(x00,size=NULL,p) - dmultinom(x10,size=NULL,p)
+            - dmultinom(x01,size=NULL,p) - dmultinom(x11,size=NULL,p))
> prob
[1] 0.2037839
```

예제 6.34 2000년의 인구조사 결과 18세 이상 성인의 연령층에 따른 인구구성비는 다음과 같다.

연령층	18~24	25~34	35~44	45~64	65~
비율	0.16	0.24	0.24	0.26	0.10

5명의 성인을 임의로 뽑을 때, 그 중 한 명이 18세와 24세 사이이고, 두 명이 25세와 34세 사이이고 나머지 두 명이 45세와 64세 사이일 확률을 구해보자.

• **풀이** 확률변수 $X_1, X_2, \cdots, X_5$를 각 연령층에 속하는 사람 수라 하면 $(X_1, X_2, \cdots, X_5)$는 $n=5$이고, $p_1=0.16$, $p_2=p_3=0.24$, $p_4=0.26$, $p_5=0.10$인 다항분포를 따르게 되므로, 식 (6.28)로부터

$$\begin{aligned} p(1,\ 2,\ 0,\ 2,\ 0) &= \frac{5!}{1!2!0!2!0!}(0.16)^1(0.24)^2(0.24)^0(0.26)^2(0.10)^0 \\ &= 30(0.16)(0.24)^2(0.26)^2 = 0.0187 \end{aligned}$$

이다. ■

[R에 의한 계산]

```
> p<-c(0.16,0.24,0.24,0.26,0.10)
> x<-c(1,2,0,2,0)
> dmultinom(x,size=NULL,p)
[1] 0.01869005
```

$(X_1, X_2, \cdots, X_k) \sim MN_k(n\,;p_1, p_2, \cdots, p_k)$일 때, 각 X_i의 주변분포는 모수 n, p_i를 갖는 이항분포임을 알 수 있다. 예로 $k=3$일 경우를 생각해보자.

$(X, Y, Z) \sim MN_3(n\,;p_1, p_2, p_3)$이면 $Z=n-X-Y$이므로, 그 결합확률함수는

$$p(x,\ y) \equiv p(x,\ y,\ n-x-y) = \frac{n!}{x!y!(n-x-y)!}p_1^x p_2^y(1-p_1-p_2)^{n-x-y}$$

이다. 이제 X의 주변확률함수를 구하면,

$$p_X(x) = \sum_{y=0}^{n-x} \frac{n!}{x!y!(n-x-y)!} p_1^x p_2^y (1-p_1-p_2)^{n-x-y}$$

$$= \frac{n!}{x!(n-x)!} p_1^x \sum_{y=0}^{n-x} \frac{(n-x)!}{y!(n-x-y)!} p_2^y (1-p_1-p_2)^{n-x-y}$$

$$= \binom{n}{x} p_1^x [p_2 + (1-p_1-p_2)]^{n-x}$$

$$= \binom{n}{x} p_1^x (1-p_1)^{n-x}, \quad x = 0, 1, \cdots, n$$

로, 모수 n, p_1을 갖는 이항분포의 확률함수임을 알 수 있다.

또, $X_k = n - X_1 - \cdots - X_{k-1}$라 쓸 수 있으므로 다항분포의 결합적률생성함수는

$$M(t_1, \cdots, t_{k-1}) = E\left[e^{t_1 X_1 + \cdots + t_{k-1} X_{k-1}}\right]$$

$$= (p_1 e^{t_1} + \cdots + p_{k-1} e^{t_{k-1}} + p_k)^n \tag{6.29}$$

임을 보일 수 있는데, 여기서 $M(t_1, 0, \cdots, 0) = (1 - p_1 + p_1 e^{t_1})$는 모수 n, p_1을 갖는 이항분포의 적률생성함수임을 알 수 있다.

한편, 다항분포에서 식 (6.29)를 t_i와 t_j로 미분하여 X_i와 X_j, $i \neq j$의 공분산과 상관계수를 구하면 다음과 같다.

$$Cov(X_i, X_j) = -np_i p_j, \tag{6.30}$$

$$\rho_{ij} = -\left[\frac{p_i p_j}{(1-p_i)(1-p_j)}\right]^{1/2} \tag{6.31}$$

예제 6.35 [예제 6.33]에서 X의 평균과 분산, X와 Y의 공분산 및 상관계수를 구해보자.

• **풀이** $E(X) = (20)(0.04) = 0.8$, $V(X) = (20)(0.04)(0.96) = 0.768$이다. 또, X와 Y의 공분산은

$$\sigma_{XY} = -(20)(0.04)(0.01) = -0.008$$

이고 상관계수는

$$\rho_{XY} = -\left[\frac{(0.04)(0.01)}{(0.96)(0.99)}\right]^{1/2} = -0.0205$$

이다. ■

6.5.2 다변량 정규분포

연속형 다변량 확률변수의 결합분포 중에서 가장 널리 사용되는 것으로 **다변량 정규분포**(multivariate normal distribution)가 있다. 확률변수 $X_1,\ X_2,\ \cdots,\ X_k$가 k변량 정규분포를 따른다고 할 때, 그 확률밀도함수는 다음 식과 같이 주어진다.

$$f(\boldsymbol{x}) = \frac{1}{(2\pi)^{k/2}|\boldsymbol{\Sigma}|^{1/2}} \exp\left[-\frac{(\boldsymbol{x}-\boldsymbol{\mu})^t \boldsymbol{\Sigma}^{-1}(\boldsymbol{x}-\boldsymbol{\mu})}{2}\right],\ -\infty < x_i < \infty,\ i = 1,\ 2,\ \cdots,\ k. \quad (6.32)$$

단, $\boldsymbol{x}^t = [x_1,\ x_2,\ \cdots,\ x_k]$, $\boldsymbol{\mu}^t = [\mu_1,\ \mu_2,\ \cdots,\ \mu_k]$이고 $\boldsymbol{\Sigma}$는 공분산행렬로서

$$\boldsymbol{\Sigma} = \begin{bmatrix} \sigma_{11} & \cdots & \sigma_{1k} \\ \vdots & \vdots & \vdots \\ \sigma_{k1} & \cdots & \sigma_{kk} \end{bmatrix},\quad \sigma_{ii} = \sigma_i^2,\ \sigma_{ij} = cov(X_i,\ X_j),\ i \neq j = 1,\ 2,\ \cdots,\ k$$

이다. 이와 같이 확률벡터 $\boldsymbol{X}^t = [X_1,\ X_2,\ \cdots,\ X_k]$가 k변량 정규분포를 따를 때, $\boldsymbol{X} \sim N_k(\boldsymbol{\mu},\ \boldsymbol{\Sigma})$와 같이 표기하기로 한다.

만약, 두 확률변수 $(X,\ Y)$가 **2변량 정규분포**(bivariate normal distribution)를 따른다면 $\boldsymbol{x}^t = [x,\ y]$, $\boldsymbol{\mu}^t = [\mu_1,\ \mu_2]$이고

$$\boldsymbol{\Sigma} = \begin{bmatrix} \sigma_1^2 & \sigma_{12} \\ \sigma_{21} & \sigma_2^2 \end{bmatrix},\ \sigma_{12} = \sigma_{21} = cov(X,\ Y) = \rho\sigma_1\sigma_2$$

이므로 그 확률밀도함수는 식 (6.32)에서 $k=2$를 대입하여

$$f(x,\ y) = \frac{1}{2\pi\sigma_1\sigma_2\sqrt{1-\rho^2}} \exp\left[-\frac{q(x,\ y)}{2}\right],\quad -\infty < x,\ y < \infty \quad (6.33)$$

이 된다. 단, ρ는 $(X,\ Y)$의 상관계수이고 $q(x,\ y)$는 다음과 같게 된다.

$$q(x,\ y) = \frac{1}{1-\rho^2}\left[\left(\frac{x-\mu_1}{\sigma_1}\right)^2 - 2\rho\left(\frac{x-\mu_1}{\sigma_1}\right)\left(\frac{y-\mu_2}{\sigma_2}\right) + \left(\frac{y-\mu_2}{\sigma_2}\right)^2\right]$$

다변량인 경우는 복잡하므로 생략하고 이변량일 경우, 즉, 식 (6.33)의 함수가 확률밀도함수 조건을 만족하는지 살펴보자. $f(x,\ y) \geq 0$임은 쉽게 알 수 있다. 식 (6.33)의 $f(x,\ y)$의 적분은 $u = \dfrac{x-\mu_1}{\sigma_1}$ 그리고 $v = \dfrac{y-\mu_2}{\sigma_2}$라고 놓으면,

$$\int_{-\infty}^{\infty}\int_{-\infty}^{\infty}\frac{1}{2\pi\sqrt{1-\rho^2}}e^{-\frac{(u^2-2\rho uv+v^2)}{2(1-\rho^2)}}dudv$$

$$=\int_{-\infty}^{\infty}\int_{-\infty}^{\infty}\frac{1}{2\pi\sqrt{1-\rho^2}}e^{-\frac{(u-\rho v)^2+(1-\rho^2)v^2}{2(1-\rho^2)}}dudv \tag{6.34}$$

라 표현할 수 있다. 또한 식 (6.34)의 적분은 $w=\dfrac{u-\rho v}{\sqrt{1-\rho^2}}$라 놓으면, $dw=\dfrac{du}{\sqrt{1-\rho^2}}$가 되고,

$$\int_{-\infty}^{\infty}\frac{1}{\sqrt{2\pi}}e^{-v^2/2}\left\{\int_{-\infty}^{\infty}\frac{1}{\sqrt{2\pi}}e^{-w^2/2}dw\right\}dv=1$$

이 되어, 식 (6.33)이 확률밀도함수의 조건을 만족함을 알 수 있다. 2변량 정규분포의 확률밀도함수의 형태는 다섯 개의 모수 μ_1, μ_2, σ_1, σ_2, ρ에 의해 결정되는데, 일반적으로 [그림 6.5]와 같은 종의 모양을 갖는다.

식 (6.33)을 X와 Y 각각에 대해서 적분하면 2변량 정규분포의 주변분포가 정규분포, 즉 $X\sim N(\mu_1,\ \sigma_1^2)$, $Y\sim N(\mu_2,\ \sigma_2^2)$임을 보일 수 있다.

경우에 따라서는 $(X,\ Y)$의 결합분포나 각각의 주변분포보다 조건부 분포를 알고자 할 때가 있다. 예로 학생의 고등학교 성적을 X, 대학성적을 Y라 한다면, 교육계 종사자들은 $X=x$일 때, Y의 조건부 분포에 대해 관심이 있을 것이다. $X=x$일 때, Y의 조건부 분포는 평균이 $\mu_2+\rho\dfrac{\sigma_2}{\sigma_1}(x-\mu_1)$이고 분산이 $\sigma_2^2(1-\rho^2)$인 정규분포를 따른다는 것을 보일 수 있다. 즉,

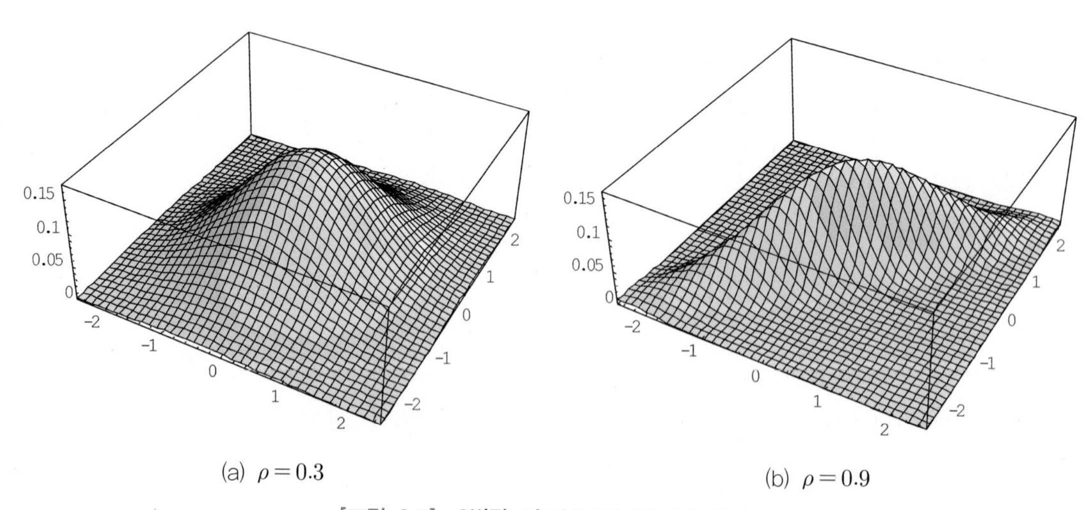

(a) $\rho=0.3$ (b) $\rho=0.9$

[그림 6.5] 2변량 정규분포의 확률밀도함수

$X=x$일 때의 Y의 조건부 기댓값 $E(Y \mid x)$ 및 조건부 분산 $V(Y \mid x)$은

$$E(Y \mid x) = \mu_2 + \rho \frac{\sigma_2}{\sigma_1}(x - \mu_1), \tag{6.35a}$$

$$V(Y \mid x) = \sigma_2^2 (1 - \rho^2) \tag{6.35b}$$

이다.

예제 6.36 어느 대학교 1학년 1학기 성적을 X, 1학년 2학기 성적을 Y라 할 때, $(X,\ Y)$가 2변량 정규분포를 따르고, 평균, 표준편차, 상관계수가 각각 다음과 같다고 한다.

$$\mu_1 = 2.9,\ \mu_2 = 2.4,\ \sigma_1 = 0.4,\ \sigma_2 = 0.5,\ \rho = 0.8$$

1학기 때의 성적이 3.2인 학생이 2학기 때 2.1과 3.3 사이의 성적을 받게 될 확률과 1학기 성적과 관계없이 2학기 때 2.1과 3.3 사이의 성적을 받게 될 확률을 구해보자.

• **풀이** i) 1학기 때의 성적이 3.2인 학생이 2학기 때 2.1과 3.3 사이의 성적을 받게 될 확률

$$E(Y \mid x) = 2.4 + (0.8)(0.5/0.4)(3.2 - 2.9) = 2.7,$$
$$\sqrt{V(Y \mid x)} = \sigma_Y (1 - \rho^2)^{1/2} = 0.5(1 - 0.64)^{1/2} = 0.3$$

이므로,

$$P(2.1 < Y < 3.3 \mid X = 3.2) = P\left(\frac{2.1 - 2.7}{0.3} < \frac{Y - 2.7}{0.3} < \frac{3.3 - 2.7}{0.3} \mid X = 3.2\right)$$
$$= P(-2 < Z < 2) = 0.9544.$$

ii) 1학기 성적과 관계없이 2학기 때 2.1과 3.3 사이의 성적을 받게 될 확률

$$P(2.1 < Y < 3.3) = P\left(\frac{2.1 - 2.4}{0.5} < \frac{Y - 2.4}{0.5} < \frac{3.3 - 2.4}{0.5}\right)$$
$$= P(-0.6 < Z < 1.8) = 0.6898.$$

■

[R에 의한 계산]

첫 번째 물음의 경우 조건부 평균 2.7, 조건부 표준편차 0.3이므로

```
> pnorm(3.3,2.7,0.3)-pnorm(2.1,2.7,0.3)
[1] 0.9544997
```

두 번째 물음의 경우는 Y의 평균 2.4와 표준편차 0.5를 적용하여

```
> pnorm(3.3,2.4,0.5)-pnorm(2.1,2.4,0.5)
[1] 0.6898166
```

식 (6.33)에서, 만약 $\rho=0$이면, $f(x,\ y)=f_X(x)f_Y(y)$임을 알 수 있다. 즉, $\rho=0$이면, X와 Y는 서로 독립이 된다. 한편, 식 (6.21)로부터 두 확률변수 X, Y가 서로 독립이면, $\sigma_{XY}=0$이므로 $\rho=0$이 된다. 이 같은 사실로부터 다음 정리가 성립함을 알 수 있다.

정리 6.4 |

2변량 정규분포를 따르는 두 확률변수 X와 Y가 서로 독립이기 위한 필요충분조건은 $\rho=0$이다.

2변량 확률변수 $(X,\ Y)$가 모수 μ_1, μ_2, σ_1, σ_2, ρ를 갖는 2변량 정규분포를 따를 때, $(X,\ Y)$의 결합적률생성함수는 다음과 같게 됨을 보일 수 있다.

$$M(t_1,\ t_2)=\exp\left(\mu_1 t_1+\mu_2 t_2+\frac{\sigma_1^2 t_1^2+2\rho\sigma_1\sigma_2 t_1 t_2+\sigma_2^2 t_2^2}{2}\right) \tag{6.36}$$

여기서, $(X,\ Y)$가 2변량 정규분포를 따를 때에는 적률생성함수를 미분하는 번거로운 절차를 거칠 필요 없이, t_1, t_2, t_1^2, t_2^2, t_1t_2의 계수들로부터 X와 Y의 평균, 분산, 및 상관계수를 바로 구할 수 있음을 알 수 있다.

일반적인 경우로서 $\boldsymbol{X}\sim N_k(\boldsymbol{\mu},\ \boldsymbol{\Sigma})$일 때, 결합적률생성함수는

$$M(\boldsymbol{t})=\exp\left[\boldsymbol{t}^t\boldsymbol{\mu}+\frac{\boldsymbol{t}^t\boldsymbol{\Sigma}\boldsymbol{t}}{2}\right], \tag{6.37}$$

로 얻어진다. 여기서 $\boldsymbol{t}^t=[t_1,\ t_2,\ \cdots,\ t_k]$이다.

R에 의한 이변량 정규분포 확률 계산

만약 $\Pr[X \le 3.2,\ Y \le 3.3]$을 R로 구하고자 한다면 간단한 프로그램이 필요하다. $U,\ V$가 상관계수 ρ인 이변량 표준정규분포를 따른다고 하면

$$\begin{aligned}\Pr[U \le x,\ V \le y] &= \int_{-\infty}^{x}\int_{-\infty}^{y} \frac{1}{2\pi(1-\rho^2)} e^{-\frac{(u^2-2\rho uv+v^2)}{2(1-\rho^2)}} du dv \\ &= \int_{-\infty}^{x} \frac{1}{\sqrt{2\pi}} e^{-\frac{u^2}{2}} \left\{ \int_{-\infty}^{y} \frac{1}{\sqrt{2\pi(1-\rho^2)}} e^{-\frac{(v-\rho u)^2}{2(1-\rho^2)}} dv \right\} du\end{aligned}$$

인 관계를 이용하여 R에 의한 확률 계산프로그램을 다음과 같이 작성할 수 있다.

```
psbvn <- function(x,y,rho) {
    dpbvn <- function(xx,yy,ro) dnorm(yy)*pnorm((xx-ro*yy)/sqrt(1-ro*ro))
    integrate(dpbvn, -Inf, y, xx=x, ro=rho)$value
}
```

이제

$$\begin{aligned}\Pr[X \le 3.2,\ Y \le 3.3] &= \Pr\left[U \le \frac{3.2-2.9}{0.4},\ V \le \frac{3.3-2.4}{0.5}\right] \\ &= \Pr[U \le 0.75,\ V \le 1.8]\end{aligned}$$

를 구하고자 한다면 위의 R프로그램을 입력한 후 다음과 같이 계산할 수 있다.

```
> psbvn(0.75,1.8,0.8)
[1] 0.7711786
```

연습문제 6.5

1. 확률변수 $X_1,\ X_2,\ \cdots,\ X_k$가 다항분포를 따를 때,
   (a) $X_2,\ X_3,\ \cdots,\ X_{k-1}$의 확률함수를 구하라.
   (b) $X_2 = x_2,\ \cdots,\ X_{k-1} = x_{k-1}$일 때, X_1의 조건부 확률함수를 구하라.
   (c) 조건부 기댓값 $E(X_1 \mid X_2 = x_2,\ \cdots,\ X_{k-1} = x_{k-1})$을 구하라.

2. (X, Y)가 $\mu_X = 3$, $\mu_Y = 1$, $\sigma_X^2 = 16$, $\sigma_Y^2 = 25$, $\rho = \frac{3}{5}$인 2변량 정규분포를 따른다. 다음의 확률을 구하라.
   (a) $P(3 < Y < 8)$
   (b) $P(3 < Y < 8 \mid X = 7)$
   (c) $P(-3 < X < 3)$
   (d) $P(-3 < X < 3 \mid Y = -4)$

3. 2변량 확률변수 (X, Y)가 모수 μ_1, μ_2, σ_1, σ_2, ρ를 갖는 2변량 정규분포를 따를 때,
   (a) X와 Y의 주변확률밀도함수를 구하라.
   (b) $X = x$일 때 Y의 조건부 확률밀도함수를 구하라.

4. 3개의 주사위를 동시에 10번 던질 때, X를 3개가 모두 같은 수가 나올 횟수라 하고, Y를 3개 중 두 개가 같은 수가 나올 횟수라 하자.
   (a) X와 Y의 결합확률함수를 구하라.
   (b) $E(X+Y)$와 $V(X+Y)$를 구하라.
   (c) $E(6XY)$는 얼마인가?

5. 어떤 제품의 강도를 X, 전기적 특성값을 Y라 하면 (X, Y)는 $\mu_X = 5$, $\mu_Y = 10$, $\sigma_X^2 = 16$, $\sigma_Y^2 = 25$이고 $\rho > 0$를 모수로 하는 2변량 정규분포를 따른다고 한다. 실제 제품의 강도가 5일 때 전기적 특성값이 4와 16 사이일 확률이 0.95라면 X와 Y의 상관계수는 얼마인가?

6. 어떤 상품이 상, 중, 하, 불합격의 4종류로 분류된다. 상은 25%, 중은 40%, 하는 25%, 불합격은 10%의 비율이라 할 때, 무작위로 20개를 뽑는 경우 상, 중, 하, 불합격품이 각각, 5, 8, 4, 3개 포함될 확률을 구하라.

7. 주사위를 여섯 번 던져서 1 또는 2의 눈이 한 번, 6의 눈이 두 번, 3, 4, 또는 5의 눈이 세 번 나올 확률을 구하라.

8. 주사위 두 개를 동시에 n번 던질 때, 눈의 합이 5 이하일 사건을 A, 눈의 합이 6, 7, 8 중 하나일 사건을 B, 눈의 합이 9 이상일 사건을 C라 할 때, 사건 A, B가 각각 x번과 y번 일어날 확률을 구하라.

9. 어떤 제품은 1등급이 40%, 2등급이 40%, 3등급이 20%라고 한다. 무작위로 4개를 뽑을 때, 4개가 모두 1등급이거나, 2등급이거나, 3등급일 확률을 구하라.

10. (X, Y)가 $\mu_1 = \mu_2 = 0$, $\sigma_1^2 = \sigma_2^2 = 1$이고 상관계수가 ρ인 2변량 정규분포를 따른다고 한다. a, b가 0이 아닌 상수일 때, $Z = aX + bY$의 분포를 구하라.

11. 식 (6.29)와 식 (6.30)이 성립함을 보여라.

12*. 식 (6.36)이 성립함을 보여라.

13*. 2변량 확률변수 (X, Y)가 $\mu_X = 20$, $\mu_Y = 40$, $\sigma_X = 9$, $\sigma_Y = 4$, $\rho = 0.6$인 2변량 정규분포를 따를 때 $P(a < Y < b | X = 22) = 0.9$이고 $(b - a)$가 최소인 a, b값을 구하라.

14*. 2변량 확률변수 (X, Y)의 확률밀도함수가

$$\begin{aligned} f(x, y) = \frac{1}{2}\Bigg[& \frac{1}{2\pi(1-\theta^2)^{1/2}} \exp\left(\frac{-1}{2(1-\theta^2)}(x^2 - 2\theta xy + y^2)\right) \\ & + \frac{1}{2\pi(1-\theta^2)^{1/2}} exp\left(\frac{-1}{2(1-\theta^2)}(x^2 + 2\theta xy + y^2)\right)\Bigg], \\ & -\infty < x, y < \infty, \ -1 < \theta < 1 \end{aligned}$$

일 때,

(a) $f(x, y)$가 확률밀도함수임을 보여라. $f(x, y)$가 2변량 정규분포의 확률밀도 함수인가?

(b) X와 Y의 주변분포가 각각 $N(0, 1)$임을 보여라.

(c) X와 Y의 상관계수가 0임을 보여라. X와 Y가 서로 독립인가?

CHAPTER

07

표본분포

해외여행 중에 기념사진을 찍기 위해 카메라를 구입하려는 학생이 특정 회사에서 생산된 카메라의 사진이 얼마나 선명하게 나오는지에 관심이 있다고 하자. 품질수준을 평가하기 위해 이 회사의 카메라 제품 전체를 대상으로 일일이 시험해본다면 많은 비용과 시간이 소요될 것이다. 이 경우 학생은 보통 관심이 있는 카메라를 구입하여 사용한 경험이 있는 친구들이나 지인들을 대상으로 조사해보고 판단할 것이다.

이와 같이 통계적 분석을 통해 모집단의 특성을 파악하고자 할 때, 보통은 시간이나 경비의 제약으로 전체를 관측하지 못하고 모집단의 일부인 표본을 관측하여 추론하게 된다. 이때 통계량이라 불리는 표본의 함수가 사용되는데 추론이 얼마나 적절한지를 평가하기 위해서는 통계량의 분포, 즉, **표본분포**를 알아야 한다.

이 장에서는 표본분포를 유도하기 위해 필요한 기초적인 방법을 먼저 학습한 후, 자주 사용되는 통계량과 표본분포를 소개한다. 또한 표본의 크기가 클 경우 통계적 추론의 토대가 되는 법칙들에 대해 알아본다.

7.1 이산형 확률변수의 변환

4장에서 X가 확률변수이면 그 함수 Y도 확률변수가 됨을 설명한 바 있다. 평균 μ, 표준편차 σ인 정규 확률변수 X를 $Z=(X-\mu)/\sigma$와 같이 변환하면 표준정규 확률변수가 된다는 사실을 배웠는데 이것은 확률변수의 함수의 분포를 보여주는 하나의 예이다. 이 절에서는 먼저 이산형 확률변수의 함수에 대해 학습한다. 이산형일 경우 분포함수보다 확률함수가 더 많이 사용되므로 확률변수의 함수의 분포도 확률함수를 중심으로 설명한다.

먼저 단일 확률변수 X의 확률함수 및 취할 수 있는 값의 집합을 각각 $p(x)$ 및 R_X라 할 때, X의 함수 $Y=h(X)$의 확률함수를 구해보자. Y가 취할 수 있는 값의 집합은 $R_Y=\{y: y=h(x),\ x\in R_X\}$이고, y가 주어졌을 때 $h(x)=y$에 대응되는 x들의 집합을 B_y라 하면,

$$B_y=\{x: h(x)=y,\ x\in R_X\}$$

이다. 따라서 Y의 확률함수 $p_Y(y)$는 다음과 같이 구한다.

$$p_Y(y)=P(Y=y)=P[h(X)=y]=\sum_{x\in B_y}p(x) \tag{7.1}$$

예제 7.1 확률변수 X의 확률함수가 다음과 같을 때 (a) $Y=2X+1$과 (b) $Y=X^2$의 확률함수를 구해보자.

$$p(x)=1/4,\quad x=-1,\ 0,\ 1,\ 2$$

• 풀이 (a) $Y=2X+1$일 때

$R_Y=\{-1,\ 1,\ 3,\ 5\}$이고, $B_{-1}=\{-1\}$, $B_1=\{0\}$, $B_3=\{1\}$, $B_5=\{2\}$이므로,

$$\begin{aligned}p_Y(-1)&=p(-1)=1/4,\\ p_Y(1)&=p(0)=1/4,\\ p_Y(3)&=p(1)=1/4,\\ p_Y(5)&=p(2)=1/4\end{aligned}$$

이다. 따라서 Y의 확률함수는 다음과 같다.

$$p_Y(y)=1/4,\ y=-1,\ 1,\ 3,\ 5$$

(b) $Y=X^2$일 때

$R_Y=\{0,\ 1,\ 4\}$이고 $B_0=\{0\}$, $B_1=\{-1,\ 1\}$, $B_4=\{2\}$이므로,

$$p_Y(0)=p(0)=1/4,$$
$$p_Y(1)=p(-1)+p(1)=2/4,$$
$$p_Y(4)=p(2)=1/4$$

이다. 따라서 Y의 확률함수는

$$p_Y(y)=\begin{cases}\dfrac{1}{4}, & y=0,\ 4\\[2mm] \dfrac{1}{2}, & y=1\end{cases}$$

과 같다. ■

[예제 7.1]에서 $Y=2X+1$일 때에는 R_X와 R_Y에 속한 점들이 모두 1 대 1로 대응되고 있음을 알 수 있다. 이와 같은 변환을 1 대 1 **변환**(one to one transformation)이라 하는데, 이때에는 역함수를 이용하여 Y의 확률함수를 쉽게 구할 수 있다. 즉, $y=h(x)$가 1대 1 변환이고, $x=h^{-1}(y)$를 그 **역변환**(inverse transformation)이라 하면,

$$p_Y(y)=P(Y=y)=P[h(X)=y]=P[X=h^{-1}(y)]=p[h^{-1}(y)] \qquad (7.2)$$

가 된다.

예제 7.2 $X\sim b(4,\ p)$일 때, $Y=X^2$의 확률함수를 구해보자.

• **풀이** 먼저, $R_X=\{0,\ 1,\ 2,\ 3,\ 4\}$로부터 $R_Y=\{0,\ 1,\ 4,\ 9,\ 16\}$이므로, $Y=X^2$은 1 대 1 변환이다. 또, 그 역변환은 $X=\sqrt{Y}$이고 X의 확률함수는

$$p(x)=\binom{4}{x}p^x(1-p)^{4-x}, \quad x=0,\ 1,\ 2,\ 3,\ 4$$

이므로, Y의 확률함수는 다음과 같게 된다.

$$p_Y(y)=\binom{4}{\sqrt{y}}p^{\sqrt{y}}(1-p)^{4-\sqrt{y}}, \quad y=0,\ 1,\ 4,\ 9,\ 16$$ ■

[예제 7.2]의 $y=x^2$은 1 대 1 변환이나 [예제 7.1](b)의 $y=x^2$은 1 대 1 변환이 아니다. 왜냐하면 $y=1$에 대응하는 x의 값은 $+1$과 -1 둘이기 때문이다. 즉 $y=x^2$이 1 대 1 변환이냐 아니냐는 R_X에 의해 정해진다. 반면에 [예제 7.1](a)의 $y=2x+1$은 R_X에 관계없이 1 대 1 변환이다. 이와 같이 $y=h(x)$가 1 대 1 변환이냐 아니냐 하는 것은 R_X와 함수 $h(x)$에 따라서 결정된다.

다음으로 2변량 확률변수의 변환에 대해 생각해보자. 확률변수 (X, Y)의 결합확률함수를 $p(x, y)$라 하고 $U=h_1(X, Y)$, $V=h_2(X, Y)$로 변환할 때, (U, V)의 결합확률함수는 어떻게 구할까?

먼저, 1 대 1 변환일 경우를 살펴보자. $u=h_1(x, y)$와 $v=h_2(x, y)$가 $R_{X, Y}$로부터 $R_{U, V}$로의 1 대 1 변환이고, 그 역변환을 $x=g_1(u, v)$, $y=g_2(u, v)$라 하면 (U, V)의 결합확률함수 $p_{U, V}(u, v)$는

$$\begin{aligned} p_{U, V}(u, v) &= P(U=u, V=v) = P[h_1(X, Y)=u, h_2(X, Y)=v] \\ &= P[X=g_1(u, v), Y=g_2(u, v)] \\ &= p[g_1(u, v), g_2(u, v)], \quad (u, v)\in R_{U, V} \end{aligned} \tag{7.3}$$

가 된다.

예제 7.3 (X, Y)의 결합확률함수가

$$\begin{aligned} &p(x, y) = (2/3)^{x+y}(1/3)^{2-x-y}, \\ &(x, y)\in R_{X, Y} = \{(0, 0), (0, 1), (1, 0), (1, 1)\} \end{aligned}$$

일 때, $U=X+Y$와 $V=X-Y$의 결합확률함수를 구해보자.

• **풀이** 먼저 $R_{U, V}=\{(0, 0), (1, -1), (1, 1), (2, 0)\}$로 $u=x+y$와 $v=x-y$는 $R_{X, Y}$로부터 $R_{U, V}$로의 1 대 1 변환이고 그 역변환은 $x=(u+v)/2$, $y=(u-v)/2$이다. 따라서 (U, V)의 결합확률함수는

$$p_{U, V}(u, v) = p[(u+v)/2, (u-v)/2] = (2/3)^u(1/3)^{2-u}, \quad (u, v)\in R_{U, V}$$

이다. ■

[예제 7.3]에서 $p_{U,V}(u, v)$가 마치 u만의 함수처럼 보이나, $p_{U,V}(u, v) > 0$인 영역 $R_{U,V}$를 함께 고려하면 그렇지 않다는 것을 쉽게 알 수 있다. U와 V의 결합확률함수와 주변확률함수를 함께 나타내면 다음 표와 같다.

u \ v	−1	0	1	$p_U(u)$
0	0	1/9	0	1/9
1	2/9	0	2/9	4/9
2	0	4/9	0	4/9
$p_V(v)$	2/9	5/9	2/9	1

다음으로 (x, y)로부터 (u, v)로의 변환이 1 대 1이 아닌 경우에는 어떻게 하는지를 예를 들어 살펴보자.

예제 7.4 이산형 2변량 확률변수 (X, Y)의 결합확률함수 $p(x, y)$가 다음 표와 같을 때, X와 Y를 $U = |X|$와 $V = Y^2$으로 변환할 때, (U, V)의 결합확률함수를 구해보자.

x \ y	−2	1	2
0	1/6	1/6	1/12
1	1/12	1/12	0
2	1/6	1/6	1/12

• 풀이 $R_{X,Y} = \{(x, y) : x = -1, 0, 1, y = -2, 1, 2\}$로부터 $R_{U,V} = \{(u, v) : u = 0, 1, v = 1, 4\}$로의 변환은 1 대 1이 아니다. 즉 역변환이 다음과 같이 여러 개가 된다.

(u, v)	역변환(x, y)
(0, 1)	(0, 1)
(0, 4)	(0, −2), (0, 2)
(1, 1)	(−1, 1), (1, 1)
(1, 4)	(−1, −2), (−1, 2), (1, −2), (1, 2)

따라서 (U, V)의 결합확률함수 $p_{U,V}(u, v) = P\{U = u, V = v\}$는 (u, v)에 해당하는 역변환 (x, y)의 확률값 $p(x, y)$를 더해서

$$p_{U,V}(u,\ v)=\begin{cases} p(0,\ 1)=\dfrac{1}{12}, & (u,\ v)=(0,\ 1) \\ p(0,\ -2)+p(0,\ 2)=\dfrac{1}{12}, & (u,\ v)=(0,\ 4) \\ p(-1,\ 1)+p(1,\ 1)=\dfrac{4}{12}, & (u,\ v)=(1,\ 1) \\ p(-1,\ -2)+p(-1,\ 2)+p(1,\ -2)+p(1,\ 2)=\dfrac{6}{12}, & (u,\ v)=(1,\ 4) \end{cases}$$

이 된다. ■

일반적으로 n변량 확률변수 $(X_1,\ \cdots,\ X_n)$을 $Y_1=h_1(X_1,\ \cdots,\ X_n),\ \cdots, Y_n=h_n(X_1,\ \cdots,\ X_n)$로 변환할 경우에도 2변량 확률변수의 변환과 비슷한 방법으로 $(Y_1,\ \cdots,\ Y_n)$의 결합함수를 구할 수 있다.

예제 7.5 3변량 확률변수 $(X,\ Y,\ Z)$가 다항분포 $MN_4\left(5\ ;\dfrac{1}{6},\ \dfrac{1}{6},\ \dfrac{1}{6},\ \dfrac{3}{6}\right)$를 따를 때, 그 결합확률함수

$$p(x,\ y,\ z)=\frac{5!}{x!y!z!(5-x-y-z)!}(1/6)^{x+y+z}(3/6)^{5-x-y-z},\quad (x,\ y,\ z)\in R_{X,Y,Z}$$

단, $R_{X,Y,Z}=\{(x,\ y,\ z):0\le x+y+z\le 5,\ x,\ y,\ z$는 비음의 정수$\}$

로부터 $U=X+Y+Z,\ V=X+Y,\ W=X$의 결합확률함수를 구해보자.

• **풀이** 먼저, $R_{U,V,W}=\{(u,\ v,\ w):0\le w\le v\le u\le 5,\ u,\ v,\ w$는 정수$\}$이고, $u=x+y+z$, $v=x+y,\ w=x$는 $R_{X,Y,Z}$로부터 $R_{U,V,W}$로의 1 대 1 변환이며 그 역변환은 $x=w$, $y=v-w,\ z=u-v$이다. 따라서 $(U,\ V,\ W)$의 결합확률함수 $p_{U,V,W}(u,\ v,\ w)$는

$$p_{U,V,W}(u,\ v,\ w)=\frac{5!}{w!(v-w)!(u-v)!(5-u)!}(1/6)^u(3/6)^{5-u},$$
$$(u,\ v,\ w)\in R_{U,V,W}$$

이다. ■

실제 응용에서는 다변량확률변수를 변환하여 얻는 새로운 다변량확률변수의 결합분포에 관심이 있는 경우는 드물고, 그 중 하나의 확률변수의 분포에 관심이 있는 경우가 대부분이다. 현실적으로 자주 등장하는 문제는 확률변수$(X_1,\ \cdots,\ X_n)$의 결합분포로부터 그 함수 $U=h(X_1,\ \cdots,\ X_n)$

의 분포를 어떻게 구할 것인가 하는 것이다. 그런데 n변량 확률변수를 변환하려면 n개의 변환식이 필요한데, 관심을 가진 변환식은 $U=h(X_1, \cdots, X_n)$ 1개뿐이므로 $(n-1)$개의 변환식을 추가하여 변환식이 n개가 되도록 하고 그 결합분포를 구한 다음 관심의 대상이 되는 변수의 주변분포를 구하는 방식을 택하게 된다. 이때, 추가하게 되는 변환 식은 되도록 간단하게 잡는 것이 좋다. 다음 예를 살펴보자.

예제 7.6 X와 Y는 서로 독립이고 평균이 λ_1과 λ_2인 포아송분포를 따를 때, $U=X+Y$의 확률함수를 구해보자.

• **풀이** 먼저, X과 Y는 서로 독립이므로 그 결합확률함수는

$$p(x, y)=\frac{\lambda_1^x \lambda_2^y \exp(-\lambda_1-\lambda_2)}{x!\ y!}, \quad x=0, 1, 2, \cdots, y=0, 1, 2, \cdots$$

이다. $u=x+y$와 함께 $R_{X,Y}$로부터 $R_{U,V}$로의 변환이 되도록 변환식 $v=y$를 추가하자. 그러면 $R_{U,V}=\{(u, v): 0\le v\le u,\ u, v\text{는 정수}\}$가 되고, 이 변환의 역변환을 구하면 $x=u-v,\ y=v$이다. 따라서 (U, V)의 결합확률함수를 구하면,

$$p_{U,V}(u, v)=\frac{\lambda_1^{u-v}\lambda_2^v \exp(-\lambda_1-\lambda_2)}{(u-v)!v!}, \quad (u, v)\in R_{U,V}$$

이고, U의 주변확률함수는

$$p_U(u)=\sum_{v=0}^{u} p_{U,V}(u, v)=\frac{\exp(-\lambda_1-\lambda_2)}{u!}\sum_{v=0}^{u}\frac{u!\ \lambda_1^{u-v}\lambda_2^v}{(u-v)!\ v!}$$
$$=\frac{(\lambda_1+\lambda_2)^u \exp(-\lambda_1-\lambda_2)}{u!}, \quad u=0, 1, 2, \cdots$$

이다. 따라서 $U\sim Poi(\lambda_1+\lambda_2)$임을 알 수 있다. ■

만약 확률변수 X와 Y가 서로 독립이고, $U=h_1(X)$, $V=h_2(Y)$가 $R_{X,Y}$로부터 $R_{U,V}$로의 변환이라 한다면, U와 V도 서로 독립이 되는지를 알아보자. 먼저, X와 Y는 서로 독립이므로 그 결합확률함수는

$$p(x, y)=p_X(x)p_Y(y), \quad x\in R_X,\ y\in R_Y$$

이다. 또, $u=h_1(x)$와 $v=h_2(y)$는 각각 x 또는 y만의 함수이므로 그 역변환은 각각의 역함수와 같게 될 것이고, $R_{U,V}$도 $R_{U,V}=R_U \times R_V$로 나타날 것이다. 따라서 (U, V)의 결합확률함수는

$$p_{U,V}(u, v) = p_X(h_1^{-1}(u))\, p_Y(h_2^{-1}(v)), \quad (u, v) \in R_{U,V} \tag{7.4}$$
$$\text{단, } R_{U,V} = \{(u, v) : u \in R_U,\ v \in R_V\}$$

로서 u만의 함수와 v만의 함수의 곱으로 나타나고, (U, V)가 취할 값은 함수 h_1과 h_2에 의해 각자 독자적으로 결정되며 서로 영향을 주지 않는다. 그러므로 U와 V는 서로 독립이 된다.

예제 7.7 2변량 확률변수 (X, Y)의 결합확률함수가

$$p(x, y) = 1/4, \quad x = 0, 1, \quad y = 0, 1$$

일 때, $U = X^2$과 $V = 2Y$의 결합확률함수를 구하고 서로 독립이 되는지 확인해 보자.

• **풀이** $R_{U,V} = \{(0, 0), (0, 2), (1, 0), (1, 2)\}$이고 (U, V)의 결합확률함수 및 주변확률함수가 다음과 같으므로 U와 V는 서로 독립이다.

u \ v	0	2	$p_U(u)$
0	1/4	1/4	1/2
1	1/4	1/4	1/2
$p_V(v)$	1/2	1/2	1

■

연습문제 7.1

1. 확률변수 X의 확률함수가

x	-2	-1	0	1	2
$p(x)$	1/5	2/15	1/3	1/15	4/15

일 때,

(a) $Y_1 = 2X-1$의 확률함수를 구하라.

(b) $Y_2 = X^2$의 확률함수를 구하라.

2. 주사위를 던져 나오는 눈의 수를 확률변수 X라 할 때, 다음의 확률함수를 구하라.

(a) $Y = 5X+1$

(b) $Y = (X-3)^2$

3. 확률변수 X의 확률함수가

$$p(x) = \begin{cases} \left(\frac{1}{2}\right)^x, & x = 1,\ 2,\ 3,\ \cdots \\ 0, & \text{기타} \end{cases}$$

일 때, $Y = X^3$의 확률함수를 구하라.

4. 확률변수 X와 Y의 결합확률함수 $p(x,\ y)$가

x \ y	1	2	3
1	1/12	1/12	2/12
2	2/12	0	0
3	1/12	1/12	4/12

일 때,

(a) $U = X+Y$와 $V = X-Y$의 결합확률함수와 주변확률함수들을 구하라.

(b) $Z_1 = \min\{X,\ Y\}$와 $Z_2 = \max\{X,\ Y\}$의 결합확률함수와 주변확률함수들을 구하라.

5. 확률변수 X와 Y의 확률함수가

$$p(x,\ y) = \frac{\binom{M_1}{x}\binom{M_2}{y}\binom{N-M_1-M_2}{n-x-y}}{\binom{N}{n}},\quad 0 \le x+y \le n$$

일 때, $U = X+Y$의 확률함수를 구하라.

6. 확률변수 X와 Y는 서로 독립이고 각각 이항분포 $b(n_1,\ p)$와 $b(n_2,\ p)$를 따른다. $X+Y=m$이 주어졌을 때, X의 조건부 확률함수를 구하라.

7. 확률변수 X와 Y는 서로 독립이며 각각 포아송분포 $Poi(\lambda_1)$과 $Poi(\lambda_2)$를 따른다. $X+Y=m$이 주어졌을 때, X의 조건부 확률함수를 구하라.

8. 확률변수 X와 Y는 서로 독립이고 모수가 각각 $p_1,\ p_2$인 기하분포를 따른다. 다음과 같은 경우에 $U=X+Y$의 확률함수를 구하라.
   (a) $p_1=p_2=p$ (b) $p_1 \neq p_2$

9. 3변량 확률변수 $(X,\ Y,\ Z)$의 결합확률함수가

$(x,\ y,\ z)$	(0,0,0)	(0,0,1)	(0,1,1)	(1,0,1)	(1,1,0)	(1,1,1)
$p(x,\ y,\ z)$	1/8	3/8	1/8	1/8	1/8	1/8

일 때, $U=X+Y+Z$와 $V=|Z-Y|$ 확률함수를 각각 구하라.

10. 확률변수 X과 Y의 결합확률함수가

$$p(x,\ y)=\frac{xy}{36},\quad x=1,\ 2,\ 3,\quad y=1,\ 2,\ 3$$

일 때, $U=XY$와 $V=Y$의 결합확률함수를 구하고 U의 확률함수를 구하라.

11. 크기가 같은 푸른 공 3개, 붉은 공 2개, 검은 공 4개가 한 주머니에 들어 있다. 이 주머니에서 무작위로 2개의 공을 꺼내는 실험에서 꺼낸 공 중에서 푸른 공의 수를 X, 붉은 공의 수를 Y라 할 때, $X+Y$의 확률함수를 구하라.

12. A당원 네 사람, B당원 세 사람, C당원 두 사람 가운데에서 무작위로 세 사람을 뽑는다. X를 A당에서 뽑힌 사람 수, Y를 B당에서 뽑힌 사람 수라 할 때, $X+Y$의 확률함수를 구하라.

13*. 확률변수 X와 Y가 서로 독립이고 각각 이항분포 $b(n_1,\ p)$와 $b(n_2,\ 1-p)$를 따를 때,
   (a) $U=X-Y+n_2$의 확률함수를 구하라.
   (b) $p=\frac{1}{2}$일 때의 $P(X=Y)$를 구하라.

7.2 연속형 확률변수의 변환

연속형 확률변수 X의 확률밀도함수를 $f(x)$라 할 때, $Y=h(X)$의 확률밀도함수를 구해보자. 우선 1 대 1 변환이 되는 경우, 즉 h가 **단조함수(monotonic function)**일 경우에는 그 역함수가 존재하므로 분포함수의 정의를 이용할 수 있다. 먼저 h가 **증가함수(increasing function)**라면, Y의 분포함수 $F_Y(y)$는

$$F_Y(y)=P(Y\le y)=P[h(X)\le y]=P[X\le h^{-1}(y)]=F[h^{-1}(y)]$$

임을 알 수 있다. 여기서 주목할 점은 [그림 7.1]의 (a)에서 볼 수 있듯이 h가 단조증가함수이면, $\{x: h(x)\le y\}$와 $\{x: x\le h^{-1}(y)\}$는 동등한 집합이라는 사실이다. 이 식의 양변을 미분하여 Y의 확률밀도함수를 구하면,

$$f_Y(y)=f[h^{-1}(y)]\frac{dh^{-1}(y)}{dy},\quad y\in R_Y$$

이다. 여기서 $h^{-1}(y)$가 y에 대한 증가함수이므로 $dh^{-1}(y)/dy>0$이 된다. h가 **감소함수(decreasing function)**일 경우에도 [그림 7.1]의 (b)에서 보는 바와 같이 $\{x: h(x)\le y\}$와 $\{x: x\ge h^{-1}(y)\}$이 동등하게 되므로, Y의 분포함수 $F_Y(y)$는

$$F_Y(y)=P(Y\le y)=P[h(X)\le y]=P[X\ge h^{-1}(y)]=1-F[h^{-1}(y)]$$

이다. 이 식의 양변을 미분하여 Y의 밀도함수를 구하면,

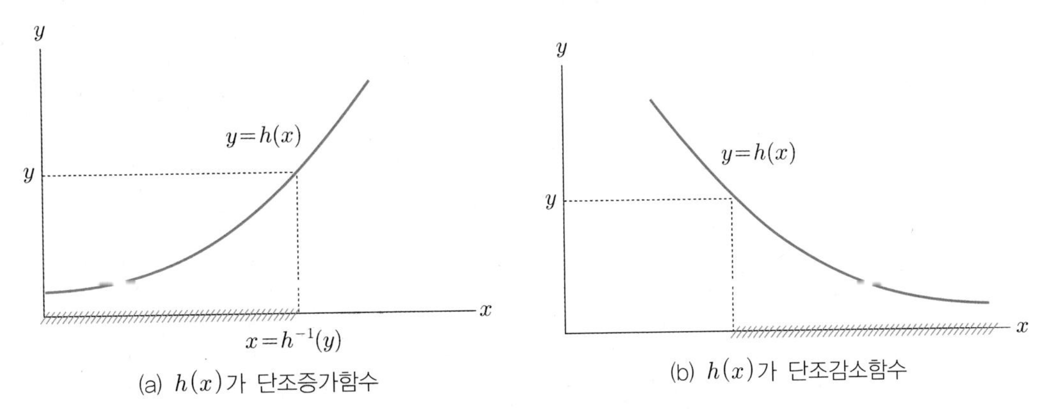

[그림 7.1] $y=h(x)$가 단조함수일 경우 h의 역함수 $h^{-1}(y)$

$$f_Y(y) = -f[h^{-1}(y)]\frac{dh^{-1}(y)}{dy}, \quad y \in R_Y$$

이다. 그런데 이 경우에는 $h^{-1}(y)$가 y에 대한 감소함수이므로 $dh^{-1}(y)/dy < 0$이 된다. 따라서 h가 단조함수일, 두 경우를 종합하여 정리하면 다음과 같게 된다.

정리 7.1 |

연속형 확률변수 X의 확률밀도함수가 $f(x)$이고 h가 미분 가능한 단조함수이면, $Y = h(X)$의 확률밀도함수는 다음과 같다.

$$f_Y(y) = \begin{cases} f[h^{-1}(y)]\left|\dfrac{dh^{-1}(y)}{dy}\right|, & y \in R_Y \\ 0, & y \notin R_Y \end{cases}$$

확률변수의 변환방식은 정적분에서의 변수변환방식과도 관련시켜 이해할 수 있다. $h(x)$가 증가함수일 경우만 살펴보자. 임의의 상수 a, $b(a < b)$에 대해 확률 $P[a < h(X) < b]$는

$$\begin{aligned} P[a < h(X) < b] &= P[h^{-1}(a) < X < h^{-1}(b)] \\ &= \int_{h^{-1}(a)}^{h^{-1}(b)} f(x)dx \end{aligned}$$

로 나타낼 수 있다. 여기서 $y = h(x)$로 변환하면, 역변환은 $x = h^{-1}(y)$가 되고,

$$P[a < h(X) < b] = \int_a^b f[h^{-1}(y)]\left(\frac{dh^{-1}(y)}{dy}\right)dy$$

이다. 그런데 만약 $Y = h(X)$의 확률밀도함수 $f_Y(y)$를 알고 있다면, 앞의 확률은 적분식

$$P[a < Y < b] = \int_a^b f_Y(y)dy$$

로 나타낼 수 있다. 어떤 방식으로 확률을 구하든 그 결과는 동일해야 하므로, 이 두 식을 비교하면 다음 등식이 성립함을 알 수 있다.

$$f_Y(y) = f[h^{-1}(y)]\ \frac{dh^{-1}(y)}{dy}$$

같은 방법으로 h가 감소함수일 경우도 고려하면, [정리 7.1]이 성립함을 알 수 있다.

예제 7.8 확률변수 X의 확률밀도함수가

$$f(x)=\begin{cases}2xe^{-x^2}, & 0<x<\infty \\ 0, & \text{기타}\end{cases}$$

일 때, $Y=X^2$의 확률밀도함수를 구해보자.

• **풀이** $R_Y=(0, \infty)$내에서 $y=x^2$은 증가함수이고, $x=\sqrt{y}$, $\dfrac{dx}{dy}=1/(2\sqrt{y})$이므로, Y의 확률밀도함수는

$$f_Y(y)=2\sqrt{y}\,e^{-y}\,|1/(2\sqrt{y})|=e^{-y}, \quad 0<y<\infty$$

이다. ■

앞의 예에서 $y=x^2$이 실수의 전 구간에서 단조함수인 것은 아니다. 다만, $R_X=(0, \infty)$의 범위 내에서는 단조(증가)함수이므로 [정리 7.1]을 적용할 수 있었을 뿐이다. 그렇다면, $h(x)$가 R_X 내에서 단조함수가 아닐 때 $Y=h(X)$의 확률밀도함수는 어떻게 구할 수 있는가? 이때에는 각 구간 내에서 단조함수가 되도록 R_X를 분할하여 그에 대응되는 Y의 확률밀도함수를 각각 구한 다음, 이들을 합하면 된다.

이와 같은 사실의 타당성을 h가 [그림 7.2]와 같이 간단한 모양일 경우를 예로 들어 살펴보자. 여기서 함수 h는 구간 $(-\infty, x_0]$에서는 감소함수이고, $[x_0, \infty)$에서는 증가함수이다. 이들 각 구간에서의 h의 역함수를 각각 h_1^{-1}, h_2^{-1}라 하면, 세로축상의 값 y에 대응되는 가로축상의 값은 $x_1=h_1^{-1}(y)$, $x_2=h_2^{-1}(y)$로 두 값이 있다. Y의 분포함수는

$$\begin{aligned}F_Y(y)&=P\{Y\le y\}=P\{h_1^{-1}(y)\le X\le h_2^{-1}(y)\}\\&=F(h_2^{-1}(y))-F(h_1^{-1}(y))\end{aligned}$$

가 된다. 그런데 $\dfrac{dh_1^{-1}(y)}{dy}<0$, $\dfrac{dh_2^{-1}(y)}{dy}>0$이므로, $F_Y(y)$를 미분하면 Y의 확률밀도함수는

$$f_Y(y)=f_1(y)+f_2(y)$$

가 된다. 단, 여기서

$$f_1(y) = f[h_1^{-1}(y)] \left| \frac{dh_1^{-1}(y)}{dy} \right|,$$

$$f_2(y) = f[h_2^{-1}(y)] \left| \frac{dh_2^{-1}(y)}{dy} \right|$$

이다.

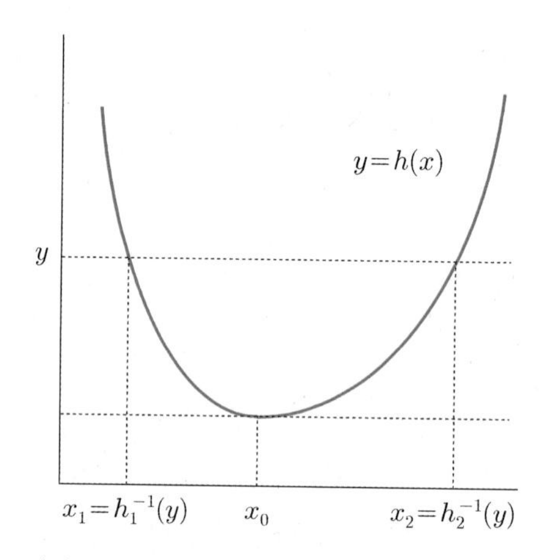

[그림 7.2] $y = h(x)$가 단조함수가 아닐 경우 h의 역함수 $h_1^{-1}(y)$와 $h_2^{-1}(y)$

예제 7.9 $Z \sim N(0, 1)$일 때, $Y = Z^2$의 확률밀도함수를 구해보자.

• **풀이** 변환 $y = z^2$은 두 개의 역변환 $z = \pm\sqrt{y}$가 있다.

i) 구간 $-\infty < z < 0$에서 $z = -\sqrt{y}$이므로, $dz/dy = -(1/2)y^{-\frac{1}{2}}$이다. 그리고 Z의 확률밀도함수는 $\phi(z) = \frac{1}{\sqrt{2\pi}} e^{-z^2/2}$이므로

$$f_1(y) = \phi(-\sqrt{y}) \mid dz/dy \mid = \frac{1}{2\sqrt{2\pi}} y^{-1/2} e^{-y/2}$$

이다.

ii) 구간 $0 < z < \infty$에서 $z = y^{1/2}$이므로, $dz/dy = (1/2)y^{-\frac{1}{2}}$이다. 따라서

$$f_2(y) = \phi(\sqrt{y}) \mid dz/dy \mid = \frac{1}{2\sqrt{2\pi}} y^{-1/2} e^{-y/2}$$

이고, Y의 확률밀도함수는

$$f_Y(y) = f_1(y) + f_2(y) = \frac{1}{\sqrt{2\pi}} \ y^{-1/2} e^{-y/2}, \quad 0 < y < \infty$$

이다. 즉 Y는 감마분포 $G\left(\frac{1}{2},\ 2\right)$이며 $\chi^2(1)$분포를 따른다. ■

마지막으로 단일변수의 변환방법을 이용하여 확률변수 X와 Y의 함수 $U = h(X,\ Y)$의 확률밀도함수를 구하는 방법을 살펴보자.

예제 7.10 확률변수 X와 Y의 결합확률밀도함수가

$$f(x,\ y) = \begin{cases} 8xy, & 0 < y < x < 1 \\ 0, & \text{기타} \end{cases}$$

일 때, $U = X - Y$의 확률밀도함수를 구해보자.

• **풀이** 우선 $X = x$로 고정시키면 $U = x - Y$는 Y만의 함수가 된다. 따라서 1변량 변환 $u = x - y = h(y)$의 역변환은 $y = x - u = h^{-1}(u)$가 되고 $\frac{dh^{-1}(u)}{du} = -1$이다. 따라서

$$f_{X,\ U}(x,\ u) = f(x,\ h^{-1}(u)) \cdot \left|\frac{\partial h^{-1}(u)}{\partial u}\right| = 8x(x-u)$$

즉,

$$f_{X,\ U}(x,\ u) = \begin{cases} 8x(x-u), & 0 < u < x < 1 \\ 0, & \text{기타} \end{cases}$$

이고, 변수 x를 적분하여 소거하면 U의 주변확률밀도함수

$$f_U(u) = \begin{cases} \frac{4}{3}u^3 - 4u + \frac{8}{3}, & 0 < u < 1 \\ 0, & \text{기타} \end{cases}$$

를 얻는다. ■

단일 확률변수의 변환방식을 2변량 이상의 확률변수의 변환에 확장하여 적용할 수 있다. 단일변수일 경우 $y = h(x)$가 단조함수인가 아닌가 하는 것은 1 대 1 변환인가 아닌가 하는 것과 서

로 통하는 의미를 지니고 있다. 2변량 이상의 확률변수를 변환할 때에도, 그것이 1 대 1 변환일 경우에는 정적분에서의 변수변환방법을 이용하여 확률변수의 함수의 분포를 유도할 수 있다.

먼저 2변량 확률변수의 1 대 1 변환을 생각해보자. 연속형 2변량 확률변수 (X, Y)의 결합확률밀도함수를 $f(x, y)$라 하자. $R_{X,Y}$로부터 $R_{U,V}$로의 1 대 1 변환이 $u = h_1(x, y)$, $v = h_2(x, y)$이고 그 역변환이 $x = g_1(u, v)$, $y = g_2(u, v)$일 때, 2변량 확률변수 (U, V)의 결합확률밀도함수를 구해보자. $R_{X,Y}$의 임의의 부분집합 A에 대응되는 $R_{U,V}$의 부분집합을 B라 하고, $P[(U, V) \in B]$를 구하면,

$$P[(U, V) \in B] = P[(X, Y) \in A] = \int\int_A f(x, y)\ dx\ dy$$

이다. 이것을 정적분에서의 변수변환법을 이용, $u = h_1(x, y)$, $v = h_2(x, y)$로 변환하여 적분하면,

$$P[(U, V) \in B] = \int\int_B f[g_1(u, v), g_2(u, v)]\,|J|dudv$$

가 된다. 단, 여기서 J는 다음의 **행렬식**(determinant)을 나타낸다.

$$J = \begin{vmatrix} \dfrac{\partial g_1(u, v)}{\partial u} & \dfrac{\partial g_1(u, v)}{\partial v} \\ \dfrac{\partial g_2(u, v)}{\partial u} & \dfrac{\partial g_2(u, v)}{\partial v} \end{vmatrix}$$

이로부터 (U, V)의 결합확률밀도함수는

$$f_{U,V}(u, v) = f[g_1(u, v), g_2(u, v)]\ |J|,\ (u, v) \in R_{U,V} \tag{7.5}$$

임을 알 수 있다. 참고로 J를 정적분법에서는 역변환의 **자코비안**(Jacobian)이라고 하지만 여기서는 그냥 자코비안이라고 부르기로 한다.

예제 7.11 [예제 7.10]에서 $U = X - Y$의 확률밀도함수를 이중적분에서의 변수변환법으로 구한 식 (7.5)를 이용해서 구해보자.

• **풀이** 관심의 대상인 변환식 $u = x - y$에 변환식 $v = x$를 추가하면 역변환식들은 $x = v$, $y = v - u$가 되고 자코비안은

$$J = \begin{vmatrix} 0 & 1 \\ -1 & 1 \end{vmatrix} = 1$$

이 된다. 따라서 (U, V)의 결합확률밀도함수를 식 (7.5)로부터

$$f_{U,V}(u, v) = \begin{cases} 8v(v-u), & 0 < u < v < 1 \\ 0, & \text{기타} \end{cases}$$

가 되고, U의 주변확률밀도함수는

$$f_U(u) = \begin{cases} \frac{4}{3}u^3 - 4u + \frac{8}{3}, & 0 < u < 1 \\ 0, & \text{기타} \end{cases}$$

이 된다. ■

예제 7.12 (X, Y)의 결합확률밀도함수가

$$f(x, y) = \begin{cases} 1, & 0 < x < 1,\ 0 < y < 1 \\ 0, & \text{기타} \end{cases}$$

일 때, $U = X + Y$, $V = X - Y$의 결합확률밀도함수를 구해보자.

• 풀이 $u = x + y$, $v = x - y$의 역변환은 $x = (u+v)/2$, $y = (u-v)/2$이고, 자코비안은

$$J = \begin{vmatrix} \frac{\partial x}{\partial u} & \frac{\partial x}{\partial v} \\ \frac{\partial y}{\partial u} & \frac{\partial x}{\partial v} \end{vmatrix} = \begin{vmatrix} \frac{1}{2} & \frac{1}{2} \\ \frac{1}{2} & -\frac{1}{2} \end{vmatrix} = -1/2$$

이므로,

$$\begin{aligned} f_{U,V}(u, v) &= f[(u+v)/2,\ (u-v)/2]\,|J| \\ &= 1/2, \quad (u, v) \in R_{U,V} \end{aligned}$$

이다. 단, 여기서 $R_{U,V} = \{(u, v) : 0 < u+v < 2,\ 0 < u-v < 2\}$이고, $R_{U,V}$를 그림으로 나타내면 [그림 7.3]과 같다. ■

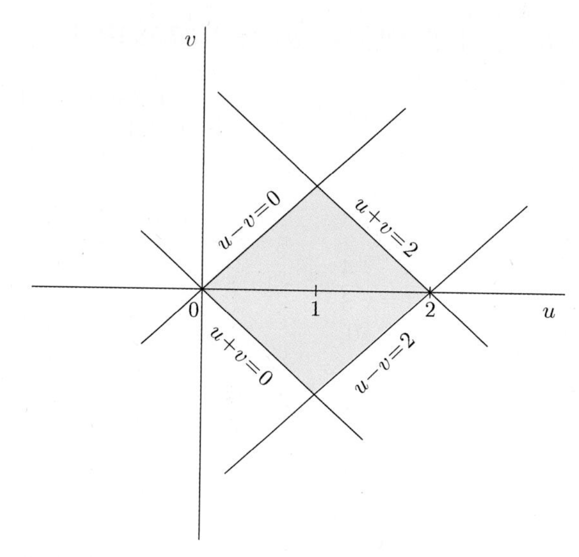

[그림 7.3] [예제 7.12]의 $R_{U,V}=\{(u, v): 0<u+v<2,\ 0<u-v<2\}$

n변량 확률변수를 변환할 경우 n차원 정적분에서의 변수변환법을 이용하면 다음과 같은 결과를 얻는다.

정리 7.2 |

연속형 확률변수 $(X_1, \cdots, X_n)$의 결합확률밀도함수가 $f(x_1, \cdots, x_n)$이고

$$y_1 = h_1(x_1, \cdots, x_n)$$
$$\vdots$$
$$y_n = h_n(x_1, \cdots, x_n)$$

을 $R_{\boldsymbol{X}}$로부터 $R_{\boldsymbol{Y}}$로의 1 대 1 변환, 그리고 그 역변환을

$$x_1 = g_1(y_1, \cdots, y_n)$$
$$\vdots$$
$$x_n = g_n(y_1, \cdots, y_n)$$

이라 하자. 또 이러한 변환들이 모두 연속이고 $\partial x_i / \partial y_i$가 모든 $i,\ j$에 대해서 존재하고 연속이라 하자. 이때, $(Y_1, \cdots, Y_n)$의 결합확률밀도함수는 다음과 같다.

$$f_Y(y_1, \cdots, y_n) = f[g_1(y_1, \cdots, y_n), \cdots, g_n(y_1, \cdots, y_n)]\ |J|, \quad (y_1, \cdots, y_n) \in R_{\boldsymbol{Y}}$$

단, $J=\begin{vmatrix} \frac{\partial x_1}{\partial y_1} & \cdots & \frac{\partial x_1}{\partial y_n} \\ \vdots & & \vdots \\ \frac{\partial x_n}{\partial y_1} & \cdots & \frac{\partial x_n}{\partial y_n} \end{vmatrix}$이다.

예제 7.13 확률변수 X, Y, Z가 서로 독립이고 각각 지수분포 Exp(1)을 따를 때, $U=X+Y+Z$, $V=(X+Y)/(X+Y+Z)$, $W=X/(X+Y)$의 결합확률밀도함수를 구해 보자.

• **풀이** 먼저 (X, Y, Z)의 결합확률밀도함수는

$$f(x, y, z)=\begin{cases} e^{-x-y-z}, & 0<x<\infty,\ 0<y<\infty,\ 0<z<\infty \\ 0, & \text{기타} \end{cases}$$

이고, $u=x+y+z$, $v=\frac{(x+y)}{(x+y+z)}$, $w=\frac{x}{(x+y)}$의 역변환은 $x=uvw$, $y=uv(1-w)$, $z=u(1-v)$이므로 자코비안은

$$J=\begin{vmatrix} \frac{\partial x}{\partial u} & \frac{\partial x}{\partial v} & \frac{\partial x}{\partial w} \\ \frac{\partial y}{\partial u} & \frac{\partial y}{\partial v} & \frac{\partial y}{\partial w} \\ \frac{\partial z}{\partial u} & \frac{\partial z}{\partial v} & \frac{\partial z}{\partial w} \end{vmatrix}=\begin{vmatrix} vw & uw & uv \\ v(1-w) & u(1-w) & -uv \\ 1-v & -u & 0 \end{vmatrix}=-u^2v$$

이다. 따라서 (U, V, W)의 결합확률밀도함수는 다음과 같다.

$$f_{U,V,W}(u, v, w)=\begin{cases} e^{-u}|-u^2v|=vu^2e^{-u}, & 0<u<\infty,\ 0<v<1,\ 0<w<1 \\ 0, & \text{기타} \end{cases}$$

■

연속형 n변량 확률변수$(X_1, \cdots, X_n)$을 변환하여 생긴 새로운 1변량 확률변수 $Y=h(X_1, \cdots, X_n)$의 확률밀도함수를 구하고자 할 때에는, 이산형일 경우와 같이, 변수변환에는 n개의 변환식이 필요한데, 우리가 관심을 가지는 변환식은 $y=h(x_1, \cdots, x_n)$ 한 개뿐이므로 $(n-1)$개의 적절한 변환식을 추가하여 그 결합확률밀도함수를 구한 다음 Y의 주변확률밀도함수를 구하면 된다. 예로 [예제 7.13]에서 $U=X+Y+Z$의 확률밀도함수를 구하고자 한다면, 변환식

$V=(X+Y)/(X+Y+Z)$와 $W=X/(X+Y)$를 추가하여 (U, V, W)의 결합확률밀도함수를 구한 후, 이를 v, w에 대해 적분하면 U의 확률밀도함수

$$f_U(u)=\begin{cases}\frac{1}{2}u^2e^{-u}, & 0<u<\infty \\ 0, & \text{기타}\end{cases}$$

를 얻을 수 있다. 즉 U는 감마분포 $G(3, 1)$을 따른다.

[정리 7.2]에서 1 대 1 변환이 아닐 경우에는 어떻게 할 것인가? 좀 복잡하지만, 변수변환을 응용할 때 이런 경우가 생기므로 여기서 확실히 짚고 넘어가자. 기본적으로는 1차원 확률변수의 변환과 같은 방법이지만 유도과정은 복잡하므로 생략한다. [정리 7.2]와 같은 상황에서 $y_1=h_1(x_1, \cdots, x_n), \cdots, y_n=h_n(x_1, \cdots, x_n)$이 R_X로부터 R_Y로의 1 대 1 변환이 아닐 경우, 먼저 R_X를 여러 개의 구간으로 분할하여 각 구간에서 이 변환이 1 대 1이 되도록 한다. 이때 각 구간에서의 역변환을 $x_1=g_{1i}(y_1, \cdots, y_n), \cdots, x_n=g_{ni}(y_1, \cdots, y_n)$라 하고 각각의 자코비안을

$$J_i=\begin{vmatrix}\frac{\partial g_{1i}}{\partial y_1} & \cdots & \frac{\partial g_{1i}}{\partial y_n} \\ \vdots & & \vdots \\ \frac{\partial g_{ni}}{\partial y_1} & \cdots & \frac{\partial g_{ni}}{\partial y_n}\end{vmatrix}$$

와 같이 구한 다음, $(Y_1, \cdots, Y_n)$의 결합확률밀도함수를 아래 식에 의해 구한다.

$$f_{Y_1, \cdots, Y_n}(y_1, \cdots, y_n)=\sum_i f[g_{1i}(y_1, \cdots, y_n), \cdots, g_{ni}(y_1, \cdots, y_n)]|J_i| \tag{7.6}$$

예제 7.14 미사일의 성능시험에서 관심있는 변수 중의 하나는 목표지점과 실제 낙하지점 간의 거리이다. 목표지점을 좌표의 원점으로 두면 X는 목표지점으로부터 동서 간의 거리이고 Y는 남북 간의 거리이다. X와 Y가 서로 독립이고 표준정규분포를 따를 때, 원점으로부터 실제 낙하지점까지의 거리 $U=\sqrt{X^2+Y^2}$의 확률밀도함수를 구해보자.

• 풀이 (X, Y)의 결합확률밀도함수는

$$f(x, y)=\frac{1}{2\pi}e^{-\frac{x^2+y^2}{2}}, \quad (x, y)\in R_{X, Y}=\{(x, y): -\infty<x<\infty, -\infty<y<\infty\}$$

이고 $R_{X,Y}$를 $R_{X,Y}^{(1)}=\{(x,\ y):-\infty<x<0,\ -\infty<y<\infty\}$와 $R_{X,Y}^{(2)}=\{(x,\ y):\ 0\le x<\infty,\ -\infty<y<\infty\}$로 분할하면 변환 $u=\sqrt{x^2+y^2}$, $v=y$는 두 개의 역변환

1. $x=-\sqrt{u^2-v^2},\ \ y=v,\ (x,\ y)\in R_{X,Y}^{(1)}$
2. $x=\sqrt{u^2-v^2},\ \ y=v,\ (x,\ y)\in R_{X,Y}^{(2)}$

이 있고 $|J_1|=|J_2|=\dfrac{u}{\sqrt{u^2-v^2}}$이 된다. 따라서 $(U,\ V)$의 결합확률밀도함수는

$$\begin{aligned} f_{U,V}(u,\ v)&=f(-\sqrt{u^2-v^2},\ v)|J_1|+f(\sqrt{u^2-v^2},\ v)|J_2| \\ &=\frac{1}{\pi}\frac{u}{\sqrt{u^2-v^2}}e^{-\frac{u^2}{2}},\ -u<v<u,\ 0<u<\infty \end{aligned}$$

이다. 따라서 U의 확률밀도함수는

$$\begin{aligned} f_U(u)&=\frac{u}{\pi}e^{-\frac{u^2}{2}}\int_{-u}^{u}\frac{1}{\sqrt{u^2-v^2}}dv=\frac{u}{\pi}e^{-\frac{u^2}{2}}\int_{-1}^{1}\frac{1}{\sqrt{1-z^2}}dz \\ &=\frac{u}{\pi}e^{-\frac{u^2}{2}}(\sin^{-1}z|_{-1}^{1})=ue^{-\frac{u^2}{2}},\ 0<u<\infty \end{aligned}$$

이다. ■

마지막으로 [정리 7.2]를 이용하여 연속형 2변량 확률변수 $(X,\ Y)$의 가장 간단한 함수인 합, 차, 곱, 비

$$U=X+Y,\ V=X-Y,\ W=XY,\ Z=\frac{X}{Y}$$

의 확률밀도 함수에 대해 알아보자.

먼저 $(X,\ Y)$의 결합확률밀도함수를 f라 할 때, U의 확률밀도함수 f_U를 구하는 과정을 살펴보자. 수식 $u=x+y$에 변환식 $u_1=x$를 추가하고, 그 역변환을 구하면, $x=u_1,\ y=u-u_1$이 되므로 자코비안은

$$J = \begin{vmatrix} \frac{\partial x}{\partial u} & \frac{\partial x}{\partial u_1} \\ \frac{\partial y}{\partial u} & \frac{\partial y}{\partial u_1} \end{vmatrix} = \begin{vmatrix} 0 & 1 \\ 1 & -1 \end{vmatrix} = -1$$

이다. 따라서 U와 U_1의 결합확률밀도함수는 다음과 같다.

$$f(u_1,\ u-u_1)\ |J| = f(u_1,\ u-u_1)$$

그러므로 U의 확률밀도함수는 다음과 같은 형태가 된다.

$$f_U(u) = \int_{-\infty}^{\infty} f(x,\ u-x)dx$$

이와 같은 방법으로 V, W, Z의 확률밀도함수를 구하면, 다음 정리가 성립함을 알 수 있다.

정리 7.3 |

연속형 2변량 확률변수 $(X,\ Y)$의 결합확률밀도함수를 f라 할 때,

$$U = X + Y,\ \ V = X - Y,\ \ W = XY,\ \ Z = X/Y$$

의 확률밀도함수는 다음과 같이 나타낼 수 있다.

$$f_U(u) = \int_{-\infty}^{\infty} f(x,\ u-x)dx$$

$$f_V(v) = \int_{-\infty}^{\infty} f(v+y,\ y)dy$$

$$f_W(w) = \int_{-\infty}^{\infty} f(x,\ w/x)\ |x|^{-1}dx$$

$$f_Z(z) = \int_{-\infty}^{\infty} f(zy,\ y)\ |y|\ dy$$

예제 7.15 X와 Y가 서로 독립이고, 각각 지수분포 $Exp(1)$을 따를 때, (a) $U = X + Y$와 (b) $V = X - Y$의 확률밀도함수를 각각 구해보자.

• **풀이** 먼저 $(X,\ Y)$의 결합확률밀도함수를 구하면 다음과 같다.

$$f(x,\ y) = \begin{cases} e^{-x-y}, & 0 < x < \infty,\ 0 < y < \infty \\ 0, & \text{기타} \end{cases}$$

(a) $U = X + Y$의 확률밀도함수

$0 < u < \infty$이고, $f(x,\ u-x)$는 $0 < x < \infty$, $0 < u - x < \infty$, 즉 $0 < x < u$일 때만 0보다 크므로, U의 확률밀도함수는

$$f_U(u) = \int_0^u e^{-u}\, dx = \begin{cases} ue^{-u}, & 0 < u < \infty \\ 0, & \text{기타} \end{cases}$$

이다.

(b) $V = X - Y$의 확률밀도함수

$-\infty < v < \infty$이고 $f(v+y,\ y)$는 $0 < v + y < \infty$, $0 < y < \infty$일 때만 0보다 크므로, 적분구간이 v가 음수인가 또는 양수인가에 따라 달라진다. $v < 0$일 경우를 생각하면,

$$f_V(v) = \int_{-v}^{\infty} e^{-v-2y}\, dy = (1/2)e^{v}$$

이다. 다음으로 $v \ge 0$일 경우에는

$$f_V(v) = \int_0^{\infty} e^{-v-2y}\, dy = (1/2)e^{-v}$$

이다. 따라서 이 두 식을 한꺼번에 정리하면, 다음과 같은 **중지수분포**(double exponential distribution)의 확률밀도함수를 얻는다.

$$f_V(v) = (1/2)e^{-|v|}, \quad -\infty < v < \infty$$

■

예제 7.16 X와 Y가 서로 독립이고 표준정규분포를 따를 때 $Z = X/Y$의 분포를 구해보자.

• **풀이** 먼저 $R_Z = (-\infty,\ \infty)$이고, $f(yz,\ y)|y|$는 $-\infty < yz < \infty$, $-\infty < y < \infty$일 때 0보다 크므로 y에 대해 실수의 전 구간에 걸쳐 적분한다. 그러면,

$$f_Z(z) = \int_{-\infty}^{\infty} \frac{|y|}{2\pi} \exp[-(z^2+1)y^2/2]\, dy = \frac{1}{\pi}\int_0^{\infty} y\exp[-(z^2+1)y^2/2]\, dy$$

이 되고, $u = y^2$으로 변수변환하여 적분하면

$$f_Z(z)=\frac{1}{2\pi}\int_0^\infty \exp[-(z^2+1)u/2]\,du=\frac{1}{2\pi}\frac{2}{(z^2+1)}=\frac{1}{\pi(z^2+1)}, \quad -\infty<z<\infty$$

이 된다. 이와 같은 확률밀도함수를 갖는 분포를 **코시(Cauchy)분포**라 한다. ■

연습문제 7.2

1. $X \sim U(0,\ 1)$일 때 다음 확률변수의 분포함수를 구하라.

   (a) $Y=X^2$

   (b) $Y=\sqrt{X}$

   (c) $Y=-\theta \ln X,\ (\theta>0)$

2. 확률변수 X의 확률밀도함수가

$$f(x)=\begin{cases}3e^{-3x}, & x>0\\ 0, & \text{기타}\end{cases}$$

   일 때,

   (a) $Y=2X+5$의 확률밀도함수와 분포함수를 구하라.

   (b) $Y=\dfrac{1}{X}$의 확률밀도함수와 분포함수를 구하라.

3. 두 확률변수 X와 Y의 결합확률밀도함수가

$$f(x,\ y)=\begin{cases}2(x+y), & 0<x<y<1\\ 0, & \text{기타}\end{cases}$$

   일 때, $U=X+Y$의 확률밀도함수를 구하라.

4. 서로 독립인 확률변수 $X,\ Y$의 확률밀도함수가 다음과 같을 때, $X+Y$의 분포함수를 구하라.

$$f_X(x)=\begin{cases}2x, & 0<x<1\\ 0, & \text{기타}\end{cases}$$

$$f_Y(y)=\begin{cases}2(1-y), & 0<y<1\\ 0, & \text{기타}\end{cases}$$

5. 확률변수 X의 분포함수가 $F(x)=\exp[-e^{-(x-\mu)/\sigma}]$, $-\infty < x < \infty$일 때, $Y=\exp[-(X-\mu)/\sigma]$의 분포함수를 구하라.

6. 확률변수 X의 확률밀도함수가

$$f(x)=\begin{cases} e^{-x}, & x>0 \\ 0, & \text{기타} \end{cases}$$

일 때, $\dfrac{X}{1+X}$의 확률밀도함수를 구하라.

7. 확률변수 X의 확률밀도함수가

$$f(x)=\begin{cases} \dfrac{1}{B(\alpha,\ \beta)}\dfrac{x^{\alpha-1}}{(1+x)^{\alpha+\beta}}, & 0<x<\infty, \quad \alpha>0, \quad \beta>0 \\ 0, & \text{기타} \end{cases}$$

일 때, $Y=\dfrac{1}{1+X}$의 분포를 구하라.

8. 확률변수 X의 확률밀도함수가

$$f(x)=\frac{1}{\pi(1+x^2)}, \quad -\infty < x < \infty$$

일 때, $1/X$의 확률밀도함수를 구하라.

9. 확률변수 X와 Y는 서로 독립이고 균일분포 $U(0,\ 1)$을 따를 때, 다음 확률변수의 확률밀도함수를 구하라.
(a) $Z=X/Y$
(b) $T=-\ln(X/Y)$
(c) $W=XY$

10. 확률변수 X와 Y의 결합확률밀도함수가

$$f(x,\ y)=\begin{cases} 4e^{-2(x+y)}, & 0<x<\infty, \quad 0<y<\infty \\ 0, & \text{기타} \end{cases}$$

일 때,

(a) $U = X + Y$의 확률밀도함수를 구하라.

(b) $Z = X/Y$와 $V = Y$의 결합확률밀도함수를 구하라.

(c) (b)로부터 Z의 확률밀도함수를 구하라.

11. 확률변수 X, Y, Z가 서로 독립이고 균일분포 $U(0,\ 1)$을 따를 때, XY/Z의 결합확률밀도함수를 구하라.

12. 확률변수 X와 Y는 서로 독립이고 표준정규분포를 따른다. XY의 적률생성함수를 구하라.

13. X_1과 X_2가 모수 μ_1, μ_2, σ_1^2, σ_2^2, ρ의 2변량 정규분포를 따를 때, $Y_1 = e^{X_1}$과 $Y_2 = e^{X_2}$의 평균, 분산과 상관계수를 구하라.

14. X와 Y의 결합확률밀도함수가

$$f(x,\ y) = \begin{cases} 4xye^{-(x^2+y^2)}, & 0 < x < \infty, \quad 0 < y < \infty \\ 0, & \text{기타} \end{cases}$$

일 때, $\sqrt{X^2 + Y^2}$ 의 확률밀도함수를 구하라.

15. X와 Y는 서로 독립인 두 부품의 수명을 나타내는 확률변수이고 각각 지수분포 $Exp(\alpha)$와 $Exp(\beta)$를 따른다. $P(X > Y)$, $P(X > 2Y)$를 구하라.

16. 휴대전화의 월간 통화시간 X는 0(단위: 100분)과 5 사이에서 균일분포를 따른다. 이러한 통화시간에 따른 비용이 $Y = 2X^2 + 3$이라 할 때 Y의 분포함수와 확률밀도함수를 구하라.

17. 가정에서 월 전력소비량(단위: 100 kWh) X는 지수분포 $Exp(2)$를 따른다. 비용 Y(단위: 만 원)는 전력소비량 X와 $Y = 2X + 1$의 관계에 있을 때,

(a) Y의 분포함수와 확률밀도함수를 구하라.

(b) $E(Y)$를 구하라.

18. 어떤 전자부품의 수명은 평균이 200시간인 지수분포를 따른다고 한다. 두 부품의 수명 X, Y가 서로 독립이고 한 부품이 고장 났을 때에 한하여 다른 제품이 사용된다면 전체 사용수명 $X + Y$의 분포함수와 확률밀도함수는 어떻게 되나?

19. 전류 I가 저항이 R인 전선을 따라 흐를 때 발생하는 전력은 $W = I^2 R$이다. I는 구간$(0,\ 1)$에서 균일분포를 따르고 R은 다음과 같은 확률밀도함수를 가진다.

$$f(r) = \begin{cases} 2r, & 0 < r < 1 \\ 0, & \text{기타} \end{cases}$$

I와 R이 서로 독립일 때 W의 확률밀도함수를 구하라.

20. 두 숙련공이 어떤 조립작업을 하는 데 걸리는 시간 X_1과 X_2는 서로 독립이고, 각각 확률밀도함수

$$f(x) = \begin{cases} \dfrac{1}{9} x e^{-x/3}, & 0 < x < \infty \\ 0, & \text{기타} \end{cases}$$

를 갖는다. 평균작업시간 $Y = \dfrac{X_1 + X_2}{2}$의 확률밀도함수를 구하라.

21. 두 개의 부품으로 구성된 어느 시스템은 첫 번째 부품을 사용하여 운영하다가 고장이 발생하면 두 번째 부품을 사용하여 운영한다. 첫 번째 부품의 수명 X_1과 두 번째 부품의 수명 X_2는 서로 독립이고 다음과 같은 확률밀도함수를 갖는다. 단, 부품을 사용하지 않는 한 부품의 수명은 영향을 받지 않는다.

$$f(x) = \begin{cases} e^{-x}, & x > 0 \\ 0, & \text{기타} \end{cases}$$

시스템의 운영시간 중 첫 번째 부품이 사용된 시간의 비율 $U = \dfrac{X_1}{X_1 + X_2}$의 확률밀도함수를 구하라.

22. 확률변수 X와 Y는 서로 독립이고 지수분포 $Exp(1/\lambda)$를 따른다. $X + Y$와 X/Y의 결합확률밀도함수를 구하고 이들이 서로 독립임을 보여라.

23. 확률변수 X가 와이블분포 $Wei(\alpha,\ \beta)$를 따를 때,
(a) 확률변수 $Y = X^{\beta}$는 평균이 α^{β}인 지수분포를 따르고 있음을 보여라.
(b) $E(Y^k) = \alpha^{k\beta} \Gamma(k+1)$이 됨을 보여라.
(c) (a)와 (b)로부터 X의 평균과 분산을 구하라.

24. 두 확률변수 X와 Y에 대한 다음의 질문에 답하라.

(a) 두 확률변수 X, Y가 iid일 때, $X-Y$와 $Y-X$의 분포가 0을 중심으로 좌우대칭이 됨을 보여라.

(b) 두 확률변수 X, Y가 평균이 1인 지수분포로부터의 확률표본일 때, $V=X-Y$의 분포가 0을 중심으로 좌우대칭인가?

7.3 선형결합의 분포

다변량 확률변수의 함수 중에서 빈번하게 응용되는 것으로 확률변수들의 선형결합의 형태를 가진 함수들이 있다. 확률변수 $X_1, \cdots, X_n$들의 선형결합이란

$$Y = \sum_{i=1}^{n} a_i X_i, \quad \text{단, } a_1, \cdots, a_n \text{은 상수} \tag{7.7}$$

를 말하는데 향후 학습하게 될 통계량과 밀접한 관련성을 가지고 있다.

7.3.1 선형결합의 기댓값과 분산

먼저 식 (7.7)의 확률변수 Y의 기댓값과 분산을 구해보자. X_i의 기댓값을 μ_i, 분산을 σ_i^2, $i=1, \cdots, n$이라 하고, X_i와 $X_j (i \neq j)$의 공분산을 σ_{ij}라 할 때, Y의 기댓값과 분산은

$$\mu_Y = E[\sum_{i=1}^{n} a_i X_i] = \sum_{i=1}^{n} a_i E(X_i) = \sum_{i=1}^{n} a_i \mu_i,$$

$$\begin{aligned}
\sigma_Y^2 = E(Y - \mu_Y)^2 &= E\left[\sum_{i=1}^{n} a_i X_i - \sum_{i=1}^{n} a_i \mu_i\right]^2 = E\left[\sum_{i=1}^{n} a_i (X_i - \mu_i)\right]^2 \\
&= \sum_{i=1}^{n} a_i^2 E(X_i - \mu_i)^2 + \sum\sum_{i \neq j} a_i a_j E[(X_i - \mu_i)(X_j - \mu_j)] \\
&= \sum_{i=1}^{n} a_i^2 \sigma_i^2 + \sum\sum_{i \neq j} a_i a_j \sigma_{ij} \\
&= \sum_{i=1}^{n} a_i^2 \sigma_i^2 + 2\sum\sum_{i < j} a_i a_j \sigma_{ij}
\end{aligned} \tag{7.8}$$

이다.

예제 7.17 확률변수 X와 Y의 기댓값, 분산 및 공분산이 다음과 같다.

$$E(X) = E(Y) = \mu, \ V(X) = V(Y) = \sigma^2, \ Cov(X, Y) = \rho\sigma^2$$

(a) $U = X + Y$와 $V = X - Y$의 기댓값과 분산을 구하고 (b) $W = a_1 X + a_2 Y$의 기댓값

이 μ일 경우, a_1, a_2값이 얼마일 때 W의 분산이 최소로 되는지 알아보자.

• 풀이 (a) i) $E(U) = E(X+Y) = E(X) + E(Y) = 2\mu$,

$V(U) = V(X+Y) = V(X) + V(Y) + 2Cov(X, Y) = 2\sigma^2(1+\rho)$

ii) $E(V) = E(X-Y) = E(X) - E(Y) = \mu - \mu = 0$,

$V(V) = V(X-Y) = V(X) + V(Y) - 2Cov(X, Y) = 2\sigma^2(1-\rho)$.

(b) 먼저, $E(W) = (a_1 + a_2)\mu = \mu$이므로, $a_1 + a_2 = 1$이다. 따라서

$$\begin{aligned} V(W) &= a_1^2\sigma^2 + a_2^2\sigma^2 + 2a_1a_2\rho\sigma^2 \\ &= \{2(1-\rho)a_1^2 - 2(1-\rho)a_1 + 1\}\sigma^2 \end{aligned}$$

인데, $2(1-\rho) > 0$이므로, $dV(W)/da_1 = 0$을 만족하는 a_1값에서 $V(W)$는 최솟값을 가진다. 따라서 ρ에 상관없이 $a_1 = a_2 = 1/2$, 즉,

$$W = (X+Y)/2$$

일 때, $V(W)$는 최소가 된다. ■

n변량 확률변수$(X_1, \cdots, X_n)$을 구성하는 어느 두 변수 X_i, X_j에 대해서도 $\sigma_{ij} = 0$이라면, 식 (7.8)은

$$\sigma_Y^2 = \sum_{i=1}^{n} a_i^2\sigma_i^2 \quad (7.9)$$

이 된다. 한 걸음 더 나아가 모든 $i = 1, \cdots, n$에 대해 $\mu_i = \mu$, $\sigma_i = \sigma$이라면, Y의 기댓값과 분산은

$$E(Y) = \mu\sum_{i=1}^{n} a_i, \quad (7.10)$$

$$V(Y) = \sigma^2\sum_{i=1}^{n} a_i^2 \quad (7.11)$$

이 된다. 이제 $E(Y) = \mu$가 되면서 $V(Y)$가 최소가 되도록 하기 위해서는 $a_1, \cdots, a_n$을 어떻게 정하는 것이 좋을까? 이 문제는 후에 공부할 통계적 추론에서 매우 중요한 의미를 지닌다. 먼저, $E(Y) = \mu$로부터

$$\sum_{i=1}^{n} a_i = 1$$

이고, 이 사실을 이용해 $V(Y)$를 정리하면,

$$V(Y) = \sigma^2 \sum_{i=1}^{n} a_i^2 = \sigma^2 \sum_{i=1}^{n} \left(a_i - \frac{1}{n} + \frac{1}{n}\right)^2$$

$$= \sigma^2 \left[\sum_{i=1}^{n} \left(a_i - \frac{1}{n}\right)^2 + (2/n) \sum_{i=1}^{n} \left(a_i - \frac{1}{n}\right) + \frac{1}{n} \right]$$

$$= \sigma^2 \sum_{i=1}^{n} \left(a_i - \frac{1}{n}\right)^2 + \frac{\sigma^2}{n}$$

이다. 따라서 $V(Y)$는 $a_1 = \cdots = a_n = 1/n$일 때, 그 최솟값 σ^2/n을 가진다. 특히 이때의 $Y = \frac{1}{n} \sum_{i=1}^{n} X_i$는 산술평균이 되어 $\overline{X}$로 표기한다.

예제 7.18 확률변수 X, Y, Z가 서로 독립이고 그 기댓값과 분산이 μ, σ^2으로 모두 같을 때, $U = (X + Y + Z)/3$과 $V = (X + 2Y + 3Z)/6$의 기댓값과 분산을 비교해 보자.

• **풀이** $E(U) = E(V) = \mu$,

$V(U) = \sigma^2/3 < 7\sigma^2/18 = V(V)$. ■

다음으로 $X_1, \cdots, X_n$의 선형결합인 두 확률변수 $U = \sum_{i=1}^{n} a_i X_i$, $V = \sum_{j=1}^{n} b_j X_j$의 공분산을 구하면 다음과 같게 된다.

$$Cov(U, V) = \sum_{i=1}^{n} a_i b_i \sigma_i^2 + \sum_{i \neq j} \sum a_i b_j \sigma_{ij} \tag{7.12}$$

만약, 식 (7.12)에서 모든 $i \neq j$에 대하여 $\sigma_{ij} = 0$이라면

$$Cov(U, V) = \sum_{i=1}^{n} a_i b_i \sigma_i^2 \tag{7.13}$$

이 된다.

예제 7.19 두 확률변수 X와 Y의 분산이 같을 때, $U=X+Y$와 $V=X-Y$의 공분산을 구해보자.

• 풀이

$$\begin{aligned} Cov(U, V) &= Cov(X+Y, X-Y) = V(X) - Cov(X, Y) + Cov(X, Y) - V(Y) \\ &= V(X) - V(Y) = 0 \end{aligned}$$

이다. ■

식 (7.13)과 [예제 7.19]는 서로 상관관계가 없는 확률변수 $X_1, \cdots, X_n$의 선형결합으로 이루어진 두 확률변수 $U=\sum_{i=1}^{n} a_i X_i$, $V=\sum_{j=1}^{n} b_j X_j$가 있을 때, a_i와 b_j의 값을 적절히 정하면, $Cov(U, V)=0$이 될 수 있음을 암시한다. 다음 예를 살펴보자.

예제 7.20 $X_1, \cdots, X_n$은 서로 상관관계가 없고 분산이 모두 σ^2일 때, 이들의 선형결합인 두 확률변수 $\overline{X}=\frac{1}{n}\sum_{i=1}^{n} X_i$와

$$X_1 - \overline{X} = X_1 - \frac{1}{n}\sum_{i=1}^{n} X_i = \left(1-\frac{1}{n}\right)X_1 + \left(-\frac{1}{n}\right)X_2 + \cdots + \left(-\frac{1}{n}\right)X_n$$

의 공분산을 구해보자.

• 풀이 식 (7.13)으로부터

$$Cov(\overline{X}, X_1 - \overline{X}) = \left[\left(\frac{1}{n}\right)\left(1-\frac{1}{n}\right) + \left(\frac{1}{n}\right)\left(-\frac{1}{n}\right) + \cdots + \left(\frac{1}{n}\right)\left(-\frac{1}{n}\right)\right]\sigma^2 = 0.$$ ■

7.3.2 선형결합의 분포

관심이 있는 모집단으로부터 n개의 관측값 $X_1, \cdots, X_n$을 표본으로 뽑을 경우, 이들 확률변수들이 서로 독립이 되거나, 엄밀하게는 독립이 아니더라도 독립이라 가정해도 근사적으로는 별 무리가 없는 경우가 많다. 여기서는 $X_1, \cdots, X_n$가 서로 독립일 때, 식 (7.7)로 주어진 Y의 분포를 적률생성함수를 이용하여 구하는 방법에 대해 살펴본다.

적률생성함수는 분포마다 유일하다는 것을 제4장에서 배운 바 있다. 따라서 Y의 적률생성함수를 구하여 그 형태가 만약 정규분포의 적률생성함수와 같다면, Y의 분포는 정규분포가 되고, 지수분포의 적률생성함수와 같다면 Y의 분포는 지수분포가 되는 것이다. 적률생성함수의 유일

성을 이용하여 Y의 분포를 구하기 위해서는 자주 이용되는 적률생성함수의 형태를 미리 알고 있어야 한다. 각 분포의 적률생성함수는 부록 A에 나와 있다.

먼저, 확률변수 $X_1, \cdots, X_n$의 적률생성함수를 $M_1(t), \cdots, M_n(t)$라 하면, X_i들이 서로 독립이므로 Y의 적률생성함수는 다음과 같게 된다.

$$M_Y(t) = E[e^{tY}] = E\left[\exp\left(t\sum_{i=1}^{n} a_i X_i\right)\right] = E\left\{\prod_{i=1}^{n} e^{(a_i t)X_i}\right\} = \prod_{i=1}^{n} E\left\{e^{(a_i t)X_i}\right\}$$

$$= \prod_{i=1}^{n} M_i(a_i t) \tag{7.14}$$

예를 들어, $X_1, \cdots, X_n$이 서로 독립이고, 각각 적률생성함수 $M(t)$를 갖는다면 $\overline{X} = \sum_{i=1}^{n}\left(\frac{1}{n}\right)X_i$의 적률생성함수는

$$M_{\overline{X}}(t) = \left\{M\left(\frac{t}{n}\right)\right\}^n \tag{7.15}$$

가 된다.

서로 독립인 확률변수들의 선형결합인 확률변수의 분포를 구할 때에는 변수변환방법을 이용하는 것보다 적률생성함수를 이용하는 것이 훨씬 더 간편할 경우가 많다. 다음 예를 살펴보자.

예제 7.21 [예제 7.6]에서는 확률변수 X와 Y가 서로 독립이고 각각 포아송분포 $Poi(\lambda_1)$과 $Poi(\lambda_2)$를 따를 때 $U = X + Y$가 포아송분포 $Poi(\lambda_1 + \lambda_2)$를 따른다는 것을 변수변환방법으로 보였다. 여기서는 변수변환방법 대신 적률생성함수방법으로 U의 분포를 구해보자.

• **풀이** X와 Y의 적률생성함수는 각각 $M_X(t) = \exp\{\lambda_1(e^t - 1)\}$, $M_Y(t) = \exp\{\lambda_2(e^t - 1)\}$이므로, $U = X + Y$의 적률생성함수는 식 (7.14)로부터

$$M_U(t) = M_X(t)M_Y(t) = \exp\{(\lambda_1 + \lambda_2)(e^t - 1)\}$$

이다. 그런데 이것은 $Poi(\lambda_1 + \lambda_2)$의 적률생성함수이므로 $U \sim Poi(\lambda_1 + \lambda_2)$이다. ■

이 예에서 서로 독립이고 포아송분포를 따르는 두 확률변수의 합 역시 포아송분포를 따른다는 사실을 알 수 있다. 다른 예를 하나 더 들어보자.

예제 7.22 확률변수 $X_1, \cdots, X_n$이 서로 독립이고 $X_i \sim N(\mu_i, \sigma_i^2)$일 때, $Y = \sum_{i=1}^{n} a_i X_i$의 분포를 구해보자.

• **풀이** 먼저, $M_i(t) = \exp\left[\mu_i t + \frac{\sigma_i^2 t^2}{2}\right]$이므로, $M_Y(t) = \prod_{i=1}^{n} M_i(a_i t)$을 구하면,

$$M_Y(t) = \prod_{i=1}^{n} \exp\left\{\mu_i (a_i t) + \frac{1}{2}\sigma_i^2 (a_i t)^2\right\}$$
$$= \exp\left\{\left(\sum_{i=1}^{n} a_i \mu_i\right) t + \frac{1}{2}\left(\sum_{i=1}^{n} a_i^2 \sigma_i^2\right) t^2\right\}$$

이다. 따라서

$$Y \sim N\left(\sum_{i=1}^{n} a_i \mu_i, \ \sum_{i=1}^{n} a_i^2 \sigma_i^2\right)$$

이다. ■

[예제 7.22]로부터 정규분포를 따르고 서로 독립인 확률변수들의 선형결합은 정규분포를 따른다는 사실을 알 수 있다. 특히 X_i들의 분포가 모두 같은 $N(\mu, \sigma^2)$일 경우에는

$$Y = \left(\frac{1}{n}\right) X_1 + \left(\frac{1}{n}\right) X_2 + \cdots + \left(\frac{1}{n}\right) X_n = \overline{X}$$

는 정규분포를 따르고 평균은 $\sum_{i=1}^{n} a_i \mu_i = \sum_{i=1}^{n} \left(\frac{1}{n}\right) \mu = \mu$, 분산은 $\sum_{i=1}^{n} a_i^2 \sigma_i^2 = \sum_{i=1}^{n} \left(\frac{1}{n}\right)^2 \sigma^2 = \frac{\sigma^2}{n}$이다. 즉 $\overline{X} \sim N\left(\mu, \frac{\sigma^2}{n}\right)$이다.

[예제 7.21]과 [예제 7.22]에서 서로 독립인 확률변수들의 합은 개별 확률변수와 모수만 다르고 같은 분포를 따른다. 이와 같은 성질을 지닌 분포를 **재생성**(reproductive property)을 가지고 있다고 한다. 다음 정리는 잘 알려진 분포들의 재생성을 모아 놓은 것으로 적률생성함수방법으로 이들이 성립함을 쉽게 알 수 있다.

정리 7.4 |

확률변수 $X_1, \cdots, X_n$이 서로 독립일 때 다음이 성립한다.

i) $X_i \sim b(n_i,\ p)$이면, $\sum X_i \sim b(\sum n_i,\ p)$이다.

ii) $X_i \sim NB(r_i,\ p)$이면, $\sum X_i \sim NB(\sum r_i,\ p)$이다.

iii) $X_i \sim Poi(\lambda_i)$이면, $\sum X_i \sim Poi(\sum \lambda_i)$이다.

iv) $X_i \sim G(\alpha_i,\ \beta)$이면, $\sum X_i \sim G(\sum \alpha_i,\ \beta)$이다.

v) $X_i \sim N(\mu_i,\ \sigma_i^2)$이면, $\sum X_i \sim N(\sum \mu_i,\ \sum \sigma_i^2)$이다.

예제 7.23 자유도 ν인 χ^2분포는 감마분포의 특수형으로, $G(\nu/2,\ 2)$와 같으므로 χ^2분포도 재생성이 있다. $X \sim \chi^2(\nu_1)$, $Y \sim \chi^2(\nu_2)$이고 서로 독립일 때, $U = X + Y$가 χ^2분포를 따르는지 확인해 보자.

• **풀이** 먼저 $G(\nu/2,\ 2)$의 적률생성함수는 $(1-2t)^{-\nu/2}$이므로, X와 Y의 적률생성함수는 각각

$$M_X(t) = \left(\frac{1}{1-2t}\right)^{\nu_1/2}, \quad M_Y(t) = \left(\frac{1}{1-2t}\right)^{\nu_2/2}$$

이다. 따라서 U의 적률생성함수는

$$M_U(t) = M_X(t) M_Y(t) = \left(\frac{1}{1-2t}\right)^{(\nu_1+\nu_2)/2}$$

인데, 이것은 자유도 $(\nu_1+\nu_2)$인 χ^2 분포의 적률생성함수이다. 그러므로 $U \sim \chi^2(\nu_1+\nu_2)$이다. 즉, χ^2 분포도 재생성이 있다. ■

확률변수 $X_1,\ \cdots,\ X_n$이 서로 독립이고 모수 p인 베르누이분포를 따른다고 하자. 베르누이분포는 $n=1$인 이항분포와 동일하므로 이항분포의 재생성에 의해

$$Y = \sum_{i=1}^{n} X_i \sim b(n,\ p)$$

이 성립함을 알 수 있다. 같은 이유로 서로 독립이고 모수가 같은 기하분포를 따르는 확률변수들의 합은 음이항분포를 따르고, 서로 독립이고 모수가 같은 지수분포를 따르는 확률변수들의 합은 감마분포를 따르게 된다.

예제 7.24 확률변수 $X_1, \cdots, X_n$이 서로 독립이고 지수분포 $Exp(\theta)$를 따를 때, 이들의 합 Y의 분포를 구해보자.

• **풀이** $M_i(t) = \dfrac{1}{1-\theta t}$이므로, $M_Y(t) = \prod_{i=1}^{n} M_i(t) = \left(\dfrac{1}{1-\theta t}\right)^n$

로서, $G(n, \theta)$의 적률생성함수와 같다. 따라서 $Y \sim G(n, \theta)$이다. ■

연습문제 7.3

1. 확률변수 X_1, X_2, X_3는 서로 상관관계가 없고 각각 분산 σ^2를 가질 때, X_1+X_2와 X_2+X_3의 상관계수를 구하라.

2. X_1과 X_2는 서로 독립이고 표준정규분포를 따르는 확률변수이다. $Y_1 = X_1 + X_2$, $Y_2 = X_1^2 + X_2^2$이라 할 때, Y_1과 Y_2의 상관계수를 구하라.

3. 확률변수(X, Y, Z)의 결합확률밀도함수가

$$f(x, y, z) = \begin{cases} e^{-(x+y+z)}, & 0 < x < \infty,\ 0 < y < \infty,\ 0 < z < \infty \\ 0, & \text{기타} \end{cases}$$

일 때, 이 세 확률변수의 평균 $\dfrac{X+Y+Z}{3}$의 확률밀도함수를 구하라.

4. 확률변수 $X_1, \cdots .X_k$가 서로 독립이고 각각 기하분포 $Geo(p)$를 따를 때, $\sum_{i=1}^{k} X_i$의 적률생성함수를 구하라. $\sum_{i=1}^{k} X_i$는 어떤 분포를 따르는가?

5. 확률변수 $X_1, \cdots, X_n$은 서로 독립이고 각각 지수분포 $Exp(\theta)$를 따른다.

$$Y = \frac{2(X_1 + \cdots + X_n)}{\theta}$$

는 어떤 분포를 따르는가?

6. X_1과 X_2는 모수가 $n,\ p_1,\ p_2$인 삼항분포를 따르는 확률변수이다.

(a) $Y = X_1 + X_2$의 분포를 구하라.

(b) $V(X_1) = \sigma_1^2,\ V(X_2) = \sigma_2^2,\ Cov(X_1,\ X_2) = \rho\sigma_1\sigma_2$일 때, $V(Y) = \sigma_1^2 + \sigma_2^2 + 2\rho\sigma_1\sigma_2$이 된다는 사실로부터 X_1과 X_2의 상관계수 ρ를 구하라.

7. 확률변수 X_1과 X_2는 서로 독립이고 각각 정규분포 $N(0,\ \sigma^2)$을 따른다.

(a) $Y_1 = X_1 + X_2$와 $Y_2 = X_1 - X_2$는 각각 어떤 분포를 따르는가?

(b) Y_1과 Y_2는 서로 독립인가?

8. 확률변수 X와 Y가 서로 독립이고 각각 표준정규분포를 따를 때, $U = \dfrac{X+Y}{2}$와 $V = \dfrac{(X-Y)^2}{2}$의 결합확률밀도함수를 구하라. U와 V는 각각 어떤 분포를 따르는가?

9. 확률변수 X와 Y는 서로 독립이고, 각각 감마분포 $G(\alpha_1,\ \beta)$와 $G(\alpha_2,\ \beta)$를 따른다. $U = \dfrac{X}{X+Y}$, $V = X+Y$라 할 때,

(a) U와 V의 결합확률밀도함수를 구하라.

(b) U와 V는 서로 독립이고, 각각 베타분포 $Be(\alpha_1,\ \alpha_2)$와 감마분포 $G(\alpha_1 + \alpha_2,\ \beta)$를 따르고 있음을 보여라.

10. 확률변수 $X_1,\ X_2,\ X_3,\ X_4$가 서로 독립이고 모두 같은 확률밀도함수

$$f(x) = \begin{cases} 2x, & 0 < x < 1 \\ 0, & \text{기타} \end{cases}$$

를 가진다. 이 4개의 확률변수의 합의 평균과 분산을 구하라.

11. $X_1,\ X_2,\ \cdots,\ X_{10}$이 각각 분산 $V(X_i) = 5$이고 상관계수 $\rho_{ij} = 0.5\,(i \neq j)$일 때, $\sum_{i=1}^{10} X_i$의 분산을 구하라.

12. X_1과 X_2는 서로 독립이고 표준정규분포를 따르는 확률변수이며, U는 X_1과 X_2와 독립이고 구간$(0,\ 1)$에서 균일분포를 따른다. $Z = UX_1 + (1-U)X_2$라 정의하자.

(a) $U = u$가 주어졌을 때 Z의 조건부분포를 구하라.

(b) $E(Z)$와 $V(Z)$를 구하라.

13. $X_1, \cdots, X_n$은 서로 독립이고 각각 포아송분포 $Poi(\lambda)$를 따를 때, $X_1 + \cdots + X_n$이 주어졌을 때 X_1의 조건부분포가 이항분포를 따름을 보여라.

14*. 확률변수 (X, Y)가 2변량 정규분포를 따른다. $ad - bc \neq 0$인 상수 a, b, c, d에 대해서 $aX + bY$와 $cX + dY$의 결합분포와 $aX + bY$의 분포를 구하라.

15*. 1부터 N까지의 번호가 적힌 공이 들어있는 상자에서 n개를 차례로 뽑아 나온 숫자를 확률변수 $X_1, X_2, \cdots, X_n$이라 하자. 이렇게 얻어진 확률변수들의 합을 $S_n = \sum_{i=1}^{n} X_n$라 할 때, $V(S_n)$을 구하라.

16. 미사일의 성능시험에서 목표지점을 좌표의 원점으로 두면 X는 목표지점으로부터 동서 간의 거리이고 Y는 남북 간의 거리이다. X와 Y가 서로 독립이고 표준정규분포를 따를 때, 원점으로부터 실제 낙하지점까지의 거리 $U = \sqrt{X^2 + Y^2}$의 확률밀도함수를 적률생성함수방법을 이용하여 구하고 무슨 분포인지 밝혀라.

17. 미사일 보호장치의 핵심부품 두 개는 서로 독립적으로 작동하고 각각의 수명(단위: 100시간)은 지수분포 $Exp(1)$을 따른다.
    (a) 두 부품 수명의 평균에 대한 분포를 구하라.
    (b) 평균수명의 기댓값과 분산을 구하라.

18. 세 가지 업무로 이루어진 프로젝트에서 하나의 업무를 끝내는 데 걸리는 시간 X_1, X_2, X_3은 서로 독립이고 각각 지수분포 $Exp(2)$를 따른다고 한다.
    (a) 각 업무가 순차적으로 이루어질 때, 즉 하나의 업무가 끝나야 다른 업무를 시작할 수 있을 때, 프로젝트가 끝나는 시간은 어떤 분포를 따르는가? 프로젝트가 끝나는 데 평균해서 몇 시간이 걸리는가?
    (b) 각 업무가 순차적으로 이루어질 때, 프로젝트가 2시간 이내에 끝날 확률은 대략 얼마인가?
    (c) 각 업무를 동시에 시작할 때, 프로젝트가 끝나는 시간의 확률밀도함수를 구하라. 프로젝트가 끝나는 데 평균해서 몇 시간이 걸리는가?

19. 수작업 세차에 필요한 시간은 평균이 0.5시간인 지수분포를 따른다. 2대의 차가 세차하기 위해서 기다리고 있고 세차하는 시간이 서로 독립이라면 2대의 차를 세차하는 데 걸리는 시간이 1.5시간을 초과할 확률은 얼마인가?

20. 1부터 5까지 쓰인 카드가 들어 있는 상자로부터 카드 2개를 뽑는 실험에서,

(a) 비복원추출일 때, 표본평균의 기댓값과 분산을 구하라.

(b) 복원추출일 때, 표본평균의 기댓값과 분산을 구하라.

(c) (a) 경우를 N개의 카드에서 크기 n의 표본을 뽑는 경우로 일반화하였을 때, 표본평균의 분산이 $\dfrac{\sigma^2}{n}\dfrac{N-n}{N-1}$이 됨을 보여라. 여기서 $\sigma^2 = \dfrac{1}{N}\sum_{i=1}^{N}\left(i - \dfrac{N+1}{2}\right)^2$이다.

21. 성공확률이 p인 베르누이 시행에서 W_k는 $(k-1)$번째 성공 직후부터 세어서 다음 번 성공이 일어날 때까지의 시행횟수를 나타내고, N은 성공이 r번 일어날 때까지의 시행횟수를 나타낸다고 하면 $W_1, \cdots, W_r$은 서로 독립이고 같은 분포를 따르며 $N = \sum_{k=1}^{r} W_i$라 쓸 수 있다.

(a) W_i들의 적률생성함수와 $E(W_i)$, $V(W_i)$를 구하라.

(b) (a)의 결과를 이용하여 $E(N) = r/p$, $V(N) = r(1-p)/p^2$임을 보여라.

22*. 확률변수 Z_1과 Z_2는 서로 독립이고 표준정규분포를 따른다. (Z_1, Z_2)를

$$X_1 = \mu_1 + \sigma_1 Z_1,$$

$$X_2 = \mu_2 + \rho\sigma_2 Z_1 + \sigma_2\sqrt{1-\rho^2}\, Z_2$$

단, $0 < \sigma_1 < \infty$, $0 < \sigma_2 < \infty$, $0 < \rho < 1$

로 변수변환하면, (X_1, X_2)는 모수 μ_1, μ_2, σ_1^2, σ_2^2, ρ를 갖는 2변량 정규분포를 따름을 보여라.

23*. $X_1, \cdots, X_{n+1}$은 서로 독립이고 각각 포아송분포 $Poi(\lambda_1), \cdots, Poi(\lambda_{n+1})$을 따를 때, $X_1 + \cdots + X_{n+1} = m$으로 주어진 경우, $X_1, \cdots, X_n$의 조건부분포는 모수가 m과 $\dfrac{\lambda_1}{\lambda}, \cdots, \dfrac{\lambda_{n+1}}{\lambda}$인 다항분포를 따름을 보여라. 여기서 $\lambda = \lambda_1 + \cdots + \lambda_{n+1}$이다.

24*. 확률변수 X_1과 X_2는 서로 독립이고 정규분포 $N(\mu, \sigma^2)$를 따른다. $Y_1 = X_1 + X_2$와 $Y_2 = X_1 + 2X_2$의 결합분포가 상관계수가 $\dfrac{3}{\sqrt{10}}$인 2변량 정규분포임을 보여라.

7.4 통계량과 표본 분포

7.4.1 통계량

확률변수 X의 분포함수를 F라 할 때, F에 포함된 모수 또는 F 그 자체를 모르면 X의 관측값들을 이용하여 모수 또는 F에 대한 추론을 하게 된다. 만약 독립적으로 관측하여 얻은 n개의 관측값들을 $X_1, X_2, \cdots, X_n$으로 나타낸다면, 이들은 서로 독립이고 X와 같은 분포 F를 따르게 될 것이다. 이때, $X_1, X_2, \cdots, X_n$을 분포(함수) F로부터의, 또는 확률변수 X에 대한 크기 n인 **확률표본**(random sample)이라고 하며, 실제로 관측을 하여 얻어진 수치들은 $x_1, x_2, \cdots, x_n$과 같이 소문자로 표기하기로 한다.

정의 7.1 |

확률변수 X와 같은 분포 F를 따르고 서로 독립(independent, identically distributed; iid)인 일련의 확률변수 $X_1, X_2, \cdots, X_n$이 있을 때, $(X_1, \cdots, X_n)$을 분포 F로부터의 (또는 확률변수 X에 대한) 크기 n인 확률표본이라 한다.

확률표본임을 나타내는 간편한 방법으로 $X_1, \cdots, X_n \sim \text{iid } F$와 같은 표기방식이 많이 쓰이는데, 이 책에서도 경우에 따라 이 같은 표기방식을 따르기로 한다. 예컨대, 확률변수 $X_1, \cdots, X_n$이 평균 μ, 분산 σ^2인 정규분포로부터의(정규분포를 따르는 확률변수 X에 대한) 확률표본이라면, $X_1, \cdots, X_n \sim \text{iid } N(\mu, \sigma^2)$와 같이 표기하는 것이다.

예제 7.25 결합확률함수가

(a)

x_1 \ x_2	0	1
0	1/4	1/4
1	1/4	1/4

(b)

x_1 \ x_2	1	2	3
1	1/12	2/12	1/12
2	1/12	0	1/12
3	2/12	0	4/12

인 확률변수 $(X_1,\ X_2)$가 X에 대한 확률표본이 되는지를 확인해 보자.

• **풀이** (a) $(X_1,\ X_2)$는 확률함수 $p(x)=1/2,\ x=0,\ 1$를 가진 확률변수 X의 확률표본이고,

(b) $(X_1,\ X_2)$는 X_i들의 주변확률함수가

x	1	2	3
$p_1(x)=p_2(x)$	1/3	1/6	1/2

로 같으나 서로 독립이 아니므로 확률표본이라 할 수 없다. ■

확률변수 $X_1,\ X_2,\ \cdots,\ X_n \sim$ iid F, 즉 확률표본이 될 경우의 이점은 n차원의 결합분포함수를

$$F(x_1,\ \cdots,\ x_n)=\prod_{i=1}^{n}F(x_i)$$

처럼 1차원의 동일한 분포함수 F들의 곱으로 나타낼 수 있어 표본과 관련된 확률을 보다 쉽게 구할 수 있다. X_i가 iid이면 결합확률함수 또는 결합확률밀도함수도

$$p(x_1,\ \cdots,\ x_n)=\prod_{i=1}^{n}p(x_i),$$

$$f(x_1,\ \cdots,\ x_n)=\prod_{i=1}^{n}f(x_i)$$

로 쓸 수 있다.

만약 $X_1,\ X_2,\ \cdots,\ X_n$이 확률표본이 아니라면, 이들의 결합분포함수 또는 결합확률(밀도)함수가 n차원 함수가 되어 구하기 힘들 뿐 아니라, 구할 수 있다 하더라도 이로부터 n변량 확률변수 $(X_1,\ X_2,\ \cdots,\ X_n)$의 성질을 규명하거나 확률을 계산하는 과정이 복잡하고 어렵게 될 것이다.

예제 7.26 $X,\ Y\sim$ iid $Poi(2)$라 할 때 $X+Y=2$가 될 확률을 구해보자.

• **풀이** X와 Y의 결합확률함수는

$$p(x,\ y)=p_X(x)p_Y(y)=\frac{e^{-2}2^x}{x!}\cdot\frac{e^{-2}2^y}{y!}=\frac{e^{-4}2^{x+y}}{x!y!}$$

가 된다. 따라서

$$P(X+Y=2)=p(0,\ 2)+p(1,\ 1)+p(2,\ 0)=8e^{-4}$$

이다. ■

일반적으로 $X_1, \cdots, X_n \sim \text{iid } Poi(\lambda)$이면 $X_1+\cdots+X_n \sim Poi(n\lambda)$가 된다는 것은 이미 [정리 7.4]에서 익힌 바 있다.

[예제 7.26]은 분포를 완전하게 알고 있을 경우, 이 분포로부터 얻은 확률표본 $(X,\ Y)$의 함수 $X+Y$의 값이 2가 될 확률을 계산한 것이다. 그러나 어떤 분포인지 전혀 모르고 있거나 불완전하게 알고 있다면, 확률계산이 이처럼 쉽지는 않을 것이다. 예로 $X_1, \cdots, X_n \sim \text{iid } N(\mu,\ \sigma^2)$이지만, μ와 σ^2를 모른다면 이 확률표본과 관련된 여러 확률들을 수치로 구할 수 없다. 구체적으로 n개의 관측값$(x_1,\ x_2,\ \cdots,\ x_n)$을 얻었다 하더라도, 이것이 분포 $N(\mu_1,\ \sigma_1^2)$로부터의 관측값들인지 아니면 또 다른 분포 $N(\mu_2,\ \sigma_2^2)$로부터의 관측값들인지는 확실하게 알 수 없다. 이때 우리가 할 수 있는 것은 주어진 자료를 최대한 활용하여 μ와 σ^2에 대해 추론하는 것이다. 그런데 추론에 이용하려고 하는 식 또는 함수 속에 μ나 σ^2과 같은 미지의 모수가 포함되어 있으면 추론이 불가능하게 된다. 따라서 이와 같은 경우에 사용할 함수는 미지의 모수를 포함하지 않아야 하는데, 이 조건을 충족하는 확률표본의 함수를 **통계량(statistic)**이라 부른다.

정의 7.2 |

$X_1, \cdots, X_n$이 확률변수 X에 대한 확률표본일 때, 미지의 모수를 포함하고 있지 않은 확률표본의 함수

$$T=T(X_1,\ \cdots,\ X_n)$$

를 통계량이라고 한다.

예제 7.27 확률표본 $X_1, \cdots, X_n$의 함수

(a) $\overline{X}=\dfrac{1}{n}\sum_{i=1}^{n}X_i$

(b) $S^2=\dfrac{1}{n-1}\sum_{i=1}^{n}\left(X_i-\overline{X}\right)^2$

(c) $R=\max\{X_1, \cdots, X_n\}-\min\{X_1, \cdots, X_n\}$

(d) $S_1^2=\frac{1}{n}\sum_{i=1}^{n}(X_i-\mu)^2$, 단, $\mu=E(X)$

은 통계량인가?

• 풀이 (a), (b), (c)는 모두 통계량이고 (d)는 만약 μ를 알고 있으면 통계량이 되고, 그렇지 않으면 미지의 모수를 포함하게 되므로 통계량이 아니다. ■

앞의 예에서 열거한 통계량들은 통계적 추론에 있어서 매우 중요한 위치를 차지하고 있다. 이들의 중요성을 감안하여 이들을 따로 정의하면 다음과 같다.

정의 7.3 |

$X_1, \cdots, X_n$을 X에 대한 확률표본이라 할 때, $\overline{X}=\frac{1}{n}\sum_{i=1}^{n}X_i$을 표본평균(sample mean), $S^2=\frac{1}{n-1}\sum_{i=1}^{n}\left(X_i-\overline{X}\right)^2$을 표본분산(sample variance), $R=\max\{X_1, \cdots, X_n\}-\min\{X_1, \cdots, X_n\}$을 표본범위(sample range)라 한다.

[정의 7.3]에서 표본분산을 구할 때 분모가 n이 아니라 $n-1$이라는 점에 유의하여야 한다. 이에 대한 구체적인 이유는 뒤에 설명하도록 하고 여기서는 $n-1$로 나누어준 S^2을 표본분산으로 한다는 것만 알아두자. 확률표본은 확률변수들로 구성되어 있으므로 그 함수인 통계량도 당연히 확률변수이다. 만일 $X_1, \cdots, X_n$이 실현값 $x_1, \cdots, x_n$을 취하면, 통계량 $T=T(X_1, \cdots, X_n)$의 실현값은 $t=T(x_1, \cdots, x_n)$이 된다.

우리는 통계량을 이용하여 모수에 대한 통계적 추론을 하고 그에 대한 평가를 하게 되는데, 이를 위해서는 통계량이 어떤 분포를 따르는지를 알아야 한다. 이때 통계량의 분포를 **표본분포**(sampling distribution)라 한다. 우리가 접하는 관측값들은 정규분포로부터 얻어진 경우가 많고, 그렇지 않은 경우에도 관측값이 많으면 정규분포를 이용하여 근사적으로 분석할 수 있다. 정규모집단으로부터 얻어진 확률표본에 의거한 각종 표본분포에 대해서는 다음 절에서 설명하고, 여기서는 분포들을 도출하는 데 쓰이는 기본적인 사항들을 소개한다.

먼저, 평균이 μ이고, 분산이 σ^2인 확률변수 X에 대한 확률표본 $X_1, \cdots, X_n$이 있을 때, 표본

평균의 기댓값과 분산은 각각 다음과 같다.

$$E(\overline{X}) = \mu, \quad V(X) = \sigma^2/n. \tag{7.16}$$

만약 $X_1, \cdots, X_n \sim \text{iid } N(\mu, \sigma^2)$이라면, $\overline{X}$와 $X_i - \overline{X}$는 각각 $X_1, \cdots, X_n$의 선형결합이므로 [예제 7.22]를 이용하면

$$\overline{X} \sim N\left(\mu, \frac{\sigma^2}{n}\right), \tag{7.17a}$$

$$X_i - \overline{X} \sim N\left(0, \frac{n-1}{n}\sigma^2\right) \tag{7.17b}$$

이 됨을 알 수 있다. 또한 [예제 7.20]으로부터 $Cov(\overline{X}, X_i - \overline{X}) = 0$이므로 $\overline{X}$와 $X_i - \overline{X}$의 상관계수도 0이 된다. 따라서 식 (7.17a), (7.17b) 및 (6.36)을 이용하여 결합적률생성함수 $M(t_1, t_2)$를 구하면

$$\begin{aligned} M(t_1, t_2) &= \exp\left[\mu t_1 + \frac{\frac{\sigma^2}{n}t_1^2 + \frac{(n-1)\sigma^2}{n}t_2^2}{2}\right] \\ &= \exp\left[\mu t_1 + \frac{(\sigma^2/n)t_1^2}{2}\right]\exp\left[\frac{((n-1)\sigma^2/n)t_2^2}{2}\right] \\ &= M(t_1, 0) \cdot M(0, t_2) \end{aligned} \tag{7.18}$$

와 같이 각각의 적률생성함수의 곱으로 나타나므로 $\overline{X}$와 $X_i - \overline{X}$는 서로 독립임을 알 수 있고 다음 결과를 얻을 수 있다.

정리 7.5 |

$X_1, \cdots, X_n$이 정규분포 $N(\mu, \sigma^2)$로부터의 확률표본일 때, 표본평균 $\overline{X}$와 n변량 확률변수 $(X_1 - \overline{X}, \cdots, X_n - \overline{X})$은 서로 독립이다.

[정리 7.5]을 이용하여 정규모집단에서의 표본평균과 표본분산이 서로 독립인지 알아보자. 둘 이상의 서로 독립인 확률변수들이 있을 때 그들 각각의 함수 역시 독립이다. [정리 7.5]에 의하여 $\overline{X}$와 $(X_1 - \overline{X}, \cdots, X_n - \overline{X})$은 서로 독립이고, S^2은 $(X_1 - \overline{X}, \cdots, X_n - \overline{X})$만의 함수이므

로 다음 정리가 성립한다.

정리 7.6 |

$X_1, \cdots, X_n$이 정규분포 $N(\mu, \sigma^2)$로부터의 확률표본일 때, 표본평균 $\overline{X}$와 표본분산 S^2은 서로 독립이다.

지금부터 모집단이 정규분포를 따를 때, 표본평균과 표본분산에 관련되어 가장 널리 사용되는 세 가지 분포, 즉 χ^2분포, t분포 및 F분포에 대해 공부해보자.

7.4.2 χ^2분포

감마분포의 특별한 경우로 $\alpha=\nu/2$, $\beta=2$이고 ν가 정수인 경우의 확률밀도함수는 다음과 같다.

$$f(x)=\begin{cases}\dfrac{1}{\Gamma(\nu/2)\ 2^{\nu/2}}x^{(\nu/2)-1}e^{-x/2}, & 0<x<\infty \\ 0, & \text{기타}\end{cases} \tag{7.19}$$

이때, 확률변수 X는 자유도 ν인 χ^2분포를 따른다고 하고, $X\sim\chi^2(\nu)$로 표기한다. 또, X의 적률생성함수는

$$M(t)=(1-2t)^{-\nu/2} \tag{7.20}$$

이고, 평균 및 분산은

$$E(X)=\nu, \quad V(X)=2\nu \tag{7.21}$$

이다.

χ^2분포의 형태는 자유도에 따라 다르나 대체로 [그림 7.4]와 같이 왼쪽으로 치우쳐 있고 오른쪽으로 긴 꼬리를 가진다.

$$P[X>\chi^2_\alpha(\nu)]=\alpha \tag{7.22}$$

를 만족하는 $\chi^2_\alpha(\nu)$값은 부록에 표로 정리되어 있다.

예제 7.28 $X \sim \chi^2(7)$일 때 $P(X > a) = 0.05$, $P(X < b) = 0.01$을 만족하는 상수 a와 b를 구해보자.

• **풀이** 부록의 표를 이용하여 $a = \chi^2_{0.05}(7) = 14.067$, $b = \chi^2_{0.99}(7) = 1.239$이다. ■

[R에 의한 계산]

```
> qchisq(0.05,7, lower.tail=F); qchisq(0.01,7)
[1] 14.06714
[1] 1.239042
```

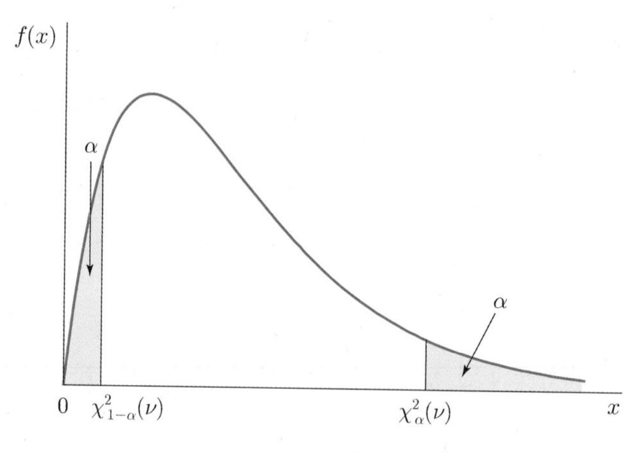

[그림 7.4] χ^2 분포

χ^2분포는 표준정규확률변수를 변환하여 생기는 분포이다. 간단한 예로 표준정규분포를 따르는 확률변수 Z를 $Y = Z^2$로 변환하면 Z의 확률밀도함수는

$$f_Y(y) = \begin{cases} \dfrac{1}{\sqrt{2\pi}} y^{-1/2} e^{-y/2}, & 0 < y < \infty \\ 0, & \text{기타} \end{cases}$$

임을 확인한 바 있다. 그런데 이것은 자유도가 1인 χ^2분포의 확률밀도함수와 같으므로, $Y \sim \chi^2(1)$임을 알 수 있다. 또한 **자유도가 ν인 χ^2분포가** $\alpha = \nu/2$, $\beta = 2$인 감마분포와 같다는 사실과 감마분포가 재생성이 있다는 [정리 7.4]를 이용하면 다음의 정리가 성립함을 알 수 있다.

정리 7.7 |

확률변수 $X_1, \cdots, X_n$가 서로 독립이고, 각각 자유도 $\nu_1, \cdots, \nu_n$인 χ^2분포를 따를 때, 이들의 합 $\sum_{i=1}^{n} X_i$는 자유도 $\sum_{i=1}^{n} \nu_i$인 χ^2분포를 따른다.

예를 들어 $Z_1, \cdots, Z_n \sim \text{iid } N(0, 1)$이라면 $Z_i^2 \sim \chi^2(1)$이므로, $Y = \sum_{i=1}^{n} Z_i^2$는 [정리 7.7]에 의하여 자유도 n인 χ^2분포를 따르게 되고, 그 확률밀도함수와 적률생성함수는 각각 식 (7.19) 및 (7.20)과 같은 형태가 된다.

예제 7.29 $Z_1, Z_2, \cdots, Z_{10}$이 표준정규분포로부터의 확률표본일 때,

$$P\left(\sum_{i=1}^{10} Z_i^2 \le a\right) = 0.95$$

가 되는 a값을 구해보자.

• **풀이** [정리 7.7]으로부터 $\sum_{i=1}^{10} Z_i^2 \sim \chi^2(10)$이고 $P\left(\sum_{i=1}^{10} Z_i^2 > a\right) = 1 - 0.95 = 0.05$이므로 부록의 표를 이용하여 $a = \chi^2_{0.05}(10) = 18.307$이다. ■

[R에 의한 계산]

```
> qchisq(0.95,10)
[1] 18.30704
```

χ^2분포는 정규모집단의 모분산에 대한 추론에 중요한 역할을 하는 분포이다. 모분산의 추론에 흔히 사용되는 표본분산 S^2을 변환한 $(n-1)S^2/\sigma^2$는 χ^2분포를 따른다.

정리 7.8 |

$X_1, \cdots, X_n$이 정규분포 $N(\mu, \sigma^2)$로부터의 확률표본일 때,

$$\frac{(n-1)S^2}{\sigma^2} \sim \chi^2(n-1)$$

• **증명** 분포에 관계없이 다음 등식이 성립함은 보일 수 있다.

$$\sum_{i=1}^{n}(X_i-\mu)^2 = \sum_{i=1}^{n}(X_i-\overline{X})^2 + n(\overline{X}-\mu)^2$$

이 등식의 양변을 σ^2로 나누면

$$\sum_{i=1}^{n}\left(\frac{X_i-\mu}{\sigma}\right)^2 = \frac{\sum_{i=1}^{n}(X_i-\overline{X})^2}{\sigma^2} + \frac{n(\overline{X}-\mu)^2}{\sigma^2} = \frac{(n-1)S^2}{\sigma^2} + \left(\frac{\overline{X}-\mu}{\sigma/\sqrt{n}}\right)^2$$

이 된다. 이제 $X_1, \cdots, X_n \sim \text{iid } N(\mu, \sigma^2)$이라면, $\left(\frac{X_1-\mu}{\sigma}\right), \cdots, \left(\frac{X_n-\mu}{\sigma}\right) \sim \text{iid } N(0, 1)$이므로 $\left(\frac{X_1-\mu}{\sigma}\right)^2, \cdots, \left(\frac{X_n-\mu}{\sigma}\right)^2 \sim \text{iid } \chi^2(1)$이 되고, [정리 7.7]에 의해

$$W = \sum_{i=1}^{n}\left(\frac{X_i-\mu}{\sigma}\right)^2 \sim \chi^2(n)$$

이 된다. 즉 $M_W(t) = (1-2t)^{-n/2}$이다. 또한 [정리 7.6]에 의해 $U = \frac{(n-1)S^2}{\sigma^2}$와 $V = \left(\frac{\overline{X}-\mu}{\sigma/\sqrt{n}}\right)^2$은 서로 독립이고 $\frac{\overline{X}-\mu}{\sigma/\sqrt{n}} \sim N(0, 1)$이므로,

$$V \sim \chi^2(1)$$

이 된다. 즉 $M_V(t) = (1-2t)^{-1/2}$이다. 따라서

$$M_W(t) = M_{U+V}(t) = M_U(t) \cdot M_V(t)$$

즉 $(1-2t)^{-\frac{n}{2}} = M_U(t) \cdot (1-2t)^{-\frac{1}{2}}$이고, 이로부터

$$M_U(t) = (1-2t)^{-\frac{n-1}{2}}$$

을 얻을 수 있다. 즉 $U \sim \chi^2(n-1)$이다. ■

예제 7.30 $X_1, \cdots, X_n \sim \text{iid } N(\mu, \sigma^2)$일 때 S^2의 기댓값과 분산을 구해보자.

• 풀이

$$\frac{(n-1)S^2}{\sigma^2} \sim \chi^2(n-1)$$

이므로,

$$E\left[\frac{(n-1)S^2}{\sigma^2}\right] = n-1, \quad V\left[\frac{(n-1)S^2}{\sigma^2}\right] = 2(n-1)$$

이다. 따라서 $E(S^2) = \sigma^2$, $V(S^2) = 2\sigma^4 / (n-1)$이다. ■

7.4.3 t분포

두 확률변수 Z와 W가 서로 독립이고, 각각 표준정규분포와 자유도 ν인 χ^2분포를 따를 때, 확률변수

$$T = \frac{Z}{\sqrt{W/\nu}} \tag{7.23}$$

는 자유도가 ν인 t분포를 따른다고 하고 $T \sim t(\nu)$라 표기한다. t분포의 모양은 자유도 ν에 의해서 결정되며 $t=0$을 중심으로 대칭이다. [그림 7.5]는 $\nu = 1, 3, 7$일 때의 t분포와 표준정규분

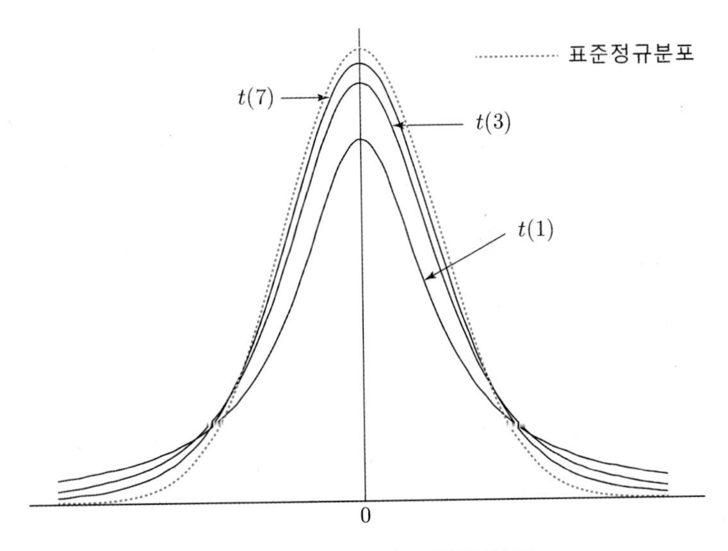

[그림 7.5] t분포와 표준정규분포

포의 확률밀도함수를 나타낸 것으로, t분포의 꼬리확률이 정규분포의 꼬리확률보다 크고, t분포의 자유도가 커질수록 표준정규분포에 접근함을 알 수 있다. $\nu=1$인 경우에는 T는 서로 독립이고 표준정규분포를 따르는 두 확률변수의 비가 되어 코시분포를 따르게 된다. t분포의 평균은 $\nu>1$인 경우에만 존재하며 $E(T)=0$이고, 분산은 $\nu>2$인 경우 $V(T)=\nu/(\nu-2)$이다.

$T\sim t(\nu)$일 때,

$$P[T>t_\alpha(\nu)]=\alpha \tag{7.24}$$

를 만족하는 $t_\alpha(\nu)$의 값은 부록에 표로 정리되어 있다.

예제 7.31 T가 자유도 7인 t분포를 따르는 확률변수일 때,

(a) $P(|T|<1.415)$와 (b) $P(-1.895<T<1.415)$을 구해보자.

• **풀이** (a) $t_{0.10}(7)=1.415$이므로

$$P(|T|<1.415)=P(T<1.415)-P(T<-1.415)=(1-0.1)-(0.1)=0.8$$

(b) $t_{0.05}(7)=1.895$이므로

$$\begin{aligned}P(-1.895<T<1.415)&=P(T<1.415)-P(T\le-1.895)\\&=(1-0.1)-0.05=0.85\end{aligned}$$

이다. ■

[R에 의한 계산]

```
(a) > pt(1.415,7)-pt(-1.415,7)
      [1] 0.8000214
(b) > pt(1.415,7)-pt(-1.895,7)
      [1] 0.8500417
```

t분포는 정규모집단의 평균에 관한 추론에서 모분산 σ^2을 모를 경우에 쓰인다. $X_1,\cdots,X_n\sim \text{iid } N(\mu,\sigma^2)$라 하면, $\overline{X}\sim N\left(\mu,\frac{\sigma^2}{n}\right)$이고 이를 표준화한

$$Z = \frac{\overline{X} - \mu}{\sigma / \sqrt{n}} \tag{7.25}$$

는 $N(0,\ 1)$을 따른다. 그런데 σ^2의 값을 모르면 μ값을 지정해도 Z는 통계량이 되지 못한다. 이때, 모분산 σ^2을 표본분산 S^2로 대체하여

$$T = \frac{\overline{X} - \mu}{S / \sqrt{n}} \tag{7.26}$$

라 한다면, T는 자유도 $(n-1)$인 t 분포를 따르게 된다.

정리 7.9 |

> $X_1,\ \cdots,\ X_n$이 정규분포 $N(\mu,\ \sigma^2)$로부터의 확률표본일 때, 식 (7.26)에서 정의된 확률변수 T는 자유도 $(n-1)$인 t 분포를 따른다.

• **증명** 식 (7.26)은

$$T = \frac{\dfrac{\overline{X} - \mu}{\sigma / \sqrt{n}}}{\sqrt{\dfrac{(n-1)S^2}{\sigma^2} / (n-1)}}$$

라 표시할 수 있다. 이때 $\dfrac{\overline{X} - \mu}{\sigma / \sqrt{n}} \sim N(0,\ 1)$, $\dfrac{(n-1)S^2}{\sigma^2} \sim \chi^2(n-1)$이고 이들은 서로 독립이므로 t분포의 정의에 의해 $T \sim t(n-1)$임을 알 수 있다. ■

7.4.4 F 분포

확률변수 U와 V가 서로 독립이고 각각 자유도 r과 s를 갖는 χ^2분포를 따를 때, 확률변수

$$F = \frac{U/r}{V/s} \tag{7.27}$$

는 **자유도가 r과 s인 F분포**를 따른다고 하고 $F \sim F(r,\ s)$라 표기한다. F분포의 형태는 자유도 r과 s에 의해서 결정되며 [그림 7.6]은 r과 s에 따른 확률밀도함수를 보여준다.

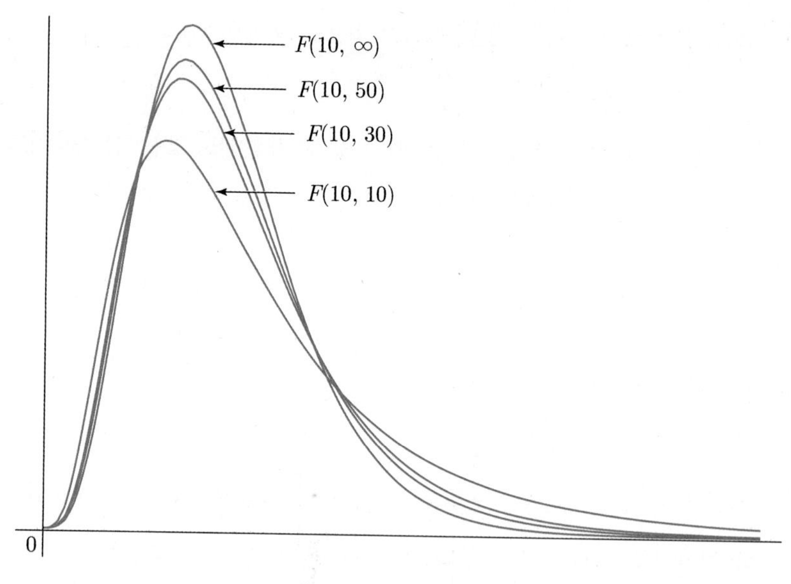

[그림 7.6] F **분포**

$F \sim F(r,\ s)$일 때,

$$P[F > F_{\alpha}(r,\ s)] = \alpha \tag{7.28}$$

를 만족하는 $F_{\alpha}(r,\ s)$의 값은 부록의 표를 사용하여 쉽게 구할 수 있다. 예를 들어 자유도가 7과 8일 때, $F_{0.05}(7,\ 8) = 3.50$이다. 부록에는 α값이 작은 경우만 정리되어 있는데 큰 값일 경우는 다음 관계를 이용한다.

$$F_{1-\alpha}(r,\ s) = \frac{1}{F_{\alpha}(s,\ r)} \tag{7.29}$$

예제 7.32 $F \sim F(4,\ 9)$일 때,

$$P(F < c) = 0.99, \quad P(F < d) = 0.05$$

을 만족하는 상수 c와 d를 구해보자.

• 풀이

$$c = F_{0.01}(4,\ 9) = 6.42,\ d = F_{0.95}(4,\ 9) = \frac{1}{F_{0.05}(9,\ 4)} = 0.17$$

이다. ■

[R에 의한 계산]

```
> qf(0.99,4,9); qf(0.05,4,9)
    [1] 6.422085
    [1] 0.1667006
```

$X_1, \cdots, X_{n_1} \sim \text{iid } N(\mu_1, \sigma_1^2)$이고 $Y_1, \cdots, Y_{n_2} \sim \text{iid } N(\mu_2, \sigma_2^2)$일 때, 그 표본분산의 비 S_1^2/S_2^2는 어떤 분포를 따를까? [정리 7.8]로부터 $(n_1-1)S_1^2/\sigma_1^2$과 $(n_2-1)S_2^2/\sigma_2^2$은 각각 자유도가 (n_1-1)과 (n_2-1)인 χ^2분포를 따르고, S_1^2과 S_2^2은 서로 독립이므로

$$F = \frac{(n_1-1)S_1^2/\sigma_1^2(n_1-1)}{(n_2-1)S_2^2/\sigma_2^2(n_2-1)} = \frac{S_1^2/\sigma_1^2}{S_2^2/\sigma_2^2} \tag{7.30}$$

은 자유도가 n_1-1과 n_2-1인 F분포를 따른다. 여기서 만약 $\sigma_1^2 = \sigma_2^2$이라면, 식 (7.30)은

$$F = \frac{S_1^2}{S_2^2} \tag{7.31}$$

이 되며 $F \sim F(n_1-1, n_2-1)$이다. 이 사실은 두 모집단의 분산을 비교 추론하는 데 이용된다.

연습문제 7.4

1. 다음과 같은 결합확률함수를 가지는 (X_1, X_2)가 확률표본이라 할 수 있는가?

x_1 \ x_2	0	1	2
0	1/9	2/9	1/9
1	2/9	2/9	0
2	1/9	0	0

2. 주사위를 던져서 나오는 수 X에 대한 크기 2인 확률표본 X_1, X_2의 평균 X의 확률함수를 구하라.

3. $X_1, \cdots, X_n$이 포아송분포 $Poi(\lambda)$로부터의 확률표본일 때 $\overline{X}$의 확률함수를 구하라.

4. 부록의 표를 이용하여 다음을 구하라.
   (a) $\chi^2_{0.1}(10)$, $\chi^2_{0.01}(15)$, $\chi^2_{0.95}(25)$
   (b) $t_{0.1}(10)$, $t_{0.01}(15)$, $t_{0.95}(25)$
   (c) $F_{0.05}(7,\ 9)$, $F_{0.01}(3,\ 8)$, $F_{0.95}(12,\ 7)$

5. $\overline{X}$는 표준정규분포로부터 뽑은 크기가 16인 확률표본의 표본평균이다. $P(|\overline{X}| < c) = 0.5$를 만족하는 c를 구하라.

6. 분산이 σ^2인 정규분포로부터 크기 n인 두 표본을 뽑을 때, 표본평균 X와 Y의 차이가 표준편차 σ보다 클 확률이 0.1 이하가 되도록 하는 최소의 n을 구하라.

7. 평균이 같고 분산이 각각 3.2와 4.8인 두 정규분포로부터 각각 크기 50인 표본을 뽑을 때, 두 표본평균의 차이가 0.5보다 클 확률을 구하라.

8. $X_1, X_2, \cdots, X_{10}$은 표준정규분포로부터의 확률표본이고, $\overline{X} = \frac{1}{9}\sum_{i=1}^{9} X_i$이다.
   (a) $U = \sum_{i=1}^{9} X_i^2$의 분포를 구하라.
   (b) $V = \sum_{i=1}^{9} (X_i - \overline{X})^2$의 분포를 구하라.
   (c) $\sum_{i=1}^{9} (X_i - \overline{X})^2 + X_{10}^2$ 의 분포를 구하라.

9. $T \sim t(\nu)$일 때 T의 평균과 분산을 구하라.

10. $F \sim F(r,\ s)$일 때, F의 평균과 분산을 구하라.

11. X_1, X_2, X_3은 서로 독립이고 X_i는 정규분포 $N(i,\ i^2)$를 따른다. X_1, X_2, X_3를 사용하여 다음 분포를 따르는 통계량을 구하라.

(a) 자유도가 3인 χ^2분포

(b) 자유도가 1과 2인 F분포

(c) 자유도가 2인 t분포

12. X_1과 X_2는 서로 독립이고 각각 이항분포 $b(n,\ p)$를 따른다.

(a) $n=4,\ p=\frac{1}{2}$일 때 $P(X_1+2X_2=2)$를 구하라.

(b) $P(X_1+2X_2=m)$을 구하라.

13. $X_1,\ \cdots,\ X_m \sim \text{iid}\ N(\mu_1,\ \sigma_1^2)$, $Y_1,\ \cdots,\ Y_n \sim \text{iid}\ N(\mu_2,\ \sigma_2^2)$이고, X_i들과 Y_i들은 서로 독립일 때,

(a) $\overline{X}-\overline{Y}$의 분포를 구하라.

(b) $\sigma_1^2=1.6,\ \sigma_2^2=2.4$이고, $m=n$일 때, $P\left(\left|(\overline{X}-\overline{Y})-(\mu_1-\mu_2)\right|<1\right)=0.95$가 되는 표본의 크기 n을 구하라.

14. 정규분포 $N(1,\ 2^2)$에서 크기 10인 확률표본을 뽑을 때,

(a) $P[S^2 \le c]=0.05$가 되는 c를 구하라.

(b) $P[\overline{X} \le 1+cS]=0.05$가 되는 c를 구하라.

15. X_1, X_2가 서로 독립이고 각각 지수분포 $Exp(2)$를 따른다면 X_1이 X_2의 9배 이상이 될 확률은 얼마인가?

16. 두 정규분포 $N(1,\ 4)$, $N(2,\ 9)$로부터 각각 크기 10인 확률표본을 뽑을 때 표본분산 S_1^2, S_2^2에 대하여 $P[S_1^2 \le cS_2^2]=0.05$가 성립하는 c를 구하라.

17. $X_1,\ \cdots,\ X_n$은 표준정규분포로부터의 확률표본이다.

$$\overline{X}_k=\frac{1}{k}\sum_{i=1}^{k}X_i,\quad \overline{X}_{n-k}=\frac{1}{n-k}\sum_{i=k+1}^{n}X_i$$

$$S_k^2=\frac{1}{k-1}\sum_{i=1}^{k}\left(X_i-\overline{X}_k\right)^2,\quad S_{n-k}^2=\frac{1}{n-k-1}\sum_{i=k+1}^{n}\left(X_i-\overline{X}_{n-k}\right)^2$$

라 정의할 때, 다음 통계량들의 분포를 구하라.

(a) $k\overline{X}_k^2 + (n-k)\overline{X}_{n-k}^2$

(b) $\dfrac{n\overline{X}_k^2}{(n-k)\overline{X}_{n-k}^2}$

(c) $(k-1)S_k^2 + (n-k-1)S_{n-k}^2$

(d) S_k^2/S_{n-k}^2

18. $X_1, \cdots, X_8$을 정규분포 $N(\mu, \sigma^2)$으로부터의 확률표본이라 하고

$$\overline{X} = \frac{1}{8}\sum_{i=1}^{8} X_i, \quad S^2 = \frac{1}{7}\sum_{i=1}^{8}(X_i - \overline{X})^2$$

라 하자. 장차 이 모집단으로부터 새로운 샘플 한 개 X^*를 추가로 뽑을 때

$$P\{\overline{X} - kS < X^* < \overline{X} + kS\} = 0.80$$

이 되도록 k를 정하라.

19*. X_1, X_2는 적률 $\mu_k = E\{X - E(X)\}^k$, $k = 1, 2, \cdots, 2r$을 갖는 확률변수 X에 대한 크기 2인 확률표본이다. 통계량 $Y_r = \frac{1}{2}\sum_{i=1}^{2}(X_i - \overline{X})^r$의 평균과 분산을 구하라.

20. 흰 공 한 개와 검은 공 2개가 들어 있는 주머니로부터 크기 9인 표본을 복원으로 뽑는다고 하자. 흰 공이면 $X_i = 0$, 검은 공이면 $X_i = 1$이라 할 때,

(a) 표본의 결합확률함수를 구하고 표본의 합의 확률함수를 구하라.

(b) 표본평균의 기댓값과 분산을 구하라.

21. 3차원 공간에서 한 점(X, Y, Z)을 무작위로 택할 때, 원점에서 이 점까지의 거리가 2.5 이하가 될 확률은 얼마인가? 단 X, Y, Z는 서로 독립이고 각각 표준정규분포를 따른다.

22. 철근의 장력은 정규분포 $N(\mu, \sigma^2)$을 따른다고 한다. 모수 μ와 σ^2을 모르기 때문에 철근 6개를 무작위로 뽑아 장력을 측정하여 그 표본평균 $\overline{X}$와 표본분산 S^2로 각각 μ와 σ^2를 대신한다고 하자. 실제로 모평균이 표본평균의 $\pm 2S/\sqrt{n}$ 범위 안에 있을 확률을 구하라.

23. $X_1, \cdots, X_n$이 정규분포 $N(\mu, \sigma^2)$로부터의 확률표본일 때 $S=\sqrt{\dfrac{\sum_{i=1}^{n}(X_i-\overline{X})^2}{n-1}}$ 의 평균과 분산을 구하라.

24. $X_1, \cdots, X_n$이 정규분포 $N(0, \sigma^2)$로부터의 확률표본일 때,

(a) $\dfrac{n\overline{X}^2}{S^2}$와 $\dfrac{S^2}{n\overline{X}^2}$는 각각 어떤 분포를 따르는가?

(b) $n=8$일 때 $P\left(-a<\dfrac{S}{\overline{X}}<a\right)=0.90$을 만족하는 a를 구하라. 여기서 $\dfrac{S}{\overline{X}}$는 **변동계수** (coefficient of variation)라 부르고, 표준편차의 평균에 대한 상대적 크기를 나타낸다.

25. 확률변수 X와 Y는 서로 독립이고 표준정규분포를 따른다. $P(X^2+Y^2 \le 6)$을 구하라.

26. X_1과 X_2가 서로 독립이고 표준정규분포를 따를 때, Y의 분포를 구하라.

(a) $Y=\dfrac{X_2-X_1}{\sqrt{2}}$

(b) $Y=\dfrac{(X_1+X_2)^2}{(X_2-X_1)^2}$

(c) $Y=\dfrac{(X_1+X_2)}{\sqrt{(X_1-X_2)^2}}$

(d) $Y=\dfrac{X_2^2}{X_1^2}$

27. $X_1, \cdots, X_{10}$이 표준정규분포로부터의 확률표본이고

$$\overline{X}=\frac{1}{9}\sum_{i=1}^{9}X_i, \quad U=\sum_{i=1}^{9}X_i^2, \quad V=\sum_{i=1}^{9}(X_i-\overline{X})^2$$

일 때, 다음 통계량은 어떤 분포를 따르는가?

(a) $\dfrac{3X_{10}}{\sqrt{U}}$

(b) $\dfrac{2\sqrt{2}\,X_{10}}{\sqrt{V}}$

(c) $\dfrac{36\overline{X}^2+4X_{10}^2}{V}$

28. X_1, X_2는 표준정규분포로부터의 확률표본이고, Y_1, Y_2는 정규분포 $N(1, 1)$로부터의 확률표본으로 X들과 Y들은 서로 독립이다. 다음 통계량의 분포를 구하라.

(a) $\overline{X}+\overline{Y}$

(b) $(X_1 + X_2)/\sqrt{\left[(Y_2 - Y_1)^2 + (X_1 - X_2)^2\right]/2}$

(c) $\left[(X_1 - X_2)^2 + (X_1 + X_2)^2 + (Y_1 - Y_2)^2\right]/2$

(d) $(Y_1 + Y_2 - 2)^2/(Y_2 - Y_1)^2$

29. $n=2$인 표본 $(X_1,\ X_2)$가 있을 때, 표본분산 S^2는 다음과 같이 나타낼 수 있음을 보여라. c는 얼마인가?

$$S^2 = c(X_1 - X_2)^2$$

30. $X_1,\ \cdots,\ X_n$은 평균이 μ이고 분산이 σ^2인 분포로부터의 확률표본이고 $\overline{X} = \frac{1}{n}\sum_{i=1}^{n} X_i$, $S^2 = \frac{1}{n-1}\sum_{i=1}^{n}(X_i - \overline{X})^2$라 할 때,

(a) $S^2 = \frac{1}{2n(n-1)}\sum_{i=1}^{n}\sum_{j=1}^{n}(X_i - X_j)^2$임을 보여라.

(b) $E(S^2) = \sigma^2$임을 보여라.

(c) $Cov(\overline{X},\ S^2)$를 구하라. 언제 $Cov(\overline{X},\ S^2) = 0$이 되는가?

31. $X \sim Exp(\theta)$이면 $\frac{2X}{\theta} \sim \chi^2(2)$임을 보여라. 또한 $Y \sim G(n,\ \theta)$이면 $\frac{2Y}{\theta} \sim \chi^2(2n)$임을 보여라.

32. 확률변수 X와 Y가 서로 독립이고 지수분포 $Exp(1)$를 따를 때 $\frac{X}{Y}$가 F분포를 따르고 있음을 보여라.

33. 만약, $F \sim F(r,\ s)$이라 하면 $F_{1-\alpha}(s,\ r) = \frac{1}{F_\alpha(r,\ s)}$임을 보여라.

34. 확률변수 T가 자유도가 v인 t분포를 따른다면 $T^2 \sim F(1,\ v)$임을 보여라.

35*. $X_1,\ \cdots,\ X_n$이 정규분포 $N(\mu,\ \sigma^2)$로부터의 확률표본일 때, $\overline{X}$와 $X_i - \overline{X}$가 서루 독립임을 보여라.

36. 확률변수 X_1과 X_2는 서로 독립이고 표준정규분포를 따른다.

(a) $(X_1+X_2)/\sqrt{2}$ 와 $(X_2-X_1)/\sqrt{2}$ 의 결합확률밀도함수를 구하라.

(b) $2X_1X_2$와 $X_2^2-X_1^2$이 같은 분포를 따름을 보여라.

37*. $T \sim t(\nu)$일 때 T의 확률밀도함수가 다음과 같음을 보여라.

$$f(t)=\frac{\Gamma\left(\frac{\nu+1}{2}\right)}{\sqrt{\pi\nu}\,\Gamma\left(\frac{\nu}{2}\right)}\left(1+\frac{t^2}{\nu}\right)^{-\frac{\nu+1}{2}}, \quad -\infty<t<\infty$$

38*. $F \sim F(r,\ s)$일 때, F의 확률밀도함수가 다음과 같음을 보여라.

$$f_F(y)=\frac{\Gamma\left(\frac{r+s}{2}\right)\left(\frac{r}{s}\right)^{\frac{r}{2}}}{\Gamma\left(\frac{r}{2}\right)\Gamma\left(\frac{s}{2}\right)}y^{\frac{r}{2}-1}\left(1+\frac{r}{s}y\right)^{-\frac{(r+s)}{2}}, \quad 0<y<\infty$$

39*. 확률변수 X가 $F(r,\ s)$를 따를 때

$$Y=\frac{1}{1+\frac{r}{s}X}$$

로 정의되는 확률변수 Y는 베타분포를 따르게 됨을 보여라.

7.5 순서통계량의 분포

확률표본을 이루는 n개의 확률변수들 사이의 상대적인 크기에 관심이 있는 경우가 있다. 예를 들면 육상이나 수영경기에서는 가장 먼저 골인하는 사람의 기록에 관심이 있을 것이고, 몇 개의 부품들로 이루어진 시스템에서는 부품들의 연결 형태가 직렬(series)이냐 병렬(parallel)이냐에 따라 맨 먼저 또는 맨 나중에 고장이 발생하는 부품에 관심이 있을 것이다. 이와 같이 확률변수들의 상대적 크기에 관심이 있을 때, 관측된 확률변수의 순서를 크기에 따라 정한 것을 **순서통계량**(order statistics)이라 한다.

정의 7.4 |

확률표본 $X_1, \cdots, X_n$을 작은 것부터 큰 것의 순서로 나열하여 $X_{(1)}, \cdots, X_{(n)}$이라 할 때, 이를 순서통계량이라 하고 $X_{(i)}$를 i번째 순서통계량이라 한다.

여러 가지 순서통계량 중 가장 빈번하게 사용되는 것은 $X_{(n)} = \max(X_1, \cdots, X_n)$과 $X_{(1)} = \min(X_1, \cdots, X_n)$이다. 우선 X가 연속형인 경우에 대하여 $X_{(1)}$과 $X_{(n)}$의 분포를 각각 구해보자. 확률변수가 이산형인 경우는 활용도가 크지 않고, 유도과정이 번거롭기 때문에 여기서는 생략한다.

확률밀도함수와 분포함수가 각각 f와 F인 연속형 확률변수 X에 대한 크기 n의 확률표본을 $X_1, X_2, \cdots, X_n$이라 할 때, $X_{(n)} \le y$이면 모든 i에 대하여 $X_i \le y$이므로 $X_{(n)}$의 분포함수는

$$\begin{aligned} F_n(y) &= P(X_{(n)} \le y) = P(X_1 \le y, \cdots, X_n \le y) \\ &= P(X_1 \le y) \cdots P(X_n \le y) = [F(y)]^n \end{aligned} \tag{7.32a}$$

이다. 분포함수 $F_n(y)$의 양변을 y로 미분하면 $X_{(n)}$의 확률밀도함수

$$f_n(y) = n[F(y)]^{n-1} f(y) \tag{7.32b}$$

를 얻는다. 한편, $X_{(1)} > y$이면 모든 i에 대하여 $X_i > y$이므로

$$\begin{aligned} F_1(y) &= P(X_{(1)} \le y) = 1 - P(X_{(1)} > y) \\ &= 1 - P(X_1 > y, \cdots, X_n > y) \end{aligned}$$

$$= 1 - P(X_1 > y) \cdots P(X_n > y)$$

$$= 1 - [1 - F(y)]^n \tag{7.33a}$$

이다. 분포함수 $F_1(y)$의 양변을 y로 미분하면 $X_{(1)}$의 확률밀도함수

$$f_1(y) = n[1 - F(y)]^{n-1} f(y) \tag{7.33b}$$

를 얻는다.

예제 7.33 n개의 동일한 부품이 직렬로 연결되어 있는 제품은 어느 한 부품이라도 고장이 나면 제 기능을 발휘하지 못한다. 각 부품의 수명은 지수분포 $Exp(\theta)$를 따르고 서로 독립이다. 이 제품의 수명분포를 구해보자.

• **풀이** 먼저, 부품 i의 수명을 X_i, 제품의 수명을 U라 하면 U의 분포는 $X_{(1)}$의 분포와 같게 된다. 또,

$$f(x) = \begin{cases} \frac{1}{\theta} e^{-\frac{x}{\theta}}, & x > 0 \\ 0, & \text{기타} \end{cases}, \quad F(x) = \begin{cases} 0, & x < 0 \\ 1 - e^{-\frac{x}{\theta}}, & \geq 0 \end{cases}$$

이므로, U의 확률밀도함수는 식 (7.33b)를 이용하여

$$f_U(u) = n[e^{-\frac{u}{\theta}}]^{n-1} \frac{1}{\theta} e^{-\frac{u}{\theta}} = \begin{cases} \frac{n}{\theta} e^{-\frac{n}{\theta}u}, & u > 0 \\ 0, & \text{기타} \end{cases}$$

이다. 따라서 U는 지수분포 $Exp(\theta/n)$을 따른다. ■

다음으로 크기가 n인 확률표본의 순서통계량의 결합확률밀도함수를 구해보자. 결합확률밀도함수를 변수변환 방식에 의해 구할 경우, $(X_1, \cdots, X_n)$이 취하는 관측값 $(x_1, \cdots, x_n)$으로부터 $y_1 = \min\{x_1, \cdots, x_n\}$, $y_2 = \text{second smallest}\{x_1, \cdots, x_n\}$, $\cdots$, $y_n = \max\{x_1, \cdots, x_n\}$로의 변환은 1대 1이 아니다. $x_1, \cdots, x_n$을 크기순으로 배열하면 $n!$개의 다른 배열이 있을 수 있다. 즉 $n!$개의 역변환이 있을 수 있다. 예를 들어 $n!$개의 배열 중의 하나가 $x_3 < x_n < x_2 < \cdots < x_1 < x_{n-1}$일 경우의 역변환은 $x_3 = y_1$, $x_n = y_2$, $x_1 = y_{n-1}$, $x_{n-1} = y_n$ $x_2 = y_3$, $\cdots$,이 되고 그 자코비안은 $+1$ 또는 -1이 됨을 쉽게 알 수 있다. 그리고 $f(x_1, \cdots, x_n) = \prod_{i=1}^{n} f(x_i)$이므로 이때의

결합확률밀도함수 g는

$$g(y_{n-1},\ y_3,\ y_1,\ \cdots,\ y_n,\ y_2) = |J|\prod_{i=1}^{n} f(y_i) = \prod_{i=1}^{n} f(y_i)$$

가 된다. 이러한 경우가 $n!$개가 있으므로 $X_{(1)},\ \cdots,\ X_{(n)}$의 결합확률밀도함수 g는 다음과 같다.

$$g(y_1,\ y_2,\ \cdots,\ y_n) = n!f(y_1)f(y_2)\cdots f(y_n),\quad -\infty < y_1 < y_2 < \cdots < y_n < \infty. \quad (7.34)$$

예제 7.34 $X_{(1)} < X_{(2)} < X_{(3)}$를 $U(0,\ 1)$로부터 얻어진 크기 3인 확률표본의 순서통계량이라 할 때, 그 결합확률밀도함수를 구해보자.

• **풀이** 식 (7.34)로부터

$$g(y_1,\ y_2,\ y_3) = \begin{cases} 3! = 6, & 0 < y_1 < y_2 < y_3 < 1 \\ 0, & \text{기타} \end{cases}$$

이다. ■

실제 응용에는 크기 n인 확률표본으로부터 정의된 순서통계량 전체의 결합확률밀도함수보다 특정 순서통계량의 확률밀도함수가 더 자주 이용된다. 식 (7.34)로부터 k번째 순서통계량 $X_{(k)}$의 주변밀도함수를 구하면,

$$\begin{aligned} g_k(y_k) &= \int_{-\infty}^{y_k}\cdots\int_{-\infty}^{y_2}\int_{y_k}^{\infty}\cdots\int_{y_{n-1}}^{\infty} n!f(y_1)\cdots f(y_n)dy_n\cdots dy_{k+1}dy_1\cdots dy_{k-1} \\ &= n!f(y_k)\cdot\frac{[1-F(y_k)]^{n-k}}{(n-k)!}\int_{-\infty}^{y_k}\cdots\int_{-\infty}^{y_2} f(y_1)\cdots f(y_{k-1})dy_1\cdots dy_{k-1} \\ &= n!f(y_k)\cdot\frac{[1-F(y_k)]^{n-k}}{(n-k)!}\cdot\frac{[F(y_k)]^{k-1}}{(k-1)!} \\ &= \frac{n!}{(k-1)!(n-k)!}[F(y_k)]^{k-1}[1-F(y_k)]^{n-k}f(y_k),\quad -\infty < y_k < \infty \end{aligned} \quad (7.35)$$

가 된다.

같은 방법으로 i번째와 j번째 순서통계량 $X_{(i)}$와 $X_{(j)}$, $1 \le i < j \le n$의 결합확률밀도함수는 식 (7.34)를 변수 $X_{(i)}$, $X_{(j)}$ 이외의 변수들을 적분하여 소거하면

$$g_{ij}(y_i,\ y_j)=\frac{n!}{(i-1)!(j-i-1)!(n-j)!}[F(y_i)]^{i-1}[F(y_j)-F(y_i)]^{j-i-1}$$

$$\times[1-F(y_j)]^{n-j}f(y_i)f(y_j),\quad -\infty<y_i<y_j<\infty \tag{7.36}$$

가 된다.

예제 7.35 $X_{(1)}<X_{(2)}<X_{(3)}<X_{(4)}$를 확률밀도함수가

$$f(x)=\begin{cases}2x, & 0<x<1\\ 0, & \text{기타}\end{cases}$$

인 모집단으로부터의 확률표본의 순서통계량이라 하고 $X_{(3)}$의 확률밀도함수를 구해보자.

• **풀이** $F(x)=x^2,\ 0<x<1$이므로

$$g_3(y_3)=\frac{4!}{2!\ 1!}(y_3^2)^2(1-y_3^2)(2y_3)$$

$$=\begin{cases}24\ y_3^5[1-y_3^2], & 0<y_3<1\\ 0, & \text{기타}\end{cases}$$

이다. ■

예제 7.36 $X_{(1)}<X_{(2)}<X_{(3)}$이 균일분포 $U(0,\ 1)$로부터의 확률표본의 순서통계량이라 할 때, 표본범위 $R=X_{(3)}-X_{(1)}$의 확률밀도함수를 구해보자.

• **풀이** $0<x<1$일 때 $f(x)=1,\ F(x)=x$이므로 $X_{(1)}$과 $X_{(3)}$의 결합밀도함수는 식 (7.36)으로부터

$$g_{13}(y_1,\ y_3)=\begin{cases}6(y_3-y_1), & 0<y_1<y_3<1\\ 0, & \text{기타}\end{cases}$$

이다. $X_{(3)}=y_3$으로 고정시키면 변환 $r=y_3-y_1$의 역변환은 $y_1=y_3-r$이 되고 이때 $\dfrac{dy_1}{dr}=-1$이 된다. 따라서 R과 $X_{(3)}$의 결합확률밀도함수는

$$h(r,\ y_3)=g_{13}(y_3-r,\ y_3)\times|-1|=\begin{cases}6r, & 0<r<y_3<1\\ 0, & \text{기타}\end{cases}$$

이 된다. 따라서 표본범위 R의 확률밀도함수는

$$h(r) = \begin{cases} \int_r^1 6r\ dr = 6r(1-r), & 0 < r < 1 \\ 0, & \text{기타} \end{cases}$$

이 된다. ■

활용도가 큰 순서통계량의 예로 표본 최솟값 $X_{(1)}$, 표본 최댓값 $X_{(n)}$, 그리고 표본범위 $R = X_{(n)} - X_{(1)}$ 이외에도 표본 중앙값이 있다.

정의 7.5 |

크기 n인 확률표본 $X_1, X_2, \cdots, X_n$에서 표본중앙값(sample median) $\widetilde{X}$는 다음과 같이 정의된다.

$$\widetilde{X} = \begin{cases} X_{((n+1)/2)}, & n\text{이 홀수일 때} \\ (X_{(n/2)} + X_{(n/2+1)})/2, & n\text{이 짝수일 때.} \end{cases}$$

연습문제 7.5

1. $X_1, X_2, \cdots, X_n$이 균일분포 $U(0, \theta)$로부터의 확률표본일 때,
   (a) $X_{(n)}$의 분포함수와 확률밀도함수를 구하라.
   (b) $E(X_{(n)})$과 $V(X_{(n)})$을 구하라.

2. $X_1, X_2, \cdots, X_n$이 균일분포 $U(0, \theta)$로부터의 확률표본일 때,
   (a) $X_{(1)}$의 분포함수와 확률밀도함수를 구하라.
   (b) $E(X_{(1)})$과 $V(X_{(1)})$을 구하라.

3. X_1, X_2, X_3이 확률밀도함수

$$f(x) = \begin{cases} 2x, & 0 < x < 1 \\ 0, & \text{기타} \end{cases}$$

를 갖는 모집단으로부터의 확률표본일 때 $X_{(1)}$이 분포의 중앙값보다 클 확률을 구하라.

4. X의 확률함수가

$$p(x)=\begin{cases}\frac{1}{6}, & x=1,\ 2,\ 3,\ 4,\ 5,\ 6\\ 0, & \text{기타}\end{cases}$$

일 때, X에 대한 크기 5의 확률표본에서 $X_{(1)}$의 확률함수가 다음과 같게 됨을 보여라.

$$p_1(y)=\left(\frac{7-y}{6}\right)^5-\left(\frac{6-y}{6}\right)^5,\quad y=1,\ 2,\ 3,\ 4,\ 5,\ 6$$

5. X_1, X_2가 지수분포 $Exp(\theta)$로부터의 확률표본일 때 $R=X_{(2)}-X_{(1)}$는 어떤 분포를 따르는가?

6. X와 Y는 서로 독립이고 각각 확률밀도함수

$$f(x)=\begin{cases}2x, & 0<x<1\\ 0, & \text{기타}\end{cases},\quad g(y)=\begin{cases}3y^2, & 0<y<1\\ 0, & \text{기타}\end{cases}$$

를 갖는다. $U=\min(X,\ Y)$, $V=\max(X,\ Y)$라 정의할 때, U와 V의 결합확률밀도함수를 구하라.

7. X_1, X_2, X_3는 정규분포 $N(6,\ 4)$로부터의 확률표본이다. 가장 큰 것이 8보다 클 확률을 구하라.

8. X_1, X_2, $\cdots$, X_n은 균일분포 $U(0,\ 1)$로부터의 확률표본이고, Y는 균일분포 $U(0,\ 1)$을 따르며 X_i들과 독립일 때,
   (a) $P(Y\le X_{(n)})$를 구하라.
   (b) $P(X_{(1)}\le Y\le X_{(n)})$를 구하라.

9. X_1, $\cdots$, X_n이 균일분포 $U(0,\ \theta)$로부터의 확률표본일 때,
   (a) $X_{(k)}$의 확률밀도함수를 구하라.
   (b) $X_{(k)}$의 평균과 분산을 구하라.

10. X와 Y의 결합확률밀도함수가 다음과 같다.

$$f(x,\ y) = \begin{cases} \dfrac{12}{7}x(x+y), & 0 < x < 1,\ 0 < y < 1 \\ 0, & \text{기타} \end{cases}$$

$U = \min(X,\ Y)$, $V = \max(X,\ Y)$라 정의할 때, U와 V의 결합확률밀도함수를 구하라.

11. $X_1,\ \cdots,\ X_n$이 확률밀도함수가

$$f(x) = \begin{cases} \dfrac{1}{\theta_2}e^{-\frac{x-\theta_1}{\theta_2}}, & x > \theta_1,\ \ 0 < \theta_1 < \infty,\ \ 0 < \theta_2 < \infty \\ 0, & \text{기타} \end{cases}$$

인 2모수 지수분포로부터의 확률표본일 때,

(a) $X_{(1)}$의 확률밀도함수를 구하라.

(b) $E\left(X_{(1)}\right)$을 구하라.

12. $X_1,\ \cdots,\ X_n$이 지수분포 $Exp(\beta)$로부터의 확률표본일 때,

(a) $X_{(k)}$의 확률밀도함수를 구하라.

(b) $X_{(i)}$와 $X_{(j)}$의 결합확률밀도함수를 구하라.

13*. $X_1,\ \cdots,\ X_n$이 균일분포 $U(0,\ 1)$로부터의 확률표본일 때,

(a) $X_{(i)}$와 $X_{(j)}$, $i < j$의 결합확률밀도함수를 구하라.

(b) $Cov(X_{(i)},\ X_{(j)})$를 구하라.

14*. 균일분포 $U(0,\ 1)$로부터 크기 n인 표본을 뽑을 때

(a) 표본범위 $R = X_{(n)} - X_{(1)}$의 확률밀도함수를 구하라.

(b) R의 평균과 분산을 구하라.

15*. $X_1,\ \cdots,\ X_n$이 균일분포 $U(0,\ \theta)$로부터의 확률표본일 때,

(a) $X_{(i)}$와 $X_{(j)}$, $i < j$의 결합확률밀도함수를 구하라.

(b) $Cov(X_{(i)},\ X_{(j)})$를 구하라.

16. 수명이 평균 θ인 지수분포를 따르는 n개의 부품으로 구성된 제품이 있다. n개의 부품 중 하나라도 작동하면 제품은 제 기능을 한다고 하자.

(a) 제품의 수명 V의 분포함수와 확률밀도함수를 구하라.

(b) $n=2$일 때 $P(V>\theta)$를 구하라.

17. 연속형 분포함수에서 $n=2$인 확률표본을 뽑을 때, 둘 중 큰 값이 분포의 중앙값보다 클 확률은 얼마인가? 또한 크기가 n인 경우로 일반화하였을 때 최댓값이 분포의 중앙값보다 클 확률을 구하라.

18. $X_1,\ X_2,\ \cdots,\ X_n \sim \text{iid } F(y)$일 때, $U=X_{(1)}$와 $V=X_{(n)}$의 결합분포함수가 다음과 같게 됨을 보여라.

$$F(u,\ v)=\begin{cases}[F(v)]^n-[F(v)-F(u)]^n, & u\le v\\ [F(v)]^n, & u>v\end{cases}$$

19. $X_1,\ X_2,\ \cdots,\ X_5$는 서로 독립이고 지수분포 $Exp(1)$을 따른다. 이때 $X_{(2)}$와 $X_{(4)}-X_{(2)}$는 서로 독립임을 보여라.

20. $X_1,\ \cdots,\ X_n$이 균일분포 $U(0,\ 1)$로부터의 확률표본일 때,

(a) $X_{(k)}$가 베타분포 $Be(k,\ n-k+1)$을 따르고 있음을 보여라.

(b) $E(X_{(k)})$와 $V(X_{(k)})$를 구하라.

21. 정규분포 $N(0,\ \sigma^2)$로부터 $n=2$인 확률표본을 뽑을 때, $E(X_{(1)})=-\dfrac{\sigma}{\sqrt{\pi}}$가 됨을 보여라.

22*. 어떤 전자 부품의 수명은 지수분포 $Exp(\theta)$를 따른다. 부품 n개를 동시에 독립적으로 작동시켜 r개가 고장 날 때까지 관찰한다고 하자. 여기서 $r\le n$. Y_i를 i번째 고장이 일어날 때까지의 시간이라 하면 $Y_1<Y_2<\cdots<Y_n$이고, $W_i=Y_i-Y_{i-1}$은 연속된 두 고장 사이의 시간이고, $W_1=Y_1$이다.

(a) $W_1,\ \cdots,\ W_n$은 서로 독립이고 W_i는 지수분포 $Exp\left(\dfrac{\theta}{n-i+1}\right)$을 따름을 보여라.

(b) r개가 고장 날 때까지의 총 작동시간은

$$\sum_{i=1}^{r} Y_i + (n-r)\,Y_r = \sum_{i=1}^{r}(n-i+1)\,W_i$$

가 됨을 보여라.

(c) 총 작동시간의 기댓값은 얼마나 되는가?

7.6 대수의 법칙과 중심극한정리

확률표본 $X_1, \cdots, X_n$에서 표본의 크기 n이 아주 커진다면, 표본평균 $\overline{X}$는 직관적으로 모평균 μ에 가까워질 것이라는 추측을 할 수 있을 것이다. 일례로, 우리나라 초등학교 1학년생 키의 전체평균을 알아보기 위해 100명, 1,000명, 10,000명의 학생을 무작위로 뽑아 각각 그 표본평균을 구한다면, 100명의 평균보다는 1,000명의 평균이, 1,000명의 평균보다는 10,000명의 평균이 전체 평균에 더 가까울 것이라는 대체적인 판단을 할 수 있다.

이 절에서는 이와 같이 표본의 크기가 커질 경우 통계량이 확률적으로 어떤 값에 접근하게 될 것이며, 또 그 분포는 어떤 분포에 근사할 것인지에 대해 알아본다. 먼저 다음 정의를 살펴보자.

정의 7.6 |

$\{X_n\}$을 확률변수의 수열, c를 n에 무관한 상수라 하자. 임의의 실수 $\epsilon > 0$에 대해, 조건

$$\lim_{n\to\infty} P(|X_n - c| > \epsilon) = 0$$

이 만족될 때, $\{X_n\}$은 c에 확률적으로 수렴한다(converges in probability)고 하고 $X_n \xrightarrow{p} c$라 표기한다.

[정의 7.6]의 조건은 다음과 같이 바꾸어 쓸 수도 있으며, 편의에 따라 어느 것을 이용해도 무방하다.

$$\lim_{n\to\infty} P(|X_n - c| \le \epsilon) = 1$$

또, 확률변수 수열 $\{X_n\}$과 확률변수 X가 있을 때, 임의의 실수 $\varepsilon > 0$에 대해,

$$\lim_{n\to\infty} P(|X_n - X| > \epsilon) = 0 \tag{7.37}$$

이 만족되면, $\{X_n\}$은 X에 확률적으로 수렴한다고 말하고, $X_n \xrightarrow{p} X$라 표기한다. 확률적 수렴은 통계량의 성질 규명에 많이 사용되며 다음에 정의되는 대수의 법칙과도 관계가 있다.

정의 7.7 | 대수의 법칙

$\{X_n\}$이 확률변수들의 수열일 때 실수 수열 $\{a_n\}$이 있어 $n \to \infty$에 따라

$$\frac{\sum_{i=1}^{n} X_i - a_n}{n} \xrightarrow{p} 0$$

이면, 대수의 법칙(law of large numbers)이 성립한다고 말한다.

그러면, 통계량 중에서 가장 널리 이용되는 표본평균으로 대수의 법칙이 성립하는지를 확인해 보자. $X_1, \cdots, X_n$이 평균과 분산이 각각 μ, σ^2인 확률표본일 때, 표본평균 $\overline{X_n}$의 평균과 분산은 각각 다음과 같게 된다.

$$E(\overline{X_n}) = \mu, \quad V(\overline{X_n}) = \frac{\sigma^2}{n}$$

따라서 식 (4.22)의 마코브 부등식에서 $X = \overline{X_n} - \mu$, $r = 2$라 놓으면, 임의의 실수 $\epsilon > 0$에 대해,

$$P(|\overline{X_n} - \mu| > \epsilon) \leq \frac{V(\overline{X_n})}{\epsilon^2} = \frac{\sigma^2}{n\epsilon^2} \xrightarrow{n \to \infty} 0$$

이므로, 표본평균은 모평균에 확률적으로 수렴한다. 즉, $\overline{X_n} \xrightarrow{p} \mu$이다. 따라서 $\frac{\sum_{i=1}^{n} X_i - n\mu}{n} = \overline{X_n} - \mu \xrightarrow{p} 0$이므로, 대수의 법칙이 성립한다.

예제 7.37 $b(1, p)$를 따르는 확률변수 X에 대한 확률표본 $X_1, \cdots, X_n$의 평균에 대해 대수의 법칙이 성립함을 확인해 보자.

• 풀이 표본평균(비율)을 $\overline{p_n} = \frac{1}{n}\sum_{i=1}^{n} X_i$이라 하면 $E(\overline{p_n}) = p$, $V(\overline{p_n}) = \frac{p(1-p)}{n}$이므로 앞의 설명과 같은 방식으로 대수의 법칙이 성립함을 알 수 있다. ■

앞에서는 X_1, X_2, $\cdots$을 평균과 분산이 존재하는 iid인 확률변수들의 수열이라 할 때, 대수의 법칙으로부터 표본평균 $\overline{X_n}$가 μ에 확률적으로 접근함을 알 수 있었다. 한편, 주어진 문제를 통계적으로 분석함에 있어서 표본평균이 궁극적으로 어떤 값에 접근할 것인가 하는 것보다 표본평균의 분포가 어떤 분포로 접근할 것인가가 더 중요할 수도 있다. 이에 관련되는 용어로서 **극한분포**(limiting distribution)의 정의부터 살펴보자.

정의 7.8 |

확률변수 X_n의 분포함수가 F_n, $n = 1, 2, \cdots$이고, 확률변수 X의 분포함수가 F라 하자. 함수 F의 연속인 모든 점 x에서

$$\lim_{n \to \infty} F_n = F$$

이면 X_n의 분포가 X의 분포로 수렴한다고 말한다. F는 X_n의 극한분포라 부른다.

예제 7.38 $X_1, \cdots, X_n$이 균일분포 $U(0, \theta)$로부터의 확률표본일 때, $Y_n = X_{(n)}$의 극한분포함수를 구해보자.

• **풀이** 먼저, $Y_n = X_{(n)}$의 확률밀도함수 $g_n(y)$는 식 (7.32b)로부터

$$g_n(y) = \frac{ny^{n-1}}{\theta^n}, \quad 0 < y < \theta$$

이고, 분포함수는

$$G_n(y) = \begin{cases} 0, & y < 0 \\ (y/\theta)^n, & 0 \le y < \theta \\ 1, & \theta \le y \end{cases}$$

이다. 따라서

$$\lim_{n \to \infty} G_n(y) = \begin{cases} 0, & y < \theta \\ 1, & \theta \le y \end{cases}$$

이고, 이것은 분포함수의 조건을 모두 만족하므로 Y_n의 극한분포함수 G는 다음과 같다.

$$G(y)=\begin{cases}0, & y<\theta \\ 1, & \theta \le y\end{cases}.$$
■

[예제 7.38]에서 Y_n의 극한분포는 $y=\theta$인 점에서 확률이 1이고 그 밖에서는 모두 0인 분포임을 알 수 있다. 이 같은 분포를 **퇴화분포**(degenerate distribution)라 한다. 또, Y_n의 극한분포가 퇴화분포라는 것은 확률변수의 수열 $\{Y_n\}$이 어떤 상수값 θ로 확률적으로 수렴함을 의미한다. 그런데 표본평균의 분산은 표본크기 n이 커짐에 따라 0으로 접근하므로, 표본평균의 극한분포는 거의 대부분이 퇴화분포가 된다.

현실적인 응용에 있어서 퇴화분포에 대해서 분포의 특성이나 종류 등에 대해 언급하는 것은 무의미하므로, 표본평균을 다음과 같이 표준화한(standardized) 확률변수

$$Z_n=\frac{\overline{X_n}-\mu}{\sigma/\sqrt{n}}=\frac{\sum X_i-n\mu}{\sqrt{n}\,\sigma} \tag{7.38}$$

의 분포가 n이 커짐에 따라 어떤 분포로 접근하는지를 알아보자. 먼저 [정의 7.8]에서 정의된 극한분포를 쉽게 찾기 위해 많이 사용되는 일반적인 정리를 소개한다.

정리 7.10 |

확률변수 X_n과 X의 적률생성함수가 각각 $M_n(t)$와 $M(t)$라 하자. 모든 t에 대하여

$$\lim_{n\to\infty} M_n(t)=M(t)$$

이면, $n\to\infty$에 따라 X_n의 분포는 X의 분포로 수렴한다.

[정리 7.10]의 증명은 생략하고, 이 정리를 이용하여 식 (7.38)의 Z_n의 극한분포가 $N(0,\ 1)$이 됨을 확인해 보자. 확률변수 X를 표준화한 $Z=(X-\mu)/\sigma$의 적률생성함수를 $m(t)$라 하면, 그 평균과 분산이 각각 0, 1이므로 $m^{(1)}(0)=E(Z)=0$, $m^{(2)}(0)=E(Z^2)=1$이 된다. 따라서 $m(t)$를 테일러급수로 전개하여 다음 식을 얻을 수 있다.

$$\begin{aligned} m(t) &= m(0)+m^{(1)}(0)t+\frac{m^{(2)}(0)t^2}{2!}+\frac{m^{(3)}(0)t^3}{3!}+\cdots \\ &= 1+\frac{t^2}{2}+\frac{E(Z^3)t^3}{3!}+\cdots \end{aligned}$$

한편, $Z_n = \frac{1}{\sqrt{n}}\sum_{i=1}^{n}(X_i-\mu)/\sigma$이므로, 식 (7.14)를 이용하면 Z_n의 적률생성함수 $M_n(t)$는

$$\begin{aligned} M_n(t) &= E[\exp(tZ_n)] = E\left\{\exp\left[\frac{t}{\sqrt{n}}\sum_{i=1}^{n}\left(\frac{X_i-\mu}{\sigma}\right)\right]\right\} \\ &= \prod_{i=1}^{n}E\left[\exp\left(\frac{t}{\sqrt{n}}\frac{X_i-\mu}{\sigma}\right)\right] = \left\{E\left[\exp\left(\frac{t}{\sqrt{n}}\frac{X-\mu}{\sigma}\right)\right]\right\}^n \\ &= \left[m\left(\frac{t}{\sqrt{n}}\right)\right]^n = \left[1 + \frac{t^2}{2n} + \frac{E(Z^3)\ t^3}{3!\ n^{3/2}} + \cdots\right]^n \end{aligned}$$

이다. 여기서 $x = \frac{t^2}{2n} + \frac{E(Z^3)}{6n^{3/2}}t^3 + \cdots$라 하고 양변에 로그를 취하여 얻은 $\ln(1+x)$를 테일러 급수전개하면

$$\begin{aligned} \ln M_n(t) &= n\ln(1+x) = n\left[x - \frac{x^2}{2} + \frac{x^3}{3}\cdots\right] \\ &= \left(\frac{t^2}{2} + \frac{E(Z^3)}{\sigma\sqrt{n}}t^3 + \cdots\right) - \frac{n}{2}\left(\frac{t^2}{2n} + \frac{E(Z^3)}{\sigma n^{3/2}}t^3 + \cdots\right)^2 + \cdots \xrightarrow{n\to\infty} \frac{t^2}{2} \end{aligned}$$

이 되고, 따라서

$$\lim_{n\to\infty} M_n(t) = e^{\frac{t^2}{2}}$$

이다. 그런데 이것은 표준정규분포의 적률생성함수이므로, [정리 7.10]에 의해 Z_n의 극한분포는 $N(0,\ 1)$이 된다. 이와 같은 사실로부터 다음 정리가 성립함을 알 수 있다.

정리 7.11 | 중심극한정리(central limit theorem; CLT)

$X_1, \cdots, X_n$이 평균이 μ이고 분산이 σ^2인 분포로부터 얻은 확률표본일 때, 표본평균을 식 (7.38)과 같이 표준화한 Z_n의 분포는 표본크기 n이 커짐에 따라 표준정규분포 $N(0,\ 1)$로 접근한다.

현실적으로 표본의 크기가 무한할 경우는 없으므로, 우리의 관심은 표본의 크기가 유한한 경우에 중심극한정리를 적용하여 확률계산을 한다면 어느 정도 참값에 가깝게 되는지에 있다. 즉,

중심극한정리의 유용성은 표본의 크기 n이 유한한 경우라 하더라도 어느 정도 크기만 하면, 식 (7.38)의 Z_n은 근사적으로 $N(0,\ 1)$을 따르게 된다는 데 있다. 특히 X_i들의 분포가 대칭에 가까운 모양이고 꼬리 부분이 빠르게 0에 접근할 경우에는 n이 상대적으로 작아도 Z_n의 분포는 $N(0,\ 1)$에 가깝다. 반대로 분포가 대칭이 아니거나 꼬리 부분이 매우 완만하게 0에 접근할 경우에는 n이 상당히 커야 하는데, 일반적으로 n이 30 이상이면 Z_n의 분포는 모집단의 분포와 무관하게 표준정규분포에 매우 가까워진다.

예제 7.39 어떤 공장에서 생산되는 제품의 강도는 평균 1,000 psi이고 표준편차가 100 psi라고 알려져 있다. 이 공장에서 제품 36개를 뽑아 시험했을 때 평균강도가 980 psi 미만일 확률을 구해보자.

• **풀이** 표본평균 $\overline{X}$의 평균은 1,000, 표준편차는 $100/\sqrt{36} = 100/6$이므로, 중심극한정리에 의해 정규분포로 근사 계산하면,

$$P(X < 980) \fallingdotseq P\left(Z < \frac{980 - 1{,}000}{100/6}\right) = P(Z < -1.20) = 0.1151$$

이다. ■

한편, 이산형 확률변수로서 이항확률변수는 베르누이 확률변수의 합으로 나타나므로 그 분포를 정규분포로 근사시킬 수 있다. 특히 모수 p의 값이 1/2에 가까울수록 근사성이 좋으며, 보통 $np \geq 5,\ n(1-p) \geq 5$이면 정규분포로 근사화시켜 확률계산을 한다. 다음 정리는 [정리 7.11]의 따름 정리로 생각할 수 있다.

정리 7.12 |

확률변수 X_n이 이항분포 $b(n,\ p)$를 따를 때,

$$Z_n = \frac{X_n - np}{\sqrt{np(1-p)}} = \frac{p_n - p}{\sqrt{\dfrac{p(1-p)}{n}}},\quad \text{단 } p_n = X_n/n$$

의 분포는 n이 커짐에 따라 표준정규분포 $N(0,\ 1)$로 접근한다.

예제 7.40 동전을 100번 던졌을 때, 앞면이 60번 나왔다면 이 동전이 바르게 만들어진 것이라고 할 수 있는지 알아보자.

• 풀이 먼저, 동전이 바르게 만들어졌다면 앞면이 나올 횟수 X는 $n=100$, $p=1/2$인 이항분포를 따르므로 $E(X)=50$, $V(X)=25$이다. 이 경우, 이항분포로부터 $P(X=60)$나 $P(X=50)$처럼 X가 어떤 특정값을 가질 확률을 계산하면 매우 작은 값이 되므로 적절한 판단을 할 수 없다. 따라서 $P(X\geq 60)$을 계산한 결과로 평가를 하는 것이 타당하다고 하겠다. 정규분포를 이용하여 근사적인 확률을 구하면,

$$P(X\geq 60)=P(X>59.5)=P\left(\frac{X-50}{5}\geq\frac{59.5-50}{5}\right)\cong P(Z\geq 1.90)=0.0287$$

이므로, 바르게 만들어진 동전을 100번 던져 앞면이 60번 이상 나올 확률이 아주 작음을 알 수 있다. 따라서 이 동전은 정상이 아니라고 판단된다. ■

포아송 확률변수의 확률도 정규분포를 이용하여 근사적으로 계산할 때가 많다. 즉, $X_1, \cdots, X_n$이 $Poi(\lambda)$로부터의 확률표본일 때,

$$Z_n=\frac{\sum_{i=1}^{n}X_i-n\lambda}{\sqrt{n\lambda}}=\frac{\overline{X}-\lambda}{\sqrt{\lambda}/\sqrt{n}} \tag{7.39}$$

의 분포는 n이 커짐에 따라 $N(0,\ 1)$로 접근한다. 이러한 결과와 포아송분포는 재생성이 있으므로, $Y=\sum_{i=1}^{n}X_i$의 분포는 $Poi(n\lambda)$이라는 사실을 비교 음미하면, 결국 포아송분포의 모수값이 크면 정규분포로 근사시킬 수 있음을 알 수 있다.

예제 7.41 어떤 장치로부터 한 시간 동안 방출되는 방사능 입자의 수 X가 포아송분포 $Poi(900)$을 따른다고 할 때, 한 시간 동안 950개 이상의 입자가 방출될 확률을 구해보자.

• 풀이

$$P(X\geq 950)=P(X>949.5)=P\left(\frac{X-900}{\sqrt{900}}>\frac{949.5-900}{\sqrt{900}}\right)$$
$$\cong P(Z>1.65)=0.0495$$

이다. ■

연습문제 7.6

1. X가 $b(n,\ 0.55)$를 따를 때 확률부등식 $P\left(\dfrac{X}{n} > \dfrac{1}{2}\right) \geq 0.95$를 근사적으로 만족시키는 가장 작은 n을 구하라.

2. 점원이 한 손님의 물건 값을 계산하는 데 걸리는 시간은 평균 1.5분이고 표준편차는 1분이다. 한 시간 안에 손님 50명의 물건 값을 계산할 근사확률을 구하라.

3. 흙의 산성도 단위는 pH로, 0(강산성)부터 14(강알카리성)까지이다. 어떤 지역에서 크기 n인 표본을 뽑아 pH를 조사하기로 하였다. 과거의 경험에 의해 이 지역의 흙의 산성도는 5pH와 9pH 사이에서 균일하게 분포한다고 알려져 있다. $n = 30$일 때, 표본의 평균 pH와 참 pH의 차이가 0.2 이하가 될 확률을 근사적으로 구하라.

4. 이항분포를 정규분포로 근사시켜 확률계산을 하는 기준으로 $np \geq 5,\ nq \geq 5$ 외에 또 하나의 기준은

$$0 < p \pm 3\sqrt{\frac{pq}{n}} < 1$$

이 되도록 하는 것이다. 여기서 $q = 1 - p$.
이 조건이 성립하려면 n은 얼마나 커야 되는가?

5. 각 눈이 나올 확률이 동일하게 만들어진 주사위 24개를 동시에 던져서 나오는 눈금 수의 합을 Y라 할 때, $P(76 \leq Y \leq 92)$를 근사적으로 구하라.

6. $X_1,\ \cdots,\ X_n$이 베르누이분포 $b(1,\ p)$로부터의 확률표본일 때,
   (a) 표본평균 $\overline{X}$에 대해 $E(\overline{X} - p)^3$을 구하라.
   (b) $p = \dfrac{1}{2}$일 때 $E(\overline{X} - p)^3 = 0$ 이 되고, n이 커지면 p값에 관계없이 $E(\overline{X} - p)^3 \to 0$이 됨을 보여라.

7. $X_1,\ X_2,\ \cdots,\ X_n$은 서로 독립이고 $E(X_i) = \mu$이며 $V(X_i) = \sigma_i^2$이다. $n \to \infty$일 때, $\dfrac{1}{n^2}\sum_{i=1}^{n}\sigma_i^2 \to 0$이면 $\overline{X}$가 μ에 확률적으로 수렴함을 보여라.

8. 확률변수 X_n은 이항분포 $b(n,\ p)$를 따른다. 제5.4절에서는 $np = \lambda$로 고정되고, $n \to \infty$일 때, X_n의 확률함수가 $P(\lambda)$의 확률함수로 수렴함을 알았다. 적률생성함수를 이용하여 X_n의 분포가 $P(\lambda)$로 수렴함을 보여라.

9. 어떤 제품을 로트 단위로 출하하는데, 로트 당 무작위로 100개를 뽑아 검사하여 그 중 불량품이 5개 이하일 때만 로트를 합격으로 판정하여 출하한다고 한다. 여기서 로트 당 제품 수는 아주 크다고 한다.
   (a) 로트의 참 불량률이 5%라면 로트가 합격될 확률은 얼마인가?
   (b) 로트의 참 불량률이 10%일 때의 로트가 합격될 확률은 얼마인가?

10. 소수점 이하 자리를 포함하는 48개의 측정값을 가장 가까운 정수로 반올림하려 한다. 만일 반올림에 의해 생기는 오차들이 서로 독립이고 균일분포 $U\left(-\frac{1}{2},\ \frac{1}{2}\right)$를 따른다면, 반올림으로 얻는 정수의 합과 원래 측정값의 합의 차가 2 이내가 될 확률을 근사적으로 구하라.

11. 측정값의 평균은 μ이고 분산이 25이다. n개의 측정값에 대한 표본평균의 오차가 1 이하가 될 확률이 0.95가 되기 위해서는 n이 얼마나 커야 하는가?

12. Y가 자유도가 n인 χ^2분포를 따르면 Y는 다음과 같이 표현할 수 있다.

$$Y = \sum_{i=1}^{n} X_i$$

   여기서 X_i들은 서로 독립이고 $\chi^2(1)$을 따른다.
   (a) $Z = \dfrac{Y-n}{\sqrt{2n}}$이 표준정규분포로 근사화됨을 보여라.
   (b) 어느 공장에서 생산되는 제품의 길이 X는 평균이 1.5 m이고 표준편차가 0.3 m인 정규분포를 따르고, 길이가 정확히 1.5 m가 아닐 경우에 발생하는 비용(단위: 1,000원)은 $5(X-1.5)^2$이라고 한다. 하루 생산량 100개로 인해 발생하는 비용이 50,000원을 넘을 확률은 대략 얼마가 되는가?

13. X_i는 시험위성이 i번째 궤도비행 중에 충돌하는 유성의 수를 나타낸다. $S_n = \sum_{i=1}^{n} X_i$로 두면 S_n은 n번의 궤도비행 중에 충돌한 유성의 총 수를 나타낸다. X_i들이 서로 독립이고 포아송분포 $Poi(\lambda)$를 따를 때,
   (a) $E(S_n)$과 $V(S_n)$를 구하라.

(b) $n=100$이고 $\lambda=4$일 때 $P[S_{100}>440]$를 근사적으로 구하라.

14. 철광석, 석탄, 시멘트, 설탕, 곡물과 같은 벌크(bulk)물질은 컨베이어벨트를 따라 운반될 때 주기적으로 작은 샘플을 뽑아서 검사한다. 작은 샘플을 뽑은 후에 그것들을 결합하여 하나의 복합샘플로 만든다. i번째 샘플의 부피 X_i는 평균이 μ, 분산이 σ^2이고, $X_1, X_2, \cdots, X_n$이 확률표본이라고 하자. μ는 샘플링 기구의 크기로 조정할 수 있고, $\sigma=20\ \mathrm{cm}^3$임이 알려져 있다. 30개의 샘플로부터 얻은 복합샘플의 총 부피가 0.95의 확률로 3,000 cm^3 이상이 되어야 한다면 μ를 얼마로 맞추어야 하는가?

15. 모집단의 표준편차가 2인 경우에, 크기가 100인 확률표본을 뽑을 때, 0.90의 확률로 $\overline{X}-\mu$가 위치하는 구간을 구하라.

16. 어떤 화학약품에 들어있는 주성분의 비율 X의 확률밀도함수는

$$f(x)=\begin{cases}2x, & 0<x<1\\ 0, & \text{기타}\end{cases}$$

라 한다. 이 제품 중 30개를 무작위로 뽑아 측정한 주성분의 비율이 평균 60% 이상이어야 제조공정이 정상이라고 판단한다. 공정이 정상일 확률을 근사적으로 구하라.

17*. 확률변수 X는 포아송분포 $Poi(\lambda)$를 따른다.

(a) $Y=\dfrac{X-\lambda}{\sqrt{\lambda}}$의 적률생성함수가 다음과 같이 됨을 보여라.

$$M(t)=\exp(\lambda e^{t/\sqrt{\lambda}}-\sqrt{\lambda}\,t-\lambda)$$

(b) $e^{t/\sqrt{\lambda}}=\displaystyle\sum_{i=0}^{\infty}\frac{(t/\sqrt{\lambda})^i}{i!}$임을 이용하여 $\displaystyle\lim_{\lambda\to\infty}M(t)=e^{t^2/2}$임을 보여라.

18. $X_1, X_2, \cdots, X_n$은 서로 독립이고 평균과 분산이 μ_1, σ_1^2인 분포를 따르고, $Y_1, Y_2, \cdots, Y_n$은 서로 독립이고 평균과 분산이 μ_2, σ_2^2인 분포를 따른다. 또한 X들과 Y들은 서로 독립이다. 확률변수

$$U_n=\frac{(\overline{X}-\overline{Y})-(\mu_1-\mu_2)}{\sqrt{(\sigma_1^2+\sigma_2^2)/n}}$$

가 중심극한정리를 따름을 보여라. 또한 샘플 크기가 다를 때도 성립함을 보여라.

CHAPTER

08

추 정

우리가 관심을 가지는 모집단에 대해 적절한 확률변수를 도입하면 모집단의 특성들을 분포함수로 표현할 수 있음을 이미 앞에서 배운 바 있다. 분포함수는 일반적으로 모수라고 부르는 몇 개의 미지의 상수들(예를 들면 모평균, 모분산, 모비율 등)에 의해 특징지어 질 수 있다. 따라서 모집단의 특성을 파악하는 것은 그 모집단으로부터 얻은 표본을 조사·분석하여 분포함수나 분포함수가 갖고 있는 모수들의 값을 밝혀냄으로써 가능해지는데, 이러한 과정을 통계적 추론(statistical inference)이라 한다. 통계적 추론에는 분포함수의 함수 형태는 알려져 있으나 이 함수에 포함된 모수를 모를 경우에 적용되는 모수적(parametric) 방법과 분포함수의 함수 형태를 가정할 수 있을 정도의 충분한 정보가 없는 경우에 적용되는 비모수적(nonparametric) 방법이 있다.

추론은 크게 추정과 가설검정으로 나눌 수 있다. 추정(estimation)이란 모수의 값이 얼마인지 또는 어떤 범위 내에 들어 있는지를 추측하는 것이고, 가설검정(test of hypothesis)이란 모집단의 상태, 즉 분포함수 또는 분포함수가 갖고 있는 모수의 값에 관한 두 개의 가설을 세우고, 이들 중 어떤 가설이 참인지를 표본에 의거하여 가려내고자 하는 것이다. 가설검정에 대해서는 9장에서 다루기로 하고, 이 장에서는 추정의 개념과 점추정 및 구간추정의 방법에 대해 알아본다.

8.1 점추정

미지의 모수를 하나의 수치로 지정하는 것을 점추정이라 한다. 그런데 일반적으로 모수가 점추정의 값과 일치하는 경우는 극히 드물다. 따라서 보통은 모수가 포함될 가능성이 높은 구간을 구하여 점추정에 대신한다. 이와 같이 모수를 포함하고 있으리라고 여겨지는 구간을 지정하는 것을 구간추정이라 한다. 예를 들어, 원료의 불량률을 추정함에 있어 '불량률은 1%이다'라고 추정하는 것은 점추정이고, '불량률은 (1 ± 0.5)%이다'라고 추정하는 것은 구간추정이다. 먼저 점추정에 대해 알아보자.

점추정에서는 관심있는 모수를 추정하는 하나의 수치를 얻기 위해, 구간추정에서는 관심있는 모수를 포함하는 구간의 경계값을 구하기 위해 표본정보를 이용한다. 즉, 점추정이나 구간추정의 어느 경우에서든 추정에 사용되는 값(또는 값들)을 결정하기 위해 표본의 정보를 어떻게 이용할 것인지 알려주는 방법으로 추정량이 사용된다.

정의 8.1 |

미지의 모수 θ를 추정할 때, 표본에 기초하여 모수 θ를 어떻게 추정할 것인지 그 계산방법을 알려주는 통계량을 추정량(estimator)이라 하고, 실제로 표본을 취하였을 때 추정량이 갖는 값을 추정값(estimate)이라 한다.

추정량도 일종의 통계량이므로 미지의 모수 θ를 포함하지 않아야 하는데, 이는 추정량에 미지의 모수 θ가 포함되면 실제로 표본을 취하고 난 후 수치로 나타나는 추정값을 얻을 수 없기 때문이다.

예제 8.1 건전지를 생산하는 공장에서 새로 개발된 건전지의 평균수명을 알아보기 위해 무작위로 건전지 10개를 뽑아 수명을 조사한 후, 이들의 평균과 중앙값을 이용하여 평균수명 μ에 대한 추정을 하기로 하였다. 10개의 건전지 수명(단위: 시간)이 다음과 같았다.

26.3, 35.1, 23.0, 28.4, 31.6, 30.9, 25.2, 28.0, 27.3, 29.2

평균수명에 대한 추정값을 구하라.

• 풀이 $\overline{X}$를 표본의 평균, $\widetilde{X}$를 표본의 중앙값이라 하면, $\overline{X}$와 $\widetilde{X}$는 모두 미지의 모수 μ를 포함하고 있지 않으며 $(X_1, \cdots, X_{10})$의 함수이므로 추정량이 된다. 따라서 평균수명의 추정값은 표본평균을 이용할 경우

$$\overline{x} = \sum x_i / 10 = 28.5$$

이고 표본 중앙값을 이용할 경우

$$\widetilde{x} = (28.0 + 28.4)/2 = 28.2$$

이 된다. ■

[R에 의한 풀이]

```
> x <- c(26.3,35.1,23.0,28.4,31.6,30.9,25.2,28.0,27.3,29.2)
> mean(x)
[1] 28.5
> median(x)
[1] 28.2
```

예제 8.2 어떤 생산 공정에서 제품 n개를 검사하여 나오는 불량품의 수를 X라 하고, 이 제품의 불량률 p를 $\frac{X}{n}$로 추정하기로 하였다. 실제 $n = 100$개의 제품을 검사하여 나온 불량품의 수 x가 3이었다면 불량률의 추정값은 얼마인가?

• 풀이 표본 불량률 $\frac{X}{n}$는 p의 추정량이 되고 $\frac{x}{n} = 0.03$이므로 p의 추정값은 3%가 된다. ■

미지의 모수를 추정하기 위해 모집단으로부터 얻은 표본이 있다 하더라도 그것을 이용하여 모수를 추정하는 방법, 즉 추정량을 모르면 추정값을 구할 수 없다. 추정량을 구하는 방법은 여러 가지가 있으나, 이 절에서는 그 중에서도 가장 널리 이용되는 적률추정(moment estimation)법과 최우추정(maximum likelihood estimation)법만 설명한다.

8.1.1 적률추정

모집단의 중심적 특성을 나타내는 모평균에 대한 가장 적절한 점추정량은 무엇일까? 우선 생

각나는 것은 아마도 표본평균일 것이다. 적률추정법은 이와 같이 직관에 의거하여 모수를 쉽게 추정할 수 있는 방법이다. 적률추정법을 설명하기 전에 먼저 표본적률을 정의하자.

정의 8.2 |

$X_1, \cdots, X_n$이 확률표본일 때,

$$m_k = \frac{1}{n}\sum_{i=1}^{n} X_i^k, \quad k = 1, 2, \cdots$$

을 k차 표본적률(sample moment)이라 한다.

표본적률 m_k는 모집단의 적률 $\mu_k = E(X^k)$에 대응되는 것이다. 예를 들어 $m_1 = \overline{X}$는 $\mu_1 = E(X)$에 대응되는 1차 표본적률이고, $m_2 = \frac{1}{n}\sum_{i=1}^{n} X_i^2$은 $\mu_2 = E(X^2)$에 대응되는 2차 표본적률이다. S^2도 m_1과 m_2의 함수로 다음과 같이 표현할 수 있다.

$$S^2 = \frac{1}{n-1}\left(\sum X_i^2 - n\overline{X}^2\right) = \frac{n}{n-1}(m_2 - m_1^2)$$

적률추정법은 k차 표본적률 m_k이 그에 대응되는 모집단의 k차 적률 $\mu_k = E(X^k)$의 좋은 추정량이 될 수 있을 것이라는 직관에 착안한 추정법이다. 일반적으로 r개의 모수 $\theta_1, \cdots, \theta_r$이 있을 때, 모집단의 적률은 모수의 함수로 나타나므로 r개의 식

$$\mu_k = h_k(\theta_1, \cdots, \theta_r), \quad k = 1, 2, \cdots, r$$

에서 적률 $\mu_1, \cdots, \mu_r$을 각각 그에 대응하는 표본적률 $m_1, \cdots, m_r$로 대체하여 얻은 연립방정식을 풀면 $\theta_1, \cdots, \theta_r$의 적률추정량을 구할 수 있다.

정의 8.3 |

$X_1, \cdots, X_n$이 모수가 $\boldsymbol{\theta} = (\theta_1, \cdots, \theta_r)$인 분포로부터의 확률표본일 때, 연립방정식 $\mu_k = m_k$, $k = 1, \cdots, r$을 풀어서 얻은 추정량 $\hat{\boldsymbol{\theta}} = (\hat{\theta}_1, \cdots, \hat{\theta}_r)$을 적률추정량(moment estimator)이라고 한다.

적률추정법은 여러 개의 모수를 추정하는데 쉽게 적용할 수 있다는 장점 때문에 널리 이용되고 있다. 예제를 통해 적률추정법에 대해 좀 더 살펴보자.

예제 8.3 $X_1, \cdots, X_n$이 지수분포 $Exp(\theta)$로부터의 확률표본일 때, 적률추정법을 사용하여 θ의 추정량을 구해보자.

• **풀이** 지수분포에서의 1차 적률 μ_1은 $E(X) = \theta$이다. 또한 이에 대응되는 1차 표본적률은 $m_1 = \frac{1}{n}\sum_{i=1}^{n} X_i = \overline{X}$이다. 이 두 적률을 같다고 놓고 풀면 $\theta = \overline{X}$이므로 θ의 적률추정량은 $\hat{\theta} = \overline{X}$이다. ■

예제 8.4 $X_1, \cdots, X_n$이 균일분포 $U(0, \theta)$로부터의 확률표본일 때, 적률추정법을 사용하여 θ의 추정량을 구해보자.

• **풀이** 균일분포의 1차 적률은

$$\mu_1 = E(X) = \theta/2$$

이므로, $\mu_1 = m_1 = \overline{X}$로 놓으면 θ의 적률추정량은 $\hat{\theta} = 2\overline{X}$가 된다. ■

예제 8.5 $X_1, \cdots, X_n$이 정규분포 $N(\mu, \sigma^2)$으로부터의 확률표본일 때, μ와 σ^2의 적률추정량을 구해보자.

• **풀이** 모수가 2개이므로, 정규분포 $N(\mu, \sigma^2)$의 1차 적률과 2차 적률 $\mu_1 = \mu$, $\mu_2 = \mu^2 + \sigma^2$을 각각 표본적률 $m_1 = \overline{X}$, $m_2 = \frac{1}{n}\sum_{i=1}^{n} X_i^2$과 같게 놓으면

$$\overline{X} = \mu, \quad \frac{1}{n}\sum_{i=1}^{n} X_i^2 = \mu^2 + \sigma^2$$

이다. 따라서 μ와 σ^2의 적률추정량은 각각

$$\hat{\mu} = \overline{X}, \quad \widehat{\sigma^2} = \frac{1}{n}\sum_{i=1}^{n} X_i^2 - \hat{\mu}^2 = \frac{1}{n}\sum_{i=1}^{n}(X_i - \overline{X})^2$$

이 된다. ■

예제 8.6 $X_1, \cdots, X_n$이 감마분포 $G(\alpha, \beta)$로부터의 확률표본일 때, α와 β의 적률추정량을 구해보자.

• **풀이** 감마분포 $G(\alpha, \beta)$의 1차와 2차 적률은

$$\mu_1 = \alpha\beta, \quad \mu_2 = (\alpha+1)\alpha\beta^2$$

이므로, $\overline{X} = \alpha\beta$, $\frac{1}{n}\sum_{i=1}^{n} X_i^2 = (\alpha+1)\alpha\beta^2$으로 놓고 α와 β에 대해 풀면

$$\hat{\alpha} = \frac{n\overline{X}^2}{\sum_{i=1}^{n}(X_i - \overline{X})^2}, \quad \hat{\beta} = \frac{\sum_{i=1}^{n}(X_i - \overline{X})^2}{n\overline{X}^2}$$

이 된다. ■

8.1.2 최우추정

최우추정법은 적률추정법보다 이론적인 장점들이 더 있을 뿐 아니라 응용성이 넓은 추정법으로 먼저 예를 통하여 그 원리를 살펴보자. 바둑통 속에 흰 돌과 검은 돌 합쳐서 4개의 돌이 들어 있다. 이 통에서 3개의 돌을 꺼냈더니 모두 흰 돌이었다고 하고 원래 통 속에 흰 돌이 몇 개 있었는지 추정해보자.

만일 통 속에 흰 돌이 3개 있었다면 나머지 하나는 검은 돌일 것이므로 흰 돌이 3개 나올 확률은

$$\binom{3}{3}\binom{1}{0}\Big/\binom{4}{3} = \frac{1}{4}$$

이 될 것이다. 그런데 흰 돌만 4개가 있었다면 흰 돌이 3개 나올 확률은

$$\binom{4}{3}\binom{0}{0}\Big/\binom{4}{3} = 1$$

이 된다. 즉, 통 속에 흰 돌이 4개 들어 있는 경우가 3개 들어 있는 경우보다 흰 돌이 3개 꺼내질 확률이 크다는 것을 알 수 있다. 어떤 사건의 확률이 크다는 것은 그 만큼 그 사건이 일어날 가능성이 높다는 것을 의미하고 따라서 흰 돌의 수는 3개보다는 4개라고 판단하는 것이 타당할 것이다.

최우추정법은 이와 같이 표본의 결과를 보고 모집단의 상태, 즉 모수가 어떤 값을 가질 때 이러한 표본결과가 나올 가능성이 가장 높은지를 생각하여 추정하는 방법이다. 최우추정법의 이론적인 설명을 위해 먼저 **우도함수**(likelihood function)를 정의하자. 확률변수 $X_1, \cdots, X_n$의 결합확률(밀도)함수를 $f(x_1, \cdots, x_n ; \boldsymbol{\theta})$라 하면, $f(x_1, \cdots, x_n ; \boldsymbol{\theta})$는 모수 $\boldsymbol{\theta}=(\theta_1, \cdots, \theta_r)$가 고정되어 있는 것으로 간주하고 $(x_1, \cdots, x_n)$의 함수로 사용된다. 그러나 반대로 $X_1 = x_1, \cdots, X_n = x_n$이 주어져 있을 때는 $f(x_1, \cdots, x_n ; \boldsymbol{\theta})$를 모수 $\boldsymbol{\theta}$의 함수로도 생각할 수 있다. 우도함수는 주어진 자료 $(x_1, \cdots, x_n)$이 얻어질 **우도**(尤度: likelihood)를 모수 $\boldsymbol{\theta}$의 함수로 나타낸 것이다.

정의 8.4 |

$X_1 = x_1, \cdots, X_n = x_n$이 주어져 있을 때 결합확률(밀도)함수 $f(x_1, \cdots, x_n ; \boldsymbol{\theta})$를 모수 $\boldsymbol{\theta}$의 함수로 나타낸

$$L(\boldsymbol{\theta}) \equiv L(\boldsymbol{\theta} ; x_1, \cdots, x_n) = f(x_1, \cdots, x_n ; \boldsymbol{\theta})$$

를 우도함수라 한다.

만약 $X_1, \cdots, X_n$이 확률표본이고 각각 확률(밀도)함수 $f(x;\boldsymbol{\theta})$를 갖는다면, 우도함수는

$$L(\boldsymbol{\theta}) = \prod_{i=1}^{n} f(x_i ; \boldsymbol{\theta}) \tag{8.1}$$

가 된다. 최우추정법은 이와 같은 우도함수를 최대로 하는 통계량을 모수의 추정량으로 하는 방법이다.

정의 8.5 |

우도함수 $L(\boldsymbol{\theta})$를 최대로 하는 통계량 $\hat{\boldsymbol{\theta}}$을 최우추정량(maximum likelihood estimator; MLE)이라 한다.

많은 경우 우도함수 $L(\boldsymbol{\theta})$를 최대로 하는 $\boldsymbol{\theta}$를 찾을 때 $L(\boldsymbol{\theta})$를 바로 이용하지 않고 $L(\boldsymbol{\theta})$에 로그를 취한 대수우도함수

$$\ln L(\theta) = \ln \prod_{i=1}^{n} f(x_i\,;\theta) = \sum_{i=1}^{n} \ln f(x_i\,;\theta) \tag{8.2}$$

를 이용하게 된다. 이는 로그함수가 단조증가함수이므로 $L(\theta)$을 최대로 하는 θ값과 $\ln L(\theta)$를 최대로 하는 θ값이 같고 로그를 취하면 곱이 합의 형태로 바뀌어 계산이 간편해지기 때문이다. 또한 대수우도함수를 최대로 하는 문제는 대개 대수우도방정식

$$\frac{d}{d\theta} lnL(\theta) = 0 \tag{8.3}$$

의 해를 구하는 문제로 귀착된다. 물론 식 (8.3)을 만족하는 값이 곧 대수우도함수 (8.2)를 최대화한다는 보장은 없으며 엄밀한 의미에서의 최대화 여부는 2차 미분 등을 통해서 가려야 한다.

예제 8.7 $X_1, \cdots X_n$이 베르누이분포 $b(1,\ p)$로부터의 확률표본일 때, p에 대한 최우추정량을 구해보자.

• **풀이** 확률표본의 관측값 $x_1, \cdots, x_n$이 주어졌을 때, 우도함수는

$$L(p) = \prod_{i=1}^{n} p^{x_i}(1-p)^{1-x_i} = p^{\Sigma x_i}(1-p)^{n-\Sigma x_i}$$

이다. 우도함수에 로그를 취하면

$$\ln L(p) = (\sum x_i)\ln p + (n - \sum x_i)\ln(1-p)$$

가 되고, 이를 p에 대하여 미분하여 0으로 두면

$$\frac{d\ln L(p)}{dp} = \frac{\sum x_i}{p} - \frac{(n-\sum x_i)}{(1-p)} = 0$$

이므로 $p = \dfrac{\sum x_i}{n}$이 된다. 따라서 성공확률 p에 대한 최우추정량은 $\hat{p} = \dfrac{\sum X_i}{n}$으로서 n번의 시행 중 성공의 비율이 되어 우리의 직관과 일치함을 알 수 있다. ■

예제 8.8 $X_1, \cdots, X_n$이 정규분포 $N(\mu,\ \sigma^2)$로부터의 확률표본일 때, μ와 σ^2에 대한 최우추정량을 구해보자.

• **풀이** $X_1, \cdots, X_n$이 확률표본이므로, 우도함수는 X_i들의 확률밀도함수들의 곱으로서

$$L(\mu,\ \sigma^2)=\prod_{i=1}^{n} f(x_i\,;\mu,\ \sigma^2)=\prod_{i=1}^{n}\left\{\frac{1}{\sqrt{2\pi}\,\sigma}\exp\left[-\frac{(x_i-\mu)^2}{2\sigma^2}\right]\right\}$$

$$=\left(2\pi\sigma^2\right)^{-\frac{n}{2}}\exp\left[-\frac{\sum_{i=1}^{n}(x_i-\mu)^2}{2\sigma^2}\right]$$

이고, 대수우도함수는

$$\ln L(\mu,\ \sigma^2)=-\frac{n}{2}\ln 2\pi-\frac{n}{2}\ln\sigma^2-\frac{\sum_{i=1}^{n}(x_i-\mu)^2}{2\sigma^2}$$

이 된다. 대수우도함수를 최대로 하는 μ와 σ^2를 구하기 위해 각각 μ와 σ^2에 대하여 편미분하여 0으로 두면

$$\frac{\partial(\ln L)}{\partial\mu}=\frac{\sum_{i=1}^{n}(x_i-\mu)}{\sigma^2}=0,$$

$$\frac{\partial(\ln L)}{\partial\sigma^2}=-\left(\frac{n}{2}\right)\left(\frac{1}{\sigma^2}\right)+\frac{\sum_{i=1}^{n}(x_i-\mu)^2}{2\sigma^4}=0$$

이고 μ와 σ^2에 대해서 풀이하면

$$\frac{\sum_{i=1}^{n}(x_i-\mu)}{\sigma^2}=0 \Rightarrow \sum_{i=1}^{n}x_i-n\mu=0 \Rightarrow \mu=\sum_{i=1}^{n}\frac{x_i}{n}=\overline{x},$$

$$-\frac{n}{\sigma^2}+\frac{\sum_{i=1}^{n}(x_i-\overline{x})^2}{\sigma^4}=0 \Rightarrow \sigma^2=\sum_{i=1}^{n}\frac{(x_i-\overline{x})^2}{n}$$

이 된다. 따라서 μ와 σ^2의 최우추정량은 각각

$$\hat{\mu}=\overline{X},$$

$$\hat{\sigma^2}=\frac{1}{n}\sum_{i=1}^{n}(X_i-\overline{X})^2=\frac{n-1}{n}S^2$$

이 된다. ■

예제 8.9 $X_1, \cdots X_n$이 균일분포 $U(0, \theta)$로부터의 확률표본일 때, θ에 대한 최우추정량을 구해보자.

• **풀이** 우도함수는

$$L(\theta) = \prod_{i=1}^{n} f(x_i;\theta) = \frac{1}{\theta^n}, \quad 0 < x_i < \theta, \; i = 1, \cdots, n$$

이다. 그런데 이 우도함수는 θ에 대한 단조감소함수이므로 θ가 작을수록 $L(\theta)$는 커짐을 알 수 있다. 또한 $0 < x_i < \theta, \; i = 1, \cdots, n$이므로 θ의 추정값이 x_i들의 최댓값보다 작을 수는 없다. 따라서 우도함수를 최대로 하는 최우추정량은

$$\hat{\theta} = X_{(n)} = \max(X_1, \cdots, X_n)$$

이 된다. ■

최우추정법의 좋은 점은 논리적일 뿐만 아니라 대부분 추정량이 우리의 직관과 일치한다는 것이다. 최우추정량의 또 다른 장점 중의 하나는 $\hat{\theta}$이 θ의 최우추정량이면 θ의 함수인 $g(\theta)$의 최우추정량 $\widehat{g(\theta)}$은 $g(\hat{\theta})$이 되는 것으로 이를 최우추정량의 불변성(invariance property)이라 한다. 최우추정량의 불변성을 이용하면 모수 θ의 함수인 $g(\theta)$를 쉽게 추정할 수 있다. 즉, $g(\theta)$의 추정량을 직접 구하는 대신, 모수 θ의 최우추정량 $\hat{\theta}$을 구하여 함수의 θ를 $\hat{\theta}$로 바꾸기만 하면 되며, 이는 최우추정량만의 독특한 성질이다. 다음 예를 통하여 최우추정량의 불변성을 이용한 함수의 추정방법을 살펴보자.

예제 8.10 $X_1, \cdots X_n$이 지수분포 $Exp(\theta)$를 따르는 확률변수 X에 대한 확률표본일 때, $P(X \le 1)$의 최우추정량을 구해보자.

• **풀이** 우선 $P(X \le 1) = \int_0^1 \frac{1}{\theta} e^{-\frac{x}{\theta}} dx = 1 - e^{-\frac{1}{\theta}} = g(\theta)$이라 두자. θ의 우도함수 및 대수 우도함수는

$$L(\theta) = \frac{1}{\theta^n} e^{-\sum_{i=1}^{n} x_i/\theta}$$

$$\ln L(\theta) = -n \ln\theta - \sum_{i=1}^{n} \frac{x_i}{\theta}$$

이므로, θ의 최우추정량을 구하면 $\hat{\theta}=\overline{X}$임을 쉽게 유도할 수 있다. 따라서 최우추정량의 불변성을 이용하면

$$\widehat{g(\theta)}=g(\hat{\theta})=1-e^{-1/\overline{X}}$$

이 된다. ■

연습문제 8.1

1. $X_1, \cdots, X_n$이 정규분포 $N(0, \sigma^2)$로부터의 확률표본일 때, σ^2에 대한 적률추정량을 구하라.

2. 균일분포 $U(\theta_1, \theta_2)$로부터 크기 n인 확률표본을 취하여 관측값 $x_1, \cdots, x_n$을 얻었다. θ_1과 θ_2의 적률추정값을 구하라.

3. 베타분포 $Be(\theta, \theta)$에서 크기 8인 확률표본을 뽑아 다음과 같은 관측값을 얻었다.

   0.59, 0.37, 0.81, 0.56, 0.48, 0.24, 0.63, 0.51

   θ의 적률추정값을 구하라.

4. 검은 공 θ개와 흰 공 $N-\theta$개가 들어 있는 상자에서 n개를 비복원으로 뽑는다고 하자. 표본에 포함되어 있는 검은 공의 수를 X라고 할 때, θ의 적률추정량을 구하라.

5. $X_1, \cdots, X_n$이 다음의 확률(밀도)함수를 갖는 분포로부터의 확률표본일 때, θ의 적률추정량과 최우추정량을 구하라.

   (a) $p(x\,;\theta)=\begin{cases}\theta^x e^{-\theta}/x!, & x=0,\ 1,\ 2,\ \cdots,\ 0<\theta<\infty \\ 0, & \text{기타}\end{cases}$

   (b) $f(x\,;\theta)=\begin{cases}\theta x^{\theta-1}, & 0<x<1,\ 0<\theta<\infty \\ 0, & \text{기타}\end{cases}$

   (c) $f(x\,;\theta)=\begin{cases}\dfrac{1}{2}e^{-|x-\theta|}, & -\infty<x<\infty,\ -\infty<\theta<\infty \\ 0, & \text{기타}\end{cases}$

6. $X_1, \cdots, X_n$이 확률함수

$$p(x\,;N)=\begin{cases}\dfrac{1}{N}, & x=1,\ 2,\ \cdots,\ N(N\text{은 양의 정수})\\ 0, & \text{기타}\end{cases}$$

를 갖는 분포로부터의 확률표본일 때,

(a) N의 적률추정량과 그 기댓값을 구하라.

(b) N의 최우추정량과 그 기댓값을 구하라.

7. $X_1, \cdots, X_n$이 균일분포 $U(0,\ 2\theta+1)$로부터의 확률표본일 때, θ의 최우추정량을 구하라.

8. $X_1, \cdots, X_n$이 포아송분포 $Poi(\lambda)$로부터의 확률표본일 때, $P(X_1 \le 1)$의 최우추정량을 구하라.

9. 어느 지역의 한 동물의 총 개체 수를 추정하는 방법은 다음과 같다. 우선 k마리의 동물을 잡아서 꼬리표를 붙인 후 다시 풀어 준다. 꼬리표를 붙인 동물이 이 지역 전체에 퍼졌을 만큼의 시간이 지났을 때 다시 n마리의 동물을 잡는다. 이때 잡힌 n마리 중 꼬리표가 붙은 동물의 수를 확률변수 X라 할 때, $P(X=x)$는 전체 개체 수 N의 함수로 $P(X=x)$를 최대화하는 N이 이 지역의 총 개체 수에 대한 최우추정값이 된다.

(a) 두 사냥기간 사이에 전체 개체 수 N에 변화가 없다고 가정하고, $P(X=x)$를 구하라.

(b) $k=200,\ n=100,\ x=11$일 때 N의 최우추정값을 구하라.

10. $X_1, \cdots, X_n$이 균일분포 $U(\mu-\sqrt{3}\sigma,\ \mu+\sqrt{3}\sigma)$로부터의 확률표본일 때, μ와 σ의 최우추정량을 구하라.

11. 확률변수 $X_1, \cdots, X_n$은 서로 독립이고 각각 평균이 μ이고 분산이 $\sigma_1^2, \cdots, \sigma_n^2$인 정규분포를 따른다고 하자. σ_i^2가 알려져 있을 경우 μ의 최우추정량을 구하라.

12. $(X_1, \cdots, X_k)$가 다항분포 $MN_k(n;p_1, \cdots, p_k)$를 따를 때,

(a) p_i의 최우추정량 $\hat{p_i}$, $i=1, \cdots, k$를 구하라.

(b) $V(\hat{p_1}-\hat{p_2})$을 구하라.

13. 어떤 제품의 강도 X보다 이에 가해지는 부하 Y가 더 크면 이 제품은 고장이 난다. X와 Y가 서로 독립이고 각각 지수분포 $\text{Exp}(1/\lambda_1)$과 $\text{Exp}(1/\lambda_2)$를 따를 때,

(a) 이 제품이 고장 날 확률은 얼마인가?

(b) 제품 5개를 표본으로 뽑아 강도를 측정한 결과 75, 77, 103, 90, 105(단위: Mpa)를 얻었고, 제품 7개를 표본으로 뽑아 부하를 측정한 결과 18, 30, 32, 24, 26, 20, 20을 얻었다. (a)에서 구한 고장 날 확률의 최우추정값을 구하라.

14. 도깨비표 전구의 수명은 '2모수 지수분포'를 따르는데, 그 확률밀도함수는 다음과 같다.

$$f(x\,;\theta_1,\ \theta_2)=\begin{cases}\dfrac{1}{\theta_2}e^{-\frac{x-\theta_1}{\theta_2}}, & \theta_1 < x < \infty \\ 0, & \text{기타}\end{cases}$$

단, 여기서 $0 < \theta_1 < \infty$, $0 < \theta_2 < \infty$ 이다.

도깨비표 전구 12개의 수명을 측정한 결과 다음과 같은 자료를 얻었다.(단위: 시간)

415, 433, 489, 531, 466, 410, 479, 403, 562, 424, 475, 439

(a) θ_1과 θ_2의 최우추정값은 각각 얼마인가?

(b) 도깨비표 전구를 하나 구입할 경우 이 전구를 500시간 이상 쓰게 될 확률의 최우추정값을 구하라.

(c) 만일 θ_1의 참값이 400시간인 것이 알려져 있다면 θ_2의 적률추정값은 얼마인가?

15. $X_1, \cdots, X_n$이 정규분포 $N(\mu,\ 1)$로부터의 확률표본일 때, 모수 μ의 최우추정량을 구하라. 단, 모수 μ에 관해서 $\mu \geq 5$인 것으로 알려져 있다.

16. 지수분포 $Exp(\theta)$로부터 크기 $n=16$인 확률표본을 뽑은 결과 15개의 관측값은 정확한 값을 알아 그 산술 평균이 6.0이고, 나머지 한 개의 관측값은 그 정확한 값을 알 수 없으나 다만 그 값이 12.0 이상이라는 것을 알았다고 한다. θ의 최우추정값을 구하라.

17. A회사에서 개발한 새로운 절전형 전구의 평균수명을 알아보기 위해 새 전구들을 샘플링하여 실제로 써보는 실험을 하되, 신제품 출시 일정과 비용들을 고려하여 실험은 1,200시간(50일)만 하고 끝내기로 하였다. 새 전구 20개를 표본으로 뽑아 실험하였더니 그 중 8개는 각각

975 984 1,036 1,074 1,081 1,107 1,157 1,186

시간 사용 후 고장이 났고, 나머지 12개는 실험이 끝날 때까지 이상이 없었다. 새 전구가 지수분포 $Exp(\theta)$를 따른다는 가정하에 θ의 최우추정값을 구하라.

8.2 점추정량의 성질

앞 절에서 여러 가지 점추정법 중 대표적인 방법으로 적률추정법과 최우추정법을 소개하였다. 표본에 기초한 통계량이면 어느 것이나 점추정량이 될 수 있으므로, 하나의 모수에 대해서도 무수히 많은 추정량이 있을 수 있다. 예를 들어, $X_1, \cdots, X_n$을 $N(\mu, \sigma^2)$로부터의 확률표본이라 하면, 적률추정량이면서 최우추정량인 $\overline{X}$뿐만 아니라 X_1, $\dfrac{X_1+X_2}{2}$, $\dfrac{X_1+2X_2}{3}$, 표본 중앙값 등이 모두 모평균 μ의 추정량이 될 수 있다. 그렇다면 많은 추정량들 중에서 어느 것을 모수의 추정량으로 사용하는 것이 좋을까? 추정량들이 무수히 많으므로 그 중 하나를 고르는 것이 쉽지는 않을 것이다. 일반적으로는 추정량이 갖추면 바람직한 성질을 정하여 이를 비교기준으로 가장 좋은 추정량을 정하게 된다.

좋은 추정량이 되기 위해서는 그 추정량으로부터 얻어지는 추정값이 모수에 가까워야 할 것이다. 그런데 추정량이 좋은지, 아닌지를 한두 번의 실험으로 판단할 수는 없는 것이다. 예를 들어 어떤 사람이 활 한두 발을 쏘아 과녁에 명중했다고 해서 그가 명궁이라고 결론 내릴 수 있는가? 다음번에도 과녁을 맞힌다고 기대할 수 있는가? 당연히 그런 적은 양의 증거를 갖고 그 사람이 명궁이라는 결론을 내릴 수는 없을 것이다. 반대로 백 번 연속 과녁에 명중했다면, 다음 번 화살도 과녁에 명중될 것이라는 믿음을 갖게 될 것이다. 이와 마찬가지로 점추정에서도 좋은 추정량인지를 판정하기 위해서는 그 추정량을 반복하여 사용할 때 얻어진 추정값들이 모수에 얼마나 가까운지를 살펴보아야 한다. 결국 추정량의 좋고 나쁨은 그 추정량이 갖고 있는 확률적 성질로 판단해야 하는 것이다. 이러한 판단기준으로 많이 사용되는 척도로는 불편성, 효율성, 일치성 및 충분성이 있다.

8.2.1 불편성

모수 θ를 추정할 때 추정량 $\hat{\theta}$의 분포의 중심, 즉 $\hat{\theta}$의 기댓값이 추정하고자 하는 모수 θ와 같기를 바랄 것이다. 추정량의 기댓값이 모수와 같을 때 이 추정량을 불편추정량이라 한다.

정의 8.6 |

$\hat{\theta}$이 θ의 추정량일 때, $E(\hat{\theta})=\theta$이면, $\hat{\theta}$은 θ의 불편추정량(unbiased estimator)이라 한다. 그렇지 않으면 $B=E(\hat{\theta})-\theta$를 $\hat{\theta}$의 편의(bias)라 하고, $\hat{\theta}$을 편의(biased)추정량이라 한다.

예제 8.11 $X_1, \cdots, X_n$은 지수분포 $Exp(\theta)$로부터의 확률표본이다. θ에 대한 추정량 $\overline{X}$가 불편추정량인지를 알아보자.

• **풀이** $E(X_i) = \theta$이므로

$$E(\overline{X}) = \frac{1}{n}\sum_{i=1}^{n} E(X_i) = \frac{1}{n}(n\theta) = \theta$$

가 되어 $\overline{X}$는 θ의 불편추정량이다. ■

예제 8.12 $X_1, \cdots X_n$이 베르누이분포 $b(1, p)$로부터의 확률표본이다. 성공확률 p에 대한 추정량 $\overline{X}= \frac{1}{n}\sum_{i=1}^{n} X_i$가 불편추정량인지 알아보자.

• **풀이** X_i는 베르누이 확률변수이므로 $E(X_i) = p$이고, $E(\overline{X}) = \frac{1}{n}\sum_{i=1}^{n} E(X_i) = \frac{1}{n}(np) = p$가 된다. 따라서 $\overline{X}= \frac{1}{n}\sum_{i=1}^{n} X_i$는 성공확률 p의 불편추정량이다. ■

예제 8.13 $X_1, \cdots, X_n$을 균일분포 $U(0, \theta)$로부터의 확률표본이라 하면 θ에 대한 최우추정량은 불편추정량인가? 아닐 경우 불편추정량을 구하라.

• **풀이** [예제 8.9]로부터 θ에 대한 최우추정량은 $X_{(n)}$이고, 그 확률밀도함수는

$$g_n(y) = \begin{cases} \dfrac{ny^{n-1}}{\theta^n}, & 0 < y < \theta \\ 0, & \text{기타} \end{cases}$$

이므로 $E(X_{(n)}) = \frac{n}{(n+1)}\theta$이 된다. 따라서 최우추정량 $X_{(n)}$은 θ의 불편추정량이 아니며, 편의는 $B = E(X_{(n)}) - \theta = -\frac{\theta}{n+1}$이다. 그런데, 최우추정량을 $\frac{(n+1)}{n}X_{(n)}$으로 약간 수정하면 $E\left(\frac{(n+1)}{n}X_{(n)}\right) = \theta$이 되므로 θ의 불편추정량이 됨을 알 수 있다. ■

앞의 예들에서 살펴보았듯이 적률추정량이나 최우추정량은 불편추정량이 될 수도 있고 안 될 수도 있다. 그러나 모평균 μ와 모분산 σ^2의 추정량으로 사용되는 표본평균 $\overline{X}$와 표본분산 S^2은 모집단의 분포에 상관없이 불편추정량이 된다.

정리 8.1 |

$X_1, \cdots, X_n$이 평균 μ와 분산 σ^2을 갖는 임의의 모집단으로부터의 확률표본일 때, 표본평균 $\overline{X}$와 표본분산 S^2는 각각 μ와 σ^2의 불편추정량이다.

• **증명** 먼저 $\overline{X}$의 기댓값을 구하면

$$E(\overline{X}) = \sum_{i=1}^{n} \frac{E(X_i)}{n} = \frac{1}{n}\sum_{i=1}^{n} \mu = \mu$$

이므로, $\overline{X}$는 μ의 불편추정량임을 알 수 있다. 한편

$$E\left[\sum_{i=1}^{n}(X_i - \overline{X})^2\right] = E\left[\sum_{i=1}^{n} X_i^2 - n\overline{X}^2\right] = \sum_{i=1}^{n} E\left(X_i^2\right) - nE(\overline{X}^2)$$

$$= \sum_{i=1}^{n}\left\{V(X_i) + [E(X_i)]^2\right\} - n\left\{V(\overline{X}) + [E(\overline{X})]^2\right\}$$

$$= \sum_{i=1}^{n}(\sigma^2 + \mu^2) - n\left(\frac{\sigma^2}{n} + \mu^2\right) = (n-1)\sigma^2$$

이므로,

$$E(S^2) = \frac{E[\sum(X_i - \overline{X})^2]}{(n-1)} = \sigma^2$$

이 된다. 따라서 S^2는 σ^2의 불편추정량이다. ■

점추정량의 타당성을 평가하는 데에는 편의와 더불어 추정량과 모수의 차의 제곱 $(\hat{\theta} - \theta)^2$의 기댓값을 사용하기도 한다.

정의 8.7 |

추정량 $\hat{\theta}$의 추정오차 $\hat{\theta} - \theta$의 제곱의 기댓값 $E(\hat{\theta} - \theta)^2$을 $\hat{\theta}$의 평균제곱오차(mean square error)라 부르고 $MSE(\hat{\theta})$으로 표기한다.

평균제곱오차는 오차(추정량과 모수의 차) 제곱의 기댓값이고 좋은 추정량이라는 것은 추정량

과 모수의 차이가 작다는 것을 의미하므로, 결국 평균제곱오차를 최소로 하는 추정량이 좋은 추정값을 제공하게 된다.

$\hat{\theta}$의 평균제곱오차는 추정량의 분산과 편의의 함수로 다음과 같이 나타낼 수 있다.

$$MSE(\hat{\theta}) = E(\hat{\theta} - \theta)^2 = E[\hat{\theta} - E(\hat{\theta})]^2 + [E(\hat{\theta}) - \theta]^2 = V(\hat{\theta}) + B^2 \tag{8.4}$$

예제 8.14 $X_1, \cdots X_n$이 베르누이분포 $b(1, p)$로부터의 확률표본이고, $Y = \sum_{i=1}^{n} X_i$라 할 때, p의 추정량

$$\text{(a) } \hat{p_1} = \frac{Y}{n} \text{와 } \quad \text{(b) } \hat{p_2} = \frac{Y+1}{n+2}$$

의 평균제곱오차를 구하여 보자.

• **풀이** (a) $E(\hat{p_1}) = \frac{E(Y)}{n} = \frac{np}{n} = p$이므로 $\hat{p_1}$은 p의 불편추정량이고 편의는 0이다. 따라서 $\hat{p_1}$의 평균제곱오차는

$$MSE(\hat{p_1}) = V(\hat{p_1}) = V\left(\frac{Y}{n}\right) = \frac{np(1-p)}{n^2} = \frac{p(1-p)}{n}$$

이다.

(b) $E(\hat{p_2}) = E\left(\frac{Y+1}{n+2}\right) = \frac{np+1}{n+2}$이므로, $\hat{p_2}$의 편의는

$$B = E(\hat{p_2}) - p = \frac{1-2p}{n+2}$$

이다. 따라서 $\hat{p_2}$의 평균제곱오차는

$$\begin{aligned} MSE(\hat{p_2}) &= V\left(\frac{Y+1}{n+2}\right) + \left(\frac{1-2p}{n+2}\right)^2 = \frac{np(1-p)}{(n+2)^2} + \frac{(1-2p)^2}{(n+2)^2} \\ &= \frac{(n-4)p(1-p)+1}{(n+2)^2} \end{aligned}$$

이다. ■

8.2.2 효율성

불편성은 추정량의 기댓값을 모수와 일치시킴으로써 추정량의 체계적 오차, 즉 편의를 없앨 수 있다는 면에서 추정량이 갖추어야 할 바람직한 성질 중의 하나이다. 그런데 일반적으로 미지의 모수 θ에 대한 불편추정량이 하나만 있는 것은 아니다. 예를 들어 [예제 8.13]에서 $E(\overline{X})=\frac{\theta}{2}$이므로, $\frac{(n+1)}{n}X_{(n)}$뿐만 아니라 $2\overline{X}$도 θ의 불편추정량임을 알 수 있다. 또 [예제 8.12]에서는 $\overline{X}$ 이외에도 X_1, $X_1+X_2-X_3$, $\frac{X_1+2X_2}{3}$ 등이 모두 p의 불편추정량임을 알 수 있다. 그렇다면 이처럼 많은 불편추정량 중에서 어떤 것을 택할 것인가? 이에 대한 답은 분산이 가장 작은 것을 택해야 한다는 것이다. 즉, 두 개의 점추정량 $\hat{\theta}_1$과 $\hat{\theta}_2$이 모두 불편추정량이라면 좀더 작은 분산을 갖는 추정량을 택하라는 것이다. 그 이유는 추정량의 분산이 작을 경우 표본추출을 반복해서 추정값들을 구한다면 대부분의 추정값들이 모수 θ에 보다 가까워지는 것을 보장하며, 식 (8.4)에서 $B=0$인 경우에는 분산을 줄이는 것이 평균제곱오차를 줄이는 것과 같기 때문이다. 따라서 하나의 모수 θ에 대하여 두 개의 불편추정량 $\hat{\theta}_1$과 $\hat{\theta}_2$이 존재한다면, 이들 중 분산이 작은, 다시 말해서 분산의 역수가 큰 추정량이 더 나은 추정량이 될 것이다. 즉, 두 추정량 $\hat{\theta}_1$과 $\hat{\theta}_2$이 모두 불편추정량이고 $V(\hat{\theta}_1)<V(\hat{\theta}_2)$ 또는 $\frac{1}{V(\hat{\theta}_1)}>\frac{1}{V(\hat{\theta}_2)}$라면 $\hat{\theta}_1$이 $\hat{\theta}_2$보다 더 효율적이라 할 수 있다. 이러한 성질을 정량적으로 나타낸 것이 두 추정량의 분산의 역수의 비인 상대효율이다.

정의 8.8 |

$\hat{\theta}_1$과 $\hat{\theta}_2$이 모수 θ의 불편추정량일 때, $\hat{\theta}_1$의 $\hat{\theta}_2$에 대한 상대효율(relative efficiency)은

$$eff(\hat{\theta}_1,\ \hat{\theta}_2)=\frac{1/V(\hat{\theta}_1)}{1/V(\hat{\theta}_2)}=\frac{V(\hat{\theta}_2)}{V(\hat{\theta}_1)}$$

이다.

$\hat{\theta}_1$과 $\hat{\theta}_2$이 모두 불편추정량이고 $V(\hat{\theta}_1)<V(\hat{\theta}_2)$이라면, $\hat{\theta}_1$의 $\hat{\theta}_2$에 대한 상대효율 $eff(\hat{\theta}_1,\ \hat{\theta}_2)$은 1보다 크다. 이 경우 $\hat{\theta}_1$이 $\hat{\theta}_2$보다 좋은 불편추정량이라 할 수 있다. 예를 들어 $eff(\hat{\theta}_1,\ \hat{\theta}_2)=1.7$이라면 $\hat{\theta}_2$의 분산이 $\hat{\theta}_1$의 분산의 1.7배라는 것이다. 이와 마찬가지로 $eff(\hat{\theta}_1,\ \hat{\theta}_2)=0.62$라면,

$\hat{\theta}_2$의 분산이 $\hat{\theta}_1$의 분산의 62%밖에 되지 않는다. 이 경우에는 $\hat{\theta}_2$가 $\hat{\theta}_1$보다 좋은 추정량이다.

예제 8.15 $X_1, \cdots, X_n$을 평균이 θ이고 분산이 σ^2인 분포로부터의 확률표본이라 하자. θ에 대한 추정량으로 $\hat{\mu}_1 = \overline{X}$, $\hat{\mu}_2 = X_1$을 비교해보자.

• **풀이** $E(\hat{\mu}_1) = E(\hat{\mu}_2) = \mu$이므로 $\hat{\mu}_1$과 $\hat{\mu}_2$는 모두 μ에 대한 불편추정량이다. 그런데 $V(\hat{\mu}_1) = \dfrac{\sigma^2}{n}$, $V(\hat{\mu}_2) = \sigma^2$이므로 $eff(\hat{\mu}_1, \hat{\mu}_2) = n$이다. 따라서 $\hat{\mu}_1$이 $\hat{\mu}_2$보다 더 좋은 추정량이고, n이 커짐에 따라 $\hat{\mu}_1 = \overline{X}$의 상대효율이 점점 더 커짐을 알 수 있다. ■

예제 8.16 지수분포 $Exp(\theta)$로부터의 확률표본 X_1, X_2, X_3을 이용한 θ의 추정량으로 $\hat{\theta}_1 = \overline{X}$, $\hat{\theta}_2 = X_1$, $\hat{\theta}_3 = \dfrac{X_1 + 2X_2}{3}$를 비교해보자.

• **풀이** 세 추정량 모두 불편추정량임을 쉽게 확인할 수 있다. 그런데 $V(\hat{\theta}_1) = \dfrac{1}{3}\theta^2$, $V(\hat{\theta}_2) = \theta^2$, $V(\hat{\theta}_3) = \dfrac{5}{9}\theta^2$이므로,

$$eff(\hat{\theta}_1, \hat{\theta}_2) = \frac{V(\hat{\theta}_2)}{V(\hat{\theta}_1)} = \frac{\theta^2}{\frac{1}{3}\theta^2} = 3$$

이다. 또한

$$eff(\hat{\theta}_1, \hat{\theta}_3) = \frac{V(\hat{\theta}_3)}{V(\hat{\theta}_1)} = \frac{\frac{5}{9}\theta^2}{\frac{1}{3}\theta^2} = \frac{5}{3}$$

이므로, $\hat{\theta}_1$이 세 추정량 중에서 가장 좋음을 알 수 있다. ■

예제 8.17 [예제 8.13]의 θ를 추정하는 문제에서 우리는 $\hat{\theta}_1 = \dfrac{(n+1)}{n}X_{(n)}$과 $\hat{\theta}_2 = 2\overline{X}$가 모두 θ의 불편추정량임을 알았다. $\hat{\theta}_1$과 $\hat{\theta}_2$의 상대효율을 구해보자.

• **풀이** 우선, $X_{(n)}$의 확률밀도함수

$$g_n(y) = \begin{cases} \dfrac{ny^{n-1}}{\theta^n}, & 0 < y < \theta \\ 0, & \text{기타} \end{cases}$$

로부터 $E(X_{(n)}) = \dfrac{n}{(n+1)}\theta,\ E(X_{(n)}^2) = \dfrac{n}{(n+2)}\theta^2$이므로

$$V(X_{(n)}) = E(X_{(n)}^2) - E(X_{(n)})^2 = \frac{n\theta^2}{(n+1)^2(n+2)}$$

이다. 따라서

$$V(\widehat{\theta_1}) = \left(\frac{n+1}{n}\right)^2 V(X_{(n)}) = \frac{\theta^2}{n(n+2)}$$

이다. 또한

$$V(\widehat{\theta_2}) = 4\,V(\overline{X}) = 4\left[\frac{V(X)}{n}\right] = \left(\frac{4}{n}\right)\left(\frac{\theta^2}{12}\right) = \frac{\theta^2}{3n}$$

이다. 따라서

$$eff(\widehat{\theta_1},\ \widehat{\theta_2}) = \frac{V(\widehat{\theta_2})}{V(\widehat{\theta_1})} = \frac{(n+2)}{3}$$

이다. 모든 $n \ge 2$에 대하여 상대효율이 1보다 크므로 $\widehat{\theta_1}$이 $\widehat{\theta_2}$보다 좋은 추정량임을 알 수 있다.

■

위의 예제들에서 살펴본 바와 같이 상대효율이라는 개념을 이용하면 두 개의 불편추정량 중에서 어느 것이 더 좋은지를 판단할 수 있다. 그러나 $\widehat{\theta_1}$의 분산이 $\widehat{\theta_2}$보다 작은 경우에 과연 $\widehat{\theta_1}$보다 분산이 더 작은 또 다른 불편추정량은 존재하지 않는 것일까? 이러한 문제에 대해 [정리 8.2]에서 부분적으로나마 답을 찾을 수 있다.

정리 8.2 | 크래머-라오의 부등식(Cramér-Rao inequality)

$X_1, \cdots, X_n$을 확률(밀도)함수 $f(x\,;\theta)$를 갖는 모집단으로부터의 확률표본이라 하고, 집합$\{x : f(x\,;\theta) > 0\}$이 θ와는 무관하며 $\dfrac{\partial}{\partial\theta}f(x\,;\theta)$가 존재한다고 하자. $\hat{\theta}$이 θ의 불편추정량이면 $\hat{\theta}$의 분산은 다음 부등식을 만족한다.

$$V(\hat{\theta}) \geq \frac{1}{nE\left\{\left[\frac{\partial \ln f(X;\theta)}{\partial\theta}\right]^2\right\}}$$

크래머-라오 부등식의 우변을 크래머-라오의 분산하한(Cramér-Rao lower bound for variance)이라 부른다. [정리 8.2]의 증명은 연습문제로 돌린다.

집합 $\{x : f(x;\theta) > 0\}$이 θ와 무관하고, $\frac{\partial}{\partial\theta}f(x;\theta)$가 존재한다는 가정을 이용하여 $\int_{-\infty}^{\infty} f(x;\theta)dx = 1$ 또는 $\sum_x f(x;\theta) = 1$의 양변을 θ로 미분하면

$$E\left\{\frac{\partial}{\partial\theta}\ln f(X;\theta)\right\} = 0 \tag{8.5}$$

이 되고, 만일 $\frac{\partial^2}{\partial\theta^2}f(x;\theta)$가 존재한다면 식 (8.5)의 양변을 θ로 한 번 더 미분하여

$$E\left\{\left[\frac{\partial}{\partial\theta}\ln f(X;\theta)\right]^2\right\} = -E\left\{\frac{\partial^2}{\partial\theta^2}\ln f(X;\theta)\right\} \tag{8.6}$$

의 관계가 성립함을 보일 수 있다. 따라서 크래머-라오의 분산하한을 구할 때 부등식

$$V(\hat{\theta}) \geq -1/nE\left\{\frac{\partial^2 \ln f(x:\theta)}{\partial\theta^2}\right\} \tag{8.7}$$

을 사용할 수도 있다.

예제 8.18 [예제 8.7]에서 구한 p에 대한 최우추정량 $\overline{X} = \sum_{i=1}^{n} X_i/n$가 최소분산 불편추정량임을 확인해보자.

• **풀이** $\overline{X}$는 [예제 8.12]로부터 p의 불편추정량이고, $\sum_{i=1}^{n} X_i$가 이항분포 $b(n, p)$를 따르므로

$$V(\overline{X}) = \frac{p(1-p)}{n}$$

이다. 그런데

$$f(x\,;p) = p^x(1-p)^{1-x}, \qquad x = 0,\ 1$$

이므로,

$$\ln f(x\,;p) = x\ln p + (1-x)\ln(1-p),$$
$$\frac{\partial^2 \ln f(x\,;\theta)}{\partial p^2} = \frac{-x}{p^2} - \frac{(1-x)}{(1-p)^2}$$

이다. 따라서

$$E\left[\frac{\partial^2 \ln f(X;\theta)}{\partial p^2}\right] = \frac{-p}{p^2} - \frac{(1-p)}{(1-p)^2} = -\frac{1}{p(1-p)}$$

이고, 크래머-라오의 분산하한은 $\frac{p(1-p)}{n}$이 된다. 이를 $\overline{X}$의 분산과 비교하여 보면 둘이 서로 일치함을 알 수 있는데, 크래머-라오의 분산하한은 모든 불편추정량들의 분산하한이므로, 이는 결국 $\overline{X}$가 불편추정량 중 최소분산을 갖고, 더 작은 분산을 갖는 불편추정량은 존재하지 않는다는 것을 의미한다. ■

예제 8.19 $X_1, \cdots, X_n$을 균일분포 $U(0,\ \theta)$로부터의 확률표본이라 하자. θ의 불편추정량 $\hat{\theta} = \frac{n+1}{n}X_{(n)}$의 분산과 크래머-라오의 분산하한을 비교해보자.

• **풀이** $\hat{\theta} = \frac{n+1}{n}X_{(n)}$의 분산은 [예제 8.17]로부터 $\frac{\theta^2}{n(n+2)}$이고

$$E\left[\frac{\partial \ln f(x;\theta)}{\partial \theta}\right]^2 = \frac{1}{\theta^2}$$

이므로 크래머-라오의 분산하한은 $\frac{\theta^2}{n}$이다. 따라서 불편추정량 $\hat{\theta}$의 분산이 크래머-라오 분산하한보다 더 작음을 알 수 있다. 이러한 결과는 균일분포 $U(0,\ \theta)$가 크래머-라오 부등식이 성립하는 조건 중 $\{x : f(x:\theta) > 0\}$가 θ와 무관해야 한다는 조건을 만족하지 못하기 때문에 발생한 것이다. 이와 같이 크래머-라오 부등식의 가정에 맞지 않는 경우에는 부등식에서 주어지는 하한값보다 더 작은 분산을 갖는 불편추정량이 있을 수 있다. ■

예제 8.20 $X_1, \cdots, X_n$을 정규분포 $N(\mu,\ \sigma^2)$로부터의 확률표본이라 하자. $\overline{X}$와 S^2이 각각 μ와 σ^2의 최소분산불편추정량인지 확인해보자.

• **풀이** $\overline{X}$의 분포는 $N(\mu,\ \sigma^2/n)$이므로, $V(\overline{X})=\sigma^2/n$이다. 한편

$$\ln f(x\,;\mu,\ \sigma^2)=-\frac{1}{2}\ln(2\pi)-\frac{1}{2}\ln(\sigma^2)-\frac{(x-\mu)^2}{2\sigma^2}$$

$$\frac{\partial \ln f(x\,;\mu,\ \sigma^2)}{\partial\mu}=\frac{x-\mu}{\sigma^2},\quad \frac{\partial^2 \ln f(x\,;\mu,\ \sigma^2)}{\partial\mu^2}=-\frac{1}{\sigma^2}$$

이므로 크래머-라오의 분산하한은

$$-\frac{1}{nE\left[\dfrac{\partial^2\ln f(X\,;\mu,\ \sigma)}{\partial\mu^2}\right]}=\frac{\sigma^2}{n}$$

이다. 즉, $\overline{X}$의 분산은 크래머-라오의 분산하한과 같으므로 $\overline{X}$는 μ의 최소분산불편추정량이다.

S^2에 대해 살펴보면 $\dfrac{(n-1)S^2}{\sigma^2}\sim\chi^2(n-1)$이므로, $V\left(\dfrac{(n-1)S^2}{\sigma^2}\right)=2(n-1)$이고, 따라서 $V(S^2)=\dfrac{2\sigma^4}{(n-1)}$이 된다. 한편 $\theta=\sigma^2$이라고 하면,

$$\frac{\partial \ln f(x:\mu,\ \theta)}{\partial\theta}=-\frac{1}{2\theta}+\frac{(x-\mu)^2}{2\theta^2},\quad \frac{\partial^2 \ln f(x:\mu,\ \theta)}{\partial\theta^2}=\frac{1}{2\theta^2}-\frac{(x-\mu)^2}{\theta^3}$$

이고,

$$-E\left\{\frac{\partial^2}{\partial\theta^2}\ln f(X:\mu,\ \theta)\right\}=-\frac{1}{2\theta^2}+\frac{\theta}{\theta^3}=\frac{1}{2\theta^2}=\frac{1}{2\sigma^4}$$

이므로, 크래머-라오의 분산하한은 $\dfrac{2\sigma^4}{n}$이다. 따라서 S^2의 분산은 크래머-라오의 분산하한보다 크다. 그러나 실제로는 S^2은 σ^2에 대한 불편추정량 중 가장 작은 분산을 갖는다. 이에 대해서는 8.2.4절에서 다시 논의하기로 한다. ■

8.2.3* 일치성

점추정량의 좋고 나쁨을 구별하는 기준에는 불편성과 효율성 이외에도 일치성과 충분성 등이 있다. **일치성**(consistency)은 표본의 크기가 커짐에 따른 추정량의 행태에 관한 것이고, **충분성**(sufficiency)은 추정량이 갖고 있는 정보의 양에 관한 것이다.

점추정량이 좋은 추정량이 되려면 표본의 크기가 커짐에 따라 추정하고자 하는 모수를 더 정

확히 추정하여야 할 것이다. 이러한 개념이 추정량의 일치성이다. 예를 들어 앞면이 나올 확률이 p인 동전을 n번 던지는 실험을 생각해 보자. 매번의 시행이 서로 독립이라면 n번의 시행에서 나온 앞면의 수 Y는 이항분포 $b(n, p)$를 따르고, 만약 p를 모른다면 [예제 8.18]에서 구한 표본비율 Y/n를 p의 추정량으로 사용한다. 그런데 시행의 횟수 n을 증가시키면 표본비율 Y/n가 어떻게 될까? 직관적으로는 n이 커지면 Y/n가 p에 가까워질 것이라는 것을 알 수 있다. 그러나 Y/n는 확률변수이므로 n이 커진다고 해서 Y/n가 규칙적으로 p에 접근한다고 말할 수는 없고, 다만 확률적인 의미에서 그렇게 말할 수는 있을 것이다. 이제 a_n을 추정오차 $|Y/n-p|$가 임의의 작은 실수 $\epsilon(>0)$보다 작거나 같을 확률

$$a_n = P\left\{\left|\frac{Y}{n} - p\right| \le \epsilon\right\}$$

이라 할 때, 수열 $\{a_n\}$을 생각해보자. $\{a_n\}$은 구간 [0,1] 사이에서 값을 갖는 수열이다. 만일 $n \to \infty$에 따라 수열 $\{a_n\}$이 1로 수렴하면 Y/n가 확률적으로 p로 접근한다고 말하고, 이때 Y/n는 p의 **일치추정량**(consistent estimator)이라 한다.

이제 크기 n인 확률표본 $X_1, \cdots, X_n$으로부터 얻은 모수 θ의 추정량을 $\widehat{\theta_n} = \hat{\theta}(X_1, \cdots, X_n)$이라 하자.

정의 8.9 |

모수 θ에 대한 추정량 $\widehat{\theta_n}$이 임의의 양의 실수 ϵ에 대해

$$\lim_{n\to\infty} P(|\widehat{\theta_n} - \theta| \le \epsilon) = 1 \text{ 또는 } \lim_{n\to\infty} P(|\widehat{\theta_n} - \theta| > \epsilon) = 0$$

을 만족할 때, $\widehat{\theta_n}$을 θ에 대한 일치추정량이라 한다.

$\widehat{\theta_n}$이 θ에 대한 일치추정량이라는 것은 $\hat{\theta}_n$이 θ로 확률적으로 수렴한다는 것, 즉 $\widehat{\theta_n} \xrightarrow{p} \theta$라는 것을 통계적 추론의 관점에서 다르게 표현한 것일 뿐이다. [정의 8.9]에서 추정량을 $\hat{\theta}_n$로 표현했는데, 이는 추정량 $\hat{\theta}$이 n의 함수라는 것을 나타내는 것으로 점추정량 $\widehat{\theta_n}$이 n이 변함에 따라 어떤 성질을 가지는가를 논의할 경우에만 이렇게 쓰기로 한다. 추정량의 일치성은 표본의 크기가 커짐에 따른 추정량의 **점근적**(asymptotic) **성질**에 관한 것이다. 다음 정리는 n이 커질 때 추

정량 $\hat{\theta}_n$의 편의와 분산이 0에 가까워지면 일치성을 갖게 된다는 것으로 $\hat{\theta}_n$이 일치추정량인지를 쉽게 알아보는데 사용된다.

정리 8.3 |

모수 θ에 대한 추정량 $\hat{\theta}_n$이 $\lim_{n\to\infty} E(\hat{\theta}_n)=\theta$과 $\lim_{n\to\infty} V(\hat{\theta}_n)=0$인 성질을 가지면 $\hat{\theta}_n$은 일치추정량이다.

• **증명** 식 (4.22)의 마코브 부등식에 의해 부등식

$$P\left\{|\hat{\theta}_n-\theta|>\epsilon\right\}\le \frac{E(\hat{\theta}_n-\theta)^2}{\epsilon^2}$$

이 성립하고, $E(\hat{\theta}_n-\theta)^2$은 $\hat{\theta}_n$의 MSE로

$$E(\hat{\theta}_n-\theta)^2 = V(\hat{\theta}_n)+\left\{E(\hat{\theta}_n)-\theta\right\}^2$$

로서 $n\to\infty$에 따라 $V(\hat{\theta}_n)\to 0$와 $E(\hat{\theta}_n)\to\theta$가 되므로 $E(\hat{\theta}_n-\theta)^2\to 0$이다. 따라서

$$\lim_{n\to\infty} P(|\hat{\theta}_n-\theta|>\epsilon)=0$$

이 되어 $\hat{\theta}_n$은 θ에 대한 일치추정량이 된다. ■

예제 8.21 $X_1, \cdots, X_n$이 평균 μ, 분산이 σ^2인 분포로부터의 확률표본일 때, $\overline{X}$가 μ에 대한 일치추정량이 되는지를 살펴보자.

• **풀이** $\overline{X}$의 평균과 분산이 각각 $E(\overline{X})=\mu$, $V(\overline{X})=\frac{\sigma^2}{n}$이므로, $\overline{X}$는 μ에 대한 불편추정량이고 $\lim_{n\to\infty} V(\overline{X})=0$이므로, [정리 8.3]에 의해 $\overline{X}$는 μ에 대한 일치추정량이다. 즉, $\overline{X}$는 n이 증가함에 따라 확률적으로 μ에 접근한다. ■

예제 8.22 $X_1, \cdots, X_n$이 균일분포 $U(0,\theta)$로부터의 확률표본일 때, θ에 대한 최우추정량 $X_{(n)}$이 일치추정량이 되는지를 살펴보자.

• **풀이** [예제 8.13]에서 $E(X_{(n)})=\frac{n}{n+1}\theta$이므로, $\lim_{n\to\infty}E(X_{(n)})=\theta$가 된다. 또한 [예제 8.17]로부터 $V(X_{(n)})=\frac{n\theta^2}{(n+1)^2(n+2)}$이므로, $\lim_{n\to\infty}V(X_{(n)})=0$이다. 따라서 [정리 8.3]에 의하여 $X_{(n)}$은 θ에 대한 일치추정량이다. ■

$\overline{X}$가 μ에 대한 일치추정량이거나 $\overline{X}$가 n이 증가함에 따라 확률적으로 μ에 접근한다는 사실은 대수의 법칙이란 이름으로 더 잘 알려져 있다. 대수의 법칙은 많은 과학자들이 측정값의 정밀도를 높이기 위하여 여러 측정값의 평균을 이용하는 이유이기도 하다. 한편, 두 일치추정량의 합이나 곱 등도 일치추정량이 될 것이라는 것을 직관적으로 쉽게 알 수 있다.

정리 8.4 |

$\widehat{\theta_n}$과 $\widehat{\lambda_n}$이 각각 θ와 λ에 대한 일치추정량일 때,

i) $\widehat{\theta_n}\pm\widehat{\lambda_n}$, $\widehat{\theta_n}\cdot\widehat{\lambda_n}$, $\widehat{\theta_n}/\widehat{\lambda_n}$은 각각 $\theta\pm\lambda$, $\theta\cdot\lambda$, θ/λ(단 $\lambda\neq 0$)에 대한 일치추정량이다.

ii) 함수 g가 연속이면 $g(\widehat{\theta_n})$은 $g(\theta)$에 대한 일치추정량이다.

예제 8.23 $X_1, \cdots, X_n$이 분산이 σ^2인 분포로부터의 확률표본일 때, 표본분산 S^2가 모분산 σ^2에 대한 일치추정량임을 보이자.

• **풀이** $E[\overline{X_n}]=\frac{1}{n}\sum_{i=1}^{n}E[X_i]=\frac{1}{n}\sum_{i=1}^{n}E[X]=E[X]$, $\lim_{n\to\infty}V[\overline{X_n}]=\lim_{n\to\infty}\frac{\sigma^2}{n}=0$이므로 [정리 8.3]에 의해 $\overline{X_n}=\frac{1}{n}\sum_{i=1}^{n}X_i\xrightarrow{p}E(X)$이 성립한다. 같은 방법으로 $\frac{1}{n}\sum_{i=1}^{n}X_i^2\xrightarrow{p}E(X^2)$이 됨을 알 수 있다. 또한 [정리 8.4] ii)에 의해 $\overline{X}_n^2\xrightarrow{p}\{E[X]\}^2$이고 i)에 의해

$$\frac{1}{n}\sum_{i=1}^{n}X_i^2-\overline{X}_n^2\xrightarrow{p}E(X^2)-\{E[X]\}^2=\sigma^2,$$

즉, $S^2=\frac{n}{n-1}\left[\frac{1}{n}\sum_{i=1}^{n}X_i^2-\overline{X}_n^2\right]\xrightarrow{p}\sigma^2$이 됨을 알 수 있다. ■

다음 정리는 통계량의 극한 분포가 $N(0,\ 1)$인지 여부를 가리는데 이용되는 것으로 복잡한

증명을 하지 않아도 직관적으로 이해가 되는 결과이다.

정리 8.5 |

확률변수의 수열 $\{U_n\}$과 $\{V_n\}$이 있고 U_n의 극한 분포가 $N(0,\ 1)$이고 $n \to \infty$에 따라 $V_n \xrightarrow{p} 1$이면 $W_n = \dfrac{U_n}{V_n}$의 극한 분포는 $N(0,\ 1)$이다.

예제 8.24 $X_1,\ \cdots,\ X_n$이 평균이 μ이고 분산이 σ^2인 임의의 분포로부터의 확률표본일 때 위 정리를 이용하여 $W_n = \dfrac{\overline{X}-\mu}{S/\sqrt{n}}$의 극한분포가 $N(0,\ 1)$임을 보이자.

• **풀이** 중심극한정리에 의해 $U_n = \dfrac{\overline{X}-\mu}{\sigma/\sqrt{n}}$의 극한분포는 $N(0,\ 1)$이다. 그리고 [예제 8.23]에 의해 $n \to \infty$에 따라 $S^2 \xrightarrow{p} \sigma^2$, 즉 $\dfrac{S^2}{\sigma^2} \xrightarrow{p} 1$이다. 또한 [정리 8.4] ii)에 의해 $V_n = \dfrac{S}{\sigma} = \sqrt{\dfrac{S^2}{\sigma^2}} \xrightarrow{p} 1$이다. 따라서 [정리 8.5]에 의해 $W_n = \dfrac{U_n}{V_n} = \dfrac{\dfrac{\overline{X}-\mu}{\sigma/\sqrt{n}}}{S/\sigma} = \dfrac{\overline{X}-\mu}{S/\sqrt{n}}$의 극한분포는 $N(0,\ 1)$이다. ■

[정리 7.9]와 [예제 8.24]는 X_i들의 분포가 정규분포이면 $\dfrac{\overline{X}-\mu}{S/\sqrt{n}}$은 $t(n-1)$을 따르고, 정규분포 여부에 관계없이 n이 어느 정도 크면 $\dfrac{\overline{X}-\mu}{S/\sqrt{n}}$은 근사적으로 $N(0,\ 1)$을 따른다는 것을 보여 준다.

8.2.4* 충분성

지금까지 우리는 미지의 모수 θ를 추정하기 위해 표본에 기초한 통계량, 즉 점추정량 $\hat{\theta}$을 이용하는 방법과 그 성질에 대하여 알아보았다. 모집단의 평균과 분산을 추정하기 위해 각각 표본들의 평균 $\overline{X}$와 분산 S^2를 사용했던 것처럼 추정량 $\hat{\theta}$은 모수 θ를 추정하기 위해 n개의 확률변수 $X_1,\ \cdots,\ X_n$을 하나의 확률변수인 통계량 $\hat{\theta}$으로 압축한 것이다. 그렇다면 이러한 압축과정에서 표본 $X_1,\ \cdots,\ X_n$에 포함된 정보의 손실은 없는가? 또한 이 통계량보다 더 좋은 추정량은 없는가? 이를 설명해주는 점추정량의 성질이 충분성이다.

통계량의 충분성에 대한 개념을 제품 n개를 뽑아 공정의 불량률 p를 추정하는 경우를 예로 들어 살펴보자. X_i가 i번째 제품이 불량품이면 1, 양품이면 0인 베르누이 확률변수이고, p의 추정량으로 $\overline{X}=\sum X_i/n = Y/n$를 사용한다고 하자. 만일 $n=4$일 때 검사결과가 (1, 1, 0, 0)이라고 나왔다면 p의 추정값은 0.5가 된다. 그런데 검사결과가 (1, 0, 1, 0), (1, 0, 0, 1), (0, 1, 1, 0), (0, 1, 0, 1), (0, 0, 1, 1) 등의 결과가 나왔다고 해도 p의 추정값은 달라지지 않는다. 이것은 불량률 p를 추정하는데 표본 중 불량품 수 Y의 값만 알면 되지 불량품이 나온 순서는 별 의미가 없기 때문이다. 이를 좀 더 분명하게 설명하기 위하여 $p=0.5$라는 조건, 즉 $Y=2$인 조건하에 (1, 1, 0, 0)의 검사결과가 나올 조건부확률을 구해보면

$$\begin{aligned} P\{(1,\ 1,\ 0,\ 0)|Y=2\} &= \frac{P\{(1,\ 1,\ 0,\ 0),\ Y=2\}}{P\{Y=2\}} = \frac{P\{(1,\ 1,\ 0,\ 0)\}}{P\{Y=2\}} \\ &= \frac{p\cdot p\cdot(1-p)\cdot(1-p)}{\binom{4}{2}p^2(1-p)^{4-2}} = \frac{1}{6} \end{aligned}$$

이 된다. 또한 다른 5 가지 검사결과의 조건부확률도 모두 1/6이 되며, 이들 확률값은 p와는 무관하다. 즉, $Y=2$라는 사실이 p에 관한 정보를 다 가지고 있어, $Y=2$라는 사실을 알고 나면 개개의 샘플결과 (1, 1, 0, 0) 등은 p에 관한 아무런 추가적인 정보도 갖지 않게 된다. 결국 Y는 모수 p를 추정하는데 필요한 모든 정보를 가지고 있는데 이러한 Y를 모수 p에 대한 충분통계량(sufficient statistic)이라 한다.

정의 8.10 |

$X_1,\ \cdots,\ X_n$을 미지의 모수 θ를 갖는 분포로부터의 확률표본이라 하고, $T=T(X_1,\ \cdots,\ X_n)$을 통계량이라고 하자. 만일 $T=t$가 주어졌을 때 $(X_1,\ \cdots,\ X_n)$의 조건부 분포가 θ에 무관하면 T를 θ에 대한 충분통계량이라 한다.

[정의 8.10]은 충분통계량 값이 주어지면 표본의 결합분포는 모수에 의존하지 않으므로 모수에 대한 아무런 정보를 가지고 있지 않다는 것을 의미한다. 따라서 확률변수 $(X_1,\ \cdots,\ X_n)$이 관찰되었을 때, 모수 θ에 대한 정보는 모두 충분통계량 T에 포함되어 있다고 할 수 있다. 또한 T가 θ에 대한 충분통계량이면 T의 관측값 $t=T(x_1,\ \cdots,\ x_n)$만 알고 있으면 개개의 관측값인 $(x_1,\ \cdots,\ x_n)$이 없어도 θ에 대한 추론이 가능하므로 기록 또는 기억해야 하는 자료의 양이 많

이 줄어들게 된다.

예제 8.25 앞에서 설명한 n개의 제품을 검사하였을 때 불량품 수 Y가 불량률 p에 대한 충분통계량이라는 것을 보이자.

• **풀이** $\sum_{i=1}^{n} x_i = y$이면

$$P\{X_1 = x_1, \cdots, X_n = x_n | Y = y\} = \frac{P\{X_1 = x_1, \cdots, X_n = x_n, Y = y\}}{P\{Y = y\}}$$
$$= \frac{P\{X_1 = x_1, \cdots, X_n = x_n\}}{P\{Y = y\}}$$
$$= \frac{p^{\sum x_i}(1-p)^{\sum(1-x_i)}}{\binom{n}{y} p^y (1-p)^{n-y}} = \frac{1}{\binom{n}{y}}$$

이다. 이 식은 미지의 모수 p를 포함하지 않으므로 Y는 p에 대한 충분통계량이다. ■

[정의 8.10]은 주어진 통계량 T가 충분통계량인지의 여부를 판별하는 기준은 되지만, 실제로 충분통계량을 찾는 데는 별 도움이 되지 못한다. 다음 정리는 충분통계량을 쉽게 찾을 수 있는 방법을 제공한다.

정리 8.6 | 인수분해 정리

T를 확률표본 $X_1, \cdots, X_n$으로부터 얻은 통계량이라 하자. 만약 우도함수 L이 다음과 같이 두 부분의 곱으로 표현가능하다면 T는 모수 θ에 대한 충분통계량이 된다.

$$L(\theta\,; x_1, \cdots, x_n) = g(t\,; \theta) h(x_1, \cdots, x_n)$$

단, $g(t\,;\theta) \ge 0$는 t와 θ만의 함수이고, $h(x_1, \cdots, x_n) \ge 0$는 θ와 무관하다.

[정리 8.6]의 증명은 이 책의 수준을 벗어나므로 생략하고, 아래의 예제를 통하여 그 유용성에 대하여 살펴보자.

예제 8.26 $X_1, \cdots, X_n$이 포아송분포 $Poi(\lambda)$에서 얻어진 확률표본일 때, $Y = \sum_{i=1}^{n} X_i$는 λ에 대한 충분통계량이라는 것을 보이자.

• 풀이 우도함수는

$$L(\lambda ; x_1, \cdots, x_n) = \prod_{i=1}^{n} \frac{e^{-\lambda}\lambda^{x_i}}{x_i!} = \frac{e^{-n\lambda}\lambda^{y}}{\prod_{i=1}^{n} x_i!}$$

이므로

$$g(y ; \lambda) = e^{-n\lambda}\lambda^{y}, \quad h(x_1, \cdots, x_n) = \prod_{i=1}^{n}\left(\frac{1}{x_i!}\right)$$

라 하면 우도함수 L은 [정리 8.6]의 형태로 표현이 가능하다. 따라서 $Y = \sum_{i=1}^{n} X_i$는 λ에 대한 충분통계량이다. ■

예제 8.27 $X_1, \cdots, X_n$이 균일분포 $U(0, \theta)$에서의 확률표본일 때, $X_{(n)}$이 θ에 대한 충분통계량이라는 것을 보이자.

• 풀이 우도함수는

$$\begin{aligned} L(\theta ; x_1, \cdots, x_n) &= \prod_{i=1}^{n} f(x_i;\theta) = \left(\frac{1}{\theta}\right)^n, \quad 0 < x_i < \theta, \quad i = 1, \cdots, n \\ &= \prod_{i=1}^{n}\left[\frac{1}{\theta} I_{(0,\, \theta)}(x_i)\right] = \frac{1}{\theta^n} I_{(0,\, \theta)}(x_{(n)}) \end{aligned}$$

이다. 여기서 I는

$$I_A(x) = \begin{cases} 1, & x \in A \\ 0, & x \notin A \end{cases}$$

로 정의되는 지시함수(indicator function)로 x가 집합 A에 속하는지의 여부를 나타낸다. 이 우도함수는 θ와 $x_{(n)}$만의 함수이므로

$$g(x_{(n)}, \theta) = \frac{1}{\theta^n} I_{(0,\, \theta)}(x_{(n)}), \quad h(x_1, \cdots, x_n) = 1$$

라 하면 우도함수 L은 [정리 8.6]의 형태로 표현이 가능하다. 따라서 $X_{(n)}$은 θ에 대한 충분통계량이다. ■

인수분해정리는 모수가 여러 개일 때, 즉 $\boldsymbol{\theta} = (\theta_1, \cdots, \theta_k)$일 때도 성립한다. 이 경우에 T는 벡터 형태가 된다.

예제 8.28 $X_1, \cdots, X_n$이 정규분포 $N(\mu, \sigma^2)$로부터의 확률표본일 때, μ와 σ^2에 대한 충분통계량을 구해보자.

• **풀이** 우도함수는

$$L(\mu, \sigma^2; x_1, \cdots, x_n) = \left(\frac{1}{2\pi\sigma^2}\right)^{\frac{n}{2}} \exp\left[-\frac{\sum(x_i - \mu)^2}{2\sigma^2}\right]$$
$$= \left(\frac{1}{2\pi\sigma^2}\right)^{\frac{n}{2}} \exp\left[-\frac{\sum x_i^2}{2\sigma^2} + \frac{\mu\sum x_i}{\sigma^2} - \frac{n\mu^2}{2\sigma^2}\right]$$

이고 $h(x_1, \cdots, x_n) = 1$이라 하면, 우도함수 L은 [정리 8.6]의 형태가 되고 (μ, σ^2)에 대한 결합충분통계량은 $\left(\sum_{i=1}^{n} X_i, \sum_{i=1}^{n} X_i^2\right)$이 된다. ■

T가 θ에 대한 충분통계량이면 T의 1 대 1 함수인 통계량 $U = k(T)$도 충분통계량임은 [정리 8.6]으로부터 쉽게 알 수 있다. 예를 들어 [예제 8.26]에서 $\sum_{i=1}^{n} X_i$의 함수인 $\overline{X}$도 λ에 대한 충분통계량이 되고 [예제 8.28]에서 $\left(\sum_{i=1}^{n} X_i, \sum_{i=1}^{n} X_i^2\right)$의 함수인 $(\overline{X}, S^2)$도 (μ, σ^2)에 대한 결합충분통계량이 된다.

이상의 예에서와 같이 [정리 8.6]을 이용해서 충분통계량을 구할 때 우도함수를 이용한다는 점에서 최우추정량이 충분통계량과 관계가 있음을 알 수 있다. T가 θ에 대한 충분통계량이면 [정리 8.6]에 의하여 우도함수는

$$L(\theta\,;x_1, \cdots, x_n) = g(t\,;\theta)h(x_1, \cdots, x_n)$$

로 나타낼 수 있다. θ의 최우추정량은 $L(\theta)$를 최대로 하는 통계량이고 이는 $g(t\,;\theta)$를 최대로 하는 통계량이 된다. $g(t\,;\theta)$를 최대로 하는 통계량은 T의 함수가 될 것이다.

정리 8.7 |

> 최우추정량은 충분통계량의 함수이다.

불편추정량들 가운데 분산이 보다 작은 것을 찾는 방법은 없을까? 다음 정리는 충분통계량을 써서 이 문제를 해결한다.

정리 8.8 | 라오-블랙웰(Rao-Blackwell) 정리

> $\hat{\theta}$이 θ의 불편추정량이고, T가 충분통계량이라 하자. θ^*를 $\theta^* = E(\hat{\theta} \mid T)$라 정의 하면
>
> i) θ^*는 θ의 불편추정량이다.
>
> ii) $V(\theta^*) \leq V(\hat{\theta})$이다.

• **증명** i) $(X_1, \cdots, X_n)$이 확률표본이면 $\hat{\theta}$는 $(X_1, \cdots, X_n)$의 함수이고, T가 충분통계량이므로 $T = t$가 주어졌을 때 $(X_1, \cdots, X_n)$의 분포는 θ와 무관하다. 따라서 $E(\hat{\theta} \mid T)$는 T의 함수로 θ와 무관하다. 즉 θ^*는 통계량이다. 그런데 식 (6.27)에 의해

$$E(\theta^*) = E\{E(\hat{\theta}|T)\} = E(\hat{\theta}) = \theta$$

이므로 θ^*는 θ의 불편추정량이 된다.

ii) 식 (6.27)에 의해

$$\begin{aligned} V(\hat{\theta}) &= V\{E(\hat{\theta}|T)\} + E\{V(\hat{\theta}|T)\} \\ &= V(\theta^*) + E\{V(\hat{\theta}|T)\} \end{aligned}$$

이다. 여기서 $V(\hat{\theta}|T = t)$는 분산이기 때문에 모든 t에 대하여 $V(\hat{\theta}|T = t) \geq 0$이 성립하고, $E\{V(\hat{\theta}|T)\} \geq 0$이다. 따라서, 부등식

$$V(\hat{\theta}) \geq V(\theta^*)$$

이 성립한다. ■

[정리 8.8]이 의미하는 바는 충분통계량 T와 불편추정량 $\hat{\theta}$이 있을 때, 조건부 기댓값 $E(\hat{\theta} \mid T)$을 취하면 이것이 충분통계량의 함수인 불편추정량이 되고 동시에 분산이 줄어든다는

것이다. 그런데 어떤 불편추정량 $\hat{\theta}$으로 시작하든 $E(\hat{\theta}|T)$는 $\hat{\theta}$에 관계없이 같은 것이 되고, 이렇게 구한 $E(\hat{\theta}|T)$는 분산이 최소가 된다. 즉 **최소분산 불편추정량**(minimum variance unbiased estimator; MVUE)이 된다. 문제는 $E(\hat{\theta}|T)$을 구하는 과정이 때로는 복잡할 수 있다는 데 있다. 따라서 가장 손쉬운 방법은 충분통계량 T의 함수들 가운데서 불편추정량을 찾아보고, 이것이 여의치 않으면 번거롭더라도 $E(\hat{\theta}|T)$를 구할 수밖에 없다.

예제 8.29 $X_1, \cdots, X_n$을 균일분포 $U(0, \theta)$에서의 확률표본이라 하면 θ의 추정량 $\frac{n+1}{n}X_{(n)}$는 최소분산 불편추정량인가?

• **풀이** θ의 최우추정량 $X_{(n)}$은 [예제 8.27]에서 본 바와 같이 충분통계량이다. 또한 [예제 8.13]으로부터 $\frac{n+1}{n}X_{(n)}$은 불편추정량이다. 따라서 충분통계량의 함수인 $\frac{n+1}{n}X_{(n)}$은 θ의 최소분산 불편추정량이다. ■

예제 8.30 $X_1, \cdots, X_n$을 정규분포 $N(\mu, \sigma^2)$에서의 확률표본이라 하면 표본분산 S^2은 σ^2의 최소분산불편추정량임을 확인해보자.

• **풀이** S^2은 σ^2의 불편추정량이고 $V(S^2) = \frac{2\sigma^2}{n-1}$이다. 또한, S^2는 [예제 8.28]에서 얻은 충분통계량 $\left(\sum_{i=1}^{n}X_i, \sum_{i=1}^{n}X_i^2\right)$ 또는 $(\overline{X}, S^2)$의 함수이다. 즉, S^2는 σ^2의 불편추정량이면서 충분통계량의 함수이므로 σ^2의 MVUE가 된다. 그러나 $\frac{2\sigma^4}{n-1} > \frac{2\sigma^4}{n}$이어서 $V(S^2)$는 [예제 8.20]에서 구한 크래머-라오의 분산하한 $\frac{2\sigma^4}{n}$보다 크다. 따라서 분산 $\frac{2\sigma^4}{n}$을 갖는 σ^2의 불편추정량은 존재하지 않는다. ■

좀 더 엄밀한 의미에서 최소분산 불편추정량임을 보이려면 통계량이 이른바 **최소충분성**(minimal sufficiency)과 완전성(completeness) 갖고 있음을 보여야 하겠으나, 이에 대한 구체적인 논의 역시 이 책의 수준을 넘으므로 생략한다.

연습문제 8.2

1. $X_1, \cdots, X_n$을 평균이 μ, 분산이 σ^2인 분포로부터의 확률표본이라 하자. $\widehat{\mu_1} = \frac{1}{3}(X_1 + X_2 + X_3)$, $\widehat{\mu_2} = \frac{1}{3}X_1 + \frac{X_2 + \cdots + X_{n-1}}{3(n-2)} + \frac{1}{3}X_n$, $\widehat{\mu_3} = X_1$라 할 때,

   (a) 이들 통계량이 모두 μ의 불편추정량임을 보여라.

   (b) $\widehat{\mu_1}$과 $\widehat{\mu_2}$ 각각에 대한 $\widehat{\mu_3}$의 상대효율을 구하라.

2. $X_{(1)} < X_{(2)} < X_{(3)}$이 균일분포 $U(0, \theta)$로부터의 확률표본의 순서통계량일 때,

   (a) $4X_{(1)}$, $2X_{(2)}$, $\frac{4}{3}X_{(3)}$이 θ의 불편추정량임을 보여라.

   (b) (a)에서 구한 각각의 불편추정량의 분산을 구하여 비교하라.

3. $X_1, \cdots, X_n$을 균일분포 $U(\theta, \theta+1)$로부터의 확률표본이라 하자.

$$\widehat{\theta_1} = X_{(n)} - \frac{n}{n+1}, \quad \widehat{\theta_2} = \overline{X} - \frac{1}{2} \text{이라 할 때,}$$

   (a) $\widehat{\theta_1}$과 $\widehat{\theta_2}$이 불편추정량임을 보여라.

   (b) $\widehat{\theta_2}$의 $\widehat{\theta_1}$에 대한 상대효율을 구하라.

4. 어떤 공장에서 생산되는 전자부품의 수명 X는 확률밀도함수

$$f(x) = \begin{cases} e^{-x+\theta}, & x > \theta,\ 0 < \theta < \infty \\ 0, & \text{기타} \end{cases}$$

   를 갖는다고 한다. 여기서 θ는 이 부품의 최소수명을 나타내는 미지의 모수이다. 이 공장에서 생산된 제품 n개를 뽑아 수명을 측정하여 θ를 추정하고자 한다.

   (a) θ의 적률추정량을 구하라.

   (b) θ의 최우추정량을 구하라.

   (c) 위의 추정량의 불편성 여부를 확인하여 (a)에 기초한 불편추정량 $\widehat{\theta_1}$과 (b)에 기초한 불편추정량 $\widehat{\theta_2}$을 구하라.

   (d) $\widehat{\theta_1}$의 $\widehat{\theta_2}$에 대한 효율 $eff(\widehat{\theta_1}, \widehat{\theta_2})$를 구하라.

5. 두 정규분포 $N(\mu_1,\ \sigma^2)$와 $N(\mu_2,\ \sigma^2)$로부터 각각 크기 n_1과 n_2인 확률표본을 서로 독립적으로 뽑을 때, 각각의 표본분산을 S_1^2과 S_2^2라 하자.

(a) σ^2의 합동추정량(pooled estimator)

$$S_p^2 = \frac{(n_1-1)S_1^2 + (n_2-1)S_2^2}{n_1+n_2-2}$$

이 σ^2의 불편추정량임을 보여라.

(b) $V(S_p^2)$을 구하라.

6. $X_1,\ \cdots,\ X_n$이 다음과 같은 분포로부터의 확률표본일 때 모수 θ의 불편추정량들의 크래머-라오의 분산하한을 구하고, 분산하한과 일치하는 분산을 갖는 추정량을 구하라.

(a) 포아송분포 $Poi(\theta)$

(b) 지수분포 $Exp(\theta)$

7. $X_1,\ \cdots,\ X_n$은 평균이 μ_1이고 분산이 σ_1^2인 분포로부터의 확률표본이고, $Y_1,\ \cdots,\ Y_n$은 평균이 μ_2이고 분산이 σ_2^2인 분포로부터의 확률표본일 때,

(a) $\overline{X}-\overline{Y}$가 $\mu_1-\mu_2$의 일치추정량인가?

(b) 만약 두 분포가 $\sigma_1^2=\sigma_2^2=\sigma^2$인 정규분포 $N(\mu_1,\ \sigma^2)$와 $N(\mu_2,\ \sigma^2)$이라면

$$\frac{\sum_{i=1}^{n}(X_i-\overline{X})^2+\sum_{i=1}^{n}(Y_i-\overline{Y})^2}{2n-2}$$
가 σ^2의 일치추정량인가?

8. $X_1,\ \cdots,\ X_n$이 확률밀도함수

$$f(x)=\begin{cases}\theta(1-x)^{\theta-1}, & 0<x<1,\ \theta>0\\ 0, & \text{기타}\end{cases}$$

를 갖는 모집단에서 얻은 확률표본일 때 $\overline{X_n}=\frac{1}{n}\sum_{i=1}^{n}X_i$는 θ의 일치추정량인가?

9. $X_1,\ \cdots,\ X_n$이 베타분포 $Be(\theta,\ \theta)$로부터의 확률표본일 때 θ에 대한 충분통계량을 구하라.

10. $X_1,\ \cdots,\ X_n$이 다음의 확률(밀도)함수를 갖는 분포로부터의 확률표본일 때 θ에 대한 충분통계

량을 구하라.

(a) $f(x\,;\theta)=\begin{cases}\dfrac{1}{\theta}e^{-\frac{x}{\theta}}, & 0<x<\infty,\ 0<\theta<\infty \\ 0, & \text{기타}\end{cases}$

(b) $f(x\,;\theta)=\begin{cases}\dfrac{\theta}{(1+x)^{\theta+1}}, & 0<x<\infty,\ 0<\theta<\infty \\ 0, & \text{기타}\end{cases}$

(c) $f(x\,;\theta)=\begin{cases}e^{-x+\theta}, & \theta<x<\infty,\ 0<\theta<\infty \\ 0, & \text{기타}\end{cases}$

(d) $p(x\,;\theta)=\begin{cases}\theta(1-\theta)^{x-1}, & x=1,\ 2,\ \cdots,\ 0<\theta<1 \\ 0, & \text{기타}\end{cases}$

11. $X_1,\ \cdots,\ X_n$은 확률밀도함수

$$f(x)=\begin{cases}\alpha\beta^{\alpha}x^{-(\alpha+1)}, & x\ge\beta \\ 0, & \text{기타}\end{cases}$$

를 갖는 모집단에서 얻은 확률표본이다.

(a) β를 알고 있는 경우, $\prod_{i=1}^{n}X_i$가 α에 대한 충분통계량임을 보여라.

(b) $\alpha,\ \beta$를 모르는 경우, $\left(\prod_{i=1}^{n}X_i,\ X_{(1)}\right)$이 $(\alpha,\ \beta)$에 대한 결합충분통계량임을 보여라.

12. $X_1,\ \cdots,\ X_n$이 정규분포 $N(\mu,\ \sigma^2)$로부터의 확률표본일 때,

(a) σ^2를 아는 경우, X는 μ에 대한 충분통계량임을 보여라.

(b) μ를 아는 경우, $\sum_{i=1}^{n}(X_i-\mu)^2$는 σ^2에 대한 충분통계량임을 보여라.

13. $E(\hat{\theta}_1)=E(\hat{\theta}_2)=\theta$이고, $V(\hat{\theta}_1)=\sigma_1^2,\ V(\hat{\theta}_2)=\sigma_2^2$일 때 $\hat{\theta}_3$을

$$\hat{\theta}_3=\alpha\hat{\theta}_1+(1-\alpha)\hat{\theta}_2$$

로 정의하면 $\hat{\theta}_3$도 불편추정량이다.

(a) $\hat{\theta}_1$과 $\hat{\theta}_2$이 독립일 때, $\hat{\theta}_3$의 분산을 최소로 하는 상수 α를 구하라.

(b) $Cov(\hat{\theta}_1,\ \hat{\theta}_2)=c\neq 0$일 때, $\hat{\theta}_3$의 분산을 최소로 하는 상수 α를 구하라.

14. $X_1,\ X_2,\ X_3,\ X_4$가 정규분포 $N(\mu,\ \sigma^2)$로부터의 확률표본일 때,

(a) $\widehat{\sigma^2} = c\{(X_1 - X_4)^2 + (X_2 - X_3)^2\}$으로 정의되는 $\widehat{\sigma^2}$가 σ^2의 불편추정량이 되도록 c를 정하라.

(b) (a)에서 구한 $\widehat{\sigma^2}$와 $S^2 = \frac{1}{3}\sum_{i=1}^{4}(X_i - X)^2$는 모두 σ^2의 불편추정량이다. 어느 것이 더 좋은지를 밝혀라.

15. $X_1,\ \cdots,\ X_n$이 정규분포 $N(\mu,\ \sigma^2)$로부터의 확률표본일 때,

(a) $T = cS^2$가 MSE를 최소화하는 σ^2의 추정량이 되도록 c를 구하라.

(b) MSE관점에서의 T에 대한 S^2의 상대효율 $eff(S^2,\ T) = \frac{MSE(T)}{MSE(S^2)}$를 구하라.

16. $X_1,\ \cdots,\ X_n$이 균일분포 $U(0,\ \theta)$로부터의 확률표본일 때,

(a) θ의 적률추정량 $\widehat{\theta_1}$과 $MSE(\widehat{\theta_1})$을 구하라.

(b) θ의 최우추정량 $\widehat{\theta_2}$과 $MSE(\widehat{\theta_2})$을 구하라.

(c) $aX_{(n)}$의 형태를 갖는 모든 추정량 중 최소의 MSE를 갖는 추정량 $\widehat{\theta_3}$을 구하고 그 $MSE(\widehat{\theta_3})$를 구하라. 단, a는 n에 의존하는 상수이다.

(d) $\widehat{\theta_4} = X_{(1)} + X_{(n)}$이라 할 때 $MSE(\widehat{\theta_4})$를 구하라.

(e) 위의 추정량 중 어떤 것을 이용하는 것이 가장 합당한가? 또, 그 이유는?

(f) 분산의 최우추정량을 구하라.

17. $X_1,\ X_2,\ X_3,\ X_4$가 지수분포 $Exp(\theta)$로부터의 확률표본일 때,

(a) $\widehat{\theta_1} = c\sqrt{X_1 X_2}$가 θ의 불편추정량이 되도록 상수 c를 결정하라.

(b) $\widehat{\theta_2} = \overline{X}$도 θ의 불편추정량이다. $\widehat{\theta_1}$의 $\widehat{\theta_2}$에 대한 상대효율을 구하라.

(c) $U = \sqrt{X_1 X_2 X_3 X_4}$일 때, θ^2의 불편추정량을 통계량 U의 함수로 나타내라.

18. $X_1,\ \cdots,\ X_n$이 연습문제 #4의 확률밀도함수를 갖는 분포로부터의 확률표본일 때,

(a) 크래머-라오의 분산하한을 구하라.

(b) 연습문제 #4에서 구한 불편추정량 $\widehat{\theta_2}$의 분산을 (a)의 결과와 비교하라.

19. $X_1,\ \cdots,\ X_n$이 정규분포 $N(\mu,\ \sigma^2)$로부터의 확률표본일 때,

(a) $S=\sqrt{S^2}$ 이 σ의 편의추정량임을 보여라.

(b) S를 수정하여 σ의 불편추정량을 구하라.

(c) $x_p = \mu + z_p \sigma$의 불편추정량을 구하라.

20. $X_1, \cdots, X_n$을 균일분포 $U(0, \theta)$로부터의 확률표본이라 하자. [예제 8.22]에서는 $X_{(n)}$이 θ의 일치추정량임을 보였다. $X_{(1)}$도 θ의 일치추정량이 되는가?

21. X_1, X_2, X_3은 베르누이분포 $b(1, p)$로부터의 확률표본이다. [예제 8.25]에 의하면 $X_1+X_2+X_3$은 p에 대한 충분통계량이다. $T=X_1+X_2+2X_3$도 충분통계량이 되는가?

22. X_1, X_2, X_3은 포아송분포 $Poi(\lambda)$로부터의 확률표본이다. [예제 8.26]에 의하면 $X_1+X_2+X_3$는 λ에 대한 충분통계량이다. $T=X_1 \cdot X_2+X_3$도 충분통계량이 되는가?

23. $X_1, \cdots, X_n$이 지수분포 $Exp(\theta)$로부터의 확률표본일 때,

(a) $V(X_i)=\theta^2$의 최우추정량을 구하라.

(b) θ^2의 최소분산 불편추정량을 구하라.

24. 연습문제 #8.1.5에서 θ의 최소분산 불편추정량을 구하라.

25. $X_1, \cdots, X_n$은 감마분포 $G(\alpha, \theta)$로부터의 확률표본이고 α는 알고 있다.

(a) θ의 최우추정량 $\hat{\theta}$을 구하고 $\hat{\theta}$이 일치추정량이 되는지를 보여라.

(b) $\hat{\theta}$이 θ의 최소분산 불편추정량이 되는가?

26. 연속형 분포 $F(x)$의 상위100p 백분위수 x_p는 $P(X \geq x_p)=p$ 즉, $F(x_p)=1-p$로 정의된다. $X_1, \cdots, X_n$이 정규분포 $N(\mu, \sigma^2)$로부터의 확률표본일 때,

(a) x_p의 최우추정량을 구하라.

(b) x_p의 최소분산 불편추정량을 구하라.

27. $X_1, \cdots, X_n$이 확률밀도함수

$$f(x)=\begin{cases}\left(\dfrac{2x}{\theta}\right)e^{-x^2/\theta}, & x>0 \\ 0, & \text{기타}\end{cases}$$

를 갖는 분포로부터의 확률표본일 때,

(a) θ의 최우추정량을 구하라.

(b) (a)에서 구한 최우추정량이 충분통계량의 함수인지 확인하라.

(c) θ의 최소분산 불편추정량을 구하라.

28*. $X_1, \cdots, X_n$은 포아송분포 $Poi(\lambda)$를 따르는 모집단으로부터의 확률표본이다.

(a) 확률변수 U를 다음과 같이 정의하자.

$$U = \begin{cases} 1, & X_1 = 0\text{일 때} \\ 0, & X_1 > 0\text{일 때} \end{cases}$$

U가 $P(X_i = 0) = e^{-\lambda}$의 불편추정량임을 보여라.

(b) λ의 충분통계량 $T = \sum_{i=1}^{n} X_i$의 값이 t로 주어졌을 때

$$E(U|T = t)$$

를 구하라. 이렇게 구한 $E(U|T)$가 $e^{-\lambda}$의 최소분산 불편추정량이 되는 것이 알려져 있다.

(c) 어느 공장에서 발생하는 연간 안전사고 횟수는 평균이 λ인 포아송분포를 따른다고 한다. 지난 6년 동안의 연간 안전사고 발생 횟수는 각각 3, 5, 2, 3, 4, 1이었다. 연간 안전사고가 한 번도 일어나지 않을 확률의 최우추정값과 최소분산 불편추정값을 각각 구하라.

29*. 어느 공장에서 생산되는 제품의 로트(lot: 다수의 제품으로 이루어진 하나의 제품집단)로부터 제품 n개를 뽑아 검사하여 나타나는 불량품의 수 X는 이항분포 $b(n, p)$를 따르는데, $X = 0$이면 합격시키고, $X \geq 1$이면 불합격 처리한다. 이제 k개의 로트로부터 각각 n개씩의 제품을 뽑아 검사한 결과 각각 $X_1, \cdots, X_k$개의 불량품이 나타난다고 하자.

(a) p에 대한 충분통계량 T를 구하라. T는 어떤 분포를 따르는가?

(b) 로트가 합격할 확률의 최우추정량을 구하라.

(c) 확률변수 U를

$$U = \begin{cases} 1, & X_1 = 0\text{일 때} \\ 0, & X_1 \geq 1\text{일 때} \end{cases}$$

라 정의하면 U가 $P(X = 0)$의 불편추정량임을 보여라.

(d) 로트가 합격할 확률의 최소분산추정량을 구하라.

30*. 확률밀도함수 $f(x\,;\theta)$가 [정리 8.2]의 조건을 만족한다고 하자.

(a) $1=\int_{-\infty}^{\infty} f(x;\theta)dx$의 양변을 θ로 미분하여 식 (8.5)가 성립함을 보여라.

(b) 식 (8.2)와 (8.5)로부터 $E\left\{\frac{\partial}{\partial\theta}\ln L(\theta\,;\boldsymbol{X})\right\}=0$이 되고, 따라서 $V\left\{\frac{\partial}{\partial\theta}\ln L(\theta\,;\boldsymbol{X})\right\}$ $=nE\left\{\frac{\partial}{\partial\theta}\ln f(X\,;\theta)\right\}^2$이 됨을 보여라.

(c) $E(\hat{\theta})=\theta$로부터 $E\left\{\hat{\theta}\cdot\frac{\partial}{\partial\theta}\ln L(\theta\,;\boldsymbol{X})\right\}=1$이 되고, 따라서 $Cov\left\{\hat{\theta},\ \frac{\partial}{\partial\theta}\ln L(\theta\,;\boldsymbol{X})\right\}=1$ 이 됨을 보여라.

(d) $\rho_{XY}^2=\frac{Cov^2(X,\ Y)}{\sigma_X^2\sigma_Y^2}\le 1$의 관계로부터 크래머-라오 부등식이 성립함을 보여라.

31*. 다음이 성립함을 보여라.

$$E\left[\frac{\partial\ln f(X\,;\theta)}{\partial\theta}\right]^2=-E\left[\frac{\partial^2\ln f(X\,;\theta)}{\partial\theta^2}\right]$$

32. 확률변수 X_n이 이항분포 $b(n,\ p)$를 따를 때, $\hat{p}_n=\frac{X_n}{n}$이라 하자.

$$\frac{\hat{p}_n-p}{\sqrt{\frac{\hat{p}_n(1-\hat{p}_n)}{n}}}$$

의 분포는 n이 커짐에 따라 표준정규분포로 접근함을 보여라.

8.3 구간추정

구간추정은 표본의 결과로부터 모수가 들어있을 것으로 추측되는 구간을 구하는 것이다. 구간추정도 점추정과 마찬가지로 추정값으로 사용되는 구간을 결정하는 데 표본의 함수인 통계량을 이용하므로 하나의 모수에 대하여 여러 가지 구간추정 방법이 존재할 수 있다. 따라서 많은 구간추정 방법 중에서 어느 것을 사용하는 것이 좋은지를 결정하는 것이 중요하다. 이 절에서는 구간추정의 정의와 바람직한 구간추정 방법에 대해서 설명한다.

모수 θ를 갖는 분포로부터 확률표본 $X_1, \cdots, X_n$을 뽑아 θ에 대한 구간추정을 하는 문제를 생각해 보자. 확률표본의 함수인 두 통계량 $T_l = g_l(X_1, \cdots, X_n)$과 $T_u = g_u(X_1, \cdots, X_n)$을

$$P[T_l \le \theta \le T_u] = 1 - \alpha \quad (0 \le \alpha \le 1)$$

이 되도록 정한다고 하자. 이때 $[T_l, T_u]$는 θ를 포함할 확률이 $1-\alpha$인 '확률구간'이 된다. 이제 확률표본을 실제로 뽑아 $X_1 = x_1, \cdots, X_n = x_n$의 관측값들을 얻었다고 하면 T_l과 T_u의 관측값은 각각 $t_l = g_l(x_1, \cdots, x_n)$과 $t_u = g_u(x_1, \cdots, x_n)$이 된다. 그런데 t_l과 t_u는 수치로 나타나기 때문에 $\theta \in [t_l, t_u]$인지 또는 $\theta \notin [t_l, t_u]$인지는 이미 관측값들을 얻는 순간에 정해져 있는 것으로, 두 가능성 중에 어느 것이 맞는지를 알 수 없을 뿐이지 확률적인 요소가 개재된 것은 아니다. 따라서 θ가 구간 $[t_l, t_u]$에 포함될 확률을 논하는 것은 의미가 없다.

그런데 이러한 확률표본을 한 번 더 뽑았을 때 얻어지는 $[T_l, T_u]$의 관측값은 첫 번째와는 다른 값 $[t_l', t_u']$로 얻어질 것이다. 이와 같이 확률표본을 뽑을 때마다 다른 구간들이 얻어질 것이지만 이러한 실험을 반복해서 실시하면 구간 $[t_l, t_u]$들이 θ를 포함하는 비율이 대략 $100(1-\alpha)\%$가 될 것이라는 것을 알 수 있다. 예를 들어 $1-\alpha = 0.95$라면 확률실험을 100번 반복하여 구간 100개를 얻으면 이 중 θ를 포함하는 것은 대략 95개 정도가 될 것이라는 것이다. 그러므로 확률표본을 단지 한 번 뽑아 구간 $[t_l, t_u]$를 얻었다면 실제로 이 구간이 θ를 포함하는지는 알 수 없으나, 이러한 실험을 100번 반복하면 95번 정도는 포함할 것이라는 믿음을 갖게 되므로 어느 정도 안심하고 이 구간에 θ가 있는 것으로 간주한다. 이러한 의미에서 확률구간 $[T_l, T_u]$의 관측값 $[t_l, t_u]$를 신뢰구간(confidence interval)이라 하고 $t_l = g_l(x_1, \cdots, x_n)$을 신뢰하한(lower confidence limit), $t_u = g_u(x_1, \cdots, x_n)$을 신뢰상한(upper confidence limit)이라 한다. 또 $1-\alpha$를 신뢰계수(confidence coefficient)라 하는데 백분율로 나타내어 $100(1-\alpha)\%$를 신뢰수준(confidence level)이라고도 한다.

정의 8.11 |

$X_1, \cdots, X_n$을 모수 θ를 갖는 분포로부터의 확률표본이라 하자. 구간 $[T_l = g_l(X_1, \cdots, X_n),\ T_u = g_u(X_1, \cdots, X_n)]$이 $P[T_l \le \theta \le T_u] = 1-\alpha\,(0 \le \alpha \le 1)$을 만족하면 이를 모수 θ에 대한 $100(1-\alpha)\%$확률구간이라 하고, 확률구간 $[T_l,\ T_u]$의 관측값 $[t_l,\ t_u]$를 신뢰수준이 $100(1-\alpha)\%$인 θ에 대한 신뢰구간이라 한다. 이때 t_l을 신뢰하한, t_u을 신뢰상한, $(1-\alpha)$를 신뢰계수라 한다.

[정의 8.11]의 신뢰구간은 신뢰하한과 신뢰상한이 모두 규정되어 있으므로 양측(two-sided) 신뢰구간이라 하고, 신뢰하한이나 신뢰상한 중 어느 한쪽만을 규정하는 경우의 신뢰구간은 단측(one-sided) 신뢰구간이라 한다. 즉

$$P(T_l \le \theta) = 1-\alpha \quad \text{또는} \quad P(\theta \le T_u) = 1-\alpha$$

중 하나로 신뢰구간을 결정하면 단측 신뢰구간이 된다.

확률표본으로부터 신뢰구간을 어떻게 구할 수 있을까? 신뢰구간을 구하는 방법은 여러 가지가 있지만, 일반적으로 피봇(pivot)방법이 널리 사용된다. 피봇방법을 설명하기 전에 우선 피봇량을 정의하면 다음과 같다.

정의 8.12 |

$X_1, \cdots, X_n$을 모수 θ를 갖는 분포로부터의 확률표본이라 하고, Q를 확률표본 $X_1, \cdots, X_n$과 미지의 모수 θ의 함수, 즉 $Q = h(X_1, \cdots, X_n\,;\theta)$라 하자. 만약 Q의 분포가 θ에 의존하지 않으면 Q를 피봇량(pivotal quantity)이라 부른다.

예제 8.31 $X_1, \cdots, X_n$이 정규분포 $N(\mu,\ 9)$로부터의 확률표본일 때, $Q_1 = \sqrt{n}(\overline{X}-\mu)/3$, $Q_2 = \overline{X}/\mu$가 피봇량인지 확인해 보자.

• **풀이** $Q_1 \sim N(0,\ 1)$이므로 Q_1은 피봇량이지만 $Q_2 \sim N(1,\ 9/\mu^2 n)$으로서 Q_2는 그 분포가 μ에 의존하므로 피봇량이 아니다. ■

피봇량을 이용하여 신뢰구간을 구하는 피봇방법을 살펴보자. 우선 $Q=h(X_1, \cdots, X_n;\theta)$가 피봇량이라고 하자. 만약 Q의 분포를 알고 있다면 $0<\alpha<1$이 주어졌을 때

$$P(a \le Q \le b) = 1-\alpha \tag{8.8}$$

를 만족하는 a와 b를 구할 수 있다. 여기서 a와 b는 Q의 분포가 θ에 의존하지 않으므로 θ에 무관하다. 식 (8.8)을 부등호의 중앙에 θ만 남도록

$$P[T_l \le \theta \le T_u] = 1-\alpha \tag{8.9}$$

의 형태로 정리하면 T_l과 T_u의 관측값 t_l과 t_u가 각각 신뢰하한과 신뢰상한이 되며, $[t_l, t_u]$가 $100(1-\alpha)\%$ 양측 신뢰구간이 된다.

예제 8.32 X가 지수분포 $Exp(\theta)$로부터 얻은 크기가 1인 확률표본일 때, 이를 이용하여 신뢰수준이 90%인 θ에 대한 양측 신뢰구간을 구해보자.

• **풀이**

$$f(x\,;\theta) = \begin{cases} \dfrac{1}{\theta}e^{-x/\theta}, & x>0 \\ 0, & \text{기타} \end{cases}$$

이므로 $Q=\dfrac{X}{\theta}$라 하면 Q는 평균이 1인 지수분포를 따른다. 따라서 Q는 X와 θ의 함수이고 그 분포가 θ와는 무관하므로 피봇량이 된다. 따라서

$$P(a<Q<b) = 0.90$$

이 되는 두 수 a와 b를 구하면 된다. 식 (8.8)의 부등식 기호 $\le$ 대신 여기서 $<$를 쓰는 이유는 X가 연속형 확률변수여서 어느 것을 써도 결과는 같을 뿐 아니라 $\le$ 보다는 $<$가 간편하기 때문이다. 이를 구하기 위한 하나의 방법으로 [그림 8.1]과 같이 $P(Q<a)=0.05$와 $P(Q>b)=0.05$가 되도록 하면

$$P(Q<a) = \int_0^a e^{-u}du = 1-e^{-a} = 0.05$$

$$P(Q>b) = \int_b^\infty e^{-u}du = e^{-b} = 0.05$$

이므로 $a=0.051,\ b=2.996$이다. 따라서

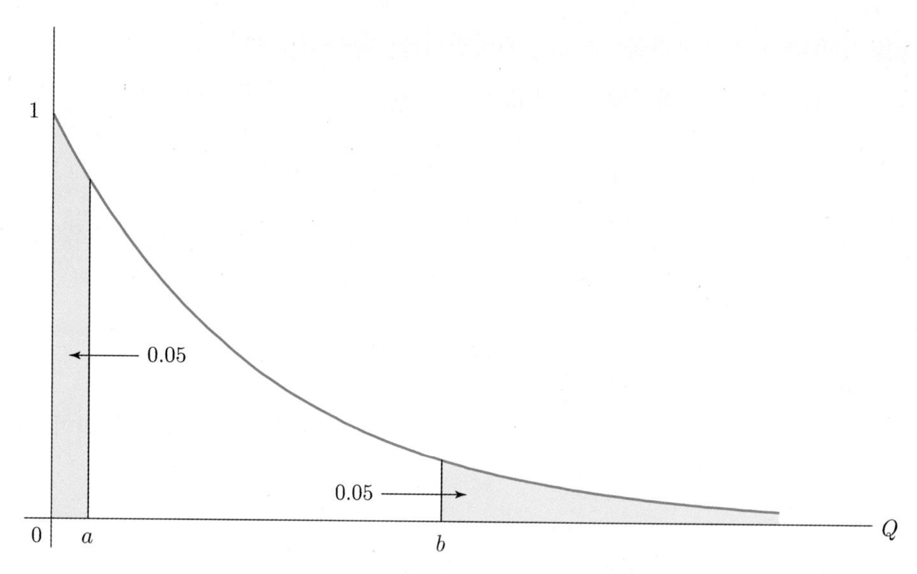

[그림 8.1] **평균이 1인 지수분포의 확률밀도함수**

$$0.90 = P(0.051 < Q < 2.996) = P\left(0.051 < \frac{X}{\theta} < 2.996\right)$$

이고, 이를 θ에 대해 다시 정리하면

$$P\left(\frac{X}{2.996} < \theta < \frac{X}{0.051}\right) = 0.90$$

이다. 즉 $(x/2.996,\ x/0.051)$이 신뢰수준이 90%인 θ에 대한 양측 신뢰구간이 된다. ■

예제 8.33 $X_1, \cdots, X_n$이 지수분포 $Exp(\theta)$로부터 크기 n인 확률표본이라 하자. 적절한 피봇량을 정의하고 θ의 90% 신뢰구간을 구해보자.

• **풀이** [정리 7.4]에 의해 $\sum_{i=1}^{n} X_i \sim G(n,\ \theta)$이고 $Q = \frac{2\sum_{i=1}^{n} X_i}{\theta} \sim \chi^2(2n)$임을 보일 수 있다. 즉, Q는 $(X_1, \cdots, X_n)$과 θ의 함수로, 그 분포 $\chi^2(2n)$은 θ와 무관하므로 피봇량이 된다. 따라서

$$P\left\{a < \frac{2\sum_{i=1}^{n} X_i}{\theta} < b\right\} = 0.90$$

이 성립하도록 a, b를 정하면 $a = \chi^2_{0.95}(2n)$, $b = \chi^2_{0.05}(2n)$이 된다. 이 식을 θ에 대해 다시 정리하면

$$P\left\{\frac{2\sum_{i=1}^{n} X_i}{b} < \theta < \frac{2\sum_{i=1}^{n} X_i}{a}\right\} = 0.90$$

이 되므로 확률표본의 관측값이 주어지면 $\left(\frac{2\sum_{i=1}^{n} x_i}{b}, \frac{2\sum_{i=1}^{n} x_i}{a}\right)$가 신뢰수준이 90%인 양측 신뢰구간이 된다. ■

예제 8.34 $X_1, \cdots, X_n$이 정규분포 $N(\mu, 9)$로부터의 확률표본일 때, 이를 이용하여 μ에 대한 신뢰수준이 95%인 양측 신뢰구간을 구해보자.

• **풀이** [예제 8.31]의 $Q_1 = \frac{\overline{X} - \mu}{3/\sqrt{n}}$를 이용하면 $Q_1 \sim N(0, 1)$이므로

$$P(a < Q_1 < b) = 0.95$$

가 되는 두 수 a와 b를 구하면 된다. 이를 위한 하나의 방법으로 Q_1을 기준으로 대칭인 a와 b를 정하면

$$P\left(-1.96 < \frac{\overline{X} - \mu}{3/\sqrt{n}} < 1.96\right) = 0.95$$

이고, 이를 μ에 대해 다시 정리하면

$$P\left(\overline{X} - 1.96\frac{3}{\sqrt{n}} < \mu < \overline{X} + 1.96\frac{3}{\sqrt{n}}\right) = 0.95$$

이므로, $\left(\overline{x} - 1.96\frac{3}{\sqrt{n}}, \overline{x} + 1.96\frac{3}{\sqrt{n}}\right)$이 신뢰수준이 95%인 양측 신뢰구간이 된다. 또한 a, b를 정할 때 -1.96와 1.96대신 $a = -2.24$와 $b = 1.78$로 정해도

$$P\left(-2.24 < \frac{\overline{X} - \mu}{3/\sqrt{n}} < 1.78\right) = 0.95$$

이므로, $\left(\overline{x} - 1.78\frac{3}{\sqrt{n}}, \overline{x} + 2.24\frac{3}{\sqrt{n}}\right)$도 신뢰수준이 95%인 양측 신뢰구간이 된다. ■

[예제 8.34]에서 살펴본 바와 같이 피봇방법을 이용하여 신뢰구간을 구한다 하더라도 하나의 모수에 대하여 신뢰수준이 동일한 신뢰구간이 여러 개 존재할 수 있다. 그렇다면 동일한 신뢰수준을 갖는 많은 신뢰구간들 중에서 어느 것을 사용하는 것이 좋을까? 이 경우 길이가 긴 것보다 길이가 짧은 것이 모수에 대한 좀 더 정확한 정보를 제공하므로 신뢰구간의 길이가 짧을수록 좋다.

예제 8.35 [예제 8.34]의 두 신뢰구간 중 어느 것이 좋은지 알아보자.

• **풀이** 신뢰구간 $\left(\bar{x}-1.96\frac{3}{\sqrt{n}},\ \bar{x}+1.96\frac{3}{\sqrt{n}}\right)$의 경우 신뢰구간의 길이는 $\frac{11.76}{\sqrt{n}}$이고, 신뢰구간 $\left(\bar{x}-1.78\frac{3}{\sqrt{n}},\ \bar{x}+2.24\frac{3}{\sqrt{n}}\right)$의 경우에는 $\frac{12.06}{\sqrt{n}}$으로, $\left(\bar{x}-1.96\frac{3}{\sqrt{n}},\ \bar{x}+1.96\frac{3}{\sqrt{n}}\right)$이 신뢰구간의 길이 측면에서 더 좋음을 알 수 있다. ■

예제 8.36 X가 지수분포 $Exp(\theta)$로부터 얻은 크기가 1인 확률표본일 때 신뢰수준이 90%인 θ의 양측 신뢰구간 중 가장 좋은 신뢰구간을 구해보자.

• **풀이** $P(a < Q < b) = 0.90$이 되는 θ의 신뢰구간 중 신뢰구간의 길이를 가장 짧게 하려면, $Q = \frac{X}{\theta}$이므로, Q에 대한 구간의 길이가 가장 길게 되도록 a와 b를 정하면 된다. [그림 8.1]에서 Q에 대한 구간의 길이를 가장 길게 하는 a와 b는

$$P(Q < a) = 0.1$$
$$P(Q > b) = 0.0$$

으로부터 $a = -\ln 0.9 = 0.1054,\ b = \infty$이다. 따라서

$$P\left(-\ln 0.9 < \frac{X}{\theta} < \infty\right) = 0.90$$

이고, 이를 θ에 대해 정리하여 신뢰구간을 구하면 $\left(0,\ \frac{x}{0.1054}\right)$가 신뢰수준이 90%인 신뢰구간 중 가장 좋은 신뢰구간이 된다. ■

연습문제 8.3

1. X가 정규분포 $N(\mu,\ 1)$로부터의 크기 1인 표본일 때,
   (a) μ에 대한 95% 양측 신뢰구간을 구하라.
   (b) μ에 대한 95% 단측 신뢰구간의 신뢰상한을 구하라.

2. $X_1,\ \cdots,\ X_n$이 균일분포 $U(0,\ \theta)$로부터의 확률표본이고, $U_{(n)} = (1/\theta)X_{(n)}$일 때,
   (a) $U_{(n)}$의 분포함수를 구하라.
   (b) θ에 대한 95% 단측 신뢰구간의 신뢰하한을 구하라.

3. X는 지수분포 $Exp(1/\lambda)$로부터의 크기 1인 표본일 때,
   (a) $(x,\ 2x)$가 $\theta = 1/\lambda$의 신뢰구간임을 보이고, 그 때의 신뢰계수를 구하라.
   (b) (a)에서 구한 신뢰계수와 같은 신뢰계수를 가지면서 신뢰구간 길이의 기댓값이 더 짧은 θ의 신뢰구간을 구하라.

4. 확률밀도함수 $f(x) = \frac{1}{2}e^{-|x-\theta|},\ -\infty < x < \infty$를 갖는 모집단으로부터 하나의 관측값을 얻어 θ에 대한 90% 양측 신뢰구간을 구하고자 한다. 관측값이 $x = 1.25$일 경우의 신뢰구간을 구하라.

5. 통계량 X가 정규분포 $N(0,\ \sigma^2)$를 따를 때,
   (a) σ^2에 대한 90% 양측 신뢰구간을 구하라.
   (b) σ^2에 대한 90% 단측 신뢰구간의 신뢰상한을 구하라.
   (c) σ^2에 대한 90% 단측 신뢰구간의 신뢰하한을 구하라.

6. $X_1,\ \cdots,\ X_n$이 균일분포 $U\left(\theta - \frac{1}{2},\ \theta + \frac{1}{2}\right)$로부터의 확률표본일 때, $(x_{(1)},\ x_{(n)})$이 θ의 신뢰구간임을 보이고 신뢰계수를 구하라.

7. $X_1,\ \cdots,\ X_n$이 정규분포 $N(\theta,\ \theta)$로부터의 확률표본일 때, θ에 대한 $100(1-\alpha)\%$ 양측 신뢰구간을 구하라.

8. X_1, X_2가 정규분포 $N(\theta, 1)$로부터의 확률표본이고, $X_{(1)} < X_{(2)}$가 그 순서통계량일 때,

(a) $P(X_{(1)} < \theta < X_{(2)}) = 1-\alpha$를 만족시키는 α를 구하고, 신뢰구간 $(x_{(1)}, x_{(2)})$의 길이의 기댓값을 구하라.

(b) $X-\theta$를 피봇량으로 하는 θ의 $100(1-\alpha)\%$ 양측 신뢰구간을 구하라. 신뢰구간 길이의 기댓값을 구하여 (a)와 비교하라.

9. 확률밀도함수

$$f(x) = \begin{cases} \theta(1-x)^{\theta-1}, & 0 < x < 1,\ \theta > 0 \\ 0, & \text{기타} \end{cases}$$

를 갖는 분포에서,

(a) 관측값 하나로 θ에 대한 $100(1-\alpha)\%$ 양측 신뢰구간을 구하는 식을 세우라.

(b) 실제로 관측값이 $x = 0.4$이고 $\alpha = 0.05$일 때, 이 신뢰구간을 계산하라.

10. 확률밀도함수

$$f(x) = \begin{cases} \dfrac{2}{\theta^2}(\theta - x), & 0 < x < \theta,\ 0 < \theta < \infty \\ 0, & \text{기타} \end{cases}$$

를 갖는 분포로부터 크기 1인 표본 X를 뽑아 θ에 관한 신뢰구간을 구하려 한다.

(a) 피봇량은 무엇이 되는가?

(b) 양쪽꼬리 확률이 각각 0.05인 90% 양측 신뢰구간을 구하라.

11. $X_1, \cdots, X_n$이 확률밀도함수

$$f(x) = \begin{cases} \dfrac{2x}{\theta^2}, & 0 < x < \theta,\ \theta > 0 \\ 0, & \text{기타} \end{cases}$$

를 갖는 분포로부터의 확률표본일 때, θ에 대한 $100(1-\alpha)\%$ 양측 신뢰구간을 구하라.

12. X는 확률밀도함수

$$f(x\,;\theta) = \begin{cases} \theta x^{\theta-1}, & 0 < x < 1,\ \theta > 0 \\ 0, & \text{기타} \end{cases}$$

를 갖는 분포로부터의 크기 1인 표본이다. $y = -1/\ln x$이라 할 때 $(y/2,\ y)$가 θ의 신뢰구간임을 보이고 신뢰계수를 구하라. 또한 이 신뢰구간보다 더 좋은 신뢰구간이 있으면 이를 구하라.

13. $X_1, \cdots, X_n$이 확률밀도함수

$$f(x) = \begin{cases} \dfrac{1}{\theta} x^{(1-\theta)/\theta}, & 0 < x < 1,\ \theta > 0 \\ 0, & \text{기타} \end{cases}$$

를 갖는 분포로부터의 확률표본일 때, θ에 대한 $100(1-\alpha)\%$ 양측 신뢰구간을 구하고, 신뢰구간 길이의 기댓값을 구하라.

14. 다음은 어느 전자부품에 대해 수명시험을 실시하여 얻은 자료이다. 이 전자부품의 수명은 지수분포를 따른다고 할 때 평균수명의 95% 신뢰구간을 구하라.

31.7 39.2 57.5 65.0 65.8 70.0 75.0 75.2 87.7 88.3 94.2
101.7 105.8 109.2 110.0 130.0

8.4 모평균에 대한 구간추정

통계적 방법을 현실 문제에 응용할 때 우리가 접하게 되는 여러 가지 분포 중에서 가장 널리 사용되는 것은 아마도 정규분포일 것이다. 이는 현실에서 많은 자료들 — 예를 들면 자연현상에 대한 관측자료나, 자연과학·공학적 실험자료 또는 사회·경제현상에 대한 조사 자료들 — 이 대부분 정규분포의 형태에 가까운 분포를 따르는 경우가 많을 뿐 아니라, 중심극한정리에 의해 정규분포의 가정이 정당화되는 경우가 많기 때문이다. 지금부터 정규분포의 중요성을 감안하여 자료가 정규모집단에서 얻은 것이거나 또는 중심극한정리에 의해 그 평균이 근사적으로 정규분포를 따른다고 할 수 있는 경우 모수에 대한 구간추정방법을 다룬다. 이 절에서는 먼저 모평균에 대한 신뢰구간에 대해 설명한다.

8.4.1 단일모집단의 모평균

우선 정규분포 $N(\mu,\ \sigma^2)$에서 σ^2이 알려져 있을 때의 모평균 μ에 대한 구간추정을 생각해 보자. 이 경우

$$Z = \frac{\overline{X} - \mu}{\sigma / \sqrt{n}} \sim N(0,\ 1)$$

로서 피봇량이 된다. 따라서 $P(a < Z < b) = 1 - \alpha$가 되는 두 수 a와 b를 구하고, 이를 μ에 대해 다시 정리하면 μ에 대한 $100(1-\alpha)\%$ 확률구간을 구할 수 있다. 그런데 Z의 분포가 0을 중심으로 좌우대칭이고 종 모양임을 감안하여 확률

$$P(-z_{\alpha/2} < Z < z_{\alpha/2}) = 1 - \alpha$$

가 되도록 $a = -z_{\alpha/2}$와 $b = z_{\alpha/2}$로 정하면 확률구간의 길이가 가장 짧다. 즉,

$$1 - \alpha = P\left(-z_{\alpha/2} < \frac{\overline{X} - \mu}{\sigma / \sqrt{n}} < z_{\alpha/2}\right) = P\left(\overline{X} - z_{\alpha/2}\frac{\sigma}{\sqrt{n}} < \mu < \overline{X} + z_{\alpha/2}\frac{\sigma}{\sqrt{n}}\right)$$

이 되도록 하면, μ에 대한 신뢰구간은

$$\left(\overline{x} - z_{\alpha/2}\frac{\sigma}{\sqrt{n}},\ \overline{x} + z_{\alpha/2}\frac{\sigma}{\sqrt{n}}\right)$$

이 된다.

정리 8.9 | μ에 대한 구간추정 (σ^2을 알 때)

$x_1, \cdots, x_n$을 $N(\mu, \sigma^2)$로부터 얻은 확률표본의 관측값이라 하자. σ^2을 알면

$$\bar{x} \pm z_{\alpha/2}\frac{\sigma}{\sqrt{n}}$$

는 μ에 대한 $100(1-\alpha)\%$ 양측 신뢰구간이 된다.

예제 8.37 어떤 공정에서 생산되는 베어링의 내부직경은 표준편차가 $\sigma=0.30$(mm)인 정규분포를 따른다고 알려져 있다. 크기 15인 표본으로부터 계산된 내부직경의 평균이 82.54(mm)일 때, μ에 대한 95% 양측 신뢰구간을 구해보자.

• **풀이** $n=15$, $\bar{x}=82.54$, $\sigma=0.30$이고 $\alpha=0.05$를 만족하는 $z_{\alpha/2}=z_{0.025}=1.960$이므로 [정리 8.9]를 이용하여 μ에 대한 95% 신뢰구간을 구하면

$$\bar{x} \pm z_{\alpha/2}\frac{\sigma}{\sqrt{n}} = 82.54 \pm 1.960\frac{0.30}{\sqrt{15}} = 82.54 \pm 0.15,$$

즉, (82.39, 82.69)이 된다. ■

[R에 의한 계산]

```
>  n <- 15; sigma <- 0.3; xbar <- 82.54
> alpha <- 0.05
> se <- sigma/sqrt(n)
> CI <-c(xbar-qnorm(alpha/2,lower.tail=F)*se, xbar+qnorm(alpha/2,lower.tail=F)*se)
> CI
[1] 82.38818 82.69182
```

[정리 8.9]는 정규분포 $N(\mu, \sigma^2)$로부터의 확률표본의 관측값 $x_1, \cdots, x_n$이 있을 때, 이를 이용하여 모평균 μ의 신뢰구간을 구하는 방법에 관한 것이다. 모평균 μ에 대한 신뢰구간은 점추

정값 $\overline{x}$에 추정오차 $z_{\alpha/2}\dfrac{\sigma}{\sqrt{n}}$를 가미한 것이고, 신뢰구간의 길이는 $2\times z_{\alpha/2}\dfrac{\sigma}{\sqrt{n}}$로 이는 표본크기 n에 따라 달라짐을 알 수 있다. 그렇다면 추정오차의 한계가 주어졌을 때 이를 만족하는 표본크기는 어떻게 정할 수 있을까? 추정오차의 한계와 표본크기에 관한 다음 정리는 이와 같은 물음에 대한 답이 될 것이다.

정리 8.10 |

모분산 σ^2을 알고 있는 경우, 모평균 μ에 대한 $100(1-\alpha)\%$ 신뢰구간의 길이가 $2d$ 이하(또는 추정오차가 d 이하일 확률이 $1-\alpha$)가 되도록 하는데 필요한 표본크기 n은

$$n \geq \left(z_{\alpha/2}\frac{\sigma}{d}\right)^2$$

을 만족하는 최소의 정수이다.

예제 8.38 어떤 조립작업을 하는데 걸리는 평균시간을 알아보기 위해 작업자를 무작위로 뽑아 조립라인에 배치하여 조립시간을 기록하기로 하였다. 조립시간의 표준편차가 3분일 때 평균조립시간 $\overline{X}$와 참값 μ의 차이, 즉 추정오차가 2분 이내일 확률을 0.99로 하고자 한다면 작업자를 몇 명 선정해야 하는지를 알아보자.

• **풀이** $\alpha=0.01,\ \sigma=3,\ d=2,\ z_{\alpha/2}=z_{0.005}=2.576$이므로 [정리 8.10]으로부터

$$n \geq \left(z_{\alpha/2}\frac{\sigma}{d}\right)^2=\left(2.576\times\frac{3}{2}\right)^2=14.9$$

이다. 따라서 99% 신뢰구간의 길이를 4분 이내로 하는데 필요한 작업자는 15명이다. ■

[R에 의한 계산]

```
> sigma <- 3; d <- 2; alpha <- 0.01
> n <- (qnorm(alpha/2,lower.tail=F)*sigma/d)^2
> n
[1] 14.92852
```

이제 정규분포 $N(\mu, \sigma^2)$에서 모분산 σ^2을 모르는 경우를 생각해 보자. 이 경우에는 $\overline{X}$와 S^2을 각각 크기 n인 확률표본의 평균과 분산이라 할 때, [정리 7.9]에 의해

$$T=\frac{\overline{X}-\mu}{S/\sqrt{n}} \sim t(n-1)$$

로서 T는 피봇량이 됨을 알 수 있다. 또한 t분포는 0을 중심으로 좌우대칭이므로 σ를 알고 있는 경우와 유사하게 $P(-t_{\alpha/2}(n-1) \le T \le t_{\alpha/2}(n-1))=1-\alpha$의 식을 μ에 대하여 다시 정리하여 μ에 대한 확률구간을 구할 수 있다. 여기서 $t_{\alpha/2}(\nu)$는 자유도가 ν인 t분포를 따르는 확률변수 T가 $P(T>t_{\alpha/2}(\nu))=\alpha/2$를 만족하는 값이다. 즉,

$$\begin{aligned}1-\alpha &= P\left(-t_{\alpha/2}(n-1) \le \frac{\overline{X}-\mu}{S/\sqrt{n}} \le t_{\alpha/2}(n-1)\right) \\ &= P\left(\overline{X}-t_{\alpha/2}(n-1)\frac{S}{\sqrt{n}} \le \mu \le \overline{X}+t_{\alpha/2}(n-1)\frac{S}{\sqrt{n}}\right)\end{aligned}$$

이고, μ에 대한 $100(1-\alpha)\%$ 양측 신뢰구간은

$$\left(\overline{x}-t_{\alpha/2}(n-1)\cdot\frac{s}{\sqrt{n}},\ \overline{x}+t_{\alpha/2}(n-1)\cdot\frac{s}{\sqrt{n}}\right)$$

이 된다.

정리 8.11 | μ에 대한 구간추정 (σ^2을 모를 때)

$x_1, \cdots, x_n$을 $N(\mu, \sigma^2)$로부터 얻은 확률표본의 관측값이라 하자. σ^2을 모르면

$$\overline{x} \pm t_{\alpha/2}(n-1)\cdot\frac{s}{\sqrt{n}}$$

는 μ에 대한 $100(1-\alpha)\%$ 양측 신뢰구간이 된다.

예제 8.39 [예제 8.37]에서 표준편차 σ를 모른다고 하자. 베어링 15개를 뽑아 내부직경을 측정한 결과 표본평균과 표준편차가 각각 $\overline{x}=82.54$와 $s=0.32$이었다고 할 때, 베어링 내부직경의 평균 μ에 대한 95% 양측 신뢰구간을 구해보자.

• **풀이** $n=15$이고 $\alpha=0.05$이므로 부록의 t분포표로부터 $t_{\alpha/2}(n-1)=t_{0.025}(14)=2.145$이다. [정리 8.11]로부터 μ에 대한 95% 양측 신뢰구간을 구하면

$$\bar{x}\pm t_{\alpha/2}(14)\cdot\frac{s}{\sqrt{n}}=82.54\pm 2.145\cdot\frac{0.32}{\sqrt{15}}=82.54\pm 0.18,$$

즉, (82.36, 82.72)이 된다. ■

[R에 의한 계산]

```
> alpha <- 0.05
> n <- 15; xbar <- 82.54; s <- 0.32
> se <- s/sqrt(n)
> CI<-c(xbar-qt(alpha/2,n-1,lower.tail=F)*se, xbar+qt(alpha/2,n-1,lower.tail=F)*se)
> CI
[1] 82.36279 82.71721
```

앞에서는 모평균 μ의 구간추정을 정규모집단의 경우로 국한하였으나, 이제 임의의 모집단의 평균 μ에 대한 구간추정 문제를 생각해 보자. 이 경우 n이 충분히 크다면 중심극한정리를 이용할 수 있게 된다. 즉, $X_1, \cdots, X_n$을 평균이 μ이고 분산이 σ^2인 임의의 모집단으로부터의 확률표본이라 하면, 중심극한정리에 의해 $\frac{\bar{X}-\mu}{S/\sqrt{n}}$는 n이 충분히 클 때 근사적으로 표준정규분포를 따르게 된다. 이를 이용하면 다음 정리를 얻는다.

정리 8.12 | μ에 대한 구간추정(대표본)

$x_1, \cdots, x_n$을 평균이 μ이고 분산이 σ^2인 임의의 모집단으로부터 얻은 확률표본의 관측값이라 하자. n이 충분히 크면

$$\bar{x}\pm z_{\alpha/2}\frac{s}{\sqrt{n}}$$

는 근사적으로 μ에 대한 $100(1-\alpha)\%$ 양측 신뢰구간이 된다.

[정리 8.12]는 모집단에 대한 분포의 가정이 필요치 않기 때문에 현실적으로 상당히 유용하게

쓰인다. 특히 정규분포 $N(\mu, \sigma^2)$에서 σ^2을 모르는 경우에도 표본의 크기 n이 중심극한정리를 적용할 수 있을 정도로 크다면 [정리 8.12]를 이용할 수 있다.

예제 8.40 어떤 대형 할인점에서 평일 저녁 50명의 손님을 무작위로 뽑아 쇼핑 시간을 기록한 결과, 쇼핑 시간의 평균은 72분이고 표준편차는 18분이었다. 손님의 쇼핑 시간의 평균 μ에 대한 95% 양측 신뢰구간을 구해보자.

• **풀이** σ가 미지이므로 이에 대한 추정값으로 s를 사용하여 [정리 8.12]로부터 μ에 대한 95%양측 신뢰구간을 구하면

$$\overline{x} \pm z_{\alpha/2}\left(\frac{s}{\sqrt{n}}\right) = 72.0 \pm 1.960\left(\frac{18}{\sqrt{50}}\right) = 72.0 \pm 5.0,$$

즉, (67.0, 77.0)이 된다. ■

[R에 의한 계산]

```
> n <- 50; xbar <- 72; s <- 18
> alpha <- 0.05
> se <- s/sqrt(n)
> CI<-c(xbar-qnorm(alpha/2,lower.tail=F)*se, xbar+qnorm(alpha/2,lower.tail=F)*se)
> CI
[1] 67.01075 76.98925
```

8.4.2 두 모집단의 모평균

자연현상을 관찰하거나 사회, 경제현상을 조사할 경우 하나의 모집단에 대하여 관심을 가질 수도 있으나, 경우에 따라서는 두 개의 모집단에 대한 추론이 더 중요할 수도 있다. 예를 들어 신제품과 기존제품의 성능 차이, 도시와 농촌의 평균소득의 차이 등에 관심이 있을 경우에는 두 개의 모집단으로부터 표본을 뽑아 분석을 해야 할 것이다. 여기서는 두 개의 정규분포로부터 각각 확률표본을 독립적으로 뽑아 두 분포의 차이(즉, 모평균의 차)에 대한 구간추정을 하는 방법을 알아본다.

$X_1, \cdots, X_n$을 정규분포 $N(\mu_x, \sigma_x^2)$로부터의 확률표본이라 하고, $Y_1, \cdots, Y_m$를 정규분포 $N(\mu_y, \sigma_y^2)$로부터의 확률표본이라 하면 $\overline{X}$의 분포는 $N(\mu_x, \sigma_x^2/n)$, $\overline{Y}$의 분포는 $N(\mu_y, \sigma_y^2/m)$

이고, $\overline{X}$와 $\overline{Y}$는 서로 독립이므로 $\overline{X}-\overline{Y}$의 분포는 $N(\mu_x-\mu_y,\ \sigma_x^2/n+\sigma_y^2/m)$이다. 만약 σ_x^2과 σ_y^2을 알고 있다면

$$\begin{aligned}1-\alpha &= P\left\{-z_{\alpha/2} \le \frac{\overline{X}-\overline{Y}-(\mu_x-\mu_y)}{\sqrt{\sigma_x^2/n+\sigma_y^2/m}} \le z_{\alpha/2}\right\} \\ &= P\left\{\overline{X}-\overline{Y}-z_{\alpha/2}\sqrt{\sigma_x^2/n+\sigma_y^2/m} \le \mu_x-\mu_y \le \overline{X}-\overline{Y}+z_{\alpha/2}\sqrt{\sigma_x^2/n+\sigma_y^2/m}\right\}\end{aligned}$$

가 된다. 또한 σ_x^2과 σ_y^2을 모르더라도 n과 m이 충분히 큰 경우에는 σ_x^2은 X의 표본분산 s_x^2으로 σ_y^2은 Y의 표본분산 s_y^2으로 추정하여 대체하면 된다.

정리 8.13 | $\mu_x-\mu_y$에 대한 구간추정(σ_x^2, σ_y^2을 알거나 대표본일 때)

$x_1, \cdots, x_n$을 $N(\mu_x,\ \sigma_x^2)$로부터 얻은 확률표본의 관측값이라 하고, $y_1, \cdots, y_m$를 $N(\mu_y,\ \sigma_y^2)$로부터 얻은 확률표본의 관측값이라 하자.

i) σ_x^2과 σ_y^2을 알면

$$(\overline{x}-\overline{y}) \pm z_{\alpha/2}\sqrt{\frac{\sigma_x^2}{n}+\frac{\sigma_y^2}{m}}$$

는 $\mu_x-\mu_y$에 대한 $100(1-\alpha)\%$ 양측 신뢰구간이 된다.

ii) σ_x^2과 σ_y^2을 모르지만 n과 m이 충분히 크면

$$(\overline{x}-\overline{y}) \pm z_{\alpha/2}\sqrt{\frac{s_x^2}{n}+\frac{s_y^2}{m}}$$

는 근사적으로 $\mu_x-\mu_y$에 대한 $100(1-\alpha)\%$ 양측 신뢰구간이 된다.

예제 8.41 기존 설비로 만든 전구 15개의 평균수명은 3,015시간이었고, 새로운 설비로 만든 전구 10개의 평균수명은 3,527시간이었다. 각 설비로 만든 전구의 수명은 각각 정규분포를 따르고, 기존 설비로 만든 전구 수명의 분산은 $\sigma_x^2=250$이고 새로운 설비로 만든 전구 수명의 분산은 $\sigma_y^2=300$이라 한다. μ_x, μ_y를 각각 기존 설비와 새 설비로 만든

전구의 평균수명이라 할 때, $\mu_x - \mu_y$에 대한 99% 양측 신뢰구간을 구해보자.

• 풀이 $\alpha = 0.01$, $z_{\alpha/2} = z_{0.005} = 2.576$이고 $n = 15$, $\bar{x} = 3,015$, $m = 10$, $\bar{y} = 3,527$이다. 따라서 [정리 8.13]으로부터 $\mu_x - \mu_y$에 대한 99% 양측 신뢰구간을 구하면

$$(\bar{x} - \bar{y}) \pm z_{\alpha/2}\sqrt{\frac{\sigma_x^2}{n} + \frac{\sigma_y^2}{m}} = (3,015 - 3,527) \pm 2.576\sqrt{\frac{250}{15} + \frac{300}{10}}$$
$$= -512 \pm 17.6,$$

즉 (−529.6, −494.4)가 된다. ■

[R에 의한 계산]

```
> n <- 15; xbar <- 3015
> m <- 10; ybar <- 3527
> vx <- 250; vy <- 300
> dif <- xbar - ybar
> se <- sqrt(vx/n + vy/m)
> alpha <- 0.01
> CI <- c(dif-qnorm(alpha/2,lower.tail=F)*se, dif+qnorm(alpha/2,lower.tail=F)*se)
> CI
[1] -529.5963 -494.4037
```

예제 8.42 다음은 남자 50명과 여자 40명이 어떤 다이어트 프로그램을 끝낸 후 체중감소량을 측정한 결과(단위: kg)이다. 평균 체중감소량의 남녀 간 차이에 대한 95% 양측 신뢰구간을 구해보자.

체중감소량	남자	여자
평균	$\bar{x} = 6.5$	$\bar{y} = 5.2$
분산	$s_x^2 = 4.3$	$s_y^2 = 3.9$

• 풀이 표본크기가 크므로 [정리 8.13]으로부터 남녀 간 평균 체중감소량의 차이에 대한 95% 양측 신뢰구간을 구하면

$$(\overline{x}-\overline{y})\pm z_{\alpha/2}\sqrt{\frac{s_x^2}{n}+\frac{s_y^2}{m}}=(6.5-5.2)\pm 1.960\sqrt{\frac{4.3}{50}+\frac{3.9}{40}}=1.30\pm 0.84,$$

즉 (0.46, 2.14)가 된다. ■

[R에 의한 계산]

```
> n <- 50; m <- 40
> xbar <- 6.5; ybar <- 5.2
> vx <- 4.3; vy <- 3.9
> alpha <- 0.05
> se <- sqrt(vx/n + vy/m)
> dif <- xbar - ybar
> CI <- c(dif-qnorm(alpha/2,lower.tail=F)*se, dif+qnorm(alpha/2,lower.tail=F)*se)
> CI
[1] 0.4604122 2.1395878
```

[정리 8.13]에서는 두 모집단의 모분산 σ_x^2과 σ_y^2을 알고 있거나 또는 이를 모르더라도 표본의 크기 n과 m이 충분히 큰 경우에 대하여 다루었다. 두 모평균의 차에 관한 추정문제에서, σ_x^2과 σ_y^2을 모르고 표본도 그리 크지 않을 때에는 단일 모집단에 대하여 적용했던 [정리 8.11]과 유사하게 t분포를 이용할 수 있다. 여기서 유의할 점은 $\sigma_x^2=\sigma_y^2$이냐 $\sigma_x^2\neq\sigma_y^2$이냐에 따라서 신뢰구간을 구하는 방식이 달라진다는 것이다.

먼저 $\sigma_x^2=\sigma_y^2=\sigma^2$일 경우를 살펴보자. 이 경우 σ^2에 대한 불편추정량은 표본자료를 합동(pooling)시킨

$$S_p^2=\frac{\sum_{i=1}^{n}(X_i-\overline{X})^2+\sum_{i=1}^{m}(Y_i-\overline{Y})^2}{n+m-2}=\frac{(n-1)S_x^2+(m-1)S_y^2}{n+m-2} \tag{8.10}$$

이 되는데 이는 자유도를 고려하여 두 표본분산을 가중평균한 것이다. 또한 $\overline{X}-\overline{Y}$의 분포는 $N\left(\mu_x-\mu_y,\ \sigma^2\left(\frac{1}{n}+\frac{1}{m}\right)\right)$이고, $\frac{(n+m-2)S_p^2}{\sigma^2}=\frac{\sum_{i=1}^{n}(X_i-\overline{X})^2}{\sigma^2}+\frac{\sum_{i=1}^{m}(Y_i-\overline{Y})^2}{\sigma^2}$은 자유도 $(n+m-2)$인 χ^2분포를 따른다. 따라서

$$T=\frac{\overline{X}-\overline{Y}-(\mu_x-\mu_y)}{S_p\sqrt{\frac{1}{n}+\frac{1}{m}}}\sim t(n+m-2)$$

가 되므로 이로부터 $\mu_x-\mu_y$의 신뢰구간을 구할 수 있다.

한편, $\sigma_x^2\neq\sigma_y^2$인 경우에는

$$T=\frac{\overline{X}-\overline{Y}-(\mu_x-\mu_y)}{\sqrt{S_x^2/n+S_y^2/m}}$$

가 근사적으로 자유도 ν^*인 t분포를 따른다는 것을 이용하여 $\mu_x-\mu_y$의 신뢰구간을 구한다. 여기서 자유도 ν^*는 근사적으로

$$\nu^*=\frac{\left[\frac{s_x^2}{n}+\frac{s_y^2}{m}\right]^2}{\frac{(s_x^2/n)^2}{n-1}+\frac{(s_y^2/m)^2}{m-1}} \tag{8.11}$$

이 되는데, 이에 관한 자세한 논의는 이 책의 수준을 벗어나므로 생략한다. 다음 정리는 위의 내용을 요약한 것이다.

정리 8.14 | $\mu_x-\mu_y$에 대한 구간추정 (σ_x^2, σ_y^2을 모를 때)

$x_1, \cdots, x_n$을 $N(\mu_x, \sigma_x^2)$로부터 얻은 확률표본의 관측값이라 하고 $y_1, \cdots, y_m$를 $N(\mu_y, \sigma_y^2)$로부터 얻은 확률표본의 관측값이라 하자.

i) $\sigma_x^2=\sigma_y^2=\sigma^2$이고 σ^2을 모르면

$$(\overline{x}-\overline{y})\pm t_{\alpha/2}(n+m-2)s_p\sqrt{\frac{1}{n}+\frac{1}{m}}$$

는 $\mu_x-\mu_y$에 대한 $100(1-\alpha)\%$ 양측 신뢰구간이고,

ii) $\sigma_x^2\neq\sigma_y^2$이고 σ_x^2과 σ_y^2을 모르면 근사적으로

$$(\overline{x}-\overline{y})\pm t_{\alpha/2}(\nu^*)\sqrt{\frac{s_x^2}{n}+\frac{s_y^2}{m}}$$

는 $\mu_x - \mu_y$에 대한 $100(1-\alpha)\%$ 양측 신뢰구간이 된다. 단, 여기서 s_p와 ν^*는 각각 식 (8.10)과 (8.11)로부터 구한다.

표본크기 n, m이 커질수록 t분포는 자유도가 증가하고 표준정규분포에 가깝게 된다. 따라서 [정리 8.14]를 이용하여 구한 신뢰구간은 표본크기 n과 m이 충분히 크면 [정리 8.13]을 이용하여 구한 신뢰구간과 거의 같게 된다.

예제 8.43 어떤 공작기계회사에서는 특정 부품의 절삭가공작업의 작업효율을 높이기 위한 새로운 가공방법이 제안되어 이 새로운 방법과 기존방법을 비교하기 위해 실험을 하였다. 작업자 각 10명이 새로운 방법과 기존방법으로 일주일간 훈련받은 후 각 작업자가 이 부품을 가공하는 데 걸린 시간을 기록한 결과가 다음 표와 같다.

가공방법	작업시간(단위: 분)									
기존 방법(X)	22.13	24.54	26.20	29.67	22.46	28.72	35.51	21.04	29.09	25.94
새로운 방법(Y)	20.63	18.03	21.10	24.88	14.42	30.51	24.86	20.16	16.81	21.30

각 방법의 가공시간은 정규분포를 따르되 두 방법의 가공시간의 분산은 같을 때, 두 방법의 평균차 $\mu_x - \mu_y$에 대한 99% 양측 신뢰구간을 구해보자.

• **풀이** 위의 자료로부터 $\bar{x} = 26.53$, $\bar{y} = 21.27$, $\sum_{i=1}^{10}(x_i - \bar{x})^2 = 172.332$, $\sum_{i=1}^{10}(y_i - \bar{y})^2 = 190.281$ 이므로

$$s_p^2 = \frac{172.332 + 190.281}{10 + 10 - 2} = 20.145$$

이다. 또한 자유도는 $(n + m - 2) = 18$이고 $t_{\alpha/2} = t_{0.005}(18) = 2.878$이다. 따라서 $\mu_x - \mu_y$에 대한 99% 양측 신뢰구간을 구하면

$$\begin{aligned}
&\bar{x} - \bar{y} \pm t_{0.005}(18) \cdot s_p\sqrt{(1/n + 1/m)} \\
&= (26.53 - 21.27) \pm 2.878 \times \sqrt{20.145}\ \sqrt{1/10 + 1/10} \\
&= 5.26 \pm 5.78
\end{aligned}$$

즉, $(-0.52,\ 11.04)$이 된다.

만약 두 방법의 가공시간의 분산이 다르다면

$$s_x^2 = \frac{\sum_{i=1}^{n}(x_i - \overline{x})^2}{n-1} = \frac{172.332}{9} = 19.148$$

$$s_y^2 = \frac{\sum_{i=1}^{m}(y_i - \overline{y})^2}{m-1} = \frac{190.281}{9} = 21.142$$

이고,

$$\nu^* = \frac{\left[\frac{s_x^2}{n} + \frac{s_y^2}{m}\right]^2}{\frac{(s_x^2/n)^2}{n-1} + \frac{(s_y^2/m)^2}{m-1}} = \frac{\left[\frac{19.148}{10} + \frac{21.142}{10}\right]^2}{\left(\frac{(19.148/10)^2}{9} + \frac{(21.142/10)^2}{9}\right)}$$

$$= 17.956 \approx 18$$

이 되어 $t_{\alpha/2}(18) = t_{0.005}(18) = 2.878$이 된다. 따라서 [정리 8.14]를 이용하여 $\mu_x - \mu_y$에 대한 99% 양측 신뢰구간을 구하면

$$(\overline{x} - \overline{y}) \pm t_{\alpha/2}(\nu^*)\sqrt{\frac{s_x^2}{n} + \frac{s_y^2}{m}} = (26.53 - 21.27) \pm 2.878\sqrt{\frac{19.148}{10} + \frac{21.142}{10}}$$

$$= 5.26 \pm 5.78,$$

즉 $(-0.52,\ 11.04)$이 된다. ■

[R에 의한 계산]

i) $\sigma_x^2 = \sigma_y^2 = \sigma^2$일 경우

```
> x <- c(22.13, 24.54, 26.20, 29.67, 22.46, 28.72, 35.51, 21.04, 29.09, 25.94)
> y <- c(20.63, 18.03, 21.10, 24.88, 14.42, 30.51, 24.86, 20.16, 16.81, 21.30 )
> dif <- mean(x) - mean(y)
> n <- length(x); m <- length(y); df <- n+m-2
> sp <- sqrt((var(x)*(n-1)+var(y)*(m-1))/df)
> se <- sp*sqrt(1/n +1/m)
> alpha <- 0.01
> CI <- c(dif - qt(alpha/2,df,lower.tail=F)*se, dif + qt(alpha/2,df,lower.tail=F)*se)
> CI
[1] -0.5177343 11.0377343
```

ii) $\sigma_x^2 \neq \sigma_y^2$일 경우

```
> vx <- var(x); vy <- var(y)
> se <- sqrt(vx/n +vy/m)
> df <- se^4/((vx/n)^2/(n-1)+(vy/m)^2/(m-1))
> ndf <- round(df)
> alpha <- 0.01
> CI <- c(dif - qt(alpha/2,ndf,lower.tail=F)*se, dif + qt(alpha/2,ndf,lower.tail=F)*se)
> CI
[1] -0.5177343 11.0377343
```

연습문제 8.4

1. 어느 대학의 남학생들의 키는 평균이 μ이고 표준편차가 20인 정규분포를 따른다고 한다. 이 대학의 남학생 중 무작위로 10명을 뽑아 키를 측정한 결과가 다음과 같다.

   172.3, 169.8, 176.4, 170.5, 174.0, 173.6, 168.7, 172.2, 173.5, 170.0

   (a) μ에 대한 최우추정값을 구하라.
   (b) μ에 대한 90% 양측 신뢰구간을 구하라.

2. 기계가 주당 평균 몇 시간이나 쉬는지를 알아보기 위해, 공장에 있는 기계 중에서 표본을 뽑아 조사하기로 하였다(기계는 상당히 많은 것으로 가정한다). 쉬는 시간의 모평균과 추정값과의 차이가 1.12 이내가 됨을 95% 정도 신뢰할 수 있으려면 표본의 크기를 얼마로 해야 되겠는가? 과거 경험에 의하면 기계의 쉬는 시간은 표준편차가 4시간으로 알려져 있다.

3. 표본평균 $\overline{X}$의 오차한계를 다음과 같이 줄이기 위해서는 표본의 크기를 몇 배로 증가시켜야 하는가?

   (a) 원래 값의 $\frac{1}{2}$
   (b) 원래 값의 $\frac{1}{4}$

4. 고속도로의 보수공사에 쓰이는 시멘트 혼합물이 굳을 때까지의 평균시간을 추정하고자 한다. 100군데의 보수공사의 기록으로부터 평균과 표준편차가 각각 32분과 4분으로 나타났다면 평균시간에 대한 99% 양측 신뢰구간은 얼마가 되는가?

5. 분산이 3인 정규모집단에서 크기 4인 표본을 뽑은 결과 다음과 같은 값을 얻었다.

$$3.3,\ -0.3,\ -0.6,\ -0.9$$

모평균에 대한 90% 양측 신뢰구간을 구하라. 만약 분산을 모른다면 신뢰구간은 어떻게 되는가?

6. 특정 조립작업을 작업자에게 훈련시키는 두 가지 방법의 효과를 비교하기 위해 방법 1로 작업자 20명을, 방법 2로 작업자 15명을 훈련시키고, 훈련을 마친 작업자를 대상으로 조립시간을 기록하여 분석한 결과(단위: 초) $\overline{x}=12$와 $\overline{y}=13.5$를 얻었다. $\sigma_1^2=\sigma_2^2=1$이라 할 때, 두 방법의 조립시간의 평균의 차에 대한 95% 양측 신뢰구간을 구하라.

7. 정규분포 $N(\mu_1,\ \sigma^2)$과 $N(\mu_2,\ \sigma^2)$로부터 서로 독립적으로 뽑은 크기 10인 두 확률표본에서 $\overline{x_1}=4.8,\ s_1^2=8.64,\ \overline{x_2}=5.6,\ s_2^2=7.88$을 얻었다. $\mu_1-\mu_2$에 대한 95% 양측 신뢰구간을 구하라.

8. 학급 A와 학급 B의 수학성적을 비교하기 위해 각 학급에서 각각 8명씩을 뽑아 다음과 같은 자료를 얻었다. 두 모평균의 차에 대한 90% 양측 신뢰구간을 구하라. 각 학급의 성적은 정규분포를 따른다.

학급	수학성적							
A	86	87	56	93	84	93	75	79
B	80	79	58	91	77	82	74	66

9. 일조량이 다른 두 지역 A와 B에서 재배한 방울토마토의 당도(단위: brix°)에 차이가 있는지를 알아보고자 각 지역에서 26개씩을 표본으로 뽑아 검사해 보았다. A 지역에서 얻은 표본에서는 평균 8.1, 표준편차 1.21을 얻었고, B 지역에서 얻은 표본에서는 평균 7.3, 표준편차 0.88을 얻었다. 이를 바탕으로 A 지역과 B 지역의 방울토마토의 당도의 차이에 대한 95% 양측 신뢰구간을 구하라. 두 모집단의 분산은 동일하다.

10. 담배 한 개비에 들어있는 니코틴 함량을 밀리그램으로 측정한 것이 정규분포를 따른다고 한다. 특정 상표의 담배 5개비로 니코틴 함량을 측정한 결과 16.0, 16.5, 19.0, 15.4, 15.6의 수치를 얻었다.

(a) 이 상표 담배의 평균 니코틴 함량에 대한 98% 양측 신뢰구간을 구하라.

(b) 위의 신뢰구간의 폭은 얼마인가? 신뢰구간을 새로 구할 때마다 구간의 폭은 달라질 것이다. $n = 5$일 때, 이러한 신뢰구간의 폭은 평균해서 얼마가 될 것인가? σ의 배수로 표시하라.

11. X와 Y를 각각 정규분포 $N(\mu_1,\ \sigma^2)$과 $N(\mu_2,\ \sigma^2)$로부터 서로 독립적으로 뽑은 크기가 n인 확률표본의 평균이라고 하자. σ^2가 알려져 있을 때, $P(\overline{X} - \overline{Y} - \sigma/5 < \mu_1 - \mu_2 < \overline{X} - \overline{Y} + \sigma/5) \geq 0.90$을 만족하는 최소의 n을 구하라.

12. 소형계산기에 쓰이는 건전지 신제품을 개발하였다. 새로 개발된 제품이 기존 제품에 비하여 얼마나 오래 쓸 수 있는지 알아보고자 구형 건전지와 신형 건전지의 수명을 시험하여 다음과 같은 결과를 얻었다. 건전지의 수명이 정규분포를 따르고, 신형건전지의 수명의 분산이 구형건전지에 비하여 절반으로 줄었다고 할 때, 건전지의 평균수명의 차이에 대한 95% 양측 신뢰구간을 구하라.

건전지 종류	건전지 수명 (단위: 시간)						
구형	24.5	29.2	23.7	28.3	30.5	26.5	22.1
신형	30.5	33.4	29.3	28.7	32.1	33.4	

13. [정리 8.11]의 신뢰구간은 표본을 취할 때마다 다른 값을 가질 것이다. 이러한 신뢰구간의 길이들은 평균해서 얼마가 될 것인가?

14. 공장에 A기계 2대와 B기계 3대가 가동되고 있다. A기계 한 대의 월간 수리비용은 정규분포 $N(\mu_1,\ \sigma^2)$를 따르고 B기계 한 대의 월간 수리비용은 정규분포 $N(\mu_2,\ 2\sigma^2)$를 따른다. 그리고 각 기계의 월간 수리비용은 서로 독립적으로 발생한다. A기계의 월간 수리비용에 대한 확률표본 $X_1,\ \cdots,\ X_m$과 B기계의 월간 수리비용에 대한 확률표본 $Y_1,\ \cdots,\ Y_n$을 얻어 이 공장의 월간 평균수리비용을 추정하려 한다. 다음의 경우에 $2\mu_1 + 3\mu_2$에 대한 $100(1-\alpha)\%$ 양측 신뢰구간을 구하라.

(a) σ^2를 알 때

(b) σ^2를 모를 때

15. $X_1, \cdots, X_8$을 정규분포 $N(\mu, \sigma^2)$로부터의 확률표본이라 하고

$$\overline{X} = \frac{1}{8}\sum_{i=1}^{8} X_i, \quad S^2 = \frac{1}{7}\sum_{i=1}^{8}(X_i - \overline{X})^2$$

라 하자. 장차 이 분포로부터 샘플 한 개 X^*를 추가로 뽑는다고 할 때,

(a) $P\{\overline{X} - kS < X^* < \overline{X} + kS\} = 0.80$이 되는 k값을 구하라.

(b) 8개의 측정값으로부터 $\overline{x} = 12.5,\ s^2 = 6.25$를 얻었다. 미래 관측값 x^*에 관한 신뢰수준 80%의 예측구간을 구하라.

8.5 모분산에 대한 구간추정

이 절에서는 모집단의 분포가 정규분포일 경우 모분산의 신뢰구간을 구하는 방법에 대해서 단일 모집단과 두 모집단의 경우로 나누어 설명한다.

8.5.1 단일 모집단의 모분산

이제 정규분포 $N(\mu, \sigma^2)$에서 모분산 σ^2에 대한 구간추정 문제를 생각해보자. 8.2절에서 우리는 σ^2의 추정량 $S^2 = \frac{1}{n-1}\sum_{i=1}^{n}(X_i - \overline{X})^2$이 불편성, 일치성, 충분성 등 바람직한 성질을 갖는 좋은 추정량임을 알았다. 따라서 σ^2을 모르는 경우 σ^2을 S^2으로 추정하여 사용하였다. σ^2에 대한 신뢰구간도 추정량 S^2을 이용하여 구할 수 있다. $X_1, \cdots, X_n$을 정규분포 $N(\mu, \sigma^2)$로부터의 확률표본이라 하면,

$$\frac{(n-1)S^2}{\sigma^2} = \frac{\sum_{i=1}^{n}(X_i - \overline{X})^2}{\sigma^2}$$

은 자유도가 $n-1$인 χ^2분포를 따르게 되어 피봇량이 됨을 알 수 있다. 이를 이용하여

$$1-\alpha = P\left\{a < \frac{(n-1)S^2}{\sigma^2} < b\right\} = P\left\{\frac{(n-1)S^2}{b} < \sigma^2 < \frac{(n-1)S^2}{a}\right\}$$

가 되도록 a와 b를 정하면 된다. 그런데 χ^2 분포의 확률밀도함수의 모양은 좌우대칭이 아니므로 정규분포나 t분포처럼 좌우 꼬리확률이 각각 $\alpha/2$가 되도록 할 이론적 근거는 없으나 사용의 편의상 그렇게 하여 $a = \chi^2_{1-\alpha/2}(n-1)$, $b = \chi^2_{\alpha/2}(n-1)$로 정하는 것이 보통이다.

정리 8.15 | σ^2에 대한 구간추정

> $x_1, \cdots, x_n$을 $N(\mu, \sigma^2)$로부터 얻은 확률표본의 관측값이라 하자. μ를 모르는 경우
>
> $$\left(\frac{(n-1)s^2}{\chi^2_{\alpha/2}(n-1)}, \frac{(n-1)s^2}{\chi^2_{1-\alpha/2}(n-1)}\right)$$
>
> 는 모분산 σ^2에 대한 $100(1-\alpha)\%$ 양측 신뢰구간이 된다.

예제 8.44 제품의 중량을 측정하는 검사장비의 정밀도를 검사하고자 한다. 40 kg인 제품을 이 검사장비로 10회 반복측정하여 얻은 측정값이

40.18, 40.61, 39.94, 40.21, 39.71, 40.18, 39.32, 40.44, 39.93, 40.02

일 때 σ^2에 대한 90%의 양측 신뢰구간을 구해보자.

• **풀이** 주어진 자료로부터 $\bar{x}=40.054$, $(n-1)s^2=\sum_{i=1}^{10}(x_i-\bar{x})^2=1.201$이고, $\alpha=0.1$이므로 부록의 χ^2분포표로부터 $\chi^2_{0.95}(9)=3.325$, $\chi^2_{0.05}(9)=16.919$이다. 따라서 [정리 8.15]로부터

$$\left(\frac{(n-1)s^2}{\chi^2_{\alpha/2}(9)},\ \frac{(n-1)s^2}{\chi^2_{1-\alpha/2}(9)}\right)=\left(\frac{1.201}{16.919},\ \frac{1.201}{3.325}\right)=(0.071,\ 0.361)$$

는 σ^2에 대한 90% 양측 신뢰구간이 된다. ■

[R에 의한 계산]

```
> x <- c(40.18,40.61,39.94,40.21,39.71,40.18,39.32,40.44,39.93,40.02)
> n <- length(x)
> xbar <- mean(x)
> vx <- var(x)
> alpha <- 0.10
> df <- n-1
> CI <- c(df*vx/qchisq(alpha/2,df,lower.tail = F),df*vx/qchisq(alpha/2,df) )
> CI
[1] 0.07097592 0.36114263
```

8.5.2 두 모집단의 모분산

두 측정장비의 정밀도나 두 공정에서 제조된 제품의 치수 산포 정도를 비교할 때와 같이 두 분포의 모분산비에 관한 구간추정을 필요로 하는 경우가 있다. 이 경우 두 정규분포로부터의 표본분산의 비가 F분포를 따른다는 사실을 이용하여 모분산의 비에 대한 신뢰구간을 구할 수 있다. 즉, 두 정규분포 $N(\mu_x,\ \sigma_x^2)$과 $N(\mu_y,\ \sigma_y^2)$로부터 각각 크기 n과 m인 확률표본을 독립적으로 뽑아 얻은 표본분산을 S_x^2과 S_y^2이라 하면, 확률변수

$$F = \frac{S_x^2/\sigma_x^2}{S_y^2/\sigma_y^2} = \frac{S_x^2/S_y^2}{\sigma_x^2/\sigma_y^2}$$

는 자유도 $(n-1,\ m-1)$을 갖는 F분포를 따른다는 것을 7.4.4절에서 배웠다. 이 결과를 이용하면

$$\begin{aligned} 1-\alpha &= P\left(F_{1-\alpha/2}(n-1,\ m-1) < \frac{S_x^2/S_y^2}{\sigma_x^2/\sigma_y^2} < F_{\alpha/2}(n-1,\ m-1)\right) \\ &= P\left(\frac{S_x^2/S_y^2}{F_{\alpha/2}(n-1,\ m-1)} < \frac{\sigma_x^2}{\sigma_y^2} < \frac{S_x^2/S_y^2}{F_{1-\alpha/2}(n-1,\ m-1)}\right) \end{aligned}$$

이다. 여기서 $F_\alpha(\nu_1,\ \nu_2)$는 자유도 $(\nu_1,\ \nu_2)$를 갖는 F분포에서

$$P(F > F_\alpha(\nu_1,\ \nu_2)) = \alpha$$

를 만족하는 값이다.

정리 8.16 | σ_x^2/σ_y^2에 대한 구간추정

두 정규분포 $N(\mu_x,\ \sigma_x^2)$과 $N(\mu_y,\ \sigma_y^2)$로부터 각각 크기 n과 m의 확률표본을 뽑아서 얻은 표본분산의 값을 s_x^2과 s_y^2라 하자. μ_x과 μ_y를 모를 경우,

$$\left(\frac{s_x^2/s_y^2}{F_{\alpha/2}(n-1,\ m-1)},\ \frac{s_x^2/s_y^2}{F_{1-\alpha/2}(n-1,\ m-1)}\right)$$

은 모분산의 비 σ_x^2/σ_y^2에 대한 $100(1-\alpha)\%$ 양측 신뢰구간이 된다.

예제 8.45 A회사는 서울과 광주에 공장을 두고 청량음료를 생산하여 350 ml 병에 넣어 판매를 하고 있다. 두 공장에서 생산되는 청량음료 한 병에 들어있는 양의 분산비에 대한 신뢰구간을 구하기 위해 각 공장에서 생산된 청량음료 병 16개씩을 뽑아 양을 측정하여 분산 16.006과 10.415를 얻었다. 각 공장에서 생산되는 청량음료의 한 병에 들어있는 양이 정규분포를 따른다고 할 때 분산비 σ_x^2/σ_y^2에 대한 95%의 양측 신뢰구간을 구해보자.

• **풀이** $\alpha = 0.05$이므로 R의 함수 qf(0.025, 15, 15, lower.tail=F) 및 qf(0.025, 15, 15)를 이용하여 $F_{0.025}(15,\ 15) = 2.862,\ F_{0.975}(15,\ 15) = 0.3494$이다. 따라서 [정리 8.16]으로부터

$$\left(\frac{s_x^2/s_y^2}{F_{0.025}(15,\ 15)},\ \frac{s_x^2/s_y^2}{F_{0.975}(15,\ 15)}\right)=\left(\frac{16.006/10.415}{2.862},\ \frac{16.006/10.415}{0.3494}\right)$$
$$=(0.537,\ 4.399)$$

는 σ_x^2/σ_y^2에 대한 95% 양측 신뢰구간이 된다. ■

[R에 의한 계산]

```
> n <- 16; m <- 16
> vx <- 16.006; vy <- 10.415
> dfx <- n-1; dfy <- m-1
> alpha <- 0.05
> CI <- c((vx/vy)/qf(alpha/2, dfx, dfy, lower.tail = F),(vx/vy)/qf(alpha/2,dfy,dfx))
> CI
[1] 0.5369574 4.3985265
```

연습문제 8.5

1. 8.6, 7.9, 8.3, 6.4, 8.4, 9.8, 7.2, 7.8, 7.5는 정규분포 $N(8,\ \sigma^2)$로부터의 크기 9인 확률표본의 관측값이다. σ^2에 대한 90% 양측 신뢰구간을 구하라.

2. 정규분포 $N(\mu,\ \sigma^2)$로부터 뽑은 크기 15인 확률표본으로부터 $\overline{x}=3.2$와 $s^2=4.24$를 얻었다. σ^2의 90% 양측 신뢰구간을 구하라.

3. 정규분포 $N(\mu_x,\ \sigma_x^2)$과 $N(\mu_y,\ \sigma_y^2)$에서 서로 독립적으로 뽑은 크기 $n=16$과 $m=10$인 확률표본에서 $\overline{x}=3.6,\ s_x^2=4.14,\ \overline{y}=13.6,\ s_y^2=7.26$을 얻었다. μ_x와 μ_y를 모를 때, σ_x^2/σ_y^2의 90% 양측 신뢰구간을 구하라.

4. A, B 두 기계에서 생산되는 실의 균등성을 비교하고자 한다. 각 기계에서 실 100 m를 하나의 샘플로 뽑아 그 무게를 측정하는 방식으로 A 기계제품에서 13개와 B 기계제품에서 11개를 측

정하여 각각 표준편차 2.3과 1.5를 얻었다. 두 모표준편차의 비에 대한 90% 양측 신뢰구간을 구하라.

5. S_x^2과 S_y^2은 각각 정규분포 $N(\mu_x,\ \sigma^2)$와 $N(\mu_y,\ \sigma^2)$에서 서로 독립적으로 뽑은 크기 n과 m인 확률표본의 분산을 나타낸다. 미지의 공통분산 σ^2에 대한 신뢰구간을 구하라.

6. [정리 8.15]에서 μ의 값을 안다면 σ^2에 대한 $100(1-\alpha)\%$ 양측 신뢰구간은 어떻게 달라지는가?

7. [정리 8.16]에서 μ_x와 μ_y를 안다면 σ_x^2/σ_y^2에 대한 $100(1-\alpha)\%$의 양측 신뢰구간은 어떻게 달라지는가?

8. 공장에 A기계 2대와 B기계 3대가 가동되고 있다. A기계 한 대의 월간 수리비용은 정규분포 $N(\mu_x,\ \sigma^2)$를 따르고 B기계 한 대의 월간 수리비용은 정규분포 $N(\mu_y,\ 2\sigma^2)$를 따른다. 그리고 각 기계의 월간 수리비용은 서로 독립적으로 발생한다. A기계와 B기계의 월간 수리비용(단위: 만 원)에 관한 다음과 같은 표본자료를 얻었다.

기계	월간 수리비용				
A	7	10	9	12	17
B	26	32	29	25	

분산 σ^2에 관한 95% 양측 신뢰구간을 구하라.

9. 다음은 전기도금 공정을 거친 자동차 부품의 도금두께를 측정하여 얻은 자료이다. 도금두께의 균일성 확보는 고객이 요구하는 핵심 품질요건이므로 표준편차를 작게 관리하는 것이 도금공정의 중요 이슈이다. 이 자료로 도금두께 표준편차의 95% 신뢰구간을 구하라. (단위: μm)

10.7 10.6 5.0 5.7 9.6 9.0 9.7 10.8 5.9 6.1 7.0 4.4

10. 전기 도금공정은 부품들이 걸린 랙을 행거에 걸쳐 도금액이 들어 있는 도금 조에 담근 후 일정 시간 정해진 전압을 가하면서 일정 세기의 전류를 흘림으로써 진행된다. 문항 #9의 자료는 도금 조에 걸친 행거의 앞 쪽에 걸린 부품들의 도금두께이다. 이제 뒤 쪽에 걸린 부품들의 도금두께를 측정한 결과 다음 자료를 추가로 얻었다. 앞뒤 도금두께의 분산비의 95% 신뢰구간을 구하라. (단위: μm)

5.2 5.9 4.9 3.8 7.7 7.2 3.2 2.9 7.4 7.2 4.4 6.7

8.6 모비율에 대한 구간추정

8.6.1 단일 모집단의 모비율

중심극한정리에서 주목해야 할 점 중 하나는 모집단의 분포가 연속형이든 이산형이든 간에 n이 크면 표본평균의 분포가 근사적으로 정규분포가 된다는 사실이다. 특히, 모비율 p를 모수로 하는 이항 모집단에서 베르누이 실험을 독립적으로 n번 시행할 때 성공횟수를 X라 하면 $X \sim b(n, p)$이고, 표본비율 $\hat{p} = \frac{X}{n}$는 n이 충분히 큰 경우 근사적으로 $N\left(p, \frac{p(1-p)}{n}\right)$를 따름은 [정리 7.12]에서 배운 바 있다. 따라서 중심극한정리를 이용하여 다음 정리를 얻는다.

정리 8.17 | p에 대한 구간추정 (대표본)

성공확률이 p인 베르누이 실험을 독립적으로 n번 시행하여 얻은 성공횟수를 x라 하고 $\hat{p} = \frac{x}{n}$를 표본비율의 값이라 하자. n이 충분히 크면

$$\hat{p} \pm z_{\alpha/2}\sqrt{\frac{\hat{p}(1-\hat{p})}{n}}$$

는 근사적으로 p에 대한 $100(1-\alpha)\%$ 양측 신뢰구간이 된다.

예제 8.46 A회사의 냉장고는 보증기간이 1년이다. 무작위로 뽑은 50대의 A회사 제품 중 6대가 보증기간이 끝나기 전에 고장이 났다. 보증기간 동안의 고장비율 p에 대한 95% 양측 신뢰구간을 구해보자.

• 풀이 $\hat{p} = \frac{x}{n} = \frac{6}{50} = 0.120$이고, $\alpha = 0.05$이므로 $z_{\alpha/2} = z_{0.025} = 1.960$이다. 따라서 [정리 8.17]로부터 p에 대한 95% 신뢰구간을 구하면

$$\hat{p} \pm z_{\alpha/2}\sqrt{\frac{\hat{p}(1-\hat{p})}{n}} = 0.120 \pm 1.960\sqrt{\frac{(0.120)(0.880)}{50}} = 0.120 \pm 0.090,$$

즉 (0.030, 0.210)이 된다. ■

[R에 의한 계산]

```
> n <- 50; x <- 6; ph <- x/n; alpha <- 0.05
> CI <- c(ph - qnorm(alpha/2,lower.tail = F)*sqrt(ph*(1-ph)/n),
          ph + qnorm(alpha/2,lower.tail = F)*sqrt(ph*(1-ph)/n))
> CI
[1] 0.02992691 0.21007309
```

모평균 μ에 관한 구간추정에서 추정오차의 한계가 주어져 있을 때, 이를 만족하는 표본크기를 정할 수 있음은 [정리 8.10]에서 배운 바 있다. 여기서는 $\sigma^2 = p(1-p)$가 되므로 모비율 p에 대한 구간추정에서도 주어진 추정오차의 한계를 만족하는 표본의 크기를 구할 수 있다. 특히 이 경우에는 p에 대한 정보가 있느냐 없느냐에 따라 두 가지 경우로 나눌 수 있다.

정리 8.18 |

표본의 크기가 큰 경우에 성공확률 p에 대한 $100(1-\alpha)\%$ 신뢰구간의 길이가 $2d$ 이하(또는 추정오차가 d 이하일 확률이 $1-\alpha$)가 되도록 하는데 필요한 표본크기 n은

i) p의 추정값 $\hat{p}$가 있는 경우

$$n \geq \hat{p}(1-\hat{p})(z_{\alpha/2}/d)^2,$$

ii) p에 대한 정보가 없는 경우

$$n \geq \frac{1}{4}(z_{\alpha/2}/d)^2$$

를 만족하는 최소의 정수이다.

예제 8.47 어떤 주제에 대한 전국적인 여론 조사에서 찬성비율 p의 추정오차가 0.03보다 작을 확률이 0.95가 되도록 하려면 몇 명을 표본으로 뽑아야 할지를 알아보자.

• **풀이** $\alpha = 0.05,\ d = 0.03$이므로 $z_{\alpha/2} = z_{0.025} = 1.960$이다. 만약 사전정보로부터 p가 0.7 부근이라는 것을 알고 있다면, $\hat{p}$를 0.7로 하여

$$n \geq \hat{p}(1-\hat{p})(z_{\alpha/2}/d)^2 = (0.7 \times 0.3)(1.960/0.03)^2 = 896.4$$

이다. 따라서 897명이 필요하다. 만일 p에 대한 정보가 없다면

$$n \geq \frac{1}{4}(z_{\alpha/2}/d)^2 = \frac{1}{4}(1.960/0.03)^2 = 1{,}067.1$$

로 1,068명이 필요하다. ■

[R에 의한 계산]

```
> d <- 0.03; alpha <- 0.05; p <- 0.7
> n <- p*(1-p)*(qnorm(alpha/2, lower.tail = F)/d)^2; n
[1] 896.3404
> n <- (1/4)*(qnorm(alpha/2, lower.tail = F)/d)^2; n
[1] 1067.072
```

8.6.2 두 모집단의 모비율

두 이항모집단의 모비율 p_x와 p_y의 차에 대한 신뢰구간도 표본이 크면 중심극한정리를 이용하여 모평균의 차에 대한 신뢰구간을 구하는 경우와 유사한 방법으로 구할 수 있다. 성공확률이 각각 p_x과 p_y인 베르누이 실험을 n번과 m번 독립적으로 시행할 때, 성공횟수 X와 Y는 서로 독립이고 각각 이항분포 $b(n,\ p_x)$, $b(m,\ p_y)$를 따르므로 성공률(표본비율) $\widehat{p_x} = \dfrac{X}{n}$과 $\widehat{p_y} = \dfrac{Y}{m}$의 차 $\widehat{p_x} - \widehat{p_y}$는 $p_x - p_y$의 좋은 추정량이 될 것이다. 만일 n과 m이 충분히 크면 $\widehat{p_x} - \widehat{p_y}$는 근사적으로 정규분포 $N\left(p_x - p_y,\ \dfrac{p_x(1-p_x)}{n} + \dfrac{p_y(1-p_y)}{m}\right)$를 따른다. 이를 이용하면 n과 m이 충분히 크면 다음과 같이 $p_x - p_y$에 대한 신뢰구간을 구할 수 있다.

정리 8.19 | $p_x - p_y$에 대한 구간추정(대표본)

모비율이 p_x인 모집단에서 크기 n의 표본을 뽑을 때 $\widehat{p_x}$을 표본비율이라 하고, 모비율이 p_y인 모집단에서 크기 m의 표본을 뽑을 때 p_y을 표본비율이라고 하자. n과 m이 충분히 크면

$$(\hat{p_x} - \hat{p_y}) \pm z_{\alpha/2} \sqrt{\frac{\hat{p_x}(1-\hat{p_x})}{n} + \frac{\hat{p_y}(1-\hat{p_y})}{m}}$$

는 근사적으로 $p_x - p_y$에 대한 $100(1-\alpha)\%$ 양측 신뢰구간이 된다.

예제 8.48 어느 대학에서 학생 300명 중 114명이 담배를 피우고, 교수 150명 중 48명이 담배를 피우는 것으로 조사되었다. p_x을 학생 흡연율이라 하고, p_y를 교수 흡연율이라 할 때 흡연율의 차 $p_x - p_y$에 대한 98% 양측 신뢰구간을 구해보자.

• **풀이** $\hat{p_x} = \frac{114}{300} = 0.38$, $\hat{p_y} = \frac{48}{150} = 0.32$이고 $\alpha = 0.02$이므로 $z_{\alpha/2} = z_{0.01} = 2.326$이다. 따라서 $p_x - p_y$의 98% 양측 신뢰구간을 구하면

$$\begin{aligned}(\hat{p_x} - \hat{p_y}) \pm z_{\alpha/2} \sqrt{\frac{\hat{p_x}(1-\hat{p_x})}{n} + \frac{\hat{p_y}(1-\hat{p_y})}{m}} &= (0.38 - 0.32) \pm 2.326 \sqrt{\frac{0.38 \times 0.62}{300} + \frac{0.32 \times 0.68}{150}} \\ &= 0.060 \pm 0.110,\end{aligned}$$

즉 $(-0.050,\ 0.170)$이 된다. ■

[R에 의한 계산]

```
> n <- 300; x <- 114; m <- 150; y <- 48
> px <- x/n; py <- y/m
> CI <- c((px-py)-qnorm(alpha/2,lower.tail = F)*sqrt(px*(1-px)/n + py*(1-py)/m),
          (px-py)+qnorm(alpha/2,lower.tail = F)*sqrt(px*(1-px)/n + py*(1-py)/m))
> CI
[1] -0.05000453  0.17000453
```

연습문제 8.6

1. 확률변수 X는 이항분포 $b(n, p)$를 따른다. 아래의 경우에 p와 그 추정량의 차이가 0.05 이하가 될 확률이 0.95가 되도록 n을 정하라.
   (a) p가 0.9 정도가 된다고 간주되는 경우
   (b) p에 대한 정보가 전혀 없는 경우

2. 두 확률변수 X와 Y는 서로 독립이고 각각 이항분포 $b(100, p_x)$과 $b(100, p_y)$를 따른다. $x = 50$, $y = 40$을 얻었다. $p_x - p_y$에 대한 90% 양측 신뢰구간을 근사적으로 구하라.

3. A와 B 두 회사에서 생산되는 에어컨의 보증기간은 1년이다. 비슷한 용량의 A회사 제품 50대 중 4대가 1년 내에 고장이 났고, B회사 제품 50대 중 3대가 1년 내에 고장이 났을 때, 두 회사 제품의 고장비율의 차이 $p_x - p_y$에 대한 98% 양측 신뢰구간을 구하라.

4. 어느 학교의 구내식당 사업자가 바뀐 후 식당에 대하여 학생들이 얼마나 만족하는지를 조사하였다. 총 1,086명의 학생이 답한 이 설문조사에서 이전보다 좋아졌다고 응답한 학생이 36%, 비슷하다고 응답한 학생이 47%, 더 나빠졌다고 응답한 학생이 17%이었다.
   (a) 좋아졌다고 느끼는 학생들의 비율의 95% 양측 신뢰구간을 구하라.
   (b) 비슷하다고 느끼는 학생들의 비율의 95% 양측 신뢰구간을 구하라.
   (c) 나빠졌다고 느끼는 학생들의 비율의 95% 양측 신뢰구간을 구하라.

5. 연습문제 #4에서 좋아졌다고 느끼는 사람의 비율과 나빠졌다고 느끼는 사람의 비율의 차에 대한 95% 신뢰구간을 구하라.

6. TV 토론회가 대통령선거에 출마한 후보자에 대한 지지도의 변화에 미친 영향을 조사하기 위해, TV 토론 전과 후에 각각 유권자 1,000명을 대상으로 여론조사를 실시한 결과는 다음과 같다.

	TV 토론회 전	TV 토론회 후
A	30.2%	32.5%
B	28.5%	35.1%
기타 후보, 무응답	41.3%	32.4%

   (a) B후보의 지지율이 토론회 후 증가하였다고 볼 수 있는가? 95% 양측 신뢰구간을 구하여 판

단하라.

(b) B후보가 토론회 후 A후보를 앞질렀다고 주장할 수 있는가? 95% 양측 신뢰구간을 구하여 판단하라.

7. 한 집적회로 생산 공정에서 174개의 시료를 검사했더니 27개가 불량품이었다. 불량률의 95% 신뢰구간을 구하라.

8. 어느 공정에서 100개의 표본을 취하여 검사한 결과 12개의 불량품이 발견되었다. 공정에 문제가 있는 것으로 생각되어 조치를 취한 후 200개 표본을 취하여 검사했더니 16개의 불량품이 나왔다. 조치를 취하기 전후의 불량률 차에 대한 95% 신뢰구간을 구하라.

9. 현재 생산 중인 라디오 모델은 불량률이 1%이므로 신 모델로 대체하여 불량을 줄이기로 하였다. 신형 모델 14256대를 검사한 결과 27대가 불량이었다면 신형 모델의 불량률은 얼마인지 95% 신뢰구간을 구하라.

10. 어떤 부품을 A, B 두 공급자로부터 납품받는다. A가 납품한 부품 중 150개를 뽑아 검사한 결과 23개가 불량이었고, B가 납품한 부품 중 150개를 뽑아 검사한 결과 8개가 불량이었다면 불량률 차의 95% 신뢰구간은 얼마인가?

8.7* 베이즈 추정

앞에서 배운 추정방법에서는 모수 θ를 갖는 분포로부터 크기 n인 확률표본을 뽑아, 여기서 얻는 표본정보만으로 모수 θ를 추정한다. 여기서 관심의 대상인 모수 θ는 우리가 모르는 상수라고 가정한다.

예를 들어 협력업체로부터 납품받는 기계부품의 성능을 판단하기 위해 부품의 성능을 나타내는 모수 θ를 추정하는 문제에 대해 생각해 보자. 앞 절의 방법에서는 몇 개의 부품을 무작위로 뽑아 이 표본에서 얻어진 정보만으로 모수 θ를 추정한다. 그러나 현실에서는 이 부품의 과거 납품시의 성능검사 기록이나, 유사 부품의 성능자료, 또는 부품의 물리적 특성에 관한 지식 등으로부터 부품의 성능 θ에 대해 어느 정도의 사전정보를 갖고 있는 경우도 많이 있다. 이러한 경우에는 단순히 표본정보만으로 θ를 추정하는 것보다 표본정보와 사전정보를 함께 사용하는 것이 보다 바람직할 것이다. 이때 사전정보는 θ에 대한 분포의 형태로 표현한다.

이와 같이 추정하고자 하는 모수 θ를 확률변수로 취급하여 이에 대한 사전정보를 θ의 분포 형태로 표현하고, 이를 모수의 추정에 이용하는 방법을 **베이즈 추정**(Bayes estimation)이라 한다. 여기에서는 베이즈 추정에서 필요한 사전분포와 사후분포를 먼저 정의하고 손실함수와 위험함수 그리고 베이즈 추정량에 대해 설명한다. 이 절에서는 편의상 연속형 확률변수의 경우에 대해 설명하고 있으나, 비슷한 논리가 이산형 확률변수의 경우에도 적용된다.

정의 8.13 |

확률변수 X의 분포가 모수 θ를 갖는다고 하자. θ의 확률밀도함수가 $\pi(\theta)$일 때, $\pi(\theta)$를 θ의 사전분포(prior distribution)라 한다.

[정의 8.13]에서 $\pi(\theta)$는 엄밀히 말하면 θ의 사전분포의 확률밀도함수, 즉 사전확률밀도함수이다. 지금까지는 확률밀도함수를 $f(x;\theta)$와 같이 표현하였으나, 베이즈 추정법에서는 θ가 확률변수이므로 X의 확률밀도함수를 $f_{X|\Theta=\theta}(x|\theta)$와 같이 조건부 확률밀도함수로 표시한다. 여기서는 $f_{X|\Theta=\theta}(x|\theta)$를 간단히 $f(x|\theta)$로 표기하기로 한다.

X에 대한 확률표본 $X_1, \cdots, X_n$의 결합확률밀도함수는 $f(x_1, \cdots, x_n|\theta)$로 표시할 수 있다. 따라서 $(X_1, \cdots, X_n)$과 θ의 결합확률밀도함수는

$$f(x_1, \cdots, x_n, \theta) = \pi(\theta) f(x_1, \cdots, x_n|\theta) \tag{8.12}$$

가 되며, 이로부터 $(X_1, \cdots, X_n)$의 주변확률밀도함수

$$f(x_1, \cdots, x_n) = \int \pi(\theta) f(x_1, \cdots, x_n|\theta) d\theta \tag{8.13}$$

를 얻는다. 따라서 $X_1 = x_1, \cdots, X_n = x_n$이 주어졌을 때 θ의 조건부 확률밀도함수는

$$h(\theta|x_1, \cdots, x_n) = \frac{\pi(\theta) f(x_1, \cdots, x_n|\theta)}{f(x_1, \cdots, x_n)} \tag{8.14}$$

가 된다.

정의 8.14 |

$X_1, \cdots, X_n$이 모수 θ를 갖는 분포로부터의 확률표본일 때, $h(\theta|x_1, \cdots, x_n)$을 θ의 사후분포(posterior distribution)라 한다.

[정의 8.14]에서 $h(\theta|x_1, \cdots, x_n)$은 엄밀히 말하면 θ의 사후분포의 확률밀도 함수, 즉 사후확률밀도 함수이다.

예제 8.49 불량률 p가 사전확률밀도함수가

$$\pi(p) = \frac{\Gamma(a+b)}{\Gamma(a)\Gamma(b)} p^{a-1}(1-p)^{b-1}, \quad 0 < p < 1$$

인 베타분포 $Be(a, b)$를 따르는 공정에서 n개의 제품을 뽑아 검사했을 때 p에 대한 사후분포를 구해보자.

• **풀이** X_i를 i번째 제품이 양품이면 0, 불량품이면 1을 나타낸다고 하면

$$f(x_i|p) = p^{x_i}(1-p)^{1-x_i}, \quad x_i = 0, 1$$

이므로,

$$f(x_1, \cdots, x_n|p) = \prod_{i=1}^{n} f(x_i|p) = p^{\sum_1^n x_i}(1-p)^{n-\sum_1^n x_i}$$

이다. 따라서 $X_1, \cdots, X_n$과 p의 결합확률밀도함수는

$$\begin{aligned} f(x_1, \cdots, x_n, p) &= \pi(p) f(x_1, \cdots, x_n|p) \\ &= \frac{\Gamma(a+b)}{\Gamma(a)\Gamma(b)} p^{a+\sum_1^n x_i - 1}(1-p)^{n+b-\sum_1^n x_i - 1}, \quad 0 < p < 1 \end{aligned}$$

이고, $X_1, \cdots, X_n$의 주변확률밀도함수는

$$\begin{aligned} f(x_1, \cdots, x_n) &= \int f(x_1, \cdots, x_n, p) dp \\ &= \int_0^1 \frac{\Gamma(a+b)}{\Gamma(a)\Gamma(b)} p^{a+\sum_1^n x_i - 1}(1-p)^{n+b-\sum_1^n x_i - 1} dp \\ &= \frac{\Gamma(a+b)}{\Gamma(a)\Gamma(b)} \cdot \frac{\Gamma(a+\sum_1^n x_i)\Gamma(n+b-\sum_1^n x_i)}{\Gamma(a+b+n)} \end{aligned}$$

이다. 따라서 p의 사후확률밀도함수는

$$\begin{aligned} h(p|x_1, \cdots, x_n) &= \frac{f(x_1, \cdots, x_n, p)}{f(x_1, \cdots, x_n)} \\ &= \frac{\Gamma(a+b+n)}{\Gamma(a+\sum x_i)\Gamma(n+b-\sum x_i)} p^{a+\sum_1^n x_i - 1}(1-p)^{n+b-\sum_1^n x_i - 1} \end{aligned}$$

이다. 즉 p의 사후분포는 베타분포$Be(a+\sum x_i, n+b-\sum x_i)$이다. ■

베이즈 추정법에서 모수 θ에 대한 추정량으로 $\hat{\theta} = \hat{\theta}(X_1, \cdots, X_n)$을 사용할 때, 다음과 같은 손실함수를 사용한다.

정의 8.15 |

손실함수(loss function)는 미지모수 θ를 $\hat{\theta} = \hat{\theta}(X_1, \cdots, X_n)$으로 추정할 때 추정값 $\hat{\theta}(x_1, \cdots, x_n)$과 모수 θ의 차이로 인해 발생하는 손실을 표현한 함수이다.

손실함수는 보통 $L(\hat{\theta}, \theta)$로 표기하며, 많이 사용되는 손실함수로는 추정값 $\hat{\theta}(x_1, \cdots, x_n)$과 모수 θ의 차이의 제곱 $L(\hat{\theta}, \theta)=(\hat{\theta}-\theta)^2$과 차이의 절댓값 $L(\hat{\theta}, \theta)= |\hat{\theta}-\theta|$ 등이 있다. $\hat{\theta}(X_1, \cdots, X_n)$이 θ에 대한 좋은 추정량인지를 결정하는 하나의 방법으로 $L(\hat{\theta}, \theta)$의 기댓값인 위험함수를 생각할 수 있다.

정의 8.16 |

손실함수 $L(\hat{\theta}, \theta)$의 기댓값

$$R(\hat{\theta}, \theta)=E(L(\hat{\theta}, \theta))=\int\cdots\int L(\hat{\theta}, \theta)f(x_1, \cdots, x_n|\theta)dx_1\cdots dx_n$$

을 위험함수(risk function)라 한다.

위험함수 $R(\hat{\theta}, \theta)$는 확률변수 θ의 함수로, 베이즈 추정법에서는 $R(\hat{\theta}, \theta)$에 대한 기댓값인 베이즈 위험을 이용하여 베이즈 추정량을 구한다.

정의 8.17 |

θ의 사전분포가 π일 때의 베이즈 위험(Bayes risk) $r(\hat{\theta}, \pi)$는 위험함수 $R(\hat{\theta}, \theta)$의 기댓값

$$r(\hat{\theta}, \pi)=\int R(\hat{\theta}, \theta)\pi(\theta)d\theta$$

이고, 베이즈 추정량(Bayes estimator)은 모수 θ에 대한 추정량들 중 베이즈 위험을 최소로 하는 추정량이다.

베이즈 추정량을 구하기 위하여 베이즈 위험을 살펴보면

$$\begin{aligned}r(\hat{\theta}, \pi)&=\int R(\hat{\theta}, \theta)\pi(\theta)d\theta\\&=\int\int\cdots\int L(\hat{\theta}, \theta)\ f(x_1, \cdots, x_n|\theta)\pi(\theta)dx_1\cdots dx_n d\theta\\&=\int\cdots\int\left\{\int L(\hat{\theta}, \theta)h(\theta|x_1, \cdots, x_n)d\theta\right\}f(x_1, \cdots, x_n)dx_1\cdots dx_n\end{aligned}$$

이 됨을 알 수 있다. 그런데 이 적분을 최소화하는 것은 $(x_1, \cdots, x_n)$마다 괄호 { } 안의 적분을 최소화하는 것과 같다. 즉,

$$\int L(\hat{\theta}, \theta) h(\theta | x_1, \cdots, x_n) d\theta \tag{8.15}$$

가 최소가 되면 $r(\hat{\theta}, \pi)$가 최소가 된다. 따라서 베이즈 추정량은 식 (8.15)를 최소로 하는 추정량이다.

정리 8.20 |

i) $L(\hat{\theta}, \theta) = (\hat{\theta} - \theta)^2$이면, θ에 대한 베이즈 추정값은 사후분포의 기댓값

$$E(\theta \mid x_1, \cdots, x_n) = \int \theta h(\theta | x_1, \cdots, x_n) d\theta$$

이다.

ii) $L(\hat{\theta}, \theta) = |\hat{\theta} - \theta|$이면, θ에 대한 베이즈 추정값은 사후분포의 중앙값이다.

• **증명** i) $L(\hat{\theta}, \theta) = (\hat{\theta} - \theta)^2$이므로 베이즈 추정값은

$$\int (\hat{\theta} - \theta)^2 h(\theta | x_1, \cdots, x_n) d\theta$$

을 최소로 하는 $\hat{\theta}$이다. 이 식을 $\hat{\theta}$에 대하여 미분하고 0으로 놓으면

$$\int (\hat{\theta} - \theta) h(\theta | x_1, \cdots, x_n) d\theta = 0$$

이 되는데, 이 식을 만족하는 $\hat{\theta}$은

$$\hat{\theta} = \int \theta h(\theta | x_1, \cdots, x_n) d\theta$$

로 주어지고, 이것은 사후분포의 기댓값임을 알 수 있다.

ii) 연습문제 #11. ■

예제 8.50 [예제 8.49]에서 손실함수가 $L(\hat{p}, p) = (\hat{p} - p)^2$일 때, p의 베이즈 추정값을 구해보자.

• 풀이 [예제 8.49]에서 사후분포의 기댓값을 구하면

$$\hat{p}=\frac{a+\sum_{1}^{n}X_i}{a+b+n}$$

이다. ■

예제 8.51 $X_1, \cdots, X_n$을 정규분포 $N(\mu, 1)$으로부터의 확률표본이라 하자. μ의 사전분포가 $N(\mu_0, \alpha^2)$일 경우 μ의 사후분포는 어떻게 되는지 알아보자.

• 풀이 $X_1, \cdots, X_n$과 μ의 결합확률밀도함수 $f(x_1, \cdots, x_n, \mu)$를 정리하면,

$$\begin{aligned}
&f(x_1, \cdots, x_n, \mu)\\
&=\frac{1}{\sqrt{2\pi}\,\alpha}\exp\left[-\frac{1}{2}\left(\frac{\mu-\mu_0}{\alpha}\right)^2\right]\cdot\left(\frac{1}{\sqrt{2\pi}}\right)^n\exp\left[-\frac{1}{2}\sum_{i=1}^{n}(x_i-\mu)^2\right]\\
&=\frac{1}{\alpha(2\pi)^{\frac{n+1}{2}}}\exp\left[-\frac{1}{2}\left\{\frac{1+\alpha^2 n}{\alpha^2}\left(\mu-\frac{\mu_0+\alpha^2 n\bar{x}}{1+\alpha^2 n}\right)^2-\left(\frac{(\mu_0+\alpha^2 n\bar{x})^2}{\alpha^2(1+\alpha^2 n)}\right)+\frac{\mu_0^2+\alpha^2\sum x_i^2}{\alpha^2}\right\}\right]\\
&=\left\{\frac{1}{\sqrt{2\pi}\,A}\exp\left[-\frac{(\mu-B)^2}{2A^2}\right]\right\}\left\{\frac{A}{\alpha(2\pi)^{\frac{n}{2}}}\exp\left[-\frac{1}{2}\left(\frac{\mu_0^2+\alpha^2\sum x_i^2}{\alpha^2}\right)+\frac{1}{2}\frac{(\mu_0+\alpha^2 n\bar{x})^2}{\alpha^2(1+\alpha^2 n)}\right]\right\}
\end{aligned}$$

단, $A^2=\dfrac{\alpha^2}{1+\alpha^2 n}$, $B=\dfrac{\mu_0+\alpha^2 n\bar{x}}{1+\alpha^2 n}$

의 형태로 표시할 수 있다. 여기서 두 번째 대괄호 안의 식은 μ와 무관하고, 첫 번째 대괄호 안의 식은 $N(B, A^2)$의 확률밀도함수이므로 $f(x_1, \cdots, x_n, \mu)$를 μ에 대해 적분하면 두 번째 대괄호 안의 식만 남는데, 이것이 $X_1, \cdots, X_n$의 주변확률밀도함수 $f(x_1, \cdots, x_n)$이다. 따라서 μ의 사후확률밀도함수 $h(\mu|x_1, \cdots, x_n)$은 첫 번째 대괄호 안의 식이 된다. 즉, μ의 사후분포는 평균이 B이고 분산이 A^2인 정규분포임을 알 수 있다. ■

만일 손실함수가 $L(\hat{\mu}, \mu)=(\hat{\mu}-\mu)^2$이라면, μ의 베이즈 추정값은 μ의 사후분푸의 평균

$$\frac{\mu_0+\alpha^2 n\bar{x}}{1+\alpha^2 n}=\left(\frac{1/n}{\alpha^2+1/n}\right)\mu_0+\left(\frac{\alpha^2}{\alpha^2+1/n}\right)\bar{x} \tag{8.16}$$

로 사전평균 μ_0와 표본평균 $\bar{x}$의 가중평균임을 알 수 있다. 여기서 가중값은 사전분포의 분산 α^2와 표본평균 $\bar{x}$의 분산 $1/n$에 의해 결정되는데, 그 의미가 시사하는 바를 음미해 보기 바란다.

위에서 살펴본 베이즈 추정법에 대하여 모집단에 포함된 미지의 모수를 확률변수처럼 취급하는 것은 대다수의 경우 현실과 다르고 설령, 모수를 확률변수로 간주한다 하더라도 사전분포를 정확히 아는 것은 현실적으로 힘든 일이라는 비판이 제기되기도 한다. 그러나 모수의 사전분포를 정확히는 모르더라도 과거의 경험 등이 있어 아무것도 모르는 경우는 드물고, 많은 경우 베이즈 방법을 쓰면 가정된 사전분포에 상당히 둔감하면서 우리 직관에 부합하고 사용이 간편한 결과가 얻어지는 등 장점이 많아서 이러한 접근방법이 널리 사용되고 있다.

연습문제 8.7

1. $X \sim P(\theta)$, $\theta \sim G(r,\ (1-p)/p)$, $r > 0$일 때, X의 주변확률함수를 구하라.

2. $X \sim N\left(0,\ \dfrac{1}{\theta}\right)$, $\theta \sim G(r/2,\ 2/r)$, $r > 0$일 때, X의 주변확률밀도함수를 구하라.

3. [예제 8.50]에서 $n = 30$, $a = 10$, $b = 5$일 경우, $Y = \sum_{i=1}^{n} X_i$라 할 때, 베이즈 추정량은 $\hat{p} = \dfrac{10 + Y}{45}$가 된다.

   (a) 위험함수 $E(\hat{p} - p)^2$을 계산하라.

   (b) (a)의 위험함수의 값을 $\dfrac{p(1-p)}{30}$ 이하로 하는 p를 결정하라.

4. 어느 공정에서 생산되는 전구의 수명은 지수분포 $\text{Exp}(1/\lambda)$을 따르고, λ는 과거 경험으로 보아 평균이 1인 지수분포를 사전 분포로 갖는다고 한다. 손실함수가 $L(\delta,\ \lambda) = (\delta - \lambda)^2$일 때, 전구 한 개를 뽑아 얻은 추정량 $\delta(X)$가 λ의 베이즈 추정량이 되도록 $\delta(X)$를 구하라.

5. $X_1, \cdots, X_n$이 확률밀도함수

$$f(x|\theta) = \begin{cases} \theta x^{\theta-1}, & \theta < x < 1 \\ 0, & \text{기타} \end{cases}$$

를 갖는 분포로부터의 확률표본이고, θ의 사전분포가 감마분포 $G\left(r, \dfrac{1}{\lambda}\right)$일 때,

(a) θ의 사후확률밀도함수를 구하라.

(b) θ의 베이즈 추정량을 구하라. 단 손실함수는 $L(\hat{\theta}, \theta) = (\hat{\theta} - \theta)^2$이다.

6. 한 학생의 실제 IQ를 θ라 할 때, 이 학생의 IQ 검사 점수는 정규분포 $N(\theta, 25)$를 따른다고 알려져 있다.

(a) 한 학생이 IQ 검사에서 130점을 얻었다면, θ의 최우추정값은 얼마인가?

(b) 동일한 연령대의 학생의 IQ는 정규분포 $N(100, 225)$를 따른다고 하고 X를 한 학생의 IQ 검사점수라 할 때, θ의 사후분포를 구하라. 또한 손실함수 $L(\hat{\theta}, \theta) = |\hat{\theta} - \theta|$를 사용한다면 $X = 130$일 때 θ의 베이즈 추정값은 얼마가 되는가?

7. [예제 8.51]에서 손실함수가 $L(\hat{\mu}, \mu) = |\hat{\mu} - \mu|$인 경우 베이즈 추정량을 구하라.

8. $X_{(n)}$은 균일분포 $U(0, \theta)$로부터의 크기 n인 확률표본의 n번째 순서통계량이다. 손실함수가 $L(\hat{\theta}, \theta) = (\hat{\theta} - \theta)^2$이고 θ의 사전확률밀도함수가 다음과 같을 때, θ의 베이즈 추정량을 구하라.

$$\pi(\theta) = \begin{cases} \dfrac{\beta\alpha^{\beta}}{\theta^{\beta+1}}, & \alpha < \theta < \infty,\ \alpha > 0,\ \beta > 0 \\ 0, & \text{기타} \end{cases}$$

9*. $X_1, \cdots, X_n$은 균일분포 $U(0, \theta)$로부터의 확률표본이다. 손실함수가 $L(\hat{\theta}, \theta) = (\hat{\theta} - \theta)^2/\theta^2$이고 θ의 사전확률밀도함수가

$$\pi(\theta) = (\alpha - 1)\theta^{-\alpha}, \quad 1 < \theta < \infty, \quad \alpha > 1$$

일 때 θ의 베이즈 추정량을 구하라.

10*. [예제 8.51]에서 $X_1, \cdots, X_n$과 μ의 결합확률밀도함수 $f(x_1, \cdots, x_n, \mu)$의 유도과정을 보여라.

11*. 손실함수가 $L(\hat{\theta}, \theta) = |\hat{\theta} - \theta|$이면, θ에 대한 베이즈 추정값은 사후분포의 중앙값임을 보여라.

CHAPTER

09

가설검정

자연과학이나 사회과학 분야에서의 과학적 탐구는 일반적으로 가설, 예측, 실측, 검증의 단계를 거쳐 이루어진다. 연구자는 자연 또는 사회현상을 주의깊게 관찰하여 이로부터 자연법칙이나 사회현상에 대한 가설을 세우고, 가설이 참일 때 나타날 수 있는 결과들을 예측한다. 그리고 가설의 진위를 검증하기 위해 실험·조사를 통해 관측값들을 얻어 예측값들과 비교하여 관측값들이 예측값들과 부합하면 가설을 사실로 받아들이고, 그렇지 않으면 더욱 많은 실험을 통해 얻은 지식으로 수정 보완된 새로운 가설을 세우고, 이를 다시 검증하는 과정을 반복하게 된다.

가설의 통계적 검정에서도 이러한 과학적 탐구의 순서가 그대로 적용된다. 즉, 가설검정에서는 관심의 대상인 모집단을 주의 깊게 관찰하여 모집단의 분포에 관한 가설을 세운 후, 이러한 가설의 진위를 검증하기 위하여 모집단의 일부를 표본으로 뽑아 얻은 실측값들을 가설로부터 기대되는 예측값과 비교하여 가설을 사실로 받아들일 것인지의 여부를 결정한다. 이러한 가설검정기법은 자연현상에 관한 학문적 연구에서 뿐만 아니라, 실생활과 관련된 거의 모든 분야에서 널리 이용되고 있다. 예를 들어, 여론조사를 통한 정책결정이나, 소비자 선호도 조사 결과를 반영한 제품 설계나 마케팅 전략 결정 등의 문제가 모두 가설검정의 영역에 속한다고 할 수 있다.

가설검정은 8장에서 다루었던 추정과 함께 통계적 추론을 구성하는 것으로, 모집단의 특성을 규정하는 두 개의 가설을 세우고 이 중 어떤 가설이 참인지를 모집단으로부터 얻은 표본에 의거하여 가려내는 것이다. 이 장에서는 먼저 가설검정의 기본개념과 검정이론을 설명하고, 가장 많이 사용되는 모평균, 모분산 및 모비율에 대한 검정방법 등을 소개한다.

9.1 기본 개념

이 절에서는 먼저 가설검정에서 자주 사용되는 용어 및 개념에 대해서 살펴본다.

9.1.1 단순가설과 복합가설

가설검정(test of hypotheses)은 모집단의 분포에 대한 두 가지 가설을 세우고 모집단으로부터 표본을 뽑아 분석함으로써 두 가설 중 어느 것이 참인지를 가려내는 것이다. 그런데 모수적 추론에서는 모수의 값이 정해지면 분포에 관한 모든 정보를 얻게 되는 것이므로, 모수에 관한 가설검정이 모집단의 분포에 대한 가설검정이라 할 수 있다. 이러한 의미에서 가설은 모집단 분포의 상태를 규정짓는 것이라 할 수 있고, 이는 단순가설과 복합가설로 나눌 수 있다.

정의 9.1 |

모집단의 분포를 하나로 지정하는 가설을 단순가설(simple hypothesis)이라 하고, 분포를 둘 이상으로 지정하는 가설을 복합가설(composite hypothesis)이라 한다.

예제 9.1 베르누이분포 $b(1,\ p)$를 따르는 모집단에서 p에 대한 단순가설과 복합가설을 예로 들어보자.

• **풀이** 가설 $p = 0.1$: 모집단의 분포를 $b(1,\ 0.1)$로 지정하므로 단순가설이다.
가설 $p \le 0.1$: 모집단 분포를 어느 하나로 지정하지 못하고 $\{b(1,\ p) : 0 \le p \le 0.1\}$이라는 분포군을 지정하게 되므로 복합가설이다. ■

예제 9.2 정규분포 $N(\mu,\ \sigma^2)$을 따르는 모집단에서 $\mu = 0$이라는 가설은 단순가설인가? 복합가설인가?

• 풀이 σ^2을 아는지의 여부에 따라 단순가설이 될 수도 있고 복합가설이 될 수도 있다. 만일 σ^2이 1이라고 알려져 있다면 $\mu = 0$이라는 가설은 모집단의 분포를 표준정규분포 $N(0,\ 1)$로 지정하므로 단순가설이 된다. 그러나 σ^2의 값을 모르는 경우에는 모집단의 분포를 $\{N(0,\ \sigma^2) : \sigma^2 > 0\}$이라는 분포군으로 지정하는 것이므로 복합가설이 된다. ■

9.1.2 귀무가설과 대립가설

가설검정에서는 서로 대립되는 두 개의 가설을 세우고, 이 중 어느 가설이 참인지를 판정하는데 둘 중 어느 하나를 대립가설(alternative hypothesis)이라고 부르고 나머지를 귀무가설(null hypothesis)이라고 부른다. 가설검정의 목적은 관심의 대상인 모집단에 관해 새롭게 제기된 이론이나 주장의 사실 여부를 실험·관측을 통하여 확인하는 것인데 새롭게 제기된 이론·주장을 대립가설로, 지금까지 사실로 인식되어온 기존의 이론·주장을 귀무가설로 설정하는 것이 보통이다. 귀무가설은 기존의 인식을 그대로 수용하는 것이므로 수식으로 표현하면 등호를 포함하게 된다. 이 책에서는 귀무가설을 H_0, 대립가설을 H_1으로 표기하기로 한다.

예제 9.3 한 전기회사에서는 백열전구의 평균수명이 1,200시간이 되도록 품질관리를 해왔다. 이 회사의 연구팀은 시장 점유율을 높이기 위해 새로운 전구를 개발하였고, 새 전구의 수명이 기존 전구의 수명보다 길다고 광고하였다. 이 광고의 진위를 파악하기 위해 가설검정을 수행할 경우 귀무가설과 대립가설을 설정해보자.

• 풀이 이 경우 새롭게 제기된 새 전구의 수명에 대한 주장이 대립가설이 되고, 이전까지 알려진 전구의 수명이 귀무가설이 된다. 즉, μ를 전구의 평균수명이라 하면 대립가설은 $H_1 : \mu > 1,200$이고, 귀무가설은 $H_0 : \mu = 1,200$이다. ■

가설의 채택과 기각

가설검정의 절차는 관심의 대상인 모집단으로부터 표본을 뽑아 H_0와 H_1 중 어느 것이 참인지를 판정하는 것이다. 여기서 표본의 결과를 보고 특정 가설이 참이라고 판정하는 것을 그 가설을 채택한다(accept)고 하며, 거짓이라고 판정하는 것을 그 가설을 기각한다(reject)고 한다. 그런데 H_0와 H_1은 서로 대립되는 것이어서 H_0를 채택하면 H_1을 기각하는 것이 되고 반대로 H_0를 기각하면 H_1을 채택하는 것이 되므로, 어느 가설을 위주로 얘기하더라도 결과가 달라지지는 않는다. 그러나 가설검정은 통상 새로 제기된 이론·주장을 뒷받침할 만한 뚜렷한 증거가 표본에서 나타나지 않으면 기존의 이론·주장이 그대로 통용되게 되므로 귀무가설을 위주로 하여 'H_0를 채택한다' 또는 'H_0를 기각한다'라는 방식으로 표현하는 것이 일반적이다.

9.1.3 기각역과 검정통계량

가설검정은 표본의 관측결과를 바탕으로 하여 H_0를 채택할지 기각할지를 결정하는 것이다. 이러한 결정의 기준으로 통계적 가설검정에서는 표본공간을 적절히 두 부분으로 나누어 표본의 결과가 어느 한 부분에 들어가면 H_0를 기각하고, 다른 부분에 들어가면 H_0를 채택하는 방식을 택하고 있다.

정의 9.2 |

기각역(rejection region)은 표본공간의 부분집합으로 표본의 관측결과가 이 집합의 원소이면 귀무가설 H_0를 기각한다. 기각역의 여집합을 채택역(acceptance region)이라고 부른다.

예제 9.4 불량률이 p인 어느 생산공정에서 귀무가설을 $H_0 : p = 0.1$이라 하고, 대립가설을 $H_1 : p = 0.2$이라 하자. 제품 20개를 검사하여 i번째 제품이 불량품일 경우에는 $x_i = 1$, 양품이면 $x_i = 0$이라 하고 기각역을 설정해보자.

• **풀이** 표본 중의 불량품 수 $\sum_{i=1}^{20} x_i$가 4개 이상일 때 H_0를 기각하도록 설정할 수 있다. 이 경우, 기각역 R은

$$R = \left\{ (x_1, \cdots, x_{20}) : \sum_{i=1}^{20} x_i \geq 4 \right\}$$

과 같이 표현된다. ■

이와 같이 표본공간을 기각역과 채택역으로 나누어 가설을 검정할 때, n차원 공간에서의 점의 집합인 기각역 R을 쓰는 대신, 적절한 통계량 $T(X_1, \cdots, X_n)$을 구하여

$$(x_1, \cdots, x_n) \in R \quad \Leftrightarrow T(x_1, \cdots, x_n) \in R_t$$

가 되는 1차원 공간상의 점의 집합인 R_t를 정하여 $T(x_1, \cdots, x_n) \in R_t$이면 H_0를 기각하게 되는데, 여기에 사용되는 통계량 $T(X_1, \cdots, X_n)$을 **검정통계량**(test statistic)이라 한다. 위의 예에서는 표본 중 불량품의 수 $\sum_{i=1}^{20} x_i$가 검정통계량으로, 기각역 $R = \left\{(x_1, \cdots, x_{20}) : \sum_{i=1}^{20} x_i \geq 4\right\}$을 검정통계량 $T(X_1, \cdots, X_{20}) = \sum_{i=1}^{20} x_i$를 이용하여 다시 표현하면 $\{4, 5, \cdots, 20\}$, 즉 $T(x_1, \cdots, x_{20}) \geq 4$가 된다.

9.1.4 제1종 과오와 제2종 과오

가설검정에서는 표본의 정보를 이용하여 모집단의 분포에 대한 판정을 하기 때문에 항상 올바른 결과를 기대할 수는 없고 [정의 9.3]에서 기술한 두 가지 종류의 과오가 발생할 수 있다.

정의 9.3 |

i) 가설검정에서 H_0가 참인데 H_0를 기각하는 과오를 **제1종 과오**(type I error)라 하고, H_0가 거짓인데 H_0를 채택하는 과오를 **제2종 과오**(type II error)라 한다.

ii) 제1종 과오를 범할 확률의 허용한계를 미리 정해줄 때 이 한계값을 **유의수준**(significance level)이라 부른다.

유의수준은 보통 α로 표시하며 가설검정을 실시하기 전에 미리 정해 줄 수도 있는데 흔히 0.005(0.5%), 0.01(1%), 0.05(5%), 0.10(10%) 등의 단순한 수치가 사용된다. 때로는 제1종 과오를 범할 확률 $P(H_0 \text{기각} \mid H_0 \text{참})$을 α로, 제2종 과오를 범할 확률 $P(H_0 \text{채택} \mid H_0 \text{거짓})$을 β로 표시하기도 한다. [그림 9.1]은 가설검정을 실시할 때 나타날 수 있는 가능한 결과를 도시한

		사실	
		H_0 참 (H_1 거짓)	H_0 거짓 (H_1 참)
판정	H_0 채택 (H_1 기각)	○	제2종 과오 (β 위험)
	H_0 기각 (H_1 채택)	제1종 과오 (α 위험)	○

[그림 9.1] **가설검정의 가능한 결과**

것이다.

예제 9.5 [예제 9.4]에서 표본 중의 불량품 수가 4개 이상이면 귀무가설 H_0를 기각할 경우 제1종 오류를 범하게 될 확률을 구해보자. 또 $p=0.2$일 경우 제2종 오류를 범하게 될 확률을 구해보자.

• 풀이 제1종 과오를 범하게 될 확률은 H_0가 참일 때 20개의 제품 속에 불량품이 4개 이상 포함될 확률이다. 그런데 검정통계량 $T=\sum_{i=1}^{20} X_i \sim b(20,\ p)$이므로 그 확률 α는 이항분포를 이용하여

$$\alpha = P\{T \geq 4 \mid p=0.1\} = 0.133$$

이 된다. $p=0.2$일 때 제2종 과오를 범하게 될 확률은 불량품이 3개 이하로 나오게 되어 H_0를 채택하게 될 확률로서

$$\beta = P\{T \leq 3 \mid p=0.2\} = 0.411$$

이 된다. ■

[R에 의한 계산]

```
> n <- 20; p0 <- 0.1; p1 <- 0.2
> alpha <- 1 - pbinom(3,n,p0); beta <- pbinom(3,n,p1)
> alpha
[1] 0.1329533
> beta
[1] 0.4114488
```

제1종 과오와 제2종 과오는 가설검정에서 피할 수 없는 과오들이다. 따라서 바람직한 가설검정이 되기 위해서는 이 두 가지 과오를 범할 확률을 최소로 할 수 있도록 검정통계량과 기각역을 설정해야 하는데 이에 대해서는 뒤에 설명하도록 한다.

생산자 위험과 소비자 위험

제1종 과오와 제2종 과오는 제품의 품질검사와 연관시켜 생각할 수도 있다. 즉, 제품이 실제로는 양품인데 검사에서 불량품으로 판정하는 과오를 범할 수도 있고, 실제로는 불량품인데 검사에서 양품으로 잘못 판정하는 과오를 범할 수도 있다. 이런 점에서 품질관리 분야에서는 제1종 과오를 생산자 위험(producer's risk), 제2종 과오를 소비자 위험(consumer's risk)이라고 한다.

9.1.5 검정력과 검정력함수

보다 일반적으로 단순귀무가설 대 복합대립가설 또는 복합귀무가설 대 복합대립가설을 검정하는 문제를 살펴보자. 이제 Θ를 모수 θ가 취할 수 있는 모든 값의 집합, 즉, 모수공간(parameter space)이라 하자. Θ를 상호배반인 두 부분집합 Θ_0와 Θ_1으로 나눈다고 하면 가설의 일반적인 형태는 다음과 같게 된다.

$$H_0:\ \theta \in \Theta_0 \text{ 대 } H_1:\ \theta \in \Theta_1$$

여기서 Θ_i의 원소가 하나면 H_i는 단순가설이 되고 둘 이상이면 복합가설이 된다. 만약 대립가설이 복합가설의 형태를 갖는다면 제2종 과오의 확률 β는 모수 θ의 함수가 된다. 이를 $\beta(\theta)$로 나타내기로 하고, $\beta(\theta)$의 역, 즉 $1-\beta(\theta)$에 해당되는 개념을 갖는 함수에 대해 살펴보자.

정의 9.4 |

귀무가설 $H_0:\ \theta \in \Theta_0$ 대 대립가설 $H_1:\ \theta \in \Theta_1$을 검정하는데 검정통계량 T와 기각역 R을 사용한다고 하자. H_0을 기각할 확률을 θ의 함수로 나타낸

$$q(\theta) = P\{T \in R | \theta\}$$

를 이 검정의 검정력함수(power function)라 하고, θ의 특정 값 θ^*에서의 함수값 $q(\theta^*)$를 θ^*에서의 검정력이라 한다.

[정의 9.4]에서 $\theta \in \Theta_1$이면 검정력 $q(\theta)$는 H_0이 거짓일 때 H_0을 기각하는 옳은 선택을 할 확률로서

$$q(\theta) = 1 - \beta(\theta) \tag{9.1}$$

가 된다. 반면 $\theta \in \Theta_0$이면 $q(\theta)$는 H_0이 참일 때 H_0을 기각하는 틀린 선택을 할 확률, 즉 제1종 과오의 확률이 된다. 따라서 주어진 유의수준이 α이면

$$\max_{\theta \in \Theta_0} q(\theta) \le \alpha \tag{9.2}$$

가 된다. 식 (9.2)의 좌변 즉 제1종 과오의 최댓값을 검정의 크기(size of test)라 부른다.

예제 9.6 어떤 자동차 회사에서는 자기회사 특정모델 승용차의 연비가 리터당 15 km를 초과한다고 광고하고 있다. 그런데 과거 비슷한 승용차의 자료에 의하면 이 승용차의 연비는 표준편차가 3 km인 정규분포를 따른다고 한다. 이 경우에 적합한 가설의 형태는

$$H_0 : \mu \le 15 \;\text{대}\; H_1 : \mu > 15$$

일 것이다. 이제 36대의 승용차를 운전해서 그 평균이 15.8 km 이상이면 귀무가설을 기각할 때, 검정력을 구해보자.

• **풀이** $X_1, \cdots, X_{36}$을 36대 승용차의 연비를 나타내는 확률표본이라 하자. 이때 검정통계량은 $T(X_1, \cdots, X_{36}) = \overline{X}$이고, 기각역은 $\overline{X} > 15.8$이 된다. [정의 9.4]로부터 모수가 μ일 때의 검정력함수는

$$q(\mu) = P\{\overline{X} > 15.8 \mid \mu\} = P\left\{\frac{\overline{X} - \mu}{\sigma/\sqrt{n}} > \frac{15.8 - \mu}{\sigma/\sqrt{n}} \mid \mu\right\}$$
$$= P\left\{Z > \frac{15.8 - \mu}{3/6}\right\} = P\{Z > 2(15.8 - \mu)\}$$

이고, 몇 개의 μ값에 대해 검정력을 계산하면 [표 9.1]과 같다. ■

[표 9.1] **[예제 9.6]의 검정력**

μ	14.0	14.5	15.0	15.5	16.0	16.5	17.0
$q(\mu)$	0.000	0.005	0.055	0.274	0.655	0.919	0.992

[R에 의한 계산]

```
> mu <- c(14.0,14.5,15.0,15.5,16.0,16.5,17.0)
```

```
> power <- pnorm(2*(15.8-mu),lower.tail=F)
> power
[1] 0.0001591086 0.0046611880 0.0547992917 0.2742531178 0.6554217416 0.9192433408 0.9918024641
```

현실 문제에서 우리가 가장 자주 접하게 되는 가설의 형태로는

$$\begin{aligned} &\text{i)}\ H_0:\ \theta \le \theta_0\ \text{대}\ H_1:\ \theta > \theta_0 \\ &\text{ii)}\ H_0:\ \theta \ge \theta_0\ \text{대}\ H_1:\ \theta < \theta_0 \\ &\text{iii)}\ H_0:\ \theta = \theta_0\ \text{대}\ H_1:\ \theta \ne \theta_0 \end{aligned} \tag{9.3}$$

의 세 가지가 있는데, 만일 θ에 대한 정보가 충분하다면 H_0와 H_1중 어느 것이 참인지를 과오 없이 가려낼 수 있을 것이다. 이럴 경우의 검정력함수는

$$q(\theta) = \begin{cases} 0, & \theta \in \Theta_0 \\ 1, & \theta \in \Theta_1 \end{cases}$$

와 같은 가장 바람직한 형태를 나타낼 것이고, 이를 그래프로 그리면 [그림 9.2]와 같다.

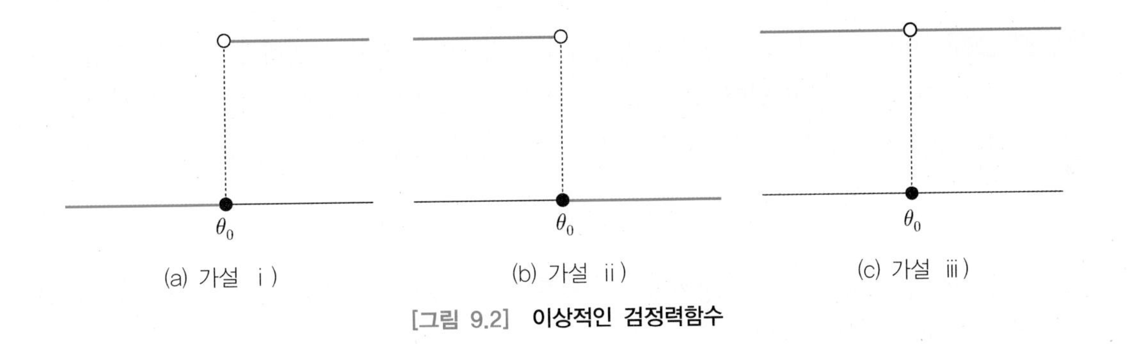

[그림 9.2] **이상적인 검정력함수**

그러나 현실에서는 표본크기에 제약이 있게 마련이므로, $q(\theta)$가 0과 1의 값만 가지는 이상적인 검정력함수는 얻을 수 없다. 따라서 유의수준 α가 지정되면 제1종 과오를 범할 확률이 α를 넘지 않는 검정들 중에서 검정력이 가장 큰 검정, 즉 이상적인 검정력함수에 가장 가깝도록 θ_0 주변에서 급경사를 이루는 검정력함수를 갖는 검정을 택하게 된다. [그림 9.3]은 일반적인 검정력함수를 그래프로 표현한 것이다.

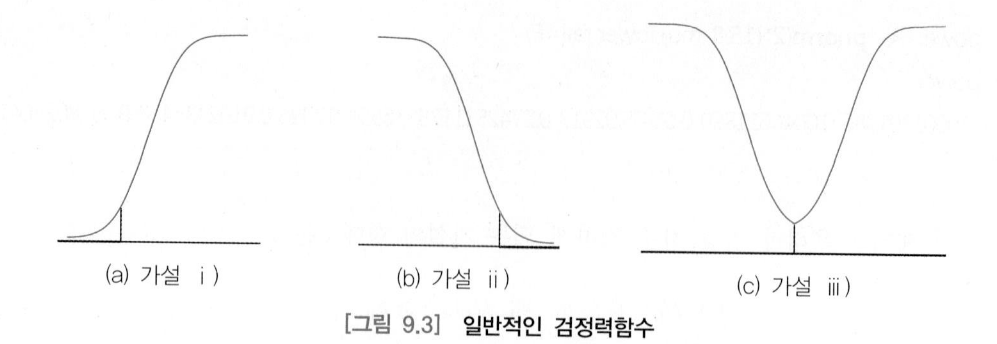

[그림 9.3] **일반적인 검정력함수**

9.1.6 유의수준의 설정과 p-값

가설검정에서 우리가 먼저 결정해야 할 문제 중의 하나는 유의수준 α를 정하는 것이다. [정의 9.3]에서와 같이 유의수준은 제1종 과오 확률의 상한값으로 미리 정하는 명목값이고 대개 1%, 5%, 10% 등의 단순한 숫자를 쓰게 된다. 그런데 유의수준을 얼마로 할 것인가 하는 것은 판단과오를 얼마나 심각하게 볼 것인지에 대한 가치판단 등에 의해 결정되는 다분히 주관적인 것이어서, 같은 자료를 가지고도 유의수준 5%를 쓰면 H_0를 기각하고 1%를 쓰면 H_0를 기각하지 못하게 되는 상반된 결론을 얻을 수도 있다.

예제 9.7 어떤 자동차 회사에서는 자기회사 특정모델 승용차의 연비가 리터당 15 km를 초과한다고 광고하고 있다. 그런데 과거 비슷한 승용차의 자료에 의하면 이 승용차의 연비는 표준편차가 3 km인 정규분포를 따른다고 한다. 이 경우에 적합한 가설의 형태는

$$H_0 : \mu \le 15 \text{ 대 } H_1 : \mu > 15$$

일 것이다. 이제 36대의 승용차를 운전해서 귀무가설을 기각하는 유의수준 $\alpha = 0.01$ 및 $\alpha = 0.05$인 검정을 구해보자.

• **풀이** $\overline{X}$를 검정통계량으로 사용할 때 이 문제의 기각역은 $\{\overline{x} > c\}$와 같은 형태로 설정하는 것이 합리적일 것이다. 그러면 유의수준 α가 주어진 경우, c는 $P\{\overline{X} > c | \mu = 15\} = \alpha$로부터

$$c = \mu_0 + z_\alpha \cdot \sigma / \sqrt{n}$$

가 됨을 보일 수 있다. 따라서 $\alpha = 0.01$일 때는

$$c = 15 + 2.326(3) / \sqrt{36} = 16.163$$

이 되고, $\alpha = 0.05$일 때는

$$c = 15 + 1.645(3)/\sqrt{36} = 15.823$$

이 된다. 만약, 표본으로부터 $\bar{x} = 16$이라는 값이 얻어졌을 경우, $\alpha = 0.01$이면 귀무가설을 채택하게 되고, $\alpha = 0.05$이면 기각하게 된다. ■

[예제 9.7]에서 같은 자료 값 $\bar{x} = 16$에 대하여 유의수준이 5%이면 H_0를 기각하고, 유의수준이 1%이면 H_0를 기각하지 못하는 상반된 결론을 얻게 된다. 이러한 문제점의 해결책으로 제시된 것이 p-값이다. **p-값(p-value)**이란 표본으로부터 얻은 검정통계량 T의 실제 관측값이 t_0이고 H_0가 참일 때, 확률변수 T가 실제 관측값 t_0보다 더 극단적인 값을 가질 확률을 말한다.

정의 9.5 |

검정통계량 T의 관측값을 t_0라고 하자. p-값은 H_0가 참일 때 T가 t_0보다 더 극단적인 값을 가질 확률이다.

[그림 9.4]에서 보는 바와 같이 기각역의 형태가 $T > c$이면 p-값은

$$p\text{-값} = P\{T > t_0 | H_0\}$$

이다. 또한 기각역의 형태가 $T < c$면

$$p\text{-값} = P\{T < t_0 | H_0\}$$

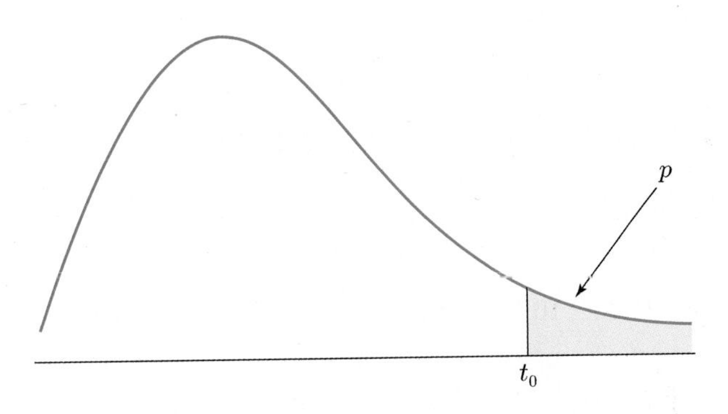

[그림 9.4] **기각역의 형태가 $T > c$인 경우의 p-값**

가 되고 기각역의 형태가 $|T| > c$면

$$p\text{-값} = P\{|T| > |t_0||H_0\}$$

가 된다.

가설 $H_0: \theta = \theta_0$ 대 $H_1: \theta > \theta_0$를 검정하는 검정통계량이 T이고 기각역의 형태가 $T > c$라 하자. 일반적으로 유의수준 α가 미리 주어져 있으면

$$P\{T > c | \theta = \theta_0\} \le \alpha$$

라는 조건으로부터 c값이 정해지고, 표본으로부터 얻은 T의 관측값 t_0가 $t_0 > c$이면 유의수준 α로 H_0를 기각하게 된다. 그런데 p-값을 이용한 가설검정 절차에서는 실제 관측값 t_0가 얻어지면 이로부터 p-값을 계산하고 이 p-값이 충분히 작다고 생각되면, H_0가 참일 때 t_0는 쉽게 관측되기 힘든 값으로 판단하여 H_0를 기각한다. 반대로 p-값이 크면 H_0가 참일 때 t_0는 흔히 관측될 수 있는 값이라고 판단하여 H_0를 기각하지 않는다. 만일 우리가 염두에 두고 있는 유의수준 α가 있다면 p-값을 α와 비교하여 H_0의 기각 여부를 결정할 수도 있다. 즉, p-값이 α보다 작으면 $c < t_0$가 되어 H_0를 기각하고 반대로 p-값이 α보다 크면 $c > t_0$가 되어 H_0를 기각하지 못하게 된다.

유의수준 대신 p-값을 계산하여 제시하는 것이 유의수준 α에 의하여 H_0의 기각여부를 판정하는 것보다 선호되는 경우가 많이 있다. 왜냐하면 실험자의 주관적 판단을 제시하는 것보다는 p-값을 제시하고, p-값이 크고 작음의 판단은 의사결정권자에 맡기는 방식이 더 합리적일 수 있기 때문이다. 대부분의 통계분석용 소프트웨어 패키지는 이러한 접근방법을 택해 p-값을 계산하여 제시하고 있다. 한편, t, χ^2, F분포표에는 꼬리확률이 0.005, 0.01, 0.025, 0.05, 0.10등에 해당하는 분위수 값만이 나와 있어 보간법으로 p-값을 계산해야 하지만 R에서 제공하는 함수를 이용하면 p-값을 쉽게 구할 수 있다.

예제 9.8 [예제 9.7]에서 $\bar{x} = 16$인 경우의 p-값을 계산해 보자.

• **풀이** p-값의 정의에 의하여

$$p\text{-값} = P\{\overline{X} > 16 \mid \mu = 15\} = P\left(Z > \frac{16-15}{3/\sqrt{36}}\right) = P(Z > 2) = 0.0228$$

이다. ■

[R에 의한 계산]

```
> sd<-3; mu0 <- 15
> n <- 36; xbar <- 16
> pval <- pnorm(xbar,mu0,sd/sqrt(n),lower.tail = F)
> pval
[1] 0.02275013
```

예제 9.9 포아송분포의 평균 λ에 대한 가설

$$H_0 : \lambda = 0.5 \text{ 대 } H_1 : \lambda = 1$$

을 검정하기 위해 크기 n의 확률표본을 뽑아 $\sum_{i=1}^{n} x_i > c$의 형태의 기각역을 사용한다고 하자. 크기 10의 확률표본을 뽑은 결과 $\sum_{i=1}^{10} x_i = 8$이 나왔다. p-값을 구해보자.

• **풀이** 포아송분포 $Poi(\lambda)$로부터의 확률표본 $X_1, \cdots, X_{10}$의 합 $T = \sum_{i=1}^{10} X_i$는 포아송분포 $Poi(10\lambda)$를 따르므로,

$$p\text{-값} = P\left\{\sum_{i=1}^{10} X_i > 8 \mid \lambda = 0.5\right\} = P\{T > 8 \mid \lambda = 5\} = 0.068$$

이 된다. ■

[R에 의한 계산]

```
> n <- 10; nlambda <- n*0.5
> pvalue <- ppois(8,nlambda, lower.tail = F)
> pvalue
[1] 0.06809363
```

연습문제 9.1

1. 다음 가설이 단순가설인지 복합가설인지를 판단하라.
   (a) X는 구간 $(0,\ 1)$에서 균일분포를 따른다.
   (b) 주사위를 던졌을 때 각 눈이 나올 확률은 $1/6$로 동일하다.
   (c) X는 평균이 0이고 분산이 10보다 큰 정규분포를 따른다.
   (d) X는 평균이 0인 정규분포를 따른다.

2. 다음 문제에 대하여 귀무가설과 대립가설을 세워라.
   (a) 특정한 병의 예방에 효과가 있을 것으로 기대되는 새로운 약을 개발하였다. 기존의 제품 대신 새로운 약을 시장에 내놓을 것인지를 결정하고자 한다.
   (b) 두 종류의 철선의 평균강도가 다른지 알아보고자 한다.
   (c) 새 품종의 벼의 수확량이 기존의 벼 수확량보다 많으리라 기대하고 있다.

3. 음료수의 방사능 안전성 여부를 판정하는 경계수치는 5 피코큐리(1 피코큐리$=10^{-12}$ 큐리)이다. 우리 지방의 지하수의 평균방사능 수준을 μ 피코큐리라 할 때, 지하수의 안전성 여부를 검정하는데
   (a) 가설 $H_0:\ \mu=5$ 대 $H_1:\ \mu<5$
   또는
   (b) 가설 $H_0:\ \mu=5$ 대 $H_1:\ \mu>5$
   중 어느 것을 택하는 것이 좋은지를 말하고 그 이유를 설명하라.

4. 어떤 선거에서 유권자 중 A를 지지하는 사람의 비율을 p라 하고 가설 $H_0:\ p=0.55$ 대 $H_1:\ p=0.45$를 세웠다. 20명의 유권자를 무작위로 뽑아서 10명 이상이 A를 지지하면 H_0를 채택한다고 할 때, 제1종 과오의 확률 α와 제2종 과오의 확률 β는 각각 얼마인가?

5. 현재 A회사 세제를 사용하는 고객은 25%이다. 판매량을 늘리기 위해 대대적인 광고를 한 후, 광고가 성공적이었는지를 평가하기 위하여 300명의 소비자를 대상으로 선호도를 조사하였다.
   (a) H_0와 H_1을 광고 후 A회사 세제를 선호할 확률 p로 표현하라.
   (b) 300명 중에 84명 이상이 A회사 세제를 선호할 경우에 광고가 성공했다는 결론을 내린다고 할 때, 제1종 과오의 확률 α를 구하라.

6. 이항분포 $b(n,\ \theta)$의 θ에 대하여 $H_0 : \theta = 0.6$ 대 $H_1 : \theta < 0.6$을 검정하고자 한다. 확률변수 X를 n번 시행에서의 성공 횟수라 하고 기각역의 형태를 $x \le c$라 하자. 다음의 각 경우에 대한 p-값을 구하라.
   (a) $n = 10,\ x = 3$
   (b) $n = 20,\ x = 6,\ \cdots,\ 12$

7. 어떤 지역의 1 kg의 토양 속에 함유되어 있는 철분의 양(단위: g)은 평균이 μ, 표준편차가 0.5인 정규분포를 따른다고 한다. μ가 3.5보다 큰지를 검정하기 위해 1 kg짜리 샘플 16개를 뽑아 철분을 조사한 결과 표본평균이 3.7이었다. p-값을 구하라.

8. 바둑통 속에 흰 돌이 M개, 검은 돌이 $10 - M$개 들어 있다. 가설 $H_0 : M = 5$ 대 $H_1 : M = 6$을 검정하기 위해 비복원으로 바둑 돌 3개를 꺼내 보아 흰 돌이 2개 이상 나오면 H_0를 기각하기로 할 때, 제1종 과오의 확률 α와 제2종 과오의 확률 β를 구하라.

9. 동전의 앞면이 나올 확률 p에 대한 가설 $H_0 : p = \dfrac{1}{2}$ 대 $H_1 : p \neq \dfrac{1}{2}$을 검정하려 한다. 동전을 n번 던져 앞면이 나오는 횟수를 X라 하자.
   (a) $n = 10$일 때 $x = 0$ 또는 $x = 10$이면 H_0를 기각하기로 한다면 제1종 과오의 확률 α는 얼마인가? 또한 실제로 앞면이 나올 확률이 0.1이면 제2종 과오의 확률 β는 얼마인가?
   (b) $n = 100$일 때 $|x - 50| > 10$이면 H_0를 기각한다고 한다. 정규분포로 근사화시켜 α를 구하라. 또 p의 변화에 따른 β의 변화를 그래프로 그려라.

10. 균일분포 $U(0,\ \theta)$에서 크기 n인 확률표본을 얻어 가설 $H_0 : \theta = 2$ 대 $H_1 : \theta = 3$을 검정하려 한다.
   (a) $n = 1$이고 기각역이 $\{x : x > 1.25\}$이면, 제1종 과오의 확률 α와 제2종 과오의 확률 β는 각각 얼마인가?
   (b) $n = 2$이고 기각역이 $\{(x_1,\ x_2) : x_1 + x_2 > 2.50\}$이면, α와 β는 (a)와 어떻게 달라지는가?

11. 평균이 θ인 지수분포로부터 크기 $n = 2$인 확률표본을 얻어 가설 $H_0 : \theta = 5$ 대 $H_1 : \theta < 5$를 검정하려 하는데, 기각역으로는 $\{(x_1,\ x_2) : x_1 + x_2 \le 2\}$을 쓰기로 하였다.
   (a) 제1종 과오의 확률 α를 구하라.
   (b) $\theta = 0.5$일 때 제2종 과오의 확률 β를 구하라.

12. X가 균일분포 $U(0,\ \theta)$를 따를 때, $X_{(1)} < X_{(2)} < X_{(3)} < X_{(4)}$를 이 분포에서 뽑은 확률표본의 순서통계량이라고 하자. $X_{(4)}$의 관측값 $x_{(4)}$가 $x_{(4)} \le 1/2$ 또는 $x_{(4)} \ge 1$이면 $H_0 : \theta = 1$을 기각하고, $H_1 : \theta \ne 1$을 채택한다고 할 때, 이 검정의 검정력함수 $q(\theta)$를 구하라.

13. 학기 중 학과사무실에 걸려오는 시간 당 전화의 수는 평균이 10인 포아송분포를 따른다고 한다. 그러나 방학 중에는 걸려오는 전화의 수의 평균이 감소할 것으로 예상되어 방학 중 한 시간 단위로 5시간을 무작위로 택해 시간 당 걸려온 전화의 수를 세었더니 각각 8, 6, 9, 11, 8 이었다. p-값은 얼마인가?

14. 어떤 구두 공장에서는 구두 바닥에 대는 고무를 절단하기 위하여 자동 절단기를 사용하고 있는데, 이 기계에 의해 절단되는 고무의 두께는 표준편차가 $0.1\ \mathrm{mm}$인 정규분포를 따른다. 고무의 규격 기준은 $25\ \mathrm{mm}$인데, 이 공장에서는 하루에 하나씩 주 5개의 고무를 표본으로 뽑아 표본평균 $\bar{x}$가 $25.0 \pm 0.2\ \mathrm{mm}$를 벗어나면 기계에 문제가 있는 것으로 판단하고 기계를 점검하기로 하였다. 지난 주에 뽑은 표본이 다음과 같을 때, p-값을 구하라.

25.2 , 25.0 , 24.8 , 24.9 , 24.7

15. 어떤 공장에서 기계를 조립하는 데 소요되는 시간은 평균 5분이고 분산 σ^2를 갖는 정규분포를 따른다고 한다. 조립작업 시간의 균질성 평가를 위해 10명을 표본으로 뽑아 소요 시간을 기록한 결과가 다음과 같다.

5, 8, 5, 9, 4, 4, 5, 6, 4, 6

$H_0 : \sigma = 1.3$ 대 $H_1 : \sigma > 1.3$을 검정할 경우의 p-값은 얼마가 되는가?

9.2 검정이론

가설검정은 불충분한 정보를 이용하여 모집단의 분포에 대해 판정하는 것이기 때문에 가설검정의 과정에서 제1종 과오와 제2종 과오를 피할 수 없음을 앞에서 살펴보았다. 이 절에서는 두 가지 과오를 범할 확률을 최소로 할 수 있도록 검정통계량과 기각역을 설정하는 가설검정 이론에 대해서 살펴본다.

9.2.1 최강력 검정

가설검정의 제1종 과오와 제2종 과오를 범할 확률을 최소로 할 수 있도록 검정통계량과 기각역을 설정하는 방법은 가설의 형태에 따라 달라진다. 즉, 귀무가설과 대립가설이 단순가설이냐 복합가설이냐에 따라서 검정통계량과 기각역의 설정방법이 달라지는데, 이 중 귀무가설과 대립가설이 모두 단순가설인 경우에 가장 널리 사용되는 가설검정방법으로는 '최강력 검정'이 있다. 최강력 검정을 설명하기 전에 우선 가설검정에서 제1종 과오의 확률 α와 제2종 과오의 확률 β를 최소화할 수 있도록 기각역을 설정할 수 있는지를 알아보자.

[예제 9.5]에서 기각역을 $T \geq 4$라 했을 때 α와 β는 각각 0.133과 0.411이었다. 이제 기각역의 형태를 $T \geq k$로 놓고, k의 변화에 따라 이들 확률이 어떻게 변하는지를 살펴보자. $T \geq 4$인 경우의 확률계산과 같은 방법으로 이항분포를 이용하여 계산한 결과는 다음과 같다.

[표 9.2] [예제 9.5]의 제1종 및 제2종 과오의 확률

k	0	1	2	3	4	5	6	7	8
α	1.000	0.878	0.608	0.323	0.133	0.043	0.011	0.002	0.000
β	0.000	0.012	0.069	0.206	0.411	0.630	0.804	0.913	0.968

이 표를 살펴보면 제1종 과오의 확률을 줄이기 위해 k를 크게 잡을 경우 제2종 과오를 범할 확률이 커지고, 반면 제2종 과오의 확률을 줄이기 위해 k를 작게 잡을 경우 제1종 과오를 범할 확률이 커지는 것을 알 수 있다. 이와 같은 현상은 [예제 9.5]에서만 나타나는 것이 아니고 모든 가설검정 문제에서 공통적으로 나타난다. 따라서 표본크기 n을 크게 하지 않는 한 이 두 가지 확률을 동시에 작게 하는 것은 불가능하다.

이 문제에 대한 접근방법으로 제1종 과오를 범할 확률의 한계를 미리 정하고 이를 만족하는

기각역 가운데서 제2종 과오를 범할 확률을 최소로 하는 기각역을 택하는 방식이 널리 사용된다.

정의 9.6 |

단순 귀무가설 $H_0 : \theta = \theta_0$ 대 단순 대립가설 $H_1 : \theta = \theta_1$을 검정하는데, 유의수준이 α이고 제2종 과오를 범할 확률이 최소가 되는 기각역을 택하는 검정을 최강력(most powerful; MP) 검정이라 부른다.

귀무가설과 대립가설이 모두 단순가설이고, 유의수준이 주어진 가설검정 문제에서 최강력 검정을 쉽게 구하는 방법은 없을까? 다음 예를 통하여 이를 살펴보자.

예제 9.10 어떤 모집단의 분포는 다음 표에 나타난 확률함수 $p_0(x)$ 또는 $p_1(x)$를 갖는다고 알려져 있다.

x	0	1	2	3	4	5
$p_0(x)$	0.10	0.20	0.07	0.20	0.03	0.40
$p_1(x)$	0.25	0.10	0.21	0.16	0.18	0.10

모집단으로부터 크기 $n=1$인 표본을 뽑아 귀무가설 $H_0 : X \sim p_0(x)$대 대립가설 $H_1 : X \sim p_1(x)$를 유의수준 0.20으로 검정하려 한다. 우선 유의수준을 만족하는 기각역들을 구하고 각 기각역에 대하여 제2종 과오가 얼마나 되는지를 살펴보자.

• 풀이 유의수준이 0.20, 즉 제1종 과오의 확률이 0.20 이하가 되는 기각역과 제2종 과오의 확률을 각각 구해보면 다음과 같다.

R	{0}	{1}	{2}	{3}	{4}	{0,2}	{0,4}	{2,4}	{0,2,4}
β	0.75	0.90	0.79	0.84	0.82	0.54	0.57	0.61	0.36

따라서 최강력 검정의 기각역은 {0, 2, 4}이고, 이때의 제2종 과오를 범할 확률은 0.36으로 다른 기각역보다 작다. ■

[예제 9.10]에서는 유의수준이 0.20인 기각역들을 모두 구하고, 그들 중에 제2종 과오의 확률이 제일 작은 최적 기각역을 구하였다. 그러나 이러한 방법은 [예제 9.10]처럼 아주 간단한 문제

를 푸는 데나 쓸 수 있는 방법이다. 좀더 간편한 방법을 찾아보기 위해서 확률비 $p_1(x)/p_0(x)$들을 구해 그 크기를 비교해보자.

x	0	1	2	3	4	5
$p_1(x)/p_0(x)$	2.5	0.5	3	0.8	6	0.25
크기순서	③	⑤	②	④	①	⑥

확률비 $p_1(x)/p_0(x)$는 H_1이 참일 때 x가 나올 가능성과 H_0가 참일 때 x가 나올 가능성의 비로, 이 확률비가 크다는 것은 그만큼 H_0에 비하여 H_1이 참일 가능성이 상대적으로 높다는 것이 된다. 따라서 $p_1(x)/p_0(x)$가 제일 큰 x부터 차례로 고르되 $p_0(x)$들의 합이 0.20 이하가 되도록 한다면

첫째는 $x=4$로 $p_0(4)=0.03$

둘째는 $x=2$로 $p_0(2)=0.07$

셋째는 $x=0$으로 $p_0(0)=0.10$

이고, 이 경우 $p_0(4)+p_0(2)+p_0(0)=0.20$이 되어 위에서 구한 최적기각역 $\{0,\ 2,\ 4\}$가 얻어짐을 알 수 있다.

귀무가설과 대립가설이 모두 단순가설일 경우에 이런 아이디어를 체계화한 것이 네이만-피어슨 정리이다.

정리 9.1 | 네이만-피어슨(Neyman-Pearson) 정리

모수 θ를 갖는 분포로부터 확률표본 $X_1,\ \cdots,\ X_n$을 얻어 $H_0:\theta=\theta_0$ 대 $H_1:\theta=\theta_1$을 검정할 때, 유의수준이 α인 최강력 검정의 기각역 R은

$$R=\left\{(x_1,\ \cdots,\ x_n):\frac{L(\theta_1)}{L(\theta_0)}>k\right\}$$

로 주어진다. 여기서 k는 조건

$$P\{(X_1,\ \cdots,\ X_n)\in R\mid\theta=\theta_0\}=\alpha$$

에 의해 정해진다.

[정의 8.4]와 식 (8.1)에서, 우도함수 $L(\theta)=\prod_{i=1}^{n} f(x_i;\theta)$는 주어진 자료 $(x_1, \cdots, x_n)$이 얻어질 우도를 모수 θ의 함수로 나타낸 것으로, 표본으로부터 구한 모수 θ에 대한 가능성을 나타낸다. 따라서 [예제 9.10]의 확률비와 유사하게 $L(\theta_1)/L(\theta_0)$가 크다는 것은 θ가 θ_1일 가능성이 θ_0일 가능성보다 상대적으로 크다는 것을 의미한다고 볼 수 있고, $L(\theta_1)/L(\theta_0)> k$일 때 H_0를 기각하는 것은 우리의 직관과도 일치한다 할 수 있다. [정리 9.1]의 증명은 이 책의 수준을 벗어나므로 생략하고, 다음의 예제를 통하여 네이만-피어슨 정리의 유용성을 음미해보자.

예제 9.11 $X_1, \cdots, X_n$이 $b(1, p)$로부터의 확률표본일 때, 가설

$$H_0 : p=p_0 \text{ 대 } H_1 : p=p_1$$

에 대하여 유의수준이 α인 최강력 검정을 구해보자. 여기서, p_0와 p_1은 아는 상수로 $p_0 < p_1$이다.

• **풀이** 먼저 $f(x_i\,;p)=p^{x_i}(1-p)^{1-x_i}$이고 우도함수는

$$L(p)=\prod_{i=1}^{n} f(x_i : p)=p^t(1-p)^{n-t}$$

이다. 여기서 $t=\sum_{i=1}^{n} x_i$는 표본 중의 불량품 수를 나타낸다. 따라서

$$\frac{L(p_1)}{L(p_0)}=\left(\frac{p_1}{p_0}\right)^t\left(\frac{1-p_1}{1-p_0}\right)^{n-t}=\left(\frac{p_1(1-p_0)}{p_0(1-p_1)}\right)^t\left(\frac{1-p_1}{1-p_0}\right)^n$$

이다. 최강력 검정을 보장하는 기각역은

$$\frac{L(p_1)}{L(p_0)}> k$$

이므로, 양변에 로그를 취하면

$$t\ln\left(\frac{p_1(1-p_0)}{p_0(1-p_1)}\right)+n\ln\left(\frac{1-p_1}{1-p_0}\right)> \ln k$$

가 된다. 그런데 p_0와 p_1은 상수이고 $\ln\left(\frac{p_1(1-p_0)}{p_0(1-p_1)}\right)> 0$이므로, 위의 식은

$$t > \frac{\left[\ln k - n\ln\left(\frac{1-p_1}{1-p_0}\right)\right]}{\ln\left(\frac{p_1(1-p_0)}{p_0(1-p_1)}\right)}$$

이 되어 $t > c$의 형태가 됨을 알 수 있다. 여기서 c는 조건

$$P\{T > c \mid p = p_0\} \le \alpha$$

에 의하여 정해진다. 검정통계량 $T = \sum_{i=1}^{n} X_i$는 H_0하에서 이항분포 $b(n,\ p_0)$를 따른다. 예를 들어 $n = 20$이고, $p_0 = 0.1, \alpha = 0.05$이라면 c의 값은 4임을 알 수 있다. 왜냐하면 T는 H_0가 참일 때 이항분포 $b(20,\ 0.1)$을 따르며,

$$P\{T > 3\} = 0.133,\ P\{T > 4\} = 0.043$$

이기 때문이다. ■

예제 9.12 $X_1,\ \cdots,\ X_n$이 σ^2을 알고 있는 정규분포 $N(\mu,\ \sigma^2)$로부터의 확률표본일 때, 가설

$$H_0:\ \mu = \mu_0 \ \text{대}\ H_1:\ \mu = \mu_1 (\mu_0 < \mu_1)$$

을 검정하기 위한 유의수준이 α인 최강력 검정을 구해보자.

• **풀이** 먼저 우도함수는

$$L(\mu) = \left(\frac{1}{\sigma\sqrt{2\pi}}\right)^n \exp\left\{-\sum_{i=1}^{n}\frac{(x_i - \mu)^2}{2\sigma^2}\right\}$$

이므로,

$$\begin{aligned}\frac{L(\mu_1)}{L(\mu_0)} &= \frac{\left(\frac{1}{\sigma\sqrt{2\pi}}\right)^n \exp\left\{-\sum_{i=1}^{n}\frac{(x_i-\mu_1)^2}{2\sigma^2}\right\}}{\left(\frac{1}{\sigma\sqrt{2\pi}}\right)^n \exp\left\{-\sum_{i=1}^{n}\frac{(x_i-\mu_0)^2}{2\sigma^2}\right\}} \\ &= \exp\left[-\frac{1}{2\sigma^2}\left\{\sum_{i=1}^{n}(x_i-\mu_1)^2 - \sum_{i=1}^{n}(x_i-\mu_0)^2\right\}\right] > k\end{aligned}$$

을 만족하는 식을 구하면 최강력 검정을 구하는 것이 된다. 이제 양변에 로그를 취한 후 다

시 정리하면

$$\bar{x} > \frac{2\sigma^2 \ln k + n(\mu_1^2 - \mu_0^2)}{2n(\mu_1 - \mu_0)}$$

가 되어, $\bar{x} > c$의 형태가 됨을 알 수 있다. 여기서 c는 조건

$$P\{\bar{X} > c \mid \mu = \mu_0\} = \alpha$$

에 의해 정해진다. H_0에서 $\bar{X}$는 정규분포 $N(\mu_0, \sigma^2/n)$을 따르므로

$$\alpha = P(\bar{X} > c \mid \mu = \mu_0) = P\left(\frac{\bar{X} - \mu_0}{\sigma/\sqrt{n}} > \frac{c - \mu_0}{\sigma/\sqrt{n}} \middle| \mu = \mu_0\right) = P\left(Z > \frac{c - \mu_0}{\sigma/\sqrt{n}}\right)$$

이 되고, 이 식을 c에 대하여 정리하면

$$c = \mu_0 + z_\alpha \frac{\sigma}{\sqrt{n}}$$

이다. 예를 들어 $n = 36$, $\sigma^2 = 9$, $\mu_0 = 15$, $\alpha = 0.05$인 경우의 c는

$$c = 15 + (1.645)\frac{3}{\sqrt{36}} = 15.823$$

이 된다.

■

[예제 9.12]의 유의수준 α값으로부터 c를 유도하는 과정에서 원래의 부등식 $P(\bar{X} > c|\mu = \mu_0) \le \alpha$이 등식 $P(\bar{X} > c|\mu = \mu_0) = \alpha$가 된 것은 유의수준은 허용된 제1종 과오 확률의 상한인데 만일 등식이 성립하지 않았다면 제1종 과오는 적게 범할 수 있으나 그만큼 제2종 과오를 많이 범하게 될 것이기 때문이다. 위의 예에서처럼 일반적으로 연속형 확률분포의 경우에는 제1종 과오의 확률이 정확히 유의수준 α와 같아지도록 할 수 있으나, 이산형 분포에서는 거의 불가능하다. 따라서 이산형 분포에서는 제1종 과오의 확률이 유의수준에 가장 가까운 값을 갖도록 기각역을 정하는 것이 보통이다.

네이만-피어슨 정리를 적용하여 부등식 $L(\theta_1)/L(\theta_0) > k$로부터 유도되는 최강력 검정의 검정통계량은 충분통계량 T가 존재하면, T의 함수로 나타난다. 즉, [정리 8.6]에 의하여 우도함수 $L(\theta)$는

$$L(\theta) = g(t;\theta) \cdot h(x_1, \cdots, x_n)$$

으로 표현될 수 있고,

$$\frac{L(\theta_1)}{L(\theta_0)} = \frac{g(t;\theta_1)}{g(t;\theta_0)}$$

이므로 검정통계량은 충분통계량 T의 함수가 됨을 알 수 있다.

지금까지는 우리가 얻을 수 있는 정보의 양을 결정하는 표본크기 n이 미리 주어져 있는 상황에서 단순 귀무가설 $H_0 : \theta = \theta_0$ 대 $H_1 : \theta = \theta_1$을 검정하는 유의수준이 α인 최강력 검정의 기각역을 구하는 방법에 대하여 배웠다. 이제 예를 통하여 제1종 및 제2종 과오를 범할 확률이 각각 α와 β로 미리 주어졌을 때, 이를 만족하는 표본크기와 기각역을 구하는 방법을 알아보자.

예제 9.13 [예제 9.12]에서 α와 β가 주어졌을 때 이를 만족하는 n과 c를 구해보자.

• **풀이** 기각역은 $R = \left\{(x_1, \cdots, x_n) ; \overline{x} > c\right\}$이므로, 제1종 과오의 확률이 α라는 조건으로부터

$$\alpha = P(\overline{X} > c \mid \mu = \mu_0) = P\left\{\frac{\overline{X} - \mu_0}{\sigma/\sqrt{n}} > \frac{c - \mu_0}{\sqrt{n}} \middle| \mu = \mu_0\right\} = P\left(Z > \frac{c - \mu_0}{\sigma/\sqrt{n}}\right)$$

이고, 이로부터

$$\frac{c - \mu_0}{\sigma/\sqrt{n}} = z_\alpha \tag{9.4}$$

를 얻는다. 또한 제2종 과오의 확률이 β라는 조건으로부터

$$\beta = P(\overline{X} \le c \mid \mu = \mu_1) = P\left\{\frac{\overline{X} - \mu_1}{\sigma/\sqrt{n}} \le \frac{c - \mu_1}{\sigma/\sqrt{n}} \middle| \mu = \mu_1\right\} = P\left(Z \le \frac{c - \mu_1}{\sigma/\sqrt{n}}\right)$$

이고, 이로부터

$$\frac{c - \mu_1}{\sigma/\sqrt{n}} = z_{1-\beta} = -z_\beta \tag{9.5}$$

를 얻는다. 식 (9.4)와 (9.5)로부터

$$c = \mu_0 + z_\alpha \frac{\sigma}{\sqrt{n}} \text{와 } c = \mu_1 - z_\beta \frac{\sigma}{\sqrt{n}}$$

를 얻고, 여기서 c를 소거하고 n에 대하여 풀면

$$n=\left(\frac{z_\alpha+z_\beta}{\mu_1-\mu_0}\right)^2\sigma^2 \tag{9.6}$$

이 된다. 또한 식 (9.6)의 n을 이용하여 c를 정리하면

$$c=\frac{\mu_1 z_\alpha+\mu_0 z_\beta}{z_\alpha+z_\beta} \tag{9.7}$$

를 얻는다.

예를 들어 $\sigma^2=16$일 때, $H_0:\mu=200$ 대 $H_1:\mu=204$의 가설을 $\alpha=0.05$, $\beta=0.10$으로 검정한다면 부록의 표준정규분포표로부터 $z_{0.05}=1.645$이고 $z_{0.10}=1.282$이므로, 식 (9.6)과 (9.7)에 의하여 n과 c는 각각

$$n=\left(\frac{1.645+1.282}{204-200}\right)^2 4^2=8.556\approx 9$$

그리고

$$c=\frac{204(1.645)+200(1.282)}{1.645+1.282}=202.25$$

가 된다. 즉, 모집단으로부터 크기 9인 표본을 뽑아 그 평균값이 202.25를 초과할 때 귀무가설을 기각하면 제1종 및 제2종의 과오를 범할 확률은 대략 0.05와 0.10이 된다. ■

9.2.2 균일최강력 검정

앞에서 귀무가설과 대립가설이 모두 단순가설인 경우를 다루었으나, 우리가 현실에서 접하는 가설검정 문제들은 일반적으로 복합가설의 형태를 갖는다. 단순가설의 검정은 이러한 복합가설의 검정문제를 단순화하여 해결하는 하나의 접근방법으로 생각할 수 있다. 예를 들어 제품의 품질을 검사하는 문제를 생각해보자. 어느 제조공정에서 생산되는 제품은 불량률이 5%를 초과하면 공정에 문제가 있는 것으로 판단된다고 하자. 이 경우 우리는 공정불량률이 5% 이상인지의 여부에 관심을 갖게 되어 가설은

$$H_0:\ p\le 0.05 \text{ 대 } H_1:\ p>0.05$$

의 형태가 된다. 만일 공정에 이상이 없을 경우 불량률이 3% 정도인 경우가 많고 이상이 있으

면 불량률이 7%인 경우가 많다고 하면, $p_0 = 0.03$과 $p_1 = 0.07$을 공정에 이상이 없는 경우와 있는 경우의 불량률의 대푯값으로 하여 앞의 가설 대신

$$H_0:\ p = p_0 \text{ 대 } H_1:\ p = p_1$$

을 가설로 사용할 수도 있다. 이때에는 최강력 검정을 구해서 원래 문제에 대한 근사해로 쓸 수 있겠으나, 이는 어디까지나 근사적인 방법일 뿐이다.

(1) 단순가설 대 복합가설의 검정

귀무가설과 대립가설이 모두 단순가설인 경우에 최강력 검정을 찾는 네이만-피어슨 정리를 이용하여 복합가설 검정문제의 해법을 찾아보기로 하자. 먼저 가설

$$H_0:\ \theta = \theta_0 \text{ 대 } H_1:\ \theta > \theta_0$$

을 생각해 보자. 이 경우 귀무가설은 단순가설이나 대립가설은 복합가설이어서 네이만-피어슨 정리를 직접 적용할 수는 없다. 그러나 $\theta > \theta_0$인 θ 중 한 점 θ_1을 선택하여 가설

$$H_0:\ \theta = \theta_0 \text{ 대 } H_1:\ \theta = \theta_1 \quad (\theta_0 < \theta_1)$$

의 검정을 고려한다면, 이 경우에는 네이만-피어슨 정리가 적용되어 최강력 검정을 쉽게 구할 수 있다. 그런데 많은 경우 이렇게 얻어진 최강력 검정의 기각역은 θ_0와 유의수준 α에만 의존하고 $\theta_1 > \theta_0$의 부등식을 만족하는 한 θ_1에 따라 달라지지 않는다. 즉 $\theta > \theta_0$인 어느 θ를 H_1으로 놓아도 최강력 검정의 기각역 형태가 달라지지 않으며, 검정력을 최대로 한다. 이처럼 복합가설 H_1에서의 θ에 무관하게 최강력 검정의 형태가 유지되는 검정을 균일최강력 검정이라 한다. 이와 비슷한 논리로 가설

$$H_0:\ \theta = \theta_0 \text{ 대 } H_1:\ \theta < \theta_0$$

를 검정하는 균일최강력 검정도 쉽게 구할 수 있다.

정의 9.7 |

단순 귀무가설 $H_0:\ \theta = \theta_0$ 대 복합 대립가설 $H_1:\ \theta \in \Theta_1$의 검정에서 H_1에서의 값 $\theta \in \Theta_1$에 무관하게 기각역 형태가 정해지는 최강력 검정을 **균일최강력 검정**(uniformly most powerful; UMP)이라 한다.

예제 9.14 [예제 9.11]에서 가설이

$$H_0 : p = p_0 \text{ 대 } H_1 : p > p_0$$

라 할 때 균일최강력 검정을 구해보자.

• **풀이** 먼저 $p_1 > p_0$인 p_1을 선정하고, 가설

$$H_0 : \ p = p_0 \text{ 대 } H_1 : \ p = p_1$$

을 고려하면 [예제 9.11]에 의해 $t > c$의 형태를 갖는 기각역이 이 가설에 대한 최강력 검정이다. 물론 상수 c는 유의수준이 α라는 조건으로부터 이항분포로부터 구할 수 있다. 그런데 기각역의 형태나 c는 p_0보다 큰 p_1을 택하는 한 p_1에 무관하게 정해지므로 이 검정은 주어진 가설에 대한 균일최강력 검정이 된다.

만일 가설이

$$H_0 : p = p_0 \text{ 대 } H_1 : p < p_0$$

로 주어지면, 균일최강력 검정의 기각역은 $t < c$의 형태를 갖는다. ■

예제 9.15 [예제 9.12]에서 가설이

$$H_0 : \mu = \mu_0 \text{ 대 } H_1 : \mu > \mu_0$$

라 할 때 균일최강력 검정을 구해보자.

• **풀이** $\mu_1 > \mu_0$인 μ_1을 선정하여 가설

$$H_0 : \ \mu = \mu_0 \text{ 대 } H_1 : \ \mu = \mu_1$$

을 생각하면, [예제 9.12]에 의하여 $\bar{x} > c$의 형태를 갖는 기각역이 이 가설에 대한 최강력 검정이다. 여기서 c의 값은 [예제 9.12]로부터

$$c = \mu_0 + z_\alpha \cdot \sigma / \sqrt{n}$$

이 된다. 그런데 기각역의 형태나 c의 값은 μ_0보다 큰 μ_1을 택하는 한 μ_1과는 무관하게 결정되므로 위의 검정은 주어진 가설에 대한 균일최강력 검정이고 그 기각역은

$$\bar{x} > \mu_0 + z_\alpha \cdot \sigma/\sqrt{n} \quad \text{또는} \quad \frac{\bar{x} - \mu_0}{\sigma/\sqrt{n}} > z_\alpha$$

이다. 만일 가설이

$$H_0: \ \mu = \mu_0 \quad \text{대} \quad H_1: \ \mu < \mu_0$$

이라면, 균일최강력 검정의 기각역은

$$\bar{x} < \mu_0 - z_\alpha \cdot \sigma/\sqrt{n} \quad \text{또는} \quad \frac{\bar{x} - \mu_0}{\sigma/\sqrt{n}} < -z_\alpha$$

가 된다. ■

(2) 복합가설 대 복합가설의 검정

지금까지 귀무가설은 단순가설이고 대립가설은 복합가설인 가설검정 문제를 다루었다. 그러나, 만약 귀무가설과 대립가설이 모두 복합가설인

$$H_0: \ \theta \le \theta_0 \ \text{대} \ H_1: \ \theta > \theta_0$$

이라면 균일 최강력 검정이 존재하는가?

[그림 9.3] (a)에서 볼 수 있듯이 이러한 가설의 검정력함수 $q(\theta)$는 대개 θ에 대해 단조증가하는 연속함수로 나타난다. 그리고 $q(\theta)$는 $\theta > \theta_0$일 때는 θ에서의 검정력을 나타내나, $\theta < \theta_0$일 때는 제1종 과오를 범할 확률을 나타내고 이 확률은 θ에 따라 증가하여 $\theta = \theta_0$에서 최댓값 α를 갖는다. 한편 $\theta^* < \theta_0 < \theta_1$일 때의 두 가설

a) $H_0: \ \theta = \theta_0$ 대 $H_1: \ \theta = \theta_1$

b) $H_0: \ \theta = \theta^*$ 대 $H_1: \ \theta = \theta_1$

을 비교해 보면 $\theta_1 - \theta_0 < \theta_1 - \theta^*$의 관계가 있어서 θ_0와 θ_1을 구별하는 것보다 θ^*와 θ_1을 구별하는 것이 더 쉬울 것이고, 따라서 b)의 최강력 검정은 a)의 최강력 검정보다 과오를 범할 확률이 작을 것이다. 따라서

$$H_0: \ \theta = \theta_0 \ \text{대} \ H_1: \ \theta > \theta_0$$

를 검정하는 유의수준 α의 균일최강력 검정은

$$H_0:\ \theta \le \theta_0 \text{ 대 } H_1:\ \theta > \theta_0$$

를 검정하는 데도 유의수준 α의 균일최강력 검정이 될 것이다. 이와 비슷한 논리로 가설

$$H_0:\ \theta = \theta_0 \text{ 대 } H_1:\ \theta < \theta_0$$

를 검정하는 유의수준 α의 균일최강력은 가설

$$H_0:\ \theta \ge \theta_0 \text{ 대 } H_1:\ \theta < \theta_0$$

를 검정하는 유의수준 α의 균일최강력 검정이 될 것이다. 이와 같은 이유에서 귀무가설은 복합가설 $H_0:\ \theta \le \theta_0$ 또는 $H_0:\ \theta \ge \theta_0$의 형태보다는 단순가설 $H_0:\ \theta = \theta_0$의 형태로 나타내는 것이 보통이다.

예제 9.16 지수분포의 평균 θ에 대하여 가설

$$H_0 : \theta \le \theta_0 \text{ 대 } H_1 : \theta > \theta_0$$

을 검정하기 위해 크기 n인 확률표본 $X_1, \cdots, X_n$을 얻어 유의수준이 α인 균일최강력 검정을 구해보자.

• **풀이** $\theta_1 > \theta_0$인 θ_1을 선정하여

$$H_0 : \theta = \theta_0 \text{ 대 } H_1 : \theta = \theta_1$$

과 같은 검정을 생각해보자. 우도함수가

$$L(\theta) = \left(\frac{1}{\theta}\right)^n e^{-\frac{1}{\theta}\sum_{i=1}^{n} x_i}$$

이므로,

$$\frac{L(\theta_1)}{L(\theta_0)} = \frac{\theta_0^n}{\theta_1^n} \frac{e^{-\frac{1}{\theta_1}\sum_{i=1}^{n} x_i}}{e^{-\frac{1}{\theta_0}\sum_{i=1}^{n} x_i}} = \left(\frac{\theta_0}{\theta_1}\right)^n e^{\left(\frac{1}{\theta_0} - \frac{1}{\theta_1}\right)\sum_{i=1}^{n} x_i} > k$$

를 만족하는 식을 구하면 이 가설에 대한 최강력 검정을 구하는 것이 된다. 이제 양변에 로그를 취한 후 다시 정리하면 $\frac{1}{\theta_0} > \frac{1}{\theta_1}$이므로 기각역은

$$\sum_{i=1}^{n} x_i > c$$

의 형태가 된다. 여기서 c는 유의수준 α가 주어지면

$$P\{\sum_{i=1}^{n} X_i > c \mid \theta = \theta_0\} = \alpha$$

로부터 구할 수 있다. 그런데 여기서 최강력 검정은 기각역 $\sum_{i=1}^{n} x_i > c$이 θ_1값에 무관하게 결정되므로 $H_0 : \theta = \theta_0$ 대 $H_1 : \theta > \theta_0$에 대한 균일최강력 검정이 되고, 이는 주어진 가설에 대한 균일최강력 검정이 된다. ■

(3) 균일최강력 검정의 존재 여부

균일최강력 검정은 항상 존재하는 것일까? 그 대답은 일반적으로는 존재하지 않는 것이 보통이고, 분포나 가설의 형태가 특수한 경우에 한해서 존재한다는 것이다. [예제 9.15]의 경우를 생각해보자. 가설이

$$H_0 : \mu = \mu_0 \text{ 대 } H_1 : \mu > \mu_0$$

인 경우, 균일최강력 검정의 검정통계량은 $\overline{X}$이고 유의수준 α인 기각역은 $R_1 = \left(\mu_0 + z_\alpha \frac{\sigma}{\sqrt{n}}, \infty\right)$이다. 반면 가설이

$$H_0 : \mu = \mu_0 \text{ 대 } H_1 : \mu < \mu_0$$

인 경우, 유의수준 α인 균일최강력 검정의 기각역은 $R_2 = \left(-\infty, \mu_0 - z_\alpha \frac{\sigma}{\sqrt{n}}\right)$이다. 따라서 가설

$$H_0 : \mu = \mu_0 \text{ 대 } H_1 : \mu \neq \mu_0$$

를 검정하는 데는 R_1이나 R_2가 최적기각역이 될 수가 없다. 즉, 둘 중 어떤 기각역을 택하더라도 검정력 $q(\mu)$는 $\mu > \mu_0$인 경우 기각역 R_1의 검정력보다 나을 수 없고, $\mu < \mu_0$인 경우 기각역 R_2의 검정력보다 나을 수 없다. 따라서 [그림 9.5]에서 보는 바와 같이 균일최강력 검정은 존재하지 않는다.

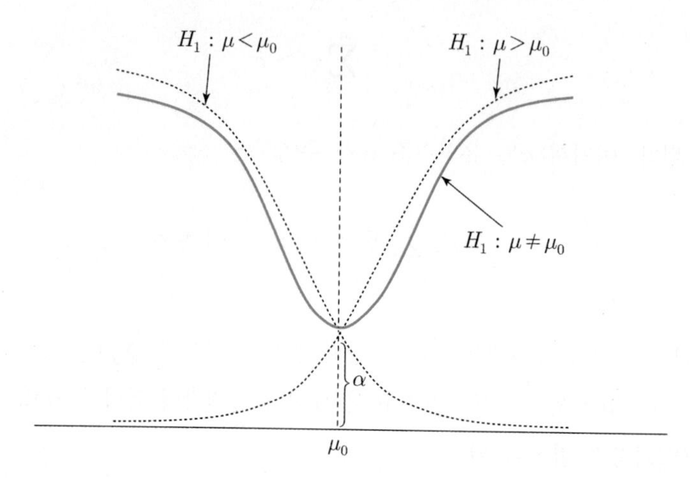

[그림 9.5] $H_1 : \mu < \mu_0$, $H_1 : \mu > \mu_0$, $H_1 : \mu \neq \mu_0$인 경우의 검정력 함수

(4) 검정결과의 해석

귀무가설 $H_0 : \theta = \theta_0$ 대 단순 또는 복합 대립가설 $H_1 : \theta \in \Theta_1$을 검정하는 검정통계량 T의 H_0에서의 분포는 많은 경우 쉽게 알 수 있어 분포표나 간단한 계산을 통하여 T에 관한 확률의 정확한 값 또는 적어도 근사값을 비교적 쉽게 구할 수 있다. 그러나 H_1하에서의 검정력 또는 제2종 과오를 범할 확률은 Θ_1에 포함되는 θ들 중 특정한 것을 지정해 주어야 계산이 가능하고 계산이 가능하더라도 매우 복잡할 수도 있다. 왜냐하면 T가 $H_0 : \theta = \theta_0$하에서는 t, χ^2, F 분포 등 특정분포를 따르지만 $\theta = \theta_1 \in \Theta_1$일 경우에는 T의 분포가 복잡해서 확률계산이 어려워질 경우가 많기 때문이다. 따라서 일반적인 관행은 제1종 과오를 범할 확률이 유의수준 이내라는 제약조건에서 검정력을 최대로 하는 기각역을 택해 쓰고 실제 응용에서는 검정력의 계산은 생략한다. 그 대신 H_0를 기각할 만한 충분한 증거가 보이지 않으면 검정결과의 해석에 신중을 기하도록 한다.

만일 Θ_1을 대표할 수 있는 특정 값 $\theta = \theta_1 \in \Theta_1$을 지정할 수 있고 이로부터 $\beta(\theta_1) = 1 - q(\theta_1)$을 어렵지 않게 계산할 수 있을 때는, 이 값이 아주 작은 경우 $\theta = \theta_0$라 결론짓고 H_0를 채택할 수도 있을 것이다. 그러나 대부분의 현실 문제에서는 그러한 θ_1을 지정하기 어렵거나 $\beta(\theta_1)$의 계산도 힘들 경우가 많기 때문에 T의 관측값이 기각역에 있지 않으면 H_0를 채택하지만 참이라고 결론짓기 보다는 H_0가 거짓이라 할 수 없다고 결론짓는다. 즉 H_0를 기각할 만한 충분한 증거가 보이지 않으면 H_0를 틀렸다고 판단하지 않는다는 것이다. 그러면 H_0를 기각한다는 것은 무슨 뜻인가? 작은 값의 유의수준으로 H_0을 기각한다고 해서 실제로 H_0가 거짓이고 H_1이 참이라고 판정하는 것은 아니다. 단지 H_0가 참인데도 그렇지 않다고 잘못 판단할 확률이 아주 작으면 H_0가 거짓이라고 판정해도 현실적으로 큰 무리가 없다는 뜻이다. 가설검정에서 H_0의 기각 여부를 판정하는 것을 범죄피의자의 재판에 비유해 보면 재판에서 피의자가 유죄라고 믿을 만한 충분한 증거가 없으면 일단 무죄로 간주하여 피의자를 방면하게 되나 그렇다고 법원에서 무죄라고 증명해 주는 것은 아니다. 또한 범죄사건 주변 증거들을 토대로 피의자를 유죄로 판정할 경우, 피의자가 무죄일 가능성이 매우 낮지만 무죄 가능성이 전혀 없는 것은 아니다. 일반적으로 법정에서는 선량한 시민의 보호차원에서 무죄인 사람이 유죄로 잘못 판정될 제1종 과오의 확률을 극히 작게 설정하게 되므로 유죄판결이 나면 범인으로 간주하는 것이다.

9.2.3 우도비 검정

관심 대상이 되는 모집단 분포의 함수형태는 알려져 있으나 모수 θ를 모르는 경우 θ에 관한 가설검정은 분포에 관한 가설검정이 된다. 그런데 단순가설의 검정에는 [정리 9.1]의 네이만-피어슨 정리를 이용하여 최강력 검정을 쉽게 구할 수 있고, 복합가설의 검정에도 경우에 따라서는 네이만-피어슨 정리를 원용하여 균일최강력 검정을 구할 수 있음을 배웠다. 그러나 균일최강력 검정은 가설

$$H_0 : \theta \le \theta_0 \text{ 대 } H_1 : \theta > \theta_0$$

또는

$$H_0 : \theta \ge \theta_0 \text{ 대 } H_1 : \theta < \theta_0$$

등의 특수한 경우에만 존재하고 일반적으로는 존재하지 않는다. 특히

$$H_0 :\ \theta = \theta_0 \text{ 대 } H_1 :\ \theta \ne \theta_0$$

와 같은 형태의 가설에서는 균일최강력 검정은 존재하지 않는다. 또한 분포가 모수 θ뿐만 아니라 우리의 주 관심대상이 아닌 모수 즉, 장애모수(nuisance parameter)를 포함하고 있을 때는 가설이 복합가설이 되고 이 경우 네이만-피어슨 정리를 적용할 수 없다.

예제 9.17 정규분포 $N(\mu, \sigma^2)$에서 모수 μ와 σ^2는 모두 미지이나 우리의 관심의 대상은 μ라 하자. 가설

$$H_0 : \mu = \mu_0 \text{ 대 } H_1 : \mu = \mu_1$$

을 검정하기 위한 균일최강력 검정이 존재하는가?

• **풀이** 두 가설 모두 단순가설처럼 보이나 미지의 모수 σ^2가 포함되어 있어 둘 다 복합가설이고 이의 검정을 위해서 네이만-피어슨 정리를 이용할 수 없다. 또한 가설

$$H_0 : \mu = \mu_0 \text{ 대 } H_1 : \mu > \mu_0$$

에 대한 균일최강력 검정도 존재하지 않는다. ■

복합가설의 검정이나 장애모수가 포함되어 있는 경우와 같이 균일최강력 검정을 구할 수 없는 경우에도 적용할 수 있는 검정방법으로 **우도비 검정**(likelihood ratio test)이 있다. 우도비 검정은 다음과 같은 장점을 가지고 있어 가설검정 문제를 다루는 가장 보편적인 접근방법으로 인식되고 있다.

i) 원리가 직관적으로 이해하기 쉽고,

ii) 어떤 형태의 가설에도 적용 가능하며,

iii) 균일최강력 검정이 존재하는 경우 우도비 검정에 의해 얻어지는 기각역이 균일최강력 검정에 의해 구해지는 기각역과 같게 된다.

이제 모집단의 분포에 우리의 주관심의 대상인 모수 θ와 장애모수 $\delta_1, \cdots, \delta_k$가 포함되어 있다고 하고 미지의 모수 $\delta_1, \cdots, \delta_k$의 값이 특정값으로 지정되지 않은 상태에서 θ에 관한 가설

$$H_0 : \theta \in \Theta_0 \text{ 대 } H_1 : \theta \in \Theta_1$$

을 검정한다고 하자. 여기서 $\Theta_0 \cup \Theta_1 = \Theta$는 θ의 모수공간이고 $\Theta_0 \cap \Theta_1 = \varnothing$이다. 예를 들어 가설

$$H_0 : \theta = \theta_0 \text{ 대 } H_1 : \theta > \theta_0$$

의 경우 $\Theta = [\theta_0, \infty)$, $\Theta_0 = \theta_0$, $\Theta_1 = (\theta_0, \infty)$이다. 그리고 장애모수를 포함한 전체 모수 공간은

$$\Omega = \{(\theta, \delta_1, \cdots, \delta_k) : \theta \in \Theta\}$$

이고 H_0 하에서의 모수 공간은

$$\Omega_0 = \{(\theta, \delta_1, \cdots, \delta_k) : \theta \in \Theta_0\}$$

가 된다.

확률표본 $X_1, \cdots, X_n$의 관측값 $x_1, \cdots, x_n$이 얻어진 후의 우도함수 $L(\theta, \delta_1, \cdots, \delta_k)$는 X_i의 결합확률밀도함수를 모수의 함수로 간주한 것이다. 이제 $\theta \in \Theta_0$라는 제약조건 하에서 $\theta, \delta_1, \cdots, \delta_k$의 최우추정값 $\theta^*, \delta_1^*, \cdots, \delta_k^*$를 구하여 우도함수에 대입한 것을 $L(\widehat{\Omega_0})$라 하자. 즉,

$$L(\widehat{\Omega_0}) \equiv L(\theta^*, \delta_1^*, \cdots, \delta_k^*) \tag{9.8}$$

이다. 또한 가설 H_0나 H_1에 따른 제약 없이 전체 모수공간 Ω 내에서 $\theta, \delta_1, \cdots, \delta_k$의 최우추정값 $\hat{\theta}, \hat{\delta_1}, \cdots, \hat{\delta_k}$를 구하여 우도함수에 대입한 것을 $L(\hat{\Omega})$라 하자. 즉,

$$L(\hat{\Omega}) \equiv L(\hat{\theta}, \hat{\delta_1}, \cdots, \hat{\delta_k}) \tag{9.9}$$

이다. 식 (9.8)과 (9.9)를 이용하여 우도비 검정을 정의하면 다음과 같다.

정의 9.8 | 우도비 검정

가설 $H_0 : \theta \in \Theta_0$ 대 $H_1 : \theta \in \Theta_1$

을 검정하는 검정통계량의 값으로 우도비

$$\lambda(x_1, \cdots, x_n) \equiv \frac{L(\widehat{\Omega_0})}{L(\hat{\Omega})} = \frac{L(\theta^*, \delta_1^*, \cdots, \delta_k^*)}{L(\hat{\theta}, \hat{\delta_1}, \cdots, \hat{\delta_k})}$$

를 사용하여 $\lambda < k$이면 H_0를 기각하는 검정을 우도비 검정이라 한다. 여기서 k는 조건

$$\max_{\theta \in \Theta_0} P\{\lambda(X_1, \cdots, X_n) < k \mid H_0\} = \alpha$$

에 의해 정해진다.

우도비의 정의로부터 λ가 $0 \leq \lambda \leq 1$의 관계를 만족함을 알 수 있다. 그러면 왜 우도비 λ가 작은 값일 때 H_0를 기각하는가? 그 이유는 다음과 같다. λ의 분모인 $L(\hat{\Omega})$는 미지의 모수를 그 최우추정값으로 대체했다는 의미에서 표본자료를 가장 잘 설명해주는 우도이고, 분자의 $L(\widehat{\Omega_0})$는 $H_0 : \theta \in \Theta_0$에서 모수를 그 최우추정값으로 대체했다는 의미에서 표본자료에 대하여 H_0가 제공하는 가장 그럴듯한 설명으로서의 우도이다. 따라서 H_0가 제공할 수 있는 표본자료에 대한

설명보다 더 그럴듯한 설명이 있으면 H_0를 기각하게 된다. 즉, 우도함수 $L(\theta, \delta_1, \cdots, \delta_k)$의 Ω_0 하에서의 최댓값과 Ω 하에서의 최댓값의 비인 λ값이 작으면 H_0를 기각하게 된다.

우도비 검정과 네이만-피어슨 정리에 의한 최강력 검정과의 관계를 알아보기 위해 단순가설

$$H_0 : \theta = \theta_0 \text{ 대 } H_0 : \theta = \theta_1$$

의 우도비 검정을 유도해보자. θ 이외의 미지의 장애모수는 없다고 하면 $\Omega_0 = \{\theta_0\}$이고 $\Omega = \{\theta_0, \theta_1\}$이다. 따라서 우도함수의 최댓값은 각각

$$L(\widehat{\Omega_0}) = L(\theta_0)$$
$$L(\widehat{\Omega}) = \max\{L(\theta_0), L(\theta_1)\}$$

이 되고, 이로부터 우도비는

$$\lambda = \frac{L(\theta_0)}{\max\{L(\theta_0), L(\theta_1)\}} = \begin{cases} \dfrac{L(\theta_0)}{L(\theta_1)}, & L(\theta_0) < L(\theta_1)\text{일 때} \\ 1, & L(\theta_0) \geq L(\theta_1)\text{일 때} \end{cases}$$

이다. 부등식 $\lambda < k$는 $L(\theta_0)/L(\theta_1) < k$가 되고, 이는 $L(\theta_1)/L(\theta_0) > 1/k$가 되어 단순가설의 검정에서는 우도비 검정의 기각역과 네이만-피어슨 정리에 의한 최강력 검정의 기각역이 같아짐을 알 수 있다.

우도비 검정의 또 하나의 장점은 검정통계량이 충분통계량의 함수로 나타난다는 점이다. 즉, 충분통계량 T가 존재하면 우도함수 $L(\theta, \delta_1, \cdots, \delta_k)$는 [정리 8.6]에 의하여

$$L(\theta, \delta_1, \cdots, \delta_k) = g(t ; \theta, \delta_1, \cdots, \delta_k) \cdot h(x_1, \cdots, x_n)$$

이 되고, 우도비 λ는

$$\lambda = \frac{g(t ; \theta^*, \delta_1^*, \cdots, \delta_k^*)}{g(t ; \hat{\theta}, \hat{\delta_1}, \cdots, \hat{\delta_k})}$$

가 되어 우도비 검정통계량이 충분통계량 T의 함수가 됨을 알 수 있다.

예제 9.18 정규분포 $N(\mu, \sigma^2)$로부터 확률표본 $X_1, \cdots, X_n$을 얻어 가설

$$H_0 : \mu = \mu_0 \text{ 대 } H_1 : \mu \neq \mu_0$$

을 검정하는 우도비 검정의 기각역을 구해보자. 단 분산 σ^2은 알고 있다고 하자.

• 풀이 σ^2을 알고 있으므로 모수는 μ뿐이고 $\Omega_0 = \{\mu_0\}$이고 $\Omega = (-\infty, \infty)$이며 우도함수는

$$L(\mu) = \left(\frac{1}{2\pi\sigma^2}\right)^{n/2} e^{-\frac{\sum(x_i-\mu)^2}{2\sigma^2}}$$

이다. 먼저 Ω_0의 원소는 μ_0 하나뿐이므로 $\mu^* = \mu_0$이고

$$L(\widehat{\Omega_0}) = \left(\frac{1}{2\pi\sigma^2}\right)^{n/2} e^{-\frac{\sum(x_i-\mu_0)^2}{2\sigma^2}}$$

이다. $\frac{\partial \ln L(\mu, \sigma^2)}{\partial\mu} = 0$으로 놓고 μ에 대해 풀면 μ의 최우추정값은 $\hat{\mu} = \bar{x}$가 되므로

$$L(\widehat{\Omega}) = \left(\frac{1}{2\pi\sigma^2}\right)^{n/2} e^{-\frac{\sum(x_i-\bar{x})^2}{2\sigma^2}}$$

이다. 따라서 우도비 λ는

$$\lambda = \frac{L(\widehat{\Omega_0})}{L(\widehat{\Omega})} = e^{-\frac{\sum(x_i-\mu_0)^2 - \sum(x_i-\bar{x})^2}{2\sigma^2}} = e^{-\frac{n(\bar{x}-\mu_0)^2}{2\sigma^2}}$$

이고, 양변에 로그를 취하여 정리하면 기각역의 형태는

$$|\bar{x} - \mu_0| > c$$

가 됨을 알 수 있다. 여기서 유의수준이 α라는 조건으로부터 c를 구하면

$$\alpha = P\{|\bar{X} - \mu_0| > c \mid \mu = \mu_0\} = P\left\{\left|\frac{\bar{X}-\mu_0}{\sigma/\sqrt{n}}\right| > \frac{c}{\sigma/\sqrt{n}} \,\middle|\, \mu = \mu_0\right\}$$
$$= P\left\{|Z| > \frac{\sqrt{n}\,c}{\sigma}\right\}$$

의 관계로부터 $c = z_{\alpha/2}\sigma/\sqrt{n}$을 얻는다. 따라서 유의수준이 α인 우도비 검정의 기각역은

$$|\bar{x} - \mu_0| > z_{\alpha/2}\frac{\sigma}{\sqrt{n}} \quad \text{또는} \quad \left|\frac{\bar{x}-\mu_0}{\sigma/\sqrt{n}}\right| > z_{\alpha/2}$$

가 된다. ■

[예제 9.15]에서는 σ^2을 알고 있는 경우에 대립가설 H_1의 형태가 $\mu > \mu_0$이거나 $\mu < \mu_0$인 단측가설인 경우에 균일최강력 검정이 존재함을 보였다. 이러한 단측가설의 경우에 우도비 검정을 구해보면 기각역은 균일최강력 검정의 기각역과 같아짐을 알 수 있다. 그런데 H_1의 형태가 $\mu \neq \mu_0$인 양측가설의 경우에는 균일최강력 검정이 존재하지 않는다. 그러나 [예제 9.18]에서 우도비 검정의 통계량과 기각역의 형태가 비록 균일최강력 검정은 아니지만 우리 직관과 부합될 뿐만 아니라 간결한 형태임을 알 수 있다.

예제 9.19 [예제 9.15]에서 σ^2는 미지의 모수이고, 검정하고자 하는 가설은

$$H_0 : \mu = \mu_0 \text{ 대 } H_1 : \mu > \mu_0$$

인 경우를 생각해보자.

• **풀이** 우도함수는

$$L(\mu,\ \sigma^2) = \left(\frac{1}{2\pi\sigma^2}\right)^{n/2} e^{-\frac{\sum(x_i-\mu)^2}{2\sigma^2}} \tag{9.10}$$

이 되고, 전체 모수 공간은 $\Omega = \left\{(\mu,\ \sigma^2)\ ;\ \mu_0 \le \mu < \infty,\ 0 < \sigma^2 < \infty\right\}$이며, H_0에서의 모수공간은 $\Omega_0 = \left\{(\mu_0,\ \sigma^2)\ ;\ 0 < \sigma^2 < \infty\right\}$이다.

$(\mu,\ \sigma^2) \in \Omega_0$인 경우 $\mu^* = \mu_0$이고 $\dfrac{\partial \ln L(\mu_0,\ \sigma^2)}{\partial \sigma^2} = 0$을 σ^2에 대하여 풀면 최우추정값은

$$\sigma^{2*} = \frac{1}{n}\sum_{i=1}^{n}(x_i - \mu_0)^2$$

가 된다. 또한 $(\mu,\ \sigma^2) \in \Omega$인 경우, 비슷한 방법으로 μ와 σ^2의 최우추정값을 구하면

$$\hat{\mu} = \max(\bar{x},\ \mu_0) \text{와 } \widehat{\sigma^2} = \frac{1}{n}\sum_{i=1}^{n}(x_i - \hat{\mu})^2$$

가 된다. 여기서 우도함수를 최대로 하는 $\hat{\mu}$은 $\bar{x} > \mu_0$이면 $\hat{\mu} = \bar{x}$가 되고, $\bar{x} \le \mu_0$면 $\hat{\mu} = \mu_0$가 됨을 알 수 있다.

이들 추정값을 각각의 우도함수에 대입하면

$$L(\widehat{\Omega}_0) = L(\mu^*,\ \sigma^{2^*}) = \left(\frac{1}{2\pi\sigma^{2^*}}\right)^{n/2} e^{-\frac{\sum(x_i-\mu_0)^2}{2\sigma^{2^*}}} = \left(\frac{1}{2\pi\sigma^{2^*}}\right)^{n/2} e^{-n/2},$$

$$L(\widehat{\Omega}) = L(\hat{\mu},\ \widehat{\sigma^2}) = \left(\frac{1}{2\pi\widehat{\sigma^2}}\right)^{n/2} e^{-\frac{\sum(x_i-\hat{\mu})^2}{2\widehat{\sigma^2}}} = \left(\frac{1}{2\pi\widehat{\sigma^2}}\right)^{n/2} e^{-n/2}$$

이고, 따라서

$$\lambda = \frac{L(\widehat{\Omega}_0)}{L(\widehat{\Omega})} = \left(\frac{\widehat{\sigma^2}}{\sigma^{2^*}}\right)^{n/2} = \begin{cases} \left(\dfrac{\sum(x_i-\bar{x})^2}{\sum(x_i-\mu_0)^2}\right)^{n/2}, & \bar{x} > \mu_0\text{일 때} \\ 1, & \bar{x} \le \mu_0\text{일 때} \end{cases}$$

이 된다. 그런데 일반적으로

$$\sum(x_i-\mu_0)^2 = \sum(x_i-\bar{x})^2 + n(\bar{x}-\mu_0)^2$$

의 관계가 성립하므로 부등식 $\lambda < k$는

$$\frac{\sum(x_i-\bar{x})^2}{\sum(x_i-\bar{x})^2 + n(\bar{x}-\mu_0)^2} < k^{2/n} = k',\ \text{즉,}\ \frac{1}{1+\dfrac{n(\bar{x}-\mu_0)^2}{\sum(x_i-\bar{x})^2}} < k'$$

로 나타낼 수 있다. 이 부등식은 다시

$$\frac{n(\bar{x}-\mu_0)^2}{\sum(x_i-\bar{x})^2/(n-1)} > (n-1)\left(\frac{1}{k'}-1\right) = k''$$

으로 표현할 수 있고, 표본분산 $s^2 = \sum(x_i-\bar{x})^2/(n-1)$를 이용하여 다시 쓰면

$$\frac{\bar{x}-\mu_0}{s/\sqrt{n}} > c = \sqrt{k''}$$

이 된다. 그런데 통계량

$$T = \frac{\overline{X}-\mu_0}{S/\sqrt{n}}$$

는 H_0에서 자유도가 $(n-1)$인 t분포를 따르므로 c값은 조건

$$\alpha = P\left\{\frac{\overline{X}-\mu_0}{S/\sqrt{n}} > c \mid \mu = \mu_0\right\} = P\{T > c\}$$

로부터 $c = t_\alpha(n-1)$이 되고 결국 구하고자 하는 기각역은

$$\frac{\overline{x}-\mu_0}{s/\sqrt{n}} > t_\alpha$$

이다.

위와 유사한 유도과정을 거치면 대립가설의 형태가 $H_1 : \mu < \mu_0$인 경우의 기각역은

$$\frac{\overline{x}-\mu_0}{s/\sqrt{n}} < -t_\alpha$$

가 되고, $H_1 : \mu \neq \mu_0$인 경우의 기각역은

$$\frac{|\overline{x}-\mu_0|}{s/\sqrt{n}} > t_{\alpha/2}$$

가 됨을 알 수 있다. ■

예제 9.20 정규분포 $N(\mu,\ \sigma^2)$로부터 확률표본 $X_1,\ \cdots,\ X_n$을 얻어 가설

$$H_0 : \sigma^2 = \sigma_0^2 \text{ 대 } H_1 : \sigma^2 \neq \sigma_0^2$$

을 검정하는 우도비 검정의 기각역을 구해보자. 여기서 평균 μ는 모른다고 하자.

• **풀이** 이 경우 우도함수는 식 (9.10)과 같고, 전체 모수 공간은 $\Omega = \{(\mu,\ \sigma^2)\ ;\ -\infty < \mu < \infty,\ 0 < \sigma^2 < \infty\}$, H_0에서의 모수 공간은 $\Omega_0 = \{(\mu,\ \sigma_0^2)\ ;\ -\infty < \mu < \infty\}$이다. $(\mu,\ \sigma^2) \in \Omega_0$인 경우 $\sigma^{2^*} = \sigma_0^2$이고 $\partial \ln L(\mu,\ \sigma_0^2)/\partial\mu = 0$을 μ에 대해 풀면 $\mu^* = \overline{x}$가 된다. 또한 $(\mu,\ \sigma^2) \in \Omega$인 경우의 μ와 σ^2의 최우추정값은

$$\hat{\mu} = \overline{x} \text{와 } \widehat{\sigma^2} = \frac{1}{n}\sum(x_i - \overline{x})^2$$

가 된다. 이 추정값을 이용하여 $L(\widehat{\Omega_0})$과 $L(\widehat{\Omega})$을 구하면

$$L(\widehat{\Omega_0}) = L(\mu^*,\ \sigma^{2*}) = \left(\frac{1}{2\pi\sigma_0^2}\right)^{n/2} e^{-\frac{\sum(x_i - \overline{x})^2}{2\sigma_0^2}},$$

$$L(\widehat{\Omega}) = L(\hat{\mu},\ \widehat{\sigma^2}) = \left(\frac{1}{2\pi\widehat{\sigma^2}}\right)^{n/2} e^{-\frac{\sum(x_i - \overline{x})^2}{2\widehat{\sigma^2}}} = \left(\frac{1}{2\pi\widehat{\sigma^2}}\right)^{n/2} e^{-n/2}$$

이 되고, 이로부터 우도비 λ는

$$\lambda = \frac{L(\widehat{\Omega_0})}{L(\widehat{\Omega})} = \left(\frac{w}{n}\right)^{n/2} e^{\frac{n}{2}\left(1 - \frac{w}{n}\right)}$$

가 된다. 여기서 $w = \sum(x_i - \overline{x})^2/\sigma_0^2$이다. 따라서 부등식 $\lambda < k$는

$$\left(\frac{w}{n}\right)e^{-\frac{w}{n}} < k^{2/n}e^{-1} = k'$$

로 나타낼 수 있다. 이 부등식의 좌변의 함수는 [그림 9.6]와 같은 모양이고 $w = n$에서 최대값 e^{-1}을 갖는다. 결국 부등식 $\frac{w}{n}e^{-\frac{w}{n}} < k$는 $w < c_1$ 또는 $w > c_2$의 형태로 나타낼 수 있다. 그런데 검정 통계량

$$W = \frac{\sum(X_i - \overline{X})^2}{\sigma_0^2} = \frac{(n-1)S^2}{\sigma_0^2}$$

는 H_0에서 자유도가 $(n-1)$인 χ^2분포를 따르므로 상수 c_1과 c_2는 유의수준이 α이면 조건

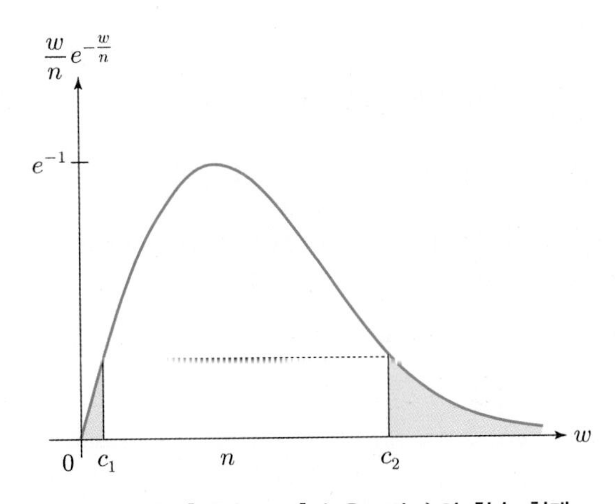

[그림 9.6] **[예제 9.20]의 우도비 λ의 함수 형태**

$$\alpha = P\{W < c_1 \mid \sigma^2 = \sigma_0^2\} + P\{W > c_2 \mid \sigma^2 = \sigma_0^2\}$$

로부터 구할 수 있다. 이 식을 만족하는 c_1과 c_2의 조합은 무수히 많지만, 실제 응용에서는 분포의 양쪽 꼬리부분의 확률을 $\alpha/2$씩 균등하게 배분하는 방법을 사용하는 것이 보통이다. 즉,

$$c_1 = \chi^2_{1-\alpha/2}(n-1), \ c_2 = \chi^2_{\alpha/2}(n-1)$$

이고, 결국 구하고자 하는 기각역은

$$\frac{(n-1)s^2}{\sigma_0^2} < \chi^2_{1-\alpha/2}(n-1) \quad \text{또는} \quad \frac{(n-1)s^2}{\sigma_0^2} > \chi^2_{\alpha/2}(n-1)$$

이 된다. ■

[예제 9.18]~[예제 9.20]에서 우리는 우도비 검정 통계량의 분포가 각각 정규분포, t분포 및 χ^2분포가 됨을 보았다. 그러나 검정 통계량의 분포가 이들처럼 잘 알려진 분포가 아닌 경우에는 유의수준 조건 $\alpha = \max_{\theta \in \Omega_0} P\{\lambda < k \mid H_0\}$로부터 k를 정하는 것은 매우 어려운 일이다. 다음의 정리는 $\lambda < k$로부터 도출되는 검정 통계량의 정확한 분포를 구하기 힘들거나 복잡하여 확률계산이 어려운 경우에 쓸 수 있는 우도비 검정 통계량 λ의 대표본 분포를 제시한다. 증명은 이 책의 수준을 넘으므로 생략한다.

정리 9.2 | 우도비 검정 통계량의 점근분포와 기각역

가설

$$H_0 : \theta \in \Omega_0 \ \text{대} \ H_1 : \theta \in \Omega_1$$

을 검정하는 우도비 검정 통계량 $\lambda = \lambda(X_1, \cdots, X_n)$의 함수 $-2\ln\lambda$는 n이 클 때 근사적으로 분포 $\chi^2(r)$을 따른다. 여기서 자유도 r은 Ω의 자유로운 모수의 수에서 Ω_0의 자유로운 모수의 수를 뺀 값이다.
한편, 우도비 검정의 기각역 $\lambda < k$로부터 $-2\ln\lambda > -2\ln k = c$의 관계가 성립하므로 기각역은 $-2\ln\lambda > \chi^2_\alpha(r)$가 된다.

[정리 9.2]에서 χ^2분포의 자유도를 구하는 예를 들어보자. 모수가 k개 있어 $\theta=(\theta_1, \cdots, \theta_k)$이고, 가설은 이 중 r개의 모수 $\theta_1, \cdots, \theta_r$이 각각 특정 값 $\theta_1^0, \cdots, \theta_r^0$을 갖는지 여부를 나타내는

H_0 : $\theta_1=\theta_1^0, \cdots, \theta_r=\theta_r^0$ 대

H_1: H_0가 아니다. ($\theta_1=\theta_1^0, \cdots, \theta_r=\theta_r^0$ 중 적어도 하나는 성립하지 않는다.)

와 같은 형태가 된다면 Ω에서 자유로운 모수의 수는 k개이고, Ω_0에서 특정값으로 지정되지 않고 자유로운 모수의 수는 $k-r$개다. 따라서 χ^2분포의 자유도는 $k-(k-r)=r$이다.

예제 9.21 두 포아송분포 $Poi(\theta_1)$과 $Poi(\theta_2)$로부터 각각 크기 n의 표본을 뽑아서 θ_1과 θ_2가 같은지를 우도비 검정방법을 이용해서 검정해보자.

• **풀이** 이 검정의 가설은

$$H_0 : \theta_1=\theta_2(=\theta) \quad 대 \quad H_1 : \theta_1 \neq \theta_2$$

이다. $X_1, \cdots, X_n$과 $Y_1, \cdots, Y_n$을 각각 평균이 θ_1과 θ_2인 포아송분포로부터의 확률표본이라 할 때 우도함수는

$$L(\theta_1, \theta_2)=\frac{e^{-n(\theta_1+\theta_2)}\theta_1^{\Sigma x_i}\theta_2^{\Sigma y_i}}{x_1!\cdots x_n!y_1!\cdots y_n!}$$

이다. $\Omega_0=\{\theta_1=\theta_2=\theta : 0<\theta<\infty\}$에서의 우도함수는

$$L(\theta, \theta)=e^{-2n\theta}\theta^{\Sigma x_i+\Sigma y_i}e^{-2n\theta}/x_1!\cdots x_n!y_1!\cdots y_n!$$

이고, $\partial \ln L(\theta, \theta)/\partial\theta=0$을 θ에 대해서 풀면 Ω_0에서의 최우추정값은

$$\theta^*=\frac{1}{2}(\bar{x}+\bar{y})$$

가 된다. 또한 식 $L(\theta_1, \theta_2)$에 로그를 취한 후 θ_1과 θ_2에 대해 미분한 식을 0으로 놓고 정리하면 $\Omega=\{(\theta_1, \theta_2) : 0<\theta_1<\infty, 0<\theta_2<\infty\}$에서의 최우추정값은

$$\hat{\theta_1}=\bar{x}, \quad \hat{\theta_2}=\bar{y}$$

가 된다. 이 추정값을 이용하여 구한 우도비 λ는

$$\lambda = \frac{L(\widehat{\Omega_0})}{L(\widehat{\Omega})} = \frac{(\theta^*)^{n\bar{x}+n\bar{y}}e^{-2n\theta^*}}{(\widehat{\theta_1})^{n\bar{x}}(\widehat{\theta_2})^{n\bar{y}}e^{-n\widehat{\theta_1}-n\widehat{\theta_2}}} = \frac{[(\bar{x}+\bar{y})/2]^{n(\bar{x}+\bar{y})}}{(\bar{x})^{n\bar{x}}(\bar{y})^{n\bar{y}}}$$

이다. Ω하에서는 자유로운 모수의 수는 2이고 Ω_0 하에서는 $\theta_1=\theta_2=\theta$이므로 자유로운 모수의 수는 1이다. 따라서 $-2\ln\lambda$는 [정리 9.2]로부터 근사적으로 자유도가 1인 χ^2분포를 따르게 되고 유의수준 α의 기각역은

$$-2\ln\left\{\frac{\left(\dfrac{\bar{x}+\bar{y}}{2}\right)^{n\bar{x}+n\bar{y}}}{(\bar{x})^{n\bar{x}}(\bar{y})^{n\bar{y}}}\right\} > \chi^2_\alpha(1)$$

가 된다. ■

연습문제 9.2

1. $X_1, \cdots, X_n$이 베르누이분포 $b(1, p)$로부터의 확률표본일 때,

   (a) 가설 $H_0: p=p_0$ 대 $H_1: p=p_1$ $(p_0>p_1)$을 검정하는 유의수준이 α인 최강력 검정의 기각역 형태를 구하라.

   (b) $n=10,\ p_0=\frac{1}{2},\ p_1=\frac{1}{3},\ \alpha=0.20$일 경우의 기각역을 수치로 나타내라.

2. $X_1, \cdots, X_n$이 포아송분포 $Poi(\lambda)$로부터의 확률표본일 때,

   (a) 가설 $H_0: \lambda=\lambda_0$ 대 $H_1: \lambda=\lambda_1(\lambda_0<\lambda_1)$을 검정하는 유의수준이 α인 최강력 검정의 기각역 형태를 구하라.

   (b) $n=10,\ \lambda_0=1,\ \lambda_1=2,\ \alpha=0.10$일 경우의 기각역을 수치로 나타내라.

3. $X_1, \cdots, X_n$이 기하분포 $Geo(p)$로부터의 확률표본일 때,

   (a) 가설 $H_0: p=p_0$ 대 $H_1: p=p_1$ $(p_0<p_1)$을 검정하는 최강력 검정의 기각역 형태를 구하라.

(b) $n=5,\ p_0=\frac{1}{4},\ p_1=\frac{1}{3},\ \alpha=0.10$일 경우의 기각역을 수치로 나타내라.

4. $X_1, \cdots, X_n$은 정규분포 $N(\mu, \sigma^2)$로부터의 확률표본이고, 분산 σ^2는 알고 있다.
   (a) 가설 $H_0: \mu=\mu_0$ 대 $H_1: \mu=\mu_1\ (\mu_0>\mu_1)$을 검정하는 유의수준 α인 최강력 검정의 기각역 형태를 구하라.
   (b) $n=20,\ \sigma^2=25,\ \mu_0=10,\ \mu_1=6,\ \alpha=0.01$일 경우의 기각역을 수치로 나타내라.
   (c) $\sigma^2=25,\ \mu_0=10,\ \mu_1=6$일 경우, $\alpha=0.01$과 $\beta=0.05$를 만족하는 표본크기 n을 구하라.

5. $X_1, \cdots, X_n$은 정규분포 $N(\mu, \sigma^2)$로부터의 확률표본이고, μ는 알고 있다.
   (a) 가설 $H_0: \sigma^2=\sigma_0^2$ 대 $H_1: \sigma^2=\sigma_1^2\ (\sigma_0^2<\sigma_1^2)$을 유의수준 α로 검정하는 최강력 검정의 기각역을 구하라.
   (b) $n=10,\ \sigma_0^2=4,\ \alpha=0.10$일 때 이 기각역을 수치로 나타내라. $\sigma^2=16$일 때의 제2종 과오의 확률 β는 대략 얼마인가?

6. (a) $X_1, \cdots, X_n$이 베르누이분포 $b(1, p)$로부터의 확률표본일 때, $\sum x_i<c$가 가설 $H_0: p\ge p_0$ 대 $H_1: p<p_0$를 검정하는 균일최강력 검정의 기각역이 됨을 보여라.
   (b) $n=10,\ p_0=\frac{1}{4}$이고 기각역이 $\sum_{i=1}^{10} x_i<2$인 경우 검정력함수 $q(p)$를 구하라. $\alpha=q\left(\frac{1}{4}\right)$은 얼마인가?

7. (a) $X_1, \cdots, X_n$은 정규분포 $N(\mu, \sigma^2)$로부터의 확률표본이고, 분산 σ^2는 알고 있다. $\bar{x}>c$가 가설 $H_0: \mu\le\mu_0$ 대 $H_1: \mu>\mu_0$를 검정하는 균일최강력 검정의 기각역이 됨을 보여라.
   (b) $n=10,\ \sigma^2=4,\ \mu_0=5,\ \alpha=0.05$일 때의 c값과 검정력함수 $q(\mu)$를 구하라. $\mu=5.5,\ 6.0,\ 6.5,\ 7.0$일 때의 검정력을 계산하고 검정력함수를 그래프로 그려라.
   (c) $q(5)\le 0.05,\ q(6.5)\ge 0.90$의 조건을 만족하는 최소의 표본크기 n을 구하라.

8. (a) $X_1, \cdots, X_n$은 정규분포 $N(\mu, \sigma^2)$로부터의 확률표본이고, 분산 σ^2는 알고 있다. $\bar{x}<c$가 가설 $H_0: \mu\ge\mu_0$ 대 $H_1: \mu<\mu_0$를 검정하는 균일최강력 검정의 기각역이 됨을 보여라.
   (b) $\sigma^2=16,\ \mu_0=25$인 경우 $\alpha=q(25)=0.10$과 $q(23)=0.90$을 만족하는 최소의 표본크기 n을 구하고 이때의 기각역을 수치로 나타내라.

9. (a) $X_1, \cdots, X_n$은 정규분포 $N(\mu, \sigma^2)$로부터의 확률표본이고, μ는 알고 있다. $\sum(x_i - \mu)^2 > c$가 가설 $H_0: \sigma^2 \le \sigma_0^2$ 대 $H_1: \sigma^2 > \sigma_0^2$을 검정하는 균일최강력 검정의 기각역이 됨을 보여라.

   (b) $n = 20,\ \sigma_0^2 = 100,\ \alpha = 0.10$일 때의 기각역과 검정력함수 $q(\sigma^2)$을 구하라. $q(250)$은 얼마인가?

10. X를 아래 표의 확률함수 $p_0(x)$ 또는 $p_1(x)$를 갖는 분포로부터의 크기 1인 표본이라 하자. $H_0: X \sim p_0(x)$ 대 $H_1: X \sim p_1(x)$를 검정하는 유의수준이 $\alpha = 0.5$인 우도비 검정의 기각역을 구하라.

x	1	2	3	4
$p_0(x)$	0.1	0.3	0.4	0.2
$p_1(x)$	0.2	0.4	0.1	0.3

11. $X_1, \cdots, X_{25}$는 분산이 100인 정규분포로부터의 확률표본이다. $H_0: \mu = 0$ 대 $H_1: \mu \neq 0$에 대한 유의수준이 10%인 우도비 검정의 검정력함수 $q(\mu)$를 그려라. 또한 표본의 크기가 100인 경우의 검정력함수를 그리고 두 검정력함수를 비교하라.

12. $X_1, \cdots, X_n$이 정규분포 $N(\mu, \sigma^2)$로부터의 확률표본일 때,

   (a) 가설 $H_0: \sigma^2 = \sigma_0^2$ 대 $H_1: \sigma^2 \neq \sigma_0^2$를 검정하는 우도비 검정의 기각역의 형태를 구하라.

   (b) $n = 10,\ \sigma_0^2 = 9,\ \alpha = 0.10$인 경우의 기각역을 수치로 나타내라.

13. 확률변수 X를 다음 표의 확률함수 $p_0(x)$ 또는 $p_1(x)$를 갖는 분포로부터의 크기 1인 표본이라 하자.

x	0	1	2	3	4	5
$p_0(x)$	0.02	0.03	0.05	0.10	0.30	0.50
$p_1(x)$	0.05	0.07	0.10	0.20	0.30	0.28

$H_0: X \sim p_0(x)$ 대 $H_1: X \sim p_1(x)$를 검정할 때,

   (a) 유의수준이 0.10인 모든 기각역을 구하라.

   (b) (a)에서 구한 기각역 중 제2종 과오의 확률이 가장 작은 것을 찾아라.

14. 이항분포 $b(2,\ p)$로부터 크기 2인 확률표본을 뽑아 $H_0:\ p=0.5$ 대 $H_1:\ p=0.65$의 가설을 검정하고자 한다.

(a) 유의수준이 0.5인 모든 기각역을 구하라.

(b) (a)에서 구한 기각역 중 $\alpha+\beta$가 최소가 되는 것을 찾아라.

15. 구간 (0,1)에서 크기 $n=1$인 표본 X를 얻어 가설 $H_0:\ X\sim f_0(x)$ 대 $H_0:\ X\sim f_1(x)$를 검정하고자 한다. 여기서 확률밀도함수 f_0와 f_1은 다음과 같다.

$$f_0(x)=\begin{cases}4x, & 0<x<\dfrac{1}{2}\\ 4-4x, & \dfrac{1}{2}<x<1\\ 0, & \text{기타}\end{cases},\qquad f_1(x)=\begin{cases}1, & 0<x<1\\ 0, & \text{기타}\end{cases}$$

(a) 유의수준이 α인 최강력 검정의 기각역을 구하라.

(b) 이 검정의 제2종 과오의 확률 β는 얼마인가?

16. 어떤 공정에서 생산되는 화학약품의 배치(batch)당 불순율 X는 확률변수로 확률밀도함수

$$f(x)=\begin{cases}\theta x^{\theta-1}, & 0<x<1\\ 0, & \text{기타}\end{cases}$$

를 갖는다. 배치 n개의 불순율 자료로,

(a) 가설 $H_0:\ \theta=\theta_0$ 대 $H_1:\ \theta=\theta_1\,(\theta_0<\theta_1)$을 검정하는 유의수준이 α인 최강력 검정의 기각역의 형태를 구하라.

(b) $n=10,\ \theta_0=1,\ \theta_1=2,\ \alpha=0.05$일 경우의 기각역을 수치로 나타내라.

17. 어떤 전자부품의 수명은 확률밀도함수가

$$f(x)=\begin{cases}\dfrac{2}{\theta}xe^{-x^2/\theta}, & 0<x<\infty\\ 0, & \text{기타}\end{cases}$$

인 분포를 따른다. 부품 n개의 수명자료로,

(a) 가설 $H_0:\ \theta=\theta_0$ 대 $H_1:\ \theta=\theta_1\,(\theta_0>\theta_1)$을 검정하는 유의수준이 α인 최강력 검정의 기각역의 형태를 구하라.

(b) $n=8,\ \theta_0=100,\ \theta_1=200,\ \alpha=0.05$일 경우의 기각역을 수치로 나타내라.

18. 지수분포를 따르는 모집단에서 평균 θ에 대한 가설 $H_0 : \theta = 2$ 대 $H_1 : \theta = 4$를 검정하기 위해 크기 2인 확률표본 X_1, X_2를 뽑는다고 하자. 최강력 검정은 통계량 $X_1 + X_2$를 사용함으로써 구할 수 있음을 보이고, 실제 관측값이 $x_1 = 5$, $x_2 = 3$인 경우의 p-값을 구하라.

19. (a) $X_1, \cdots, X_n$이 포아송분포 $Poi(\lambda)$로부터의 확률표본일 때, $\sum x_i > c$가 가설 $H_0 : \lambda \le \lambda_0$ 대 $H_1 : \lambda > \lambda_0$를 검정하는 균일최강력 검정의 기각역이 됨을 보여라.

    (b) $n = 10$, $\lambda_0 = 0.1$이고 기각역이 $\sum_{i=1}^{10} x_i > 2$인 경우 검정력함수 $q(\lambda)$를 구하라. $\alpha = q(0.1)$과 $q(0.5)$는 각각 얼마인가?

20. $X_1, \cdots, X_n$이 지수분포 $Exp(\theta)$로부터의 확률표본일 때,

    (a) $H_0 : \theta = \theta_0$ 대 $H_1 : \theta = \theta_1 (\theta_1 < \theta_0)$을 검정하는 최강력 검정의 기각역 형태를 구하고, 이것이 가설 $H_0 : \theta = \theta_0$ 대 $H_1 : \theta < \theta_0$을 검정하는 균일최강력 검정의 기각역이 됨을 보여라.

    (b) $n = 10$, $\theta_0 = 3$, $\alpha = 0.10$인 경우 기각역을 수치로 나타내라. $\theta = 1$일 때의 검정력은 얼마인가?

21. 감마분포 $G(\nu, \theta)$ 로부터 확률표본 $X_1, \cdots, X_n$을 얻어 가설 $H_0 : \theta = \theta_0$ 대 $H_1 : \theta > \theta_0$를 검정하고자 한다. 단, ν는 알고 있다.

    (a) 균일최강력 검정의 기각역 형태를 구하라.

    (b) $n = 4$, $\nu = 2$, $\theta_0 = 1$, $\alpha = 0.01$인 경우 기각역을 수치로 나타내고, $\theta = 4$일 때의 검정력을 구하라.

22*. $X_1, \cdots, X_n$이 균일분포 $U(0, \theta)$로부터의 확률표본일 때,

    (a) 가설 $H_0 : \theta = \theta_0$ 대 $H_1 : \theta = \theta_1 (\theta_0 < \theta_1)$을 검정하는 유의수준 α의 최강력 검정의 기각역을 구하라.

    (b) 가설이 $H_0 : \theta \le \theta_0$ 대 $H_1 : \theta > \theta_0$로 바뀔 경우 (a)에서 구한 검정이 균일최강력 검정이 됨을 보여라.

    (c) (a)에서 구한 유의수준 α의 최강력 검정은 유일한가?

23. 확률변수 X의 확률함수는 모수 θ의 값에 따라

$$\theta = \frac{1}{2}\text{일 때}\quad p_1(x) = \begin{cases} 1/12, & x = 1,\ 2 \\ 1/6, & x = 3 \\ 2/3, & x = 4 \end{cases}$$

$$\theta \neq \frac{1}{2}\text{일 때}\quad p_2(x) = \begin{cases} \theta/3, & x = 1 \\ (1-\theta)/3, & x = 2 \\ 1/2, & x = 3 \\ 1/6, & x = 4 \end{cases}$$

이다. 여기서 $0 \le \theta \le 1$. 이 분포에서 크기 $n = 1$인 표본을 얻어 가설 $H_0 : \theta = \frac{1}{2}$ 대 $H_1 : \theta \neq \frac{1}{2}$을 검정하는 유의수준이 $\frac{1}{6}$인 우도비 검정의 기각역을 구하라.

24. $X_1, \cdots, X_n$이 베르누이분포 $b(1,\ p)$로부터의 확률표본일 때,
 (a) 가설 $H_0 :\ p = p_0$ 대 $H_1 : p \neq p_0$를 검정하는 유의수준이 α인 우도비 검정의 기각역을 구하라.
 (b) 30번의 로켓 시험발사 결과 22번 성공하고 8번 실패하였다. 성공적인 발사의 실제 비율이 0.8과 다르다고 할 수 있는가? 유의수준 5%로 검정하라.

25. $X_1, \cdots, X_n$이 지수분포 $Exp(\theta)$로부터의 확률표본일 때,
 (a) 가설 $H_0 : \theta = \theta_0$ 대 $H_1 : \theta \neq \theta_0$를 검정하는 우도비 검정의 기각역의 형태를 구하라.
 (b) $n = 10,\ \theta_0 = 2,\ \alpha = 0.05$일 때 이 기각역을 수치로 표시하라.

26. 연습문제 #25에서 모수 $E(X) = \theta$ 대신 모수 $\lambda = \frac{1}{\theta}$에 관한 가설 $H_0 : \lambda = \lambda_0$ 대 $H_1 : \lambda \neq \lambda_0$를 검정한다면 우도비 검정의 기각역은 달라지는가?

27. $X_1, \cdots, X_m$이 지수분포 $Exp(\theta_1)$로부터의 확률표본이고, $Y_1, \cdots, Y_n$이 지수분포 $Exp(\theta_2)$로부터의 확률표본일 때,
 (a) 가설 $H_0 : \theta_1 = \theta_2$ 대 $H_1 : \theta_1 \neq \theta_2$를 검정하는 우도비 검정통계량 λ는 $\frac{\overline{X}}{\overline{Y}}$의 함수로 나타낼 수 있음을 보이고 기각역의 형태를 구하라.
 (b) H_0가 참일 때 $\frac{\overline{X}}{\overline{Y}}$는 어떤 분포를 따르는가?

28. X_i가 $b(n_i,\ p_i)$, $i=1,\ 2,\ \cdots,\ n$를 따를 때 "$H_0 : p_1 = p_2 = \cdots = p_k$ 대 $H_1 : H_0$가 아니다"에 대한 우도비를 구하라. 또한 대표본인 경우 검정통계량의 분포를 구하라.

29. 한 타이어 제조회사에서는 1일 3교대로 작업이 이루어지고, 각 작업조별로 생산되는 타이어의 품질에 차이가 있는지를 알아보기 위해 10일 동안 각 작업조에서 만들어진 일일 불량 타이어의 개수를 조사하였다. 작업조별로 생산된 하루 평균 불량 타이어의 수는 각각 $\bar{x}=7.6$, $\bar{y}=6.3$, $\bar{z}=9.2$이었다. 일일 불량 타이어의 개수가 포아송분포를 따를 때, 우도비 검정방법을 이용하여 H_0 :'작업조별로 생산되는 타이어의 품질은 동일하다' 대 H_1 :'H_0가 아니다'를 유의수준 5%로 검정하라.

30. 수명(단위: 100시간)이 지수분포를 따르는 전자부품의 수명을 측정한 결과 다음과 같은 자료를 얻었다.

27, 38, 45, 77, 87, 50, 30, 39, 16, 55, 29, 42, 18, 35

이 자료를 이용하여 가설 $H_0 :\ \theta = 25$ 대 $H_1 :\ \theta \neq 25$를 유의수준을 5%로 하여 다음의 방법으로 검정하라.

(a) 연습문제 #25의 방법

(b) [정리 9.2]의 근사적인 방법

31. $X_1,\ \cdots,\ X_{n_1},\ Y_1,\ \cdots,\ Y_{n_2},\ Z_1,\ \cdots,\ Z_{n_3}$이 각각 평균이 $\mu_1,\ \mu_2,\ \mu_3$이고 분산이 $\sigma_1^2,\ \sigma_2^2,\ \sigma_3^2$인 정규분포로부터의 서로 독립인 확률표본일 때,

(a) "$H_0 : \sigma_1^2 = \sigma_2^2 = \sigma_3^2$ 대 $H_1 : H_0$가 아니다"에 대한 우도비 검정의 기각역의 형태를 구하라.

(b) (a)에서 $n_1,\ n_2,\ n_3$가 클 때의 근사적인 기각역을 구하라.

9.3 모평균에 대한 가설검정

이 절에서는 모집단이 정규모집단이거나 표본이 커서 중심극한정리를 적용할 수 있는 경우를 중점적으로 다룬다. 먼저 모평균에 대한 가설검정 절차를 단일모집단의 경우와, 두 모집단에서 표본을 서로 독립적으로 뽑는 경우 및 대응표본의 경우로 나누어 설명한다.

9.3.1 단일모집단의 모평균

우선 정규분포 $N(\mu, \sigma^2)$에서 모평균 μ를 검정하는 문제를 살펴보자. $N(\mu, \sigma^2)$부터의 확률표본 $X_1, \cdots, X_n$을 이용하여 다음과 같은 3가지 가설을 검정한다고 하자.

i) $H_0 : \mu = \mu_0$ 대 $H_1 : \mu > \mu_0$

ii) $H_0 : \mu = \mu_0$ 대 $H_1 : \mu < \mu_0$

iii) $H_0 : \mu = \mu_0$ 대 $H_1 : \mu \neq \mu_0$

만약 모분산 σ^2을 알면, [예제 9.15]와 [예제 9.18]의 결과로부터 다음 정리를 얻을 수 있는데 이를 **정규검정**(normal test) 또는 **단일표본 Z검정**(one sample Z test)이라 한다.

정리 9.3 | μ에 대한 가설검정(σ^2을 알 때)

귀무가설: H_0: $\mu = \mu_0$

검정통계량: $Z_0 = \dfrac{\overline{X} - \mu_0}{\sigma / \sqrt{n}}$

기각역: i) $z_0 > z_\alpha$ $(H_1 : \mu > \mu_0)$

ii) $z_0 < -z_\alpha$ $(H_1 : \mu < \mu_0)$

iii) $|z_0| > z_{\alpha/2}$ $(H_1 : \mu \neq \mu_0)$

예제 9.22 어느 대학에서 신입생들의 평균 IQ를 알아보기 위해, 무작위로 뽑은 9명을 대상으로 IQ 검사를 한 결과 평균이 112였다. 모표준편차가 5일 때 신입생의 평균 IQ가 110을 넘는다는 주장을 받아들일 수 있는지 유의수준 5%로 검정해보자. IQ 점수의 분포가 정규분포를 따른다고 가정하자.

• 풀이 먼저 문제에 적절한 가설의 형태는

$$H_0 : \mu = 110 \text{ 대 } H_0 : \mu > 110$$

이고, 검정통계량의 값은

$$z_0 = \frac{\overline{x} - \mu_0}{\sigma / \sqrt{n}} = \frac{112 - 110}{5 / \sqrt{9}} = 1.20$$

이다. 그런데 $z_{0.05} = 1.645$이고 $z_0 = 1.20 < 1.645 = z_{0.05}$이므로 귀무가설을 기각할 수 없다. 즉, IQ의 모평균이 110을 넘지 않는다고 판단된다. ■

정규모집단 $N(\mu, \sigma^2)$에서 σ^2을 모르는 경우에 대한 모평균의 가설검정은 9.2절의 [예제 9.19]와 같이 우도비 검정법에 의하여 다음 정리를 얻는다.

정리 9.4 | μ에 대한 가설검정 (σ^2을 모를 때)

귀무가설: H_0: $\mu = \mu_0$

검정통계량: $T_0 = \dfrac{\overline{X} - \mu_0}{S / \sqrt{n}}$

기각역: i) $t_0 > t_\alpha(n-1)$ $(H_1 : \mu > \mu_0)$

ii) $t_0 < -t_\alpha(n-1)$ $(H_1 : \mu < \mu_0)$

iii) $|t_0| > t_{\alpha/2}(n-1)$ $(H_1 : \mu \neq \mu_0)$

[정리 9.4]는 모분산을 모를 때의 모평균에 관한 검정으로서 보통 **단일표본 t검정**(one sample t test)이라 한다. 그런데 이 검정은 표본의 크기가 클 경우에 정규검정으로 근사화되므로, 표본 크기가 작을 때 주로 사용한다 하여 **소표본 t검정**(small sample t test)이라 부르기도 한다.

예제 9.23 갑회사에서 생산하는 볼베어링 5개의 직경(단위: mm)을 측정한 결과는 다음과 같다.

11.4, 11.3, 11.5, 11.2, 11.3

직경이 정규분포를 따른다고 할 때 평균 직경이 11.2인지를 유의수준 10%로 검정해 보자.

• **풀이** μ를 볼베어링의 평균직경이라 할 때, 적절한 가설의 형태는

$$H_0 : \mu = 11.2 \text{ 대 } H_1 : \mu \neq 11.2$$

이다. 위의 자료의 평균과 표준편차를 구하면

$$\bar{x} = 11.34, \quad s = 0.114$$

가 된다. 따라서 검정통계량의 값은

$$t_0 = \frac{\bar{x} - \mu_0}{s / \sqrt{n}} = \frac{11.34 - 11.2}{0.114 / \sqrt{5}} = 2.746$$

이다. 여기서 $\alpha = 0.10$이므로 부록의 t분포표로부터 $t_{0.05}(4) = 2.132$이고, $|t_0| = 2.746 > 2.132 = t_{0.05}(4)$이므로 귀무가설을 기각한다. 즉, 평균직경이 11.2가 아니라고 판단된다. ■

[R에 의한 검정]

```
> x<-c(11.4,11.3,11.5,11.2,11.3)
> t.test(x,alternative=c("two.sided"),mu=11.2)
        One Sample t-test
data:  x
t = 2.7456, df = 4, p-value = 0.05161
alternative hypothesis: true mean is not equal to 11.2
95 percent confidence interval:
 11.19843 11.48157
sample estimates:
mean of x
    11.34
```

[정리 9.3]과 [정리 9.4]에서는 모평균 μ에 대한 가설검정을 정규모집단의 경우로 국한하였으나, 표본의 크기 n이 크면 모집단의 분포에 관계없이 중심극한정리에 의하여 표본평균 $\overline{X}$는 근

사적으로 정규분포를 따르므로, 임의의 모집단에서의 모평균 μ에 대한 가설에도 [정리 9.3]의 정규검정을 적용할 수 있다. 즉, 평균이 μ, 분산이 σ^2인 임의의 모집단에서 μ에 관한 가설 i) ~ iii)을 검정하고자 할 때, n이 충분히 크면 검정통계량

$$Z_0 = \frac{\overline{X} - \mu_0}{\sigma / \sqrt{n}}$$

로 [정리 9.3]의 정규검정을 실시할 수 있다. 특히, σ를 모르는 경우에도 σ대신 그 추정량 S를 대입한

$$Z_0^* = \frac{\overline{X} - \mu_0}{S / \sqrt{n}}$$

도 근사적으로 표준정규분포를 따른다는 사실을 이용하여 [정리 9.3]의 정규검정을 실시할 수 있다. 이와 같이 표본이 큰 경우에 사용할 수 있는 근사적인 정규검정을 **대표본 Z 검정**(large sample Z test)이라 부르기도 한다.

예제 9.24 어떤 제품의 무게는 평균이 100 g이고, 분산이 25 g²이라 한다. 최근 이 제품을 생산하는 공정의 일부를 새로운 설비로 교체하였는데, 새로운 설비도입으로 제품 무게의 평균에 변화가 생겼는지를 알아보기 위해 공정으로부터 제품 100개를 뽑아 조사하였더니, $\overline{x} = 100.78$이었다. 분산은 변화하지 않았다고 가정하고, 평균이 변했는지를 유의수준 $\alpha = 0.05$로 검정해보자.

• **풀이** 먼저 적절한 가설의 형태는

$$H_0 : \mu = 100 \text{ 대 } H_1 : \mu \neq 100$$

이고, 검정통계량의 값은

$$z_0 = \frac{\overline{x} - \mu_0}{\sigma / \sqrt{n}} = \frac{100.78 - 100}{5 / \sqrt{100}} = 1.56$$

이다. 그런데 대립가설이 양측가설이므로 $z_{\alpha/2} = z_{0.025} = 1.960$이고 $|z_0| = 1.56 < 1.960 = z_{0.025}$가 되어 귀무가설을 기각할 수 없다. 즉, 설비를 교체했어도 제품의 평균은 변하지 않았다고 판단된다. ■

9.3.2 두 모집단의 모평균: 서로 독립인 표본

신제품과 기존제품의 성능차이, 도시와 농촌의 소득차이, 유사한 두 공정의 불량률차이 등과 같이 두 개의 정규모집단 사이에 차이가 있는지를 검정하려면 이 두 모집단에서 표본을 뽑아 분석을 실시해야 한다. 이때에는 각 모집단으로부터 표본을 뽑는 방법에 따라 검정방법이 달라지는데 여기서는 우선 두 모집단으로부터 서로 독립적으로 뽑은 확률표본들을 이용하여 모평균의 차를 검정하는 문제를 다룬다.

$N(\mu_x,\ \sigma_x^2)$로부터의 확률표본 $X_1,\ \cdots,\ X_n$과 $N(\mu_y,\ \sigma_y^2)$로부터의 확률표본 $Y_1,\ \cdots,\ Y_m$로 두 모평균에 관한 다음의 가설을 검정하는 문제를 생각해보자.

i) $H_0:\ \mu_x = \mu_y$ 대 $H_1:\ \mu_x > \mu_y$,

ii) $H_0:\ \mu_x = \mu_y$ 대 $H_1:\ \mu_x < \mu_y$,

iii) $H_0:\ \mu_x = \mu_y$ 대 $H_1:\ \mu_x \neq \mu_y$

모분산 σ_x^2과 σ_y^2을 알 경우, 첫 번째와 두 번째 표본의 평균을 각각 $\overline{X}$, $\overline{Y}$라고 하면

$$Z = \frac{\overline{X} - \overline{Y} - (\mu_x - \mu_y)}{\sqrt{\dfrac{\sigma_x^2}{n} + \dfrac{\sigma_y^2}{m}}}$$

가 표준정규분포 $N(0,\ 1)$을 따르므로 다음 정리가 성립한다.

정리 9.5 | $\mu_x = \mu_y$에 대한 가설검정 (σ_x^2, σ_y^2을 알 때)

귀무가설: $H_0\ : \mu_x = \mu_y$

검정통계량: $Z_0 = \dfrac{\overline{X} - \overline{Y}}{\sqrt{\dfrac{\sigma_x^2}{n} + \dfrac{\sigma_y^2}{m}}}$

기각역: i) $z_0 > z_\alpha \quad (H_1 : \mu_x > \mu_y,\ )$

ii) $z_0 < -z_\alpha \quad (H_1 : \mu_x < \mu_y,\ )$

iii) $|z_0| > z_{\alpha/2} \quad (H_1 : \mu_x \neq \mu_y)$

[정리 9.5]의 검정을 **두 표본 Z검정**(two sample Z test)이라 부른다. 정규모집단이 아니더라도 표본의 크기 n과 m이 클 때 중심극한정리를 적용하면 [정리 9.5]의 검정을 얻는다. 또한 분산을 모르더라도 n과 m이 클 때는 [정리 8.5]를 적용하면 [정리 9.5]의 검정통계량에서 σ_x^2과 σ_y^2을 S_x^2과 S_y^2로 대체한 것이 근사적으로 표준정규분포를 따른다는 것을 알 수 있다. 따라서 [정리 9.5]의 검정은 표본의 크기가 클 때에는 모집단의 분포와 관계없이, 그리고 분산을 모를 때에도 쓸 수 있는 대표본 검정이 된다.

예제 9.25 자극에 얼마나 빨리 반응하는지를 시험하는 실험을 남녀 각 36명에게 독립적으로 실시하여 각각 평균 2.5초와 2.7초, 분산 0.14(초)^{2}와 0.12(초)^{2}를 얻었다. 남자와 여자 사이에 반응시간에 차이가 있는지를 유의수준 $\alpha = 0.10$으로 검정해 보자.

• **풀이** μ_1과 μ_2를 각각 남자와 여자의 반응시간의 평균이라 하면, 적절한 가설의 형태는

$$H_0 : \mu_x = \mu_y \text{ 대 } H_1 : \mu_x \neq \mu_y$$

가 된다. 반응시간의 분포가 정규분포라는 가정은 없으나 표본의 크기가 비교적 크므로 정규검정을 사용할 수 있다. 또한 σ_x^2과 σ_y^2의 값을 모르고 있으므로 s_x^2과 s_y^2으로 추정하여 검정통계량의 값을 구하면

$$z_0 = \frac{\overline{x} - \overline{y}}{\sqrt{\dfrac{s_x^2}{n} + \dfrac{s_y^2}{m}}} = \frac{2.5 - 2.7}{\sqrt{\dfrac{0.14}{36} + \dfrac{0.12}{36}}} = -2.35$$

이다. 그런데 $z_{\alpha/2} = z_{0.05} = 1.645$이고, $|z_0| = 2.35 > 1.645 = z_{0.05}$이므로 귀무가설을 기각한다. 즉, 남자와 여자의 반응시간이 다르다고 판단된다. ■

모분산 σ_x^2과 σ_y^2을 모르고 표본의 크기 n과 m이 크지 않을 경우, 두 모집단의 평균에 대한 가설검정 방법은 모평균차의 구간추정에서와 마찬가지로 두 모집단의 분산이 같다고 할 수 있는지의 여부에 따라 달라진다. 우선 $\sigma_x^2 = \sigma_y^2 = \sigma^2$인 경우에는 σ^2의 합동추정량

$$S_p^2 = \frac{(n-1)S_x^2 + (m-1)S_y^2}{(n+m-2)}$$

을 이용하면

$$T = \frac{\overline{X} - \overline{Y} - (\mu_x - \mu_y)}{S_p\sqrt{\frac{1}{n} + \frac{1}{m}}}$$

가 자유도 $(n+m-2)$인 t분포를 따른다는 사실을 이용하여 우도비 검정을 적용하면 두 모평균에 관한 가설 ⅰ)~ⅲ)에 대해 다음 정리를 얻는다.

정리 9.6 | $\mu_x = \mu_y$에 대한 가설검정(σ_x^2, σ_y^2을 모르나, $\sigma_x^2 = \sigma_y^2$일 때)

귀무가설: $H_0:\ \mu_x = \mu_y$

검정통계량: $T_0 = \dfrac{\overline{X} - \overline{Y}}{S_p\sqrt{\frac{1}{n} + \frac{1}{m}}}$

기각역: ⅰ) $t_0 > t_\alpha(n+m-2) \quad (H_1:\ \mu_x > \mu_y)$

ⅱ) $t_0 < -t_\alpha(n+m-2) \quad (H_1:\ \mu_x < \mu_y)$

ⅲ) $|t_0| > t_{\alpha/2}(n+m-2) \quad (H_1:\ \mu_x \neq \mu_y)$

예제 9.26 어떤 공작기계회사에서는 특정 부품의 절삭가공작업의 작업효율을 높이기 위한 새로운 가공방법이 제안되어 이 새로운 방법과 기존방법을 비교하기 위해 실험을 하였다. 작업자 각 10명이 새로운 방법과 기존방법으로 일주일간 훈련받은 후 각 작업자가 이 부품을 가공하는 데 걸린 시간을 기록한 결과가 다음 표와 같다.

가공방법	작업시간(단위: 분)
기존 방법(X)	22.13 24.54 26.20 29.67 22.46 28.72 32.51 21.04 29.09 25.94
새로운 방법(Y)	20.63 18.03 21.10 24.88 14.42 30.51 24.86 20.16 16.81 21.30

각 방법의 가공시간은 정규분포를 따르고, 두 방법의 가공시간의 분산은 같을 때, 두 방법에 의한 부품 가공시간 평균에 차이가 있는지를 유의수준 $\alpha = 0.01$로 검정해보자.

• **풀이** μ_x와 μ_y를 각각 기존의 방법과 새로운 방법에 의한 평균 가공시간이라고 하면 적절한 가설의 형태는

$$H_0:\ \mu_x = \mu_y \text{ 대 } H_1:\ \mu_x \neq \mu_y$$

이다. $\sigma_x^2 = \sigma_y^2$인 경우에는, [정리 9.6]의 절차를 이용하여 검정통계량의 값

$$t_0 = \frac{\overline{x} - \overline{y}}{s_p\sqrt{\frac{1}{n} + \frac{1}{m}}} = \frac{26.23 - 21.27}{\sqrt{17.602}\sqrt{\frac{1}{10} + \frac{1}{10}}} = 2.644$$

을 얻는다. 그런데 부록의 t분포표로부터 $t_{\alpha/2} = t_{0.005}(18) = 2.878$이고, $|t_0| = 2.644 < 2.878 = t_{0.005}(18)$이므로 귀무가설을 기각할 수 없다. 따라서 두 방법에 의한 평균 가공시간에 차이가 없다고 판단된다. ■

[R에 의한 검정]

```
> x <- c(22.13,24.54,26.20,29.67,22.46,28.72,32.51,21.04,29.09,25.94)
> y <- c(20.63,18.03,21.10,24.88,14.42,30.51,24.86,20.16,16.81,21.30)
> t.test(x,y,var.equal=T)

        Two Sample t-test

data:  x and y
t = 2.6436, df = 18, p-value = 0.01651
alternative hypothesis: true difference in means is not equal to 0
95 percent confidence interval:
 1.018117 8.901883
sample estimates:
mean of x mean of y
    26.23     21.27
```

$\sigma_x^2 \neq \sigma_y^2$인 경우에도 모평균 차에 대한 구간추정의 경우와 유사하게

$$T = \frac{\overline{X} - \overline{Y} - (\mu_x - \mu_y)}{\sqrt{S_x^2/n + S_y^2/m}}$$

가 근사적으로 t분포를 따른다는 사실을 이용하면 다음의 정리를 얻을 수 있다.

정리 9.7 | $\mu_x = \mu_y$에 대한 가설검정 (σ_x^2, σ_y^2을 모르고, $\sigma_x^2 \neq \sigma_y^2$일 때)

귀무가설: $H_0: \ \mu_x = \mu_y$

검정통계량: $T_0 = \dfrac{\overline{X} - \overline{Y}}{\sqrt{S_x^2/n + S_y^2/m}}$

기각역: i) $t_0 > t_\alpha(\nu^*)(H_1: \ \mu_x > \mu_y)$

ii) $t_0 < -t_\alpha(\nu^*) \quad (H_1: \ \mu_x < \mu_y)$

iii) $|t_0| > t_{\alpha/2}(\nu^*)(H_1: \ \mu_x \neq \mu_y)$

단, t분포의 자유도 ν^*는 식 (8.11)로부터 구한다.

예제 9.27 여러 부품을 자동으로 조립하는 두 기계의 조립시간(단위: 초)에 대한 자료가 다음과 같다.

	기계 1	기계 2
표본크기	12	10
표본평균	26.8	23.5
표본분산	22.5	20.4

μ_x과 μ_y가 각각 두 기계의 평균조립시간이라 할 때, 유의수준 $\alpha = 0.01$로 두 기계의 평균 조립시간에 차이가 있는지를 검정해보자. 단, $\sigma_x^2 \neq \sigma_y^2$이다.

• **풀이** 이 경우에 적절한 가설의 형태는

$$H_0: \mu_x = \mu_y \text{ 대 } H_1: \mu_x \neq \mu_y$$

이고, [정리 9.7]로부터 검정통계량의 값을 구하면

$$t_0 = \frac{\overline{x} - \overline{y}}{\sqrt{\dfrac{s_x^2}{n} + \dfrac{s_y^2}{m}}} = \frac{26.8 - 23.5}{\sqrt{\dfrac{22.5}{12} + \dfrac{20.4}{10}}} = 1.668$$

이 된다. 또한 식 (8.11)로부터 자유도 ν^*를 구하면

$$\nu^* = \frac{\left[\frac{s_x^2}{n} + \frac{s_y^2}{m}\right]^2}{\frac{(s_x^2/n)^2}{n-1} + \frac{(s_y^2/m)^2}{m-1}} = \frac{\left[\frac{22.5}{12} + \frac{20.4}{10}\right]^2}{\frac{(22.5/11)^2}{11} + \frac{(20.4/10)^2}{9}} = 19.6 \approx 20$$

이다. 그런데 부록의 t분포표에서 $t_{0.005}(20) = 2.845$이고, $|t_0| = 1.668 < 2.845 = t_{0.005}(20)$이므로 귀무가설을 기각할 수 없다. 따라서 두 기계에 의한 평균 조립시간에 차이가 없다고 판단된다. ■

[정리 9.6] 및 [정리 9.7]과 같이 t분포를 이용하여 두 모집단의 평균에 대한 가설을 검정하는 방법을 **두 표본 t검정**(two sample t test)이라 한다. 두 표본 t검정은 두 모집단의 분산이 같으냐 다르냐에 따라 검정방법이 다르기 때문에, 9.4절에서 소개될 두 정규모집단의 분산에 대한 가설검정을 통해 $H_0 : \sigma_x^2 = \sigma_y^2$을 검정한 후, 검정결과에 따라 [정리 9.6]과 [정리 9.7] 중에서 선택하여 사용하면 될 것이다.

9.3.3 두 모집단의 모평균: 대응표본

두 모평균의 차에 관한 추론에서 지금까지는 두 모집단으로부터 서로 독립적으로 뽑은 표본을 이용하는 경우를 다루었으나, 두 표본을 독립적으로 뽑는 것이 항상 좋은 것은 아니다. 특히, 실험의 반응값(관측값)에 영향을 주는 요인들이 실험자가 조절할 수 없을 정도로 변동이 심하게 되면, 이로 인해 반응값에 많은 변동이 생기므로 모집단간의 실제 차이를 구별하기 어렵게 된다. 이때에는 실험단위가 되도록 동질적이어서 반응값의 차이가 두 모집단 간의 차이만을 나타나도록 대응의 개념을 이용하는 것이 바람직할 것이다. 즉, 실험단위를 동질적인 쌍으로 묶은 다음, 각 쌍에서의 반응값의 차이를 이용하여 두 모평균의 차에 대한 추론을 한다.

예를 들어, 어떤 의사가 비만에 효과적인 식이요법을 개발했다고 주장한다고 하자. 이 식이요법의 효과를 알아보기 위해 식이요법을 사용하는 사람과 그렇지 않은 사람을 각각 표본으로 뽑아 체중을 비교한다면, 체중은 식이요법 때문만이 아닌 원래의 체중에 의해 영향을 받을 것이므로 순수하게 식이요법의 효과를 검증하기 어렵게 된다. 이와 같은 경우 식이요법 시행 전의 비만환자의 체중을 X, 식이요법을 일정기간 시행한 후의 체중을 Y라 한다면 식이요법의 효과는 $D = X - Y$가 될 것이다. 비만환자 n명의 식이요법 시행 전과 후의 체중 $(X_1,\ Y_1),\ \cdots,\ (X_n,\ Y_n)$은 $(X,\ Y)$의 확률표본이 될 것이다. 이와 같이 n개의 쌍으로 이루어진 표본을 대응표본(paired sample)이라 하고, 대응표본을 이용하여 두 모집단을 비교하는 것을 대응비교(paired comparison)라 한다. 대응표본에서 $(X_1, Y_1), \cdots, (X_n, Y_n)$들은 서로 독립이나 각 쌍 내에서 X_i와 Y_i는 서로 독립이 아니다. 특히 동질적인 것을 쌍으로 묶었다면 X_i와 Y_i는 강한 양의 상관관계를 갖는 것이 보통이다.

이제 $D = X - Y$가 정규분포 $N(\mu_D, \sigma_D^2)$를 따른다고 가정하자. 여기서 $\mu_D = E(X) - E(Y) = \mu_x - \mu_y$이고 $\sigma_D^2 = V(X - Y)$이다. 그런데 대응표본 $(X_1, Y_1), \cdots, (X_n, Y_n)$을 얻어 $D_i = X_i - Y_i$, $i = 1, \cdots, n$, 을 구하면 $D_1, \cdots, D_n$은 $N(\mu_D, \sigma_D^2)$로부터의 확률표본이 된다. 이들의 표본평균과 표본분산

$$\overline{D} = \frac{1}{n}\sum_{i=1}^{n} D_i, \quad S_D^2 = \frac{1}{n-1}\sum_{i=1}^{n}(D_i - \overline{D})^2$$

은 서로 독립이고,

$$\overline{D} \sim N\left(\mu_D, \frac{\sigma_D^2}{n}\right), \quad \frac{(n-1)S_D^2}{\sigma_D^2} \sim \chi^2(n-1)$$

이므로

$$T = \frac{\overline{D} - \mu_D}{S_D / \sqrt{n}}$$

는 자유도가 $(n-1)$인 t분포를 따르게 되어 다음과 같은 대응표본에 의한 t검정(paired t test)을 얻는다.

정리 9.8 | 대응표본에 의한 $\mu_x = \mu_y$에 대한 가설검정

귀무가설: H_0: $\mu_D = 0$ $(\mu_x = \mu_y)$

검정통계량: $T_0 = \dfrac{\overline{D}}{S_D / \sqrt{n}}$

기각역: i) $t_0 > t_\alpha(n-1)$ $(H_1 : \mu_D > 0$ $(\mu_x > \mu_y))$

ii) $t_0 < -t_\alpha(n-1)$ $(H_1 : \mu_D < 0$ $(\mu_x < \mu_y))$

iii) $|t_0| > t_{\alpha/2}(n-1)$ $(H_1 : \mu_D \neq 0$ $(\mu_x \neq \mu_y))$

예제 9.28 음주운전의 영향을 알아보기 위해 8명의 자가 운전자에게 음주 전과 일정량의 음주 후 운전 중 상황변동에 대한 각각의 반응시간(단위: 초)을 측정하여 다음의 자료를 얻었다. 음주가 반응시간에 영향을 미치는지를 유의수준 5%로 검정해보자.

운전자	1	2	3	4	5	6	7	8
음주 전	3.4	1.8	1.6	1.1	0.9	2.8	2.7	0.4
음주 후	4.3	2.9	1.4	3.7	2.7	4.3	1.6	1.8

• **풀이** 음주 전과 음주 후의 반응시간의 평균을 각각 μ_x와 μ_y라 하면, 적당한 가설의 형태는

$$H_0 : \mu_D = 0(\mu_x = \mu_y) \text{ 대 } H_1 : \mu_D < 0(\mu_x < \mu_y)$$

이다. 위의 자료로부터 $\overline{d} = -1.0$, $s_d = 1.164$이고, 검정 통계량의 값을 구하면

$$t_0 = \frac{\overline{d}}{s_d/\sqrt{n}} = \frac{-1.0}{1.164/\sqrt{8}} = -2.430$$

이다. 그런데 부록의 t분포표에서 $t_{0.05}(7) = 1.895$이고, $t_0 = -2.430 < -1.895 = -t_{0.05}(7)$이므로 귀무가설을 기각한다. 즉, 음주 후의 반응시간이 더 길다고 판단된다. ■

[R에 의한 풀이]

```
> x <- c(3.4,1.8,1.6,1.1,0.9,2.8,2.7,0.4)
> y <- c(4.3,2.9,1.4,3.7,2.7,4.3,1.6,1.8)
> t.test(x,y,alternative=c("less"), paired=T)

        Paired t-test

data:  x and y
t = -2.4305, df = 7, p-value = 0.02269
alternative hypothesis: true difference in means is less than 0
95 percent confidence interval:
      -Inf -0.220488
sample estimates:
mean of the differences
                     -1
```

[정리 9.8]의 검정은 $\overline{X}-\overline{Y}$의 분포가 정규분포이고, 표본의 크기 n이 작은 경우에 적용할 수 있고, 다른 검정과 마찬가지로 n이 크면 모집단의 분포에 관계없이 대표본 검정이 된다.

예제 9.29 어느 제약회사에서 비만증 환자를 위한 새로운 약을 개발하였다. 이 약이 실제로 체중감량에 도움이 되는지를 알아보기 위해 비만증 환자 25명을 대상으로 임상실험을 하였다. 약을 투여하기 전의 체중(X)과 2주간 약을 투여한 후의 체중(Y)을 측정한 결과 체중 차 $D=X-Y$의 표본평균과 분산은 각각 $\overline{d}=2.37(kg)$, $s_d^2=14.78$이었다. 이 약이 체중감소에 효과가 있는지를 유의수준 1%에서 검정해보자.

• **풀이** 이 경우의 적당한 가설의 형태는

$$H_0: \mu_D = 0(\mu_x = \mu_y) \text{ 대 } H_1: \mu_D > 0(\mu_x > \mu_y)$$

이고, n이 크므로 [정리 9.8]에서 t분포 대신 정규분포를 써서 검정 통계량의 값을 구하면

$$z_0 = \frac{\overline{d}}{s_d/\sqrt{n}} = \frac{2.37}{\sqrt{14.78/25}} = 3.082$$

이다. 그런데 $z_{0.01}=2.326$이고, $z_0 = 3.082 > 2.326 = z_{0.01}$이므로 귀무가설을 기각한다. 따라서 새로운 약이 체중감소에 효과가 있다고 판단된다. ■

이상에서 살펴본 바와 같이 대응표본을 이용하는 경우와 서로 독립인 두 표본을 이용하는 경우의 추론이 달라지므로, 두 모집단을 비교하기 위해 실험을 설계하는 경우에 어떤 방법으로 비교할 것인지를 결정해야 한다. 즉, 어떤 경우에 대응표본을 이용하는 것이 좋은지를 모평균 차의 신뢰구간에 대한 길이로 비교해보자. 모평균의 차에 대한 신뢰구간은 어느 방법에 의하거나

$$(\overline{x}-\overline{y}) \pm t_{\alpha/2} \cdot (\overline{X}-\overline{Y}\text{의 표준편차의 추정값})$$

으로 표현할 수 있다. 따라서 이 신뢰구간의 길이는 $t_{\alpha/2}$에 사용되는 자유도와 $\overline{X}-\overline{Y}$의 표준편차의 추정값에 의해 결정된다. 먼저 자유도에 대해 생각해 보면 독립인 확률표본에 의한 경우의 자유도는 $(2n-2)$이고 대응비교를 하는 경우의 자유도는 $(n-1)$이므로, 대응표본의 경우의 $t_{\alpha/2}$의 값이 크게 된다. 예를 들면 $\alpha=0.05$이고 20개의 관측값이 있을 때 대응비교의 경우에는 $n=10$으로 $t_{0.025}(9)=2.262$이고, 서로 독립인 두 표본에 의한 경우는 $t_{0.025}(18)=2.101$이 된다. 따라서 다른 모든 요인이 동일하다면 이와 같은 자유도의 손실에 따라 대응비교에 의한 신

뢰구간의 길이는 커지게 되고, 마찬가지로 대응비교에 의한 t검정의 검정력도 떨어지게 된다. 그러나 실험의 반응값(관측값)에 영향을 주는 요인들이 실험자가 조절할 수 없을 정도로 변동이 심한 경우 대응의 개념을 이용하여 실험단위를 동질적인 쌍으로 묶으면 X와 Y 사이에 강한 양의 상관관계를 갖게 된다. 그런데 $X-Y$의 분산은

$$V(X-Y) = V(X) + V(Y) - 2Cov(X, Y)$$

이므로, 대응표본에 의해 X와 Y의 공분산이 양수가 된다면 대응비교에 의한 $X-Y$의 분산은 서로 독립인 두 표본을 이용하는 경우보다 작을 것이고, 추정값도 작게 나타날 것이다. 즉, 효과적인 쌍을 통한 대응비교는 표준편차를 작게 해 줌으로써 자유도의 손실을 보충할 수 있다. 이와 같이 대응비교는 쌍으로 관찰 비교함으로써 실제 모집단의 차이 이외의 다른 요인에 의한 변동을 충분히 감소시킬 수 있는 경우에 서로 독립인 두 표본에 의한 비교보다 바람직하다.

9.3.4 구간추정과 가설검정의 관계

지금까지 우리는 정규분포 또는 중심극한정리에 의해 정규분포의 가정이 타당한 경우에 이러한 정규분포의 모평균에 대한 구간추정과 가설검정을 따로 다루었으나, 실제로 이들 사이에는 아주 밀접한 관계가 있다. 예를 들어 모분산 σ^2이 알려져 있는 경우 모평균의 구간추정과 가설검정을 살펴보면, 이들은 모두 확률변수 $Z = \dfrac{\overline{X}-\mu}{\sigma/\sqrt{n}}$을 사용한다. 만약 유의수준 α로 $H_0 : \mu = \mu_0$ 대 $H_1 : \mu \neq \mu_0$를 검정한다면 [정리 9.3]으로부터 검정 통계량은 $Z_0 = \dfrac{\overline{X}-\mu_0}{\sigma/\sqrt{n}}$이 되고, 기각역은 $|z_0| > z_{\alpha/2}$가 된다. 즉 $\overline{X}$의 관측값이 $\overline{x}$일 때, 귀무가설을 유의수준 α로 기각하지 않는다는 것은

$$-z_{\alpha/2} < \frac{\overline{x}-\mu_0}{\sigma/\sqrt{n}} < z_{\alpha/2}$$

를 의미한다. 이 식을 다시 μ_0에 대해 정리하면

$$\overline{x} - z_{\alpha/2}\frac{\sigma}{\sqrt{n}} < \mu_0 < \overline{x} + z_{\alpha/2}\frac{\sigma}{\sqrt{n}} \tag{9.11}$$

가 되어 μ_0가 구간

$$\left(\overline{x} - z_{\alpha/2}\frac{\sigma}{\sqrt{n}},\ \overline{x} + z_{\alpha/2}\frac{\sigma}{\sqrt{n}}\right) \tag{9.12}$$

안에 포함되지 않으면 유의수준 α로 귀무가설을 기각하게 되는 것이다. 그런데 구간 (9.12)는 [정리 8.9]의 신뢰구간과 같다. 따라서 모평균 μ에 대한 $100(1-\alpha)\%$ 신뢰구간을 구하여 가설 H_0에서 지정된 μ_0가 이 신뢰구간 안에 포함되지 않으면 H_0를 기각하는 것과 동일하게 된다. 또한, 만약 검정하고자 하는 가설의 형태가 $H_0: \mu = \mu_0$ 대 $H_1: \mu > \mu_0$인 경우 귀무가설을 기각하지 않는 영역 $z_0 < z_\alpha$를 μ_0에 대해 정리하면

$$\bar{x} - z_\alpha \frac{\sigma}{\sqrt{n}} < \mu_0$$

가 되어, μ_0가 구간 $\left(\bar{x} - z_\alpha \frac{\sigma}{\sqrt{n}},\ \infty\right)$ 안에 포함되지 않으면 유의수준 α로 귀무가설을 기각하게 된다. 그런데 구간 $\left(\bar{x} - z_\alpha \frac{\sigma}{\sqrt{n}},\ \infty\right)$는 신뢰하한만 있는 모평균 μ에 대한 $100(1-\alpha)\%$ 단측 신뢰구간임을 알 수 있다. 이와 비슷하게 검정하고자 하는 가설의 형태가 $H_0: \mu = \mu_0$ 대 $H_1: \mu < \mu_0$인 경우에도 신뢰계수가 $1-\alpha$가 되는 단측 신뢰구간 $\left(-\infty,\ \bar{x} + z_\alpha \frac{\sigma}{\sqrt{n}}\right)$을 구하여, μ_0가 이 구간 안에 포함되지 않으면 H_0을 기각하는 것으로 간주할 수 있다.

이와 같은 신뢰구간과 가설검정의 **쌍대(dual)관계**는 모평균에 대한 추론뿐만 아니라 두 모평균의 차에 대한 추론, 모분산에 대한 추론, 두 모분산의 비에 대한 추론, 모비율에 대한 추론 등 모든 부분에 확대 적용할 수 있다. 결론적으로 우리가 편의상 구간추정과 가설검정을 따로 정리하지만, 사실 이 둘은 동전의 양면과 같이 하나의 주제를 서로 다른 각도에서 보는 것임을 알 수 있다.

연습문제 9.3

1. 어느 과일 통조림의 상품표시에 통조림 1개당 탄수화물 함량이 50그램이 넘는다고 적혀있다. 탄수화물 함량의 표준편차는 4그램이라고 한다. 무작위로 뽑은 25개 통조림의 탄수화물의 함량의 평균이 52.3그램이었다. 이 자료가 통조림에 표시된 내용과 부합하는지를 유의수준 $\alpha = 0.05$로 검정하라.

2. 어느 농약 회사에서 자사의 진딧물용 농약은 비가 온 후에도 잔류율이 85% 이상 된다고 광고하고 있어, 소비자 단체에서는 이 회사의 주장이 사실인지를 확인하고자 한다.

(a) 유사한 농약에 대한 과거의 실험으로부터 진딧물용 농약의 잔류율은 근사적으로 표준편차 13.2인 정규분포를 따른다고 한다. 이 회사의 진딧물용 농약의 잔류율에 대한 검정을 하기 위한 가설을 세우고, 유의수준 5%인 검정의 기각역을 구하라.

(b) 자료가 81, 91, 88, 69, 75, 83, 82, 85로 주어진 경우에 유의수준 5%로 가설을 검정하라.

3. 어느 스키 선수가 활강코스를 10번 달렸더니 걸린 시간이 평균 12.3분이고, 표준편차가 1.2분이었다. 이 자료로 이 스키 선수가 그 코스를 활강하는 데 걸리는 시간의 모평균이 13분이라고 할 수 있는지를 유의수준 $\alpha = 0.05$로 검정하라.

4. 새로 개발한 포탄용 화약의 품질을 알아보기 위해 포탄 8개를 발사하여 그 발사속도(단위: m/초)를 측정한 결과가 다음과 같다.

1,002 995 1,001 1,005 1,004 1,008 998 1,005

발사속도가 정규분포를 따른다고 할 때 새로운 화약이 장착된 포탄의 평균발사속도가 1,000m/초를 넘는다는 주장이 맞는지를 유의수준 10%로 검정하라.

5. 정규분포를 따르는 두 모집단이 있다. 한 모집단은 분산이 10이고, 여기서 크기 20의 표본을 뽑았더니 평균이 8이었다. 다른 모집단은 분산이 12이고, 여기서 크기 16인 표본을 뽑았더니 평균이 7.2이었다. 두 표본이 독립일 때 유의수준 10%로 다음의 가설을 검정하라.

(a) $H_0 : \mu_1 = \mu_2$ 대 $H_1 : \mu_1 \neq \mu_2$

(b) $H_0 : \mu_1 = \mu_2$ 대 $H_1 : \mu_1 > \mu_2$

6. 어떤 자극에 대한 반응시간(단위: 초)을 정상인 8명과 음주자 6명에 대하여 측정한 결과 다음과 같은 수치를 얻었다.

정상인: 3.0 2.0 1.0 2.5 1.5 4.0 1.0 2.0
음주자: 5.0 3.0 4.0 4.5 2.0 2.5

음주자의 반응이 정상인보다 늦다고 할 수 있는지를 유의수준 5%로 검정하라. 단, 두 모집단의 표준편차는 동일하다.

7. 담배 A와 B의 한 개비당 니코틴 함량(단위: mg)을 비교하기 위해 A에서 크기 10인 표본을, B에서 크기 12인 표본을 뽑아 니코틴 함량을 측정하여 다음과 같은 결과를 얻었다.

	A	B
평균	15.4	17.5
분산	2.7	3.2

유의수준 5%로 두 담배의 니코틴 함량에 차이가 있는지를 검정하라.

8. 어떤 정책을 지지하는 사람 중에서 10명과, 반대하는 사람 중에서 12명을 각각 무작위로 뽑아 나이를 조사하여 다음과 같은 결과를 얻었다.

	나이											
지지자	28	33	27	31	29	25	50	30	25	41		
반대자	31	43	49	32	40	41	48	30	28	39	42	36

지지자의 평균 연령이 반대자의 평균 연령과 차이가 나는지를 유의수준 10%로 검정하라. 단, 두 모집단의 표준편차는 동일하다.

9. 콘크리트의 강도는 주로 건조방법에 영향을 받는다. A방법으로 건조한 콘크리트 조각 10개의 강도(단위: $\mathrm{kg/cm^2}$)를 측정했더니 평균이 232, 표준편차가 13이었고, B방법으로 건조한 콘크리트 조각 8개의 강도를 측정했더니 평균이 223, 표준편차가 11이었다. 유의수준 5%로 두 건조방법에 차이가 있는지를 검정하라.

10. 새로 개발된 식이요법이 체중을 줄이는 데 효과가 있는지를 알아보기 위해 이 식이요법을 일정 기간 적용한 5명의 체중을 kg단위로 측정해서 다음 자료를 얻었다. 이 식이요법이 체중을 줄이는 데 도움이 되는지를 유의수준 1%로 검정하라.

사람번호	1	2	3	4	5
식이요법 전	87.5	84.0	70.0	65.0	75.0
식이요법 후	85.0	84.5	66.5	66.0	71.5

11. 중소기업 협동조합은 회원사들을 위한 종업원 안전교육 프로그램을 개발하였는데, 이 프로그램이 효과적인지를 알아보기 위해 8개의 회원사 종업원들에게 이 안전교육을 실시한 결과 교육실시 전과 실시 후 사고로 인한 손실에 관하여 다음과 같은 결과를 얻었다.

$$(38,\ 31),\ (64,\ 58),\ (42,\ 43),\ (70,\ 65),\ (58,\ 52),\ (30,\ 29),\ (35,\ 37),\ (49,\ 45)$$

수치는 1년간 사고로 인한 월평균 인시(man-hour) 손실로 앞의 것은 교육실시 전, 뒤의 것은 교육실시 후를 나타낸다. 이 안전교육 프로그램이 사고로 인한 인시 손실을 줄이는 데 효과가 있는지를 유의수준 5%로 검정하라.

12. 정규분포 $N(\mu,\ 1)$로부터 확률표본 $X_1,\ \cdots,\ X_{16}$을 뽑아 귀무가설 $H_0 : \mu = 3$을 유의수준 10%로 검정하고자 한다.
(a) 대립 가설이 $H_1 : \mu \neq 3$일 때 최적 기각역을 구하라.
(b) 대립 가설이 $H_1 : \mu > 3$일 때, μ의 참값이 3.5일 경우의 검정력이 적어도 3/4 이상이 되려면 n은 얼마 이상이 되어야 하는가?

13. 두 대의 컴퓨터를 비교하기 위해 6개의 CPU 검사 프로그램을 각 컴퓨터에서 실행시킨 시간(단위: 분)이 다음과 같다.

컴퓨터	CPU 검사 프로그램					
	1	2	3	4	5	6
1	1.12	1.73	1.04	1.86	1.47	2.10
2	1.15	1.72	1.10	1.87	1.46	2.15

(a) 프로그램을 수행하는 컴퓨터의 CPU 시간에 차이가 있는지를 유의수준 1%로 검정하라.
(b) p-값을 구하라.
(c) 평균 CPU 시간의 차에 대한 99% 양측 신뢰구간을 구하라.

14. 회사직원들의 안전의식을 0점에서 100점까지의 점수로 나타낼 때 생산 1부, 생산 2부, 관리부 직원들의 안전의식 점수는 평균이 각각 $\mu_1,\ \mu_2,\ \mu_3$이고 분산이 같은 σ^2인 정규분포를 따른다고 한다. 각 부서로부터 10명씩을 뽑아 시험을 치른 결과 다음과 같은 자료를 얻었다.

	생산 1부	생산 2부	관리부
평균	70	60	50
분산	126	117	108

생산 1, 2부 직원들의 안전의식에 차이가 있는지를 유의수준 5%로 검정하라.

15. 가설 $H_0 : \theta = \theta_0$ 대 $H_1 : \theta > \theta_0$에 대하여 유의수준 α로 대표본 검정을 할 때 만약

$$\frac{\hat{\theta} - \theta_0}{\sigma_{\hat{\theta}}} > z_\alpha$$

이면 귀무가설을 기각한다. 이것은 θ에 대한 $100(1-\alpha)\%$ 대표본 단측 신뢰구간 $(\hat{\theta}-z_\alpha\sigma_{\hat{\theta}},$ $\infty)$안에 θ_0가 포함되지 않으면 H_0를 기각하는 것과 같음을 보여라.

16. 가설 $H_0:\theta=\theta_0$ 대 $H_1:\theta<\theta_0$에 대하여 유의수준 α로 대표본 검정을 할 때 만약

$$\frac{\hat{\theta}-\theta_0}{\sigma_{\hat{\theta}}}<-z_\alpha$$

이면 귀무가설을 기각한다. 이것은 θ에 대한 $100(1-\alpha)\%$ 대표본 단측 신뢰구간$(-\infty,$ $\hat{\theta}+z_\alpha\sigma_{\hat{\theta}})$안에 θ_0가 포함되지 않으면 H_0를 기각하는 것과 같음을 보여라.

9.4 모분산에 대한 가설검정

이 절에서는 단일 정규모집단의 모분산에 대한 가설검정과 표본을 서로 독립적으로 뽑는 경우 두 정규모집단의 모분산의 비에 대한 가설검정을 설명한다.

9.4.1 단일모집단의 모분산

정규분포 $N(\mu,\ \sigma^2)$에서 모분산 σ^2의 검정문제를 살펴보자. $N(\mu,\ \sigma^2)$로부터의 확률표본 $X_1,\ \cdots,\ X_n$을 이용하여 [예제 9.20]에서와 같이 σ^2에 대한 가설에 우도비 검정을 적용하면 다음 정리를 얻을 수 있다.

정리 9.9 | σ^2에 대한 가설검정

귀무가설: $H_0:\ \sigma^2 = \sigma_0^2$

검정통계량: $\chi_0^2 = \dfrac{(n-1)S^2}{\sigma_0^2}$

기각역: i) $\chi_0^2 > \chi_\alpha^2(n-1)$ $(H_1 : \sigma^2 > \sigma_0^2)$

ii) $\chi_0^2 < \chi_{1-\alpha}^2(n-1)$ $(H_1 : \sigma^2 < \sigma_0^2)$

iii) $\chi_0^2 > \chi_{\alpha/2}^2(n-1)$ 또는 $\chi_0^2 < \chi_{1-\alpha/2}^2(n-1)$ $(H_1 : \sigma^2 \neq \sigma_0^2)$

[정리 9.9]의 검정을 **단일표본 χ^2검정(one sample χ^2test)**이라고 한다. [정리 9.9]는 모평균 μ를 모른다는 가정에서의 검정이고, μ를 아는 경우에는 검정통계량이

$$\chi_0^2 = \frac{n\widehat{\sigma^2}}{\sigma_0^2}$$

으로 바뀌고, χ^2분포의 자유도가 $n-1$에서 n으로 변한다. 여기서, $\widehat{\sigma^2} = \dfrac{\sum_{i=1}^{n}(X_i-\mu)^2}{n}$이다.

예제 9.30 A 회사가 가공하는 기계부품 치수의 분산은 $0.30\ \text{mm}^2$ 이하가 되어야 하는데 가공된 부품 8개를 무작위로 뽑아 치수를 재어 얻은 표본분산이 $0.48\ \text{mm}^2$이었다. 유의

수준 5%로 가설

$$H_0: \sigma^2 = 0.3 \text{ 대 } H_1: \sigma^2 > 0.3$$

을 검정해보자.

• **풀이** 가공된 부품의 치수가 정규분포를 따른다고 하고 검정통계량의 값을 구하면

$$\chi_0^2 = \frac{(n-1)s^2}{\sigma_0^2} = \frac{7 \times 0.48}{0.30} = 11.20$$

이다. 그런데 부록의 χ^2 분포표로부터 $\chi^2_{0.05}(7) = 14.067$이고, $\chi_0^2 = 11.20 < 14.067 = \chi^2_{0.05}(7)$이므로 귀무가설을 기각할 수 없다. 즉, 기계부품 치수의 분산은 0.30 mm^2보다 크다고 할 수 없다. ■

9.4.2 두 모집단의 모분산

이제 두 개의 정규분포 $N(\mu_x, \sigma_x^2)$과 $N(\mu_y, \sigma_y^2)$의 분산 σ_x^2과 σ_y^2에 대한 가설들을 검정하는 문제를 살펴보자. 이 경우는 모분산의 비에 관한 구간추정의 경우와 유사하게 확률변수

$$F = \frac{S_x^2 / S_y^2}{\sigma_x^2 / \sigma_y^2}$$

은 자유도 $(n-1, m-1)$을 갖는 F분포를 따른다는 사실을 이용하여 우도비 검정을 적용하면 다음의 정리를 얻는다.

정리 9.10 | $\sigma_x^2 = \sigma_y^2$에 대한 가설검정

귀무가설: H_0: $\sigma_x^2 = \sigma_y^2$

검정통계량: $F_0 = \dfrac{S_x^2}{S_y^2}$

기각역: i) $f_0 > F_\alpha(n-1, m-1)$ $(H_1: \sigma_x^2 > \sigma_y^2)$

ii) $f_0 < F_{1-\alpha}(n-1, m-1)$ $(H_1: \sigma_x^2 < \sigma_y^2)$

iii) $f_0 > F_{\alpha/2}(n-1, m-1)$ 또는 $f_0 < F_{1-\alpha/2}(n-1, m-1)$ $(H_1: \sigma_x^2 \neq \sigma_y^2)$

이 검정을 **두 표본 F검정(two sample F test)**이라 한다. [정리 9.10]의 가설은 $H_0 : \sigma_x^2/\sigma_y^2 = 1$, $H_1 : \sigma_x^2/\sigma_y^2 > 1 (\sigma_x^2/\sigma_y^2 < 1,\ \sigma_x^2/\sigma_y^2 \neq 1)$로 표현될 수 있기 때문에 [정리 9.10]의 검정을 모분산의 비에 관한 F검정이라고도 한다.

예제 9.31 [예제 9.30]의 A 회사의 경쟁업체인 B 회사가 가공한 부품 12개를 무작위로 뽑아 치수를 재어 얻은 표본분산이 0.17 mm^2이었다. B회사 제품치수의 분산이 A회사 제품치수의 분산보다 작다고 할 수 있는지를 유의수준 5%로 검정하여 보자.

• **풀이** A와 B회사의 부품의 분산을 각각 σ_x^2과 σ_y^2이라 하면 적절한 가설의 형태는

$$H_0 :\ \sigma_x^2 = \sigma_y^2 \ \text{대}\ H_1 :\ \sigma_x^2 > \sigma_y^2$$

이다. 검정통계량의 값을 구하면

$$f_0 = \frac{s_x^2}{s_y^2} = \frac{0.48}{0.17} = 2.82$$

이고, 부록의 F분포표로부터 $F_{0.05}(7,\ 11) = 3.01$이고, $f_0 = 2.82 < 3.01 = F_{0.05}(7,\ 11)$이므로 귀무가설을 기각할 수 없다. 즉, B 회사 제품치수의 분산이 작다고 할 수 없다. ■

예제 9.32 A 회사는 서울과 광주에 공장을 두고 청량음료를 생산하여 350 ml 병에 넣어 판매를 하고 있다. 두 공장에서 생산된 청량음료 16병씩을 각각 뽑아 양을 측정하여 분산 16.006과 10.415를 얻었다. 각 공장에서 생산되는 청량음료의 한 병에 들어있는 양이 정규분포를 따른다고 할 때 두 공장에서 생산되는 청량음료 한 병에 들어있는 양의 산포에 차이가 있는지를 유의수준 5%로 검정해보자.

• **풀이** 이 경우 검정하여야 할 가설은

$$H_0 :\ \sigma_x^2 = \sigma_y^2 \ \text{대}\ H_1 :\ \sigma_x^2 \neq \sigma_y^2$$

이다. 검정통계량의 값을 구하면

$$f_0 = \frac{16.006}{10.415} = 1.54$$

이다. 그런데 부록의 F분포표로부터

$$F_{0.025}(15,\ 15) = 2.86, \quad F_{0.975}(15,\ 15) = \frac{1}{2.86} = 0.35$$

이고, $F_{0.975}(15,\ 15) = 0.35 < f_0 = 1.54 < 2.86 = F_{0.025}(15,\ 15)$이므로 귀무가설을 기각할 수 없다. 즉, 두 공장에서 생산되는 청량음료 한 병에 들어있는 양의 산포에는 차이가 없다고 판단된다. 만약 이 예제와 같이 이미 신뢰구간이 구해져 있는 경우에는 이 예제의 풀이과정을 생략하고 9.3.4절에서 살펴본 가설검정과 신뢰구간의 관계를 이용하여 $H_0 : \sigma_x^2/\sigma_y^2 = 1$이 [예제 8.45]에서 구한 신뢰구간 (0.537, 4.395)에 포함되어 있으므로 귀무가설을 기각할 수 없다는 결론을 얻을 수도 있다. ■

모분산의 검정에서와 마찬가지로 모분산비의 검정에서도 두 분포의 평균을 아는 경우에 [정리 9.10]의 결과가 약간 달라진다. 즉 모평균 μ_x, μ_y를 알고 있다면 검정 통계량이 $F_0 = S_x^2 / S_y^2$에서

$$F_0 = \frac{\widehat{\sigma_x^2}}{\widehat{\sigma_y^2}}$$

으로 바뀌고, F분포의 자유도는 $(n-1,\ m-1)$에서 $(n,\ m)$으로 바뀐다. 여기서

$$\widehat{\sigma_x^2} = \frac{1}{n}\sum_{i=1}^{n}(X_i - \mu_x)^2,\ \ \widehat{\sigma_y^2} = \frac{1}{m}\sum_{i=1}^{m}(Y_i - \mu_y)^2$$

이다.

연습문제 9.4

1. 정규분포 $N(0,\ \sigma^2)$로부터 크기 20인 표본을 뽑아 $\sum_{i=1}^{20} x_i^2 = 2{,}000$을 얻었다. $H_0 : \sigma^2 = 64$ 대 $H_1 : \sigma^2 > 64$를 유의수준 5%로 검정하라.

2. 어느 시계 회사에서 새로 시판하는 특정 모델 시계의 오차(단위: 초/월)는 표준편차가 0.10 이하라고 광고하고 있다. 이를 확인하기 위해 이 모델 시계 9개를 무작위로 뽑아 동시에 작동시켜

한 달 후의 시각을 표준시계와 비교하여 그 차이를 조사한 결과 표준편차가 0.16로 나타났다.

(a) 이와 같은 실험결과에 비추어 이 회사의 광고가 근거가 있는 것인지를 유의수준을 1%로 검정하라.

(b) 만일 표준편차의 참값이 0.13이라면 귀무가설 $H_0 : \sigma = 0.10$을 기각할 확률은 대략 얼마인가?

3. 주·야 2교대로 작업이 이루어지는 공장에서 작업시간에 따라 제품 품질의 산포가 달라지는지를 알아보고자 한다. 주간 작업조에서 생산된 제품 중에서 10개를 뽑아 표본분산 8.75를 얻고, 야간 작업조에서 생산된 제품 중에서 13개를 뽑아 표본분산 16.48을 얻었다. 유의수준 5%에서 야간 작업조에서 생산된 제품의 분산이 주간 작업조에서 생산된 제품의 분산보다 큰지를 검정하라.

4. 두 지역에서 생산된 사과를 각각 7개와 5개씩 표본으로 뽑아 잔류 농약성분(단위: ppm)을 조사한 결과 $\sum_{i=1}^{7} x_i = 5.23$, $\sum_{i=1}^{7} x_i^2 = 3.9089$, $\sum_{i=1}^{5} y_i = 3.64$, $\sum_{i=1}^{5} y_i^2 = 2.6501$인 자료를 얻었다. 잔류 농약성분이 각각 정규분포 $N(\mu,\ \sigma_1^2)$과 $N(\mu,\ \sigma_2^2)$를 따른다고 할 때, 다음을 검정하라. 단, $\alpha = 0.05$이다.

(a) $H_0 : \sigma_1^2 = \sigma_2^2$ 대 $H_1 : \sigma_1^2 \neq \sigma_2^2$

(b) $H_0 : \sigma_1^2 = \sigma_2^2$ 대 $H_0 : \sigma_1^2 > \sigma_2^2$

5. A, B 두 기계에서 생산되는 실의 균일성을 비교하고자 한다. 각 기계에서 실 100 m를 하나의 샘플로 뽑아 그 무게를 측정하는 방식으로 A 기계제품에서 13개와 B 기계제품에서 11개를 측정하여 각각 표준편차 2.3과 1.5를 얻었다. 기계 A에서 생산된 제품의 변동이 기계 B에서 생산된 제품의 변동보다 크다고 할 수 있는지를 유의수준 5%에서 검정하라.

6. [정리 9.9]의 검정은 σ^2에 대한 $100(1-\alpha)\%$ 양측 또는 단측 신뢰구간

$$A = \left(\frac{(n-1)s^2}{\chi^2_{\alpha/2}(n-1)},\ \frac{(n-1)s^2}{\chi^2_{1-\alpha/2}(n-1)} \right),\ \text{또는}\ B = \left(\frac{(n-1)s^2}{\chi^2_{\alpha}(n-1)},\ \infty \right)$$

$$\text{또는}\ C = \left(0,\ \frac{(n-1)s^2}{\chi^2_{1-\alpha}(n-1)} \right)\text{을 구하여}$$

1) $\sigma_0^2 \not\in A$ ($H_1 : \sigma^2 \neq \sigma_0^2$의 경우)

2) $\sigma_0^2 \not\in B$ ($H_1 : \sigma^2 > \sigma_0^2$의 경우)

3) $\sigma_0^2 \notin C$ $(H_1 : \sigma^2 < \sigma_0^2$의 경우)

라면, H_0를 기각하는 것과 같음을 보여라.

7. [정리 9.10]의 검정은 σ_x^2/σ_y^2에 대한 $100(1-\alpha)\%$ 양측 또는 단측 신뢰구간

$$A=\left(\frac{s_x^2/s_y^2}{F_{\alpha/2}(n-1,\ m-1)},\ \frac{s_x^2/s_y^2}{F_{1-\alpha/2}(n-1,\ m-1)}\right),$$

$$B=\left(\frac{s_x^2/s_y^2}{F_\alpha(n-1,\ m-1)},\ \infty\right),\ C=\left(0,\ \frac{s_x^2/s_y^2}{F_\alpha(n-1,\ m-1)}\right)$$를 구하여

1) $H_1 : \sigma_x^2 \neq \sigma_y^2$의 경우 $1 \notin A$
2) $H_1 : \sigma_x^2 > \sigma_y^2$의 경우 $1 \notin B$
3) $H_1 : \sigma_x^2 < \sigma_y^2$의 경우 $1 \notin C$

라면, H_0를 기각하는 것과 같음을 보여라.

8. [정리 9.10]에서 단측 검정인 경우 기각역 i) $H_1 : \sigma_x^2 > \sigma_y^2$일 때 또는 ii) $H_1 : \sigma_x^2 < \sigma_y^2$일 때 $\dfrac{S_x^2}{S_y^2}$을 쓰는 대신 기각역

$$\frac{s_L^2}{s_S^2} > F_\alpha(n_L-1,\ n_S-1)$$

을 쓸 수 있음을 보여라. 단, 여기서 $s_L^2 = \max(s_1^2,\ s_2^2)$, $s_S^2 = \min(s_1^2,\ s_2^2)$, $n_L = s_L^2$의 표본크기, 그리고 $n_S = s_S^2$의 표본크기이다.

9*. (a) 가설 $H_0 : \sigma_x^2 = \sigma_y^2$ 대 $H_1 : \sigma_x^2 \neq \sigma_y^2$을 검정하는 [정리 9.10]의 기각역 iii)은 기각역

$$\left\{\frac{s_x^2}{s_y^2} > F_{\alpha/2}(n-1,\ m-1) \quad \text{또는} \quad \frac{s_y^2}{s_x^2} > F_{\alpha/2}(m-1,\ n-1)\right\}$$

과 같음을 보여라.

(b) (a)의 결과를 이용하여 H_0가 참일 때는

$$P\left\{\frac{S_L^2}{S_S^2} > F_{\alpha/2}(n_L-1,\ n_S-1)\right\} = \alpha$$

임을 보이고, [정리 9.10]의 기각역 iii)을 쓰는 대신 기각역

$$\frac{s_L^2}{s_S^2} > F_{\alpha/2}(n_L-1,\ n_S-1)$$

을 쓸 수 있음을 보여라. 여기서 $s_L^2 = \max(s_x^2,\ s_y^2)$, $s_S^2 = \min(s_x^2,\ s_y^2)$, $n_L = s_L^2$의 표본크기, $n_S = s_S^2$의 표본크기이다.

9.5 모비율에 대한 가설검정

이 절에서는 n이 충분히 큰 경우 단일 모집단의 모비율에 대한 가설검정과 서로 독립인 두 모집단의 모비율 차에 대한 가설검정을 설명한다.

9.5.1 단일모집단의 모비율

중심극한정리에서 주목해야 할 점 중 하나는 모집단의 분포가 연속형이든 이산형이든 간에 n이 크면 표본평균의 분포가 근사적으로 정규분포가 된다는 사실이다. 특히, 모비율 p를 모수로 하는 이항 모집단에서 베르누이 실험을 독립적으로 n번 시행할 때 성공횟수를 X라 하면 $X \sim b(n,\ p)$이고, 표본비율 $\hat{p} = \dfrac{X}{n}$는 n이 충분히 큰 경우 근사적으로 $N\left(p,\ \dfrac{p(1-p)}{n}\right)$를 따름은 [정리 7.12]에서 배운 바 있다.

중심극한정리를 이용하면 n이 큰 경우 모비율 p에 대한 가설 $H_0 : p = p_0$을 검정할 수 있다. 즉, 귀무가설이 참일 때 표본비율 $\hat{p}$의 평균과 분산은 각각 p_0와 $\dfrac{p_0(1-p_0)}{n}$이고, n이 큰 경우

$$Z_0 = \frac{\hat{p} - p_0}{\sqrt{p_0(1-p_0)/n}}$$

는 근사적으로 표준정규분포 $N(0,\ 1)$을 따르므로 정규검정을 적용할 수 있다.

정리 9.11 | p에 대한 가설검정(대표본)

귀무가설: H_0: $p = p_0$

검정통계량: $Z_0 = \dfrac{\hat{p} - p_0}{\sqrt{p_0(1-p_0)/n}}$

기각역: i) $z_0 > z_\alpha$ $\quad (H_1 : p > p_0)$

ii) $z_0 < -z_\alpha$ $\quad (H_1 : p < p_0)$

iii) $|z_0| > z_{\alpha/2}$ $\quad (H_1 : p \neq p_0)$

예제 9.33 어느 생산공정에서 제품 200개를 무작위로 뽑아 검사하였더니 불량품이 11개였다. 이 공정의 불량률 p가 10% 미만이라고 할 수 있는지를 유의수준 5%로 검정해 보자.

• **풀이** 먼저 적절한 가설의 형태를 고려하여 보면

$$H_0 : p = 0.1 \text{ 대 } H_1 : p < 0.1$$

이다. $\hat{p} = 11/200$로, 검정통계량의 값을 구하면

$$z_0 = \frac{11/200 - 0.1}{\sqrt{(0.1)(0.9)/200}} = -2.121$$

이다. $z_{0.05} = 1.645$이고, $z_0 = -2.121 < -1.645 = -z_{0.05}$이므로 귀무가설을 기각한다. 즉 불량률은 10% 미만이라고 판단된다. ■

[R에 의한 정확한 검정]

```
> n <- 200
> x <- 11
> p0 <- 0.1
> binom.test(x,n,p = p0, alternative = c("less"))

        Exact binomial test

data:  x and n
number of successes = 11, number of trials = 200, p-value = 0.01679
alternative hypothesis: true probability of success is less than 0.1
95 percent confidence interval:
 0.00000000 0.08939614
sample estimates:
probability of success
                 0.055
```

9.5.2 두 모집단의 모비율

성공확률이 각각 p_x과 p_y인 베르누이 실험을 n번과 m번을 독립적으로 시행할 때, 성공횟수

X와 Y는 각각 서로 독립인 이항분포 $b(n,\ p_x)$과 $b(m,\ p_y)$을 따르므로, 성공률(표본비율) $\widehat{p_x} = \dfrac{X}{n}$과 $\widehat{p_y} = \dfrac{Y}{m}$의 차 $\widehat{p_x} - \widehat{p_y}$는 $p_x - p_y$의 좋은 추정량이 될 것이다. 만일 n과 m이 충분히 크면 $\widehat{p_x} - \widehat{p_y}$은 근사적으로 $N\!\left(p_x - p_y,\ \dfrac{p_x(1-p_x)}{n} + \dfrac{p_y(1-p_y)}{m}\right)$를 따른다.

두 모비율의 차에 대한 가설검정도 n과 m이 충분히 크면 $\widehat{p_x} - \widehat{p_y}$가 근사적으로 $N\!\left(p_x - p_y,\ \dfrac{p_x(1-p_x)}{n} + \dfrac{p_y(1-p_y)}{m}\right)$를 따른다는 것을 이용할 수 있다. 두 모비율이 같다는 귀무가설은 $H_0 : p_x = p_y$이고, 이때에 미지의 공통모비율 p는

$$\hat{p} = \frac{X+Y}{n+m} \tag{9.13}$$

로 추정할 수 있다. 따라서 H_0가 참일 때 $\widehat{p_x} - \widehat{p_y}$의 표준편차는 근사적으로

$$\sqrt{\hat{p}(1-\hat{p})}\sqrt{\frac{1}{n} + \frac{1}{m}}$$

이고, 이를 이용하면

$$Z = \frac{\widehat{p_x} - \widehat{p_y}}{\sqrt{\hat{p}(1-\hat{p})}\sqrt{\dfrac{1}{n} + \dfrac{1}{m}}}$$

는 근사적으로 $N(0,\ 1)$을 따르므로 정규검정을 적용할 수 있다.

정리 9.12 | $p_x = p_y$에 대한 가설검정 (대표본)

귀무가설: $H_0 : p_x = p_y$

검정통계량: $Z_0 = \dfrac{\widehat{p_x} - \widehat{p_y}}{\sqrt{\hat{p}(1-\hat{p})}\sqrt{\dfrac{1}{n} + \dfrac{1}{m}}}$

기각역: i) $z_0 > z_\alpha \quad (H_1 : p_x > p_y)$

ii) $z_0 < -z_\alpha \quad (H_1 : p_x < p_y)$

iii) $|z_0| > z_{\alpha/2} \quad (H_1 : p_x \neq p_y)$

단 $\hat{p}$은 식 (9.13)으로 주어진다.

예제 9.34 어느 대학에서 교수 150명 중 48명이 담배를 피우고, 학생 300명 중 114명이 담배를 피우는 것으로 조사됐다. p_x을 교수 흡연율이라 하고, p_y를 학생 흡연율이라 할 때 교수와 학생의 흡연율에 차이가 있는지를 유의수준 $\alpha = 0.10$으로 검정해보자.

• **풀이** 이 경우 적절한 가설의 형태는

$$H_0 : p_x = p_y \text{ 대 } H_1 : p_x \neq p_y$$

가 되고, $\hat{p} = \frac{x+y}{n+m} = \frac{48+114}{150+300} = \frac{162}{450} = 0.36$이다. 따라서 검정 통계량의 값은

$$z_0 = \frac{0.32 - 0.38}{\sqrt{0.36 \times 0.64}\sqrt{\frac{1}{150} + \frac{1}{300}}} = -1.25$$

이다. $z_{0.05} = 1.645$이고, $|z_0| = 1.25 < 1.645 = z_{0.05}$이므로 귀무가설을 기각할 수 없다. 따라서 교수와 학생의 흡연율에 차이가 없다고 판단된다. ■

지금까지 소개한 가설검정에 관한 내용을 정리하면 [그림 9.7]과 같다.

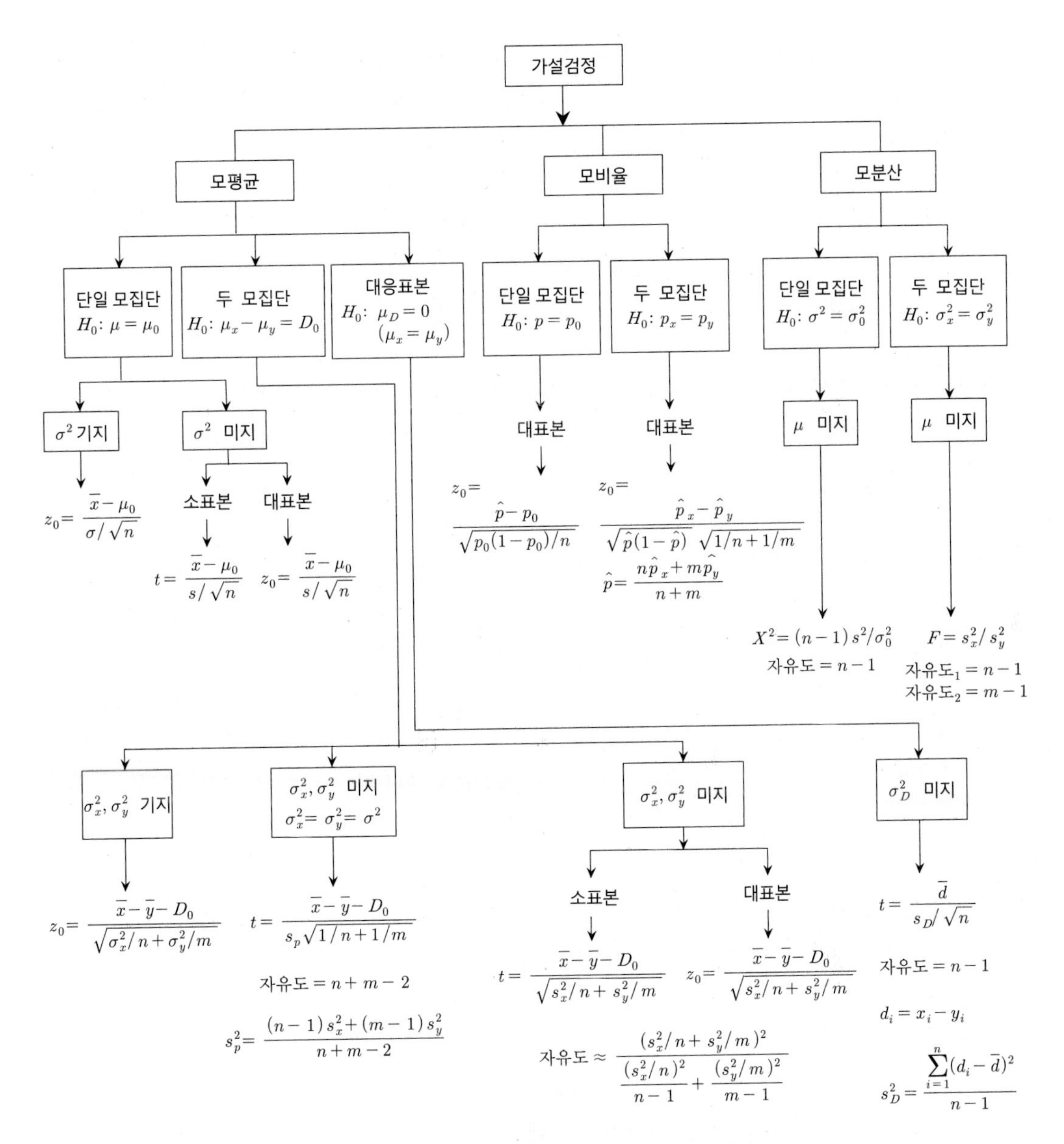

[그림 9.7] **정규모집단에 대한 가설검정 방법**

연습문제 9.5

1. A 신문사에서는 대학생 86명을 무작위로 뽑아 기여입학제도에 관한 의견을 물었다. 그 결과 그 중 45명이 기여입학제도를 반대하였고 나머지는 찬성하였다. A신문사는 이 자료로 우리나라 대학생 중 기여입학제도를 반대하는 비율이 50%를 초과하는지를 판단하고자 한다. 적절한 가설을 세우고, 유의수준 5%로 검정하라.

2. 어떤 방법에 대해 A당 당원 150명 중 90명이 찬성하였고, B당 당원 120명 중 80명이 찬성하였다. 이 방법에 대한 A당 당원과 B당 당원의 실제 찬성비율이 같은지를 유의수준 5%로 검정하라.

3. 프로야구를 좋아하는 것과 성별과의 관계를 알아보기 위해 무작위로 뽑은 남자 150명과 여자 100명을 대상으로 설문조사를 하였더니 남자들 중에서는 78명이, 그리고 여자들 중에서는 39명이 야구를 좋아하는 것으로 나타났다. 야구를 좋아하는 비율이 남·여 간에 차이가 있는지를 유의수준 5%로 검정하라.

4. 두 확률변수 X과 Y는 서로 독립이고 각각 이항분포 $b(100,\ p_x)$와 $b(100,\ p_y)$를 따른다. $x=50,\ y=40$을 얻었다. $p_x=p_y$에 대한 가설을 유의수준 5%로 검정하라.

5. A와 B 두 회사에서 생산되는 에어컨의 보증기간은 1년이다. 비슷한 용량의 A회사 제품 50대 중 4대가 1년 내에 고장이 났고, B회사 제품 50대 중 3대가 1년 내에 고장이 났을 때, 두 회사 제품의 고장비율에 차이가 있는지 유의수준 1%로 검정하라.

6. TV 토론회가 대통령선거에 출마한 후보자에 대한 지지도의 변화에 미친 영향을 조사하기 위해, TV 토론 전과 후에 각각 유권자 1,000명을 대상으로 여론조사를 실시한 결과는 다음과 같다.

	TV 토론회 전	TV 토론회 후
A	30.2%	32.5%
B	28.5%	35.1%
기타 후보, 무응답	41.3%	32.4%

(a) B후보의 지지율이 토론회 후 증가하였다고 볼 수 있는가? 유의수준 5%로 검정하라.
(b) B후보가 토론회 후 A후보를 앞질렀다고 주장할 수 있는가? 유의수준 5%로 검정하라.

CHAPTER

10

회귀분석

자연현상을 관찰하거나 자연과학·공학적 실험을 실시하는 경우 또는 사회·경제 현상을 조사하는 경우에 우리는 연관된 변수 간의 관계를 찾으려고 할 때가 많다. 예를 들면, 강우량이 곡물의 수확량에 미치는 영향을 평가하거나, 어떤 화학공정의 수율이 촉매의 사용량에 따라 어떻게 변하는지 또는 자녀교육비와 물가지수는 어떤 관계에 있는지를 조사하고자 하는 것이다. 이와 같이 우리 주위에는 두 변수 사이의 함수관계를 알면 도움이 될 수 있는 문제들이 많이 있으며, 실험이나 조사를 통해 얻는 자료들을 분석하여 함수 관계를 규명할 수 있다면 해당 현상을 설명하고 예측하는데 큰 도움이 될 수 있다. 이처럼 변수간의 관계를 모형화하고 조사하는 통계적 방법을 **회귀분석**이라 부른다.

이 장에서는 먼저 회귀분석의 개념을 살펴보고 독립변수가 하나인 단순회귀모형과 독립변수가 여러 개인 다중회귀모형을 소개한다. 또한 이들의 통계적 성질과 모수에 대한 추론, 예측 및 모형의 적합성을 평가하기 위한 방법 등을 배운다.

10.1 기본 개념

일반적으로 여러 변수 간의 관계는 **확정적**(deterministic) **관계**와 **확률적**(probabilistic) **관계**로 나눌 수 있다. 먼저 두 변수 사이에 확정적 관계가 존재한다는 것은 두 변수 사이에 수식 $y=f(x)$가 성립된다는 것이다. 이때 함수 f의 형태를 모를 수도 있으나, x의 값이 정해지면 y의 값은 x의 값에 따라 확정된다는 것을 알 수 있다. 자연과학 · 공학의 여러 분야에서 x의 값이 정해지면 이에 따른 반응변수의 값은 한 값으로 예측할 수 있다는 가정 하에 두 변수 간의 관계를 확정적인 함수관계로 취급하는 경우도 있다.

그러나 현실에서는 측정오차 등 여러 가지 오차가 존재하여 확정적인 관계로 묘사되지 않는 경우가 많다. 예를 들면, 화학공정의 수율은 같은 양의 촉매를 사용하더라도 당시의 온도나 습도 등의 변화에 영향을 받을 수 있다. 이런 경우에는 두 변수 간의 관계를 확정적 관계보다는 확률적 관계로 묘사하는 것이 더 바람직하다. 두 변수 사이에 확률적 관계가 있다는 것은 x의 일정한 값에 대해 관측되는 Y의 값이 일정하게 나타나지는 않지만 평균적으로 일정한 경향을 나타낸다는 것을 뜻한다. 즉,

$$Y=f(x)+\epsilon \tag{10.1}$$

이다. 여기서 x는 **독립변수**(independent variable), Y는 **종속변수**(dependent variable)이고, ϵ은 **확률적 효과**(random effect)를 나타낸다. 따라서 독립변수 x의 값에 대한 종속변수 Y의 값은 확정적 부분인 $f(x)$와 확률적 부분 ϵ의 합으로 표현된다. 여기서 종속변수 Y는 확률변수이나, 독립변수 x는 확률변수가 아님을 유의해야 한다. 종속변수를 대문자로, 독립변수를 소문자로 나타내는 것도 이러한 이유에서이다. 회귀분석에서 사용하는 독립변수와 종속변수라는 용어는 우리가 앞서 다루어 왔던 통계적인 독립의 개념과는 다른 것으로, 흔히 혼동을 피하기 위해 독립변수를 **설명변수**(predictor variable), 종속변수를 **반응변수**(response variable)라고도 한다.

설명변수와 반응변수의 확률적 관계를 상정한 뒤에는 회귀분석을 통하여 우리는 i) 관측값으로부터 함수형태를 결정하는 모수를 추정하거나 모형의 적합성을 평가할 수 있고, ii)추정된 평균반응값에 포함된 오차의 범위, 즉 신뢰구간 등을 얻을 수 있으며, iii) 설명변수의 값을 알면 평균반응값을 추정하거나 새로운 관측값을 예측할 수 있다.

회귀분석을 위해서 변수 간의 관계를 확률적으로 나타낸 것을 **회귀모형**이라 한다. 예를 통하여 회귀모형에 대해 간단히 살펴보자. 한 음료 판매회사는 여러 장소에 자동판매기를 설치하고, 매일 관리인을 보내 자동판매기를 청소하고 제품을 다시 공급한다. 이 회사는 관리인이 제품을

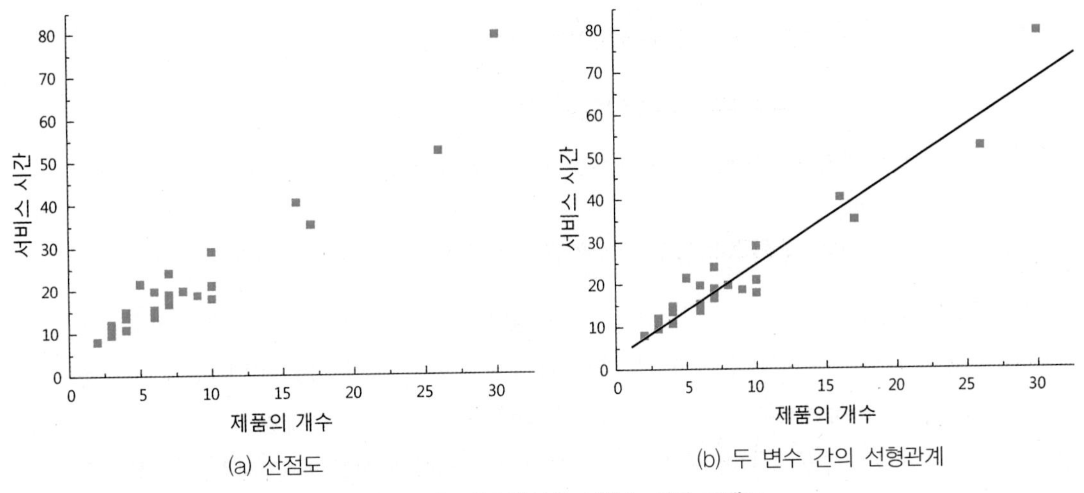

[그림 10.1] **음료회사의 서비스 시간 그래프**

공급하고 돌아오는 시점까지를 서비스 시간으로 보고, 서비스 시간이 공급하는 제품의 수와 어떤 관계가 있는지 알고자 한다. 이를 분석하기 위해 공급제품의 수에 따른 서비스 시간의 관측값 25개를 얻어 산점도를 그려보았다. [그림 10.1] (a)의 산점도는 두 변수 간에 어떤 관계식이 존재하고 있음을 보여주고 있다. 이 그림의 형태로 볼 때, 두 변수 간의 관계는 일종의 선형관계로 추측되며, [그림 10.1] (b)는 두 변수 간의 선형관계를 산점도에 나타내 본 것이다.

이러한 선형관계를 확률적으로 표현하기 위해 서비스 시간을 Y라 하고, 공급제품의 수를 x라 하면, 두 변수 간의 관계는

$$Y = \beta_0 + \beta_1 x + \epsilon \tag{10.2}$$

로 나타낼 수 있다. 여기서 β_0와 β_1은 각각 직선의 절편과 기울기이고 ϵ는 **오차**(random error)로 관측값과 $(\beta_0 + \beta_1 x)$간의 차이 즉, [그림 10.1] (b)에서 타점된 한 점과 직선 간의 차이를 나타낸다. 오차는 관측값이 정확하게 직선상에 나타나지 않는 이유가 되며, 이러한 오차는 모형에 포함시키지 않은 다른 변수의 영향이나 관측시의 측정오류 등에 기인한다. 오차의 평균은 0으로 가정되므로 식 (10.2)의 양변에 기댓값을 취하면 다음 식이 성립한다.

$$E(Y) = \beta_0 + \beta_1 x \tag{10.3}$$

식 (10.2)와 같은 모형을 **선형회귀모형** 또는 줄여서 **회귀모형**이라 하고, 선형회귀모형 중 설명변수의 수가 하나인 경우를 **단순선형회귀모형**(simple linear regression model) 또는 줄여서 **단순회귀모형**이라 부른다. 식 (10.2)를 더 일반적인 형태로 나타내면 k개의 설명변수 $x_1,\ x_2,\ \ldots,\ x_k$

가 존재하는 경우로 확장시켜 볼 수 있다.

$$Y = \beta_0 + \beta_1 x_1 + \beta_2 x_2 + \cdots + \beta_k x_k + \epsilon \tag{10.4}$$

식 (10.4)는 **다중선형회귀모형**(multiple linear regression model) 또는 줄여서 **중회귀모형**이라 부른다. 이때 반응변수는 모형의 모수인 β_0, β_1, ..., β_k의 선형관계로 묘사된다. 여기서 선형이라 함은 식 (10.2) 또는 (10.4)가 모수 β_i 들의 선형으로 나타난다는 것을 뜻한다.

회귀모형은 ⅰ) 얼마나 많은 수의 설명변수를 어떻게 선택할 것인가? ⅱ) 설명변수의 변화에 따라 반응변수의 분포는 어떻게 변화하는가? ⅲ) 회귀모형이 성립되는 설명변수의 영역은 어느 정도인가? 등을 고려하여 설정하게 된다. 회귀분석에서 변수 간의 관계를 회귀모형으로 가정한 후에는 회귀모형의 모수들을 추정해야 한다. 이 과정을 모형에 **적합**(fitting)시킨다고 하는데 이에 대해서는 다음 절에서 설명한다.

회귀분석을 이용할 때에는 몇 가지 주의해야 할 사항들이 있다. 먼저 회귀식을 추정한 다음 실제로 회귀모형을 사용하기 전에 반드시 모형이 적절한지를 검증하여야 하는데, 이 과정에서 모형이 자료를 적절히 설명하고 있는지를 조사하게 된다. 만약 모형이 적절하지 않아 수정되어야 한다면, 모형을 다시 가정하고 추정의 단계를 거쳐야 할 것이다. 따라서 회귀분석은 한 번만으로 끝나는 과정이 아니라 이와 같은 작업을 반복하면서 최적의 모형을 찾는 과정이라 할 수 있다. 둘째로, 회귀분석은 문제를 해결하는 다양한 방법 중 하나라는 것이다. 따라서 문제를 해결하기 위한 도구일 뿐, 회귀식 자체가 목적이 아니므로 분석의 결과로부터 분석대상이 되는 시스템에 대한 정보를 얻는 것이 중요하다. 마지막으로, 회귀모형은 변수 간의 인과관계를 의미하는 것은 아니라는 것이다. 비록 두 개 혹은 그 이상의 변수의 데이터가 통계적으로 뚜렷한 관계를 보인다고 하더라도, 이것이 원인에 의한 결과로 반응변수가 나타나게 된다는 증거가 될 수는 없다. 인과관계를 설명하고자 할 때에는 회귀모형을 추정하기 위한 자료 외에도 분석대상 시스템의 특성으로부터 얻어지는 원리 차원의 이론적인 근거가 필요하다. 회귀분석은 이러한 이론적 바탕에서만 인과관계를 뒷받침할 뿐이다.

마지막으로 **회귀**(regression)란 용어의 의미를 알아보자. 일반적으로 두 확률변수 X와 Y가 있을 때, $X = x$가 주어졌을 때 Y의 조건부 기댓값

$$E\{Y \mid X = x\}$$

는 x의 함수가 되는데, 이를 Y의 X에 대한 회귀(regression of Y on X)라 부른다. 예를 들어, x가 해마다 변하는 연간 강우량 X의 금년도 실현값, 즉 금년 강우량이고 Y가 금년도 곡물수확량이라면 식 (10.3)은 실제로는

$$E(Y \mid X = x) = \beta_0 + \beta_1 x \tag{10.5}$$

을 의미하게 된다. 다른 예로 x가 어떤 화학공정에서의 촉매사용량이고 Y는 그에 따른 수율이라 하면, x는 우리가 정해주는 값이므로 식 (10.3)은 조건부 기댓값이 아니다. 그런데 x가 확률변수 X의 실현값이든 우리가 정해주는 값이든 식 (10.2)는 표현상 아무 차이가 없다. 즉 (10.2)가 회귀모형이냐 아니냐는 x의 성격에 따른 개념의 차이만 있을 뿐, 자료의 분석방법과 절차, 그리고 분석결과에는 차이가 없다. 따라서 이 책에서는 이러한 개념의 차이를 구분하지 않고 모두 회귀모형이라 부르기로 한다. 여기서는 편의상 식 (10.2)로 설명하였으나 설명변수가 여러 개 있는 식 (10.4)에도 당연히 같은 설명이 적용된다.

10.2 단순회귀모형

식 (10.1)에서 가장 단순한 형태는 설명변수가 하나인 단순회귀모형으로 x를 설명변수, Y를 반응변수라 할 때, 이들 간의 관계는 식 (10.2)와 같이 표현된다. 여기서 β_0와 β_1은 **회귀계수** (regression coefficient)라 불리는 회귀모형의 모수이고, 오차 ϵ은 일반적으로 평균 0, 분산 σ^2인 정규분포를 따른다고 가정한다. 이때 Y의 평균은 식 (10.3)으로부터 설명변수의 값과 회귀계수에 따라 결정된다는 것을 알 수 있다. Y의 분산은 $V(Y) = \sigma^2$로 설명변수와 무관하게 일정함을 알 수 있다.

10.2.1 최소제곱추정

실험이나 조사를 통하여 설명변수 x의 여러 값 $x_1, \cdots, x_n$에 대응하는 반응변수 Y의 관측값 $y_1, \cdots, y_n$을 얻었을 때, 이를 이용하여 x와 Y의 관계를 식 (10.2)의 단순회귀모형으로 분석하는 경우를 생각해보자. 반응변수와 설명변수 간에 단순회귀모형을 가정하면 식 (10.2)는 다음과 같이 나타낼 수 있다.

$$Y_i = \beta_0 + \beta_1 x_i + \epsilon_i, \quad i = 1, 2, \cdots, n \tag{10.6}$$

여기서 ϵ_i들은 서로 독립이이고 평균 0, 분산 σ^2인 동일한 분포를 따른다고 가정한다.

이와 같이 회귀모형을 가정한 후에는 이 선형식을 결정하는 β_0와 β_1를 추정해야 한다. 추정하는 방법은 여러 가지가 있을 수 있겠으나 직관적인 판단으로는 선형식에 의한 반응변수의 기댓값과 반응변수의 실제 관찰값의 차이를 최소화하는 것이 바람직할 것이다. 이러한 개념을 토대로 각 x_i에서 Y_i의 관측값 y_i와 회귀직선상의 값 간의 차이, 즉 오차 ϵ_i를 제곱하여 모두 합한 것을 최소로 하는 추정방법을 **최소제곱법**(method of least squares)이라 한다. 이때 오차의 제곱합

$$Q(\beta_0,\ \beta_1) \equiv \sum_{i=1}^{n} \epsilon_i^2 = \sum_{i=1}^{n} (y_i - \beta_0 - \beta_1 x_i)^2 \tag{10.7}$$

을 최소화하는 β_0와 β_1의 추정값 $\widehat{\beta_0}$, $\widehat{\beta_1}$을 **최소제곱추정값**(least square estimates)이라 하는데, 이들은 $Q(\beta_0,\ \beta_1)$을 β_0와 β_1으로 편미분하여 0으로 놓은 식을 연립으로 풀어서 구한다. 즉,

$$\left.\frac{\partial S(\beta_0,\ \beta_1)}{\partial \beta_0}\right|_{\widehat{\beta}_0,\ \widehat{\beta}_1} = -2\sum_{i=1}^{n}(y_i - \widehat{\beta_0} - \widehat{\beta_1} x_i) = 0$$

$$\left.\frac{\partial S(\beta_0,\ \beta_1)}{\partial \beta_1}\right|_{\widehat{\beta}_0,\ \widehat{\beta}_1} = -2\sum_{i=1}^{n}(y_i - \widehat{\beta_0} - \widehat{\beta_1} x_i)x_i = 0$$

을 만족하는 $\hat{\beta}_0$과$\hat{\beta}_1$이 최소제곱추정값이 된다. 위의 두 식을 정리하면

$$n\widehat{\beta_0} + \widehat{\beta_1}\sum_{i=1}^{n} x_i = \sum_{i=1}^{n} y_i \tag{10.8a}$$

$$\widehat{\beta_0}\sum_{i=1}^{n} x_i + \widehat{\beta_1}\sum_{i=1}^{n} x_i^2 = \sum_{i=1}^{n} x_i y_i \tag{10.8b}$$

이 되는데, 식 (10.8a)와 (10.8b)를 **정규방정식**(normal equations)이라 한다. 정규방정식을 풀면 다음과 같은 결과를 얻는다.

정리 10.1 | β_0와 β_1의 최소제곱추정값

단순회귀모형에서 회귀계수 β_0와 β_1의 최소제곱추정값은

$$\widehat{\beta_1} = \frac{\sum_{i=1}^{n}(x_i - \bar{x})(y_i - \bar{y})}{\sum_{i=1}^{n}(x_i - \bar{x})^2}$$

$$\widehat{\beta_0} = \overline{y} - \widehat{\beta_1}\overline{x}$$

이다. 단, $\overline{x} = \frac{1}{n}\sum_{i=1}^{n} x_i$이며 $\overline{y} = \frac{1}{n}\sum_{i=1}^{n} y_i$이다.

앞으로 $\sum(x_i - \overline{x})^2$, $\sum(y_i - \overline{y})^2$, $\sum(x_i - \overline{x})(y_i - \overline{y})$ 등의 표현을 자주 쓰는데 편의상 각각 S_{xx}, S_{yy}, S_{xy}라 정의하여 사용하기로 한다. 이들의 값은 다음 계산식을 이용하여 구하는 것이 편리하다.

$$S_{xx} \equiv \sum_{i=1}^{n}(x_i - \overline{x})^2 = \sum_{i=1}^{n} x_i^2 - \frac{\left(\sum_{i=1}^{n} x_i\right)^2}{n} \tag{10.9}$$

$$S_{yy} \equiv \sum_{i=1}^{n}(y_i - \overline{y})^2 = \sum_{i=1}^{n} y_i^2 - \frac{\left(\sum_{i=1}^{n} y_i\right)^2}{n} \tag{10.10}$$

$$S_{xy} \equiv \sum_{i=1}^{n}(x_i - \overline{x})(y_i - \overline{y}) = \sum_{i=1}^{n} x_i y_i - \frac{\left(\sum_{i=1}^{n} x_i\right)\left(\sum_{i=1}^{n} y_i\right)}{n} \tag{10.11}$$

이 식을 이용하면 β_1의 최소제곱추정값은 $\widehat{\beta_1} = S_{xy}/S_{xx}$로 간단히 표시할 수 있다.

예제 10.1 고가의 기계를 사용하여 제품을 생산하는 어떤 공장에서는 6개월에 한 번씩 기계를 정비한다고 한다. 기계의 사용기간(단위: 월)과 정비비용(단위: 만 원) 사이에 어떤 관계가 있는지를 알아보기 위해 기계의 사용기간에 따른 정비비용을 조사하였다. 10대의 기계를 조사한 결과 다음과 같은 자료를 얻었다.

관측번호(i)	1	2	3	4	5	6	7	8	9	10
사용기간(x_i)	18	6	30	48	6	36	18	18	30	36
정비비용(y_i)	25	17	48	58	23	40	30	39	40	60

이 자료로 산점도를 그린 것이 [그림 10.2]로, 정비비용 Y와 기계의 사용기간 x간에는 선형관계가 있는 것으로 보인다. 따라서 두 변수 간의 관계를 단순회귀모형 $Y = \beta_0 + \beta_1 x + \epsilon$에 적합시켜 보자.

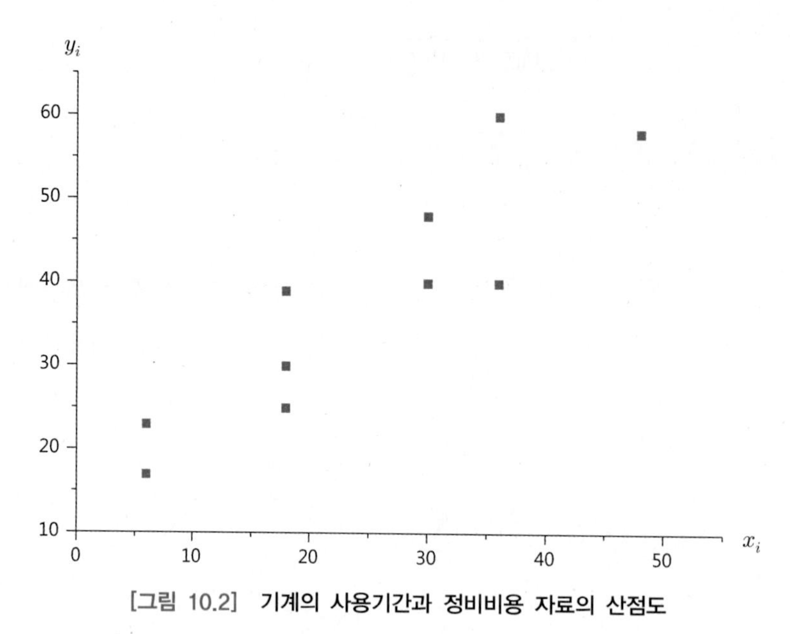

[그림 10.2] 기계의 사용기간과 정비비용 자료의 산점도

• **풀이** 먼저 S_{xx}와 S_{xy}를 계산하여 보면

$$S_{xx} = \sum_{i=1}^{n} x_i^2 - \frac{\left(\sum_{i=1}^{n} x_i\right)^2}{n} = 7{,}740 - \frac{(246)^2}{10} = 1{,}688.4,$$

$$S_{xy} = \sum_{i=1}^{n} x_i y_i - \frac{\sum_{i=1}^{n} x_i \sum_{i=1}^{n} y_i}{n} = 10{,}956 - \frac{(246)(380)}{10} = 1{,}608.0$$

이다. 따라서

$$\widehat{\beta_1} = \frac{S_{xy}}{S_{xx}} = \frac{1{,}608.0}{1{,}688.4} = 0.9524$$

$$\widehat{\beta_0} = \overline{y} - \widehat{\beta_1}\overline{x} = 38 - (0.9524)(24.6) = 14.5714$$

이고, 추정회귀식은

$$\hat{y} = 14.5714 + 0.9524x$$

로 기계의 사용기간이 1개월 늘어날 때 정비비용은 평균적으로 9,524원 만큼 늘어난다는 것을 보여주고 있다. ■

[R에 의한 계산]

```
> x<-c(18,6,30,48,6,36,18,18,30,36)
> y<-c(25,17,48,58,23,40,30,39,40,60)
> lm(y~x)
Call:
lm(formula = y ~ x)
Coefficients:
(Intercept)          x
     14.5714     0.9524
```

최소제곱법에 의해 회귀계수들의 추정값을 구한 뒤에는 추정된 회귀식이 자료와 어느 정도 부합하는지를 분석해 보아야 한다. 실제 관측값과 추정된 회귀식에 의해 적합된 값의 차를 **잔차**(residual)라 부른다. i번째 관측값에 대한 잔차는 다음과 같이 표현된다.

$$e_i = y_i - \hat{y}_i = y_i - (\hat{\beta}_0 + \hat{\beta}_1 x_i) \tag{10.12}$$

잔차는 모형의 오차 ϵ_i가 실제로 구현된 것이라고도 볼 수 있기 때문에, 분산 σ^2의 추정뿐만 아니라 Y_i들의 독립성과 등분산성 등 모형의 분포에 대한 가정들이 적절한지 점검할 때에도 사용된다.

10.2.2 추정량의 성질

[정리 10.1]에서 관측값 y_i 대신 확률변수 Y_i를 대입한 β_1과 β_0의 최소제곱추정량

$$\hat{\beta}_1 = \frac{\sum_{i=1}^{n}(x_i - \overline{x})(Y_i - \overline{Y})}{\sum_{i=1}^{n}(x_i - \overline{x})^2} = \frac{S_{xY}}{S_{xx}}, \tag{10.13a}$$

$$\hat{\beta}_0 = \overline{Y} - \hat{\beta}_1 \overline{x} \tag{10.13b}$$

는 통계적으로 중요한 몇 가지 성질을 갖고 있다. 먼저 두 추정량은 다음과 같이 Y_i의 선형결합으로 표현될 수 있다.

$$\widehat{\beta_1} = \frac{\sum_{i=1}^{n}(x_i - \overline{x})Y_i}{S_{xx}} = \sum_{i=1}^{n} c_i Y_i, \quad \text{단, } c_i = (x_i - \overline{x})/S_{xx},\ i = 1,\ 2,\ \cdots,\ n, \tag{10.14a}$$

$$\widehat{\beta_0} = \overline{Y} - \overline{x}\widehat{\beta_1} = \sum_{i=1}^{n} d_i Y_i, \quad \text{단, } d_i = \frac{1}{n} - \overline{x}c_i,\ i = 1,\ 2,\ \cdots,\ n. \tag{10.14b}$$

이제 c_i와 d_i의 정의로부터

$$\begin{aligned}
&\sum_{i=1}^{n} c_i = 0,\ \sum_{i=1}^{n} c_i x_i = 1,\quad \sum_{i=1}^{n} c_i^2 = \frac{1}{S_{xx}}, \\
&\sum_{i=1}^{n} d_i = 1,\ \sum_{i=1}^{n} d_i x_i = 0,\quad \sum_{i=1}^{n} d_i^2 = \frac{1}{n} + \frac{\overline{x}^2}{S_{xx}} = \frac{\sum x_i^2}{nS_{xx}}, \\
&\sum_{i=1}^{n} d_i c_i = -\frac{\overline{x}}{S_{xx}}
\end{aligned} \tag{10.15}$$

가 됨을 알 수 있다. 따라서 $\widehat{\beta_1}$와 $\widehat{\beta_0}$의 기댓값을 구해보면

$$E(\widehat{\beta_1}) = \sum_{i=1}^{n} c_i E(Y_i) = \sum_{i=1}^{n} c_i(\beta_0 + \beta_1 x_i) = \beta_0 \sum_{i=1}^{n} c_i + \beta_1 \sum_{i=1}^{n} c_i x_i = \beta_1, \tag{10.16a}$$

$$E(\widehat{\beta_0}) = \sum_{i=1}^{n} c_i E(Y_i) = \sum_{i=1}^{n} d_i(\beta_0 + \beta_1 x_i) = \beta_0 \sum_{i=1}^{n} d_i + \beta_1 \sum_{i=1}^{n} d_i x_i = \beta_0 \tag{10.16b}$$

가 된다.

정리 10.2 |

단순회귀모형의 모수 β_0, β_1의 최소제곱추정량 $\widehat{\beta_0}$, $\widehat{\beta_1}$은 불편추정량이다. 즉, $E(\widehat{\beta_0}) = \beta_0$, $E(\widehat{\beta_1}) = \beta_1$이다.

다음으로 $\widehat{\beta_1}$과 $\widehat{\beta_0}$의 분산을 구하면 Y_i가 서로 독립이므로 식 (10.15)를 이용하여

$$V(\widehat{\beta_1}) = V(\sum_{i=1}^{n} c_i Y_i) = \sigma^2 \sum_{i=1}^{n} c_i^2 = \frac{\sigma^2}{S_{xx}}, \tag{10.17a}$$

$$V(\widehat{\beta_0}) = V(\sum_{i=1}^{n} d_i Y_i) = \sigma^2 \sum_{i=1}^{n} d_i^2 = \sigma^2 \left[\frac{1}{n} + \frac{\overline{x}^2}{S_{xx}} \right] \tag{10.17b}$$

가 된다. 또한 $\widehat{\beta_0}$와 $\widehat{\beta_1}$의 공분산은

$$Cov(\widehat{\beta_0},\ \widehat{\beta_1}) = Cov\left(\sum_{i=1}^{n} d_i Y_i,\ \sum_{i=1}^{n} c_j Y_j \right) = \sum_i \sum_j d_i c_j Cov(Y_i,\ Y_j)$$

$$= \sigma^2 \sum_i d_i c_i = \sigma^2 \left(-\frac{\overline{x}}{S_{xx}} \right) \tag{10.17c}$$

가 된다.

정리 10.3 | 최소제곱추정량의 분산과 공분산

단순회귀모형의 모수 β_0, β_1의 최소제곱추정량 $\widehat{\beta_0}$과 $\widehat{\beta_1}$의 분산과 공분산은 다음과 같다.

$$V(\widehat{\beta_1}) = \frac{\sigma^2}{\sum (x_i - \overline{x})^2} = \frac{\sigma^2}{S_{xx}},$$

$$V(\widehat{\beta_0}) = \sigma^2 \left(\frac{1}{n} + \frac{\overline{x}^2}{\sum (x_i - \overline{x})^2} \right) = \sigma^2 \left(\frac{1}{n} + \frac{\overline{x}^2}{S_{xx}} \right),$$

$$Cov(\widehat{\beta_0},\ \widehat{\beta_1}) = \sigma^2 \left(-\frac{\overline{x}}{\sum (x_i - \overline{x})^2} \right) = -\frac{\sigma^2 \overline{x}}{S_{xx}}.$$

예제 10.2 [예제 10.1]의 자료로부터 최소제곱추정량 $\widehat{\beta_0}$, $\widehat{\beta_1}$의 분산과 공분산을 구해보자.

• **풀이** [예제 10.1]로부터 $n = 10$, $\sum x_i = 246$, $\sum x_i^2 = 7{,}740$, $S_{xx} = 1{,}688.4$이므로,

$$V(\widehat{\beta_1}) = \frac{\sigma^2}{S_{xx}} = 0.00059\sigma^2,$$

$$V(\widehat{\beta_0}) = \sigma^2 \left(\frac{1}{n} + \frac{\overline{x}^2}{S_{xx}} \right) = 0.45842\sigma^2,$$

$$Cov(\widehat{\beta_0},\ \widehat{\beta_1}) = -\frac{x\sigma^2}{S_{xx}} = -0.01457\sigma^2$$

이다. ■

최소제곱추정량은 지금까지 살펴 본 것 외에도 다음과 같은 성질이 있다.

i) 모든 회귀모형의 잔차의 합은 항상 0이다. 즉,

$$\sum_{i=1}^{n}(y_i - \hat{y}_i) = \sum_{i=1}^{n} e_i = 0 \tag{10.18a}$$

이다. 이 성질을 바꾸어 말하면, 관측값의 총합은 적합된 값의 총합과 같다는 것으로

$$\sum_{i=1}^{n} y_i = \sum_{i=1}^{n} \hat{y}_i \tag{10.18b}$$

이다.

ii) 최소제곱법에 의해 적합된 회귀직선은 항상 점$(\bar{x},\ \bar{y})$를 지난다.

10.2.3 분산의 추정

단순회귀모형의 모수나 그 함수에 관한 추론을 하기 위해서는 β_0와 β_1에 대한 추정뿐 아니라 오차의 분산 σ^2에 대한 추정도 필요하다. **잔차제곱합** 혹은 **오차제곱합**(sum of squares for error; SSE)은

$$\begin{aligned} SSE &\equiv \sum_{i=1}^{n}(Y_i - \widehat{Y}_i)^2 = \sum_{i=1}^{n}(Y_i - \widehat{\beta}_0 - \widehat{\beta}_1 x_i)^2 \\ &= \sum_{i=1}^{n}\left[(Y_i - \overline{Y}) - \widehat{\beta}_1(x_i - \overline{x})\right]^2 \\ &= S_{YY} - 2\widehat{\beta}_1 S_{xY} + \widehat{\beta}_1^{\,2} S_{xx} \\ &= S_{YY} - \widehat{\beta}_1 S_{xY} \\ &= S_{YY} - \widehat{\beta}_1^2 S_{xx} \\ &= S_{YY} - S_{xY}^2 / S_{xx} \end{aligned} \tag{10.19}$$

등으로 표현할 수 있다. 오차제곱합 SSE의 기댓값은 $E(SSE) = (n-2)\sigma^2$임을 보일 수 있으며 이로부터 σ^2의 불편추정량을 구할 수 있다.

정리 10.4 | σ^2에 대한 불편추정량

단순회귀모형에서 평균제곱오차(mean square error; MSE)

$$MSE \equiv \frac{SSE}{n-2} = \frac{\sum(Y_i - \hat{Y}_i)^2}{n-2}$$

는 σ^2의 불편추정량이다.

예제 10.3 [예제 10.1]에서 분산의 추정값을 구해보자.

• **풀이**

$$S_{yy} = \sum_{i=1}^{n} y_i^2 - \frac{\left(\sum_{i=1}^{n} y_i\right)^2}{n} = 16,332 - \frac{(380)^2}{10} = 1,892.00$$

이고, 식 (10.19)로부터

$$SSE = S_{yy} - \hat{\beta}_1 S_{xy} = 1,892.00 - (0.9524)(1,608.0) = 360.58$$

이다. 따라서 분산 σ^2의 추정값은 [정리10.4]에 의해

$$MSE = \frac{SSE}{n-2} = \frac{360.58}{8} = 45.07$$

이다. ■

연습문제 10.2

1. 아래의 자료를 단순회귀모형에 적합시키고, 산점도 위에 추정된 회귀직선을 보여라.

x	-2	-1	0	1	2
y	1	2	2	3	5

2. A회사 전자제품 10종류의 대형 할인점에서의 판매가 x(단위: 만 원)와 인터넷 쇼핑몰에서의 판

매가 y를 조사하여 다음의 자료를 얻었다. 이 자료를 이용하여 단순회귀식을 추정하고 MSE를 구하라.

품목	1	2	3	4	5	6	7	8	9	10
x	10	12	9	27	47	112	36	241	59	167
y	9	14	7	29	45	109	40	238	60	170

3. 어떤 제품의 가격을 매년 조사해 본 결과, 제품의 가격(단위: 만 원)은 해마다 선형적으로 증가하는 듯이 보였다. 그래프를 이용하여 이러한 경향을 확인해 보고, $x=$(연도$-$1993)를 설명변수로 하여 단순회귀모형에 적합시켜라.

연도	1994	1995	1996	1997	1998	1999	2000	2001
가격	13.5	16.1	17.3	20.0	21.5	22.0	27.2	28.6

4. 승용차의 엔진 배기량과 주행시의 연비를 조사하여 다음과 같은 결과를 얻었다.

차종	1	2	3	4	5	6	7	8
배기량(cc)	796	1,349	1,498	1,761	1,998	2,295	2,799	3,199
연비(km/l)	23.8	16.4	15.5	13.1	10.0	9.6	8.3	6.2

(a) 배기량을 설명변수, 연비를 반응변수로 하여 산점도를 그려라.

(b) 위의 자료를 단순회귀모형에 적합시켜라.

(c) (b)에서 얻어진 결과를 (a)의 결과에 같이 표시하고 이 직선이 데이터의 패턴을 잘 표현하는지를 판단하라.

5. 약품이 생물에 미치는 독성의 정도를 측정하는 척도로 LC50(주어진 시간 내에 시험대상의 50%가 죽는 농도)을 흔히 사용한다. 여러 약품에 대하여 4시간 동안 특정 물고기의 LC50을 측정하는 실험을 한 결과가 다음과 같다. 한 번은 정화장치를 거쳐서 나온 폐수에서 실험을 하였고, 한 번은 정화장치를 거치지 않은 폐수에서 실험을 하였다. 이 자료를 단순회귀모형에 적합시켜라.

약품의 종류	1	2	3	4	5	6	7	8	9	10
정화되기 전의 LC50	14.3	0.6	7.9	2.5	6.8	5.1	0.9	1.2	11.8	7.3
정화된 후의 LC50	57.3	9.5	48.4	12.2	17.6	30.1	6.7	15.6	37.9	29.6

6. 특수인쇄 전문업체에서 최근 처리한 인쇄주문 중 일부를 표본으로 뽑아 교정작업을 해야 할 인

쇄물의 수 (x)와 교정비용 (y, 단위: 만 원)에 관하여 다음과 같은 자료를 얻었다. 교정작업에 고정비용은 발생하지 않고 변동비용만 발생한다고 한다.

i	1	2	3	4	5	6	7	8	9	10	11	12
x_i	10	12	10	7	14	6	30	25	4	10	18	25
y_i	14.4	20.6	23.5	10.3	28.4	7.9	48.3	46.8	11.8	16.6	33.7	38.9

(a) 이 자료를 원점을 지나는 회귀모형 $Y_i = \beta x_i + \epsilon_i$에 적합시키고 σ^2의 추정값을 구하라.

(b) 산점도와 (a)에서 구한 회귀직선을 그려라.

7. 어떤 품종의 나무에 대하여 직경(단위: cm)과 높이(단위: m)를 측정하여 다음과 같은 자료를 얻었다.

관측번호(i)	1	2	3	4	5	6	7	8	9	10
직경(x_i)	36	37	32	40	35	43	25	38	30	40
높이(y_i)	7.0	6.5	6.0	7.6	6.1	7.1	6.2	6.4	6.7	6.5

(a) 이 자료를 회귀모형 $Y = \beta x + \epsilon$에 적합시켜라.

(b) 이 자료를 회귀모형 $Y = \beta_0 + \beta_1 x + \epsilon$에 적합시켜라.

(c) 산점도와 (a), (b)에서 추정된 회귀식을 그리고 이를 비교하라.

8. 주어진 자료 n개를 1차회귀직선에 적합시키고자 한다. 만약 n이 짝수이고 n개의 x값들을 $-5 \le x \le 5$의 범위에서 얻을 수 있다고 한다면 $V(\hat{\beta}_1)$을 최소화하기 위해 x값들을 어떻게 선택해야 하겠는가?

9. 어느 작업을 수행하는 데 필요한 시간(y)은 그 작업의 어려운 정도(x)에 대하여 일차회귀관계를 가진다고 한다. 그러나 이 일차관계는 $x = 40$을 기준으로 서로 다르며 또한 $x = 40$에서 불연속이라 한다. 위 상황을 나타낼 수 있는 회귀관계식을 구하라.

10. 식 (10.15)들이 성립함을 보여라.

11. 다음 관계가 성립함을 보여라.

(a) $\sum_{i=1}^{n} e_i = \sum_{i=1}^{n} (y_i - \hat{y}_i) = 0$

(b) $\sum_{i=1}^{n} x_i e_i = 0$

(c) $\sum_{i=1}^{n} \hat{y}_i e_i = 0$

12. 다음 관계가 성립함을 보여라.

(a) $Cov(\overline{Y},\ \hat{\beta}_1) = 0$

(b) $E(SSE) = (n-2)\sigma^2$

13. 두 변수 x와 y의 관계가 이론적으로 $x=0$일 때, $y=0$이라는 것이 명백한 경우가 있다. 이 경우에는 단순회귀모형에서 $\beta_0 = 0$으로 놓고 원점을 통과하는 다음과 같은 회귀모형을 사용할 수 있다.

$$Y_i = \beta x_i + \epsilon_i,\ i = 1,\ \cdots,\ n$$

단, 여기서 ϵ_i는 평균이 0이고, 분산이 σ^2인 서로 독립적이고 동일한 분포를 따른다. 이 모형에서 β의 최소제곱 추정량 $\hat{\beta}$와 MSE를 구하라.

14*. $Y_i = \alpha_0 e^{-\alpha_1 x_i} \epsilon_i,\ i = 1,\ \cdots,\ n$으로 표현되는 회귀모형이 있다고 하자. 여기서 ϵ_i들은 서로 독립이고 평균은 1이며 분산이 σ^2인 동일한 분포를 따른다고 한다. 이때, α_0와 α_1을 최소제곱법에 의해 추정하라.

15*. $\sum_{i=1}^{n} a_i Y_i$의 형태로 표현되는 회귀계수 β_0, β_1의 불편추정량을 선형불편추정량이라고 한다. 식 (10.13a) 및 (10.13b)로 주어진 추정량은 β_0, β_1의 모든 선형불편추정량 중에서 분산이 가장 작은 추정량(BLUE: Best Linear Unbiased Estimator)임을 보여라.

10.3 단순회귀모형에 관한 추론

이 절에서는 최소제곱추정량의 분포를 구하고, 모수에 대한 가설검정과 구간추정을 하는 방법과 회귀모형을 이용하여 반응변수를 예측하는 절차에 대하여 살펴본다. 회귀모형의 모수에 관한 추론을 하기 위해서는 ϵ_i의 분포에 대한 가정이 필요하므로 ϵ_i들은 iid이고 정규분포 $N(0,\ \sigma^2)$을 따른다고 가정한다.

10.3.1 회귀계수에 대한 추론

만약 회귀모형의 모수들 중 기울기를 나타내는 β_1이 특정한 수치와 같은지 아닌지를 검정하고자 한다면, 일반적인 가설의 형태는

$$H_0 : \beta_1 = \beta_{10} \text{ 대 } H_1 : \beta_1 \neq \beta_{10} \text{ (또는 } H_1 : \beta_1 > \beta_{10} \text{ 또는 } H_1 : \beta_1 < \beta_{10})$$

이 된다. 여기서 β_{10}는 β_1의 참값일 것이라고 추측되는 수치이다. $\epsilon_i \sim \text{iid } N(0,\ \sigma^2)$이므로, Y_i들은 서로 독립이고 $N(\beta_0 + \beta_1 x_i,\ \sigma^2)$를 따른다. 식 (10.14a)에서 보듯이 $\widehat{\beta_1}$은 Y_i들의 선형결합으로 [예제 7.22]로부터 정규분포를 따르므로 [정리 10.2]와 [정리 10.3]에 의해 $\widehat{\beta_1} \sim N(\beta_1,\ \sigma^2/S_{xx})$이다. 따라서 만일 σ^2을 알고 있다면 통계량

$$Z_0 = \frac{\widehat{\beta_1} - \beta_{10}}{\sqrt{\sigma^2/S_{xx}}} \tag{10.20}$$

는 귀무가설 H_0가 참일 경우 표준정규분포를 따르게 되어 Z_0를 이용해 위의 가설을 검정할 수 있을 것이다. 그러나 σ^2를 모를 경우에는 σ^2의 불편추정량 MSE를 이용할 수 있다.

다음 정리는 σ^2을 모를 경우에 회귀모형에 대한 추론에 필요한 결과이나 증명은 생략한다.

정리 10.5 | 단순회귀모형

$Y_i = \beta_0 + \beta_1 x_i + \epsilon_i, \quad i = 1,\ 2,\ \cdots,\ n$

$$\epsilon_i \sim \text{iid } N(0,\ \sigma^2)$$

에서

i) $(\hat{\beta}_0, \hat{\beta}_1)$과 SSE는 서로 독립이다.

ii) $\dfrac{SSE}{\sigma^2} = \dfrac{(n-2)MSE}{\sigma^2}$은 분포 $\chi^2(n-2)$를 따른다.

식 (10.20) 및 [정리 10.5]로부터 H_0가 참일 때 통계량

$$T_0 = \frac{\hat{\beta}_1 - \beta_{10}}{\sqrt{MSE/S_{xx}}} \tag{10.21}$$

는 자유도가 $n-2$인 t분포를 따른다는 것을 알 수 있고 이를 토대로 H_0에 대한 가설을 검정할 수 있다.

정리 10.6 | β_1에 대한 가설검정

귀무가설: $H_0 : \beta_1 = \beta_{10}$

검정통계량: $T_0 = \dfrac{\hat{\beta}_1 - \beta_{10}}{\sqrt{MSE/S_{xx}}}$

기각역: i) $t_0 > t_\alpha(n-2)$ $(H_1 : \beta_1 > \beta_{10})$

ii) $t_0 < -t_\alpha(n-2)$ $(H_1 : \beta_1 < \beta_{10})$

iii) $|t_0| > t_{\alpha/2}(n-2)$ $(H_1 : \beta_1 \neq \beta_{10})$

β_1과 비슷한 방법으로 절편 β_0에 대한 가설

$$H_0 : \beta_0 = \beta_{00} \text{ 대 } H_1 : \beta_0 \neq \beta_{00} \text{ (또는 } H_1 : \beta_0 > \beta_{00} \text{ 또는 } H_1 : \beta_0 < \beta_{00})$$

의 검정을 살펴보자. $\hat{\beta}_0$는 Y_i의 선형결합으로 정규분포를 따르고, $E(\hat{\beta}_0) = \beta_0$, $V(\hat{\beta}_0) = \sigma^2\left[\dfrac{1}{n} + \dfrac{\overline{x}^2}{S_{xx}}\right]$이므로 $\hat{\beta}_0 \sim N\left(\beta_0, \sigma^2\left[\dfrac{1}{n} + \dfrac{\overline{x}^2}{S_{xx}}\right]\right)$이다. 따라서 H_0가 참이면 통계량

$$T_0 = \frac{\hat{\beta}_0 - \beta_{00}}{\sqrt{MSE\left[\dfrac{1}{n} + \dfrac{\overline{x}^2}{S_{xx}}\right]}} \tag{10.22}$$

는 자유도가 $(n-2)$인 t분포를 따르게 되므로 다음 정리에 의거하여 가설검정을 할 수 있다.

정리 10.7 | β_0에 대한 가설검정

귀무가설: $H_0 : \beta_0 = \beta_{00}$

검정통계량: $T_0 = \dfrac{\widehat{\beta_0} - \beta_{00}}{\sqrt{MSE\left[\dfrac{1}{n} + \dfrac{\overline{x}^2}{S_{xx}}\right]}}$

기각역: i) $t_0 > t_\alpha(n-2)$ $\quad (H_1 : \beta_0 > \beta_{00})$

ii) $t_0 < -t_\alpha(n-2)$ $\quad (H_1 : \beta_0 < \beta_{00})$

iii) $|t_0| > t_{\alpha/2}(n-2)$ $\quad (H_1 : \beta_0 \neq \beta_{00})$

회귀계수 β_1과 β_0에 대한 신뢰구간은 [정리 10.5]~[정리 10.7]의 결과를 이용하여 다음과 같이 구한다.

정리 10.8 | 회귀계수에 대한 구간추정

i) $\widehat{\beta_1} \pm t_{\alpha/2}(n-2)\sqrt{\dfrac{MSE}{S_{xx}}}$

는 β_1에 대한 $100(1-\alpha)\%$ 양측 신뢰구간이 되고,

ii) $\widehat{\beta_0} \pm t_{\alpha/2}(n-2)\sqrt{MSE\left(\dfrac{1}{n} + \dfrac{\overline{x}^2}{S_{xx}}\right)}$

는 β_0에 대한 $100(1-\alpha)\%$ 양측 신뢰구간이 된다.

또한 σ^2에 대한 신뢰구간은 [정리 10.5]를 이용하여 다음과 같이 구한다.

정리 10.9 | 분산에 대한 구간추정

$$\left(\frac{SSE}{\chi^2_{\alpha/2}(n-2)},\ \frac{SSE}{\chi^2_{1-\alpha/2}(n-2)}\right)$$

는 σ^2에 대한 $100(1-\alpha)\%$ 양측 신뢰구간이 된다.

예제 10.4 [예제 10.1]에서 β_1과 σ^2에 대한 95% 양측 신뢰구간을 구해보자.

• **풀이** [예제 10.1]과 [예제 10.3]의 결과로부터

$$\sqrt{\frac{MSE}{S_{xx}}} = \sqrt{\frac{45.07}{1,688.4}} = 0.1634$$

이다. 부록의 t분포표로부터 $t_{.025}(8) = 2.306$이므로

$$\hat{\beta}_1 \pm t_{.025}(8)\sqrt{\frac{MSE}{S_{xx}}} = 0.9524 \pm (2.306)(0.1634) = 0.9524 \pm 0.3768$$

이 되어, $(0.576,\ 1.329)$는 β_1에 대한 95% 양측 신뢰구간이 된다. 또한 부록의 χ^2분포표로부터 $\chi^2_{.025}(8) = 17.535$이고, $\chi^2_{.975}(8) = 2.180$이므로,

$$\frac{360.58}{17.535} < \sigma^2 < \frac{360.58}{2.180},$$

즉, $(20.56,\ 165.40)$은 σ^2에 대한 95% 양측 신뢰구간이 됨을 알 수 있다. ■

10.3.2 $E(Y) = \beta_0 + \beta_1 x_0$에 대한 추론

어떤 화학공정에서의 수율 Y는 공정온도 x에 영향을 받는다고 할 경우, 온도가 특정 값 x_0로 주어지면 수율은 평균적으로 얼마나 될까? 이런 종류의 물음은 산업현장에서 흔히 있을 수 있는 문제이다. 만약, Y와 x의 관계가 단순회귀모형으로 표현 가능하다면 이 문제는 $x = x_0$일 때 $E(Y) = \beta_0 + \beta_1 x_0$에 대해 추론하는 문제가 된다. $E(Y) = \beta_0 + \beta_1 x_0$의 추정량은 식 (10.14a) 및 (10.14b)로부터

$$\hat{\beta}_0 + \hat{\beta}_1 x_0 = \sum_{i=1}^{n} (d_i + c_i x_0) Y_i \tag{10.23}$$

로 얻어진다. 식 (10.23)은 정규분포를 따르는 서로 독립인 Y_i들의 선형결합이므로 정규분포를 따른다. 그리고 [정리 10.2]로부터

$$E(\hat{\beta}_0 + \hat{\beta}_1 x_0) = E(\hat{\beta}_0) + E(\hat{\beta}_1) x_0 = \beta_0 + \beta_1 x_0 \tag{10.24}$$

이고 [정리 10.3]을 이용하면

$$V(\widehat{\beta_0}+\widehat{\beta_1}x_0)=\left[\frac{1}{n}+\frac{(x_0-\overline{x})^2}{S_{xx}}\right]\sigma^2 \tag{10.25}$$

를 얻는다. 따라서

$$\widehat{\beta_0}+\widehat{\beta_1}x_0 \sim N\left(\beta_0+\beta_1x_0,\ \left[\frac{1}{n}+\frac{(x_0-\overline{x})^2}{S_{xx}}\right]\sigma^2\right) \tag{10.26}$$

이고 [정리 10.5]에서 $\dfrac{(n-2)MSE}{\sigma^2}\sim\chi^2(n-2)$인 사실을 이용하면 다음과 같은 결과를 얻는다.

정리 10.10 | $E(Y)=\beta_0+\beta_1x_0$에 대한 가설검정과 구간추정

① 귀무가설: $H_0 : E(Y)=\beta_0+\beta_1x_0=c$

검정통계량: $T_0=\dfrac{\widehat{\beta_0}+\widehat{\beta_1}x_0-c}{\sqrt{MSE+\left[\dfrac{1}{n}+\dfrac{(x_0-\overline{x})^2}{S_{xx}}\right]}}$

기각역: i) $t_0>t_\alpha(n-2)\quad(H_1:\ \beta_0+\beta_1x_0>c)$

ii) $t_0<-t_\alpha(n-2)\quad(H_1:\ \beta_0+\beta_1x_0<c)$

iii) $|t_0|>t_{\alpha/2}(n-2)\quad(H_1:\ \beta_0+\beta_1x_0\neq c)$

② $100(1-\alpha)\%$ 양측 신뢰구간:

$$\widehat{\beta_0}+\widehat{\beta_1}x_0\pm t_{\alpha/2}(n-2)\sqrt{MSE\cdot\left[\frac{1}{n}+\frac{(x_0-\overline{x})^2}{S_{xx}}\right]}$$

10.3.3 새로운 관측값의 예측

$x=x_0$에서의 새로운 관측값 $Y_0=\beta_0+\beta_1x_0+\epsilon$을 예측하는 문제는 평균반응값 $E(Y)=\beta_0+\beta_1x_0$를 추정하는 문제와는 그 성격이 조금 다르다. Y_0의 평균과 $E(Y)$가 모두 $\beta_0+\beta_1x_0$이기 때문에 $x=x_0$에서의 $E(Y)$의 추정값이나 Y_0의 예측값으로 같은 $\widehat{\beta_0}+\widehat{\beta_1}x_0$를 사용하게 된다. 그러나 평균반응값에 대한 구간은 모수들의 함수 $\beta_0+\beta_1x_0$에 대한 신뢰구간이 되지만 새로운 관측값에 대한 구간은 $Y_0=\beta_0+\beta_1x_0+\epsilon$에 대한 **예측구간**(prediction interval)이 된다. 그

리고 신뢰구간을 구할 때는 기존의 관측값의 변동만을 고려하면 되지만 예측구간을 구할 때는 기존 관측값의 변동에 미래 관측값 Y_0의 변동도 함께 고려해 주어야 한다.

$x=x_0$에서의 새로운 관측값 Y_0의 예측값으로 $\widehat{Y}_0=\widehat{\beta}_0+\widehat{\beta}_1 x_0$를 사용하고 예측오차를 e_0라 한다면

$$e_0 = Y_0 - \widehat{Y}_0 \tag{10.27}$$

이 된다. 여기서 $\widehat{Y}_0$는 기존의 관측값으로부터 얻는 것이고 Y_0는 이와는 무관한 새로운 관측값이므로 $\widehat{Y}_0$와 Y_0는 서로 독립이다. 그리고 $Y_0 \sim N(\beta_0+\beta_1 x_0,\ \sigma^2)$이고 식 (10.26)으로부터 $\widehat{Y}_0 \sim N\left(\beta_0+\beta_1 x_0,\ \sigma^2\left[\frac{1}{n}+\frac{(x_0-\overline{x})^2}{S_{xx}}\right]\right)$이므로 e_0는 정규분포를 따르고 그 평균과 분산은

$$E(e_0)=E(Y_0)-E(\widehat{Y}_0)=0,$$
$$V(e_0)=V(Y_0)+V(\widehat{Y}_0)=\sigma^2\left[1+\frac{1}{n}+\frac{(x_0-\overline{x})^2}{S_{xx}}\right] \tag{10.28}$$

이다. 따라서 e_0를 표준화하고 분산 σ^2대신 추정량 MSE를 사용하여 얻어진

$$T_0 = \frac{Y_0-\widehat{Y}_0}{\sqrt{MSE\left(1+\frac{1}{n}+\frac{(x_0-\overline{x})^2}{S_{xx}}\right)}} \tag{10.29}$$

는 자유도가 $n-2$인 t분포를 하게 된다. 이 결과를 토대로 Y_0에 대한 예측구간을 구하면 다음과 같다.

정리 10.11 | 새로운 관측값에 대한 예측구간

$x=x_0$일 때

$$(\widehat{\beta}_0+\widehat{\beta}_1 x_0) \pm t_{\alpha/2}(n-2)\sqrt{MSE\left[1+\frac{1}{n}+\frac{(x_0-\overline{x})^2}{S_{xx}}\right]}$$

는 새로운 관측값 Y_0에 대한 $100(1-\alpha)\%$ 예측구간이 된다.

[정리 10.10]의 신뢰구간과 [정리 10.11]의 예측구간을 비교하여 보면, 예측구간의 폭이 신뢰구간의 폭보다 넓다는 것을 알 수 있다. 이는 앞서 설명한 바와 같이 예측구간에는 아직 관측되지 않은 반응변수의 변동도 고려되어 있기 때문이다.

예제 10.5 [예제 10.1]의 상황에서 $x_0 = 42$일 때의 새로운 관측값 Y_0에 대한 95% 예측구간을 구해보자.

• 풀이

$$(\widehat{\beta_0} + \widehat{\beta_1} x_0) \pm t_{0.025}(8)\sqrt{MSE\left(1 + \frac{1}{n} + \frac{(x_0 - \overline{x})^2}{S_{xx}}\right)}$$

$$= 54.57 \pm 2.306\sqrt{45.07 \times \left(1 + \frac{1}{10} + \frac{(42 - 24.6)^2}{1{,}688.4}\right)}$$

$$= 54.57 \pm 17.51,$$

즉, $x_0 = 42$일 때 $(37.06,\ 72.08)$는 Y_0에 대한 95% 예측구간이 된다. 한편 [정리 10.10]으로부터 $x_0 = 42$일 때의 평균반응값 $E(Y)$에 대한 95% 양측신뢰구간은 $(46.39,\ 62.75)$으로 예측구간보다 폭이 좁다. ■

연습문제 10.3

1. 연습문제 #10.2.1에서
   (a) $\beta_1 = 0$이라 할 수 있는지를 유의수준 5%로 검정하라.
   (b) β_1에 대한 95% 신뢰구간을 구하라.

2. 연습문제 #10.2.2에서
   (a) $\beta_1 = 1$이라 할 수 있는지를 유의수준 10%로 검정하라.
   (b) σ^2에 대한 95% 양측 신뢰구간을 구하라.
   (c) 할인점 판매가가 백만 원인 제품의 인터넷 쇼핑몰 평균 판매가의 95% 양측 신뢰구간을 구하라.

3. 연습문제 #10.2.4에서

(a) 배기량과 연비간에 선형관계가 있는지를 유의수준 5%로 검정하라.

(b) β_1에 대한 95% 신뢰구간을 구하라.

(c) 배기량이 1,800cc인 차를 새로 구입할 때 이 차의 연비에 대한 95% 예측구간을 구하라.

4. 연습문제 #10.2.5에서

(a) β_1에 대한 90% 양측 신뢰구간을 구하라.

(b) 정화되기 전 폐수의 LC50이 5.0일 때, 정화된 후의 평균 LC50의 95% 양측 신뢰구간과 예측구간을 구해 비교하라.

5. 용수철 끝에 힘을 가할 때, 힘 x와 길이의 변화 y는 다음과 같은 선형관계를 갖는다고 한다.

$$y = kx$$

이러한 'Hooke의 법칙'이 타당한지 알아보기 위해, 길이가 15 cm인 용수철에 추를 매달아 용수철이 늘어난 길이를 측정하는 실험을 한 결과, 다음과 같은 자료를 얻었다.

x(단위: 10 g)	5	10	15	20	25	30
y(단위: cm)	1.5	4.3	6.0	8.4	9.1	11.2

(a) 단순회귀모형 $Y = \beta_0 + \beta_1 x + \epsilon$에 적합시켜라.

(b) 기울기의 95% 신뢰구간을 구하라.

(c) Hooke의 법칙에 의하면 적합된 회귀식은 $(x,\ y) = (0,\ 0)$을 지나야 한다. $\beta_0 = 0$인지 유의수준이 5%로 검정하라.

6. 연습문제 #10.2.6에서

(a) 회귀모형 $Y = \beta_0 + \beta_1 x + \epsilon,\ \epsilon \sim N(0,\ \sigma^2)$에 적합시키고, σ^2을 추정하라.

(b) 가설 $H_0:\ \beta_0 = 0$ 대 $H_1:\ \beta_0 \neq 0$을 유의수준 10%로 검정하고 연습문제 #10.2.6의 결과와 비교하라.

7. 연습문제 #10.2.7(b)의 회귀모형 $Y = \beta_0 + \beta_1 x + \epsilon,\ \epsilon \sim N(0,\ \sigma^2)$에서

(a) 가설 $H_0:\ \beta_1 = 0$ 대 $H_1:\ \beta_1 \neq 0$을 유의수준 10%로 검정하라.

(b) 위의 회귀모형 대신 원점을 지나는 회귀모형 $Y = \beta x + \epsilon,\ \epsilon \sim N(0,\ \sigma^2)$을 쓸 수 있는지 판단하고 연습문제 #10.2.7(c)의 결과와 비교하라.

8. 철판에 구멍을 뚫는 드릴작업에 걸리는 시간 Y는 철판의 두께 x에 영향을 받을 뿐 아니라 사용되는 드릴의 종류(A 또는 B)에도 영향을 받는다. 드릴A를 이용하여 29번 실험한 결과 다음과 같은 관계식을 얻었다.

$$\hat{y} = 7.240 + 0.126x$$

이때 $V(\widehat{\beta_1}) = 0.0284\sigma^2$이고, $SSE = 2.65$이다. 또한, 드릴B를 이용하여 13번 실험하여 다음과 같은 결과를 얻었다.

$$\hat{y} = 5.916 + 0.295x$$

이때 $V(\widehat{\beta_1}) = 0.0218\sigma^2$이고, $SSE = 1.56$이다.

(a) 유의수준 5%로 각 회귀식의 기울기가 0인지를 검정하라.

(b) 두 회귀식의 기울기가 같다고 할 수 있는지를 유의수준 5%로 검정하라.

9. 어떤 컴퓨터 수리센터에 하루 접수되는 고장제품의 수 x와 고장제품을 수리하는 데 드는 비용 y(단위: 천 원)의 관계를 분석하고자 최근 10일간의 자료를 수집한 것이 다음과 같다.

i	1	2	3	4	5	6	7	8	9	10
x_i	3	8	9	6	1	6	5	2	3	8
y_i	41	104	120	75	12	83	66	27	37	101

(a) 이 자료를 단순회귀모형 $Y = \beta_0 + \beta_1 x + \epsilon,\ \epsilon \sim N(0,\ \sigma^2)$에 적합시켜라.

(b) $x = 10$일 때의 평균수리비용에 대한 95% 양측 신뢰구간을 구하라.

(c) β_0가 0인지를 유의수준 10%로 검정하여 원점을 지나는 회귀식이 적당할 것인지 검토하라.

10. 다음의 자료는 다양한 옥탄가를 가지고 있는 가솔린을 사용했을 경우 시험 자동차의 연비(단위: km/l)를 나타낸 것이다.

옥탄가	87	85	90	92	83	82	83	94
연비	9.8	10.5	11.1	11.4	9.1	9.4	10.1	12.2

옥탄가와 연비 간에 선형관계가 존재한다고 가정하고 회귀분석을 통하여 이를 검증하라.

11. 다음과 같은 자료가 주어져 있다.

x	921	762	670	138	828	375	114	575	560	727	475	245
y	196	160	147	33	182	80	20	122	115	154	100	50

(a) 단순회귀모형 $Y = \beta_0 + \beta_1 x + \epsilon$, $\epsilon \sim N(0, \sigma^2)$에 적합시키고 산점도와 추정회귀식을 함께 그려라. 가설 $H_0: \beta_0 = 0$을 유의수준 5%로 검정하라.

(b) 원점을 지나는 회귀모형 $Y = \beta x + \epsilon$, $\epsilon \sim N(0, \sigma^2)$에 적합시키고 가설 $H_0: \beta = 5$를 유의수준 1%로 검정하라.

12. 소금물의 농도(단위: mol/kg)와 물의 끓는점(단위: ℃) 사이에 선형관계가 있는지를 알아보기 위해 농도 x에 따라 물의 끓는점 y를 조사한 결과가 다음과 같다.

x	1.2	0.5	0.7	1.3	1.0	2.3	0.8	2.1	1.6	1.8
y	101.5	100.4	100.6	101.3	100.8	103.2	100.5	102.1	101.4	102.6

(a) 단순회귀모형 $Y = \beta_0 + \beta_1 x + \epsilon$, $\epsilon \sim N(0, \sigma^2)$에 적합시켜라.

(b) $\beta_1 = 0$인지를 유의수준 1%로 검정하라.

(c) 소금물의 농도가 1.5(mol/kg)일 때, 끓는점에 대한 90% 예측구간을 구하라.

13. 다음은 어떤 자동차 정비센터에서 하루 동안 자동차 충격흡수장치 교체작업에 관한 자료이다. x는 충격흡수장치를 교체한 자동차 대수를 나타내며, y는 걸린 총 시간(단위: 시간)이다. 정비센터의 간부진에서는 자동차 한 대당 충격흡수장치 교체에 1.5시간 정도가 소요된다고 믿고 있는 반면, 정비담당자들은 이는 너무 낮게 잡은 수치라고 주장하고 있다. 단순회귀모형을 가정하여 이 상황을 가설검정의 형태로 나타내고 유의수준 5%로 판단하라.

i	1	2	3	4	5	6	7	8	9	10
x_i	1	5	3	1	2	4	2	4	5	2
y_i	1.8	10.2	7.0	2.3	3.7	8.4	3.9	9.3	11.1	4.3

14. 다음의 자료를 단순회귀모형 $Y_i = \beta_0 + \beta_1 x_i + \epsilon_i$, $i = 1, 2, \cdots, 5$, $\epsilon_i \sim \mathrm{iid}\, N(0, \sigma^2)$에 적합시키고 $\beta_0 + 1.5\beta_1$에 대한 95% 양측 신뢰구간을 구하여라.

i	1	2	3	4	5
x_i	−2	−1	0	1	2
y_i	−1.4	0.6	1.3	1.8	3.2

15. $Y_1, \cdots, Y_n$은 서로 독립이고, 평균이 $E(Y_i)=\beta_0+\beta_1 x_i$, 분산이 $V(Y_i)=\sigma^2$인 정규분포를 따르는 확률변수이다.

(a) β_0와 β_1의 최우추정량을 유도하고 최소제곱 추정량과 같음을 보여라.

(b) σ^2에 대한 최우추정량을 구하라.

16. 확률변수 $Y_1, \cdots, Y_n$들은 서로 독립이고 Y_i는 정규분포 $N(\beta_0+\beta_1 x_i, \sigma^2)$를 따른다. 가설 $H_0: \beta_1=0$ 대 $H_1: \beta_1 \neq 0$을 검정하는 우도비 검정통계량이 식 (10.21)와 같게 됨을 보여라.

17*. 단순회귀모형을 최소제곱법으로 추정했을 경우의 잔차 $e_i = Y_i - \widehat{Y}_i,\ i=1, \cdots, n$는 정규분포 $N\left(0,\ \sigma^2\left(1+\frac{1}{n}+\frac{(x_i-\overline{x})^2}{S_{xx}}\right)\right)$을 따르고 있음을 보여라. e_i들은 서로 독립인가?

18*. [정리 10.5]가 성립함을 보여라.

19*. $(X,\ Y)$가 평균과 분산이 각각 $\mu_1,\ \mu_2,\ \sigma_1^2,\ \sigma_2^2$이고 공분산이 σ_{12}인 2변량정규분포를 따른다고 하자. X로부터 Y를 추정하는데, 식 $\widehat{Y}=\alpha+\beta X$을 쓰고자 한다. 여기서 α와 β는 $E(Y-\widehat{Y})^2$을 최소화하는 값으로 결정된다.

(a) α와 β값을 구하라.

(b) (a)에서 얻어진 α와 β에 대해 다음 식이 성립함을 보여라.

$$\frac{V(Y)-V(Y-\widehat{Y})}{V(Y)}=\rho^2$$

20*. 생물학 혹은 생리학에서는 다음과 같은 관계를 자주 사용한다.

$$E(Y)=1-e^{-\beta t}$$

여기서 Y는 비율(병든 세포 혹은 기관들이 차지하는 비율이나 특정한 약에 반응하는 환자들의 비율 등)이고 t는 시간이다. 만약 n개의 관측값 $(y_i,\ t_i),\ i=1, \cdots, n$를 얻는다면 β의 추정치와 신뢰구간을 어떻게 구할 것인가? 이때 필요한 가정들은 무엇인가?

21*. 자동차의 속도(단위: km/h) x와 제동거리(단위: m) y 사이에는 다음과 같은 관계가 있는 것으로 알려져 있다.

$$E(Y) = \alpha_0 e^{\alpha_1 x}$$

10대의 자동차를 대상으로 속도와 제동거리를 측정한 결과 다음과 같은 자료를 얻었다.

x	10	15	20	25	30	35	40	45	50	55
y	2.0	2.5	3.0	3.5	5.0	7.0	8.5	13.5	17.0	22.0

(a) 모수들을 추정하라.

(b) 적절한 가정을 추가하여 α_0에 대한 90% 양측 신뢰구간을 구하라.

10.4 회귀모형의 적합성

지금까지 우리는 반응변수와 설명변수 간에 일정한 선형관계가 존재하고 오차들은 서로 독립이며 정규분포 $N(0,\ \sigma^2)$을 따른다는 가정으로부터, 모형의 모수에 대한 추정 및 가설검정을 행하고, 평균반응값의 신뢰구간과 새로운 관측값의 예측구간을 구하는 문제를 다루었다. 그러나 우리가 가정한 모형이 적절하지 못할 경우 전술한 작업들이 왜곡되거나 틀린 결과를 내게 된다. 따라서 가정한 모형의 타당성을 검증하는 절차는 분석의 마지막 단계로 꼭 필요하다. 모형의 타당성검증을 위해 사용되는 방법으로는 결정계수, 잔차분석 및 상관분석 등이 있다.

10.4.1 결정계수

결정계수는 회귀모형의 설명력을 나타내는 지표로 회귀모형의 유효성 평가에 가장 먼저 고려되는 지표이다. 단순회귀모형에서는 반응변수와 설명변수 간에 일정한 기울기를 갖는 선형관계가 있다고 가정하였다. 이러한 관세의 타당성을 검증하기 위해 기울기가 0인지를 판단해 볼 수 있다. 이를 위해 다음과 같이 대립되는 두 모형을 생각해보자.

모형 (가): $Y = \beta_0 + \beta_1 x + \epsilon$

모형 (나): $Y = \beta_0 + \epsilon$

이들 두 모형 중 어느 것이 더 적합한지는 산점도를 이용하여 시각적으로 판단해 볼 수 있을 것이다. 좀더 정확성을 기하기 위해서는 적절한 통계적 분석이 필요하다. 이때의 분석방법은 설명변수에 따른 반응변수의 변화를 모형이 어느 정도 반영하고 있는지를 분석하는 것이다. 즉 어떤 모형이 관측값들의 변동을 더 많이 설명하는지가 모형 선택의 기준이 된다.

각 모형에서 모수와 평균 반응값에 대한 추정이 이루어진 후에도 모형에 의해 설명되지 않고 남은 변동들을 살펴보자. $x = x_i$일 때의 평균 반응값에 대해 모형 (가)의 경우에는 $\hat{y_i} = \hat{\beta_0} + \hat{\beta_1} x_i$가, 그리고 모형 (나)의 경우에는 $\bar{y}$가 가장 잘 설명해 준다. [그림 10.3]에서 $y_i - \bar{y}$는 y_i의 변동 가운데서 $\bar{y}$, 즉 모델 (나)가 설명하고 남는 부분을 나타내고, $y_i - \hat{y_i}$는 y_i의 변동 가운데 $\hat{y_i}$, 즉 모델 (가)가 설명하고 남은 부분을 나타낸다. 또한, $\hat{y_i} - \bar{y}$는 y_i의 변동 가운데 $\bar{y}$가 설명하고 남는 부분 중에서 $\hat{y_i}$가 추가적으로 설명하는 부분을 나타내게 된다. 이들 관계를 식으로 나타내면 다음과 같다.

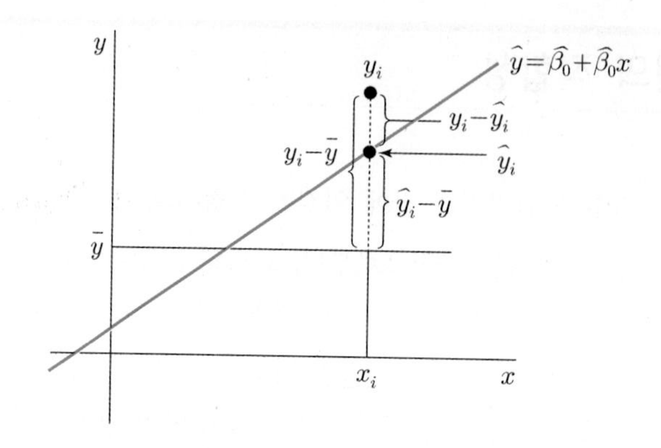

[그림 10.3] **$y_i - \bar{y}$의 분할**

$$y_i - \bar{y} = (\hat{y}_i - \bar{y}) + (y_i - \hat{y}_i) \tag{10.30}$$

전체적인 변동관계를 파악하기 위해 식 (10.30)의 양변을 n개 관측값에 대해 모두 더하면 각 항의 합이 모두 0이 되어 의미 있는 정보를 얻지 못하게 된다. 따라서 모형 (나)의 오차제곱합 $\sum(y_i - \bar{y})^2 = S_{yy}$를 SST(total sum of squares; 총 제곱합), 모형 (가)의 오차제곱합 $\sum(y_i - \hat{y}_i)^2 = S_{yy} - \hat{\beta}_1 S_{xy}$를 SSE(error sum of squares; 오차제곱합), 모형 (가)에 의해 추가로 설명되는 부분 $\sum(\hat{y}_i - \bar{y})^2 = \hat{\beta}_1 S_{xy}$를 SSR(regression sum of squares; 회귀제곱합)이라 부르기로 하고 그 관계를 살펴보자. SST는 회귀모형을 고려하지 않았을 때 반응변수의 총 변동을, SSR은 회귀모형을 고려하였을 때 설명변수에 의해 설명되는 변동을, 그리고 SSE는 설명변수로도 설명되지 않는 변동을 나타낸다. 이제 SST, SSE, SSR의 관계를 살펴보면 다음 정리가 성립함을 보일 수 있다.

정리 10.12 | $SST = SSR + SSE$

$$\text{즉, } \sum_{i=1}^{n}(y_i - \bar{y})^2 = \sum_{i=1}^{n}(\hat{y}_i - \bar{y})^2 + \sum_{i=1}^{n}(y_i - \hat{y}_i)^2$$

회귀모형 (가)의 유효성은 이 모형의 도입으로 모형 (나)의 변동 $SST = \sum_{i=1}^{n}(y_i - \bar{y})^2$를 얼마나 더 감소시킬 수 있는가에 달려 있다. 즉, 감소부분인 $SSR = \sum(\hat{y}_i - \bar{y})^2 = \hat{\beta}_1 S_{xy}$이 얼마나 큰가에 따라 회귀모형의 유효성이 결정된다고 할 수 있다. 따라서 총 제곱합 SST 중에서 SSR

이 SSE에 비하여 상대적으로 크다면 회귀모형의 도입이 긍정적인 역할을 했다고 판단할 수 있을 것이다. 여기서 총 변동 중에 회귀모형에 의해 설명되는 변동의 비율을 **결정계수**(coefficient of determination)라 하고 다음과 같이 정의한다.

$$R^2 = \frac{SSR}{SST} \tag{10.31}$$

결정계수 R^2은 회귀직선이 설명하는 변동이 총 변동에서 어느 정도의 비율을 차지하는지를 알 수 있게 해주는 척도로 그 값이 크면 클수록 회귀직선의 적합성이 보장된다고 말할 수 있다.

예제 10.6 [예제 10.1]의 자료를 단순회귀모형에 적합시켰을 때 결정계수를 구해보자.

• **풀이** [예제 10.3]에서 $SST = S_{yy} = 1,892.00$, $SSE = 360.58$을 얻었다.

따라서 $SSR = SST - SSE = 1,531.42$이고, 결정계수는

$$R^2 = \frac{SSR}{SST} = \frac{1,531.42}{1,892.00} = 0.8092$$

이다. 즉, 반응변수 값들의 변동 중 약 81%를 회귀직선이 설명하고 있다. ■

10.4.2 잔차분석

결정계수는 모형의 적합성을 수치로 간단히 요약할 수 있으나, 이 수치에 반영되지 않는 다른 사실들은 알려 주지 못한다. 예를 들어 결정계수의 수치는 비교적 높지만 회귀모형의 기본적 가정에 위배되는 다음과 같은 경우도 있다.

1. 설명변수와 반응변수 간의 관계가 선형이 아니다.
2. 오차항의 분산이 동일하지 않다.
3. 오차항들이 서로 독립이 아니다.
4. 오차항의 분포가 정규분포가 아니다.

위와 같은 사항을 검토하기 위해서 가장 많이 쓰이는 방법이 **잔차분석**(residual analysis)이다. 잔차는 식 (10.12)에서 보는 바와 같이 관측값과 추정값의 차이로 단순회귀모형에서 가정한 오차가 실제로 구현된 것으로 볼 수 있다. 즉, 잔차의 형태가 우리가 가정한 오차의 성질과 다르다면 우리가 세운 모형은 의미를 잃게 된다. 이와 같은 사항들을 판단하기 위해 잔차를 타점하여 분석하는 방법을 살펴보자.

(1) 잔차 대 추정값의 타점

추정값 $\hat{y}_i$를 횡축으로 하여 잔차들을 타점해 회귀모형의 적합성을 조사하여 볼 수 있다. 만약 [그림 10.4] (a)에서와 같이 추정값에 따른 잔차들이 일정한 패턴이 없게 나타난다면 우리가 가정한 모형이 적절하다는 것을 의미한다. 그 외의 나머지 형태들은 모두 모형에 대한 기본적인 가정에 위배된다. [그림 10.4] (b)는 오차의 등분산성(homoscedasticity)에 위배되는 경우로 추정값이 증가함에 따라 잔차의 분산이 증가하는 현상을 보이고 있다. [그림 10.4] (c)의 경우는 설명변수와 반응변수 간에 선형관계로는 설명되지 않는 비선형 관계가 존재함을 나타낸다.

(2) 잔차 대 설명변수의 타점

잔차 대 설명변수 값의 타점을 통해서도 모형의 적합성을 조사해 볼 수 있다. 만약 [그림 10.4] (b)와 유사한 결과를 얻었다면 역시 모형의 등분산성에 위배되는 경우로, 이때는 반응변수

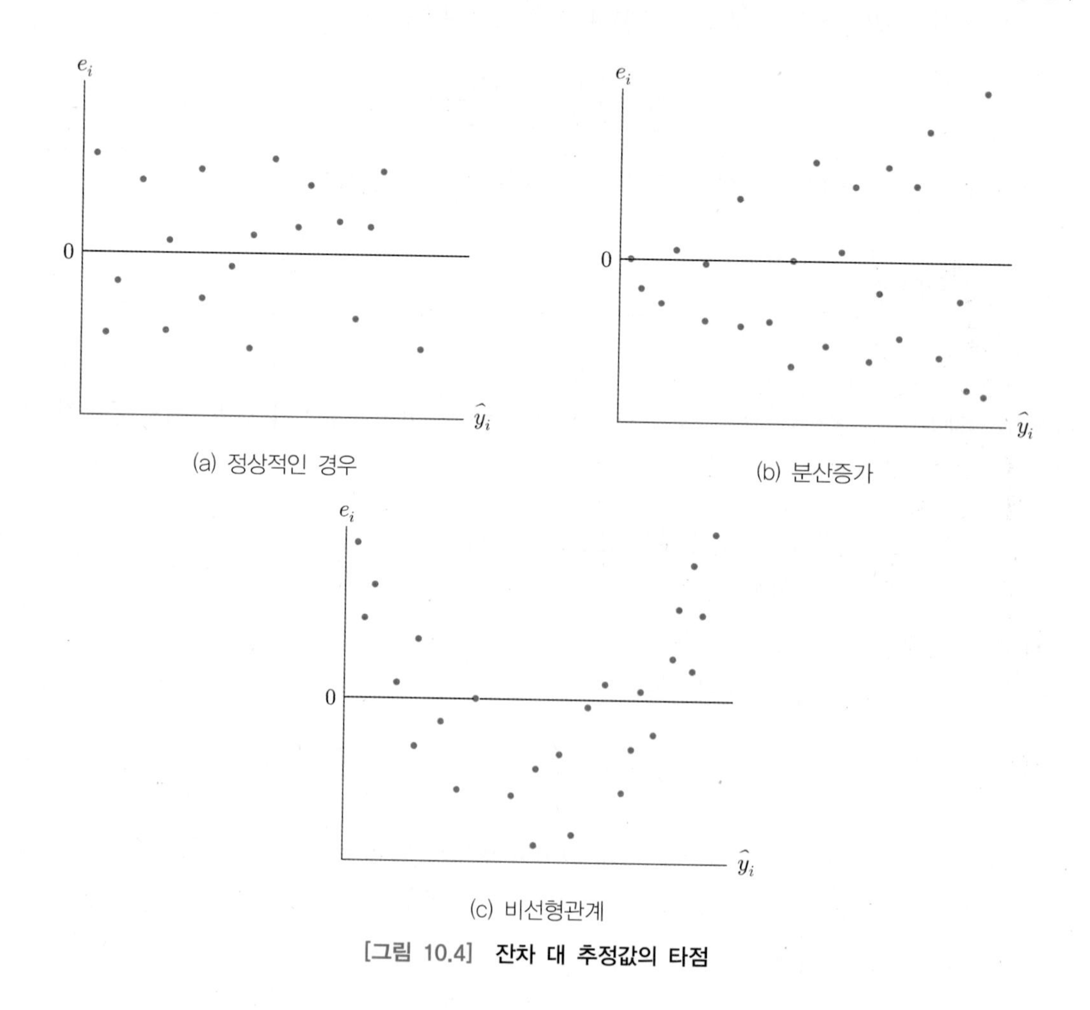

[그림 10.4] 잔차 대 추정값의 타점

에 적절한 변환을 가하여 등분산성이 유지되도록 하는 방법이 주로 쓰인다. 또한 (c)와 유사한 경우에는 새로운 설명변수를 도입하거나 설명변수에 특정한 변환을 취하여 반응변수와 설명변수 간에 선형관계가 유지되도록 하는 것이 필요하다.

(3) 정규확률지

오차의 분포가 정규분포가 아닌 비대칭분포이거나 꼬리의 확률이 무시할 수 없는 경우라면 모형에 의한 추정이나 신뢰구간은 많은 영향을 받게 된다. 이러한 경우에는 잔차를 12장에서 소개한 확률지에 타점함으로써 오차의 정규성을 조사해 볼 수 있다. 확률지 외에도 히스토그램을 이용하면 역시 잔차의 정규성을 시각적으로 파악할 수 있다.

10.4.3 적합결여검정

단순회귀모형에서는 설명변수와 반응변수 간에 단순한 직선관계를 가정하나, 두 변수 간에 구조적인 비선형관계가 존재하여 단순회귀모형으로는 만족할 만큼 자료를 설명하지 못할 수도 있다. **적합결여검정**(lack-of-fit test)은 두 변수 x와 Y의 함수관계를 단순회귀모형으로 표현하는 것이 적절한지를 검정하는 방법이다.

적합결여검정을 하기 위해서는 설명변수의 값 중 적어도 한 x_i에서 복수의 관측값이 있어야 된다. 이러한 복수의 관측값은 단순 반복 측정한 것이 아니라 x값은 같지만 독립적으로 얻어진 관측값을 말한다. 예로서 키를 x, 체중을 Y로 하여 분석한다고 할 때 키가 170 cm인 한 사람의 체중을 두 번 이상 반복 측정한 결과가 아니라 키가 170 cm인 사람 두 명 이상에 대해 각각 체중을 측정한 결과 얻어진 복수의 관측값을 말한다.

설명변수의 수준 x_i, $i=1,\ 2,\ \cdots,\ k$에서 얻어진 관측값의 수를 n_i라 하고, 수준 x_i에서 얻어진 관측값들 중 j번째 관측값을 y_{ij}라 하자. 이때 전체 관측값들의 수는 $n=\sum_{i=1}^{k} n_i$가 된다. 각 수준에서 반복관측값이 있는 경우의 잔차는

$$e_{ij} = y_{ij} - \hat{y}_i$$

이 되고, 이것은

$$y_{ij} - \hat{y}_i = (y_{ij} - \overline{y}_i) + (\overline{y}_i - \hat{y}_i)$$

로 나타낼 수 있다. 여기서 $\overline{y}_i = \dfrac{1}{n_i}\sum_{j=1}^{n_i} y_{ij}$이다. 이 식의 양변을 제곱한 뒤에 i, j에 대하여 모

두 더하면 다음과 같은 식을 얻게 된다.

$$\sum_{i=1}^{k}\sum_{j=1}^{n_i}(y_{ij}-\hat{y}_i)^2=\sum_{i=1}^{k}\sum_{j=1}^{n_i}(y_{ij}-\bar{y}_i)^2+\sum_{i=1}^{k}n_i(\bar{y}_i-\hat{y}_i)^2 \tag{10.32}$$

이때, 우변의 첫째 항은 설명변수의 각 수준에서 관측값과 수준의 평균 간 차이를 제곱하여 모두 더한 것으로 확률적인 오차의 변동을 의미하며, 두 번째 항은 각 수준에서 추정값과 수준의 평균 간 차를 제곱하여 모두 더한 것으로 모형의 적합성 결여에 기인한 변동을 나타낸다. 우측의 항들을 각각 **순수오차제곱합**(sum of squares for pure error; $SSPE$), **적합결여제곱합**(sum of squares for lack of fit; $SSLF$)이라 하면 식 (10.32)는 다음과 같이 나타낼 수 있다.

$$SSE=SSPE+SSLF \tag{10.33}$$

여기서 $SSPE$는 모형과는 무관하게 구해지는 항이고, 자유도는 $\sum_{i=1}^{m}(n_i-1)=n-k$가 된다. $SSLF$는 한 수준에서 관측값의 평균과 추정값 간 차이의 제곱을 관측값의 수로 가중하여 합한 것이다. 또한 서로 다른 x의 수준이 k개 있고 $\hat{y}$을 얻기 위해서는 모수 2개를 추정해야 되므로 자유도는 $k-2$가 된다. $SSPE$와 $SSLF$를 각각의 자유도 $n-k$와 $k-2$로 나눈 것을 $MSPE$와 $MSLF$로 표기하기로 하고, 기댓값을 구해보면

$$E(MSPE)=\sigma^2, \tag{10.34a}$$

$$E(MSLF)=\sigma^2+\frac{\sum_{i=1}^{k}n_i[E(Y_i)-\beta_0-\beta_1x_i]^2}{k-2} \tag{10.34b}$$

이 된다. 만약 반응변수와 설명변수의 실제 관계가 선형이라면, $E(Y_i)=\beta_0+\beta_1x_i$이므로 식 (10.34b)의 두 번째 항은 0이 되어 $E(MSLF)=\sigma^2$이 되지만, 선형이 아니라면 $E(MSLF)>\sigma^2$이 된다. 따라서 통계량 $F_0=\frac{MSLF}{MSPE}\approx 1$이면 두 변수가 선형관계에 있고, $\frac{MSLF}{MSPE}\gg 1$이면 두 변수가 선형관계에 있지 않다고 결론을 내린다. 통계량 F_0의 분포는 두 변수가 선형관계인 경우

$$F_0=\frac{MSLF}{MSPE}=\frac{SSLF/(k-2)}{SSPE/(n-k)}=\frac{(SSLF/\sigma^2)/(k-2)}{(SSPE/\sigma^2)/(n-k)} \tag{10.35}$$

으로 쓸 수 있다. 여기서 $SSLF$와 $SSPE$는 서로 독립이고, $SSLF/\sigma^2$와 $SSPE/\sigma^2$는 각각 분포 $\chi^2(k-2)$와 $\chi^2(n-k)$분포를 따르고 F_0는 $F(k-2,\ n-k)$분포를 따르게 됨을 보일 수 있다. 따라서 적합결여검정을 다음과 같이 정리할 수 있다.

정리 10.13 | 적합결여검정

귀무가설 H_0: 설명변수와 반응변수가 선형관계이다.

대립가설 H_1: 설명변수와 반응변수가 선형관계가 아니다.

검정통계량: $F_0 = \dfrac{SSLF/(k-2)}{SSPE/(n-k)} = \dfrac{MSLF}{MSPE}$

기각역: $f_0 > F_\alpha(k-2,\ n-k)$

예제 10.7 [예제 10.1]의 자료를 반응변수 Y와 설명변수 x간에 실제로 $E(Y) = \beta_0 + \beta_1 x$라는 선형관계가 있는지 적합결여검정을 해보자.

• **풀이** 주어진 자료는 다시

x_i	6	18	30	36	48
y_{ij}	17 23	25 30 39	48 40	40 60	58
$\bar{y}_i$	20	94/3	44	50	58

와 같이 정리할 수 있고, 이로부터

$$SSPE = \sum_{i=1}^{5}\sum_{j=1}^{n_i}(y_{ij} - \bar{y}_i)^2 = 18 + 100.67 + 32 + 200 + 0 = 350.67,$$

$$SSLF = SSE - SSPE = 360.58 - 350.67 = 9.91$$

을 얻는다. 따라서

$$f_0 = \frac{SSLF/(k-2)}{SSPE/(n-k)} = \frac{9.91/3}{350.67/5} = 0.05$$

이다. $f_0 = 0.05 < 3.62 = F_{0.10}(3,\ 5)$이므로 두 변수 간의 관계가 선형인 것으로 판단된다. 이는 산점도 [그림 10.2]에 의거한 직관적인 판단과 일치한다. ■

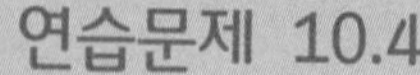

연습문제 10.4

1. 다음 자료는 어떤 대학에서 무작위로 남자 신입생 10명을 뽑아 키 x(단위: cm)와 폐활량 y(단위: l)를 조사한 것이다.

학생(i)	1	2	3	4	5	6	7	8	9	10
키(x_i)	180	174	176	175	172	179	183	168	178	176
폐활량(y_i)	5.04	5.07	5.27	4.91	4.85	5.01	5.89	4.79	5.43	5.18

(a) 단순회귀모형에 적합시키고 결정계수를 구하라.
(b) 잔차를 타점하고 그 형태를 분석하라.

2. 연습문제 #10.2.4의 자료를
(a) 단순회귀모형에 적합시킬 때의 결정계수를 구하라.
(b) 잔차를 타점하고 그 형태를 분석하라.

3. 다음 자료는 무작위로 뽑은 20대 후반의 남자의 체중(kg)과 수축 혈압(mmHg)을 나타낸 것이다.

체중	70.9	62.7	87.7	69.8	65.2	55.6	64.2	62.3	64.9	57.8	61.5	67.1	53.3
혈압	140	122	155	149	136	115	143	123	139	118	120	140	114

체중	74.6	63.0	71.6	58.9	72.7	68.3	67.1	89.5	80.2	79.1	78.3	63.4	59.3
혈압	138	125	150	123	153	148	146	160	140	141	130	140	118

(a) 체중을 설명변수로 하고 혈압을 반응변수로 하는 단순회귀모형에 적합시키고 결정계수를 구하라.
(b) 잔차를 타점하고 그 형태를 분석하라.

4. 연습문제 #10.3.5의 자료를
(a) 원점을 지나는 회귀모형에 적합시키고 결정계수를 구하라.
(b) 잔차를 타점하고 그 형태를 분석하라.

5. 다음과 같은 자료가 있다고 하자.

x	4	6	2	4	5	1	8	4	6	1	3	3	6	6	7
y	47.17	50.26	27.15	52.12	43.88	5.15	39.86	35.87	43.62	14.85	32.99	42.99	40.02	47.26	38.26

(a) 이 자료를 단순회귀모형 $Y = \beta_0 + \beta_1 x + \epsilon,\ \epsilon \sim N(0,\ \sigma^2)$에 적합시키고, 추정회귀식을 산점도와 함께 그려 회귀식이 적절한지를 느낌으로 판단하라.

(b) 결정계수를 구하라.

(c) 유의수준 10%로 적합결여검정을 하라.

6. 어느 지역에서 아파트 평수 x(단위: 평)에 따른 분양가격 y(단위: 천만 원)를 조사한 결과 다음과 같은 자료를 얻었다.

아파트(i)	1	2	3	4	5	6	7	8	9	10	11	12
평수(x_i)	18	18	20	26	26	26	34	39	48	48	51	57
분양가(y_i)	6.8	7.2	8.9	12.6	11.5	10.9	16.3	18.1	22.9	21.8	24.8	30.1

(a) 단순회귀모형에 적합시키고 결정계수를 구하라.

(b) 잔차를 타점하고 그 형태를 분석하라.

(c) 유의수준 5%로 적합결여검정을 하라.

7. 아래의 자료는 어느 대학교 2학년 학생 15명을 무작위로 뽑아서 1학년 평균평점(만점: 4.3) x와 2학년 평균평점 y를 조사한 것이다.

(a) 산점도를 그려라.

(b) 단순회귀모형 $Y_i = \beta_0 + \beta_1 x_i + \epsilon_i,\ \epsilon_i \sim \text{iid}\ N(0,\ \sigma^2)$에 적합시키고 (a)의 산점도에 추정회귀식을 그려라. 회귀선이 자료에 적합한가?

(c) 만약 자료에 적합하지 않다고 판단되면 적합결여검정을 실시하라.

i	1	2	3	4	5	6	7	8	9	10
x_i	2.4	3.2	2.8	2.3	2.8	3.9	2.1	3.2	2.8	1.5
y_i	1.9	3.5	3.5	2.6	3.6	4.2	1.4	2.7	1.9	2.3

i	11	12	13	14	15
x_i	4.1	3.3	2.3	3.9	3.6
y_i	3.9	3.8	1.7	3.4	4.1

8. y_i를 설명변수로 하고 잔차 e_i를 반응변수로 하여 단순회귀모형을 적합시키면 기울기가 $1-R^2$가 됨을 보여라. 또한 $\hat{y_i}$을 설명변수로 하고 e_i를 반응변수로 하여 분석하면 기울기가 0이 됨을 보여라.

9. [정리 10.12]의 성립을 보이고 SSR과 SSE가 서로 독립임을 증명하라.

10. 단순회귀모형 $Y_i = \beta_0 + \beta_1 x_i + \epsilon_i$, $i = 1, 2, \cdots, n$에서 ϵ_i들은 서로 독립이고, $E(\epsilon_i) = 0$, $V(\epsilon_i) = \sigma^2$일 때 $E(SSR)$을 구하라. 어떤 경우에 SSR이 σ^2의 불편추정량이 되는가?

11. 식 (10.32)의 성립을 보여라.

12. 식 (10.34a), (10.34b)의 성립을 보여라.

10.5 상관분석

단순회귀모형에서는 독립변수 x는 실험자가 정해주는 값이거나 확률변수의 실현 값인 경우를 포함하고 있다. 후자의 경우 독립변수 X의 값 x가 주어졌을 때 반응변수 Y의 조건부 기댓값, 즉 회귀는

$$E(Y \mid X=x)=\beta_0+\beta_1 x$$

가 된다. 여기서 X와 Y의 결합분포로는 일반적으로 $X \sim N(\mu_X, \sigma_X^2)$, $Y \sim N(\mu_Y, \sigma_Y^2)$이고 상관계수가 ρ인 2변량정규분포를 가정한다. 이때 상관계수 ρ와 회귀계수 β_1사이에는 식 (6.25b)로부터 다음과 같은 관계가 성립함을 알 수 있다.

$$\beta_1=\rho\frac{\sigma_Y}{\sigma_X} \tag{10.36}$$

이와 같이 (X, Y)가 2변량정규분포를 따르는 경우 실험자가 $E(Y \mid X=x)=\beta_0+\beta_1 x$라는 선형관계에 관심이 있는 것이 아니라 X와 Y가 통계적으로 독립인지 아닌지에 관심이 있을 수도 있다. 이때 (X, Y)가 2변량정규분포를 따르므로 X와 Y가 서로 독립이라는 것은 $\rho=0$이라는 것과 동일하다. 따라서 X와 Y가 서로 독립이라는 가설을 검정하는 것은 가설 $H_0 : \rho=0$을 검정하는 것과 실제로는 같은 것이고, 식 (10.36)으로부터 이것은 가설 $H_0 : \beta_1=0$을 검정하는 것과 동격이다. 그런데 가설 $H_0 : \beta_1=0$을 검정하는 검정통계량은 [정리 10.6]으로부터

$$T_0=\frac{\widehat{\beta_1}-0}{\sqrt{\dfrac{MSE}{S_{xx}}}}$$

가 됨을 알고 있다.

이제 $(X_1, Y_1), \cdots, (X_n, Y_n)$이 2변량정규분포로부터의 확률표본이라 하면 ρ에 대한 최우추정량은 표본상관계수

$$R=\frac{\sum(X_i-\overline{X})(Y_i-\overline{Y})}{\sqrt{\sum(X_i-\overline{X})^2\sum(Y_i-\overline{Y})^2}} \tag{10.37}$$

이다. 그런데 $X_1=x_1, \cdots, X_n=x_n$이 주어졌을 때 $\widehat{\beta_1}$은

$$\widehat{\beta_1} = \frac{S_{xY}}{S_{xx}} = \frac{S_{xY}}{\sqrt{S_{xx}}\sqrt{S_{YY}}}\sqrt{\frac{S_{YY}}{S_{xx}}} = R\sqrt{\frac{S_{YY}}{S_{xx}}} \tag{10.38}$$

와 같이 표시할 수 있다. 또한 $MSE = \frac{SSE}{n-2}$도

$$MSE = \frac{(1-R^2)}{n-2} S_{YY} \tag{10.39}$$

라 표시할 수 있다. 식 (10.38)의 $\widehat{\beta_1}$과 (10.39)의 MSE를 위의 T_0식에 대입하면

$$T_0 = \frac{R\sqrt{n-2}}{\sqrt{1-R^2}} \tag{10.40}$$

가 된다. 따라서 ρ에 대한 검정을 요약하면 다음과 같다.

정리 10.14 | ρ에 대한 가설검정

귀무가설: $H_0 : \rho = 0$

검정 통계량 : $T_0 = \frac{r\sqrt{n-2}}{\sqrt{1-r^2}}$

기각역: i) $t_0 > t_\alpha(n-2)$ $(H_1 : \rho > 0)$

ii) $t_0 < -t_\alpha(n-2)$ $(H_1 : \rho < 0)$

iii) $|t_0| > t_{\alpha/2}(n-2)$ $(H_1 : \rho \neq 0)$

예제 10.8 다음 자료는 10명의 학생이 봄학기에 수강한 통계 I과 가을학기에 수강한 통계 II의 성적이다. 이 자료로부터 통계 I의 성적과 II의 성적이 서로 독립이라고 할 수 있는지를 유의수준 $\alpha = 0.05$로 검정해보자.

학생	1	2	3	4	5	6	7	8	9	10
통계 I	39	43	21	64	51	47	28	75	43	52
통계 II	65	78	52	82	92	89	73	98	56	75

• **풀이** $H_0 : \rho = 0$ 대 $H_1 : \rho \neq 0$의 검정을 위한 수치를 계산하면 다음과 같다.

$$\sum x_i = 463, \quad \sum x_i^2 = 23{,}679, \quad S_{xx} = 2{,}242.1$$
$$\sum y_i = 760, \quad \sum y_i^2 = 59{,}816, \quad S_{yy} = 2{,}056.0$$
$$\sum x_i y_i = 36{,}806, \quad S_{xy} = 1{,}618.0$$

식 (10.37)에서 상관계수 r은

$$r = \frac{S_{xy}}{\sqrt{S_{xx}S_{yy}}} = \frac{1{,}618.0}{\sqrt{(2{,}242.1)(2{,}096.0)}} = 0.7536$$

이고, 식 (10.40)에서

$$t_0 = \frac{r\sqrt{n-2}}{\sqrt{1-r^2}} = \frac{(0.7536)\sqrt{8}}{\sqrt{1-(0.7536)^2}} = 3.243$$

이다. $|t_0| = 3.243 > 2.306 = t_{0.025}(8)$이므로 H_0를 기각한다. 따라서 두 과목의 성적은 서로 독립이 아니라고 판단된다. ■

모집단 상관계수가 ρ가 0이 아닐 경우 표본상관계수 R의 분포는 매우 복잡하여 구하기 힘들다. 그러나 표본의 크기 n이 충분히 크게 되면 $\frac{1}{2}\ln\left(\frac{1+R}{1-R}\right)$이 근사적으로 평균이 $\frac{1}{2}\ln\left(\frac{1+\rho}{1-\rho}\right)$이고 분산이 $1/(n-3)$인 정규분포를 따른다는 사실이 알려져 있어, 이를 이용하여 ρ에 대한 검정을 할 수 있다.

정리 10.15 | ρ에 대한 대표본 가설검정

귀무가설: $H_0 : \rho = \rho_0$

검정 통계량: $$Z = \frac{\frac{1}{2}\ln\left(\frac{1+R}{1-R}\right) - \frac{1}{2}\ln\left(\frac{1+\rho_0}{1-\rho_0}\right)}{1/\sqrt{n-3}}$$

기각역: i) $z > z_\alpha \quad (H_1 : \rho > \rho_0)$

ii) $z < -z_\alpha \quad (H_1 : \rho < \rho_0)$

iii) $|z| > z_{\alpha/2} \quad (H_1 : \rho \neq \rho_0)$

한편, [정리 10.15]는 ρ에 대한 신뢰구간을 구하는데 이용할 수도 있다. 즉,

$$Z = \frac{\frac{1}{2}\ln\left(\frac{1+R}{1-R}\right) - \frac{1}{2}\ln\left(\frac{1+\rho}{1-\rho}\right)}{1/\sqrt{n-3}} \sim N(0,\ 1) \tag{10.41}$$

임을 이용하여 얻어진 $\frac{1}{2}\ln\left(\frac{1+\rho}{1-\rho}\right)$의 $100(1-\alpha)\%$ 신뢰구간

$$\frac{1}{2}\ln\left(\frac{1+\rho}{1-\rho}\right) = \frac{1}{2}\ln\left(\frac{1+r}{1-r}\right) \pm Z_{\alpha/2}\frac{1}{\sqrt{n-3}} \tag{10.42}$$

으로부터 ρ의 신뢰구간을 구하면 된다.

예제 10.9 [예제 10.8]에서 ρ의 95% 신뢰구간을 구해보자.

• **풀이** $r = 0.7536$이므로 $\frac{1}{2}\ln\left(\frac{1+\rho}{1-\rho}\right)$의 95% 신뢰구간을 먼저 구하면

$$\frac{1}{2}\ln\left(\frac{1+\rho}{1-\rho}\right) = \frac{1}{2}\ln\left(\frac{1+0.7536}{1-0.7536}\right) \pm 1.96\frac{1}{\sqrt{10-3}} = [0.2404,\ 1.7220]$$

이다. 이로부터 ρ의 95% 신뢰구간을 계산하면

$$\rho_L = \frac{e^{2\times 0.2404}-1}{e^{2\times 0.2404}+1} = 0.2359,\ \ \rho_U = \frac{e^{2\times 1.7220}-1}{e^{2\times 1.7220}+1} = 0.9381$$

으로서 [0.2359, 0.9381]이다. ■

연습문제 10.5

1. 연습문제 #10.2.4에서
   (a) 엔진 배기량과 연비 사이의 표본상관계수를 구하라.
   (b) 상관계수 ρ가 0인지를 유의수준 1%로 검정하라. 이 검정을 할 때, 어떤 가정이 필요한가?

2. 연습문제 #10.2.5에서
   (a) 정화되기 전의 LC50과 정화된 후의 LC50 사이의 표본상관계수를 구하라.

(b) 상관계수 ρ가 0인지를 유의수준 1%로 검정하라. 이 검정을 할 때, 어떤 가정이 필요한가?

3. 연습문제 #10.2.7에서

(a) 나무의 직경과 높이 사이의 표본상관계수를 구하라.

(b) 상관계수 ρ가 0인지를 유의수준 5%로 검정하라. 이 검정을 할 때, 어떤 가정이 필요한가?

4. 다음의 자료는 1973년부터 1990년까지 우리나라 1인당 국내 총 생산(GDP) x(단위: 만 원)와 자동차 대수 y(단위: 만대)를 나타낸다.

연도	x	y	연도	x	y
1973	16	17	1982	133	65
1974	22	18	1983	155	79
1975	29	19	1984	174	95
1976	39	22	1985	191	111
1977	49	28	1986	221	131
1978	65	38	1987	256	161
1979	82	49	1988	302	204
1980	96	53	1989	335	266
1981	118	57	1990	400	339

(a) 산점도를 그려라.

(b) 표본상관계수를 구하라.

(c) 자동차 대수와 GDP가 2변량 정규분포를 따른다는 가정하에 상관계수 ρ에 대한 가설 $H_0: \rho = 0$ 대 $H_1: \rho > 0$을 유의수준 1%로 검정하라.

5. 어떤 제품의 품질특성 X와 Y의 관계를 알아보기 위해 제품 50개를 무작위로 뽑아 X와 Y값을 측정하여 상관계수를 계산한 결과, $r = -0.20$이 얻어졌다. X와 Y가 상관계수 ρ를 갖는 2변량 정규분포를 따른다는 가정 하에

(a) ρ에 대한 95% 양측 신뢰구간을 구하라.

(b) (a)의 결과로부터 $r = -0.20$이라는 결과가 의미가 있는 것인지를 밝혀라.

6. 연습문제 #10.4.3에서 표본상관계수를 구하고, 체중과 혈압이 2변량 정규분포를 따른다는 가정하에 상관계수 ρ에 대한

(a) 가설 $H_0: \rho = 0$ 대 $H_1: \rho \neq 0$을 유의수준 1%로 검정하라.

(b) 가설 $H_0: \ \rho=0.6$ 대 $H_1: \ \rho \neq 0.6$을 유의수준 5%로 검정하라.

(c) 95% 양측 신뢰구간을 근사적으로 구하라.

7. 10가구를 대상으로 연간소득(단위: 만 원)과 공연관람 등 문화활동 관련 지출비를 기록한 것이 다음과 같다.

가구	1	2	3	4	5	6	7	8	9	10
연간소득	4,120	3,170	4,900	3,460	4,200	5,250	4,420	2,750	4,500	5,080
문화활동 관련 지출비	78	48	110	78	71	97	105	54	91	119

표본상관계수를 구하고, 연간소득과 문화활동 관련 지출비가 2변량 정규분포를 따른다는 가정하에 상관계수 ρ에 대해서

(a) 가설 $H_0: \rho=0$ 대 $H_1: \rho \neq 0$을 유의수준 1%로 검정하라.

(b) 95% 양측 신뢰구간을 근사적으로 구하라.

8. 어떤 제조공정에서 처리온도 X와 이 온도에서 만들어진 제품의 치수 Y의 관계를 알아보기 위해서 표본 $(x_1, y_1), \cdots, (x_{20}, y_{20})$을 뽑아 표본 상관계수 r을 구한 결과 $r=0.50$을 얻었다. X와 Y의 상관계수 ρ가 0인지를 유의수준 1%로 검정하라. 이때 p-값은 대략 얼마가 되는가?

9. $(X_1, Y_1), \cdots, (X_n, Y_n)$이 2변량 정규분포로부터의 확률표본일 때 상관계수 ρ에 대한 최우추정량은 식 (10.37)의 표본상관계수가 됨을 보여라.

10. 단수회귀모형의 결정계수와 표본상관계수 사이에는 어떤 관계가 있는가?

11. 식 (10.40)이 성립함을 보여라.

12. 확률변수 X와 E는 서로 독립이고 각각 표준정규분포 $N(0, 1)$을 따른다. $Y=X+\beta E$라 할 때 X와 Y의 상관계수를 구하라. 이 결과를 어디에 쓸 수 있을까?

10.6* 다중회귀모형

지금까지 다룬 단순회귀모형은 선형회귀모형 가운데 가장 단순한 것으로 널리 쓰이기는 하나, 설명변수 하나만으로는 반응변수의 변화를 충분히 설명하지 못하여 설명변수가 두 개 이상이 필요할 경우가 많다. 즉 적절하게 선택된 몇 개의 설명변수를 이용하면 반응변수의 변화를 보다 잘 설명할 수 있게 된다. 이와 같이 반응변수의 변화를 설명하기 위해 두 개 이상의 설명변수가 사용되는 다중회귀모형에 관한 기본적인 개념과 분석방법 등은 단순회귀모형과 같다.

설명변수의 수가 k개인 경우의 다중회귀모형은 식 (10.4)와 같고 ϵ은 확률적인 변동을 나타내는 오차항이다. 이때 각각의 회귀계수 β_i는 i번째 설명변수의 변화가 반응변수에 미치는 영향이라고 해석할 수 있다. 다중회귀모형은 단순히 설명변수의 수가 여러 개인 경우뿐 아니라 실제 설명변수는 하나더라도 여러 개의 항들이 선형적인 형태로 결합되어 있는 경우에 쓰이기도 한다. 예를 들어 다항식

$$Y = \beta_0 + \beta_1 x + \beta_2 x^2 + \beta_3 x^3 + \epsilon$$

은 $x_1 = x$, $x_2 = x^2$ 그리고 $x_3 = x^3$으로 치환하면 식 (10.4)에서 $k = 3$인 경우로 볼 수 있다. 또 다른 예로

$$Y = \beta_0 + \beta_1 x_1 + \beta_2 x_2 + \beta_3 x_1 x_2 + \epsilon$$

도 $x_3 = x_1 x_2$라 하면 역시 다중회귀모형으로 나타낼 수 있다. 이와 같이 모형이 x_i들의 함수형태에 관계없이 모수 β_j들의 선형결합으로 나타날 때 다중회귀모형으로 나타낼 수 있다.

10.6.1 최소제곱추정

설명변수가 k개인 다중회귀모형을 사용할 때, 회귀계수들을 추정하는 절차를 살펴보자. x_{ij}를 설명변수 x_j의 i번째 수준이라 하고, Y_i를 설명변수값 $(x_{i1}, \cdots, x_{ik})$에서의 반응변수의 관측값이라 하면 식 (10.43)은 다음과 같이 n개의 식으로 표현할 수 있다.

$$\begin{aligned} Y_1 &= \beta_0 + \beta_1 x_{11} + \beta_2 x_{12} + \cdots + \beta_k x_{1k} + \epsilon_1 \\ Y_2 &= \beta_0 + \beta_1 x_{21} + \beta_2 x_{22} + \cdots + \beta_k x_{2k} + \epsilon_2 \\ &\cdots\cdots\cdots\cdots\cdots\cdots\cdots\cdots \end{aligned}$$

$$Y_n = \beta_0 + \beta_1 x_{n1} + \beta_2 x_{n2} + \cdots + \beta_k x_{nk} + \epsilon_n \tag{10.43}$$

반응변수의 관측값이 $y_1, \cdots, y_n$일 때 오차제곱합은 다음과 같이 표현된다.

$$Q(\beta_0, \cdots, \beta_k) = \sum_{i=1}^{n} \epsilon_i^2 = \sum_{i=1}^{n} (y_i - \beta_0 - \sum_{j=1}^{k} \beta_j x_{ij})^2 \tag{10.44}$$

Q를 각각의 회귀계수로 편미분하면

$$\left.\frac{\partial Q}{\partial \beta_0}\right|_{\hat{\beta}_0, \hat{\beta}_1, \ldots, \hat{\beta}_k} = -2\sum_{i=1}^{n}\left(y_i - \hat{\beta}_0 - \sum_{j=1}^{k}\hat{\beta}_j x_{ij}\right),$$

$$\left.\frac{\partial Q}{\partial \beta_j}\right|_{\hat{\beta}_0, \hat{\beta}_1, \ldots, \hat{\beta}_k} = -2\sum_{i=1}^{n}\left(y_i - \hat{\beta}_0 - \sum_{j=1}^{k}\hat{\beta}_j x_{ij}\right)x_{ij}, \quad j = 1, \cdots, k$$

가 되고, 이들을 각각 0으로 놓고 정리하면 다음과 같은 $(k+1)$개의 정규방정식을 얻는다.

$$n\hat{\beta}_0 + \sum_{i=1}^{n}\sum_{j=1}^{k}\hat{\beta}_j x_{ij} = \sum_{i=1}^{n} y_i,$$

$$\hat{\beta}_0 \sum_{i=1}^{n} x_{ij} + \sum_{i=1}^{n}\sum_{j=1}^{k}\hat{\beta}_j x_{ij}^2 = \sum_{i=1}^{n} x_{ij} y_i, \quad j = 1, \cdots, k \tag{10.45}$$

이들 정규방정식을 연립으로 풀면 회귀계수의 최소제곱추정값을 얻는다.

그런데 이들을 연립으로 푸는 것이 복잡하므로 행렬을 이용하여 모형을 나타낸 뒤 최소제곱법을 적용하는 것이 편리하다. 이를 위해 식 (10.43)을 행렬의 형태로 나타내면

$$\boldsymbol{Y} = \boldsymbol{X\beta} + \boldsymbol{\epsilon} \tag{10.46}$$

이 된다. 여기서

$$\boldsymbol{Y} = \begin{bmatrix} Y_1 \\ Y_2 \\ \cdot \\ \cdot \\ \cdot \\ Y_n \end{bmatrix}_{n \times 1}, \quad \boldsymbol{X} = \begin{bmatrix} 1 & x_{11} & x_{12} & \cdots & x_{1k} \\ 1 & x_{21} & x_{22} & \cdots & x_{2k} \\ & \cdot & & & \cdot \\ & \cdot & & & \cdot \\ & \cdot & & & \cdot \\ 1 & x_{n1} & x_{n2} & \cdots & x_{nk} \end{bmatrix}_{n \times (k+1)}, \quad \boldsymbol{\beta} = \begin{bmatrix} \beta_0 \\ \beta_1 \\ \cdot \\ \cdot \\ \cdot \\ \beta_k \end{bmatrix}_{(k+1) \times 1}, \quad \boldsymbol{\epsilon} = \begin{bmatrix} \epsilon_1 \\ \epsilon_2 \\ \cdot \\ \cdot \\ \cdot \\ \epsilon_n \end{bmatrix}_{n \times 1}$$

이고, 식 (10.46)을 이용하여 식 (10.44)를 다시 표현하면

$$Q(\beta) = \sum_{i=1}^{n} \epsilon_i^2 = \boldsymbol{\epsilon}^t \boldsymbol{\epsilon} = (\boldsymbol{Y} - \boldsymbol{X}\beta)^t (\boldsymbol{Y} - \boldsymbol{X}\beta) \tag{10.47}$$

다. 여기서 위첨자 $'t'$는 전치행렬을 나타낸다. 식 (10.47)을 정리하면

$$\begin{aligned} Q(\beta) &= \boldsymbol{Y}^t \boldsymbol{Y} - \beta^t \boldsymbol{X}^t \boldsymbol{Y} - \boldsymbol{Y}^t \boldsymbol{X}\beta + \beta^t \boldsymbol{X}^t \boldsymbol{X}\beta \\ &= \boldsymbol{Y}^t \boldsymbol{Y} - 2\beta^t \boldsymbol{X}^t \boldsymbol{Y} + \beta^t \boldsymbol{X}^t \boldsymbol{X}\beta \end{aligned}$$

가 된다. 여기서 $\beta^t \boldsymbol{X}^t \boldsymbol{Y}$는 (1×1)행렬이므로 상수이고, 이의 전치행렬 $\boldsymbol{Y}^t \boldsymbol{X}\beta$ 역시 상수로서 같은 값을 갖는다. 이 식을 β_i들로 미분하여 각각 0으로 놓은 것을 행렬로 표현하면

$$\left.\frac{\partial Q}{\partial \beta}\right|_{\hat{\beta}} = \begin{bmatrix} \dfrac{\partial Q}{\partial \beta_0} \\ \vdots \\ \dfrac{\partial Q}{\partial \beta_k} \end{bmatrix} = -2\boldsymbol{X}^t \boldsymbol{Y} + 2\boldsymbol{X}^t \boldsymbol{X}\hat{\beta} = \begin{bmatrix} 0 \\ \vdots \\ 0 \end{bmatrix}$$

이 되고 이 식으로부터 정규방정식

$$\boldsymbol{X}^t \boldsymbol{X}\hat{\beta} = \boldsymbol{X}^t \boldsymbol{Y} \tag{10.48}$$

를 얻는데 이 식은 식 (10.45)를 행렬로 표현한 것임을 알 수 있다. 정규방정식으로부터 최소제곱추정량을 구하기 위해서는 식 (10.48)의 양변에 $\boldsymbol{X}^t \boldsymbol{X}$의 역행렬을 곱하면 된다. 따라서 β의 최소제곱추정량은 $(\boldsymbol{X}^t \boldsymbol{X})^{-1}$이 존재할 때

$$\hat{\beta} = (\boldsymbol{X}^t \boldsymbol{X})^{-1} \boldsymbol{X}^t \boldsymbol{Y} \tag{10.49}$$

이 된다. 이상의 결과를 정리하면 다음과 같다.

정리 10.16 | 정규방정식 및 β에 대한 최소제곱추정량

정규방정식: $(\boldsymbol{X}^t \boldsymbol{X})\hat{\beta} = \boldsymbol{X}^t \boldsymbol{Y}$

최소제곱추정량: $\hat{\beta} = (\boldsymbol{X}^t \boldsymbol{X})^{-1} \boldsymbol{X}^t \boldsymbol{Y}$

설명변수의 벡터를 $\boldsymbol{x} = [1\ x_1\ x_2 \cdots x_k]$라 하면, 다중회귀모형의 추정식은

$$\widehat{Y} = \widehat{\beta_0} + \widehat{\beta_1} x_1 + \cdots + \widehat{\beta_k} x_k = \boldsymbol{x}\hat{\beta} = \boldsymbol{x}(\boldsymbol{X}^t \boldsymbol{X})^{-1} \boldsymbol{X}^t \boldsymbol{Y}$$

가 됨을 알 수 있다. 예를 들어 단순회귀모형

$$Y_i = \beta_0 + \beta_1 x_i + \epsilon_i, \quad i = 1, \cdots, n$$

을 행렬을 이용하여 식 (10.46)의 형태로 나타낸다면

$$\boldsymbol{Y} = \begin{bmatrix} Y_1 \\ Y_2 \\ \vdots \\ Y_n \end{bmatrix}_{n \times 1}, \quad \boldsymbol{X} = \begin{bmatrix} 1 & x_1 \\ 1 & x_2 \\ \vdots & \vdots \\ 1 & x_n \end{bmatrix}_{n \times 2}, \quad \boldsymbol{\beta} = \begin{bmatrix} \beta_0 \\ \beta_1 \end{bmatrix}_{2 \times 1}, \quad \boldsymbol{\epsilon} = \begin{bmatrix} \epsilon_1 \\ \epsilon_2 \\ \vdots \\ \epsilon_n \end{bmatrix}_{n \times 1}$$

이다. 반응변수의 관측값이 $y_1, \cdots, y_n$일 때,

$$\boldsymbol{X}^t \boldsymbol{Y} = \begin{bmatrix} 1 & 1 & \cdots & 1 \\ x_1 & x_2 & \cdots & x_n \end{bmatrix} \begin{bmatrix} y_1 \\ y_2 \\ \vdots \\ y_n \end{bmatrix} = \begin{bmatrix} \sum y_i \\ \sum x_i y_i \end{bmatrix}$$

이고

$$\boldsymbol{X}^t \boldsymbol{X} = \begin{bmatrix} 1 & 1 & \cdots & 1 \\ x_1 & x_2 & \cdots & x_n \end{bmatrix} \begin{bmatrix} 1 & x_1 \\ 1 & x_2 \\ \vdots & \vdots \\ 1 & x_n \end{bmatrix} = \begin{bmatrix} n & \sum x_i \\ \sum x_i & \sum x_i^2 \end{bmatrix}$$

이므로, 정규방정식 (10.49)는

$$\begin{bmatrix} n & \sum x_i \\ \sum x_i & \sum x_i^2 \end{bmatrix} \begin{bmatrix} \widehat{\beta}_0 \\ \widehat{\beta}_1 \end{bmatrix} = \begin{bmatrix} \sum y_i \\ \sum x_i y_i \end{bmatrix}$$

가 되고, 이것은 식 (10.8a) 및 (10.8b)와 같아진다. 또한

$$(\boldsymbol{X}^t \boldsymbol{X})^{-1} \boldsymbol{X}^t \boldsymbol{Y} = \frac{1}{nS_{xx}} \begin{bmatrix} \sum x_i^2 & -\sum x_i \\ -\sum x_i & n \end{bmatrix} \times \begin{bmatrix} \sum y_i \\ \sum x_i y_i \end{bmatrix}$$

가 되고, 이를 정리하면

$$\hat{\boldsymbol{\beta}} = \begin{bmatrix} \widehat{\beta}_0 \\ \widehat{\beta}_1 \end{bmatrix} = \begin{bmatrix} \overline{y} - \widehat{\beta}_1 \overline{x} \\ S_{xy} / S_{xx} \end{bmatrix}$$

가 되어 [정리 10.1]과 같은 결과를 얻는다.

예제 10.10 A 전자회사는 전국적으로 수백 개의 대리점을 갖고 있는데 각 대리점의 월매출액(단위: 억 원)은 관할구역의 인구수(단위: 십만명)와 그 구역의 가구당 월평균수입(단위: 백만 원)에 크게 영향을 받는다고 판단된다. 10개의 대리점을 무작위로 뽑아 다음과 같은 자료를 얻었다. 이 자료를 다중회귀모형에 적합시켜 보자.

i	1	2	3	4	5	6	7	8	9	10
월매출액(y_i)	2.0	1.3	2.4	1.5	0.6	2.0	1.0	2.0	1.3	0.9
인구수(x_{i1})	3.0	1.1	3.5	2.5	0.6	2.8	1.3	3.3	2.0	1.0
월평균수입(x_{i2})	3.2	3.0	3.6	2.6	1.9	3.5	2.1	3.4	2.8	2.3

• **풀이** 자료로부터

$$\boldsymbol{X}^t\boldsymbol{X}=\begin{bmatrix}1 & 1 & \cdots & 1\\ 3.0 & 1.1 & \cdots & 1.0\\ 3.2 & 3.0 & \cdots & 2.3\end{bmatrix}\begin{bmatrix}1 & 3.0 & 3.2\\ 1 & 1.1 & 3.0\\ \vdots & \vdots & \vdots\\ 1 & 1.0 & 2.3\end{bmatrix}=\begin{bmatrix}10.0 & 21.10 & 28.40\\ 21.10 & 54.49 & 64.79\\ 28.40 & 64.79 & 83.92\end{bmatrix},$$

$$(\boldsymbol{X}^t\boldsymbol{X})^{-1}=\begin{bmatrix}4.2327 & 0.7824 & -2.0365\\ 0.7824 & 0.3684 & -0.5492\\ -2.0365 & -0.5492 & 1.1251\end{bmatrix},$$

$$\boldsymbol{X}^t\boldsymbol{Y}=\begin{bmatrix}1 & 1 & \cdots & 1\\ 3.0 & 1.1 & \cdots & 1.0\\ 3.2 & 3.0 & \cdots & 2.3\end{bmatrix}\begin{bmatrix}2.0\\ 1.3\\ \vdots\\ 0.9\end{bmatrix}=\begin{bmatrix}15.00\\ 36.94\\ 45.59\end{bmatrix}$$

이다. 이를 식 (10.49)에 대입하면

$$\hat{\boldsymbol{\beta}}=\begin{bmatrix}\hat{\beta}_0\\ \hat{\beta}_1\\ \hat{\beta}_2\end{bmatrix}=\begin{bmatrix}-0.4517\\ 0.3067\\ 0.4584\end{bmatrix}$$

을 얻는다. 따라서 추정된 회귀식은

$$\hat{y}=-0.4517+0.3067x_1+0.4584x_2$$

이다. ■

10.6.2 추정량의 성질

다변량 확률변수 $\boldsymbol{Y}=(Y_1,\ \cdots,\ Y_n)^t$의 평균은 각 변수 Y_i의 평균을 벡터형태로 표시한 것

이다. 즉

$$E(\boldsymbol{Y}) = \begin{bmatrix} E(Y_1) \\ E(Y_2) \\ \vdots \\ E(Y_n) \end{bmatrix} \tag{10.50}$$

또한 $\boldsymbol{Y}$의 분산-공분산 행렬은

$$V(\boldsymbol{Y}) = [Cov(Y_i,\ Y_j)]_{n \times n} = \begin{bmatrix} V(Y_1) & Cov(Y_1,\ Y_2) \cdots & Cov(Y_1,\ Y_n) \\ Cov(Y_2,\ Y_1) & V(Y_2) \qquad \cdots & Cov(Y_2,\ Y_n) \\ \vdots & \vdots \qquad \ddots & \vdots \\ Cov(Y_n,\ Y_1) & Cov(Y_n,\ Y_2) \cdots & V(Y_n) \end{bmatrix}$$

을 나타내는데, 이것을 간단히

$$V(\boldsymbol{Y}) = E\{[\boldsymbol{Y} - E(\boldsymbol{Y})][\boldsymbol{Y} - E(\boldsymbol{Y})]^t\} \tag{10.51}$$

라 표시할 수 있다. 예를 들어 $Y_1, \cdots, Y_n$이 서로 독립이고 각각 분산이 σ^2이면, $V(Y_i) = \sigma^2$, $Cov(Y_i,\ Y_j) = 0,\ i \neq j$이 되어

$$V(\boldsymbol{Y}) = \begin{bmatrix} \sigma^2 & 0 & \cdots & 0 \\ 0 & \sigma^2 & \cdots & 0 \\ \vdots & \vdots & \ddots & \vdots \\ 0 & 0 & \cdots & \sigma^2 \end{bmatrix} = \sigma^2 \times \begin{bmatrix} 1 & 0 & \cdots & 0 \\ 0 & 1 & \cdots & 0 \\ \vdots & \vdots & \ddots & \vdots \\ 0 & 0 & \cdots & 1 \end{bmatrix} = \sigma^2 \boldsymbol{I}$$

가 된다. 또한 $\boldsymbol{A}$가 상수행렬일 때 $\boldsymbol{AY}$의 평균벡터와 분산-공분산 행렬은 각각

$$E(\boldsymbol{AY}) = \boldsymbol{A}E(\boldsymbol{Y}), \tag{10.52a}$$

$$V(\boldsymbol{AY}) = \boldsymbol{A}V(\boldsymbol{Y})\boldsymbol{A}^t \tag{10.52b}$$

이 됨을 쉽게 알 수 있다.

이제 최소제곱추정량 $\hat{\beta} = (\boldsymbol{X}^t\boldsymbol{X})^{-1}\boldsymbol{X}^t\boldsymbol{Y}$의 평균벡터와 분산-공분산 행렬을 구해보자. $\boldsymbol{A} = (\boldsymbol{X}^t\boldsymbol{X})^{-1}\boldsymbol{X}^t$이라 두면 $\hat{\beta} = \boldsymbol{AY}$가 된다. 식 (10.46)에서 $E(\boldsymbol{Y}) = \boldsymbol{X}\beta$가 되고 식 (10.52a)에 의해

$$E(\hat{\beta}) = (\boldsymbol{X}^t\boldsymbol{X})^{-1}\boldsymbol{X}^t E(\boldsymbol{Y}) = (\boldsymbol{X}^t\boldsymbol{X})^{-1}\boldsymbol{X}^t\boldsymbol{X}\beta = \beta \tag{10.53a}$$

가 되어 $\hat{\beta}$은 β의 불편추정량이다. 또한 오차 $\epsilon_1, \cdots, \epsilon_n$들은 서로 독립이고 $V(\epsilon_i) = \sigma^2$이므로 Y_i들은 서로 독립이고 $V(Y_i) = \sigma^2$이다. 즉 $V(\boldsymbol{Y}) = \sigma^2\boldsymbol{I}$이다. 따라서 식 (10.52b)에 의해

$$V(\hat{\beta}) = (\boldsymbol{X}^t\boldsymbol{X})^{-1}\boldsymbol{X}^t V(\boldsymbol{Y})\boldsymbol{X}(\boldsymbol{X}^t\boldsymbol{X})^{-1}$$
$$= (\boldsymbol{X}^t\boldsymbol{X})^{-1}\boldsymbol{X}^t(\sigma^2\boldsymbol{I})\boldsymbol{X}(\boldsymbol{X}^t\boldsymbol{X})^{-1}$$
$$= (\boldsymbol{X}^t\boldsymbol{X})^{-1}\sigma^2 \tag{10.53b}$$

이 된다. 예를 들어 단순회귀모형의 경우

$$V(\hat{\beta}) = (\boldsymbol{X}^t\boldsymbol{X})^{-1}\sigma^2 = \begin{bmatrix} \dfrac{\sum x_i^2}{nS_{xx}} & -\dfrac{\bar{x}}{S_{xx}} \\ -\dfrac{\bar{x}}{S_{xx}} & \dfrac{1}{S_{xx}} \end{bmatrix}\sigma^2$$

로 [정리 10.3]과 일치한다. 행렬 $(\boldsymbol{X}^t\boldsymbol{X})^{-1}$의 $(i,\ j)$원소를 c_{ij}라 하고 위의 결과를 정리하면 다음과 같다.

정리 10.17 | 최소제곱추정량의 성질

i) $E(\hat{\beta}_i) = \beta_i, \quad i = 0,\ \cdots,\ k$

ii) $V(\hat{\beta}_i) = c_{ii}\sigma^2$

iii) $Cov(\hat{\beta}_i,\ \hat{\beta}_j) = c_{ij}\sigma^2$

단순회귀모형과 마찬가지로 분산 σ^2에 대한 불편추정량은 오차의 제곱합을 이용하여 구할 수 있다. 우선 잔차를 이용하여 SSE를 나타내 보면

$$SSE = \sum_{i=1}^{n} e_i^2 = \sum_{i=1}^{n}(Y_i - \hat{Y}_i)^2 = (\boldsymbol{Y} - \hat{\boldsymbol{Y}})^t(\boldsymbol{Y} - \hat{\boldsymbol{Y}})$$
$$= (\boldsymbol{Y} - \boldsymbol{X}\hat{\beta})^t(\boldsymbol{Y} - \boldsymbol{X}\hat{\beta}) = \boldsymbol{Y}^t\boldsymbol{Y} - \hat{\beta}^t\boldsymbol{X}^t\boldsymbol{Y} - \boldsymbol{Y}^t\boldsymbol{X}\hat{\beta} + \hat{\beta}^t\boldsymbol{X}^t\boldsymbol{X}\hat{\beta}$$

이고 여기서

$$\boldsymbol{Y}^t\boldsymbol{X}\hat{\beta} = \boldsymbol{Y}^t\boldsymbol{X}(\boldsymbol{X}^t\boldsymbol{X})^{-1}\boldsymbol{X}^t\boldsymbol{Y} = \hat{\beta}^t\boldsymbol{X}^t\boldsymbol{Y},$$
$$\hat{\beta}^t\boldsymbol{X}^t\boldsymbol{X}\hat{\beta} = \hat{\beta}^t\boldsymbol{X}^t\boldsymbol{X}(\boldsymbol{X}^t\boldsymbol{X})^{-1}\boldsymbol{X}^t\boldsymbol{Y} = \hat{\beta}^t\boldsymbol{X}^t\boldsymbol{Y}$$

이므로

$$SSE = \boldsymbol{Y}^t \boldsymbol{Y} - \hat{\beta}^t \boldsymbol{X}^t \boldsymbol{Y} \tag{10.54}$$

가 된다. 오차제곱합 SSE의 기댓값은 $E(SSE) = (n-k-1)\sigma^2$가 되어 다음의 결과를 얻는다. 여기서 SSE는 자유도 $n-k-1$을 갖는다고 말한다.

정리 10.18 | 분산의 불편추정량

다중회귀모형에서 오차평균제곱

$$MSE = \frac{SSE}{n-k-1}$$

는 σ^2의 불편추정량이다.

예제 10.11 [예제 10.10]의 자료에서 분산의 추정값을 구하여 보자.

• **풀이** 우선

$$\boldsymbol{Y}^t \boldsymbol{Y} = \sum_{i=1}^{10} y_i^2 = 25.56$$

이고

$$\hat{\beta}^t \boldsymbol{X}^t \boldsymbol{Y} = [-0.4517\ 0.3067\ 0.4584] \begin{bmatrix} 15.00 \\ 36.94 \\ 45.59 \end{bmatrix} = 25.4525$$

이므로,

$$SSE = \boldsymbol{Y}^t \boldsymbol{Y} - \hat{\beta}^t \boldsymbol{X}^t \boldsymbol{Y} = 25.56 - 25.4525 = 0.1075$$

이다. 따라서 σ^2의 불편추정값은

$$\hat{\sigma}^2 = \frac{SSE}{n-k-1} = \frac{0.1075}{10-2-1} = 0.0154$$

이다. ■

10.6.3 다중회귀모형에 관한 추론

(1) 회귀계수에 대한 추론

먼저 다중회귀모형에서 회귀계수에 대한 추론을 하기 위해서는 ϵ_i의 분포에 대한 가정이 필요하다. 최소제곱추정량 $\hat{\boldsymbol{\beta}} = (\boldsymbol{X}^t\boldsymbol{X})^{-1}\boldsymbol{X}^t\boldsymbol{Y}$에서 $(\boldsymbol{X}^t\boldsymbol{X})^{-1}\boldsymbol{X}^t$는 $(k+1)\times n$행렬이고 $\boldsymbol{Y} = [Y_1 \cdots Y_n]^t$은 $n\times 1$벡터이므로 $\hat{\boldsymbol{\beta}}$은 Y_i들의 선형결합 $(k+1)$개로 구성되어 있다. 따라서 $\epsilon_i \sim \text{iid } N(0,\ \sigma^2)$임을 가정하면 $\hat{\beta}_i$들은 정규분포를 따르게 된다. 즉 [정리 10.17]에 의해

$$\hat{\beta}_i \sim N(\beta_i,\ c_{ii}\sigma^2)$$

이다. 또한 [정리 10.5]와 유사하게 $(\hat{\beta}_0,\ \cdots,\ \hat{\beta}_k)$와 SSE는 서로 독립이고

$$\frac{SSE}{\sigma^2} = \frac{(n-k-1)SSE}{\sigma^2} \sim \chi^2(n-k-1)$$

이 된다. 따라서 [정리 10.6]~[정리 10.8]과 비슷한 다음과 같은 결과를 얻는다.

정리 10.19 | β_i에 대한 가설검정과 구간추정

① 귀무가설: $H_0 : \beta_i = \beta_{i0}$

검정 통계량: $T_0 = \dfrac{\hat{\beta}_i - \beta_{i0}}{\sqrt{MSEc_{ii}}}$

기각역: i) $t_0 > t_\alpha(n-k-1)$ $(H_1 :\ \beta_i > \beta_{i0})$

ii) $t_0 < -t_\alpha(n-k-1)$ $(H_1 :\ \beta_i < \beta_{i0})$

iii) $|t_0| > t_{\alpha/2}(n-k-1)$ $(H_1 :\ \beta_i \neq \beta_{i0})$

② β_i에 대한 $100(1-\alpha)\%$ 양측 신뢰구간: $\hat{\beta}_i \pm t_{\alpha/2}(n-k-1)\sqrt{MSEc_{ii}}$

예제 10.12 [예제 10.10]에서 β_1에 대한 95% 양측 신뢰구간을 구해보자.

• **풀이** [예제 10.10]의 풀이로부터 β_1의 추정값은 0.3067이고 이에 해당하는 $(\boldsymbol{X}^t\boldsymbol{X})^{-1}$의 대각원소는 $c_{11} = 0.3684$, $MSE = 0.0154$이다. 따라서 [정리 10.19]에 의해

$$\hat{\beta}_1 \pm t_{.025}(7)\sqrt{MSEc_{11}} = 0.3067 \pm 2.365\sqrt{(0.0154)(0.3684)} = 0.3067 \pm 0.1781,$$

즉 (0.129, 0.485)는 β_1에 대한 양측 신뢰구간이 된다. ■

(2) 평균 반응값에 대한 추론

반응변수 Y의 평균 $E(Y)=\beta_0+\beta_1 x_1+\cdots+\beta_k x_k$에 대해 추론을 하는 문제를 살펴보자. $\boldsymbol{x}_0=[1\ x_{01}\ x_{02}\cdots x_{0k}]$가 주어질 때 $E(Y_0)=x_0\beta$의 추정량은

$$x_0\hat{\beta}=\hat{\beta}_0+\hat{\beta}_1 x_{01}+\hat{\beta}_2 x_{02}+\cdots+\hat{\beta}_k x_{0k}$$

이고 식 (10.53a) 및 (10.53b)를 이용하면

$$E(\boldsymbol{x}_0\hat{\boldsymbol{\beta}})=\boldsymbol{x}_0 E(\hat{\boldsymbol{\beta}})=x_0\boldsymbol{\beta},$$
$$V(\boldsymbol{x}_0\hat{\boldsymbol{\beta}})=x_0 V(\hat{\boldsymbol{\beta}})\boldsymbol{x}_0^t=[\boldsymbol{x}_0(\boldsymbol{X}^t\boldsymbol{X})^{-1}\boldsymbol{x}_0^t]\sigma^2$$

가 됨을 알 수 있다. 또한 $\hat{\beta}_0, \cdots, \hat{\beta}_k$들은 각각 $Y_1, \cdots, Y_n$의 선형결합이고, $\boldsymbol{x}_0\hat{\boldsymbol{\beta}}$는 $\hat{\beta}_0, \cdots, \hat{\beta}_k$들의 선형결합이므로 결국 $\boldsymbol{x}_0\hat{\boldsymbol{\beta}}$는 $Y_1, \cdots, Y_n$의 선형결합이고 따라서 정규분포를 따른다. 즉

$$\boldsymbol{x}_0\hat{\boldsymbol{\beta}}\sim N(\boldsymbol{x}_0\boldsymbol{\beta},\ [\boldsymbol{x}_0(\boldsymbol{X}^t\boldsymbol{X})^{-1}\boldsymbol{x}_0^t]\sigma^2) \qquad (10.55)$$

이다. 이러한 결과와 $\dfrac{(n-k-1)SSE}{\sigma^2}\sim\chi^2(n-k-1)$임을 이용하면 다음의 결과를 얻는다.

정리 10.20 |

평균 반응값 $\boldsymbol{E}(\boldsymbol{Y}_0)=\boldsymbol{x}_0\boldsymbol{\beta}=\beta_0+\beta_1 x_{01}+\cdots+\beta_k x_{0k}$에 대한 가설검정과 구간추정

① 귀무가설: $H_0:\ \boldsymbol{E}(\boldsymbol{Y}_0)=\boldsymbol{x}_0\boldsymbol{\beta}=c$

검정 통계량: $T_0=\dfrac{\boldsymbol{x}_0\hat{\boldsymbol{\beta}}-c}{\sqrt{MSE\boldsymbol{x}_0(\boldsymbol{X}^t\boldsymbol{X})^{-1}\boldsymbol{x}_0^t}}$

기각역: i) $t_0>t_\alpha(n-k-1)\quad (H_1:\boldsymbol{E}(\boldsymbol{Y}_0)>c)$

ii) $t_0<-t_\alpha(n-k-1)\quad (H_1:\boldsymbol{E}(\boldsymbol{Y}_0)<c)$

iii) $|t_0|>t_{\alpha/2}(n-k-1)\quad (H_1:\boldsymbol{E}(\boldsymbol{Y}_0)\neq c)$

② $\boldsymbol{E}(\boldsymbol{Y}_0)$에 대한 $100(1-\alpha)\%$ 양측신뢰구간:

$$\boldsymbol{x}_0\hat{\boldsymbol{\beta}}\pm t_{\alpha/2}(n-k-1)\sqrt{MSE\boldsymbol{x}_0(\boldsymbol{X}^t\boldsymbol{X})^{-1}\boldsymbol{x}_0^t}$$

예제 10.13 [예제 10.10]에서 설명변수의 특정 값 $x_1 = 1.5$, $x_2 = 2.5$에서의 평균반응값 $E(Y) = \beta_0 + 1.5\beta_1 + 2.5\beta_2$에 대한 95% 양측신뢰구간을 구해보자.

• **풀이** $\boldsymbol{x}_0 = [1\ 1.5\ 2.5]$이므로 $\boldsymbol{x}_0(\boldsymbol{X}^t\boldsymbol{X})^{-1}\boldsymbol{x}_0^t = 0.1392$가 된다. [예제 10.10]에서 $MSE = 0.0154$이므로

$$\boldsymbol{x}_0\hat{\boldsymbol{\beta}} \pm t_{0.025}(7)\sqrt{MSE\boldsymbol{x}_0(\boldsymbol{X}^t\boldsymbol{X})^{-1}\boldsymbol{x}_0^t} = 1.1544 \pm 2.365\sqrt{(0.0154)(0.1392)}$$
$$= 1.1544 \pm 0.1095,$$

즉 (1.045, 1.264)은 $E(Y) = \beta_0 + 1.5\beta_1 + 2.5\beta_2$에 대한 95% 양측신뢰구간이 된다. ■

(3) 새로운 관측값의 예측

다중회귀모형에서 새로운 관측값 Y_0의 예측구간을 구하는 문제는 단순회귀모형에서와 비슷하게 해결한다. 독립변수들의 특정 값 $\boldsymbol{x}_0 = [1\ x_{01}\ x_{02} \cdots x_{0k}]$에서의 Y_0의 예측값으로

$$\widehat{Y_0} = \widehat{\beta_0} + \widehat{\beta_1}x_{01} + \cdots + \widehat{\beta_k}x_{0k} = \boldsymbol{x}_0\hat{\boldsymbol{\beta}}, \quad \boldsymbol{x}_0 = [1\ x_{01}\ x_{02} \cdots x_{0k}]$$

를 사용하면 예측오차는 $Y_0 - \widehat{Y_0}$이다. 여기서 $Y_0 \sim N(\boldsymbol{x}_0\boldsymbol{\beta}, \sigma^2)$이고 식 (10.55)로부터

$$\widehat{Y_0} = \boldsymbol{x}_0\hat{\boldsymbol{\beta}} \sim N(\boldsymbol{x}_0\boldsymbol{\beta}, [x_0(\boldsymbol{X}^t\boldsymbol{X})^{-1}\boldsymbol{x}_0^t]\sigma^2$$

이다. 또한 Y_0와 $\widehat{Y_0}$는 서로 독립으로

$$Y_0 - \widehat{Y_0} \sim N(0, [1 + \boldsymbol{x}_0(\boldsymbol{X}^t\boldsymbol{X})^{-1}\boldsymbol{x}_0^t]\sigma^2)$$

이 된다. 따라서 $\dfrac{(n-k-1)SSE}{\sigma^2} \sim \chi^2(n-k-1)$을 이용하여

$$\frac{Y_0 - \widehat{Y_0}}{\sqrt{MSE[1 + \boldsymbol{x}_0(\boldsymbol{X}^t\boldsymbol{X})^{-1}\boldsymbol{x}_0^t]}} \sim t(n-k-1) \tag{10.56}$$

이 되고 다음 결과를 얻는다.

정리 10.21 | 새로운 관측값에 대한 예측구간

$\boldsymbol{x} = \boldsymbol{x}_0 = [1\ x_{01}\ x_{02} \cdots x_{0k}]$일 때

$$\boldsymbol{x}_0\hat{\beta} \pm t_{\alpha/2}(n-k-1)\sqrt{MSE(1+x_0(\boldsymbol{X}^t\boldsymbol{X})^{-1}\boldsymbol{x}_0^t)}$$

은 새로운 관측값 Y_0에 대한 $100(1-\alpha)\%$ 예측구간이 된다.

(4) 전체모형 대 축소모형

우리가 관심을 가진 반응변수 Y의 변동을 가급적 적은 수의 변수로 설명할 수 있으면 모형이 더 간결하고 쉽게 이해할 수 있을 것이다. 주어진 데이터의 해석에 있어 이와 같은 간결성(parsimony)을 확보하는 것이 매우 중요하다. 모형의 간결성을 유지하려면 설명변수가 k개 있는 다중회귀모형에서 일부 설명변수가 Y에 미치는 영향이 미미하다고 판단되면 이를 모형에서 제외시키는 것이 좋을 것이다. 이제 전체 설명변수 k개 중 일부인 $k-r$개를 제외한 모형을 **축소모형**(reduced model)이라 부르고, 이 모형을

$$\text{축소모형(모형 } R\text{): } Y = \beta_0 + \beta_1 x_1 + \cdots + \beta_r x_r + \epsilon$$

라 표현하자. 그리고 설명변수 k개 모두를 포함하는 모형을 **완전모형**(full model)이라 부르고, 이 모형을

$$\text{완전모형(모형 } F\text{): } Y = \beta_0 + \beta_1 x_1 + \cdots + \beta_r x_r + \beta_{r+1} x_{r+1} + \cdots + \beta_k x_k + \epsilon$$

라 표현하자. 축소모형은 완전모형에서 귀무가설

$$H_0: \beta_{r+1} = \cdots = \beta_k = 0$$

이 수용될 때 쓸 수 있는 모형이다.

축소모형과 완전모형을 각각 적합시켰을 때 얻어지는 오차제곱합을 SSE_R과 SSE_F라 하면, 이들은 각각 해당모형이 Y의 변동을 설명하고 남은 변동을 제곱합으로 나타낸 것으로 해당 모형이 Y의 변동을 얼마나 잘 설명하고 있는지를 나타내는 척도가 된다. 모형 F가 모형 R보다 더 많은 설명변수를 갖고 있으므로 부등식 $SSE_F \le SSE_R$이 항상 성립한다. 따라서

$$SSE_R = SSE_F + (SSE_R - SSE_F)$$

라 쓸 수 있다. 그런데 모수 $\beta_{r+1}, \cdots, \beta_k$ 중 적어도 하나가 0이 아니면, 즉 변수 $x_1, \cdots, x_r$들

이 설명하지 못한 Y의 변동을 변수 $x_{r+1}, \cdots, x_k$들이 추가적으로 설명할 수 있으면 모형 F가 모형 R보다 오차가 더 작을 것이다. 즉 $SSE_F \ll SSE_R$이 될 것이다. 따라서 $SSE_R - SSE_F$의 크기가 변수 $x_{r+1}, \cdots, x_k$들이 의미가 있는지를 결정하게 된다. 즉, $SSE_R - SSE_F$가 크면 귀무가설

$$H_0 \ : \beta_{r+1} = \cdots = \beta_k = 0$$

을 기각하게 된다.

그런데 H_0가 참이면 $\dfrac{SSE_R}{\sigma^2}$가 분포 $\chi^2(n-r-1)$을 따르고, $\dfrac{SSE_R}{\sigma^2}$를 $\dfrac{SSE_F}{\sigma^2}$와 $\dfrac{SSE_R - SSE_F}{\sigma^2}$로 분할하면 이들은 서로 독립이고, 각각 분포 $\chi^2(n-k-1)$과 $\chi^2(k-r)$를 따른다는 것이 알려져 있다. 따라서

$$F = \left(\frac{SSE_R - SSE_F}{k-r}\right) \Big/ \left(\frac{SSE_F}{n-k-1}\right) \tag{10.57}$$

는 H_0가 참일 때 분포 $F(k-r,\ n-k-1)$을 따른다. H_0가 참이면 $(SSE_R - SSE_F)/\sigma^2 \sim \chi^2(k-r)$이므로, $E\left(\dfrac{SSE_R - SSE_F}{k-r}\right) = \sigma^2$이 된다. 그런데 H_0가 참이 아니면 모수 $\beta_{r+1}, \cdots, \beta_k$ 중 적어도 하나가 0이 아니다. 따라서 변수 $(x_{r+1}, \cdots, x_k)$들이 추가적으로 Y의 변동을 설명해 주기 때문에 $SSE_R - SSE_F$가 커져서 $E\left(\dfrac{SSE_R - SSE_F}{k-r}\right) \gg \sigma^2$가 된다. 그리고 H_0의 진위 여부와 관계없이 $\dfrac{SSE_F}{\sigma^2} \sim \chi^2(n-k-1)$이므로 $E\left(\dfrac{SSE_F}{n-k-1}\right) = \sigma^2$이 성립한다. 따라서 H_0가 참이면 식 (10.57)에서 $F \approx 1$이 되고 H_0가 참이 아니면 $F \gg 1$이 된다. 따라서 모형 R의 타당성에 관해 다음과 같이 검정할 수 있다.

정리 10.22 | 축소모형에 대한 가설검정

귀무가설: H_0: $\beta_{r+1} = \beta_{r+2} = \cdots = \beta_k = 0$

대립가설: H_1: H_0가 아니다.

검정 통계량: $F_0 = \dfrac{(SSE_R - SSE_F)/(k-r)}{(SSE_F)/(n-k-1)}$

기각역: $f_0 > F_\alpha(k-r,\ n-k-1)$

예제 10.14 [예제 10.10]에서 가설 $H_0 : \beta_2 = 0$ 대 $H_1 : \beta_2 \neq 0$을 [정리 10.22]를 이용하여 유의수준 5%로 검정해보자.

$S_{x_1x_1} = 9.969$, $S_{x_1y} = 5.290$, $S_{yy} = 3.060$이므로 $SSE_R = S_{yy} - \widehat{\beta}_1 S_{x_1y} = S_{yy} - \dfrac{S_{x_1y}^2}{S_{x_1x_1}} = 0.2529$이고 [예제 10.10]에서 $SSE_F = 0.1075$이다. [정리 10.22]를 이용하면

$$f_0 = \frac{(SSE_R - SSE_F)/(k-r)}{SSE_F/(n-k-1)} = \frac{(0.2529 - 0.1075)/(2-1)}{0.1075/(10-3)} = 9.47$$

이다. $f_0 = 9.47 > 5.59 = F_{0.05}(1, 7)$이므로 H_0를 기각한다. ■

연습문제 10.6

1. 다음 자료를 포물선 회귀모형

$$Y = \beta_0 + \beta_1 x + \beta_2 x^2 + \epsilon, \quad \epsilon \sim N(0, \sigma^2)$$

을 이용하여 분석하고자 한다.

x	-3	-2	-1	0	1	2	3
y	0	0	1	1	0	0	-1

(a) 추정회귀식 $\hat{y} = \hat{\beta}_0 + \hat{\beta}_1 x + \hat{\beta}_2 x^2$을 구하고 이를 산점도와 함께 그려라.

(b) 포물선 효과가 있는지를 유의수준 5%로 검정하라.

(c) $x = 1.5$일 때의 평균반응값 $E(Y)$에 대한 95% 양측 신뢰구간을 구하라.

2. 다음 자료를 다중회귀모형

$$Y = \beta_0 + \beta_1 x_1 + \beta_2 x_2 + \beta_3 x_1 x_2 + \epsilon, \ \epsilon \sim N(0, \sigma^2)$$

을 이용하여 분석하고자 한다.

y	1	4	8	9	3	8	9
x_1	-1	1	-1	1	0	0	0
x_2	-1	-1	1	1	0	1	2

(a) 추정회귀식을 구하라.

(b) 결정계수를 구하라.

(c) $x_1 = -0.5$, $x_2 = 1.2$일 때의 새로운 관측값에 대한 95% 예측구간을 구하라.

3. 어떤 공정에서 나오는 제품의 강도(단위: kg/cm^2) y가 그 공정의 온도(단위: ℃) x_1과 압력(단위: kg/cm^2) x_2에 어떤 영향을 받는지를 조사하기 위해 다음의 자료를 얻었다.

y	72.6	109.0	90.7	156.6	134.1	57.8	82.1	101.5
x_1	174	160	183	182	179	164	187	186
x_2	56	54	56	55	54	48	55	54

(a) 제품의 강도와 공정온도에 대한 산점도를 그리고, 두 변수 사이에 상관관계가 존재하는지 판단하라.

(b) 다중회귀모형 $Y_i = \beta_0 + \beta_1 x_1 + \beta_2 x_2 + \epsilon$을 가정하고, 회귀식을 추정하라.

(c) $x_1 = 180$℃ 이고 $x_2 = 56\text{kg/cm}^2$일 때, 제품의 평균강도에 대한 95% 양측 신뢰구간을 구하라.

4. 다음은 우리나라 하루 평균 교통사고 사망자 수(10만 명당)를 조사한 것이다.

x	1991	1992	1993	1994	1995	1996	1997	1998	1999	2000
y	31.1	26.7	23.6	22.7	23.0	27.3	24.7	19.3	19.8	21.3

(a) $x' = 2(x-1995)-1$을 설명변수로 하여 단순회귀모형에 이 자료를 적합시켜라.

(b) (a)와 같은 방법으로 변환한 자료를 이용하여 곡선회귀모형 $Y = \beta_0 + \beta_1 x' + \beta_2 x'^2 + \epsilon$에 적합시켜라.

(c) (b)의 곡선회귀모형이 (a)의 단순회귀모형보다 더 나은지를 판단하라.

5. 국민의 생활수준을 알아보는 지표로 총 생계비 중에서 식비가 차지하는 비율인 엥겔지수가 있다. 한 가계당 평균 얼마의 식비를 지출하는지를 알아보기 위해 서울에 거주하는 10가구를 무작위로 뽑아 월 평균식비(단위: 만 원) y, 월 평균소득(단위: 만 원) x_1, 가족의 수(단위: 명) x_2, 그리고 평균연령(단위: 세) x_3을 조사하여 다음과 같은 자료를 얻었다.

y	36.2	39.0	81.7	39.0	68.3	106.3	123.9	114.8	97.0	100.2
x_1	206.2	218.6	264.6	330.5	334.7	365.6	379.3	456.4	502.7	531.0
x_2	1	4	4	2	3	4	5	6	3	7
x_3	32	39	41	33	37	31	35	29	27	36

(a) 이 자료에 적절한 다중회귀모형을 가정하고 회귀식을 추정하라.

(b) 오차의 분산과 모수의 추정량의 분산 $V(\hat{\beta}_i)$들을 추정하라.

6. 다음 자료는 온도의 변화에 따른 암모니아의 용해도(단위: g)를 조사한 것이다.

온도 (x)	5	10	15	20	25	30	35	40	45	50
용해도 (y)	82	71	50	46	43	39	36	34	32	29

(a) 산점도를 그려 두 변수 간에 선형관계가 있는지를 판단하라.

(b) 단순회귀모형에 적합시키고 결정계수를 구한 후, 잔차를 구하여 타점한 결과를 분석하라.

(c) 만약 (b)에서 단순회귀모형이 적합하지 않다고 판단된다면, 다시 적절한 모형을 가정하고 회귀분석을 수행하라.

7. 다음 자료를 다중회귀모형

$$Y = \beta_0 + \beta_1 x_1 + \beta_2 x_2 + \epsilon, \quad \epsilon \sim N(0,\ \sigma^2)$$

를 이용하여 분석하고자 한다.

y	1	3	3	5	8
x_1	-2	0	-1	1	2
x_2	-1	0	-1	1	1

(a) 추정회귀식을 구하라.

(b) 결정계수를 구하라.

(c) 유의수준 10%로 가설

$$H_0\colon \beta_1 = \beta_2 \ \text{대}\ H_1\colon H_0\text{가 아니다}$$

를 검정하라.

8. 어떤 회사의 대리점별 월간 홍보비용 x_1(단위: 백만 원)과 대리점의 크기 x_2(단위: 평)가 총 판매액 y에 미치는 영향을 알아보기 위해 10개의 대리점을 대상으로 조사하여 다음과 같은 자료를 얻었다.

i	1	2	3	4	5	6	7	8	9	10
x_{i1}	1.1	1.0	0.4	1.0	0.9	0.5	0.6	0.8	0.8	1.3
x_{i2}	14	12	5	8	11	10	6	12	6	18
y_i	27	21	9	21	18	19	10	21	16	32

이 자료를 다중회귀모형

$$Y_i = \beta_0 + \beta_1 x_{i1} + \beta_2 x_{i2} + \epsilon_i, \quad i = 1,\ 2,\ \cdots,\ 10$$
$$\epsilon_i \sim \text{iid } N(0,\ \sigma^2)$$

을 적용하여 분석하고자 한다.

(a) 추정회귀식 $\widehat{Y} = \widehat{\beta_0} + \widehat{\beta_1} x_1 + \widehat{\beta_2} x_2$를 구하라.

(b) $x_1 = 1.0,\ x_2 = 10$일 때의 총 판매액의 평균에 대한 95% 양측 신뢰구간을 구하라.

(c) 유의수준 5%로 가설 "$H_0 : \beta_1 = \beta_2 = 0$ 대 $H_1 : H_0$가 아니다"를 검정하라.

9. 연습문제 #2에서

(a) 가설 "$H_0 : \beta_2 = \beta_3 = 0$ 대 $H_1 : H_0$가 아니다"를 유의수준 5%로 검정하라.

(b) 가설 "$H_0 : \beta_1 = \beta_2,\ \beta_3 = 0$ 대 $H_1 : H_0$가 아니다"를 유의수준 10%로 검정하라.

10. 회귀모형 $Y_i = \beta_0 + \beta_1 x_{1i} + \beta_2 x_{2i} + \epsilon_i,\ \epsilon_i \sim \text{iid } N(0,\ \sigma^2),\ i = 1,\ 2,\ \cdots,\ n$에 대하여 다음이 알려져 있다.

$$(X'X)^{-1} = \begin{bmatrix} 1.519 & -0.133 & -0.019 \\ -0.133 & 0.213 & -0.004 \\ -0.019 & -0.004 & 0.0004 \end{bmatrix},\ SST = 14{,}643,\ SSE = 10{,}484,\ n = 30$$

$$\widehat{\beta_0} = 24.41,\ \widehat{\beta_1} = 25.07,\ \widehat{\beta_2} = -0.85$$

(a) 유의수준 5%로 위의 회귀모형의 타당성을 검정하라.

(b) $\beta_1 + 10\beta_2$에 대한 95% 양측 신뢰구간을 구하라.

11. 다음 자료를 다중회귀모형

$$Y = \beta_0 + \beta_1 x_1 + \beta_2 x_2 + \beta_3 x_3 + \epsilon, \quad \epsilon \sim N(0,\ \sigma^2)$$

을 이용하여 분석하고자 한다.

y	2	1	0	1	2	3	5
x_1	−3	−2	−1	0	1	2	3
x_2	2	0	−1	−2	−1	0	2
x_3	−1	1	1	0	−1	−1	1

(a) 추정회귀식을 구하라.

(b) $x_1 = 1,\ x_2 = -1,\ x_3 = -1$일 때, 반응변수의 기댓값에 대한 95% 양측 신뢰구간을 구하라.

(c) $x_1 = 1,\ x_2 = -1,\ x_3 = -1$일 때, 반응변수의 장래 관측값에 대한 95% 예측구간을 구하라.

(d) x_2와 x_3가 위의 모형에 기여를 한다는 충분한 증거가 있는가?

12. 다음 자료는 어떤 화학공정에서 압력과 온도가 수율에 미치는 영향을 알아보기 위해 압력(단위: $\mathrm{kg/cm^2}$) $x_1{}'$의 두 수준과 온도(단위: ℃) $x_2{}'$의 세 수준의 각 조합에서 실험하여 얻은 수율 y'을 기록한 것이다.

y'	63	65	68	64	65	70
$x_1{}'$	4	4	4	8	8	8
$x_2{}'$	40	80	120	40	80	120

이 자료를 $y = y' - 65,\ x_1 = \dfrac{x_1{}' - 6}{2},\ x_2 = \dfrac{x_2{}' - 80}{40}$으로 선형변환하여 다중회귀모형

$$Y = \beta_0 + \beta_1 x_1 + \beta_2 x_2 + \beta_3 x_2^2 + \epsilon,\ \epsilon \sim N(0,\ \sigma^2)$$

에 적합시키고자 한다.

(a) 추정회귀식을 구하라.

(b) 압력이 수율에 영향을 미치는지를 유의수준 10%로 검정하라.

(c) 온도가 수율에 영향을 미치는지를 유의수준 5%로 검정하라.

(d) 원래의 자료 $(y_i{}',\ x_{i1}{}',\ x_{i2}{}')$들을 사용하든 변환한 자료$(y_i,\ x_{i1},\ x_{i2})$들을 사용하든 (b)나 (c)의 검정결과는 같게 나타남을 보여라.

13. A 전자회사에서는 학력에 따른 연봉의 차이가 있는지를 알아보기 위해 아래와 같은 회귀모형을 설정하였다. 여기서 x_1은 학력을 나타내는 변수로 대졸이면 1, 그렇지 않으면 0의 값을 갖고, x_2는 근무년수를 나타낸다.

$$Y = \beta_0 + \beta_1 x_1 + \beta_2 x_2 + \beta_3 x_1 x_2 + \beta_4 x_2^2 + \epsilon$$

200명을 대상으로 조사한 기록을 이용하여 위의 모형에 적합해 본 결과 $SSE = 1,517.8$이었다. 같은 자료로 $Y = \beta_0 + \beta_2 x_2 + \beta_4 x_2^2 + \epsilon$에 적합시켰을 때, $SSE = 1,605.7$을 얻었다. 이러한 결과로 볼 때, 연봉이 학력에 따라 차이가 있다고 할 수 있는가? 유의수준 5%로 검정하라.

14. 시간을 5개의 등 간격으로 나누어 두 종류의 실험쥐의 몸무게 증가율을 조사한 결과 다음과 같은 자료를 얻었다.

실험쥐	시간				
	−2	−1	0	1	2
A	2.8	3.3	4.0	4.3	4.5
B	3.9	4.2	4.9	5.3	6.1

(a) $Y = \beta_0 + \beta_1 x_1 + \beta_2 x_2 + \beta_3 x_1 x_2 + \epsilon$의 모형에 적합시켜라. 여기서 x_1은 실험쥐의 종류를 나타내는 변수로 A이면 1, B이면 0의 값을 갖고, x_2는 시간을 나타낸다.

(b) 각 종류별로 단순선형모형에 적합시키고, 그 결과를 그래프로 나타내라.

(c) 모형 (a)에서 β_1, β_3는 각각 무엇을 의미하는지 (b)의 그래프와 연관지어 설명하라.

(d) 두 종류의 실험쥐의 몸무게 증가율에 차이가 있다고 할 수 있는지를 유의수준 5%로 검정하라.

(e) $x_2 = 1$에서 실험쥐 A의 평균 몸무게 증가율에 대한 95% 양측 신뢰구간을 (a), (b) 모형에서 각각 구하고, 그 결과를 비교하라.

(f) $x_2 = 3$에서 실험쥐 A의 몸무게 증가율의 장래 관측값에 대한 95% 예측구간을 구하라.

15. 어떤 제조공정에서 생산되는 탄소분말(carbon powder)의 저항값 Y(단위: Ω)에 영향을 미치는 인자들은 제조 온도 T_1(단위: ℃), 압력 P(단위: kg/cm^2), 첨가제의 양 C(단위: g), 및 후처리 시간 T_2(단위: 분)라고 한다. 이를 각각 x_1, x_2, x_3, x_4의 설명변수로 하고 다음과 같이 변화하였다.

T_1	x_1
1,000	−1
1,200	1

P	x_2
10	−1
20	1

C	x_3
10	−1
20	1

T_2	x_4
30	−1
60	1

(a) 실험결과를 다중회귀모형에 적합시켜라.

(b) $T_1 = 1{,}000$, $P = 20$, $C = 10$, $T_2 = 60$에서의 저항의 기댓값에 대한 90% 양측 신뢰구간을 구하라.

(c) $T_1 = 1{,}000$, $P = 20$, $C = 10$, $T_2 = 60$일 때의 저항에 대한 90% 예측구간을 구하라.

(d) P와 T_2를 제거한 축소모형을 가정한다면, 이 축소모형은 타당한가?

				x_4			
				−1		+1	
				x_3		x_3	
				−1	+1	−1	+1
x_1	−1	x_2	−1	27	16	33	25
			+1	22	14	30	21
	+1	x_2	−1	32	24	40	37
			+1	25	19	23	30

16. 변수 x_1, x_2, x_3, y에 대한 25개의 관측값을 회귀모형(모형 I)

$$Y = \alpha_0 + \alpha_1 x_1 + \alpha_2 x_2 + \alpha_3 x_3 + \epsilon, \quad \epsilon \sim N(0,\ \sigma^2)$$

에 적합시켜 $R^2 = 0.879$를 얻었고 회귀모형(모형 II)

$$Y = \beta_0 + \beta_1 x_1 + \beta_2 x_2 + \epsilon, \quad \epsilon \sim N(0,\ \sigma^2)$$

에 적합시켜 $R^2 = 0.849$를 얻었다. 단, $\sum_{i=1}^{25}(y_i - \bar{y})^2 = 63.816$이었다. 모형 I 대신 모형 II를 쓸 수 있는지를 유의수준 5%로 판단하라.

17. 어떤 알려진 상수 a_i, b_i에 대하여

$$Y_i = a_i\beta_1 + b_i\beta_2 + \epsilon_i, \ i = 1,\ 2,\ \cdots,\ n, \quad \epsilon_i \sim \text{iid} N(0,\ \sigma^2)$$

라 하자. β_1, β_2의 최소제곱 추정량이 서로 독립이기 위한 필요충분조건을 찾아라.

18. 설명변수 3개를 사용하는 다중회귀모형의 정규방정식을 유도하라.

19. 다중회귀모형

$$Y_i = \beta_0 + \beta_1 x_{i1} + \cdots + \beta_k x_{ik} + \epsilon_i, \quad i = 1, \cdots, n$$

ϵ_i는 iid이고, $E(\epsilon_i) = 0$, $V(\epsilon_i) = \sigma^2$에서 최소제곱법에 의한 추정회귀식

$$\hat{y} = \hat{\beta}_0 + \hat{\beta}_1 x_1 + \cdots + \hat{\beta}_k x_k$$

는 $(k+1)$차원 공간 위의 점 $(\bar{x}_1, \cdots, \bar{x}_k, \bar{y})$를 통과함을 보여라.
여기서 $\bar{x}_j = \frac{1}{n}\sum_{i=1}^{n} x_{ij}$, $\bar{y} = \frac{1}{n}\sum_{i=1}^{n} y_i$이다.

20. 다중회귀모형

$$Y_i = \beta_0 + \beta_1 x_{i1} + \beta_2 x_{i2} + \epsilon_i, \quad i = 1, \cdots, n$$

ϵ_i는 iid이고, $E(\epsilon_i) = 0$, $V(\epsilon_i) = \sigma^2$에서 β_1의 추정량 $\hat{\beta}_1$을 구하지 않고 변수 x_2를 무시한 채 단순회귀모형

$$Y_i = \beta_0 + \beta_1 x_1 + \epsilon_i$$

에서의 최소제곱추정량 β_1^*를 구한다면 β_1^*가 β_1의 불편추정량이 되는가?

21. 회귀모형

$$Y_i = \beta_1 x_i + \beta_2 x_i^2 + \epsilon_i, \quad i = 1, \cdots, n$$

ϵ_i는 iid이고 $E(\epsilon_i) = 0$, $V(\epsilon_i) = \sigma^2$에서 평균반응값 $E(Y)$를 추정하는데, 변수 x^2을 무시하고 원점을 지나는 단순회귀모형

$$Y_i = \beta_1 x_i + \epsilon_i$$

에서의 추정회귀식 $Y = \ddot{\beta}_1 x$를 쓴다면 $\dot{Y}$은 $E(Y)$의 불편추정량이 될 수 있는가?

22. 다중회귀모형 $Y_i = \beta_0 + \beta_1 x_{i1} + \beta_2 x_{i2} + \cdots + \beta_{ik} x_k + \epsilon_i$에서 각 변수들을 평균을 중심으로 변

환시켰을 때의 모형 $Y_i - \overline{Y} = \beta_1(x_{i1} - \overline{x_1}) + \cdots + \beta_k(x_{ik} - \overline{x_k}) + \epsilon_i$는 원래의 모형과 SST, SSR, SSE가 동일함을 보여라.

23*. 코크란(Cochran)의 정리라 불리는 다음의 결과가 성립하는 것을 문헌조사 등을 통하여 확인하라.

"$Y_1, \cdots, Y_n$이 정규분포 $N(\mu, \sigma^2)$로부터의 확률표본이고 총 제곱합 $SST = \sum_{i=1}^{n}(Y_i - \overline{Y})^2$을 자유도가 각각 $df_1, \cdots, df_r$인 제곱합 $SS_1, \cdots, SS_r$로 나눈다고 하자. 만일 $df_1 + \cdots + df_r = n-1$이면

1. $\frac{SS_i}{\sigma^2} \sim \chi^2(df_i), \quad i = 1, \cdots, r$
2. $SS_1, \cdots, SS_r$은 서로 독립이다."

24*. (a) $\hat{\boldsymbol{Y}} = \boldsymbol{X}\hat{\boldsymbol{\beta}} = \boldsymbol{X}(\boldsymbol{X}^t\boldsymbol{X})^{-1}\boldsymbol{X}^t\boldsymbol{Y} = \boldsymbol{A}\boldsymbol{Y}$라고 할 때, $\boldsymbol{A} = \boldsymbol{A}^t$, $\boldsymbol{A}^2 = \boldsymbol{A}$임을 보여라.

(b) 다중회귀모형에서 $E(SSE) = (n-k-1)\sigma^2$임을 보여라.

25*. 다중회귀모형에서 오차의 제곱합이 다음과 같이 됨을 보이고 $\boldsymbol{\beta} = \hat{\boldsymbol{\beta}}$에서 좌변이 최소가 됨을 보여라.

$$(\boldsymbol{Y} - \boldsymbol{X\beta})^t(\boldsymbol{Y} - \boldsymbol{X\beta}) = (\boldsymbol{Y} - \boldsymbol{X}\hat{\boldsymbol{\beta}})^t(\boldsymbol{Y} - \boldsymbol{X}\hat{\boldsymbol{\beta}}) + (\boldsymbol{\beta} - \hat{\boldsymbol{\beta}})^t\boldsymbol{X}^t\boldsymbol{X}(\boldsymbol{\beta} - \hat{\boldsymbol{\beta}})$$

26*. 회귀모형에서 오차항의 분산이 상수가 아닐 경우 **가중최소제곱법**(method of weighted least squares)을 이용하여 각 모수를 추정할 수 있다. $Y_i = \beta_0 + \beta_1 x_i + \epsilon_i$, $i = 1, \cdots, n$에서 ϵ_i들이 서로 독립이고 $E(\epsilon_i) = 0$, $V(\epsilon_i) = \sigma^2/w_i$라 하자. 여기서 w_i는 알려진 상수이다. 이 모형에서 각 변에 $\sqrt{w_i}$를 곱하여 오차항의 분산을 상수로 만들 수가 있다. 즉,

$$Y_i\sqrt{w_i} = \beta_0\sqrt{w_i} + \beta_1 x_i\sqrt{w_i} + \epsilon_i\sqrt{w_i}, \quad i = 1, \cdots, n$$

에서 $\epsilon_i' = \epsilon_i\sqrt{w_i}$들은 서로 독립이고 $E(\epsilon_i') = 0$, $V(\epsilon_i') = w_i V(\epsilon_i) = \sigma^2$이 된다. 이때, 최소제곱법으로 모수 β_0, β_1을 추정하라.

27*. 문제 #26의 해결책으로 가중최소제곱법 외에 변수변환을 생각해 볼 수 있다. $Y_i = \beta_0 + \beta_1 x_i + \epsilon_i$, $i = 1, \cdots, n$에서 ϵ_i들은 서로 독립이고 $E(\epsilon_i) = 0$, $V(\epsilon_i) = \sigma^2 x_i^2$인 경우를 생각해보자.

(a) $y' = y/x$, $x' = 1/x$로 변환한 경우 오차항의 분산이 상수가 되는가?

(b) 자료 $(x_i', y_i') = \left(\dfrac{1}{x_i}, \dfrac{y_i}{x_i}\right)$, $i = 1, \cdots, n$들로 β_0와 β_1의 최우추정값을 구하라.

28*. 어느 화학공정에서의 수율 y와 반응온도 x사이에 회귀모형 $Y_i = \beta_0 + \beta_1 x_i + \epsilon_i$, $i = 1, 2, \cdots, n$이 성립한다고 한다. 여기서 ϵ_i는 서로 독립이고, $E(\epsilon_i) = 0$, $V(\epsilon_i) = kx_i^2$이다(단, k는 미지의 상수). 다음과 같은 자료가 주어졌을 때, 최소제곱법에 의한 β_0와 β_1의 최우추정값을 구하라.

i	1	2	3	4	5
x_i	10	20	30	40	50
y_i	81	84	89	92	95

29*. 어떤 물체의 무게를 계기 A와 B로 반복 측정하였을 때, 각각의 측정값 X와 Y는 다음과 같은 모형으로 나타낼 수 있다고 한다.

$$X_i = \alpha + u_i, \ i = 1, 2, \cdots, m$$
$$Y_j = \alpha + \beta + v_j, \ j = 1, 2, \cdots, n$$

단, m과 n은 각각 A와 B의 반복 측정횟수를 나타내며, α와 β는 미지의 상수이다. u_i와 v_j는 각각 A와 B의 측정오차를 나타내는 확률변수로 모든 i와 j에 대해 서로 독립이고 $E(u_i) = E(v_j) = 0$, $V(u_i) = V(v_j) = \sigma^2$인 정규분포를 따른다고 한다.

(a) 최소 제곱법에 의해 X와 Y의 오차를 함께 최소화하는 α와 β의 추정값을 구하라.

(b) 가설 $H_0 : \beta = 0$ 대 $H_1 : \beta \neq 0$을 검정할 검정통계량과 그 기각역을 구하라.

CHAPTER

11

분산분석

우리는 여러 가지 상황에서 합리적인 의사결정을 하기 위해 반응변수가 어떤 변수에 의해 얼마나 영향을 받는지 알고 싶어 한다. 반응변수가 특별한 변수의 개입이 없이 순수오차에 의해서만 변동한다면 모평균 및 모분산에 대한 추정이나 가설검정을 바탕으로 의사결정을 할 수 있다. 만약, 관련된 설명변수가 있고 연속형 변수라면 10장에서 학습한 바와 같이 반응변수와의 적절한 함수관계를 가정하여 회귀분석을 실시해볼 수 있다. 그러나 설명변수가 범주형 변수로서 반응변수와의 함수관계 설정이 어려운 상황이라면 회귀모형으로 분석하는 것이 쉽지 않다. 이와 같이 설명변수가 있어서 반응변수에 영향을 주고 있지만 함수관계 설정이 어려운 경우에는 다른 형태의 모형을 설정하여 분산분석법으로 유의성을 검정할 수 있다. 이 장에서는 데이터 구조의 모형을 설정하고 분산분석법으로 모형의 유의성을 검증하는 방법을 학습한다.

11.1 데이터 구조의 모형

우리가 접하는 데이터는 대부분 수동적인 관측을 통해 수집되거나 능동적인 조사 혹은 실험을 통하여 얻어진 데이터이다. 실험을 통해 얻어진 데이터일 경우에는 반응값에 영향을 주는 실험요인(experimental factor)을 능동적으로 통제하여 수집된 것이므로 당연히 실험요인이 원인변수로 개입되어 있다. 한편, 수동적인 관측에 의해 얻어진 데이터일 경우라고 하더라도 영향을 주리라고 생각되는 요인에 대한 관측값 혹은 범주를 함께 관측함으로써 원인변수의 개입을 고려하여 분석할 수 있다. 여기서 취급하는 원인변수는 연속형 변수뿐만 아니라 범주형 변수도 포함하므로 이후 **요인**(factor)이라는 용어로 통일하여 사용하기로 한다. 요인이 가질 수 있는 서로 다른 값 혹은 속성을 **수준**(level)이라 부른다.

이 장에서 분산분석에 의해 유의성을 검정하고자 하는 대상은 데이터의 변동을 설명하기 위해 설정된 구조 모형이다. 데이터의 변동에 영향을 줄 수 있는 요인은 하나도 없을 수도 있지만 무수히 많을 경우도 있다. 예를 들어서 우리나라 사람들의 키를 측정한다고 했을 때 사람마다 키가 다르게 되는 요인으로서 연령, 성별, 식생활 습관, 섭취량, 식단, 운동량, 운동의 종류 등 수많은 요인들을 생각할 수 있을 것이다. 데이터의 구조모형은 요인의 수와 속성의 증가에 따라 항의 수도 많아지고 복잡해진다. 그러나 두 요인의 구조 모형을 잘 분석할 수 있으면 요인이 셋 이상인 경우로 확장하는데 별 어려움이 없으므로 여기서는 요인은 하나 혹은 둘이 있을 경우에 대해서만 다루기로 한다.

데이터 구조의 모형은 요인이 반응변수에 미치는 **효과**(effect)를 고려하여 설정된다. 요인의 영향은 하나의 요인이 독자적으로 반응변수에 미치는 **주 효과**(main effect)와 둘 이상의 요인이 상호작용을 통해 반응변수에 영향을 주는 **교호작용 효과**(interaction effect)가 있다. 요인이 하나만 있을 경우는 주 효과만 있는 모형으로 여기서는 분산분석을 위해 설정되므로 일원 분산분석 모형이라 부르기로 한다. 두 개의 요인이 있을 경우에는 주 효과만 고려한 이원 분산분석 모형과 주 효과뿐만 아니라 두 요인의 교호작용에 의한 영향을 함께 고려한 이원 교호작용 모형이 있다.

이제, 요인 A와 B가 반응변수 Y에 영향을 줄 가능성이 있고 각각 a가지 및 b 가지의 다른 수준을 가질 수 있다고 하자. 요인 A가 수준 i일 때 반응변수에 미치는 효과를 α_i, 요인 B가 수준 j일 때 반응변수에 미치는 효과를 β_j, 두 요인 A, B의 수준조합 A_iB_j에서 교호작용으로 인해 반응변수에 미치는 효과를 $(\alpha\beta)_{ij}$로 표기하기로 하자. 요인 A가 수준 i, B가 수준 j일 때 얻어진 데이터의 수를 n_{ij}라 한다면 데이터의 변동을 설명할 수 있는 가능한 구조 모형은 네 가지가 있을 것이다.

먼저 A와 B 어느 요인이든 반응변수에 어떤 방식으로도 영향을 주지 않는다면

$$Y_{ijk} = \mu + \epsilon_{ijk},\ i = 1,\ \cdots,\ a,\ j = 1,\ \cdots,\ b,\ k = 1,\ \cdots,\ n_{ij} \tag{11.1}$$

이 적절할 것이다. 분산분석에서는 ϵ_{ijk}는 서로 독립이고 분산이 모두 동일하게 σ^2인 정규분포를 따른다고 가정한다. 이 경우에는 요인 A와 B의 구분이 필요 없으므로 하나의 모집단으로부터 총 $n = \sum_{i=1}^{a}\sum_{j=1}^{b} n_{ij}$개의 데이터가 얻어진 경우와 동일하다. 다음으로 두 요인 중 하나만 영향을 준다고 하면 데이터의 구조 모형은

$$Y_{ijk} = \mu + \alpha_i + \epsilon_{ijk},\ i = 1,\ \cdots,\ a,\ j = 1,\ \cdots,\ b,\ k = 1,\ \cdots,\ n_{ij} \tag{11.2a}$$

$$Y_{ijk} = \mu + \beta_j + \epsilon_{ijk},\ i = 1,\ \cdots,\ a,\ j = 1,\ \cdots,\ b,\ k = 1,\ \cdots,\ n_{ij} \tag{11.2b}$$

의 둘 중 하나가 된다. 식 (11.2a)의 모형은 평균이 $\mu_i = \mu + \alpha_i,\ i = 1,\ \cdots,\ a$인 모집단으로부터 각각 $n_{i.} = \sum_{j=1}^{b} n_{ij}$개의 데이터가 얻어진 경우와 동일하고 식 (11.2b)의 모형은 평균이 $\mu_j = \mu + \beta_j,\ j = 1,\ \cdots,\ b$인 모집단으로부터 각각 $n_{.j} = \sum_{i=1}^{a} n_{ij}$개의 데이터가 얻어진 경우와 동일하다. 두 요인 모두 영향을 주되 독자적인 영향만 있고 교호작용으로 인한 효과가 없다면

$$Y_{ijk} = \mu + \alpha_i + \beta_j + \epsilon_{ijk},\ i = 1,\ \cdots,\ a,\ j = 1,\ \cdots,\ b,\ k = 1,\ \cdots,\ n_{ij} \tag{11.3}$$

이 된다. 마지막으로 두 요인 모두 영향을 주는 일반적인 모형은 교호작용의 효과까지 고려하여

$$Y_{ijk} = \mu + \alpha_i + \beta_j + (\alpha\beta)_{ij} + \epsilon_{ijk},\ i = 1,\ \cdots,\ a,\ j = 1,\ \cdots,\ b,\ k = 1,\ \cdots,\ n_{ij} \tag{11.4}$$

이 된다.

예제 11.1 일반 백열전구의 표면에 붉은색 코팅을 한 원적외선 전구는 축산용 열전구로 널리 사용된다. 원적외선 전구의 수명에 영향을 줄 것으로 생각되는 요인은 코팅물질(A)과 코팅두께(B)이다. 36개의 전구에 대해 수명과 함께 두 요인의 값을 관측하여 정리한 결과 [표11.1]과 같다. 분석을 위한 일반 모형을 설정해보자.

[표 11.1] **전구의 수명 자료(단위: 10시간)**

	B1(100μm)				B2(150μm)				B3(200μm)			
A1	95	153	181	197	49	102	57	98	105	96	99	52
A2	205	173	132	185	163	146	138	127	49	65	61	98
A3	142	153	202	192	180	179	169	195	125	130	98	102

• **풀이** $Y_{ijk} = \mu + \alpha_i + \beta_j + (\alpha\beta)_{ij} + \epsilon_{ijk},\ i = 1,\ \cdots,\ 3,\ j = 1,\ \cdots,\ 3,\ k = 1,\ \cdots,\ 4$

$\epsilon_{ijk} \sim iidN(0,\ \sigma^2)$. ■

현실 문제를 분석할 때는 반응변수에 영향을 줄 수도 있는 두 요인이 있으면 식 (11.4)의 모형으로부터 시작해야 한다. 분석 결과 교호작용이 의미 있는 영향을 미치지 못하는 것으로 판단되면 식 (11.3)의 모형으로 축소하여 분석하게 된다. 이와 같이 교호작용 항 $(\alpha\beta)_{ij}$를 모형에서 제거하고 ϵ_{ijk}에 합쳐서 오차항으로 취급하는 것을 풀링(pooling)이라 한다. 비슷한 절차에 따라 각 항의 유의성을 검정하여 특별히 남겨둘 이유가 없는 항들은 오차항으로 풀링하여 최대한 간결한 모형으로 확정한다. 반응변수에 대한 추정이나 예측 혹은 관련된 의사결정은 이와 같이 확정된 모형에 기초하여 실시한다.

구체적인 분석방법은 다음 절부터 시작되지만 식 (11.1)의 모형은 8장과 9장에서 학습한 추정과 가설검정에 준하여 분석하면 되므로 나머지 세 모형만 다룬다. 그리고 현실적인 분석 순서와 상관없이 이해하기 쉬운 식 (11.2a) 및 (11.2b)의 일원모형부터 먼저 설명한다.

11.2 일원 분산분석 모형

앞 절에서 소개한 데이터의 구조모형 중 한 요인만이 있는 모형의 유의성을 분산분석에 의해 검정하는 방법을 살펴보자.

반응변수의 관측값을 y_{ik}, 요인을 A라 하고 수준의 수는 a, 각 수준마다 n_i개의 데이터가 얻어진 상황이라면 데이터 구조모형은 식 (11.2a)를 간결하게 하여

$$Y_{ik} = \mu + \alpha_i + \epsilon_{ik},\ i = 1,\ \cdots,\ a,\ k = 1,\ \cdots,\ n_i, \tag{11.5}$$

단, $\epsilon_{ik} \sim iidN(0,\ \sigma^2)$

와 같이 정리할 수 있다. 여기서 전체 데이터의 수는 $n = \sum_{i=1}^{a} n_i$로 표기하기로 하자. 우리가 관심을 가지고 있는 것은 요인 A가 반응변수에 영향을 주는가 하는 것이다. 이것은 식 (11.5)에서 $\alpha_i \neq 0$ 혹은 $\alpha_i = 0$ 중 어느 것이 사실인가와 같은 문제이다.

수준 $A_i,\ i = 1,\ 2,\ \cdots,\ a$에서의 반응변수의 모평균은 전체 모평균 $\mu = \frac{1}{a}\sum_{i=1}^{a}\mu_i$에 요인 A가

수준 i에 있음으로 인한 영향의 크기 α_i가 더해진 것으로 볼 수 있으므로 $\mu_i = \mu + \alpha_i$로 나타낼 수 있다. μ_i에 대한 추정량은 수준 A_i에서의 표본평균으로서 식 (11.5)으로부터 구조식으로 나타내면

$$\overline{Y_{i.}} = \mu + \alpha_i + \overline{\epsilon_{i.}} \tag{11.6}$$

이다. 여기서 $\overline{\epsilon_{i.}} = \frac{1}{n_i}\sum_{k=1}^{n_i}\epsilon_{ik}$이며, 식 (11.6)의 양변에 기댓값을 취하여 정리하면 다음과 같다.

$$\mu_i = E\left(\overline{Y_{i.}}\right) = \mu + \alpha_i, \tag{11.7}$$

따라서 $\overline{Y_{i.}}$는 요인 A의 수준 i에서의 모평균 $\mu(A_i) = \mu_i = \mu + \alpha_i$의 불편추정량이다. 그런데 $\alpha_i = \mu_i - \mu,\ i = 1,\ 2,\ \cdots,\ a$이므로 모두 더하면

$$\sum_{i=1}^{a}\alpha_i = \sum_{i=1}^{a}(\mu_i - \mu) = \frac{1}{a}\sum_{i=1}^{a}\mu_i - \mu = 0 \tag{11.8}$$

이 됨을 알 수 있다. 한편, 전체 표본의 평균을 데이터 구조식으로 나타내면

$$\overline{Y_{..}} = \frac{1}{n}\sum_{i=1}^{a}\sum_{k=1}^{n_i}Y_{ik} = \mu + \frac{1}{a}\sum_{i=1}^{a}\alpha_i + \overline{\epsilon_{..}} = \mu + \overline{\epsilon_{..}}, \tag{11.9}$$

$$\text{단, } \overline{\epsilon_{..}} = \frac{1}{n}\sum_{i=1}^{a}\sum_{k=1}^{n_i}\epsilon_{ik}$$

이다. 식 (11.9)의 양변에 기댓값을 취하여 결과를 정리하면

$$E\left(\overline{Y_{..}}\right) = E\left(\mu + \overline{\epsilon_{..}}\right) = \mu, \tag{11.10}$$

으로서 $\overline{Y_{..}}$는 전체 모평균 μ의 불편추정량이 된다.

이제 요인 A가 반응변수 Y에 미치는 영향, 즉 A의 주 효과 α_i의 유의성을 검증하기 위해 식 (11.5)를

$$Y_{ik} - \mu = \alpha_i + \epsilon_{ik} = (\mu_i - \mu) + \epsilon_{ik},\ i = 1,\ \cdots,\ a,\ k = 1,\ \cdots,\ n_i \tag{11.11}$$

과 같이 정리하자. 식 (11.11)로부터 각 데이터와 전체 평균과의 차이 $Y_{ik} - \mu$는 요인 A의 영향으로 인한 차이 $\alpha_i = \mu_i - \mu$와 오차에 기인된 차이 ϵ_{ik}의 합으로 설명됨을 알 수 있다. 이것을

주어진 데이터로 대응시켜 정리하면

$$Y_{ik} - \overline{Y_{..}} = \left(\overline{Y_{i.}} - \overline{Y_{..}}\right) + \left(Y_{ik} - \overline{Y_{i.}}\right),\ i = 1,\ \cdots,\ a,\ k = 1,\ \cdots,\ n_i \tag{11.12}$$

이 된다. 여기서 $\alpha_i = \mu_i - \mu$의 추정값 $\left(\overline{Y_{i.}} - \overline{Y_{..}}\right)$를 이용하여 요인 A의 전체적인 영향을 구하고자 단순히 합을 구하면 $\sum_{i=1}^{a}\sum_{k=1}^{n_i}\left(\overline{Y_{i.}} - Y_{..}\right) = 0$이 되어 아무런 의미를 부여할 수 없게 된다. 음의 값과 양의 값이 상쇄되지 않도록 하여 의미 있는 값을 구하려면 $\left(\overline{Y_{i.}} - \overline{Y_{..}}\right)$의 절댓값을 취하거나 제곱을 취하여 합을 구하는 방식을 생각할 수 있을 것이다. 그런데 절댓값은 의미를 직관적으로 이해하기는 쉽지만 수학적인 조작이 까다롭고 통계적인 처리도 쉽지 않다. 그래서 식 (11.12)의 양변을 제곱해서 합을 구하면

$$SS_T = SS_A + SS_E \tag{11.13}$$

를 얻을 수 있다. 단, 여기서

$$SS_T = \sum_{i=1}^{a}\sum_{k=1}^{n_i}\left(Y_{ik} - \overline{Y_{..}}\right)^2, \tag{11.14a}$$

$$SS_A = \sum_{i=1}^{a} n_i\left(\overline{Y_{i.}} - \overline{Y_{..}}\right)^2, \tag{11.14b}$$

$$SS_E = \sum_{i=1}^{a}\sum_{k=1}^{n_i}\left(Y_{ik} - \overline{Y_{i.}}\right)^2 \tag{11.14c}$$

으로서 SS_T는 총 제곱합(total sum of square), SS_A는 요인 A로 인한 변동의 제곱합(sum of squares due to A), SS_E는 오차 변동의 제곱합(sum of squares due to error)이라 부른다.

이제 데이터를 토대로 식 (11.5)로 주어진 모형의 유의성을 검증하기 위해 요인 A의 수준별로 얻어진 관측값들을 표로 정리하면 [표 11.2]와 같다. 표에서 $y_{i.} = \sum_{j=1}^{n_i} y_{ik}$은 수준 A_i에서 얻어진 데이터의 합계이고 $\overline{y_{i.}} = \frac{1}{n_i}\sum_{k=1}^{n_i} y_{ik}$은 수준 A_i에서 얻어진 데이터의 평균이다. 데이터의 총평균을 $\bar{y}_{..} = \frac{1}{n}\sum_{i=1}^{a}\sum_{k=1}^{n_i} y_{ik} = \frac{1}{n}\sum_{i=1}^{a} n_i \bar{y}_{i.}$이라 하고 식 (11.13)에서 SS_T, SS_A 및 SS_E의 관측값 $\sum_{i=1}^{a}\sum_{k=1}^{n_i}\left(y_{ik} - \overline{y_{..}}\right)^2$, $\sum_{i=1}^{a} n_i\left(\bar{y}_{i.} - \bar{y}_{..}\right)^2$ 및 $\sum_{i=1}^{a}\sum_{k=1}^{n_i}\left(y_{ik} - \overline{y_{i.}}\right)^2$을 대입하면 다음과 같다.

$$\sum_{i=1}^{a}\sum_{k=1}^{n_i}\left(y_{ik} - \bar{y}_{..}\right)^2 = \sum_{i=1}^{a} n_i\left(\bar{y}_{i.} - \bar{y}_{..}\right)^2 + \sum_{i=1}^{a}\sum_{k=1}^{n_i}\left(y_{ik} - \bar{y}_{i.}\right)^2 \tag{11.15}$$

서술상의 편의를 위해 앞으로는 통계량 SS_T, SS_A 및 SS_E의 관측값도 SS_T, SS_A 및 SS_E로 표기하기로 한다.

[표 11.2] **일원 분산분석 모형의 데이터**

요인	A_1	A_2	$\cdots$	A_a
데이터	y_{11}	y_{21}	$\cdots$	y_{a1}
	y_{12}	y_{22}	$\cdots$	y_{a2}
	$\cdots$	$\cdots$	$\cdots$	$\cdots$
	y_{1n_1}	y_{2n_2}	$\cdots$	y_{an_1}
합계	$y_{1.}$	$y_{2.}$	$\cdots$	$y_{a.}$
평균	$\overline{y}_{1.}$	$\overline{y}_{2.}$	$\cdots$	$\overline{y}_{a.}$

식 (11.5)의 모형의 유의성, 즉, 요인 A가 반응변수에 의미 있는 영향을 주는지 여부는 총 제곱합 SS_T 중에서 SS_A가 차지하는 비중이 얼마나 되는가로 판단할 수 있다. 그런데 모형의 통계적 검정을 위해서는 SS_T, SS_A, SS_E로부터 검정통계량을 도출하고 분포를 파악해야 한다. 먼저 각 제곱합의 자유도를 구해보자. SS_T의 자유도는 선형제약식 $\sum_{i=1}^{a}\sum_{k=1}^{n_i}(Y_{ik}-\overline{Y}_{..})=0$으로 인해 하나 줄어서 전체 데이터 수 n에서 하나를 뺀 $(n-1)$이다. SS_A의 자유도는 $(a-1)$로서 선형제약식 $\sum_{i=1}^{a}n_i(\overline{y}_{i.}-\overline{y}_{..})=0$으로 인해 요인 A의 수준 수에서 하나를 뺀 값이다. 오차 제곱합 SS_E의 자유도는 각 수준에서의 관측값 수에서 하나를 뺀 값을 모두 더하여 $\sum_{i=1}^{a}(n_i-1)$이 되는데 이것은 SS_T의 자유도에서 SS_A의 자유도를 뺀 $(n-a)$와 일치한다. 모형 (11.5) 및 오차항에 대한 가정으로부터 다음 정리의 성립을 보일 수 있다.

정리 11.1 |

식 (11.5)의 모형 하에서 식 (11.14b)와 (11.14c)로 주어진 SS_A와 SS_E는 서로 독립이며 다음 분포를 따른다.

$$\frac{SS_A}{\sigma^2} \sim \chi^2(a-1;\sum_{i=1}^{a}n_i\alpha_i^2),$$ 단, $\sum_{i=1}^{a}n_i\alpha_i^2$는 비심모수(noncentrality parameter)

$$\frac{SS_E}{\sigma^2} \sim \chi^2(n-a)$$

다음으로 제곱합을 자유도로 나눈 것을 평균제곱(mean square)이라 하는데 요인 A와 오차의 평균제곱은

$$MS_A = \frac{SS_A}{a-1}, \tag{11.16a}$$

$$MS_E = \frac{SS_E}{n-a} \tag{11.16b}$$

로 정의된다. 그런데 [정리 11.1]로부터 카이제곱분포의 기댓값을 구하면

$$E\left(\frac{SS_A}{\sigma^2}\right) = (a-1) + \sum_{i=1}^{a} n_i \alpha_i^2, \tag{11.17a}$$

$$E\left(\frac{SS_E}{\sigma^2}\right) = n-a \tag{11.17b}$$

이다. 따라서 MS_A와 MS_E의 기댓값을 구하면

$$E(MS_A) = \sigma^2 + \frac{1}{a-1}\sum_{i=1}^{a} n_i \alpha_i^2, \tag{11.17c}$$

$$E(MS_E) = \sigma^2 \tag{11.17d}$$

이다.

이제 우리가 검증하고자 하는 요인 A의 유의성에 대해 생각해보자. 만약 요인 A가 유의하지 않다면 식 (11.5)의 모형에서 모든 $i=1, \cdots, a$에 대해 $\alpha_i = 0$일 것이며 이것은 $\sum_{i=1}^{a} n_i \alpha_i^2 = 0$이라는 말과 동일하다. 따라서 요인 A가 유의하지 않을 경우 $\frac{MS_A}{MS_E}$는 자유도가 $(a-1,\ n-a)$인 F분포를 따르게 된다. 그 결과 요인 A의 유의성을 통계적으로 검정하기 위한 방법을 다음과 같이 정리할 수 있다.

정리 11.2 | 일원 분산분석 모형의 가설검정

- 가설

  귀무가설: $H_0 : \alpha_i = 0,\ i = 1, \cdots, a$ 혹은 $\mu_1 = \cdots = \mu_a = \mu$ 혹은 $\sum_{i=1}^{a} n_i \alpha_i^2 = 0$

  대립가설: $H_1 : \sum_{i=1}^{a} n_i \alpha_i^2 > 0$

- 검정통계량: $F_0 = \dfrac{MS_A}{MS_E}$
- 기각역(유의수준 α) $F_0 > F_\alpha(a-1,\ n-a)$

실제 가설검정을 하기 위해 데이터로부터 각 제곱합을 간단하게 계산할 수 있는 식으로 바꾸면 다음과 같다.

$$SS_T = \sum_{i=1}^{a}\sum_{k=1}^{n_i}(y_{ik}-\bar{y}_{..})^2 = \sum_{i=1}^{a}\sum_{k=1}^{n_i}y_{ik}^2 - CT, \tag{11.18a}$$

$$SS_A = \sum_{i=1}^{a}n_i(\bar{y}_{i.}-\bar{y}_{..})^2 = \sum_{i=1}^{a}\frac{y_{i.}^2}{n_i} - CT, \tag{11.18b}$$

$$SS_E = \sum_{i=1}^{k}\sum_{k=1}^{m}(y_{ik}-\bar{y}_{i.})^2 = SS_T - SS_A. \tag{11.18c}$$

단, 여기서 CT(correction term)는 **수정항**으로

$$CT = \frac{1}{n}\left(\sum_{i=1}^{a}\sum_{k=1}^{n_i}y_{ik}\right)^2 = n(\bar{y}_{..})^2 \tag{11.19}$$

이다. [정리 11.2]에 의해 가설검정을 하는 것을 **분산분석**(ANOVA: Analysis of Variance)이라 부르는데 이는 가설검정의 형식이 분산성분을 비교하여 판정하는 형식으로 되어 있기 때문이고 실제 내용은 여러 모평균을 비교하는 것이다.

분산분석을 실시할 때, [표 11.3]과 같은 분산분석표를 작성하여 판정하는 것이 편리하다. 분산분석표는 보통 첫 번째 열에 변동의 요인을 적고 두 번째 열에 요인에 의한 제곱합을, 세 번째 열에 요인의 자유도를 표시한 뒤 두 번째 열의 제곱합을 세 번째 열의 자유도로 나눈 평균제곱을 네 번째 열에 기입한다. 다음으로 요인에 의한 평균제곱과 오차에 의한 평균제곱의 비를 계산하여 f_0열에 적는다. 마지막 열에 있는 평균제곱의 기댓값은 F검정을 하기 위한 평균제곱의 비를 구하는 데 참고로 사용되나 보통 생략한다.

가설을 검정하는 절차는 분산분석표를 작성한 후 f_0가 $F_\alpha(a-1,\ n-a)$보다 크면 유의수준 α로 귀무가설을 기각한다. 가설 $H_0 : \mu_1 = \mu_2 = \cdots = \mu_a$를 기각하는 것은 요인 A의 a개의 수준 중에서 적어도 한 수준의 평균이 다른 수준의 평균들과 다르다는 것을 의미한다.

[표 11.3] **일원 분산분석표**

요인	제곱합	자유도	평균제곱	f_0	평균제곱의 기댓값
A	SS_A	$a-1$	$MS_A = SS_A/(a-1)$	MS_A/MS_E	$\sigma^2 + \frac{1}{a-1}\sum_{i=1}^{a} n_i \alpha_i^2$
오차	SS_E	$n-a$	$MS_E = SS_E/(n-a)$		σ^2
합계	SS_T	$n-1$			

예제 11.2 어떤 화학공정에서 3가지의 온도수준 250(℃), 300(℃), 350(℃)에 따른 공정수율에 차이가 있는지를 알아보기 위해 각 온도수준에서 10회씩 총 30회의 실험을 랜덤한 순서로 수행하여 수율을 기록한 결과 [표 11.4]와 같다. 온도수준에 따른 공정수율에 차이가 있는지를 알아보자.

[표 11.4] **공정수율 자료(단위: 톤)**

	온도		
실험순서	250	300	350
1	2.4	2.6	3.2
2	2.7	2.4	3.0
3	2.2	2.8	3.1
4	2.5	2.5	2.8
5	2.0	2.2	2.5
6	2.5	2.7	2.9
7	2.8	2.3	3.1
8	2.9	3.1	3.4
9	2.4	2.9	3.2
10	2.1	2.2	2.6
합계	24.5	25.7	29.8
평균	2.45	2.57	2.98

• **풀이** 분산분석을 하기 위해 각 제곱합을 구해 보면 $CT = (24.5 + 25.7 + 29.8)^2/30 = 213.333$이므로 식 (11.18a), (11.18b), (11.18c)를 이용하여 $SS_T = 3.887$, $SS_A = 1.545$, $SS_E = 2.342$를 얻을 수 있다. 이 값들을 이용하여 분산분석표를 작성하면 [표 11.5]와 같다. f_0가 $F_{0.01}(2,\ 27) = 5.49$보다 크므로 유의수준이 1%인 경우에도 온도수준에 따라 공정수율에 차이가 있다고 판단된다.

[표 11.5] [예제 11.2]의 공정수율 자료에 대한 분산분석표

요인	제곱합	자유도	평균제곱	f_0
A	1.545	2	0.7725	8.91
오차	2.342	27	0.0867	
합계	3.887	29		

■

[그림 11.1]은 [예제 11.2]에 대해 R프로그램으로 계산하고 상자그림을 작성하는 과정과 결과를 보여준다. 350℃에서의 공정수율이 다른 두 온도 수준에서보다 높고, 나머지 두 수준 간에는 차이가 없다고 판단된다.

[R을 이용한 풀이]

```
> y <- c(2.4,2.7,2.2,2.5,2.0,2.5,2.8,2.9,2.4,2.1,2.6,2.4,2.8,2.5,2.2,2.7,2.3,
+             3.1,2.9,2.2,3.2,3.0,3.1,2.8,2.5,2.9,3.1,3.4,3.2,2.6)
> tm<-c(rep(250,10), rep(300,10), rep(350,10))
> ftm <- as.factor(tm)
> summary(aov(y~ftm))
            Df Sum Sq Mean Sq F value  Pr(>F)
ftm          2  1.545  0.7723   8.904 0.00107 **
Residuals   27  2.342  0.0867
---
Signif. codes:  0 '***' 0.001 '**' 0.01 '*' 0.05 '.' 0.1 ' ' 1
> boxplot(y~ftm)
```

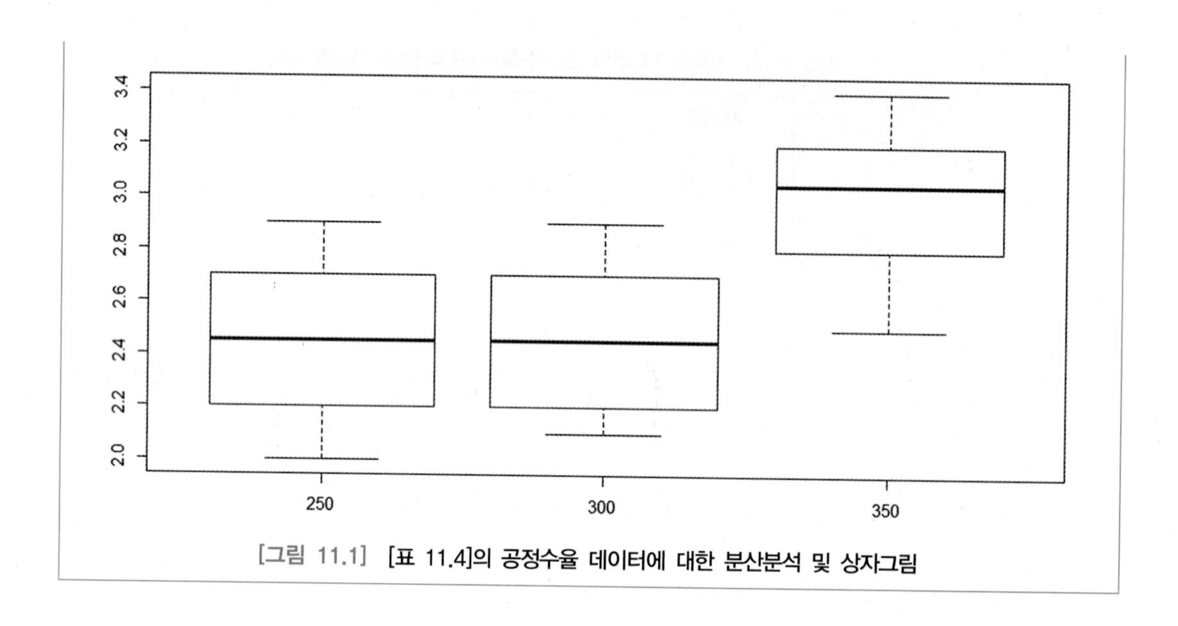

[그림 11.1] [표 11.4]의 공정수율 데이터에 대한 분산분석 및 상자그림

분산분석표를 작성하고 F검정을 통해 요인이 반응값의 평균에 영향을 준다는 결론을 얻었을 때 요인의 여러 수준에 따른 반응값의 평균들을 추정해야 하는 경우도 있다. 예를 들어, 반응변수를 최적화하고자 인자의 수준별 차이를 비교하거나, 인자의 최적 수준에서의 반응변수의 값을 알고자 할 수도 있다. 일원모형에서 얻어진 자료의 한 수준의 평균에 대한 신뢰구간과 두 수준의 평균의 차에 대한 신뢰구간을 구하면 다음과 같다.

정리 11.3 | 요인의 수준평균 및 수준평균의 차에 대한 구간추정

i) 수준 i에서의 평균 μ_i에 대한 $100(1-\alpha)\%$ 양측 신뢰구간

$$\overline{y}_{i.} \pm t_{\alpha/2}(n-a)\sqrt{\frac{MS_E}{n_i}}$$

ii) 수준 i와 j의 평균차 $\mu_i - \mu_j$에 대한 $100(1-\alpha)\%$ 양측 신뢰구간

$$(\overline{y_{i.}} - \overline{y_{j.}}) \pm t_{\alpha/2}(n-a)\sqrt{\left(\frac{1}{n_i} + \frac{1}{n_j}\right)MSE}$$

예제 11.3 [예제 11.2]에서 온도수준 350℃에 대한 평균 공정수율의 95% 양측 신뢰구간과 온도수준 350℃와 250℃에서의 공정수율평균의 차이에 대한 99% 양측 신뢰구간을 구

해보자.

• **풀이** 먼저 [정리 11.3]의 ⅰ)을 이용하면

$$\bar{y}_{3.} \pm t_{0.025}(27)\sqrt{\frac{MS_E}{n_3}} = 2.98 \pm (2.052)\sqrt{\frac{0.0867}{10}} = 2.98 \pm 0.19$$

즉, (2.79, 3.17)은 온도수준 350℃에서의 공정 수율에 대한 95% 양측신뢰구간이 된다. 또한 [정리 11.3]의 ⅱ)를 이용하면

$$(\bar{y}_{3.} - \bar{y}_{1.}) \pm t_{\alpha/2}(27)\sqrt{\left(\frac{1}{n_3} + \frac{1}{n_1}\right)MS_E} = (2.98 - 2.45) \pm (2.771)\sqrt{\frac{2(0.0867)}{10}}$$
$$= 0.53 \pm 0.36$$

즉, (0.17, 0.89)는 온도수준 350℃와 250℃에서의 공정수율평균의 차에 대한 99% 양측신뢰구간이 된다. ■

앞의 예에서는 인자의 각 수준에서 얻어진 데이터의 수가 동일한 경우를 보여주었다. 사실 [정리 11.1], [정리 11.2], [정리 11.3]은 수준마다 얻어진 데이터 수가 다른 일반적인 경우에 대한 내용이다. 이제 수준마다 얻어진 데이터 수가 다른 예를 들어보자.

예제 11.4 3대의 기계에서 생산되는 공구들의 응력(단위: kg/mm^2)을 측정한 결과 [표 11.6]과 같은 데이터를 얻었다. 3대의 기계에서 생산되는 공구들의 평균 강도가 같다고 할 수 있는지 분산분석을 하여 판정해보자.

[표 11.6] **공구별 응력**

공구 1	공구 2	공구 3
36	40	35
41	48	37
42	39	42
49	45	34
46	44	32
45	51	41
	36	39
	43	
259	346	260

• **풀이** 먼저 분산분석표를 작성하기 위해 각 변동을 구하면,

$$CT = (259+346+260)^2/21 = 35629.762,\ \ SS_T = \sum_{i=1}^{3}\sum_{k=1}^{n_i} y_{ik}^2 - CT = 525.2,$$

$$SS_A = \sum_{i=1}^{3} y_{i.}^2/n_i - CT = 172.0,\ \ SS_E = SS_T - SS_A = 352.2$$

이다. 이 값들을 이용하여 분산분석표를 작성하면, [표 11.7]과 같다. 유의수준이 5%일 경우, $f_0 = 4.38 > F_{0.05}(2,\ 18) = 3.55$보다 크므로 온도에 따라 공정수율에 차이가 있다고 판단된다.

[표 11.7] **[표 11.6]의 응력 자료에 대한 분산분석표**

요인	제곱합	자유도	평균제곱	f_0
A 오차	172.0 353.2	2 18	86.02 19.62	4.38
합계	525.2	20		

■

[R에 의한 계산]

```
> y<-c(36,41,42,49,46,45,40,48,39,45,44,51,36,43,35,37,42,34,32,41,39)
> tl<-c(rep(1,6),rep(2,8),rep(3,7))
> ftl <- as.factor(tl)
> summary(aov(y~ftl))
            Df Sum Sq Mean Sq F value Pr(>F)
ftl          2  172.0   86.02   4.384 0.0281 *
Residuals   18  353.2   19.62
---
Signif. codes:  0 '***' 0.001 '**' 0.01 '*' 0.05 '.' 0.1 ' ' 1
```

예제 11.5 [예제 11.4]에서 각 공구별 평균수율에 대한 95% 신뢰구간 및 공구들의 평균차에 대한 95%신뢰구간을 구해보자.

• **풀이** 공구 1: $43.17 \pm 2.101\sqrt{\dfrac{19.62}{6}} = 43.17 \pm 3.799,$

공구 2: $43.25 \pm 2.101\sqrt{\dfrac{19.62}{8}} = 43.17 \pm 3.290,$

공구 3: $37.14 \pm 2.101\sqrt{\dfrac{19.62}{7}} = 37.14 \pm 3.517,$

공구 1-공구 2: $43.17 - 43.25 \pm 2.101\sqrt{\left(\dfrac{1}{6}+\dfrac{1}{8}\right)\cdot 19.62} = -0.08 \pm 2.392,$

공구 1-공구 3: $43.17 - 37.14 \pm 2.101\sqrt{\left(\dfrac{1}{6}+\dfrac{1}{7}\right)\cdot 19.62} = 6.03 \pm 2.464,$

공구 2-공구 3: $43.25 - 37.14 \pm 2.101\sqrt{\left(\dfrac{1}{8}+\dfrac{1}{7}\right)\cdot 19.62} = 6.11 \pm 2.292.$ ■

연습문제 11.2

1. 분산분석을 수행하기 위한 기본 가정은 무엇인가?

2. 다음은 전기자극에 대하여 보통 사람 8명과 알코올 중독자 8명의 반응시간(단위: 초)을 측정한 자료이다.

보통 사람	3.2	2.6	1.8	2.5	1.8	4.1	1.9	2.4
알코올 중독자	2.1	4.2	3.3	4.7	2.6	5.2	2.4	4.8

(a) 반응시간에 차이가 있는지에 대한 적절한 가설을 세운 후, 분산분석을 이용하여 유의수준 5%로 검정하라.

(b) t 검정을 이용하여 검정하고 (a)에서의 결과와 비교하라.

(c) (a)의 가설검정을 하기 위해서 필요한 가정은 무엇인가?

3. 요인 A에서 4수준을 택하고 각 수준마다 9회 반복하여 총 36회의 실험을 랜덤한 순서로 행하여 관측값을 얻고 분산분석표의 일부를 작성한 결과 다음과 같았다.

요인	제곱합	자유도	평균제곱	f_0
A	476.85			
오차	2,009.92			
합계				

(a) 빈칸을 채워라.

(b) 이 실험에 대하여 일원모형을 적용할 때 귀무가설 H_0와 대립가설 H_1은 무엇인가?

(c) H_0가 참일 때 검정통계량은 어떤 분포를 따르는가?

4. 라인의 속도(단위: m/min)에 따라 500 ml 병에 채워지는 음료수 양의 오차에 차이가 있는지를 알아보기 위해 각 속도별로 5번씩 총 20번의 실험을 완전 랜덤한 순서로 실시하여 다음과 같은 결과를 얻었다.

라인 1(10.5)	라인 2(12)	라인 3(13.5)	라인 4(15)
−3.5	3.4	−1.4	4.3
1.2	−2.1	3.2	3.3
−4.8	0.6	−1.2	2.0
−2.1	−4.5	2.7	−0.8
−4.0	−1.6	−0.9	2.5

(a) 분산분석을 실시하라.

(b) 각 수준에서 오차의 90% 양측 신뢰구간을 구하라.

5. 사용 온도에 따라 건전지의 평균수명에 차이가 있는지를 알아보기 위해 0℃에서 4개, 20℃에서 6개, 60℃에서 5개를 시험하여 수명을 측정한 결과 다음과 같은 자료를 얻었다.

(단위: 시간)

	수명
0℃	57, 44, 58, 61
20℃	59, 49, 68, 66, 75, 43
60℃	39, 31, 47, 54, 29

분산분석표를 작성하고 온도에 따라 평균수명에 차이가 있는지를 유의수준 5%로 검정해 보고, 상온(20℃)에서의 평균수명에 대한 95% 양측 신뢰구간을 구하여 보자.

6. 4가지 혼합방법에 따른 콘크리트의 강도를 비교하기 위해 각각의 혼합방법에 대해 3개의 표본을 뽑아 강도를 측정하였다. 아래의 표는 콘크리트가 부서질 때 가한 압력(단위: kg/cm^2)을 측정한 표이다. 콘크리트의 평균강도가 다른 것이 있는가?

Ⅰ	Ⅱ	Ⅲ	Ⅳ
217	209	204	213
209	200	206	204
213	208	209	212

7. 카페인 섭취가 수작업에 미치는 영향을 알아보기 위해 5수준($A_1 = 0$ mg, $A_2 = 50$ mg, $A_3 = 100$ mg, $A_4 = 150$ mg, $A_5 = 200$ mg)의 카페인이 함유된 알약을 먹은 2시간 후, 간단한 문서작업을 하도록 하였다. 각 수준별로 4명의 학생을 대상으로 문서작업에 걸리는 시간(단위: 분)을 측정하여 다음과 같은 자료를 얻었다.

A_1	A_2	A_3	A_4	A_5
15.4	15.1	11.8	12.2	14.0
18.7	11.9	10.1	12.5	17.4
17.6	13.6	12.6	13.7	15.4
18.6	14.6	11.4	10.8	17.0

(a) 분산분석을 실시하라.
(b) 각 수준에서 작업시간의 모평균의 95% 양측 신뢰구간을 구하라. 어떤 수준에서 작업시간이 가장 짧은가?

8. 한 가지 요인 A만 있는 일원 분산분석 모형에서 수준 $A_1, \cdots, A_a$에서의 반복 실험횟수가 똑같이 m으로 같다고 하자.
(a) 식 (11.14a) ~ (11.14c)와 식 (11.18a) ~ (11.18c)의 제곱합들은 어떻게 달라지는가?
(b) [표 11.3]의 분산분석표는 어떻게 달라지는가?
(c) [정리 11.3]의 신뢰구간들은 어떻게 달라지는가?

9. A 자동차 회사에서는 소형차, 중형차, 대형차의 안전성을 비교하기 위해 종류 별로 3대의 차를 뽑아 충돌시험(crash test)을 하였다. 아래의 표는 충돌시 마네킹의 머리에 작용하는 평균 압력(단위: pascal)을 측정한 표이다. 자동차의 종류에 따라 안전성이 다른가?

소형차	중형차	대형차
631	472	485
642	433	460
685	523	410

10. 한 은행에서는 서비스를 향상시키기 위한 일환으로 고객의 대기시간을 줄이기 위해 노력하고 있다. 현재 상태를 파악하기 위해 4개의 지점을 대상으로 평균 대기시간(단위: 분)을 조사한 자료가 다음과 같다.

지점 1	지점 2	지점 3	지점 4
7.4	6.9	4.3	9.4
3.6	9.6	5.1	10.2
4.8	8.7	3.2	6.8
5.4	8.2	4.6	
	6.4		

(a) 4개 지점의 평균 대기시간에 차이가 있는지를 유의수준 1%로 판단하라.

(b) 지점 2와 3의 평균 대기시간 차이에 대한 95% 양측 신뢰구간을 구하라.

11. 한 요인에 대해 3개의 처리가 있는 실험에서 다음과 같은 자료를 얻었다. 분산분석표를 작성하고, 처리효과에 차이가 있는지를 유의수준 5%에서 검정하라.

처리 1	처리 2	처리 3
24	13	16
35	14	21
21	19	14
28	14	21

12. 배기량이 비슷한 소형 자동차 모델들 사이에 리터당 평균 주행거리에 차이가 있는지를 알아보기 위해 모델 A차 5대, 모델 B차 6대, 모델 C차 4대, 모델 D차 7대, 모델 E차 6대에 휘발유 1리터씩을 넣고 주행시험장에서 같은 속도로 차가 설 때까지 달리게 하여 다음과 같은 결과를 얻었다.

(단위: km)

모델	주행거리
A	19, 18, 21, 18, 17
B	23, 22, 17, 24, 21, 23
C	16, 15, 14, 15
D	20, 26, 23, 20, 24, 18, 25
E	17, 18, 17, 17, 15, 16

(a) 평균주행거리에 차이가 있다고 할 수 있는가?

(b) 모델 A차의 평균 주행거리에 대한 95% 양측 신뢰구간을 구하라.

13. 반도체 생산공정에서 웨이퍼 표면의 실리콘을 제거하는 에칭작업의 방법(A_1, A_2, A_3)에 따라 작업속도(단위: m/분)를 측정한 결과 다음과 같은 자료를 얻었다.

A_1	A_2	A_3
11.2	11.1	11.3
11.1	10.6	11.2
10.9	10.8	11.1
11.3	10.9	10.9
11.1	10.7	11.2
10.8	10.8	11.3
11.0	10.9	11.1

(a) 에칭방법에 따라 작업속도에 차이가 있는지를 유의수준 5%로 검정하라.

(b) 방법 1의 작업속도에 대한 99% 양측 신뢰구간을 구하라.

(c) 방법 2와 3의 작업속도의 차이에 대한 99% 양측 신뢰구간을 구하라.

14. 온도의 변화에 따라 화학반응의 결과로 나타나는 수율(단위: kg)에 차이가 있는지를 알아보기 위해 네 가지 다른 온도에서 다섯 번씩 화학반응실험을 한 결과가 다음과 같다.

T_1	T_2	T_3	T_4
9.03	9.47	12.31	12.21
9.95	11.27	9.04	12.99
9.66	8.76	9.36	13.07
8.15	10.56	11.10	10.03
9.91	7.96	7.88	14.01

분산분석을 실시하고 그 결과를 해석하라.

15. 3대의 기계에서 생산되는 공구들의 응력(단위: kg/mm^2)에 차이가 있는지를 알아보기 위해 실험한 결과 아래와 같은 자료를 얻었다. 3대의 기계에서 생산되는 공구들의 평균 강도가 같다고 할 수 있는가?

공구 1	공구 2	공구 3
36	40	35
41	48	37
42	39	42
49	45	34
46	44	32
45	51	41
	36	39
	43	

16. 글루코오스가 인슐린 분비량에 미치는 영향을 연구하기 위해 실험쥐의 췌장 조직표본에 5가지 다른 농도의 글루코오스를 투여하고 일정한 시간이 경과한 후에 인슐린 분비량(단위: mg/dl)을 측정한 자료가 다음과 같다.

0.01%	0.05%	0.10%	0.50%	1.00%
1.53	3.15	3.89	8.18	5.86
1.61	3.96	3.68	5.64	5.46
3.75	3.59	5.70	7.36	5.69
2.89	1.89	5.62	5.33	6.49
3.26	1.45	5.79	8.82	7.81
	1.56	5.33	5.26	9.03
			7.10	7.49
				8.98

(a) 분산분석을 하고 5가지 농도에서의 평균 인슐린 분비량에 차이가 있는지를 검정하라. 또한 p-값을 구하라.

(b) 분산분석의 결과를 이용하여 농도 0.05%와 0.5%에서의 평균 인슐린 분비량에 차이가 있는지를 검정하라.

(c) 분산분석의 결과와 상관없이 두 표본 t검정을 이용하여 농도 0.05%와 0.5%에서의 평균 인슐린 분비량에 차이가 있는지를 검정하라.

17. 세 종류의 페인트가 마르는 시간이 동일한지를 확인하기 위해 각각 4개의 표본을 실험하여 페인트가 마를 때까지 걸리는 시간(단위: 분)을 조사한 결과가 다음과 같다.

페인트 1	페인트 2	페인트 3
140	139	131
136	135	129
147	120	115
134	118	123
141	127	
	136	

유의수준 5%로 평균시간이 같은지 여부를 검정하라.

18. 어느 방직공장에서 실을 생산하는데 열처리 온도에 따라 실의 강도(단위: kg/mm^2)에 차이가 있는지를 조사하기 위해 열처리 온도를 125℃, 150℃, 175℃로 변화시켜서 실험한 결과 다음의 자료를 얻었다. 열처리 온도에 따라 실의 강도에 차이가 있는지를 판단하라.

온도	샘플크기	평균	표준편차
125℃	12	31.8	1.8
150℃	17	33.2	2.4
175℃	14	34.5	2.3

19. 일원 분산분석 모형에서 가설 $H_0 : \alpha_1 = \alpha_2 = \cdots = \alpha_a = 0$와 가설 $H_0 : \mu_1 = \mu_2 = \cdots = \mu_a$는 같은 것임을 보여라.

20. 일원 분산분석 모형에서 요인의 i수준에서의 모든 자료의 평균을 $\overline{Y_{i.}}$라고 하자.
   (a) $E(\overline{Y_{i.}})$와 $V(\overline{Y_{i.}})$를 구하라.
   (b) $E(\overline{Y_{i.}} - \overline{Y_{j.}}) = \mu_i - \mu_j = \alpha_i - \alpha_j$임을 보여라.
   (c) $V(\overline{Y_{i.}} - \overline{Y_{j.}})$을 구하라.

21. 일원 분산분석 모형

$$y_{ij} = \mu + \alpha_i + \epsilon_{ij}, \quad i = 1,\ 2,\ \cdots,\ k, \quad j = 1,\ \cdots,\ m$$

에서 $\epsilon_{ij} \sim \text{iid } N(0,\ \sigma^2)$라 가정하고, $\epsilon_{i.} = \sum_{j=1}^{m} \epsilon_{ij}/m$, $\bar{\epsilon} = \sum_{i=1}^{k} \sum_{j=k}^{m} \epsilon_{ij}/km$라 할 때 다음 관계가 성립함을 보여라.

(a) $E\left[\frac{1}{km-1}\sum_{i=1}^{k}\sum_{j=1}^{m}(\epsilon_{ij}-\bar{\epsilon})^2\right]=\sigma^2$

(b) $E\left[\frac{m}{k-1}\sum_{i=1}^{k}(\bar{\epsilon}_{i.}-\bar{\epsilon})^2\right]=\sigma^2$

(c) $E\left[\frac{1}{m-1}\sum_{j=1}^{m}(\epsilon_{ij}-\bar{\epsilon}_{i.})^2\right]=\sigma^2$

22. 식 (11.13)이 성립함을 보여라.

11.3 이원 분산분석 모형

두 요인 A와 B가 반응변수 Y에 영향을 주되 교호작용이 없을 경우 데이터 구조모형은 식 (11.3)으로 주어진다. 그런데 일원 분산분석 모형에서와 같은 방법으로 각 요인의 주효과를 더하면 0이 됨을 확인할 수 있으므로 오차 항에 대한 가정을 포함하여 모형을 정리하면

$$Y_{ijk} = \mu + \alpha_i + \beta_j + \epsilon_{ijk},\ i = 1, \cdots, a,\ j = 1, \cdots, b,\ k = 1, \cdots, n_{ij} \tag{11.20}$$

$$\text{단, } \sum_{i=1}^{a} \alpha_i = 0,\ \sum_{j=1}^{b} \beta_j = 0,\quad \epsilon_{ij} \sim iidN(0, \sigma^2)$$

이 된다.

우리가 관심사는 요인 A와 B가 반응변수에 영향을 주는가 하는 것으로 식 (11.2a)에서 $\alpha_i = 0$ 및 식 (11.2b)에서 $\beta_i = 0$가 참인지 거짓인지 확인하는 것이다. 이들 모수의 값에 대한 검정은 추정량과 그 관측 값에 의거하여 하게 된다. 먼저 μ의 불편추정량은

$$\overline{Y_{\dots}} = \frac{1}{n} \sum_{i=1}^{a} \sum_{j=1}^{b} \sum_{k=1}^{n_{ij}} Y_{ijk} = \mu + \overline{\epsilon_{\dots}}, \tag{11.21}$$

$$\text{단, } \overline{\epsilon_{\dots}} = \frac{1}{n} \sum_{i=1}^{a} \sum_{j=1}^{b} \sum_{k=1}^{n_{ij}} \epsilon_{ijk},\ n = \sum_{i=1}^{a} \sum_{j=1}^{b} n_{ij}$$

이고, 요인 A의 수준 A_i, $i = 1, 2, \cdots, a$에서의 반응변수의 모평균 $\mu(A_i) = \mu + \alpha_i$ 및 요인 B의 수준 B_j, $j = 1, 2, \cdots, b$에서의 반응변수의 모평균 $\mu(B_j) = \mu + \beta_j$의 불편추정량은

$$\overline{Y_{i..}} = \frac{1}{n_{i.}} \sum_{j=1}^{b} \sum_{k}^{n_{ij}} Y_{ijk} = \mu + \alpha_i + \overline{\epsilon_{i..}}, \tag{11.22a}$$

$$\text{단, } \overline{\epsilon_{i..}} = \frac{1}{n_{i.}} \sum_{j=1}^{b} \sum_{k=1}^{n_{ij}} \epsilon_{ijk},\ n_{i.} = \sum_{j=1}^{b} n_{ij}$$

$$\overline{Y_{.j.}} = \frac{1}{n_{.j}} \sum_{i=1}^{a} \sum_{k=1}^{n_{ij}} Y_{ijk} = \mu + \beta_j + \overline{\epsilon_{.j.}}, \tag{11.22b}$$

$$\text{단, } \overline{\epsilon_{.j.}} = \frac{1}{n_{.j}} \sum_{i=1}^{a} \sum_{k=1}^{n_{ij}} \epsilon_{ijk},\ n_{.j} = \sum_{i=1}^{a} n_{ij}$$

임을 쉽게 확인할 수 있다. 또, 식 (11.21), (11.22a), (11.22b)로부터 α_i 및 β_j의 불편추정량을

구하면 $\widehat{\alpha_i}=\overline{Y_{i..}}-\overline{Y_{...}}$ 및 $\widehat{\beta_j}=\overline{Y_{.j.}}-\overline{Y_{...}}$이 됨을 알 수 있다.

이제 식 (11.19)에서 μ를 좌변으로 옮겨 정리한 다음 μ, α_i, β_j의 추정량을 대입하여 순서에 맞추고 좌변과 우변이 동일하여 모순이 없도록 다시 정리해보면 다음과 같다.

$$Y_{ijk}-\mu=\alpha_i+\beta_j+\epsilon_{ijk}, \tag{11.23a}$$

$$Y_{ijk}-\overline{Y_{...}}=\left(\overline{Y_{i..}}-\overline{Y_{...}}\right)+\left(\overline{Y_{.j.}}-\overline{Y_{...}}\right)+\left(Y_{ijk}-\overline{Y_{i..}}-\overline{Y_{.j.}}+\overline{Y_{...}}\right) \tag{11.23b}$$

따라서 모형 (11.20)의 유의성을 검정하는 것은 식 (11.23a)로 변형된 모형의 유의성을 검정하는 것과 같고 이것은 데이터의 식으로 표현된 식 (11.23b)에 의거하는 것이 타당할 것이다.

일원 분산분석 모형에서와 같이 식 (11.23b)의 양변을 제곱하여 모두 더하면 다음 등식이 성립함을 보일 수 있다.

$$\sum_{i=1}^{a}\sum_{j=1}^{b}\sum_{k=1}^{n_{ij}}\left(Y_{ijk}-\overline{Y_{...}}\right)^2=\sum_{i=1}^{a}n_{i.}\left(\overline{Y_{i..}}-\overline{Y_{...}}\right)^2+\sum_{j=1}^{b}n_{.j}\left(\overline{Y_{.j.}}-\overline{Y_{...}}\right)^2$$
$$+\sum_{i=1}^{a}\sum_{j=1}^{b}\sum_{k=1}^{n_{ij}}\left(Y_{ijk}-\overline{Y_{i..}}-\overline{Y_{.j.}}+\overline{Y_{...}}\right)^2 \tag{11.24a}$$

식 (11.24a)의 각 항에 대응하는 제곱합을 SS_T, SS_A, SS_B, SS_E로 나타내면

$$SS_T=SS_A+SS_B+SS_E \tag{11.24b}$$

이 된다. 결국 α_i 및 β_j의 유의성은 SS_A와 SS_B가 오차제곱합 SS_E에 비해 얼마나 크냐에 달려 있다. 통계적인 검정을 위해 이들의 분포를 유도하면 [정리 11.4]를 얻을 수 있다.

정리 11.4 |

식 (11.20)의 모형 하에서 식 (11.24a), (11.24b)의 SS_A와 SS_B, SS_E는 서로 독립이며 다음 분포를 따른다.

$$\frac{SS_A}{\sigma^2}\sim\chi^2\Big(a-1;\sum_{i=1}^{a}n_{i.}\alpha_i^2\Big),\quad \text{단, } \sum_{i=1}^{a}n_{i.}\alpha_i^2\text{는 비심모수(noncentrality parameter)}$$

$$\frac{SS_B}{\sigma^2}\sim\chi^2\Big(b-1;\sum_{j=1}^{b}n_{.j}\beta_j^2\Big),\quad \text{단, } \sum_{j=1}^{b}n_{.j}\beta_j^2\text{는 비심모수(noncentrality parameter)}$$

$$\frac{SS_E}{\sigma^2}\sim\chi^2(n-a-b+1)$$

SS_A와 SS_B 및 오차제곱합 SS_E을 각각의 자유도로 나누어 요인 A와 요인 B 및 오차의 평균제곱을 구하면

$$MS_A = \frac{SS_A}{a-1}, \tag{11.25a}$$

$$MS_B = \frac{SS_B}{b-1}, \tag{11.25b}$$

$$MS_E = \frac{SS_E}{n-a-b+1} \tag{11.25c}$$

이다. [정리 11.4]를 이용하여 이들 평균제곱의 기댓값을 구하면

$$E(MS_A) = \sigma^2 + \frac{1}{a-1}\sum_{i=1}^{a} n_{i.}\alpha_i^2, \tag{11.26a}$$

$$E(MS_B) = \sigma^2 + \frac{1}{b-1}\sum_{j=1}^{b} n_{.j}\beta_j^2, \tag{11.26b}$$

$$E(MS_E) = \sigma^2 \tag{11.26c}$$

이다.

이제 우리가 검증하고자 하는 요인 A의 유의성에 대해 생각해보자. 만약 요인 A가 유의하지 않다면 데이터의 구조모형 (11.20)에서 모든 $i=1, \cdots, a$에 대해 $\alpha_i = 0$일 것이며 이것은 $\sum_{i=1}^{a} n_{i.}\alpha_i^2 = 0$이라는 말과 동일하다. 따라서 요인 A가 유의하지 않을 경우 MS_A/MS_E는 [정리 11.4]로부터 자유도가 $(a-1,\ n-a-b+1)$인 F분포를 따르게 된다. 요인 B에 대해서도 같은 논리가 성립하므로 요인 A와 B의 유의성을 통계적으로 검정하기 위한 방법을 다음과 같이 정리할 수 있다.

정리 11.5 | 이원 분산분석 모형의 가설검정

• 가설

귀무가설: $H_0 : \alpha_i = 0,\ i = 1, \cdots, a$ 혹은 $\sum_{i=1}^{a} n_{i.}\alpha_i^2 = 0$

$H_0 : \beta_j = 0,\ i = 1, \cdots, b$ 혹은 $\sum_{j=1}^{b} n_{.j}\beta_j^2 = 0$

대립가설: $H_1 : \sum_{i=1}^{a} n_{i.}\alpha_i^2 > 0$, $H_1 : \sum_{j=1}^{b} n_{.j}\beta_j^2 > 0$

- 검정통계량: $F_0 = \dfrac{MS_A}{MS_E}$, $F_0 = \dfrac{MS_B}{MS_E}$
- 기각역(유의수준 α): $F_0 > F_\alpha(a-1,\ n-a-b+1)$, $F_0 > F_\alpha(b-1,\ n-a-b+1)$

실제로 모형의 유의성을 검정하려면 수치로 관측된 데이터가 있어야 한다. 요인의 각 수준별로 관측된 데이터를 표로 정리하면 [표 11.8]과 같게 되는데

$y_{ij.} = \sum_{k=1}^{n_{ij}} y_{ijk}$는 A와 B의 수준조합 A_iB_j에서 얻어진 데이터의 합계,

$\overline{y_{ij.}} = \frac{1}{n_{ij}} \sum_{k=1}^{n_{ij}} y_{ijk}$는 A와 B의 수준조합 A_iB_j에서 얻어진 데이터의 평균,

$y_{i..} = \sum_{j=1}^{b} \sum_{k=1}^{n_{ij}} y_{ijk}$는 A의 수준 A_i에서 얻어진 데이터의 총합,

$\overline{y_{i..}} = \frac{1}{n_{i.}} \sum_{j=1}^{b} \sum_{k=1}^{n_{ij}} y_{ijk}$는 A의 수준 A_i에서 얻어진 데이터의 평균,

$y_{.j.} = \sum_{i=1}^{a} \sum_{k=1}^{n_{ij}} y_{ijk}$는 B인자의 수준 B_j에서 얻어진 데이터의 총합,

$\overline{y_{.j.}} = \frac{1}{n_{.j}} \sum_{i=1}^{a} \sum_{k=1}^{n_{ij}} y_{ijk}$는 B인자의 수준 B_j에서 얻어진 데이터의 평균,

$y_{...} = \sum_{i=1}^{a} \sum_{j=1}^{b} \sum_{k=1}^{n_{ij}} y_{ijk}$는 데이터의 총합,

$\overline{y_{...}} = \frac{1}{n} \sum_{i=1}^{a} \sum_{j=1}^{b} \sum_{k=1}^{n_{ij}} y_{ijk}$은 총 평균을 나타낸다.

데이터로부터 각 제곱합을 좀 더 쉽게 계산하기 위해 다음 식을 이용할 수 있다.

$$SS_T = \sum_{i=1}^{a} \sum_{j=1}^{b} \sum_{k=1}^{n_{ij}} y_{ijk}^2 - CT, \quad \text{단, } CT = \frac{1}{n}\left(\sum_{i=1}^{a} \sum_{j=1}^{b} \sum_{k=1}^{n_{ij}} y_{ijk}\right)^2 = n(\overline{y_{...}})^2, \qquad (11.27a)$$

$$SS_A = \sum_{i=1}^{a} y_{i..}^2 / n_{i.} - CT, \qquad (11.27b)$$

$$SS_B = \sum_{j=1}^{b} y_{.j.}^2 / n_{.j} - CT, \tag{11.27c}$$

$$SS_E = SS_T - SS_A - SS_B, \tag{11.27d}$$

[표 11.8] **이원분산 모형의 데이터 형태**

	B_1	B_2	$\cdots$	B_b	합계
A_1	y_{111} y_{112} $\vdots$ $y_{11n_{11}}$	y_{121} y_{122} $\vdots$ $y_{12n_{22}}$	$\cdots$	y_{1b1} y_{1b2} $\vdots$ $y_{1bn_{1b}}$	$y_{1..}$
$\vdots$	$\vdots$	$\vdots$	$\vdots$	$\vdots$	$\vdots$
A_a	y_{a11} y_{a12} $\vdots$ $y_{a1n_{a1}}$	y_{a21} y_{a22} $\vdots$ $y_{a2n_{a2}}$	$\cdots$	y_{ab1} y_{ab2} $\vdots$ $y_{abn_{ab}}$	$y_{a..}$
합계	$y_{.1.}$	$y_{.2.}$	$\cdots$	$y_{.b.}$	$y_{...}$

이원모형의 분산분석표를 적으면 [표 11.9]와 같다.

[표 11.9] **이원모형의 분산분석표**

요인	제곱합	자유도	평균제곱	f_0	평균제곱의 기댓값
A	SS_A	$a-1$	$MS_A = SS_A/(a-1)$	MS_A/MS_E	$\sigma^2 + \frac{1}{(a-1)}\sum_{i=1}^{a} n_{i.}\alpha_i^2$
B	SS_B	$b-1$	$MS_B = SS_B/(b-1)$	MS_B/MS_E	$\sigma^2 + \frac{1}{(b-1)}\sum_{j=1}^{b} n_{.j}\beta_j^2$
오차	SS_E	$n-a-b+1$	$MS_E = SS_E/(n-a-b+1)$		σ^2
합계	SS_T	$n-1$			

예제 11.6 어떤 합성수지의 강도에 영향을 미치는 요인이 원료의 종류(인자 A)와 중합시간(인자 B)라고 생각된다. 3종의 원료에 대해 각각 3수준의 중합시간으로 랜덤한 순서로 실험을 하여 다음과 같은 결과가 얻어졌다.

원료의 종류	중합시간(분)			
	40	50	60	합
1	8.7	10.5	10.2	29.4
2	9.1	10.8	10.5	30.4
3	8.2	8.9	9.3	26.4
합	26	30.2	30	86.2

분산분석표를 작성해보자.

• **풀이**

$$CT = \left(\sum_{i=1}^{a}\sum_{j=1}^{b} y_{ij}\right)^2 / n = 86.2^2/9 = 825.6,\ SS_T = \sum_{i=1}^{a}\sum_{j=1}^{b} y_{ij}^2 - CT = 7.0156,$$

$$SS_A = \sum_{i=1}^{a} y_{i.}^2/n_{i.} - CT = \frac{29.4^2}{3} + \frac{30.4^2}{3} + \frac{26.4^2}{3} - 825.6 = 2.8889,$$

$$SS_B = \sum_{j=1}^{b} y_{.j}^2/n_{.j} - CT = \frac{26^2}{3} + \frac{30.2^2}{3} + \frac{30^2}{3} - 825.6 = 3.7422,$$

$$SS_E = SS_T - SS_A - SS_B = 0.3844$$

로부터 분산분석표를 작성하면 [표 11.10]과 같다. $F_{0.05}(2,\ 4) = 6.94$이므로 유의수준 5%로 두 인자 모두 유의하다.

[표 11.10] [예제 11.6]의 분산분석표

요인	제곱합	자유도	평균제곱	f_0
A	2.8889	2	1.4444	15.03
B	3.7422	2	1.8711	19.47
오차	0.3844	4	0.0961	
합계	7.0156	8		

■

[R에 의한 풀이]

```
> y <- c(8.7,9.1,8.2,10.5,10.8,8.9,10.2,10.5,9.3)
> t <- c(rep(40,3),rep(50,3),rep(60,3))
> m <- rep(c(1,2,3),3)
> TEMP <- as.factor(t); MT <- as.factor(m)
> summary(aov(y~MT+TEMP))
```

```
          Df Sum Sq Mean Sq F value  Pr(>F)
MT         2  2.889  1.4444   15.03 0.01379 *
TEMP       2  3.742  1.8711   19.47 0.00868 **
Residuals  4  0.384  0.0961
---
Signif. codes:  0 '***' 0.001 '**' 0.01 '*' 0.05 '.' 0.1 ' ' 1
```

예제 11.7 [예제 11.1]에서 얻어진 자료를 바탕으로 코팅물질과 코팅두께가 원적외선 전구의 수명에 영향을 줄 것인지를 이원 분산분석 모형을 적용하여 분산분석표를 작성하여 판단하시오.

• **풀이** [표 11.1]의 자료에서 데이터들의 합을 계산한 것이 [표 11.11]이다.

[표 11.11] **[예제 11.1]의 전구의 수명 자료 보조표 (단위: 10시간)**

	코팅두께 (단위: μm)			$y_{i..}$
코팅재료	100	150	200	
1	95 153 181 197 (626)	49 102 57 98 (306)	105 96 99 52 (352)	1,284
2	205 173 132 185 (695)	163 146 138 127 (574)	49 65 61 98 (273)	1,542
3	142 153 202 192 (689)	180 179 169 195 (723)	125 130 98 102 (455)	1,867
$y_{.j.}$	2,010	1,603	1,080	$y_{...}=4,693$

$CT=(4,693)^2/36=611,785$이므로 식 (11.27a)부터 식 (11.27d)까지를 이용하여 각 제곱합을 구해 보면 다음과 같다.

$$SS_T=\sum_{i=1}^{3}\sum_{j=1}^{3}\sum_{k=1}^{4}y_{ijk}^2-CT=(95)^2+(153)^2+(181)^2+\cdots+(102)^2-611,785$$
$$=82,036$$

$$SS_A=\sum_{i=1}^{3}y_{i..}^2/12-CT=\{(1,284)^2+(1,542)^2+(1,867)^2\}/(3)(4)-611,785$$
$$=14,224$$

$$SS_B=\sum_{j=1}^{3}y_{.j.}^2/12-CT=\{(2,010)^2+(1,603)^2+(1,080)^2\}/(3)(4)-611,785$$

$= 36,224$

$SS_E = SS_T - SS_A - SS_B = 31,588$

따라서 분산분석표는 [표 11.12]와 같이 구해지며 $F_{0.05}(2,\ 31) = 3.305$이므로 코팅재료와 코팅두께는 모두 통계적으로 유의하다고 판단된다. 즉, 코팅재료와 코팅두께의 수준에 따라 전구의 수명이 달라진다고 할 수 있다.

[표 11.12] **[표 11.11]의 원적외선 전구 수명자료의 분산분석표**

요인	제곱합	자유도	평균제곱	f_0
코팅재료	14,224	2	7,112	6.98
코팅두께	36,224	2	18,112	17.79
오차	31,588	31	1018.96	
합계	82,036	35		

■

[R에 의한 풀이]

```
> y <- c(95,153,181,197,205,173,132,185,142,153,202,192,49,102,57,98,
   163,146,138,127,180,179,169,195,105,96,99,52,49,65,61,98,125,130,98,102)
> th <- c(rep(100,12),rep(150,12),rep(200,12))
> tm <- rep(c(rep(1,4),rep(2,4),rep(3,4)),3)
> THICK <- as.factor(th); MATL <- as.factor(tm)
> summary(aov(y~THICK+MATL))
            Df Sum Sq Mean Sq F value  Pr(>F)
THICK        2  36224   18112   17.77 7.2e-06 ***
MATL         2  14224    7112    6.98 0.00314 **
Residuals   31  31588    1019
---
Signif. codes:  0 '***' 0.001 '**' 0.01 '*' 0.05 '.' 0.1 ' ' 1
```

일원모형에서와 같이 이원모형에서도 각 수준에서의 수준평균의 신뢰구간과 수준평균 차에 대한 신뢰구간이 필요하게 된다. 이를 요약한 것이 [정리 11.6]이다.

정리 11.6 | 요인의 수준평균 및 수준평균의 차에 대한 $100(1-\alpha)\%$ 양측 신뢰구간

i) 개별 요인

$$\mu(A_i)=\mu+\alpha_i : \overline{y_{i..}} \pm t_{\alpha/2}(n-a-b+1)\sqrt{\frac{MS_E}{n_{i.}}},$$

$$\mu(B_j)=\mu+\beta_j : \overline{y_{.j.}} \pm t_{\alpha/2}(n-a-b+1)\sqrt{\frac{MS_E}{n.j}}$$

ii) 수준조합

$$\mu(A_iB_j)=\mu+\alpha_i+\beta_j$$

$$: (\overline{y_{i..}}+\overline{y_{.j.}}-\overline{y_{...}}) \pm t_{\alpha/2}(n-a-b+1)\sqrt{\left(\frac{1}{n_{i.}}+\frac{1}{n_{.j}}+\frac{2n_{ij}}{n_{i.}n_{.j}}-\frac{3}{n}\right)MS_E}$$

iv) 평균 차

$$\mu(A_i)-\mu(A_{i'}) : (\overline{y_{i..}}-\overline{y_{i'..}}) \pm t_{\alpha/2}(n-a-b+1)\sqrt{\left(\frac{1}{n_{i.}}+\frac{1}{n_{i'.}}\right)MS_E},$$

$$\mu(B_j)-\mu(B_{j'}) : (\overline{y_{.j.}}-\overline{y_{.j'.}}) \pm t_{\alpha/2}(n-a-b+1)\sqrt{\left(\frac{1}{n_{.j}}+\frac{1}{n_{.j'}}\right)MS_E}$$

예제 11.8 [예제 11.6]에서 인자 A, B에 대해서 각인자의 수준에서 평균에 대한 95% 신뢰구간과 각 수준들의 평균차에 대한 95% 신뢰구간, 그리고 조합된 수준에서의 평균에 대한 95% 신뢰구간을 구하시오.

• **풀이** $t_{0.025}(4)=2.776$이므로 A_i수준의 모평균에 대한 신뢰구간

$$\overline{y_{i..}} \pm 2.776 \cdot \sqrt{\frac{0.09611}{3}} = \overline{y_{i..}} \pm 0.4969,$$

B_j수준의 모평균에 대한 신뢰구간

$$\overline{y_{.j.}} \pm 2.776 \cdot \sqrt{\frac{0.09611}{3}} = \overline{y_{.j.}} \pm 0.4969,$$

A_i수준과 $A_{i'}$수준의 모평균 차에 대한 신뢰구간

$$\overline{y_{i..}} - \overline{y_{i'..}} \pm 2.776 \cdot \sqrt{\frac{2*0.09611}{3}} = \overline{y_{i..}} - \overline{y_{i'..}} \pm 0.9027,$$

B_j수준과 $B_{j'}$수준의 모평균 차에 대한 신뢰구간

$$\overline{y_{.j.}} - \overline{y_{.j'.}} \pm 2.776 \cdot \sqrt{\frac{2*0.09611}{3}} = \overline{y_{.j.}} - \overline{y_{.j'.}} \pm 0.9027,$$

요인 A의 i 수준과 요인 B의 j 수준 조합의 모평균에 대한 $100(1-\alpha)\%$ 양측 신뢰구간은

$$(\overline{y_{i..}} + \overline{y_{.j.}} - \overline{y_{...}}) \pm 2.776 \sqrt{\left(\frac{1}{3} + \frac{1}{3} + \frac{(2)(1)}{(3)(3)} - \frac{3}{9}\right) 0.0961} = (\overline{y_{i..}} + \overline{y_{.j.}} - \overline{y_{...}}) \pm 0.641$$

이다. ■

연습문제 11.3

1. 다음의 자료를 사용하여 분산분석표를 작성하고, 요인 A와 B의 영향을 조사하라.

요인 A \ 요인 B	1	2	3
1	0.72	0.72	0.73
2	0.86	0.85	0.68
3	0.71	0.62	0.51
4	0.95	0.71	0.69
5	0.74	0.64	0.44

2. 어떤 합성수지의 강도에 영향을 미치는 요인이 중합시간과 원료의 종류라고 생각된다. 3종의 원료에 대해 각각 3수준의 중합시간으로 랜덤한 순서로 실험을 하여 다음과 같은 결과가 얻어졌다.

원료의 종류	중합시간(분)		
	40	50	60
1	8.7	9.5	9.7
2	9.1	9.4	10.2
3	8.2	8.4	8.3

(a) 분산분석을 실시하라.

(b) 강도를 최대로 하기 위해서는 어떤 조건에서 공정이 운영되어야 할 것인가?

3. 자동차 엔진내부를 청소하여 자동차의 연비를 향상시키기 위한 목적으로 사용하는 연료첨가제 (A)의 효과를 비교하고자 다음과 같은 실험을 실시하였다. 연료첨가제 5종류를 배기량이 1,300 cc, 1,500 cc, 1,800 cc, 2,000 cc인 5년 된 자동차(B)에 배기량 별로 무작위로 할당하여 실험하되, 첨가제를 섞기 전의 연비와 섞은 후의 연비를 측정하여 연비증가량(km/l)을 계산하였다.

	B_1	B_2	B_3	B_4
A_1	1.13	1.06	0.99	0.94
A_2	1.03	0.94	0.91	0.89
A_3	0.76	0.69	0.63	0.56
A_4	0.83	0.81	0.74	0.64
A_5	0.97	0.93	0.87	0.83

(a) 분산분석을 행하라.

(b) 연료첨가제 A_4를 사용할 때, 자동차의 배기량 별로 평균 연비증가량에 대한 90% 양측 신뢰구간을 구하라.

(c) 배기량이 1,500cc인 자동차(B_2)에 연료첨가제를 사용할 경우 연비향상이 가장 큰 연료첨가제를 찾아 이 수준조합에서 평균 연비증가량에 대한 90% 양측 신뢰구간을 구하라.

4. 한 낙농회사에서는 젖소의 우유 생산량이 사료에 따라 차이가 나는지를 알아보고자 한다. 네 곳의 축사에서 비슷한 생산량을 보였던 젖소 세 마리씩을 뽑아 서로 다른 사료를 먹인 후 한 달 동안의 우유 생산량(단위: kg)을 기록한 결과 다음과 같은 자료를 얻었다. 사료에 따라 우유 생산량에 차이가 있는가?

사료 \ 축사	1	2	3	4
I	481	502	473	483
II	527	499	519	518
III	500	489	484	487

5. 어느 프로야구 구단에서 홈경기, 원정경기, 제3지역 경기에서의 타자들의 타율이 차이가 있는지를 알아보기 위해 4명의 타자에 대해서 각 지역 경기에서의 타율을 조사한 결과가 다음과 같다.

분산분석을 수행하고 그 결과를 해석하라.

지역 \ 타자	1	2	3	4
홈경기	0.295	0.342	0.301	0.369
원정경기	0.262	0.306	0.259	0.313
제 3지역 경기	0.346	0.325	0.302	0.351

6. 벼의 수확량을 늘리기 위한 품종개량 연구에서 4종류의 새로운 품종을 만들었다. 새로 개발된 품종 간에 수확량의 차이가 있는지를 알아보기 위해 4가지 다른 토양환경에서 벼를 재배한 후 이삭 당 낱알 수를 조사한 결과 다음과 같은 자료를 얻었다.

품종 \ 지역	1	2	3	4
A	113	128	118	142
B	125	178	155	184
C	133	147	132	179
D	162	153	173	217

분산분석을 하라. 벼의 품종 간의 낱알 수에 차이가 있는가? 지역에 따른 벼의 이삭당 낱알 수에 차이가 있는가?

7. 토마토 생산량(단위: 개수/그루)이 토양(A)과 비료량(B)에 얼마나 영향을 받는지를 알아보기 위해 5종류의 토양과 3수준의 비료량의 조합에서 재배 실험을 하여 다음과 같은 자료를 얻었다.

토양 \ 비료	B_1	B_2	B_3
A_1	3.5	5.5	7.5
A_2	2.2	3.1	5.9
A_3	4.2	8.4	6.8
A_4	7.3	7.9	11.7
A_5	3.5	4.6	9.6

(a) 분산분석을 실시하라.

(b) 비료 수준에 따른 평균 생산량에 대한 95% 양측 신뢰구간을 구하라.

(c) 비료 수준 3과 2에서의 평균 생산량의 차에 대한 95% 양측 신뢰구간을 구하라.

8. 어떤 부품들을 조립하는데 걸리는 시간에 작업자와 기계가 미치는 영향을 조사하고자 작업자 3명과 기계 3종류로 2회 반복이 있는 실험을 하여 조립시간(단위: 분)에 관한 다음의 자료를 얻었다. 교호작용이 없는 이원 분산분석 모형으로 분산분석표를 작성하고, 효과에 대하여 검정하라.

작업자 \ 기계	1	2	3
1	3.9, 5.4	6.3, 5.4	5.7, 4.5
2	6.9, 5.7	7.5, 6.8	6.3, 6.8
3	4.7, 5.8	6.7, 7.1	6.5, 6.2

9. 식 (11.24a)의 성립을 보여라.

10. 식 (11.27a) ~ (11.27d)의 성립을 보여라.

11. 교호작용이 없는 이원 분산분석모형에서 $\mu(A_iB_j)$의 불편추정량 $\overline{Y_{i..}}+\overline{Y_{.j.}}-\overline{Y_{...}}$의 분산을 유도하라.

힌트 $V\left(\overline{Y_{i..}}+\overline{Y_{.j.}}-\overline{Y_{...}}\right)=\left(\frac{1}{n_{i.}}+\frac{1}{n_{.j}}+\frac{2n_{ij}}{n_{i.}n_{.j}}-\frac{3}{n}\right)\sigma^2$임을 보일 것.

11.4 이원 교호작용 모형

이원 분산분석 모형에서는 2개 요인이 있어도 반응변수에 미치는 영향은 독립적이라고 가정한다. 그런데 현실에서는 각 요인이 독자적인 영향뿐만 아니라 두 요인이 합동으로 반응변수에 영향을 주는 경우도 많이 있다. 2개 요인이 개입된 반응 데이터를 분석할 때는 이와 같은 교호작용의 효과가 있다는 가정 하에 모형을 설정하고 교호작용의 유의성 여부를 통계적으로 검정한 후 없으면 앞서 배운 이원 분산분석모형으로 단순화시켜 분석하는 것이 일반적이다.

먼저 교호작용에 대한 명확한 이해를 돕기 위해 예를 하나 들어보자. [표 11.13]의 데이터는 어느 공정에서 처리액의 온도(T)와 농도(D) 수준에 따른 수율을 조사하여 얻은 자료이다. 이 공정의 수율 데이터를 그림으로 나타내면 [그림 11.2]와 같다. 그림에서 온도를 낮은 수준(T1)로 유지한 채 농도를 낮은 수준(D1)으로부터 높은 수준(D2)으로 올리면 수율은 감소하는 경향을 보이고 있다. 그러나 온도를 높은 수준(T2)로 유지한 채 농도를 낮은 수준(D1)으로부터 높은 수준(D2)으로 올리면 수율은 증가한다. 만약 온도나 농도가 반응변수인 수율에 독립적으로 영향

[표 11.13] 공정조건에 따른 수율

요인		농도(D)	
		D1 (5%)	D2 (10%)
온도(T)	T1 (50℃)	60	52
	T2 (70℃)	72	83

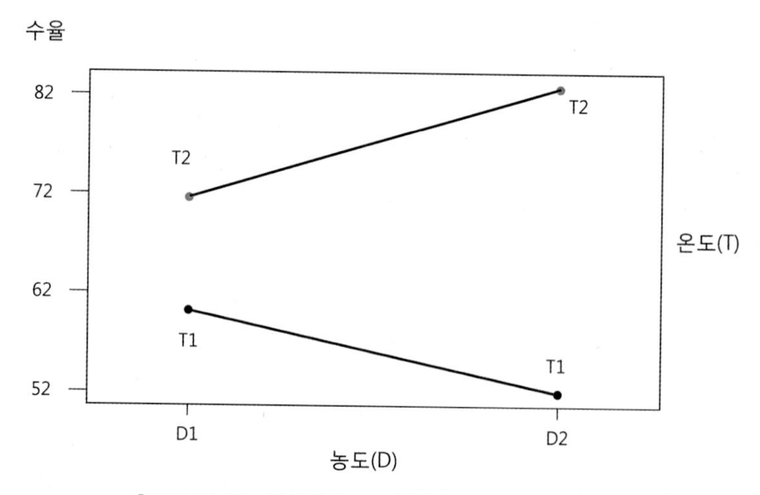

[그림 11.2] 온도와 농도 수준에 따른 수율의 변화

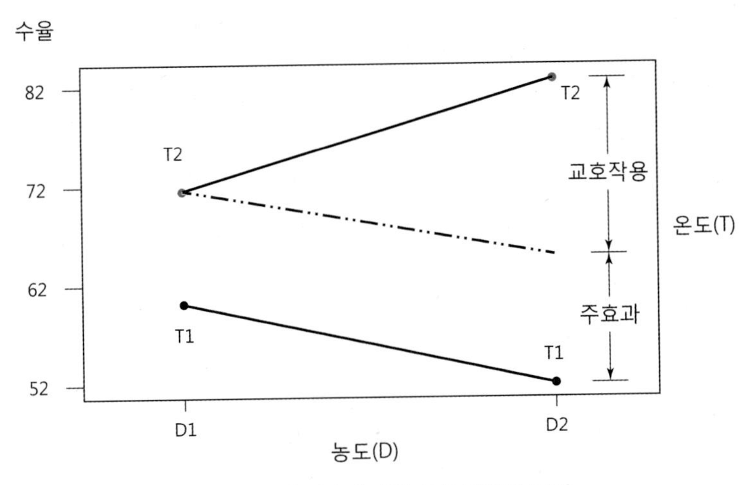

[그림 11.3] **주 효과와 교호작용의 분리**

을 준다면 낮은 온도 조건이든 높은 온도 조건이든 상관없이 농도를 높이면 수율은 감소하든 증가하든 일관성 있는 변화를 보이게 될 것이다. 그런데 [그림 11.2]와 같이 온도 조건에 따라 농도가 수율에 영향을 미치는 방식이 달라진다는 것은 온도와 농도의 교호작용으로 인한 영향이 있음을 의미한다.

보다 구체적인 이해를 위해 [그림 11.2]를 효과별로 분리하여 도시한 [그림 11.3]을 살펴보자. 온도가 독자적으로 수율에 미치는 주효과는 농도가 D1이든 D2든 똑같은 크기일 것이다. 따라서 주효과만 있는 상태에서 온도를 T2로 고정시킨 채 농도를 D1으로부터 D2로 변화시키면서 수율의 변화를 도시하면 [그림 11.3]의 점선과 같게 될 것이다. 그런데 실제로는 농도가 D2일 때 온도 차로 인한 수율의 차이로부터 온도의 주효과로 인한 차이를 차감하더라도 남는 부분이 있다. 주효과만 있는 상황에서는 이렇게 될 수 없으므로 남는 부분은 교호작용의 효과에 기인된 차이로 해석할 수 있다.

두 요인 A, B의 수준에 따른 반응변수의 관측값을 도시하면 [그림 11.4]와 같이 세 가지 경우의 그림이 얻어진다. (a)의 첫 번째 경우는 요인수준의 변화에 따른 반응변수의 변화가 다른 요인의 수준에 관계없이 일관성 있게 평행으로 변하는 경우로 교호작용이 없을 때 나타난다. (b)의 두 번째 경우는 교호작용이 있으나 그리 크지 않은 경우로서 교호작용의 정도에 따라 평행에 가까운 형태로 나타난다. 마지막 (c)의 경우는 교호작용이 아주 커서 반응변수의 변화가 반대 방향으로 나타나는 정도로서 다른 요인이 어떤 수준에 있는가에 따라 반응변수는 증가하기도 하고 감소하기도 한다.

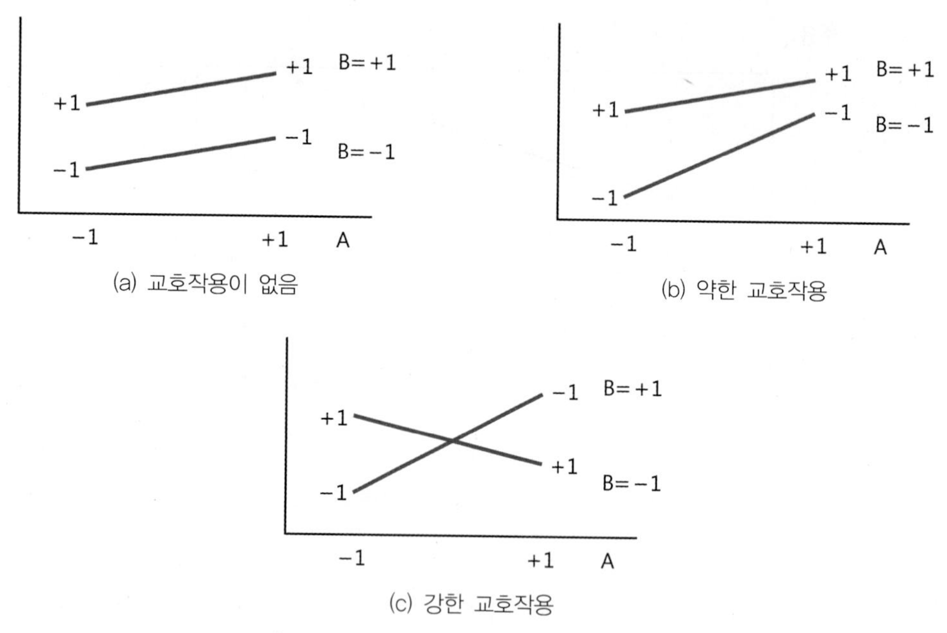

[그림 11.4] 교호작용과 반응변수의 변화

반응변수에 연향을 주는 두 개의 요인이 있을 때 교호작용의 효과까지 고려한 일반적인 데이터 구조모형은 식 (11.4)와 같다. 모수 α_i, β_j 및 $(\alpha\beta)_{ij}$에 주어지는 제약 식까지 포함하여 정리하면 다음 식과 같게 된다.

$$Y_{ijk} = \mu + \alpha_i + \beta_j + (\alpha\beta)_{ij} + \epsilon_{ijk},\ i=1,\ \cdots,\ a,\ j=1,\ \cdots,\ b,\ k=1,\ \cdots,\ n_{ij} \quad (11.28)$$

단, $\sum_{i=1}^{a}\alpha_i = 0,\ \sum_{j=1}^{b}\beta_j = 0,\ \sum_{i=1}^{a}(\alpha\beta)_{ij} = \sum_{j=1}^{b}(\alpha\beta)_{ij} = 0,\ \epsilon_{ij} \sim iidN(0,\ \sigma^2)$

분산분석으로 알고자 하는 것은 요인 A, B의 주 효과 α_i, β_j 및 교호작용의 효과 $(\alpha\beta)_{ij}$가 유의한지 확인하는 것이다.

분산분석을 실시하기 위해 데이터의 구조모형을

$$Y_{ijk} - \mu = \alpha_i + \beta_j + (\alpha\beta)_{ij} + \epsilon_{ijk},\ i=1,\ \cdots,\ a,\ j=1,\ \cdots,\ b,\ k=1,\ \cdots,\ n_{ij} \quad (11.29)$$

로 나타내고 α_i, β_j, $(\alpha\beta)_{ij}$ 및 오차항 대신 각각의 추정량으로 대입하면

$$Y_{ijk} - \overline{Y_{...}} = (\overline{Y_{i..}} - \overline{Y_{...}}) + (\overline{Y_{.j.}} - \overline{Y_{...}}) + (\overline{Y_{ij.}} - \overline{Y_{i..}} - \overline{Y_{.j.}} + \overline{Y_{...}}) + (Y_{ijk} - \overline{Y_{ij.}}) \quad (11.30)$$

이 된다. 식 (11.30)의 양변을 제곱하여 모든 $(i,\ j,\ k)$에 대해 더하면 다음 정리의 성립을 보일

수 있다.

정리 11.7 |

총 제곱합 SS_T는 요인 A의 제곱합 SS_A, 요인 B의 제곱합 SS_B, A와 B의 교호작용에 의한 제곱합 $SS_{A\times B}$과 오차제곱합 SS_E의 합으로 나타낼 수 있다. 즉,

$$SS_T = SS_A + SS_B + SS_{A\times B} + SS_E,$$

$$\text{단, } SS_T = \sum_{i=1}^{a}\sum_{j=1}^{b}\sum_{k=1}^{n_{ij}}(Y_{ijk} - \overline{Y_{...}})^2,$$

$$SS_A = \sum_{i=1}^{a} n_{i.}(\overline{Y_{i..}} - \overline{Y_{...}})^2,$$

$$SS_B = \sum_{j=1}^{b} n_{.j}(\overline{Y_{.j.}} - \overline{Y_{...}})^2,$$

$$SS_{A\times B} = \sum_{i=1}^{a}\sum_{j=1}^{b} n_{ij}(\overline{Y_{ij.}} - \overline{Y_{i..}} - \overline{Y_{.j.}} + \overline{Y_{...}})^2,$$

$$SS_E = \sum_{i=1}^{a}\sum_{j=1}^{b}\sum_{k=1}^{n_{ij}}(Y_{ijk} - \overline{Y_{ij.}})^2.$$

그런데 SS_T의 자유도는 전체 자료수에서 하나를 뺀 $n-1$이 되고, SS_A의 자유도는 수준 수에서 하나를 뺀 $a-1$이며, SS_B의 자유도도 수준 수에서 하나를 뺀 $b-1$이 된다. $SS_{A\times B}$의 자유도는 $(a-1)(b-1)$이고 오차의 자유도는 $n-ab$이다. 따라서 요인별 평균제곱을 구하면

$$MS_A = SS_A/(a-1), \tag{11.31a}$$

$$MS_B = SS_B/(b-1), \tag{11.31b}$$

$$MS_{A\times B} = SS_{A\times B}/(a-1)(b-1), \tag{11.31c}$$

$$MS_E = SS_E/(n-ab), \tag{11.31d}$$

이다. 각 평균제곱의 기댓값을 구하면 [정리 11.8]과 같다.

정리 11.8 | 평균제곱의 기댓값

$$E(MS_A) = \sigma^2 + \frac{1}{a-1}\sum_{i=1}^{a} n_{i.}\alpha_i^2,$$

$$E(MS_B) = \sigma^2 + \frac{1}{b-1}\sum_{j=1}^{b} n_{.j}\beta_j^2,$$

$$E(MS_{A\times B}) = \sigma^2 + \frac{1}{(a-1)(b-1)}\sum_{i=1}^{a}\sum_{j=1}^{b} n_{ij}(\alpha\beta)_{ij}^2,$$

$$E(MS_E) = \sigma^2.$$

지금까지 설명한 내용을 종합하여 분산분석표를 작성하면 [표 11.14]와 같다. 각 요인 A, B 또는 교호작용 $A\times B$의 효과가 유의한지의 여부는 각 평균제곱과 오차평균제곱의 비를 이용하여 판단하게 된다. 마지막 열에 있는 평균제곱의 기댓값은 적절한 검정통계량을 구하기 위해 참고하기 위한 것으로 보통은 생략한다.

[표 11.14] 교호작용모형의 분산분석표

요인	제곱합	자유도	평균제곱	f_0	평균제곱의 기댓값
A	SS_A	$a-1$	$MS_A = SS_A/(a-1)$	$\frac{MS_A}{MS_E}$	$\sigma^2 + \frac{1}{a-1}\sum_{i=1}^{a} n_{i.}\alpha_i^2$
B	SS_B	$b-1$	$MS_B = SS_B/(b-1)$	$\frac{MS_B}{MS_E}$	$\sigma^2 + \frac{1}{b-1}\sum_{j=1}^{b} n_{.j}\beta_j^2$
$A\times B$	$SS_{A\times B}$	$(a-1)(b-1)$	$MS_{A\times B} = SS_{A\times B}/(a-1)(b-1)$	$\frac{MS_{A\times B}}{MS_E}$	$\sigma^2 + \frac{1}{(a-1)(b-1)}\sum_{i=1}^{a}\sum_{j=1}^{b} n_{ij}(\alpha\beta)_{ij}^2$
오차	SS_E	$n-ab$	$MS_E = SS_E/(n-ab)$		σ^2
합계	SS_T	$n-1$			

데이터가 [표 11.8]과 같이 얻어졌다면 분산분석을 위해 제곱합의 관측값들은 각각 다음 식들을 이용하여 간단히 계산할 수 있다.

$$SS_T = \sum_{i=1}^{a}\sum_{j=1}^{b}\sum_{k=1}^{n_{ij}} y_{ijk}^2 - CT, \qquad (11.32a)$$

$$SS_A = \sum_{i=1}^{a} y_{i..}^2 / n_{i.} - CT, \tag{11.32b}$$

$$SS_B = \sum_{j=1}^{b} y_{.j.}^2 / n_{.j} - CT, \tag{11.32c}$$

$$SS_{A\times B} = \sum_{i=1}^{a}\sum_{j=1}^{b} y_{ij.}^2 / n_{ij} - \sum_{i=1}^{a} y_{i..}^2 / n_{i.} - \sum_{j=1}^{b} y_{.j.}^2 / n_{.j} + CT, \tag{11.32d}$$

$$SS_E = SS_T - SS_A - SS_B - SS_{A\times B}. \tag{11.32e}$$

단, 여기서 CT는 수정항으로 $CT = \left(\sum_{i=1}^{a}\sum_{j=1}^{b}\sum_{k=1}^{n_{ij}} y_{ijk}\right)^2 / n = n(\overline{y_{...}})^2$이다.

예제 11.9 [예제 11.1]의 자료에서 이원 교호작용 모형을 적용하여 보자.

• **풀이**

$$CT = (4{,}693)^2/36 = 611{,}785,$$

$$SS_T = \sum_{i=1}^{a}\sum_{j=1}^{b}\sum_{k=1}^{r} y_{ijk}^2 - CT$$

$$= (95)^2 + (153)^2 + (181)^2 + \cdots + (102)^2 - 611{,}785 = 82{,}036,$$

$$SS_A = \sum_{i=1}^{a} y_{i..}^2 / n_{i.} - CT$$

$$= \{(1{,}284)^2 + (1{,}542)^2 + (1{,}867)^2\}/(3)(4) - 611{,}785 = 14{,}224,$$

$$SS_B = \sum_{j=1}^{b} y_{.j.}^2 / n_{.j} - CT$$

$$= \{(2{,}010)^2 + (1{,}603)^2 + (1{,}080)^2\}/(3)(4) - 611{,}785 = 36{,}244,$$

$$SS_{A\times B} = \sum_{i=1}^{a}\sum_{j=1}^{b} y_{ij.}^2 / n_{ij} - \sum_{i=1}^{a} y_{i..}^2 / n_{i.} - \sum_{j=1}^{b} y_{.j.}^2 / n_{.j} + CT$$

$$= \{(626)^2 + (306)^2 + \cdots + (455)^2\}/4 - 611{,}009 - 648{,}009 + 611{,}785$$

$$= 12{,}997,$$

$$SS_E = SS_T - SS_A - SS_B - SS_{AB} = 18{,}591.$$

따라서 분산분석표는 [표 11.15]와 같이 구해지며 $F_{0.05}(4,\ 27) = 2.73$이므로 코팅재료와 코팅두께의 교호작용의 효과가 통계적으로 유의하다고 판단된다. 즉, 코팅재료와 코팅두께의 수준조합에 따라 전구의 수명이 달라진다고 할 수 있다. 또한 $F_{0.05}(2,\ 27) = 3.35$이므로 주효과 역시 반응변수에 통계적으로 유의한 영향을 미친다고 판단된다. ■

[R에 의한 풀이]

```
> x <- c(95,153,181,197,49,102,57,98,105,96,99,52,205,173,132,185,163,146,138,
127,49,65,61,98,142,153,202,192,180,179,169,195,125,130,98,102)
> a<- c(rep(1,12),rep(2,12),rep(3,12))
> b<- rep(c(rep(1,4),rep(2,4),rep(3,4)),3)
> A <- as.factor(a); B <- as.factor(b)
> summary(aov(x~A*B))
            Df Sum Sq Mean Sq F value    Pr(>F)
A            2  14224    7112  10.329 0.000466 ***
B            2  36224   18112  26.305 4.57e-07 ***
A:B          4  12997    3249   4.719 0.005112 **
Residuals   27  18591     689
---
Signif. codes:  0 '***' 0.001 '**' 0.01 '*' 0.05 '.' 0.1 ' ' 1
```

[표 11.15] **[예제 11.9]의 분산분석표**

요인	제곱합	자유도	평균제곱	f_0
코팅재료	14,224	2	7,112	10.32
코팅두께	36,244	2	18,112	26.29
재료×두께	12,997	4	3,249	4.72
오차	18,591	27	689	
합계	82,036	35		

실험의 결과를 해석하기 위한 하나의 방법으로 그래프를 그려보면 반응변수의 전체적인 변화를 시각적으로 판단하는데 도움이 된다. [그림 11.5]는 코팅두께의 수준에 따라 각 재료로 코팅한 원적외선 전구의 수명 자료로부터 표본평균을 구하여 이를 타점한 것이다. [그림 11.5]에서 코팅재료에 따른 수명의 그래프가 평행이 아니므로 교호작용이 유의하다는 결론을 내릴 수 있다.

분산분석표를 작성하고 F검정을 통해 각 요인이 반응 값의 평균에 영향을 주는 것으로 판단되었다고 하자. 다음 분석 단계로서 각 요인의 특정 수준에서의 평균 반응값 혹은 요인별 수준간 평균 반응값의 차이가 어느 정도 되는지 알고자 할 수도 있다. 이와 같은 목적으로 추가 분석을 실시할 때 [정리 11.9]에서 제공하는 신뢰구간을 사용한다.

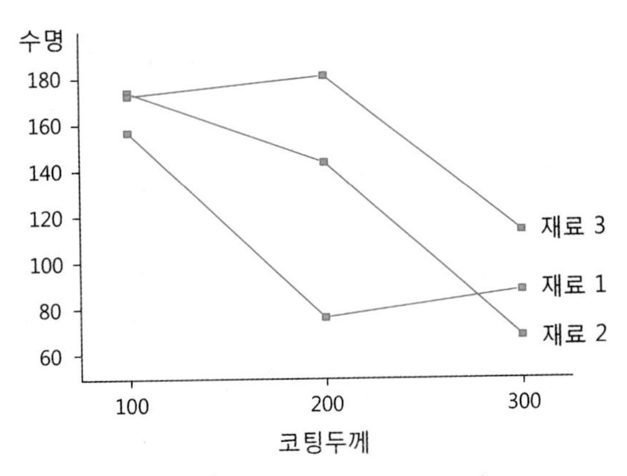

[그림 11.5] **코팅두께에 따른 원적외선 전구의 수명**

정리 11.9 | 요인의 수준평균 및 수준평균의 차에 대한 $100(1-\alpha)\%$ 양측 신뢰구간

i) 개별 요인

$$\mu(A_i) : \overline{y_{i..}} \pm t_{\alpha/2}(n-ab)\sqrt{\frac{MS_E}{n_{i.}}},$$

$$\mu(B_j) : \overline{y_{.j.}} \pm t_{\alpha/2}(n-ab)\sqrt{\frac{MS_E}{n_{.j}}}.$$

ii) 두 요인의 수준 조합

$$\mu(A_iB_j) : \overline{y_{ij.}} \pm t_{\alpha/2}(n-ab)\sqrt{\frac{MS_E}{n_{ij}}}$$

iii) 수준 평균의 차

$$\mu(A_i)-\mu(A_{i'}) : (\overline{y_{i..}}-\overline{y_{i'..}}) \pm t_{\alpha/2}(n-ab)\sqrt{\left(\frac{1}{n_{i.}}+\frac{1}{n_{i'.}}\right)MS_E},$$

$$\mu(B_j)-\mu(B_{j'}) : (\overline{y_{.j.}}-\overline{y_{.j'.}}) \pm t_{\alpha/2}(n-ab)\sqrt{\left(\frac{1}{n_{.j}}+\frac{1}{n_{.j'}}\right)MS_E}.$$

예제 11.10 [예제 11.9]에서 [정리 11.9]를 이용하여 코팅재료 3을 쓴 전구의 평균수명에 대한 95% 양측 신뢰구간을 구해보면,

$$\bar{y}_{3..} \pm t_{0.025}(27)\sqrt{\frac{MS_E}{12}} = 622.3 \pm 2.052\sqrt{\frac{689}{12}} = 622.3 \pm 15.5$$

즉 (606.8, 637.8)이 된다. 또한 코팅재료 3과 재료 2를 쓴 전구의 평균수명의 차에 대한 95% 양측 신뢰구간을 구해보면

$$(\bar{y}_{3..} - \bar{y}_{2..}) \pm t_{0.025}(27)\sqrt{2 \times \frac{MS_E}{12}} = (622.3 - 514.0) \pm 2.052\sqrt{2 \times \frac{689}{12}}$$
$$= 108.3 \pm 21.9$$

즉 (86.4, 130.2)가 된다. ■

이원 교호작용 모형에서 분산분석을 실시한 결과 교호작용이 유의하지 않으면 오차항으로 풀링(pooling)하여 분석한다. 즉, $SS_{A\times B}$를 오차제곱합 SSE와 합쳐서 새로운 오차제곱합 SSE'를 구한 다음 다시 분산분석을 실시한다. [표 11.16]은 풀링 후의 분산분석표로서 이원분산분석 모형과 같게 된다. 단, $SSE' = SS_{A\times B} + SSE$이다. 분산분석 후 두 요인의 수준조합에서의 모평균 $\mu(A_iB_j)$에 대한 신뢰구간은 [정리 11.6]에 주어진 식에 의해 구한다.

[표 11.16] 풀링 후의 분산분석표

요인	제곱합	자유도	평균제곱	f_0	F_α
A	SS_A	$a-1$	$MS_A = SS_A/(a-1)$	MS_A/MS_E	$F_\alpha(a-1,\ n-a-b+1)$
B	SS_B	$b-1$	$MS_B = SS_B/(b-1)$	MS_B/MS_E	$F_\alpha(b-1,\ n-a-b+1)$
오차	SS_E'	$n-a-b+1$	$MS_E' = SS_E'/(n-a-b+1)$		
합계	SS_T	$n-1$			

회귀모형의 분산분석

10장에서 배운 회귀모형의 유의성에 대해서도 분산분석으로 검정해볼 수 있다. 반응변수의 전체변동 $SST = \sum_{i=1}^{n}(Y_i - \overline{Y})^2$은 회귀모형에 의해 설명되는 변동 $SSR = \sum_{i=1}^{n}(\widehat{Y}_i - \overline{Y})^2$과 오차에 의한 변동 $SSE = \sum_{i=1}^{n}(Y_i - \widehat{Y}_i)^2$의 합으로 나타난다는 것을 학습하였다. 이로부터 설명변수(독립

변수)의 수가 k개인 회귀모형의 유의성을 다음 분산분석표를 작성하여 검증해볼 수 있다.

요 인	제곱합	자유도	평균 제곱합	검정통계량 F_0	기각치
회 귀	SSR	k	MSR	MSR/MSE	$F_\alpha(k, n-k-1)$
오 차	SSE	$n-k-1$	MSE		
합 계	SST	$n-1$			

연습문제 11.4

1. 접착제의 접착성의 정도를 알아보기 위해 습도요인 3수준과 온도요인 3수준에 대해 실험을 한 결과, 아래와 같은 부분적인 분산분석표를 얻었다. 이 분산분석표를 완성하라. 각 실험점에서의 실험의 횟수는 4회이다.

요인	제곱합	자유도	평균제곱	f_0
습도	30.15			
온도	17.06			
습도×온도	12.78			
오차				
합계	85.34			

2. A 인자가 5수준이고 B 인자가 4수준이며 반복이 3회 있는 교호작용모형의 실험결과 다음과 같은 분산분석표를 얻었다고 하자. 빈칸에 알맞은 숫자를 채워 넣어라.

요인	제곱합	자유도	평균제곱	f_0
A	35.48			
B				10.50
$A\times B$				
오차			3.42	
합계	345.30			

3. 항공기와 자동차 등 고온에서 고응력이 요구되는 엔진부품으로 주로 사용되는 티타늄·알루미늄 합금의 강도가 혼합비율과 제조온도에 따라 영향을 받는지 알아보기 위해 혼합비율 3수준, 제조온도 2수준으로 반복이 있는 실험을 하여 강도(단위: kg/mm^2)에 관한 다음의 자료를 얻었다. 분산분석표를 작성하고 각 요인과 교호작용 효과에 대해 검정하라.

제조온도 \ 혼합비율	1	2	3
1	37, 33	40, 42	44, 47
2	39, 41	43, 44	48, 48

4. 전기모터에 사용되는 절연체의 고장의 중요한 요인이라고 생각되는 온도와 전압을 다음의 실험조건으로 2회 반복하여 $4\times3\times2=24$회 실험을 랜덤한 순서로 행한 결과 다음의 자료를 얻었다.

<실험조건>

전압(kV/mil): $A_1=26.0$, $A_2=28.5$, $A_3=31.0$, $A_4=33.5$

온도(℃): $B_1=190$, $B_2=220$, $B_3=250$

(a) 분산분석을 행하라. 고장시간이 전압(A) 및 온도(B)에 영향을 받고 있다고 할 수 있는가? 전압과 온도 간에는 교호작용이 존재하는가?

(b) 만약 교호작용이 유의하지 않다면 이를 오차항에 풀링하여 새로이 분산분석표를 작성하라.

(c) 전압의 A_4 수준에서의 흡수속도에 대한 95% 양측 신뢰구간을 구하라.

[자료] 고장시간(단위: 100시간)

A \ B	B_1	B_2	B_3
A_1	84, 79	75, 72	60, 68
A_2	82, 73	73, 67	62, 54
A_3	76, 71	69, 70	56, 59
A_4	65, 69	58, 67	58, 53

5. 어떤 석유화학 공장에서 온도(A)와 압력(B)이 제품의 수율(%)에 미치는 영향을 규명할 목적으로 3회 반복의 2원 배치의 실험을 하여 다음과 같은 결과를 얻었다.

A \ B	B_1	B_2	B_3
A_1	6, 10, 2	8, 12, 10	10, 6, 8
A_2	12, 8, 16	2, 4, 6	11, 14, 17

분산분석표를 작성하고 이 표로부터 어떠한 결론을 얻을 수 있는가?

6. 세 종류의 포도주를 비교하기 위해 세 명의 시음자에게 각 종류별로 네 번씩 무작위한 순서로 포도주를 시음하도록 한 후, 10점 만점으로 포도주의 만족도를 평가한 결과가 다음과 같다. 분산분석을 하고 그 결과를 해석하라.

포도주 \ 시음자	1	2	3
1	8, 6, 7, 6	7, 6, 8, 9	6, 7, 3, 7
2	9, 10, 8, 8	10, 8, 9, 10	9, 8, 8, 10
3	9, 6, 8, 7	7, 5, 9, 7	8, 7, 10, 8

7. 어떤 화공약품제조에 필요한 형광체의 휘도(단위: FL)에 영향은 미치는 요인은 제조온도와 촉매량으로 제조온도 3수준과 촉매량 3수준에서 3회 반복하여 27회를 랜덤한 순서로 실험하여 휘도를 측정한 결과가 다음과 같다.

제조온도: $A_1 = 80℃$, $A_2 = 90℃$, $A_3 = 100℃$

촉매량: $B_1 = 0.5\%$, $B_2 = 1.0\%$, $B_3 = 1.5\%$

A \ B	B_1	B_2	B_3
A_1	14.0, 13.5, 13.6	14.2, 13.7, 14.8	14.6, 14.8, 14.4
A_2	14.5, 14.1, 14.8	15.1, 14.5, 14.8	15.2, 14.9, 15.5
A_3	14.2, 13.8, 14.5	14.4, 14.1, 14.9	14.5, 15.0, 14.8

분산분석표를 작성한 후, 휘도가 최대가 되는 실험조건이 무엇인지를 찾아라. 이 조건에서의 모평균의 95% 양측 신뢰구간을 구하라.

8. 어느 맥주 공장에서 한 병에 채워지는 맥주의 양에 가장 영향을 많이 미치는 변수는 탄산의 양(A)과 병의 이동속도(B)라고 한다. A와 B의 서로 다른 두 가지 값에 대해 요인 실험을 두 번

반복하여 얻어진 자료는 다음과 같다. 여기서 각 자료는 맥주 양의 목표값에 대한 실제 채워진 맥주 양의 비율을 나타낸다.

		병의 이동속도	
		B_0	B_1
탄산의 양	A_0	0.95, 0.99	0.89, 0.91
	A_1	1.07, 1.06	1.02, 0.94

유의수준 5%에서 분산분석을 행하라.

9. 합성수지의 인장강도(단위: kg/㎟)는 중합온도와 촉매량에 따라 달라질 것이라 추측된다. 이를 확인하기 위해 각 요인별로 2수준의 조건을 정하여 각각 3회 반복실험을 한 결과 다음과 같은 자료를 얻었다.

<실험조건>

촉매량(%): $A_0 = 0.5$, $A_1 = 1.0$

중합온도(℃): $B_0 = 150$, $B_1 = 180$

<실험결과>

	B_0	B_1
A_0	56, 55, 56	59, 57, 55
A_1	61, 60, 63	66, 65, 68

(a) 주 효과 A, B와 교호작용 $A \times B$를 구하라.

(b) 분산분석표를 작성하라.

(c) 어떤 수준 조합에서 인장강도가 가장 높은지를 밝히고, 이 조건에서 인장강도의 95% 양측 신뢰구간을 추정하라.

10. 자동차 차체를 생산하는 공정의 담당자는 설비별로 생산속도(단위: 개/시간)에 차이가 있는지에 관심이 있다. 이 회사의 주요 생산품 2종에 대해 기존의 설비와 새로 구입한 설비를 대상으로 4개월간의 생산기록을 조사하여 다음과 같은 자료를 얻었다. 분산분석표를 작성하고, 생산속도가 느린 생산품의 종류와 설비를 가려내라.

생산 품목	설비 종류	
	기존 설비	신형 설비
Ⅰ	7.6, 6.5, 6.2, 7.1	7.3, 7.4, 8.2, 7.6
Ⅱ	6.1, 6.8, 5.3, 5.6	6.9, 6.4, 6.3, 5.8

11. 연습문제 #10에서, 공정 담당자는 공정의 생산속도와 함께 각 생산 설비별 불량률(단위: %)을 기록한 자료를 가지고 있다. 분산분석표를 작성하고 불량률이 가장 높은 생산품의 종류와 설비를 가려내라.

생산 품목	설비 종류	
	기존 설비	신형 설비
Ⅰ	3.08, 3.38, 3.63, 3.44	2.04, 2.85, 3.04, 2.92
Ⅱ	3.35, 3.67, 3.53, 4.15	3.50, 2.70, 3.56, 3.03

12. 한 정유회사의 공정 담당자는 원유로부터 나프타 등의 혼합물을 처리하는 증류 시스템의 수율(단위: %)이 증류탑의 온도(℃)와 증류탑 내부의 압력(단위: 기압)에 크게 영향을 받는다고 판단하고 온도와 압력을 달리하여 수율을 측정한 결과 다음과 같은 자료를 얻었다. 이 증류 시스템의 수율을 가장 높일 수 있는 온도와 압력을 찾아라.

온도	압력	
	25 기압	35 기압
300℃	95, 93, 90, 92	97, 98, 94, 99
400℃	91, 94, 93, 90	89, 93, 90, 87

13. 이원 교호작용 모형 (11.28)에서 두 요인의 수준조합에서 나온 데이터 수가 $n_{ij} = r$로서 모두 동일하다고 하자.
(a) [정리 11.7]과 식 (11.32a) ~ (11.32e)는 어떻게 달라지는가?
(b) [정리 11.8]과 [표 11.14]는 어떻게 달라지는가?
(c) [정리 11.9]는 어떻게 달라지는가?

14. [정리 11.7]이 성립함을 보여라.

15. 식 (11.32a) ~ (11.32e)이 성립함을 보여라.

16. [정리 11.9]를 증명하라.

CHAPTER

12

적합도검정

지금까지 다룬 통계적 추론에서는 관심의 대상인 모집단의 분포를 가정하고, 그 분포를 구체적으로 결정짓는 모수에 관한 추정이나 가설검정 문제를 다루었다. 이와 같은 모수적 방법은 분포에 대한 가정을 필요로 하므로 가정이 실제와 다를 경우에는 추론 결과에 상당한 오류가 있을 수 있다. 반면 특정한 분포를 가정하지 않는 통계적 추론 방법을 비모수적 방법이라 한다. 비모수적 방법에서는 관측값의 순서나 부호와 같은 특성을 이용하므로 관측값의 계량적인 정보가 상당부분 손실될 수밖에 없어 분포의 형태를 가정할 수 있을 때에는 모수적 방법이 비모수적 방법에 비해 더 효율적일 것이다. 따라서 주어진 상황과 얻어지는 자료의 형태에 따라 모수적 방법과 비모수적 방법을 적절히 선택해야 한다.

이 장에서는 모집단에 대한 정보(데이터)를 바탕으로 적절한 분포를 선택하는 문제를 다룬다. 관측된 자료가 정규분포, 포아송 분포 등 특정 분포로부터 나왔다고 할 수 있는지를 검정하는 문제를 적합도검정이라고 하는데 먼저 데이터로부터 경험적 분포를 추정하여 이를 기반으로 그래프를 이용하여 특정 분포 여부를 확인하는 방법을 소개한다. 다음으로 통계적인 검정을 이용한 방법 및 범주형 자료에 근거한 적합도검정을 설명하고 분할표를 이용한 동일성 및 독립성 검정에 대해서도 살펴본다.

12.1 경험적 분포와 Q-Q도

확률변수를 특징지어 주는 대표적인 함수로는 연속형 확률변수의 경우 확률밀도함수와 분포함수가 있다. 확률밀도함수의 경우는 데이터의 도식화에 유용한 히스토그램이나 Kernal 추정법 등이 있으나 이 절에서는 경험적 분포함수와 Q-Q도(Quantile-Quantile plot; 분위수-분위수 도)를 이용한 분포의 추정방법을 설명한다.

12.1.1 경험적 분포함수

크기 n인 자료 $x_1,\ x_2,\ \cdots,\ x_n$을 동일한 분포에서 독립적으로 얻은 관측값이라고 할 때 표본(sample) 또는 경험적 분포함수(empirical distribution function) $F_n(x)$는 주어진 관측값 중에서 x보다 작거나 같은 것의 비율로 다음과 같이 정의된다.

$$F_n(x) = \frac{1}{n}(x_i \le x \text{인 것의 개수}) \tag{12.1}$$

$F_n(x)$는 0에서 시작해서 $x_{(i)},\ i = 1,\ \cdots,\ n$점에서 $\frac{1}{n}$씩 증가하며 우측으로부터 연속인 계단함수가 된다.

예제 12.1 청소년의 체력 특성을 알아보기 위해 10명의 고등학교 남학생의 1,600 m 달리기 기록을 측정한 결과 다음과 같은 자료(단위: 분)를 얻었다. 경험적 분포함수를 구하여 도시해보자.

6.23, 5.58, 7.06, 6.42, 5.20, 7.50, 7.06, 8.25, 7.67, 6.75

• **풀이** [그림 12.1]은 이 측정값으로부터 얻은 경험적 분포함수를 나타낸 것으로, 학생들의 달리기 기록의 분포형태를 쉽게 가늠해 볼 수 있다. 점선으로 그려진 곡선은 정규분포의 분포함수로서 경험적 분포함수의 그림과 가까운 형태를 하고 있다. ■

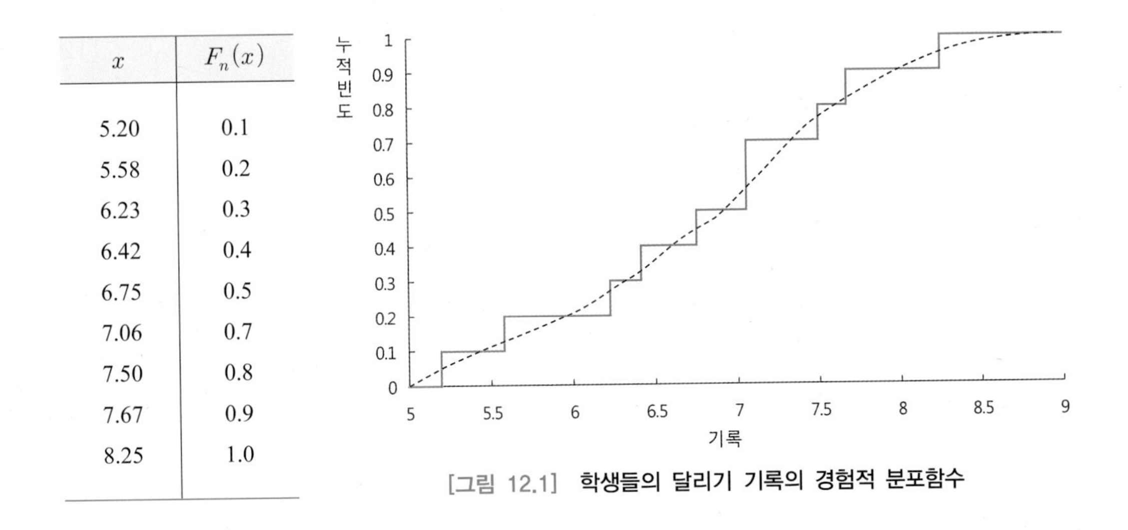

x	$F_n(x)$
5.20	0.1
5.58	0.2
6.23	0.3
6.42	0.4
6.75	0.5
7.06	0.7
7.50	0.8
7.67	0.9
8.25	1.0

[그림 12.1] **학생들의 달리기 기록의 경험적 분포함수**

경험적 분포함수의 통계적 성질을 간단하게 살펴보자. $X_1, \cdots, X_n$을 연속형 분포함수 F로부터의 확률표본이라 하면, 식 (12.1)에서 $x_1, \cdots, x_n$을 $X_1, \cdots, X_n$으로 대체하면, $nF_n(x)$는 $X_1, \cdots, X_n$ 중에서 $X_i \le x$인 것의 수가 된다. 여기서 $X_i \le x$이면 성공, $X_i > x$이면 실패라고 한다면 $nF_n(x)$는 n번의 베르누이 시행에서의 성공횟수가 되고 성공확률은

$$P\{X_i \le x\} = F(x)$$

가 된다. 따라서 $nF_n(x)$는 이항분포 $b(n, F(x))$를 따르고

$$E[F_n(x)] = F(x), \tag{12.2}$$

$$V[F_n(x)] = \frac{1}{n}F(x)(1 - F(x)) \tag{12.3}$$

이다. 이 결과에서 $F_n(x)$는 $F(x)$의 불편추정량이고, 또한 [정리 8.3]으로부터 $F(x)$의 일치추정량임을 알 수 있다.

12.1.2 Q-Q도

Q-Q도는 분포함수를 비교하는데 매우 편리한 방법이다. Q-Q도는 가정된 분포의 적합성과 두 분포의 동일성 여부를 판별하는데 사용할 수 있다.

크기 n인 자료 $x_1, x_2, \cdots, x_n$을 분포함수 F인 모집단에서 독립적으로 얻은 관측값이라고 하자. 이제 귀무가설

$$H_0 : F(x) = F_0(x) \tag{12.4}$$

의 채택 혹은 기각 여부를 Q-Q도를 이용하여 판단해보자. 먼저 $x_1, x_2, \cdots, x_n$의 순서통계량을 $x_{(i)}$, $i = 1, \cdots, n$이라고 하면 $x_{(i)}$는 표본의 $\frac{i}{n+1}$분위수이므로 $x_{(i)} \cong F^{-1}\left(\frac{i}{n+1}\right)$이 된다. 그런데 귀무가설이 참이라고 한다면 $F^{-1}\left(\frac{i}{n+1}\right) = F_0^{-1}\left(\frac{i}{n+1}\right)$이므로 직교좌표상에 $\left(x_{(i)}, F_0^{-1}\left(\frac{i}{n+1}\right)\right)$를 타점하면 원점을 지나고 기울기가 1인 직선에 가깝게 될 것이다. 따라서 경험적 분포의 $(I/(n+1))$분위수인 $x_{(i)}$와 귀무가설에서 가정된 분포의 $i/(n+1)$분위수인 $F_0^{-1}\left(\frac{i}{n+1}\right)$를 타점한 Q-Q도를 작성하면 가정된 분포의 적합성을 시각적으로 판단할 수 있다.

예제 12.2 [예제 12.1]의 데이터가 정규분포를 따른다고 할 수 있는지 Q-Q도를 작성하여 판단해보자.

• 풀이 먼저 표본평균과 표본표준편차를 계산하면 $\bar{x} = 6.772$, $s = 0.943$이고 이를 추정치로 하여 정규분포의 분위수 $y_p = F_0^{-1}(p) = \bar{x} + s\Phi^{-1}(p)$를 계산하여 표로 정리하면 다음과 같다. 단, $\Phi(.)$는 표준정규분포의 분포함수이다.

i	1	2	3	4	5	6	7	8	9	10
$p = \frac{i}{11}$	0.091	0.182	0.273	0.364	0.455	0.545	0.636	0.727	0.818	0.909
y_p	5.513	5.916	6.202	6.443	6.664	6.880	7.101	7.342	7.628	8.031
$x_{(i)}$	5.20	5.58	6.23	6.42	6.75	7.06	7.06	7.50	7.67	8.25

$(x_{(i)}, y_p)$를 직교좌표 상에 타점하면 [그림 12.2]의 Q-Q도가 된다. 단순회귀분석을 이용하면 그림에 나타난 직선의 기울기는 0.8248, 절편은 1.1864이고 타점된 점들이 이 직선 가까이 인접해 있다. 보다 정밀한 판단은 통계적인 검정을 해봐야 알겠지만 데이터 수가 많지 않음을 고려할 때 기울기 1, 절편 0의 요건과 큰 차이를 보인다고 보기 어렵다. 따라서 주어진 데이터는 정규분포를 따른다고 보아도 무난하다고 하겠다. ■

[R에 의한 계산 및 Q-Q도 작성]

```
> x<- c(5.20,5.58,6.23,6.42,6.75,7.06,7.06,7.50,7.67,8.25)
> p <-c((1:10)/11)
> m <- mean(x)
```

```
> s<-sd(x)
> m; s
[1] 6.772
[1] 0.9426299
> y<-qnorm(p,m,s)
> y
 [1] 5.513422 5.915660 6.202100 6.443252 6.664366 6.879634 7.100748 7.341900 7.628340 8.030578
> qq<-lm(y~x)
> plot(y~x); abline(qq)
```

다음으로 Q-Q도를 사용하여 두 분포간의 관계를 파악해보자. 관측값 $x_1, \cdots, x_n$은 분포함수 $F(x)$에서 나온 표본값이고 관측값 $y_1, \cdots, y_n$은 분포함수 $G(y)$에서 나온 표본값이라 하자. 그리고 x와 y를 크기순으로 나열한 것을 각각 $x_{(1)} \leq \cdots \leq x_{(n)}$과 $y_{(1)} \leq \cdots \leq y_{(n)}$이라 하자. 그러면, $x_{(i)} \cong F^{-1}(i/(n+1))$, $y_{(i)} \cong G^{-1}(i/(n+1))$이므로 만약 두 분포가 같다면 n개의 점 $(x_{(i)}, y_{(i)})$, $i=1, \cdots, n$을 직교좌표 위에 타점하여 얻어진 Q-Q도에서 점들이 원점을 지나고 기울기 1인 직선에 가깝게 위치할 것이다. 만약 Y의 평균이 X의 평균보다 d만큼 크고 분포는 동일하다면 $G(y) = F(y-d) = F(x)$이고 $y_{(i)} = x_{(i)} + d$로서 Q-Q도는 기울기가 1이고 절편이 d인 직선이 될 것이다. 또, $Y = mX + d(m > 0)$로 변환된 경우라면 $G(y) = F\left(\frac{y-d}{m}\right) = F(x)$로서 $y_{(i)} = mx_{(i)} + d$이므로 Q-Q도는 기울기가 m이고 절편이 d인 직선이 될 것이다. 여기서

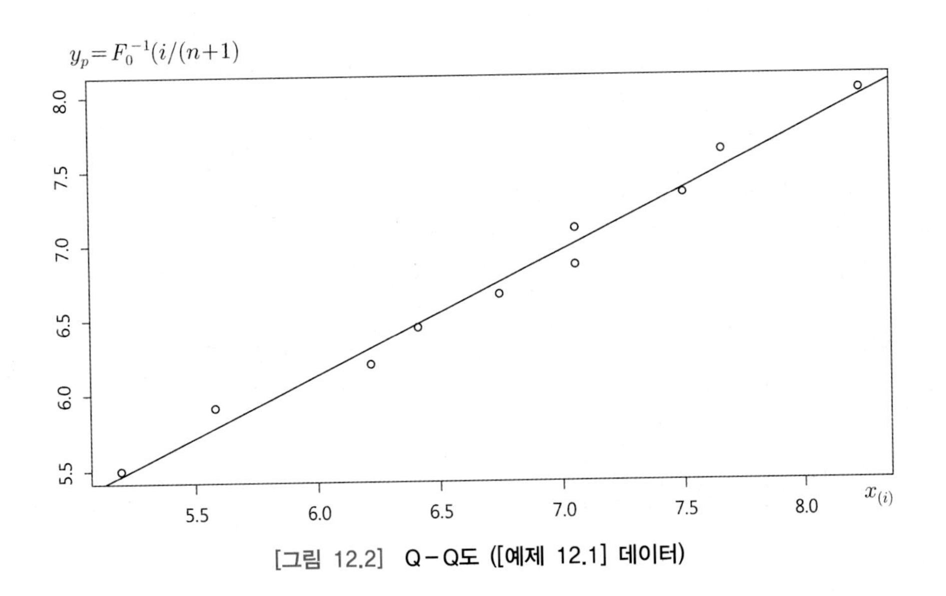

[그림 12.2] Q-Q도 ([예제 12.1] 데이터)

는 $m<0$인 경우는 유사하므로 설명을 생략한다.

X와 Y의 관계가 이처럼 선형관계가 아니고 좀더 복잡한 관계를 가질 수도 있다. 예를 들어 2차 곡선관계 $Y=cX^2$에 있을 경우$(x_{(i)}, y_{(i)})$로 그린 Q-Q도에서도 비슷한 모습이 나타날 것이다. 이와 같이 Q-Q도를 그려보면 분포 F와 분포 G 간에 어떤 관계가 있는지 가늠해 볼 수 있다.

두 그룹의 자료수가 m과 n, $m<n$,으로 다를 경우의 Q-Q도는 다음과 같이 얻는다.

1. $p_i=\dfrac{i}{m+1}$, $i=1, \cdots, m$, 이라 하면 $x_{(i)}$는 x 자료들의 $100p_i$ 백분위수가 된다.
2. $p_1, \cdots, p_m$에 해당하는 y 자료의 백분위수 $\tilde{y}_{p_1}, \cdots, \tilde{y}_{p_m}$를 구한다.
3. $(x_{(i)}, \tilde{y}_{p_i})$, $i=1, \cdots, m$, 으로 Q-Q도를 그린다.

예제 12.3 어떤 부품의 수명이 온도에 따라 어떠한 영향을 받는지를 알아보기 위해 두 가지 수준의 온도조건(단위: ℃)에서 부품의 수명을 측정하였다. 무작위로 35개의 부품을 뽑은 후 20개를 40℃, 나머지 15개는 80℃의 온도조건에서 시험하였다. 이 수명시험은 7개월 간 이루어졌으며 각 시험 부품의 고장시간(단위: 일)이 기록되었다. [표 12.1]은 수명시험의 결과로 각 온도조건마다 수명시험기간에 고장 나지 않은 경우도 있었다. Q-Q도를 작성하여 분포를 비교해보자.

[표 12.1] **시험온도 조건별 고장시간**

온도조건	시험 부품 수	고장시간
40	20	54, 58, 133, 135, 136, 138, 188, 190, 202, 208
80	15	12, 15, 21, 27, 36, 43, 43, 44, 74, 74, 77, 81, 82, 120

• 풀이 $m=20$, $n=15$로서 2장에서 학습한 방법에 따라 분위수를 계산하면 다음과 같고 Q-Q도를 작성하면 [그림 12.3]과 같다. 그림에서 점들의 배치는 기울기는 0.2244, 절편은 -3.6894인 직선에 가깝기 때문에 온도조건이 다를 경우 부품수명은 선형관계라고 할 수 있다.

i	1	2	3	4	5	6	7	8	9	10
p	0.0476	0.0952	0.1429	0.1905	0.2381	0.2857	0.3333	0.3810	0.4286	0.4762
$x_{(i)}$	54	58	133	135	136	138	188	190	202	208
$\tilde{y}_p$	9.14	13.57	16.71	21.29	25.86	32.14	38.33	43.00	43.00	43.62

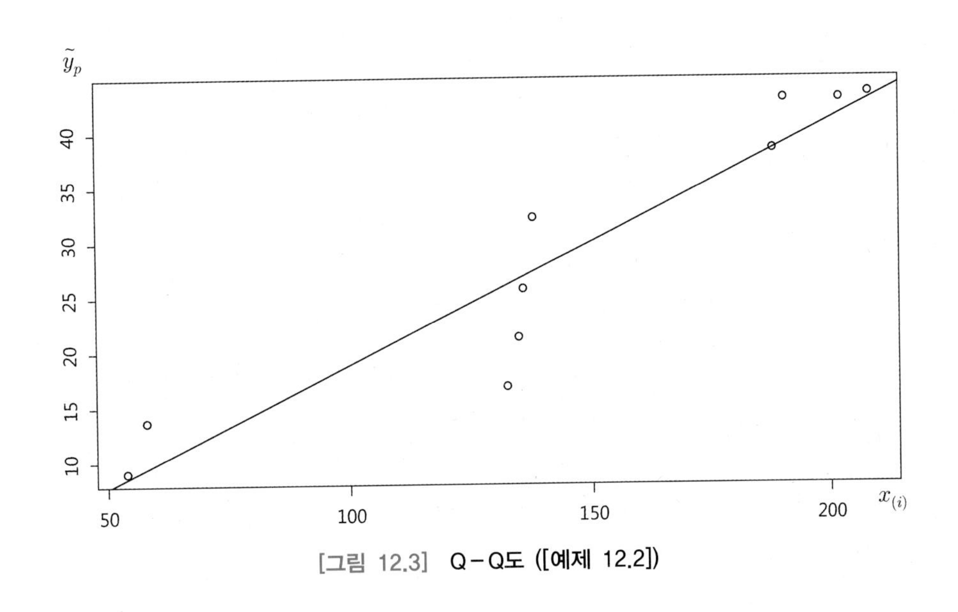

[그림 12.3] Q－Q도 ([예제 12.2])

연습문제 12.1

1. [그림 12.1]로부터 학생들의 달리기 기록의 제1사분위수, 제3사분위수, 그리고 중앙값을 근사적으로 구하라.

2. 다음 자료는 무작위로 뽑은 13명의 초등학교 1학년 학생들의 가슴둘레를 인치(inch) 단위로 측정한 값이다.

   30, 28, 24, 22, 20, 24, 34, 22, 24, 30, 15, 36, 37

   이 자료로 경험적 분포함수를 구하라.

3. 다음은 한 타이어 회사에서 생산된 타이어의 수명을 나타내는 자료이다. 이것으로 경험적 분포함수를 그려라.

수명(단위: 1,000 km)	43	45	48	55	56	58	62	63	69
관측값의 수	2	1	3	4	5	4	2	3	1

4. 분포함수

$$F(x) = \begin{cases} 0, & x < 0 \\ 1 - \dfrac{1}{(1+x)^2}, & x \geq 0 \end{cases}$$

를 갖는 모집단으로부터 크기 10인 표본을 뽑아 다음과 같은 수치를 얻었다.

0.35, 1.08, 0.02, 0.52, 2.58, 0.85, 0.13, 1.24, 3.28, 0.22

(a) 경험적 분포함수 $F_n(x)$와 $F(x)$를 같이 그려 얼마나 서로 가까운지를 확인하라.

(b) Q-Q 도를 작성하라.

5. 다음은 어느 회사에서 제조된 무선전화기용 배터리 25개를 무작위로 뽑아 수명시험을 하여 얻은 자료(단위: 일)이다.

23	24	28	25	16	19	26	25	25	23
20	22	27	16	21	21	23	20	25	19
19	26	24	17	27					

경험적 분포함수를 그려라. 표본평균을 구하고 이 값을 평균으로 하는 지수분포를 가지고 Q-Q 도를 작성하라.

6. 분포함수 F와 G의 $100p$ 백분위수를 각각 x_p와 y_p라 할 때, 다음의 경우에 $(x_p,\ y_p)$로 Q-Q도를 그려라.

(a) $F \sim N(0,\ 1),\ G \sim N(1,\ 1)$

(b) $F \sim N(0,\ 1),\ G \sim N(1,\ 4)$

7. 두 공급자로부터 납품받은 축전기를 각각 6개씩 표본으로 뽑아 누설 전기용량을 측정한 수치(단위: μF)가 다음과 같다. Q-Q도를 그리고 이를 이용하여 두 공급자가 납품하는 축전기의 누설 전기용량에 대한 분포와 평균, 분산을 비교하라.

공급자 1: 8.1, 7.5, 7.9, 8.3, 8.4, 7.2

공급자 2: 9.9, 11.0, 10.7, 10.0, 10.6, 10.2

8. 한 제약회사에서는 새로 개발된 쥐약의 효능을 알아보기 위해 실험용 쥐 20마리를 두 그룹으로 나누어 10마리의 쥐에게는 기존의 쥐약을 투여하고 나머지 10마리의 쥐에게는 새로 개발된 쥐

약을 투여하여 쥐가 죽을 때까지의 시간(단위: 분)을 얻었다. 실험시간은 10분이었고 나머지 쥐들은 실험이 끝날 때까지 죽지 않았다.

기존의 쥐약: 2, 3, 5, 7, 8, 9, 10
새로 개발된 쥐약: 1, 1, 2, 3, 4, 5, 6, 7, 9

(a) 두 쥐약에 대한 경험적 분포함수를 함께 그려라. 새로운 쥐약이 기존의 쥐약보다 효과가 더 큰가?
(b) Q-Q도를 그리고 그 결과를 (a)의 결과와 비교하라.

9. 어떤 대학의 24개 학과를 대상으로 학생들의 흡연율을 조사한 결과이다.

0.59	0.59	0.45	0.52	0.65	0.47	0.50	0.57	0.54	0.45	0.48	0.15
0.69	0.52	0.55	0.55	0.46	0.25	0.59	0.46	0.41	0.51	0.44	0.47

이 자료를 이용해 경험적 분포함수를 그려라.

10. 분포함수 F와 G의 $100p$ 백분위수를 각각 x_p와 y_p라 할 때, F가 지수분포 $Exp(1)$이고 G가 와이블분포 $Wei(1,\ 2)$일 경우에 $(x_p,\ y_p)$로 Q-Q도를 그려라.

11. 어떤 전자부품을 공급하는 두 협력회사의 제품의 내열성을 비교하기 위해 두 회사 제품을 각각 20개씩 표본으로 뽑아 온도를 70℃로 올린 상태에서 고장이 나기까지의 시간(단위: 분)을 관찰한 결과 다음과 같은 자료를 얻었다.

A					B				
42	41	43	39	45	48	32	44	49	50
47	46	38	37	42	46	45	49	40	45
37	38	44	44	40	50	47	49	45	46
41	41	42	45	48	51	47	45	46	55

(a) 경험적 분포함수를 같은 좌표면에 그려 비교하라.
(b) Q-Q도를 그리고 그 결과를 분석하라.

12.2 확률지

확률지(probability paper)는 주어진 자료가 특정한 분포에서 나온 것인지를 시각적으로 쉽게 판단할 수 있게 하여 주는 도구이다. 확률지를 사용함으로써 자료를 시각적으로 표시할 수 있을 뿐만 아니라, 가정한 분포가 적절한지의 적합성 여부를 판정할 수 있고, 또한 분포의 모수와 백분위수 등도 추정할 수 있다.

확률지의 사용방법은 가정된 분포모형에 해당하는 확률지에 자료를 타점하여 점이 일직선상에 나타나면 가정된 분포가 적합하다고 판단한다. 확률지 상의 점들을 직선으로 설명할 수 있느냐의 여부는 다분히 주관적인 측면이 있으나, 자료의 개수가 많을수록 이러한 주관적인 요소는 줄어들게 된다. 확률지에 자료를 타점하는 방법은 다음과 같다.

① 가정한 분포모형에 해당하는 확률지를 선택한다.

② 자료를 크기순으로 순위를 매긴다. n개의 자료 x_1, x_2, $\cdots$, x_n을 크기순으로 배열한 것을 $x_{(1)} \le x_{(2)} \le \cdots \le x_{(n)}$이라 하자.

③ $(x_{(i)},\ 100(i-0.5)/n)$에 해당하는 점을 확률지에 타점한다. 즉 n개의 점 $(x_{(1)},\ 50/n)$, $(x_{(2)},\ 150/n), \cdots, (x_{(n)},\ 100(n-0.5)/n)$을 확률지에 타점한다.

④ 확률지에 타점한 점에 가장 가깝도록 직선을 그린다.

주어진 자료가 가정된 분포에서 나온 것이라면 우연 오차에 의한 변동을 고려한다 하더라도 점들은 직선 주위에 나타나게 된다. 확률지 상의 점들이 직선에서 많이 떨어져 있다면 가정된 분포는 주어진 자료에 적합하지 않다고 판단한다. 자료들이 직선에 가깝게 타점되어 적합한 분포모형을 찾았다고 판단되면 기입된 직선으로부터 가정한 분포된 모수와 백분위수 등을 추정할 수 있다.

12.2.1 확률지의 원리

임의의 모집단에서 뽑은 크기 n인 확률표본 X_1, $\cdots$, X_n의 관측값 x_1, $\cdots$, x_n을 크기순으로 나열한 자료를 $x_{(1)} \le \cdots \le x_{(n)}$이라 하면, 이들은 순서통계량 $X_{(1)} \le \cdots \le X_{(n)}$들의 관측값이 된다. X의 확률밀도함수를 $f(x)$, 분포함수를 $F(x)$라고 하면 $X_{(i)}$의 기댓값은 식 (7.35)에 의해

$$E[X_{(i)}] = \frac{n!}{(i-1)!(n-i)!} \int_{-\infty}^{\infty} x[F(x)]^{i-1}[1-F(x)]^{n-i} f(x)dx, \; i=1, \cdots, n \quad (12.5)$$

이다. 확률변수 X가 구간 $(0, 1)$에서 균일분포를 따른다면 즉, $X \sim U(0, 1)$이면 $E[X_{(i)}] = \frac{i}{n+1}$가 된다. 그러나 대부분의 경우 $X_{(i)}$의 기댓값을 직접 계산하기 어려우므로 다음의 근사식을 이용한다.

$$E[X_{(i)}] \approx F^{-1}\left(\frac{i-c}{n-2c+1}\right) \quad (12.6)$$

식 (12.6)에서 n과 $F(x)$가 주어진 경우 c의 값에 따라 근사화의 정도가 달라지는데, 균일분포 $X \sim U(0, 1)$일 때 $c=0$이 되지만 그 밖의 분포일 때는 대부분의 경우 $c=0.5$가 적절한 값으로 알려져 있다.

$$E[X_{(i)}] \approx F^{-1}\left(\frac{i-0.5}{n}\right) \quad (12.7)$$

따라서 만약 관측된 데이터 $x_1, x_2, \cdots, x_n$이 분포함수 F인 모집단으로부터 나왔을 경우, $\left(x_{(i)}, F^{-1}\left(\frac{i-0.5}{n}\right)\right)$, $i=1, 2, \cdots, n$을 직교좌표상에 타점한다면 오차 $x_{(i)} - E[X_{(i)}]$에 따른 차이는 있겠지만 모든 점들이 절편이 0이고 기울기가 1인 직선에 가깝게 위치할 것이다. 확률지는 번거로운 계산을 하지 않고 $(i-0.5)/n$을 백분율로 하여 $(x_{(i)}, 100(i-0.5)/n)$를 바로 타점하면 되도록 좌표축의 눈금을 조정하여 만든 것이다. 사실상 확률지는 척도와 눈금단위를 조정한 Q-Q도라 할 수 있다.

12.2.2 정규확률지

정규확률지는 주어진 자료가 정규분포 $N(\mu, \sigma^2)$에서 나온 것인지의 여부를 판정해 볼 수 있는 확률지로 가장 대표적인 것이다. $X \sim N(\mu, \sigma^2)$일 때 분포함수 $F(x)$를 $N(0, 1)$의 분포함수 Φ를 써서 표현하면 다음과 같다.

$$F(x) = \Phi\left(\frac{x-\mu}{\sigma}\right), \quad \infty < x < \infty \quad (12.8)$$

따라서 식 (12.7)에서 $X_{(i)}$대신 $(X_{(i)} - \mu)/\sigma$를 대입하여

$$E\left(\frac{X_{(i)}-\mu}{\sigma}\right)=\Phi^{-1}\left(\frac{i-0.5}{n}\right),\ i=1,\ 2,\ \cdots,\ n \tag{12.9}$$

를 얻을 수 있다. 정규확률지는 누적확률축에서 $\Phi^{-1}((i-0.5)/n)$의 값이 나타날 위치에 $100(i-0.5)/n$의 값을 눈금으로 표시해 둔 확률지이다. 따라서 주어진 데이터가 정규분포를 따를 경우 $(x_{(i)},\ 100(i-0.5)/n)$를 타점하면 오차로 인한 차이는 있겠지만 대체로 직선 형태로 나타나게 된다.

예제 12.4 [예제 12.1]의 데이터를 정규확률지에 타점하여 데이터가 정규분포를 따른다고 할 수 있는지 판단해보자.

• **풀이** 아래 정규확률지에서 점들이 직선에 가깝게 위치하고 있으므로 정규분포로 판단한다.

i	$x_{(i)}$	$100\left(\frac{i-0.5}{10}\right)$
1	5.20	5
2	5.58	15
3	6.23	25
4	6.42	35
5	6.75	45
6	7.06	55
7	7.06	65
8	7.50	75
9	7.67	85
10	8.25	95

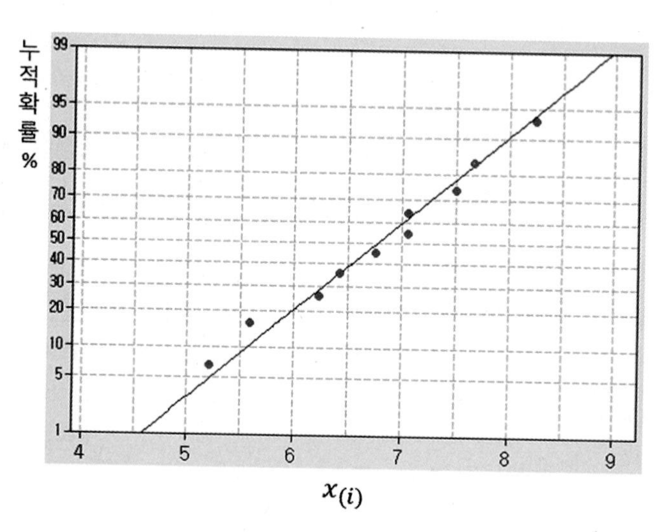

[그림 12.4] **[예제 12.1]의 데이터와 정규확률지**

■

정규확률지로부터 분포의 백분위수, 모수 등을 추정할 수 있다. 표준정규분포에서는 $\Phi^{-1}(0.5)=0$이므로 $(x-\mu)/\sigma=\Phi^{-1}(0.5)=0$으로부터 정규확률지의 직선에서 누적확률 50%에 대응되는 x값이 μ가 된다. 또 $\Phi^{-1}(0.8413)=1$이므로 $(x-\mu)/\sigma=\Phi^{-1}(0.8413)=1$로부터 누적확률 84.13%에 대응되는 x값에서 μ를 빼면 σ가 된다. 이와 같은 사실을 이용하여 다음 절차에 따라 μ와 σ의 추정값을 구한다.

① 확률지에 그려진 직선에서 누적확률이 50%에 해당하는 점을 찾고 그에 대응되는 x축의 값을 읽으면 μ의 추정값이다.

② 확률지에 그려진 직선에서 누적확률이 84.13%에 해당하는 점을 찾고 그에 대응되는 x축의 값에서 μ의 추정값을 빼면 σ의 추정값이 얻어진다.

예제 12.5 [예제 12.4]의 정규확률지를 이용하여 모평균과 표준편차의 추정값을 구해보자.

• **풀이** [그림 12.5]로부터 $\hat{\mu}=6.77$, $\hat{\sigma}=7.71-6.77=0.94$정도임을 알 수 있다. ■

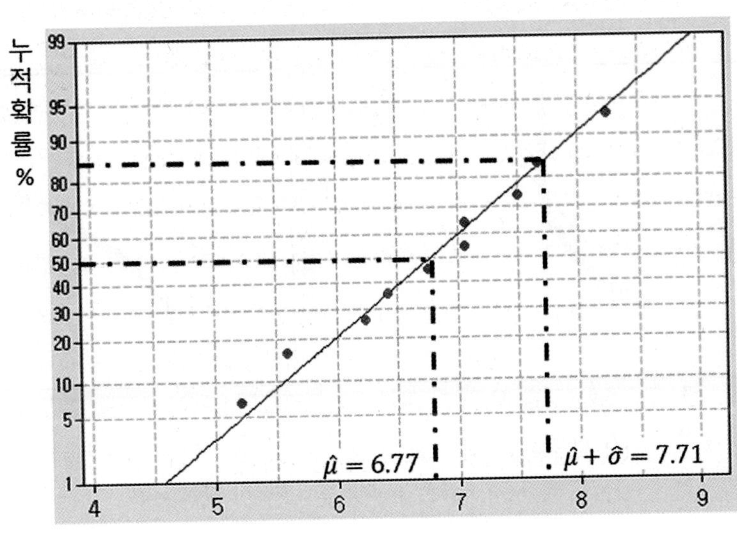

[그림 12.5] **정규확률지에서 평균과 표준편차의 추정**

점을 정규확률지에 타점하면 누적확률값이 아주 작은 왼쪽 꼬리 부분과 아주 큰 오른쪽 꼬리 부분을 제외하면 점들이 대체적으로 직선 주변에 나타날 경우 자료가 정규분포에서 얻어진 것이라고 오해하기 쉽다. 양쪽 꼬리 부분의 점들은 가운데 부분의 점보다 변동이 커서 꼬리 부분의 점들이 특정한 패턴을 보일 경우에는 분포모양이 정규분포와 다를 수 있다. [그림 12.6]은 분포형태에 따른 정규확률지 타점 모양을 보여주고 있다. [그림 12.6] (b)와 같이 위로 볼록한 곡선의 형태를 보이면, 분포모양이 오른쪽 꼬리가 왼쪽 꼬리보다 길어 왜도가 양인 경우를 나타낸다. [그림 12.6] (c)와 같이 점이 아래로 볼록한 형태를 보이면 분포모양이 왼쪽 꼬리가 오른쪽 꼬리보다 길어 왜도가 음인 경우를 나타낸다. 그리고 점들이 [그림 12.6] (d)와 같이 S자 형태로 보이면 분포 모양이 정규분포보다 봉우리가 낮고 양쪽 꼬리 부분의 확률이 큰 경우를 나타낸다.

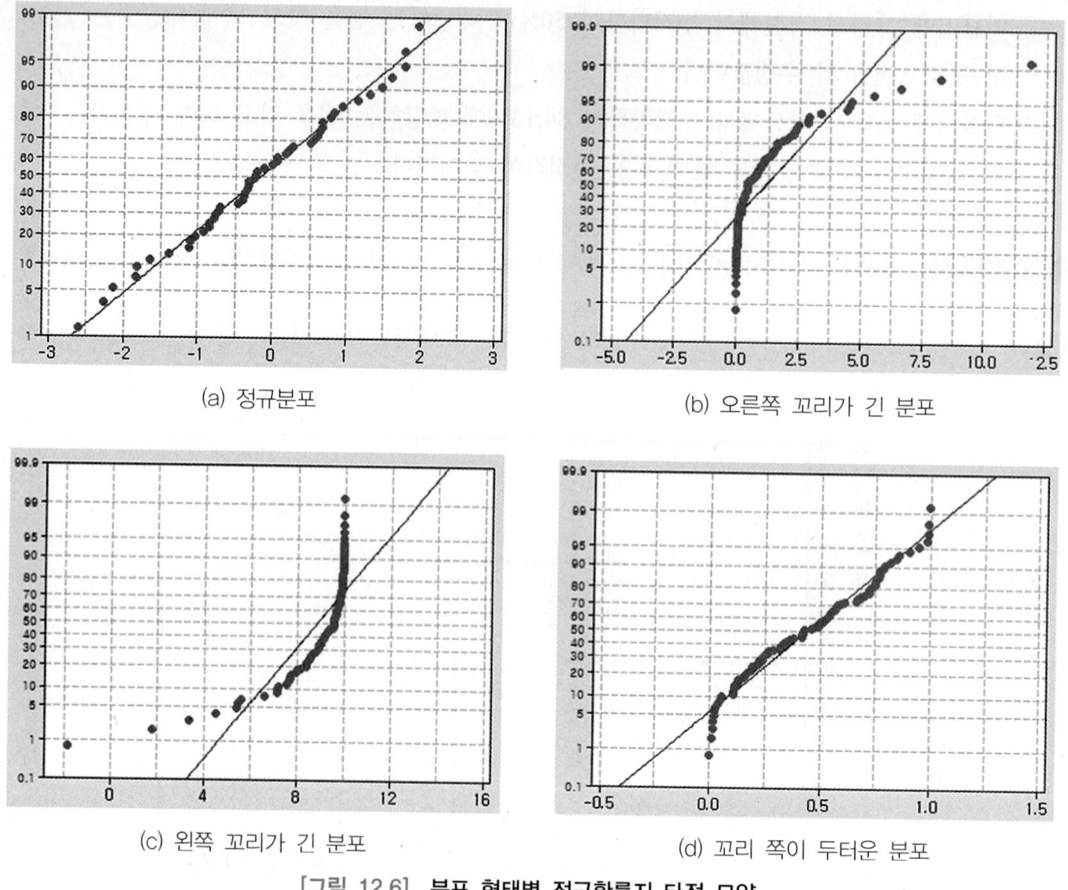

(a) 정규분포

(b) 오른쪽 꼬리가 긴 분포

(c) 왼쪽 꼬리가 긴 분포

(d) 꼬리 쪽이 두터운 분포

[그림 12.6] **분포 형태별 정규확률지 타점 모양**

12.2.3* 기타 확률지

(1) 대수정규확률지

$Y \sim LN(\mu,\ \sigma)$일 때 $X = \ln Y \sim N(\mu,\ \sigma^2)$이므로 대수정규확률지는 관측값의 축이 대수척도로 되어 있는 것을 제외하고는 정규확률지와 동일하다.

(2) 와이블확률지

$X \sim Wei(\alpha,\ \beta)$일 때 X의 분포함수 $F(x)$는 식 (5.45)에 의해 다음과 같다.

$$F(x) = \begin{cases} 0, & x < 0 \\ 1 - e^{-(x/\alpha)^{\beta}}, & x \geq 0 \end{cases} \tag{12.10}$$

따라서 식 (12.10)로부터 다음의 관계식을 얻는다.

$$\ln[-\ln(1-F)] = -\beta\ln\alpha + \beta\ln x. \tag{12.11}$$

식 (12.11)은 절편이 $-\beta\ln\alpha$이고 기울기가 β인 일차함수이다. 즉, $(\ln x,\ \ln[-\ln(1-F)])$에 해당하는 점들을 직교좌표 위에 타점하면 이 점들은 직선 주위에 나타날 것이다. 와이블확률지의 경우, 관측값의 축은 $\ln x$의 계산이 필요 없이 관측값이 나타날 수 있도록 대수척도로, 누적확률의 축은 $\ln[-\ln(1-F)]$의 계산이 필요 없이 $100(i-0.5)/n$가 표시될 수 있도록 대수-대수척도로 설계되어 있다.

연습문제 12.2

1. 다음 자료는 비디오 헤드(video head) 시제품 15개에 대하여 RF(radio frequency) 신호수준(단위: mV)을 측정한 것이다.

540, 550, 530, 560, 540, 560, 580, 580,
570, 600, 590, 560, 530, 550, 520

(a) 이 자료를 정규확률지에 타점하여 RF 신호수준이 정규분포를 따르는지를 판단하라.
(b) (a)의 결과가 정규분포에 부합한다는 전제하에 타점결과로부터 RF 신호수준의 평균 μ와 표준편차 σ를 추정하라.
(c) RF 신호수준이 510 미만이거나 600을 초과하는 것은 불량품이라 하면 비디오 헤드 중 대략 몇 %가 불량품이 되는지를 (a)의 확률지 타점결과로부터 구하라.

2. (a) 다음은 어느 회사에서 제조된 무선전화기용 배터리 25개를 무작위로 뽑아 수명시험을 하여 얻은 자료(단위: 일)이다.

23	24	28	25	16	19	26	25	25	23
20	22	27	16	21	21	23	20	25	19
19	26	24	17	27					

위 자료를 정규확률지에 타점하여 배터리의 수명이 정규분포를 따르는지를 판단하라.
(b) (a)의 결과가 정규분포에 부합한다는 전제하에 타점결과로부터 배터리 수명의 평균 μ와 표

준편차 σ를 추정하라.

(c) 표본 평균과 표본 표준편차로 μ와 σ를 추정하고 (b)의 결과와 비교하라.

3. (a) 연습문제 #2.2.6의 자료를 정규확률지에 타점하여 커피의 중량이 정규분포를 따르는지를 판단하라.
   (b) (a)의 결과가 정규분포에 부합한다는 전제하에 타점결과로부터 커피 중량의 평균 μ와 표준편차 σ를 추정하고, 표본 평균과 표준편차들과 비교하라.

4. (a) 연습문제 #2.2.7의 자료를 정규확률지에 타점하여 중간시험 성적이 정규분포를 따르는지를 판단하라.
   (b) (a)의 결과가 정규분포에 부합한다는 전제하에 타점결과로부터 중간시험 성적의 평균 μ와 표준편차 σ를 추정하고, 표본 평균과 표준편차들과 비교하라.

5. (a) 연습문제 #2.2.8의 자료를 정규확률지에 타점하여 1분당 맥박수가 정규분포를 따르는지를 판단하라.
   (b) (a)의 결과가 정규분포에 부합한다는 전제하에 타점결과로부터 1분당 맥박수의 평균 μ와 표준편차 σ를 추정하고, 표본 평균과 표준편차들과 비교하라.

6. (a) 연습문제 #2.2.9의 자료를 정규확률지에 타점하여 대기중 납농도가 정규분포를 따르는지를 판단하라.
   (b) (a)의 결과가 정규분포에 부합한다는 전제하에 타점 결과로부터 대기 중 납농도의 평균 μ와 표준편차 σ를 추정하고, 표본 평균과 표준편차들과 비교하라.

7. (a) 연습문제 #2.2.10의 자료를 정규확률지에 타점하여 결근자 수가 정규분포를 따르는지를 판단하라.
   (b) (a)의 결과가 정규분포에 부합한다는 전제하에 타점 결과로부터 결근자 수의 평균 μ와 표준편차 σ를 추정하고, 표본 평균과 표준편차들과 비교하라.

8. (a) 연습문제 #2.2.11의 자료를 정규확률지에 타점하여 금속판의 무게가 정규분포를 따르는지를 판단하라.
   (b) (a)의 결과가 정규분포에 부합한다는 전제하에 타점 결과로부터 금속판 무게의 평균 μ와 표준편차 σ를 추정하고, 표본 평균과 표준편차들과 비교하라.

9. 어느 회사에서는 화학첨가물을 생산하여 1(kg)단위로 포장하여 판매하고 있는데 이 화학첨가물의 가격이 매우 비싸서 무게를 1(kg)으로 유지하는 것이 대단히 중요하다. 포장된 화학첨가물 25개를 표본으로 뽑아 무게를 측정하였다. 정규확률지를 이용하여 정규분포를 따른다고 할 수 있는지 판단하고 평균과 표준편차를 추정해보아라.

순위	1	2	3	4	5	6	7	8	9
관측값	0.9473	0.9655	0.9103	0.9757	0.9770	0.9775	0.9788	0.9861	0.9887
순위	10	11	12	13	14	15	16	17	18
관측값	0.9958	0.9964	0.9974	1.0002	1.0016	1.0058	1.0077	1.0084	0.0102
순위	19	20	21	22	23	24	25		
관측값	1.0173	1.0173	1.0182	1.0225	1.0248	1.0306	1.0396		

10. 다음은 대전지방의 지난 30년간의 3월 강우량(단위: cm)에 관한 자료이다.

3.37	1.95	1.89	0.96	0.47	2.48	1.18	3.00	0.52	2.05
0.81	1.20	1.87	0.59	2.20	1.43	0.90	0.81	2.81	1.51
0.77	1.35	4.75	1.20	1.74	3.09	0.32	2.10	1.31	1.62

(a) 이 자료를 정규확률지에 타점하여 3월 강우량이 정규분포를 따르는지를 판단하라.

(b) (a)의 결과가 정규분포에 부합한다는 전제하에 타점결과로부터 3월 강우량의 평균 μ와 표준편차 σ를 추정하고, 자료로 부터의 표본 평균과 표준편차와 비교하라.

11. 다음은 생후 1개월 된 실험용 흰 쥐 40마리의 무게(단위: 그램)이다.

118	120	106	118	120	108	114	116	112	110
122	122	112	106	102	106	104	120	110	118
110	112	94	110	124	124	116	116	84	120
108	110	112	108	118	112	112	98	128	116

(a) 이 자료를 정규확률지에 타점하여 흰 쥐의 무게가 정규분포를 따르는지를 판단하라.

(b) (a)의 결과가 정규분포에 부합한다는 전제 하에 타점결과로부터 흰 쥐의 무게의 평균 μ와 표준편차 σ를 추정하고, 표본 평균과 표준편차와 비교하라.

12. 다음의 자료는 20개의 부품 수명을 시험하여 얻은 고장시간(단위: 시간)이다.

2.37	17.56	34.84	36.38	58.93	71.48	71.84	79.31	80.90	90.87
91.22	96.35	108.92	112.26	126.87	127.05	167.59	282.49	335.33	341.19

(a) 표본생존함수(=1−경험적 분포함수)를 그려라.

(b) 이 자료가 지수분포 $Exp(\theta)$에서 나온 것이라 가정하고 생존함수 $S(t)=1-F(t)$의 최우 추정값을 시간 t의 함수로 그려라.

(c) 이 자료를 정규확률지에 타점하여 고장시간이 정규분포를 따르는지를 판단하라.

13. 균일분포를 따르는 자료를 정규확률지에 타점하면 점은 어떤 형태를 나타내겠는가? 또한 평균이 10인 지수분포의 경우에는 어떤 형태를 나타내겠는가?

14. 자유도가 5, 10, 30인 χ^2분포상의 여러 점을 정규확률지에 타점하면 점은 어떤 형태를 나타내겠는가?

15*. 관측중단자료가 포함된 수명자료가 있을 경우의 확률지의 타점방법을 설명하라.

12.3 KS 및 AD 적합도검정

12.3.1 모수 값을 알 경우

귀무가설에서 분포의 유형뿐만 아니라 모수값까지 지정하고 있어서 확정된 분포모형의 적합도를 검정하고자 할 경우를 먼저 살펴보자. 여러 가지 적합도검정 방법들이 있으나 여기서는 그 중에서 경험적 분포함수를 이용한 Kolmogorov-Smirnov(KS) 검정과 Anderson-Darling(AD) 검정을 설명한다. 이 두 검정은 만약 얻어진 데이터가 가정된 분포로부터 나온 것이라면 그 데이터의 분포함수가 균일분포 $U(0,\ 1)$을 따른다는 사실에 기반을 두고 있다.

크기 n인 자료 $x_1,\ x_2,\ \cdots,\ x_n$을 동일한 분포에서 독립적으로 얻은 관측값이라고 할 때 경험적 분포함수 $F_n(x)$는 식 (12.1)에 주어진 것같이 0에서 시작해서 $x_{(i)},\ i=1,\ \cdots,\ n$점에서 $\frac{1}{n}$씩 증가하며 우측으로부터 연속인 계단함수가 된다. 식 (12.4)의 귀무가설이 옳다면 $F_n(x)$는 $F_0(x)$에 가깝게 될 것이다. 따라서 검정통계량은 $F_n(x)$와 $F_0(x)$의 차이를 반영하여 정하는 것이 합리적일 것이다.

먼저 KS통계량 D_n은

$$D_n = \sup_x |F_n(x) - F_0(x)| = \max\{D_n^+,\ D_n^-\} \tag{12.12}$$

로 계산된다. 여기서 $D_n^+ = \sup_x [F_n(x) - F_0(x)]$이고 $D_n^- = \sup_x [F_0(x) - F_n(x)]$으로서 $F_n(x)$와 $F_0(x)$가 가장 멀리 떨어졌을 때의 거리를 나타낸다. $F_n(x)$는 순서통계량 $X_{(1)} < \cdots < X_{(n)}$에서 1/n씩 증가하는 계단함수라는 사실로부터 가장 차이가 많이 날 수 있는 지점은 데이터로 수집된 값에서 가능하므로

$$D_n^+ = \max_{1 \le i \le n} \left\{ \frac{i}{n} - F_0(X_{(i)}) \right\} \tag{12.13a}$$

$$D_n^- = \max_{1 < i < n} \left\{ F_0(X_{(i)}) - \frac{i-1}{n} \right\} \tag{12.13b}$$

이 됨을 알 수 있다. 그러므로 $D_n = \max\{D_n^+,\ D_n^-\}$를 쉽게 구할 수 있고 이를 이용하여 적합도검정을 할 수 있다.

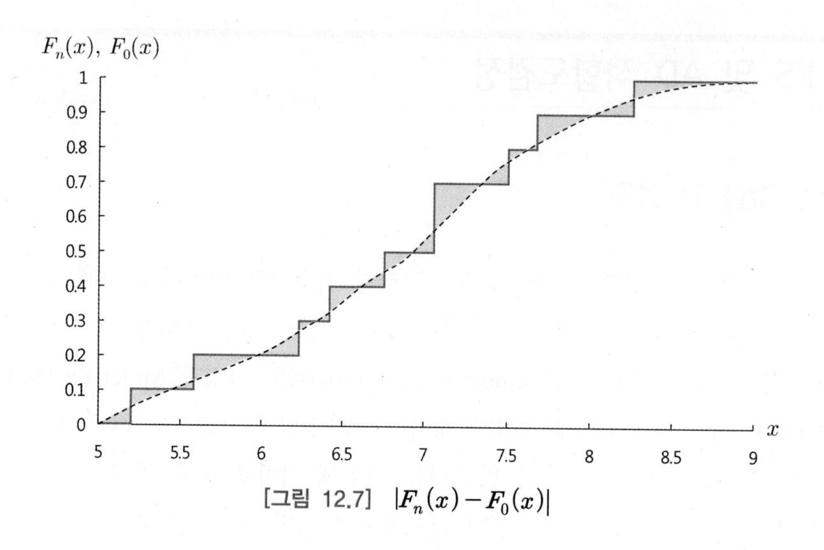

[그림 12.7] $|F_n(x) - F_0(x)|$

KS 검정은 경험적 분포함수와 가정된 분포함수의 차이가 가장 클 때, 그 차이 값이 어떤 허용한계치 이내이면 귀무가설을 채택하여 가정된 분포를 수용하겠다는 것이다. AD 검정은 이와 같은 검정에서 최대 차이의 값만 보고 판정하는 것보다 전체 차이의 평균값을 보고 판단하는 것이 더 나을 것이라는 생각에 근거하고 있다. 즉, [그림 12.7]에서 검게 칠한 부분의 면적의 기대값 $\int_{-\infty}^{\infty} |F_n(x) - F_0(x)| dF_0(x)$이 작으면 가정된 분포 $F_0(x)$가 맞을 것이라는 직관적인 판단과 통한다. 음과 양의 값이 상쇄되는 걸 방지하기 위해서는 차의 절댓값을 쓸 수도 있으나 차의 제곱을 사용하는 것이 수학적인 처리나 조작이 용이하다. 따라서 적합도검정의 통계량으로

$$\int_{-\infty}^{\infty} [F_n(x) - F_0(x)]^2 dF_0(x) \tag{12.14}$$

를 사용할 수 있을 것이다.

그런데 $F_n(x)$는 관측 자료 중에서 x이하의 값을 가진 자료 수를 전체 자료 수 n으로 나눈 것으로 귀무가설이 참일 경우 평균 $F_0(x)$, 분산 $F_0(x)[1 - F_0(x)]/n$인 확률변수이다. 즉, x가 양극단 값에 가까울수록 $F_0(x)$는 0 혹은 1에 근접하게 되어 분산은 작아지게 된다. 따라서 경험적 분포와 가정된 분포와의 차이가 x값의 양쪽 꼬리 부분에서는 과소평가될 가능성이 크게 된다. AD 검정에서는 이러한 단점을 보완하여 $[F_n(x) - F_0(x)]^2$에 분산의 역수인 $n/\{F_0(x)[1 - F_0(x)]\}$을 가중치로 적용하여

$$A_n^2 = n \int_{-\infty}^{\infty} \frac{[F_n(x) - F_0(x)]^2}{F_0(x)[1 - F_0(x)]} dF_0(x) \tag{12.15a}$$

를 검정통계량으로 사용한다. 식 (12.15a)에서 $U=F_0(X)$로 변환하면 U는 균일분포 $U(0, 1)$을 따르고 $F_n(x)$는 계단함수라는 사실로부터 AD 검정통계량은 다음과 같이 정리된다. (Anderson and Darling, 1954)

$$A_n^2 = -\sum_{i=1}^{n} \frac{(2i-1)}{n} \{\ln F_0(X_{(i)}) + \ln(1-F_0(X_{(n-i+1)}))\} - n \tag{12.15b}$$

식 (12.13a), (12.13b), 그리고 (12.15b)로 주어진 검정통계량들의 식에서 $F_0(X_{(1)}), \cdots, F_0(X_{(n)})$은 $U(0, 1)$로부터 나온 크기 n인 표본에서 얻은 순서통계량과 같은 분포를 따르므로 분포 F_0와는 무관하다. 따라서 D_n과 A_n^2의 분포는 H_0에서 주어지는 분포 F_0와는 무관하게 구해진다.

[표 12.2]는 적합도검정을 위한 KS 통계량 및 AD 통계량 A_n^2의 자주 사용되는 100γ백분위수를 Stephens(1974)에서 발췌하여 정리한 것이다. 경험적 분포함수와 가정하는 분포함수가 주어지면 검정통계량들의 값을 계산한 다음, 유의수준에 해당되는 백분위수보다 크면 H_0를 기각하여 가정된 분포를 따르지 않는다고 판정한다.

[표 12.2] KS 및 AD 검정통계량의 제100γ백분위수

통계량		γ			
		0.9	0.95	0.975	0.99
KS	$D_n \cdot (\sqrt{n}+0.12+0.11/\sqrt{n})$	1.224	1.358	1.480	1.628
AD	$A_n^2 (n \geq 5$ 경우$)$	1.933	2.492	3.070	3.857

예제 12.6 다음은 평균이 100인 지수분포로부터 생성된 10개의 자료이다. 이 자료가 평균 100인 지수분포를 따른다고 볼 수 있는지 KS, AD 통계량으로 검정하라.(유의수준=0.05)

9.1, 15.6, 16.0, 16.6, 32.8, 121.1, 141.1, 165.8, 257.2, 262.0

• **풀이** 식 (12.13a), (12.13b) 그리고 (12.15b)를 이용하여 간단한 R프로그램으로 KS, AD 통계량을 구하면 $D_{10}^+ = 0.247$, $D_{10}^- = 0.201$로부터 $D_{10}(\sqrt{10}+0.12+0.11/\sqrt{10}) = 0.819$, $A_{10}^2 = 0.785$이다. 따라서 [표 12.2]의 모든 백분위수와 비교하여도 검정통계량의 값이 작고 유의수준 10% 이하에서는 H_0를 기각할 근거가 없다. ■

[R에 의한 계산]

```
> x<-c(9.1,15.6,16.0,16.6,32.8,121.1,141.1,165.8,257.2,262.0)
> lambda <- 1/100
> F0 <- pexp(x,lambda)
> Fn <- NULL
> n <- length(x)
> for (i in 1:n) Fn[i] <- i/n
> Dn <- max(abs(Fn-F0))
> AD <- -n
> for(i in 1:n) { AD <- AD - (2*i - 1)* (log(F0[i])+log(1-F0[n-i+1]))/n}
> Dn
[1] 0.2470462
> KS <- Dn*(sqrt(n)+0.12+0.11/sqrt(n))
> KS;AD
[1] 0.8194679
[1] 0.7847406
```

KS, AD통계량의 검정력은 일반적으로 가정한 분포의 중간 부분이 가정한 분포를 벗어나는 경우에는 KS 통계량이 우수하고, 꼬리부분이 가정한 분포를 벗어나는 경우에는 AD통계량이 우수한 것으로 알려져 있다. 이것은 AD통계량이 꼬리부분에 더 큰 가중치가 적용되도록 고안되었다는 점과도 관계가 있다.

다변량 분포의 적합도검정은 본 교재의 수준을 벗어나므로 설명을 생략하고 Justel 등(1997) 관련 논문들을 참고하기 바란다.

12.3.2 모수값을 모를 경우

일반적으로 $H_0 : X \sim F_0$에 대한 적합도검정에서는 대립가설 H_1하에서의 X의 분포모형의 범위가 어떤가에 따라서 효과적인 검정방법들이 다르게 된다. 만일 모수 값을 포함하여 분포모형 F_0가 정확히 주어진 경우는 KS, AD 통계량을 이용하여 적합도검정을 하면 된다. 그러나 현실적으로 적합도검정에서 분포의 모수들은 확정되어 주어지지 않는 경우가 일반적이다. 이 경우 모수에 대한 추정값을 사용하여 적합도 검정통계량의 값을 구한다. 그런데 검정통계량은 [표 12.2]에 의거하여 구하지 않고 수정된 식을 사용하는데 가정된 분포의 유형에 따라 수정 식이

다르다. 이 절에는 지수분포와 정규분포에 대해서만 설명한다.

지수분포의 모수 θ가 알려져 있지 않은 경우의 KS, AD통계량은 θ의 최우추정량 $\hat{\theta}=\overline{X}$을 이용하여 $F_0(x)$대신에 $\widehat{F_0}(x)=1-\exp(-x/\overline{x})$를 대입하여 구한다. 이때 검정통계량을 계산하기 위한 식은 [표 12.3]에 주어져 있고 D_n, A_n^2의 함수로 주어지는 검정통계량들의 100γ백분위수도 함께 보여주고 있다. 주어진 백분위수의 값들은 $n \geq 20$이면 정확도가 매우 높은 것으로 알려져 있다.

[표 12.3] 지수분포일 경우 적합도 검정통계량과 기각치

통계량		γ			
		0.9	0.95	0.975	0.99
KS	$(D_n-0.2/n)(\sqrt{n}+0.26+0.5/\sqrt{n})$	0.990	1.094	1.190	1.308
AD	$A_n^2\cdot(1+0.6/n)$	1.078	1.341	1.606	1.957

예제 12.7 다음의 자료는 보잉720 비행기의 에어컨장비의 고장시간 간격이다. (단위: 시간)

90, 10, 60, 186, 61, 49, 14, 24, 56, 20, 79, 84, 44, 59, 29, 118, 25, 156, 310, 76, 26, 44, 23, 62, 130, 208, 70, 101, 208

이 자료는 지수분포를 따른다고 할 수 있는지 유의수준 10%로 검정해보자.

• **풀이** R 프로그램을 이용하여 주어진 자료로 D_n과 A_n^2을 계산하면 $D_n=0.1095$, $A_n^2=0.8100$이다. 따라서 KS 및 AD 검정 통계량을 계산하여 [표 12.3]의 기각치와 비교하면

$$KS\ \text{통계량}=0.589<0.990,$$
$$AD\ \text{통계량}=0.827<1.078$$

으로서 지수분포를 따른다는 귀무가설을 기각할 수 없다. ■

[R 계산 프로그램]

```
> x <- c(90,10,60,186,61,49,14,24,56,20,79,84,44,59,29,118,25,156,310,76,26,44,23,62,130,208,70,101,208)
> lambda <- 1/mean(x)
> x <- sort(x)
> F0 <- pexp(x,lambda)
```

```
> Fn <- NULL
> n <- length(x)
> for (i in 1:n) Fn[i] <- i/n
> Dn <- max(abs(Fn-F0))
> An <- -n
> for(i in 1:n) { An <- An - (2*i - 1)* (log(F0[i])+log(1-F0[n-i+1]))/n}
> Dn; An
[1] 0.109508
[1] 0.8100327
> KS <- (Dn-0.2/n)*(sqrt(n)+0.26+0.5/sqrt(n))
> AD <- An * (1+0.6/n)
> KS;AD
[1] 0.5887859
[1] 0.826792
```

정규분포일 경우는 KS, AD 통계량에서 $F_0(x)$의 μ와 σ 대신 $\overline{x}$와 $s=\sqrt{\dfrac{1}{n-1}\sum_{i=1}^{n}(x_i-\overline{x})^2}$을 대입한 $\widehat{F_0}(x)=\Phi\left(\dfrac{x-\overline{x}}{s}\right)$을 사용하여 D_n, A_n^2를 구한다. [표 12.4]는 Stephens(1974)로부터 발췌 정리한 것으로 KS 혹은 AD 통계량의 값을 계산하여 기각치보다 크면 정규분포를 따른다는 귀무가설을 기각한다. [표 12.4]의 기각치는 적합도 검정통계량의 100γ백분위수를 나타낸 것으로 n의 크기와 관계없이 비교적 정확한 것으로 알려져 있다.

[표 12.4] 정규분포일 경우 적합도 검정통계량과 기각치

통계량		γ			
		0.9	0.95	0.975	0.99
KS	$D_n(\sqrt{n}-0.01+0.85/\sqrt{n})$	0.819	0.895	0.955	1.035
AD	$A_n^2(1+4/n-25/n^2)$	0.656	0.787	0.918	1.092

예제 12.8 [예제 12.1]의 자료가 정규분포를 따르는지 유의수준 10%로 검정해 보자.

• **풀이** μ와 σ의 추정치를 구하면 $\hat{\mu}=\overline{x}=6.772$, $\hat{\sigma}=s=0.943$이고 이를 이용하여 식 (12.13a), (12.13b) 그리고 (12.15b)를 이용하여 D_n, A_n^2을 구하면, $D_{10}=0.0970$, $A_{10}^2=0.144$이다.

그리고 [표 12.4]의 통계량의 값을 구하면 $D_{10}(\sqrt{10}-0.01+0.85/\sqrt{10})=0.332$, A_{10}^2 $(1+4/10-25/10^2)=0.1654$이므로 [표 12.4]의 모든 백분위수보다 작은 값을 가진다. 그러므로 정규분포를 따른다는 귀무가설을 기각할 근거는 없다. ■

[R 계산 프로그램]

```
> x<-c(6.23,5.58,7.06,6.42,5.20,7.50,7.06,8.25,7.67,6.75)
> x <- sort(x)
> m <- mean(x)
> v <- sd(x)
> m;v
[1] 6.772
[1] 0.9426299
> F0 <- pnorm((x-m)/v)
> Fn <- NULL
> n <- length(x)
> for (i in 1:n) Fn[i] <- i/n
> Dn <- max(abs(Fn-F0))
> An <- -n
> for(i in 1:n) { An <- An - (2*i - 1)* (log(F0[i])+log(1-F0[n-i+1]))/n}
> Dn; An
[1] 0.09698316
[1] 0.1438224
> KS <- Dn*(sqrt(n) -0.01+0.85/sqrt(n))
> AD <- An*(1+4/n -25/n^2)
> KS;AD
[1] 0.3317863
[1] 0.1653958
```

연습문제 12.3

1. 다음 13명의 학생들의 가슴둘레 자료를 가지고 지수분포, 정규분포에 대한 적합도검정을 실시하라.

30, 28, 24, 22, 20, 24, 34, 22, 24, 30, 15, 36, 37

2. 다음 타이어 회사에서 생산된 타이어의 수명을 나타내는 자료를 가지고 수명이 지수분포, 정규분포를 따르는지를 검정하라.

수명(단위: 1,000 km)	43	45	48	55	56	58	62	63	69
관측값의 수	2	1	3	4	5	4	2	3	1

3. 연습문제 #12.1.4에서 주어진 데이터를 이용하여 가정된 분포함수가 적합한지를 검정하라.

4. 연습문제 #12.1.5의 배터리 수명시험자료를 이용하여 지수분포를 따르는지를 검정하라.

5. 베어링의 수명(단위: 시간)을 관측한 결과는 다음과 같다.

218.4,	249.1,	187.3,	155.6,	174.7,	157.4,	476.4,	228.7,	57.3,	215.9
355.7,	112.2,	224.7,	176.0,	127.6,	278.5,	106.9,	231.1,	316.0,	270.6
214.3,	197.1,	25.7,	123.8,	184.6,	369.4,	129.1,	164.4,	78.4,	257.4
125.9,	229.6,	201.1,	313.2,	153.5					

이 관측값들이 확률밀도함수가

$$f_T(t) = \frac{2}{230}\left(\frac{t}{230}\right)\exp\left[-\left(\frac{t}{230}\right)^2\right], \quad t > 0$$

인 와이블분포 $Wei(230,\ 2)$로부터 나온 것이라는 가설을 유의수준 5%로 검정하라.

6. 다음은 어떤 냉방장치가 고장 나는 시간간격(단위: 일)을 기록한 것이다.

72	36	5	139	50	22	97	3	39	14	46	22
197	88	30	9	5	44	15	188	79	13	23	102

이 자료로 볼 때 냉방장치의 고장간격이 지수분포를 따른다고 할 수 있는가? 확률지를 이용하여

검정하고 평균고장시간을 추정하라. KS, AD 통계량을 이용하여 검정하라.

7. 어떤 종류의 물고기의 구리에 대한 LC50(일정기간 내에 시험대상 물고기 중 50% 이상 죽게 되는 성분함량)값을 측정한 결과는 다음과 같다.

0.41,	0.18,	0.36,	0.05,	1.28,	0.21,	0.22,	0.69,	0.22,	0.26
0.39,	0.17,	0.45,	0.44,	0.33,	0.45,	0.20,	0.06,	0.87,	0.17
0.54,	0.60,	0.06,	0.21,	0.59,	0.48,	0.17,	0.16,	0.16,	0.19
0.37,	0.04,	0.37,	0.04,	0.12,	2.27,	0.54,	1.29,	0.68,	1.17

LC50에 자연대수를 취한 값이 정규분포를 따르는지를 판단하라. 확률지를 이용하여 검정하고 평균과 표준편차를 추정하라. KS 통계량으로 정규성을 검정하라.

8. 산모의 임신기간은 정규분포를 따른다고 알려져 있다. 다음은 어떤 병원의 산모들을 대상으로 조사한 임신기간이다.

278	294	248	235	241	254	261	233	267	264
259	256	286	243	253	259	263	259	269	286
284	271	256	260	261	268	281	256	226	268
268	244	261	263	240	265	274	293	284	247
230	241	245	261	259	265	250	244	255	276
264	254	274	234	279	266	266	232	253	264
249	269	259	262	283	250	261	266	251	276

(a) 이 자료를 이용하여 히스토그램을 작성하라.

(b) 임신기간이 정규분포를 따른다고 할 수 있는가를 정규확률지, KS 통계량을 이용하여 검정하라.

9*. 식 (12.15a)는 식 (12.15b)와 같이 정리될 수 있음을 보여라.

10*. 이변량 자료를 가지고서 가정한 이변량분포를 검정하기 위해 먼저 이변량 경험적 분포함수는 어떻게 정의하는 것이 타당할 것인가? 이를 검정하기 위한 KS 통계량은 어떻게 정의되어야 할 것인가? 이 통계량의 백분위수는 어떻게 계산될 수 있는가?(Justel 등(1997)의 논문을 참고하라)

12.4 범주형 자료의 적합도검정

지금까지 다루어온 대부분의 분석방법들은 무게, 길이, 온도 등과 같이 연속적인 값을 갖는 **정량자료**(quantitative data)에 적용할 수 있는 방법들이었다. 그러나 통계적 자료들 중에는 이산적인 값을 갖는 **정성자료**(qualitative data)를 흔히 볼 수 있으며, 정량자료라 하더라도 어떤 속성이나 구간에 따라 분류하여 도수로 나타내는 경우가 있다. 예를 들어 한 지역 주민들의 소득분포를 알아보기 위해 주민들을 연간소득에 따라 여러 소득계층으로 나누기도 하고, 교통량을 조사하기 위해 일정 시간대별 또는 자동차의 종류별로 한 도로구간을 통과하는 자동차의 수를 기록하거나, 생산된 제품을 품질에 따라 양품, 재가공품, 불량품으로 분류하여 공정의 상태를 평가하기도 한다. 이와 같이 모집단이나 측정결과를 어떤 속성에 따라 분류하여 도수로 주어지는 자료를 **범주형 자료**(categorical 또는 enumerative 또는 count data)라고 한다.

범주형 자료는 다항분포를 이용하여 분석할 수 있다. 즉, n개의 관측된 자료를 서로 배반인 k개의 범주로 분류할 때 각 범주에 속하는 관측값의 개수 $X_1, X_2, \cdots, X_k$는 각 범주에 속할 확률이 $p_1, p_2, \cdots, p_k$인 다항분포 $MN_k(n; p_1, p_2, \cdots, p_k)$를 따른다. 단 $X_1+X_2+\cdots+X_k=n$이고 $p_1+p_2+\cdots+p_k=1$이다. 또한 관측값의 개수 X_i를 관측도수라 하고, X_i의 기댓값 $E(X_i)=np_i$를 기대도수라 한다. 범주형 자료의 분석에는 관측도수와 기대도수의 차이, 즉 X_i-np_i의 제곱을 기대도수의 역수로 가중합을 한 다음의 통계량을 사용한다.

정리 12.1 |

$(X_1, X_2, \cdots, X_k)$가 다항분포 $MN_k(n; p_1, p_2, \cdots, p_k)$를 따르면 통계량

$$Q=\sum_{i=1}^{k}\frac{(X_i-np_i)^2}{np_i}$$

는 점근적으로 자유도가 $k-1$인 χ^2분포를 따른다.

• **증명** 이에 대한 구체적인 증명은 이 책의 범위를 벗어나므로 $k=2$인 간단한 경우에 대해서만 살펴보도록 하자. 만약 $k=2$이면 $X_1+X_2=n$, $p_1+p_2=1$이므로 확률변수 Q는

$$Q=\frac{(X_1-np_1)^2}{np_1}+\frac{(X_2-np_2)^2}{np_2}=\frac{(X_1-np_1)^2}{np_1}+\frac{[n-X_1-n(1-p_1)]^2}{n(1-p_1)}$$

$$= \frac{(X_1 - np_1)^2(1-p_1) + (-X_1 + np_1)^2 p_1}{np_1(1-p_1)} = \frac{(X_1 - np_1)^2}{np_1(1-p_1)}$$

이 된다. 제6.5절로부터 X_1의 주변분포는 $b(n,\ p_1)$이므로

$$Q = \left[\frac{X_1 - E(X_1)}{\sqrt{V(X_1)}} \right]^2$$

와 같이 표현될 수 있고, 중심극한정리에 의해 n이 충분히 크면 Q는 근사적으로 표준정규분포를 따르는 확률변수의 제곱이 된다. 따라서 Q는 근사적으로 자유도가 1인 χ^2-분포를 따르게 된다. ■

이제 Q통계량을 이용하여 주어진 자료가 각 범주에 속할 확률($p_1,\ p_2,\ \cdots,\ p_k$)들이 특정값($p_{10},\ p_{20},\ \cdots,\ p_{k0}$)을 갖는지의 여부를 나타내는 가설

$$H_0 : p_1 = p_{10},\ p_2 = p_{20},\ \cdots,\ p_k = p_{k0} \text{ 대 } H_1 :\ H_0\text{가 아니다} \tag{12.16}$$

를 검정하는 문제를 살펴보자. H_0가 사실이면 i번째 범주의 기대도수는 $E(X_i) = np_{i0}$로, 실제 관측도수 X_i가 기대도수 np_{i0}와 크게 차이가 나면 귀무가설이 참이 아님을 뜻한다. 따라서 [정리 12.1]의 Q통계량은

$$Q = \sum_{i=1}^{k} \frac{(X_i - np_{i0})^2}{np_{i0}} \tag{12.17}$$

이 되고, Q의 관측값 q가 커지면 H_0를 기각하게 된다. [정리 12.1]에 의해 n이 커지면 식 (12.17)의 Q는 근사적으로 $\chi^2(k-1)$를 따르므로 $q > \chi^2_\alpha(k-1)$이면 (12.4)의 귀무가설을 기각한다.

예제 12.9 한 야구선수가 한해 동안 기록한 60개의 안타를 타구의 방향에 따라 좌·중·우로 분류한 결과 다음의 자료를 얻었다. 이 자료를 이용하여 이 선수가 친 안타는 전 방향에 고르게 나타나는지를 알아보도록 하자.

	타구 방향		
	좌	중	우
관측도수	12	26	22
기대도수	20	20	20

• **풀이** p_1, p_2, p_3를 각각 이 선수가 친 안타가 좌, 중, 우로 날아갈 확률이라 하면 귀무가설은

$$H_0 : p_1 = p_2 = p_3 = 1/3$$

이다. 먼저 H_0가 사실이면 기대도수는 $np_{i0} = 60 \times \frac{1}{3} = 20$이고, Q의 값을 계산하면

$$q = \sum_{i=1}^{3} \frac{(x_i - np_{i0})^2}{np_{i0}} = (12-20)^2/20 + (26-20)^2/20 + (22-20)^2/20 = 5.20$$

가 된다. 검정통계량 Q는 자유도가 2인 χ^2분포를 따르고, 유의수준이 10%라면 부록의 χ^2분포표로부터 $q = 5.20 > 4.605 = \chi^2_{0.1}(2)$이므로 H_0를 기각하게 되고, 이 선수가 친 안타는 세 방향에 고르게 나타나지 않는다고 판단된다. ■

[정리 12.1]은 [예제 12.9]과 같이 범주형자료를 해석하는 데 뿐 아니라 얻어진 자료가 특정분포로부터 나온 것인지를 검정하는 **적합도검정**(goodness-of-fit test)에도 사용된다. 물론 주어진 자료가 특정분포로부터 나온 것인지를 알아보기 위한 방법으로 확률지를 사용할 수도 있다. 확률지를 사용하면 자료가 시각적으로 표시되고 분포의 모수 및 백분위수 등을 쉽게 추정할 수 있으나, 가정한 분포가 적절한 지의 적합성 여부를 타점되는 점들의 경향을 보고 주관적으로 판단한다는 단점이 있다. 그러나 적합도검정을 이용하면 가정한 분포의 적합성 여부를 객관적으로 판단할 수 있다.

이제 주어진 자료가 특정분포 F로부터 얻어진 것이라는 가설

$$H_0 : Y \sim F$$

를 검정하는데 쓰이는 적합도검정에 대해 알아보자. 적합도검정을 위해서는 먼저 주어진 자료가 정량적 자료이면 이를 범주형 자료로 바꾸어야 한다. 자료의 변환을 위해 [그림 12.8]과 같이 실수 구간을 k개의 구간 $A_1 = (a_0,\ a_1]$, $A_2 = (a_1,\ a_2]$, $\cdots$, $A_k = (a_{k-1},\ a_k)$, $a_0 = -\infty$, $a_k = \infty$로 분할하고

$$p_i = P(Y \in A_i) = F(a_i) - F(a_{i-1})$$

라 하자. 다음으로 주어진 n개의 자료들 중에서 구간 A_i에 속하는 것들의 수를 X_i, $i = 1, \cdots, k$라 하면 $(X_1, \cdots, X_k)$는 다항분포 $MN_k(n; p_1,\ p_2,\ \cdots,\ p_k)$를 따르고 [정리 12.1]에 의하여 n이 크면

$$Q = \sum_{i=1}^{k} \frac{(X_i - np_i)^2}{np_i} \tag{12.18}$$

는 근사적으로 $\chi^2(k-1)$을 따른다. 따라서 $q > \chi^2_\alpha(k-1)$이면 가설 $H_0 : Y \sim F$를 기각한다.

만일 분포함수가 r개의 미지의 모수 $(\theta_1, \cdots, \theta_r) = \boldsymbol{\theta}$를 갖는 $F_{\boldsymbol{\theta}}$라 하면 p_i는

$$p_i = F_{\boldsymbol{\theta}}(a_i) - F_{\boldsymbol{\theta}}(a_{i-1})$$

가 되어, $\boldsymbol{\theta}$의 함수로 나타나게 된다. 이 경우 먼저 모든 i에 대해θ_i의 최우추정값 $\hat{\theta}_i$을 구한 다음 $(\hat{\theta}_1, \cdots, \hat{\theta}_r) = \hat{\boldsymbol{\theta}}$을 사용하여 p_i의 최우추정값 $\hat{p}_i$를 구하면

$$\hat{p}_i = F_{\hat{\boldsymbol{\theta}}}(a_i) - F_{\hat{\boldsymbol{\theta}}}(a_{i-1})$$

가 된다. n이 크면

$$Q = \sum_{i=1}^{k} \frac{(X_i - n\hat{p}_i)}{n\hat{p}_i} \tag{12.19}$$

는 근사적으로 $\chi^2(k-1-r)$을 따른다. 따라서 $q > \chi^2_\alpha(k-1-r)$이면 가설 $H_0 : Y \sim F_\theta$를 기각한다.

그런데 χ^2 분포를 이용하여 적합도검정을 할 때에는 다음과 같은 점에 유의해야 한다.

i) 식 (12.18)의 np_i 또는 식 (12.19)의 $n\hat{p}_i$가 너무 작으면 Q값이 불안정해지기 때문에 χ^2 근사화가 좋지 않게 된다. 일반적으로 $np_i \geq 5$ 또는 $n\hat{p}_i \geq 5$가 추천되고 있으므로

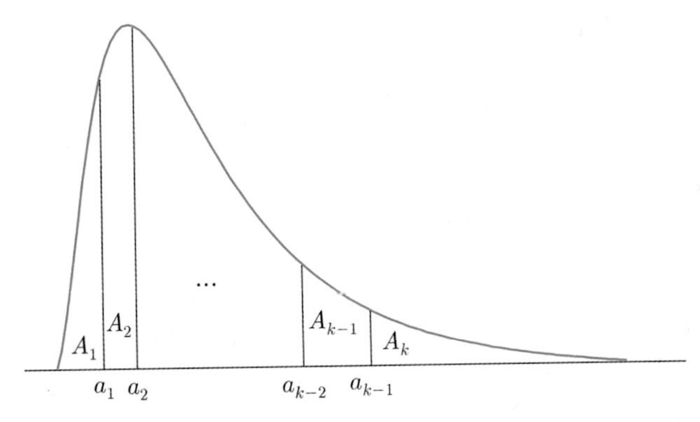

[그림 12.8] **정량적 자료의 범주형 자료로의 변환**

$np_i < 5$ 또는 $n\hat{p_i} < 5$가 되는 구간은 인접구간과 합친다. 또한 $p_i = P(Y \in A_i) \approx 1/k$가 되도록 구간 $A_i, \cdots, A_k$를 정하면 근사화가 좋아진다.

ii) 일반적으로 i번째 범주의 관측도수를 O_i, 기대도수의 추정값을 $\hat{e_i}$라 하면 Q의 값은

$$q = \sum_{i=1}^{k} \frac{(O_i - \hat{e_i})^2}{\hat{e_i}}$$

라 쓸 수 있고, 이때의 검정은 항상 q가 크면 H_0를 기각하는 단측검정이 된다.

iii) 적합도검정에 쓰이는 χ^2 분포의 자유도는 문제의 성격에 따라 다르나 일반적으로 범주의 수에서 관측도수에 부과되는 제약식의 수와 추정해야 될 모수의 수를 뺀 값이 된다.

예제 12.10 어떤 지역에서 매일 발생하는 화재 건수를 60일 동안 관측하여 다음의 결과를 얻었다.

화재건수	0	1	2	3	4회 이상
관찰도수	27	18	12	3	0

이러한 관측이 독립적이라고 할 때 하루 발생하는 화재 건수가 포아송분포를 따르는지를 유의수준 5%로 검정해보자.

• **풀이** 먼저 화재건수를 X라 하면 귀무가설은

$$H_0: X\text{는 포아송분포를 따른다. 즉, } H_0: p_X(x) = \frac{\lambda^x e^{-\lambda}}{x!},\ x = 0,\ 1,\ 2,\ \cdots$$

이다. 모수 λ의 값을 모르기 때문에 주어진 자료로부터 λ의 최우추정값 $\hat{\lambda}$을 구하면

$$\hat{\lambda} = \bar{x} = (0 \times 27 + 1 \times 18 + 2 \times 12 + 3 \times 3)/60 = 0.85$$

이다. 각 구간의 기대도수가 5 이상 되도록 하기 위해 $X = 0$, $X = 1$, $X \geq 2$인 경우로 범주를 나누어보자. H_0에서 각 구간에 속할 확률은

$$p_1 = P\{X = 0\} = e^{-\lambda},$$

$$p_2 = P\{X = 1\} = \lambda e^{-\lambda},$$

$$p_3 = P\{X \geq 2\} = 1 - e^{-\lambda} - \lambda e^{-\lambda}$$

이다. λ 대신 최우추정값 $\hat{\lambda}=0.85$를 대입하여 p_1, p_2, p_3를 추정하면

$$\hat{p_1}=e^{-0.85}=0.427,$$
$$\hat{p_2}=0.85e^{-0.85}=0.363,$$
$$\hat{p_3}=1-0.427-0.363=0.210$$

가 된다. 따라서 추정된 기대도수는 각각

$$n\hat{p_1}=25.62,\ n\hat{p_2}=21.78,\ n\hat{p_3}=12.60$$

이 되어 검정통계량의 값은

$$\begin{aligned} q &= \sum_{i=1}^{k}\frac{(x_i-n\hat{p_i})^2}{n\hat{p_i}} \\ &= (27-25.62)^2/25.62+(18-21.78)^2/21.78+(15-12.60)^2/12.60 \\ &= 1.188 \end{aligned}$$

을 얻는다. 검정통계량 Q는 근사적으로 자유도가 $k-1-r=3-1-1=1$인 χ^2분포를 따르고, $q=1.188<3.841=\chi^2_{0.05}(1)$이므로 H_0를 기각하지 못한다. 즉, 하루에 발생하는 화재 건수 X가 포아송분포를 따른다는 가설을 배제할 충분한 증거가 없다. ■

예제 12.11 정규분포를 따르는 난수(random number)를 발생시키기 위한 전산 프로그램을 작성하고, 이 전산 프로그램을 실행하여 얻은 40개의 난수가 다음과 같다. 전산 프로그램을 올바르게 만들었는지를 유의수준 5%로 검정해보자.

16.93	18.79	14.62	13.98	15.79	12.39	13.20	16.08	13.97	16.16
16.12	17.81	18.74	15.99	13.32	13.63	16.40	13.76	16.58	15.25
18.36	15.04	18.79	18.08	17.32	16.32	17.54	18.05	14.20	18.97
18.04	13.00	13.25	12.43	16.56	14.12	20.55	16.75	13.29	18.23

• **풀이** 난수를 X라 할 때 검정하고자 하는 귀무가설은 다음과 같다.

H_0: X는 정규분포를 따른다. 즉, H_0: $f_X(x)=\dfrac{1}{\sqrt{2\pi\sigma^2}}e^{-\frac{(x-\mu)^2}{2\sigma^2}}$, $-\infty<x<\infty$이다.

귀무가설에서 정규분포의 모수 μ와 σ^2에 대한 언급이 없으므로 주어진 자료로부터 이를 추정해야 한다. μ와 σ^2에 대한 최우추정량은 $\bar{X}$와 $\dfrac{n-1}{n}S^2\approx S^2$이므로 주어진 자료로부터 구하면 $\bar{x}=15.96$, $s=2.144$가 된다. 그리고 $n=40$이므로 계급의 수는 $k=5$로 정한다.

각 범주에 속할 확률을 $p_i = 1/5 = 0.2$로 하면 각 범주의 구간 $(a_{i-1},\ a_i)$는

$$P(a_{i-1} < X_i < a_i) = 0.2$$

가 되도록 정할 수 있다. 여기서 $i = 0,\ 1,\ \cdots,\ 5$이고, $a_0 = -\infty$, $a_5 = \infty$이다. $P(X_i < a_i) = \Phi\left(\dfrac{a_i - \mu}{\sigma}\right) = 0.2i$, $i = 1,\ 2,\ 3,\ 4$이므로 $\overline{x} = 15.96$, $\hat{\sigma} \approx s = 2.144$를 이용하여

$$a_i = 15.96 + 2.144 z_{1-0.2i}$$

가 된다. 각 범주의 구간, 관측도수, 기대도수는 다음 표와 같다.

구간	관측도수	$\hat{p}_i$	기대도수
$-\infty$ ~ 14.155	12	0.2	8
14.155 ~ 15.417	4	0.2	8
15.417 ~ 16.503	7	0.2	8
16.503 ~ 17.765	6	0.2	8
17.765 ~ ∞	11	0.2	8
합계	40	1,000	40

이 표로부터 검정통계량의 값은

$$\begin{aligned} q &= \sum_{i=1}^{k} \frac{(x_i - n\hat{p}_i)^2}{n\hat{p}_i} \\ &= \frac{(12-8)^2}{8} + \frac{(4-8)^2}{8} + \frac{(7-8)^2}{8} + \frac{(6-8)^2}{8} + \frac{(11-8)^2}{8} = 5.750 \end{aligned}$$

이 된다. 검정통계량 Q의 자유도는 두 개의 모수를 추정하였으므로 $k-1-r = 5-1-2 = 2$가 되고, $q = 5.75 < 5.991 = \chi^2_{0.05}(2)$이므로 유의수준 $\alpha = 0.05$에서 H_0를 기각할 수 없다. 따라서 이 난수들이 정규분포를 따르지 않는다고 단정할 수 없다. ■

연습문제 12.4

1. 갑회사에서 제조하는 제품은 품질검사 결과에 따라 네 등급으로 구분된다. 과거의 경험으로 보아 이 회사 제품의 등급별 비율은 다음과 같다.

등급	I	II	III	IV
비율	0.87	0.09	0.03	0.01

크기가 1,000개인 로트를 검사해서 다음과 같은 결과를 얻었다.

등급	I	II	III	IV
수량	890	68	35	7

이 로트의 등급별 비율이 과거의 경험값과 비교하여 다르다고 할 수 있는가?

2. 멘델(Mendel)의 법칙에 의하면 완두콩을 색깔과 모양에 따라 노랗고 둥근형, 노랗고 뾰족한 형, 초록색에 둥근형, 초록색에 뾰족한 형의 네 가지로 구분할 때 각 종류에 속할 비율이 9: 3: 3: 1이 된다. 완두콩 160개를 무작위로 뽑아 조사한 결과, 각 형태에 속하는 수가 86, 35, 26, 13이 나타났다면, 이 결과는 멘델의 법칙에 부합한다고 볼 수 있는가?

3. 주사위를 120번 던져 다음과 같은 결과를 얻었다.

관측숫자	1	2	3	4	5	6
관측횟수	a	20	20	20	20	$40-a$

유의수준 5%로 주사위의 각 면이 나올 확률이 동일하다는 귀무가설이 기각되기 위한 a의 범위를 구하라.

4. 한 야구선수가 경기당 4번씩 타석에 들어선 100경기 동안의 기록을 안타 수에 따라 분류하였다.

안타 수	0	1	2	3	4
경기 수	21	48	26	4	1

이 선수의 한 경기당 안타 수의 확률모델로 시행회수가 4인 이항분포가 적합한가?

5. 10개의 트랙을 가진 컴퓨터 디스크의 드라이버에 설치된 암(arm)이 각 트랙에 접근할 확률은

$$p(x) = (5.5 - |x - 5.5|)/30, \quad x = 1, \cdots, 10$$

이라고 한다. 다음과 같은 200번의 트랙접근기록이 위의 확률모형에 부합되는가?

트랙번호	1	2	3	4	5	6	7	8	9	10
접근횟수	8	10	14	32	31	38	25	23	15	4

6. 동전의 앞면이 나올 확률을 알아보기 위해 앞면이 나올 때까지 동전을 던지는 실험을 100번 시행하였다. 다음 표는 각 실험에서 동전의 앞면이 나올 때까지의 나온 뒷면의 수를 조사한 것이다.

뒷면이 나온 횟수	1	2	3	4	5	6
관측횟수	26	29	25	13	4	2

(a) 동전의 앞면이 나오는 사건을 성공확률이 p인 베르누이 시행이라고 할 때 p의 최우추정값을 구하라.

(b) 각 횟수의 기대도수를 구하고 얻은 결과가 성공확률이 p인 베르누이 시행에 부합하는지를 판단하라.

7. 노트북 컴퓨터에 장착되는 액정디스플레이(liquid crystal display; LCD)는 불량화소의 수가 3개 이하이면 합격이라 판정된다. 노트북을 생산하는 어떤 공장에서 300대의 노트북을 대상으로 LCD의 불량화소의 수를 검사한 결과 다음과 같은 자료를 얻었다.

불량화소의 수	0	1	2	3	4	5	6	7	8
노트북 대수	171	96	24	5	2	0	1	0	1

이 자료가 포아송분포 모형에 부합되는지를 유의수준 5%로 검정하라.

8. 어느 연구소 도서검색시스템의 검색시간(단위: 초)은 평균이 1인 지수분포를 따른다고 알려져 있다.

(a) n개의 측정값 $t_1, t_2, \cdots, t_n$을 얻었을 때, 같은 확률을 갖는 구간으로 나누어 도수분포표를 작성하기 위해서는 구간들을 어떻게 설정하여야 하는가?

(b) (a)에서 구한 결과를 이용하여 다음의 자료에 대해 적합도검정을 하라.

0.62	2.18	1.10	0.29	0.59	0.24	1.34	2.77	0.13	0.56
0.93	0.63	1.23	1.48	4.08	0.66	0.20	1.39	3.95	2.37
2.06	2.72	0.23	0.15	0.08	0.98	5.25	1.96	2.10	2.29
0.12	1.62	0.50	3.16	2.69	1.40	0.51	0.74	0.04	1.37

9. 품질관리에 사용되는 많은 기법들은 모집단이 정규분포를 따른다고 가정을 한다. 따라서 이러한 품질관리 기법을 적용하기 위해서는 공정에서 얻은 자료들이 정규분포 모델에 부합하는지를 검정해야한다.
   (a) 모집단이 정규분포를 따를 경우 동일한 확률값을 갖는 6개의 구간으로 나누려 한다. 각 구간을 μ와 σ를 이용하여 표현하라.
   (b) (a)에서 귀무가설의 분포가 $N(2.5,\ 0.12^2)$일 때, 각 구간을 구하라.
   (c) 자동차용 금속판을 생산하는 한 회사에서 크기 40의 표본을 뽑아 두께(단위: mm)를 측정한 결과 다음과 같은 자료를 얻었다. (b)에서 결정된 구간으로 적합도검정을 하라.

2.63	2.60	2.44	2.87	2.59	2.64	2.59	2.64	2.63	2.85
2.82	2.58	2.22	2.17	2.34	2.54	2.65	2.49	2.35	2.60
2.46	2.40	2.47	2.40	2.42	2.54	2.71	2.55	2.48	2.38
2.62	2.35	2.30	2.28	2.35	2.49	2.69	2.49	2.18	2.02

10. A회사에서는 고객에 대한 서비스를 위해 자동응답시스템(ARS)을 운영하고 있다. 이 자동응답시스템에 전화가 걸려오는 시간간격 T(단위: 분)를 200분 동안 측정한 결과 다음과 같은 자료를 얻었다.

7.8, 9.7, 14.0, 15.4, 2.9, 3.9, 4.9, 4.3, 17.4, 0.3, 2.7, 19.4, 0.9,
3.0, 10.3, 9.8, 5.0, 1.0, 7.6, 9.7, 13.3, 8.1, 8.7, 5.3, 2.1

   (a) T가 지수분포 $Exp(\theta)$를 따른다면 θ의 최우추정값은 얼마가 되는가?
   (b) 구간 $[0,\ \infty)$을 4개의 구간으로 나누되 각 구간의 확률이 대략 $\frac{1}{4}$이 되도록 하여 T가 지수분포를 따른다고 할 수 있는지를 판단하라.

11. 원자력발전소에서 나오는 어떤 방사선 폐기물이 배출하는 방사선 입자 수를 40초 동안 측정한 자료 100개를 도수분포표로 정리하여 다음과 같은 결과를 얻었다.

입자수	10 ~ 14	15 ~ 19	20 ~ 24	25 ~ 29	30 ~ 34
도수	11	37	36	13	3

이 자료가 정규분포를 따르는 모집단으로부터 얻은 것이라 할 수 있는가?

12. 부모로부터 유전으로 결정되는 가장 간단한 유전형태는 부와 모 각각으로부터 유전인자 A 또는 a를 받아 이들 쌍에 의해 유전 특성이 결정되는 것이다. 이 경우 가능한 유전인자 조합은 AA, Aa, aa의 세 가지가 되는데 어떤 유전모형에 의하면 이들의 구성비율은

$$AA : \theta^2, \quad Aa : 2\theta(1-\theta), \quad aa : (1-\theta)^2, \quad 0 < \theta < 1$$

이 된다. 여기서 θ는 미지의 모수이다.

(a) 100명의 유전인자 조합형태를 조사해 보았더니 AA, Aa, aa를 갖는 수가 각각 32, 56, 12명이었다. 이 유전모형이 성립한다고 할 수 있는가?

(b) 가설 H_0: $\theta = \frac{1}{2}$ 대 H_1: $\theta \neq \frac{1}{2}$을 유의수준 5%로 검정하라.

13. A 경찰서 관내에서 주 중 (월 ~ 금) 오전에 발생한 인명피해가 있었던 교통사고 건수를 52주 동안 기록하여 다음과 같은 자료를 얻었다.

사고 수	0	1	2	3	4	5	6 이상
빈도	7	9	10	13	8	5	0

(a) 이 자료가 포아송분포 모형에 부합하는가?

(b) 이 기간 동안에 일어난 125건의 교통사고를 요일별로 분류하면 다음과 같았다.

요일	월	화	수	목	금
빈도	32	21	17	20	35

이 결과가 주 중의 오전에는 교통사고가 요일에 관계없이 고르게 일어난다는 가설에 부합하는가?

14. 최근 160번의 경륜장 경기기록 중에서 각 트랙별 우승자의 수를 조사하여 다음의 결과를 얻었다. 적절한 가설을 세우고 유의수준 5%로 적합도검정을 실시하라.

출발트랙	1	2	3	4	5	6	7	8
우승자 수	33	23	21	22	18	14	16	13

12.5 분할표

범주형 자료를 분석할 때 흔히 접하는 문제는 모집단을 분류하는 두 방법 간의 독립성 여부에 관한 것이다. 즉 한 모집단의 각 개체를 특성 A와 특성 B에 따라 각각 여러 개의 범주로 나눌 수 있을 때, 두 특성이 서로 관련성이 있는지를 검정하는 것을 독립성 검정이라 한다. 예를 들어 고교 내신등급과 대학 1학년 성적, 정치성향과 연령, 작업라인과 불량률 등 두 가지 속성이 서로 독립적인지 알고자 할 때가 있다.

실험 또는 관찰의 결과를 특성 A에 따라 r개의 범주 A_1, ..., A_r로 분류하고, 특성 B에 따라 c개의 범주 B_1, ..., B_c로 분류한다고 하자. 이때 한 실험의 결과가 범주 A_i와 범주 B_j에 동시에 속할 확률을 p_{ij}라 하자. 여기서 $\sum_{i=1}^{r}\sum_{j=1}^{c}p_{ij}=1$이 된다. 확률변수 X_{ij}를 n개의 실험결과 중 범주 A_i와 범주 B_j에 동시에 속하는 것들의 개수라 하면 확률벡터 $(X_{11}, \cdots, X_{1c}, \cdots, X_{r1}, \cdots, X_{rc})$는 $MN_{rc}(n\,;p_{11}, \cdots, p_{1c}, \cdots, p_{r1}, \cdots, p_{rc})$를 따른다. 따라서 $E(X_{ij})=np_{ij}$가 되고 [정리 12.1]에 의해 n이 크면

$$Q=\sum_{i=1}^{r}\sum_{j=1}^{c}\frac{(X_{ij}-np_{ij})^2}{np_{ij}} \tag{12.20}$$

는 근사적으로 $\chi^2(rc-1)$을 따른다. 여기서 자유도가 $(rc-1)$인 것은 $A\times B$ 범주의 수 rc로부터 하나의 제약식 $\sum_{i=1}^{r}\sum_{j=1}^{c}n_{ij}=n$을 빼주어야 하기 때문이다. 이제 $p_{i\cdot}$과 $p_{\cdot j}$를 각각

$$p_{i\cdot}=\sum_{j=1}^{c}p_{ij}=\text{실험결과가 범주 } A_i\text{에 속할 확률}$$

$$p_{\cdot j}=\sum_{i=1}^{r}p_{ij}=\text{실험결과가 범주 } B_j\text{에 속할 확률}$$

이라 정의하면, 분류기준 A와 B가 서로 독립이라는 가설 H_0와 독립이 아니라는 가설 H_1은 각각

$$H_0: \text{모든 } (i,\ j)\text{에 대해 } p_{ij}=p_{i\cdot}\times p_{\cdot j}$$

$$H_1: p_{ij}\neq p_{i\cdot}\times p_{\cdot j}\text{인 } (i,\ j)\text{가 있다.}$$

로 표현할 수 있다. 만일 p_{ij}들을 알고 있다면 검정통계량

$$Q = \sum_{i=1}^{r}\sum_{j=1}^{c} \frac{(X_{ij} - np_{i\cdot}\, p_{\cdot j})^2}{np_{i\cdot}\, p_{\cdot j}} \tag{12.21}$$

의 값 q를 구하여 $q > \chi^2_\alpha(rc-1)$이면 H_0를 기각한다. 그런데 p_{ij}와 이들로부터 얻어진 $p_{i\cdot}$, $p_{\cdot j}$는 모르는 것이 보통이다. 따라서 주어진 표본자료로부터 이들의 최우추정값을 구하면

$$\widehat{p_{i\cdot}} = \frac{1}{n}\sum_{j=1}^{c} x_{ij} = \frac{x_{i\cdot}}{n}, \quad i = 1, \cdots, r$$

$$\widehat{p_{\cdot j}} = \frac{1}{n}\sum_{i=1}^{r} x_{ij} = \frac{x_{\cdot j}}{n}, \quad j = 1, \cdots, c \tag{12.22}$$

가 되고, H_0가 참일 때 기대도수 $E(X_{ij})$의 최우추정값은

$$n\widehat{p_{i\cdot}}\,\widehat{p_{\cdot j}} = \frac{x_{i\cdot} \times x_{\cdot j}}{n} \tag{12.23}$$

이 된다. 여기서 $\sum_{i=1}^{r}\widehat{p_{i\cdot}} = 1$, $\sum_{j=1}^{c}\widehat{p_{\cdot j}} = 1$, $x_{i\cdot} = \sum_{j=1}^{c} x_{ij}$, $x_{\cdot j} = \sum_{i=1}^{r} x_{ij}$이다. 이들 값을 식 (12.21)에 대입하여 구한 검정통계량의 값

$$q = \sum_{i=1}^{r}\sum_{j=1}^{c} \frac{(x_{ij} - n\widehat{p_{i\cdot}}\,\widehat{p_{\cdot j}})^2}{n\widehat{p_{i\cdot}}\,\widehat{p_{\cdot j}}} \tag{12.24}$$

이 $\chi^2_\alpha((r-1)(c-1))$보다 크면 A와 B가 독립이라는 가설 H_0를 기각한다. 여기서 χ^2분포의 자유도가 $(r-1)(c-1)$이 되는 것은 식 (12.21)의 $rc-1$에서 식 (12.22)로 추정하는 모수의 수 $(r-1)+(c-1) = r+c-2$를 빼면 $(r-1)(c-1)$가 되기 때문이다.

지금까지 설명한 독립성검정을 수행하기 위해서 범주형자료는 일반적으로 [표 12.5]와 같은 표의 형태로 정리된다. 이러한 표를 **분할표**(contingency table)라 부른다.

[표 12.5] $r \times c$ 분할표

		B				합계
		B_1	B_2		B_c	
A	A_1	p_{11} x_{11}	p_{12} x_{12}	$\cdots$	p_{1c} x_{1c}	$p_{1\cdot}$ $x_{1\cdot}$
	A_2	p_{21} x_{21}	p_{22} x_{22}	$\cdots$	p_{2c} x_{2c}	$p_{2\cdot}$ $x_{2\cdot}$
	$\vdots$	$\vdots$	$\vdots$	$\cdots$	$\vdots$	$\vdots$
	A_r	p_{r1} x_{r1}	p_{r2} x_{r2}	$\cdots$	p_{rc} x_{rc}	$p_{r\cdot}$ $x_{r\cdot}$
합계		$p_{\cdot 1}$ $x_{\cdot 1}$	$p_{\cdot 2}$ $x_{\cdot 2}$	$\cdots$	$p_{\cdot c}$ $x_{\cdot c}$	$p_{\cdot\cdot}=1$ $x_{\cdot\cdot}=n$

예제 12.12 대통령 선거를 앞두고 한 여론조사 회사에서는 결혼한 남녀 264쌍을 대상으로 남편과 아내가 각각 지지하는 정당을 조사하여 [표 12.6]과 같은 결과를 얻었다. 남편과 아내가 지지하는 정당이 서로 독립이라 할 수 있는가? 유의수준 1%로 검정해 보자.

[표 12.6] 남편과 아내가 각각 지지하는 정당

		남편			합계
		A	B	C	
아내	A	48(38.18)	29(37.45)	19(20.36)	96
	B	35(44.94)	59(44.09)	19(23.97)	113
	C	22(21.88)	15(21.46)	18(11.67)	55
합계		105	103	56	264

• **풀이** 먼저 주어진 자료로부터 최우추정값 $\widehat{p_{i\cdot}}$와 $\widehat{p_{\cdot j}}$를 구하면 다음과 같다.

$$\widehat{p_{1\cdot}} = \frac{x_{1\cdot}}{n} = 96/264$$

이고, $\widehat{p_{2\cdot}} = 113/264$, $\widehat{p_{3\cdot}} = 55/264$이다. 마찬가지로

$$\widehat{p_{\cdot 1}} = \frac{x_{\cdot 1}}{n} = 105/264$$

이고, $\widehat{p_{\cdot 2}} = 103/264$, $\widehat{p_{\cdot 3}} = 56/264$이다. 따라서

$$E(\widehat{X_{11}}) = n\widehat{p_{1\cdot}}\,\widehat{p_{\cdot 1}} = \frac{x_{1\cdot} \times x_{\cdot 1}}{n} = \frac{96 \times 105}{264} = 38.18$$

이 되고 다른 추정 기대도수들은 [표 12.6]의 괄호 속에 주어져 있다. 이를 이용하여 Q의 값을 계산하면 다음과 같다.

$$\begin{aligned} q &= \sum_{i=1}^{3}\sum_{j=1}^{3} \frac{(x_{ij} - n\widehat{p_{i\cdot}}\,\widehat{p_{\cdot j}})^2}{n\widehat{p_{i\cdot}}\,\widehat{p_{\cdot j}}} \\ &= (48-38.18)^2/38.18 + (29-37.45)^2/37.45 + \cdots + (18-11.67)^2/11.67 \\ &= 18.173 \end{aligned}$$

그리고 χ^2분포의 자유도는 $(r-1)(c-1) = (3-1)(3-1) = 4$가 되며 $q = 18.173 > 13.277 = \chi^2_{0.01}(4)$이므로 H_0를 기각한다. 즉, 남편과 아내가 지지하는 정당이 서로 연관이 있다고 판단된다. ■

분할표는 하나의 모집단을 대상으로 한 두 특성간의 독립성 여부의 검정 외에도 여러 개의 모집단을 비교하는 경우에도 사용된다. 예를 들어 규격이 같은 특정 전자제품의 경쟁사 모델별 연령계층에 따른 소비자 선호도를 조사한다면, 10대, 20대, 30~40대, 50대 이상과 같이 r개의 소비자 모집단 A_1, A_2, $\cdots$, A_r에서 인구 또는 집단구성비율에 따라 미리 정한 크기 n_1, n_2, $\cdots$, n_r의 표본을 각각 뽑아 c개의 범주, 즉 경쟁사 모델 B_1, B_2, $\cdots$, B_c를 선호하는 도수 X_{ij}를 관측한다고 하자. 이들 관측 결과는 [표 12.7]과 같은 $r \times c$분할표로 표현될 수 있다.

[표 12.7] r개의 모집단에 대한 표본크기들이 미리 정해진 $r \times c$ 분할표

		범주B				표본크기
		B_1	B_2		B_c	
모집단	A_1	x_{11}	x_{12}	$\cdots$	x_{1c}	n_1
	A_2	x_{21}	x_{22}	$\cdots$	x_{2c}	n_2
	$\vdots$	$\vdots$	$\vdots$	$\cdots$	$\vdots$	$\vdots$
	A_r	x_{r1}	x_{r2}	$\cdots$	x_{rc}	n_r
합계		$x_{\cdot 1}$	$x_{\cdot 2}$	$\cdots$	$x_{\cdot c}$	n

여기서, i번째 모집단 A_i에 속하는 한 실험대상이 범주 B_1, $\cdots$, B_c에 속할 확률을 p_{i1}, $\cdots$, p_{ic}라 하자. 만일 n_1, $\cdots$, n_r들이 크면 [정리 12.1]에 의해

$$\sum_{j=1}^{c} \frac{(X_{ij} - n_i p_{ij})^2}{n_i p_{ij}}, \quad i = 1,\ 2,\ \cdots,\ r,$$

들은 각각 근사적으로 $\chi^2(c-1)$를 따르고, 따라서

$$\sum_{i=1}^{r} \sum_{j=1}^{c} \frac{(X_{ij} - n_i p_{ij})^2}{n_i p_{ij}} \tag{12.25}$$

은 근사적으로 $\chi^2(r(c-1))$를 따른다. 이들 r개의 다항모집단을 비교하기 위한 가설은

$$H_0:\ p_{1j} = p_{2j} = \cdots = p_{rj} = p_j, \quad j = 1,\ 2,\ \cdots,\ c \ \text{ 대 } \ H_1:\ H_0\text{가 아니다.}$$

가 된다. H_0하에서 p_j들의 최우추정값은

$$\hat{p_j} = \frac{x_{\cdot j}}{n}$$

가 된다. 여기서 $\sum_{j=1}^{c} p_j = 1$이므로 $p_1,\ \cdots,\ p_c$중 $(c-1)$개만 추정하면 된다. 또한 기대도수의 최우추정값은

$$\widehat{E(X_{ij})} = n_i \cdot \hat{p_j} = \frac{n_i \cdot x_{\cdot j}}{n} \tag{12.26}$$

가 된다. 식 (12.25)에서 p_{ij} 대신 추정량 $\hat{p_j}$를 대입하여 구한 검정통계량

$$Q = \sum_{i=1}^{r} \sum_{j=1}^{c} \frac{(X_{ij} - n_i \hat{p_j})^2}{n_i \hat{p_j}} \tag{12.27}$$

은 $\chi^2((r-1)(c-1))$을 따르게 된다. 여기서 χ^2분포의 자유도가 $(r-1)(c-1)$가 되는 것은 식 (12.25)의 자유도 $r(c-1)$에서 추정하는 모수의 수 $(c-1)$를 빼면 $(r-1)(c-1)$이 되기 때문이다. 따라서 Q의 관측값이 $\chi^2_\alpha((r-1)(c-1))$보다 크면 귀무가설 H_0를 기각한다.

이와 같이 여러 모집단의 분포가 동일한지를 검정하는 것을 **동일성검정**(test of homogeneity)라 한다. [표 12.5]와 [표 12.7] 그리고 식 (12.24)와 식 (12.27)이 같은 형태이고, 검정통계량의 분포 역시 같은 $\chi^2((r-1)(c-1))$이므로 가설검성의 방법 면에서는 동일성검정과 독립성검정에 차이가 없다.

예제 12.13 [표 12.8]은 남녀 각각 50명을 대상으로 세 회사에서 시판하고 있는 스포츠 음료 중 제일 좋아하는 것을 고르도록 하여 얻은 것이다. 남·여 간에 좋아하는 제품에 차이가 있는지를 알아보자.

[표 12.8] **남·여별로 좋아하는 스포츠 음료**

	회사			표본크기
	1	2	3	
남성	32 (24)	7 (9.5)	11 (16.5)	50
여성	16 (24)	12 (9.5)	21 (16.5)	50
합계	48	19	33	100

• **풀이** 남자 중에서 회사 j의 제품을 좋아하는 비율을 p_{1j}, 여자 중에서 회사 j의 제품을 좋아하는 비율을 p_{2j}라 하면, 가설은 다음과 같이 된다.

$$H_0 : p_{1j} = p_{2j} = p_j, \quad j = 1, 2, 3$$
$$H_1 : H_0\text{가 아니다.}$$

먼저 H_0가 참일 때 각 범주의 모비율에 대한 추정값은 각각

$$\hat{p_1} = \frac{48}{100}, \ \hat{p_2} = \frac{19}{100}, \ \hat{p_3} = \frac{33}{100}$$

이므로 H_0하에서의 기대도수의 추정값은 식 (12.26)으로부터

$$\widehat{E(X_{11})} = n_1 \cdot \hat{p_1} = 50 \cdot \frac{48}{100} = 24$$

가 된다. 다른 기대도수의 추정값들은 [표 12.8]의 괄호 속에 주어져 있다. 이를 이용하여 Q의 값을 계산하면

$$q = \sum_{i=1}^{2}\sum_{j=1}^{3} \frac{(x_{ij} - n_i\hat{p_j})^2}{n_i\hat{p_j}}$$
$$= \frac{(32-24)^2}{24} + \frac{(16-24)^2}{24} + \cdots + \frac{(21-16.5)^2}{16.5} = 9.79$$

가 되고, 자유도는 $(r-1)(c-1) = (1)(2) = 2$이다. 따라서 $q = 9.79 > 5.991 = \chi^2_{0.05}(2)$이므로 H_0를 기각한다. 즉 남·여에 따라 좋아하는 제품에 차이가 있다고 판단된다. ■

연습문제 12.5

1. 폐암으로 인한 사망률은 여자의 경우보다 남자의 경우가 훨씬 큰 것으로 알려져 있다. 이러한 경향은 직업별로 살펴보아도 마찬가지일 것이라고 판단된다. 1999년 통계자료에 의하면 인구 십만 명당 암으로 인한 남자사망자 146명 중 33명, 여자사망자 83명 중 7명이 각각 폐암에 의한 사망자였다. 이 자료로 폐암에 의한 사망자의 비율이 성별에 따라 같은지를 검정하기 위한 귀무가설과 대립가설을 세우고 유의수준 1%로 검정하라.

2. 고혈압은 심장병의 주원인들 중 하나로 알려져 있다. 아버지의 혈압과 자식의 혈압간에 연관성이 있다면 아버지의 정보를 이용하여 자식의 결과를 예측할 수 있을 것이다. 이를 위해 총 100명의 어린이와 그들의 아버지의 혈압을 측정하여 다음의 결과를 얻었다. 아버지와 자식의 혈압 사이에 유의한 관계가 있는지를 판단하라.

		자식의 혈압		
		높음	정상	낮음
아버지의 혈압	높음	13	11	7
	정상	10	12	12
	낮음	9	12	14

3. 500명의 성인 남자를 무작위로 뽑아 주량과 하루 흡연량을 알아본 결과 다음의 자료를 얻었다.

소주 \ 담배	하루 1갑 이상	하루 1갑 이하	안 피움
반병 이상	23	21	63
반병 이하	31	48	159
못마심	13	23	119

주량과 흡연량이 무관하다고 할 수 있는가?

4. 대전시민 중 300명을 무작위로 뽑아서 혈액형을 분류기준 O, A, B, AB 및 분류기준 Rh+, Rh−에 따라 각각 분류한 뒤, 다음과 같은 결과를 얻었다.

	O	A	B	AB
Rh+	82	89	54	19
Rh−	13	27	7	9

혈액형 O, A, B, AB의 빈도가 Rh+ 또는 Rh−에 따라 다르다고 할 수 있는가?

5. 새로 개발된 위궤양 치료제의 효능을 알아보기 위해 각각 100명의 위궤양 환자들을 대상으로 비교 실험을 하였다. 한 그룹에게는 신약을 주고 다른 그룹에서는 아무런 효과가 없는 위약(placebo)를 주었다. 일정기간이 지난 후에 이들을 대상으로 약이 효과가 있었는지를 물어보아 다음과 같은 결과를 얻었다. 신약이 효과가 있는지 유의수준 5%로 검정하라.

	효과 있음	효과 없음	합계
신약	64	36	100
위약	29	71	100

6. 타이어 회사에서는 1일 3교대로 작업이 이루어진다. 각 작업조별로 생산되는 타이어의 품질에 차이가 있는지를 알아보기 위해 각 작업조에서 만들어진 타이어 200개씩을 무작위로 뽑아 검사하여 다음과 같은 자료를 얻었다. 타이어의 품질이 작업조별로 다른지를 유의수준 10%로 검정하라.

작업조	Ⅰ	Ⅱ	Ⅲ	합계
불량품의 수	8	5	12	25

7. 학생들이 많이 수강하는 교양과목 I과 II의 난이도를 알아보기 위해 각 과목 수강자 중 100명씩을 뽑아 학기말에 과목 성적을 조사하여 다음과 같은 결과를 얻었다.

과목 \ 등급	A	B	C	D	F
I	15	25	32	17	11
II	9	18	29	28	16

두 과목 I과 II의 난이도가 같은지를 유의수준 5%로 검정하라.

8. 실험의 결과를 특성 A와 B에 따라 각각 2개의 범주로 분류하여 다음과 같은 2×2 분할표가 얻어졌다고 하자.

	B		계
	I	II	
A I	a	b	$a+b$
A II	c	d	$c+d$
계	$a+c$	$b+d$	$n=a+b+c+d$

(a) χ^2 검정통계량의 값이

$$q=\frac{n(ad-bc)^2}{(a+b)(c+d)(a+c)(b+d)}$$

로 표현될 수 있음을 보여라.

(b) 다음의 각 경우에 Q의 값을 구하라.

(i) $a=26,\ b=5,\ c=10,\ d=24$

(ii) $a=5,\ b=26,\ c=24,\ d=10$

(iii) $a=26,\ b=5,\ c=24,\ d=10$

$a,\ b,\ c,\ d$의 값들이 서로 어떤 관계에 있을 때 Q의 값이 커지는가?

9. 다음의 자료는 대도시, 중소도시 및 농촌지역의 신문구독 경향을 파악하기 위해 1,523명을 각 지역별로 뽑아 현재 신문을 구독하는지의 여부를 조사한 것이다.

	대도시	중소도시	농촌지역
구독자	540	376	241
비구독자	122	148	96

(a) 신문구독 여부와 지역특성은 서로 무관하다고 할 수 있는가?

(b) p-값을 구하고 결과를 해석하라.

10. 한 대학에서 체육과목이 다른 교과목보다 좋은 성적을 받을 수 있는지의 여부를 조사하기 위해 400명의 졸업생을 대상으로 졸업성적과 수강한 체육 관련 과목 수를 조사하여 다음과 같은 결과를 얻었다. 졸업성적과 수강한 체육 관련 과목 수는 서로 독립이라고 할 수 있는가?

졸업성적	수강한 체육 관련 과목 수		
	0	1~3	4 이상
평균 이하	136	44	20
평균 이상	112	59	29

11. 휴대폰을 사용하고 있는 남·녀 각각 100명을 대상으로 가입한 이동통신회사를 조사하여 다음과 같은 결과를 얻었다.

성별 \ 회사	A	B	C	D	합계
남	33	29	22	16	100
여	28	25	17	30	100

남·녀 간에 가입한 이동통신회사의 선호도에 차이가 있는지를 판단하라.

12. 운전면허 적성검사를 받은 사람 1,000명을 남녀별과 색맹 여부에 따라 분류하여 다음과 같은 결과를 얻었다.

	남	여
정상	442	514
색맹	38	6

색맹에 관한 유전모형에 의하면 이들의 상대도수는 대략 다음과 같아야 한다.

	남	여
정상	$q/2$	$q^2/2+pq$
색맹	$p/2$	$p^2/2$

단, 여기서 $p+q=1$이다. 이 자료가 유전모형에 부합하는가?

13. 3개의 주사위를 각각 180번씩 던져서 다음과 같은 결과를 얻었다.

눈의 수	1	2	3	4	5	6
주사위 1	29	35	33	20	31	32
주사위 2	35	24	37	25	33	26
주사위 3	30	28	32	27	38	25

세 개의 주사위가 모두 잘 만들어졌는지를 적절한 가설을 세워 검정하라.

14*. $r \times c$ 분할표에서 각 범주에 속할 확률의 최우추정값이 식 (12.22)와 같음을 보여라.

CHAPTER

13

비모수적 추론

8장부터 11장까지는 분포를 알고 모수만 모를 경우에 적용되는 모수적 방법을 중심으로 살펴보았고 12장에서는 데이터를 토대로 특정분포를 가정할 수 있는지 확인하는 방법에 대해 알아보았다. 이 장에서는 모집단에 대해 적절한 분포를 가정할 수 없을 경우 분포의 중심위치 혹은 변수 간 관계 등에 대해 분석하는 방법을 소개한다.

13.1 부호검정과 부호순위검정

13.1.1 부호검정

비모수적 방법에서는 일반적으로 연속적인 값을 갖는 정량 자료를 이용하는 대신 부호 혹은 상대적 순위를 기초로 하여 통계적 분석을 수행한다. **부호(sign)**는 관측값이 어떤 특정 값보다 크다(+) 또는 작다(−)를 나타내는 것이고, **순위(rank)**는 관측값들을 크기순으로 나열하였을 때 나타나는 상대적 위치를 말한다. 이런 값들은 분포의 형태나 이상점들에 의한 영향을 덜 받게 되므로 관측값이 어떤 분포를 따르더라도 항상 적용할 수 있다.

비모수적 검정방법 중 가장 단순한 것으로 부호검정이 있다. **부호검정(sign test)**은 하나의 모집단의 중심위치에 대해서 검정하거나, 분포의 모양은 같으나 중심위치가 다를 수 있는 두 모집단의 상대적인 위치를 비교하는데 사용된다. 모집단의 중심위치에 대한 검정을 하기 위해 모수적 방법에서는 모평균에 대한 Z-검정 또는 t-검정을 사용하나 부호검정에서는 중앙값 $m = x_{0.5}$를 이용한다. 따라서 중심위치에 대한 가설은

$$H_0 : m = m_0$$

가 된다. H_0가 참일 때 확률변수 X가 중앙값 m_0보다 클 확률과 작을 확률은 항상 1/2로 동일하므로, $p = P(X < m_0)$라 할 때 귀무가설 $H_0 : m = m_0$는

$$H_0 : \ p = \frac{1}{2}$$

이 된다. $D_i = X_i - m_0$라 하고, 크기 n인 표본 중 $D_i > 0(X_i > m_0)$인 것에는 '+'부호를, $D_i < 0 \ (X_i < m_0)$인 것에는 '−'부호를 붙이고, n^+를 전체 n개의 부호 중 +부호의 개수라 하자. 만약 H_0가 참이면 n^+는 이항분포$b\left(n, \ \frac{1}{2}\right)$를 따르게 된다. 따라서 H_0가 참이면 n^+은 $\frac{n}{2}$에 가까워 질 것이고 H_0가 참이 아니면 n^+는 n 또는 0에 가까운 값을 가질 것이다. 따라서 n^+를 이용하면 모비율에 대한 가설검정과 유사하게 검정할 수 있다.

예제 13.1 다음 자료를 이용하여 가설 $H_0 : m = 10$ 대 $H_1 : m > 10$을 유의수준 10%로 검정해보자.

10.18　10.12　9.84　9.25　8.98　10.43　10.05　10.56

• **풀이** 먼저 $D_i = X_i - m_0$를 구하면

0.18　0.12　−0.16　−0.75　−1.12　0.4　0.05　0.56

으로 $n^+ = 5$가 된다. H_0가 참일 때 n^+는 $b(8, \ 1/2)$를 따르므로 p-값은

$$P(n^+ \geq 5) = 1 - P(n^+ \leq 4) = 1 - 0.637 = 0.363$$

이 되어 H_0를 기각할 수 없다. ■

[R에 의한 계산]

```
> 1-pbinom(4,8,0.5)
[1] 0.3632813
```

부호검정은 두 모집단의 대응비교에도 사용된다. 크기 n인 대응표본$(X_1,\ Y_1)$, $(X_2,\ Y_2)$, $\cdots$, $(X_n,\ Y_n)$을 뽑아 확률변수 X와 Y가 동일한 분포를 따르는지(H_0), 또는 두 분포의 모양은 같으나 위치가 서로 다른지(H_1)를 검정한다고 하자. 만약 두 확률변수 X와 Y가 동일한 분포를 따른다면, X_i가 Y_i 보다 클 확률과 X_i가 Y_i보다 작을 확률은 1/2로 같을 것이다. 즉 $D_i = X_i - Y_i$라 하면

$$P(D_i < 0) = P(D_i > 0) = 1/2$$

이 될 것이다. 따라서 $p = P(D_i < 0)$라 하면 X와 Y가 같은 분포를 따른다는 가설을 검정하는 것은 가설 H_0: $p = \frac{1}{2}$을 검정하는 것과 같다. 부호검정에서 가설의 기각여부는 p-값을 직접 계산하여 유의수준과의 관계를 이용하여 결정할 수 있다. 즉 p-값이 수어진 유의수준 α보다 작으면 가설을 기각한다. 크기 n인 표본 중 c개가 '+'부호를 갖는다면 대립가설이 H_1: $p < \frac{1}{2}$인 경우에는

$$p\text{-값} = P(n^+ \le c) = \sum_{x=0}^{c} \binom{n}{x} \left(\frac{1}{2}\right)^n \le \alpha \tag{13.1a}$$

이면 귀무가설을 기각하고, 대립가설이 H_1: $p > \frac{1}{2}$인 경우에는

$$p\text{-값} = P(n^+ \ge c) = \sum_{x=c}^{n} \binom{n}{x} \left(\frac{1}{2}\right)^n < \alpha \tag{13.1b}$$

이면 귀무가설을 기각한다. 또한 대립가설이 H_1: $p \ne \frac{1}{2}$인 양측검정의 경우에는

$$p\text{-값} = 2 \times \min\left\{ \sum_{x=0}^{c} \binom{n}{x} \left(\frac{1}{2}\right)^n,\ \sum_{x=c}^{n} \binom{n}{x} \left(\frac{1}{2}\right)^n \right\} < \alpha \tag{13.1c}$$

이면 귀무가설을 기각한다.

부호검정에서 $D_i = 0$ 즉 $X_i = Y_i$가 되는 자료는 분석에서 제외한다. 따라서 표본크기 n도

제외된 자료의 수만큼 줄어들게 된다.

예제 13.2 [표 13.1]은 어떤 제품 10개의 무게를 두 개의 계측기 A와 B를 사용하여 측정한 것이다. 계측기간에 차이가 있는지를 유의수준 5%로 검정해보자.

[표 13.1] 계측기의 측정값

제품번호	1	2	3	4	5	6	7	8	9	10
A	71	108	72	140	61	94	90	127	101	114
B	77	105	71	152	88	117	93	130	112	105
부호	−	+	+	−	−	−	−	−	−	+

• **풀이** 이 문제에 적합한 가설은

$$H_0 : p = \frac{1}{2} \text{ 대 } H_1 : p \neq \frac{1}{2}$$

이다. A의 측정값이 B의 측정값보다 큰 경우 '+'부호를 붙이면, H_0가 사실일 때 n^+는 이항분포 $b(10,\ 1/2)$를 따른다. 따라서 p-값을 구하면

$$P\{n^+ \leq 3\} = 0.172$$

이고 $\alpha/2 = 0.025 < 0.172$이므로 두 계측기간에 차이가 없다고 판단된다. ■

[R에 의한 계산]

```
> pbinom(3,10,0.5)
[1] 0.171875
```

부호 검정에서의 검정통계량 n^+는 이항분포를 따르므로 표본크기가 크면 이항분포의 정규 근사법을 이용하여 검정할 수 있다. 즉, H_0가 참일 때 n^+의 평균과 분산은 각각 $\frac{n}{2}$, $\frac{n}{4}$이므로

$$Z = \left(n^+ - \frac{n}{2}\right) \Big/ \frac{\sqrt{n}}{2} \tag{13.2}$$

는 n이 클 때 근사적으로 표준정규분포를 따르게 되어 Z검정을 쓸 수 있다.

13.1.2 부호순위검정

부호검정은 $D_i = X_i - m_0$ 또는 $D_i = X_i - Y_i$의 '+' 또는 '−'부호의 수를 셈으로서, 한 모집단의 중심위치에 대한 검정이나 또는 분포의 모양이 같은 두 모집단의 중심위치가 같은가를 검정하는 것이었다. 윌콕슨(Wilcoxon)의 **부호순위검정**(signed rank test)도 검정하고자 하는 가설은 부호검정에서와 동일하다. 다만 여기서는 $D_i = X_i - Y_i$들이 보다 일반적인 모형

$$D_i = \theta + \epsilon_i, \quad i = 1, \cdots, n \tag{13.3}$$

를 따르고, 확률변수 ϵ_i들은 서로 독립이고 원점에서 좌우 대칭인 확률(밀도)함수를 갖는다고 가정한다. 여기서 θ는 관심의 대상인 모수로 두 모집단이 같다는 귀무가설은 $H_0 : \theta = 0$로 나타낼 수 있다. 만일 X_i와 Y_i가 중심위치만 다른 모집단에서 얻은 것이라면 $\epsilon_i = D_i - \theta$는 이러한 가정을 당연히 만족하게 되고, 이러한 대칭성으로 인해 D_i의 부호뿐 아니라 $|D_i|$의 크기도 의미를 갖게 된다.

부호순위검정을 하기 위해서는 먼저 $|D_i| = |X_i - Y_i|$에 순위를 부여해야 한다. 순위는 가장 작은 값부터 올림차순으로 1, 2, 3, …을 부여하되, 같은 값을 갖는 $|D_i|$가 여러 개 있을 경우 해당 순위의 평균을 부여한다. 예를 들어 순위 3, 4를 갖는 두 $|D_i|$의 값이 같을 경우 순위 3과 4의 평균인 3.5를 두 $|D_i|$의 순위로 각각 부여하고 그 다음의 $|D_i|$에는 순위 5를 부여한다. 모든 $|D_i|$에 대한 순위가 결정되면 다음의 부호순위 통계량을 구한다.

$$\begin{aligned} T^+ &= \text{양의 } D_i\text{에 해당하는 } |D_i|\text{들의 순위합} \\ T^- &= \text{음의 } D_i\text{에 해당하는 } |D_i|\text{들의 순위합} \\ T &= \min\{T^-,\ T^+\} \end{aligned}$$

만약 H_0가 참이면 $E(T^+) = E(T^-)$이어서 $T^+ \approx T^-$가 될 것이다. 따라서 T의 값이 아주 작으면 두 분포의 중심위치가 같지 않다는 증거가 될 것이다. 또한 T^+의 값이 아주 작으면 X가 Y보다 확률적으로 작다(X의 분포가 Y의 분포의 좌측에 있다)는 증거가 되고, 반대로 T^-의 값이 아주 작으면 X가 Y보다 확률적으로 크다(X의 분포가 Y의 분포의 우측에 있다)는 증거가 될 것이다. 따라서 가설이

$$H_0\text{: 두 모집단의 분포는 같다.} \quad \text{대} \quad H_1\text{: 두 모집단의 분포는 다르다.}$$

인 양측검정의 경우, 실험에서 얻어진 T의 값이 $P(T \le t_0) = \alpha/2$를 만족하는 t_0보다 작으면

H_0를 기각한다. 대립가설이

$$H_1: X\text{가 } Y\text{보다 확률적으로 작다.}$$

인 단측검정의 경우, T^+의 값이 $P(T^+ \le t_0) = \alpha$를 만족하는 t_0보다 작으면 H_0를 기각한다. 또한 대립가설이 이와 반대인 단측검정의 경우에는 T^-의 값이 t_0보다 작으면 H_0를 기각한다. 여기서 t_0의 값은 [표 13.2]에 수록되어 있다.

[표 13.2] 윌콕슨 부호순위 검정통계량 T의 임계값 t_0

n	유의수준: 양측검정(단측검정)			
	0.10(0.05)	0.05(0.025)	0.02(0.01)	0.01(0.005)
5	1	–	–	–
6	2	1	–	–
7	4	2	0	–
8	6	4	2	0
9	8	6	3	2
10	11	8	5	3
11	14	11	7	5
12	17	14	10	7
13	21	17	13	10
14	26	21	16	13
15	30	25	20	16
16	36	30	24	19
17	41	35	28	23
18	47	40	33	28
19	54	46	38	32
20	60	52	43	37
21	68	59	49	43
22	75	66	56	49
23	83	73	62	55
24	92	81	69	61
25	101	90	77	68

예제 13.3 부호순위검정을 이용하여 [예제 13.2]의 두 계측기간에 차이가 있는지 유의수준 5%로 검정해보자.

• **풀이** [표 13.1]의 자료를 절댓값의 크기순으로 나열하여 순위를 부여하면 다음과 같다.

D_i	−6	3	1	−12	−27	−20	−3	−3	−11	9
$\lvert D_i \rvert$의 순위	5	3	1	8	10	9	3	3	7	6

$|D_i|$들 중 세 개의 동점들 즉 3, −3, −3에는 평균순위 3을 부여한다. 다음으로 T^+와 T^-의 값을 구하면

$$t^+ = 3+1+6 = 10$$
$$t^- = 5+8+10+9+3+3+7 = 45$$

이다. 따라서 양측검정을 위한 검정통계량 T의 값은 $t = 10$이다. 여기서 $\alpha = 0.05$, $n = 10$이므로 [표 13.2]로부터 $t_0 = 8$이고, $t > t_0$가 되어 두 계측기간에 차이가 없다고 판단된다. ■

[R에 의한 계산]

```
> A <- c(71,108,72,140,61,94,90,127,101,114)
> B <- c(77,105,71,152,88,117,93,130,112,105)
> D <- A-B
> wilcox.test(D,alternative="two.sided")

        Wilcoxon signed rank test with continuity correction

data:  D
V = 10, p-value = 0.08233
alternative hypothesis: true location is not equal to 0

Warning message:
In wilcox.test.default(D, alternative = "two.sided") :
  tie가 있어 정확한 p값을 계산할 수 없습니다
```

[표 13.2]를 이용하면 $n=25$인 경우까지 부호순위검정을 할 수 있으나, 표본크기가 큰 경우에 T^+(또는 T^-)를 정규분포로 근사화하여 대표본 Z-검정을 실시할 수도 있다. H_0가 참일 때 T^+의 평균과 분산은 각각

$$E(T^+)=\frac{n(n+1)}{4}, \tag{13.4a}$$

$$V(T^+)=\frac{n(n+1)(2n+1)}{24} \tag{13.4b}$$

이 된다. 따라서 통계량

$$Z=\frac{T^+-E(T^+)}{\sqrt{V(T^+)}}=\frac{T-n(n+1)/4}{\sqrt{n(n+1)(2n+1)/24}} \tag{13.5}$$

는 n이 크면 근사적으로 표준정규분포를 따른다.

연습문제 13.1

1. 28명의 작업자를 대상으로 오전·오후의 작업 주의경보에 대한 반응시간을 측정한 결과 16명의 작업자는 오전의 반응시간이 짧았고 2명은 별 차이가 없었으며, 나머지는 오후의 반응시간이 더 짧았다. 오전의 반응시간이 오후의 반응시간보다 짧다고 할 수 있는가?

2. 시멘트의 내구성을 향상시키기 위한 첨가제가 A와 B 2종류가 있다. 이들 첨가제가 시멘트의 내구성에 차이를 주는지를 알아보기 위해 다음과 같이 실험을 하였다. 100개의 시멘트 배치(batch)를 선택하여 각각의 배치를 두 그룹으로 나눈 후, 한 그룹에는 첨가제 A를 넣고 나머지 그룹에는 첨가제 B를 넣어 다양한 조건에서 혼합하여 내구성을 검사하였다. 내구성 시험결과 A를 섞은 것은 62개의 배치에서 우수한 것으로 나타났고 나머지는 B가 더 우수한 것으로 나타났다. 두 개의 첨가제의 효과에 차이가 있는지를 판단하라.

3. 임상실험 중인 새로운 혈압강하제의 효과를 알아보기 위해 12명의 환자의 투약 전 수축혈압과 투약 후 일정시간이 지난 후의 수축혈압을 측정하여 다음과 같은 결과를 얻었다. 이 약이 효과가 있는지를 부호순위 검정으로 판단하라.

환자	1	2	3	4	5	6	7	8	9	10	11	12
투약 전	145	149	146	145	152	154	133	141	142	152	148	144
투약 후	138	153	139	141	149	152	138	137	133	149	136	150

4. 모 가전제품회사에서는 세탁기 신제품에 대하여 4월중 대대적인 판촉광고 행사를 벌인 바 있다. 다음은 이 회사의 11개 대리점에서 행사 전인 3월과 행사 후인 5월에 팔린 신형 세탁기의 수를 나타낸다.

대리점	A	B	C	D	E	F	G	H	I	J	K
3월 판매량	22	19	15	21	33	27	33	10	17	16	15
5월 판매량	25	18	17	31	28	27	31	14	28	22	22

판촉광고 행사가 효과가 있는지를 판단하라.

5. 6명의 학생이 체중을 줄이기 위해 3주간의 한방 다이어트 프로그램에 참가하였는데, 다이어트 전후의 몸무게(단위: kg)는 다음과 같다. 한방 다이어트가 체중감량에 효과적인지 알고 싶다.
(a) 유의수준이 5%인 부호검정과 부호순위검정으로 판단하라.
(b) 두 검정의 결과가 같은가? 결과가 다르다면 왜 그런 결과가 나왔는지를 설명하라.

학생	1	2	3	4	5	6
다이어트 전 체중	60	71	68	61	81	68
다이어트 후 체중	56	66	63	63	72	61

6. [예제 9.28]의 자료로 음주가 반응시간에 영향을 미치는지를 다음의 검정 방법을 이용하여 유의수준 5%로 검정하라.
(a) 부호검정 (b) 부호순위검정

7. 통계과목 중간고사와 기말고사의 난이도에 차이가 있는지 알아보기 위해 9명의 학생을 무작위로 뽑아서 시험을 보게 한 결과, 다음과 같은 결과를 얻었다.

학생	1	2	3	4	5	6	7	8	9
중간고사	71	100	61	40	97	90	20	81	85
기말고사	77	95	72	52	96	97	27	92	83

다음의 방법으로 시험의 난이도에 차이가 있는지를 유의수준 5%로 검정하라. 단, 학생들이 중

간고사와 기말고사에 공부한 정도는 동일하다고 가정한다.

(a) 부호검정 (b) 부호순위검정

8. 개인용 휴대단말기(personal digital assistant: PDA)에 설치되는 소프트웨어를 개발하는 회사에서 새로 개발한 한글입력소프트웨어의 편이성을 평가하는 실험을 하였다. 9명의 피실험자를 대상으로 기존의 한글입력소프트웨어와 새로 개발된 소프트웨어를 이용하여 동일한 문장을 입력하는 데 걸리는 시간(단위: 초)을 측정하여 다음과 같은 자료를 얻었다.

실험자	1	2	3	4	5	6	7	8	9
기존 S/W	36.3	35.8	27.4	39.7	33.8	33.1	37.3	30.2	34.7
새로운 S/W	32.4	32.5	30.6	35.1	32.9	30.1	34.8	32.7	31.4

(a) 새로 개발한 한글입력소프트웨어가 더 편리하다고 할 수 있는지를 부호순위검정을 이용하여 유의수준 5%로 검정하라.

(b) 대응비교를 위한 t검정을 실시하라.

9. 영하의 기온에서 감귤나무를 보호하는 데 상당히 많은 비용이 든다. 따라서 감귤농장주는 겨울 기온이 비교적 따뜻한 곳을 택하려 한다. 제주도의 한 농장주는 자신이 소유한 두 곳의 땅 A와 B 중에서 따뜻한 곳을 택해 감귤을 재배하기 위해 혹한기 중 열흘을 무작위하게 뽑아 일간 최저기온을 측정하여 다음의 자료를 얻었다.

일	1	2	3	4	5	6	7	8	9	10
A	2.9	2.0	3.1	3.5	4.6	2.1	3.1	0.2	−0.9	3.2
B	1.8	−0.8	3.2	3.0	3.9	3.2	2.5	−1.9	−2.0	1.9

(a) A지역이 B지역보다 겨울 기온이 높다고 할 수 있는가? 부호순위검정을 실시하라.

(b) 대응비교를 위한 t검정을 실시하고 p-값을 구하라.

10. $X_1, \cdots, X_{10}$은 분포함수가 $F(x)$인 모집단으로부터 얻은 크기 10의 확률표본이다.

$$H_0 : F(72) = 1/2 \text{ 대 } H_1 : F(72) > 1/2$$

를 검정하기 위해서 관측값 10개 중 72보다 작거나 같은 것의 수가 8 이상이면 H_0을 기각하고, 아니면 H_1을 채택하기로 하였다. $p = F(72)$라 할 때, 이 검정의 검정력함수를 $p = 0.5,\ 0.6,\ 0.7,\ 0.8,\ 0.9$인 경우에 대해 구하라.

13.2 순위합검정

부호검정이나 부호순위검정에서는 대응비교를 통하여 두 모집단의 동일성을 검정하였다. 이 절에서는 두 모집단의 비교시 대응표본이 아닌 독립적인 두 표본을 이용하는 방법인 순위합검정에 대해서 다룬다.

순위합검정(rank sum test)은 두 모집단에서 독립적으로 얻은 두 표본의 관측값들을 혼합하여 크기 순으로 나열 하였을 때, 두 모집단에 차이가 있다면 두 표본이 고르게 섞이지 않고 각기 다른 방향으로 모일 것이라는 직관을 이용한 검정방법이다. 예를 들어 같은 반 남학생 10명과 여학생 10명을 키 순서대로 일렬로 세웠을 때 남학생은 주로 뒤쪽에 여학생은 주로 앞쪽에 서게 될 것이다. 또한 이들에게 키 순서에 따라 순위를 부여하고 남학생들이 갖는 순위들의 합과 여학생들의 순위합을 비교하면 남학생들의 순위합이 크게 될 것이다. 이와 같이 비교하고자 하는 두 모집단 A, B에서 각각 독립적으로 뽑은 크기가 n_1과 n_2인 두 표본을 혼합하여 크기에 따라 1에서부터 $n_1 + n_2 = n$까지의 순위를 매긴 뒤 각 표본의 관측값들이 갖고 있는 순위를 모두 합한 순위합을 이용하여 가설검정을 하는 것이다.

이때 두 개 이상의 관측값이 같을 경우에는 평균순위를 부여한다. 만약 두 모집단의 분포가 동일하다면 두 표본의 순위합들은 대체로 표본의 크기 n_1과 n_2에 비례할 것이고, n_1과 n_2가 같다면 두 표본의 순위합들이 비슷할 것이라고 기대할 수 있다. 따라서 한쪽의 순위합이 다른 쪽의 순위합보다 상당히 크다면 우리는 두 모집단이 같다는 귀무가설, 즉 두 표본이 같은 분포에서 나왔다는 가설을 기각하게 된다. 순위합 검정의 기각역을 결정하는 방법을 다음의 예제를 통하여 살펴보자.

예제 13.4 두 가지 식이요법 A와 B의 체중 감소 효과를 비교하기 위해 비만증이 있는 환자 9명을 대상으로 임상 실험을 하였다. 4명에게는 식이요법 A를 나머지에게는 식이요법 B를 실시한 결과의 체중 감소 효과를 나타낸 것이 [표 13.3]이다. 괄호 안의 수치는 순위를 나타낸다. 두 식이요법 간에 차이가 있는지를 알아보자.

[표 13.3] **체중감소량(단위: kg) 및 순위**

식이요법 A	식이요법 B
5 (6) 2 (2.5) 0 (1) 4 (5)	6 (7) 7 (8) 2 (2.5) 9 (9) 3 (4)
순위합 $r_A = 14.5$	$r_B = 30.5$

• **풀이** 표본 A의 순위합을 R_A라 할 때, 이 값이 상대적으로 매우 작거나 크다면 두 식이요법에 차이가 있다는 것을 나타내므로 R_A를 검정통계량으로 사용하자. 순위합 R_A의 최솟값은 표본 A의 순위가 1, 2, 3, 4인 경우이므로 10이고, 최댓값은 6, 7, 8, 9인 경우이므로 30이다. 따라서 기각역은 이 두 값을 포함하는 영역이 될 것이다. 또한 적절한 유의수준에 맞는 기각역을 결정하기 위해 R_A의 분포를 구해보자. 두 표본이 동일한 분포에서 나왔다면 9개 관측값의 순위에 대한 순열의 경우의 수는 9!이고 각 경우의 확률은 $\frac{1}{9!}$로 동일할 것이다.

먼저 $r_A = 10$일 때, 표본 A의 순위는 1, 2, 3, 4이므로 순열의 경우의 수는 4!5!가 되어 $P(R_A) = \frac{4!5!}{9!} = \frac{1}{126}$이 된다. $r_A = 30$인 경우도 유사하게 $P(R_A) = \frac{4!5!}{9!} = \frac{1}{126}$이 된다. 따라서 $R^{(1)} = \{10, 30\}$을 기각역으로 한다면 유의수준은

$$\alpha = P(R_A \in R^{(1)}) = \frac{2}{126} = 0.0159$$

가 된다. α의 값이 너무 작으므로 기각역을 $R^{(2)} = \{10, 11, 29, 30\}$으로 확장해보자. $r_A = 11$인 경우는 표본 A의 순위가 1, 2, 3, 5인 경우이므로

$$P(R_A = 11) = \frac{4!5!}{9!} = \frac{1}{126}$$

이고, 마찬가지로 $P(R_A = 29) = \frac{1}{126}$이다. 따라서 유의수준은

$$\alpha = P\left(R_A \in R^{(2)}\right) = \frac{4}{126} = 0.0317$$

이 된다. 기각역을 $R^{(3)} = \{10, 11, 12 \cdots, 29, 30\}$인 경우로 확장하면, $r_A = 12$인 경우는 표본 A의 순위가 1, 2, 3, 6 또는 1, 2, 4, 5인 경우이므로

$$P(R_A = 12) = P(R_A = 28) = \frac{2 \cdot 4! \cdot 5!}{9!} = \frac{2}{126}$$

로서

$$\alpha = P\left(R_A \in R^{(3)}\right) = \frac{8}{126} = 0.0634$$

가 된다.

따라서 유의수준으로 $\alpha = 0.0634$를 선택하면 기각역은 $R = \{r_A \le 12$ 혹은 $r_A \ge 28\}$이 되고, 자료로부터 얻은 검정통계량 R_A의 값은 13.5이므로 두 식이요법에 차이가 없다고 판단한다. ■

순위합검정은 윌콕슨(Wilcoxon)에 의해 처음으로 제안되었으며, 맨(Mann)과 휘트니(Whitney)에 의해 $n_1 \ne n_2$의 경우로 확장되었다. 윌콕슨의 순위합검정과 맨-휘트니 검정은 궁극적으로 동일한 검정법이지만, **맨-휘트니 검정**(Mann-Whitney test)**법**이 널리 사용되고 있다.

맨-휘트니 검정의 통계량 U는 표본 A와 B의 관측값 $n_1 + n_2$개를 크기순으로 배열한 뒤 표본 B의 개개의 관측값보다 작은 표본 A의 관측값의 개수를 더하는 방법으로 얻을 수 있다. [표 13.3]의 예를 들어보자. 9개의 관측값을 크기순으로 배열하면

0	2	3	4	5	6	7	9
A	A, B	B	A	A	B	B	B

이 된다. 따라서 가장 작은 표본 B의 관측값 2보다 작은 표본 A의 관측값은 1.5개이므로 $u_1 = 1.5$이 되고 다음으로 작은 B의 관측값 3에 대하여는 $u_2 = 2$가 되며, 같은 방법으로 $u_3 = 4,\ u_4 = 4,\ u_5 = 4$를 얻을 수 있다. 통계량 U_A의 값 u_A는 다음과 같이 구해진다.

$$u_A = u_1 + u_2 + u_3 + u_4 + u_5 = 15.5$$

마찬가지로 표본 A의 값을 기준으로 통계량 U_B의 값 u_B를 구하면

$$u_B = 0 + 0.5 + 2 + 2 = 4.5$$

를 얻는다. 이러한 맨-휘트니의 검정통계량 U는 윌콕슨의 순위합 통계량으로 표현 가능하다. 즉

$$u_A = n_1 n_2 + n_1(n_1+1)/2 - r_A, \tag{13.6a}$$

$$u_B = n_1 n_2 + n_2(n_2+1)/2 - r_B \tag{13.6b}$$

이다. 여기서 $U_A + U_B = n_1 \cdot n_2$이고 R_A는 표본 A의 순위합이며 R_B는 표본 B의 순위합이다.

만약 모집단 A의 분포가 모집단 B의 분포보다 오른쪽에 위치해 있다면, R_A의 값은 커지는 경향이 있고 R_A가 커지면 U_A는 작아짐을 알 수 있다. 따라서 U_A나 U_B의 값이 매우 크거나 매우 작다면, 두 확률표본은 서로 다른 분포(위치모수가 다른 분포)에서 나왔다는 근거로 삼을 수 있다. 따라서 가설이

H_0: 두 모집단의 분포는 같다. 대 H_1: 두 모집단의 분포는 다르다.

인 양측검정의 경우, 실험에서 얻어진 $u = \min(u_A, u_B)$가 $P(U \le u_0) = \frac{\alpha}{2}$를 만족하는 u_0보다 작으면 H_0를 기각한다. 대립가설이

H_1: X가 Y보다 확률적으로 크다.

인 단측검정의 경우 U_A의 값이 $P(U_A \le u_0) = \alpha$를 만족하는 u_0보다 작으면 H_0를 기각한다. 또한 대립가설이 이와 반대인 단측검정의 경우에는 U_B값이 u_0보다 작으면 H_0를 기각한다.

맨-휘트니의 검정통계량 U_A 및 U_B는 윌콕슨의 순위합 통계량 R_A 및 R_B와 1:1 대응이 되므로 U_A 및 U_B의 분포는 R_A 및 R_B의 분포로부터 쉽게 구할 수 있다. 맨-휘트니의 검정통계량 U의 누적확률은 [그림 13.1]에서 보는 바와 같이 R함수로 쉽게 계산할 수 있다.

[U의 누적확률 계산을 위한 R 함수: pwilcox(u,n1,n2)]

```
> n1 <- 4; n2 <- 5
> u <- 0:5
> pwilcox(u,n1,n2)
[1] 0.007936508 0.015873016 0.031746032 0.055555556 0.095238095 0.142857143
```

[그림 13.1] **맨-휘트니 검정통계량의 누적확률(n1 = 4, n2 = 5일 경우)**

예제 13.5 [예제 13.4]의 식이요법에 대한 자료로 맨-휘트니 검정을 해보자.

• **풀이** [표 13.3]으로부터 각 표본의 순위합은 각각 $r_A = 14.5$, $r_B = 30.5$이므로

$$u_A = n_1 n_2 + \frac{n_1(n_1+1)}{2} - r_A = 4\times 5 + \frac{4(4+1)}{2} - 14.5 = 15.5$$

$$u_B = n_1 n_2 + \frac{n_2(n_2+1)}{2} - r_B = 4\times 5 + \frac{5(5+1)}{2} - 30.5 = 4.5$$

를 얻는다. 따라서 U의 값 u는

$$u = \min\{u_A,\ u_B\} = 4.5$$

이다. $n_1 = 4,\ n_2 = 5$일 때 $P(U \le 2) = 0.032$이므로 기각역을 $\{u \le 2\}$로 잡으면 유의수준은 $\alpha = 2\times 0.032 = 0.064$가 된다. 이는 [예제 13.4]의 윌콕슨의 순위합검정에서의 유의수준과 같다. 또한 계산된 U의 값은 u=4.5이므로 기각역에 속하지 않는다. 따라서 귀무가설은 기각되지 않고 윌콕슨의 순위합검정에서와 같은 결론을 얻음을 알 수 있다. ■

순위합 검정은 [그림 13.2]와 같이 R함수 wilcox.test를 이용하여 바로 수행할 수도 있다. 유의수준 5%라 할 때, [그림 13.2]에서 풀이한 [예제 13.5]의 경우 p-값이 0.2187로서 유의수준보다 크므로 귀무가설을 채택한다.

[순위합 검정: wilcox.test(data1,data2, alternative=c("two.sided", "less", "greater"))]

```
> x<-c(5,2,0,4)
> y<-c(6,7,2,9,3)
> wilcox.test(x,y,alternative=c("two.sided"))
        Wilcoxon rank sum test with continuity correction
data:  x and y
W = 4.5, p-value = 0.2187
alternative hypothesis: true location shift is not equal to 0
```

[그림 13.2] **R함수 wilcox.test를 이용한 순위합 검정**

n_1과 n_2가 큰 경우에는 다음과 같이 U의 분포를 정규분포로 근사화하여 Z검정을 실시할 수 있다. H_0하에서 통계량 U의 평균과 분산은 각각

$$E(U_i) = \frac{n_1 n_2}{2}, \tag{13.7a}$$

$$V(U_i) = \frac{n_1 n_2 (n_1 + n_2 + 1)}{12}, \tag{13.7b}$$

$i = A,\ B$이 된다. 따라서 통계량

$$Z = \frac{U - E(U)}{\sqrt{V(U)}} = \frac{U - n_1 n_2 / 2}{\sqrt{n_1 n_2 (n_1 + n_2 + 1)/12}} \tag{13.8}$$

는 n_1과 n_2가 크면 근사적으로 표준정규분포를 따른다.

맨-휘트니 검정과 윌콕슨의 부호순위검정은 표본이 가지고 있는 모든 정보를 사용하지 않기 때문에 2표본 t-검정에 비해 효율성이 크게 떨어질 것이라고 생각할 수 있으나, 실제로는 그렇지 않은 것으로 알려져 있다. 예를 들어 정규모집단에 대한 검정에서 맨-휘트니 검정과 똑같은 제1종 과오와 제2종 과오를 범할 확률을 주기 위해 필요한 t-검정의 표본 크기는 맨-휘트니 검정이 필요로 하는 표본크기의 90% 정도로, 비모수적 방법은 t-검정에 비해 그 효율성이 크게 떨어지지 않는다.

연습문제 13.2

1. 금속용기에 들어가는 구리의 함량이 금속용기의 부식에 영향을 미친다고 여겨져 다음과 같은 실험을 실시하였다. 구리의 함량이 각각 5 ppm과 10 ppm인 금속용기를 10개씩 만들어 실험장치에 넣고 일정 기간이 지난 후 부식정도를 측정하여 순위를 부여하였다. 구리의 함량에 따라 부식정도에 차이가 있는가?

구리함량	순위									
5	2	3	4	7	8	9	11	14	18	19
10	1	5	6	10	12	13	15	16	17	20

2. 한 교수가 7명의 학생들에게는 기존의 교수법으로, 6명의 학생들에게는 새로운 교수법으로 통계학을 강의하였다. 학생들에게 똑같은 시험을 치르게 한 결과가 다음과 같을 때, 교수법 간에 차이가 있는가?

수업방식	시험성적						
기존의 교수법	73	77	84	74	89	85	78
새로운 교수법	69	65	73	83	77	75	

3. 어떤 이동통신회사에서는 연령별로 전화요금에 차이가 있는지를 알아보기 위해 20대 이하 9명과 30대 이상 8명을 대상으로 한달 평균 전화요금(단위: 만 원)을 조사한 결과 다음의 자료를 얻었다. 30대 이상의 평균 전화요금이 20대 이하보다 많은지를 검정하라.

20대 이하	2.1	3.3	2.7	5.6	7.2	2.9	8.5	3.6	4.2
30대 이상	8.5	10.7	4.4	4.5	5.7	3.1	8.2	7.4	

4. 다음은 두 종류의 담배에 포함된 한 개비당 니코틴의 양(단위: mg)을 측정한 자료이다.

A 담배	2.1	4.0	6.3	5.4	4.8	3.7	6.1	3.3		
B 담배	4.1	0.6	3.1	9.6	4.0	6.2	1.6	2.2	1.9	5.4

두 담배에 포함된 니코틴의 양에 차이가 있다고 할 수 있는가?

5. 대기오염과 산성비의 관계를 알아보기 위해 7곳의 도심 지역과 5곳의 외곽 지역에서 비의 산성도(단위: pH)를 측정한 결과 다음과 같은 자료를 얻었다.

도심 지역	5.02	5.11	4.97	5.20	5.38	4.95	5.35
외곽 지역	5.13	5.07	5.28	5.24	5.40		

두 지역의 비의 산성도가 같은지를,

(a) 순위합검정으로 판단하라.

(b) 2표본 t검정으로 판단하라. 이 경우에 필요한 가정은 무엇인가?

6. 담금질로 인한 강철의 강도(단위: kg/mm^2)를 검사하기 위해 소금물과 기름물로 실험을 한 자료가 다음과 같다.

소금물	245	252	250	248	253	239	241	248	246	254
기름물	252	246	250	255	247	251	240	243	258	252

담금질한 강철의 강도가 같은지를,

(a) 순위합검정으로 판단하라.

(b) 2표본 t검정으로 판단하라. 이 경우에 필요한 가정은 무엇인가?

7. 10 kg의 쌀을 포장하기 위해 사용되는 보통 포대 A와 화학약품처리를 한 특수포대 B에 강도의 차이가 있는지를 알아보기 위해 두 종류의 포대 각각 10개씩의 표본을 취해 강도(단위:

$\mathrm{kg/mm^2}$)를 측정한 결과는 다음과 같다.

A	13.7	15.9	20.0	13.2	15.5	13.0	14.6	18.0	14.5	16.0
B	17.3	14.6	17.3	14.9	18.5	19.6	15.3	21.2	16.1	15.5

화학약품처리를 한 B포대가 A포대에 비해 강도가 우수하다고 할 수 있는지를,

(a) 순위합검정으로 판단하라.

(b) 2표본 t검정으로 판단하라. 이 경우에 필요한 가정은 무엇인가?

8. $X_1, \cdots, X_{n_1}$은 모집단 A에서 얻은 크기 n_1의 확률표본이고, $Y_1, \cdots, Y_{n_2}$은 모집단 B에서 얻은 크기 n_2의 확률표본이다. 이 표본에 순위를 크기순으로 1에서부터 $n_1 + n_2$까지 부여하고, X_i와 Y_i에 부여된 순위를 각각 $R(X_i)$, $R(Y_i)$라고 하자. $n_1 = 3$, $n_2 = 2$인 경우에 모집단 A과 B의 분포가 동일하다는 가정하에 통계량 $T = \sum_{i=1}^{n_1} R(X_i)$의 분포를 구하라.

9*. 식 (13.6a) 및 (13.6b)가 성립함을 보여라.

13.3 크러스칼-윌리스 검정

크러스칼-윌리스(Kruskal-Wallis) 검정은 앞에서 소개한 맨-휘트니 검정을 $k(k \geq 2)$개의 모집단을 비교하는 것으로 일반화시킨 비모수적방법이다. 모수적 방법인 일원 분산분석모형에서는 요인의 수준에 따라 분류된 k개의 모집단의 분포가 모두 동일한 분산을 갖는 정규분포를 따른다는 가정 아래 F검정을 이용하여 모든 모집단의 모평균이 동일한지를 검정하였다. 분산분석법에서는 총 제곱합을 요인의 제곱합(SS_A)과 오차의 제곱합(SS_E)으로 분리하여 각각의 자유도로 나눈 MS_A와 MSE를 비교하여 MS_A가 상대적으로 크다고 판단되면 모평균이 동일하다는 가설을 기각하게 된다. 그러나 크러스칼-윌리스 검정은 모집단의 분포에 대한 가정 없이 분포의 위치모수가 동일한지를 검정하는 방법으로 순위합을 이용하여 검정을 실시한다.

k개의 모집단에서 각각 크기 $n_1,\ n_2,\ \cdots,\ n_k$인 표본을 뽑는다고 하자. 모형은 일원 분산분석 모형과 비슷한

$$y_{ij} = \mu + \alpha_i + \epsilon_{ij}, \quad i = 1,\ \cdots,\ k,\ j = 1,\ \cdots,\ n_i \tag{13.9}$$

로서 μ는 전체평균, α_i는 모집단(처리) i의 효과를 나타내고 $\sum_i \alpha_i = 0$이 된다. 일원 분산분석 모형에서는 오차 ϵ_{ij}의 분포가 $\text{iid}\,N(0,\ \sigma^2)$임을 가정한데 반하여 여기서는 ϵ_{ij}들이 서로 독립이고 연속형 분포함수를 갖는다는 최소의 가정만 한다. 또한 검정을 위해 y_{ij}값 자체를 쓰는 것이 아니라 이들의 순위값을 쓴다. 즉 $n(= n_1 + \cdots + n_k)$개의 모든 y_{ij}값들을 혼합하여 크기순으로 다시 배열하여 순위를 매긴다. 이때 표본 i에 해당하는 순위의 합을 R_i라 하면 각 표본의 평균순위는 $\overline{R}_i = \dfrac{R_i}{n_i}$이며, 전체평균 $\overline{R}$는 1부터 n까지의 합을 n으로 나눈 값이므로 $\overline{R} = (1 + 2 + \cdots + n)/n = \dfrac{n+1}{2}$이 된다. 따라서 이들 평균순위를 이용하여 분산분석의 요인의 제곱합과 유사한

$$V = \sum_i^k n_i (\overline{R}_i - \overline{R})^2 = \sum_{i=1}^k n_i \left(\overline{R}_i - \frac{n+1}{2} \right)^2 \tag{13.10}$$

를 구할 수 있다. 만약 귀무가설이 참이라면, 즉 모든 모집단의 분포가 동일하다면 모든 $\overline{R}_i$들이 $\overline{R}$와 비슷할 것이라고 예상할 수 있고 V의 값은 작아질 것이다. 반대로 모집단들이 서로 다르다면 V의 값은 커질 것이다. 따라서 V를 검정통계량으로 이용하여 V의 값이 커지면 귀무가설을 기각하게 된다. 크러스칼과 윌리스는 V의 함수인 통계량

$$H = \frac{12V}{n(n+1)} = \frac{12}{n(n+1)} \sum_{i=1}^{k} \frac{R_i^2}{n_i} - 3(n+1) \tag{13.11}$$

를 제안하였다. 통계량 H는 $\min(n_1, \cdots, n_k) \to \infty$에 따라 자유도가 $(k-1)$인 χ^2분포를 따르고 대체로 $n_i \geq 5$이면 $\chi^2(k-1)$로의 근사화가 가능하다. 따라서 기각역은 $h > \chi_\alpha^2(k-1)$이 된다.

예제 13.6 어느 대학의 통계학 수업은 3개의 분반으로 나뉘어 진행된다. 분반에 따른 학생들의 학업성취도에 차이가 있는지를 알아보기 위해 각 분반으로부터 무작위하게 10명씩을 뽑아 시험을 치른 점수가 [표 13.4]와 같다. 이 자료를 이용하여 각 분반에 속한 학생들의 학업성취도가 같은지를 유의수준 5%로 검정하여 보자.

[표 13.4] 각 학생들의 통계학 점수와 순위

분반 1		분반 2		분반 3	
점수	순위	점수	순위	점수	순위
83	19	73	13.5	88	24
97	30	66	8	55	1
68	9.5	85	21	73	13.5
95	29	64	7	79	16
86	22	73	13.5	62	6
70	11	80	17	82	18
87	23	60	4	59	3
94	28	61	5	73	13.5
84	20	93	27	89	25
90	26	58	2	68	9.5
$r_1 = 217.5$		$r_2 = 118$		$r_3 = 129.5$	

• **풀이** $n_1 = n_2 = n_3 = 10$이고 $n = 30$이므로 H의 값은

$$h = \frac{12}{30 \times 31} \left\{ \frac{(217.5)^2}{10} + \frac{(118)^2}{10} + \frac{(129.5)^2}{10} \right\} - 3 \times 31 = 7.65$$

이다. 모든 n_i가 5보다 크므로 χ^2분포를 이용할 수 있고, $h = 7.65 > 2.5991 = \chi_{0.05}^2(2)$이므로 H_0를 기각한다. 즉, 적어도 어느 한 분반의 학업성취도가 다른 분반들과 다르다고 판단된다. ■

[R프로그램에 의한 계산]

```
> data<-c(83,97,68,95,86,70,87,94,84,90,73,66,85,64,73,80,60,61,93,58,
          88,55,73,79,62,82,59,73,89,68)
> g<-c(1,1,1,1,1,1,1,1,1,1,2,2,2,2,2,2,2,2,2,2,3,3,3,3,3,3,3,3,3,3)
> kruskal.test(data,g)
        Kruskal-Wallis rank sum test
data:  data and g
Kruskal-Wallis chi-squared = 7.6646, df = 2, p-value = 0.02166
```

$k=2$인 경우의 크러스칼-월리스 검정은 윌콕슨의 순위합검정의 양측검정과 동일한 검정이 된다. 따라서 $k>2$인 경우라 하더라도 특정한 두 쌍의 모집단에 대한 비교에 관심이 있다면 맨-휘트니 검정을 실시할 수 있다.

연습문제 13.3

1. 두 개의 모집단을 비교하는 경우, 크러스칼-월리스 검정보다 맨-휘트니 검정이 선호되는 이유를 설명하라.

2. 품질관리 담당 부서에서 한 달 동안 세 개의 라인에서 각각 10개의 제품을 무작위로 뽑아 결점수를 조사한 결과가 다음과 같다. 이 자료로 라인 간 제품의 품질에 차이가 있는지를 유의수준 5%로 검정하라.

라인	결점수									
Ⅰ	5	3	0	1	2	6	2	1	3	4
Ⅱ	1	4	6	5	7	4	6	2	5	6
Ⅲ	0	3	5	2	1	6	0	4	3	5

3. 세 회사의 전구를 무작위로 뽑아 그 수명(단위: 시간)을 측정한 결과가 다음과 같다. 이 자료를 이용해서 상표별로 전구의 수명에 차이가 있는지를 판단하라.

회사	수 명				
A	1,675	1,518	1,750	1,624	1,541
B	1,827	1,845	1,991	1,942	1,927
C	1,783	1,806	1,973	1,715	1,899

4. 국내 휴대폰 시장 점유율이 가장 높은 세 회사에서 생산되는 컬러 액정단말기를 대상으로 연속통화가능시간(단위: 분)을 측정한 결과, 다음과 같은 자료를 얻었다. 이 자료로 각 회사별 단말기의 연속통화가능시간에 차이가 있다고 할 수 있는지를 검정하라.

회사	연속통화 가능시간				
A	86	95	75	107	93
B	149	103	91	88	116
C	97	128	82	108	137

5. 세 회사에서 생산되는 실의 품질을 비교하기 위해 각 회사의 실로 만든 8종의 섬유를 대상으로 장력(단위: kg/cm^2)을 측정하였다. 각 회사에서 만든 실의 품질에 차이가 있는지를 검정하라.

회사	장력							
A	96	99	96	95	97	95	96	96
B	95	98	99	98	98	97	97	95
C	93	94	93	96	99	96	95	97

6. 시멘트 원료의 혼합방법이 시멘트의 강도(kg/mm^2)에 영향을 주는지를 알아보기 위해 4가지 혼합방법에 대하여 실험을 한 결과가 다음과 같다.

혼합방법	강도				
Ⅰ	8.37	4.02	4.13	3.89	3.96
Ⅱ	3.98	4.30	4.21	4.15	4.12
Ⅲ	3.99	3.92	3.83	4.05	3.87
Ⅳ	3.62	3.76	3.64	3.77	3.89

혼합방법에 따라 시멘트의 강도가 다른지를 판단하고, 만약 다르다면 가장 큰 강도를 나타내는 혼합방법을 찾아라.

7. 토마토를 재배하는 네 가지 방법간에 차이가 있는지를 알아보기 위해 토마토 재배지를 많은 수의 조그마한 구역으로 나누고 각 구역을 무작위로 선택하여 네 가지 방법으로 토마토를 재배하여 0.5ha당 수확량을 기록한 결과(단위: 톤)가 다음과 같다.

재배방법	수확량								
I	66	71	77	70	76	69	67		
II	52	55	53	56	55	54	55	56	
III	72	60	67	60	70	68	66	68	60
IV	67	68	60	62	65	62	60	66	61

각 재배방법에 차이가 있는지를 판단하라.

8. 4가지 온도에서 구운 벽돌의 밀도(g/cm^3)를 조사하여 다음과 같은 결과를 얻었다.

온도(℃)	밀도					
100	10.7	10.6	10.9	10.7	10.8	10.9
125	10.5	10.4	10.6	10.4	10.7	
150	10.6	10.8	10.5	11.0	10.8	11.1
175	10.8	10.7	10.5	10.9	10.4	

온도가 벽돌의 밀도에 영향을 미치는가?

9. 실력이 비슷한 학생 22명을 4그룹으로 나누어 서로 다른 시험문제 4가지로 시험을 본 결과가 다음과 같다. 시험문제의 난이도에 차이가 있는 지를 모수적 방법과 비모수적 방법으로 각각 검정하고, 그 결과를 서로 비교하라. 또한 모수적 방법으로 검정할 경우 필요한 가정은 무엇이며, 비모수적 방법으로 검정할 경우 필요한 가정은 무엇인지 설명하라.

시험문제 종류	점 수					
I	82	86	69	82	79	
II	81	75	72	79	83	
III	67	78	84	59	76	62
IV	83	95	89	88	85	92

10. $k=3$이고 $n_1=2$, $n_2=2$, $n_3=1$인 경우 식 (13.10)의 통계량의 분포를 구하라. 단, 관측값 간에 동점이 없다고 가정하라.

11*. 다음 등식이 성립함을 보여라.

$$\frac{12}{n(n+1)}\sum_{i=1}^{k} n_i(\overline{R}_i - \overline{R})^2 = \frac{12}{n(n+1)}\sum_{i=1}^{k}\frac{R_i^2}{n_i} - 3(n+1)$$

13.4 런 검정

검은 구슬과 흰 구슬이 각각 5개씩 들어 있는 주머니에서 구슬을 하나씩 비복원으로 뽑는 실험을 한다고 하자. 만일 실험결과가 [그림 13.3]과 같다면 ①, ②의 경우 검은 또는 흰 구슬이 몰려 있고, ③의 경우 검은 구슬과 흰 구슬이 주기적으로 반복되므로 실험이 무작위하게 수행되었다고 보기 어렵다. 즉, 두 종류의 구슬이 얼마나 무작위하게 뽑혔는가는 검은 구슬과 흰 구슬을 일렬로 놓았을 때 특정 패턴이 없이 얼마나 고르게 섞여있는가로 판단된다. 이와 같이 두 종류의 사건이 일어나는 순서에 대한 **무작위성**(randomness)은 한 사건의 출현이 얼마만큼 연속되었는가로 평가할 수 있는데, 동일한 종류에 속하는 사건의 연속을 **런**(run)이라 한다. 예를 들어 ①에는 연속 다섯 개의 검은 구슬로 이루어진 런과 연속 다섯 개의 흰 구슬로 이루어진 런이 하나씩인 2개의 런이 있으며, ②에는 3개, ③에는 10개의 런이 있다. 여기서 ①과 ②는 실험이 무작위로 진행되었다고 보기에는 런의 수가 너무 적고, ③은 런의 수가 너무 많다. 이와 같이 런을 이용하여 일련의 사건의 발생에 대한 무작위성을 검정하는 것을 **런 검정**(run test)이라 한다.

런 검정의 기각역을 구하기 위해 런의 수 R의 분포에 대해 알아보자. 흰 구슬 n_1개와 검은 구슬 n_2개가 들어있는 주머니에서 하나씩 차례로 비복원추출하여 한 줄로 배열하는 실험을 한다고 하자. 실험 결과 흰 구슬의 런 X_1개와 검은 구슬의 런 X_2개가 있다면 런의 총 개수는 $R = X_1 + X_2$가 된다. X_1과 X_2의 관계를 살펴보면, $X_1 = x_1$으로 주어졌을 때, X_2는 항상 $x_1 - 1$, x_1, $x_1 + 1$ 중의 하나가 된다. 또한 R이 가질 수 있는 최솟값은 2이며, 최댓값은 $n_1 = n_2$일 때 $2n_1$이고 $n_1 < n_2$일 때 $2n_1 + 1$이 된다.

먼저 $n_1 + n_2$개의 구슬을 배열할 때 가능한 모든 경우의 수는 $\dfrac{(n_1+n_2)!}{n_1!n_2!} = \dbinom{n_1+n_2}{n_1}$이 된다. 따라서 모든 가능한 배열이 같은 확률을 가진다고 가정하면, 각 배열이 나올 확률은

$$\frac{1}{\dbinom{n_1+n_2}{n_1}} \tag{13.12}$$

① ● ● ● ● ● ○ ○ ○ ○ ○

② ● ● ● ○ ○ ○ ○ ○ ● ●

③ ● ○ ● ○ ● ○ ● ○ ● ○

[그림 13.3] **흑·백 구슬의 배열**

ㅇ|ㅇ ㅇ ㅇ|ㅇ ㅇ|ㅇ ⋯ |ㅇ|ㅇ ㅇ ㅇ|ㅇ

[그림 13.4] 구슬 사이의 틈

이 된다. 한편 n_1개의 흰 구슬로부터 x_1개의 런을 얻는 경우의 수는 [그림 13.4]와 같이 일렬로 놓인 구슬 n_1개 사이에 x_1-1개의 막대기를 놓는 것과 같다.

구슬이 n_1개이므로 n_1-1개의 구슬 틈 사이 중에서 막대기를 놓을 자리 x_1-1개를 선택하는 경우의 수는 $\binom{n_1-1}{x_1-1}$이 된다. 마찬가지로 n_2개의 검은 구슬로부터 x_2개의 런을 얻는 경우의 수는 $\binom{n_2-1}{x_2-1}$이 되어, x_1개의 흰 구슬 런과 x_2개의 검은 구슬 런을 가지는 경우의 수는

$$\binom{n_1-1}{x_1-1}\binom{n_2-1}{x_2-1} \tag{13.13}$$

이 된다. 그런데 x_1과 x_2는 서로 독립해서 변하는 것이 아니고, 이들 사이에 $x_2=x_1-1$, $x_2=x_1$, $x_2=x_1+1$중 하나의 관계가 성립한다. 따라서 함수 h를

$$h(x_1,\ x_2)=\begin{cases}2, & x_2=x_1\\ 1, & x_2=x_1\pm 1\\ 0, & \text{기타}\end{cases} \tag{13.14}$$

라 정의하면, 식 (13.12)~(13.14)로부터 x_1개의 흰 구슬 런과 x_2개의 검은 구슬 런을 가질 확률은

$$p(x_1,\ x_2)=\frac{\binom{n_1-1}{x_1-1}\binom{n_2-1}{x_2-1}}{\binom{n_1+n_2}{n_1}}h(x_1,\ x_2) \tag{13.15}$$

가 된다.

한편 $R=r$이 되는 경우를 살펴보면

i) $x_2=x_1$인 경우 $r=x_1+x_2$는 짝수이고 $x_1=x_2=\frac{r}{2}$,

ii) $x_2=x_1\pm 1$인 경우 $r=x_1+x_2$는 홀수이고 $(x_1,\ x_2)=\left(\frac{r+1}{2},\ \frac{r-1}{2}\right)$ 또는 $\left(\frac{r-1}{2},\ \frac{r+1}{2}\right)$

이 된다. 따라서 R의 분포는

$$P(R=r)=\begin{cases} \dfrac{2\dbinom{n_1-1}{\frac{r}{2}-1}\dbinom{n_2-1}{\frac{r}{2}-1}}{\dbinom{n_1+n_2}{n_1}}, & r \text{ 짝수} \\ \dfrac{\dbinom{n_1-1}{\frac{r-1}{2}}\dbinom{n_2-1}{\frac{r-3}{2}}+\dbinom{n_1-1}{\frac{r-3}{2}}\dbinom{n_2-1}{\frac{r-1}{2}}}{\dbinom{n_1+n_2}{n_1}}, & r \text{ 홀수} \end{cases} \tag{13.16}$$

가 된다.

런 검정에서 통계량 R의 관측값 r이 주어지면 식 (13.16)으로부터 p-값을 계산할 수 있다. 참고로 누적확률 계산프로그램은 [그림 13.5]와 같다.

[R 누적확률 계산 프로그램]

```
> comb<-function(a,b) if (a<b) return(0)
                      else return(factorial(a)/(factorial(a-b)*factorial(b)))
> prun<-function(m,n,r) {
+     pr <- 0.0
+     if (r%%2 == 0) pr <- 2*comb(m-1,r/2-1)*comb(n-1,r/2-1)/comb(m+n,m)
+       else pr <- (comb(m-1,(r-1)/2)*comb(n-1,(r-3)/2) +comb(m-1,(r-3)/2)
                                 *comb(n-1,(r-1)/2))/comb(m+n,m)
+     return(pr)
+ }
> cprun<-function(m,n,r0) {
+     cp <- 0.0
+     for (r in 2:r0) cp <- cp + prun(m,n,r)
+     return(cp)
+ }
```

[그림 13.5] 런의 누적확률 계산을 위한 R 프로그램

예제 13.7 자동차 운전면허 시험의 최종 단계로 안전 운전에 관한 시험에 합격해야 한다. 시험은 OX문제로 출제되는데, 시험의 정답 여부가 다음과 같도록 문제를 배열하였다.

OXOOXOXOXXOOXOXOXXXO

이 OX문제는 무작위로 배열되었다고 할 수 있는지를 유의수준 5%로 검정하여 보자.

• **풀이** 위 답안은 $n_1 = 10$개의 O와 $n_2 = 10$개의 X로 구성되어 있고, 가능한 런의 수의 범위는 2 ~ 20이고 관측값은 $R = 15$이다. 식 (13.16)에 근거하여 p-값을 계산해보면

$$p\text{-값} = 2 \times P[R \geq 15] = 0.1025$$

로서 문제 배열이 무작위하다고 판단된다. ■

[R 프로그램에 의한 계산]

[그림 13.5]의 프로그램을 실행시킨 후 p-값 계산을 위한 다음 명령어를 입력한다.

```
> 2*(1-cprun(10,10,14))
[1] 0.1025136
```

n_1과 n_2가 20보다 큰 경우에는 다음과 같이 R의 분포를 정규분포로 근사화하여 $Z-$검정을 실시하면 된다. H_0에서 통계량 R의 평균과 분산은 각각

$$E(R) = \frac{2n_1n_2}{n_1+n_2} + 1, \quad V(R) = \frac{2n_1n_2(2n_1n_2 - n_1 - n_2)}{(n_1+n_2)^2(n_1+n_2-1)} \tag{13.17}$$

이 된다. 따라서 통계량

$$Z = \frac{R - E(R)}{\sqrt{V(R)}} \tag{13.18}$$

은 n_1과 n_2가 크면 근사적으로 표준정규분포를 따른다.

런 검정은 시간에 따른 일련의 측정값 즉 시계열이 무작위한가를 검정하는데도 사용될 수 있다. 시계열은 많은 분야에서 생길 수 있는데, 예를 들면 화학제품의 품질특성, 특정제품에 대한 수요, 주가지수 등은 시간에 따라 경향을 갖거나 주기성을 띄게 된다. 이러한 시계열에 대한 무작위성의 검정은 주로 어떤 기준점으로부터 벗어난 방향을 조사하거나 측정값들의 연속적인 증가 또는 감소를 조사함으로써 이루어진다. 예를 들어 목표값보다 크거나 작은 측정값에 대한 런

의 개수를 이용하여 측정값의 수준 변화를 판단하거나, 연속 증가하는 측정값에 대한 상승런과 감소하는 하강런을 이용하여 시계열이 주기성을 가지고 변화하는지를 검정할 수 있다.

예제 13.8 [그림 13.6]은 어떤 화학공정에서 생산되는 제품의 순도(단위: %)를 매시간 측정하여 타점한 것이다. 이 자료들이 랜덤한지를 검정해보자.

• **풀이** [그림 13.6]에 나타난 측정값들을 평균을 기준으로 크고(U) 작음(D)에 따라 다음과 같이 표시될 수 있다.

DDDDUUDUUDUDDDD

따라서 $n_1 = 5$, $n_2 = 10$이고 $R = 7$이고 p-값을 계산해보면

$$p\text{-값} = 2P(R \le 7) = (2)(0.455) = 0.91$$

이므로 측정값은 무작위하다고 판단된다. ■

[R 프로그램에 의한 계산]

```
> 2*cprun(5,10,7)
[1] 0.9090909
```

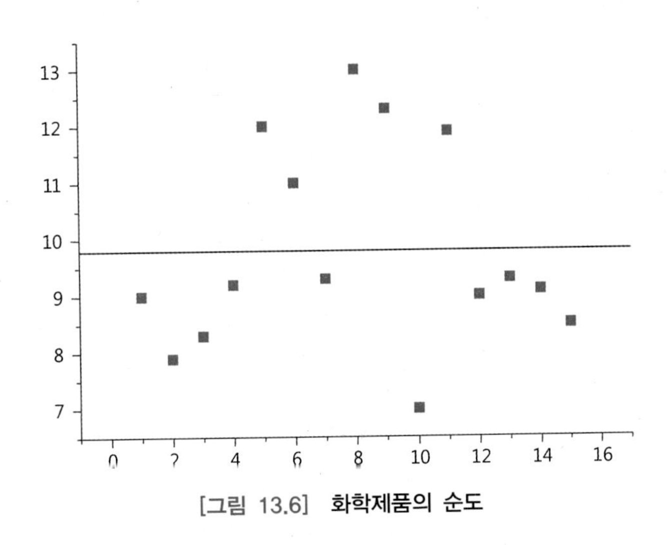

[그림 13.6] **화학제품의 순도**

런 검정은 맨-휘트니 검정과 같이 두 모집단 I과 II의 분포를 비교하는 데도 이용될 수 있다. 두 표본의 측정값들을 하나의 혼합표본으로 구성하여 크기순으로 배열한 후 해당 모집단에 따라 A와 B로 표시할 수 있고 이것을 이용하여 무작위성을 검정할 수 있다. 만약 모집단 A의 모든 측정값들이 모집단 B의 측정값보다 작으면 그 집합은 AA⋯AABB⋯BB가 될 것이고 $r=2$가 될 것이다. 따라서 r이 작으면 두 분포 사이에 차이를 나타내는 증거가 될 것이다.

 연습문제 13.4

1. $n_1=4$, $n_2=5$일 때 다음의 확률을 계산하라.
   (a) $P(R \le 3)$
   (b) $P(R > 7)$

2. [예제 13.4]에 런 검정을 적용하라.

3. 두 명이 게임을 하는데 동전을 던져 앞면이 나오면 B가 A에게 100원을, 뒷면이 나오면 A가 B에게 100원을 주기로 하였다. 동전을 던진 결과가 다음과 같을 때, (앞은 H, 뒤는 T로 표시) 이 동전이 공정한 것인지를 런 검정으로 판단하라.

   HHHTTHTHTTTTHHTTHTHH

4. 한 백화점의 시식코너에 일렬로 놓인 16개의 좌석에 5명의 손님이 앉아 있다. 손님이 앉았는지의 여부에 따라 손님이 앉아 있으면 O로, 빈 좌석이면 E로 표시한 결과가 다음과 같을 때 손님들이 좌석에 랜덤하게 앉은 것인지를 검정하라. 단, 5명의 손님들은 서로 모르는 사이이다.

   EOEEOEEEOEEEOEOE

5. 어느 생산라인에서 나오는 제품을 차례로 양품이면 N으로, 불량품이면 D로 표시한 결과 다음과 같다.

   DNNNNNDDNNNNNDDDNNNNDNNNDDNNNDD

   위의 자료로 불량품이 무작위하게 발생하는지를 판단하라.

6. 500 ml 병에 채워진 음료수의 양이 목표값 주위에 랜덤하게 분포하는지를 알아보기 위해 15개의 샘플을 취해 양을 측정해 보니 다음과 같았다.

495.6, 497.8, 502.5, 496.2, 498.3, 499.5, 498.4, 494.6
503.2, 505.7, 498.7, 502.3, 504.6, 501.2, 495.4

목표값이 500 ml일 때 음료수의 양이 무작위한지를 판단하라.

7. 다음은 품질관리에 이용되는 관리도에 타점된 점이다. 이를 보고 점의 형태가 랜덤하다고 할 수 있는지를 중심선 위아래의 런의 수로 판단하라.

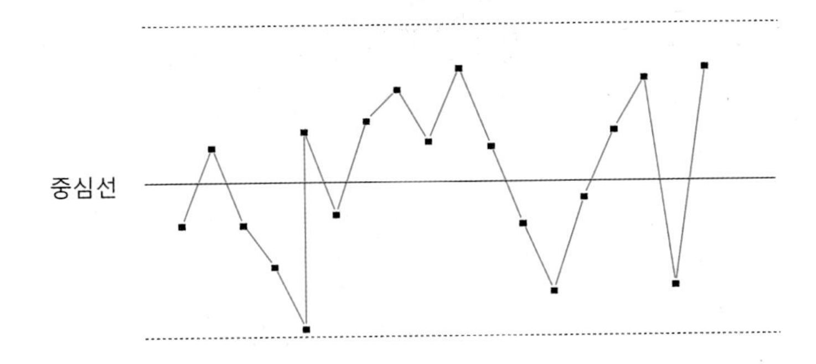

8. 다음 그림은 29일 간의 공정의 변동상황을 관리도 위에 점으로 나타낸 것이다.

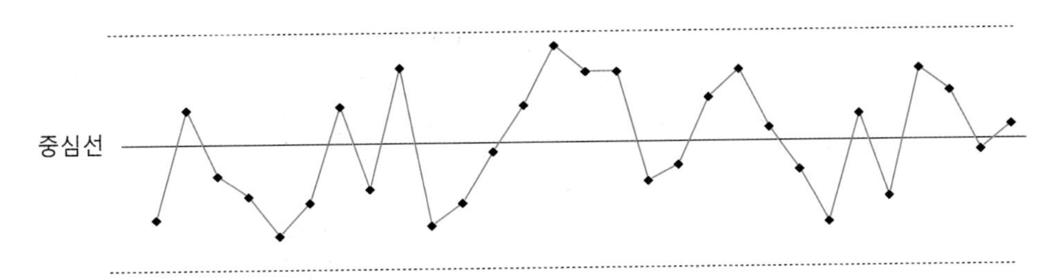

점의 형태가 랜덤하다고 할 수 있는지를,

(a) 중심선 위의 런과 아래의 런의 수로 판단하라.

(b) 상승 런과 하강 런의 수로 판단하라.

13.5 순위상관계수

제10.5절에서는 확률변수$(X,\ Y)$가 2변량정규분포를 따를 때, 식 (10.37)로 주어지는 표본상관계수를 이용하여 X와 Y의 상관계수 ρ가 0이라는 귀무가설 $H_0 : \rho = 0$ 즉, X와 Y가 서로 독립이라는 가설을 검정하는 검정통계량 (10.40)이 분포 $t(n-2)$를 따른다는 것을 배웠다.

이 절에서는 $(X,\ Y)$의 분포를 모르거나, 분포를 알더라도 X나 Y의 관측값을 얻기 어려워 그 상대적인 순위만을 관측할 수 있을 때, X_i와 Y_i의 상대적 순위 자료를 이용하여 X와 Y의 상관관계에 관한 가설을 검정하는 방법에 대하여 알아본다.

순위를 이용한 상관계수로는 (10.37)의 상관계수와 같은 방법으로 얻어지나 다만 관측값들 대신 순위들을 써서 구하는 <u>스피어맨의 순위상관계수(Spearman's rank correlation coefficient)</u>를 쓰기로 한다.

2변량 확률변수 $(X,\ Y)$에 대해 크기 n인 확률표본의 관측값 $(x_1,\ y_1),\ \cdots,\ (x_n,\ y_n)$ 중, i 번째 값 $(x_i,\ y_i)$에서 $x_1,\ \cdots,\ x_n$ 중 x_i의 순위를 r_i, $y_1,\ \cdots,\ y_n$ 중 y_i의 순위를 s_i, $i = 1,\ \cdots,\ n$이라 하자. 스피어맨의 순위상관계수 r^*는 n개의 순위쌍 $(r_1,\ s_1),\ \cdots,\ (r_n,\ s_n)$을 이용하여

$$r^* = \frac{\sum_{i=1}^{n}(r_i - \bar{r})(s_i - \bar{s})}{\sqrt{\sum_{i=1}^{n}(r_i - \bar{r})^2}\sqrt{\sum_{i=1}^{n}(s_i - \bar{s})^2}} \tag{13.19}$$

라 정의한다. 여기서 $r_1,\ \cdots,\ r_n$이나 $s_1,\ \cdots,\ s_n$들은 순위를 나타내므로

$$\sum_{i=1}^{n} r_i = \sum_{i=1}^{n} s_i = 1 + 2 + \cdots + n = \frac{n(n+1)}{2}$$

이고 $\bar{r} = \bar{s} = \dfrac{n+1}{2}$이 된다. 또한

$$\sum_{i=1}^{n} r_i^2 = \sum_{i=1}^{n} s_i^2 = 1^2 + 2^2 + \cdots + n^2 = \frac{n(n+1)(2n+1)}{6}$$

이다. 그리고 $d_i = r_i - s_i$라 하면

$$\sum_{i=1}^{n} r_i s_i = \frac{n(n+1)(2n+1)}{6} - \frac{\sum_{i=1}^{n} d_i^2}{2} \tag{13.20}$$

가 된다. 이를 식 (13.19)에 대입하여 정리하면 r^*는

$$r^* = 1 - \frac{6}{n(n^2-1)} \sum_{i=1}^{n} d_i^2 \tag{13.21}$$

로 간단히 표시할 수 있다.

예제 13.9 어느 회사 입사시험에서 서류심사에 통과한 10명에 대하여 필기시험과 면접시험을 시행한 결과는 [표 13.5]와 같다. 면접시험결과는 점수화하기가 힘들어 상대적 순위만을 정하였고 괄호 안의 수치는 필기시험의 석차를 나타낸다. 필기시험과 면접시험의 순위상관계수를 구해보자.

[표 13.5] **면접시험 순위 및 필기시험 성적**

응시자	면접순위	필기시험 성적	d_i
1	6	67 (8.5)	−2.5
2	9	61 (10)	−1
3	3	83 (4)	−1
4	10	67 (8.5)	1.5
5	1	94 (2)	−1
6	7	81 (5)	2
7	5	70 (7)	−2
8	2	86 (3)	−1
9	8	74 (6)	2
10	4	96 (1)	3

• **풀이** $n = 10$이고 $\sum_{i=1}^{10} d_i^2 = 33.5$이므로

$$r^* = 1 - \frac{6 \times 33.5}{10 \times 99} = 0.797$$

이다. ■

[R함수를 이용한 계산]

R함수에서는 입력데이터를 순위로 환산하여 계산하므로 면접순위의 경우 1등에 가장 높은 점수, 10등에 가장 낮은 점수가 부여되도록 한 후 실행해야 한다.

```
> x <- c(6,9,3,10,1,7,5,2,8,4)
> y <- c(67,61,83,67,94,81,70,86,74,96)
> x1 <- 11-x                    # 등수가 낮은 사람이 높은 점수가 되도록 수정
> cor(x1,y,method="spearman")
[1] 0.7963563
```

식 (13.19)의 r^*는 $-1 \le r^* \le 1$의 범위 안에 있고, 식 (13.21)로부터 모든 i에 대해 x_i와 y_i의 순위가 완벽하게 일치하면, 즉, $r_i = s_i$이면 $r^* = 1$이고 완벽하게 정반대가 되면 $r^* = -1$임을 알 수 있다. 따라서 r^*가 1에 가깝거나 -1에 가까우면 X와 Y의 순위 사이에 상관관계가 있다는 것을 뜻한다. 따라서 X와 Y의 순위 간의 상관계수 ρ_s가 0이라는 귀무가설 $H_0 : \rho_s = 0$은 r^*가 $+1$이나 -1에 가까우면 기각된다. 가설

$$H_0 : \rho_s = 0 \quad \text{대} \quad H_1 : \begin{cases} \rho_s \neq 0 \\ \rho_s < 0 \\ \rho_s > 0 \end{cases}$$

은 R함수 cor.test(x,y,alternative=c("two.sided", "less", "greater"), method= "spearman")을 사용하여 검정할 수 있다.

예제 13.10 [예제 13.9]에서 면접시험과 필기시험 결과가 상관관계가 있는지 유의수준 1%로 검정해 보자.

• **풀이** 상관관계가 없다는 귀무가설과 양의 상관관계가 있다는 대립가설을 검정하면, p-값이 0.003 정도로 유의수준보다 작으므로 H_0는 기각된다. 즉, 면접시험과 필기시험은 서로 연관성이 있다고 판단된다. ■

[R에 의한 검정]

```
> cor.test(x1,y,alternative="greater",method="spearman")
```

```
        Spearman's rank correlation rho

data:  x1 and y
S = 33.601, p-value = 0.002918
alternative hypothesis: true rho is greater than 0
sample estimates:
      rho
0.7963563

Warning message:
In cor.test.default(x1, y, alternative = "greater", method = "spearman") :
  tie때문에 정확한 p값을 계산할 수 없습니다
```

연습문제 13.5

1. 통계 과목의 중간고사와 기말고사 성적 사이에 관계가 있는지를 알아보기 위해 무작위로 12명의 학생을 뽑아 성적을 기록한 결과 다음과 같은 자료를 얻었다.

학생	1	2	3	4	5	6	7	8	9	10	11	12
중간고사	53	77	74	63	71	69	78	86	91	68	88	35
기말고사	61	65	76	80	77	65	72	88	96	64	82	41

중간고사와 기말고사 성적 사이의 상관계수와 스피어맨의 순위 상관계수를 구하라.

2. 한 웅변대회에서 2명의 심사위원이 8명의 참가자의 등수를 기록한 결과는 다음과 같다.

참가자(참가순서)	1	2	3	4	5	6	7	8
심사위원 A	2	3	4	6	8	5	1	7
심사위원 B	1	4	7	8	3	6	5	2

(a) 두 심사위원이 비슷한 채점 경향을 갖는지를 유의수준 10%로 검정하라.

(b) 참가 순서가 심사위원들의 채점 결과에 영향을 주는지를 판단하라.

3. 크리스마스와 겨울방학을 겨냥하여 개봉한 6편의 영화에 대해 영화평론가들과 일반관객이 내린 순위가 다음과 같이 조사되었다. 평론가들과 일반관객이 내린 평가 사이에 양의 상관관계가 있는지를 유의수준 5%로 검정하라.

영화	A	B	C	D	E	F
평론가	3	5	1	6	2	4
일반관객	4	3	2	5	1	6

4. 15명의 초등학생을 대상으로 두 종류의 시험을 실시하여 순위를 기록한 결과가 다음과 같다.

어린이	1	2	3	4	5	6	7	8	9	10	11	12	13	14	15
시험 1	9	6	10	5	3	13	4	14	1	11	7	2	12	15	8
시험 2	10	7	12	6	1	15	3	13	2	5	8	4	9	14	11

시험 1과 2 사이의 스피어맨의 순위상관계수를 구하라. 두 시험이 서로 비슷한 것이라고 할 수 있는가?

5. 다음은 고등학교 체력검사에서 10명의 남학생을 대상으로 턱걸이와 공던지기 결과를 기록한 자료이다.

학생	1	2	3	4	5	6	7	8	9	10
턱걸이 수(개)	3	8	7	15	1	9	22	7	4	11
던진 거리(m)	43	40	55	51	31	39	62	46	29	45

턱걸이의 개수와 공을 던진 거리 사이의 스피어맨의 순위상관계수를 구하고, 이들 사이에 상관관계가 있는지를 유의수준 5%로 검정하라.

6. 볼트와 너트를 조립하는 일에 새로운 작업자가 배치되었다. 매일 무작위로 샘플을 대화 평균조립시간(단위: 초)을 기록한 결과가 다음과 같다. 시간이 지남에 따라 작업자의 숙련도에 향상이 있었는지를 판단하라.

일	1	2	3	4	5	6	7	8	9	10	11	12	13
평균 작업 시간	9.1	11.2	11.5	8.8	7.7	9.1	7.9	6.7	7.3	6.8	4.4	5.9	5.5

7. 수공예품을 생산하는 작업장에서 15명의 작업자를 무작위 뽑아 그들이 하루 동안 생산하는 평균 생산량과 1 ~ 10점 사이의 품질 점수를 기록하였다.

작업자	1	2	3	4	5	6	7	8	9	10	11	12	13	14	15
평균 생산량	21	37	26	14	21	28	43	16	34	20	31	24	41	18	26
품질 점수	8.5	7.3	7.8	7.5	8.9	6.3	7.7	8.2	8.0	9.5	8.9	8.3	6.8	8.5	5.7

(a) 평균 생산량과 품질 점수 사이의 스피어맨의 순위상관계수를 구하고 이 상관계수가 의미하는 바를 설명하라.

(b) 많은 제품을 생산하는 작업자의 품질이 적은 양을 생산하는 작업자의 품질보다 떨어지는지를 알아보기 위한 가설을 세우고 유의수준 5%로 검정하라.

8. 다음은 어떤 사무실에서 하루 동안 난방용으로 소비된 석유의 양(단위: l)과 사무실의 평균온도(단위: ℃)를 나타낸 자료이다. 이 자료로부터 소비된 석유의 양과 사무실의 평균온도 사이에 상관관계가 있는지를 유의수준 1%로 검정하라.

관측날짜	1	2	3	4	5	6	7	8	9	10	11	12
석유의 양	14.5	8.4	13.1	11.3	9.8	14.2	10.4	10.7	13	10.5	10.2	11.1
평균온도	17.9	16.9	18.2	17.8	17.1	17.8	16.9	18.3	18.4	18.2	17.0	17.4

9. 부부의 키 사이에 상관관계가 있는지 알아보기 위해 8쌍의 부부를 무작위로 선정하여 키를 조사하였다.

부부번호	1	2	3	4	5	6	7	8
남편의 키(cm)	188	170	157	178	185	175	173	198
아내의 키(cm)	173	163	160	170	155	165	168	183

(a) 부부의 키 사이에 양의 상관관계가 있는지를 스피어맨의 순위상관계수를 이용하여 판단하라.

(b) 정규분포를 가정하여 $H_0 : \rho = 0$ 대 $H_1 : \rho > 0$를 검정하라.

10. 어느 대기업에서는 직원의 나이와 연봉(단위: 백만 원) 간의 관계를 알아보기 위해 무작위로 직원 15명을 뽑아 나이와 연봉을 조사하여 다음과 같은 표를 얻었다.

직원	1	2	3	4	5	6	7	8	9	10	11	12	13	14	15
나이	34	40	45	40	44	28	29	41	30	41	38	36	38	35	36
연봉	37.8	41.7	46.2	40.5	48.3	29.3	27.5	39.8	31.2	44.3	38.7	37.5	54.3	38.9	37.1

나이와 연봉 간에 상관관계가 있는지를 유의수준 5%로 검정하라.

APPENDIX

부 록

부록 A. 대표적인 분포

이산형 분포					
분포	표기	확률함수	평균	분산	적률생성함수
이항분포	$b(n,\ p)$	$p(x)=\binom{n}{x}p^x(1-p)^{n-x}$; $x=0,\ 1,\ \cdots,\ n$	np	$np(1-p)$	$[pe^t+(1-p)]^n$
초기하분포	$HG(N,\ M,\ n)$	$p(x)=\dfrac{\binom{M}{x}\binom{N-M}{n-x}}{\binom{N}{x}}$	$\dfrac{nM}{N}$	$n\left(\dfrac{M}{N}\right)\left(\dfrac{N-M}{N}\right)\left(\dfrac{N-n}{N-1}\right)$	
기하분포	$Geo(p)$	$p(x)=p(1-p)^x$; $x=0,\ 1,\ \cdots$	$\dfrac{1-p}{p}$	$\dfrac{1-p}{p^2}$	$\dfrac{p}{1-(1-p)e^t}$
포아송분포	$Poi(\lambda)$	$p(x)=\dfrac{\lambda^x e^{-\lambda}}{x!}$ $x=0,\ 1,\ \cdots$	λ	λ	$\exp[\lambda(e^t-1)]$
음이항분포	$NB(r,\ p)$	$p(x)=\binom{x+r-1}{r-1}p^r(1-p)^x$; $x=0,\ 1,\ \cdots$	$\dfrac{r(1-p)}{p}$	$\dfrac{r(1-p)}{p^2}$	$\left[\dfrac{p}{1-(1-p)e^t}\right]^r$
다항분포	$MN(n\,;p_1,\ \cdots,\ p_k)$	$p(x_1,\ \cdots,\ x_k)=$ $\dfrac{n!}{x_1!\cdots x_k!}p_1^{x_1}\cdots p_k^{x_k}$	$E(X_i)=n_ip_i$	$V(X_i)=n_ip_i(1-p_i)$	$(p_1e^{t_1}+p_{k-1}p^{t_{k-1}}+p_k)^n$

연속형 분포					
분포	표기	확률밀도함수	평균	분산	적률생성함수
균일분포	$U(a,\ b)$	$f(x)=\dfrac{1}{b-a}$; $a<x<b$	$\dfrac{a+b}{2}$	$\dfrac{(b-a)^2}{12}$	$\dfrac{e^{tb-e^{ta}}}{t(b-a)}$
정규분포	$N(\mu,\ \sigma^2)$	$f(x)=\dfrac{1}{\sqrt{2\pi}\sigma}\exp\left[-\dfrac{1}{2}\left(\dfrac{x-\mu}{\sigma}\right)^2\right]$ $-\infty<x<\infty$	μ	σ^2	$\exp\left(\mu t+\dfrac{\sigma^2t^2}{2}\right)$
지수분포	$Exp(\theta)$	$f(x)=\dfrac{1}{\theta}e^{-x/\theta}$; $\theta>0$ $0<x<\infty$	θ	θ^2	$(1-\theta t)^{-1}$
감마분포	$G(\alpha,\ \beta)$	$f(x)=\left[\dfrac{1}{\Gamma(\alpha)\beta^a}\right]x^{a-1}e^{-x/\beta}$; $0<x<\infty$	$\alpha\beta$	$\alpha\beta^2$	$(1-\beta t)^{-\alpha}$
χ^2분포	$\chi^2(v)$	$f(x)=\left[\dfrac{1}{2^{v/2}\Gamma(v/2)}\right]x^{v/2-1}e^{-x/2}$; $0<x<\infty$	v	$2v$	$(1-2t)^{-v/2}$
베타분포	$Be(\alpha,\ \beta)$	$f(x)=\left[\dfrac{\Gamma(\alpha+\beta)}{\Gamma(\alpha)\Gamma(\beta)}\right]x^{a-1}(1-x)^{\beta-1}$; $0<x<1$	$\dfrac{\alpha}{\alpha+\beta}$	$\dfrac{\alpha+\beta}{(\alpha+\beta)^2(\alpha+\beta+1)}$	
와이블분포	$Wei(\alpha,\ \beta)$	$f(x)=\dfrac{\beta}{\alpha}\left(\dfrac{x}{\alpha}\right)^{\beta-1}\exp\left[-\left(\dfrac{x}{a}\right)^{\beta}\right]$ $0<x<\infty$	$\alpha\Gamma\left(1+\dfrac{1}{\beta}\right)$	$\alpha^2\left[\Gamma\left(1+\dfrac{2}{\beta}\right)-\Gamma^2\left(1+\dfrac{1}{\beta}\right)\right]$	
대수정규분포	$LN(\mu,\ \sigma)$	$f(x)=\dfrac{1}{\sqrt{2\pi}\,\sigma x}\exp\left[-\dfrac{(\log x-\mu)^2}{2\sigma^2}\right]$ $0<x<\infty$	$e^{\mu+\frac{\sigma^2}{2}}$	$e^{2\mu+\sigma^2}[e^{\sigma^2}-1]$	

부록 B.1 표준정규분포표

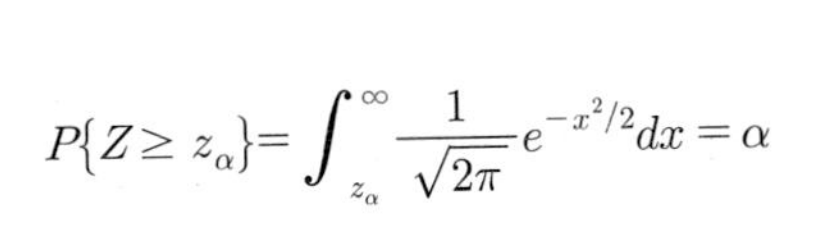

$$P\{Z \geq z_\alpha\} = \int_{z_\alpha}^{\infty} \frac{1}{\sqrt{2\pi}} e^{-x^2/2} dx = \alpha$$

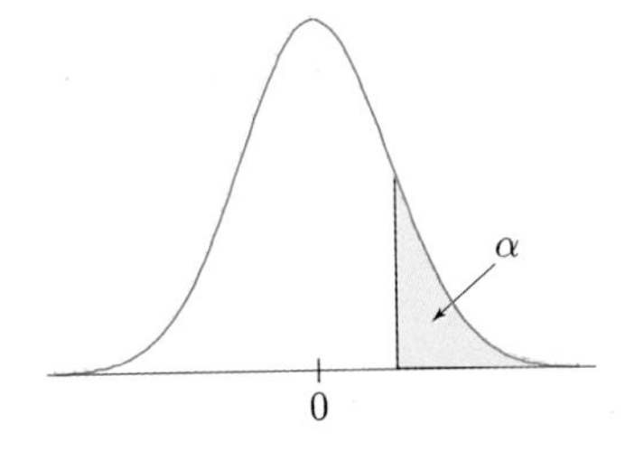

z_α	.00	.01	.02	.03	.04	.05	.06	.07	.08	.09
0.0	.5000	.4960	.4920	.4880	.4840	.4801	.4761	.4721	.4681	.4641
0.1	.4602	.4562	.4522	.4483	.4443	.4404	.4364	.4325	.4286	.4247
0.2	.4207	.4168	.4129	.4090	.4052	.4013	.3974	.3936	.3897	.3859
0.3	.3821	.3783	.3745	.3707	.3669	.3632	.3594	.3557	.3520	.3483
0.4	.3446	.3409	.3372	.3336	.3300	.3264	.3228	.3192	.3156	.3121
0.5	.3085	.3050	.3015	.2981	.2946	.2912	.2877	.2843	.2810	.2776
0.6	.2743	.2709	.2676	.2643	.2611	.2578	.2546	.2514	.2483	.2451
0.7	.2420	.2389	.2358	.2327	.2296	.2266	.2236	.2206	.2177	.2148
0.8	.2119	.2090	.2061	.2033	.2005	.1977	.1949	.1922	.1894	.1867
0.9	.1841	.1814	.1788	.1762	.1736	.1711	.1685	.1660	.1635	.1611
1.0	.1587	.1562	.1539	.1515	.1492	.1469	.1446	.1423	.1401	.1379
1.1	.1357	.1335	.1314	.1292	.1271	.1251	.1230	.1210	.1190	.1170
1.2	.1151	.1131	.1112	.1093	.1075	.1056	.1038	.1020	.1003	.0985
1.3	.0968	.0951	.0934	.0918	.0901	.0885	.0869	.0853	.0838	.0823
1.4	.0808	.0793	.0778	.0764	.0749	.0735	.0721	.0708	.0694	.0681
1.5	.0668	.0655	.0643	.0630	.0618	.0606	.0594	.0582	.0571	.0559
1.6	.0548	.0537	.0526	.0516	.0505	.0495	.0485	.0475	.0465	.0455
1.7	.0446	.0436	.0427	.0418	.0409	.0401	.0392	.0384	.0375	.0367
1.8	.0359	.0351	.0344	.0336	.0329	.0322	.0314	.0307	.0301	.0294
1.9	.0287	.0281	.0274	.0268	.0262	.0256	.0250	.0244	.0239	.0233
2.0	.0228	.0222	.0217	.0212	.0207	.0202	.0197	.0192	.0188	.0183
2.1	.0179	.0174	.0170	.0166	.0162	.0158	.0154	.0150	.0146	.0143
2.2	.0139	.0136	.0132	.0129	.0125	.0122	.0119	.0116	.0113	.0110
2.3	.0107	.0104	.0102	.0099	.0096	.0094	.0091	.0089	.0087	.0084
2.4	.0082	.0080	.0078	.0075	.0073	.0071	.0069	.0068	.0066	.0064
2.5	.0062	.0060	.0059	.0057	.0055	.0054	.0052	.0051	.0049	.0048
2.6	.0047	.0045	.0044	.0043	.0041	.0040	.0039	.0038	.0037	.0036
2.7	.0035	.0034	.0033	.0032	.0031	.0030	.0029	.0028	.0027	.0026
2.8	.0026	.0025	.0024	.0023	.0023	.0022	.0021	.0021	.0020	.0019
2.9	.0019	.0018	.0018	.0017	.0016	.0016	.0015	.0015	.0014	.0014
3.0	.00135									
3.5	.000 233									
4.0	.000 031 7									
4.5										
5.0										

z_α	1.282	1.645	1.960	2.326	2.576	3.090	3.291
α	.10	.05	.025	.01	.005	.001	.0005

부록 B.2 t분포표

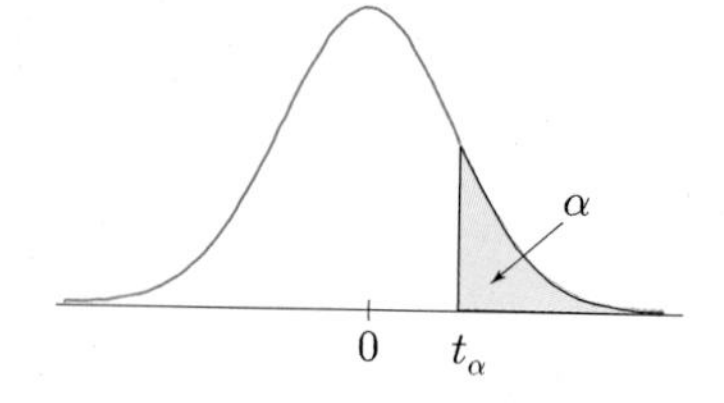

자유도	$t_{.100}$	$t_{.050}$	$t_{.025}$	$t_{.010}$	$t_{.005}$
1	3.078	6.314	12.706	31.821	63.657
2	1.886	2.920	4.303	6.965	9.925
3	1.638	2.353	3.182	4.541	5.841
4	1.533	2.132	2.776	3.747	4.604
5	1.476	2.015	2.571	3.365	4.032
6	1.440	1.943	2.447	3.143	3.707
7	1.415	1.895	2.365	2.998	3.499
8	1.397	1.860	2.306	2.896	3.355
9	1.383	1.833	2.262	2.821	3.250
10	1.372	1.812	2.228	2.764	3.169
11	1.363	1.796	2.201	2.718	3.106
12	1.356	1.782	2.179	2.681	3.055
13	1.350	1.771	2.160	2.650	3.012
14	1.345	1.761	2.145	2.624	2.977
15	1.341	1.753	2.131	2.602	2.947
16	1.337	1.746	2.120	2.583	2.921
17	1.333	1.740	2.110	2.567	2.898
18	1.330	1.734	2.101	2.552	2.878
19	1.328	1.729	2.093	2.539	2.861
20	1.325	1.725	2.086	2.528	2.845
21	1.323	1.721	2.080	2.518	2.831
22	1.321	1.717	2.074	2.508	2.819
23	1.319	1.714	2.069	2.500	2.807
24	1.318	1.711	2.064	2.492	2.797
25	1.316	1.708	2.060	2.485	2.787
26	1.315	1.706	2.056	2.479	2.779
27	1.314	1.703	2.052	2.473	2.771
28	1.313	1.701	2.048	2.467	2.763
29	1.311	1.699	2.045	2.462	2.756
30	1.310	1.697	2.042	2.457	2.750
40	1.303	1.684	2.021	2.423	2.704
60	1.296	1.671	2.000	2.390	2.660
120	1.289	1.658	1.980	2.358	2.617
∞	1.282	1.645	1.960	2.326	2.576

부록 B.3 χ^2분포표

$P\{\chi^2 \geq \chi^2_\alpha\} = \alpha$

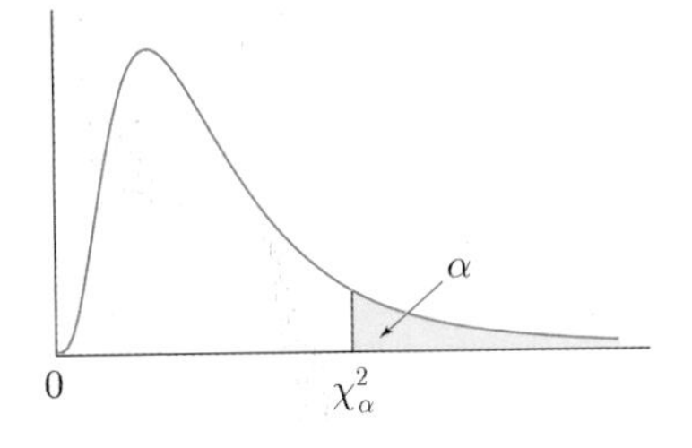

자유도	$\chi^2_{0.995}$	$\chi^2_{0.990}$	$\chi^2_{0.975}$	$\chi^2_{0.950}$	$\chi^2_{0.900}$	$\chi^2_{0.800}$	$\chi^2_{0.500}$	$\chi^2_{0.200}$	$\chi^2_{0.100}$	$\chi^2_{0.050}$	$\chi^2_{0.025}$	$\chi^2_{0.010}$	$\chi^2_{0.005}$
1	.0000393	.0001571	.000982	.00393	.0158	.0642	.4549	1.642	2.706	3.841	5.024	6.635	7.879
2	.0100	.0201	.0506	.103	.211	.4463	1.386	3.219	4.605	5.991	7.378	9.210	10.597
3	.0717	.115	.216	.352	.584	1.005	2.366	4.642	6.251	7.815	9.348	11.345	12.838
4	.207	.297	.484	.711	1.064	1.649	3.357	5.989	7.779	9.488	11.143	13.277	14.860
5	.412	.554	.831	1.145	1.610	2.343	4.351	7.289	9.236	11.070	12.832	15.086	16.750
6	.676	.872	1.237	1.635	2.204	3.070	5.348	8.558	10.645	12.592	14.449	16.812	18.548
7	.989	1.239	1.690	2.167	2.833	3.822	6.346	9.803	12.017	14.067	16.013	18.475	20.278
8	1.344	1.646	2.180	2.733	3.490	4.594	7.344	11.030	13.362	15.507	17.535	20.090	21.955
9	1.735	2.088	2.700	3.325	4.168	5.380	8.343	12.242	14.684	16.919	19.023	21.666	23.589
10	2.156	2.558	3.247	3.940	4.865	6.179	9.342	13.442	15.987	18.307	20.483	23.209	25.188
11	2.603	3.053	3.816	4.575	5.578	6.989	10.341	14.631	17.275	19.675	21.920	24.725	26.757
12	3.074	3.571	4.404	5.226	6.304	7.807	11.340	15.812	18.549	21.026	23.337	26.217	28.300
13	3.565	4.107	5.009	5.892	7.042	8.634	12.340	16.985	19.812	22.362	24.736	27.688	29.819
14	4.075	4.660	5.629	6.571	7.790	9.467	13.339	18.151	21.064	23.685	26.119	29.141	31.319
15	4.601	5.229	6.262	7.261	8.547	10.307	14.339	19.311	22.307	24.996	27.488	30.578	32.801
16	5.142	5.812	6.908	7.962	9.312	11.152	15.338	20.465	23.542	26.296	28.845	32.000	34.267
17	5.697	6.408	7.564	8.672	10.085	12.002	16.338	21.615	24.669	27.587	30.191	33.409	35.718
18	6.265	7.015	8.231	9.390	10.865	12.857	17.338	22.760	25.989	28.869	31.526	34.805	37.156
19	6.844	7.633	8.907	10.117	11.651	13.716	18.338	23.900	27.204	30.144	32.852	36.191	38.582
20	7.434	8.260	9.591	10.851	12.443	14.578	19.337	25.038	28.412	31.410	34.170	37.566	39.997
21	8.034	8.897	10.283	11.591	13.240	15.445	20.337	26.171	29.615	32.671	35.479	38.932	41.401
22	8.643	9.542	10.982	12.338	14.041	16.314	21.337	27.301	30.813	33.924	36.781	40.289	42.796
23	9.260	10.196	11.689	13.091	14.848	17.187	22.337	28.429	32.007	35.172	38.076	41.638	44.181
24	9.886	10.856	12.401	13.848	15.659	18.062	23.337	29.553	33.196	36.415	39.364	42.980	45.558
25	10.520	11.524	13.120	14.611	16.473	18.940	24.337	30.675	34.382	37.652	40.646	44.314	46.928
26	11.160	12.198	13.844	15.379	17.292	19.820	25.336	31.795	35.563	38.885	41.923	45.642	48.290
27	11.808	12.879	14.573	16.151	18.114	20.703	26.336	32.912	36.741	40.113	43.194	46.963	49.645
28	12.461	13.565	15.308	16.928	18.939	21.588	27.336	34.027	37.916	41.337	44.461	48.278	50.993
29	13.121	14.256	16.047	17.708	19.768	22.475	28.336	35.139	39.087	42.557	45.722	49.588	52.336
30	13.787	14.953	16.791	18.493	20.599	23.364	29.336	36.250	40.256	43.773	46.979	50.892	53.672

부록 B.4 F분포표

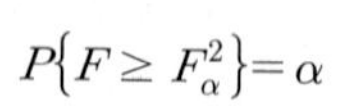

$P\{F \geq F_\alpha^2\} = \alpha$

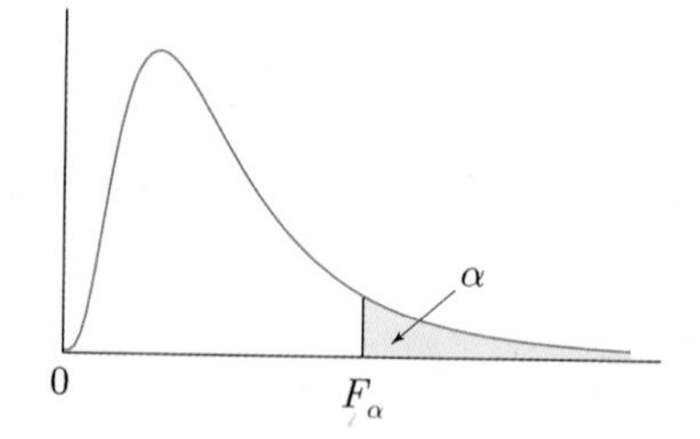

분모의 자유도	분자의 자유도									
	α	1	2	3	4	5	6	7	8	9
1	.100	39.86	49.50	53.59	55.83	57.24	58.20	58.91	59.44	59.86
	.050	161.4	199.5	215.7	224.6	230.2	234.0	236.8	238.9	240.5
	.025	647.8	799.5	864.2	899.6	921.8	937.1	948.2	956.6	963.3
	.010	4052	4999.5	5403	5625	5764	5859	5928	5982	6022
	.005	16211	20000	21615	22500	23056	23437	23715	23925	24091
2	.100	8.53	9.00	9.16	9.24	9.29	9.33	9.35	9.37	9.38
	.050	18.51	19.00	19.16	19.25	19.30	19.33	19.35	19.37	19.38
	.025	38.51	39.00	39.17	39.25	39.30	39.33	39.36	39.37	39.39
	.010	98.50	99.00	99.16	99.25	99.30	99.33	99.36	99.37	99.39
	.005	198.5	199.0	199.2	199.2	199.3	199.3	199.4	199.4	199.4
3	.100	5.54	5.46	5.39	5.34	5.31	5.28	5.27	5.25	5.24
	.050	10.13	9.55	9.28	9.12	9.01	8.94	8.89	8.85	8.81
	.025	17.44	16.04	15.44	15.10	14.88	14.73	14.62	14.54	14.47
	.010	34.12	30.82	29.46	28.71	28.24	27.91	27.67	27.49	27.35
	.005	55.55	49.80	47.47	46.19	45.39	44.84	44.43	44.13	43.88
4	.100	4.54	4.32	4.19	4.11	4.05	4.01	3.98	3.95	3.94
	.050	7.71	6.94	6.59	6.39	6.26	6.16	6.09	6.04	6.00
	.025	12.22	10.65	9.98	9.60	9.36	9.20	9.07	8.98	8.90
	.010	21.20	18.00	16.69	15.98	15.52	15.21	14.98	14.80	14.66
	.005	31.33	26.28	24.26	23.15	22.46	21.97	21.62	21.35	21.14
5	.100	4.06	3.78	3.62	3.52	3.45	3.40	3.37	3.34	3.32
	.050	6.61	5.79	5.41	5.19	5.05	4.95	4.88	4.82	4.77
	.025	10.01	8.43	7.76	7.39	7.15	6.98	6.85	6.76	6.68
	.010	16.26	13.27	12.06	11.39	10.97	10.67	10.46	10.29	10.16
	.005	22.78	18.31	16.53	15.56	14.94	14.51	14.20	13.96	13.77
6	.100	3.78	3.46	3.29	3.18	3.11	3.05	3.01	2.98	2.96
	.050	5.99	5.14	4.76	4.53	4.39	4.28	4.21	4.15	4.10
	.025	8.81	7.26	6.60	6.23	5.99	5.82	5.70	5.60	5.52
	.010	13.75	10.92	9.78	9.15	8.75	8.47	8.26	8.10	7.98
	.005	18.63	14.54	12.92	12.03	11.46	11.07	10.79	10.57	10.39
7	.100	3.59	3.26	3.07	2.96	2.88	2.83	2.78	2.75	2.72
	.050	5.59	4.74	4.35	4.12	3.97	3.87	3.79	3.73	3.68
	.025	8.07	6.54	5.89	5.52	5.29	5.12	4.99	4.90	4.82
	.010	12.25	9.55	8.45	7.85	7.46	7.19	6.99	6.84	6.72
	.005	16.24	12.40	10.88	10.05	9.52	9.16	8.89	8.68	8.51
8	.100	3.46	3.11	2.92	2.81	2.73	2.67	2.62	2.59	2.56
	.050	5.32	4.46	4.07	3.84	3.69	3.58	3.50	3.44	3.39
	.025	7.57	6.06	5.42	5.05	4.82	4.65	4.53	4.43	4.36
	.010	11.26	8.65	7.59	7.01	6.63	6.37	6.18	6.03	5.91
	.005	14.69	11.04	9.60	8.81	8.30	7.95	7.69	7.50	7.34
9	.100	3.36	3.01	2.81	2.69	2.61	2.55	2.51	2.47	2.44
	.050	5.12	4.26	3.86	3.63	3.48	3.37	3.29	3.23	3.18
	.025	7.21	5.71	5.08	4.72	4.48	4.32	4.20	4.10	4.03
	.010	10.56	8.02	6.99	6.42	6.06	5.80	5.61	5.47	5.35
	.005	13.61	10.11	8.72	7.96	7.47	7.13	6.88	6.69	6.54
10	.100	3.29	2.92	2.73	2.61	2.52	2.46	2.41	2.38	2.35
	.050	4.96	4.10	3.71	3.48	3.33	3.22	3.14	3.07	3.02
	.025	6.94	5.46	4.83	4.47	4.24	4.07	3.95	3.85	3.78
	.010	10.04	7.56	6.55	5.99	5.64	5.39	5.20	5.06	4.94
	.005	12.83	9.43	8.08	7.34	6.87	6.54	6.30	6.12	5.97
11	.100	3.23	2.86	2.66	2.54	2.45	2.39	2.34	2.30	2.27
	.050	4.84	3.98	3.59	3.36	3.20	3.09	3.01	2.95	2.90
	.025	6.72	5.26	4.63	4.28	4.04	3.88	3.76	3.66	3.59
	.010	9.65	7.21	6.22	5.67	5.32	5.07	4.89	4.74	4.63
	.005	12.23	8.91	7.60	6.88	6.42	6.10	5.86	5.68	5.54

부록 C. R 프로그래밍

C.1 Windows용 R설치

(1) CRAN (Comprehensive R Archive Network)

- https://cran.r-project.org/
- Download R for Windows 선택
- base 선택
- Download R x.x.x for Windows (최신버전) 선택
- 실행

(2) R Studio

- http://www.rstudio.com

C.2 R 프로그래밍 기초

C.2.1 R 기본 연산

R은 여러 종류의 계산, 데이터분석, 그래픽 등의 기능을 제공한다. R의 모든 명령어는 '>'로 시작하고, 주석은 '#'로 시작한다. 한 줄에 여러 명령어를 표현하고 싶으면 ';'로 명령어를 구분한다. R에서 사용되는 기본 산술 연산자는 [표 C.1]과 같다. R은 대화식 처리방식의 언어이므로 명령어를 실행하면 바로 결과를 보여준다. 용례에서 '2+3'의 결과가 '[1] 5'로 나타나 있다. R에서 데이터의 기본 구조는 벡터인데 여기서는 한 가지 원소를 가진 벡터로 간주된다. 따라서 [1]은 벡터의 첫 번째 요소라는 것을 뜻하는 색인 번호이다.

[표 C.1] R의 사칙 및 기본 연산

연산자	설명	용례
+	더하기	> 2+3 [1] 5
−	빼기	> 2+3*4
*	곱하기	[1] 14
/	나누기	> 2^3; 3**2 # 거듭제곱
^ 또는 **	지수 승	[1] 8 [1] 9
%%	나머지	> 5%%3; 5%/%3
%/%	정수형 나누기	[1] 2 # 나머지 [1] 1 # 정수 값만 계산 (나머지 값 버림)

R에서는 객체(object)를 기본 단위로 작업이 수행된다. 객체에는 데이터객체, 함수객체, 변수객체 등이 있다. 객체에 값은 할당하는 방법은 '<−'에 의해서 가능하다. 아래는 변수객체에 값을 할당하고 활용하는 예를 보여준다.

```
> x=2; y<-1+2; x*y->z
> x; y; z
[1] 2
[1] 3
[1] 6
> ls()      # 현재 사용 중인 변수 리스트 보여줌
[1] "x" "y" "z"
```

C.2.2 R의 데이터 형태 및 입출력

R에는 여러 종류의 데이터 형태가 있는데, 대표적으로 numeric(숫자), character(문자), logical(논리)을 들 수 있다. 문자는 따옴표 " "에 의해 표현된다. 논리 데이터는 TRUE와 FALSE로 데이터를 표현하며. TRUE는 1, FALSE는 0과 같다. mode(x) 명령어는 객체 x의 데이터 형태를 보여준다.

```
> x<-"hello"                    # 문자는 따옴표 " "에 의해 표시
> x
```

```
[1] "hello"
> y<-TRUE                          # TRUE는 1, FALSE는 0
> y
[1] TRUE
> z<-5.3
> mode(x); mode(y); mode(z)     #  객체 x의 데이터 형태
[1] "character"
[1] "logical"
[1] "numeric"
```

R에서 처리하는 데이터 파일은 대표적으로 CSV 파일과 텍스트 파일이 있다. CSV(comma-separated values)는 쉼표를 기준으로 항목을 구분하여 저장한 데이터로서 확장자는 .csv이고 스프레드시트나 DB 소프트웨어에서 많이 쓰인다. 예를 들어 MS Excel에서 data를 저장 할 때 파일 형식을 'CSV(쉼표로분리)(*.csv)'를 지정하여 저장하면 CSV 파일이 생성된다. CSV 파일을 읽어 들이기 위해서는 read.csv("csv_file") 함수를 사용한다. 확장자가 *.txt인 텍스트 파일을 읽을 때는 텍스트 문서를 한 줄씩 읽어 들이는 readLines("file.txt")를 함수를 사용한다.

```
> tst1<-read.csv("test1.csv")       # *.csv 파일 읽어드림
> tst1
  no name gend score
1  1  kim    M    82
2  2  lee    F    78
3  3 park    F    95
4  4 choi    M    60
5  5 jung    M    70
> tst2<-readLines("txtfile.txt")  # 현재 디렉토리 내에 있는 txtfile.txt 파일을 읽어드림
> tst2                   # 주의: 텍스트 파일 저장시 마지막 행은 빈칸으로 두어야 함.
[1] "*.txt확장자인 텍스트 파일을 읽어 들이기 위해서는"
[2] "텍스트 문서를 한 줄씩 읽어 들이는 readLines("txtfile.txt") 함수를 사용한다."
```

C.2.3 R의 데이터 구조

(1) 벡터 (Vector)

동일한 형태의 자료를 1차원 형태로 모아놓은 데이터 구조이다. 하나의 벡터에는 정수, 수치, 문자, 논리 형 중에서 한 가지 형태의 항목만을 담을 수 있다. 벡터는 c(), seq(), rep(), sample() 함수 이용 등 여러 가지 방법으로 만들 수 있다. 여기서 c()는 개별 데이터를 세트 형태로 만드는 combine 또는 concatenate를 의미한다.

```
> x <- c(3,2,4,5,6,8)
> x
[1] 3 2 4 5 6 8
> y<-c(1:6)                    # 변수객체 y에 1부터 6까지의 수치 할당
> y
[1] 1 2 3 4 5 6
> yy<-c(c(3,2,4,5,6,8),y,15,16)
> yy
 [1]  3  2  4  5  6  8  1  2  3  4  5  6 15 16
> z<-c("A","B","C","D","F")
> z
[1] "A" "B" "C" "D" "F"
> seq(1:10)
 [1]  1  2  3  4  5  6  7  8  9 10
> seq(1, 10, by= 2)            # 1부터 시작하여 10을 넘지 않도록 2씩 증가된 수치 나열
[1] 1 3 5 7 9
> rep(3:5,2)                   # 3부터 5까지를 2회 반복 나열
[1] 3 4 5 3 4 5
> sample(1:10,5,replace=T)     # 1-10사이의 숫자 중 5개를 복원 랜덤샘플링
[1] 2 1 7 2 10
> sample(1:10,5,replace=F)     # 1-10사이의 숫자 중 5개를 비복원(default) 랜덤샘플링
[1] 1 8 7 4 3
> c(sample(1:10,5),sample(11:20,5))
 [1]  8  5 10  2  9 13 19 15 20 16
```

다른 형태의 데이터를 하나의 벡터에 담으면 문자>실수>정수>논리와 같은 우선순위로 데이터의 형태가 모두 동일하게 된다.

```
> x<-c(1:6, "A", "B")
> x
[1] "1" "2" "3" "4" "5" "6" "A" "B"
> y<-c(TRUE, 5)
> y
[1] 1 5
```

(2) 행렬(Matrix)과 배열(Array)

행렬은 행(row)와 열(column)을 갖는 2차원 자료이고, 배열은 행렬을 다차원으로 확장한 것이다. matrix()함수는 행렬을 만드는데 기본적으로 열의 수를 1로 하고 행을 먼저 채운다. 여기서 행렬 표현 [a,b]는 a행, b열을 의미한다.

```
> matrix(3:8)
     [,1]
[1,]    3
[2,]    4
[3,]    5
[4,]    6
[5,]    7
[6,]    8
> x<-matrix(3:14,ncol=3)      # 열의 수를 3 (ncol=3)으로 하여 4×3의 행렬 작성
> x
     [,1] [,2] [,3]
[1,]    3    7   11
[2,]    4    8   12
[3,]    5    9   13
[4,]    6   10   14
> x[3,2]                      # 행렬 내에 특정한 값을 읽기
[1] 9
```

```
> x[3,]                    # 3행 읽기
[1]  5  9 13
> x[,2]                    # 2열 읽기
[1]  7  8  9 10
> x[-2,]                   # 2행을 제외하고 읽기
     [,1] [,2] [,3]
[1,]    3    7   11
[2,]    5    9   13
[3,]    6   10   14
```

(3) 리스트(List)와 데이터 프레임(Data Frame)

벡터, 행렬, 배열은 동일한 데이터 형태로 구성된 자료 객체인 반면에 리스트와 데이터 프레임은 임의의 데이터 형태를 혼합해서 저장이 가능하다. 데이터 프레임은 행렬과 같은 형태이나 자료가 서로 다른 형태로 구성되어 있다는 차이가 있으며 우리가 접하는 많은 데이터가 데이터 프레임 형태로 되어 있다.

배열이 1차원 구조인 벡터를 2차원 구조로 만든 것과 같이, 데이터 프레임은 1차원 구조인 리스트를 2차원 구조로 재구성한 것이라고 볼 수 있다. 데이터 프레임은 data.frame()함수에 의해 만들어 진다. 데이터 프레임의 인덱싱도 행렬과 유사하다. 하나의 열을 모두 참조하고자 하는 경우에는 'data_frame$항목명'과 같이 $를 데이터프레임과 해당 항목명 사이에 두어 참조할 수 있다. 데이터 프레임은 데이터베이스 또는 스프레드시트의 테이블과 유사하다는 것을 알 수 있다. 실제로 R을 이용한 데이터 분석에서는 데이터 프레임 구조를 가장 많이 사용한다.

```
> name1<-list(name="kim", gend="M",score=82)    # 리스트
> name1
$`name`
[1] "kim"
$gend
[1] "M"
$score
[1] 82
> name<-c("kim","lee","park","choi","jung")  # character로 구성된 벡터
> gend<-c("M","F","F","M","M")               # character로 구성된 벡터
```

```
> score<-c(82,78,95,60,70)              # 수치(double)로 구성된 벡터
> df <- data.frame(name,gend,score)     # data frame 만들기
> df
  name gend score
1  kim    M    82
2  lee    F    78
3 park    F    95
4 choi    M    60
5 jung    M    70
> df[4,3]
[1] 60
> df[1,]
  name gend score
1  kim    M    82
> df[,3]
[1] 82 78 95 60 70
> df[-4,]
  name gend score
1  kim    M    82
2  lee    F    78
3 park    F    95
5 jung    M    70
> df$score
[1] 82 78 95 60 70
```

데이터 프레임에 대한 정보를 알아보기 위한 대표적인 함수로서 str(), names(), summary()가 있다.

```
> str(df)                   # 자료의 구조를 보여줌
'data.frame':   5 obs. of  3 variables:
 $ name: Factor w/ 5 levels "choi","jung",..: 3 4 5 1 2
 $ gend: Factor w/ 2 levels "F","M": 2 1 1 2 2
 $ score: num  82 78 95 60 70
> names(df)                 # 자료의 열 이름을 보여줌
```

```
[1] "name"   "gend"   "score"
> summary(df)           # 데이터 통계량 요약(항목별 수, 수치의 기본 통계치 등)
   name    gend       score
 choi:1   F:2    Min.    :60
 jung:1   M:3    1st Qu.:70
 kim  :1         Median :78
 lee  :1         Mean    :77
 park:1          3rd Qu.:82
                 Max.    :95
```

R에서는 factor라는 특수한 기능의 벡터를 제공하는데 주로 범주형 변수를 구분하는데 사용된다. factor는 벡터의 모든 값이 중복되지 않게 구성되는데 이 값들을 레벨(level)이라 한다. 아래의 예는 앞서 다룬 데이터프레임 중에서 범주형 변수인 gend 항목을 보여주고 있다. 성별(gend)는 두 개의 level, 즉 M과 F로 구성되어 있다는 것을 보여준다. 특정 factor가 어느 위치에 있는지를 알기 위해서는 str()함수를 사용할 수 있다. str()함수는 "F"와 "M"을 알파벳의 순서에 따라서 1과 2로 각각 표현함을 볼 수 있다. 즉, F는 1로 그리고 M은 2로 factor가 배정된 것을 나타낸다.

```
> df$gend
[1] M F F M M
Levels: F M
> str(df$gend)
 Factor w/ 2 levels "F","M": 2 1 1 2 2
```

C.3 수학 및 통계 함수를 이용한 계산

R에 내장된 여러 가지 함수들을 이용하여 통계분석에 필요한 계산을 쉽게 할 수 있다. [표 C.2]는 R에 내장된 함수들과 사용 예를 보여준다. 이 함수들은 생성된 벡터를 대상으로 적용할 수도 있다.

[표 C.2] **R에 내장된 상수 및 함수들**

<table>
<tr><th>상수/내장 함수</th><th>의 미</th><th>용례</th></tr>
<tr><td>pi</td><td>원주율(3.141593)</td><td rowspan="30">> pi
[1] 3.141593
> log(8); log2(8); log10(8)
[1] 2.079442
[1] 3
[1] 0.90309
> exp(1)
[1] 2.718282
> sqrt(8)
[1] 2.828427
> abs(-2.4)
[1] 2.4
> round(5.2); round(5.7)
[1] 5
[1] 6
> ceiling(5.2)
[1] 6
> floor(5.7)
[1] 5
> sign(-5.2); sign(5.2)
[1] -1
[1] 1
> x <- c(3,1,4,5,6,8); y<-c(1,2,3,4,5,6)
> length(x); sum(x)
[1] 6
[1] 27
> mean(x); var(x); sd(x)
[1] 4.5
[1] 5.9
[1] 2.428992
> range(x); max(x); min(x)
[1] 1 8
[1] 8
[1] 1
> sqrt(x[c(-5,-6)])
[1] 1.732051 1.000000 2.000000 2.236068
> sort(x); sort(x,decreasing=T)
[1] 1 3 4 5 6 8
[1] 8 6 5 4 3 1
> cov(x,y); cor(x,y)
[1] 4.1
[1] 0.9022436</td></tr>
<tr><td>log()</td><td>자연대수</td></tr>
<tr><td>log10()</td><td>상용대수</td></tr>
<tr><td>log2()</td><td>밑이 2인 대수</td></tr>
<tr><td>exp()</td><td>지수함수</td></tr>
<tr><td>sqrt()</td><td>제곱근</td></tr>
<tr><td>abs()</td><td>절대값</td></tr>
<tr><td>round()</td><td>반올림</td></tr>
<tr><td>ceiling()</td><td>올림</td></tr>
<tr><td>floor()</td><td>내림</td></tr>
<tr><td>sign()</td><td>부호</td></tr>
<tr><td>factorial(n)</td><td>n! (계승)</td></tr>
<tr><td>rank(x)</td><td>순위</td></tr>
<tr><td>sin(x)</td><td>Sine</td></tr>
<tr><td>cos(x)</td><td>Cosine</td></tr>
<tr><td>tan(x)</td><td>Tangent</td></tr>
<tr><td>asin(x)</td><td>Arc sine</td></tr>
<tr><td>acos(x)</td><td>Arc cosine</td></tr>
<tr><td>atan(x)</td><td>Arc tangent</td></tr>
<tr><td>length(x)</td><td>벡터 길이</td></tr>
<tr><td>sum(x)</td><td>합</td></tr>
<tr><td>mean(x)</td><td>평균</td></tr>
<tr><td>var(x)</td><td>분산</td></tr>
<tr><td>sd(x)</td><td>표준편차</td></tr>
<tr><td>range(x)</td><td>최소 최대</td></tr>
<tr><td>max(x)</td><td>최대</td></tr>
<tr><td>min(x)</td><td>최소</td></tr>
<tr><td>sort(x)</td><td>정렬</td></tr>
<tr><td>cov(x,y)</td><td>공분산</td></tr>
<tr><td>cor(x,y)</td><td>상관계수</td></tr>
</table>

행렬에 관련된 함수로 solve()함수는 역행렬을 구하거나 연립방정식을 푸는데 사용될 수 있고 t()함수는 전치행렬(transpose)을 구해준다.

```
> x<-matrix(1:4, ncol=2)
> x
     [,1] [,2]
[1,]    1    3
[2,]    2    4
> solve(x)                # 역행렬
     [,1] [,2]
[1,]   -2  1.5
[2,]    1 -0.5
> t(x)                    # 전치행렬
     [,1] [,2]
[1,]    1    2
[2,]    3    4
> A<-matrix(c(1,2,2,1),ncol=2)   ####################################
> A                              #     연립방정식 풀기                #
     [,1] [,2]                   #                                  #
[1,]    1    2                   #      x1 + 2x2 = 8                #
[2,]    2    1                   #      2x1 + x2 = 7                #
> b=c(8,7)                       #                                  #
> solve(A,b)                     ####################################
[1] 2 3
```

R에서 제공하는 각종 분포의 확률(밀도)함수 및 분포함수를 사용하여 확률 계산을 쉽게 할 수 있다. 자주 사용되는 분포들에 대한 R의 함수를 정리하면 [표 C.3]과 같다.

[표 C.3] **자주 이용되는 통계함수**

분 포	확률(밀도)함수 p(x) (f(x))	분포함수 F(x)	분포표기
이항분포	dbinom(x,n,p)	pbinom(x,n,p)	$b(n,\ p)$
초기하분포	dhyper(x,M,N-M,n)	phyper(x,M,N-M,n)	$HG(N,\ M,\ n)$
포아송분포	dpois(x,λ)	ppois(x,λ)	$Poi(\lambda)$
기하분포	dgeom(x,p)	pgeom(x,p)	Geo(p)
음이항분포	dnbinom(x,r,p)	pnbinom(x,r,p)	NB(r,p)
균일분포	dunif(x)	punif(x)	$U(0,\ 1)$
베타분포	dbeta(x, $a,\ b$)	pbeta(x, $a,\ b$)	$Be(a,\ b)$
정규분포	dnorm(x, $\mu,\ \sigma$)	pnorm(x, $\mu,\ \sigma$)	$N(\mu,\ \sigma^2)$
표준정규분포	dnorm(x)	pnorm(x)	$N(0,\ 1)$
지수분포	dexp(x,λ)	pexp(x,λ)	$Exp(1/\lambda)$
감마분포	dgamma(x, $a,\ \frac{1}{b}$)	pgamma(x, $a,\ \frac{1}{b}$)	$G(a,\ b)$
와이블분포	dweibull(x, $b,\ a$)	pweibull(x, $b,\ a$)	$Wei(a,\ b)$
대수정규분포	dlnorm(x, $\mu,\ \sigma$)	plnorm(x, $\mu,\ \sigma$)	$LN(\mu,\ \sigma)$
카이제곱분포	dchisq(x,r)	pchisq(x,r)	$\chi^2(r)$
t분포	dt(x,r)	pt(x,r)	$t(r)$
F분포	df(x,r1,r2)	pf(x,r1,r2)	$F(r1,\ r2)$

확률분포에 관련된 R의 함수들은 확률(밀도)함수와 분포함수 외에도 난수를 생성하는 함수 r*()와 분위수를 계산해주는 q*()함수가 있다. 특정분포에 대한 난수를 생성하고 싶거나 분위수를 구하고 싶다면 *대신 분포를 나타내는 문자열을 써주면 된다. 즉, 균일분포[0,1]에서 n개의 난수를 생성하고 싶다면 runif(n), 그 밖의 분포로부터 n개의 난수를 생성하고 싶다면 rnorm(n, $mean$, sd), rbinom(n, $size$, $prob$), rpois(n, $lamda$), rexp(n, $size$) 등과 같이 쓴다.

```
> runif(5)
[1] 0.9161903 0.9205907 0.7262285 0.9716634 0.4525294
> qunif(0.1)
[1] 0.1
> rnorm(5)
[1]  0.7133613  1.4719450 -0.3228233  0.2181345  0.8808499
> qnorm(0.1)
[1] -1.281552
```

또한 통계적 가설검정이나 추정에서 많이 사용되는 각 분포들의 상위 백분위수를 따로 정리하면 [표 C.4]와 같다.

[표 C.4] **각 분포의 상위 α분위수를 구해주는 R함수**

분포	상위 α분위수	표기	분포표기
이항분포	qbinom(α,n,p, lower.tail=F)		$b(n,\ p)$
초기하분포	qhyper(α,M,N-M,n,lower.tail=F)		$HG(N,\ M,\ n)$
포아송분포	qpois(α,λ,lower.tail=F)		$Poi(\lambda)$
기하분포	qgeom(α,p,lower.tail=F)		Geo(p)
음이항분포	qnbinom(α,r,p,lower.tail=F)		NB(r,p)
균일분포	qunif(α,lower.tail=F)		$U(0,\ 1)$
베타분포	qbeta(α,a,b,lower.tail=F)		$Be(a,\ b)$
정규분포	qnorm(α,μ,σ,lower.tail=F)		$N(\mu,\ \sigma^2)$
표준정규분포	qnorm(α,lower.tail=F)	Z_α	$N(0,\ 1)$
지수분포	qexp(α,λ,lower.tail=F)		$Exp(1/\lambda)$
감마분포	qgamma(α,a,$1/b$,lower.tail=F)		$G(a,\ b)$
와이블분포	qweibull(α,b,a,lower.tail=F)		$Wei(a,\ b)$
대수정규분포	qlnorm(α,μ,σ,lower.tail=F)		$LN(\mu,\ \sigma)$
카이제곱분포	qchisq(α,r,lower.tail=F)	$\chi^2_\alpha(r)$	$\chi^2(r)$
t분포	qt(α,r,lower.tail=F)	$t_\alpha(r)$	$t(r)$
F분포	qf(α,r1,r2,lower.tail=F)	$F_\alpha(r1,\ r2)$	$F(r1,\ r2)$

부록 D. 홀수 번호 연습문제 정답

chapter 02

연습문제 2.1

1. 중앙값: 건축비용, 국민소득
   최빈값: 침대길이, 신발, 의자높이, 속옷 등의 상품규격
3. $\overline{x}=39.5$, $\tilde{x}=39.5$, $\overline{x_{0.1}}=39.375$
   $\overline{x}_{0.1} \approx \overline{x}=\tilde{x}$: 좌우대칭인 분포
5. (a) $\overline{x}=100.308$, $\tilde{x}=100.7$, $\overline{x_{0.1}}=100.495$
   $\overline{x} \approx \tilde{x} \approx \overline{x}_{0.1}$: 좌우대칭인 분포
   (b) $Q_1=96.15$, $Q_3=104.0$
7. (a) $\overline{x}=46.325$, $\tilde{x}=45$, $x_m=40,\ 60$
   $\overline{x}_{0.1}=46.094$
   $\tilde{x} < \overline{x} \approx \overline{x}_{0.1}$: 오른쪽 꼬리가 약간 긴 분포
   (b) $\overline{x}_{0.15}=20.75$, $\overline{x}_{0.85}=70.0$
9. (a) $\overline{x}=7.596$, $\tilde{x}=6.75$, $\overline{x}_{0.1}=7.1025$
   $\tilde{x} < \overline{x}_{0.1} < \overline{x}$: $\overline{x}$값이 $x_{(47)}$, $x_{(48)}$에 영향받아 $\overline{x}_{0.1}$보다 크고, 오른쪽 꼬리가 약간 긴 분포
11. (a) $\overline{x}=23.23$, $\tilde{x}=23.30$, $\overline{x}_{0.1}=23.22$, $\overline{x}_{0.2}=23.25$
    $\overline{x} \approx \overline{x}_{0.1} \approx \overline{x}_{0.2} \approx \tilde{x}$: 좌우대칭인 분포
    (b) $Q_1=22.1$, $Q_3=24.4$
13. (a) 3 (b) 4 (c) 100

연습문제 2.2

1. $R=0.8$, $s^2=0.0947$, $s=0.308$, $Q=0.2875$
3. -3.5

5.

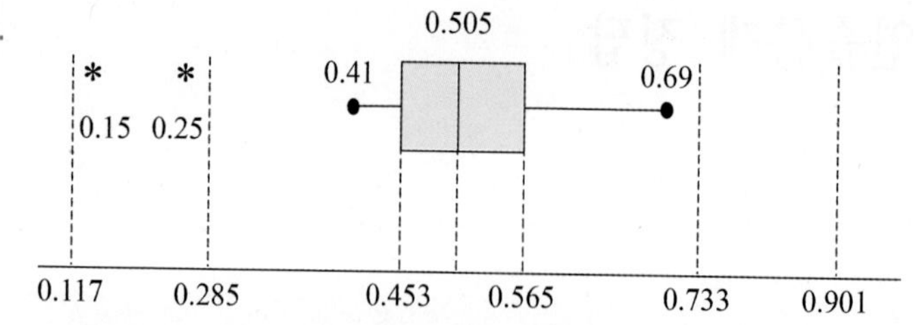

7. (a) $R = 80$, $s^2 = 437.866$, $s = 20.925$

$IQR = 33.75$, $Q = 16.875$

(b)

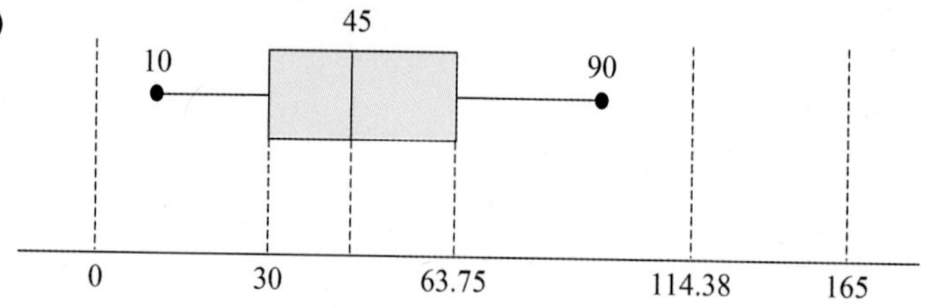

9. (a) $R = 21.2$, $s^2 = 10.32$, $s = 3.21$,

$IQR = 2.3$, $Q = 11.5$

(b)

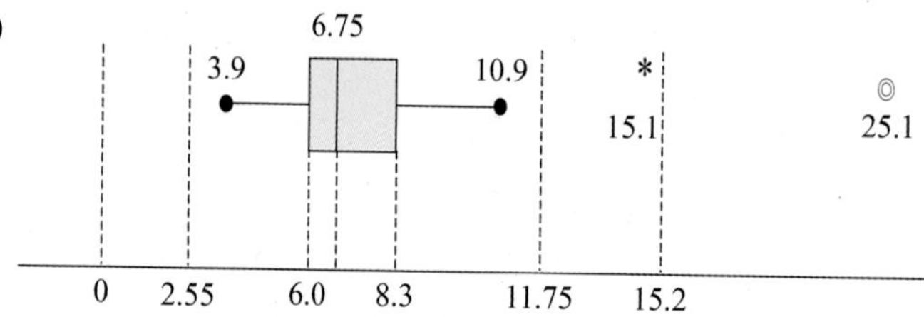

11. (a) $R = 6.5$, $s^2 = 2.546$, $s = 1.596$

$IQR = 2.3$, \`$Q = 1.15$

(b)

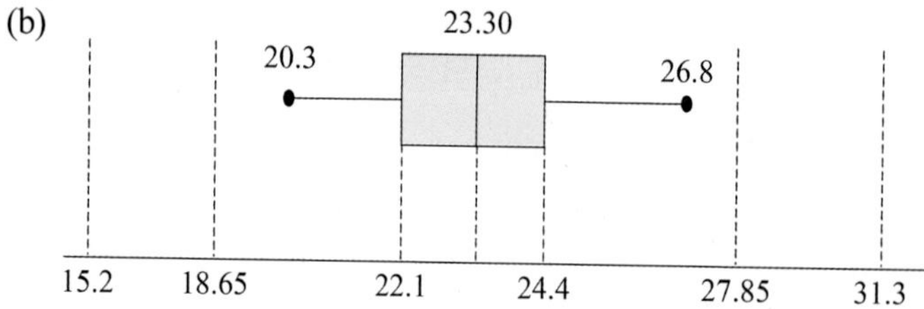

13. (a) 변화 없음

(b) y의 분산은 x의 분산의 c^2배가 되고, 표준편차는 $|c|$배가 됨

15. (a) $\overline{x}_{n+1} = \dfrac{n}{n+1}\overline{x}_n + \dfrac{1}{n+1}x_{n+1}$

(b) $s_{n+1}^2 = \left(\dfrac{n-1}{n}\right)s_n^2 + \dfrac{1}{n+1}\left(x_{n+1} - \overline{x}_n\right)$

(c) $\overline{x}_6 = 6.13,\ s_6^2 = 0.0947$

(d) $\overline{x}_7 = 6.14,\ s_7^2 = 0.0796$

연습문제 2.3

1.

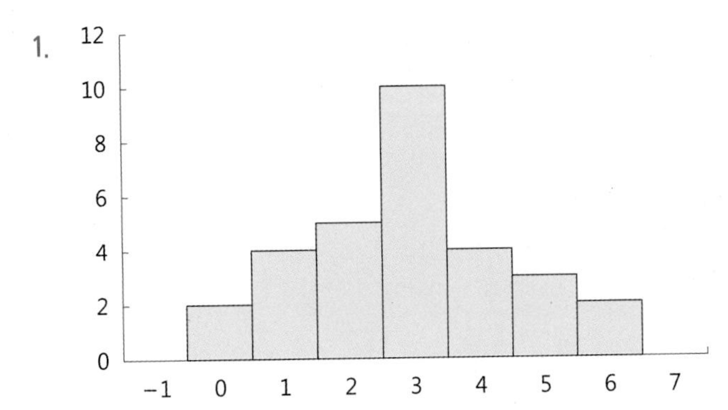

3.

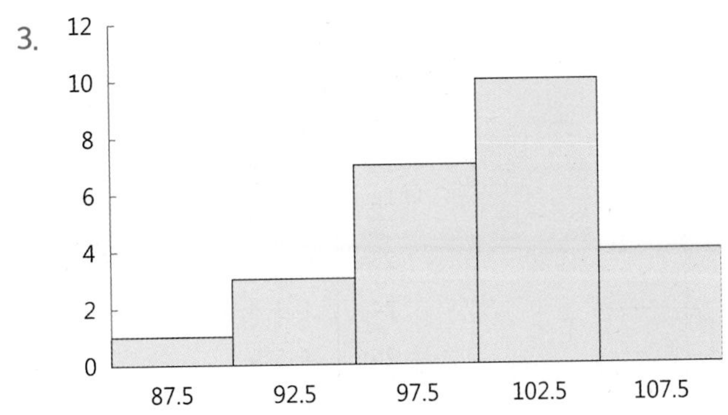

줄기	잎
8+	8
9−	2 3 3
9+	5 6 6 8 9 9
10−	0 0 1 1 3 3 4 4 4 4
10+	5 7 7 8
11−	0

(소수점 이하 반올림)

5.

18
16
14
12
10
8
6
4
2
0
3.5 4.5 5.5 6.5 7.5 8.5 9.5 10.5 15.5 25.5

줄기	잎
3	9
4	9
5	0 0 2 3 4 9 9
6	0 0 0 0 1 1 2 2 3 4 4 4 5 5 7 8 9
7	2 2 6 6 8 9
8	0 1 1 3 3 4 5 6 7
9	2 5 9
10	6 9
11	
12	
13	
14	
15	1
…	
25	1

7.

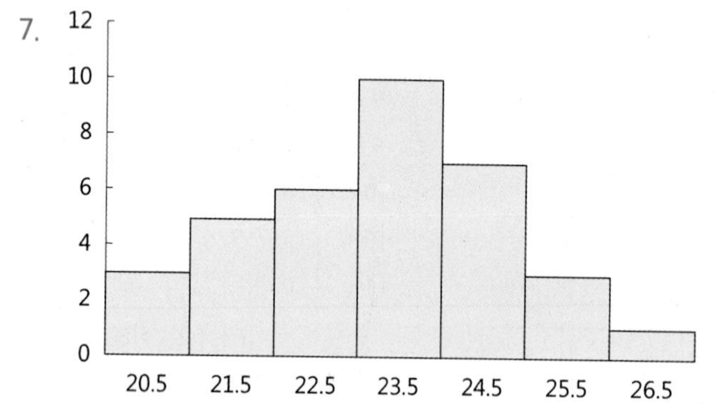

줄기	잎
20	3 5 7
21	0 2 4 7 8
22	1 1 4 5 7 8
23	0 2 2 3 3 5 7 7 9 9
24	1 3 4 4 5 9 9
25	4 5 9
26	1

9. 왼쪽 꼬리가 약간 긴 비대칭 분포

줄기	잎
18	9
19	5
20	
21	4 8
22	0 0 3 9 9
23	0 1 1 2 2 7 9
24	9
25	3 3 4 7 9
26	0 1 8 9
27	0 4
28	
29	0 9

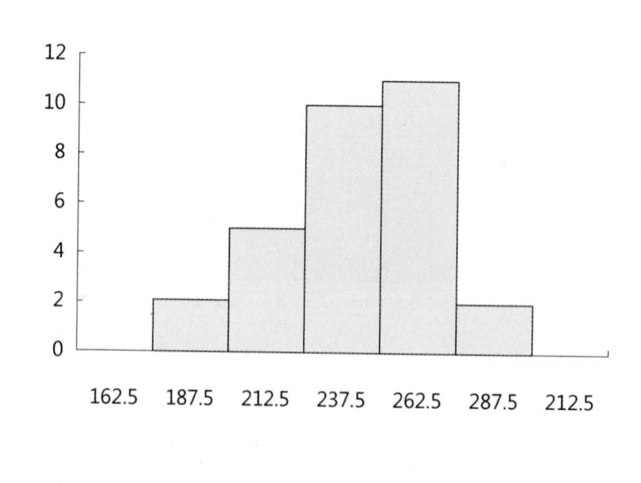

11.

3 2 2	0−	
9 9 9 7 6	0+	
3 3 2 2 1	1−	5 6 9
9 9 9 8 6	1+	0 0 0 1 2 2 3 3
0	2−	5 6 8 9
	2+	1 1 3
	3−	8
	3+	0
	4−	
	4+	
	5−	
8	5+	

이상값으로 보이는 수치 58을 제외하면 새로 개발된 시약의 반응속도가 평균 10초 이상 빠른 것으로 판단됨

13. (a) $\bar{x}=1.675$, $\tilde{x}=1.47$, $\bar{x}_{0.1}=1.572$

$\tilde{x}<\bar{x}_{0.1}<\bar{x}$: 오른쪽 꼬리가 약간 긴 분포임

(b) $R=4.43$, $s^2=1.0012$, $s=1.001$, $Q\approx 0.624$

(c)

줄기	잎
0−	3
0+	5 5 6 8 8 8 9
1−	0 2 2 2 3 4 4
1+	5 6 7 9 9
2−	0 1 1 2
2+	5 8
3−	0 1 4
3+	
4−	
4+	8

(소수 둘째자리 반올림)

(d) 이상값: 4.75

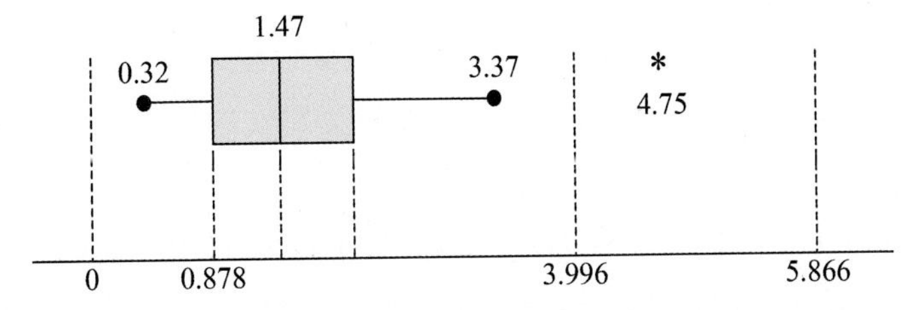

15. (a)

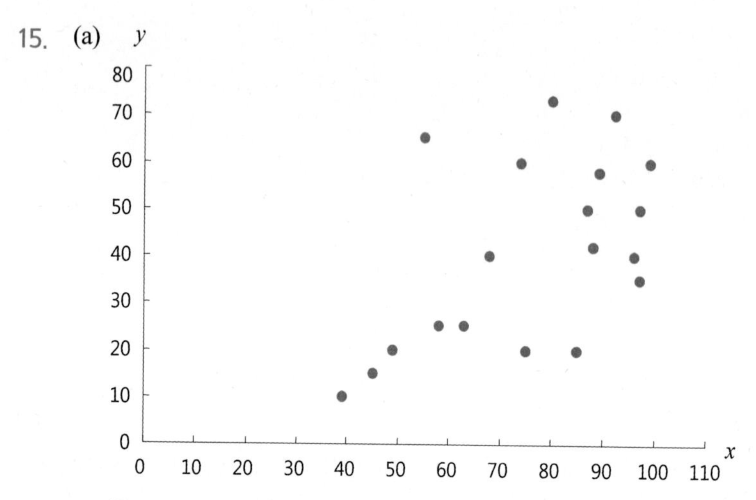

(b) $\overline{x} = 75.579,\ s_x^2 = 369.813,\ s_x = 19.231,\ \overline{y} = 40.947,\ s_y^2 = 395.830$

$s_y = 19.895,\ r_{xy} = 0.539$

chapter 03

연습문제 3.1

1. 불확실한 사건의 예와 평가지표
   (a) 오늘 비가 내리는 사건: 확률
   (b) 교차로에서의 교통사고: 연간 평균 사고의 수
   (c) 주가의 등락: 확률
3. (a) 기업 공개의 여러 사례에서 목표가를 상회하는 비율이 25%이라는 것이므로 경험적 확률에 입각한 상대빈도개념이다.
   (b) 1년은 365일이므로 어느 날이든 태어날 가능성이 동일함을 전제로 계산된 선험적 확률이다.
   (c) 내일과 같은 기상조건이 여러 날 있었을 때 그중 90%는 비가 왔다는 경험적 확률에 입각한 상대빈도 개념이다.
   (d) 경험적 확률에 입각한 상대빈도의 개념이다.

연습문제 3.2

1. (a) 표본공간 S= {(1,1), (1,2), (1,3), (1,4), (1,5), (1,6), (2,1), (2,2), (2,3), (2,4), (2,5), (2,6), (3,1), (3,2), (3,3), (3,4), (3,5), (3,6), (4,1), (4,2), (4,3), (4,4), (4,5), (4,6), (5,1), (5,2), (5,3), (5,4),

(5,5), (5,6), (6,1), (6,2), (6,3), (6,4), (6,5), (6,6)}

(b) A={(1,1), (1,3), (1,5), (2,2), (2,4), (2,6), (3,1), (3,3), (3,5), (4,2), (4,4), (4,6), (5,1), (5,3), (5,5), (6,2), (6,4), (6,6)}

(c) B={(2,2), (2,4), (2,6), (4,2), (4,4), (4,6), (6,2), (6,4), (6,6)}

(d) B의 모든 원소는 A에 속한다. 따라서 $B \subset A$이다.

(e) $A \cap B^c$=A−B={(1,1), (1,3), (1,5), (3,1), (3,3), (3,5), (5,1), (5,3), (5,5)}
두 눈이 모두 홀수인 사건

(f) C={(1,2), (2,1), (2,3), (3,2), (3,4), (4,3), (4,5), (5,4), (5,6), (6,5)}
$A \cap C = \varnothing$ 이므로 A와 C는 서로 배반이다.

3. s0: 한 부품이 정상인 상태, s1: 한 부품이 비정상인 상태, s2: 한 부품이 고장난 상태

(a) 표본공간 S={(s0,s0), (s0, s1), (s0, s2), (s1,s0), (s1, s1), (s1, s2), (s2,s0), (s2, s1), (s2, s2)}

(b) 제품이 정상적일 사건 → 두 부품이 모두 정상적인 경우 A={(s0,s0)}

(c) 제품이 비정상이지만 수리 가능할 사건 → 한 부품은 정상이고, 한 부품은 비정상이나 수리 가능하거나, 모두 비정상이나 수리가능한 경우 B={(s0,s1), (s1,s0), (s1,s1)}

(d) 제품을 못 쓰게 될 사건 → 어떤 부품 하나라도 고장이 발생한 경우 C={(s0, s2), (s1, s2), (s2,s0), (s2, s1), (s2, s2)}

5. 벤다이어그램으로도 증명할 수 있다.

(a) $(A \cap B) \subset A$, $(A \cap B) \subset B$
$\forall a \in A \cap B \rightarrow a \in A \text{ and } a \in B \rightarrow a \in A \rightarrow (A \cap B) \subset A$
같은 논리로 $(A \cap B) \subset B$

(b) $A \subset (A \cup B)$, $B \subset (A \cup B)$
$\forall a \in A \rightarrow a \in A \text{ or } a \in B \rightarrow a \in A \cup B \rightarrow A \subset A \cup B$
같은 논리로 $B \subset A \cup B$

(c) $A - B = A \cap B^c = A - (A \cap B)$
$\forall a \in A - B \rightarrow a \in A \text{ and } a \notin B \rightarrow a \in A \cap B^c \rightarrow A - B \subset A \cap B^c$
$\forall a \in A \cap B^c \rightarrow a \in A \text{ and } a \notin B \rightarrow a \in A - B \rightarrow A \cap B^c \subset A - B$
$A - B \subset A \cap B^c$이고 $A \cap B^c \subset A - B$이므로 $A - B = A \cap B^c$
한편 $A - (A \cap B) = A \cap (A \cap B)^c = A \cap (A^c \cup B^c)$
$= (A \cap A^c) \cup (A \cap B^c) = \varnothing \cup (A \cap B^c) = A \cap B^c$

(d) $A \cap (B - A) = \phi$
$A \cap (B - A) = A \cap B \cap A^c = A \cap A^c \cap B = \phi \cap B = \phi$

(e) $A \cup B = A \cup (B - A) = (A - B) \cup B$

$A \cup (B-A) = A \cup (B \cap A^c) = (A \cup B) \cap (A \cup A^c) = (A \cup B) \cap S = A \cup B$

같은 논리로 $(A-B) \cup B = A \cup B$

7. (a) 되돌려 넣는 경우 (복원 추출)

S= {(붉은 공, 붉은 공), (붉은 공, 흰 공), (붉은 공, 파란 공), (흰 공, 붉은 공), (흰 공, 흰 공), (흰 공, 파란 공), (파란 공, 붉은 공), (파란 공, 흰 공), (파란 공, 파란 공)}

(b) 되돌려 넣지 않는 경우 (비복원 추출)

S= {(붉은 공, 흰 공), (붉은 공, 파란 공), (흰 공, 붉은 공), (흰 공, 파란 공), (파란 공, 붉은 공), (파란 공, 흰 공)}

9. (a) S= {(A,B,C,F,I), (A,B,E,F,I), (A,B,E,H,I), (A,D,G,H,I), (A,D,E,F,I), (A,D,E,H,I)}

(b) 동전을 3번 던져야 하는 경우는 E를 통과하는 경우이다.

T= {(A,B,E,F,I), (A,B,E,H,I), (A,D,E,F,I), (A,D,E,H,I)}

11. (a)

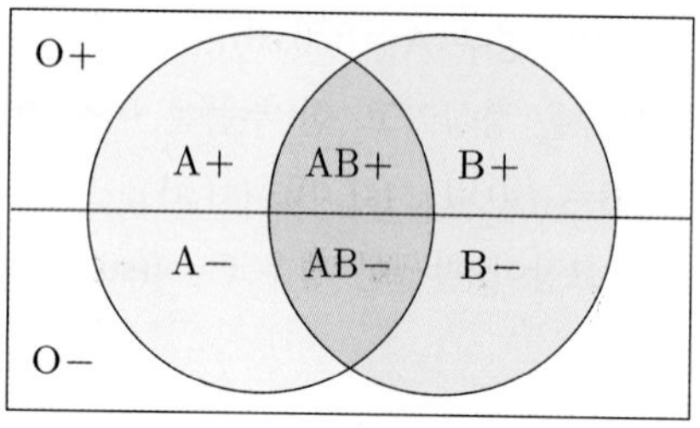

O+ A+ AB+ B+

A− AB− B− O−

(b) 혈액형의 집합은 모두 서로 배반임

A=43 → n(A+) + n(A−) + n(AB+) + n(AB−)=43 ①

A, Rh=36 → n(A+) + n(AB+)=36 ②

B=24 → n(B+) + n(B−) + n(AB+) +n(AB−)=24 ③

B, Rh=18 → n(B+) + n(AB+)=18 ④

Rh=82 → n(O+) + n(A+) + n(AB+) + n(B+)=82 ⑤

A, B, Rh=6 → n(AB+)=6 ⑥

A, B=8 → n(AB+) + n(AB−)=8 ⑦

(1) ①−⑦

n(A+) + n(A−)=35 → A형 35명

(2) ③−⑦

n(B+) + n(B−)=16 → B형 16명

(3) ⑦ → AB형 8명

(4) 100−35−16−8=41 → O형 41명

연습문제 3.3

1. $p_a = P(\{a\})$, $p_b = P(\{b\})$, $p_c = P(\{c\})$라고 하자.

   $P(\{a, b\}) = 2/3 \rightarrow p_a + p_b = 2/3$ ①

   $P(\{a, c\}) = 1/3 \rightarrow p_a + p_c = 1/3$ ②

   $P(\{b, c\}) = 1/3 \rightarrow p_b + p_c = 1/3$ ③

   ① − (② + ③) → $p_c = 0$

   P(S)= $p_a + p_b + p_c = 2/3 \neq 1$

   따라서 이 함수는 확률이 아니다.

3. S= {abc, abd, abe, abf, acd, ace, acf, ade, adf, aef, bcd, bce, bcf, bde, bdf, bef, cde, cdf, cef, def}

   n(S)= $\binom{6}{3}$= 20

   (a) 전체 20개의 표본점 중 a가 뽑히는 경우는 10가지이므로 확률은 10/20= 1/2

   (b) a와 b가 뽑히는 경우는 4가지이므로 확률은 4/20= 1/5

   (c) a 또는 b가 뽑히는 경우는 16가지이므로 확률은 16/20= 4/5

   (d) a만 뽑히는 경우는 10−4=6가지, B 만 뽑히는 경우도 6가지이므로, a와 b 중 하나만 뽑히는 경우는 12가지. 따라서 확률 12/20= 3/5

5. 우선 0이 들어가는 위치가 4가지 경우가 있고, 나머지 자리에는 각각 9개의 숫자가 들어갈 수 있으므로 이 학생이 입력할 수 있는 전체 숫자의 수는 $4 \times 9 \times 9 \times 9 = 2916$가지이다. 비밀번호는 한 가지 뿐이 없으므로 입력한 숫자가 맞을 확률은 1/2916.

7. 우선 표본공간을 구한다. 균등표본공간을 대상으로 하여야 하므로, 5전 3선승제이지만 가능한 모든 결과를 고려하여야 한다. 두 기사를 각각 A와 B라고 하면

   (a) S= {AAAAA, AAAAB, AAABA, AABAA, ABAAA, BAAAA, AAABB, AABAB, ABAAB, BAAAB, AABBA, ABABA, BAABA, ABBAA, BABAA, BBAAA, AABBB, ABABB, BAABB, ABBAB, BABAB, BBAAB, ABBBA, BABBA, BBABA, BBBAA, ABBBB, BABBB, BBABB, BBBAB, BBBBA, BBBBB}

   n(S)= 32가지

   (b) 첫 번째 판에서 진 기사가 우승하는 경우는 10가지이므로 확률은 10/32= 5/16

9. (a) p_i를 i번째 눈금이 나올 확률이라고 하면 $p_i \propto i$이므로, $p_i = ki$라고 하자. 단, k는 상수이다.

   그런데 $\sum_{i=1}^{6} p_i = \sum_{i=1}^{6} ki = k\sum_{i=1}^{6} i = 21k = 1$이므로 k= 1/21이다.

   즉 $p_i = \frac{1}{21}i$, $i = 1, 2, 3, 4, 5, 6$이다.

(b) 짝수 눈이 나올 확률은 $p_2+p_4+p_6=\frac{1}{21}(2+4+6)=\frac{12}{21}=\frac{4}{7}$

11. (a) $A=(-\infty,\ r]$, $B=(-\infty,\ s]$라고 하면, $r<s$인 경우 $A\subset B$이다. A와 $(B-A)$는 서로 배반이므로 $P(B)=P(A\cup(B-A))=P(A)+P(B-A)\geq P(A)$이다.

(b) $(r,\ s]=B-A$이다. 그런데 위에서 $P(B-A)P(B)-P(A)$이다.

즉 $P((r,\ s])=P(<-\infty,\ s])-P(<-\infty,\ r])$

연습문제 3.4

1. (1) 중복을 허용하지 않는 경우

이 경우는 한번 뽑힌 글자는 다시 뽑힐 수는 없는 경우이다. (비복원추출이라고 한다)

(a) 순서를 고려하지 않는 경우

이는 조합의 경우이므로 경우의 수는 $\binom{3}{2}=3$이다. 경우를 나타내면 {ab, ac, bc}의 3가지

(b) 순서를 고려하는 경우

이는 순열의 경우이므로 경우의 수는 ${}_3P_2=3\times2=6$이다. 경우를 나타내면 {ab, ba, ac, ca, bc, cd}의 6가지

(2) 중복을 허용하는 경우

이 경우는 한번 뽑힌 글자가 다시 뽑힐 수는 있는 경우이다. (복원추출이라고 한다)

(a) 순서를 고려하지 않는 경우

x_1: a가 뽑히는 횟수. x_2: b가 뽑히는 횟수. x_3: c가 뽑히는 횟수라고 하면

$0\leq x_1, x_2, x_3\leq 2$이고, $x_1+x_2+x_3=2$를 만족한다. 이를 만족하는 정수의 해의 수는

1) $x_1=2$인 경우 $\rightarrow x_2=x_3=0$

2) $x_1=1$인 경우 $\rightarrow x_2+x_3=1\rightarrow(x_2=1\rightarrow x_3=0)$와 $(x_2=0\rightarrow x_3=1)$의 2가지

3) $x_1=0$인 경우 $\rightarrow x_2+x_3=2\rightarrow(x_2=2\rightarrow x_3=0)$, $(x_2=1\rightarrow x_3=1)$,

$(x_2=0\rightarrow x_3=2)$의 3가지

따라서 구하는 경우의 수는 1+2+3=6가지이다. 경우를 나타내면 {aa, ab, ac, bb, bc, cc} 이를 중복조합이라고 하는 경우도 있다.

(b) 순서를 고려하는 경우

나오는 경우는 ○○의 두 자리인데, 앞자리나 뒷자리 모두 3개의 글자가 가능하므로 경우의 수는 $3\times3=3^2=9$이다. 경우를 나타내면 {aa, ab, ba, ac, ca, bb, bc, cb, cc} 이를 중복순열이라고 하는 경우도 있다.

3. (a) 1, 2, 3등에만 관심이 있으므로 경우의 수는 ${}_9P_3=504$가지

(b) 1등은 특정한 말을 배치하고 2, 3등을 선정하면 되므로 확률은 $\frac{{}_8P_2}{{}_9P_3}=\frac{1}{9}$

(c) 특정한 말이 2등 또는 3등을 할 확률 역시 $\frac{1}{9}$씩이다. 따라서 상을 타지 못하게 될 확률은 $1-3\times\frac{1}{9}=\frac{2}{3}$

5. (a) 9개 전구 중 3개를 뽑는 방법의 수이므로 $\binom{9}{3}=84$

(b) $\binom{2}{1}\binom{3}{1}\binom{4}{1}/\binom{9}{3}=\frac{2}{7}$

(c) $\left[\binom{3}{3}+\binom{4}{3}\right]/\binom{9}{3}=\frac{5}{84}$

7. (a) $\binom{n}{r}=\frac{n!}{r!(n-r)!}=\frac{n(n-1)!}{r(r-1)!((n-1)-(r-1))!}=\left(\frac{n}{r}\right)\binom{n-1}{r-1}$

(b) $\binom{n}{r}=\frac{n!}{r!(n-r)!}=\frac{n(n-1)!}{r!(n-r)(n-r-1)!}=\frac{n(n-1)!}{(n-r)r!(n-1-r)!}=\left(\frac{n}{n-r}\right)\binom{n-1}{r}$

(c) $\binom{n}{r}=\frac{n!}{r!(n-r)!}=(n-(r-1))\frac{n!}{r!(n-(r-1))!}=\left(\frac{n-r+1}{r}\right)\binom{n}{r-1}$

(d) $\binom{n}{r}=\frac{n!}{r!(n-r)!}=\frac{r+1}{n-r}\frac{n!}{(r+1)!(n-r-1)!}$

$=\frac{r+1}{n-r}\frac{n!}{(r+1)!(n-(r+1))!}=\left(\frac{r+1}{n-r}\right)\binom{n}{r+1}$

(e) $\binom{n-1}{r}=\frac{(n-1)!}{r!(n-1-r)!}=\frac{r+1}{n}\frac{n!}{(r+1)!(n-(r+1))!}=\left(\frac{r+1}{n}\right)\binom{n}{r+1}$

9. 이 게임은 8장의 카드 중 4장을 뽑아, 뽑힌 카드는 붉은 색, 뽑히지 않는 카드는 검은 색이라고 하는 것과 같다. 8장 중 6장을 맞히는 사건은 4장을 뽑을 때 붉은 색에서 3장, 검은 색에서 1장을 뽑는 경우이므로 확률은 $\binom{4}{3}\binom{4}{1}/\binom{8}{4}=\frac{8}{35}$

11. (a) 고장난 TV 1대를 맡길 수 있는 수리센터가 3군데 있고, 각 TV를 어느 수리센터에 맡길 것인가 하는 의사결정은 서로 독립적이므로 경우의 수$=3\times3\times3\times3=3^4$

(b) 2곳의 수리센터 만이 수리의뢰를 받게 될 확률은 각 TV의 수리를 2군데에만 맡기면 되므로 $\frac{2^4}{3^4}=\frac{16}{81}$

13. 동전 3개를 꺼내 합이 700원이 되려면 500원짜리 1개와 100원짜리 2개를 꺼내야 한다. 1번에 하나의 동전을 꺼내므로 순서를 고려하여야 하지만, 이 문제는 순서에 상관없이 3개의 동전을 꺼낸 후 동전의 위치를 바꾸는 경우의 수인 3!을 곱하면 되므로, 3개의 동전을 꺼내는 경우의 수로 구하여도 된다.

(a) $\binom{3}{1}\binom{5}{2}/\binom{8}{3}=\frac{15}{28}$

(b) 이 경우는 500원짜리가 6개 있다고 가정하면 된다. 따라서 확률은 $\binom{6}{1}\binom{5}{2}/\binom{11}{3}=\frac{4}{11}$

15. 4개의 곱이 음수가 되려면 양의 수가 홀수, 음의 수도 홀수이면 되므로 확률은

$$\left[\binom{6}{1}\binom{10}{3}+\binom{6}{3}\binom{10}{1}\right]/\binom{16}{4}=\frac{46}{91}$$

17. (a) $\binom{9}{4}\binom{1}{1}/\binom{10}{5}$ (b) $\binom{90}{4}\binom{10}{1}/\binom{100}{5}$ (c) $\binom{900}{4}\binom{100}{1}/\binom{1000}{5}$

(d) 복원추출의 경우에는 순서를 고려하여야 한다. 5개의 제품을 차례로 뽑을 때 불량품이 한 개 들어가는 경우는 불량품이 어떤 위치에서 나오는가를 고려하여야 하므로 확률은

$$\frac{\binom{5}{1}\times 1\times 9\times 9\times 9\times 9}{10\times 10\times 10\times 10\times 10}=\binom{5}{1}\left(\frac{1}{10}\right)^1\left(\frac{9}{10}\right)^4$$

19. $(x+1)^n$을 전개하는 경우 x^r항의 계수는 $\binom{n}{r}$이다. 왜냐하면 n개의 $(x+1)$ 항 중에서 r개를 택하고, 나머지 $n-r$개의 항은 1을 택하면 되기 때문이다. 따라서 다음의 이항정리가 성립한다.

$$(x+1)^n=\sum_{r=0}^{n}\binom{n}{r}x^r$$

(a) 위의 이항정리에 $x=1$을 대입하면 $\sum_{r=0}^{n}\binom{n}{r}=2^n$

(b) 위의 이항정리에 $x=-1$을 대입하면 $\sum_{r=0}^{n}(-1)^r\binom{n}{r}=0$

(c) $(x+1)^{m+n}$을 전개하는 경우 x^k 항의 계수는 $\binom{m+n}{k}$이다. 그런데 $(x+1)^{m+n}=(x+1)^m(x+1)^n$이므로, x^k를 구하려면 $(x+1)^m$을 전개하여 x^r을 만들고, $(x+1)^n$을 전개하여 x^{k-r}을 만들어 곱한 후, r을 0부터 k까지 변화시키면 된다. 전자의 계수는 $\binom{m}{r}$, 후자의 계수는 $\binom{n}{k-r}$이므로 $\sum_{r=0}^{k}\binom{m}{r}\binom{n}{k-r}=\binom{m+n}{k}$

(d) $\sum_{r=0}^{n}\binom{n}{r}^2=\sum_{r=0}^{n}\binom{n}{r}\binom{n}{r}=\sum_{r=0}^{n}\binom{n}{r}\binom{n}{n-r}=\binom{2n}{n}$ ((c)에 의해서)

연습문제 3.5

1. $\frac{1\times 2+2\times 1}{2\times 2}=1$

3. (a) $P(A) = P[(A \cap B^c) \cup (A \cap B)] = P(A \cap B^c) + P(A \cap B) = 0.4 + 0.4 = 0.8$

(b) $P(B) = P[(A^c \cap B) \cup (A \cap B)] = P(A^c \cap B) + P(A \cap B) = 0.1 + 0.4 = 0.5$

(c) $P(A \cup B) = P(A) + P(B) - P(A \cap B) = 0.8 + 0.5 - 0.4 = 0.9$

(d) $P(A^c \cup B) = P(A^c) + P(B) - P(A^c \cap B) = 1 - P(A) + P(B) - P(A^c \cap B)$

$= 1 - 0.8 + 0.5 - 0.1 = 0.6$

5. (가정) 방송국은 4채널뿐이며, 선택한 채널은 바꾸지 않는다.

각 채널을 보는 사건은 서로 배반이므로

$1 - P(A \cup B \cup C \cup D) = 1 - (P(A) + P(B) + P(C) + P(D))$

$= 1 - (0.37 + 0.144 + 0.123 + 0.054) = 0.309$

7. (a) $P(A \cap B^c \cap C^c) = P(A) - P(A \cap B) - P(A \cap C) + P(A \cap B \cap C)$

$= 0.15 - 0.08 - 0.03 + 0.02 = 0.06$

$P(B \cap A^c \cap C^c) = P(B) - P(A \cap B) - P(B \cap C) + P(A \cap B \cap C)$

$= 0.34 - 0.08 - 0.05 + 0.02 = 0.23$

$P(C \cap A^c \cap B^c) = P(C) - P(A \cap C) - P(B \cap C) + P(A \cap B \cap C)$

$= 0.07 - 0.03 - 0.05 + 0.02 = 0.01$

이를 합하면 오직 한 과목만을 수강한 학생의 비율은 $0.06 + 0.23 + 0.01 = 0.3$

(b) 두 과목을 수강한 학생비율은

$[P(A \cap B) - P(A \cap B \cap C)] + [P(A \cap C) - P(A \cap B \cap C)]$

$+ [P(B \cap C) - P(A \cap B \cap C)]$

3과목을 수강할 학생의 비율은 $P(A \cap B \cap C)$. 따라서 2과목 이상을 수강할 비율은

$P(A \cap B) + P(A \cap C) + P(B \cap C) - 2 \times P(A \cap B \cap C)$

$= 0.08 + 0.03 + 0.05 - 2 \times 0.02 = 0.12$

(c) $P(B \cap (A \cup C)) = P(B \cap A) + P(B \cap C) - P(A \cap B \cap C)$

$= 0.08 + 0.05 - 0.02 = 0.11$

9. (a) $\binom{95}{4}\binom{5}{0} / \binom{100}{4}$ (b) $\binom{99}{3}\binom{1}{1} / \binom{100}{4}$ (c) $\binom{95}{8}\binom{5}{0} / \binom{100}{8}$과 $\binom{99}{7}\binom{1}{1} / \binom{100}{8}$

11. 상자에 1에서 20의 번호를 부여한다고 하면, 공을 상자에 넣는 방법의 수는 20^{12} (12개의 공이 각각 20개의 상자를 선택할 수 있으므로). 한편 공이 하나씩만 들어가는 경우는 앞에서 들어간 상자는 피하여야 하므로 ${}_{20}P_{12}$. 따라서 확률은 ${}_{20}P_{12}/20^{12}$

13. (a) $P(A \cup B \cup C) = 0.98$

(b) $1 - P(A \cup B \cup C) = 0.02$

(c) $P(A \cap B) = P(A) + P(B) - P(A \cup B) = 0.7 + 0.8 - 0.85 = 0.65$

$P(A \cap C) = P(A) + P(C) - P(A \cup C) = 0.7 + 0.75 - 0.9 = 0.55$

$P(B\cap C)=P(B)+P(C)-P(B\cup C)=0.8+0.75-0.95=0.6$

$P(A\cap B\cap C)=P(A\cup B\cup C)-(P(A)+P(B)+P(C))+(P(A\cap B)+P(A\cap C)$
$\quad +P(B\cap C))$
$=0.98-(0.7+0.8+0.75)+(0.65+0.55+0.6)=0.53$

그러므로 에어백만 원하는 확률은

$P(A^c\cap B^c\cap C)=P(C)-P(A\cap C)-P(B\cap C)+P(A\cap B\cap C)$
$=0.75-0.55-0.6+0.53=0.13$

(d) 자동변속기만 원할 확률

$P(A\cap B^c\cap C^c)=P(A)-P(A\cap B)-P(A\cap C)+P(A\cap B\cap C)$
$=0.7-0.65-0.55+0.53=0.03$

자동제어장치만 원할 확률

$P(B\cap A^c\cap C^c)=P(B)-P(A\cap B)-P(B\cap C)+P(A\cap B\cap C)$
$=0.8-0.65-0.6+0.53=0.08$

따라서 선택사양 중 오직 하나만을 선택할 확률은 $0.13+0.03+0.080.24$

15. 1부터 200까지의 정수 중에서 무작위로 뽑은 수가

(a) A: 6으로 나누어질 사건

B: 8로 나누어질 사건

P(A)=33/200, P(B)=25/200, $P(A\cap B)=8/200$

따라서 6이나 8로 나누어질 확률

$P(A\cup B)=P(A)+P(B)-P(A\cap B)=(33+25-8)/200=50/200$

(b) C; 10으로 나누어질 사건

P(C)=20/200, $P(A\cap C)=6/200$, $P(B\cap C)=5/200$, $P(A\cap B\cap C)=1/200$

6이나 8이나 10으로 나누어질 확률은

$P(A\cup B\cup C)=P(A)+P(B)+P(C)-P(A\cap B)-P(A\cap C)-P(B\cap C)$
$\quad +P(A\cap B\cap C)$
$=\dfrac{33+25+20-8-6-5+1}{200}=\dfrac{60}{200}=0.3$

17. A_i : i번째 손님이 자기 모자를 찾을 사건, $i=1,\ 2,\ 3,\ 4$

P(모든 손님이 자기 모자를 찾지 못할 사건)$=P((A_1\cup A_2\cup A_3\cup A_4)^c)$
$=1-P(A_1\cup A_2\cup A_3\cup A_4)$

한편 $P(A_1)=\dfrac{1\times 3!}{4!}=\dfrac{1}{4}=P(A_2)=P(A_3)=P(A_4)$,

$$P(A_1 \cap A_2) = \frac{1 \times 1 \times 2!}{4!} = \frac{1}{4 \times 3} = P(A_1 \cap A_3)$$
$$= P(A_1 \cap A_4) = P(A_2 \cap A_3) = P(A_2 \cap A_4) = P(A_3 \cap A_4)$$

$$P(A_1 \cap A_2 \cap A_3) = \frac{1 \times 1 \times 1 \times 1!}{4!} = \frac{1}{4 \times 3 \times 2} = P(A_1 \cap A_2 \cap A_4)$$
$$= P(A_1 \cap A_3 \cap A_4) = P(A_2 \cap A_3 \cap A_4)$$

$$P(A_1 \cap A_2 \cap A_3 \cap A_4) = \frac{1 \times 1 \times 1 \times 1}{4!} = \frac{1}{4!}$$

$$\begin{aligned} P(A_1 \cup A_2 \cup A_3 \cup A_4) &= P(A_1) + P(A_2) + P(A_3) + P(A_4) - P(A_1 \cap A_2) \\ &\quad - P(A_1 \cap A_3) - P(A_1 \cap A_4) - P(A_2 \cap A_3) - P(A_2 \cap A_4) \\ &\quad - P(A_3 \cap A_4) + P(A_1 \cap A_2 \cap A_3) + P(A_1 \cap A_2 \cap A_4) \\ &\quad + P(A_1 \cap A_3 \cap A_4) + P(A_2 \cap A_3 \cap A_4) - P(A_1 \cap A_2 \cap A_3 \cap A_4) \\ &= 4 \times \frac{1}{4} - 6 \times \frac{1}{12} + 4 \times \frac{1}{24} - \frac{1}{24} = \frac{5}{8} \end{aligned}$$

따라서 구하는 확률은 $1 - \frac{5}{8} = \frac{3}{8}$

손님이 n명일 때, $A_i : i$번째 손님이 자기 모자를 찾을 사건, $i = 1, \cdots, n$이라고 하면

$$\begin{aligned} P\left(\bigcup_{i=1}^{n} A_i\right) &= \sum_{1}^{n} P(A_i) - \sum_{i=1}^{n} \sum_{j>i}^{n} P(A_i \cap A_j) \\ &\quad + \sum_{i=1}^{n} \sum_{j>i}^{n} \sum_{k>j}^{n} P(A_i \cap A_j \cap A_k) - \cdots + (-1)^{n+1} P\left(\bigcap_{i=1}^{n} A_i\right) \\ &= \sum_{1}^{n} \frac{1}{n} - \sum_{i=1}^{n} \sum_{j>i}^{n} \frac{1}{n(n-1)} + \sum_{i=1}^{n} \sum_{j>i}^{n} \sum_{k>j}^{n} \frac{1}{n(n-1)(n-2)} - \cdots + (-1)^{n+1} \frac{1}{n!} \\ &= 1 - \frac{\binom{n}{2}}{n(n-1)} + \frac{\binom{n}{3}}{n(n-1)(n-2)} - \cdots + (-1)^{n+1} \frac{1}{n!} \\ &= 1 - \frac{1}{2!} + \frac{1}{3!} - \frac{1}{4!} + \cdots + (-1)^{n+1} \frac{1}{n!} \end{aligned}$$

따라서 모든 손님이 자기 모자를 찾지 못할 확률 →

$$1 - P\left(\bigcup_{i=1}^{n} A_i\right) = 1 - \left(1 - \frac{1}{2!} + \frac{1}{3!} - \frac{1}{4!} + \cdots + (-1)^{n+1} \frac{1}{n!}\right)$$

19. $C \subset D$이면 $P(D) = P(C) + P(C^c \cap D) \geq P(C)$

1) $(A \cap B) \subset A$ 이므로 $P(A \cap B) \leq P(A)$

2) $A \subset (A \cup B)$이므로 $P(A) \leq P(A \cup B)$

3) $P(A \cup B) = P(A) + P(B) - P(A \cap B) \leq P(A) + P(B)$

21. 1) $n=2$인 경우

$$P(A_1 \cap A_2) = P(A_1) + P(A_2) - P(A_1 \cup A_2) \geq P(A_1) + P(A_2) - 1$$

2) $n=m$일 때 성립을 가정하자. 즉

$$P\left(\bigcap_{i=1}^{m} A_i\right) \geq \sum_{i=1}^{m} P(A_i) - (m-1)$$

$$P\left(\bigcap_{i=1}^{m+1} A_i\right) = P\left(\left(\bigcap_{i=1}^{m} A_i\right) \cap A_{m+1}\right) = P\left(\bigcap_{i=1}^{m} A_i\right) + P(A_{m+1}) - P\left(\left(\bigcap_{i=1}^{m} A_i\right) \cup A_{m+1}\right)$$

$$\geq \sum_{i=1}^{m} P(A_i) - (m-1) + P(A_{m+1}) - 1 = \sum_{i=1}^{m+1} P(A_i) - ((m+1)-1)$$

즉 $n=m+1$인 경우도 성립한다. 따라서 모든 자연수 n에 대하여

$$P\left(\bigcap_{i=1}^{n} A_i\right) \geq \sum_{i=1}^{n} P(A_i) - (n-1)$$

연습문제 3.6

1. $\dfrac{5 \times 4 \times 3}{20 \times 19 \times 18}$

3. A_1: 1차전에서 승리하는 사건, A_2: 2차전에서 승리하는 사건, A_3: 3차전에서 승리하는 사건, A_4: 4차전 (결승전)에서 승리하는 사건

$$P(A_1) = 0.8,\ P(A_2|A_1) = 0.7,\ P(A_3|A_1 \cap A_2) = 0.6,\ P(A_4|A_1 \cap A_2 \cap A_3) = 0.5$$

(a) 우승 확률

$$P(A_1 \cap A_2 \cap A_3 \cap A_4) = P(A_1)P(A_2|A_1)P(A_3|A_1 \cap A_2)P(A_4|A_1 \cap A_2 \cap A_3)$$
$$= 0.8 \times 0.7 \times 0.6 \times 0.5$$

(b) 2차전, 탈락 확률

$$P(A_1 \cap A_2^c) = P(A_1)P(A_2^c|A_1) = P(A_1)(1 - P(A_2|A_1)) = 0.8 \times (1 - 0.7)$$

3차전 탈락 확률

$$P(A_1 \cap A_2 \cap A_3^c) = P(A_1)P(A_2|A_1)P(A_3^c|A_1 \cap A_2)$$
$$= P(A_1)P(A_2|A_1)(1 - P(A_3|A_1 \cap A_2))$$
$$= 0.8 \times 0.7 \times (1 - 0.6)$$

5. A: 첫 번째, 두 번째 뒷면이 나온 사건,

(TT) B: 5번 던지는 사건 (TTTTH) → $P(B|A) = P(TTH) = \left(\dfrac{1}{2}\right)^3$

7. (a) 3개를 검사하고 끝나는 경우 (3개 모두 불량) $3\times2\times1=6$

4개를 검사하고 끝나는 경우 (4개 중 하나는 양품이나, 4번째는 반드시 불량)

$$\binom{3}{2}7\times3\times2=126$$

5개를 검사하고 끝나는 경우 (5개 중 두 개는 양품이나, 5번째는 반드시 불량)

$$\binom{4}{2}7\times6\times3\times2=1{,}512$$

6개를 검사하고 끝나는 경우 $\binom{5}{2}7\times6\times5\times3\times2=12{,}600$

7개를 검사하고 끝나는 경우 $\binom{6}{2}\times7\times6\times5\times4\times3\times2=75{,}600$

8개를 검사하고 끝나는 경우 $\binom{7}{2}7\times6\times5\times4\times3\times3\times2=317{,}520$

9개를 검사하고 끝나는 경우 $\binom{8}{2}7\times6\times5\times4\times3\times2\times3\times2=846{,}720$

10개를 검사하고 끝나는 경우 $\binom{9}{2}7\times6\times5\times4\times3\times2\times1\times3\times2=1{,}088{,}640$

따라서 발생 가능한 모든 경우의 수는 위의 가짓수를 모두 합하면 된다. 2,342,718가지

(b) $126/2{,}342{,}718$

(c) $1512/2{,}342{,}718$

(d) $1-(126+1{,}512)/2{,}342{,}718$

9. $0.1=P(D)=P(A)P(D\mid A)+P(A^c)P(D\mid A^c)=P(A)\times0.99+(1-P(A))\times0.02$

$$\therefore\ P(A)=\frac{8}{97}$$

11. A: A가 풀려나는 사건, B: B가 풀려나는 사건

$$P(A)=\frac{1\times2}{3}=\frac{2}{3}=P(B),\quad P(A\cap B)=\frac{1}{3}\ \rightarrow\ P(A|B)=\frac{P(A\cap B)}{P(B)}=\frac{1}{2}$$

따라서 맞는 판단이다.

13. $P(A\mid E)\ge P(B\mid E),\ P(A\mid E^c)\ge P(B\mid E^c)$

$P(A)=P(E)P(A|E)+P(E^c)P(A|E^c)\ge P(E)P(B|E)+P(E^c)P(B|E^c)=P(B).$

15. $P\left(\bigcup_{i=1}^{n}A_i\right)\leqq\sum_{i=1}^{n}P(A_i)$

1) $n=2$인 경우

$P(A_1\cup A_2)=P(A_1)+P(A_2)-P(A_1\cap A_2)\le P(A_1)+P(A_2)$

2) $n=k$일 때 부등식 성립을 가정하자. 즉 $P\left(\bigcup_{i=1}^{k}A_i\right)\le\sum_{i=1}^{k}P(A_i)$임을 가정하자. 그러면

$$P\left(\bigcup_{i=1}^{k+1} A_i\right) = P\left(\left(\bigcup_{i=1}^{k} A_i\right) \cup A_{k+1}\right)$$

$$= P\left(\bigcup_{i=1}^{k} A_i\right) + P(A_{k+1}) - P\left(\left(\bigcup_{i=1}^{k} A_i\right) \cap A_{k+1}\right) \le P\left(\bigcup_{i=1}^{k} A_i\right)$$

$$+ P(A_{k+1}) \le \sum_{i=1}^{k+1} P(A_i)$$

이므로, $n=k+1$인 경우도 성립한다.

1)과 2)에 의하여 부등식은 모든 자연수 n에 대하여 성립한다.

17. (a) $P(A^c|B) = \dfrac{P(A^c \cap B)}{P(B)} = \dfrac{P(B-(A\cap B))}{P(B)} = \dfrac{P(B)-P(A\cap B)}{P(B)} = 1-P(A|B)$

(b) $P(A|B^c) = \dfrac{P(A\cap B^c)}{P(B^c)} = \dfrac{P(A-(A\cap B))}{1-P(B)} = \dfrac{P(A)-P(A\cap B)}{1-P(B)}$

(c) $P(A\cup B|C) = \dfrac{P((A\cup B)\cap C)}{P(C)} = \dfrac{P((A\cap C)\cup(B\cap C))}{P(C)}$

$$= \frac{P(A\cap C) + P(B\cap C) - P(A\cap B\cap C)}{P(C)}$$

$$= P(A|C) + P(B|C) - P(A\cap B|C)$$

19. $P(A_1 \cap \cdots \cap A_n) = P(A_1)P(A_2 \mid A_1)P(A_3 \mid A_1 \cap A_2) \cdots P(A_n \mid A_1 \cap \cdots \cap A_{n-1})$

1) $n=2$인 경우 $P(A_1 \cap A_2) = P(A_1)P(A_2 \mid A_1)$ → 성립

2) $n=k$인 경우에 성립함을 가정한다. 즉

$$P\left(\bigcap_{i=1}^{k} A_i\right) = P(A_1)P(A_2 \mid A_1) \cdots P(A_k \mid A_1 \cap \cdots \cap A_{k-1}).$$

$$P\left(\bigcap_{i=1}^{k+1} A_i\right) = P\left(\bigcap_{i=1}^{k} A_i\right) P\left(A_{k+1} \,\Big|\, \bigcap_{i=1}^{k} A_i\right)$$

$$= P(A_1)P(A_2 \mid A_1) \cdots P\left(A_k \,\Big|\, \bigcap_{i=1}^{k-1} A_i\right) P\left(A_{k+1} \,\Big|\, \bigcap_{i=1}^{k} A_i\right)$$

$$= P(A_1)P(A_2 \mid A_1) \cdots P(A_{k+1} \mid A_1 \cap \cdots \cap A_k)$$

따라서 $n=k+1$인 경우도 성립.

1)과 2)에 의하여 모든 자연수 n에 대하여 성립한다.

연습문제 3.7

1. (a) $P(A) = \dfrac{6}{36} = \dfrac{1}{6}$, $P(B) = \dfrac{1}{6}$, $P(A\cap B) = \dfrac{1}{36} = P(A) \times P(B)$이므로 A와 B는 서로 독립

(b) $P(C)=\frac{1}{6}$, $P(A\cap C)=\frac{1}{36}=P(A)\times P(C)$이므로 A와 C는 서로 독립

(c) $P(B\cap C)=\frac{1}{36}=P(B)\times P(C)$이므로 B와 C는 서로 독립

(d) $P(A\cap B\cap C)=\frac{1}{36}\neq P(A)\times P(B)\times P(C)$ 따라서A와 B와 C는 서로 독립이 아니다.

(쌍 독립이지만)

3. A: 전공과목에서 F를 받지 않는 사건, B: 교양과목에서 F를 받지 않는 사건, $P(A)=0.35$, $P(B)=0.4$이다. 그런데 $0.12=P(A\cap B)\neq P(A)\times P(B)=0.4\times 0.35=0.14$이므로 A와 B는 독립이 아니다.

5. (a) $(1-0.05)^2=0.95^2$

   (b) $0.95\times 0.05+0.05\times 0.95=2\times 0.95\times 0.05$

   (c) 0.9^2

   (d) $1-0.1^2$

7. $\frac{{}_5P_3}{5^3}=\frac{12}{25}$, 가정: 호텔을 무작위로 다른 사람과는 독립적으로 선택한다.

9. $P(A)=\frac{415+124}{1000}=\frac{539}{1000}$, $P(B)=\frac{415+95}{1000}=\frac{510}{1000}$,

   $P(A\cap B)=\frac{415}{1000}\neq P(A)\times P(B)$

   따라서 A와 B는 서로 독립이 아니다.

11.
$$\begin{aligned}
P(\text{체계작동}) &= P(A\cup B\cup(C\cap D))\\
&= P(A)+P(B)+P(C\cap D)-P(A\cap B)-P(A\cap(C\cap D))\\
&\quad -P(B\cap(C\cap D))+P(A\cap B\cap(C\cap D))\\
&= P(A)+P(B)+P(C)P(D)-P(A)P(B)-P(A)P(C)P(D)\\
&\quad -P(B)P(C)P(D)+P(A)P(B)P(C)P(D)\\
&= 0.9+0.9+0.9^2-0.9^2-0.9^3-0.9^3+0.9^4=0.9981
\end{aligned}$$

13. A: 보균자, C: 첫 번째 검사결과 양성, D: 두 번째 검사결과 양성인 사건들이라고 하자. 그런데 검사가 독립적으로 행해지므로

$$P(C\cap D|A)=P(C|A)P(D|A)=0.9^2,$$
$$P(C\cap D|A^c)=P(C|A^c)P(D|A^c)=0.05^2,$$
$$P(C^c\cap D^c|A)=P(C^c|A)P(D^c|A)=0.1^2,$$
$$P(C^c\cap D^c|A^c)=P(C^c|A^c)P(D^c|A^c)=0.95^2$$

로 가정할 수 있다.

(a) $P(C\cap D)=P(A)P(C\cap D|A)+P(A^c)P(C\cap D|A^c)$

$$=0.01\times0.9^2+0.99\times0.05^2=0.010575$$

$$P(C^c\cap D^c)=P(A)P(C^c\cap D^c|A)+P(A^c)P(C^c\cap D^c|A^c)$$

$$=0.01\times0.1^2+0.99\times0.95^2=0.893575$$

P{두 검사가 동일한 결과}$=P(C\cap D)+P(C^c\cap D^c)=P(C)P(D)+P(C^c)P(D^c)$

$$=0.010575+0.893575=0.90415$$

(b) $P(A|C\cap D)=\dfrac{P(A\cap C\cap D)}{P(C\cap D)}=\dfrac{P(A)P(C\cap D|A)}{P(C\cap D)}=\dfrac{0.01\times0.9^2}{0.010575}\simeq0.765957$

15. (a) $A\subset B$이고 $P(A)>0$, $P(B)>0$인 경우는 독립이 아니다. A와 B가 대소관계가 있기 때문이다. 사실 $P(A\cap B)=P(A)$이므로, 서로 독립이기 위해서는 $P(A\cap B)=P(A)$ $=P(A)P(B)$로부터 $P(B)=1$이어야 한다. 따라서 $P(B)<1$인 경우에는 독립이 아니다.

(b) $P(A\cap B)=P(A\cap B^c)$이면 $P(A)=P(A\cap B)+P(A\cap B^c)=2P(A\cap B)$이다. 따라서 $P(A\cap B)=\dfrac{1}{2}\times P(A)$이다. $P(B)=\dfrac{1}{2}$ 이 아닌 경우에는 독립이 아니다. 일반적으로는 독립이 아니다.

17. 아니다. counter example: 주사위를 하나 던지는 실험에서 A={홀수}, B={1, 2}, C={짝수}라고 하면

$P(A\cap B)=\dfrac{1}{6}=P(A)P(B)=\dfrac{1}{2}\times\dfrac{1}{3}$ A와 B는 독립,

$P(B\cap C)=\dfrac{1}{6}=P(B)P(C)=\dfrac{1}{3}\times\dfrac{1}{2}$ B와 C는 독립,

$P(A\cap C)=0\neq P(A)P(C)=\dfrac{1}{2}\times\dfrac{1}{2}$ A와 C는 독립이 아님.

연습문제 3.8

1. A_i: 어떤 제품이 i번째 기계에서 생산되는 사건, $i1, 2, 3$, D: 어떤 제품이 불량품인 사건

$$P(D)=P(A_1)P(D|A_1)+P(A_2)P(D|A_2)+P(A_3)P(D|A_3)$$

$$=\frac{100}{300}\times0.01+\frac{100}{300}\times0.02+\frac{100}{300}\times0.06=0.03,$$

$$P(A_3|D)=\frac{P(A_3\cap D)}{P(D)}=\frac{P(A_3)P(D|A_3)}{P(D)}=\frac{\frac{1}{3}\times0.06}{0.03}=\frac{2}{3}$$

3. A: 답을 알고 있을 사건, D: 정답을 맞춘 사건

$$P(A|D)=\frac{P(A\cap D)}{P(D)}=\frac{P(A)P(D|A)}{P(A)P(D|A)+P(A^c)P(D|A^c)}=\frac{0.8\times 1}{0.8\times 1+0.2\times 0.25}=\frac{16}{17}$$

5. A: 펌프 #1이 기대수명 이전에 고장 날 사건, B: 펌프 #2가 기대수명 이전에 고장 날 사건

   $P(A\cap B)=0.01$, $P(A\cap B^c)+P(A^c\cap B)=2P(A\cap B^c)=0.07$ (펌프는 동일하므로),

   $P(A\cap B^c)=0.035$

   (a) $P(A)=P(A\cap B)+P(A\cap B^c)=0.01+0.035=0.045$

   (b) $P(B|A)=\dfrac{P(A\cap B)}{P(A)}=\dfrac{0.01}{0.045}=\dfrac{2}{9}$

7. A: 진실을 말할 사건, D: 탐지기가 진실이라고 하는 사건

$$P(A|D^c)=\frac{P(A\cap D^c)}{P(D^c)}=\frac{P(A)P(D^c|A)}{P(A)P(D^c|A)+P(A^c)P(D^c|A^c)}$$

$$=\frac{0.99\times 0.1}{0.99\times 0.1+0.01\times 0.95}=\frac{990}{1085}$$

9. D: 투표에 불참한 사건

$$P(A|D)=\frac{P(A)P(D|A)}{P(A)P(D|A)+P(B)P(D|B)+P(C)P(C|B)}$$

$$=\frac{0.3\times 0.35}{0.3\times 0.35+0.5\times 0.18+0.2\times 0.5}=\frac{105}{295}=\frac{21}{59}$$

11. D: 불량볼트

$$P(A|D)=\frac{P(A\cap D)}{P(D)}=\frac{P(A)P(D|A)}{P(A)P(D|A)+P(B)P(D|B)}=\frac{0.4\times 0.05}{0.4\times 0.05+0.6\times 0.03}=\frac{10}{19}$$

13. 상자 속에 불량품 두 개와 양품 네 개가 들어 있다. 상자에서 차례대로 하나씩 꺼내 검사할 때,

   (a) $\dfrac{\binom{3}{1}\times 2\times 1\times 4\times 3}{6\times 5\times 4\times 3}=\dfrac{1}{5}$

   (b) $\dfrac{2\times 1}{6\times 5}+\dfrac{\binom{2}{1}\times 2\times 1\times 4}{6\times 5\times 4}+\dfrac{\binom{3}{1}\times 2\times 1\times 4\times 3}{6\times 5\times 4\times 3}=\dfrac{2}{5}$

   (c) A: 처음 두 개까지의 검사에서 하나의 불량품이 발견되는 사건

   B: 남은 불량품이 세 번째 검사에서 발견되는 사건

   C: 남은 불량품이 네 번째 검사에서 발견되는 사건

   B와 C는 서로 배반

$$P(B\cup C|A)=\frac{P((B\cup C)\cap A)}{P(A)}=\frac{P((A\cap B)\cup(A\cap C))}{P(A)}$$

$$=\frac{P(A\cap B)+(A\cap C)}{P(A)}$$

$$=\frac{\frac{2\times2\times1\times4}{6\times5\times4}+\frac{3\times2\times1\times4\times3}{6\times5\times4\times3}}{\frac{2\times4+4\times2}{6\times5}}=\frac{5}{8}$$

15. A: 결핵환자, D: X-선 결과 결핵으로 판정

$$P(A|D)=\frac{P(A\cap D)}{P(D)}=\frac{P(A)P(D|A)}{P(A)P(D|A)+P(A^c)P(D|A^c)}$$

$$=\frac{0.001\times0.9}{0.001\times0.9+0.999\times0.01}=\frac{90}{1089}$$

17. A: 우수 운전자, B: 보통 운전자, C: 열등 운전자, D: 사고발생

$$P(A|D)=\frac{P(A)P(D|A)}{P(A)P(D|A)+P(B)P(D|B)+P(C)P(C|B)}$$

$$=\frac{0.3\times0.1}{0.3\times0.1+0.5\times0.3+0.2\times0.5}=\frac{3}{28}$$

$$P(B|D)=\frac{P(B)P(D|B)}{P(A)P(D|A)+P(B)P(D|B)+P(C)P(C|B)}$$

$$=\frac{0.5\times0.3}{0.3\times0.1+0.5\times0.3+0.2\times0.5}=\frac{15}{28}$$

19. (a) $P(A)=P(C)P(A|C)+P(C^c)P(A|C^c)>P(C)P(B|C)+P(C^c)P(B|C^c)=P(B)$

(b) $P(A|B)=\frac{P(A\cap B)}{P(B)}=\frac{P(A\cap B\cap(C\cup C^c))}{P(B)}=\frac{P(A\cap B\cap C)}{P(B)}+\frac{P(A\cap B\cap C^c)}{P(B)}$

$$=\frac{P(A\cap B\cap C)}{P(B\cap C)}\frac{P(B\cap C)}{P(B)}+\frac{P(A\cap B\cap C^c)}{P(B\cap C^c)}\frac{P(B\cap C^c)}{P(B)}$$

$$=P(A|B\cap C)P(C|B)+P(A|B\cap C^c)P(C^c|B)$$

chapter 04

연습문제 4.1

1. (a) X=하루 동안 교통사고수
   (b) X=하루 동안 서울-부산 간 철도 이용 승객수
   (c) X_i=한 시즌 동안 프로야구 선수 i의 홈런수
3. X는 정의역이 $S=\{(x, y): x, y=1, 2, 3, ..., 6\}$이고, 치역 $R_X=\{2, 3, 4, ..., 12\}$로 하는 함수로 확률변수이다.

5. $R_X = \{2, 3, 4, \ldots, 12\}$, $R_X = \{0, 1, 2, 3, 4, 5\}$

7. $R_X = \{0, 1, 2, 3\}$

9. $R_X = \{200, 100, 0, -100, -200\}$, $P(X=0) = \dfrac{5}{14}$

연습문제 4.2

1. (a) 분포함수 (b) 분포함수 아님 (c) 분포함수 (d) 분포함수

3. (b) $P(X \ge 1.5) = 1 - P(X < 1.5) = 1 - F(1.5) = 1 - \dfrac{1.5}{8} = \dfrac{13}{16}$

7. (a) $F(x) = \begin{cases} 0, & x < 0 \\ \dfrac{8}{16}, & 0 \le x < 1 \\ \dfrac{12}{16}, & 1 \le x < 2 \\ \dfrac{14}{16}, & 2 \le x < 3 \\ \dfrac{15}{16}, & 3 \le x < 4 \\ 1, & 4 \le x \end{cases}$ (b) $F(x) = \begin{cases} 0, & x < 0 \\ \dfrac{5}{16}, & 0 \le x < 1 \\ \dfrac{11}{16}, & 1 \le x < 2 \\ \dfrac{15}{16}, & 2 \le x < 3 \\ 1, & 3 \le x \end{cases}$

(c) $F(x) = \begin{cases} 0, & x \leftarrow 4 \\ \dfrac{1}{16}, & -4 \le x \leftarrow 2 \\ \dfrac{5}{16}, & -2 \le x < 0 \\ \dfrac{11}{16}, & 0 \le x < 2 \\ \dfrac{15}{16}, & 2 \le x < 4 \\ 1, & 4 \le x \end{cases}$ (d) $F(x) = \begin{cases} 0, & x < 0 \\ \dfrac{2}{16}, & 0 \le x < 3 \\ \dfrac{10}{16}, & 3 \le x < 4 \\ 1, & 4 \le x \end{cases}$

9. $F(x) = \begin{cases} 0, & x < 2 \\ \dfrac{1}{10}, & 2 \le x < 3 \\ \dfrac{3}{10}, & 3 \le x < 4 \\ \dfrac{6}{10}, & 4 \le x < 5 \\ 1, & 5 \le x \end{cases}$

11. $F(x) = \begin{cases} 0, & x < 0 \\ \dfrac{1}{4}x + \dfrac{1}{4}, & 0 \le x < 3 \\ 1, & 3 \le x \end{cases}$

13. (a) 1/2 (b) 1/4

연습문제 4.3

1. (a) 1/15 (b) 1 (c) 1/30 (d) 1/2

3. $p(x)=\begin{cases}\dfrac{1}{2}, & x=0\\ \dfrac{1}{5}, & x=2\\ \dfrac{1}{10}, & x=1,\ 3,\ 3.5\\ 0, & \text{기타}\end{cases}$

7. $R_X=\{1,\ 1.5,\ 2,\ 2.5,\ 3,\ 3.5,\ 4\},\quad p(x)=\begin{cases}\dfrac{1}{45}, & x=1\\ \dfrac{4}{45}, & x=1.5\\ \dfrac{9}{45}, & x=2\\ \dfrac{12}{45}, & x=2.5\\ \dfrac{10}{45}, & x=3\\ \dfrac{8}{45}, & x=3.5\\ \dfrac{1}{45}, & x=4\end{cases}$

9. (a) $p(x)=\dfrac{\dbinom{2}{x}\dbinom{8}{5-x}}{\dbinom{10}{5}},\ x=0,\ 1,\ 2$ (b) $p(x)=\begin{cases}\dfrac{1}{5}, & x=1\\ \dfrac{8}{45}, & x=2\\ \dfrac{7}{45}, & x=3\\ \dfrac{2}{15}, & x=4\\ \dfrac{1}{3}, & x=5\end{cases}$

11. $p(x)=\dfrac{\dbinom{4}{x}(4-k)!}{4!}\left[1-1+\dfrac{1}{2!}-\dfrac{1}{3!}+\cdots+\dfrac{(-1)^{4-x}}{(4-x)!}\right],\ x=0,\ 1,\ 2,\ 3,\ 4.$

13. (4,4): $\dbinom{8}{4}p^4(1-p)^4$ (5,3): $\dbinom{8}{5}p^5(1-p)^3\ \rightarrow\ p=\dfrac{5}{59}$

15. $p(x)=\dfrac{\binom{x-1}{1}\binom{10-x}{2}}{\binom{10}{4}},\ x=2,\ 3,\ \cdots,\ 8$

연습문제 4.4

1. (a) $c=1/2$ (b) $c=1.2$ (c) $c=60$

3. $F(x)=\begin{cases}0, & x<0\\ \dfrac{\theta}{2}x, & 0\le x<1\\ \dfrac{\theta+x-1}{2}, & 1\le x<2\\ \dfrac{(x-2)(1-\theta)+\theta+1}{2}, & 2\le x<3\\ 1, & x\ge 3\end{cases}$

5. $k=0.9$

7. (a) $f(x)=\begin{cases}0, & x<0\\ \dfrac{x^2}{2}, & 0\le x<1\\ x-\dfrac{1}{2}, & 1\le x<\dfrac{3}{2}\\ 1, & \dfrac{3}{2}\le x\end{cases}$ (b) $e^{-2.25}=0.1054$

9. $F(x)=\begin{cases}0, & x<-1\\ \dfrac{2}{\pi}tan^{-1}x+\dfrac{1}{2}, & -1\le x<1\\ 1, & x\ge 1\end{cases}$

$P\left(0<X<\dfrac{1}{2}\right)=\dfrac{2}{\pi}\left(\tan^{-1}\left(\dfrac{1}{2}\right)\right)=0.295$

11. (a) $P(|X|<1)=\dfrac{1}{27},\ P(X^2<9)=1$

(b) $P(|X|<1)=\dfrac{2}{9},\ P(X^2<9)=\dfrac{25}{36}$

13. (a) $f_Y(y)=\begin{cases}\dfrac{1}{3\sqrt{y}}, & 0\le y<1\\ \dfrac{1}{6\sqrt{y}}, & 1\le y<4\\ 0, & \text{기타}\end{cases}$ (b) $f_Y(y)=\begin{cases}\dfrac{2}{3}, & 0\le y<1\\ \dfrac{1}{3}, & 1\le y<2\\ 0, & \text{기타}\end{cases}$

연습문제 4.5

1. $E(X)=\dfrac{N+1}{2}$, $V(X)=\dfrac{N^2-1}{12}$

3. (a) $E(X)=\dfrac{7}{2}$ (b) $E[(2X+5)^2]=155.67$

   (c) $E(X-E(X))^2=\dfrac{35}{12}$

5. (a) $E(X)=2$, $V(X)=2$, $a_3=\dfrac{6}{2^{3/2}}$, $a_4=\dfrac{38}{2^2}$, 최빈값 1

   (b) $E(X)=0$, $V(X)=\dfrac{1}{5}$, $a_3=0$, $a_4=\dfrac{15}{7}$, 최빈값 0

   (c) $E(X)=3$, $V(X)=3$, $a_3=\dfrac{2}{\sqrt{3}}$, $a_4=5$, 최빈값 2

7. (a) 2/3 (b) 3/4

9. $E(X-Y)=2E(X)-8=2*3.2-8=-1.6$

11. 평균 4/5, 분산 2/75, 중앙값 $2^{-1/4}$, 왜도 -1.05, 첨도 3.70, 증가함수이므로 최빈값 없음

15. 중앙값 α

17. (a) $k=\dfrac{3}{4}$ (b) $\dfrac{3}{8}\beta$ (c) $E(X)=\alpha$, $V(X)=\dfrac{\beta^2}{5}$, 중앙값 α

연습문제 4.6

1. (a) $\left(\dfrac{e^t+2}{3}\right)^5$ (b) $e^{2(e^t-1)}$

3. (a) $p(x)=\begin{cases}\dfrac{1}{6}, & x=1\\ \dfrac{2}{6}, & x=2\\ \dfrac{3}{6}, & x=3\\ 0, & \text{기타}\end{cases}$ (b) $p(x)=\begin{cases}\dfrac{4}{6}, & x=0\\ \dfrac{1}{6}, & x=1\\ \dfrac{1}{6}, & x=-1\\ 0, & \text{기타}\end{cases}$

5. (a) $c=2\alpha$

   (b) $F(x)=\begin{cases}0, & x<0\\ 1-2e^{-\alpha x}+e^{-2\alpha x}, & x\ge 0\end{cases}$

   (c) $P(X>1)=1-F(1)=2e^{-\alpha}-e^{-2\alpha}$

   (d) $M(t)=\dfrac{2\alpha^2}{(\alpha-t)(2\alpha-t)}$, $E(X)=\dfrac{3}{2\alpha}$, $V(X)=\dfrac{5}{4\alpha^2}$

7. $M(t)=\dfrac{e^{bt}-e^{at}}{(b-a)t},\ t\neq 0$

9. $E(Y)=c\cdot\mu \quad V(Y)=c(\sigma^2+\mu^2)$

11. (a) $p(x)=pq^x,\ x=0,\ 1,\ 2,\ 3...$ (b) $p(x)=\dfrac{\lambda^x e^{-\lambda}}{x!},\ x=0,\ 1,\ 2,\ 3...$

13. $G(t)=\dfrac{tp}{1-t(1-p)} \quad E(X)=\dfrac{1}{p} \quad V(X)=\dfrac{1-p}{p^2}$

15. $M_Z(t)=e^{-\frac{\mu t}{\sigma}}\cdots M\left(\dfrac{t}{\sigma}\right) \quad E(X)=0 \quad V(X)=1$

연습문제 4.7

1. (a) $1-\dfrac{1}{(5/3)^2}=\dfrac{16}{25}$ (b) $c=10$

3. (a) $p(x)=\dbinom{3}{x}\left(\dfrac{1}{2}\right)^3,\ x=0,\ 1,\ 2,\ 3$

   (b) $E(X)=\dfrac{3}{2},\ V(X)=\dfrac{3}{4}$

   (c) $P(|X-\mu|<\sigma)\geq 1-\dfrac{1}{1}=0,\quad P(|X-\mu|<2\sigma)\geq 1-\dfrac{1}{4}=\dfrac{3}{4}$

5. $\mu=1/2,\ \sigma^2=1/12,\quad P(|X-\mu|<2\sigma)=P(0<X<1)=1,$

   $P(|X-\mu|<2\sigma)\geq\dfrac{3}{4}$

7. (b) $p(y)=\begin{cases}\dfrac{1}{2k^2}, & y=-1,\ 1\\ 1-\dfrac{1}{k^2}, & y=0\end{cases}$

9. $E(X)=6,\ V(X)=12,\quad P(X>21)=P(|X-6|>15)\leq\dfrac{\sigma^2}{15^2}=0.0532$

연습문제 4.8

3. (a) $F(x)=\begin{cases}0, & x<0\\ 1-\dfrac{3}{4}e^{-\frac{x}{2}}, & x\geq 0\end{cases} \qquad P(X>4)=\dfrac{3}{4}e^{-2}=0.1015$

   (b) $E(X)=\dfrac{3}{2},\ V(X)=\dfrac{15}{4}$

5. $F(x) = \frac{1}{4}F_d(x) + \frac{3}{4}F_c(x)$

$$F_c(x) = \begin{cases} 0, & x < 0 \\ \frac{4}{3}x^2, & 0 \le x < \frac{1}{2} \\ \frac{4}{3}(x - \frac{1}{4}) = \frac{4}{3}x - \frac{1}{3}, & \frac{1}{2} \le x < 1 \\ 1, & x \ge 1 \end{cases}, \quad F_d(x) = \begin{cases} 0, & x < 0 \\ 1, & x \ge 0 \end{cases}$$

7. (a) $E(X) = \alpha\mu_1 + (1-\alpha)\mu_2, \ V(X) = \alpha\sigma_1^2 + (1-\alpha)\sigma_2^2 + \alpha(1-\alpha)(\mu_1 - \mu_2)^2$

(b) $M(t) = \alpha M_1(t) + (1-\alpha)M_2(t)$

chapter 05

연습문제 5.1

1. $p(x) = \frac{1}{3}, \ x = -1, \ 0, \ 1$

3. $E(X) = \frac{400}{3}$

5. (a) 3으로; $\frac{333}{1000}$ 5로; $\frac{200}{1000}$ 7로; $\frac{142}{1000}$ 15로; $\frac{66}{1000}$ 105로; $\frac{9}{1000}$

(b) 3으로; $\frac{\left[\frac{10^k}{3}\right]}{10^k}$ 5로; $\frac{\left[\frac{10^k}{5}\right]}{10^k}$ 7로; $\frac{\left[\frac{10^k}{7}\right]}{10^k}$ 15로; $\frac{\left[\frac{10^k}{15}\right]}{10^k}$ 105로; $\frac{\left[\frac{10^k}{105}\right]}{10^k}$

$k \mapsto \infty$ 3으로; $\frac{1}{3}$ 5로; $\frac{1}{5}$ 7로; $\frac{1}{7}$ 15로; $\frac{1}{15}$ 105로; $\frac{1}{105}$

7. $P(X = k) = \frac{k^n - (k-1)^n}{N^k}, \quad E(X) = N - \frac{1}{N^n}\sum_{k=1}^{N-1} k^n$

9. (a) $E(X^3) = \frac{N(N+1)^2}{4}, \ E(X^4) = \frac{(N+1)(2N+1)(3N^2+3N-1)}{30}$

(b) $\mu_3 = 0, \ \mu_4 = \frac{(N^2-1)(3N^2-7)}{240}, \quad \alpha_3 = 0, \quad \alpha_4 = \frac{3(3N^2-7)}{5(N^2-1)}$

연습문제 5.2

1. $\Pr(X=k)=\begin{cases}\frac{1}{32}, & k=0\\ \frac{5}{32}, & k=1\\ \frac{10}{32}, & k=2\\ \frac{10}{32}, & k=3\\ \frac{5}{32}, & k=4\\ \frac{1}{32}, & k=5\end{cases}$

3. (a) $P(X=2)=\binom{5}{2}(0.3)^2(0.7)^3$

   (b) $P(X\ge 1)=1-P(X=0)=1-0.1681=0.8319$

   (c) $P(X\le 2)=0.8369$

5. $P(X\le 1)=0.0005$

7. $X\sim b(20,\ 5)$ $P(X\le 7)=0.1316$, 영향을 준다고 판단할 수 없다.

9. $X\sim b(10,\ 0.05)$ $P(X\ge 2)=1-P(X\le 1)=0.0861$

11. $E(X)=1,\ E(X^2)=1.9\quad E(2X^2+3X)=2E(X^2)+3E(X)=6.8,$

13. $M(t)=(pe^t+q)^n,\ M'(0)=np,\ M''(0)=np(np+q)$

    $E(X)=np,\ V(X)=npq$

연습문제 5.3

1. $\frac{30}{120},\ \frac{11}{120}$, 합 $\frac{41}{120}$

3. $1-\left[0.3\times\frac{\binom{1}{0}\binom{9}{3}}{\binom{10}{3}}+0.7\times\frac{\binom{2}{0}\binom{8}{3}}{\binom{10}{3}}\right]=0.463$

5. $P(3\le X\le 4)=\frac{\left[\binom{40}{3}\binom{160}{7}+\binom{40}{4}\binom{160}{6}\right]}{\binom{200}{10}}=0.2915$

7. (a) $p(x)=\frac{\binom{5}{x}\binom{25}{10-x}}{\binom{30}{10}},\ x=0,\ 1,\ 2,\ 3,\ 4,\ 5\quad \therefore\ P(X=5)=0.0018$

(b) $E(X)=n(\frac{M}{N})=\frac{5}{3}$, $V(X)=n(\frac{M}{N})(1-\frac{M}{N})(\frac{N-n}{N-1})=\frac{250}{261}$

9. 1) 복원 $X\sim b(3,\ \frac{2}{5})$ $E(X)=\frac{6}{5}$, $V(X)=\frac{18}{25}$

   2) 비복원 $X\sim HG(10,\ 4,\ 3)$ $E(X)=\frac{6}{5}$, $V(X)=\frac{14}{25}$

11. $N=11$ or 12

13. (b) $P(X=0)=P(X=1)=P(X=2)=0$,

    $P(X=3)=\frac{2}{9}P(X=4)=\frac{5}{9}P(X=5)=\frac{2}{9}$

    (d) $P(X\le 10)=0.6501$

15. 왼쪽 주머니를 택할 확률을 p라 하고, $q=1-p$라 두면,

    $P_r=\binom{2N-r}{N-r}p^{N+1}q^{N-r}+\binom{2N-r}{N-r}q^{N+1}p^{N-r}$

    $p=q=\frac{1}{2}$이면, $P_r=\binom{2N-r}{N-r}\left(\frac{1}{2}\right)^{2N-r}$

연습문제 5.4

1. 포아송분포로 근사화 하면 $P(X\le 2)=0.9197$이고 이항분포에서 참값을 구하면, $b(5,\ 0.2):0.9421$, $b(10,\ 0.1):0.9298$, $b(20,\ 0.05):0.9245$으로 np가 같아도 n이 크고 p가 작을 때 근사화가 좋아진다.

3. $\lambda=1000\times 0.02=20P(X\ge 15)=1-P(X\le 14)=0.895$

5. $P(Y\ge 10)=1-P(Y\le 9)=1-\sum_0^9\frac{9^y e^{-9}}{y!}=0.413$

7. (a) $X\sim Poi(4)$, $P(X\ge 8)=0.051$ (b) $Y\sim b(12,\ 0.051)$, $P(Y\ge 2)=0.1223$

9. $\lambda\approx 4.0$

11. (a) $X\sim Poi(2.52)$, $P(X=0)=0.080$ (b) $P(Z=0)=e^{-1.26}=0.284$

13. (a) $p(x)=\frac{4^x}{x!}p(0)$, $p(0)=e^{-4}$

    (b) $p(x)=\frac{4^x e^{-4}}{x!}$, $E(X)=4$, $V(X)=4$, $SD(X)=2$

연습문제 5.5

1. $P(X\ge 7|X\ge 5)=\left(\frac{1}{2}\right)^2$

3. (a) $E(X)=\frac{r}{p}=3.75$

(b) $P(N\geq 5)=1-P(N\leq 4)=1-P(Y\geq 3),\ Y\sim b(4,\ 0.8)=0.1808$

5. (a) $P(N=4)=0.0384,\ P(N\geq 4)=(0.4)^3=0.064$

(b) $p=\frac{b}{a+b},\ q=\frac{a}{a+b}$

$P(N=n)=\left(\frac{b}{a+b}\right)\left(\frac{a}{a+b}\right)^{n-1},\ n=1,\ 2,\ \cdots\quad P(N\geq n)=\left(\frac{a}{a+b}\right)^{n-1}$

7. $P(N=11)=\binom{10}{3}\left(\frac{1}{6}\right)^4\left(\frac{5}{6}\right)^7,\ P(N=11)\times\frac{1}{6}=0.0043$

9. (i) $P(Z=z)=q^{z-1}p,\ P(Z\leq 5)=0.6723$

(ii) $P(N\leq 10)=0.6242$

11. $E(X)=\frac{q}{p},\ V(X)=\frac{q}{p^2}$

연습문제 5.6

1. $P(X<60|X>50)=\frac{2}{3}$

3. (i) B보다 A에 가까운 지점에 떨어질 확률 $\frac{1}{2}$

(ii) A로부터의 거리가 B로부터의 거리의 4배가 넘을 확률 $\frac{1}{5}$

5. $P(a\leq X\leq a+b)=b$

7. (a) $E(X)=\frac{\alpha}{\alpha+\beta}=0.2$

(b) $P(X>0.3)=1-P(X\leq 0.3)=1-P(Y\geq 2),\ Y\sim b(9,\ 0.3)=0.1960$

9. (a) $E(X)=\frac{\alpha}{\alpha+\beta}=0.25$, 즉 250,000원 (b) 420,000원 이상

연습문제 5.7

1. (a) 0.4332 (b) 0.3849 (c) 0.2519 (d) 0.6661

(e) 0.3025

3. $P(X\leq 80)=P(X<80.5)=P(Z\leq -1.583)=0.0567$

$P(X\leq 80)=P(X<80)=P(Z\leq -1.667)=0.0478$

5. (a) $P(X>0)=P\left(Z>-\dfrac{0.05}{1.5}\right)=0.6304$

   (b) $P(X>2.8)+P(X<-2.8)=0.0621$

7. $X \sim N(45,\ 4^2),\ P(X>50)=0.1056$

9. $X \sim N(\mu,\ \sigma^2)$ 교체주기를 L이라 하면,

   $P(X \le L)=P(Z \le \dfrac{L-\mu}{\sigma})<0.05 \Rightarrow \dfrac{L-\mu}{\sigma} \leftarrow 1.645$

   $L<\mu-1.645\sigma=4424$

11. (a) $\dfrac{1}{\sqrt{2\pi}\,\sigma}$

13. (a) $M(t)=e^{t^2/2},\ M^{(3)}(0)=E(Z^3)=0,\ M^{(4)}(0)=E(Z^4)=3$

    (b) $\mu_3=\sigma^3E(Z^3)=0,\ \mu_4=\sigma^4E(Z^4)=3\sigma^4$

    (c) $\alpha_3=\dfrac{\mu_3}{\sigma^3}=0,\ \alpha_4=\dfrac{\mu_4}{\sigma^4}=3$

17. (a) $E(X)=\sqrt{\dfrac{\pi}{2}}\,c,\ V(X)=\left(2-\dfrac{\pi}{2}\right)c^2$

    (b) $F(c)=1-e^{-\frac{1}{2}}=0.3935$

연습문제 5.8

1. (a) 0.7408 (b) 0.3329 (c) 0.7408

3. (a) 0.1859

   (b) $p=P(X \ge 60)=e^{-6.0/3.2}$ $Y \sim b(5,\ p),\ P(Y \ge 1)=1-P(Y=0)=0.5650$

5. $P(X>300)=e^{-1.5}=p,\ Y \sim b(4,\ p),\ P(Y \ge 3)=4p^3q+p^4=0.0370$

7. $P(3.2<X<25.2)=0.903$

9. (a) $E(X)=\alpha\beta=8$

   (b) $P(X>15)=P(Y<4),\ Y \sim Poi(7.5)=P(Y \le 3)=0.059$

11. (b) $E(X)=\alpha\beta,\ V(X)=\alpha\beta^2$ (c) $E\left(\dfrac{1}{X}\right)=\dfrac{1}{(\alpha-1)\beta}$

13. $X \sim G(2,\ 2)$

연습문제 5.9

1. $P(T<4|T>2)=\dfrac{P(2<T<4)}{P(T>2)}=1-\dfrac{e^{-(4/3)^3}}{e^{-(2/3)^3}}=0.874$

3. $F(t) = 1 - \exp\left(-\left(\frac{t}{\alpha}\right)^{\beta}\right)$, $0.1 = 1 - e^{-\left(\frac{t}{2}\right)^{1.5}}$ $\therefore\ t = 446$

5. (a) $E(X) = \alpha\Gamma\left(1 + \frac{1}{\beta}\right) = 100,000$

   (b) 1년 8760 시간 $P(X \le 8760) = 1 - e^{\left(\frac{8760}{50000}\right)^{0.5}} = 0.3420$

   (c) $t_p = \alpha(-\ln p)^{1/\beta}$ $t_{0.9} = 50000(-\ln 0.9)^{1/0.5} = 555$시간
   $t_{0.5} = 50000(-\ln 0.5)^{1/0.5} = 24022$시간 : 2.74년

7. (a) $E(X) = \exp(\mu + \frac{1}{2}\sigma^2) = e^5$, $V(X) = e^{14} - e^{10}$

   (b) $X \sim LN(3,\ 2) \Rightarrow Y = \ln X \sim N(3,\ 4)$
   $P(X < e^5) = P(Y < 5) = P(Z < 1) = 0.8413$

9. (a) $E(T) = \exp\left(\mu + \frac{\sigma^2}{2}\right) = \exp\left(5 + \frac{0.1^2}{2}\right) = 149.2$

   (b) $t_p = e^{\mu + z_p\sigma}$ $\therefore\ t_{0.95} = e^{5 - 1.645 \cdot 0.1} = 125.9$

   (c) $P(T > 150) = P\left(\frac{\ln T - \mu}{\sigma} > \frac{\ln 150 - 5}{0.1}\right) = P(Z > 0.106) = 0.4578$

chapter 06

연습문제 6.1

1. $F_x(x) = \frac{1}{4}x^2,\ 0 < x < 2 F_Y(y) = \frac{1}{4}y^2,\ 0 < x < 2$

3. (a) $F(x,\ y) = \begin{cases} 0, & x < 0,\ y < 0 \\ 2x^2y^2 - y^4, & 0 \le y < x < 1 \\ 1, & 1 \le x,\ 1 \le y \end{cases}$

   (b) $F_X(x) = \begin{cases} 0, & x < 0 \\ x^4, & 0 \le x < 1 \\ 1, & x \ge 1 \end{cases}$ $F_Y(y) = \begin{cases} 0, & y < 0 \\ 2y^2 - y^4, & 0 \le y < 1 \\ 1, & y \ge 1 \end{cases}$

5. (a) X (b) O (c) X (d) O

7. (a) 2 (b) 1/4
   (c) $f_X(x) = 2(1 - x),\ 0 < x < 1;$ $f_Y(y) = 2(1 - y),$ $0 < y < 1$

9. (a) 0.343 (b) 0.712

(c) $f_X(x) = x + \frac{1}{2},\ 0 < x < 1;\quad f_Y(y) = y + \frac{1}{2},\ 0 < y < 1$

11. (a) $F(x,\ y) = \left[1 - \frac{1}{3}(x+3)e^{-\frac{x}{3}}\right]\left(1 - e^{-\frac{y}{3}}\right),\ 0 < x,\ 0 < y$

(b) 0.0733

(c) $f_X(x) = \frac{x}{9}e^{-x/3},\quad 0 < x < \infty;\quad f_Y(y) = \frac{1}{3}e^{-y/3},\quad 0 < y < \infty$

13. 0.0331

15. (a) $p(x,\ y) = \binom{2}{x}\left(\frac{1}{2}\right)^3,\ x = 0,\ 1,\ 2;\quad x \le y \le x+1$

(b) $p_X(x) = \binom{2}{x}\left(\frac{1}{2}\right)^2,\ x = 0,\ 1,\ 2;\quad p_Y(y) = \binom{3}{y}\left(\frac{1}{2}\right)^3,\ y = 0,\ 1,\ 2,\ 3$

17. $p(x,\ y) = \binom{2}{x}\binom{2}{y}0.6^{2+x-y}0.4^{2-x+y},\ x = 0,\ 1,\ 2;\ y = 0,\ 1,\ 2$

19. $\frac{\lambda}{\lambda + \mu}$

21. (a) $f(x,\ y,\ z) = \left(\frac{1}{b-a}\right)^3,\ 0 < x,\ y,\ z < 1$

(b) 1/27

연습문제 6.2

1. (a) $f_{Y|X}(y|x) = e^{-(y-x)},\ 0 < x < y < \infty$

(b) 0.8021

3. 4/7

5. (a) 1/4 (b) 1/4 (c) 독립이 아님.

7. (a) $p(x,\ y) = \dfrac{\binom{1}{1}\binom{12}{x-1}\binom{3}{y-1}\binom{36}{6-x-y} + \binom{1}{0}\binom{12}{x}\binom{3}{y}\binom{36}{5-x-y}}{\binom{52}{5}},$

$x = 0,\ 1,\ 2,\ 3,\ 4,\ 5,\ y = 0,\ 1,\ 2,\ 3,\ 4,\ 0 \le x+y \le 6$

(b) $p_{X|Y}(x|y) = \dfrac{p(x,\ y)}{p_Y(y)} = \dfrac{\binom{12}{x-1}\binom{3}{y-1}\binom{36}{6-x-y} + \binom{12}{x}\binom{3}{y}\binom{36}{5-x-y}}{\binom{4}{y}\binom{48}{5-y}},$

$x = 0,\ 1,\ \cdots,\ 6-y$

9. (a) 4/7 (b) 2/3 (c) 독립이 아님.

11. (a) 0.576 (b) 0.6125 (c) 독립이 아님.

13. (a) 0.199 (b) 0.199 (c) 독립.

연습문제 6.3

1. (a) 1 (b) -1 (c) 0

3. $\rho_{XY} = \dfrac{a}{|a|}$

5. (a) -1 (b) $\dfrac{4-a}{16}$

7. (a) $E(X) = \dfrac{1}{3}$, $V(X) = \dfrac{1}{18}$

   (b) $Cov(X,\ Y) = -\dfrac{1}{36}$

   (c) $E(X+Y) = \dfrac{2}{3}$, $V(X+Y) = \dfrac{1}{18}$

9. (a) $p(x,\ y) = \dfrac{n!}{x!y!(n-x-y)!}\left(\dfrac{1}{6}\right)^x\left(\dfrac{2}{6}\right)^y\left(\dfrac{3}{6}\right)^{n-x-y}$, $0 \le x+y \le n$

   (b) -0.316

11. (a) $M(t_1,\ t_2) = \dfrac{1}{(1-2t_1)(1-2t_1-2t_2)}$

   (b) 4

   (c) $E(X-Y) = 2$, $V(X-Y) = 4$

15. $a^* = \rho\dfrac{\sigma_Y}{\sigma_X}$

연습문제 6.4

1. (a) 12 (b) 8/9

3. (a) $E(X|Y=y) = \dfrac{2}{3} + \dfrac{1}{12}y^3$, $V(X|Y=y) = \dfrac{1}{18} - \dfrac{1}{9}y^3 + \dfrac{1}{10}y^4 - \dfrac{1}{144}y^6$

   (b) $E[V(X|Y)] = \dfrac{41}{960}$, $V[E(X|Y)] = \dfrac{1}{1600}$, $V(X) = \dfrac{13}{300}$

5. (a) 1/9 (b) $E(X|Y=y) = \begin{cases} \dfrac{5}{3}, & y=0 \\ \dfrac{4}{3}, & y=1 \end{cases}$

(c) $Cov(X,\ Y) = -\frac{2}{27}$

(d) $E(X+Y) = \frac{19}{9}$, $V(X+Y) = \frac{44}{81}$

9. (a) $f_{X \mid Y}(x \mid y) = \frac{2x}{1-y^2}$, $y < x < 1$; $f_{Y \mid X}(y \mid x) = \frac{2y}{x^2}$, $0 < y < x$

(b) 5/9 (c) 4/225

(d) $E(X-Y) = \frac{4}{15}$, $V(X-Y) = \frac{1}{25}$

(e) $E(X \mid Y=y) = \frac{2(1-y^3)}{3(1-y^2)}$, $E(X) = \frac{4}{5}$

11. (a) 3/14 (b) $f_{Y \mid X}(y \mid x) = \frac{3(x+y)^2}{(3x^2+3x+1)}$, $0 < y < 1$

(c) 7/26 (d) $-5/588$

(e) $E(X+Y) = \frac{9}{7}$, $V(X+Y) = \frac{29}{245}$

(f) $E(Y \mid X=x) = \frac{(6x^2+8x+3)}{4(3x^2+3x+1)}$, $E(Y) = \frac{9}{14}$

13. (a) $f(x,\ y) = \begin{cases} 1, & 0 < x < 1,\ x < y < x+1 \\ 0, & \text{기타} \end{cases}$

(b) $P(X < 0.75 \mid Y < 1.5) = \frac{23}{28} \approx 0.82$

(c) $0 < y < 1$일 때 $f_{X \mid Y}(x \mid y) = \frac{1}{y}$, $0 < x < y$; $1 < y < 2$일 때

$f_{X \mid Y}(x \mid y) = \frac{1}{2-y}$, $y-1 < x < 1$

$P(X \leqq 0.75 \mid Y = 1.5) = 0.50$

(d) 1/12

(e) $E(X \mid Y=y) = \frac{y}{2}$, $0 < y < 2$; $V(X \mid Y=y) = \begin{cases} \frac{y^2}{12}, & 0 < y < 1 \\ \frac{(2-y)^2}{12}, & 1 < y < 2 \end{cases}$

15. (a) 11/6 (b) $u(x) = \frac{x}{2}$ (c) 11/6

17. (a) $E(X \mid Y=y) = \frac{6-3y}{7}$ (b) 2/3

19. (a) $E(X|Y=y)=\dfrac{(1-3y^2+2y^3)}{3(1-y)^2}$; $E(Y|X=x)=\dfrac{x}{2}$

(b) $E(X)=\dfrac{1}{2}$, $E(Y)=\dfrac{1}{4}$

21. (a) $E(X|Y=y)=y+2$; $V(X|Y=y)=4$

(b) $E[V(X|Y)]=4$; $V[E(X|Y)]=4$; $V(X)=8$

연습문제 6.5

1. (a) $p(x_2, x_3, \cdots, x_k)$

$$=\frac{n!}{x_2!\cdots x_{k-1}!(n-x_2-\cdots-n_{k-1})!}p_2^{x_2}p_3^{x_3}\cdots p_{k-1}^{x_{k-1}}(p_1+p_k)^{n-x_2-\cdots-x_{k-1}}$$

(b) $p(x_1|x_2, \cdots, x_{k-1})=\dfrac{(n-x_2-\cdots-x_{k-1})!}{x_1!(n-x_1-\cdots-x_{k-1})!}\left(\dfrac{p_1}{p_1+p_k}\right)^{x_1}\left(\dfrac{p_k}{p_1+p_k}\right)^{n-x_1-\cdots-x_{k-1}}$

(c) $E[X_1|X_2=x_2, \cdots, X_{k-1}=x_{k-1}]=\dfrac{(n-x_2-\cdots-x_{k-1})\cdot p_1}{1-p_2-\cdots-p_{k-1}}$

3. (a) $f_X(x)=\dfrac{1}{\sqrt{2\pi}\,\sigma_1}\exp\left[-\dfrac{(x-\mu_1)^2}{2\sigma_1^2}\right]$; $f_Y(y)=\dfrac{1}{\sqrt{2\pi}\,\sigma_2}\exp\left[-\dfrac{(x-\mu_2)^2}{2\sigma_2^2}\right]$

(b) $f_{Y|X}(y|x)=\dfrac{1}{\sqrt{2\pi}\,\sigma_2\sqrt{1-\rho^2}}\exp\left[-\dfrac{(y-\beta(x))^2}{2\sigma_2^2(1-\rho^2)}\right]$

5. 0.791

7. 0.0694

9. 0.00873

13. $a=35.269$, $b=45.797$

chapter 07

연습문제 7.1

1. (a)

y	-5	-3	-1	1	3
$p_1(y)$	1/5	2/15	1/3	1/15	4/15

(b)

y	0	1	4
$p_1(y)$	1/3	1/5	7/15

3. $p_Y(y) = \left(\frac{1}{2}\right)^{\sqrt[3]{y}}, \ y = 1, 8, 27, \cdots$

5. $p_U(u) = \dfrac{\binom{M_1 + M_2}{u}\binom{N - M_1 - M_2}{n-u}}{\binom{N}{n}}, \ u = 0, 1, \cdots, n$

7. $P\{X = x \mid X + Y = m\} = \binom{m}{x}\left(\frac{\lambda_1}{\lambda_1 + \lambda_2}\right)^x\left(1 - \frac{\lambda_1}{\lambda_1 + \lambda_2}\right)^{m-x}, \ x = 0, 1, \cdots, m$

9. i) $U = X + Y + Z$의 분포 $p_U(u) = \binom{3}{u}\left(\frac{1}{2}\right)^3, \ u = 0, 1, 2, 3$

ii) $V = |Z - Y|$ $p_V(v) = \begin{cases} \frac{3}{8}, & v = 0 \\ \frac{5}{8}, & v = 1 \end{cases}$

11. $U = X + Y$의 분포 $p_U(u) = \dfrac{\binom{5}{u}\binom{4}{2-u}}{\binom{9}{2}}, \ u = 0, 1, 2$

13. (a) $p_U(u) = \binom{n_1 + n_2}{u} p^u (1-p)^{n_1 + n_2 - u}, \ u = 0, 1, \cdots, n_1 + n_2$

(b) $\binom{n_1 + n_2}{n_1}\left(\frac{1}{2}\right)^{n_1 + n_2}$

연습문제 7.2

1. (a) $F_Y(y) = \sqrt{y}, \quad 0 \le y < 1$ (b) $F_Y(y) = y^2, \ 0 \le y < 1$

(c) $F_Y(y) = 1 - e^{-\frac{y}{\theta}}, \quad y \ge 0$

3. $f_U(u) = \begin{cases} u^2, & 0 < u < 1 \\ 2u - u^2, & 1 < u < 2 \end{cases}$

5. $F_Y(y) = \begin{cases} 0, & y < 0 \\ 1 - e^{-y}, & y \ge 0 \end{cases}$

7. $f_Y(y) = \dfrac{1}{B(\beta, \alpha)} y^{\beta - 1}(1-y)^{\alpha - 1}, \qquad 0 < y < 1$

9. (a) $f_Z(z) = \begin{cases} \frac{1}{2}, & 0 < z < 1 \\ \frac{1}{2z^2}, & 1 < z < \infty \end{cases}$ (b) $f_T(t) = \frac{1}{2}e^{-|t|}, \ -\infty < t < \infty$

(c) $f_W(w)=\int_w^1 \frac{1}{x}dx=-\ln w, \quad 0<w<1$

11. $f_U(u)=\begin{cases} \frac{1}{4}-\frac{1}{2}\ln u, & 0<u<1 \\ \frac{1}{4u^2}, & 1<u<\infty \end{cases}$

13. $E(Y_1)=e^{\mu_1+\frac{\sigma_1^2}{2}}, \quad E(Y_2)=e^{\mu_2+\frac{\sigma_2^2}{2}}$

$V(Y_1)=e^{2\mu_1+\sigma_1^2}\left(e^{\sigma_1^2}-1\right), \quad V(Y_2)=e^{2\mu_2+\sigma_2^2}\left(e^{\sigma_2^2}-1\right), \quad \rho_{Y_1, Y_2}=\frac{e^{\rho\sigma_1\sigma_2}-1}{\sqrt{e^{\sigma_1^2}-1}\sqrt{e^{\sigma_2^2}-1}}$

15. $P(X>Y)=\frac{\alpha}{\alpha+\beta}, \quad P(X>2Y)=\frac{\alpha}{\alpha+2\beta}$

17. (a) $F_Y(y)=1-e^{-\frac{y-1}{4}}, \ 1<y; \quad f_Y(y)=\frac{1}{4}e^{-\frac{y-1}{4}}, \quad 1<y<\infty$

(b) 5

19. $f_W(w)=\frac{2}{3}\left(\frac{1}{\sqrt{w}}-w\right), \quad 0<w<1$

21. $f_U(u)=1, \quad 0<u<1$

23. (c) $E(X)=\alpha\Gamma\left(1+\frac{1}{\beta}\right), \quad V(X)=\alpha^2\left[\Gamma\left(1+\frac{2}{\beta}\right)-\Gamma^2\left(1+\frac{1}{\beta}\right)\right]$

연습문제 7.3

1. 1/2
3. 0
5. $M_Y(t)=(1-2t)^{-n} \Rightarrow \quad Y\sim\chi^2(2n)$
7. (a) $Y_1\sim N(0,\ 2\sigma^2), \ Y_2\sim N(0,\ 2\sigma^2)$

   (b) 독립
9. (a) $g_{U,V}(u,\ v)=\frac{1}{\Gamma(\alpha_1)\Gamma(\alpha_2)\beta^{\alpha_1+\alpha_2}}u^{\alpha_1-1}(1-u)^{\alpha_2-1}v^{\alpha_1+\alpha_2-1}e^{-\frac{v}{\beta}},$

   $0<u<1,\ 0<v<\infty$
11. 275
15. $\frac{n(N+1)(N-n)}{12}$

17. (a) $M_{\overline{X}}(t)=\left(1-\frac{1}{2}t\right)^{-2} \Rightarrow \overline{X}\sim G\left(2,\ \frac{1}{2}\right)$

19. $P(Y>1.5)=\int_{1.5}^{\infty}4ye^{-2y}dy=4e^{-3}=0.1991$

21. (a) $M_{W_i}(t)=\frac{pe^t}{1-qe^t},\ E(W_i)=\frac{1}{p},\ V(W_i)=\frac{q}{p^2}$

연습문제 7.4

1. 확률표본이 아니다.

3. $p_{\overline{X}}(\overline{x})=\frac{e^{-n\lambda}(n\lambda)^{n\overline{x}}}{(n\overline{x})!},\quad \overline{x}=0,\ \frac{1}{n},\ \cdots,\ 1,\ 1+\frac{1}{n},\ \cdots,\ 2,\ \cdots$

5. 0.1686

7. 0.2112

9. $E(T)=0,\ V(T)=\frac{v}{v-2}$

11. (a) $\sum_{i=1}^{3}\left(\frac{X_i-i}{i}\right)^2\sim\chi^2(3)$ (b) $\frac{(X_1-1)^2}{\frac{1}{2}\sum_{i=2}^{3}\left(\frac{X_i-i}{i}\right)^2}\sim F(1,\ 2)$

(c) $\frac{X_1-1}{\sqrt{\frac{1}{2}\sum_{i=2}^{3}\left(\frac{X_i-i}{i}\right)^2}}\sim t(2)$

13. (a) $\overline{X}-\overline{Y}\sim N\left(\mu_1-\mu_2,\ \frac{\sigma_1^2}{m}+\frac{\sigma_2^2}{n}\right)$ (b) 16

15. 0.1

17. (a) $k\overline{X}_k^2+(n-k)\overline{X}_{n-k}^2\sim\chi^2(2)$ (b) $\frac{k\overline{X}_k^2}{(n-k)\overline{X}_{n-k}^2}\sim F(1,\ 1)$

(c) $(k-1)S_k^2+(n-k-1)S_{n-k}^2\sim\chi^2(n-2)$

(d) $\frac{S_k^2}{S_{n-k}^2}\sim F(k-1,\ n-k-1)$

19. $E[Y_r]=\frac{1}{2^r}\sum_{j=0}^{r}\binom{r}{j}(-1)^j\mu_{r-j}\mu_j$, 여기서 $\mu_k=E(X_i-\mu)^k$

$V(Y_r)=\frac{1}{4^r}\left\{\sum_{j=0}^{2r}\binom{2r}{j}(-1)^j\mu_{2r-j}\mu_j-\left[\sum_{j=0}^{r}\binom{r}{j}(-1)^j\mu_{r-j}\mu_j\right]^2\right\}$

21. 0.9

23. $E(S)=\sqrt{\frac{2}{n-1}}\frac{\Gamma\left(\frac{n}{2}\right)}{\Gamma\left(\frac{n-1}{2}\right)}\sigma$

25. 0.9502

27. (a) $\frac{3X_{10}}{\sqrt{U}} \sim t(9)$ (b) $\frac{2\sqrt{2}\,X_{10}}{\sqrt{V}} \sim t(8)$ (c) $\frac{36\overline{X}^2+4X_{10}^2}{V} \sim F(2,\ 8)$

29. $c=1/2$

연습문제 7.5

1. (a) $f_n(y)=\frac{n}{\theta^n}y^{n-1}, \quad 0<y<\theta$ (b) $E(X_{(n)})=\left(\frac{n}{n+1}\right)\theta$

   (c) $V(X_{(n)})=\frac{n}{(n+1)^2(n+2)}\theta^2$

3. 0.125

5. $f_R(r)=\frac{1}{\theta}e^{-\frac{r}{\theta}}, \quad 0<r<\infty$

7. 0.4045

9. (a) $f_k(y)=\frac{n!}{(k-1)!(n-k)!}\left(\frac{y}{\theta}\right)^{k-1}\left(1-\frac{y}{\theta}\right)^{n-k}\left(\frac{1}{\theta}\right), \quad 0<y<\theta$

   (b) $E(X_{(k)})=\frac{k}{n+1}\theta, \quad V(X_{(k)})=\frac{k(n-k+1)}{(n+1)^2(n+2)}\theta^2$

11. (a) $f_1(y)=\begin{cases}\frac{n}{\theta_2}e^{-\frac{n(y-\theta_1)}{\theta_2}}, & y>\theta_1 \\ 0, & \text{기타}\end{cases}$

    (b) $E(X_{(1)})=\theta_1+\frac{\theta_2}{n}$

13. (a) $Y_1=X_{(i)},\ Y_2=X_{(j)}$라 두면

    $f_{ij}(y_1,\ y_2)=\frac{\Gamma(n+1)}{\Gamma(i)\Gamma(j-i)\Gamma(n-j+1)}y_1^{i-1}(y_2-y_1)^{j-i-1}(1-y_2)^{n-j},$

    $0<y_1<y_2<1$

    (b) $Cov(X_{(i)},\ X_{(j)})=\frac{i(n-j+1)}{(n+1)^2(n+2)}$

15. (a) $Y_1 = X_{(i)},\ Y_2 = X_{(j)}$라 두면

$$f_{ij}(y_1,\ y_2) = \frac{\Gamma(n+1)}{\Gamma(i)\Gamma(j-i)\Gamma(n-j+1)}\left(\frac{1}{\theta}\right)^2\left(\frac{y_1}{\theta}\right)^{i-1}\left(\frac{y_2}{\theta}-\frac{y_1}{\theta}\right)^{j-i-1}\left(1-\frac{y_2}{\theta}\right)^{n-j},$$
$$0 < y_1 < y_2 < \theta$$

(b) $Cov(X_{(i)},\ X_{(j)}) = \dfrac{i(n-j+1)}{(n+1)^2(n+2)}\theta^2$

17. $P(X_{(2)} > m) = \dfrac{3}{4},\quad P(X_{(n)} > m) = 1-\left(\dfrac{1}{2}\right)^n$

연습문제 7.6

1. 268
3. 0.0170
5. 0.6904
9. (a) 0.5906 (b) 0.0668
11. 96
13. (a) $E(S_n) = V(S_n) = n\lambda$ (b) 0.0228
15. $(-0.329,\ 0.329)$

chapter 08

연습문제 8.1

1. $\widehat{\sigma^2} = \sum_i^n \dfrac{X_i^2}{n}$
3. $\hat{\theta} = 2.002$
5. a) 적률추정량 $\hat{\theta} = \overline{X}$ 최우추정량 $\hat{\theta} = \overline{X}$

   b) 적률추정량 $\hat{\theta} = \dfrac{\overline{X}}{1-\overline{X}}$ 최우추정량 $\hat{\theta} = -\dfrac{n}{\sum_{i=1}^{n} \ln X_i}$

   c) 적률추정량 $\hat{\theta} = \overline{X}$ 최우추정량 $\hat{\theta} = median(X_1,\ X_2,\ \cdots,\ X_n)$
7. $\hat{\theta} = \dfrac{X_{(n)}-1}{2}$

9. (a) $X \sim HG(N,\ k,\ n)$ (b) $\hat{N} = \left[\dfrac{200 \times 100}{11}\right] = 1.818$

11. $\hat{\mu} = \dfrac{\sum \dfrac{X_i}{\sigma_i^2}}{\sum \dfrac{1}{\sigma_i^2}}$

13. $P(X < Y) = \dfrac{\lambda_1}{\lambda_1 + \lambda_2}$; $\hat{P}(X < Y) = 0.2125$

15. $\hat{\mu} = \max(5,\ \overline{X})$

17. $\hat{\theta} = \dfrac{23{,}000}{8} = 2{,}875$

연습문제 8.2

1. (b) $eff(\widehat{\mu_3},\ \widehat{\mu_1}) = \dfrac{n}{3}$ $eff(\widehat{\mu_3},\ \widehat{\mu_2}) = \dfrac{(2n-3)n}{9(n-2)}$

3. (b) $eff(\widehat{\theta_1},\ \widehat{\theta_2}) = \dfrac{(n+1)^2(n+2)}{12n^2}$

5. (b) $V(S_p^2) = \dfrac{2\sigma^4}{n_1 + n_2 - 2}$

7. (a) 일치추정량 (b) 일치추정량

9. $\prod X_i(1 - X_i)$

13. (a) $\alpha = \dfrac{\sigma_2^2}{\sigma_1^2 + \sigma_2^2}$ (b) $\alpha = \dfrac{\sigma_2^2 - c}{\sigma_1^2 + \sigma_2^2 - 2c}$

15. (a) $c = \dfrac{n-1}{n+1}$ (b) $eff(S^2,\ T) = \dfrac{n-1}{n+1}$

17. (a) $c = \dfrac{4}{\pi}$ (b) $eff(\widehat{\theta_1},\ \widehat{\theta_2}) = \dfrac{\pi^2}{2(16-\pi^2)}$ (c) $\dfrac{16}{\pi^2}U$

19. (b) $\dfrac{S}{c_n}$, $c_n = \sqrt{\dfrac{2}{n-1}}\,\dfrac{\Gamma(\frac{n}{2})}{\Gamma\left(\frac{n-1}{2}\right)}$ (c) $\widehat{x_p} = \overline{X} + z_p \dfrac{S}{c_n}$

21. 충분통계량 아님

23. (a) $\hat{\theta} = \overline{X}$ (b) $\dfrac{n}{n+1}\overline{X^2}$

25. (b) $\hat{\theta}$은 최소분산 불편추정량이다.

27. (a) $\hat{\theta}=\dfrac{\sum X_i^2}{n}$ (b) $\sum X_i^2$은 충분통계량

(c) $\dfrac{\sum X_i^2}{n}$은 최소분산 불편추정량

29. (a) $T\sim b(kn,\ p)$ (b) $\hat{P}(X=0)=\left(1-\dfrac{\sum X_i}{kn}\right)^n$

(c) 불편추정량 (d) $\dfrac{\binom{(k-1)n}{t}}{\binom{kn}{t}}$

연습문제 8.3

1. (a) $(x-1.96,\ x+1.96)$ (b) $x+1.645$

3. (a) $e^{-1/2}-e^{-1}$

(b) $a=-\ln(e^{-1/2}-e^{-1}),\ b=\infty\ \Rightarrow (0,\ 0.698x)$

5. (a) $\left(\dfrac{x^2}{3.841},\ \dfrac{x^2}{0.00393}\right)$ (b) $\dfrac{x^2}{0.0158}$

(c) $\dfrac{x^2}{2.706}$

7. $\left(\dfrac{(n-1)s^2}{\chi^2_{\alpha/2}(n-1)},\ \dfrac{(n-1)s^2}{\chi^2_{1-\alpha/2}(n-1)}\right)$ 또는 $\overline{x}\pm t_{\alpha/2}\dfrac{s}{\sqrt{n}}$

9. (a) $\left(\dfrac{\ln(1-\alpha/2)}{\ln(1-x)},\ \dfrac{\ln(\alpha/2)}{\ln(1-x)}\right)$ (b) $(0.0496,\ 7.2214)$

11. (a) $\dfrac{X_{(n)}}{\theta}$이 피봇량 (b) $\left(\dfrac{x_{(n)}}{(1-\alpha/2)^{1/2n}},\ \dfrac{x_{(n)}}{(\alpha/2)^{1/2n}}\right)$

13. (a) $\left(-\dfrac{2\sum \ln x_i}{b},\ -\dfrac{2\sum \ln x_i}{a}\right)$ 여기서 $a=\chi^2_{1-\alpha/2}(2n),\ b=\chi^2_{\alpha/2}(2n)$

(b) $2n\theta\left(\dfrac{1}{a}-\dfrac{1}{b}\right)$

연습문제 8.4

1. (a) 172.1 (b) $(161.7,\ 182.5)$

3. (a) 4배 (b) 16배

5. (a) $(-1.05,\ 1.80)$ (b) $(-1.94,\ 2.69)$

7. -0.80 ± 2.70

9. 0.80 ± 0.58

11. $n = 136$

13. $2\dfrac{t_{\alpha/2}}{\sqrt{n}}E(S) = \left(\dfrac{2c_n t_{\alpha/2}}{\sqrt{n}}\right)\sigma, \quad c_n = \sqrt{\dfrac{2}{n-1}}\dfrac{\Gamma(\frac{n}{2})}{\Gamma(\frac{n-1}{2})}$

15. (a) $k = 1.415\sqrt{\dfrac{9}{8}}$ (b) (8.75, 16.25)

연습문제 8.5

1. $(0.43,\ 2.21)$

3. $(0.677,\ 5.278)$

5. $\left(\dfrac{(n_1-1)s_1^2+(n_2-1)s_2^2}{\chi^2_{\alpha/2}},\ \dfrac{(n_1-1)s_1^2+(n_2-1)s_2^2}{\chi^2_{1-\alpha/2}}\right)$

7. $\left(\dfrac{\widehat{\sigma_1^2}/\widehat{\sigma_2^2}}{F_{\alpha/2}(n_1,\ n_2)},\ \dfrac{\widehat{\sigma_1^2}/\widehat{\sigma_2^2}}{F_{1-\alpha/2}(n_1,\ n_2)}\right)$

연습문제 8.6

1. (a) $n = 138.30 \Rightarrow 139$ (b) $n = 384.16 \Rightarrow 385$

3. 0.020 ± 0.119

5. 0.1900 ± 0.0418

연습문제 8.7

1. $f(x) = \binom{x+r-1}{r-1}p^r(1-p)^x$

3. (a) $E(\hat{p}-p)^2 = \dfrac{39p^2-54p+20}{405}$ (b) $0.463 \le p \le 0.823$

5. $\Gamma\left(n+r,\ \dfrac{1}{\lambda - \sum \ln x_i}\right)$

7. $\hat{\mu} = \left(\dfrac{1/n}{\alpha^2+1/n}\right)\mu_0 + \left(\dfrac{\alpha^2}{\alpha^2+1/n}\right)\overline{X}$

9. $\hat{\theta} = \left(\dfrac{n+\alpha+1}{n+\alpha}\right)\max(1,\ X_{(n)})$

chapter 09

연습문제 9.1

1. (a) 단순 (b) 단순 (c) 복합 (d) 복합
3. (b)가 좋다.
5. (a) $H_0 : p = 0.25 \ vs \ H_1 : p > 0.25$ (b) $P(Z > 1.133) = 0.1286$
7. p-값 $P(Z > 1.6) = 0.0548$
9. (a) $\alpha = (1/2)^{10} + (1/2)^{10} = 0.0020, \quad \beta = 1 - (0.9)^{10} - (0.1)^{10} = 0.6513$

   (b) $\alpha = 0.0456 \quad \beta = \Phi\left(\frac{6-10p}{\sqrt{p(1-p)}}\right) - \Phi\left(\frac{4-10p}{\sqrt{p(1-p)}}\right)$
11. (a) $\alpha = 0.06155$ (b) $\beta = 0.09158$
13. $p\text{-}value$ 0.094
15. $p\text{-}value$ 0.062

연습문제 9.2

1. (a) $\sum x_i < c$ (b) $\sum_{i=1}^{10} x_i < 4$이면 H_0기각
3. (a) $\sum x_i < c$ (b) $\sum_{i=1}^{10} x_i < 6$이면 H_0기각
5. (a) $\sum (x_i - \mu)^2 > c$ (b) $\beta = P(\chi^2(10) < 3.997) \Rightarrow 0.05$
7. (b) $q(5.5) = 0.1966, \ q(6.0) = 0.4749, \ q(6.5) = 0.7664, \ q(7.0) = 0.9355$

   (c) 표본크기 16
9. (b) $\sum_{i=1}^{20} (x_i - \mu)^2 > 2{,}841.2$이면 H_0기각

   (c) $q(\sigma^2) = P\left(\chi^2(20) > \frac{2{,}841.2}{\sigma^2}\right) \quad q(250) = P(\chi^2(20) > 11.365) = 0.934$
11. $n = 25$인 경우 $q(\mu) = P(Z > 1.645 - 0.5\mu) + P(1.645 + 0.5\mu)$

    $n = 100$인 경우 $q(\mu) = P(Z > 1.645 - \mu) + P(1.645 + \mu)$
13. (a)

기각역	{0}	{1}	{2}	{3}	{0, 1}	{0, 2}	{1, 2}	{0, 1, 2}
β	0.95	0.93	0.90	0.80	0.88	0.85	0.83	0.78

   (b) $\beta = 0.78$ 기각역 {0, 1, 2}

15. (a) $x < \sqrt{\frac{\alpha}{2}}$ 혹은 $x > 1 - \sqrt{\frac{\alpha}{2}}$ (b) $\beta = 1 - \sqrt{\alpha}$

17. (a) $\sum x_i^2 < c$ (b) $\sum_{i=1}^{8} x_i^2 < 398.1$이면 H_0기각

19. (b) $q(\lambda) = P\left(\sum_{i=1}^{10} X_i > 2 | \mu = 10\lambda\right)$, $q(0.1) = 0.08$, $q(0.5) = 0.875$

21. (a) $\sum x_i > c$

 (b) $\sum x_i > 16$이면 H_0를 기각한다. $q(4) = P(\chi^2(16) > 8) \simeq 0.95$

23. 기각역 $\{1,2\}$

25. (a) $\overline{x} < c_1$ 또는 $\overline{x} > c_2$ (b) $\sum x_i < 9.591$ 또는 $\sum x_i > 34.170$

27. (a) $\left\{\frac{\overline{x}}{\overline{y}} < c_1, \frac{\overline{x}}{\overline{y}} > c_2\right\}$ (b) $\frac{\overline{X}}{\overline{Y}} \sim F(2m, 2n)$

29. 작업별로 품질의 차이가 있다.

31. (a) $\lambda = \frac{(\widehat{\sigma_1^2})^{\frac{n_1}{2}} (\widehat{\sigma_2^2})^{\frac{n_2}{2}} (\widehat{\sigma_3^2})^{\frac{n_3}{2}}}{(\sigma^{2*})^{\frac{n_1+n_2+n_3}{2}}} < k$, $c^{2*} = \frac{\sum(x_i - \overline{x})^2 + \sum(y_i - \overline{y})^2 + \sum(z_i - \overline{z})^2}{n_1 + n_2 + n_3}$

 (b) $\{-2\ln\lambda > \chi_\alpha^2(2)\}$

연습문제 9.3

1. $z_0 = \frac{52.3 - 50}{2/\sqrt{25}} = 2.875 > 1.645 = z_{0.05}$, H_0를 기각한다.

3. $|t_0| = \left|\frac{12.3 - 13}{1.2/\sqrt{10}}\right| = 1.845 < 2.262 = t_{0.025}(9)$, H_0를 기각하지 못한다.

5. (a) $\left|\frac{8 - 7.2}{\sqrt{\frac{10}{20} + \frac{12}{16}}}\right| = 0.716 < 1.645 = z_{0.05}$, H_0를 기각하지 못한다.

 (b) $\left|\frac{8 - 7.2}{\sqrt{\frac{10}{20} + \frac{12}{16}}}\right| = 0.716 < 1.282 = z_{0.10}$, H_0를 기각하지 못한다.

7. $|t_0| = 2.867 > 2.086 = t_{0.025}(20)$, H_0를 기각한다.

9. $|t_0| = \left|\frac{9}{\sqrt{148}\sqrt{\frac{1}{10} + \frac{1}{8}}}\right| = 1.56 < 2.12 = t_{0.025}(16)$, H_0를 기각하지 못한다.

11. $|t_0| = \left|\frac{3.25}{3.454/\sqrt{8}}\right| = 2.661 > 1.943 = t_{0.05}(7)$, H_0를 기각한다.

13. (a) $|t_0| = \left|\frac{-0.02167}{0.02994/\sqrt{6}}\right| = 1.773 < 4.032 = t_{0.005}(5)$, H_0를 기각하지 못한다.

(b) $t_{0.1} < |t_0| < t_{0.05}$이므로 $0.1 < p\text{-}value < 0.2$이다.

(c) -0.02167 ± 0.04928

연습문제 9.4

1. $\chi_0^2 = \frac{n\widehat{\sigma^2}}{\sigma_0^2} = \frac{2,000}{64} = 31.25 < 31.410 = \chi_{0.05}^2(20)$, H_0를 기각하지 못한다.

3. $\frac{s_2^2}{s_1^2} = 1.88 < 3.07 = F_{0.05}(12,\ 9)$, H_0를 기각하지 못한다.

5. (a) $f_0 = \frac{s_1^2}{s_2^2} = 2.35 > 2.91 = F_{0.05}(12,\ 10)$, H_0를 기각하지 못한다.

(b) $(0.90,\ 2.54)$

연습문제 9.5

1. $H_0 : p = 0.5\ vs\ H_1 : p > 0.5$

$z_0 = \frac{0.0233}{\sqrt{0.5 \times 0.5/86}} = 0.4322 < 1.645 = z_{0.05}$, H_0를 기각하지 못한다.

3. $z_0 = \frac{0.13}{\sqrt{0.468 \times 0.532\left(\frac{1}{150} + \frac{1}{100}\right)}} = 2.018 > 1.96 = z_{0.025}$, H_0를 기각한다.

5. $z_0 = \frac{0.02}{\sqrt{0.07 \times 0.93\left(\frac{1}{50} + \frac{1}{50}\right)}} = 0.3919 < 2.576 = z_{0.005}$, H_0를 기각하지 못한다.

chapter 10

연습문제 10.2

1. $\hat{y} = 2.6 + 0.9x$

3. $\hat{y}= 11.303 + 2.105x$

5. $\hat{y}= 7.399 + 3.269x$

7. (a) $\hat{y}= 0.183x$ (b) $\hat{y}= 4.773 + 0.0516x$

13. $\hat{\beta}= \dfrac{\sum_{i=1}^{n} x_i y_i}{\sum_{i=1}^{n} x_i^2}$, $MSE = \dfrac{\sum_{i=1}^{n} y_i^2 - \hat{\beta}^2 \sum_{i=1}^{n} x_i^2}{n-1}$

연습문제 10.3

1. (a) $|t_0| = \left| \dfrac{\widehat{\beta_1} - 0}{\sqrt{MSE/s_{xx}}} \right| = 4.700 > 3.182 = t_{0.025}(3)$, H_0기각

   (b) $(0.29,\ 1.51)$

3. (a) $|t_0| = \left| \dfrac{\widehat{\beta_1} - 0}{\sqrt{MSE/s_{xx}}} \right| = 7.176 > 2.4472 = t_{0.025}(6)$, H_0기각

   (b) $(-0.00911,\ -0.00447)$ (c) $(8.836,\ 19.088)$

5. (a) $\hat{y}= 0.223 + 0.373x$ (b) $(0.298,\ 0.448)$

   (c) $|t_0| = \left| \dfrac{\widehat{\beta_0}}{\sqrt{MSE\left(\dfrac{1}{n} + \dfrac{\bar{x}^2}{s_{xx}}\right)}} \right| = 0.423 > 2.776 = t_{0.025}(4)$, H_0기각하지 못한다.

7. (a) $|t_0| = \left| \dfrac{\widehat{\beta_1} - 0}{\sqrt{MSE/s_{xx}}} \right| = 1.878 > 1.860 = t_{0.05}(8)$, H_0기각

   (b) $|t_0| = \left| \dfrac{\widehat{\beta_0}}{\sqrt{MSE\left(\dfrac{1}{n} + \dfrac{\bar{x}^2}{s_{xx}}\right)}} \right| = 4.832 > 3.355 = t_{0.005}(8)$, H_0기각

9. (a) $\hat{y}= 0.123 + 13.083x$ (b) $(126.43,\ 134.99)$

   (c) $|t_0| = \left| \dfrac{\widehat{\beta_0}}{\sqrt{MSE\left(\dfrac{1}{n} + \dfrac{\bar{x}^2}{s_{xx}}\right)}} \right| = 0.064 < 1.860 = t_{0.05}(8)$, H_0기각하지 못한다.

11. (a) $\hat{y}= 9.7493 + 4.6159x$

   $|t_0| = \left| \dfrac{\widehat{\beta_0}}{\sqrt{MSE\left(\dfrac{1}{n} + \dfrac{\bar{x}^2}{s_{xx}}\right)}} \right| = 0.995 < 2.228 = t_{0.025}(10)$, H_0기각하지 못한다.

(b) $|t_0|=\left|\dfrac{\widehat{\beta}-\beta^*}{\sqrt{MSE/\sum x_i^2}}\right|=9.200>3.106=t_{0.005}(11)$, H_0기각

13. (a) $|t_0|=\left|\dfrac{\widehat{\beta_1}-20}{\sqrt{MSE/s_{xx}}}\right|=6.924>1.860=t_{0.05}(8)$, H_0기각

15. (b) 최우추정량 $\widehat{\sigma^2}=\dfrac{SSE}{n}=\dfrac{1}{n}\sum_{i=1}^{n}(y_i-\widehat{\beta_0}-\widehat{\beta_1}x_i)^2$

19. (a) $\beta=\rho\dfrac{\sigma_2}{\sigma_1}$, $\alpha=E(Y)-\beta E(X)$

21. (a) $\widehat{a_1}=0.0552$, $\widehat{a_0}=\exp(\overline{\ln y}-\widehat{\alpha_1}\overline{x})=1.0243$

(b) $(0.897,\ 1.171)$

연습문제 10.4

1. (a) $\hat{y}=-4.982+0.0575x$, $R^2=0.5632$

3. (a) $\hat{y}=59.147+1.1239x$, $R^2=0.5986$

5. (a) $\hat{y}=19.058+4.175x$

(b) $R^2=0.4667$

(c) $f_0=\dfrac{SSLF/(k-2)}{SSPE/(n-k)}=3.845>2.83=F_{0.10}(6,\ 7)$, 선형 아님

7. (b) $\hat{y}=0.078+0.980x$

(c) $f_0=\dfrac{SSLF/(k-2)}{SSPE/(n-k)}=0.46$ 선형이 아니라고 할 수 없다.

연습문제 10.5

1. (a) -9647 (b) $|t_0|=7.199>t_{0.005}(6)$

3. (a) 0.5534 (b) $|t_0|=1.879>t_{0.05}(8)$

5. (a) $(-0.453,\ 0.083)$ (b) 신뢰구간이 ρ를 포함

7. (a) 0.880, $|t_0|=5.240>t_{0.005}(8)$ (b) $(0.781,\ 0.971)$

연습문제 10.6

1. (a) $\hat{y}=\dfrac{5}{7}-\dfrac{1}{7}x-\dfrac{1}{7}x^2$

(b) $|t_0|=\dfrac{1/7}{\sqrt{\dfrac{1}{7}\times\dfrac{1}{84}}}=3.464>2.776=t_{0.025}(4)$, H_0기각

(c) $(-0.356,\ 0.713)$

3. (a) 0.2651, $|t_0| = 0.6735 < t_{0.025}(6)$

   (b) $\hat{y} = -172.698 + 0.2761x_1 + 4.1558x_2$

   (c) 109.725 ± 42.345

5. (a) $\hat{y} = 88.7125 + 0.0517x_1 + 11.9010x_2 - 2.4180x_3$

   (b) 549.73, 12,557.647, 0.018, 53.654, 7.256

7. (a) $\hat{y} = 4 + 2.5x_1 - 1.5x_2$ (b) 0.9462

   (c) $f_0 = 3.28 < F_{0.10}(1,\ 2)$

9. (a) $11.09 > F_{0.05}(2,\ 3)$ (b) $1.610 < F_{0.10}(2,\ 3)$

11. (a) $\hat{y} = 2.143 + 0.571x_1 + 0.643x_2 - 0.333x_3$

    (b) 2.405 ± 1.333 (c) 2.405 ± 2.458

    (d) $f_0 = 39.79 > F_{0.05}(1,\ 3)$

13. $f_0 = 5.65 > 3.00 \approx F_{0.05}(2,\ 195)$

15. (a) $\hat{y} = 26.125 + 2.625x_1 - 3.125x_2 - 2.875x_3 + 3.750x_4$

    (b) 27.0 ± 3.829 (c) 27.0 ± 7.847 (d) $f_0 = 13.12 > F_{0.05}(2,\ 11)$

17. $\sum a_i b_i = 0$

21. $\widehat{Y} = \widehat{\beta}_1 x$는 $E(Y)$의 불편추정량 아님

27. (a) 상수

    (b) $\widehat{\beta}_1 = \dfrac{\sum(x_i' - \overline{x'})(y_i' - \overline{y'})}{\sum(x_i' - \overline{x'})^2}$, $\widehat{\beta}_0 = \overline{y'} - \widehat{\beta}_1 \overline{x'}$ 여기서, $\overline{x'} = \dfrac{1}{n}\sum\dfrac{1}{x_i}$, $\overline{y'} = \dfrac{1}{n}\sum\dfrac{y_i}{x_i}$

29. (a) $\hat{\alpha} = \overline{x}$, $\hat{\beta} = \overline{y} - \overline{x}$

    (b) $T_0 = \dfrac{\overline{Y} - \overline{X}}{\sqrt{S_p^2\left(\dfrac{1}{m} + \dfrac{1}{n}\right)}}$, 기각역 $|t_0| > t_{\alpha/2}(m+n-2)$

chapter 11

연습문제 11.2

1. 관측값들이 분산이 같고 서로 독립인 정규분포로부터 얻어진 확률표본의 실현값이다.

3. (a)

요인	제곱합	자유도	평균제곱	f_0
A	476.85	3	158.95	2.54
오차	2,009.92	32	62.81	
합계	2486.77	35		

(b) $y_{ij} = \mu + \alpha_i + \epsilon_{ij}$라 할 때 $H_0 : \alpha_1 = \alpha_2 = \alpha_3 = \alpha_4 = 0$ 대 $H_1 : H_0$가 아니다.

(c) H_0가 참일 때 검정통계량 F_0는 $F(3,\ 32)$를 따른다.

5. p value가 5%보다 작으므로 평균수명에 차이가 있다.

요인	제곱합	자유도	평균제곱	f_0	p value
A	1140	2	570.0	5.05	0.026
오차	1354	12	112.8		
합계	2494	14			

20℃ 에서 평균수명에 대한 95%신뢰구간은 (50.55, 69.45)이다.

7. (a)

요인	제곱합	자유도	평균제곱	f_0
A	102.59	4	25.648	13.81
오차	27.86	15	1.857	
합계	130.45	19		

$f_0 = 13.81 > 3.06 = F_{0.05}(4,\ 15)$이므로 카페인의 양에 따라 작업시간에 차이가 있다.

(b) $A_1 : 17.575 \pm 2.131\sqrt{\dfrac{1.857}{4}} \Rightarrow (16.123,\ 19.027)$

$A_2 : 13.800 \pm 2.131\sqrt{\dfrac{1.857}{4}} \Rightarrow (12.348,\ 15.252)$

$A_3 : 11.475 \pm 2.131\sqrt{\dfrac{1.857}{4}} \Rightarrow (10.023,\ 12.927)$

$A_4 : 12.300 \pm 2.131\sqrt{\dfrac{1.857}{4}} \Rightarrow (10.848,\ 13.752)$

$A_5 : 15.950 \pm 2.131\sqrt{\dfrac{1.857}{4}} \Rightarrow (14.498,\ 17.402)$

농도 A_3에서 작업시간이 가장 짧다.

9. $f_0 = 25.13 > 5.14 = F_{0.05}(2,\ 6)$이므로 자동차의 종류에 따라 안정성에 차이가 있다.

요인	제곱합	자유도	평균제곱	f_0
A	72205	2	36102.5	25.13
오차	8619	6	1436.5	
합계	80824	8		

11. $f_0 = 8.26 > 4.26 = F_{0.05}(2,\ 9)$이므로 처리들 간에 차이가 있다.

요인	제곱합	자유도	평균제곱	f_0
A	312	2	156	8.26
오차	170	9	18.89	
합계	482	11		

13. (a) $f_0 = 7.97 > 3.55 = F_{0.05}(2,\ 18)$이므로 에칭방법에 따라 작업속도에 차이가 있다.

요인	제곱합	자유도	평균제곱	f_0
A	0.397	2	0.1985	7.97
오차	0.449	18	0.0249	
합계	0.846	20		

(b) $A_1 : 11.057 \pm 2.878\sqrt{\dfrac{0.0249}{7}} \Rightarrow (10.89,\ 11.23)$

(c) $A_2 - A_3 : 10.83 - 11.16 \pm 2.878\sqrt{\dfrac{2 \cdot 0.0249}{7}} \Rightarrow (-0.57,\ -0.09)$

15. $f_0 = 4.38 > 3.55 = F_{0.05}(2,\ 18)$이므로 공구의 평균강도에 차이가 있다.

요인	제곱합	자유도	평균제곱	f_0
A	172.05	2	86.03	4.38
오차	353.19	18	19.62	
합계	525.24	20		

17. $f_0 = 5.16 > 3.89 = F_{0.05}(2,\ 12)$이므로 페인트의 종류에 따라 마르는 시간에 차이가 있다.

요인	제곱합	자유도	평균제곱	f_0
A	556.6	2	278.3	5.16
오차	647.0	12	53.9	
합계	1203.6	14		

연습문제 11.3

1. f_0가 모두 $F_{0.05}(\nu_1,\ \nu_2)$보다 크므로 유의하다.

요인	제곱합	자유도	평균제곱	f_0	$F_{0.05}(\nu_1, \nu_2)$
A	0.0989	4	0.0247	4.66	3.84
B	0.0866	2	0.0433	8.17	4.46
오차	0.0425	8	0.0053	–	–
합계	0.2280	14			

3. (a) A, B 모두 유의하다.

요인	제곱합	자유도	평균제곱	f_0	$F_{0.05}(\nu_1, \nu_2)$
A	0.3532	4	0.0883	205	3.26
B	0.0824	3	0.0275	64	3.49
오차	0.0052	12	0.00043	–	–
합계	0.4408	19			

(b) $B_1 : \overline{y_{41}} \pm 1.782\sqrt{0.00043} = (0.793,\ 0.867)$

$B_2 : \overline{y_{42}} \pm 1.782\sqrt{0.00043} = (0.773,\ 0.847)$

$B_3 : \overline{y_{43}} \pm 1.782\sqrt{0.00043} = (0.703,\ 0.777)$

$B_4 : \overline{y_{44}} \pm 1.782\sqrt{0.00043} = (0.603,\ 0.677)$

(c) B_2로 배기량이 고정된 경우 연비향상을 최대로 하는 A의 조건은 1이다. A_1B_2에서 연비향상의 90%신뢰구간은

$$\overline{y_{12}} \pm t_{0.05}(12)\sqrt{MS_E} = 1.06 \pm 1.782\sqrt{0.00043} = (1.023,\ 1.097)$$

5. 유의수준 5%에서 경기지역에 따라 타율에 차이가 있다.(처리: 지역, 블록: 타자)

요인	제곱합	자유도	평균제곱	f_0	$F_{0.05}(\nu_1, \nu_2)$
처리	0.00517	2	0.00259	8.09	5.14
블럭	0.00572	3	0.00191	5.97	4.76
오차	0.00190	6	0.00032	–	–
합계	0.01279	11			

7. (a) 유의수준 5%에서 모두 유의하다.

요인	제곱합	자유도	평균제곱	f_0	p value
A	43.06	4	10.764	6.45	0.013
B	43.61	2	21.803	13.06	0.003
오차	13.35	8	1.669	–	–
합계	100.02	14			

(b) $B_1 : \overline{y_{.1}} \pm t_{0.025}(8)\sqrt{\dfrac{MS_E}{l}} = 4.14 \pm 1.3329$

$$B_2 : \overline{y_{.2}} \pm t_{0.025}(8)\sqrt{\frac{MS_E}{l}} = 5.9 \pm 1.3329$$

$$B_3 : \overline{y_{.3}} \pm t_{0.025}(8)\sqrt{\frac{MS_E}{l}} = 8.3 \pm 1.3329$$

(c) $B_3 - B_2 : \overline{y_{.3}} - \overline{y_{.2}} \pm t_{0.025}(8)\sqrt{\frac{2 \cdot MS_E}{l}} = 2.4 \pm 1.8842$

연습문제 11.4

1.

요인	제곱합	자유도	평균제곱	f_0
습도	30.15	2	15.075	16.05
온도	17.06	2	8.53	9.084
습도×온도	12.78	4	6.39	6.81
오차	25.35	27	0.939	–
합계	85.34	35		

3. 주 효과(A(제조온도), B(혼합비율))는 유의하나 교호작용은 유의하지 않다.

요인	제곱합	자유도	평균제곱	f_0	$F_{0.05}(\nu_1, \nu_2)$
A	33.34	1	33.34	11.78	5.99
B	171.17	2	85.59	30.24	5.14
$A \times B$	4.16	2	2.08	0.73	5.14
오차	17.00	6	2.83	–	–
합계	225.67	11			

5. 온도(A)와 압력(B)는 단독으로는 영향을 미치지 않지만 두 요인에 의한 교호작용은 수율에 영향을 미친다.

요인	제곱합	자유도	평균제곱	f_0	$F_{0.05}(\nu_1, \nu_2)$
A	18	1	18	2.04	4.75
B	48	2	24	2.72	3.89
$A \times B$	144	2	72	8.15	3.89
오차	106	12	8.83	–	–
합계	316	17			

7.

요인	제곱합	자유도	평균제곱	f_0	$F_{0.05}(\nu_1, \nu_2)$
A	1.88	2	0.940	7.97	3.55
B	2.50	2	1.250	10.59	3.55
$A \times B$	0.08	4	0.020	0.17	2.93
오차	2.13	18	0.118	–	–
합계	6.59	26			

주효과는 유의하나 교호작용은 유의하지 않음. 최대휘도가 나오는 조건은 A_2B_3이고 이 조건에서의 평균에 대한 95% 양측 신뢰구간은 교호작용을 2차항에 풀링하여 구한다.

$$\mu(A_2B_3) = (\overline{y_{2..}} + \overline{y_{3..}} - \overline{y_{..}}) + t_{0.025}(22)\sqrt{MSE\left(\frac{1}{9} + \frac{1}{9} + \frac{6}{81} - \frac{3}{27}\right)}$$

$$= (14.822 + 14.856 - 14.489) + 2.074\sqrt{(0.1007)\left(\frac{5}{27}\right)}$$

$$= 15.189 \pm 0.283$$

9. 주 효과는 유의하지만 교호작용은 유의수준 10%일 경우는 유의하고 5%일 경우는 유의하지 않다.

요인	제곱합	자유도	평균제곱	f_0	$F_{0.05}(\nu_1, \nu_2)$
A	168.75	1	168.75	75.00	5.32
B	30.08	1	30.08	13.37	5.32
$A\times B$	10.08	1	10.08	4.48	5.32
오차	18.01	8	2.25	–	–
합계	226.92	11			

(c) A_1B_1에서 인장강도가 최대가 되고, 이때의 95% 양측신뢰구간은

$$\overline{y_{11.}} \pm t_{0.025}(8)\sqrt{\frac{MS_E}{r}} = 66.33 \pm 2.306\sqrt{\frac{2.25}{3}}$$

11. 생산품목에 따른 불량률의 차이는 유의하지 않고, 설비의 종류에 따른 차이만 유의하다. 불량률이 높은 경우는 기존의 설비에서 작업하는 경우이다.

요인	제곱합	자유도	평균제곱	f_0	$F_{0.05}(\nu_1, \nu_2)$
A	0.605	1	0.605	4.45	4.75
B	1.317	1	1.317	9.68	4.75
$A\times B$	0.037	1	0.037	0.27	4.75
오차	1.628	12	0.136	–	–
합계	3.587	15			

chapter 12

연습문제 12.1

1. 그림 12.1의 표본분포함수의 그래프로부터 누적확률이 0.25, 0.75, 0.5인 점을 찾으면 $Q_1 = 6.23$, $Q_3 = 7.50$, $\tilde{x} = (6.75 + 7.06)/2 = 6.905$

3. $F_n(x) = \begin{cases} 0, & x < 43 \\ 2/25, & 43 \le x < 45 \\ 3/25, & 45 \le x < 48 \\ 6/25, & 48 \le x < 55 \\ 10/25, & 55 \le x < 56 \\ 15/25, & 56 \le x < 58 \\ 19/25, & 58 \le x < 62 \\ 21/25, & 62 \le x < 63 \\ 24/25, & 63 \le x < 69 \\ 1 & 69 \le x \end{cases}$

1
24/25
23/25
22/25
21/25
20/25
19/25
18/25
17/25
16/25
15/25
14/25
13/25
12/25
11/25
10/25
9/25
8/25
7/25
6/25
5/25
4/25
3/25
2/25
1/25
0
43 45 48 55 56 58 62 63 69

5. 25 개의 주어진 자료를 크기순으로 나열하면 16, 16, 17, 19, 19, 19, 20, 20, 21, 21, 22, 23, 23, 23, 24, 24, 25, 25, 25, 25, 26, 26, 27, 27, 28이며, Q-Q도는 다음과 같다.

$$F_n(x) = \begin{cases} 0, & x < 16 \\ 2/25, & 16 \le x < 17 \\ 3/25 & 17 \le x < 19 \\ 6/25, & 19 \le x < 20 \\ 8/25, & 20 \le x < 21 \\ 10/25, & 21 \le x < 22 \\ 11/25, & 22 \le x < 23 \\ 14/25, & 23 \le x < 24 \\ 16/25, & 24 \le x < 25 \\ 20/25, & 25 \le x < 26 \\ 22/25, & 26 \le x < 27 \\ 24/25, & 27 \le x < 28 \end{cases}$$

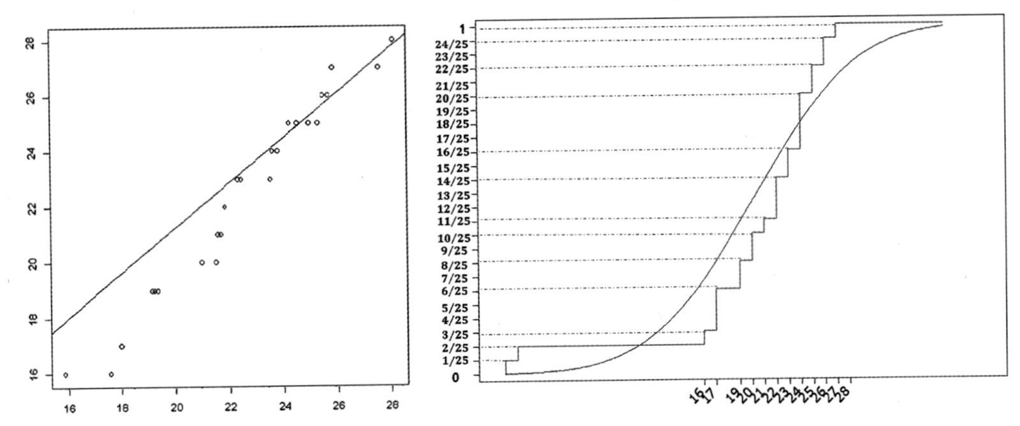

7. 각 축전기의 누설 전기용량을 크기순으로 나열하여 Q-Q도를 그리면 기울기가 1이고 절편은 0보다 큰 직선으로 그려진다. 두 공급자가 납품하는 축전기의 누설 전기용량은 서로 비슷한 분산을 가지고 평균은 공급자 2의 축전기가 2.5 정도 더 큰 분포를 따른다고 판단된다.

순위	공급자 1	공급자 2
1	7.2	9.9
2	7.5	10.0
3	7.9	10.2
4	8.1	10.6
5	8.3	10.7
6	8.4	11.0

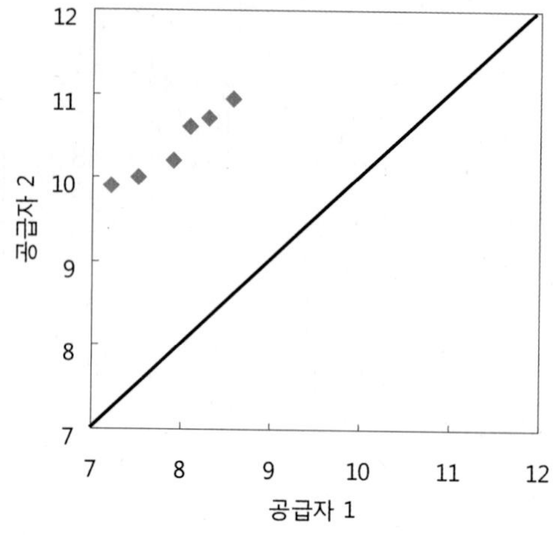

9. 주어진 자료를 작은 값부터 크기순으로 나열하면 0.15, 0.25, 0.41, 0.44, 0.45, 0.45, 0.46, 0.46, 0.47, 0.47, 0.48, 0.50, 0.51, 0.52, 0.52, 0.54, 0.55, 0.55, 0.57, 0.59, 0.59, 0.59, 0.65, 0.69

$$F_n(x) = \begin{cases} 0, & x < 0.15 \\ 1/24, & 0.15 \le x < 0.25 \\ 2/24 & 0.25 \le x < 0.41 \\ 3/24, & 0.41 \le x < 0.44 \\ 4/24, & 0.44 \le < 0.45 \\ 6/24, & 0.45 \le x < 0.46 \\ \cdots & \cdots \\ 26/24, & 0.55 \le x < 0.57 \\ 19/24, & 0.57 \le x < 0.59 \\ 20/24, & 0.59 \le x < 0.65 \\ 23/24, & 0.65 \le x < 0.69 \\ 1, & 0.69 \le x \end{cases}$$

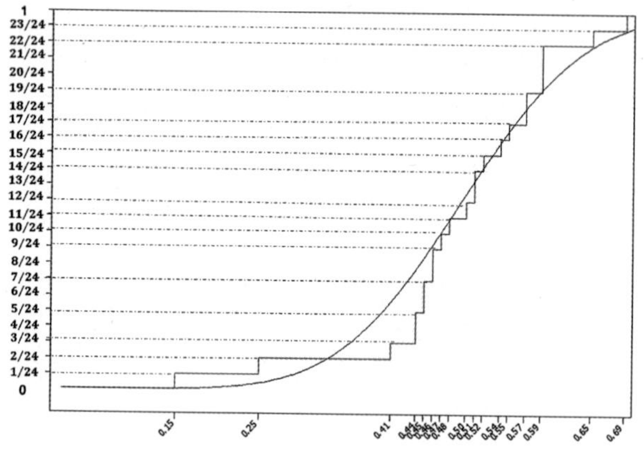

11. (a) 경험적 분포함수

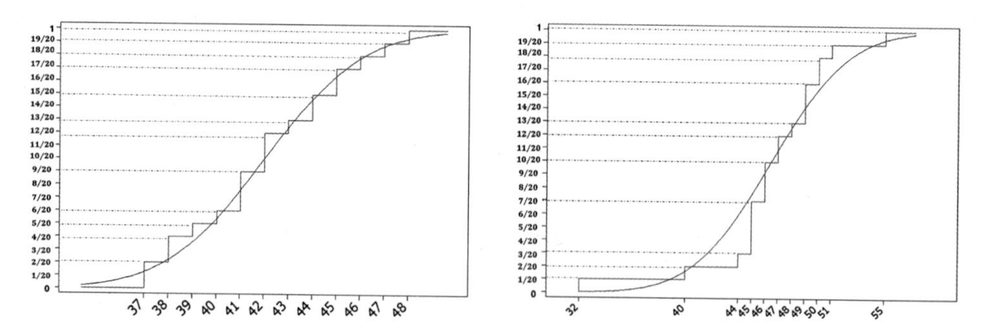

(b) Q-Q도는 이상값을 제외하면 기울기가 1이고 절편은 5 정도인 큰 직선으로 그려지므로 B회사 제품이 A사 제품보다 평균 5정도 내열성이 우수하다는 것을 보여 준다.

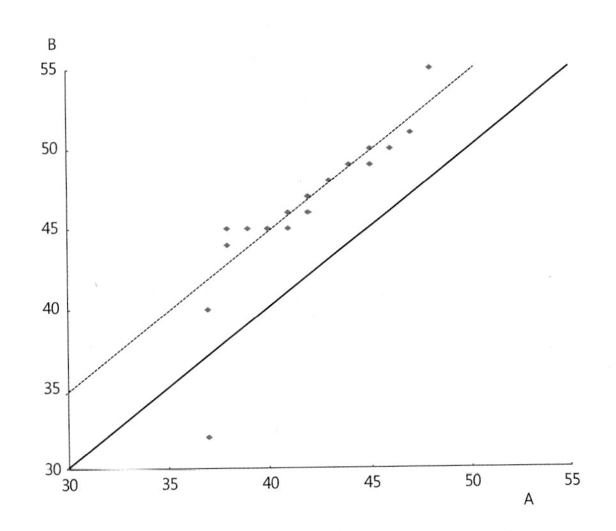

연습문제 12.2

1. (a)

순위(i)	1	2	3	⋯	13	14	15
관측값	520	530	530	⋯	580	590	600
$\dfrac{100(i-0.5)}{15}$	3.3	10.0	16.7	⋯	83.3	90.0	96.7

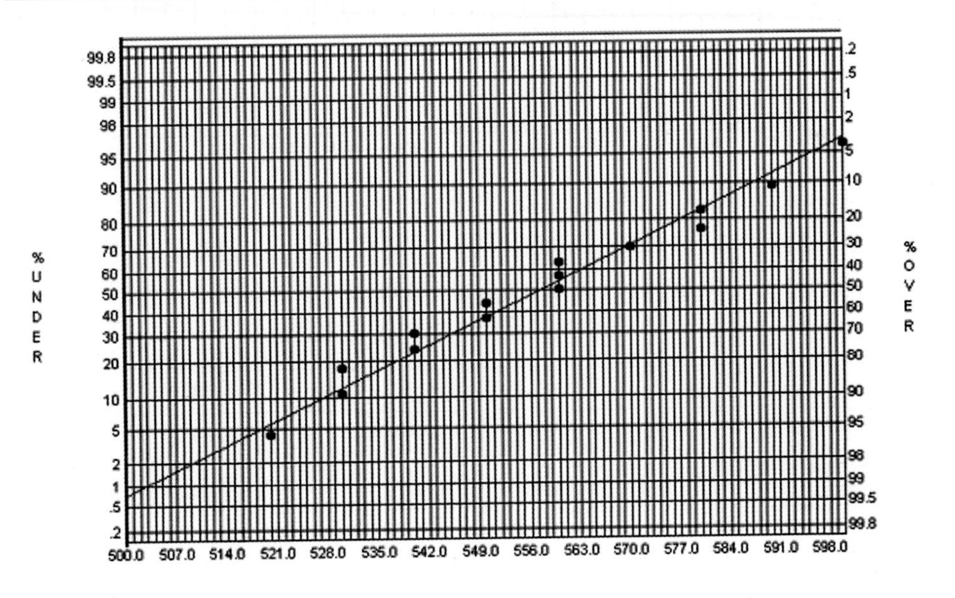

⇒ 정규분포를 따른다고 판단된다.

(b) $\hat{\mu}= x_{0.5} = 557$, $\hat{\sigma}= x_{0.84} - x_{0.5} = 582 - 557 = 25$

$$\left(\text{또는}\quad \hat{\sigma}=\frac{x_{0.84}-x_{0.16}}{2}=\frac{582-532}{2}=24.5\right)$$

(c) $P\{X<510\}+P\{X>600\}=0.03+0.04=0.07=7\%$

3. (a) 확률지에 타점된 점들의 모양으로 보아 정규분포를 따른다고 판단된다.

순위(i)	1	2	3	⋯	23	24	25
관측값	87.6	91.9	92.5	⋯	106.9	108.0	109.8
$\frac{100(i-0.5)}{25}$	2	6	10	⋯	90	94	98

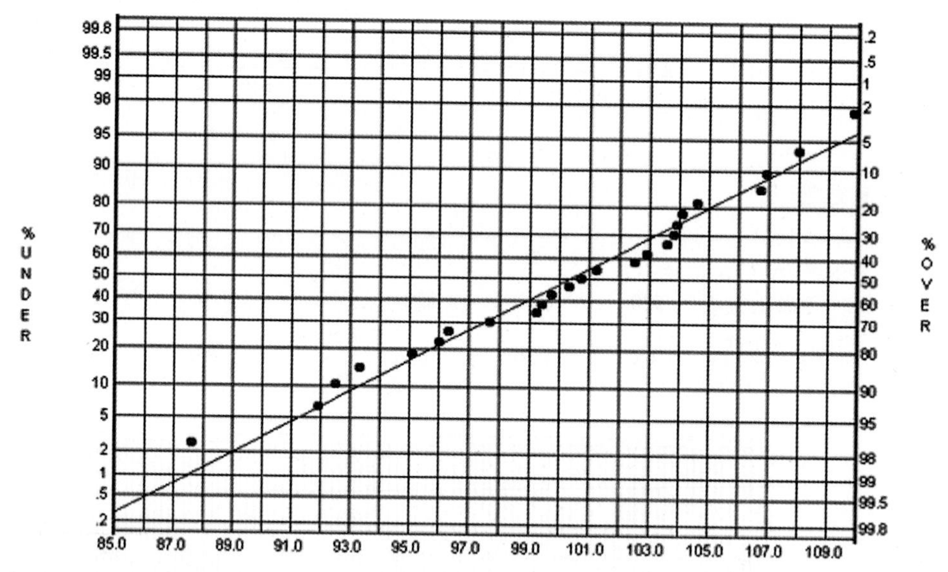

(b) $\hat{\mu}=x_{0.5}=100.3$, $\hat{\sigma}=x_{0.84}-x_{0.5}=105.8-100=5.8$이고 표본 평균과 표준편차는 $\overline{x}=100.31$, $s=5.51$이므로 정규확률지를 이용하여 구한 추정값과 큰 차이가 없다.

5. (a) 확률지에 타점된 점들이 그림 11.18(a)와 비슷한 형태를 보이므로 오른쪽 꼬리가 약간 긴 분포라고 판단된다.

순위(i)	1	2	3	⋯	43	44	45
관측값	62	67	68	⋯	94	94	97
$\frac{100(i-0.5)}{45}$	1.11	3.33	5.56	⋯	94.44	96.67	98.89

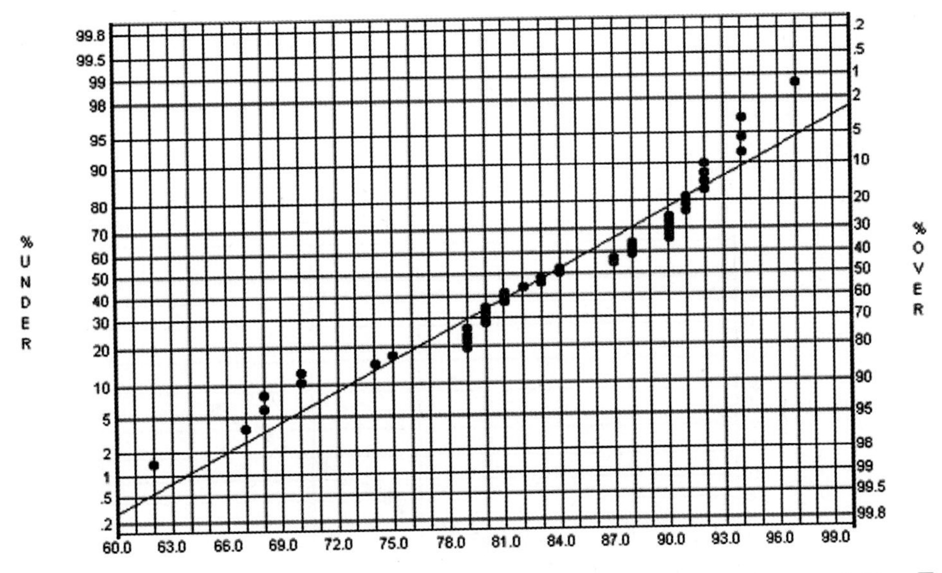

(b) $\hat{\mu} = x_{0.5} = 83.5$, $\hat{\sigma} = x_{0.84} - x_{0.5} = 92 - 83.5 = 8.5$이고 표본 평균과 표준편차는 $\overline{x} = 83.27$, $s = 8.38$이므로 정규확률지를 이용하여 구한 추정값과 크게 다르지 않다.

7. (a) 확률지에 타점된 점들의 모양으로 보아 정규분포를 따른다고 판단된다.

순위(i)	1	2	3	…	48	49	50
관측값	12	16	17	…	55	55	58
$\frac{100(i-0.5)}{50}$	1	3	5	…	95	97	99

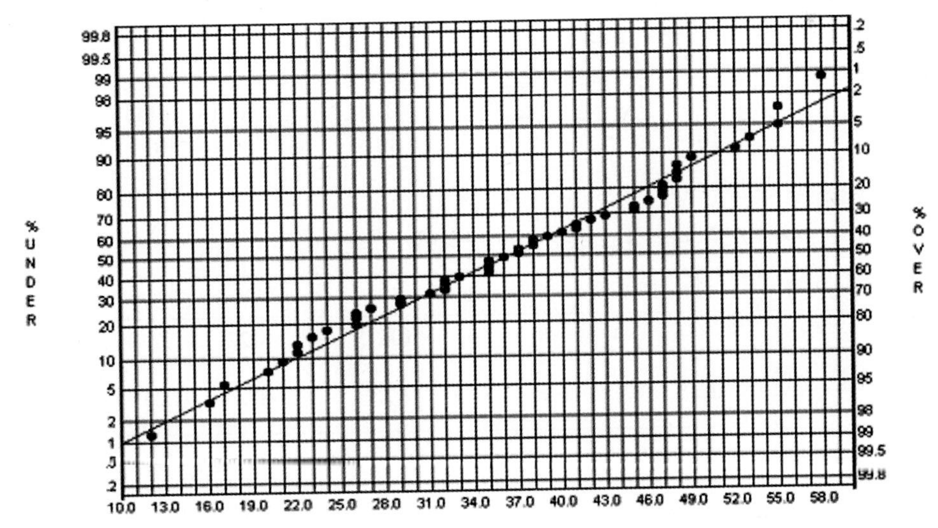

(b) $\hat{\mu} = x_{0.5} = 36.5$, $\hat{\sigma} = x_{0.84} - x_{0.5} = 47.8 - 36.5 = 11.3$이고 표본 평균과 표준편차 $\overline{x} = 36.28$, $s = 11.24$이므로 정규확률지를 이용하여 구한 추정값과 크게 다르지 않다.

9. (a) 확률지에 타점된 점들의 모양으로 보아 정규분포를 따른다고 판단된다.

순위(i)	1	2	3	⋯	33	34	35
관측값	20.3	20.5	20.7	⋯	25.5	25.9	26.8
$\frac{100(i-0.5)}{35}$	1.43	4.29	7.14	⋯	92.86	95.71	98.57

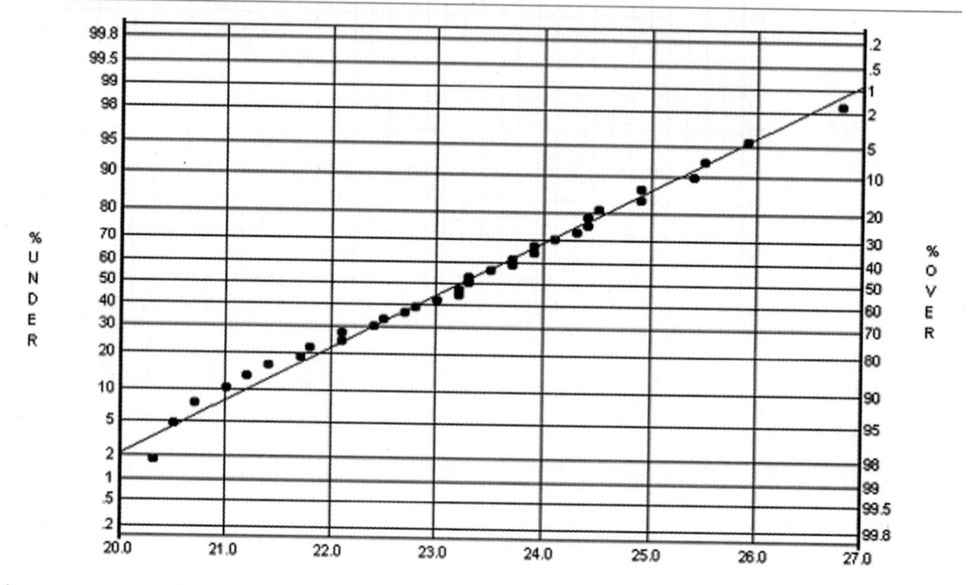

(b) $\hat{\mu}= x_{0.5} = 23.2, \hat{\sigma}= x_{0.84} - x_{0.5} = 24.8 - 23.2 = 1.6$이고 표본 평균과 표준편차는 $\bar{x}= 23.23,\ s = 1.596$이므로 정규확률지를 이용하여 구한 추정값과 크게 다르지 않다.

11. 표본평균: $\bar{x}= 4, \dfrac{496}{40}= 112.4$

표본분산: $s^2 = \dfrac{1}{40-1}\left[\sum x_i^2 - \dfrac{(\sum x_i)^2}{30}\right] = \dfrac{1}{39}\left[580,\ 200 - \dfrac{(4,\ 496)^2}{40}\right] = 73.07$

표본표준편차: $s = \sqrt{s^2} = 8.55$

자료를 크기순으로 나열하고 분위수를 구하면

순위(i)	1	2	3	4	5	⋯	36	37	38	39	40
관측값	84	94	98	102	106	⋯	122	122	124	124	128
$\frac{100(i-0.5)}{40}$	1.25	3.75	6.25	8.75	11.25	⋯	88.75	91.25	93.75	96.25	98.75

확률지로부터 정규분포를 따르는 것으로 보이나 오른쪽 꼬리가 약간 긴 분포라고 판단되며 평균과 표준편차를 추정하면 $\hat{\mu}= 112.4,\ \hat{\sigma}= 8.5$이다. 표본 평균과 표준편차 $\bar{x}= 112.4,\ \tilde{x}= 112,\ s = 8.55$로서 추정값에 큰 차이가 없다.

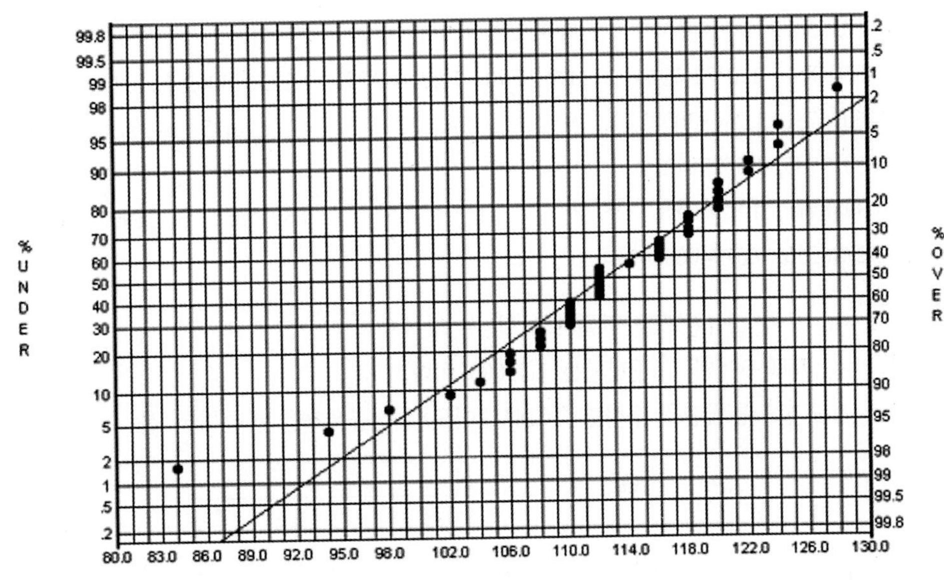

13. 균일분포의 경우 정규분포에 비하여 양쪽 꼬리 확률이 크기 때문에 정규확률지에 타점하면 S자 형태를 띤다. 또한 지수분포의 경우는 평균을 기준으로 오른쪽 꼬리가 길기 때문에 아래로 볼록하면서 위로 상승하는 곡선이 된다

15. 관측중단된 자료가 포함된 경우는 고장자료와 관측중단자료를 함께 고려하여 크기순으로 나열하고 고장시점들에 대해서만 이들 시점에서의 분포함수값을 추정하여야 한다. 추정방법으로 가장 널리 사용되는 것으로 Kaplan-Meier 추정량이며 이를 가지고 분포함수값을 추정하고 이를 확률지상에 타점하여 분포의 적합성을 확인하면 된다. (참고문헌: 배도선, 전영록(1999), 신뢰성분석, 아르케)

연습문제 12.3

1. 자료를 크기순으로 나열하면 15, 20, 22, 22, 24, 24, 24, 28, 30, 30, 34, 36, 37이며, 지수분포 KS 통계량을 구하면 1.437857 이며, 정규분포 KS 통계량을 구하면 0.7406045이다. 그러므로 지수분포를 따른다고 할 수 없으며 정규분포를 따른다고 할 수 있다.

3. 자료를 크기순으로 나열하면 0.02, 0.13, 0.22, 0.35, 0.52, 0.85, 1.08, 1.24, 2.58, 3.28이다. KS 통계량을 구하면 0.3144154이다. 그러므로 가정된 분포를 따른다고 할 수 있다.

5. 자료를 크기순으로 나열하면, 25.7, 57.3, 78.4, 106.9, 112.2, 123.8, 125.9, 127.6, 129.1, 153.5, 155.6, 157.4, 164.4, 174.7, 176, 184.6, 187.3, 197.1, 201.1, 241.3, 218.4, 224.7, 228.7, 229.6, 231.1, 245.9, 249.1, 257.4, 270.6, 278.5, 313.2, 316, 355.7, 369.4, 476.4이며 KS 통계량은 0.5147978이고, 95%인 1.358 보다 적으므로 와이블분포를 따른다고 볼 수 있다.

7. 자연대수를 취한 자료를 크기순으로 나열하면, 1.040810774, 1.040810774, 1.051271096,

1.061836547, 1.061836547, 1.127496852, 1.173510871, 1.173510871, 1.185304851, 1.185304851, 1.185304851, 1.197217363, 1.209249598, 1.221402758, 1.23367806, 1.23367806, 1.246076731, 1.246076731, 1.296930087, 1.390968128, 1.433329415, 1.447734615, 1.447734615, 1.476980794, 1.506817785, 1.552707219, 1.568312185, 1.568312185, 1.616074402, 1.716006862, 1.716006862, 1.803988415, 1.8221188, 1.973877732, 1.993715533, 2.386910854, 3.221992639, 3.596639726, 3.632786556, 9.679400814이다.

확률지로 보아 정규분포를 따른다고 할 수 없다.
평균은 1.768093이며, 표준편차는 1.430007이다.
또한 정규 KS 통계량을 구하면 2.014112이므로 정규분포를 따른다고 볼 수 없다.

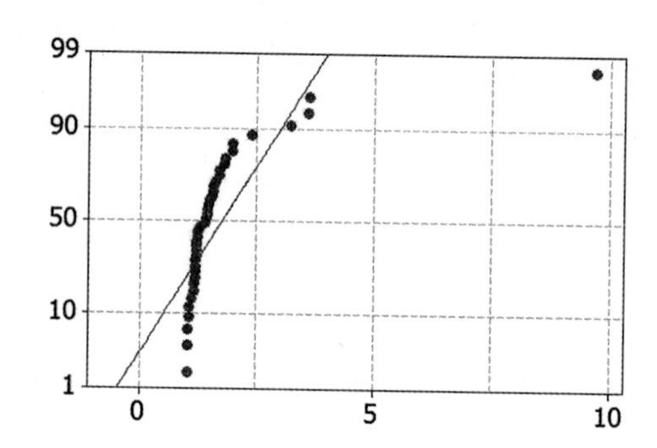

연습문제 12.4

1. $\alpha = 0.05$, 다항분포 $MN(1,\ 000; p_1,\ p_2,\ p_3,\ p_4)$

H_0: $p_1 = 0.87$, $p_2 = 0.09$, $p_3 = 0.03$, $p_4 = 0.01$ H_1: H_0가 아니다.

관측숫자	I	II	III	IV
기대도수	$1000 \times 0.87 = 870$	$1000 \times 0.09 = 90$	$1000 \times 0.03 = 30$	$1000 \times 0.01 = 10$

$$q = \frac{(890-870)^2}{870} + \frac{(68-90)^2}{90} + \frac{(35-30)^2}{30} + \frac{(7-10)^2}{10} = 7.571$$

$q = 7.571 < 7.815 = \chi^2_{0.05}(3)$이므로 귀무가설을 기각할 수 없다.

⇒ 과거의 경험값과 비교하여 차이가 없다.

3. $\alpha = 0.05$ 다항분포 $MN(120; p_1,\ p_2,\ p_3,\ p_4,\ p_5,\ p_6)$

$H_0 : p_1 = p_2 = \cdots = p_6 = \frac{1}{6}$ 대 H_1: H_0가 아니다.

관측숫자	1	2	3	4	5	6
기대도수	$120 \times \frac{1}{6} = 20$	$120 \times \frac{1}{6} = 20$	$120 \times \frac{1}{6} = 20$	$120 \times \frac{1}{6} = 20$	$120 \times \frac{1}{6} = 20$	$120 \times \frac{1}{6} = 20$

$$q = \frac{(a-20)^2}{20} + \frac{(20-20)^2}{20} + \cdots + \frac{(20-20)^2}{20} + \frac{(40-a-20)^2}{20} > 11.070 = \chi^2_{0.05}(5)$$이면

귀무가설이 기각된다.

이 부등식을 정리하면 $\frac{2(a-20)^2}{20} > 11.070$ (단, $a \geq 0$)

$\Leftrightarrow a^2 - 40a + 289.3 > 0$ (단, $0 \leq a \leq 40$) $\Leftrightarrow 0 \leq a < 9.48$ 또는 $30.52 < a \leq 40$

$\Rightarrow 0 \leq a \leq 9$ 또는 $31 \leq a \leq 40$

5. $p(x) = \begin{cases} x/30, & x \leq 5 \\ (11-x)/30, & x \geq 6 \end{cases}$

트랙번호	1	2	3	4	5	6	7	8	9	10
p_i	1/30	2/30	3/30	4/30	5/30	5/30	4/30	3/30	2/30	1/30
np_i	20/3	40/3	20	80/3	100/3	100/3	80/3	20	40/3	20/3
x_i	8	10	14	32	31	38	25	23	15	4

$$q = \frac{(8-20/3)^2}{(20/3)} + \cdots + \frac{(4-20/3)^2}{(20/3)} = 6.6125$$

$q = 6.6125 < 16.919 = \chi^2_{0.05}(9)$이므로 H_0를 기각하지 못한다. $\Rightarrow$ 확률모형에 부합된다.

7. X를 불량화소의 수라고 하면 $H_0: X \sim Poi(\lambda)$ 대 H_1: H_0가 아니다.

$$\hat{\lambda} = \bar{x} = \frac{1}{300}(1 \times 96 + \cdots + 8 \times 1) = 0.603$$

$$\hat{P}(X=k) = e^{-\hat{\lambda}} \frac{\hat{\lambda}^k}{k!}$$

$\hat{p}_0 = \hat{P}(X=0) = 0.547$, $n\hat{p}_0 = 164.1$

$\hat{p}_1 = \hat{P}(X=1) = 0.330$, $n\hat{p}_1 = 99$

$\hat{p}_2 = \hat{P}(X=2) = 0.099$, $n\hat{p}_2 = 29.7$

$\hat{p}_3 = \hat{P}(X=3) = 0.020$, $n\hat{p}_3 = 6$

$\hat{p}_4 = \hat{P}(X=4) = 1 - \hat{p}_0 - \hat{p}_1 - \hat{p}_2 - \hat{p}_3 = 0.004$, $n\hat{p}_4 = 1.2$

$n\hat{p}_4 = 1.2 < 5$이므로 앞의 범주와 합치면

$\hat{p}_3 = \hat{P}(X \geq 3) = 0.024$, $n\hat{p}_3 = 7.2$

$$q = \frac{(171-164.1)^2}{164.1} + \frac{(96-99)^2}{99} + \frac{(24-29.7)^2}{29.7} + \frac{(9-7.2)^2}{7.2} = 1.925$$

$q = 1.925 < 5.991 = \chi^2_{0.05}(2)$이므로 귀무가설을 기각할 수 없다.

$\Rightarrow$ 불량화소의 수는 포아송분포를 따른다고 할 수 있다.

9. (a) 각 구간에 속할 확률을 p_i $(i=1, \cdots, 6)$라 하면 $p_i = \frac{1}{6} = 0.1667$이고 각 범주의 구간 (a_{i-1}, a_i)는 $P(a_{i-1} < X < a_i) = 0.1667$이 되도록 나눌 수 있다. 여기서 $a_0 = -\infty$, $a_6 = \infty$이다.

$P(X < a_i) = \Phi\left(\frac{a_i - \mu}{\sigma}\right) = 0.1667i$ $(i=1, \cdots, 5)$이므로 $a_i = \mu + \sigma \cdot z_{1-0.1667i}$가 된다.

따라서 각 구간을 구하면

$-\infty \sim \mu - 0.9672\sigma$, $\mu - 0.9672\sigma \sim \mu - 0.4306\sigma$, $\mu - 0.4306\sigma \sim \mu$

$\mu \sim \mu + 0.4306\sigma$, $\mu + 0.4306\sigma \sim \mu + 0.9672\sigma$, $\mu + 0.9672\sigma \sim \infty$

(b) (a)에 $\mu = 2.5$와 $\sigma = 0.12$값을 각각 대입하면

$-\infty \sim 2.384$, $2.384 \sim 2.448$, $2.448 \sim 2.500$, $2.500 \sim 2.552$,

$2.552 \sim 2.616$, $2.616 \sim \infty$

(c) H_0:금속판의 두께는 정규 분포를 따른다. H_1: H_0가 아니다.

$n = 40$이므로 각 구간의 기대도수는 $40 \times \frac{1}{6} = \frac{20}{3}$이 되어

구간	관측도수	기대도수
$-\infty \sim 2.384$	11	20/3
$2.384 \sim 2.448$	4	20/3
$2.448 \sim 2.500$	6	20/3
$2.500 \sim 2.552$	3	20/3
$2.552 \sim 2.616$	5	20/3
$2.616 \sim -\infty$	11	20/3

$$q = \frac{(11-20/3)^2}{20/3} + \cdots + \frac{(11-20/3)^2}{20/3} = 9.200$$

$q = 9.200 < 11.070 = \chi^2_{0.05}(6-1) = \chi^2_{0.05}(5)$이므로 귀무가설을 기각할 수 없다.

⇒ 금속판의 두께는 정규분포를 따른다고 할 수 있다.

11. $H_0 : X \sim N(\mu, \sigma^2)$ 대 $H_1 : H_0$가 아니다.

입자수 구간	중간값(x_i)	도수(f_i)	$(x_i - \bar{x})$	$\hat{p}_i$	$n\hat{p}_i$
9.5 ~ 14.5	12.0	11	−8.0	0.1230	12.30
14.5 ~ 19.5	17.0	37	−3.0	0.3332	33.32
19.5 ~ 24.5	22.0	36	2.0	0.3727	37.27
24.5 ~ 29.5	27.0	13	7.0	0.1483	14.83 } 17.11
29.5 ~ 34.5	32.0	3	12.0	0.0228	2.28
		100		1.0000	

$$\bar{x} = \frac{\sum f_i x_i}{100} = 20.0, \; s^2 = \frac{\sum f_i (x_i - \bar{x})^2}{100} = 22.5, \; s = 4.74$$

$$\hat{p_1} = \hat{P}\{X < 14.5\} = P\left(Z < \frac{14.5 - 20.0}{4.74}\right) = P(Z < -1.16) = 0.1230$$

$$\hat{p_2} = \hat{P}\{14.5 < X < 19.5\} = P(-1.16 < Z < -0.11) = 0.3332$$

$$\hat{p_3} = \hat{P}\{19.5 < X < 24.5\} = P(-0.11 < Z < 0.95) = 0.3727$$

$$\hat{p_4} = \hat{P}\{24.5 < X < 29.5\} = P(0.95 < Z < 2.00) = 0.1483$$

$$\hat{p_5} = \hat{P}\{X > 29.5\} = P(Z > 2.00) = 0.0228$$

$$\Rightarrow q = \sum_{i=1}^{4} \frac{(x_i - n\hat{p_i})^2}{n\hat{p_i}}$$

$$= \frac{(11 - 12.30)^2}{12.30} + \frac{(37 - 33.32)^2}{33.32} + \frac{(36 - 37.27)^2}{37.27} + \frac{(16 - 17.11)^2}{17.11} = 0.659$$

$q = 0.659 < 3.841 = \chi^2_{0.05}(1)$

$\Rightarrow$ H_0를 기각하지 못한다. 즉, 정규분포에서 얻은 자료라 할 수 있다.

13. H_0: $X \sim Poi(\lambda)$ 대 H_1: H_0가 아니다.

$$p(x) = \frac{\lambda^x e^{-\lambda}}{x!}, \; x = 0, \; 1, \; \cdots$$

$$\hat{\lambda} = \frac{0 \times 7 + 1 \times 9 + 2 \times 10 + 3 \times 13 + 4 \times 8 + 5 \times 5}{52} = \frac{125}{52} = 2.40$$

$\hat{p}_0 = e^{-\hat{\lambda}} = 0.0907 \quad \Rightarrow n\hat{p_0} = 4.72$

$\hat{p}_1 = \hat{\lambda} e^{-\hat{\lambda}} = 0.2177 \quad \Rightarrow n\hat{p_1} = 11.32$

$\hat{p}_2 = \hat{\lambda}^2 e^{-\hat{\lambda}}/2 = 0.2613 \quad \Rightarrow n\hat{p_2} = 13.59$

$\hat{p}_3 = \hat{\lambda}^3 e^{-\hat{\lambda}}/6 = 0.2090 \quad \Rightarrow n\hat{p_3} = 10.87$

$\hat{p}_4 = \hat{\lambda}^4 e^{-\hat{\lambda}}/24 = 0.1254 \Rightarrow n\hat{p_4} = 6.52$

$\hat{p}_5 = 1 - \hat{p}_0 - \cdots - \hat{p}_4 = 0.0959 \Rightarrow n\hat{p_5} = 4.99$

$$q = \frac{(7 - 4.72)^2}{4.72} + \frac{(9 - 11.32)^2}{11.32} + \cdots + \frac{(5 - 4.99)^2}{4.99} = 3.279$$

$q = 3.279 < 9.488 = \chi^2_{0.05}(4)$이므로 H_0를 기각하지 못한다

$\Rightarrow$ 포아송분포 모형에 부합한다.

(b) H_0: $p_1 = \cdots = p_5 = \frac{1}{5}$ 대 H_1: H_0가 아니다.

요일	월	화	수	목	금
빈도	32	21	17	20	35

$$np_i = 125 \times \frac{1}{5} = 25, \quad i = 1, \cdots, 5$$

$$q = \frac{(32-25)^2}{25} + \cdots + \frac{(35-25)^2}{25} = 10.160$$

$q = 10.160 > 9.488 = \chi^2_{0.05}(4)$이므로 H_0를 기각한다.

⇒ 가설에 부합하지 않는다.

연습문제 12.5

1. H_0: "암으로 인한 사망자 중 폐암 비율이 남녀 간에 차이가 없다" 대 H_1: H_0가 아니다.

	남자	여자	합계
폐암	33(25.5)	7(14.5)	40
폐암이 아닌 경우	113(120.5)	76(68.5)	189
합계	146	83	229

$$q = \frac{(33-25.5)^2}{25.5} + \cdots + \frac{(76-68.5)^2}{68.5} = 7.373$$

$q = 7.373 > 6.635 = \chi^2_{0.01}(2-1)(2-1) = \chi^2_{0.01}(1)$이므로 귀무가설을 기각한다.

⇒ 암으로 인한 사망자 중 폐암비율이 남녀 간에 차이가 있다.

3. H_0: 주량과 흡연 정도는 무관하다. 대 H_1 : H_0가 아니다.

$$\hat{p}_{1\cdot} = \frac{87}{500}, \ \hat{p}_{2\cdot} = \frac{198}{500}, \ \hat{p}_{3\cdot} = \frac{215}{500}$$

$$\hat{p}_{\cdot 1} = \frac{67}{500}, \ \hat{p}_{\cdot 2} = \frac{92}{500}, \ \hat{p}_{\cdot 3} = \frac{341}{500}$$

$$\Rightarrow \hat{e}_{ij} = n\hat{p}_{i\cdot} \cdot \hat{p}_{\cdot j} = \frac{x_{i\cdot} \cdot x_{\cdot j}}{500}$$

소주 \ 담배	하루 1갑 이상	하루 1갑 이하	안 피움	합계
반병 이상	23(14.34)	21(19.69)	63(72.97)	107
반병 이하	31(31.89)	48(43.79)	159(162.32)	238
못마심	13(20.77)	23(28.52)	119(105.71)	155
합계	67	92	341	500

$$\Rightarrow q = \sum_{i=1}^{3}\sum_{j=1}^{3}\frac{(x_{ij}-\widehat{e_{ij}})^2}{\widehat{e_{ij}}} = \frac{(23-14.34)^2}{14.34}+\cdots+\frac{(119-105.71)^2}{105.71} = 12.823$$

$\Rightarrow q = 12.823 > 9.488 = \chi^2_{0.05}(4)$이므로 H_0를 기각한다. 즉, 주량과 흡연량은 무관하지 않다.

5.

	효과 있음	효과 없음	합계
신약	64(46.5)	36(53.5)	100
위약	29(46.5)	71(53.5)	100
합계	93	107	200

$$q = \frac{(64-46.5)^2}{46.5}+\cdots+\frac{(71-53.5)^2}{53.5} = 24.621$$

$q = 24.621 > 3.841 = \chi^2_{0.05}(2-1)(2-1) = \chi^2_{0.05}(1)$이므로 귀무가설을 기각한다.

$\Rightarrow$ 신약은 효능이 있다.

7. H_0: $p_{1j} = p_{2j} = p_j$, $j = 1, 2, 3, 4, 5$ H_1: H_0가 아니다.

H_0가 참이면

$\widehat{p_1} = \frac{24}{200} = 0.12$, $\widehat{p_2} = \frac{43}{200} = 0.215$, $\widehat{p_3} = \frac{61}{200} = 0.305$, $\widehat{p_4} = \frac{45}{200} = 0.225$,

$\widehat{p_5} = \frac{27}{200} = 0.135$

과목 \ 등급	A	B	C	D	F	
I	15(12)	25(21.5)	32(30.5)	17(22.5)	11(13.5)	100
II	9(12)	18(21.5)	29(30.5)	28(22.5)	16(13.5)	100
	24	43	61	45	27	200

$$\Rightarrow q = \sum_{i=1}^{2}\sum_{j=1}^{5}\frac{(x_{ij}-n_i\widehat{p_j})^2}{n_i\widehat{p_j}}$$

$$= \frac{(15-12)^2}{12}+\cdots+\frac{(11-13.5)^2}{13.5}+\frac{(9-12)^2}{12}+\cdots+\frac{(16-13.5)^2}{13.5} = 6.402$$

$q = 6.402 < 9.488 = \chi^2_{0.05}(4)$이므로 귀무가설 채택. 난이도가 같다.

9. (a) $\alpha = 0.05$

H_0: 신문구독 경향과 지역 특성은 관련이 없다. 대 H_1: H_0가 아니다.

$\widehat{p_{1\cdot}} = \frac{1,157}{1,523}$, $\widehat{p_{2\cdot}} = \frac{366}{1,523}$

$\widehat{p_{\cdot 1}} = \frac{660}{1,523}$, $\widehat{p_{\cdot 2}} = \frac{524}{1,523}$, $\widehat{p_{\cdot 3}} = \frac{366}{1,523}$

$$\widehat{e_{11}} = n\widehat{p_{1\cdot}}\,\widehat{p_{\cdot 1}} = \frac{x_{1\cdot} \times x_{\cdot 1}}{n} = \frac{1,157 \times 662}{1,523} = 502.91$$

$\vdots$

$$\widehat{e_{23}} = n\widehat{p_{2\cdot}}\,\widehat{p_{\cdot 3}} = \frac{x_{2\cdot} \times x_{\cdot 3}}{n} = \frac{366 \times 337}{1,523} = 80.99$$

	대도시	중소도시	농촌지역	
구독자	540 (502.91)	376 (398.08)	241 (256.01)	1,157
비구독자	122 (159.09)	148 (125.92)	96 (80.99)	366
	662	524	337	1,523

$$q = \sum_{i=1}^{2}\sum_{j=1}^{3} \frac{(x_{ij} - \widehat{e_{ij}})^2}{\widehat{e_{ij}}} = 20.141$$

$q = 20.141 > 5.991 = \chi^2_{0.05}(2)$ $\therefore$ H_0을 기각한다.

(b) p-값

$\chi^2(2)$의 pdf: $f(y) = \frac{1}{2}e^{-y/2}$

$$p\text{-값} = \int_{20.141}^{\infty} \frac{1}{2}e^{-\frac{x}{2}}dx = e^{-20.14/2} = 0.00004$$

⇒ p-값이 매우 작기 때문에 신문구독 경향과 지역 특성은 밀접한 관련이 있다고 판단된다.

11. H_0: $p_{1j} = p_{2j} = p_j$, $j = 1, 2, 3, 4$ H_1: H_0가 아니다.

H_0가 참이면 $\widehat{p_1} = \frac{66}{200}$, $\widehat{p_2} = \frac{54}{200}$, $\widehat{p_3} = \frac{39}{200}$, $\widehat{p_4} = \frac{46}{200}$

성별 \ 회사	A	B	C	D	합계
남	33(30.5)	29(27)	22(19.5)	16(23)	100
여	28(30.5)	25(27)	17(19.5)	30(23)	100
	61	54	39	46	200

$$q = \sum_{i=1}^{2}\sum_{j=1}^{4} \frac{\left(x_{ij} - n_i\widehat{p_j}\right)^2}{n_i\widehat{p_j}}$$

$$= \frac{(33-30.5)^2}{30.5} + \cdots + \frac{(16-23)^2}{23} + \cdots + \frac{(28-30.5)^2}{30.5} + \cdots + \frac{(30-23)^2}{23} = 5.608$$

$q = 5.608 < 7.815 = \chi^2_{0.05}(3)$ ⇒ 남·녀 간에 이동통신 회사의 선호도에 차이가 없다.

13. p_{ij}: 주사위 i에서 주사위 눈 j가 나올 확률, $i = 1, 2, 3$, $j = 1, \cdots, 6$

H_0: $p_{i1} = \cdots = p_{i6} = \frac{1}{6}$, $i = 1, 2, 3$ 대 H_1: H_0가 아니다.

$$q=\sum_{i=1}^{3}\sum_{j=1}^{6}\frac{(x_{ij}-np_{ij})^2}{np_{ij}}=\frac{(29-30)^2}{30}+\cdots+\frac{(25-30)^2}{30}=13.533$$

$q=13.533<27.587=\chi^2_{0.05}(17)$ $\therefore$ H_0을 기각하지 못한다.

⇒ 셋 모두 잘 만들어진 주사위다.

chapter 13

연습문제 13.1

1. 오전의 반응시간이 짧다고 할 수 없다.
3. 귀무가설 채택.(새로운 혈압 강하제는 효과가 있다고 할 수 없다.)
5. (a) i) 부호검정: H_0 채택. (효과가 있다고 할 수 없다.)
   ii) 부호순위검점: H_0 기각.(효과가 있다.)
7. (a) H_0 채택. (b) H_0 기각.
9. (a) H_0 기각. (b) H_0 기각.

연습문제 13.2

1. H_0 채택. 구리의 함량에 따른 부식의 정도에 차이가 있다고 할 수 없다.
3. H_0 기각. 연령이 높을수록 평균 전화요금이 많다.
5. (a) H_0 채택. 두 지역에 내리는 비의 산성도에 차이가 없다.
   (b) H_0 채택. 두 지역에 내리는 비의 산성도에 차이가 없다. 가정: 정규분포, 등분산
7. (a) H_0 채택. B의 강도가 더 우수하다고 할 수 없다.
   (b) H_0 채택. B의 강도가 더 우수하다고 할 수 없다. 가정: 정규분포, 등분산

연습문제 13.3

1. i) 계산이 간편하다.
   ii) 크러스칼-월리스 검정은 χ^2근사화를 써야하고, n_1, n_2가 작은 경우에는 특별한 분포표를 문헌에서 찾아야 한다.
3. H_0 기각. 전구의 수명에 차이가 있다.
5. H_0 채택. 회사별 실의 장력에는 차이가 없다.

7. H_0 기각. 재배 방법에 차이가 있다.

9. i) 모수적 방법 $\Rightarrow$ H_0를 기각한다.

*분산분석표

요인	제곱합	자유도	평균제곱	f_0	$F_{0.05}(3,\ 18)$
시험종류 오차	948 827	3 18	316.0 45.9	6.89	3.16
합계	1,775	21			

ii) 크러스칼-월리스 검정

$h = 12.507 > 7.815 = \chi^2_{0.05}(3)$ $\Rightarrow$ H_0를 기각한다.

연습문제 13.4

1. (a) $P(R \le 3) = 0.0714$ (b) $P(R > 7) = \dfrac{9}{126} = 0.0714$

3. 동전이 공정하다고 판단된다.

5. 불량품이 무작위하게 발생한다고 판단된다.

7. 점들의 형태는 랜덤하다고 판단된다.

연습문제 13.5

1. i) 상관계수 $r = 0.865$ ii) 스피어맨의 순위상관계수 $r^* = 0.774$

3. 영화평론가와 일반관객이 내린 평가가 양의 상관관계가 존재한다고 할 수 없다.

5. 턱걸이의 개수와 공을 던지는 거리 사이에는 상관관계가 없다.

7. (a) 스피어맨의 순위상관계수 $r^* = -0.420$

$\Rightarrow$ 평균 생산량과 품질 점수가 음의 관계에 있다.

즉 평균생산량이 높을수록 품질 점수가 낮아지는 경향이 있다는 것을 의미한다.

(b) H_0 채택. $\Rightarrow$ 많은 제품 생산하는 작업자의 수공예품이 적은 양을 생산하는 작업자의 수공예품보다 품질이 떨어진다고 할 수 없다.

9. (a) 스피어맨의 순위상관계수 $r^* = 0.619$ $\Rightarrow$ H_0 채택.

부부의 키 사이에 양의 상관관계가 있다고 할 수 없다.

(b) $r = 0.636$, $t_0 = 2.019$ $\Rightarrow$ H_0 기각.

부부의 키 사이에 양의 상관관계가 존재한다.

참고문헌

❖ 확률론

Ross, S. (2001). A First Course in Probability, 6th ed., Macmillan, New York.

Parzen, E. (1992). Modern Probability Theory and Its Applications, 2nd ed., John Wiley, New York.

Feller, W. (1968). An Introduction to Probability Theory and Its Applications, 3rd ed., Vol. 1, John Wiley, New York.

Riordan, J. (1980). An Introduction to Combinatiorial Analysis, Princeton University Press, Princeton, NJ.

❖ 기초통계

Casella, G. and Berger, R. L. (2001). Statistical Inference, 2nd ed., Brooks Cole, Pacific Grove, CA.

Degroot, M. and Schervish M. J. (2001). Probability and Statistics, 3rd ed., Addison-Wesley, Reading, MA.

Devore, J. L. (1999). Probability and Statistics for Engineering and Sciences, 5th ed., Brooks Cole, Pacific Grove, CA.

Freund, J. E. (1999). Mathematical Statistics, 6th ed., Prentice Hall, Englewood Cliffs, NJ.

Rice, J. A. (1995). Mathematical Statistics and Data Analysis, 2nd ed., Duxbury Press, Pacific Grove, CA.

Wackerly, D. D., Mendenhall, W. and Sheaffer, R. L. (2002). Mathematical Statistics with Applications, 6th ed., Duxbury Press, Pacific Grove, CA.

❖ 수리통계

Hogg, R. V. and Craig, A. T. (1995). Introduction to Mathematical Statistics, 5th ed., Prentice Hall, Upper Saddle River, NJ.

Larson, H. J. (1982). Introduction to Probability Theory and Statistical Inference, 3rd ed., John Wiley, New York.

Mood, A. M., Graybill, F. A. and Boes, D. C. (1974). Introduction to the Theory of Statistics,

3rd ed., McGraw-Hill, New York.

Rohatgi, V. K. and Ehsanes Saleh, A. K. MD. (2001). An Introduction to Probability and Statistics, 2nd ed., John Wiley, New York.

Bickel, P. J. and Doksum, K. A. (2000). Mathematical Statisitcs: Basic Ideas and Selected Topics, 2nd ed,. Holden-Day, San Francisco, CA.

John, L. J., Kotz, S. and Kemp, A. W. (1992). Univariate Discrete Distributions, 2nd ed., John Wiley, New York.

Johnson, L. J., Kotz, S. and Balakrishnan, N. (1994). Continuous Univariate Distributions, 2nd ed., vol. 1, John Wiley, New York.

Johnson, L. J., Kotz, S. and Balakrishnan, N. (1995). Continuous Univariate Distributions, 2nd ed., vol. 2, John Wiley, New York.

Johnson, R.A. and Wichern, D.W. (2002). Applied Multivariate Statistical Analysis, 5th ed., Prentice Hall, New Jersey.

❖ 자료처리

Ostle, B., Turner Jr., K. V., Hicks, C. R. and McElrath, G. W. (1996). Engineering Statistics: The Industrial Experience, Duxbury Press, Belmont, CA.

Velleman P. F. and Hoaglin, D. C. (1981). Applications, Basics and Computing of Exploratory Data Analysis, Duxbury Press, Boston, MA.

Tukey, J. (1977). Exploratory Data Analysis, Addison-Wesley, Reading, MA.

❖ 회귀분석

Neter, J., Wasserman, W. and Kutner, M. H. (1996). Applied Linear Statistical Models, 4th ed., Irwin, Homewood, IL.

Montgomery, D. C., Peck, E. A., and Vining. G. G. (2001). Introduction to Linear Regression Analysis, 3rd ed., John Wiley, New York.

Draper, N. R. and Smith, H. (1998). Applied Regression Analysis, 3rd ed., John Wiley, New York.

❖ 분산분석

Box, G. E. P., Hunter, W. G. and Hunter, J. S. (1978). Statistics for Experimenters, John Wiley, New York.

Hicks, C. R. and Turner Jr., K. V. (1999). Fundamental Concepts in the Design of Experiments,

5th ed., Oxford University Press, New York.

Montgomery, D. C. (2013). Design and Analysis of Experiments, 8th ed., John Wiley & Sons Singapore Pte. Ltd.

Neter, J. and Wasserman(1974), Applied Linear Statistical Models: regression, analysis of variance, and experimental designs, Richard D. Irwin, Inc.

❖ 적합도검정

배도선, 전영록(1999), 신뢰성분석, 아르케.

Anderson, T.W. and Darling, D.A.(1954), A test of goodness of fit, *J. Amer. Statist. Assoc.*, 49, 765-769.

Justel, A., Pena, D., and Zamar, R. (1997) A multivariate Kolmogorov-Smirnov test of goodness fit, *Statistics and Probability Letters*, 35, 251-259.

Stephens, M.A.(1974), EDF statistics for goodness of fit and some comparisons, *J. Amer. Statist. Assoc.*, 69, 730-737.

Stephens, M.A.(1976), Asymptotic results for goodness of fit statistics with unknown parameters, *Ann. Stat.*, 4, 357-369.

❖ 비모수적 방법

Siegel, S. (1988). Nonparametric Statistics for the Behavioral Sciences, McGraw-Hill, New York.

Conover, W. J. (1999). Practical Nonparametric Statistics, 3rd ed., John Wiley, New York.

Gibbons, J. D. (1985). Nonparametric Statistical Inference, Marcel Dekker, New York.

❖ 분포표

Pearson, K. ed. (1965). Tables of Incomplete Gamma Function, Combridge University Press, London.

Pearson, K. ed. (1968). Tables of Incomplete Beta Function, Combridge University Press, London.

❖ 기타

Crawley, M.J. (2015). Statistics: An Introduction Using R, 2nd ed., John Wiley & Sons, UK.

Rizzo, M.L. (2008). Statistical Computing with R, Chapman &Hall.

Stowell, S. (2014). Using R for Statistics, Heinz Weinheimer.

Zumel, N. and Mount, J. (2014). Practical Data Science with R, Manning Publications co.

한국통계학회편 (1987). 통계용어사전, 자유아카데미
대학산업공학회편 (1992). 산업공학용어사전, 청문각
배도선 외 6인 (1999). 최신 통계적 품질관리, 개정판, 영지문화사
배도선·전영록 (1999). 신뢰성분석, 대우학술총서 No. 449

찾아보기

ㄹ

ㅁ

ㅂ

ㅊ

ㅋ

ㅌ

ㅍ

ㅎ

기타

저자 소개

권혁무
서울대학교 경영대학 졸업
KAIST 산업공학 석 · 박사
(현) 부경대학교 시스템경영공학부 교수

김명수
서울대학교 공과대학 졸업
KAIST 산업공학 석 · 박사
(현) 수원대학교 산업 및 기계공학부 교수

윤원영
서울대학교 공과대학 졸업
KAIST 산업공학 석 · 박사
(현) 부산대학교 산업공학과 교수

차명수
서울대학교 공과대학 졸업
KAIST 산업공학 석 · 박사
(현) 경성대학교 산업경영공학과 교수

장중순
서울대학교 공과대학 졸업
KAIST 산업공학 석 · 박사
(현) 아주대학교 산업공학과 교수

류문찬
서울대학교 공과대학 졸업
KAIST 산업공학 석 · 박사
(현) 고려대학교 글로벌경영전공 교수

통계학 이론과 데이터분석 기초

2020년 2월 20일 1판 1쇄 펴냄
지은이 권혁무 · 김명수 · 윤원영 · 차명수 · 장중순 · 류문찬
펴낸이 류원식 | **펴낸곳 (주)교문사(청문각)**

편집부장 김경수 | **책임편집** 신가영 | **본문편집** 홍익 m&b | **표지디자인** 유선영
제작 김선형 | **홍보** 김은주 | **영업** 함승형 · 박현수 · 이훈섭

주소 (10881) 경기도 파주시 문발로 116(문발동 536-2)
전화 1644-0965(대표) | **팩스** 070-8650-0965
등록 1968. 10. 28. 제406-2006-000035호
홈페이지 www.cheongmoon.com | E-mail genie@cheongmoon.com
ISBN 978-89-363-1902-1 (93410) | **값** 35,500원

* 잘못된 책은 바꿔 드립니다. * 저자와의 협의 하에 인지를 생략합니다.

청문각은 ㈜교문사의 출판 브랜드입니다.